도시계획기사
필기

"도시"는 많은 것들을 떠올리게 하는 어휘 중 하나입니다. 세련됨, 복잡함, 부산함, 기대감 등 도시와 어울리는 단어들은 많습니다. 도시다운 도시는 아마도 이러한 형용의 단어들이 현실로 실현된 곳이라 생각합니다.

도시계획기사는 도시다운 도시를 만드는 사람이 되기 위한 출발점입니다. 수험과정에서 도시계획이론, 도시개발이론, 단지계획이론, 지역개발이론과 각종 관련 법규들을 익히고 평가받으며 도시다운 도시를 만들기 위한 능력을 배양하게 됩니다.

최근에는 이러한 도시계획의 능력이 그 어느 때보다 중요해졌습니다. 점차 심화되고 있는 지역 간 양극화 현상, 구도심의 노후화, 도시의 무분별한 확산 등은 도시계획기사를 준비하고 계신 여러분 앞에 놓인 과제들입니다. 이와 더불어 4차 산업혁명 시대의 도래에 맞추어 정보통신기술과 도시계획 간의 접목 또한 새로운 시대적 과제라 할 수 있습니다.

본 교재는 이러한 과제들의 흐름을 반영하고, 여러분들이 효율적으로 학습하여 합격의 영광에 이를 수 있도록 구성하였습니다. 무엇보다도 교재의 내용을 쉽게 저술하려고 노력하였습니다.

이 책의 특징은 다음과 같습니다.

1 기출문제와 출제경향을 철저히 분석한 핵심이론

학습의 효율성을 극대화하기 위해, 10개년 이상의 기출문제와 출제경향을 면밀히 분석하여 현재 시점에서 시험에 출제되는 이론을 엄선하여 수록하였습니다.

2 이론과 핵심문제의 연계

이론을 공부하고 바로 문제에 적용할 수 있도록 핵심문제를 이론 중간중간에 삽입하여 이론과 문제 간의 연계성을 극대화시켰습니다.

3 실전문제와 과년도 기출문제 수록

실전문제를 통해 이론에서 공부한 사항을 Chapter별로 복습하고, 과년도 기출문제를 통해 시험 준비의 마무리를 할 수 있도록 구성하였습니다.

4 철저한 관련 법규 분석

도시계획기사 관련 법규의 개정 및 제정 사항을 반영하여, 수험생들이 혼란스럽지 않게 시험을 준비하도록 하였습니다.

본 교재로 시험을 준비하는 모든 수험생들에게 합격의 영광이 있기를 기원드립니다.

저자 Urban. Lee

CBT 온라인 모의고사 이용 안내

- 인터넷에서 [예문사]를 검색하여 홈페이지에 접속합니다.
- PC, 휴대폰, 태블릿 등을 이용해 사용이 가능합니다.

STEP 1 › 회원가입 하기

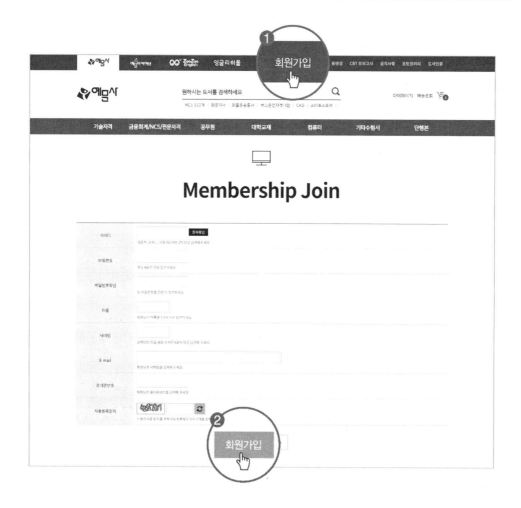

1. 메인 화면 상단의 [회원가입] 버튼을 누르면 가입 화면으로 이동합니다.
2. 입력을 완료하고 아래의 [회원가입] 버튼을 누르면 **인증절차 없이 바로 가입**이 됩니다.

STEP 2 · 시리얼 번호 확인 및 등록

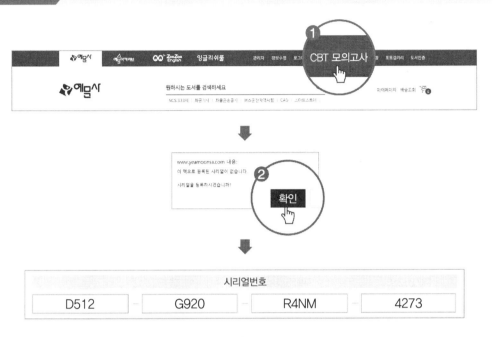

시리얼번호			
D512	G920	R4NM	4273

1. 로그인 후 메인 화면 상단의 [CBT 모의고사]를 누른 다음 **수강할 강좌를 선택**합니다.
2. 시리얼 등록 안내 팝업창이 뜨면 [확인]을 누른 뒤 **시리얼 번호를 입력**합니다.

STEP 3 · 등록 후 사용하기

1. 시리얼 번호 입력 후 [마이페이지]를 클릭합니다.
2. 등록된 CBT 모의고사는 [모의고사]에서 확인할 수 있습니다.

도시계획기사 자격시험 안내

❶ 자격 개요

- **자격명** : 도시계획기사
- **영문명** : Engineer Urban Planning
- **관련부처** : 국토교통부
- **시행기관** : 한국산업인력공단
- **변천과정**

'74.10.16. 대통령령 제7283호	'91.10.31. 대통령령 제13494호	'98.05.09. 대통령령 제15794호	현재
지역 및 도시계획기사 1급	도시계획기사 1급	도시계획기사	도시계획기사

❷ 취득방법

- **시행처** : 한국산업인력공단
- **관련 학과** : 대학 및 전문대학의 도시계획학, 도시공학, 도시 및 지역계획학, 환경공학, 토목공학, 건축공학 관련 학과
- **시험과목**
  - 필기 : 1. 도시계획론 2. 도시설계 및 단지계획 3. 도시개발론
          4. 국토 및 지역계획 5. 도시계획 관계 법규
  - 실기 : 도시계획 실무
- **검정방법**
  - 필기 : 객관식 4지 택일형, 과목당 20문항(과목당 30분)
  - 실기 : 작업형(4시간 정도) [시험 1(인구추정 등) : 1시간, 시험 2(도면작성) : 3시간 정도]
- **합격기준**
  - 필기 : 100점을 만점으로 하여 과목당 40점 이상, 전 과목 평균 60점 이상
  - 실기 : 100점을 만점으로 하여 60점 이상

❸ 진로 및 전망

- 정부기관 · 지방자치단체의 도시계획직 · 교통직 공무원, 한국토지공사, 대한주택공사, 도시개발공사, 한국도로공사, 한국관광공사, 수자원공사, 지하철공사 등 정부투자기관, 민간건설회사의 개발사업팀, 주택사업팀으로 진출할 수 있다.

- 소득수준의 향상에 따른 전원주택, 실버타운, 레저 및 관광시설을 위한 개발사업과 그동안 정부주도로 이루어졌던 대규모 택지개발사업, 공업단지조성사업, SOC사업 등의 민간 진출 확대, 지방화 시대에 따른 재개발, 주택 및 상하수도, 지역개발, 환경문제 등 고용 증가 요인이 있다. 그러나 우리나라의 도시화율은 선진국의 도시화율에 거의 육박해 가고 있기 때문에 도시화는 조금 더 진전하다가 멈출 것으로 예상되므로 고용은 현 수준을 유지할 전망이다.

④ 검정현황

연도	필기			실기		
	응시	합격	합격률(%)	응시	합격	합격률(%)
2023	2,388	1,491	62.4	1,808	873	48.3
2022	2,167	1,366	63	1,860	587	31.6
2021	2,384	1,272	53.4	1,708	787	46.1
2020	1,952	1,192	61.1	2,003	539	26.9
2019	2,180	1,251	57.4	1,958	407	20.8
2018	2,078	1,062	51.1	1,687	475	28.2
2017	1,940	946	48.8	1,241	431	34.7
2016	1,689	867	51.3	1,074	523	48.7
2015	1,641	803	48.9	1,043	457	43.8
2014	1,587	736	46.4	1,102	478	43.4
2013	1,639	1,057	64.5	1,355	607	44.8
2012	1,866	1,036	55.5	1,587	635	40
2011	2,232	1,280	57.3	2,199	276	12.6
2010	2,651	1,475	55.6	3,224	655	20.3
2009	3,136	1,819	58	3,008	345	11.5
2008	3,370	1,189	35.3	2,229	579	26
2007	3,134	1,407	44.9	2,809	695	24.7
2006	3,493	1,238	35.4	1,805	590	32.7
2005	2,578	684	26.5	1,335	387	29
2004	1,802	640	35.5	1,132	317	28
2003	1,466	398	27.1	621	77	12.4
2002	997	200	20.1	423	93	22
2001	1,032	231	22.4	522	48	9.2
1977~2000	19,526	7,243	37.1	9,449	2,233	23.6
소계	68,928	30,883	44.8	47,182	13,094	27.8

필기시험 접수안내

❶ 필기시험 원서접수

- 접수기간 내에 인터넷을 이용하여 원서접수
- 큐넷 비회원의 경우 우선 회원 가입(필히 사진 등록)
- 지역에 상관없이 원하는 시험장 선택 가능

❷ 수험사항 통보

- 수험일시와 장소는 접수 즉시 통보됨
- 본인이 신청한 수험장소와 종목의 수험표 기재사항과 일치 여부 확인

❸ 필기시험 시험일 유의사항

- 입실시간 준수
- 수험표, 신분증, 필기구(흑색 사인펜 등) 지참

❹ 합격자 발표

인터넷 게시 공고

❺ 응시자격 서류심사

- 대상 : 기술사, 기능장, 기사, 산업기사, 전문사무 분야 중 응시자격 제한 종목
- 응시자격서류 제출기한 내(토, 일, 공휴일 제외)에 소정의 응시자격서류(졸업증명서, 공단 소정 경력증명서 등)를 제출하지 아니할 경우 필기시험 합격예정이 무효 처리됨
- 응시자격서류를 제출하여 합격 처리된 사람에 한하여 실기 접수가 가능함
- (기술사, 기능장) 온라인 응시자격서류제출은 필기시험 원서접수일부터 실기시험 원서접수 2일차까지 가능
- (기사, 산업기사, 서비스) 온라인 응시자격서류제출은 필기시험 원서접수일부터 합격자발표일+7일까지 가능

※ **자세한 시험 관련 정보는 큐넷(www.q-net.or.kr)에서 확인하기 바랍니다.**

필기 출제기준

직무분야	건설	중직무분야	도시 · 교통	자격종목	도시계획기사	적용기간	2024.1.1. ~ 2027.12.31.

○ 직무내용 : 도시계획, 지역계획, 개발사업계획 등 국토 및 도시의 합리적인 개발 및 정비를 위한 계획수립과 그 집행과정에 참여하고 인구, 경제, 환경, 물리적 시설, 토지이용, 집행관리 등을 포함하여 각종 예측기법을 통해 미래의 인구규모, 경제적 여건 등을 예측하고 이를 토대로 원활한 기능수행이 가능한 각종 공간 및 시설 배치계획을 수립하고 이를 집행하기 위하여 도서에 계획내용을 나타내는 업무를 수행하는 직무이다.

필기검정방법	객관식	문제 수	100	시험시간	2시간 30분

과목명	문제 수	주요항목	세부항목	세세항목	
도시계획론	20	1. 도시의 개념 및 도시의 발달	1. 도시의 이해	1. 도시의 개념과 정의 3. 도시화의 도시문제	2. 도시의 구성요소 4. 도시의 유형 분류
			2. 도시기능체계와 공간구조	1. 도시기능체계 3. 도시공간구조 이론	2. 도시공간구조의 개념
			3. 도시의 발달	1. 도시의 기원과 고대도시 3. 근세도시	2. 중세도시 4. 현대도시
		2. 도시계획 이론과 체계	1. 도시계획의 개념과 이론	1. 도시계획의 필요성과 정의 3. 도시계획이론과 사조	2. 도시계획의 범위와 주요 내용
			2. 공간계획체계	1. 공간계획의 특성과 계획체계	2. 우리나라의 공간계획체계
			3. 도시계획 관련 제도	1. 도시계획 관련법 체계 3. 도시계획 수립 체계와 절차	2. 도시계획 관련제도의 변천 4. 외국의 도시계획제도
		3. 도시조사 분석과 계획지표	1. 도시조사	1. 도시조사의 의의와 목적 3. 도시조사 및 분석 방법	2. 도시조사의 범위와 내용 4. 조사자료의 정리와 표현
			2. GIS와 지형정보	1. GIS의 이해 3. 지형정보의 이해	2. GIS의 활용 4. 지형정보의 활용
			3. 계획지표 설정	1. 인구지표 3. 생활환경지표	2. 사회경제지표
		4. 부문별 계획	1. 토지이용계획	1. 토지이용계획의 목적 3. 수요예측 5. 토지이용계획의 사례	2. 구성과 수립과정 4. 입지배분
			2. 교통계획	1. 도시교통의 특성 3. 수요예측 5. 녹색교통과 보행자안전	2. 교통계획과정 4. 도시가로계획
			3. 도시계획시설계획	1. 도시계획시설의 개념 3. 도시계획시설의 결정기준	2. 도시계획시설의 특성과 유형 4. 환경친화적 도시계획시설계획
			4. 공원녹지계획	1. 공원녹지의 개념 3. 공원녹지조성계획	2. 공원의 유형과 기준 4. 환경친화적 공원녹지계획
			5. 경관계획	1. 경관의 개념과 정의 3. 경관계획의 내용과 기법	2. 경관의 구성요소와 유형 4. 경관관리제도

과목명	문제 수	주요항목	세부항목	세세항목
			6. 환경계획	1. 도시와 환경 2. 도시생태계 3. 지속 가능한 도시개발
			7. 도시방재계획	1. 도시방재의 개념 2. 자연재해와 안전 3. 인공재해와 안전 4. 방재도시계획
		5. 도시계획의 실행	1. 토지이용계획의 실행	1. 토지이용계획의 실행수단 2. 지역지구제 3. 성장관리 계획 구역
			2. 도시계획사업의 실행	1. 도시개발사업의 개념과 시행 2. 도시정비사업의 개념과 시행 3. 도시계획시설사업의 시행 4. 도시계획 실행을 위한 재정계획과 계획 평가체계
			3. 최근 도시계획의 동향	1. 뉴어바니즘(New Urbanism) 2. ESSD와 Eco-city 3. 그린시티(Green City) 4. 스마트시티(Smart City) 5. Compact City 6. 주민참여 7. 마을만들기 8. 기타[제로에너지타운(인증제), 커뮤니티인증제, 대중교통전용지구, 계획허가제, 도시비전계획, 퍼실리테이션 등]
		6. 도시관리와 도시계획의 미래 전망	1. 도시관리	1. 도시관리의 의의 2. 도시행정과 재정 3. 주민참여와 거버넌스 4. 도시성장관리
			2. 도시재생	1. 도시재생의 개념 2. 도시재생 계획 3. 도새재생 사업 4. 도시재생 지원
			3. 도시계획의 미래전망과 과제	1. 도시의 변화와 전망 2. 미래도시계획의 과제
도시 설계 및 단지 계획	20	1. 도시설계의 개념과 과정	1. 도시설계의 개념	1. 도시설계의 의의와 역할 2. 도시설계의 역사
			2. 도시설계의 과정과 유형	1. 과정 2. 유형
		2. 단지계획의 개념과 요소	1. 단지계획의 개념	1. 단지계획의 목표와 과정 2. 단지계획의 개념과 유형 3. 우리나라 단지계획의 변천
			2. 단지계획의 요소	1. 주거환경의 제요소 2. 자연환경 3. 행태공간 4. 근린환경
		3. 단지계획의 부문 계획	1. 생활권계획	1. 근린생활권의 설정 2. 근린주구이론
			2. 토지이용계획	1. 개발밀도 및 용도배분 2. 획지 및 가구계획 3. 배치계획
			3. 기반시설계획	1. 교통시설계획 2. 커뮤니티시설계획 3. 공급처리시설계획
			4. 외부공간계획	1. 공원 및 녹지계획 2. 놀이터와 광장 3. 오픈스페이스
		4. 지구단위 계획의 개념과 과정	1. 지구단위계획의 개념과 유형	1. 지구단위계획의 개념 2. 지구단위계획의 유형
			2. 지구단위계획의 과정	1. 구역지정 2. 현황조사 3. 목표설정 4. 계획입안 및 주민의견수렴 5. 계획결정 6. 계획실현 및 운영

과목명	문제 수	주요항목	세부항목	세세항목	
		5. 지구단위 계획요소별 작성기준	1. 가구 및 획지계획	1. 가구계획	2. 획지계획
			2. 건축물계획	1. 건축물용도계획 3. 높이 및 배치계획	2. 밀도계획 4. 건축물 외관계획
			3. 동선계획	1. 차량동선계획 3. 보행동선 및 자전거동선계획	2. 주차장계획
			4. 경관계획	1. 경관에 관한 계획	
			5. 환경관리계획	1. 환경관리계획	
			6. 기타	1. 특별계획구역	2. 인센티브 및 규제
도시 개발론	20	1. 도시개발의 의의와 배경	1. 도시개발의 이해	1. 필요성과 목적	2. 유형과 방식
			2. 도시개발의 기초이론	1. 도시개발과 시장원리 3. 도시성장과 도시개발	2. 도시개발의 범위 4. 도시성장관리기법
			3. 도시개발의 역사	1. 우리나라 도시개발의 역사	2. 최근의 경향
		2. 도시개발의 과정과 절차	1. 수요분석	1. 수요예측의 필요성	2. 수요예측의 기법
			2. 입지선정	1. 입지선정의 기법	2. 입지선정의 절차
			3. 구상 및 계획	1. 개발목표 3. 계획수립	2. 수요분석과 타당성 검토
			4. 집행 및 관리	1. 개발사업의 착수 3. 시설관리와 자산관리	2. 건설과 처분
		3. 도시개발의 제도	1. 도시개발사업제도	1. 도시개발법의 응용 3. 산업입지 및 개발에 관한 법률의 응용 4. 관광진흥법의 응용	2. 주택법의 응용
			2. 도시재생 관련제도	1. 도시 및 주거환경정비법의 응용 2. 도시재정비촉진을 위한 특별법의 응용 3. 도시재생 활성화 및 지원에 관한 특별법 4. 빈집 및 소규모 주택 정비에 관한 특별법 5. 산업입지 및 개발에 관한 법률의 응용	
			3. 기반시설에 관한 제도	1. 도시계획시설의 결정·구조 및 설치기준에 관한 규칙의 응용 2. 주차장법의 응용 3. 도시공원 및 녹지 등에 관한 법률의 응용 4. 체육시설의 설치 및 이용에 관한 법률의 응용	
		4. 도시개발의 유형	1. 개발주체에 따른 분류	1. 공공개발 3. 민관합동개발	2. 민간개발
			2. 개발대상지에 따른 분류	1. 신개발 2. 재개발(도시정비사업)	
			3. 도입기능에 따른 분류	1. 단일용도도시(주거도시, 산업도시, 관광휴양도시 등) 2. 복합도시	
		5. 도시개발의 수법	1. 도시개발기법	1. 개발권양도제(TDR) 3. 계획단위개발(PUD)	2. 대중교통중심개발(TOD) 4. 연계개발수법
			2. 타당성 분석	1. 재무적 타당성 3. 파급효과분석	2. 경제적 타당성
			3. 도시마케팅	1. 도시마케팅 3. 신도시마케팅	2. 부동산마케팅

과목명	문제 수	주요항목	세부항목	세세항목
			4. 재원조달방안	1. 지분조달방식　　　　　　2. 부채조달방식 3. 개발유형과 재원조달방식(BTL, BTO, BOT 등)
			5. 부동산금융	1. 부동산금융의 개념과 유형　　2. 민간의 부동산개발금융 3. 민관합동의 부동산개발금융
국토 및 지역 계획	20	1. 국토 및 지역 계획의 개념	1. 국토 및 지역계획의 개념 및 필요성	1. 국토 및 지역계획의 개념 2. 국토 및 지역계획의 성격 3. 국토 및 지역계획과 타 계획과의 관계 4. 국토 및 지역계획의 필요성
			2. 유형과 성격	1. 유형 2. 유형별 성격 3. 국토 및 지역계획의 특징과 영역
			3. 국토 및 지역계획의 역사적 전개	1. 문제의 제기 2. 국토 및 지역계획의 변천과정 3. 지역계획의 실상과 문제점 4. 지역계획체계의 구상
		2. 공간 단위 설정과 계획 과정	1. 공간단위 설정	1. 지역 및 공간의 개념과 의미 2. 지역획정의 원칙 3. 계획단위로서의 지역 및 공간 4. 한국의 국토 및 지역계획체계
			2. 계획과정	1. 계획의 의미 2. 계획과정과 계획이론의 발달 3. 절차이론과 주민참여
		3. 국토 및 지역계획 이론	1. 지역발전이론	1. 기본수요이론　　　　　　2. 신고전이론 3. 성장거점이론　　　　　　4. 종속적 발전이론 5. 생태학적 발전이론　　　6. 기타 지역발전이론
			2. 공간구조이론	1. 중심지이론　　　　　　　2. 산업입지이론 3. 주거입지론　　　　　　　4. 기타 공간구조이론
			3. 대안적 발전이론	1. 대안적 지역발전이론의 모색 2. 전통적 지역발전이론 3. 신지역발전이론 4. 향후 지역발전이론의 과제
		4. 국토 및 지역계획의 실제	1. 자료조사 분석과 계획의 평가	1. 지역조사와 정보의 관리(자료의 출처, 자료수집 방법, 자료수집 내용, 공간정보의 활용, 지리정보 체계) 2. 국토 및 지역계획의 평가(지역계획 평가의 의의, 지역계획 영향의 측정, 예측결과의 비교)
			2. 부문적 계획	1. 계획인구의 예측　　　　2. 토지이용계획 3. 지역교통계획　　　　　　4. 산업진흥계획 5. 환경보전 및 자원관리계획　6. 주거환경계획 7. 사회개발계획　　　　　　8. 농촌계획 9. 방재계획　　　　　　　　10. 경관계획
			3. 전망과 과제	1. 국토 및 지역계획과 관련한 제반 여건과 변화 2. 국토 및 지역계획의 발전 과제

과목명	문제 수	주요항목	세부항목	세세항목	
		5. 우리나라의 국토 및 지역계획	1. 국토종합계획	1. 국토종합계획의 개념 3. 토지이용의 관리와 규제	2. 국토종합계획의 수립 4. 국토종합계획의 평가
			2. 수도권정비계획	1. 수도권정비계획의 필요성 3. 수도권정비계획의 수립	2. 수도권정비계획의 개요 4. 수도권정비계획의 전략
			3. 지역계획	1. 지역계획의 개요 3. 지역계획의 평가	2. 지역계획의 수립
			4. 광역도시계획	1. 광역도시계획의 개요 3. 광역도시계획의 평가	2. 광역도시계획의 수립
도시 계획 관계 법규	20	1. 도시계획의 관리, 사업, 시설 등에 관한 법률	1. 도시계획 관리 관련 법규	1. 국토기본법 및 동법 시행령, 시행규칙 2. 국토의 계획 및 이용에 관한 법률 및 동법 시행령, 시행규칙 3. 수도권정비계획법 및 동법 시행령 4. 개발제한 구역의 지정 및 관리에 관한 특별 조치법 5. 경관법 및 동법 시행령	
			2. 도시계획 사업 관련 법규	1. 도시개발법 및 동법 시행령, 시행규칙 2. 도시 및 주거환경정비법 및 동법 시행령, 시행규칙 3. 도시재정비촉진을 위한 특별법 및 동법 시행령, 시행규칙 4. 도시재생활성화 및 지원에 관한 특별법 5. 주택법 및 동법 시행령, 시행규칙 중 도시계획 관련 사항 6. 산업입지 및 개발에 관한 법률 및 동법 시행령 중 도시계획 관련 사항 7. 물류시설의 개발 및 운영에 관한 법률 및 동법 시행령, 시행규칙 중 도시계획 관련 사항 8. 관광진흥법 및 동법 시행령 중 도시계획 관련 사항 9. 건축법 및 동법 시행령, 시행규칙 중 도시계획 관련 사항 10. 공간정보의 구축 및 관리 등에 관한 법률 등 동법 시행령, 시행규칙 중 도시계획 관련 사항 11. 자연재해 대책법 등 동법 시행령, 시행규칙 중 도시계획 관련 사항 12. 개발행위 허가 운영지침 등에 관한 사항	
			3. 도시계획 시설 관련 법규	1. 도시 · 군계획시설의 결정 · 구조 및 설치기준에 관한 규칙 2. 도시공원 및 녹지 등에 관한 법률 및 동법 시행령, 시행규칙 3. 주차장법 및 동법 시행령, 시행규칙 중 도시계획 관련 사항 4. 체육시설의 설치 · 이용에 관한 법률 및 동법 시행령, 시행규칙 중 도시계획 관련 사항	

PART 01 도시계획론

PART 02 도시설계 및 단지계획

PART 05 도시계획 관계 법규

PART 06 과년도 기출문제

※ 기사는 2022년 3회 시험부터 CBT(Computer-Based Test)로 전면 시행되었습니다.

PART 01

도시계획론

도시의 개념 및 도시의 발달

▌ 도시의 이해

1. 도시의 개념 및 특성

(1) 도시의 개념

1) 개념

도시는 인간 스스로의 의지로 만들어낸 인공환경이며 인간의 삶을 닮는 그릇으로 생활을 영위하는데 필요한 여러 가지 활동을 유지해주는 터전이다.

2) 학자들의 정의

학자	정의
막스 베버	상업적 취락지 → 주민의 대부분이 공업적 또는 상업적인 영리수입에 의해 생활하고 정주하는 곳
휘레이	진보된 인간의 결합형태
쇼버그	비농업적 전문가 및 높은 인구밀도
솔로킨 & 짐머만	인구 이질성, 높은 인구밀도, 사회분화, 상호관계
코퍼	도시계획을 전제로 한 계획된 지역사회
워스	사회학적 측면의 정착지
스노	행정학적 측면의 도시

(2) 도시의 특성

① 2, 3차 산업 종사 인구비중이 높다.

② 인구 규모가 크고 인구밀도가 높다.

③ 이질적이고 익명성을 띠며 개성화되어 있다.

④ 빈번하고 일시적인 상호 접촉이 이루어진다.

⑤ 인구의 유동성이 높다.

⑥ 각종 기능의 분화, 특정 기능 및 생활시설의 집약이 나타난다.

---핵심문제

★ 도시에 대한 일반적인 설명으로 가장 거리가 먼 것은?　　　　　　　　　　[12년 2회, 17년 4회]

① 도시는 다수의 인구가 비교적 좁은 장소에 밀집하여 거주하며 농촌에 비하여 인구밀도가 비교적 높다.

② 1차 산업의 비율이 낮고 2·3차 산업의 비율이 높은 비농업적 활동이 주로 일어나는 곳이다.

③ 도시는 행정·경제·문화의 중심지 기능을 담당하며 독특한 문화와 새로운 문명을 개척하는 삶의 터전이 된다.

④ 주민 구성에 있어 이질적인 집단의 성격이 강하고, 주민 간의 상호접촉은 빈번하고 광범위하며, 주로 항시적이고 직접적인 특징이 있다.

답 ④

해설⊕

도시의 주민 구성은 이질적인 집단의 성격이 강하며, 광범위하게 빈번한 접촉을 하고 있으나 그 접촉의 성격은 항시적이지 않은 일시적인 특징을 갖고 있다.

(3) 독시아디스(C. A. Doxiadis)의 인간 정주학적 유형에 의한 분류

1) 인간정주공간(정주사회)을 15개의 공간단위로 구분

2) 도시형성 이전 단계(6단계)

개인 → 방 → 주거(4인) → 주거군 → 소근린 → 근린(1,500명)

3) 도시형성 이후 단계(9단계)

소도시(Town) → 도시(5만 명) → 대도시(City) → 거대도시(Metropolis, 200만 명) → 연담도시(Conurbation, 1,400만 명) → 대상도시(Megalopolis, 1억 명) → 도시화 지역(Urban Resion) → 대륙도시(Urbanized Continent) → 세계도시(Ecumenopolis, 300억 명)

---핵심문제

★ 인구 규모를 기준으로 했을 때 독시아디스(C. A. Doxiadis)의 인간 정주사회 단계에 속하는 것은?

[16년 1회, 18년 2회]

① 부심도시(Subpolis)　　　　　　　　② 행정도시(Politipolis)

③ 다핵도시(Multipolis)　　　　　　　④ 세계도시(Ecumenopolis)

답 ④

해설⊕

독시아디스는 인간정주공간(정주사회)을 15개의 공간단위로 구분하고 있으며, 보기 중 세계도시만이 이 15개의 공간단위의 분류에 속한다. 여기서 세계도시는 인구 300억 명 규모의 가장 큰 인간정주공간을 의미한다.

2. 도시의 구성요소

(1) 도시의 유기적(일반적) 3대 구성요소

구분	내용
인구(시민, Citizen)	가장 기본적인 요소, 토지와 시설의 규모를 정하는 요소
활동(Activity)	주거, 생산, 위락
토지 및 시설(Facility)	건축 및 토지 등 활동을 위한 시설

(2) 도시의 물리적 3대 구성요소 : 동선, 배치, 밀도

———┤핵심문제

토지와 시설에 대한 물리적 계획 요소가 아닌 것은?　　　　　　　　[14년 1회, 17년 4회]

① 밀도　　　　　　　② 동선　　　　　　　③ 배치　　　　　　　④ 용도

답 ④

해설⊕--

도시의 물리적 3대 구성요소 : 동선, 배치, 밀도

(3) 도시활동 요소

1) 게데스(P. Geddes) : 생활, 생산, 위락
2) 르 코르뷔지에(Le Corbusier) : 생활(주거), 생산(근로), 위락(여가), 교통

3. 도시화 현상 및 도시 문제

(1) 도시화 현상

 1) 도시화의 정의

　① 도시 내의 모든 요소들이 상호작용을 통해 변화해가는 하나의 실증적 종합현상
　② 단순한 도시인구의 증가만을 의미하는 것이 아니고, 도시인구의 증가에 수반되는 인간생활양식의 변화를 의미
　③ 농업사회에서 산업사회로 탈바꿈하는 사회ㆍ경제적 변화의 과정을 의미(농촌인구가 도시지역으로 이동)
　④ 도시화란 비도시지역이 도시지역의 속성을 갖추게 되어가는 과정으로, 도시의 수적 증가 또는 기존 도시영역의 확대에 의해 진행

 2) 도시화의 주요 원인

　① 인구증가　　　② 소득증대　　　③ 교통발달

───────────────────────────────────┤핵심문제

★ 도시화 현상에 대한 정의로서 바람직하지 않은 것은?   [14년 4회, 17년 1회]

① 도시화는 도시의 행정구역이 넓어지는 현상이다.
② 도시화는 농촌인구가 도시지역으로 이동하는 현상이다.
③ 도시화는 농촌적 생활양식이 도시적 생활양식으로 변화하는 현상이다.
④ 도시화는 인간의 삶터가 공간적, 사회 · 경제적 측면에서 도시적으로 변화해가는 현상이다.

답 ①

해설⊕ --

도시화는 도시의 행정구역이 넓어지는 것이라기보다, 도시지역의 속성을 갖춘 도시의 영역이 확대해 나가는 것을 의미한다.

(2) 가도시화(Pseudo-urbanization) 현상

1) 정의

① 도시의 부양 능력에 비해 지나치게 많은 인구가 집중하여 인구만 비대해진 도시화를 의미한다.
② 제3세계로 불리는 개발도상국가에서 흔히 볼 수 있는 현상으로서, 산업화와 무관한 도시화 현상을 말한다.

2) 특징

① 도시의 공업화와 무관하게 진행되는 도시화
② 도시의 고용능력을 넘어서는 인구증가
③ 도시의 흡입요인보다 농촌의 압출요인에 의한 도시화
④ 비공식 부문(Informal Sector)의 증가와 이로 인한 각종 사회 · 경제적인 문제 야기
⑤ 도시에 불량주거지역이 형성
⑥ 현상유지도시화(Subsistence Urbanization)와 유사

───────────────────────────────────┤핵심문제

★ 도시인구의 증가속도가 도시산업의 발달속도보다 훨씬 커서 직장과 주택이 없는 사람들이 도시 빈민화하고 슬럼지구를 형성하며, 이들이 생존을 위해 비공식 경제부문에 종사하는 등 도시 경제의 잉여 부분에 기생하면서 살아가야 하는 현상을 무엇이라고 하는가?   [13년 2회, 21년 4회, 24년 3회]

① 젠트리피케이션   ② 역도시화   ③ 가도시화   ④ 종주도시화

답 ③

해설⊕ --

① 젠트리피케이션 : 도심공동화 현상에 따른 문제를 해결하기 위해 재개발사업 등을 통해 도심의 활성화를 도모하는 현상
② 역도시화 : 집적함으로써 발생하는 불이익이 이익보다 커질 경우 인구의 분산이 이루어지는 단계로서, 일명 유턴(U-turn) 현상이라고도 한다.
④ 종주도시화 : 한 국가의 많은 도시 중에서 인구 규모나 기능 등이 한 도시에 집중되어 여타 도시들을 지배하는 현상을 말한다.

(3) 도시화의 단계

1) 버그(Van den Berg)와 클라센(Klassen)의 도시화 3단계(도시공간의 순환과정)

도시화(집중적 도시화) → 교외화(분산적 도시화) → 역도시화

구분	내용
도시화 (Stage of Urbanization, 집중적 도시화)	• 산업활동이 전개되는 도시지역으로 인구집중이 일어나고, 농촌지역의 상대적 인구감소가 발생하는 단계 • 집적 순이익이 증가하는 추세를 가진 구간으로서 집중적 도시화로 도시인구가 증가
교외화 (Stage of Suburbanization, 분산적 도시화)	• 집적 순이익이 감소하는 추세를 가진 구간으로서 인구의 교외화가 이루어지는 시기 • 교외화로 인한 도시권의 확장은 기존 도시 중심부의 인구와 산업 등이 교외지나 농촌지역으로 이전함으로써 발생하며 도시 중심부는 인구감소 현상이 발생 • 서울의 도시화 단계는 수도권 전철, 광역교통망 정비 등에 의한 광역교통망의 정비와 교외지역의 신도시 건설에 의해 서울 주변으로 도시화가 확산되고 있는 분산적 도시화 단계에 해당
역도시화 (Stage of Deurbanization)	• 일명 유턴(U-turn) 현상이라고도 하며 대도시에서 비도시지역으로 인구의 전출이 전입을 초과함으로써 대도시의 상주인구가 감소하는 현상 • 집적함으로써 발생하는 불이익이 이익보다 커질 경우 인구의 분산이 이루어지는 단계 • 도시불량지역(Blue Belt) 형성

> **참고** **재도시화(Stage of Reurbanization)**
> 도심이 재개발됨으로써 기존의 노동자 주거지역이 중산층·고소득계층에게 점유되고 주거지역이 질적·환경적으로 좋아지는 현상

───────────────────────────────────── 핵심문제

인구증가에 따른 집적의 순이익이 감소하기 시작하여 집적의 이익과 불이익이 같아지는(집적의 순이익이 00이 되는) 때까지 나타나는 도시화 현상은? [14년 2회, 18년 1회]

① 집중적 도시화

② 분산적 도시화

③ 역도시화와 탈도시화

④ 재도시화

답 ②

해설 ⊕ ---

교외화(Stage of Suburbanization, 분산적 도시화)

• 집적함으로써 발생하는 이익과 불이익이 같아질 경우 인구의 교외화가 이루어지는 시기

• 교외화로 인한 도시권의 확장은 기존 도시 중심부의 인구와 산업 등이 교외지나 농촌지역으로 이전함으로써 발생하며 도시 중심부는 인구감소 현상이 발생한다.

• 서울의 도시화 단계는 수도권 전철, 광역교통망 정비 등에 의한 광역교통망의 정비와 교외지역의 신도시 건설에 의해 서울 주변으로 도시화가 확산되고 있는 분산적 도시화 단계이다.

(4) 도시 문제의 원인 및 대책

1) 도시 문제의 원인

인구의 도시 집중 → 도시의 과밀화, 거대화 → 각종 도시 문제 발생

① 주택 문제

② 교통 문제

③ 도시의 무질서한 팽창(난개발)

④ 기타

공해 문제, 공공 서비스 시설의 부족(상하수도, 교육, 의료, 문화), 도심공동화, 종주도시화, 아노미현상

> **참고**
>
> **도심공동화(都心空洞化, Donut Phenomenon)**
> 교외화로 인한 도시권의 확장으로 기존 도시 중심부의 인구와 산업 등이 교외지나 농촌지역으로 이전하게 되어 도시 중심부의 인구가 감소하는 현상
>
> **종주도시화**
> • 한 국가의 많은 도시 중에서 인구 규모나 기능 등이 한 도시에 집중되어 여타 도시들을 지배하는 현상
> • 개발도상국에서 나타나는 도시화 과정 중에 이같은 도시불균형상태가 심하게 나타난다.
> • 종주도시는 시민소득이나 소비성향, 정치·문화활동의 집중 그리고 고용기회 등이 도시에 편중되어 도시 간의 이중구조 현상을 나타낸다.
>
> **아노미(Anomie) 현상(뒤르켐, Durkheim)**
> 도시화의 진행에 따라 나타나는 사회병리현상으로, 흔히 대도시화로 인한 인간소외 등의 몰가치상황을 의미한다.

2) 도시 문제의 대책

① 대도시의 인구 및 기능의 지방분산을 통해 자족기능의 신도시 건설, 지방도시 육성

② 개발제한구역 설정 및 실시 등을 통한 대도시의 팽창 억제

③ 용도지구제, 도시 기반 시설 확충 등을 통한 도시 재개발

④ 젠트리피케이션 : 도심공동화 현상에 따른 문제를 해결하기 위해 재개발사업 등을 통해 도심의 활성화를 도모하는 현상

다음 중 현대 도시 문제에 대한 설명으로 옳지 않은 것은?　　　　　　　[16년 1회, 18년 2회]

① 대도시로의 급격한 인구집중과 도시성장은 오늘날의 도시 문제를 유발한 원인이 되었다.

② 도시의 과밀화로 인해 주택 부족, 교통 문제, 공공시설과 생활편의시설의 부족 등의 문제가 나타난다.

③ 현대 도시 문제는 사회·문화·경제뿐 아니라 물리적으로도 주변 도시들과 상호 긴밀하게 연관되어 있다.

④ 도시의 성장이나 쇠퇴로 인해 나타나는 도시 문제들은 전체 시민보다 일부 계층에 한정적으로 영향을 미친다.

답 ④

해설◐
도시의 성장이나 쇠퇴로 인해 나타나는 도시 문제들은 전체 시민에 영향을 주게 된다.

4. 도시의 유형 분류

(1) 도시의 기능적 분류

분류	주요 도시
종합도시	보통도시, 표준도시
정치도시(행정도시)	워싱턴, 브라질리아, 뉴델리, 뉴욕(경제도시)
문화도시	문화재를 많이 갖고 있거나 문화시설이 많은 도시
관광도시	제주
침상도시(Bed Town)	기숙사도시, 위성도시
산업도시	피츠버그, 디트로이트, 리옹, 맨체스터, 오사카, 울산
군사도시	진해
휴양도시	마이애미, 호놀룰루, 니스
항만도시	LA, 부산, 상해
교육도시	보스턴, 청주

(2) 학자에 따른 도시계획안

학자	제안도시 및 특징
소리아 이 마타 (A. Soria Y Mata)	선형도시(Linear City) • 도시 교통 문제에 관심 • 도시 규모의 과대화 방지 • 과잉교통 배제 • 도시환경의 악화를 방지하기 위하여 선상의 유통체계가 도시형태를 결정하도록 함
하워드(Ebenezer Howard)	전원도시
가니어(Tony Garnier)	공업도시
르 코르뷔지에 (Le Corbusier)	빛나는 도시(The Radiant City) • 도시의 과밀 완화(도심인구밀도＝3,000명/ha, 주변인구밀도＝300명/ha) • 도심의 고밀도화 고층화로 거주밀도를 높임(0.5mile의 인동간격) • 공지면적을 넓혀 수목면적을 높임(건폐율 5%의 오픈스페이스 확보) • 교통수단의 확충(철도, 비행기 교통을 포함한 입체교통센터를 배치)

─────────────────────────┤핵심문제

다음 중 학자와 그 계획안이 일치하지 않는 것은?　　　　　[12년 2회, 19년 2회, 23년 2회]

① Ebenezer Howard – 전원도시
② Tony Garnier – 공업도시
③ P. Abercrombie – 대런던계획
④ Frank Lloyd Wright – 빛나는 도시

답 ④

해설⊕--
르 코르뷔지에(Le Corbusier) – 빛나는 도시(The Radiant City)

② 도시기능체계와 공간구조

1. 도시기능의 변화 및 도시공간구조의 개념

(1) 도시기능과 구조의 변화

1) 도시기능의 변화

① 정주 · 휴식기능과 경제 · 산업기능 및 교육 · 문화기능은 지속
② 향후 정보 · 국제기능과 자치 · 정치 기능이 두드러질 것임

2) 도시구조의 변화

구조	내용
공간적 구조	다양성과 확대성(지하공간의 개발)
물리적 구조	시민생활의 편의성과 경제활동의 능률성을 극대화
산업구조	고부가가치를 지향
사회적 구조	사회기능의 분화로 더욱 다원화되고 다양화되는 구조로 변모
제도적 구조	민주적이고 자치적인 요소를 강화

(2) 도시공간구조 이론의 분류

구분	이론
도시지리학 또는 생태학적 접근이론	• 동심원이론 • 선형이론 • 다핵이론 • 제3지대이론 • 원심력 · 구심력이론
토지경제학적 접근이론	• 농업적 토지이용모델 • 지대이론 • 교환모델
도시사회학적 접근이론	• 사회지역 분석 • 갈등관리론적 접근이론 • 마르크스적 접근이론 • 다차원이론

2. 도시공간구조 이론

(1) 동심원이론 – 버제스(E. Burgess)

① 도시생태학을 기본이론으로 하고 있으며, 시카고를 대상으로 도시성장과 사회계층의 공간적 분화 과정을 밝혔다.

② 도시의 팽창이 도시 내부구조에 미치는 영향과 거주지 분화의 사회적 공간현상을 연구하였다.

③ 도시 성장의 일반적인 과정 속에는 집중과 분산의 개념이 동시에 포함된다고 가정하였다.

④ 교통로가 동심원 형태에 미치는 영향을 과소평가하였다.

⑤ 도시공간구조에서 버제스가 주장한 동심원이론은 CBD → 점이지대 → 근로자 주택지대 → 중산층 주택지대 → 통근자지대의 총 5개 지대로 구성된다.

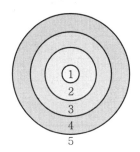

1. CBD(중심업무지구)
2. 점이지대
3. 근로자 주택지대
4. 중산층 주택지대
5. 통근자지대

┤핵심문제

버제스(Burgess)가 주장한 도시공간이론에서 수공업이나 소규모의 공장이 입지함으로써 주거환경이 악화되고 지가가 하락하여 비공식 부문의 종사자들이 유입되면서 슬럼 및 불량주택지구를 형성하는 지대는?
[14년 1회, 19년 1회, 23년 2회]

① 슬럼지대　　　　　　　　　　　　② 노동자주택지대
③ 점이지대　　　　　　　　　　　　④ 통근자지대

답 ③

해설⊕

• 변천지대를 의미하는 점이지대는 동심원이론에서 제2지대로서 유동성이 심한 지역이다.

• 기존 중심업무지구에 가까운 주거지역에서 점차 수공업이나 소규모 공장이 들어서면서 주거환경이 악화되고 이에 따라 지가가 하락함과 동시에 비공식 부문의 종사자들이 유입되면서 불량주택지구를 형성하게 된다.

• 일반적으로 점이지대 특성상 기존의 목적으로 형성되어 있던 공간에 다른 목적의 것이 들어오면, 기존에 있던 것보다 새로이 들어오게 되는 것의 특징이 점차 강해지게 되는 현상이 발생하게 된다.

(2) 선형이론 – 호이트(H. Hoyt)

1) 일반사항

미국의 142개 도시를 연구한 결과, 각 도시의 기능이 도심에서 뻗은 교통로를 따라 방사상의 부채꼴(Sector Structure)로 형성된다고 주장하였다.

2) 적용 방법

① 도시의 발달은 교통축을 따라 도심에서 외곽으로 부채꼴 모양으로 분화되어간다.

② 도시 내 주택가격 분포유형을 분석한다.

③ 상류층의 거주지 입지 선택 능력에 의해 도시 내 거주지 유형이 결정된다고 본다.

3) 내부구조

방사상의 교통로에 의한 지대분포의 유형에 의하여 선상 배열(중심업무지구 → 도매 · 경공업지구 → 저급주택지구 → 중산층 주택지구 → 고급주택지구)

4) 특징

① 도시의 형태 변화에는 상업기능이 주거기능보다 더 중요한 영향을 미친다.

② 선형이론의 비판 : W. Firey

③ 물리적인 공간도 입지과정에 있어 문화적으로 성격 지어진다.(문화적인 요소가 중요)

④ 문화에 따라 달라지는 가치체계의 소산으로 사회체계를 고려해야 한다.

⑤ 버제스의 동심원이론에 교통망의 중요성을 부각하고 도시성장 패턴의 방향성을 추가한 것으로 볼 수 있다.

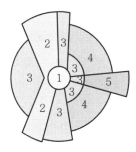

1. 중심업무지구
2. 도매 · 경공업지구
3. 저급주택지구
4. 중산층주택지구
5. 고급주택지구

(3) 다핵심 이론(다핵설)

1) 울만과 해리스(Ullman & Harris, 1945)

도시의 확대성장에 따라 도시 토지이용은 단핵에서 다수의 분리된 핵의 통합으로 이루어진 도시구조가 형성된다고 주장하였다.

2) 방법

① 동심원구조론과 선형이론을 결합한 이론

② 토지이용이 수 개의 핵을 중심으로 전개된다.

③ 내부구조 : 여러 개의 핵심지역 주위에 각 기능지역이 형성된다.

1. CBD(중심업무지구)
2. 도매 · 경공업지구
3. 저급주택지구
4. 중산층 주택지구
5. 고급주택지구
6. 중공업지구
7. 부심(주변업무지구)
8. 신주택지구
9. 신공업지구

──────────────────────┤핵심문제

다음 그림이 나타내는 이론과 "3(빗금친 부분)"에 해당하는 토지이용이 옳게 연결된 것은?

[12년 1회, 14년 4회, 18년 4회, 21년 2회, 24년 2회]

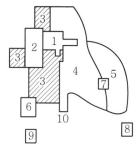

① 다핵심이론 – 고소득층 주거지구
② 선형이론 – 도매 · 경공업지구
③ 다핵심이론 – 저소득층 주거지구
④ 선형이론 – 점이지대

답 ③

해설⊕ ────────────────────────────────────

그림은 해리스 & 울만의 다핵심이론에 대한 토지이용도이며, "3(빗금친 부분)"은 도매 · 경공업지구와 가까워 주거환경이 열악한 곳으로 저소득층 주거지구에 해당한다.

❸ 도시의 발달

1. 도시의 기원과 고대도시

(1) 그리스 고대도시

1) 아테네(Athene)의 도시계획

① 이원적 체제(Acropolis, Agora)
- 아크로폴리스(Acropolis) : 도시가 내려다보이는 언덕 위에 위치, 정신적 상징
- 아고라(Agora) : 도시광장, 민주주의 실현장소(시장＋정치＋토론＋학습의 장)

② 도시 입구와 신전을 축으로 중간지점에 아고라를 배치하였다.

③ 이상도시 규모로 직접민주정치가 가능한 규모인 5천~1만 명 수준

④ 아테네를 제외한 대부분의 폴리스는 소규모의 성벽에 의해 도시부와 전원부로 구분되는 형태를 취하였다.

2) 히포다모스(Hippodamus)의 도시계획

① 격자형(Gridiron) 가로망 주장

② 문예부흥 이후 격자형 도시계획의 근원

③ 3조 이론 제안(3조 : 농부집단, 무장한 군인집단, 예술가 집단)

3개조로 이루어진 건물집단 및 지구와 도로배치를 구분하기 위해 시민계급을 구성하는 집단 구분

―――――――――――――――――――――――――――――― 핵심문제

다음 중 고대 메소포타미아와 이집트의 도시에서 시작되었던 것을 히포다무스(Hippodamus)가 그리스의 도시계획에 적용시킨 것은? [12년 1회, 15년 1회, 18년 4회]

① 격자형 가로망　　　　　　　　　　② 공공시설의 중앙배치

③ 공중정원의 설치　　　　　　　　　　④ 성곽의 축조

답 ①

해설⊕

히포다무스가 도시계획에서 주장한 것은 격자형 가로망 계획이다.

(2) 로마 고대도시

1) 일반사항

① 도로의 포장, 물의 공급, 하수도 등 토목 시설 건립이 활발히 이루어졌다.

② 그리스 도시들보다 큰 규모로 체계적으로 건설되었다.

③ 상하수도의 발달에 따라 서미(Thermae)라고 불리는 공중목욕탕이 운용되었다.

2) 도로체계

① 평탄한 지형에 형성되었고, 넓고 체계적인 도로망을 갖추었다.

② 가로망 형태는 로마 시가지를 4등분하는 형태이었으며, 주도로와 부도로를 카르도(Cardo)와 데쿠마누스(Decumanus)라고 불렀다.

③ 도로망의 확충에 따른 교통량의 증가로, 시저(Caesar)는 교통 문제의 해결을 위해 마차의 주간통행금지법을 시행하였다.

3) 포럼(Forum)

도시 중심에 위치한 교차로 광장으로서 그리스 아고라(Agora)와 유사한 성격을 가진다.

4) 폼페이(Pompeii)

① A.D. 79년에 일어난 화산폭발로 잿더미 속에 묻혀 있다가 1,700여 년 만에 발굴

② 칼리귤라(Arch of Caligula), 헤르쿠렐룸 극장, 프레스코 벽화, 원형 극장

③ 머큐리오 거리(Via Vi Mercurio), 체계적인 격자형 구성과 포장된 차도 및 보도가 구분 설치된 도로체계

④ 인구는 2만 5천~3만 명 정도로 추정

⑤ 이중 벽으로 둘러싸인 달걀 모양의 도시형태

│핵심문제

다음의 설명에 해당하는 도시는?　　　　　　　　　　[12년 1회, 14년 4회, 17년 2회, 20년 4회]

- 고대 로마제국의 지방 항구도시
- 머큐리오(Mercurio) 거리
- 인구는 2만 5천~3만 명 정도
- 격자형 가로 구성과 도로의 포장 및 보도 설치
- 이중 벽으로 둘러싸인 달걀 모양의 도시 형태

① 카스트라(Castra)　　　　　　　　② 팀가드(Timgard)
③ 아오스타(Aosta)　　　　　　　　④ 폼페이(Pompeii)

답 ④

해설⊕--
폼페이(Pompeii)에 대한 설명이다.

2. 중세 및 근세도시

(1) 중세도시 일반사항

1) 중세의 도시구조와 경관에 영향을 미친 요인

① 급수, 방위, 교통 등의 지리적 요인
② 방위의 필요조건
③ 토지, 식량, 물을 비롯한 생활요소의 공급능력은 당시 도시 인구 규모를 결정한 가장 큰 요인

2) 중세시대 후기에는 상공업의 발달로 상공인들은 조합의 성격을 갖는 길드를 조직하고 보다 많은 자유와 이익을 추구하기 위해 절대권력으로부터 독립하여 자유상업도시를 탄생시켰다.

(2) 중세도시 도시계획의 특징

1) 보루형 도시 : 방어를 위해 성벽 등을 갖는 도시로 개별도시가 고립됨
2) 간선도로망 형태 : 집중형, 중세적 광장(Square)
3) 중세도시의 물리적 요소 : 성벽, 시장, 사원
4) 중세도시의 구별 : 성채도시, 상업도시 등

(3) 이슬람 도시의 특성을 나타내는 도시와 국가

도시	국가
바스라(Basra)	이라크
카이로완(Kairouan)	튀니지
라바트(Rabat)	모로코
푸스타트(Fustat)	이집트
코르도바(Cordoba), 세비야(Sevilla)	스페인

(4) 르네상스 시대의 도시(근세도시)

르네상스 시대의 대표적인 도시계획가로는 레온 알베르티(Alberti), 아베르리노(Averlino), 스카모치(Scamozzi) 등을 꼽을 수 있으며, 이 중 알베르티는 르네상스 시대의 이상도시안을 제시한 최초의 인물로 평가된다.

---|핵심문제

다음 중 중세 유럽의 도시가 갖는 물리적 특성에 대한 설명으로 옳지 않은 것은? [14년 4회, 17년 1회]

① 성벽과 대규모 사원이 도시 공간의 주된 구성요소이다.

② 도심을 강조하기 위해 직선을 중심으로 계획하고, 엄격한 용도 규제를 통하여 도시 내부 기능을 분리하였다.

③ 필요한 기회가 주어질 때마다 이를 활용하는 유기적 계획(Organic Planning)의 형태로 진행되었다.

④ 방어를 위해 사용된 해자, 운하, 강이 개별도시를 고립시켰다.

📖 ②

해설 ⊕ -

중세도시의 도시계획의 특징은 도심을 강조하기 위해 집중형 간선도로망을 활용한 것이다.

3. 현대도시

(1) 도시미화운동(City Beautiful Movement)

1) 정의

① 1893년 미국 시카고세계무역박람회의 개최를 계기로 하여 모든 도시들의 역사적 공간에 오픈스페이스를 확보하고, 건축예술의 강조, 가로광장 등의 문화적 조형과 도시공원의 건설을 추구하는 운동이다.

② 다니엘 번헴(D. H. Burnham)이 주도하여 19C 말~20C 초까지 활발히 진행되었다.

2) 특징

① 도시설계(Urban Design)의 기원

② 도시 규모에 따라 공공건축물을 규제하는 도심부계획을 주축으로 함

③ 도시 중심부의 활력을 되찾게 함으로써 상류층을 끌어들여서 도시를 번창시킬 수 있었다.

④ 19세기 유럽의 수도를 그 기원으로 함(오스만의 파리 재건, 비엔나의 환상도로 건설이 모델)

⑤ 중앙집권적 사회체제에 바탕을 둠

⑥ 도시미화운동의 패턴은 정적이며, 절대적이고, 권위주의적임(도시의 주체인 시민생활이나 지각과는 괴리가 있음)

⑦ 도덕적으로 사회를 개선하는 방안으로 도시의 아름다움을 추구했던 사회개혁운동

⑧ 매우 구조화되고 정형적이며 사실적인 미를 강조하는 도시계획적 접근

⑨ 미국의 도시들이 유럽의 미술양식을 이용하여 유럽의 도시들과 문화적으로 대등한 위치에 도달할 수 있었다.

핵심문제

1893년 시카고에서 개최된 만국박람회를 계기로 D. Burnham의 도시디자인 철학에 따라 모든 도시들은 역사적 공간에 오픈스페이스를 확보하고 광장과 정원에 분수를 설치하도록 하였으며 도시 규모에 따라 공공건축물을 규제하였던 것으로 이후 미국 도시설계의 기원을 이룬 것은? [12년 4회, 20년 3회]

① 도시미화운동　　　　　　　　　　　② 전원도시운동
③ 부아쟁계획　　　　　　　　　　　　④ 이상도시론

답 ①

해설➊

도시미화운동(City Beautiful Movement)애 대한 설명이다.

(2) 아테네(Athens) 헌장

1) 정의

1933년 그리스 아테네에서 개최된 제4회 근대건축국제회의의 결론인 도시계획헌장

2) 내용

① 생활, 생산, 위락의 3가지 기능으로 도시를 분리하고 제4의 기능인 교통에 의해 이들을 결합시켜, 전인적(全人的)인 인간상의 측면에서 새롭게 도시와 인간의 관계를 본질적으로 포착하고 실현하기 위한 제안

② 1930년대 도시의 불건전하고 불합리한 기능적 상황을 비판

3) 진행

① CIAM 결성 : 1928년 르 코르뷔지에의 주장을 지지하는 각국 건축가들에 의하여 CIAM이 결성되어 아테네 헌장이 발표됨

② ASCORAL 결성 : 1945년 르 코르뷔지에는 건축쇄신을 위한 건설자의 모임(ASCORAL)을 조직하여 도시의 새로운 연구를 시작

③ TEAM X 결성 : 1954년 도시를 더욱 다이내믹하게 포착하고자 하는 젊은 층들이 이상도시적(理想都市的)인 합리주의를 비판하며 CIAM에 이어 TEAM X라는 그룹을 결성

④ 델로스(Delos) 선언 : 1963년 그리스 도시계획가인 독시아디스는 그의 이론 Ekistics(인간정주사회이론, Science of Human Settlement)를 전개하여 델로스 선언을 채택

⑤ 이후 뉴어바니즘(Charter of the New Urbanism) 등으로 이어짐

4) CIAM

① 성격

- 1928년 르 코르뷔지에(Le Corbusier)의 주장을 지지하는 각국의 건축가들에 의해 결성된 건축가 및 도시계획가 모임
- 1933년 아테네 회의에서 현대도시의 존재방식에 대한 생각을 정리하여 95조로 이루어진 아테네 헌장을 발표

② 주장

- 도시의 네 가지 기능 : 주거, 여가, 근로, 교통
- 도시계획은 주거단위를 중핵으로 하여 이들 기능의 상호관계를 결정해야 함
- 이상도시의 목표 : 초록, 태양, 공간

③ 평가

CIAM의 주장은 많은 사람들의 공명을 얻어 각국의 도시계획 및 주택지계획 속에 정착되어 감

┤핵심문제

★ 20세기 이후에 발표된 도시계획헌장들 중 최초의 도시계획헌장으로서, 이후 전 세계 도시계획 및 설계 분야의 발전에 많은 영향을 미친 것은? [13년 1회, 15년 2회, 18년 1회, 22년 1회]

① 아테네(Athens) 헌장 ② 뉴어바니즘(New Urbanism) 헌장
③ 메가리드(Megaride) 헌장 ④ 마추픽추(Machu Picchu) 헌장

🔲 ①

해설⊕--
도시의 기능적인 측면에 초점을 맞추어 추진되었던 아테네(Athens) 헌장에 대한 설명이다.

(3) 르 코르뷔지에(Le Corbusier) - 빛나는 도시(The Radiant City) 조건

① 도시의 과밀 완화(도심인구밀도＝3,000/ha, 주변인구밀도＝300/ha)
② 도심을 고밀도화, 고층화하여 거주밀도를 높임(0.5mile의 인동간격)
③ 공지면적을 넓혀 수목면적을 높임(건폐율 5%의 오픈스페이스 확보)
④ 교통수단의 확충(철도, 비행기 교통을 포함한 입체교통센터를 배치)

참고 르 코르뷔지에는 생활, 생산, 위락에 교통을 추가한 도시의 4가지 기능을 주장하였다.

(4) 미국지역계획가협회

1) 배경

① 20세기 초 미국의 상업주의적 개발방식과 도시미화운동을 비판
② 인간주의적이고 문화적 폭이 넓은 도시계획을 강조
③ 근린주구 개념의 새로운 소단위 주거형태를 주장

2) 6개의 일반적 주제

지속 가능한 건축(Sustainable Architecture), 건축과 사회(Architecture and Society), 도시화(Urbanization), 거주지(Habitat), 문화적 정체성(Cultural Identity), 시설(Facilities)

3) 멈포드, 빙, 매케이, 애커만 등이 주축

핵심문제

다음의 설명에 해당하는 것은?　　　　　　　　　　　　　　　　　[15년 1회, 18년 4회]

- 20세기 초 미국의 상업주의적 개발방식과 겉치레에 그치는 도시미화운동에 비판을 가하며 삶의 토대를 구체적 장소환경에서 찾아야 하며 가장 인간주의적이고 문화적 폭이 넓은 도시계획이 되어야 함을 강조한다.
- 도시구조형식은 근린주구의 개념을 따르며 소단위의 새로운 주거형태의 개발을 주장하였다.
- 멈포드, 빙, 매케이, 애커만 등이 주축이 되었다.

① 미국지역계획가협회　　　　　　　　② 세계건축가협회
③ 르네상스 운동　　　　　　　　　　④ 에키스틱스 운동

답 ①

해설⊕

미국지역계획가협회는 인간적이고 폭이 넓은 도시계획이 되어야 함을 강조했다. 또한 자연에의 회귀를 주장하면서 농업과 공업이 조화를 이루도록 하고 도시구조형식은 근린주구의 개념을 따르도록 하였다. 이러한 근린주구의 개념은 소단위의 새로운 주거형태를 주장한 것으로서 행정조직의 집중화가 아닌 소단위로의 분권화를 추구한다고 볼 수 있다.

---

(5) 도시설계의 이상적 모델

도시계획가	이상도시
토마스 모어	유토피아
로버트 오웬	협동마을
라이트(Wright)	브로드에이커 시티(Broadacre City)
하워드	전원도시(Garden City)
르 코르뷔지에	빛나는 도시
프리드만(Friedmann)	도시 위의 도시

01 인구·물리적 측면에서 도시의 정의에 해당하지 않는 것은? [12년 4회]

① 인구구성에서 2·3차 산업의 종사자 비율이 높은 지역
② 고층의 건물군과 도로, 상하수도, 기타 물리적 시설물이 집적된 지역
③ 농촌지역보다 상대적으로 많은 정주인구와 높은 인구밀도를 갖는 지역
④ 비교적 동질적인 성격의 인구가 대단위 집단으로 정주하고 있는 지역

해설
도시의 인구 구성은 이질적이며, 도시는 인구가 대단위 집단으로 거주하고 있는 특성을 가지고 있다.

02 다음 중 베버(M. Weber)가 정의한 도시의 의미로 옳은 것은? [12년 1회, 24년 1회]

① 지적 엘리트를 포함한 각종 비농업적 전문가가 많으며 상당한 규모의 인구와 인구밀도를 갖는 공동체
② 주민의 대부분이 공업적 또는 상업적인 영리수입에 의해 생활하고 정주하는 곳
③ 농촌에 비해 전문직 종사자가 많고 인공환경이 우월하며 인구 구성의 이질성이 강한 곳
④ 도시의 결정요인은 예술, 문화, 종교, 민주적인 정치형태이며, 평등한 시민이 활기에 차 있는 곳

해설
막스 베버는 도시를 상업적 취락지라고 규정하고 있으며, 이에 따라 주민의 대부분이 공업적 또는 상업적인 영리수입에 의해 생활하고 정주하는 곳으로 도시의 의미를 정의하고 있다.

03 다음 중 도시의 특성으로 옳지 않은 것은? [15년 2회, 22년 4회, 24년 1회]

① 높은 인구밀도   ② 동질성이 높은 사회
③ 익명성의 증가   ④ 기능의 집적과 분화

해설
도시는 이질성이 높은 주민으로 구성되어 있는 특징을 가지고 있다.

04 우리나라의 도시개발정책이 지향해야 할 방향으로 옳지 않은 것은? [16년 2회, 23년 1회]

① 개발 지향적 도시계획
② 지속 가능한 도시계획
③ 도·농 통합적 도시계획
④ 자원·에너지 절약형 도시계획

해설
개발 지향적 도시계획의 경우 제1차, 제2차 국토종합개발계획과 같이 성장거점개발 형식과 유사한 것으로서 현재의 도시계획의 성격과 맞지 않는다. 현재는 개발의 지향보다는 지속 가능성 및 에너지 절약 등에 초점이 맞추어져 있다.

05 다음 중 도시의 일반적인 구성요소가 아닌 것은? [15년 4회, 24년 2회]

① 문화(Culture)   ② 시민(Citizen)
③ 시설(Facility)   ④ 활동(Activity)

해설
도시의 유기적(일반적) 3대 구성요소

구분	내용
인구(시민, Citizen)	가장 기본적인 요소, 토지와 시설의 규모를 정하는 요소
활동(Activity)	주거, 생산, 위락
토지 및 시설(Facility)	건축 및 토지 등 활동을 위한 시설

06 다음 중 도시의 구성요소에 대한 설명으로 옳지 않은 것은? [15년 2회]

① '시민'은 도시를 구성하는 가장 기본적인 요소인 동시에 도시가 존재하는 이유이기도 하다.

② 게데스(P. Geddes)는 '도시 활동'을 생산과 소비로 구분하였다.

③ '토지'와 '시설'은 도시 공간상에서 물리적 상태로 존재하며, 도시의 형태를 만들어내게 된다.

④ '토지'와 '시설'에 대한 물리적 계획의 3대 요소는 밀도, 동선, 배치라고 할 수 있다.

해설

게데스(P. Geddes)는 도시 활동을 생활, 생산, 위락의 세 가지 요소로 구분하였다. 참고로 르 코르뷔지에는 생활, 생산, 위락, 교통을 주장하였다.

07 도시의 구성요소에 관한 설명으로 틀린 것은?

[14년 2회, 18년 1회, 24년 3회]

① 시민은 도시를 구성하는 가장 기본적인 요소이다.

② 게데스(P. Geddes)는 도시 활동을 생활, 생산, 위락의 세 가지 요소로 구분하였다.

③ 도시화의 컨트롤 수단으로서 인구이동의 통제는 토지이용 규제보다 더 유효하고 적법하다.

④ 도시 활동을 수용하고 지원하기 위해 토지 및 시설이 필요하다.

해설

인구이동의 경우 도시화 과정에서 도시 내의 집적이익의 증가 및 감소에 따라 자연스럽게 작용할 수 있도록 하는 것이 효과적이며, 이러한 자연스러운 현상을 유도하기 위하여 토지이용 규제를 이용하는 것이 도시화 컨트롤 수단으로 더 유효하고 적법하다.

08 도시의 물리적 계획의 3대 요소가 아닌 것은?

[13년 2회, 22년 1회]

① 시설   ② 밀도

③ 배치   ④ 동선

해설

도시의 물리적 3대 구성요소

동선, 배치, 밀도

09 영국의 도시계획가인 게데스(P. Geddes)가 구분한 도시활동의 요소가 아닌 것은?

[13년 1회, 21년 2회]

① 생활   ② 생산

③ 교통   ④ 위락

해설

문제 6번 해설 참고

10 도시의 부양능력에 비하여 지나치게 많은 인구가 집중하여 인구적으로만 비대해진 도시화를 무엇이라 하는가? [13년 1회, 22년 4회]

① 역도시화(Deurbanization)

② 어반스프롤(Urban Sprawl)

③ 외부경제(External Economy)

④ 가도시화(Pseudo-urbanization)

해설

가도시화(Pseudo-urbanization) 현상

• 도시의 부양 능력에 비해 지나치게 많은 인구가 집중하여 인구만 비대해진 도시화를 의미한다.

• 제3세계로 불리는 개발도상국가에서 흔히 볼 수 있는 현상으로서, 산업화와 무관한 도시화 현상을 말한다.

11 다음 중 1960년대 이후 나타난 우리나라 도시화 현상의 특징으로 가장 거리가 먼 것은?

[13년 1회, 16년 1회]

① 짧은 기간 동안 산업화와 더불어 진행되었다.

② 대도시와 수도권 중심으로 인구가 집중되었다.

③ 생활권 중심의 지방거점도시들이 균형적으로 성장하였다.

④ 경부축을 중심으로 산업단지의 개발 등 집중적인 투자가 진행되었다.

해설

1960년대 이후 우리나라 도시화 현상은 급격하게 진행되었으며, 경부축(구미, 부산, 울산, 포항, 경남 등)을 중심으로 집중적인 개발 투자가 이루어졌다. 또한 수도권 집중화 현상으로 말미암아 생활권 중심의 지방거점도시들의 균형적 발전은 현재에도 극복해야 하는 문제로 남아있다.

12 도시화의 진행과정으로 옳은 것은?

[15년 2회, 22년 2회]

① 집중적 도시화−역도시화−분산적 도시화
② 분산적 도시화−집중적 도시화−역도시화
③ 집중적 도시화−분산적 도시화−역도시화
④ 분산적 도시화−역도시화−집중적 도시화

● 해설

버그(Van den Berg)와 클라센(Klassen)의 도시화 3단계
도시화(집중적 도시화) → 교외화(분산적 도시화) → 역도
시화

13 도시화의 단계와 집접 이익 발생의 관계에서,
각 구간 a, b, c에 알맞은 도시화 단계를 순서대로
나열한 것은?　　　　[14년 1회, 19년 1회, 23년 1회]

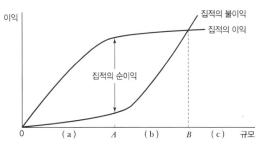

① 집중적 도시화−분산적 도시화−역도시화
② 집중적 도시화−역도시화−분산적 도시화
③ 분산적 도시화−집중적 도시화−역도시화
④ 분산적 도시화−역도시화−집중적 도시화

● 해설

- a : 도시화(Stage of Urbanization, 집중적 도시화)
  집적 순이익이 증가하는 추세를 가진 구간
- b : 교외화(Stage of Suburbanization, 분산적 도시화)
  집적 순이익이 감소하는 추세를 가진 구간
- c : 역도시화(Stage of Deurbanization)
  집적 불이익이 집적 이익을 초과하여 집적 순이익이 없
  고, 집적 불이익이 발생하는 구간

14 도심공동화로 인해 나타나는 현상으로 옳은
것은?　　　　　　　　　　　[13년 2회, 22년 2회]

① 직주근접현상 발생　　　② 주거환경의 개선
③ 기성 시가지의 활성화　　④ 야간인구의 격감

● 해설

도심공동화(都心空洞化, Donut Phenomenon) 현상
분산적 도시화(교외화)로 인한 도시권의 확장으로 주거 공
간이 교외로 이전함으로써, 주간에는 직장이 몰려 있는 도
심 중심부에 인구가 많지만, 퇴근 후(야간)에는 교외의 주거
시설로 이동하여, 야간에 도심 중심부의 인구가 격감하게
되는 현상을 말한다.

15 뒤르켐(Durkheim)이 지적한 도시의 아노미
(Anomie) 현상에 대한 설명으로 옳은 것은?

[13년 4회, 21년 4회, 22년 4회, 24년 3회]

① 도시 인구의 증가로 인한 도시 기반시설의 부족현
　상이다.
② 도시에 대해 적대감을 갖는 것으로, 사회적 도덕적
　생활에 대한 위협이라는 관점에서 생겨났다.
③ 도시의 기능분화로 인해 발생하는 도시의 윤리적
　문제이다.
④ 도시화의 진행에 따라 나타나는 사회병리현상으
　로, 흔히 대도시화로 인한 인간소외 등의 몰가치상
　황을 의미한다.

● 해설

아노미(Anomie) 현상
도시의 이질적 인구구성 및 빈번하지만 일회성에 그치는
시민 간의 만남에서 발생하는 인간소외 등의 몰가치상황을
말한다.

16 다음 중 도시를 도시기능에 따라 분류한 것
은?　　　　　　　　　　　　　　　　[12년 4회]

① 산업도시
② 침상도시(Bed Town)
③ 중소도시
④ 급성장도시

● 해설

중소도시는 도시의 규모에 따른 분류이며, 급성장도시는
도시의 성장 및 쇠퇴 속도에 따른 분류에 해당한다.

도시의 기능적 분류

분류	주요 도시
종합도시	보통도시, 표준도시
정치도시 (행정도시)	워싱턴, 브라질리아, 뉴델리, 뉴욕(경제도시)
문화도시	문화재를 많이 갖고 있거나 문화시설이 많은 도시
관광도시	제주
침상도시 (Bed Town)	기숙사도시, 위성도시
산업도시	피츠버그, 디트로이트, 리옹, 맨체스터, 오사카, 울산
군사도시	진해
휴양도시	마이애미, 호놀룰루, 니스
항만도시	LA, 부산, 상해
교육도시	보스턴, 청주

17 도시 교통 문제에 관심을 갖고 도시 규모의 과대화를 방지하고 과잉교통을 배제하며 도시환경의 악화를 방지하기 위하여 선상의 유통체계가 도시 형태를 결정하도록 하는 선형도시안을 주장한 사람은? [12년 2회]

① 테일러(Taylor)
② 언윈(Unwin)
③ 마타(Mata)
④ 게데스(Geddes)

◁ 해설 ▷

선형도시(Linear City)안을 주장한 사람은 소리아 이 마타(A. Soria Y Mata)이다.

18 다음 중 르 코르뷔지에(Le Corbusier)가 1920년대에 제안한 현대도시 계획안에서의 도시계획과 설계이론을 구성하는 요소에 해당하지 않는 것은? [13년 1회, 20년 1 · 2회]

① 수직적 건물 구성
② 고층건물 사이의 충분한 녹지공간
③ 보차접근의 분리
④ 도시 중심부의 대규모 상징적 오픈스페이스

◁ 해설 ▷

르 코르뷔지에(Le Corbusier)의 빛나는 도시(The Radiant City)의 도시계획 및 설계 구성요소

• 도시의 과밀 완화(도심인구밀도＝3,000/ha, 주변인구밀도＝300/ha)
• 도심의 고밀도화, 고층화로 거주밀도를 높임(0.5mile의 인동간격)
• 공지면적을 넓혀 수목면적을 높임(건폐율 5%의 오픈스페이스 확보)
• 교통수단의 확충(철도, 비행기 교통을 포함한 입체교통센터를 배치)

19 토지이용 관련 이론 중 동심원지대이론에 대한 설명으로 틀린 것은? [16년 2회, 20년 1 · 2회, 24년 1회]

① 제3지대는 근로자 주거지대에 해당된다.
② 일반적인 구조는 5개의 동심원으로 구성된다.
③ 호이트가 1939년 논문을 통해 독자적으로 전개한 이론이다.
④ 도시 성장의 일반적인 과정 속에는 집중과 분산의 개념이 동시에 포함된다고 본다.

◁ 해설 ▷

호이트가 1939년 논문을 통해 독자적으로 전개한 이론은 선형이론이다.

20 도시내부공간 구조모형 중의 하나인 동심원 이론에 대한 설명으로 틀린 것은? [13년 1회, 23년 2회]

① 도시생태학을 기본이론으로 하고 있다.
② 도시 성장의 일반적인 과정 속에는 집중과 분산의 개념이 동시에 포함된다고 보았다.
③ 토지이용은 중심업무지구로부터 5개의 동심원으로 구성된다.
④ 도시 내의 각종 활동과 기능은 주요 교통로를 따라 이루어진다.

◁ 해설 ▷

도시 내의 각종 활동과 기능이 교통로(교통축)를 따라 형성되는 것은 호이트의 선형이론에 해당한다.

21 도시공간구조 이론인 Hoyt의 선형이론에서, 선형 형태를 형성하는 데 영향을 주는 핵심적 요인은? [13년 4회]

① 가로변 상업지역
② 공업단지의 입지
③ 고소득층의 주거지역
④ 저소득층의 주거지역

⬤해설

호이트(H. Hoyt)의 선형이론에서는 상류층의 거주지 입지 선택 능력에 의해 도시 내 거주지 유형이 결정된다고 본다.

22 도시공간구조 이론 중 다핵심이론을 주장한 학자는? [13년 4회, 24년 3회]

① 버제스(E. W. Burgess)
② 매킨지(H. Mackenzie)
③ 에릭센(E. G. Ericksen)
④ 해리스와 울만(C. D. Harris & E. L. Ullman)

⬤해설

다핵심 이론 – 해리스와 울만(Harris & Ullman, 1945)
도시의 확대성장에 따라 도시 토지이용은 단핵에서 다수의 분리된 핵의 통합으로 이루어진 도시구조가 형성된다고 주장하였다.

23 도시공간구조를 설명한 호이트의 선형이론과 관련이 없는 것은? [12년 4회, 23년 4회]

① 상류층의 거주지 입지 선택 능력에 의해 도시 내 거주지 유형이 결정된다.
② 도시의 발단은 교통축을 따라 도심에서 외곽으로 부채꼴 모양으로 분화되어 간다.
③ 도심부에 고급주택지가 형성되어 있고, 외곽지로 갈수록 저소득층의 주택지가 형성된다.
④ 버제스의 동심원이론에 교통망의 중요성을 부각하고 도시성장 패턴의 방향성을 추가한 것으로 볼 수 있다.

⬤해설

도심부로부터 중심업무지구 → 도매·경공업지구 → 저급주택지구 → 중산층 주택지구 → 고급주택지구로 형성된다. 즉, 중심부에는 업무 및 공업, 외곽지로 갈수록 고급주택지구가 형성된다.

24 도시공간구조 이론 중 해리스와 울만이 제시한 다핵심구조이론(Multiple Nuclei Theory)에서의 기능지역에 해당하지 않는 것은?
[12년 2회, 20년 4회, 24년 1회]

① 도시교통시설지역 ② CBD
③ 중공업지역 ④ 교외주거지역

⬤해설

다핵심이론의 기능지역
• CBD(중심업무지구)   • 도매·경공업지구
• 저급주택지구   • 중산층 주택지구
• 고급주택지구   • 중공업지구
• 부심(주변업무지구)   • 신주택지구
• 신공업지구

25 다음 중 도시 중심부에 도심광장인 아고라를 배치하여 시민들의 교역, 사교 및 집회장으로 활용한 시대의 도시는? [16년 2회, 23년 4회]

① 고대 그리스 도시
② 중세 중국 도시
③ 중세 유럽 도시
④ 고대 메소포타미아 도시

⬤해설

아테네의 도시계획은 아크로폴리스와 아고라의 이원적 체제의 성격을 가지고 있다.
• 아크로폴리스(Acropolis) : 도시가 내려다보이는 언덕 위에 위치, 정신적 상징
• 아고라(Agora) : 도시광장, 민주주의 실현장소(시장+정치+토론+학습의 장)

26 고대 그리스 도시국가에 관한 설명으로 틀린 것은? [13년 4회, 20년 3회]

① 아테네를 제외한 대부분의 폴리스는 소규모의 성벽에 의해 도시부와 전원부로 구분되는 형태를 취하였다.

② 도시 형태는 원칙적으로 정방형 또는 직사각형이며, 카르도와 데쿠마누스가 격자가로망의 기초였다.

③ 시가지 내에는 아고라(Agora)라는 광장이 있어 정치 및 교역활동과 같은 다양한 용도로 사용되었다.

④ 밀레투스, 비잔티움, 시라쿠사, 네아폴리스, 알렉산드리아는 대표적인 그리스의 식민도시다.

해설

카르도와 데쿠마누스는 로마 시가지의 격자형 가로망 형태의 주도로와 부도로를 각각 의미하며, 고대 그리스 도시국가의 도시형태 구성을 설명하는 것과는 거리가 멀다.

27 고대 그리스 도시의 특징으로 틀린 것은? [12년 4회, 17년 1회, 20년 4회, 24년 2회]

① 도시 입구와 신전을 축으로 중간지점에 아고라를 배치하였다.

② 본토의 해안지역에서 자연적으로 발생한 도시는 질서 있는 격자형의 도로망을 갖추었다.

③ 페르시아와의 전쟁 후 복구과정에서 격자형 가로망 체계가 일부 본토의 도시에서 채택되었다.

④ 주로 자연항을 사용하였으나 필요한 경우 제방을 쌓아 인공항만을 건설하였다.

해설

본토의 해안지역에서는 해안선을 따라 선형으로 도시가 형성되었으며, 격자형 가로망 체계의 경우는 자연적 형성이 아닌 도시계획에 의해 형성되었다. 고대 그리스에서 히포다무스(Hippodamus)가 도시계획에 의한 격자형 가로망 형성을 주장하였다.

28 그리스의 건축가이며 도시계획가인 히포다무스는 도시계획에 관한 3조이론을 제안하였다. 여기서 3개조로 이루어진 건물집단 및 지구와 도로배치를 구분하기 위해 구성된 시민계급의 분류에 해당되지 않는 것은? [13년 2회, 16년 4회, 24년 1회]

① 사제집단　　　　　② 농부집단

③ 무장한 군인집단　　④ 예술가 집단

해설

히포다무스의 도시계획에서 3개조는 농부, 무장한 군인, 예술가 집단을 의미한다.

29 고대 도시 및 도시 계획적 특성이 틀린 것은? [14년 2회, 17년 4회, 23년 1회]

① 동양의 고대도시 기원은 기원전 2000년경 황하 중류지방 산동성 지역에 형성된 상 왕조에서부터 비롯되었다.

② 고대 그리스 도시는 도시 입구와 신전을 축으로 중간 지점에 아고라(Agora)를 배치하였다.

③ 로마는 광장(Forum)을 중심으로 발전하였다.

④ 히포다무스는 고대 그리스 도시에 방사형 가로체계를 발전시켰다.

해설

히포다무스(Hippodamus, 도시계획의 아버지)는 격자형 가로망 체계를 주장하였다.

30 다음 중 고대 로마 도시의 도시계획적 특성에 대한 설명으로 옳지 않은 것은? [16년 1회]

① 평탄한 지형에 형성되었고, 넓고 체계적인 도로망을 갖추었다.

② 그리스 도시들보다 체계적으로 건설되었으며 규모가 훨씬 컸다.

③ 시저(Caesar)는 교통 문제의 해결을 위해 마차의 주간통행금지법을 시행하였다.

④ 로마의 중심광장인 아고라는 신전, 법정, 의사당 등의 복합적인 기능을 수행하였다.

해설

아고라는 고대 그리스의 중심이었으며, 고대 로마 도시는 그 기능을 포럼(Forum)이 담당하였다.

31 서양 중세도시의 규모 결정에 가장 큰 영향을 미친 것은?
[14년 1회]

① 방위, 교통을 비롯한 지리적 요인
② 방어를 위한 성곽 축조 능력
③ 교회와 수도원의 인문사회적 요인
④ 토지, 물, 식량을 비롯한 생활요소의 공급능력

해설

중세의 도시구조와 경관에 영향을 미친 요인 중 도시 규모 결정에 가장 큰 영향을 미친 것은 토지, 식량, 물을 비롯한 생활요소의 공급능력이다.

32 중세시대 이슬람 도시의 특성을 나타내고 있는 도시와 국가의 연결이 틀린 것은?
[16년 1회, 18년 2회, 23년 2회]

① 바스라(Basra)－튀니지
② 라바트(Rabat)－모로코
③ 푸스타트(Fustat)－이집트
④ 코르도바(Cordoba)－스페인

해설

이슬람 도시의 특성을 나타내는 도시와 국가

도시	국가
바스라(Basra)	이라크
카이로완(Kairouan)	튀니지
라바트(Rabat)	모로코
푸스타트(Fustat)	이집트
코르도바(Cordoba), 세비아(Sevilla)	스페인

33 아래의 설명과 같은 르네상스 시대의 이상도시를 구성하고자 하였던 사람은?
[12년 1회, 21년 1회]

> 중앙광장과 방사형 도로로 도시를 구성하고 도시에 장중함을 부여하고 군사전략상 이동을 원활하게 하기 위하여 넓고 곧은 도로를 선호하였다. 경관적인 면에서는 도로를 따라 세워져 있는 건물들이 한꺼번에 많이 시야에 들어올 수 있도록 고려하였다.

① 비아지오 로제티
② 도메니코 폰타나
③ 레온 알베르티
④ 레오나르도 다빈치

해설

레온 알베르티는 르네상스 시대의 이상도시안을 제시한 최초의 인물이다.

34 1893년 미국 시카고의 만국박람회 개최를 계기로 시작된 도시미화운동이 19세기와 20세기의 토지이용 및 도시계획수립에 미친 영향과 거리가 먼 것은?
[14년 2회]

① 도시를 미적으로 개선함으로써 도시빈민층들에게 새로운 시민의식과 윤리적 가치를 불어 넣을 수 있었으며 이를 통해 어느 정도 사회악을 제거할 수 있었다.
② 미국의 도시들이 유럽의 미술양식을 이용하여 유럽의 도시들과 문화적으로 대등한 위치에 도달할 수 있었다.
③ 도시빈민층의 생활환경개선을 위해 도심부에 많은 민간 임대주택의 건설과 일자리 창출을 통해 모두가 평등한 사회를 이룩할 수 있었다.
④ 도시 중심부의 활력을 되찾게 함으로써 상류층을 끌어들여서 도시를 번창시킬 수 있었다.

해설

도시미화운동의 패턴은 정적이며, 절대적이고, 권위주의적인 특징을 갖고 있어서, 도시의 주체인 시민이나 도시빈민층에 대해 시민의식이나 윤리적 가치를 심어주는 정적인 의식개혁은 가능하였으나, 도시빈민층의 생활환경개선 등에 대한 활동은 미비하였다.

35 근대건축국제회의(CIAM)의 아테네 헌장(1933)에서 구분한 도시의 활동 기능에 해당하지 않는 것은? [14년 1회, 24년 2회]

① 공공   ② 주거
③ 위락   ④ 교통

해설
아테네 헌장에서 구분한 도시의 네 가지 기능은 주거, 여가, 근로, 교통이다.

36 가장 인간주의적이고 문화적 폭이 넓은 계획을 주장한 미국지역계획가협회에 속한 학자들의 도시계획 내용으로 옳지 않은 것은? [15년 4회]

① 도시 구조 형식은 근린주구의 개념을 강조
② 소단위의 새로운 주거형태의 개발을 강조
③ 자연에의 회귀를 주장하며 농업과 공업의 조화를 강조
④ 행정조직의 집중화를 주장하며 전원도시운동의 이념을 강조

해설
미국지역계획가협회는 인간적이고 폭이 넓은 도시계획이 되어야 함을 강조했다. 또한 자연에의 회귀를 주장하면서 농업과 공업이 조화를 이루도록 하고 도시구조형식은 근린주구의 개념을 따르도록 하였다. 이러한 근린주구의 개념은 소단위의 새로운 주거형태를 주장한 것으로서 행정조직의 집중화가 아닌 소단위로의 분권화를 추구한다고 볼 수 있다.

37 현대도시와 관련한 계획가와 관련 계획 및 주장의 연결이 옳은 것은?
[12년 4회, 15년 2회, 20년 3회, 22년 4회, 23년 4회]

① 멈포드(L. Mumford) − 근린주구단위계획
② 르 코르뷔지에(Le Corbusier) − 대런던계획(Greater London Plan)
③ 라이트(F. L. Wright) − 브로드에이커시티(Broadacre City)
④ 아베크롬비(P. Abercrombie) − 부아쟁계획(Plan Voisin)

해설
① 근린주구단위계획 − 페리
② 대런던계획 − 아베크롬비
④ 부아쟁계획 − 르 코르뷔지에

1 도시계획의 개념과 이론

1. 도시계획의 필요성 및 도시계획의 범위와 주요 내용

(1) 도시계획의 필요성

① 토지이용의 효율성 제고
② 공공재의 남용 방지
③ 기업의 독점권 방지
④ 공공서비스의 제공 및 시장경제 실패의 개선
⑤ 인간사회의 공동목표와 가치 구현
⑥ 도시 토지이용에 있어 시간 및 공간의 조화를 추구

핵심문제

도시계획의 필요성으로 옳지 않은 것은?　　　　　　　　　[13년 1회, 16년 1회, 23년 1회]

① 공공재의 부족을 방지하기 위하여
② 토지이용의 효율화를 높이기 위하여
③ 인간사회의 개인적인 목표를 이루기 위하여
④ 도시가 원활히 가능할 수 있게 하기 위하여

답 ③

해설⊕
인간사회의 공동목표와 가치 구현 등을 위해 도시계획이 필요하다.

(2) 도시기본계획의 정의 및 도입배경

1) 정의

특별시 · 광역시 · 시 · 군의 관할구역에 대하여 기본적인 공간구조와 장기적 발전 방향을 제시하는 종합계획으로서 도시관리계획 수립의 지침이 되는 계획

2) 도입배경

① 개발수요에 대한 합리적 대응
② 도시관리계획의 잦은 변경 방지
③ 합리적이고 과학적인 도시계획 수립

(3) 도시관리계획의 내용

① 지구단위계획구역의 지정 또는 변경에 관한 계획과 지구단위계획

② 용도지역 · 용도지구의 지정 또는 변경에 관한 계획

③ 개발제한구역 · 도시자연공원구역 · 시가화조정구역 · 수산자원보호구역의 지정 또는 변경에 관한 계획

④ 기반시설의 설치 · 정비 또는 개량에 관한 계획

⑤ 도시개발사업 또는 정비사업에 관한 계획

2. 도시계획이론과 사조

(1) 절차적 이론(Procedual Planning Theory)과 실체적 이론(Substantive Planning Theory)

절차적 이론	실체적 이론
• 보다 효율적이고 합리적인 계획을 수립하고 실행하기 위한 계획과정에 관한 이론 • 계획 자체가 어떻게 작용하는가에 관한 이론(계획의 수립 및 시행과 관련된 이론) • 계획대상(도시계획이냐, 경제계획이냐)에 관계없이 계획 활동 자체가 추구하는 이념이나 목표, 원칙에 따른 절차 및 제도적 장치 등에 관한 일반적인 이론	• 경제 또는 사회의 구조나 현상 등을 설명하고 예측하는 이론으로 계획현상이나 계획대상에 관한 이론 • 다양한 계획 활동에 있어 각기 필요로 하는 분야별 전문지식에 관한 이론 • 예를 들면 경제계획의 경우 경제성장이론과 분배이론, 도시계획의 경우 토지이용계획이론과 교통계획 이론

──┤핵심문제

계획이론을 실체적 이론(Substantive Theories)과 절차적 이론(Procedural Theories)으로 구분할 때, 다음 중 절차적 이론에 대한 설명으로 옳지 않은 것은?　　　　　　[16년 1회, 17년 2회, 22년 2회]

① 보다 효율적이고 합리적인 계획을 수립하고 실행하기 위한 계획의 과정에 관한 이론이다.

② 경제 또는 사회의 구조나 현상 등을 설명하고 예측하여 문제의 해결 대안을 제시하는 이론이다.

③ 계획의 대상이 되는 현상에 대한 이해보다는 계획 그 자체가 어떻게 작용하는가에 관한 이론이다.

④ 계획이 추구하는 목표와 가치에 따라 계획안을 만들어 내는 과정에 관한 공통적이고 일반적인 이론이다.

답 ②

해설⊕ ------

경제 또는 사회의 구조나 현상 등을 설명하고 예측하여 문제의 해결 대안을 제시하는 이론은 실체적 이론에 해당한다.

(2) 허드슨(Hudson)의 계획이론 분류

1) 종합적 계획(Synoptic Planning)

① 목표와 문제, 수단과 제약조건 등이 통합적으로 명료하게 제시되는 계획이론이다.

② 체계적 접근 방법을 통해서 계획이 문제를 규명하고, 결정론적 모형을 구성하는 특징을 가진다.

③ 계획은 합리적이며 과학적이어야 한다는 인식에 바탕을 둔 계획이론이다.

2) 교류적 계획(Transaction Planning)

① 프리드만(J. Friedmann)에 의해 발전한 계획

② 공익이라는 불확실한 목표를 추구하기보다는 계획과 관련된 사람들 간의 상호교류와 대화를 통해 계획을 수립하는 것으로 계획은 합리적이고 과학적이어야 한다는 인식에 대한 비판적 반응

③ 인간의 존엄성에 기초를 두는 신휴머니즘적 사고에 기초

④ 계획가와 계획에 영향 받는 사람들 간의 대화와 이를 통한 사회적 학습과정 형성을 중시

3) 옹호적 계획(Advocacy Planning)

① 다비도프(Paul Davidoff)에 의해 주창된 이론으로서, 주로 강자에 대한 약자의 이익을 보호하는 데 적용

② 지역주민의 이익을 대변하는 접근 방법

③ 다원적인 가치가 혼재하고 있는 사회에서는 단일 계획안보다는 복수의 다원적인 계획안들을 수립하는 것이 바람직하다고 봄

④ 사회정책의 수립과정을 막후의 협상에서 공개적인 계획과정으로 끌어내는 데 기여

⑤ 대규모 프로젝트가 유발할 수 있는 환경적인 영향과 사회적인 영향에 대한 사전적 평가 요구

4) 점진적 계획(Incremental Planning)

① 린드블롬(C. Lindblom)에 의해 주창된 이론

② 총합적 계획의 비현실성을 비판하면서 인간의 지적 능력의 한계와 의사결정의 제약으로 총합적 분석은 불가능하므로 제한된 대안만을 고려해야 한다는 이론

③ 현상을 부분적 점진적으로 개선할 수 있는 제한된 수의 대안을 검토하여 선택하는 것

④ 총합적 계획에 있어 목표, 문제해결, 대안평가와 결정의 집행 등이 지나치게 중앙집중적인 점을 보완

⑤ 논리적 일관성이나 최적의 해결대안을 제시하기보다는 지속적인 조정과 적용을 통한 계획의 목표를 추구하는 접근 방법

⑥ 세계 어느 곳에서도 적용이 가능한 현실적 이론

5) 급진적 계획(Radical Planning)

① 사회구조, 사회적 의사결정 과정의 구조를 보다 거시적인 관점에서 비판적으로 분석하는 계획 이론

② 집단 행동을 통해서 계획에 대한 실행 결과를 달성할 수 있다고 보며, 이에 따라 구체적이고 실천적인 경향을 가짐

핵심문제

계획이론 중 종합적 계획이 갖는 비현실성에 대한 비판과 보완에서 출발하여, 논리적 일관성이나 최적의 해결 대안을 제시하는 것보다는 지속적인 조정과 적용을 통하여 계획의 목표를 추구하는 접근 방법을 제시한 학자와 이론의 연결이 옳은 것은?   [12년 2회, 16년 4회, 20년 3회, 23년 4회]

① Friedmann : 교류적(Transactive) 계획   ② Davidoff : 옹호적(Advocacy) 계획
③ Faludi : 체계적(System) 계획   ④ Lindblom : 점진적(Incremental) 계획

답 ④

해설⊕
린드블롬에 의해서 제시된 점진적 계획(Incremental Planning)에 대한 내용이다.

핵심문제

계획이론 중 다비도프(Davidoff)에 의해 주창되었으며, 1960년대 미국의 법조계에서 형성된 피해구제절차와 같은 사회제도를 계획 개념으로 수용하여 주로 강자에 대한 약자의 이익을 보호하는 데 적용된 이론은?   [13년 1회, 15년 2회, 18년 1회]

① 종합적 계획   ② 교류적 계획
③ 옹호적 계획   ④ 급진적 계획

답 ③

해설⊕
다원적인 관점에서 이론을 펼친 옹호이론(Advocacy Planning)에 대한 내용이다.

(3) 선택이론(Choice Theory)

① 다비도프(Paul Davidoff)와 라이너(T. A. Reiner)에 의해 제시된 이론
② 선택이론의 기본적 전제는 집합적인 사회적 행위는 개별적인 행위자의 행위로부터 연유하는 것으로서, 이것을 도시계획적 관점으로 볼 때 도시의 결정요인은 인구나 그에 따른 건물들의 요소들이 도시의 큰 맥락을 결정하는 요인이라고 할 수 있다.
③ 주민들로 하여금 그들의 가치를 찾아내어 스스로 결정·선택하도록 유도하는 것
④ 도시계획에서 계획과정을 하나의 선택 행위의 연속으로 보는 이론으로 선택된 가치와 목표를 구체적으로 실현시킬 대안들을 찾아내어 그중 가장 좋은 안을 선택하는 것
⑤ 일부 과정에만 적용가능하며, 선택이 제한적이다.

(4) 에버니저 하워드(Ebenezer Howard)의 전원도시론(田園都市論)

1) 정의

거대도시 또는 과대한 도시화를 방지, 완화하면서 도시와 전원의 조화를 도모

2) 조건

① 인구는 3~5만 명 정도
② 도시 주변에 넓은 농업지대 보유
③ 자족이 가능한 산업 보유
④ 도시 내부에 충분한 공지 확보
⑤ 도시의 토지는 공유

3) 주요 사례

① 1903년 런던 북쪽 35mile 거리에 레치워스(Letchworth) 건설
② 1919년 런던에서 20mile 거리에 웰윈(Welwyn) 건설

┤핵심문제

에버니저 하워드가 주장한 전원도시의 원칙으로 틀린 것은?　　　[12년 4회, 19년 1회, 23년 2회]

① 도시의 계획인구를 제한한다.
② 도시 주위에 넓은 농업지대를 영구히 보전하여 도시와 농촌의 장점을 결합한다.
③ 시민경제를 유지할 수 있는 산업을 유치하여 경제기반을 확보한다.
④ 도시의 발달에 따른 개발이익은 공유화하되 토지는 사유화를 원칙으로 한다.

답 ④

해설⊕
전원도시론(田園都市論)에서의 토지는 공유함을 조건으로 한다.

(5) 근린주구이론

1) 개념

초등학교 도보권을 기준으로 설정된 단위주거구역으로서, 어린이놀이터, 상점, 교회당, 학교와 같이 주민생활에 필요한 공공시설의 기준을 마련하고자 한 도시계획이론의 하나이다.

2) 문제점

① 근린주구단위는 폐쇄적이고 배타적인 자족공동체를 형성하여 계층 간·인종 간 분리를 조장함으로써 계획가들이 추구하고자 하는 시대적 목표의 달성을 오히려 어렵게 할 우려가 있다.
② 성장에 대한 신축성이 결여되고, 전통적 가로기능의 축소 및 경관의 훼손을 초래한다.
③ 근린주구단위 규모가 자족적인 주거단지를 형성하기에는 너무 작으며, 초등학교를 중심으로 계획기준이 설정되어 있어 근린주구 내에서 상호 복합적인 활동이 이루어지기에 부적합하다.

3) 시대에 뒤떨어진 개념

① 도시인의 기본적 동기인 새로운 접촉 · 경제적 기회 · 익명성 등을 무시하고 농촌생활로의 복귀에 기반을 둔다.

② 도시인의 유동성은 점점 더 확대되기 때문에 근린주구의 자족적인 생활단위로 제한하는 것은 무리이다.

(6) 존 프리드만(John Friedmann)의 계획사상 분류

이론	내용
사회개혁이론	• 사회적 지도의 일종으로, 전문성이 요구되는 책임과 실행 기능이라고 이해 • 맨하임(K. Manheim), 달(R. Dahl), 린드블롬(C. Lindblom), 에치오니(A. Etzioni)
정책분석이론	• 합리적 의사 결정을 통해 조직의 행태를 변화시키고 생산성을 향상시킴 • 사이먼(H. Simon)
사회학습이론	• 듀이(J. Dewey)의 실용주의와 마르크스주의에서 영향을 받음 • 상호 모순성을 극복하는 것에 초점
사회동원이론	• 아래로부터의 계획을 통한 직접적인 집단행동을 강조 • 과학의 중재 없이 시행되는 일종의 정치 형태라고 정의

② 공간계획체계

1. 우리나라의 공간계획체계

(1) 국토계획의 성격

구분	내용
종합계획	경제계획, 사회계획, 물리계획을 종합하는 종합계획이다.
지침제시적 계획	하위운영계획의 지침을 제시하는 지침제시적 계획으로 국가의 정책계획이다.
국가적 계획	지역적 수준의 범위는 최상위인 국가를 바탕으로 하는 계획이다.
장기적 계획	계획기간이 20년이며, 국토의 균형발전을 목표로, 국토의 미래상과 장기적 발전방향을 종합적으로 설정한다.
공간적 배분 계획	국토에서 일어나는 여러 가지 인간활동의 공간적 배분 문제를 다루는 공간계획이다.

> ─── 핵심문제
>
> ★ 국토계획의 개념으로 틀린 것은?   [12년 2회, 19년 2회]
>
> ① 국토계획은 전 국토를 대상으로 하는 계획이다.
> ② 국토계획은 국토에서 일어나는 여러 가지 인간 활동의 공간적 배분 문제를 다루는 공간계획이다.
> ③ 국토계획은 국토의 공간구성과 관련되는 모든 분야가 망라되는 종합계획이다.
> ④ 국토계획은 지방자치단체가 주체가 되어 수립한 계획을 종합한 계획이다.
>
> 답 ④
>
> **해설⊕** ---
> 국토계획의 지역적 수준의 범위는 최상위인 국가를 바탕으로 한다.

(2) 도시계획의 위계

광역도시계획 – 도시 · 군기본계획 – 도시 · 군관리계획 – 지구단위계획

(3) 광역도시계획

1) 정의

광역계획권의 장기 발전 방향을 제시하는 계획

2) 광역계획권

① 지정권자 : 국토교통부장관
② 목적 : 둘 이상의 시 또는 군의 공간구조 및 기능을 상호 연계시키고 환경을 보전하며 광역시설을 체계적으로 정비하기 위하여 필요한 경우 지정한 계획권의 장기 발전 방향을 제시하는 계획
③ 단위 : 인접한 2 이상의 특별시 · 광역시 · 시 또는 군의 관할구역의 전부 또는 일부를 관할구역 단위로 지정

❸ 도시계획 관련 제도

1. 도시계획 관련법 체계

(1) 도시관리계획

1) 내용

① 지구단위계획구역의 지정 또는 변경에 관한 계획과 지구단위계획
② 용도지역 · 용도지구의 지정 또는 변경에 관한 계획
③ 개발제한구역 · 도시자연공원구역 · 시가화조정구역 · 수산자원보호구역의 지정 또는 변경에 관한 계획

④ 기반시설의 설치 · 정비 또는 개량에 관한 계획

⑤ 도시개발사업 또는 정비사업에 관한 계획

2) 도시 · 군관리계획조서 및 도면

① 도시 · 군관리계획조서는 도시 · 군관리계획조서 작성기준에 맞추어 별도로 작성한다.

② 도시 · 군관리계획도면은 도시 · 군관리계획도면 작성지침에 맞추어 정확하게 표시하고, 계획도면은 축척 1/1,000 또는 1/5,000(1/1,000 또는 1/5,000 축척이 없는 경우에는 1/25,000)의 지형도(수치지형도를 포함한다)로 한다. 다만, 지형도가 없는 경우에는 해도 · 해저지형도 등의 도면으로 지형도를 갈음할 수 있다.

---핵심문제

「국토의 계획 및 이용에 관한 법률」에 따른 도시 · 군관리계획에 해당되지 않는 것은?   [16년 2회]

① 용도지역의 지정 또는 변경에 관한 계획

② 택지개발예정지구의 지정에 관한 계획

③ 지구단위계획구역의 지정 또는 변경에 관한 계획

④ 기반시설의 설치 · 정비 또는 개량에 관한 계획

답 ②

해설⦿----------

도시 · 군관리계획의 내용

• 지구단위계획구역의 지정 또는 변경에 관한 계획과 지구단위계획

• 용도지역 · 용도지구의 지정 또는 변경에 관한 계획

• 개발제한구역 · 도시자연공원구역 · 시가화조정구역 · 수산자원보호구역의 지정 또는 변경에 관한 계획

• 기반시설의 설치 · 정비 또는 개량에 관한 계획

• 도시개발사업 또는 정비사업에 관한 계획

3) 용도지역지구제

① 용도지역지구제는 토지이용의 특화 또는 순화를 도모하기 위하여 도시의 토지이용도를 구분하는 제도이다.

② 용도지역지구제는 이용목적에 부합하지 않는 건축 등의 행위는 규제하고 부합하는 행위는 유도하는 제도적 장치이다.

③ 용도지역지구제는 공공의 건강과 복리를 증진시키기 위한 것으로 이의 실현을 위해 법적 규제를 통하여 개인의 토지이용을 제한한다.

④ 용도지역지구제에 있어 용도지역은 상호 중복지정이 불가능하고, 용도지구는 중복지정이 가능하다.

(2) 용도지역

① 용도지역은 도시지역, 관리지역, 농림지역, 자연환경보전지역으로 구분되고, 이 중 도시지역은 주거지역, 상업지역, 공업지역, 녹지지역으로 구분된다.
② 용도지역은 서로 중복되지 아니하여야 한다.

(3) 용도지구

1) 분류

용도지구는 경관지구, 고도지구, 방화지구, 방재지구, 보호지구, 취락지구, 개발진흥지구, 특정용도제한지구, 복합용도지구로 구분된다.

핵심문제

다음 중 용도지구의 분류에 해당하지 않는 것은?　　　　　　　　　　　[12년 1회, 15년 4회]

① 개발진흥지구　　　　　　　　　　② 자연환경보전지구
③ 보호지구　　　　　　　　　　　　④ 특정용도제한지구

답 ②

해설 ⊕ --

• 용도지구는 경관지구, 고도지구, 방화지구, 방재지구, 보호지구, 취락지구, 개발진흥지구, 특정용도제한지구, 복합용도지구로 구분된다.
• 자연환경보전과 관련해서는 용도지구가 아닌 용도지역으로 분류된다.

2) 분류별 성격

지구	세부지구	내용
경관지구		경관의 보전·관리 및 형성을 위하여 필요한 지구
	자연경관지구	산지·구릉지 등 자연경관을 보호하거나 유지하기 위하여 필요한 지구
	시가지경관지구	지역 내 주거지, 중심지 등 시가지의 경관을 보호 또는 유지하거나 형성하기 위하여 필요한 지구
	특화경관지구	지역 내 주요 수계의 수변 또는 문화적 보존가치가 큰 건축물 주변의 경관 등 특별한 경관을 보호 또는 유지하거나 형성하기 위하여 필요한 지구
고도지구		쾌적한 환경 조성 및 토지의 효율적 이용을 위하여 건축물 높이의 최고한도를 규제할 필요가 있는 지구
방화지구		화재의 위험을 예방하기 위하여 필요한 지구
방재지구		풍수해, 산사태, 지반의 붕괴, 그 밖의 재해를 예방하기 위하여 필요한 지구
	시가지방재지구	건축물·인구가 밀집되어 있는 지역으로서 시설 개선 등을 통하여 재해 예방이 필요한 지구

방재지구	자연방재지구	토지의 이용도가 낮은 해안변, 하천변, 급경사지 주변 등의 지역으로서 건축 제한 등을 통하여 재해 예방이 필요한 지구
보호지구		국가유산, 중요 시설물(항만, 공항 등 대통령령으로 정하는 시설물을 말한다) 및 문화적 · 생태적으로 보존가치가 큰 지역의 보호와 보존을 위하여 필요한 지구
	역사문화환경 보호지구	문화재 · 전통사찰 등 역사 · 문화적으로 보존가치가 큰 시설 및 지역의 보호와 보존을 위하여 필요한 지구
	중요시설물보호지구	중요시설물의 보호와 기능의 유지 및 증진 등을 위하여 필요한 지구
	생태계보호지구	야생동식물서식처 등 생태적으로 보존가치가 큰 지역의 보호와 보존을 위하여 필요한 지구
취락지구		녹지지역 · 관리지역 · 농림지역 · 자연환경보전지역 · 개발제한구역 또는 도시자연공원구역의 취락을 정비하기 위한 지구
	자연취락지구	녹지지역 · 관리지역 · 농림지역 또는 자연환경보전지역 안의 취락을 정비하기 위하여 필요한 지구
	집단취락지구	개발제한구역 안의 취락을 정비하기 위하여 필요한 지구
개발진흥지구		주거기능 · 상업기능 · 공업기능 · 유통물류기능 · 관광기능 · 휴양기능 등을 집중적으로 개발 · 정비할 필요가 있는 지구
	주거개발진흥지구	주거기능을 중심으로 개발 · 정비할 필요가 있는 지구
	산업 · 유통개발 진흥지구	공업기능 및 유통 · 물류기능을 중심으로 개발 · 정비할 필요가 있는 지구
	관광 · 휴양개발 진흥지구	관광 · 휴양기능을 중심으로 개발 · 정비할 필요가 있는 지구
	복합개발진흥지구	주거기능, 공업기능, 유통 · 물류기능 및 관광 · 휴양기능 중 2 이상의 기능을 중심으로 개발 · 정비할 필요가 있는 지구
	특정개발진흥지구	주거기능, 공업기능, 유통 · 물류기능 및 관광 · 휴양기능 외의 기능을 중심으로 특정한 목적을 위하여 개발 · 정비할 필요가 있는 지구
특정용도제한지구		주거 및 교육 환경 보호나 청소년 보호 등의 목적으로 오염물질 배출시설, 청소년 유해시설 등 특정시설의 입지를 제한할 필요가 있는 지구
복합용도지구		지역의 토지이용 상황, 개발 수요 및 주변 여건 등을 고려하여 효율적이고 복합적인 토지이용을 도모하기 위하여 특정시설의 입지를 완화할 필요가 있는 지구

(4) 지구단위계획

1) 일반사항

① 도시 내 일정구역에 대하여 수립하는 도시관리계획의 일종

② 10년 단위로 수립하고 5년마다 정비

2) 지구단위계획의 성격

① 도시 내 일정구역에 대하여 수립하는 도시계획으로서, 계획지역을 체계적이고 계획적으로 관리하기 위하여 수립하는 도시관리계획
② 선행의 도시계획을 필요로 하는 도시계획
③ 인간과 자연이 공존하는 환경친화적 도시환경의 조성을 위한 도시계획
④ 평면적 계획(도시계획)과 입체적 계획(건축계획)과의 조화에 중점을 둠. 토지이용계획과 건축물계획 등이 서로 환류되도록 함으로써 평면적 토지이용계획과 입체적 시설계획이 서로 조화를 이루도록 하는 데 중점을 두나, 일반 도시계획에 비해 상대적으로 입체적인 계획
⑤ 개선효과가 지구단위계획구역 인근에 미쳐 도시 전체의 기능이나 미관 등의 개선에 도움을 주기 위한 계획
⑥ 일반 도시계획보다 구체화된 특수계획

(5) 개발밀도관리구역

개발로 인하여 기반시설이 부족할 것으로 예상되나 기반시설을 설치하기 곤란한 지역을 대상으로 건폐율이나 용적률을 강화하여 적용하기 위하여 지정하는 구역을 말한다.

(6) 용도구역

구분	내용
개발제한구역	• 도시 주변의 자연환경보호 · 보전 • 도시의 무질서한 확산 방지(국토교통부장관)
시가화 조정구역	• 국토교통부장관 도시지역과 그 주변지역의 무질서한 시가화를 방지하고 계획적 · 단계적 개발을 도모하기 위하여 5~20년 이내의 일정 기간 동안 시가화를 유보할 필요가 있다고 인정되는 경우에는 시가화조정구역의 지정 또는 변경을 도시관리계획으로 결정할 수 있다. • 시가화조정구역의 지정에 관한 도시관리계획의 결정은 시가화 유보기간이 만료된 날의 다음 날부터 그 효력을 상실한다. • 효력을 상실할 경우 국토교통부장관은 실효일자 및 실효사유와 실효된 도시관리계획의 내용을 관보에 게재하여 고시하여야 한다.
수산자원 보호구역	수산자원의 보호 육성을 위해 공유수면이나 그에 인접된 토지에 대해 지정(국토교통부장관)
도시 자연공원구역	시 · 도지사는 도시의 자연환경 및 경관을 보호하고 도시민에게 건전한 여가 · 휴식공간을 제공하기 위하여 도시지역 안의 식생이 양호한 산지(산지)의 개발을 제한할 필요가 있다고 인정하는 경우에는 도시자연공원구역의 지정 또는 변경을 도시관리계획으로 결정할 수 있다.
도시혁신구역 (입지규제 최소구역)	도시 · 군관리계획의 결정권자는 도시지역에서 복합적인 토지이용을 증진시켜 도시 정비를 촉진하고 지역 거점을 육성할 필요가 있다고 인정되면 해당되는 지역과 그 주변지역의 전부 또는 일부를 도시혁신구역(입지규제최소구역)으로 지정할 수 있다.

2. 도시계획 수립과정

목표설정 → 현황조사 → 상황의 분석 및 미래의 예측 → 대안설정 및 평가 → 선택안 결정 → 실행

핵심문제

도시계획 수립과정을 옳게 나타낸 것은? [15년 4회, 18년 1회, 23년 4회]

① 목표설정 → 상황의 분석 및 미래의 예측 → 대안설정 및 평가 → 집행
② 목표설정 → 대안설정 및 평가 → 상황의 분석 및 미래의 예측 → 집행
③ 상황의 분석 및 미래의 예측 → 목표설정 → 대안설정 및 평가 → 집행
④ 상황의 분석 및 미래의 예측 → 대안설정 및 평가 → 목표설정 → 집행

답 ①

해설⊕ --

도시계획 수립과정
목표설정 → 현황조사 → 상황의 분석 및 미래의 예측 → 대안설정 및 평가 → 선택안 결정 → 실행

01 다음 중 도시계획의 의의와 필요성에 대한 설명으로 옳지 않은 것은? [12년 1회, 24년 3회]
① 도시의 여러 가지 기능을 원활하게 해준다.
② 주민들이 생활하기에 풍요롭고 양호한 환경을 만들어 준다.
③ 개인 및 집단행동을 우선시하며 외부효과를 고려하는 기능이 있다.
④ 공공 및 민간활동의 분배효과를 고려하는 사회적 기능을 수행한다.

⊙해설
인간사회의 공동목표와 가치 구현 등을 위해 도시계획이 필요하다.

02 우리나라에서 도시기본계획을 도입하게 된 배경이라 볼 수 없는 것은? [16년 1회, 20년 4회]
① 주민참여의 구체적 실현
② 개발수요에 대한 합리적 대응
③ 도시관리계획의 잦은 변경 방지
④ 합리적이고 과학적인 도시계획 수립

⊙해설
도시기본계획은 기본적인 공간구조와 장기 발전 방향을 제시하는 종합적이고 지침이 되는 계획으로서, 세부적인 사항이 요구되는 주민참여의 구체적 실현과는 거리가 멀다.

03 계획이론을 실체적 이론(Substantive Theories)과 절차적 이론(Procedural Theories)으로 구분할 때, 실체적 이론에 대한 설명으로 틀린 것은? [14년 1회]
① 경제 또는 사회의 구조나 현상 등을 설명하고 예측하여 문제의 해결 대안을 제시하는 이론이다.
② 다양한 계획 활동에 있어 필요로 하는 분야별 전문지식에 관한 이론이다.
③ 도시계획에서 실체적 이론이란 토지이용계획, 교통계획 등에 관한 이론이 된다.

④ 계획이 추구하는 목표와 가치에 따라 계획안을 만들어 내는 과정에 관한 공통적이고 일반적인 이론이다.

⊙해설
계획이 추구하는 목표와 가치에 따라 계획안을 만들어 내는 과정에 관한 공통적이고 일반적인 이론은 절차적 이론에 해당한다.

04 허드슨(Hudson)의 분류에 의한 도시계획 이론 중 옳지 않은 것은? [16년 1회, 22년 4회, 24년 2회]
① 종합계획은 체계적 접근 방법을 통해서 계획이 문제를 규명하고, 결정론적 모형을 구성하는 특징을 가진다.
② 급진적 계획은 논리적 일관성이나 최적의 해결 대안의 제시보다는 지속적인 조정과 적용을 통하여 목표를 추구하는 접근 방법을 제시하였다.
③ 교류적 계획은 철학적 사고에서 파생하고 있으며, 계획가와 계획의 영향을 받는 사람들의 대화를 중시하였다.
④ 옹호적 계획은 주로 강자에 대한 약자의 이익을 보호하는 데 적용되어 왔다.

⊙해설
논리적 일관성이나 최적의 해결 대안의 제시보다는 지속적인 조정과 적용을 통하여 목표를 추구하는 접근 방법을 제시하는 것은 점진적 계획(Incremental Planning)에 해당한다.

05 다음 중 도시계획이론의 옹호적 계획에 대한 설명으로 옳은 것은? [15년 1회, 17년 4회]
① 목표와 문제, 수단과 제약조건 등이 통합적으로 명료하게 제시되는 계획이론이다.
② 분권화된 협상과정과 상호절충과정을 통하여 이루어지는 계획이 합리적임을 주장한 계획이론이다.

③ 계획은 합리적이며 과학적이어야 한다는 인식에 바탕을 둔 계획이론이다.

④ 피해구제절차와 같은 사회제도를 계획 개념으로 수용한 계획이론이다.

해설

① 종합적 계획

② 점진적 계획

③ 종합적 계획

06 계획이론 중에서 약자의 이익을 보호하고, 지역주민의 이익을 대변하는 접근 방법인 옹호이론을 주장한 학자는?

[14년 4회, 18년 2회, 19년 2회, 23년 1회]

① 다비도프(Davidoff)　　② 린드블롬(Lindblom)

③ 에티지오니(Etizioni)　　④ 프리드만(Friedmann)

해설

다비도프(Paul Davidoff)에 의해 주창된 이론으로서, 주로 강자에 대한 약자의 이익을 보호하는 데 적용한다.

07 계획이론에 대한 설명 중 옳지 않은 것은?

[13년 4회]

① 점진적 계획(Incremental Planning)은 지속적인 조정과 적용을 통해 계획의 목표를 추구하는 접근 방식을 제시한다.

② 종합적 계획(Synoptic Planning)은 결정론적 모형을 구성하고 계량적 분석 방법을 많이 활용하는 특징이 있다.

③ 옹호적 계획(Advocacy Planning)은 공익적 차원에서 계획가들로 하여금 국가기관에 대해 빈민들의 요구를 대변하도록 하였다.

④ 협력적 계획(Collabolative Planning)은 소수의 전문가 집단들이 상호작용하는 과정이 계획이라고 강조한다.

해설

소수의 전문가 집단들이 상호작용하는 과정이 계획이라고 강조하는 것은 종합적 계획에 가깝다.

08 옹호적 계획(Advocacy Planning)에 대한 설명이 틀린 것은?

[13년 2회, 20년 1·2회]

① 다비도프(Davidoff)에 의해 주창된 옹호적 계획은 피해 구제 절차(Adversary Procedures)와 같은 사회제도를 계획 개념으로 수용한 것이라고 할 수 있다.

② 계획의 직접적 영향을 받는 사람들조차도 무관심한 계획안으로부터 발생할 수 있는 이익을 주민의 관점에서 옹호한다.

③ 이론상으로 사회는 너무 많은 차원의 가치가 혼재하고 있는 공간이기 때문에 복수의 다원적인 계획보다는 단일 계획안을 수립하는 것이 바람직하다고 본다.

④ 계획이 일방적으로 공공의 이익을 규정하는 전통을 타파하는 면에서 성공적이었다.

해설

옹호적 계획(Advocacy Planning)에서는 다원적인 가치가 혼재하고 있는 사회에서 단일 계획안보다는 복수의 다원적인 계획안들을 수립하는 것이 바람직하다고 보았다.

09 다음의 도시계획 관련 이론 중 논리의 일관성이나 최적의 대안을 제시하기보다는 지속적인 계획의 조정이나 적용을 통하여 계획의 목표를 추구하는 접근 방법은?

[12년 1회]

① 종합적 계획이론(Synoptic Planing)

② 점진적 계획이론(Incremental Planing)

③ 교류적 계획이론(Transective Planing)

④ 급진적 계획이론(Radical Planing)

해설

점진적 계획(Incremental Planning)

• 린드블롬(C. Lindblom)이 주창한 이론

• 총합적 계획의 비현실성을 비판하면서 인간의 지적 능력의 한계와 의사결정의 제약으로 총합적 분석은 불가능하므로 제한된 대안만을 고려해야 한다는 이론

• 현상을 부분적·점진적으로 개선할 수 있는 제한된 수의 대안을 검토·선택하는 것

• 총합적 계획에 있어 목표, 문제해결, 대안평가와 결정의 집행 등이 지나치게 중앙집중적인 점을 보완

• 논리적 일관성이나 최적의 해결대안을 제시하기보다는 지속적인 조정과 적응을 통한 계획의 목표 추구에 접근하는 방법
• 세계 어느 곳에서도 적용이 가능한 현실적 이론

10 다음 중 존 프리드만(J. Friedmann)이 주장한 교류적 계획(Transactive Planning)에 대한 설명으로 옳지 않은 것은? [16년 2회, 22년 1회, 24년 2회]

① 현장조사나 자료 분석보다는 개인 상호 간의 대화를 통한 사회적 학습의 과정을 형성하는 데 중점을 둔다.

② 인간의 존엄성에 기초를 두고 있는 신휴머니즘(New Humanism)의 철학적 사고에서 파생하였다.

③ 계획의 집행에 직접적으로 영향을 받는 사람들과의 상호 교류와 대화를 통하여 계획을 수립하여야 한다.

④ 계획의 직접적 영향을 받는 사람들조차도 무관심한 계획안으로부터 발생할 수 있는 이익을 주민의 관점에서 지지하였다.

◎해설
④는 옹호적 계획에 관한 사항이다.

11 학자에 따른 도시의 정의가 잘못 연결된 것은? [12년 2회]

① 워스(L. Wirth)−사회적으로 이질적인 사람들로 구성되어 있고 상대적으로 넓은 면적과 높은 인구밀도를 가진 정주지다.

② 웨버(M. Weber)−주민의 대부분이 농업이 아닌 공업이나 상업에 종사하여 얻은 수입으로 생활하는 커다란 취락이다.

③ 다비도프(P. Davidoff)−도시의 결정요인은 인구나 건물이 아니라 예술·문화·종교·민주적 정치형태다.

④ 쇼버그(G. Sjoberg)−지적 엘리트를 포함한 각종 비농업적 전문가가 많으며 상당한 규모의 인구와 인구밀도를 갖는 공동체다.

◎해설
도시의 결정요인은 인구나 건물이 아니라 예술·문화·종교·민주적 정치 형태라고 주장한 사람은 멈포드(L. Mumford)이다.

12 페리(C. A. Perry)가 주장한 근린주구이론에 대한 비판의 의견과 관계가 없는 것은? [13년 1회, 20년 3회, 22년 4회, 24년 2·3회]

① 근린주구단위가 교통량이 많은 간선도로에 의해 구획됨으로써 도시 안의 섬이 되었고, 이로써 가정의 욕구는 만족되었을지 몰라도 고용의 기회가 많이 줄어드는 계기가 되었다.

② 근린주구계획은 초등학교에 초점을 맞추고 있는데, 대부분 사회적 상호작용이 어린 학생으로부터 유발된 친근감을 통하여 시작된다는 것은 불명확하다.

③ 지역의 특성을 고려하여 다양한 형태의 주거단지와 대규모의 상업시설을 배치시킴으로써, 지역 커뮤니티를 와해시키는 결과를 초래하였다.

④ 미국에서 발달한 근린주구계획은 커뮤니티 형성을 위하여 비슷한 계층을 집합시키는 계획이 이루어짐으로써 인종적 분리, 소득계층의 분리를 가져와 지역사회 형성을 오히려 방해하였다.

◎해설
근린주구이론은 소규모 주거단지 단위를 주장한 것으로서 다양한 형태의 주거단지, 대규모 상업시설의 배치와는 거리가 멀다.

13 국토계획에 대한 설명이 틀린 것은?

[14년 2회]

① 전 국토를 대상으로 국토를 균형 있게 발전시키고 국민의 삶의 질을 개선시키고자 하는 공간계획이다.
② 각 지방자치단체가 계획 수립의 주체가 되는 계획이다.
③ 국토의 공간구성과 관련 있는 모든 분야가 망라되는 종합계획이다.
④ 하위계획과 구체적인 집행계획에 지침을 제시하는 지침제시적 계획이다.

해설
국토계획의 지역적 수준의 범위는 최상위인 국가를 바탕으로 한다.

14 다음 중 현재 우리나라 도시계획의 종류와 위계를 옳게 나열한 것은?

[15년 4회]

① 광역도시계획 – 도시 · 군기본계획 – 도시 · 군관리계획 – 지구단위계획
② 수도권계획 – 도시 · 군기본계획 – 도시 · 군관리계획 – 도시설계
③ 도시 · 군기본계획 – 광역도시계획 – 도시재정비계획 – 지구단위계획
④ 광역도시계획 – 수도권정비계획 – 도시 · 군관리계획 – 도시 · 군기본계획 – 도시설계

해설
도시계획은 규모와 그 구체성에 따라 광역도시계획 – 도시 · 군기본계획 – 도시 · 군관리계획 – 지구단위계획의 위계로 구성된다.

15 둘 이상의 시 또는 군의 공간구조 및 기능을 상호 연계시키고 환경을 보전하며 광역시설을 체계적으로 정비하기 위하여 필요한 경우 지정한 계획권의 장기 발전 방향을 제시하는 계획은?

[14년 1회, 21년 1회]

① 도시 · 군기본계획   ② 국토 및 지역계획
③ 수도권정비계획   ④ 광역도시계획

해설
광역도시계획은 광역계획권의 장기 발전 방향을 제시하는 계획이다.

16 다음 중 도시 · 군관리계획의 내용에 해당하지 않는 것은?

[15년 2회, 23년 4회]

① 용도지역 · 용도지구의 지정 또는 변경에 관한 계획
② 공간구조, 생활권의 설정 및 인구의 배분에 관한 계획
③ 개발제한구역 · 도시자연공원구역 · 시가화조정구역 · 수산자원보호구역의 지정 또는 변경에 관한 계획
④ 도시개발사업이나 정비사업에 관한 계획

해설
도시 · 군관리계획의 내용
• 지구단위계획구역의 지정 또는 변경에 관한 계획과 지구단위계획
• 용도지역 · 용도지구의 지정 또는 변경에 관한 계획
• 개발제한구역 · 도시자연공원구역 · 시가화조정구역 · 수산자원보호구역의 지정 또는 변경에 관한 계획
• 기반시설의 설치 · 정비 또는 개량에 관한 계획
• 도시개발사업 또는 정비사업에 관한 계획

17 우리나라 용도지역지구제의 특징에 대한 설명으로 옳지 않은 것은?

[14년 4회, 17년 2회]

① 용도지역지구제는 토지이용의 특화 또는 순화를 도모하기 위하여 도시의 토지이용도를 구분하는 제도이다.
② 용도지역지구제는 이용목적에 부합하지 않는 건축 등의 행위는 규제하고 부합하는 행위는 유도하는 제도적 장치이다.
③ 용도지역지구제는 공공의 건강과 복리를 증진시키기 위한 것으로 이의 실현을 위해 법적 규제를 통하여 개인의 토지이용을 제한한다.
④ 용도지역지구제에 있어 용도지역은 상호 중복지정이 가능하고, 용도지구는 중복지정이 허용되지 않는다.

해설

용도지역은 서로 중복이 허용되지 않으며, 용도지구는 중복이 허용된다.

18 관리지역 내 보전관리지역 용적률의 최대한도 기준으로 옳은 것은?　　[16년 2회, 22년 4회]

① 80% 이하　　　　② 70% 이하
③ 60% 이하　　　　④ 50% 이하

해설

용도지역 중 관리지역 내 보전관리지역의 용적률과 건폐율의 최대한도는 각각 80% 이하, 20% 이하이다.

19 「국토의 계획 및 이용에 관한 법률」상 미관을 유지하기 위하여 지정하는 용도지구는? [13년 2회]

① 보존지구　　　　② 주차장정비지구
③ 미관지구　　　　④ 고도지구

해설

미관지구에 대한 설명이며, 현재 법규는 경관지구로 명칭이 변경되었다.

20 지구단위계획구역의 지정 근거법에 해당되지 않는 것은?　　[16년 4회]

① 「주택법」
② 「관광진흥법」
③ 「도시재정비 촉진을 위한 특별법」
④ 「산업입지 및 개발에 관한 법률」

해설

「주택법」, 「관광진흥법」, 「산업입지 및 개발에 관한 법률」 상 지구단위계획구역의 지정을 「국토의 계획 및 이용에 관한 법률」로 의제하는 조항이 담겨 있으며, 이 외에 「건축법」 등에서도 지구단위계획구역 지정에 대한 사항이 조항으로 명시되어 있다.

21 지구단위계획에 대한 설명으로 틀린 것은?

[16년 2회]

① 일반 도시계획보다 구체화된 특수계획이다.
② 일반 도시계획에 비해 상대적으로 입체적 계획이다.
③ 계획지역을 체계적이고 계획적으로 관리하기 위하여 수립하는 도시관리계획이다.
④ 일반 도시계획에 비해 상대적으로 소극적인 계획이다.

해설

지구단위계획은 일반 도시계획보다 구체화된 특수계획이다.

22 개발로 인하여 기반시설이 부족할 것으로 예상되나 기반시설을 설치하기 곤란한 지역을 대상으로 건폐율이나 용적률을 강화하여 적용하기 위하여 지정하는 구역을 무엇이라고 하는가?

[12년 2회, 20년 4회, 22년 4회, 24년 2·3회]

① 개발밀도관리구역　　② 기반시설부담구역
③ 시가화조정구역　　　④ 성장억제구역

해설

개발밀도관리구역은 개발로 인하여 기반시설이 부족할 것으로 예상되나 기반시설을 설치하기 곤란한 지역을 대상으로 건폐율이나 용적률을 강화하여 적용하기 위하여 지정하는 구역을 말한다.

03 도시조사 분석과 계획지표

① 도시조사

1. 도시조사의 분석 방법

(1) 도시조사의 목적

① 도시의 역할 파악

② 도시 발전과정과 기능 파악

③ 도시 문제의 인식

④ 양호한 Stock의 파악

⑤ 동질적인 지구의 구분

⑥ 시가화 동향 및 특성 변화의 예측

⑦ 도시목표 설정

(2) 회귀분석법(Regression Analysis, 인과분석법)

1) 정의

독립변수와 종속변수의 인과관계를 규명하고 이를 근거로 종속변수에 대한 미래 예측을 실시하는 통계적 분석 방법

2) 종류

① 단순선형회귀분석

하나의 종속변수와 하나의 독립변수 사이의 관계를 추정하는 분석이다.

② 다중선형회귀분석

하나의 종속변수와 여러 개의 독립변수 사이의 관계를 추정하는 분석이다.

3) 특징

① 토지이용계획의 분석과정에서 하나의 도구이다.

② 예측과 추정능력을 높일 수 있다.(최소제곱법 사용)

③ 여러 변수의 인과관계를 통계학적 분석 기법으로 예측하여 추정능력을 높일 수 있다.

④ 컴퓨터의 발달로 많은 변수의 계산 및 해석이 가능하다.

⑤ 질적 변수처리와 다중 공선성 문제(설명변수 간 상관관계)를 가진다.

⑥ 추정된 회귀선이 표본자료를 얼마나 잘 설명하는가를 나타내는 통계량을 상관계수 R로 표현한다.

—|핵심문제

도시조사에 이용되는 회귀분석모형에 대한 설명으로 틀린 것은?   [13년 4회, 17년 2회, 22년 1회]

① 단순회귀분석이란 하나의 종속변수와 하나의 독립변수 사이의 관계를 추정하는 분석이다.
② 다중회귀분석이란 하나의 종속변수와 여러 개의 독립변수 사이의 관계를 추정하는 분석이다.
③ 회귀계수는 추정하려는 독립변수의 파라미터를 뜻하며, 일반적으로 최소제곱법에 의하여 회귀계수를 추정한다.
④ 추정된 회귀선이 표본자료를 얼마나 잘 설명하는가를 나타내는 통계량을 상관계수라고 하며, S^2로 표시한다.

답 ④

해설⊕--
추정된 회귀선이 표본자료를 얼마나 잘 설명하는가를 나타내는 통계량을 상관계수 R로 표현한다.

2. 조사자료의 정리와 표현

도시계획에서 활용되는 자료에 대한 조사 방법은 자료원에 대한 접근 방법에 따라 1차 · 2차 자료로 나누어진다.

구분		특징
1차 자료 (직접자료)	• 현지조사 • 면접조사 • 설문조사	• 전수조사 • 표본조사(사례연구, 확률추출) • 현실감이 우수하나, 비용과 시간이 과다 소요
2차 자료 (간접자료)	• 문헌자료조사 • 통계자료조사 • 지도 분석	시간과 비용면에서 유리하나 현실감이 떨어짐

—|핵심문제

다음 중 도시조사자료에 대한 설명으로 옳지 않은 것은?   [15년 2회, 18년 4회, 19년 1회]

① 1차 자료는 도시계획의 대상이 되는 단위 지역이나 당해 지역의 주민들로부터 현지조사나 관찰, 면접 등을 통해서 직접적으로 도출한 자료이다.
② 2차 자료는 연구자가 탐구하고자 하는 현상에 대한 정보를 담고 있는 기존의 여러 가지 기록을 의미하는 것으로 서적이나 간행물, 각종 통계자료 등이 해당된다.
③ 2차 자료에 비해 1차 자료는 비교적 적은 노력과 비용으로 계획가가 원하는 정확한 정보를 얻을 수 있다.
④ 도시계획을 위한 도시조사에서는 1차 자료에 대한 조사와 2차 자료에 대한 조사를 병행하는 것이 일반적이다.

답 ③

해설⊕--
1차 자료는 현실감이 우수하나, 비용과 시간이 과다 소요되는 특징이 있다.

② 지리정보시스템(GIS)과 지형정보

1. 지리정보시스템(GIS : Geographic Information System)

(1) 지리정보시스템의 정의

국토계획, 지역계획, 자원개발계획, 공사계획 등 각종 계획의 입안과 추진을 위해 필요한 토지, 자원, 환경, 사회, 문화에 관계된 각종 자료를 컴퓨터에 종합적·체계적으로 저장 처리하는 시스템

(2) 지리정보시스템(GIS)의 특징

① 대량의 정보를 쉽게 저장 및 관리
② 원하는 정보의 검색 및 변환이 가능
③ 정보의 조작 및 측정이 가능
④ 복잡한 정보의 분류·분석이 가능
⑤ 다양한 정보의 중첩을 통한 종합적 해석이 가능
⑥ 입지 선정의 적합성 판단 등에 이용 가능
⑦ 다양한 모델링 기법을 통한 가상공간 표현 가능

(3) 지리정보시스템(GIS)의 자료형태

① 격자방식 : 래스터 방식(정방형 셀)으로 중첩과 조작이 용이하며, 그리드 형태의 결과물 생성에 유리
② 선추적방식 : 벡터 방식(수식)으로 압축이 용이하며 지도와 유사한 형태의 도형 제작에 유리

(4) 지리정보시스템(GIS)의 자료처리체계

1) 자료의 입력

① 입력자료 : 도형자료(Graphic Data), 속성자료(Attribute Data)
② 자료의 구조

구분	내용
래스터 구조 (격자방식)	• 연속된 픽셀들의 집합을 활용한 것으로 래스터 방식(구조)은 모든 픽셀들의 위치 정보를 기억 장소에 대응시켜 표현한 다음, 기억 장소에 저장된 정보를 순차적으로 읽어 가면서 지정된 값에 따라 출력 장치의 픽셀 모습을 결정한다. • 정방형 셀을 자료저장과 표현의 기본단위로 하기 때문에 격자형태의 결과물로 생성하게 된다. • 래스터 자료는 저장의 기본단위를 작게 할수록 정밀도가 향상된다. • 중첩과 조작이 용이하며, 그리드 형태의 결과물 생성에 유리하다.
벡터 구조 (선추적방식)	• 점을 자료 저장과 표현의 기본단위로 이용한다. • 압축이 용이하며 지도와 유사한 형태의 도형 제작에 유리하다.

2) 자료의 처리

공간자료 분석, 속성자료 분석

3) 출력

지도, 도면, 표, 사진, 보고서 등 다양한 형태로 출력가능

┤핵심문제

지리정보시스템(GIS)에서 활용하는 자료에 대한 설명으로 옳은 것은?

[12년 4회, 16년 2회, 19년 2회, 23년 2회]

① GIS의 자료는 크게 도형자료와 속성자료로 구분된다.
② 래스터 자료는 점을 자료 저장과 표현의 기본단위로 이용한다.
③ 래스터 자료는 저장의 기본단위 크기를 크게 할수록 정밀도가 향상된다.
④ 자료 구조 측면에서 GIS 자료는 그리드(Grid)와 래스터(Raster) 자료로 구분된다.

답 ①

해설⊕

② 점을 자료 저장과 표현의 기본단위로 이용하는 것은 벡터 구조이다.
③ 래스터 자료는 저장의 기본단위를 작게 할수록 정밀도가 향상된다.
④ 자료 구조 측면에서 GIS 자료는 벡터 구조와 래스터 구조로 구분된다.

(5) 도시정보체계시스템(UIS : Urban Information System, UGIS : Urban Geographical Information System)

1) 개념

도시를 대상으로 한 GIS 체계로 도시정보를 컴퓨터로 일괄 관리, 검색, 분석, 집계하여 도시 서비스를 증진하는 시스템

2) 필요성

① 도시가 복잡, 다양, 다층화됨으로써 각종 정보의 체계화, 과학화, 집중화 관리가 필요
② 3차원적 정보의 관리방안이 필요
③ 정보의 고도화에 따른 수작업에 의한 관리 난해
④ 각기 다른 부서의 업무처리에 있어서의 통일성 유지 필요

3) 4M

구분	내용
측정(Measurement)	도시환경의 다양한 변수들을 측정
도면화(Mapping)	지표나 공간의 형상을 도면화
관찰(Monitoring)	도시의 시공간적 변화를 관찰
모형화(Modeling)	실행대안 및 그 진행과정을 모형화

핵심문제

다음 중 아래의 설명에 해당하는 시스템은? [12년 4회, 20년 1 · 2회]

도시를 대상으로 하는 공간자료와 속성자료를 통합하여 토지 및 시설물의 관리, 도로의 계획 및 보수자원 활용 및 환경보존 등 다양한 사용목적에 맞게 구축된 공간정보 데이터베이스로, 행정체계 · 도로 · 건물의 형상 및 면적 · 인구 · 지명 등의 속성자료로 구성되어 있다.

① UIS(Urban Information System)
② KLIS(Korea Land Information System)
③ UPIS(Urban Planning Information System)
④ NGIS(National Geography Information System)

답 ①

해설◆
도시정보시스템(UIS, UGIS)은 도시를 대상으로 한 GIS 체계로 도시정보를 컴퓨터로 일괄 관리, 검색, 분석, 집계하여 도시 서비스를 증진하는 시스템을 말한다.

핵심문제

도시계획가가 지리 및 공간자료를 바탕으로 수행할 수 있는 주요 활동인 4M에 해당하지 않는 것은?
[12년 1회]

① 측정(Measurement) ② 도면화(Mapping) ③ 입체화(Massing) ④ 모형화(Modeling)

답 ③

해설◆
4M : 측정(Measurement), 도면화(Mapping), 관찰(Monitoring), 모형화(Modeling)

(6) 토지정보체계(LIS : Land Information System)

1) 필요성

① 관계 행정기관 상호 간의 자료교환체계의 구축으로 관련 업무의 신속화 가능
② 시민들에게 토지정보 제공으로 투명한 토지행정 실현
③ 토지 관련 일상 업무의 효율화와 계획 수립 업무의 과학화 실현

핵심문제

도시정보체계(Urban Information System)의 하나인 토지정보체계(Land Information System)를 구축함으로써 얻을 수 있는 장점으로 틀린 것은? [12년 2회, 15년 4회]

① 시민들에게 토지정보 제공으로 투명한 토지행정 실현
② 정확한 토지정보 구축으로 인한 토지가치의 상승
③ 토지 관련 일상 업무의 효율화와 계획 수립 업무의 과학화 실현
④ 관계 행정기관 상호 간의 자료교환체계의 구축으로 관련 업무의 신속화 가능

답 ②

해설◆
토지정보체계(Land Information System)의 목적과 토지가치 상승은 관계가 멀다.

❸ 계획지표 설정

1. 인구지표

(1) 인구 예측의 비요소모형

① 총량적 예측 방법으로 과거인구추세에 의한 외삽추정방식, 고용 예측 및 기타의 간접자료에 기반을 둔 예측방식으로 구분

② 간접자료의 정확성 및 획득 문제로 외삽추정방식을 많이 이용

③ 외삽추정방식 : 선형 · 지수성장 · 수정된 지수성장 · 곰페르츠 · 로지스틱 모형 등이 있음

구분	내용
선형모형	인구가 증감하는 경향이 미래에도 계속될 것으로 예상되는 지역에 적용
지수성장모형	• 단기간에 급속히 팽창하는 신개발지역의 인구 예측에 유용 • 인구성장의 상한선 없이 기하급수적으로 증가함을 가정한 모형
수정된 지수성장모형	인구성장의 상한선(K)을 설정한 후 그 상한선에 가까워지면 향후 인구성장 허용수준의 일정비율만큼 성장속도가 떨어지는 것으로 가정하는 모형
곰페르츠 모형	• 지역인구가 처음에는 완만하게 증가하다 어느 시점을 지나면 급격히 증가하고 다시 완만하게 증가(S자형 성장)하는 지역에 적용 • 인구 증가에 상한선을 가정
로지스틱 모형	인구의 상한선을 설정해 추계하는 모형으로 정부가 강력하게 인구성장을 통제하고자 하는 상한선이 있거나 성장의 물리적 한계가 있는 지역에 적용
비교 방법	유사한 역사적 배경을 가지고 있는 다른 지역의 인구 변화 추세를 이용하여 예측
비율 예측 방법	특정지역의 인구가 보다 큰 지역에 의존할 경우, 두 지역의 인구 간 비율이 일정하게 계속될 것이라는 가정하에 예측

───┤핵심문제

★ 인구성장의 상한선이 있는 것으로 가정하여 대도시지역의 인구 예측에 유용하게 사용될 수 있는 S자형의 비대칭곡선 형태를 띠는 인구추정모형은? [12년 2회, 16년 2회, 23년 4회]

① 지수성장모형　　　　　　　　　　② 수정된 지수성장모형
③ 곰페르츠 모형　　　　　　　　　　④ 비율 예측 모형

답 ③

해설⊕ -

곰페르츠 모형
• 지역인구가 처음에는 완만하게 증가하다 어느 시점을 지나면 급격히 증가하고 다시 완만하게 증가(S자형 성장)하는 지역에 적용
• 인구 증가에 상한선을 가정

④ 과거 추계에 따른 인구 예측 산출식

등차급수법	$P_n = P_0(1 + r \cdot n)$	인구 증가가 정체된 소도시에 적용
등비급수법	$P_n = P_0(1 + r)^n$	인구가 기하급수적으로 증가하는 신흥공업도시에 적용
지수함수법	$P_n = ab^n$	• 연도의 경과에 따라 급격한 인구의 증감이 교차되는 경우 적용가능 • 짧은 기간의 변화까지도 분석가능
최소자승법	$P_n = a + bn$	• 최확값 산정 가능 • 인구의 증감이 교차되는 경우 적용 가능
로지스틱 곡선	$P_n = \dfrac{K}{1 + e^{a + bn}}$	• 인구성장의 상한선(K)을 미리 상정한 후에 미래 인구를 추계하는 인구 예측 모형 • 급속한 증가를 보인 후 완만해지는 인구성장 • 강력한 인구통제정책을 사용하는 대도시권에서의 인구 분석에 유효한 공식

여기서, P_0 =초기연도 인구, r =인구증가율, n =1년 단위 기간(경과연도), K =인구성장한계

핵심문제

장래 인구 예측에 있어서 초기연도와 최종연도의 인구만을 고려하여 그 증가율을 산정할 경우 해당 기간 동안 인구의 증감이 교차되는 도시에서 적용하기가 어려운데, 이와 같은 결점을 보완한 인구 예측 방법은? [16년 1회, 19년 1회]

① 최소자승법   ② 등차급수법
③ 등비급수법   ④ 회귀분석법

답 ①

해설⊕

인구의 증감이 교차되는 경우 적용이 가능한 인구 예측 방법은 최소자승법이다.

(2) 인구 예측의 요소모형

1) 특징

① 출생, 사망 및 인구이동이라는 세 가지 요소를 합산하여 도시 인구 변화를 예측하는 방식으로 인구 예측 모형이라고도 함
② 자료수집 한계를 가지고 있음
③ 방법 : 연령집단생잔모형, 인구이동모형

---핵심문제

요소모형에 의한 인구 추정에 고려되지 않는 요소는?   [13년 4회, 16년 2회]

① 상주인구   ② 사망인구

③ 유입 · 유출인구   ④ 출생인구

답 ①

해설 ⊕---

요소모형의 인구 추정에 고려되는 요소
출생, 사망, 인구이동(유입 및 유출인구)

2) 집단생잔 방법(Cohort Survival Method)

① 출생률, 사망률, 인구이동 등을 고려하여 인구 추정

$$P_t = P_0 + B_{0-t} + I_{0-t} - O_{0-t}$$

기준연도의 인구(P_0)에 특정 기간 ($t-0$년) 동안의 출생인구(B)와 유입인구(I)를 더하고 사망인구(D)와 유출인구(O)를 산정

② 특징 : 도시 서비스 제공을 위한 자료로 유용

③ 종류 : 요인별 인구 구성 방법, 인구생잔 방법

---핵심문제

집단생잔법에 대한 설명으로 올바른 것은?   [14년 1회, 17년 1회, 21년 1회, 23년 2회]

① 기준연도의 인구와 출생률, 사망률, 인구이동 등의 변화요인을 고려하여 장래인구를 예측한다.

② 과거의 일정 기간에 나타난 실제 인구의 변화 자료에 복리이율방식을 적용하여 장래인구를 예측한다.

③ 경제적 압출요인과 흡인요인이 도시인구를 변화시키는 요소라고 가정하고, 이들 간의 관계를 방정식으로 표현하여 장래인구를 예측한다.

④ 장래 산업개발계획을 바탕으로 업종별 취업인구의 예측 결과를 바탕으로 총인구를 예측한다.

답 ①

해설 ⊕---

집단생잔법은 출생률, 사망률, 인구이동 등을 고려한 요소모형이다.

(3) 인구노령화 측정지표

1) 노령인구부양비 : 65세 이상 인구를 경제활동인구(15~64세)로 나눈 비율

2) 노령화 지수 : 노령인구를 연소인구(0~14세)로 나눈 비율

3) UN 규정

총 인구에서 65세 이상 인구가 차지하는 비율이

① 7% 이상이면 고령화 사회(Aging Society)

② 14% 이상이면 고령사회(Aged Society)

③ 20% 이상이면 초고령사회(Super Aged Society) 혹은 후기고령사회(Post−aged Society)

④ 2015년 기준 대한민국 노인 비율 : 13%로 고령사회 기준(14%)에 약간 미달

(4) 센서스(Census)

1) 정의

① 어떤 시점에서 인구, 인구와 관련된 가구, 주택, 경제활동 등을 조사하는 것

② 조사 간격은 5년, 10년마다 또는 필요에 따라 부정기적으로 실시

2) 전국을 대상으로 하는 대규모 전수조사 실시

3) 우리나라는 1925년 최초로 센서스가 실시되었으며, 1960년 이전에는 현재 인구를, 그 이후는 상주 인구를 조사하는데, 5년마다 실시

2. 사회경제지표

(1) 지역산업 연관모형(지역 투입산출 모형, Regional Input−output model)

1) 정의

① 지역적인 차원에서 산업부문 간 경제활동의 상호의존관계를 설명하고, 최종수요의 규모변동에 따른 경제적 파급효과를 분석하는 방법

② 생산구조 · 산업구조의 예측, 지역 간의 산업 관련 등을 분석하는 데 주로 사용된다.

2) 지역경제의 구성

① 생산부문

② 지불부문(재고 사용)

③ 중간수요부문

④ 최종수요부문 : 가계소비, 정부구입, 수출, 민간자본 형성, 재고축적 등

3) 특징

장점	단점
• 통계적 시계열분석법이 보여 줄 수 없는 지역 간 및 지역 내의 산업 연관관계 파악 가능 • 최종수요부문에서의 수요의 증가가 중간 재생산부문에 미치는 경제적 효과를 측정 • 장래의 최종수요 증가에 따르는 고용승수효과 측정 가능 • 방법이 간단하고 신뢰성이 있음 • 경제활동의 분석에 있어 최종 생산물의 생산에 투입되는 중간재를 고려	• 구조방정식이 지닌 1차성의 가정은 일정불변의 생산계수를 의미 • 1차성의 가정은 모든 재화와 원료의 가격, 기업의 판매상태가 일정불변임을 의미(비현실적) • 산업부문을 정확하게 구분하기 위해서는 전문적 지식이 필요 • 자료수집에 있어서 현장조사가 필요(자료수집이 어려우며 많은 비용 소요)

───| 핵심문제

도시경제 분석 방법 중 아래의 설명에 해당하는 것은?   [15년 1회, 17년 4회, 21년 2회, 23년 1회]

• 경제활동의 분석에 있어 최종 생산물의 생산에 투입되는 중간재를 고려한다.
• 생산구조 · 산업구조의 예측, 지역 간의 산업 관련 등을 분석하는 데 주로 사용된다.
• 방법이 간단하고 신뢰성이 있으나, 투입계수의 불변성이라는 단점을 가지고 있다.

① 투입산출모형   ② 변이할당분석모형
③ 입지상모형   ④ 지수곡선모형

답 ①

해설⊕
투입산출모형은 통계적 시계열분석법이 보여 줄 수 없는 지역 간 및 지역 내의 산업 연관관계 파악이 가능하다.

(2) 사회지역 구조이론(Muride, 1997)

1) 사회 · 경제적 지위

호이트의 선형이론(부채꼴 이론)과 유사한 공간이용형태를 보임

2) 가족구성, 세대유형 : 버제스의 동심원이론 형태를 보임

3) 인종 그룹

서로 다른 인종끼리 분리되어 독자적인 지역사회를 형성하는 것으로, 다핵 패턴을 보임

(3) 정치경제 계획 모형

① 합리적 계획 모형에 대한 비판적 입장에서 비롯된 이론으로서, 계획의 실행은 사회 · 역사적 맥락 안에서 비판적으로 분석되어야 한다고 주장
② 자본주의 사회의 도시계획에 대한 비판적 분석을 통해 형성

③ 도시에서 일어나는 끊임없는 계층 간의 갈등에 대해 정부가 간섭하는 과정을 통해 현대의 도시계획을 분석하고 설명한 계획이론 모형

④ 계획의 실행은 자본 축적과정의 맥락 안에서 존재하며, 자본주의 생산양식의 관점에서 분석되어야 함

⑤ 자본주의 사회의 결정적인 계층 간의 갈등이 도시현상에도 조명되어야 함

핵심문제

자본주의 사회의 도시계획에 대한 비판적 분석을 통해 형성되었으며, 도시에서 일어나는 끊임없는 계층 간의 갈등에 대해 정부가 간섭하는 과정을 통해 현대의 도시계획을 분석하고 설명한 계획이론 모형은?

[14년 2회, 17년 1회, 21년 1회]

① 협력적 계획 모형   ② 정치경제 계획 모형
③ 유기적 계획 모형   ④ 합리적 계획 모형

답 ②

해설◐
자본주의 사회의 도시계획에 대한 비판적 분석을 통해 형성된 계획 모형은 정치경제 계획 모형이다.

(4) 변이할당분석(Shift-share Analysis)모형

1) 정의

① 도시의 주요 산업별 성장원인을 규명하고, 도시의 성장력을 측정하는 방법이다.

② 지역의 산업성장을 국가 전체의 성장요인, 산업구조적 요인, 지역의 경쟁력 요인으로 구분하여 지역경제를 분석하고 예측하는 기법이다.

2) 변이할당분석을 통한 산업성장 요인 산출 방법

총변화(Total Share) = 국가경제성장효과(National Share) + 산업구조효과(Industry Mix) + 도시경쟁력에 의한 효과(Local Factor)

핵심문제

산업성장의 요인에 따른 변이할당분석에서 지역경제의 총변화(Total Share)가 50, 국가경제 성장효과(National Share)가 45, 도시경쟁력에 의한 효과(Local Factor)가 −10일 때 산업구조효과(Industry Mix)는 얼마인가?

[13년 2회, 16년 4회]

① −5   ② 5   ③ −15   ④ 15

답 ④

해설◐
총변화(Total Share) = 국가경제성장효과(National Share) + 산업구조효과(Industry Mix) + 도시경쟁력에 의한 효과(Local Factor)
50 = 45 + 산업구조효과 + (−10)
∴ 산업구조효과 = 15

(5) 경제기반이론(수출기반이론)

1) 지역경제를 기반산업(수출산업)과 비기반산업(수입산업)으로 구분

2) 기반산업(수출산업)과 비기반산업(수입사업)

　① 기반산업(수출산업)
　　• 지역성장활동을 담당하는 산업
　　• 지역 내에서 생산된 상품이나 서비스가 최종적으로 지역 외부인에 의해 소비되는 산업
　　• 경쟁력을 갖추고 있으며, 타 산업보다 고용인구가 많은 산업
　② 비기반산업(수입산업) : 지역성장활동을 지원하는 산업

3) 특징

　① 단순하고 이해하기 쉬워 설득력이 강하다.
　② 도시, 지역, 국가에 이르기까지 다양한 공간적 영역에 적용 가능
　③ 지방의 경제 · 산업정책을 수립하는 데 유용한 정보 제공

01 다음 도시조사에 대한 설명으로 틀린 것은?

[16년 4회, 23년 1회]

① 도시계획에서 활용되는 자료에 대한 조사 방법은 자료원에 대한 접근에 따라 1차, 2차, 3차 자료로 나뉜다.

② 1차 자료조사는 조사실시 방법에 따라 현지조사, 면접조사, 설문조사로 구분된다.

③ 면접조사는 개인면접법, 전화면접법, 단체면접법으로 세분된다.

④ 1차 자료조사는 조사대상에 따라 전수조사와 표본조사로 구분된다.

●해설

도시계획에서 활용되는 자료에 대한 조사 방법은 자료원에 대한 접근 방법에 따라 1차 자료(직접적 방법), 2차 자료(간접적 방법)로 나뉜다.

02 도시계획에 활용되는 자료원에 대한 접근 방법을 직접적·간접적이냐에 따라 1차 자료와 2차 자료로 분류할 때 다음 중 2차 자료에 해당하는 것은? [15년 4회, 22년 1회, 22년 4회, 24년 1회]

① 통계조사자료 ② 현지조사자료

③ 면접조사자료 ④ 설문조사자료

●해설

자료의 구분

• 1차 자료(직접자료) : 현지조사 / 면접조사 / 설문조사

• 2차 자료(간접자료) : 문헌자료조사 / 통계자료조사 / 지도분석

03 도시계획에서 활용되는 자료를 자료원에 대한 접근이 직접적인지 간접적인지에 따라 1차·2차 자료로 구분할 때 이에 대한 설명으로 옳지 않은 것은? [15년 1회]

① 1차 자료는 계획가가 원하는 현실감 있는 정확한 정보를 제공해 줄 수 있지만 방대한 정보를 얻는 것에는 한계가 있다.

② 2차 자료를 통해 공간적으로 멀리 떨어진 곳이나 시간적으로 조사가 불가능한 과거의 자료를 비교적 적은 노력과 비용으로 이용할 수 있다.

③ 서적이나 정기간행물, 각종 통계자료 등은 중요한 1차 자료원이다.

④ 2차 자료는 대부분이 정부기관에 의해서 행정구역 단위로 조사·정리되어 있고 도시계획 자체를 위해 조사된 것이 아니므로 도시계획의 목적에 부합되지 않는 한계가 있다.

●해설

서적이나 정기간행물, 각종 통계자료 등은 간접적 방법으로서 2차 자료원이다.

04 도시계획을 위한 자료 수집의 접근 방법에 따라 1차 자료와 2차 자료로 구분할 때, 다음 중 1차 자료가 아닌 것은? [14년 4회, 17년 1회]

① 현지조사 ② 면접조사

③ 설문조사 ④ 통계 분석

●해설

문제 2번 해설 참고

05 도시조사 자료를 자료원에 대한 접근이 직접적 혹은 간접적이냐에 따라 1차 자료와 2차 자료로 구분할 때, 이에 대한 설명으로 틀린 것은?

[14년 1회]

① 1차 자료는 도시계획의 대상이 되는 단위 지역이나 당해 지역의 주민들로부터 현지조사나 관찰, 면접 등을 통해 직접적으로 도출한 자료이다.

② 2차 자료에 비해 1차 자료는 비교적 적은 노력과 비용으로 계획가가 원하는 정보를 얻을 수 있다.

③ 1차 자료는 계획가가 원하는 현실감 있는 정확한 정보를 제공해 줄 수 있다는 장점이 있다.

④ 도시계획을 위한 도시조사에서는 1차 조사와 2차 조사가 병행하여 이루어지는 것이 일반적이다.

정답 01 ① 02 ① 03 ③ 04 ④ 05 ②

● 해설
1차 자료는 현실감이 우수하나, 비용과 시간이 과다 소요되는 특징이 있다.

06 도시조사의 목적으로 옳지 않은 것은?

① 도시의 위치와 역할에 대한 이해
② 도시 당면과제의 인식과 해결방안 모색
③ 조사자료의 한시적 활용
④ 장래 시가화 동향 예측

● 해설
도시조사를 통해 확보된 자료는 장기적으로 활용될 수 있다.

07 도시계획의 자료조사 방법에 따른 구분상 다음 중 2차 자료 수집 방법에 해당하는 것은?

[12년 4회]

① 현지조사   ② 면접조사
③ 설문조사   ④ 문헌자료조사

● 해설
문제 2번 해설 참고

08 다음 중 GIS에 대한 설명으로 옳지 않은 것은?

[14년 4회, 18년 1회]

① GIS는 지리·공간 정보를 받아들여 체계적으로 저장·검색·변형·분석하고, 사용자에게 유용한 새로운 형태의 정보로 표현하는 등의 작업을 수행하기 위한 기술이나 작동과정 혹은 도구이다.
② GIS는 기술적인 측면뿐 아니라 GIS를 사용하는 지원인력 및 시설의 측면을 모두 망라하는 것으로 파악한다.
③ GIS를 이용한 공간 분석을 통해 입력된 정보를 지리적으로 검색하고 표현할 수 있다.
④ 벡터 자료는 정방형 셀을 자료저장과 표현의 기본단위로 하기 때문에 격자형태의 결과물로 생성하게 된다.

● 해설
정방형 셀을 자료저장과 표현의 기본단위로 하기 때문에 격자형태의 결과물로 생성하게 되는 자료형태는 래스터 자료 입력방식이다.

09 지리정보시스템(GIS)에 대한 설명으로 옳지 않은 것은?   [13년 2회, 20년 4회, 24년 2회]

① GIS의 자료는 도형자료(Graphic Data)와 속성자료(Attribute Data)로 구분할 수 있다.
② GIS를 도시계획 분야에 적용하고자 하였으나 관련 자료의 취득이 어려워 현재 시스템 적용이 어렵다.
③ GIS는 지리적 공간상에서 실세계의 각종 객체들의 위치와 관련된 속성정보를 다루는 것이다.
④ GIS의 공간자료를 토지측량, 항공 및 위성사진 측량, 범세계 위치결정체계(GPS)를 사용하여 수집할 수 있다.

● 해설
지리정보시스템(GIS)은 관련 자료의 취득 및 입력, 처리가 용이하여 다양한 분야에서 활용되고 있다.

10 지리공간데이터를 분석·가공하여 국토계획, 지역계획, 도시계획 등의 각종 계획의 입안과 추진에 필요한 토지, 자원, 환경, 사회, 문화와 관계된 각종 자료를 컴퓨터에 종합적·체계적으로 저장하고 처리할 수 있는 시스템의 특징과 거리가 먼 것은?   [13년 1회, 23년 2회]

① 대량의 정보를 쉽게 저장하고 관리할 수 있다.
② 원하는 정보의 검색 및 변환이 가능하다.
③ 다양한 정보의 중첩을 통한 종합적 해석이 가능하다.
④ 복잡한 정보를 분류하고 해석하는 데 유용하나 한 번 구축된 데이터는 업데이트하기 어렵다.

● 해설
지리정보시스템(GIS)은 대량의 정보를 쉽게 저장 관리할 수 있으며, 이에 따른 업데이트가 용이하다는 특성을 가지고 있다.

정답   06 ③   07 ④   08 ④   09 ②   10 ④

11 GIS를 이용한 주요 활동 중에서 '4M'에 해당하지 않는 것은? [15년 2회]

① 도면화(Mapping)

② 측정(Measurement)

③ 관찰(Monitoring)

④ 수정(Modification)

◎해설

4M

구분	내용
측정(Measurement)	도시환경의 다양한 변수들을 측정
도면화(Mapping)	지표나 공간의 형상을 도면화
관찰(Monitoring)	도시의 시공간적 변화를 관찰
모형화(Modeling)	실행대안 및 그 진행과정을 모형화

12 다음 중 우리나라 국가 GIS(NGIS) 3차 사업 (2006~2010)의 기본계획 방향에 해당하지 않는 것은? [12년 1회, 20년 1·2회, 24년 1회]

① GIS 기반 전자정부 구현

② GIS를 이용한 뉴비즈니스 창출

③ 유비쿼터스 환경을 지향한 지능형 국토건설

④ 국가공간정보의 디지털 구축 초석 마련

◎해설

국가공간정보의 디지털 구축 초석 마련은 이미 구현된 사항으로서 3차 사업의 목표에 맞지 않다.

13 계획인구의 산정 방법 중 과거 추세에 의한 방법이 아닌 것은? [15년 2회, 20년 1·2회]

① 로지스틱 곡선법

② 집단생잔법

③ 지수함수법

④ 최소자승법

◎해설

과거 추세를 가지고 인구를 예측하는 방법은 비요소모형에 해당한다. 집단생잔법의 경우에는 출생률, 사망률, 인구이동 등을 고려한 요소모형에 해당한다.

14 인구가 정률 변화를 할 때 적합하며, 인구가 기하급수적인 증가를 나타내고 있어 단기간에 급속히 팽창하는 신도시의 인구 예측에 유용하나 인구의 과도 예측을 초래할 위험성이 있는 인구 예측 모형은? [13년 2회, 21년 4회, 22년 4회]

① 선형모형

② 지수성장모형

③ 로지스틱 모형

④ 곰페르츠 모형

◎해설

지수성장모형은 단기간에 급속히 팽창하는 신개발지역의 인구 예측에 유용하다.

15 도시인구 추정 방법 중 인구성장의 상한선을 미리 상정한 후에 미래 인구를 추계하는 인구 예측 모형으로, 곡선이 S자형의 비대칭곡선으로 이루어진 추세 분석은? [13년 1회, 20년 3회, 24년 1·3회]

① 지수모형(Exponential Model)

② 곰페르츠 모형(Gompertz Model)

③ 로지스틱 모형(Logistic Model)

④ 회귀모형(Regression Model)

◎해설

곰페르츠 모형

• 지역인구가 처음에는 완만하게 증가하다 어느 시점을 지나면 급격히 증가하고 다시 완만하게 증가(S자형 성장)하는 지역에 적용

• 인구 증가에 상한선을 가정

16 과거 10년간 등비급수적으로 인구가 증가하여 현재인구가 150만 명이고, 10년 전 인구는 100만 명인 도시가 있다. 이 도시의 연평균 인구증가율은 얼마인가? [14년 4회]

① 1.1%

② 2.1%

③ 4.1%

④ 5.1%

◎해설

등비급수법에 의해 산출한다.

$$p_n = p_0(1+r)^n$$

여기서, p_n : n년 후의 인구, p_0 : 초기연도 인구

r : 인구증가율, n : 경과연도

$$p_{10} = p_0(1+r)^{10}$$
$$1,500,000 = 1,000,000(1+r)^{10}$$
$$\therefore r = 4.1\%$$

17 다음 중 인구성장의 상한선을 두고 있지 않은 도시인구예측모형은?

[14년 4회, 18년 2회, 24년 2회]

① 지수성장모형
② 수정된 지수성장모형
③ 곰페르츠 모형
④ 로지스틱 모형

●**해설**

지수성장모형
• 단기간에 급속히 팽창하는 신개발지역의 인구 예측에 유용
• 인구성장의 상한선 없이 기하급수적으로 증가함을 가정한 모형

18 기준연도의 인구와 출생률, 사망률, 인구이동 등의 인구 변화요인을 고려하여 장래인구를 추정하는 인구 예측 방법은? [16년 2회, 24년 3회]

① 정주모형법
② 집단생잔법
③ 비교유추법
④ 로지스틱법

●**해설**

집단생잔법은 출생률, 사망률, 인구이동 등을 고려한 요소모형이다.

19 지역의 산업성장을 국가 전체의 성장요인, 산업구조적 요인, 지역의 경쟁력 요인으로 구분하여 지역경제를 분석하고 예측하는 기법은? [14년 4회]

① 경제기반모형
② 투입산출분석
③ 변이할당분석
④ 비용편익분석

●**해설**

변이할당분석(Shift – share Analysis)
도시의 주요 산업별 성장원인을 규명하고 도시의 성장력을 측정하는 방법으로서, 지역의 산업성장을 국가 전체의 성장요인, 산업구조적 요인, 지역의 경쟁력 요인으로 구분하여 지역경제를 분석하고 예측하는 기법이다.

20 도시지역 경제 분석의 방법 중 하나인 수출기반모형에 대한 설명으로 틀린 것은? [16년 1회]

① 수출산업이란 지역 내에서 생산된 상품이나 서비스가 최종적으로 지역 외부인에 의해 소비되는 산업을 말한다.
② 수입산업이란 다른 지역에서 생산된 제품이나 서비스가 지역 내 주민에 의해서 소비되는 산업을 말한다.
③ 수출산업과 수입산업의 구분은 민간부문의 기업에만 적용되는 것이 아니라 공공부문에서도 적용된다.
④ 수출기반모형은 지역경제를 구성하는 산업을 크게 수출산업과 수입산업으로 구분한다.

●**해설**

수입산업은 비기반산업을 의미하며, 비기반산업은 지역성장활동을 지원하는 산업을 의미한다.

부문별 계획

1 토지이용계획

1. 토지이용계획의 목적

(1) 토지이용계획의 목적

 1) 도시의 현재와 장래의 공간 구성

   도시기반시설을 배치하고 정비하는 주요한 인자

 2) 토지이용의 규제와 실행수단의 제시

   개발 억제 및 투자계획에 대한 정책수단의 역할

 3) 지구단위계획에 대한 지침 제시

   3차원적 공간계획으로 기능배치와 밀도, 형태를 포함

 4) 난개발 방지 : 계획적 개발을 유도

 5) 장래를 위한 토지의 보존

핵심문제

토지이용계획의 역할로 옳지 않은 것은?   [13년 2회, 17년 1회, 23년 2회]

① 도시의 외연적 확산을 촉진시킨다.
② 토지이용의 규제와 실행수단을 제시해 준다.
③ 계획적인 개발을 유도하여 난개발을 억제시킨다.
④ 도시의 현재와 장래의 공간구성과 토지이용 형태가 결정된다.

답 ①

해설 ⊕
토지이용계획은 토지이용의 규제와 난개발 방지 등에 초점이 맞추어져 있어, 도시의 외연적 확산을 촉진하는 것과는 거리가 멀다.

---

(2) 토지이용의 과제

 1) 외부효과

   ① 내부적인 요인에 대비하여 외부대상에 의해 발생하는 영향

   ② 외부경제성은 최대화하고 외부불경제성은 최소화하는 토지이용계획 수립

   ③ 외부경제성 : 외부경제적 영향에서 경제성을 높이는 경우

④ 외부불경제성 : 불이익을 초래하는 경우

2) 이용주체 간 경합

① 토지이용의 결정과 관련된 수많은 주체 간의 경쟁에 의해 토지이용이 결정됨

② 결정과정에서 서로 상반된 이해관계의 대립이 발생

③ 대립은 국가－도시－지구 등 계획 공간 수준에서 발생

④ 토지이용계획은 이러한 상호마찰을 최소화하고 대립 및 모순을 조정하는 기능을 가짐

3) 난개발

① 토지소유자 자의에 의한 개발이나 방치로 공공비용의 과중이나 토지의 경제성을 저하시키는 현상

② 대표적인 형태가 무계획적인 시가지 확산(Urban Sprawl)

③ 토지이용계획은 이러한 난개발을 방지하고 공공시설 정비 기능을 지님

핵심문제

토지이용에서 도시 문제를 야기하는 대표적인 요인으로 거리가 먼 것은?　　　　[12년 2회, 19년 1회]

① 외부효과　　　　　　　　　　　② 이용주체 간의 경합성

③ 기능 중심의 교통계획과 차별성　　④ 토지의 난개발

답 ③

해설⊕

차별화되고 기능 중심의 교통계획은 도시 문제를 야기하는 요인으로 보기 어렵다.

---

(3) 공영개발(공적 개입)의 필요성

1) 시장실패의 시정

토지의 자연적 특성에 의한 시장의 구조적 결함 및 외부효과의 발생, 시장정보의 비효율적 할당 등은 시장 기구를 통한 토지자원의 최적 배분을 어렵게 하고 있으며, 이 같은 시장실패는 토지시장에 대한 공공개입의 근거가 됨

2) 공정성의 추구

공공복리 증진이라는 사회정의에 입각한 공평성을 달성하기 위해 국가가 개입

2. 구성과 수립과정

(1) 토지이용계획 확인원(토지이용계획확인서)

1) 용도

① 개별 필지에 대한 규제 사항 및 토지이용계획 사항을 확인

② 해당 토지에 대한 용도지역·지구·구역, 도시·군계획시설, 도시계획사업과 입안 내용 그리고

각종 규제에 대한 저촉 여부 등을 확인

2) 내용

용도지역 · 지구 등의 지정 내용과 그 용도지역 · 지구 등에서의 행위제한 내용 등

3) 유의사항

① 지형도면을 작성 · 고시하지 않는 경우, 고시가 곤란한 경우 확인이 안 됨

② 지구단위계획구역에 해당하는 경우에는 담당 과에서 토지이용과 관련한 계획을 별도로 확인받아야 함

│핵심문제

개별 필지에 대한 규제 사항 및 토지이용계획 사항을 확인하는 것으로 해당 토지에 대한 용도지역 지구 · 구역, 도시 · 군계획시설, 도시계획사업과 입안 내용 그리고 각종 규제에 대한 저촉 여부 등을 확인할 수 있는 자료는?
[15년 4회, 18년 1회, 23년 1회]

① 토지대장   ② 건축물 대장

③ 토지특성조사표   ④ 토지이용계획확인서

답 ④

해설◑

토지이용계획 확인원(서)은 용도지역 · 지구 등의 지정 내용과 그 용도지역 · 지구 등에서의 행위제한 내용 등을 토대로 토지이용 관련 각종 규제에 대한 저촉 여부 등을 확인할 수 있는 자료이다.

---

(2) 토지적성평가제도

1) 정의

개별 토지가 갖는 환경적 · 사회적 가치를 과학적으로 평가함으로써 보전할 토지와 개발 가능한 토지를 체계적으로 판단할 수 있도록 계획을 입안하는 단계에서 실시하는 기초조사

2) 도입배경 및 필요성

① 전 국토의 "환경 친화적이고 지속 가능한 개발"을 보장하고 개발과 보전이 조화되는 "선 계획 – 후 개발의 국토관리체계"를 구축

② 각종의 토지이용계획이나 주요 시설의 설치에 관한 계획을 입안하고자 하는 경우에 토지의 환경생태적 · 물리적 · 공간적 특성을 종합적으로 고려

3) 토지적성평가를 실시하는 경우

① 관리지역을 보전관리지역, 생산관리지역 및 계획관리지역으로 세분하는 등 용도지역이나 용도지구를 지정 또는 변경하는 경우

② 일정한 지역지구 안에서 도시계획시설을 설치하기 위한 계획을 입안하고자 하는 경우

③ 도시개발사업 및 정비사업에 관한 계획 또는 지구단위계획을 수립하는 경우

★ 다음의 설명은 도시계획에서의 GIS 활용 분야 중 어느 분야에 대한 설명인가?   [15년 1회, 19년 2회]

> 전 국토의 "환경친화적이고 지속 가능한 개발"을 보장하고 개발과 보전이 조화되는 "선 계획 – 후 개발의 국토관리체계"를 구축하기 위하여 각종의 토지이용계획이나 주요 시설의 설치에 관한 계획을 입안하고자 하는 경우에 토지의 환경생태적 · 물리적 · 공간적 특성을 종합적으로 고려 및 평가하여 보전할 토지와 개발 가능한 토지를 체계적으로 판단하는 데 활용되는 분야

① 토지적성평가   ② 토지이용계획
③ 토지보전가치평가   ④ 국토관리평가

답 ①

해설◆
토지적성평가제도
개별 토지가 갖는 환경적 · 사회적 가치를 과학적으로 평가함으로써 보전할 토지와 개발 가능한 토지를 체계적으로 판단할 수 있도록 계획을 입안하는 단계에서 실시하는 기초조사

(3) 토지이용계획의 토지의 구분

목표연도 토지수요를 추정하여 산정된 면적을 기준에 따라 시가화예정용지, 시가화용지, 보전용지로 토지이용을 용도별로 구분한다.

(4) 상향적, 하향적 계획

1) 상향적 계획

① 지역주민의 참여를 바탕으로 하는 계획방식으로 하위계획에서 상위계획으로 수립해 가는 방식
② 성장보다는 분배를 중시하고(균형발전), 상위계획은 하위계획의 내용을 반영하여 하위계획의 실행에 도움을 줌
③ 도시계획 → 지역계획 → 국토계획의 순으로 수립

2) 하향적 계획

① 국가에서 국토에 대한 기본계획을 수립하면 이를 하부의 계획주체들은 상위의 계획에 위배됨이 없이 계획을 수립하는 방식
② 국가 주도의 계획으로 분배보다는 개발을 중시
③ 국토계획 → 지역계획 → 도시계획의 순으로 수립

토지이용계획의 수립과정을 상향적 접근과 하향적 접근으로 구분할 때, 이에 대한 설명으로 옳지 않은 것은? [14년 4회, 17년 4회, 21년 4회]

① 상위계획의 지침을 받아 도시의 기본계획을 설정하는 것은 상향적 접근이다.
② 도시 내 지구 수준의 문제점 해결을 우선하는 것은 상향적 접근이다.
③ 기성 시가지의 유형별 대책을 수립하는 것은 상향적 접근이다.
④ 도시 차원에서 도시 전체의 기본 구조를 중시하는 것은 하향적 접근이다.

답 ①

해설⊕

상위계획의 지침을 받아 도시의 기본계획을 설정하는 것은 하향적 접근이다.

(5) 계획예산제도(PPBS : Planning Programming Budgeting System)

1) 정의

기획, 사업구조, 예산을 연계시킨 시스템적 예산제도

2) 특징

① 도시정부의 예산편성제도 중 조직목표 달성에 중점을 둠
② 장기적인 계획 수립과 단기적인 예산편성을 유기적으로 혼합
③ 자원배분에 관한 의사결정을 합리적이고 일관성 있게 행하려는 제도

도시정부의 예산편성제도 중 조직목표 달성에 중점을 두고 장기적인 계획 수립과 단기적인 예산편성을 유기적으로 관련시킴으로써 자원배분에 관한 의사결정을 합리적이고 일관성 있게 행하려는 제도는? [16년 4회, 17년 4회, 19년 1회, 20년 3회, 22년 2회]

① 품목별 예산제도 ② 성과주의 예산제도
③ 복식예산제도 ④ 계획예산제도

답 ④

해설⊕

계획예산제도(PPBS : Planning Programming Budgeting System)
기획, 사업구조, 예산을 연계시킨 시스템적 예산제도로서 다양한 부분의 요소가 어우러져서 조직목표 달성에 중점을 두고 합리적인 예산 계획을 수립하고자 하는 예산제도이다.

3. 수요 예측 및 입지 배분

(1) 토지수요 추정 절차

목표연도의 토지이용 유형에 따라 이용밀도 조사 · 평가 → 목표연도의 인구 및 경제활동 예측 → 목표연도의 토지이용의 유형별 계획밀도 산정 → 용도별 토지이용수요 산정

(2) 샤핀(F. S. Chapin)의 공간구조이론

1) 정의

토지이용은 경제적, 사회적, 공공복지적 요인의 상호작용에 의하여 결정된다는 이론

2) 각 요인별 특성

구분	특성
경제적 요인	도시공간은 경제적 지불능력인 지가와 지대에 의하여 영향을 받아 도심은 고밀도개발이 이루어지며 지가가 낮은 외곽지대는 근교산업이 입지한다.
사회적 요인	도시공간구조의 변화가 집중 및 분산, 침입 및 계승, 지배 및 분리라는 인간 생태학적 요인에 의해 결정된다.
공공복지적 요인	공익적 측면으로 정부가 주체가 된 규제적인 요인에 의해 결정된다.

(3) 튀넨(Von Thunen)의 지대이론(농업입지이론)

1) 지대이론의 가정

① 토지비옥도는 동일하다고 가정하고, 수송비의 차이를 지대로 봄

② 지대의 산출 = 매상고 − 생산비 − 수송비

③ 지대는 토지의 위치에 따라 달라지며, 생산성이 같은 토지라도 시장으로부터의 거리에 따라 지대가 달라짐

2) 특징

① 지대가 높은 도심 : 근교농업(집약적 토지이용, 고가의 곡물 생산)

② 지대가 낮은 도심외곽 : 조방적 토지이용

③ 작물·경제활동에 따라 한계지대곡선은 달라짐

④ 농산물 가격·생산비·수송비·인간의 형태 변화는 지대를 변화시킴

핵심문제

★ 튀넨(Von Thunen)의 지대이론에 대한 설명으로 옳지 않은 것은? [14년 2회, 17년 2회]

① 지대는 토지의 위치에 따라 달라진다.

② 지대는 농산물이 생산되는 토지와 그 농산물이 판매되는 시장과의 거리에 의해 결정된다.

③ 생산성이 같은 토지라도 시장으로부터의 거리에 따라 지대가 달라진다.

④ 시장에서 멀어질수록 인구 밀도는 낮고 지대는 높다.

답 ④

해설❶--

시장에서 멀어질수록 인구 밀도는 낮고, 지대도 낮아지게 된다.

(4) 주거지역의 입지조건

구분	입지조건
지형조건	• 토지가 비교적 높은 곳에 위치하고 한적하며, 하수처리가 잘되고 적절한 방위(남향)에 위치 • 평지로 구성되어 있으며, 과거로부터 주거지역이었던 곳
주변환경	• 공해가 없는 곳 • 집단 주거 배치가 되어 있는 곳
접근성	통근 및 통학이 편리한 곳

❷ 교통계획

1. 교통계획과정

(1) 교통존(Traffic Zone) 설정기준

① 각 존은 가급적 동질적인 토지이용을 포함하도록 한다.
② 각 존은 행정구역과 가급적 일치시킨다.
③ 각 존의 경계는 간선도로와 일치하도록 한다.
④ 각 존의 크기 : 소규모 도시는 한 존당 1,000~3,000명, 대도시는 한 존당 5,000~10,000명 포함
⑤ 존 내부통행량은 가급적 최소화시킨다.

(2) 장기교통계획과 단기교통계획

장기교통계획	단기교통계획
• 소수대안 / 유사대안	• 다수대안 / 서로 다른 대안
• 교통수요가 비교적 고정	• 교통수요 변화가 가능
• 단일교통수단 위주	• 다양한 교통수단을 동시에 고려
• 공공기관 정책	• 공공기관 및 민간기관 정책
• 장기적인 관점 / 시설지향적	• 단기적인 관점 / 서비스 지향적
• 자본집약적 / 추정지향적	• 저자본비용 / 환류(Feedback) 지향적

2. 교통수요 예측

(1) 4단계 교통수요 추정법

1) 정의

통행 발생, 통행 배분, 교통수단 선택, 노선 배정의 4단계로 나누어 순서적으로 통행량을 구하는 기법이다.

2) 특징

① 전통적으로 가장 많이 사용되어 온 방법이다.

② 총체적 자료에 의존하므로 통행자의 개별 행태측면이 고려되지 않는다.

③ 계획가나 분석가의 주관이 개입될 우려가 있다.

④ 분석결과에 대한 적절성을 검증하면서 순서적으로 추정해 가는 장점이 있다.

3) 순서

통행 발생(Trip Generation) → 통행 배분(통행 분포, Trip Distribution) → 교통수단 선택(Modal Split) → 노선 배정(Traffic Assignment)

단계	내용
통행 발생 (Trip Generation)	• 경제사회지표에 관한 정량적인 지표를 이용하여 각 교통지구별 통행 발생량(Trip Production) 및 통행 집중량(Trip Attraction)을 산정하는 과정 • 추정법 : 원단위법, 증감률법, 회귀분석법, 카테고리분석법
통행 배분(통행 분포, Trip Distribution)	• 통행 발생단계에서 산정된 교통지구별 유출 · 유입량을 지구 상호 간에 분배하는 과정 • 추정법 : 성장률법, 중력모형, 간접기회모형
교통수단 선택 (Modal Split)	• 발생된 통행을 여러 교통수단에 배분하는 것 • 추정법 : 회귀분석법, 카테고리분석법, 분담률곡선법, 회귀곡선법, 전환곡선법
노선 배정 (Traffic Assignment)	• 기 · 종점 간의 교통수단별로 배분된 통행을 링크와 마디로 구성된 교통망에 배정하는 것으로 기 · 종점을 연결하는 교통수단 또는 노선의 통행저항(Travel Impedance)의 크기에 따라 선호도가 결정된다. • 추정법 : 용량을 제한하지 않는 노선배분법, 용량을 제한하는 노선배분법(반복과정법, 분할배분법, 다중경로배분법, 확률적 통행배분법)

─┤핵심문제

다음 중 4단계 교통수요 추정법에 대한 설명으로 옳지 않은 것은?   [12년 1회, 15년 2회, 23년 2회]

① 교통수요 추정에서 전통적으로 가장 많이 사용되어 온 방법이다.

② 총체적 자료에 의존하기 때문에 통행자의 행태적 측면은 거의 고려하지 않는다.

③ 계획가나 분석가의 주관이 개입될 여지가 전혀 없다는 특징이 있다.

④ 분석결과에 대한 적절성을 검증하면서 순서적으로 추정해 가는 장점이 있다.

답 ③

해설 ⊕ -

4단계 교통수요 추정법은 계획가나 분석가의 주관이 개입될 우려가 있다는 단점을 가지고 있다.

핵심문제

다음 중 4단계 교통수요 추정법을 단계별로 옳게 나열한 것은?　　　　[12년 4회, 22년 2회]

(1) 통행 발생	(2) 수단 선택	(3) 노선 배정	(4) 통행 배분

① (1)－(2)－(4)－(3)　　　　② (1)－(4)－(2)－(3)
③ (4)－(2)－(1)－(3)　　　　④ (4)－(1)－(2)－(3)

답 ②

해설⊕

4단계 교통수요 추정 단계
통행 발생(Trip Generation) → 통행 배분(통행 분포, Trip Distribution) → 교통수단 선택(Modal Split) → 노선 배정(Traffic Assignment)

(2) 스크린라인 조사(Screen Line 조사, 검사선조사)

1) 목적

조사지역 내에서 조사된 교통량의 정밀도를 점검하고 수정·보완하기 위함

2) 고려사항

① 라인이 존의 중심을 지나지 않도록 한다.
② 폐쇄선(Cordon Line)과 근접하지 않도록 한다.
③ 여러 개의 라인 설정 시 라인 간 적정 간격을 유지하여야 한다.

3) 조사 방법

간선도로상에 가상선을 그어 통과하는 교통량을 조사하거나 간선도로선상에 위치한 교차로를 통과하는 차량을 조사

3. 도시가로계획

(1) 도로의 기능별 구분

주간선도로	• 도시 내·외의 주요 지역 간 연결도로, 도시 내의 골격을 형성하는 도로 • 대량 통과교통의 처리를 목적으로 한다.
보조간선도로	주간선도로와 집산도로를 연결하는 도로, 근린생활권의 외곽 형성
집산도로	근린생활권의 교통을 보조간선도로에 연결 또는 집산하는 도로
국지도로	소형가구를 구획하는 도로, 일상생활에 필요한 집 앞 공간 확보
도시고속도로	대량·고속교통을 목적으로 차량출입을 제한하는 자동차 전용의 도로
특수도로	• 보행자전용도로(폭원 1.5m 이상, 최대구배 10%) • 자전거전용도로(폭원 1.1m 이상, 최대구배 5%)

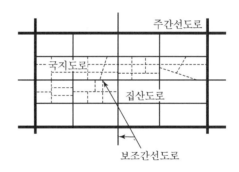

핵심문제

다음 중 도로의 기능별 구분에 따른 설명으로 옳지 않은 것은?　　　　　[14년 4회, 17년 4회]

① 주간선도로 : 시·군 상호 간을 연결하여 대량 통과교통을 처리하는 도로로서 시·군의 골격을 형성하는 도로
② 보조간선도로 : 시·군 교통의 집산기능을 하는 도로로서 근린주거구역의 외곽을 형성하는 도로
③ 국지도로 : 근린주거구역 내 교통의 집산기능을 하는 도로로서 근린주거구역 내부를 구획하는 도로
④ 특수도로 : 보행자전용도로, 자전거전용도로 등 자동차 외의 교통에 전용되는 도로

답 ③

해설⊕

근린주거구역 내 교통의 집산기능을 하고 근린주거구역 내부를 구획하는 도로는 집산도로에 해당한다.

(2) 도로의 형태별 분류

1) 간선·보조간선도로

구분	특징
격자형	• 도로망의 기본형으로, 계획적으로 개발된 도시에 많음 • 도시의 규모가 커지면 교차점이 많아지지만 가구가 방형으로 구성되어 이용하기 용이
방사형	• 도시의 기념비적인 건물을 중심으로 주변과 연결하고 중심지를 기점으로 주요간선로를 따라 도시의 개발축을 형성 • 왕궁이나 기념비적인 건물을 중심으로 주변과 연결하여 도심 집중현상이 발생 • 대표도시 : 부산, 앙카라
방사환상형	• 도시의 중심적 통일성을 물리적으로 강조하며 기능적으로는 중심주의 기능을 강화 • 단핵도시가 불가피하며 도심부의 교통이 집중되므로 부도심의 육성과 환상선의 강조가 필요 • 도심부는 방사형 방식, 주변부는 환상형 방식으로 잇는 가로방식으로 인구 100만 명 이상의 대도시에 적합 • 자연발생적으로 확대되는 도시에서 많이 나타나는 형식으로서 도시의 중심적 통일성을 강조
격자방사형	• 도시의 중심성을 강조하기 위해 격자에 방사상의 사선을 도입 • 5~6개의 교차로가 많아지는 것과 삼각형의 가구가 만들어지는 단점이 있음
사다리선형	• 격자의 변형으로 협소하고 긴 선형의 해안도시 및 공업도시의 가로망 형태 • 중심부의 교통집중을 방지할 수 있는 장점이 있으나 도시 전체의 가로망을 엄연하게 구분하기 곤란함

2) 집산도로

구분	특징
개방형	• 국지도로와 간선도로의 접속에 제한이 없으며 자유로운 출입이 가능 • 통행거리가 짧고 초행자도 목적지에 쉽게 접근 가능하나 교차점이 많아 교통흐름의 저해 및 교통사고 증가 문제가 나타남
폐쇄형	• 국지도로와 간선도로의 접속이 제한됨으로써 외부통과교통 배제 가능 • 통행거리가 길어지는 단점이 있으나 소음·배기가스 등에 의한 공해와 교통사고를 감소시킬 수 있어 양호한 주거환경 조성 가능
간선분리형	• 개방형을 기본으로 간선도로를 따라 블록의 장변방향을 배치하고 국지도로의 접속을 제한하는 절충형 • 단지 내 도로형태가 단순하고 간선도로의 교통흐름의 저해를 완화시킬 수 있음

3) 국지도로

① 격자형

② T자형

③ Loop형

④ Cul-de-sac형

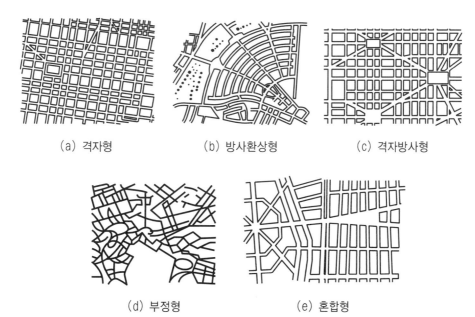

(a) 격자형　　　　　(b) 방사환상형　　　　　(c) 격자방사형

(d) 부정형　　　　　(e) 혼합형

[각종 도로의 형태]

도로망의 구성 형태별 특징이 잘못 연결된 것은?

① 격자형 – 도심의 기념비적인 건물을 중심으로 주변과 연결한다.

② 방사형 – 교통량이 도심으로 집중하는 경향이 있다.

③ 대각선 삽입형 – 격자형과 교차하므로 토지이용상 비효율적이다.

④ 방사환상형 – 인구 100만 명 이상의 대도시 계획에 적합하다.

답 ①

해설⊕

도심의 기념비적인 건물을 중심으로 주변과 연결하는 방식은 방사형과 방사환상형이 있다.

(3) 도시 규모에 따른 용도지역별 간선도로의 밀도

도시의 규모 (인구)	간선도로(4차선 이상)의 밀도		
	주거지역	상업지역	공업지역
대도시(100만 명 이상)	2~4km/km^2	5~10km/km^2	-
중도시(50~100만 명)		4~8km/km^2	2~4km/km^2
소도시(50만 명 미만)		3~6km/km^2	-

(4) 도로의 배치간격

구분		배치간격
주간선도로와 주간선도로		1,000m 내외
주간선도로와 보조간선도로		500m 내외
보조간선도로와 집산도로		250m 내외
국지도로 간	가구의 짧은 변 사이	90m~150m 내외
	가구의 긴 변 사이	25m~60m 내외

❸ 도시 시설계획

1. 도시계획시설의 개념 및 종류

(1) 도시계획시설의 정의

기반시설 중 도시관리계획으로 결정된 시설로서의 기반시설

(2) 도시계획시설 결정의 필요성

① 도시계획을 통해 공공시설의 효율적 확보 가능
② 외부불경제 방지
③ 미래에 대비한 효율적 토지이용 수립

(3) 도시계획시설의 종류

1) 공간시설

① 광장(교통광장, 일반광장, 경관광장, 지하광장, 건축물 부설광장)·공원·녹지·유원지·공공
공지
② 지하광장 : 교통처리를 원활히 하고 이용자에게 휴식을 제공하기 위해, 출입구는 도로와 연결
③ 주요 광장의 종류

구분	목적
교차점 광장	혼잡한 주요 도로의 교차점에서 차량과 보행자의 원활한 소통 도모
역전광장·주요 시설 광장	교통이 혼잡한 주요 시설에 대한 원활한 교통 처리
중심대광장	다수인의 집회·행사·사교 활동 공간 조성
근린광장	주민의 휴식·오락 공간 조성 및 경관·환경의 보전

2) 공공·문화체육시설

학교·운동장·공공청사·문화시설·체육시설·도서관·연구시설·사회복지시설·공공직업
훈련시설·청소년수련시설

3) 교통시설

도로·철도·항만·공항·주차장·자동차정류장·궤도·삭도·운하, 자동차 및 건설기계검사시
설, 자동차 및 건설기계운전학원

4) 유통·공급시설

① 유통업무설비, 수도·전기·가스·열공급설비, 방송·통신시설, 공동구·시장, 유류저장 및 송
유설비

② 공동구의 설치 시 장단점

장점	단점
• 도로교통의 원활화 • 노면의 내구력 증대 • 설비개선의 용이 • 방재효율의 향상 • 유지관리비의 절감(유지관리 편리) • 도시미관의 향상	• 초기 설치비용 과다 • 설치가 어려움 • 기존 가로에 적용하기 어려워 신설 도로 위주로 설치됨

5) 보건위생시설 : 화장장 · 공동묘지 · 납골시설 · 장례식장 · 도축장 · 종합의료시설

6) 환경기초시설 : 하수도 · 폐기물처리시설 · 수질오염방지시설 · 폐차장

7) 방재시설 : 하천 · 유수지 · 저수지 · 방화설비 · 방풍설비 · 방수설비 · 사방설비 · 방조설비

⎯⎯⎯⎯⎯| 핵심문제

★ 기반시설로서 광장의 구분에 해당하지 않는 것은? [12년 4회, 16년 4회, 19년 2회]

① 공중광장 ② 일반광장
③ 경관광장 ④ 건축물 부설광장

답 ①

해설⊕
기반시설 중 공간시설로서의 광장은 교통광장, 일반광장, 경관광장, 지하광장, 건축물 부설광장으로 구분한다.

⎯⎯⎯⎯⎯| 핵심문제

★ 공동구의 장점에 해당하지 않는 것은? [13년 4회, 18년 4회]

① 빈번한 노면굴착에 의한 교통장애를 제거할 수 있다.
② 노상공작물의 철거로 노면의 이용가치가 증대된다.
③ 수용하는 도관의 유지관리가 용이하다.
④ 기존 가로에 도관의 이설 및 신설이 용이하다.

답 ④

해설⊕
공동구는 기존 가로에 적용하기 어려워 신설 도로 위주로 설치한다.

---

2. 도시기반시설의 구분

필요성 ＼ 목적	공익성	사익성
필수성	순공공재	공동소유재
선택성	요금재	민간재

4 공원녹지 및 경관계획, 환경 및 방재계획

1. 공원녹지의 개념 및 종류

(1) 공원녹지의 개념

도시지역 안에서 자연환경을 보전하거나 개선하고, 공해나 재해를 방지함으로써 도시경관의 향상을 도모하기 위하여 도시관리계획으로 결정된 것이다.

(2) 녹지의 종류

종류	내용
완충녹지	대기오염 · 소음 · 진동 · 악취 등의 공해와 각종 사고나 자연재해 등의 방지를 위하여 설치하는 녹지
경관녹지	도시의 자연적 환경을 보전 · 개선 · 복원함으로써 도시경관을 향상시키기 위하여 설치하는 녹지
연결녹지	도시 안의 공원 · 하천 · 산지 등을 유기적으로 연결하고 도시민에게 산책공간의 역할을 하는 등 여가 · 휴식을 제공하는 선형의 녹지

핵심문제

「도시공원 및 녹지 등에 관한 법률」에 따른 녹지의 유형과 기능에 대한 설명이 틀린 것은? [16년 4회]
① 완충녹지 : 공해, 재해, 사고 등의 방지와 완화
② 경관녹지 : 도시의 자연적 환경을 보전하거나 이미 자연이 훼손된 지역을 복원 · 개선
③ 연결녹지 : 도시 내 공원, 녹지 등을 유기적으로 연결
④ 보전녹지 : 도시 주변 자연녹지의 훼손을 방지하고 자연 생태계의 보호를 통한 생물 다양성 확보

답 ④

해설◈

보전녹지는 「도시공원 및 녹지 등에 관한 법률」에서 구분한 녹지의 유형에 해당하지 않는다.

2. 경관의 구성요소와 유형

(1) 경관의 구성요소

1) 경관요소의 분류

구분	내용
1차적 경관요소	직접적으로 경관을 조작하여 경관의 개선을 유도하는 물리적 경관계획요소
2차적 경관요소	경관 컨트롤을 위한 규제 및 인센티브 요소
3차적 경관요소	인간 의지와 관계없이 형성되는 경관으로서 비물리적, 비조작적 영역으로 볼 수 있는 상징적 경관요소

2) 경관 목표 달성을 위한 경관제어요소

① 기반시설(공급처리시설, 도로 등)과 생활편익시설(공원, 교육, 사회복지, 문화시설 등)의 면적, 위치, 배치율, 부지면적, 건축면적, 높이, 벽면의 위치, 의장, 구조와 설비, 광고간판, 주차장, 기타 부대시설물 등의 건축물과 대지에 관한 설계요소

② 주택지, 공업지, 상업지 및 녹지의 규모, 위치, 이들의 분포비율 등의 토지이용에 관한 설계요소

③ 기타 대상지역의 특성을 부각시키기 위한 설계요소

(2) 경관의 유형

1) 경관현상에 따른 구분

구분	내용
정지장면(Scene) 경관	고정된 시점에서 얻어지는 경관
연속장면(Sequence) 경관	주행차량 등 이동에 따라 변화하는 경관
장의경관	종합한 일정 범위 내의 전망 전체(산림경관, 전원경관, 도시경관)
변천경관	시간이 지남에 따라 변화함으로써 만들어지는 경관

2) 경관자원의 특성별 구분

구분		내용
자연경관	녹지경관	산악경관, 구릉지경관
	수변경관	하천경관, 호수경관, 해안경관
인공경관	역사경관	사찰, 문화재
	생활경관	도로축 경관, 시가지 경관(주거지 · 산업 · 업무지 경관)

3) 시점에 따른 분류

① 부감경(시점에서 대상을 내려봄) : 지역 내 조망대상을 한눈에 조망하는 경관특성을 가지고 있으며 주요 시점으로는 옥상 등을 들 수 있다.

② 앙감경(시점에서 대상을 올려봄) : 한정적이고 폐쇄적인 공간의 경관특성을 가지고 있으며, 주요 시점으로는 시가지에서 산을 조망하는 것 등을 들 수 있다.

③ 수평경(시점과 대상의 높이가 같음) : 탁 트인 곳에서의 조망과 같은 경관특성을 가지고 있으며, 주요 시점으로는 넓은 개활지 등을 들 수 있다.

(3) 케빈 린치(Kevin Lynch)의 도시경관 이미지

1) 도시환경의 이미지 구성요소 3가지

구분	내용
정체성(Identity)	분리되어 인식되는 형상의 특질을 가진 환경 내의 대상을 지시하는 것
구조(Structure)	보는 사람에게서나 또 다른 물체에서 보아 이미지를 구축하기 위한 공간과 패턴(공간의 관계를 갖는 대상)을 의미
의미(Meaning)	그 요소들의 감정적인 혹은 실제적인 효용성과 관계가 있음

2) 도시경관 이미지를 구성하는 도시의 물리적 구성요소 5가지

구분	내용
지역(District)	인식 가능한 독자적 특징을 지닌 영역
경계(Edge)	지역을 다른 지역과 구분할 수 있는 선형적 영역(해안, 철도 모서리, 개발지 모서리, 벽, 강, 철도, 옹벽, 우거진 숲, 고가도로, 늘어선 빌딩 등)
결절(Node)	교차점(도시의 핵, 통로의 교차점, 집중점, 접합점, 광장, 교통시설, 로터리, 도심부 등)
통로(Path)	이동의 경로(복도, 가로, 보도, 수송로, 운하, 철도, 고속도로 등)
랜드마크(Landmark)	시각적으로 쉽게 구별되는 표지로, 주위 경관 속에서 두드러지는 요소로 통로의 교차점에 위치하면 보다 강한 이미지 요소가 됨(탑, 오벨리스크, 기념물 등)

─┤핵심문제

케빈 린치가 제시한 도시경관 이미지의 구성요소가 아닌 것은?[14년 2회, 20년 4회, 22년 1회, , 24년 2회]

① Landmark　　　　② Edge　　　　③ District　　　　④ Zone

답 ④

해설⊕

도시경관 이미지를 구성하는 도시의 물리적 구성요소 5가지
지역(District), 경계(Edge), 결절(Node), 통로(Path), 랜드마크(Landmark)

3. 경관계획의 내용과 기법

(1) 경관설계의 과정

경관 특성 파악과 경관자원의 추출 → 경관 테마의 설정 → 계획목표의 설정 → 권역설정 → 배치계획

(2) 시각회랑에 의한 방법

1) 산림경관을 분석하는 데 이용
2) 도시공간이나 가로에서 시각적 연속성을 주기 위한 경관계획

3) 리튼(Litton)의 산림경관 분석

① 7가지 유형 : 전경관(Open된 경관), 지형경관, 위요경관(둘러싸인 경관), 초점경관, 관개경관, 세부경관, 일시경관

② 4가지 우세 요소 : 선, 색채, 형태, 질감

③ 8가지 변화 요인 : 운동, 빛, 계절, 시간, 기후조건, 거리, 관찰위치, 규모

4. 경관관리제도의 기본 방향

① 도시지형의 복원과 재발견

② 읽기 쉬운(Legible) 도시구조와 활력

③ 도시경관의 전경(Grand Vision)과 명쾌한 줄거리 제시

④ 행정력과 시민신뢰도에 근거한 공공계획

⑤ 공공 선도의 경관관리

⑥ 토지이용 조정의 혁신

5. 지속 가능한 도시개발

(1) 요하네스버그 선언문

지속 가능한 발전의 3대 축인 환경보호 및 경제 · 사회발전의 상호 의존성과 보완성을 강화하고 전진시키기 위한 공동의 책임을 가진다.

(2) 지속 가능한 도시개발을 위한 지속성 요소(Robert Goodland, 1994)

구분	내용
사회문화적 지속성	사회개발, 사회적 혼합을 위한 주택건설 및 역사 · 문화적 지속성 확보
경제적 지속성	자족시설용지 조성, 개발유보지 확보, 홍수예방 등을 위한 유수지 조성
경관 및 환경적 지속성	경관 형성 및 관리를 위한 계획, 환경적 지속성 제고를 위한 계획(자연순응형 개발, 접근성 제고, 밀도, 에너지 이용 및 자원순환, 생태적 환경조성, 대중교통체계 확립)

6. 재해관리정보시스템 구축을 위한 기본조사 항목

① 방재 관련 업무 분석

② 표준안 및 시스템 구축 지침 작성

③ 데이터베이스 개념 설계 및 기술 수요 분석

01 다음 중 토지이용계획의 역할로 틀린 것은?
[12년 4회]

① 도시공간의 기능과 구조를 결정한다.
② 장래를 위한 토지를 보전하게 한다.
③ 시가지 확산과 과밀을 유도한다.
④ 토지이용의 규제와 실현수단을 제공한다.

●해설

토지이용계획은 토지이용의 규제와 난개발 방지 등에 초점이 맞추어져 있어, 시가지의 확산과 과밀을 유도하는 것과는 거리가 멀다.

02 토지이용과 교통체계 간의 관계에 대한 설명이 틀린 것은?
[13년 2회, 17년 1회]

① 도시 내에서 토지이용과 교통체계는 상호 밀접하게 작용하는 '체인(Chain)'과 같은 관계다.
② 도시개발을 통한 토지이용상태의 변화는 통행을 유발한다.
③ 교통수요의 증가는 토지이용에 영향을 주어 지가 상승의 요인이 된다.
④ 교통시설의 확충은 토지이용에 부정적인 외부효과만을 증가시킨다.

●해설

교통시설의 확충은 토지이용의 외부불경제성(부정적 영향)뿐만 아니라, 외부경제성(긍정적 영향)도 가져오게 된다.

03 토지이용 또는 토지시장에 정부의 공적 개입이 정당화되는 이유로 거리가 먼 것은?
[12년 4회, 22년 4회]

① 공간적 부조화 등 외부효과의 발생
② 개인과 공공의 가치 일치
③ 정보의 부족 및 불로소득의 발생
④ 공공재 공급의 필요성

●해설

정부의 공적 개입은 시장실패의 시정 및 공정성 추구의 관점에서 정당화될 수 있다. 개인과 공공의 추구하는 바가 동일하다는 의미인 개인과 공공의 가치 일치에 따라 정부가 토지이용 또는 토지시장에 개입하기는 어렵다.

04 해당 토지에 대한 용도지역·지구·구역, 도시계획시설, 도시계획사업과 입안내용, 각종 규제에 대한 저촉 여부를 확인하는 내용 및 지적도에 도시계획선을 표시한 도면으로 구성된 것을 무엇이라 하는가?
[14년 1회, 24년 3회]

① 건축물대장
② 토지이용계획 확인원
③ 토지대장
④ 재산세 과세대장

●해설

토지이용계획 확인원(서)은 용도지역·지구 등의 지정 내용과 그 용도지역·지구 등에서의 행위제한 내용 등을 토대로 토지이용 관련 각종 규제에 대한 저촉 여부 등을 확인할 수 있는 자료이다.

05 토지적성평가제도의 도입 배경 및 필요성으로 가장 거리가 먼 것은?
[13년 4회]

① 농업용 토지의 생산성 증대
② 토지의 난개발 방지
③ 종합적 국토관리 틀 구축
④ 친환경 국토관리를 위한 계획의 기반 정보 제공

●해설

토지적성평가제도의 도입 배경 및 필요성
• 전 국토의 "환경 친화적이고 지속 가능한 개발"을 보장하고 개발과 보전이 조화되는 "선 계획-후 개발의 국토관리체계"를 구축
• 각종의 토지이용계획이나 주요 시설의 설치에 관한 계획을 입안하고자 하는 경우에 토지의 환경생태적·물리적·공간적 특성을 종합적으로 고려
※ 농업용 토지의 생산성 증대와는 거리가 멀다.

06 도시기본계획에서 토지이용계획을 위한 토지의 용도 구분에 해당하지 않는 것은?

[14년 2회, 21년 4회]

① 보전용지
② 시가화용지
③ 보전예정용지
④ 시가화예정용지

● 해설

토지이용계획의 토지의 구분

목표연도 토지수요를 추정하여 산정된 면적을 기준에 따라 시가화예정용지, 시가화용지, 보전용지로 토지이용을 용도별로 구분한다.

07 토지이용계획 수립과정은 상향적 접근과 하향적 접근 방법이 있다. 다음 중 상향적 접근이라 할 수 없는 것은? [15년 2회, 23년 4회]

① 상세한 현황조사를 통해 지구를 구분하고 지구마다의 계획과제를 도출하여 지구 수준의 계획을 세운다.
② 인구 및 경제 전망 또는 상위계획의 지침을 받아 도시의 인구, 산업, 토지 등에 대한 기본계획을 설정한다.
③ 도시의 기본구조와 상위계획을 토대로 지구계획을 집대성하여 도시 전체의 토지이용계획을 입안한다.
④ 기존 도시의 축적(Stock) 상태를 중요시하고 지구 단위의 계획조건이 중요시된다.

● 해설

상향적 계획은 지역주민의 참여를 바탕으로 하는 계획방식으로 하위계획에서 상위계획으로 수립해 가는 방식이다. 상위계획의 지침을 받아 설정하는 방식은 하향적 계획에 속한다.

08 토지이용면적의 수요 추정은 주거·상업·공업·녹지지역에 소요되는 면적으로 예측하는 것인데, 일반적으로 이의 수요는 전통적으로 원단위법에 의하여 3단계의 절차를 통하여 추정된다. 아래 과정을 단계별로 바르게 나열한 것은? [16년 1회]

> 가. 목표연도의 용도별 토지이용 수요의 산정
> 나. 목표연도의 용지별 토지이용 밀도의 설정
> 다. 목표연도의 인구 및 경제활동 예측

① 다 - 가 - 나
② 나 - 가 - 다
③ 다 - 나 - 가
④ 가 - 나 - 다

● 해설

토지수요 추정 절차

목표연도의 토지이용 유형에 따라 이용밀도 조사 및 평가 → 목표연도의 인구 및 경제활동 예측 → 목표연도의 토지이용의 유형별 계획밀도 산정 → 용도별 토지이용수요 산정

09 샤핀(F. S. Chapin, 1965)이 제시한 토지이용의 결정요인 분류에 해당하지 않는 것은?

[16년 4회, 21년 1회, 22년 4회, 24년 1회]

① 공공의 이익요인
② 경제적 요인
③ 문화적 요인
④ 사회적 요인

● 해설

Chapin은 토지이용은 경제적, 사회적, 공공복지적 요인의 상호작용에 의하여 결정된다는 공간구조이론을 제시하였다.

10 토지이용의 입지 배분 시 주거지역의 입지 선정 기준으로 적합하지 않은 것은? [14년 4회]

① 지형조건
② 도시의 경제권
③ 주변환경
④ 접근성

● 해설

주거지역의 입지조건

구분	입지조건
지형조건	• 토지가 비교적 높은 곳에 위치하고 한적하며, 하수처리가 잘되고 적절한 방위(남향)에 위치 • 평지로 구성되어 있으며, 과거로부터 주거지역이었던 곳
주변환경	• 공해가 없는 곳 • 집단 주거 배치가 되어 있는 곳
접근성	통근 및 통학이 편리한 곳

11 교통계획의 수립에서 교통 분석과 예측의 공간단위로서 교통존을 설정하는 방법으로 옳지 않은 것은? [13년 4회]

① 각 존은 가급적 동질적인 토지이용을 포함하도록 한다.

② 각 존은 행정구역과 가급적 일치시킨다.

③ 각 존의 경계는 간선도로와 일치하도록 한다.

④ 각 존의 크기는 도시의 인구 규모와 상관없이 동일하게 설정한다.

해설

각 존의 크기

소규모 도시는 한 존당 1,000~3,000명, 대도시는 한 존당 5,000~10,000명 포함

12 장기교통계획 수립의 특징에 해당되는 것은?
[15년 1회, 23년 1회]

① 교통수요 변화 가능

② 다양한 교통수단 동시 고려

③ 환류지향적

④ 시설지향적

해설

교통수요 변화 가능, 다양한 교통수단 동시 고려, 환류(Feedback)지향적인 것은 단기교통계획의 특징에 해당한다.

13 교통계획을 계획기간에 따라 분류할 때, 단기교통계획에 비하여 장기교통계획이 갖는 특징으로 틀린 것은?
[14년 1회, 22년 4회]

① 소수의 대안 위주이다.

② 다양한 교통수단을 동시에 고려한다.

③ 교통수요가 비교적 고정되어 있음을 가정한다.

④ 자본집약적이다.

해설

다양한 교통수단을 동시에 고려하는 것은 단기교통계획의 특징이다.

14 교통 수요추정에서 전통적으로 가장 많이 사용되는 4단계 수요추정 방법을 순서대로 바르게 나열한 것은?
[14년 4회]

① 통행 분포-통행 발생-통행 배분-교통수단 선택

② 통행 분포-교통수단 선택-통행 발생-통행 배분

③ 통행 발생-통행 분포-교통수단 선택-통행 배분

④ 통행 발생-통행 배분-교통수단 선택-통행 분포

해설

4단계 교통수요 추정 단계

통행 발생(Trip Generation) → 통행 분포(통행 배분, Trip Distribution) → 교통수단 선택(Modal Split) → 노선 배정(Traffic Assignment)

※ 이 문제의 보기에서 통행 배분은 노선을 배정한다는 의미로 해석해서 문제를 해결해야 한다.

15 4단계 교통수요 추정 방법에 대한 설명이 틀린 것은?
[14년 2회, 21년 2회, 24년 2회]

① 통행 발생, 통행 배분, 교통수단 선택, 노선 배정의 4단계로 나누어 순서적으로 통행량을 구하는 기법이다.

② 현재 교통여건을 지배하고 있는 교통체계의 매커니즘이 장래에도 크게 변하지 않는다고 가정한다.

③ 4단계를 거치는 동안 계획가나 분석가의 주관이 개입되지 않아, 객관적인 분석 결과를 얻을 수 있다.

④ 총체적 자료에 의존하기 때문에 통행자의 총체적·평균적 특성만 산출될 뿐, 행태적 측면은 거의 무시된다.

해설

4단계 교통수요 추정법은 계획가나 분석가의 주관이 개입될 우려가 있다는 단점을 가지고 있다.

16 4단계 교통수요 추정법에 해당하지 않는 단계는?
[13년 2회, 24년 3회]

① 통행 발생   ② 수단 선택

③ 통행 배분   ④ 통행 평가

해설

4단계 교통수요 추정 단계

통행 발생(Trip Generation) → 통행 배분(통행 분포, Trip Distribution) → 교통수단 선택(Modal Split) → 노선 배정(Traffic Assignment)

17 다음 중 4단계 교통수요 추정법을 단계별로 옳게 나열한 것은? [12년 1회]

(1) 노선 배정	(2) 통행 발생
(3) 수단 선택	(4) 통행 배분

① (1)−(3)−(4)−(2) ② (4)−(2)−(1)−(3)
③ (3)−(1)−(4)−(2) ④ (2)−(4)−(3)−(1)

해설

문제 16번 해설 참고

18 다음 중 통행 기종점표에 나타난 통행량의 신뢰성을 검증하기 위한 조사는?

[12년 1회, 20년 1·2회, 24년 3회]

① 쿼터라인 조사 ② 대중교통 통행조사
③ 스크린라인 조사 ④ 보행자 통행조사

해설

스크린라인 조사(Screen Line 조사, 검사선조사)
통행량의 신뢰성을 하기 위해 조사지역 내에서 조사된 교통량의 정밀도를 점검하고 수정·보완하는 교통량 조사 기법이다.

19 도로의 구분 중 기능별 구분에 해당되지 않는 것은? [16년 2회, 24년 2회]

① 주간선도로 ② 국지도로
③ 고속도로 ④ 특수도로

해설

도로는 기능별로 주간선도로, 보조간선도로, 집산도로, 국지도로, 도시고속도로, 특수도로로 구분된다.

20 집산도로의 기능에 대한 설명으로 옳은 것은?

[12년 2회, 20년 4회]

① 가구를 구획하고 택지로의 접근성을 높이는 것을 목적으로 한다.
② 근린주거구역의 교통을 보조간선도로에 연결하여 근린주거구역 내 교통의 집산기능을 한다.

③ 도시 내 주요 지역을 연결하거나, 시·군의 골격을 형성한다.
④ 대량 통과교통의 처리를 목적으로 하여 도시 내의 골격을 형성한다.

해설

①은 국지도로에 대한 설명이며, ③, ④는 주간선도로에 대한 설명이다.

21 다음의 도시 가로망 형태 중 도시의 기념비적인 건물을 중심으로 주변과 연결하고 중심지를 기점으로 주요간선로를 따라 도시의 개발축을 형성하는 특징을 갖는 것은?

[15년 2회, 21년 1회, 22년 4회, 23년 2회]

① 격자형 ② 방사형
③ 혼합형 ④ 선형

해설

방사형 가로망
• 도시의 기념비적인 건물을 중심으로 주변과 연결하고 중심지를 기점으로 주요간선로를 따라 도시의 개발축을 형성
• 왕궁이나 기념비적인 건물을 중심으로 주변과 연결하여 도심 집중현상이 발생

22 인구 100만 명 이상 대도시계획에 적합하며, 횡적인 연결은 환상선으로, 도심부와 교외 및 외곽은 방사선으로 연결한 형태로 대표적인 도시로 도쿄, 파리, 모스크바가 해당되는 도로망 형태는?

[13년 4회]

① 격자형 ② 방사형
③ 방사환상형 ④ 대각선 삽입형

해설

환상방사형(방사환상형) 가로망
도심부는 방사형 방식, 주변부는 환상형 방식으로 잇는 가로방식으로 인구 100만 명 이상의 대도시에 적합하다.

23 다음 중 도시 규모에 따른 용도지역별 간선도로의 밀도를 틀리게 연결한 것은? [16년 1회]

① 소도시(50만 명 미만)－상업지구－1~2km/km²
② 중도시(50~100만 명)－공업지역－2~4km/km²
③ 대도시(100만 명 이상)－주거지역－2~4km/km²
④ 대도시(100만 명 이상)－상업지역－5~10km/km²

해설

소도시(50만 명 미만)의 상업지구의 간선도로(4차선 이상)의 밀도는 3~6km/km²이다.

24 인구 50~100만 명의 중도시에서 상업지역의 간선도로 밀도로 가장 적절한 것은?(단, 간선도로는 4차로 이상이다.) [15년 4회]

① 2~4km/km²   ② 3~6km/km²
③ 4~8km/km²   ④ 5~10km/km²

해설

중도시(50~100만 명)의 상업지구의 간선도로(4차선 이상)의 밀도는 4~8km/km²이다.

25 다음 중 ㉠, ㉡의 도로 배치간격 기준을 옳게 나열한 것은? [16년 2회, 22년 4회, 24년 1회]

㉠ 주간선도로와 보조간선도로
㉡ 보조간선도로와 집산도로

① ㉠ : 250m 내외, ㉡ : 500m 내외
② ㉠ : 500m 내외, ㉡ : 250m 내외
③ ㉠ : 500m 내외, ㉡ : 1km 내외
④ ㉠ : 1km 내외, ㉡ : 500m 내외

해설

도로의 배치간격

구분		배치간격
주간선도로와 주간선도로		1,000m 내외
주간선도로와 보조간선도로		500m 내외
보조간선도로와 집산도로		250m 내외
국지도로 간	가구의 짧은 변 사이	90m~150m 내외
	가구의 긴 변 사이	25m~60m 내외

26 다음 중 광장의 종류와 설치 목적이 바르게 연결된 것은? [15년 4회]

① 근린광장 : 다수인의 집회 · 행사 · 사교 활동 공간 조성
② 역전광장 : 주민의 휴식 · 오락 공간 조성 및 경관 · 환경의 보전
③ 교차점광장 : 혼잡한 주요 도로의 교차점에서 차량과 보행자의 원활한 소통 도모
④ 중심대광장 : 교통이 혼잡한 주요 시설에 대한 원활한 교통 처리

해설

광장의 종류

구분	목적
교차점 광장	혼잡한 주요 도로의 교차점에서 차량과 보행자의 원활한 소통 도모
역전광장 · 주요 시설 광장	교통이 혼잡한 주요 시설에 대한 원활한 교통 처리
중심대광장	다수인의 집회 · 행사 · 사교 활동 공간 조성
근린광장	주민의 휴식 · 오락 공간 조성 및 경관 · 환경의 보전

27 철도의 지하정거장, 지하도 또는 지하상가와 연결하여 교통처리를 원활히 하고 이용자에게 휴식을 제공하기 위하여 필요한 곳에 설치하는 광장은? [14년 2회]

① 지하광장
② 건축물광장
③ 경관광장
④ 교통광장

해설

지하광장

교통처리를 원활히 하고 이용자에게 휴식을 제공하기 위해, 출입구는 도로와 연결

28 도시기반시설은 목적 측면에서 사익의 추구인가 공익의 추구인가로 구분하고 도시 내 존재의 필요성에 따라 필수성과 선택성으로 구분한다. 이를 4가지의 유형으로 분류하면 공익성·필수성이면 공공재의 성격이 강하고 사익성·선택성이면 민간부문에 의한 공급이 가능하다. 다음 시설 중 민간부문의 공급 가능성이 가장 높은 것은?

[14년 2회]

① 수영장　　　　　　② 문화시설
③ 사회복지시설　　　④ 학교

<해설>
수영장은 문화시설, 사회복지시설, 학교에 비해 사익성이 높으므로 민간부문의 공급가능성이 가장 높다고 볼 수 있다.

29 주민의 사교, 오락, 휴식 및 공동체 활성화 등을 위하여 근린주거구역별로 설치하고, 시·군 전반에 걸쳐 계통적으로 균형을 이루도록 하여야 하는 일반광장의 종류는? [13년 1회, 20년 3회]

① 중심대광장　　　　② 교차점광장
③ 경관광장　　　　　④ 근린광장

<해설>
근린광장은 주민의 휴식·오락 공간 조성 및 경관·환경의 보전을 위한 광장이다.

30 다음 기반시설 중 유통·공급시설이 아닌 것은? [14년 1회, 16년 2회, 22년 4회]

① 방송·통신시설　　② 유통업무설비
③ 유류저장 및 송유설비　④ 방수설비

<해설>
방수설비는 방재설비에 해당한다.

31 「국토의 계획 및 이용에 관한 법률 시행령」에서 기반시설 중 환경기초시설이 아닌 것은?

[15년 4회]

① 하수도　　　　　　② 도축장
③ 폐차장　　　　　　④ 폐기물처리시설

<해설>
도축장은 보건위생시설에 해당한다.

32 「도시공원 및 녹지 등에 관한 법률」상 공해·재해·사고의 방지를 위하여 설치하는 녹지의 유형으로 옳은 것은? [15년 1회, 23년 4회]

① 경관녹지　　　　　② 미관녹지
③ 완충녹지　　　　　④ 자연녹지

<해설>
녹지의 종류

종류	내용
완충녹지	대기오염·소음·진동·악취 등의 공해와 각종 사고나 자연재해 등의 방지를 위하여 설치하는 녹지
경관녹지	도시의 자연적 환경을 보전·개선·복원함으로써 도시경관을 향상시키기 위하여 설치하는 녹지
연결녹지	도시 안의 공원·하천·산지 등을 유기적으로 연결하고 도시민에게 산책공간의 역할을 하는 등 여가·휴식을 제공하는 선형의 녹지

33 완충녹지에 관한 사항이 아닌 것은?

[16년 2회]

① 기능 : 도시의 자연적 환경을 보전하거나 이를 개선하고 이미 자연이 훼손된 지역을 복원·개선함으로써 도시경관을 향상
② 설치기준 : 완충녹지의 폭은 원인시설에 접한 부분부터 최소 10m 이상
③ 설치기준 : 철도, 고속국도 및 자동차전용도로, 지역 간 연결도로 연접구역 계획
④ 시설 : 산책로, 벤치 등의 연결녹지에 설치가능한 시설물에 준하여 설치

<해설>
도시의 자연적 환경을 보전하거나 이를 개선하고 이미 자연이 훼손된 지역을 복원·개선함으로써 도시경관을 향상시키기 위한 녹지는 경관녹지에 해당한다.

34 다음 중 경관요소의 특징에 따른 구분에 대한 설명으로 옳지 않은 것은? [21년 4회]

① 1차적 경관요소는 간접적으로 경관을 조작하여 경관의 개선을 유도하는 비물리적 경관계획요소이다.

② 2차적 경관요소의 주 내용은 경관 컨트롤을 위한 규제 및 인센티브 요소이다.

③ 3차적 경관요소는 인간 의지와 관계없이 형성되는 경관으로서 비물리적, 비조작적 영역으로 볼 수 있는 상징적 경관요소이다.

④ 경관계획의 궁극적 목표는 3차적 경관을 바람직하게 형성하는 데 둘 수 있다.

해설

1차적 경관요소는 직접적으로 경관을 조작하여 경관의 개선을 유도하는 물리적 경관계획요소이다.

35 지역 내의 조망대상을 한눈에 조망할 수 있고 시계의 범위가 넓으며 파노라마적인 경관을 감상할 수 있는 경관유형은? [13년 2회, 20년 4회]

① 부감경
② 앙감경
③ 수평경
④ 입체경

해설

부감경(시점에서 대상을 내려봄)

지역 내 조망대상을 한눈에 조망하는 경관특성을 가지고 있으며 주요 시점으로는 옥상 등을 들 수 있다.

36 다음 중 도시공간이나 가로에서 시각적 연속성을 주기 위한 경관계획 요소로 옳은 것은? [12년 1회]

① 시각 회랑(Visual Corridor)
② 시각 개폐율(Visual Openness)
③ 시각 차폐율(Visual Block Ratio)
④ 조망점(View Point)

해설

도시공간이나 가로에서 시각적 연속성을 주는 경관계획요소는 시각 회랑에 의한 방법이다.

37 다음 중 경관설계에 대한 설명으로 가장 거리가 먼 것은? [16년 4회]

① 그 지역에 살고 있는 주민의 특성을 파악하여 특정 집단의 기호에 맞게 설계하여 지역주민의 만족도를 높인다.

② 좋은 풍경을 만드는 것으로, 풍경을 구성하는 여러 가지 공공시설이나 공공공간을 좋은 모습으로 제공하는 것이다.

③ 사회의 기반을 담당하는 대규모의 시설이나 공간을 다루는 것은 지역의 생태계나 역사·문화가 배려되어야 한다.

④ 사람들이 바라보아 싫증 나지 않고, 사용하면서 애착이 생기며, 긴 시간이 흐름에 따라 맛이 깊어지는 것을 알려줌으로써 의미를 가진다.

해설

경관계획은 특정 집단이 아닌, 시민 모두에게 만족감을 줄 수 있도록 합리적으로 계획되어야 한다.

38 경관관리의 기본원칙으로 가장 옳은 것은? [13년 1회]

① 관광객과 외부인의 생활 및 경제활동을 적극 유도할 수 있는 경관이 유지될 수 있도록 관리할 것

② 우수한 경관을 보전하고 훼손된 경관을 개선·복원하고 새롭게 형성되는 경관은 개성 있는 요소를 가지도록 유도할 것

③ 각 지역의 경관이 보편성을 가질 수 있도록 하며, 지역주민의 참여를 배제할 것

④ 개발과 관련된 행위는 주변 경관과 별도의 이미지를 갖도록 특성화할 것

해설

경관계획은 도시지형의 복원과 재발견이 될 수 있도록 하고, 주민의 요구와 기대에 부응해야 하며 지역적 특성 및 경관적 특성을 고려하여 주변과 잘 조화되도록 계획한다.

정답 34 ① 35 ① 36 ① 37 ① 38 ②

39 지구단위계획에서 환경관리계획에 관한 설명 중 옳지 않은 것은? [15년 4회, 22년 2회, 24년 3회]

① 구릉지 등의 개발에서 절토를 최소화하고 절토면이 드러나지 않게 대지를 조성하여 전체적으로 양호한 경관을 유지시킨다.

② 구릉지에는 가급적 계단 형태의 고층건물 위주로 계획한다.

③ 대기오염원이 되는 생산활동이 주거지 안에서 일어나지 않도록 한다.

④ 쓰레기 수거는 가급적 건물 후면에서 이루어지도록 하고 폐기물처리시설을 설치하는 경우에는 바람의 영향을 감안하고 지붕을 설치하도록 한다.

◀해설▶

구릉지에는 가급적 절토와 성토를 최소화하여 최대한 자연지형을 살리고, 저층건물 위주로 계획한다.

1 토지이용계획의 실행수단 및 도시계획사업의 실행

1. 토지이용계획의 실행수단

간접적 실현수단	규제수단	지역·지구·구역의 지정 (용도, 건폐율, 용적률, 높이 규제)
		지구단위계획
	유도적 수단	세제혜택 등
		도시시설의 정비 등
직접적 실현수단	도시계획사업 (계획수단)	도시개발사업
		도시계획시설사업
		도시재개발사업
	기타개발사업	

핵심문제

 토지이용계획의 실현수단을 크게 직접적 수단과 간접적 수단으로 구분할 때 다음 중 간접적 수단이 아닌 것은? [12년 4회]

① 지역, 지구, 구역의 지정 　　　　　② 도시개발사업
③ 도시시설의 정비 　　　　　　　　④ 지구단위계획

답 ②

해설⊕

도시개발사업은 직접적 수단인 계획수단(도시계획사업)에 해당한다.

2. 도시개발사업의 개념과 시행

(1) 환지방식의 도시개발사업

1) 개념

① 환지방식에 의한 도시개발의 시초는 1902년 당시 독일 프랑크푸르트 시장이었던 아디케스의 이름을 딴 일명 아디케스(Lex Adickes)법인 프랑크푸르트의 「토지구획정리사업에 관한 법률」에 의한 도시개발사업이다.

② 이는 일본을 거쳐 1934년 우리나라에 조선시가지계획령에 의해 도입되어 토지구획정리사업에 적용되고 있다.

③ 도로 · 공원 등의 공공시설 용지를 토지소유자가 제공

④ 토지의 분할 및 구획을 통하여 토지의 이용을 증진

⑤ 토지소유자의 감소된 면적은 사업이 종료된 이후에 종전의 권리에 상응하는 토지 또는 건축물을 토지소유자에게 환지하는 방법

⑥ 기존 시가지나 교외 농지 등을 정비하거나 택지로 조성

2) 특징

① 체비지 매각 등에 의한 자금조달로서, 적은 자본으로 사업 시행이 가능

② 도로 · 공원 등의 공공시설 용지를 토지소유자가 제공

③ 토지의 분할 및 구획을 통하여 토지의 이용을 증진

④ 민원 발생의 소지가 전면매수방식보다 적음(단, 소규모 토지소유자들은 토지가 환지되지 않고 청산됨으로써 문제가 발생할 수 있음)

⑤ 토지의 권리관계 변동이 발생되지 않게 되나, 이에 따라 지나친 개발이익의 사유화 문제 발생 가능

⑥ 일부 토지소유자의 반대에도 불구하고 토지소유자 총수의 1/2 이상, 토지면적의 2/3 이상 동의 시 사업 시행이 가능함 → 동의에 상당한 시일이 필요

(2) 개발권양도제(TDR : Transfer of Development Right)

① 토지의 개발권을 이전할 수 있는 권리로 개발권이양제라고도 한다.

② 역사적 건축물의 보전과 농지나 자연환경의 보전 등을 위해 기존 지역제에서 정해진 용적률 등 중에서 미이용 부분을 인근 토지소유자에게 양도 또는 매매를 통한 이전이 가능하도록 한 제도이다.

───────────────┤핵심문제

다음 중 획지에 부여된 용적률과 실제 이용되고 있는 용적률과의 차이를 다른 부지에 이전할 수 있는 제도는?   [15년 1회, 17년 4회, 23년 1회, 24년 2회]

① 계획단위개발제도(PUD)   ② 개발권양도제도(TDR)

③ 혼합용도개발제도(MXD)   ④ 공중권제도(Air Rights)

답 ②

해설⊕ --

개발권양도제(TDR : Transfer of Development Right)

기존 지역제에서 역사적 건축물의 보전과 농지나 자연환경의 보전 등을 위해 정해진 용적률 등 중에서 미이용 부분을 인근 토지소유자에게 양도 또는 매매를 통한 이전이 가능하도록 한 제도로서 개발권이양제라고도 한다.

(3) 계획단위개발제(PUD : Planned Unit Development)

① 계획단위개발로 대상지 전체를 일체적이고 유기적으로 계획하고 설계하여 개발하는 방식이다.

② 우리나라의 지구단위계획 내의 특별계획구역제도가 이와 유사하다.

(4) 협약(Covenant)

① 부동산 소유자 간 또는 개발업자와 구입자 사이에 체결되는 민사 계약으로서, 미국의 근대도시계획 성립기에 지역제의 바탕이 된 제도

② 일반적으로 토지·건물대장 및 권리서에 기재되어 부동산 매매 시 신규 구입자에게 승계

③ 지역제보다 훨씬 상세하고 엄격한 규정으로 구성

─── 핵심문제

부동산 소유자 간 또는 개발업자와 구입자 사이에 체결되는 민사계약으로 지역제보다 훨씬 상세하고 엄격한 규정으로 되어 있으며, 일반적으로 토지·건물대장 및 권리서에 기재되어 부동산 매매 시 신규 구입자에게로 승계되는 것으로 미국의 근대도시 계획성립기에 지역제의 바탕이 된 제도는?[13년 1회, 15년 4회]

① 협약(Covenant) ② 획지분할 규제(Subdivision Control)
③ 공도(Official Mapping) ④ 성장관리(Growth Management)

답 ①

해설 ⊕

협약 (Covenant)
• 부동산 소유자 간 또는 개발업자와 구입자 사이에 체결되는 민사 계약으로서, 미국의 근대도시계획 성립기에 지역제의 바탕이 된 제도
• 일반적으로 토지·건물대장 및 권리서에 기재되어 부동산 매매 시 신규 구입자에게 승계
• 지역제보다 훨씬 상세하고 엄격한 규정으로 구성

(5) 성능지역 규제

주거, 상업, 공업 등의 용도에 따른 규제가 아니고 실제의 토지이용에 기초하여 발생하는 각종 결과를 주변에 대한 영향에 따라 규제하고자 하는 방식

(6) 부동지역제(Float Zoning)

① 부동지역제는 Zoning의 결정에 탄력성을 부여할 목적으로 용도지역 차원에서 이루어지는 특례조치이다.

② 모든 토지 용도지구가 반드시 Zoning 도면에 처음부터 선이 그어지는 것이 아니라, Zoning 조례상에는 특정한 용도지구로 설정하고, 그 요건을 미리 정하나 구체적으로 어디에 설정할 것인지는 유보해둔다.

③ Zoning 조례가 요건을 만족시키는 용도가 신청되면 그 시점에 Zoning 도면상에 '고정'된다.

④ PUD, 대형쇼핑센터 등 특정개발자의 구체적 제안을 지방자치단체 및 의회의 협의를 거쳐 유연하게 적용하는 용도지역제

(7) 개발행위허가의 규모(「국토의 계획 및 이용에 관한 법률 시행령」 제55조)

1) 도시지역

① 주거지역 · 상업지역 · 자연녹지지역 · 생산녹지지역 : 1만m^2 미만

② 공업지역 : 3만m^2 미만

③ 보전녹지지역 : 5천m^2 미만

2) 관리지역 : 3만m^2 미만

3) 농림지역 : 3만m^2 미만

4) 자연환경보전지역 : 5천m^2 미만

3. 도시정비사업의 개념과 시행

(1) 재정비촉진지구

1) 정의

도시의 낙후된 지역에 대한 주거환경 개선과 기반시설의 확충 및 도시기능의 회복을 광역적으로 계획하고 체계적이고 효율적으로 추진하기 위하여 지정하는 지구

2) 종류

구분	내용
주거지형	노후 · 불량주택과 건축물이 밀집한 지역으로서 주로 주거환경의 개선과 기반시설의 정비가 필요한 지구
중심지형	상업지역 · 공업지역 또는 역세권 · 지하철역 · 간선도로의 교차지 등으로서 토지의 효율적 이용과 도심 또는 부도심 등의 도시기능의 회복이 필요한 지구
고밀복합형	주요 역세권, 간선도로의 교차지 등 양호한 기반시설을 갖추고 있어 대중교통 이용이 용이한 지역으로서 도심 내 소형 주택의 공급 확대, 토지의 고도이용과 건축물의 복합개발이 필요한 지구

4. 제1기 신도시와 제2기 신도시

(1) 제1기 신도시와 제2기 신도시의 계획 특성 비교

구분	제1기 신도시	제2기 신도시
사업기간	1989~1995년	2001~2015년
신도시명	분당, 일산, 평촌, 산본, 중동(5개)	판교, 화성, 김포, 송파 등(10개)
신도시면적/수용인원	50.0km² / 117만 명	85.63km² / 95만 명
평균밀도	233인/ha	110인/ha
가구원 수 기준	4명/가구	2.5명/가구
주거선호 기준	주거의 질	주거+오픈스페이스의 질

(2) 제2기 신도시의 계획 특성

① 친환경, 첨단과 같은 신도시로서의 테마를 강조하였다.

② 대중교통 지향적인 교통체계를 갖추었다.

③ 녹지율을 높여 그린네트워크를 지향하였다.

핵심문제

1980년대 계획된 우리나라 제1기 신도시와 비교하여 2000년대에 추진된 제2기 신도시의 계획 특성이 아닌 것은?　　　　　　　　　　　　　　　　　　　[12년 4회, 15년 4회, 20년 4회]

① 친환경, 첨단과 같은 신도시로서의 테마를 강조하였다.

② 제1기 신도시에 비해 토지이용에 있어 고밀도를 유지하였다.

③ 대중교통 지향적인 교통체계를 갖추었다.

④ 녹지율을 높여 그린네트워크를 지향하였다.

답 ②

해설⊕

제1기 신도시에 비해 제2기 신도시는 녹지율을 높이고, 오픈스페이스의 질을 높이는 계획을 하였으며, 이에 따라 제1기 신도시에 비해 토지이용 밀도는 낮게 추진되었다.(평균밀도 : 제1기 233인/ha, 제2기 110인/ha)

5. 도시계획 실행을 위한 재정계획과 계획 평가체계

(1) 도시계획 실행을 위한 중장기 재정계획 수립 4단계

단계	내용
1단계	기본 방향과 계획지표 설정
2단계	여건 분석 및 예측(재원의 수요 · 공급 비교)
3단계	부문별 투자조정 및 우선순위 결정
4단계	총괄계획 작성(연동화 계획 수립)

(2) 도시계획의 평가

도시계획의 평가는 시점에 따라 사전평가와 사후 평가로 구분

1) 사전평가

계획을 실행하기 앞서 여러 계획의 대안 중에서 최적의 대안을 선택하는 과정 및 이에 대한 결과를 예측하는 과정으로 나눌 수 있음

2) 사후평가

계획을 실행하고 나서 계획에 대한 결과를 평가하고 이를 다시 계획에 반영하는 환류의 과정으로서의 평가임

──┤핵심문제

도시계획 실행을 위한 중장기 재정계획 수립 시 단계별 순서가 맞는 것은?　　　　[15년 4회, 19년 1회]

① 총괄계획 작성 → 기본 방향과 계획지표 설정 → 계획의 여건 분석 · 예측 → 부문별 투자조정
② 기본 방향과 계획지표 설정 → 계획의 여건 분석 · 예측 → 부문별 투자조정 → 총괄계획 작성
③ 계획의 여건 분석 · 예측 → 부문별 투자조정 → 총괄계획 작성 → 기본 방향과 계획지표 설정
④ 계획의 여건 분석 · 예측 → 기본 방향과 계획지표 설정 → 총괄계획 작성 → 부문별 투자조정

답 ②

해설⊕ -

도시계획 실행을 위한 중장기 재정계획 수립 4단계

단계	내용
1단계	기본 방향과 계획지표 설정
2단계	여건 분석 및 예측(재원의 수요 · 공급 비교)
3단계	부문별 투자조정 및 우선순위 결정
4단계	총괄계획 작성(연동화 계획 수립)

② 최근 도시계획의 동향

1. 도시계획의 새로운 패러다임

구분	내용
환경 중시	• ESSD, Eco-city • Greenbelt, 공공재 등 외부효과에 따른 공적 규제 • 입체적 토지이용 : TDR, Special Zoning, District, Incentive Zoning • 기능 통합적 토지이용 : MXD, PUD, TDR, Performance STDs Zoning, Gentrification
균형 성장	• 도시성장 관리(Urban Growth Management) • Compact City • 도농통합, 농촌도시권, 농도지구
도시의 문화화	• 장소성(Placeness) : 공간(Space), 대상(Object), 활동(Active) • 공공공간의 Amenity • 문화예술지구 : 전통문화, 향토축제, 가로경관, 친수공간
기타	• 시민이 함께 만드는 도시 : NGO, CBO(Community Based Organization) • 통일시대를 대비한 도시계획 • 3차원 가상도시

───┤핵심문제

다음 중 미래 도시의 새로운 계획 패러다임의 방향으로 가장 거리가 먼 것은?

[14년 4회, 18년 4회, 23년 2회]

① 미래 사회에 맞는 새로운 U-도시계획
② 지속 가능한 도시개발로의 전환
③ 시민참여의 확대와 계획 및 개발 주체의 다양화
④ 지역별 특화를 위한 도농분리적 계획체계로의 전환

🖹 ④

해설⊕

지역별 특화뿐만 아니라 균형발전, 합리적 도시계획을 추진하기 위해 도농분리가 아닌 도농통합적 계획체계로 전환되고 있다.

2. 어반빌리지(Urban Village)와 뉴어바니즘(New Urbanism)

(1) 어반빌리지(Urban Village)

1) 정의

① 1989년 영국에서 쾌적하고 인간적 스케일의 도시환경을 목표로 시작되었으며, 경제적, 사회적, 환경적으로 지속 가능한 커뮤니티 개발을 도시계획의 목표로 한다.

② 영국의 찰스 황태자가 이끌던 Urban Village Group이 현대의 모더니즘에 대한 반향으로 제안한

대안으로서, 과거의 인간적이고 혼합용도 지향적이며 아름다운 경관을 지닌 주거환경을 추구하는 도시계획 방법이다.

2) 특징

① 보행자 우선 및 도보권(10분) 내에 초등학교, 공공시설, 편익시설 배치
② 복합적 토지이용
③ 다양한 주거유형의 혼합
④ 신축적인 건물계획
⑤ 적정 개발 규모(3,000~5,000명/ha)
⑥ 지역적 특성을 반영한 고품격 도시설계

3) 10대 원칙

① 장소(친근한 전원풍경)	② 위계(건물들의 크기와 위치)
③ 스케일(휴먼스케일)	④ 조화(가로의 리듬)
⑤ 위요(담장이 있는 정원)	⑥ 재료(친근한 지역재료)
⑦ 장식(전통적 디자인)	⑧ 예술(건물에 통합된 예술)
⑨ 사인·조명(간판과 조명이 통합된 경관)	⑩ 커뮤니티(주민참여적, 인간친화적)

(2) 뉴어바니즘(New Urbanism)

1) 정의

① 1980년대 미국과 캐나다에서 시작되어, 교외화 현상이 시작되기 이전의 인간척도 중심의 근린중심의 도시로 회귀하는 것을 도시계획적 목표로 한다.
② 현대도시가 겪어온 여러 가지 문제점들을 해결하기 위해서 도시중심을 복원하고, 확산하는 교외를 재구성하며, 파괴적인 개발행위를 영속화하려는 정책과 관례를 바꾸려는 운동으로서, 자동차 위주의 근대도시계획에 대한 반발로 사람중심의 도시환경을 조성하고자 하는 도시계획 방법이다.

2) 방법

① 대중교통수단을 이용한 지역 간 연결교통 네트워크 구성(TOD : 대중교통 중심적 개발)
② 보행자 네트워크에 의한 도심지 내 부분적 개조와 신개발지 간의 연계(TND : 전통적 근린지역)
③ 도시재개발지역의 경계부위 디자인에 의한 주변경관의 조화 추구

3) 특징

① 보행환경체계 구축
② 편리한 대중교통 구축
③ 복합적 토지이용
④ 다양한 주택유형의 혼합

⑤ 고밀도 개발

⑥ 녹지공간의 확충

⑦ 차량이용의 최소화

4) 기본원칙

① 보행성(Walkability)

② 연계성(Connectivity)

③ 복합용도개발(Mixed Use)

④ 주택혼합(Mixed Housing)

⑤ 전통적 근린주구(Traditional Neighborhood Structure)

⑥ 고밀도 개발(Incresed Density)

⑦ 스마트 교통체계(Smart Transportation)

⑧ 지속 가능성(Sustainability)

⑨ 삶의 질(Quality of Life)

⑩ 도시설계와 건축(Urban Design & Architecture) : 디자인코드에 의한 건축물 설계

핵심문제

뉴어바니즘(New Urbanism)의 기본 개념으로 틀린 것은?　　　　[14년 2회, 20년 4회, 24년 1회]

① 근린주구 구성 기법에 근거한 걷고 싶은 보행환경체계 구축

② 다양한 주거양식의 혼합

③ 디자인코드(Design Code)에 의한 건축물

④ 도시공간의 위계 파괴를 통한 자유스러운 토지이용 유도

답 ④

해설⊕

뉴어바니즘(New Urbanism)은 도시의 파괴적인 개발행위를 영속화하려는 정책과 관례를 바꾸려는 운동으로서, 도시공간의 위계 파괴를 통한 자유스러운 토지이용 유도는 뉴어바니즘의 사조와 맞지 않는다.

---

3. ESSD와 Eco – city

(1) 정의

① 환경적으로 건전하고 지속 가능한 개발(ESSD)을 위해 환경보전과 개발을 조화시키려고 하는 추세에 따라 도시의 환경 문제를 해결하기 위해 제시된 도시 개념

② 1992년 UN회의(UNCED : United Nations Conference on Environment and Development)를 통하여 '환경적으로 건전하고 지속 가능한 개발(ESSD : Environmentally Sound and Sustainable Development)'의 개념이 일반화되었다.

③ 리우 선언문, 지방의제(Agenda) 21, 요하네스버그 선언문 등이 지속 가능한 개발(발전)에 해당하는 사항을 다루었다.

(2) 특징

① 에코시티는 환경의 활용과 보전을 도모
② 생태계 측면에서 보다 다양하고 자립적이며 안정적인 순환구조를 갖는 도시
③ 자연생태계를 중시하여 인간과 자연생태계가 공존하는 도시를 의미
④ 에코시티에서 다루는 환경의 범위는 단순히 공해만 다루는 것이 아니고 자연환경과 경관까지도 포함되는 광범위한 환경임
⑤ 에코시티는 자연, 환경, 사람이 친화되는 도시
⑥ 물, 에너지, 자원 등이 효율적으로 이용되고 재활용되는 오염 없는 도시

핵심문제

지속 가능한 도시가 추구하여야 할 기본 목표가 아닌 것은?   [13년 1회, 16년 4회, 19년 2회, 23년 4회]

① 환경부하가 높은 첨단도시
② 도시경관의 개선 및 보전
③ 환경친화적 교통·물류체계의 정비
④ 쾌적한 도시공간의 정비 및 확보

답 ①

해설 ⊕
지속 가능한 도시는 환경적으로 건전하고 지속 가능한 개발이 가능한 도시로서, 환경부하를 최소화하고자 하는 도시이다. 그러므로 환경부하가 높은 첨단도시는 지속 가능한 도시가 추구하여야 할 목표와 거리가 멀다.

---

4. 스마트시티(Smart City)

① 텔레커뮤니케이션을 위한 기반시설이 도시 구석구석까지 연결된 도시
② ICT의 첨단 인프라가 적용된 도시
③ 지능형 도시

5. Compact City

(1) 정의

① 환경적으로 지속 가능하고 도시민의 삶의 질을 증진시키기 위해 교통수요는 감소시키며 복합적 토지이용을 통한 도시개발
② 개발밀도를 고밀화하고 복합적 토지이용과 대중교통체계를 확립함으로써, 토지이용의 효율성을 제고하고 도시의 자족기능을 향상시키는 지속 가능한 도시개발방안

(2) 내용

① 집중된 개발(통행수요 및 에너지 사용 감소), 지속 가능한 개발(ESSD)
② 자연환경 보전과 도시생활의 질 향상이라는 문제를 동시에 해결하기 위한 도시개발(자연자원의 무분별한 훼손 방지)
③ 압축도시(Compact City)는 고밀개발을 통한 직주근접

6. 유비쿼터스 도시(Ubiquitous, U-city)

(1) 정의

기존 전력망과 정보통신기술을 결합시켜, 언제 어디서나 편리하게 도시 네트워크를 이용하고 정보를 얻을 수 있는 새로운 형태의 미래형 도시이다.

(2) 3대 구성요소

① 유비쿼터스 도시서비스
② 유비쿼터스 도시기반시설
③ 유비쿼터스 도시기술

7. 주민참여

(1) 정의

일정지역의 비엘리트 주민이 공적인 결정권을 가진 자들에게 정책 또는 계획의 결정에 관하여 영향을 미칠 의도를 가지고 하는 행위

(2) 필요성

① 행정의 민주화
② 행정의 효율화
③ 행정목표의 달성
④ 사회·경제적인 제 문제의 효과적 해결

(3) 파겐스가 제시한 직접적 영향이 큰 주민참여 기법

① 델파이 방법
② 명목집단 방법
③ 샤트레 방법

(4) 도시계획에서의 주민참여 제도화 : 1980년대

(5) 주민참여의 특징

순기능	역기능
• 지방자치단체 도시계획 행정의 이해 • 주민의 지지와 협조를 통한 집행의 효율화 • 주민의 권리, 재산상의 침해 예방 또는 극소화	• 정책집행의 지체 초래 가능 • 빈민층의 엄청난 기대와 실망스러운 결과는 패배의식을 안겨주는 결과 • 참여의 허구화와 민중조작 우려 • 소수의 적극적 참여나 특수이익집단의 대표는 행정의 공정성을 저해할 수 있음 • 행정책임의 회피, 전가를 초래할 수 있음

──────────────────────────────────────┤핵심문제

도시계획의 민주화와 공개화를 위해 지역주민에게 공청회나 의견청취 등의 기회를 부여하는 주민참여가 제도화된 시기로 맞는 것은?   [15년 2회, 18년 1회, 23년 1회]

① 1960년대   ② 1970년대
③ 1980년대   ④ 1990년대

답 ③

해설⊕--
도시계획에서의 주민참여는 1980년대에 제도화되었다.

8. 창조적 혁신도시

(1) 정의

도시계획 및 개발 시 도시의 소프트웨어적 측면을 중요시하는 경향 중 하나로, 문화, 정보, 미디어 분야 등을 중심으로 관, 산, 학, 연 간의 효과적인 융합이 시너지 효과를 일으킬 수 있는 새로운 산업기반을 갖춘 미래형 도시

(2) 목적

공공기관 지방 이전 시책 등에 따라 수도권에서 수도권이 아닌 지역으로 이전하는 공공기관 등을 수용하는 혁신도시의 건설을 위하여 필요한 사항과 해당 공공기관 및 그 소속 직원에 대한 지원에 관한 사항을 규정함으로써 공공기관의 지방 이전을 촉진하고 국가균형발전과 국가경쟁력 강화에 이바지하고자 계획되었다.

❸ 도시성장관리와 도시계획의 과제

1. 도시성장관리(Urban Growth Management)

(1) 정의

① 균형 있는 도시성장을 위하여 각종 개발의 형태, 시기, 규모, 방법 등을 적절하게 조정하는 공공의 대응

② 현대적 의미의 도시성장관리는 광역자치단체 및 기초자치단체가 자신의 행정구역 내에서 장래 개발의 속도, 양, 형태, 위치, 질에 의도적인 영향을 주고자 하는 행위로 이해할 수 있다.(D. Godshalk)

③ 성장이 느린 곳에서는 개발을 장려하며, 성장이 빠른 곳은 공공서비스의 공급에 맞춰서 개발을 지연하거나 공공이 일정한 기준을 정하여 계획의 일관성을 유지하게 하거나 공공서비스 수준이 악화되지 않는 범위 내에서의 개발만을 허용하는 기법 등이 있다.

(2) 유래

① 도시성장관리(Urban Growth Management)라는 용어는 미국의 Urban Land Institute에서 '성장의 관리와 규제(Management and Control of Growth)'라는 용어를 사용함으로써 처음 등장

② 1970년대 중반 이후부터 '반성장(Antigrowth)'의 의미가 아닌 성장의 물리적 영향과 경제적·사회적·환경적 영향 모두에 관심을 두는 종합적인 개념으로 발전

(3) 목표(데브로브 제시)

① 도시개발로 인한 공지의 감소 및 농경지의 도시용 토지로의 전환 방지

② 도시성장으로 인한 교통의 혼잡가중 방지

③ 환경 문제에 대한 관심으로 무질서한 개발, 상업적 개발 등을 통한 생태계의 파괴와 환경오염 예방

④ 공공부문, 사회간접자본 비용지출의 축소

⑤ 도시민의 생활의 질 향상

(4) 방법(미국에서 시행된 도시성장관리정책의 유형)

① 개발의 일시동결(Moratorium)

② 단계적 성장(Phased Growth)

③ 주택호수 규제(Population Cap)

④ 도시성장경계(Urban Growth Boundary) 설정

★

──────────────┤핵심문제

성장관리에 대해서 주 및 자치제가 자신의 행정구역에 있어서 장래 개발의 속도, 양, 형태, 위치, 질에 의도적인 영향을 주고자 하는 것으로 정의를 내린 학자는?   [12년 2회, 16년 1회, 21년 4회]

① J. Gottmann   ② P. Healey
③ D. Godshalk   ④ H. Hoyt

답 ③

해설➕ --

D. Godshalk는 현대적 의미의 도시성장관리는 광역자치단체 및 기초자치단체가 자신의 행정구역 내에서 장래 개발의 속도, 양, 형태, 위치, 질에 의도적인 영향을 주고자 하는 행위로 이해할 수 있다고 정의하였다.

2. 미래도시계획의 과제

(1) 도시의 새로운 계획 패러다임

① 시민참여의 확대와 계획 및 개발주체의 다변화
② 도·농 통합적 계획으로의 전환
③ 에너지 절약형 도시개발로의 전환
④ 입체적·기능통합적 토지이용관리

(2) 미래의 도시상

① 건전한 삶의 공간 창조
② 생산적인 활동 여건 구비
③ 복지사회 체제 확립
④ 발전적인 성장 기반 강화
⑤ 민주적인 기능과 역할을 충실히 수행

(3) 미래도시 비전 2020에서 제시한 4대 정책목표(4C City)

① 경쟁력(Competitive) 있는 활력도시
② 편리한(Convenient) 생활도시
③ 깨끗한(Clean) 녹색도시
④ 매력적인(Charming) 문화도시

★ 우리나라 도시의 경제기반 약화, 인구감소, 고령화 사회 등 경제 사회적 여건 변화에 대응하여 과거 국토해양부가 '미래도시 비전 2020'에서 제시한 4대 정책목표(4C City)가 아닌 것은? [14년 1회, 22년 1회]

① 경쟁력(Competitive) 있는 활력도시

② 편리한(Convenient) 생활도시

③ 조용한(Calm) 전원도시

④ 깨끗한(Clean) 녹색도시

🖩 ③

해설 ⊕

미래도시 비전 2020에서 제시한 4대 정책목표(4C City)

• 경쟁력(Competitive) 있는 활력도시
• 편리한(Convenient) 생활도시
• 깨끗한(Clean) 녹색도시
• 매력적인(Charming) 문화도시

01 토지이용 규제의 실현수단을 직접적 수단과 간접적 수단으로 분류할 때, 다음 중 규제와 유도를 주요 내용으로 하는 간접적 수단에 해당하지 않는 것은?　　　　　　　　　[15년 1회, 21년 1회]

① 지역 · 지구 · 구역의 지정
② 세금, 보조금의 혜택
③ 도시개발사업
④ 도시시설의 정비

●**해설**
도시개발사업은 도시계획사업으로서 직접적 실현수단에 해당한다.

02 토지이용계획 실현수단을 크게 규제수단, 계획수단, 개발수단, 유도수단으로 나눌 때, 다음 중 직접적인 토지이용 "계획수단"에 해당하는 것은?　　　　　　　　　　　　[13년 4회, 22년 2회]

① 지구단위계획　　　　② 세금 혜택
③ 도시재개발사업　　　④ 도시계획시설 정비

●**해설**
직접적 실현수단인 계획수단(도시계획사업)에는 도시개발사업, 도시재개발사업, 도시계획시설사업 등이 있다.

03 토지이용계획을 실현하기 위한 강제적 수단을 통한 용도지역의 규제 내용이 아닌 것은?
　　　　　　　　　　　　　　　　[13년 2회]

① 용도의 규제　　　　② 건폐율의 규제
③ 건축물의 소유권 제한　④ 건축물의 높이 제한

●**해설**
용도지역의 규제 내용에는 용도, 건폐율, 용적률, 높이 규제 등이 해당한다.

04 도시개발사업의 시행방식에 대한 설명으로 옳은 것은?　　　　　　　[16년 1회, 23년 1회]

① 수용 및 사용방식은 사업을 위한 용지매입이 불필요하고 토지소유자의 재정착이 가능하다.
② 환지방식은 토지매입을 위한 초기 비용이 과다하고 매수 반대로 사업기간이 장기화될 수 있다.
③ 환지방식은 사업성을 이유로 기반시설 공급이 부족하거나 지가상승 및 개발이익이 사유화될 수 있다.
④ 수용 및 사용방식과 환지방식은 혼용할 수 없다.

●**해설**
① 사업을 위한 용지매입이 불필요하고 토지소유자의 재정착이 가능한 것은 환지방식의 특징이다.
② 토지매입을 위한 초기 비용이 과다하고 매수 반대로 사업기간이 장기화될 수 있는 것은 수용 및 사용방식이다.
④ 수용 및 사용방식과 환지방식은 상황에 따라 혼용할 수 있다.

05 다음 중 개발권양도제도(TDR)에 대한 설명으로 옳지 않은 것은?　　　　　[14년 1회, 24년 3회]

① 실제 적용된 예는 많지 않으나 보전과 개발, 재개발과의 조화를 도모할 수 있는 제도이다.
② 개발할 토지 총량의 한도 내에서 개발권을 부여한다.
③ 토지이용의 분산을 도모하기 위한 것으로 대도시 문제 해결을 위해 도입된 제도이다.
④ 어떤 토지에 규정되어 있는 개발허용한도 가운데 미사용 부분을 다른 토지에 이전하여 토지이용을 실현하는 권리이다.

●**해설**
토지이용을 효율적으로 추진하고자 하는 개발권양도제(TDR : Transfer of Development Right)를 통해 토지이용의 분산을 도모하기는 쉽지 않다.

06 도시에서 보전 가치가 높은 특정 지역에 대해 용도를 규제하는 대신 그에 상응하는 개발권을 토지소유자에게 부여하여 제한되는 권리만큼의 손실을 보상해주는 제도는? [12년 2회, 21년 4회]
① 도시재개발제도 ② 개발권양도제도
③ 도시재정비제도 ④ 뉴타운개발제도

해설
개발권양도제(TDR : Transfer of Development Right)
역사적 건축물의 보전과 농지나 자연환경의 보전 등을 위해 기존 지역제에서 정해진 용적률 등 중에서 미이용 부분을 인근 토지소유자에게 양도 또는 매매를 통한 이전이 가능하도록 한 제도로서 개발권 이양제라고도 한다.

07 필지주의의 소규모 개발에 의한 난개발, 단조로운 경관, 과도한 용도 순화 등의 문제를 해결하기 위하여 일정 규모 이상의 개발에 있어서 전체를 하나의 규제단위로 하여 전체 지역의 조화를 꾀한 토지이용 규제방식은? [13년 1회, 22년 4회]
① 개발권이양제(TDR)
② 상여지역제(Incentive Zoning)
③ 계획단위개발(PUD)
④ 성능지역제(Performance Zoning)

해설
계획단위개발(PUD : Planned Unit Development)
• 계획단위개발로 대상지 전체를 일체적이고 유기적으로 계획하고 설계하여 개발하는 방식이다.
• 우리나라의 지구단위계획 내의 특별계획구역제도가 이와 유사하다.

08 주거, 상업, 공업 등의 용도에 따른 규제가 아니고 실제의 토지이용에 기초하여 발생하는 각종 결과를 주변에 대한 영향에 따라 규제하고자 하는 방식은? [13년 2회, 20년 1·2회]
① 유도지역제 ② 계획단위 규제
③ 성능지역 규제 ④ 혼합지역제

해설
성능지역 규제
주거, 상업, 공업 등의 용도에 따른 규제가 아니고 실제의 토지이용에 기초하여 발생하는 각종 결과를 주변에 대한 영향에 따라 규제하고자 하는 방식

09 개발행위 허가대상 및 규모로 옳지 않은 것은? [14년 4회, 23년 2회]
① 주거·상업·자연녹지·생산녹지지역 : 10,000m² 미만
② 공업지역 : 50,000m² 미만
③ 보전녹지 및 자연환경보전지역 : 5,000m² 미만
④ 관리지역 및 농림지역 : 30,000m² 미만

해설
공업지역의 개발행위 허가 규모는 30,000m² 미만이다.

10 도시의 낙후된 지역에 대한 주거환경의 개선, 기반시설의 확충 및 도시기능의 회복을 광역적으로 계획하고 체계적·효율적으로 추진하기 위해 지정하는 재정비촉진지구의 유형 구분에 해당되지 않는 것은? [16년 1회, 22년 2회]
① 주거지형 ② 근린재생형
③ 중심지형 ④ 고밀복합형

해설
재정비촉진지구의 종류

구분	내용
주거지형	노후·불량주택과 건축물이 밀집한 지역으로서 주로 주거환경의 개선과 기반시설의 정비가 필요한 지구
중심지형	상업지역·공업지역 또는 역세권·지하철역·간선도로의 교차지 등으로서 토지의 효율적 이용과 도심 또는 부도심 등의 도시기능의 회복이 필요한 지구
고밀복합형	주요 역세권, 간선도로의 교차지 등 양호한 기반시설을 갖추고 있어 대중교통 이용이 용이한 지역으로서 도심 내 소형 주택의 공급 확대, 토지의 고도이용과 건축물의 복합개발이 필요한 지구

11 환경적으로 건전하고 지속 가능한 개발을 위해 환경보전과 개발을 조화시키려고 하는 추세에 따라 도시의 환경 문제를 해결하기 위해 도시개발이나 도시계획에서 새롭게 대두되는 개념의 도시를 무엇이라고 하는가?　　　　　[16년 4회]

① Compact City　　　　② U-city
③ Eco-city　　　　　　④ Smart City

◉해설
Eco-city는 친환경을 뜻하는 Eco와 도시(City)의 합성어로서, 환경적 도시개발을 강조하는 개념의 친환경 생태도시를 의미한다.

12 다음 중 21세기 새로운 도시계획의 흐름에 대한 설명으로 옳지 않은 것은?　　　[16년 4회]

① U-city는 유비쿼터스 컴퓨팅, 정보통신기술을 기반으로 도시 전반의 영역을 융합하여 통합되고 지능적이며, 스스로 혁신되는 도시로 정의할 수 있다.
② 도시재생이란 대도시 도심지역에서의 인구 및 산업의 회귀를 촉진하고 재활성화를 모색하기 위한 최근의 계획경향이다.
③ 친환경 생태도시(Eco-city)는 환경적 자연자원 조건·사회경제적 요소와 공동체적인 요소까지 고려한 다양한 측면에서의 지속 가능한 도시조성의 개념이다.
④ 압축도시(Compact City)는 토지이용의 분산과 도시의 엄격한 기능분리를 통해 기존 도심의 과밀 등 도시 문제를 해결하기 위한 새로운 미래도시 개념이다.

◉해설
압축도시는 토지이용의 분산이 아닌, 토지 이용의 고밀을 통한 복합개발방식을 취한다.

13 도시의 새로운 계획 패러다임의 방향이 아닌 것은?　　　　　　　[12년 2회, 16년 1회]

① 도·농 통합적 계획으로의 전환
② 에너지 절약형 도시개발로의 전환

③ 입체적·기능 통합적 토지이용관리
④ 시민참여의 확대와 계획 및 개발주체의 단일화

◉해설
시민참여의 확대를 통해 계획 및 개발주체가 다양화되고 있다.

14 새로운 도시계획 패러다임으로 적절하지 않은 것은?　　　　　　　　　　[15년 4회]

① 도·농 통합적 계획 지향
② 지속 가능한 도시개발 지향
③ 성장 위주의 경제 논리가 지배하는 도시개발 지향
④ 시민참여 확대와 계획 및 개발주체의 다양화 지향

◉해설
성장 위주의 경제 논리가 지배하는 도시개발은 지향이 아닌 지양되고 있다.

15 다음 중 도시계획을 둘러싼 최근의 경향으로 보기 어려운 것은?　　　[15년 2회, 21년 1회]

① 각종 개발사업에 있어 민간자본의 참여 축소
② 환경 문제에 대한 의식 증대
③ 지방정부의 권한 강화 및 각종 이해집단의 영향력 증대
④ 도심활성화와 복합용도지구의 확산

◉해설
개발주체가 다양해지면서 각종 개발사업에 공공만이 아닌, 민간자본의 참여가 증가하고 있다.

16 미래사회 변화에 대비한 새로운 계획 패러다임의 방향으로 보기 어려운 것은?

　　　　　　[14년 2회, 19년 1회, 22년 4회]

① 자원 및 에너지 절약형 도시개발로의 전환
② 도·농 분리적 계획으로 생태 환경 보존
③ 시민참여 확대와 개발 주체의 다양화
④ 입체적·기능 통합적 토지이용관리

해설

균형발전, 합리적 도시계획을 추진하기 위해 도농분리가 아닌 도농통합적 계획체계로 전환되고 있다.

17 미래의 도시계획 방향으로 적합하지 않은 것은?　　　　　　　　　　　　　　[12년 4회]

① 개발지향적 도시계획
② 에너지절약형 도시계획
③ 환경친화적 도시계획
④ 주민참여적 도시계획

해설

성장 위주의 개발지향적 도시개발은 지양되고, 도시의 균형 성장이 강조되고 있다.

18 압축도시에 대한 설명이 틀린 것은?
　　　　　　　　　　　　　　[12년 4회, 23년 4회]

① 토지이용의 집적을 통한 토지의 이용가치를 높이기 위해 나온 개발방식이다.
② 친환경적인 도시개발이 가능하고 사회적 비용을 최소화할 수 있다.
③ 도시의 기능을 과도하게 분리시킴으로써 불필요한 통행을 유발하는 일이 빈번하다.
④ 도심부는 도시의 경제·사회·문화적 중심지로서 압축도시 개발의 핵심적 조성대상이 될 수 있다.

해설

압축도시는 토지 이용의 고밀을 통한 복합개발방식을 취한다.

19 다음 중 압축도시(Compact City)의 도시구조로 적합하지 않은 것은?　　　　　[12년 1회]

① 저에너지 소비　　　　② 저이동 유발
③ 저오염 배출　　　　　④ 저밀도 건축

해설

문제 18번 해설 참고

20 시가지의 토지이용에 있어서 지나친 기능분리나 사적 공간의 확보를 지양하고 적절한 기능의 혼재와 이동거리 단축에 의한 토지자원의 절약과 자동차에 의한 환경의 파괴를 막아보자는 노력에서 등장한 개념은 무엇인가?
　　　　　　　　[14년 4회, 21년 2회, 24년 3회]

① 도시재생(Urban Regeneration)
② 뉴어바니즘(New Urbanism)
③ 친환경 생태도시(Eco-city)
④ 스마트 성장관리(Smart Urban Growth Management)

해설

뉴어바니즘(New Urbanism)

현대도시가 겪어온 여러 가지 문제점들을 해결하기 위해서 도시중심을 복원하고, 확산하는 교외를 재구성하며, 파괴적인 개발행위를 영속화하려는 정책과 관례를 바꾸려는 운동으로서, 자동차 위주의 근대도시계획에 대한 반발로 사람 중심의 도시환경을 조성하고자 하는 도시계획 방법이다.

21 도시계획의 다양한 수법에 대한 설명이 틀린 것은?　　　　　　　　　　[13년 2회]

① 뉴어바니즘(New Urbanism)은 자동차 위주의 도시계획에서 사람 중심의 도시환경을 도시계획적으로 적용하는 운동으로, 보행자 이외의 개인 및 대중교통수단을 배제한다.
② 에코시티(Eco-city)는 환경적으로 건전하고 지속가능한 개발을 위해 환경보전과 개발을 조화시켜 도시를 조성하고자 한다.
③ 압축도시(Compact City)는 집중된 개발을 통하여 도시의 통행수요 및 에너지 사용을 감소시키는 도시 형태로 고밀 개발을 통한 직주근접을 도모한다.
④ U-city는 언제 어디서나 편리하게 도시네트워크를 이용하고 정보를 얻을 수 있는 새로운 형태의 미래형 도시이다.

해설

뉴어바니즘(New Urbanism)은 보행자가 자동차로부터 안전하고 쾌적하게 보행할 수 있는 보행성(Walkability)을 기본원칙으로 하고 있다.

22 1990년대 이후 미국에서 시작된 도시개발전략으로, 도시공간의 무분별한 확산에 따른 도시 문제를 환경계획 및 설계를 통해 해결하고자 하는 건축, 도시계획운동을 지칭하는 것은? [12년 1회]

① 콤팩트시티
② 어반빌리지
③ 뉴어바니즘
④ 생태도시계획

●해설
문제 20번 해설 참고

23 다음 중 아래의 설명과 같은 특징을 갖는 것은? [15년 1회]

• 찰스 황태자의 『영국건축비평서』가 출발점이 됨
• 10가지 원칙을 토대로 복합적 토지이용과 오픈커뮤니티를 지향
• 교외지역의 녹지개발보다는 기성 시가지 및 기개발 지역의 재생에 주안점을 둠

① 뉴어바니즘(New Urbanism)
② 전통이웃개발(Traditional Neighborhood Development)
③ 도시미화운동(City Beautiful Movement)
④ 어반빌리지운동(Urban Village Movement)

●해설
어반빌리지(Urban Village)
• 1989년 영국에서 쾌적하고 인간적 스케일의 도시환경을 목표로 시작되었으며, 경제적, 사회적, 환경적으로 지속 가능한 커뮤니티 개발을 도시계획의 목표로 한다.
• 영국의 찰스 황태자가 이끌던 Urban Village Group이 현대의 모더니즘에 대한 반향으로 제안한 대안으로서, 과거의 인간적이고 혼합용도 지향적이며 아름다운 경관을 지닌 주거환경을 추구하는 도시계획 방법이다.

24 환경과 개발에 관한 유엔회의(UNCED)를 통한 개발과 환경을 조화시키는 도시개발에 대한 내용으로 옳은 것은? [15년 1회, 18년 1회, 23년 1회]

① 지속 가능한 도시개발
② 자원·에너지 절약형 도시개발
③ 도·농 통합적 도시개발
④ 입체적·기능 통합적 도시개발

●해설
1992년 UN회의(UNCED : United Nations Conference on Environment and Development)를 통하여 '환경적으로 건전하고 지속 가능한 개발(ESSD : Environmentally Sound and Sustainable Development)'의 개념이 일반화되었다.

25 다음 중 지속 가능한 개발(발전)을 위한 선언문이 아닌 것은? [13년 2회, 24년 1회]

① 리우 선언문
② 지방의제(Agenda) 21
③ 요하네스버그 선언문
④ 카를스바트 결의

●해설
리우 선언문, 지방의제(Agenda) 21, 요하네스버그 선언문 등이 지속 가능한 개발(발전)에 해당하는 사항을 다루었다. 카를스바트 결의는 1800년대 초 독일연방의 체제 안정을 위한 정치적 사항을 다루었다.

26 다음 중 지속 가능한 도시가 추구하는 목표가 아닌 것은? [15년 4회, 21년 2회]

① 쾌적한 도시공간의 정비·확보
② 환경친화적 교통·물류체계 정비
③ 환경부하의 저감, 자연과의 공생, 어메니티 창출
④ 현재의 건축물을 파손하지 않고 계속적으로 보존

●해설
현재의 건축물에 에너지 소비 및 환경부하가 많을 경우 파손 후 친환경적인 건축물로의 건립이 필요하다.

27 유비쿼터스 도시를 정의하는 3대 구성요소로 가장 거리가 먼 것은? [14년 4회, 24년 1회]

① 유비쿼터스 도시산업
② 유비쿼터스 도시서비스
③ 유비쿼터스 도시기반시설
④ 유비쿼터스 도시기술

해설

유비쿼터스 도시(Ubiquitous, U-city)
기존 전력망과 정보통신기술을 결합시켜, 언제 어디서나 편리하게 도시 네트워크를 이용하고 정보를 얻을 수 있는 새로운 형태의 미래형 도시이다. 이러한 전력망과 정보통신기술을 활용하려면 제공시설인 기반시설과 그것을 활용할 수 있는 기술 및 제공하는 서비스의 3대 구성요소가 있어야 한다.

28 도시계획에서 주민참여의 순기능이 아닌 것은? [16년 1회]

① 소수의 적극적 참여
② 지방자치단체 도시계획 행정의 이해
③ 주민의 지지와 협조를 통한 집행의 효율화
④ 주민의 권리, 재산상의 침해 예방 또는 극소화

해설

소수의 적극적 참여에 따른 다수의 공정성이 침해되는 것은 주민참여의 역기능에 해당한다.

29 파겐스가 제시한 직접적이고 영향이 큰 쇄신적 주민참여 기법에 해당하지 않는 것은? [12년 4회, 24년 1회]

① 델파이 방법
② 명목집단 방법
③ 혼합적 탐색 방법
④ 샤트레 방법

해설

파겐스가 제시한 주민참여 기법
• 델파이 방법
• 명목집단 방법
• 샤트레 방법

30 도시계획 및 개발 시 도시의 소프트웨어적 측면을 중요시하는 경향 중 하나로, 문화, 정보, 미디어 분야 등을 중심으로 관, 산, 학, 연 간의 효과적인 융합이 시너지 효과를 일으킬 수 있는 새로운 산업기반을 갖춘 미래형 도시는?
[14년 2회, 20년 1·2회]

① 창조적 혁신도시
② 친환경 생태도시
③ 행정중심복합도시
④ 도시재생

해설

창조적 혁신도시
공공기관 지방 이전 시책 등에 따라 수도권에서 수도권이 아닌 지역으로 이전하는 공공기관 등을 수용하는 혁신도시의 건설을 위하여 필요한 사항과 해당 공공기관 및 그 소속 직원에 대한 지원에 관한 사항을 규정함으로써 공공기관의 지방 이전을 촉진하고 국가균형발전과 국가경쟁력 강화에 이바지하고자 계획되었다.

31 도시의 체계적인 성장관리에 채택되는 기법 가운데 기존 시가지의 집약적·합리적 토지이용을 유도하기 위한 기법으로 맞지 않는 것은?
[16년 4회]

① 혼합용도개발
② 개발부담금제
③ 특별허가권 부여
④ 보너스 및 장려지역제

해설

개발부담금제는 도심지(시가지)에서 개발 행위 후 시행자(사업자)가 부담하는 비용으로서, 기존 시가지의 집약적이고 합리적인 토지이용을 유도하기는 어려운 기법이다.

32 1970년대 중반 이후 미국에 도입된 성장관리 정책에 대하여 넬슨(Arthur C. Nelson)과 듀칸(Janes B. Ducan)이 제시한 목적과 거리가 먼 내용은?
[12년 2회, 13년 1회, 15년 2회, 21년 4회, 24년 1회]

① 경제적 형평성 제고
② 효율적인 도시형태 구축
③ 납세자의 보호
④ 어반스프롤의 방지

해설

도시의 합리적인 성장관리정책을 고려하였을 때 경제적 형평성까지 고려하여 추진하는 것은 쉽지 않다.

33 도시성장관리의 목적이 아닌 것은?

[14년 2회, 20년 3회, 22년 4회, 24년 3회]

① 어반스프롤(Urban Sprawl)의 방지
② 교통용량의 확장과 재개발 억제
③ 도시민의 삶의 질 향상
④ 효율적인 도시 형태의 구축

해설

도시성장관리는 도시성장으로 인한 교통의 혼잡 가중을 방지하는 것을 목표로 하고 있다. 교통용량의 확장은 교통량의 증대를 가져올 수 있으므로 도시성장관리의 목적이라 할 수 없다.

34 다음 중 데그로브가 주장한 도시성장관리의 필요성으로 옳지 않은 것은? [12년 1회]

① 상업적이고 무질서한 개발 등을 통한 생태계의 파괴와 환경오염을 예방하기 위한 것이다.
② 도시개발로 인한 공지의 감소 및 농경지의 도시용 토지로의 전환을 유도하기 위한 것이다.
③ 도시성장으로 인한 교통의 혼잡 가중을 방지하기 위한 것이다.
④ 공공부문 사회간접자본 비용 지출을 축소하기 위한 것이다.

해설

도시성장관리의 목표는 도시개발로 인한 공지의 감소 및 농경지의 도시용 토지로의 전환을 방지하는 데 있다.

35 바람직한 미래의 도시상으로 거리가 먼 것은?

[14년 1회]

① 건전한 삶의 공간을 창조하는 도시
② 중앙집권적인 자치체로서의 기능과 역할을 하는 도시

③ 생산적인 활동 여건을 구비하는 도시
④ 복지사회 체제를 확립하는 도시

해설

도시의 새로운 계획 패러다임인 시민참여의 확대와 계획 및 개발주체의 다양화와 중앙집권적 자치체는 서로 상반되는 개념이다.

36 미래 도시의 기능과 구조 변화로 옳지 않은 것은? [13년 1회, 23년 4회]

① 도시의 공간적 구조는 다양하고 확대되어 나타날 것이다.
② 시민생활의 편의성과 경제활동의 능률성을 극대화할 것이다.
③ 사회기능이 통일되어 사회적 구조가 단일화될 것이다.
④ 제도적 구조는 민주적이고 자치적인 요소가 강화될 것이다.

해설

미래 도시의 기능과 구조는 사회기능의 분화로 더욱 다원화되고 다양화되는 구조로 변모되고 있다.

PART 02

도시설계 및 단지계획

🔳 도시설계의 개념

1. 도시설계의 의의와 역할

(1) 도시설계의 의의 및 배경

1) 정의

① 건축과 도시계획의 가교

② 거시적 차원의 도시계획과 개별필지를 대상으로 이루어지는 미시적 차원의 건축행위를 연결하는 매개적 수단

2) 배경

① 사회경제적 특성과 도시 기능성이 중시된 근대 도시계획 이후 도시계획과 건축 역할의 괴리

- 도시계획 : 사회경제적 질서와 토지이용 효율 및 운영의 기능성에 역점
- 건축 : 물리적 공간구성의 형태와 조화에 관심

② 개별필지의 건축행위와 도시공간 질서를 연결하는 장치로 50년대 말~ 60년대 초부터 전문교육 프로그램으로 오늘날의 어반디자인(Urban Design)이 연구됨

(2) 도시설계의 필요성과 역할

1) 도시조성 및 관리를 위한 제도의 보완

① 지구특성 표출수단의 필요 : 지역특성 유지 발전

② 도시공간 구성요소 간 관계설정 필요 : 건물과 대지, 건물과 가로, 건물 내 공지와 가로

2) 도시환경 조성의 복잡성 조정

① 관련 주체의 복잡성 : 도시관리자, 조성 주체, 소유자, 이용자

② 관련 분야의 다양성

3) 사회적 가치의 보호

① 도시공간의 공공성, 연결체계 확보

② 공동의 가치 보호 : 역사문화, 자연환경, 개발권

(3) 도시설계의 요소

구분	내용
시스템	도시공간 패턴(토지이용 패턴, 가로 패턴), 도시순환체계(도로망체계, 보행체계)
물적 환경	대지, 개별건축물과의 형태, 건축물 집합과 경관, 도시 오픈스페이스, 자연환경
지각적 환경	활동패턴과 공간기능, 도시 이미지와 정체성, 장소성과 공간감

(4) 케빈 린치(K. Lynch)의 도시설계 정의

1) 일반사항

① 케빈 린치는 도시를 "사람에 의해서 이미지화되는 것"이라고 주장하였다.

② 케빈 린치는 도시설계를 그 성격이나 공간적 범위에 따라 구분하고, 광범위한 지역에 걸친 인간 활동의 시간적·공간적 패턴과 물리적 환경조성을 다루며, 경제·사회·심리적 영향도 함께 고려해야 하는 복합적인 것으로 정의하였다.

2) 케빈 린치의 환경 이미지 구성요소

정체성(Identity), 구조(Structure), 의미(Meaning)

3) 케빈 린치의 도시를 이미지화하는 도시의 물리적 구조에 관한 5가지 요소

구분	내용
지구(District)	인식 가능한 독자적 특징을 지닌 영역
경계(Edge)	지역을 다른 지역과 구분할 수 있는 선형적 영역(해안, 철도 모서리, 개발지 모서리, 벽, 강, 철도, 옹벽, 우거진 숲, 고가도로, 늘어선 빌딩들 등)
결절(Node)	교차점(도시의 핵, 통로의 교차점, 집중점, 접합점, 광장, 교통시설, 로터리, 도심부 등)
통로(Path)	이동의 경로(복도, 가로, 보도, 수송로, 운하, 철도, 고속도로 등)
랜드마크(Landmark)	시각적으로 쉽게 구별되는 표지로, 주위 경관 속에서 두드러지는 요소로 통로의 교차점에 위치하면 보다 강한 이미지 요소가 됨(탑, 오벨리스크, 기념물 등)

---|핵심문제

다음 중 케빈 린치가 주장한 도시를 이미지화할 수 있도록 하는 도시의 물리적 구조에 관한 요소에 해당하지 않는 것은? [12년 1회, 15년 2회, 23년 1회]

① 구역(District)　　② 링크(Link)　　③ 결절점(Node)　　④ 랜드마크(Landmark)

답 ②

해설⊕ -

케빈 린치의 도시를 이미지화하는 도시의 물리적 구조에 관한 5가지 요소
경계(Edge), 결절점(Node), 통로(Path), 지구(District), 랜드마크(Landmark)

2. 도시설계의 역사

(1) 근대적 도시개발

1) 산업혁명 이후 급격한 도시인구 증가

도시 문제를 야기(주택 부족, 주거환경 악화 등)

2) 근대적 도시계획과 도시개발 등장

① 물리적 환경 개선을 통한 살기 좋은 환경을 조성

② 노동자 계층을 위한 주택공급과 주거환경 개선을 위한 해결책 제시

> **참고**
>
> **주거환경 개선을 주장한 학자와 노동자 계층을 위한 주택공급**
> • 오웬(Owen, Robert)의 협동마을(Village of Unity and Cooperation, 1817)
> • 푸리에(Fourier, Charles)의 팔란스테르(Phalanstre, 1847)

3) 인간관계가 중시되는 공동사회를 만들기 위한 이상도시안(案) 제시

도시와 농촌의 매력을 함께 지닌 자족적인 커뮤니티(전원도시, Garden City)

(2) 영국의 전원도시운동

1) 개요

① 1898년 에버네즈 하워드(Ebenezer Howard)에 의해 전원도시이론 정립

② 거대도시 또는 과다한 도시화를 방지 · 완화하면서 도시와 전원의 조화를 도모

③ 향후 주택단지 건설에 큰 영향을 줌

④ 대표사례

• 1903년 런던 북쪽 35mile(54km) 거리에 레치워스(Letchworth) 건설

　(레이몬드 언윈(Raymond Unwin)과 배리 파커(Barry Parker)에 의해 건설)

• 1919년 런던에서 20mile(32km) 거리에 웰윈(Welwyn) 건설

2) 전원도시(Garden City)의 조건

① 인구는 3~5만 명 정도

② 도시 주변에 넓은 농업지대 보유

③ 자족이 가능한 산업 보유

④ 도시 내부에 충분한 공지 확보

⑤ 도시의 토지 공유

3) 주요 특징

① 물리적 계획 및 적정 인구 규모

② 도시의 경제기반 확보

③ 개발 이익의 사회 환수

④ 토지의 공유와 사용권 제한

---핵심문제

산업혁명 이후 발생한 영국의 전원도시운동의 전개과정에 대한 설명으로 틀린 것은?[13년 1회, 18년 2회]

① 레치워스(Letchworth), 웰윈(Welwyn) 등이 건설되면서 본격화되었다.

② 도시인구의 대부분이 도시산업시설을 집적지에 혼재함으로써 나타난 도시사회의 문제들을 해결하고자 제시되었다.

③ 레치워스(Letchworth)는 스와송(Louis de Soissons)에 의하여 계획되었다.

④ 전원도시운동의 파급효과는 이후 여러 나라의 위성도시 및 신도시의 개발 방향으로 계승되었다.

 ③

해설⊕--

1903년 런던 북쪽 35mile(54km) 거리에 건설된 레치워스(Letchworth)는 레이몬드 언윈(Raymond Unwin)과 배리 파커(Barry Parker)에 의해 건설되었다.

(3) 도시설계의 정착기

1) 카밀로 지테(Camillo Sitte)

① 예술적 원리를 준용한 도시계획

- 도시공간은 연속적으로 존재해야 한다.(연속경관, Choregraphic Sequence)
- 도시를 확장하는 데 문화재의 보존 문제에 관심을 가져야 한다.
- 건물은 광장이나 기타 요소와 상호 관계되는 경우에만 의미를 갖는다.

② 도시미화운동의 근간이 되었다.

③ 광장의 최대 크기는 광장을 지배하고 있는 넓은 건물 높이의 2배를 초과해서는 안 된다고 제시하였다.

④ 고든 컬렌(Gordon Cullen)과 케빈 린치(Kevin Lynch)에 의한 도시 이미지 연구로 발전하였다.

2) 르 코르뷔지에(Le Corbusier)

① 근대건축운동의 선각자

② 수직적 건축형태, 낮은 대지점유비, 자유롭게 흐르는 공간 표현

3) 기버드(Frederick Gibberd)

도시계획과는 다른 새로운 설계(독자적 특성)

4) 번햄(R. Banham)

① 중간영역(전이공간)으로서의 도시설계 개념 정의

② 건축과 도시계획의 가교

5) 고든 컬렌(Gordon Cullen)

① 경험주의적 전통에 입각한 도시설계가로 평가됨

② 도시 이미지 연구와 연속시각이론

③ 도시이해 및 인식 방법, 형태요소의 추출

④ 도시경관은 건축적 요소, 회화적 요소, 시각적 요소 및 실제적 요소 등을 혼합한 연속된 시각적 개념

6) 제이콥스(Jane Jacobs)

① 용도 혼합에 의한 가로공간의 조성과 적정 밀도의 저층고밀 개발 및 보차공존도로의 조성 등을 주장

② 획일화된 형태와 기능적으로 용도가 분리된 근대도시의 문제점 고찰

7) 뉴만(Oscar Newman)

도시공간의 위계적 구성체계(공적영역, 반 공적영역, 사적영역의 매개공간 계획)

8) 케빈 린치(Kevin Lynch)

① 도시는 "사람에 의해서 이미지화되는 것"이라고 주장하며 1960년대에 「도시의 이미지(The Image of The City)」라는 도시론을 발표

② 도시설계는 경제·사회·심리적 영향도 함께 고려해야 하는 복합적인 것이라고 정의

9) 필립 티엘(Philip Thiel)

Object, Surface, Screen의 3가지 공간 구성요소 주장

핵심문제

도시설계 관련 학자들의 연구 내용이 잘못 연결된 것은?　　　　[13년 1회, 16년 2회, 24년 2회]

① Kevin Lynch – 도시의 이미지

② Gorden Cullen – 연속시각(Serial Vision)

③ Christopher Alexander – 전이공간

④ Oscar Newman – 방어공간(Defensible Space)

답 ③

해설⊕

번햄(R. Banham)

• 중간영역(전이공간)으로서의 도시설계 개념 정의

• 건축과 도시계획의 가교

(4) 도시설계제도

1) 도시설계제도와 상세계획제도는 1979년 이후 본격적으로 논의됨

2) 도시설계제도

① 최초 도시미관조성이라는 관점에서 도시설계제도를 1980년 1월「건축법」개정을 통해 도입

② 제도적 보강을 통하여 현재는 도시설계의 전반적인 사항으로 확대 규정하여 시행

3) 상세계획제도

① 1991년 12월「도시계획법」개정을 통해 상세계획구역의 지정이라는 조항으로 도입

② 1994년 건설부 훈령으로 상세계획 수립지침을 제정하여 시행

③ 목적 : 도시기능 및 미관 증진, 토지이용 합리화, 도시환경의 효율적 관리

④ 구역 지정

- 산업단지조성사업지구, 택지개발예정지구
- 재개발구역
- 토지구역정리사업지구
- 시가지 조성사업지구
- 철도역 500m 이내(역세권)

⑤ 계획 내용

- 지역·지구 지정변경
- 도시계획시설 배치
- 가구·획지 규모, 조성계획
- 건축물 용도, 건폐율, 용적률, 높이
- 건축물 배치, 형태, 색채, 디자인, 공지계획
- 도시경관 조성계획
- 교통처리계획

4) 지구단위계획제도로의 발전

① 도시설계제도와 상세계획제도는 각각「건축법」과「도시계획법」을 근거로 하면서 운용되어 옴

② 유사한 두 제도의 중복 운영에 따른 혼선과 불편을 해소하기 위하여 두 제도를 통합하여 지구단위계획제도로 발전

─ 핵심문제

다음 중 우리나라에 도시설계제도가 도입된 것에 관한 설명으로 옳지 않은 것은?

[12년 1회, 14년 2회, 17년 2회, 20년 4회]

① 제도로서의 도시설계를 처음 도입한 것은 1980년「건축법」에 도시설계조항을 법제화한 것이다.

② 도시설계를 처음 도입할 당시 주된 관심사는 간선 가로변의 미관 개선에 있었다.

③ 도시설계제도가 도입된 지 5년 후인 1985년에 상세계획제도가 도입되었다.

④ 도시설계제도와 관련된 법규 중 지구지정 규정의 신설은 1991년에 이루어졌다.

답 ③

해설⊕

도시설계제도가 도입된 것은 1980년이며, 11년 후인 1991년에 상세계획제도가 도입되었다.

② 도시설계의 과정과 유형

1. 과정

대상지 선정 → 현황 및 여건 분석 → 기본구상 → 부문별 계획 → 도시설계안 작성 → 시행계획

2. 유형

(1) 할로우(Harlow)

1) 개요

프레데릭 기버드(Frederick Gibberd)에 의해 런던 주변에 개발된 초기 신도시의 대표적인 예(1단계 신도시)

2) 위치

1947년 런던 북쪽 30마일에 건설한 신도시로 계획면적 2,450ha에 인구 78,000명 수용

3) 특징

① 전원도시로 저밀도 개발을 원칙으로 하며 근린주구제 채용
② 역을 중심으로 한 반원을 도시구역으로 설정하고 역 남쪽에 중심지구, 철도에 연해서 2개의 공업지구를 설치, 주거지는 4개의 그룹으로 나누어 그 속에 근린주구 배치
③ 도시 내 간선도로는 주거지 그룹 사이에 있는 녹지 속을 통과하고, 보조간선도로는 각 가구 그룹의 중심지구를 연결

──────────────────────────┤핵심문제

근린주구론을 적용하고, 전원도시계획의 이상을 받아 저밀도 개발을 원칙으로 개발된 영국 런던 근교의 신도시는?   [16년 4회]

① Harlow   ② Welwyn
③ Cumbernauld   ④ Milton Keynes

답 ①

해설❸ ---

할로우(Harlow)는 1947년 영국 런던 북쪽 30마일 지점에 건설한 신도시로서, 전원도시계획을 적용하고, 저밀도 개발을 원칙으로 하며, 근린주구제를 채용하였다.

(2) 밀톤 케인즈(Milton Keynes)의 신도시 계획

1) 일반사항

① 런던과 버밍엄 사이에 위치한, 영국 런던의 확산 인구를 수용하기 위한 신도시

② 블록 내부에 다양한 주거형식과 녹지체계를 도입하였고, 블록 중심에 중심시설을 배치(간선도로 교차부)한 제3세대의 신도시

2) 목표

① 편리한 교통체계와 커뮤니케이션 시스템을 부여

② 교육 · 노동 · 주택의 선택기회 부여

③ 소득계층과 사회구조의 다양화와 균형화 추구

④ 경관 · 환경 · 녹지계획을 통한 매력 있는 도시 창출

⑤ 공공의식 고양, 주민참여 유도, 자원의 효율적 이용

⑥ 고용창출을 통한 자족성 확보

3) 특징

① 단기적, 장기적으로 개발하여 시대 변화에 따른 다양한 아이디어 수용

② 격자 패턴의 토지이용계획

③ 개인교통 위주의 교통체계, 보행위주의 주구 내 교통체계

④ 도시의 각 지역을 신속히 연결할 수 있는 교통노선을 향해 외향적으로 계획되고, 확장 가능한 도로계획

⑤ 1km×1km의 슈퍼블록 개념 사용, 블록 내부에 다양한 주거형식과 녹지체계 도입, 블록 중심에 중심시설 배치(간선도로 교차부)

⑥ 소득 수준과 가족 형태에 따른 다양한 주택형식의 공급, 주택은 민간분양과 임대주택으로 공급

⑦ 각종 산업시설의 유치로 고용창출을 통한 자족기능

─────────────┤핵심문제

영국 밀톤 케인즈(Milton Keynes)의 신도시 계획의 특징으로 틀린 것은? [14년 1회, 20년 4회, 23년 2회]

① 영국 런던의 확산 인구를 수용하기 위한 신도시이다.

② 근린분구의 구성을 통하여 사회 계층의 혼합을 도모하였다.

③ 전형적인 침상도시(Bed Town)이다.

④ 주요 간선도로는 격자형으로 이루어져 있고, Red Way를 통해 차량과 보행자를 분리하였다.

답 ③

해설⊕ --

밀톤 케인즈(Milton Keynes)의 신도시 계획은 직장과 주거가 분리된 형태인 침상도시(Bed Town)와 달리 각종 산업시설의 유치로 고용창출을 통한 자족기능을 갖는 것을 특징으로 하고 있다.

(3) 샹디가르(찬디가르)

1) 인도 펀자브 주의 수도이며 르 코르뷔지에가 설계

2) 특징

구분	특징
배치의 상징성	삼권분리와 경관의 고려(히말라야산맥을 배경으로 경관적 배려)
배치의 기하학적 질서	물리적·시간적 간격 조절
대지로부터 분리된 마천루와 공원화된 도시지면	차량이동을 위한 길은 행정지구 하부를 가로지르고 공원을 산책하는 사람에게는 차량이 보이지 않도록 함, 풍부한 녹지대 확보(대상형 녹지대 확보)

(4) 영국의 「공중위생법(Public Health Act)」

1) 영국의 주거환경 관련 법률

산업혁명이 일찍 시작된 영국의 열악한 주거 및 주거환경 문제를 해결하기 위한 노력으로 「공중위생법(Public Health Act)」, 「노동자계급 숙사법(Labouring Health Act), 1851년」, 「런던계획법, 1894년」, 「주거 및 도시계획 등의 법(Housing, Town Planning ect. Act, 1909년」 등이 제정되었다.

2) 「공중위생법」의 내용

① 공중위생의 입장에서 유해물질 근절과 질병예방을 위한 대응이 이루어짐
② 과밀지구, 불안전 배수, 고여 있는 오수, 화장실의 비위생적인 주택에 대한 대책

─────핵심문제

1875년 영국에서 불결한 도시주거환경을 제거하기 위해 새로이 건설되는 주택의 상하수도 시설과 정원 크기 및 주변 도로의 폭 등 주거환경기준을 규제하는 목적으로 제정된 법은? [12년 2회, 15년 4회, 21년 2회]

① 「건축법(Building Code)」
② 「단지조성법(Site Planning Act)」
③ 「공중위생법(Public Health Act)」
④ 「미관지구에 관한 법(Law of Beautification District)」

답 ③

해설⊕
영국의 「공중위생법」은 산업혁명이 일찍 시작된 영국의 열악한 주거 및 주거환경 문제를 해결하기 위해 제정되었다.

(5) 픽처레스크(Picturesque)

1) 정의

① '픽처레스크(Picturesque)'라는 말은 1782년 윌리엄 길핀(William Gilpin)이 쓴 「와이 강과 남웨일스 지방의 관찰기」에서 처음 쓰인 용어로 '그림 같은' 혹은 '그림이 될 만한'으로 정의된다.

② 자연이 빚어내는 풍경의 어느 순간 그 모습을 보며 '그림처럼 아름답다'라고 표현하고 자연에 대한 경외심을 갖게 되는데 이를 다른 표현으로 '숭고미'라고 부를 수 있으며, 인간의 눈을 매혹하는 '픽처레스크'한 풍경으로부터 영혼을 매혹하는 철학적인 풍경이 만들어진다.

2) 성격

① 급격한 사회 변화로 사람들의 시각은 자연의 아름다움에서 도시로 빠르게 적응해 나갔고, 자연의 정적인 아름다움에서 벗어나 도시의 활기와 그 속의 아름다움을 발견함

② 서양 풍경화, 특히 영국 근대 풍경화 발전의 기반이 되었던 픽처레스크는 '아르카디아(이상적인 사회)' 탐구의 결정체임

③ 끊임없이 아름다움을 추구하는 인간의 욕망이 변모해 온 것처럼 '픽처레스크' 풍경 역시 변화를 거듭하여 현재는 하나의 '아름다움에 대한 취향'을 보여주고 있음

3) 특징

① 중세 풍경화풍 이미지를 형상화한 도시설계이론
② 곡선형 가로를 통한 자연스러운 공간의 흐름 형성
③ 공간의 호기심과 중첩성 그리고 영역성 확보

01 도시설계를 그 성격이나 공간적 범위에 따라 구분하고, 광범위한 지역에 걸친 인간 활동의 시간적·공간적 패턴과 물리적 환경조성을 다루며, 경제·사회·심리적 영향도 함께 고려해야 하는 복합적인 것으로 정의한 사람은?

[17년 1회, 23년 4회]

① 로버트 오웬(R. Owen)
② 로버트 벤추리(R. Venturi)
③ 케빈 린치(K. Lynch)
④ 르 코르뷔지에(Le Corbusier)

해설

케빈 린치(Kevin Lynch)는 도시는 "사람에 의해서 이미지화되는 것"이라고 주장하였으며, 도시설계는 경제·사회·심리적 영향도 함께 고려해야 하는 복합적인 것으로 정의하였다.

02 케빈 린치(Kevin Lynch)가 분류한 도시 이미지의 5가지 요소를 모두 옳게 나열한 것은?

[16년 4회, 22년 4회, 24년 1회]

① 도로(Path), 건축물(Building), 광장(Plaza), 공원(Park), 지구(District)
② 중심지구(CBD), 지구(District), 도로(Path), 광장(Plaza), 공장지대(Factory)
③ 경계(Edge), 결절점(Node), 도로(Path), 지구(District), 랜드마크(Landmark)
④ 경계(Edge), 하천(River), 랜드마크(Landmark), 결절점(Node), 중심지구(CBD)

해설

케빈 린치의 도시를 이미지화하는 도시의 물리적 구조에 관한 5가지 요소

구분	내용
지구(District)	인식 가능한 독자적 특징을 지닌 영역
경계(Edge)	지역을 다른 지역과 구분할 수 있는 선형적 영역(해안, 철도 모서리, 개발지 모서리, 벽, 강, 철도, 옹벽, 우거진 숲, 고가도로, 늘어선 빌딩들 등)
결절(Node)	교차점(도시의 핵, 통로의 교차점, 집중점, 접합점, 광장, 교통시설, 로터리, 도심부 등)
통로(Path)	이동의 경로(복도, 가로, 보도, 수송로, 운하, 철도, 고속도로 등)
랜드마크 (Landmark)	시각적으로 쉽게 구별되는 표지로, 주위 경관 속에서 두드러지는 요소로 통로의 교차점에 위치하면 보다 강한 이미지 요소가 됨(탑, 오벨리스크, 기념물 등)

03 케빈 린치(Kevin Lynch)에 의한 도시 이미지를 결정하는 요소가 아닌 것은? [15년 2회]

① 중심몰(Mall)
② 경계(Edge)
③ 통로(Path)
④ 랜드마크(Landmark)

해설

케빈 린치의 도시를 이미지화하는 도시의 물리적 구조에 관한 5가지 요소
경계(Edge), 결절점(Node), 통로(Path), 지구(District), 랜드마크(Landmark)

04 케빈 린치(Kevin Lynch)가 주장한 도시 이미지의 구성요소가 아닌 것은? [14년 4회]

① 패스(Path)
② 노드(Node)
③ 그레인(Grain)
④ 디스트릭트(District)

해설

문제 3번 해설 참고

05 케빈 린치(Kevin Lynch)가 제안한 도시를 이미지화하는 물리적 구조에 관한 요소가 아닌 것은?
[13년 2회, 18년 1회]

① 통로(Path)
② 가장자리(Edge)
③ 결절점(Node)
④ 조경(Landscape)

● 해설

문제 3번 해설 참고

06 케빈 린치가 주장한 도시경관 이미지의 구성 요소에 해당하지 않는 것은? [12년 4회]

① 연접부
② 결절점
③ 지구
④ 광경

● 해설

문제 3번 해설 참고

07 케빈 린치가 환경의 이미지를 설명할 때 분해한 성분이 아닌 것은? [17년 1회, 19년 2회]

① 아이덴티티(Identity)
② 스트럭처(Structure)
③ 의미(Meaning)
④ 행동장면(Behavior Setting)

● 해설

케빈 린치의 환경 이미지 구성요소

특징(Identity), 구조(Structure), 의미(Meaning)

08 세계 최초로 전원도시(Garden City)가 건설된 곳은 영국의 어느 곳인가? [16년 1회]

① Harlow
② Stevenage
③ Letchworth
④ Basildon

● 해설

전원도시의 대표사례

• 1903년 런던 북쪽 35mile(54km) 거리에 레치워스(Letchworth) 건설
• 1919년 런던에서 20mile(32km) 거리에 웰윈(Welwyn) 건설

09 이상도시 형성의 사조 중 주택단지에 가장 영향을 준 것은? [16년 1회, 22년 4회]

① Linear Town
② Siedelung
③ Mother Town
④ Garden City

● 해설

주택단지 건설에 큰 영향을 준 것은 전원도시(Garden City)이다.

10 물리적 계획 및 적정 인구 규모뿐만 아니라 도시의 경제기반 확보, 개발 이익의 사회 환수, 토지의 공유와 사용권 제한 등 유지관리 내용을 포함한 계획은? [15년 4회, 23년 1회]

① 르두(C. N. Ledoux)의 쇼(Chaux)
② 하워드(Ebenezer Howard)의 전원도시
③ 쿡(P. Cook)의 플러그인 시티(Plug-in-city)
④ 르 코르뷔지에(Le Corbusier)의 빛나는 도시(La Ville Radieuse)

● 해설

전원도시(Garden City)의 조건

• 인구는 3~5만 명 정도
• 도시 주변에 넓은 농업지대 보유
• 자족이 가능한 산업 보유
• 도시 내부에 충분한 공지 확보
• 도시의 토지 공유

11 전원도시 레치워스(Letchworth) 건설을 담당한 사람은? [15년 4회]

① Tony Gamier, Auguste Perret
② Raymond Unwin, Barry Parker
③ Le Corbusier, Ebenezer Howard
④ Peter Smithson, Alison Smithson

해설

1903년 런던 북쪽 35mile(54km) 거리에 건설된 레치워스(Letchworth)는 레이몬드 언원(Raymond Unwin)과 배리 파커(Barry Parker)에 의해 건설되었다.

12 카밀로 지테(Camillo Sitte)의 예술적 원리에 근거한 도시공간의 내용과 거리가 먼 것은? [12년 2회, 17년 1회, 24년 1회]

① 도시공간은 연속적으로 존재해야 한다.
② 고대와 중세의 도시공간과는 다른 새로운 예술적 도시 공간을 조성해야 한다.
③ 도시를 확장하는 데 문화재의 보존 문제에 관심을 가져야 한다.
④ 건물은 광장이나 기타 요소와 상호 관계되는 경우에만 의미를 갖는다.

해설

카밀로 지테(Camillo Sitte)는 도시의 확장 시 문화재의 보존에 관심을 갖고, 도시공간의 시간적 연속성을 주장하였다. 이에 따라 고대와 중세의 도시공간을 유지하며 시간적인 연속성을 갖는 공간을 조성하는 도시계획을 추구하였다.

13 카밀로 지테는 광장의 최대 크기는 광장을 지배하고 있는 넓은 건물 높이의 얼마를 초과해서는 안 된다고 제시하였는가? [12년 1회, 24년 2회]

① 0.5배
② 0.75배
③ 1.0배
④ 2.0배

해설

카밀로 지테는 건물은 광장이나 기타 요소와 상호 관계되는 경우에만 의미를 갖는다고 주장하였으며, 이에 따라 건물과 광장의 상호관계성이 있게 하기 위해, 광장의 최대 크기는

광장을 지배하고 있는 넓은 건물 높이의 2배를 초과해서는 안 된다고 제시하였다.

14 도시설계에 관하여 아래와 같이 주장한 미국의 사회학자는? [12년 2회, 18년 4회, 22년 1회, 23년 2회]

근대도시의 획일화된 형태와 기능적인 용도 분리, 가로와의 관계를 의식하지 않은 비정형적인 오픈스페이스 등은 사회범죄와 전통적인 커뮤니티의 해체, 기계적이고 단조로운 인간생활을 조장함으로써 도시는 점점 삭막해져가고 있다. 이러한 문제의식을 바탕으로 전통적인 도시공간의 사례조사를 통하여 용도 혼합에 의한 가로공간의 조성과 적정 밀도의 저층고밀 개발, 보차공존도로의 조성 등을 통하여 근대도시의 부정적 속성을 해결하여야 한다.

① Herbert Gans
② Jane Jacobs
③ Kevin Lynch
④ Paul D. Spreiregen

해설

제이콥스(Jane Jacobs)는 기능적으로 분리된 용도의 근대도시의 문제점을 해결하기 위해 용도통합적 고밀도 개발을 주장하였다.

15 학자와 주장 이론이 잘못 짝지어진 것은? [16년 1회, 19년 2회]

① 고든 컬렌(Gordon Cullen) : 연속장면(Serial Vi-sion)
② 케빈 린치(Kevin Lynch) : 가독성(Legibility)
③ 카밀로 지테(Camillo Sitte) : 연속경관(Chore-graphic Sequence)
④ 필립 티엘(Philip Thiel) : 스마트 스페이스(Smart Space)

해설

필립 티엘(Philip Thiel)은 Object, Surface, Screen의 3가지 공간 구성요소를 주장하였다.

16 도시설계 기법 중 경험주의적 전통에 입각한 도시설계가로 평가받는 사람은?

[13년 4회, 16년 2회, 20년 4회, 23년 4회, 24년 2회]

① 르 코르뷔지에(Le Corbusier)

② 알도 로시(Aldo Rossi)

③ 롭 크리에(Rob Krier)

④ 고든 컬렌(Gordon Cullen)

●해설

고든 컬렌(Gordon Cullen)은 도시경관은 건축적 요소, 회화적 요소, 시각적 요소 및 실제적 요소 등을 혼합한 연속된 시각적 개념이라고 주장하였으며, 경험주의적 전통에 입각한 도시설계가로 평가받고 있다.

17 우리나라에 상세계획제도가 도입된 것에 대한 설명으로 옳은 것은? [13년 4회]

① 2000년대 초반에 들어 처음 도입되었다.

② 도시설계제도의 한계를 보완한다는 명분으로 도입되었다.

③ 상세계획은 주로 건축물의 규제에 관한 것이다.

④ 도시설계제도와 동일한 근거법에 의해 제도화되었다.

●해설

① 1991년 말에 처음 도입되었다.

③ 상세계획은 도시기능 및 미관증진, 토지이용 합리화, 도시환경의 효율적 관리를 목적으로 하고 있다.

④ 도시설계제도는 「건축법」, 상세계획제도는 「도시계획법」을 근거법으로 제도화되었다.

18 우리나라의 도시설계 관련 제도에 대한 설명이 틀린 것은? [13년 2회, 18년 2회]

① 우리나라의 도시설계는 독일의 지구상세계획(B-Plan), 일본의 지구계획제도의 영향을 받아 제도화되었다.

② 1980년대에는 「건축법」에 도시설계 관련 규정이 처음 포함되었다.

③ 1990년대에는 「건축법」에 상세계획제도가 도입되었다.

④ 2000년 「도시계획법」 개정을 통해 지구단위계획제도가 도입되었다.

●해설

1990년대에는 「도시계획법」에 상세계획제도가 도입되었다.

19 도시설계의 실제적 수립과정 중 (   )에 해당하는 것은? [16년 4회, 24년 1회]

> 대상지 선정 → 현황 및 여건 분석 → 기본구상
> → (   ) → 도시설계안 작성 → 시행계획

① 획지 계획

② 목표 설정

③ 부문별 계획

④ 건축 규제 계획

●해설

도시설계의 과정

대상지 선정 → 현황 및 여건 분석 → 기본구상 → 부문별 계획 → 도시설계안 작성 → 시행계획

20 다음 중 영국의 계획도시 할로우(Harlow)에 관한 설명으로 옳지 않은 것은?

[16년 2회, 22년 1회, 24년 2·3회]

① 고밀도 개발을 원칙으로 하였다.

② 런던 주변에 개발된 초기 뉴타운의 대표적인 예이다.

③ 주택지는 크게 4개의 그룹으로 나누어 그 내부에 근린주구를 배치하였다.

④ 도시 내의 간선도로는 주택지 그룹 사이에 있는 녹지 속을 통과한다.

●해설

할로우(Harlow)

1947년 영국 런던 북쪽 30마일 지점에 설치된 신도시로서 전원도시계획을 적용하고, 저밀도 개발을 원칙으로 하며, 근린주구제를 채용하였다.

21 다음 중 밀턴 케인즈(Milton Keynes) 신도시 계획의 주요 내용으로 옳지 않은 것은?

[15년 2회, 21년 4회]

① Red Way를 통해 차량과 보행자를 분리하고 있다.
② 주요 간선도로는 격자형으로 이루어져 있다.
③ 커뮤니티센터는 모든 주택으로부터 500m를 넘지 않도록 계획되어 있다.
④ 초기의 뉴타운에서와 같이 내부로 향하는 내향적 근린주구로서 계획되었다.

해설

밀턴 케인즈(Milton Keynes) 신도시 계획
소득 수준과 가족 형태에 따른 다양한 주택형식의 공급, 주택은 민간분양과 임대주택으로 공급하였으며, 외향적·개방적 근린주구 형태로서 다양한 가족 형태의 수용 및 사회계층의 혼합이 될 수 있도록 계획하였다.

22 샹디가르(Chandigarh)에 적용된 공원녹지 체계 유형은? [18년 1회, 22년 4회, 23년 1회, 24년 1회]

① 격자형 ② 대상형
③ 분산형 ④ 집중형

해설

샹디가르(Chandigarh)
르 코르뷔지에가 설계한 도시로, 공원을 산책하는 사람에게는 차량이 보이지 않도록 하는 도시설계 기법을 사용하였으며, 대상형의 공원녹지 체계로 설계되었다.

1 단지계획의 개념

1. 단지계획의 목표와 과정

(1) 단지의 정의

① 단지란 집합주택지이며 집단적으로 시설물이 입지하는 토지로 동질적 용도의 단일 토지를 말한다.
② 단지계획이란 단지에 거주하는 인간이 행동하는 데 불편함이 없도록 외부의 물리환경을 조성하는 기술이다.

(2) 단지계획의 목표

① 건강과 쾌적성(Health and Amenity)
② 기능의 충족성(Functional Integration)
③ 이웃과의 의사소통(Communication)
④ 환경 선택의 다양성(Choice)
⑤ 개발비용의 효율성(Efficiency)
⑥ 변화에 대한 적응성(Adaptability)

(3) 단지계획의 특징

① 계획대상이 뚜렷하다.(대지나 주택에 대한 계획)
② 계획목표나 내용이 상세하며 구체적이다.(시설물의 종류와 배치에 대한 상세계획)
③ 사업계획의 성격을 갖는다.
④ 평면적 · 입체적 토지이용이 가능하다.(밀도, 용적, 형태, 기능과 패턴 등을 마련하는 계획)
⑤ 기술적 측면을 중시하며, 단기계획이다.

(4) 단지조사의 원칙

① 자료의 수집은 계획과정 내내 지속된다.
② 본격적인 조사에 앞서 현지답사를 수행한다.
③ 조사 단계별 수집 가능한 자료를 최대한 수집한다.
④ 단지조사 자료체계는 수립하려는 계획별로 다르다.

(5) 단지계획의 조사 접근 방법

구분	내용
사회적 접근 방법	이웃과 커뮤니티 형성측면 조사
심리적 접근 방법	인간의 지각과 행동결정측면 조사
물리적 접근 방법	환경영향의 측면 조사

(6) 단지계획의 조사 내용

구분		내용
자연환경	지형 분석	• 등고선 분석 • 가시도 분석 • 지형의 패턴(유형) 분석
	연계성 분석(Linkage Analysis)	• 연계성을 가진 활동은 구성요소들이 독립된 단순한 집합이 아닌 서로 관련을 가지는 가치 활동으로 구성되는 구성요소로 이들의 의미 있는 활동과 반응을 살펴봄으로써 체계적 분석이 가능해짐 • 단순한 밀도 등은 연계성 분석의 대상이라 볼 수 없음
	일조와 조망	경사향(경사와 향, Slope & Aspect) 분석
	지표 하부 조사	• 각종 조사장비를 이용하여 지표 하부의 지층구성상태 및 지하수 상태 등을 파악하는 것 • 건축물의 안정검토에 필요한 지층상태 및 지하수위 파악 • 지하수 및 토양의 오염 유무 파악
인문사회환경		인구, 가구, 토지이용, 지가, 교통, 주변환경, 지장물, 형태, 역사유산
경관 분석		기호화, 케빈 린치의 이미지 구성요소, 계량화, 사진, 메시별 등급

┤핵심문제

단지계획을 위한 대지조사에서 주택의 배치를 위해 고려해야 할 사항 중 적절한 일조와 조망을 위해 우선적으로 조사해야 할 사항은?　　　　　　　　　　　　　　　　　　[16년 4회, 18년 2회]

① 경사향(Aspect)
② 수문(Hydrology)
③ 식생(Vegetation)
④ 미기후(Microclimate)

답 ①

해설◆

일조와 조망을 확보하기 위해 우선적으로 고려해야 할 사항은 경사향(경사와 향, Slope & Aspect) 분석이다.

(7) 단지계획 수립과정

구분	내용
목표설정단계	계획의 전제가 되는 목표를 세우는 것과 그 계획목표에 따라 궁극적으로 달성하고자 하는 목적을 규정하고 구체화하는 단계이다.
조사 · 분석단계	답사와 통계적인 자료로부터 기초조사를 수행한다.
기본구상 · 대안설정단계	설정한 목표에 따라 계획의 지침과 방향 등 기본골격을 작성하는 과정이다.
기본계획 · 기본설계단계	• 건물배치 · 형태 · 유통체계 · 모든 외부공간 및 이에 관련된 내부공간에서의 행위 · 토지형태 · 중요한 조경처리 · 옥외공간에 영향을 미치는 사항들이 나타난다. • 평면도 · 단면도 · 투시도, 컴퓨터그래픽과 프로그램, 예산계획이 첨부되며 의뢰인은 의례적으로 이를 검토한다.
실시설계 · 집행계획단계	• 구체적인 설계도면이 완성되며, 집행을 위한 계획이 수립되는 단계이다. • 건축 · 토목 · 조경 · 각종 설비 등으로 구분되어 각 분야의 전문가에게 의뢰하여 작성한다.

───────────────────────────────────┤핵심문제

다음 중 단지계획의 수립과정을 크게 목표설정단계, 조사 · 분석단계, 기본구상 · 대안설정단계, 기본계획 · 기본설계단계, 실시설계 · 집행계획단계로 구분할 때, 해당 단계에 대한 설명이 옳지 않은 것은?

[14년 2회, 17년 4회]

① 목표설정단계 : 계획의 전제가 되는 목표를 세우는 것과 그 계획목표에 따라 궁극적으로 달성하고자 하는 목적을 규정하고 구체화하는 단계이다.
② 조사 · 분석단계 : 답사와 통계적인 자료로부터 기초조사를 수행한다.
③ 기본구상 · 대안설정단계 : 설정한 목표에 따라 계획의 지침과 방향을 작성하는 과정이다.
④ 기본계획 · 기본설계단계 : 건축 · 토목 · 조경 · 각종 설비 등으로 구분되어 각 분야의 전문가에게 의뢰하여 작성한다.

답 ④

해설⊕
건축 · 토목 · 조경 · 각종 설비 등으로 구분되어 각 분야의 전문가에게 의뢰하여 작성하는 단계는 실시설계 · 집행계획단계에 해당한다.

2. 단지계획의 유형

구분	내용
생태적 접근 방법	• 자연이 지니고 있는 본래의 가치 및 체계를 밝혀내어 인간의 사회적 가치 및 체계와의 조화에 초점을 둠 • 파크(R. E. Park), 맥켄지(Roderic Duncan McKenzie), 맥카이(I. McHarge)
행태 · 심리적 접근 방법	• 환경과 인간행태의 상호작용에 대한 이해를 통해 환경에 대한 적절한 통제를 추구하고자 함 • 주거형태는 거주자의 이미지와 성취도, 소속감, 주변 환경과의 조화를 강화시키고 이웃과의 관계를 좋게 하며 사회흐름의 질서를 부여함 • 앨트먼(I. Altman), 홀(E. Hall)
시각 · 미학적 접근 방법	• 자연에 내재되어 있는 미적 질서를 파악하여 미적 질서 있는 환경을 창조하고자 하는 방법 • 컬렌(G. Cullen), 린치(K. Lynch)
사회적 접근 방법	• 이웃과의 커뮤니티 형성과 관련 있는 계획은 물리적인 미적 측면과 더불어 인간적인 측면에 관심을 가져야 함 • 로링(W. Loring)
물리적 접근 방법	환경 규모, 환경분류, 환경시설물의 구성형태, 환경이 주는 감각적 자극과 감각적인 작용

2 단지계획의 요소

1. 주거환경의 제 요소

(1) 주택의 접지형식

구분	내용
접지형	• 땅에서 직접 접근하며 개별 주호별로 전용 뜰이 있는 주택형식 • 단독주택, 연립주택, 타운하우스
준접지형	• 외부의 계단을 통해 접근하며 아래층 주호의 옥상 테라스를 전용 뜰로 이용하는 주택형식 • 테라스 하우스
비접지형	• 개별주호가 토지와 완전히 분리되며 정원을 공동으로 이용하는 주택형식 • 아파트

(2) 인동간격

1) 정의

집단 주택지의 계획에서, 건축물 상호의 내면 간격과 필요한 일조 및 채광을 확보하고, 재해 특히 화재에 대한 안전성, 개인의 사생활과 건강생활을 즐기기 위한 정원 따위의 공간을 확보하기 위하여 두는 간격

2) 적용 기준

「건축법」상 겨울철 동지기준으로 09시에서 15시 사이에 총 일사시간 4시간 이상, 연속일사시간 2시간 이상 되도록 건축물 남북 간의 인동간격 준수 필요

───────────────────────────────────── 핵심문제

주거단지 계획 시 남북 간의 인동간격을 두는 가장 큰 이유는?   [15년 1회, 23년 4회]

① 통풍   ② 재해 방지

③ 일조   ④ 사생활 보호

답 ③

해설⊕ ─────────────────────────────────────

「건축법」상 겨울철 동지기준으로 09시에서 15시 사이에 총 일사시간 4시간 이상, 연속일사시간 2시간 이상 되도록 건축물 남북 간의 인동간격 준수가 필요하다.

2. 자연환경

(1) 정지계획

① 자연지반과 비슷하게 한다.

② 절토량과 성토량은 균형을 이루도록 한다.

③ 토지는 침식과 부분적인 홍수의 피해를 방지할 수 있는 충분한 배수시설을 마련한다.

(2) 미기후(微氣候)

국부적인 장소에 나타나는 기후가 주변 기후와 현저하게 달리 나타나는 현상

1) 구성요소

대기요소와 동일. 서리, 안개, 먼지, 자외선, SO_2, CO_2

2) 미기후에 영향을 미치는 인자

① 지형 : 산, 계곡, 경사면의 방향

② 수륙분포 : 해안, 하안, 호반

③ 지상피복 : 산림, 전답, 초지, 시가지

④ 특수열원 : 온천, 열을 발생하는 공장

3) 미기후 조절

① 다양한 식재, 일조, 통풍, 조망을 고려한 주동배치 및 획지분할

② 식생·토양의 안정성 및 토양함수 수준의 지표가 되며, 쾌적성, 시각차단, 소음차단, 토양의 침식 조절, 미기후의 범위 축소, 경관창출의 주요소가 됨

(3) 조경시설

공동주택을 건설하는 주택단지에는 그 단지면적의 30/100에 해당하는 면적의 녹지를 확보하여 공해 방지 또는 조경을 위한 식재 및 기타 필요한 조치를 하여야 한다.

핵심문제

★ 주거환경의 제 요소 중 자연 · 환경적 측면에 대한 설명으로 틀린 것은?　　　　[14년 4회, 17년 4회]

① 일조는 단독적 요소라기보다는 조망, 프라이버시와 함께 고려되기 때문에 건물의 높이만을 감안하여 일률적으로 규정할 수 없다.
② 인공성 표면재료(아스팔트, 콘크리트, 돌 등)는 토양이나 식생으로 피복된 지표면보다 열전달의 속도와 강도가 약하다.
③ 지형이나 지세는 도로의 구배, 토지이용, 건물의 배치, 시각적인 효과, 유수의 형태 등에 있어 주거환경의 결정에 있어서 중요한 요소이다.
④ 식생, 특히 교목은 단지 내 오픈스페이스의 일사량 조절에 큰 영향을 미치는 요소이다.

답 ②

해설⊕

인공성 표면재료(아스팔트, 콘크리트, 돌 등)는 토양이나 식생으로 피복된 지표면보다 열전달의 속도와 강도가 빠르고 강한데, 이것을 열충격이 크다고 표현한다. 이러한 열충격은 도심의 열섬현상으로 이어진다.

실전문제

01 단지계획의 목표를 설정할 때에 고려하여야 할 사항으로 가장 거리가 먼 것은?

[12년 4회, 24년 3회]

① 건강과 쾌적성　　② 경제적 다양성
③ 기능의 충족성　　④ 이웃과의 의사소통

●해설
단지계획 수립 시 경제적 다양성은 고려대상이 아니다.

단지계획의 목표
- 건강과 쾌적성(Health and Amenity)
- 기능의 충족성(Functional Integration)
- 이웃과의 의사소통(Communication)
- 환경 선택의 다양성(Choice)
- 개발비용의 효율성(Efficiency)
- 변화에 대한 적응성(Adaptability)

02 단지조사의 원칙으로 가장 올바른 것은?

[16년 1회, 23년 1회]

① 단지조사 자료의 수집은 계획과정 내내 지속된다.
② 본격적인 조사에 앞서 현지답사는 선택적이다.
③ 조사 초기에 가능한 모든 자료를 수집해야 한다.
④ 단지조사 자료체계는 어떤 계획에서나 동일하다.

●해설
② 본격적인 조사에 앞서 현지답사 수행은 필수적이다.
③ 조사 초기뿐만 아니라 조사단계별 가능한 모든 자료를 수집해야 한다.
④ 단지조사 자료체계는 수집하려는 계획별로 다르다.

03 지구단위계획 수립지침에서의 환경관리계획에 대한 설명으로 옳지 않은 것은?

[18년 2회, 22년 2회]

① 대기오염원이 되는 생산활동은 주거지 안에서 일어나지 않도록 한다.
② 구릉지에는 가급적 고층 위주로 계획하며 주변지역과 유사한 스카이라인을 형성하도록 한다.

③ 구릉지 등의 개발에서 절토를 최소화하고 절토면이 드러나지 않게 대지를 조성하여 전체적으로 양호한 경관을 유지시킨다.
④ 쓰레기 수거는 가급적 건물 후면에서 이루어지도록 설계하며, 폐기물 처리시설을 설치하는 경우 바람의 영향을 감안하고 지붕을 설치하도록 한다.

●해설
구릉지에는 가급적 저층 위주로 계획하며 주변지역과 유사한 스카이라인을 형성하도록 한다.

04 다음 중 저밀도 개발 대상지로서 가장 바람직한 지역은? [19년 2회, 22년 1회, 22년 4회]

① 평탄하고 도심지로의 접근로상에 위치한 고지가 지역
② 주위에 상업시설이 밀집되어 있고 재개발이 추진되고 있는 지역
③ 구릉지로서 자연경관과 지형이 어우러진 지역
④ 역세권에서 위치하여 대중교통의 연계성이 우수한 소규모 지역

●해설
저밀도 개발 대상지로서 저층 위주의 계획을 하는 구릉지가 보기 중 가장 적합하다.

05 구릉지 주택의 획지계획에 있어 일조와 조망을 확보하기 위해 우선적으로 고려해야 할 사항은?

[14년 1회, 18년 2회, 21년 2회, 24년 2회]

① 경사향(Aspect)
② 미기후(Microclimate)
③ 수문(Hydrology)
④ 토질(Soil)

●해설
주거계획의 경우 일조와 조망을 확보하기 위해 우선적으로 경사향(경사와 향, Slope & Aspect)을 고려하여야 한다.

06 단지계획 수립과정의 순서가 옳은 것은?

[16년 2회]

① 조사 · 분석 → 목표설정 → 기본구상 · 대안설정
→ 기본계획 · 기본설계 → 실시설계 · 집행계획
② 목표설정 → 조사 · 분석 → 기본계획 · 기본설계
→ 기본구상 · 대안설정 → 실시설계 · 집행계획
③ 조사 · 분석 → 목표설정 → 기본계획 · 기본설계
→ 기본구상 · 대안설정 → 실시설계 · 집행계획
④ 목표설정 → 조사 · 분석 → 기본구상 · 대안설정
→ 기본계획 · 기본설계 → 실시설계 · 집행계획

해설

단지계획 수립과정

구분	내용
목표설정단계	계획의 전제가 되는 목표를 세우는 것과 그 계획목표에 따라 궁극적으로 달성하고자 하는 목적을 규정하고 구체화하는 단계이다.
조사 · 분석 단계	답사와 통계적인 자료로부터 기초조사를 수행한다.
기본구상 · 대안 설정단계	설정한 목표에 따라 계획의 지침과 방향을 작성하는 과정이다.
기본계획 · 기본 설계단계	• 건물배치 · 형태 · 유통체계 · 모든 외부공간 및 이에 관련된 내부공간에서의 행위 · 토지형태 · 중요한 조경처리 · 옥외공간에 영향을 미치는 사항들이 나타난다. • 평면도 · 단면도 · 투시도, 컴퓨터그래픽과 프로그램, 예산계획이 첨부되며 의뢰인은 의례적으로 이를 검토한다.
실시설계 · 집행 계획단계	구체적인 설계도면이 완성되며, 집행을 위한 계획이 수립되는 단계이다.

07 단지계획의 수립과정 중 기본구상 및 대안설정단계에서 수행되는 계획 내용은 무엇인가?

[15년 4회, 24년 1회]

① 기본골격 작성
② 분양계획
③ 부문별 기본계획
④ 자연 · 인문환경 분석

해설

기본구상 · 대안설정단계

설정한 목표에 따라 계획의 지침과 방향 등 기본골격을 작성하는 과정이다.

08 우리나라 주거단지의 문제점 개선방안에 관한 설명 중 부적절한 것은? [16년 1회]

① 단지의 개방성 확보
② 단지의 편익시설 확보
③ 새로운 주거유형 및 건물배치 기법 연구
④ 슈퍼블록(Super Block) 및 고층 위주의 개발

해설

단지계획은 다양한 형태 배치와 조화를 통한 친환경적 주거단지 건설이 필요하다. 슈퍼블록 및 대단위 고층 위주 개발은 압축적 고밀도 개발형태에 부합하지만 배치의 다양성 측면에서는 적합하지 않다.

09 도시설계 또는 지구단위계획과 비교하여 단지계획이 갖는 정의 및 특성으로 틀린 것은?

[14년 4회, 17년 1회]

① 대지조성계획이다.
② 지침 제시적인 규제계획이다.
③ 시설물의 배치까지도 포함한다.
④ 밀도, 용적, 형태, 기능과 패턴 등을 마련한다.

해설

지침 제시적이라는 의미는 구체성이 아닌 큰 틀에서 하위 법령이나 계획 등에 기준을 내려준다는 의미이다. 단지계획의 경우에는 계획대상이 뚜렷하므로, 구체적이고 실질적인 실행계획에 가깝다고 볼 수 있다.

10 공동주택의 일조 등의 확보를 위한 높이 제한에 관한 설명 중 ( ) 안에 알맞은 것은?
[18년 4회, 23년 2회]

> 같은 대지에서 두 동 이상의 건축물이 마주보고 있는 경우에 건축물 각 부분 사이의 거리는 기준의 거리 이상을 띄어 건축할 것. 다만, 그 대지의 모든 세대가 (㉠)를 기준으로 (㉡)시에서 (㉢)시 사이에 (㉣)시간 이상을 계속하여 일조를 확보할 수 있는 거리 이상으로 할 수 있다.

① ㉠ : 하지, ㉡ : 9, ㉢ : 15, ㉣ : 2
② ㉠ : 하지, ㉡ : 12, ㉢ : 16, ㉣ : 2
③ ㉠ : 동지, ㉡ : 12, ㉢ : 16, ㉣ : 2
④ ㉠ : 동지, ㉡ : 9, ㉢ : 15, ㉣ : 2

●**해설**
「건축법」상 겨울철 동지기준으로 09시에서 15시 사이에 총 일사시간 4시간 이상, 연속일사시간 2시간 이상 되도록 건축물 남북 간의 인동간격 준수가 필요하다.

11 단지계획에 있어서 인동간격의 결정요소가 아닌 것은? [12년 4회, 22년 4회]
① 일조　　　　② 도로
③ 프라이버시　　④ 조망

●**해설**
인동간격을 결정하는 가장 중요한 요소는 일조이며, 이 외에도 프라이버시와 조망 등의 부수적인 요소를 위해 인동간격을 결정한다.

12 주거단지 계획 시 자연·환경적 요소의 고려가 옳지 않은 것은? [13년 2회, 20년 4회]
① 지형(등고선)을 고려하여 건물의 배치를 결정하였다.
② 여름철 과다한 일조를 피하기 위해 인동간격을 축소하였다.
③ 여름철 바람 방향을 개방할 수 있도록 도로와 건물을 배치하였다.
④ 토양이나 식생이 덮인 지표면을 확대하여 온도와 습도를 조절하였다.

●**해설**
인동간격은 겨울철 충분한 일사 취득을 위해 설정되는 것이다.

03 단지계획의 부문 계획

▸ 생활권계획

1. 근린생활권의 설정

(1) 생활권의 정의

① 생활권이란 일상생활을 영위하는 데 필요한 생활편익시설 및 서비스 시설을 중심으로 군집된 지역적 범위를 말하며, 정주단위별로 생활권을 위계화하여 공동의 서비스나 사회활동을 긴밀하게 유지하여 나가는 유기적 집합체로서 활동패턴에 따라 단위주거로부터 대도시에 이르기까지 사회조직 구성을 계층화한 것이다.

② 생활권 계획은 인구 규모, 생활환경 수준, 공동서비스 시설의 종류 등에 따라 정주단위를 위계화하고 정주단위별로 특성을 부여하여 목표를 설정, 사회·물리적 기능과 요소를 배분 설치하는 계획이다.

(2) 생활권의 크기에 따른 분류

구분	호수	인구 규모	면적	구성	중심 시설
인보구 (반경 100m 내외)	20~40호	100~200명	0.5~2.5ha	3~4층 건물, 아파트 1~2동	어린이놀이터 등
근린분구 (반경 100~250m)	400~600호	2,000~2,500명	15~25ha	일상 소비 생활에 필요한 공동 시설이 운영 가능한 단위	약국, 어린이공원 (2,000㎡), 유치원 등
근린주구 (반경 300~400m)	1,600~2,000호	8,000~10,000명	100ha	초등학교를 중심으로 하는 근린 분구 들의 집합체	초등학교, 도서관, 우체국, 소방서 등
근린지구(지역)	20,000호	100,000명	400ha	보조간선도로를 골격으로 형성, 중·고등학교 중심	도시 생활의 대부분의 시설

★ 다음 중 생활권 크기가 작은 것부터 바르게 나열된 것은?　　　[12년 4회, 16년 2회, 20년 4회, 24년 2회]

① 인보구 – 근린분구 – 근린주구　　　　② 인보구 – 근린주구 – 근린분구

③ 근린분구 – 근린주구 – 인보구　　　　④ 근린분구 – 인보구 – 근린주구

답 ①

해설 ⊕

생활권의 크기에 따른 분류

인보구(100~200명) < 근린분구(2,000~2,500명) < 근린주구(8,000~10,000명)

(3) 1차~3차 생활권으로의 분류

1) 1차 생활권(소생활권) : 근린주구 중심(Neighbourhood)

① 설정기준 / 인구규모 : 행정동 기준 / 2~3만 명

② 특징

- 초 · 중학교의 학군, 교통수단을 이용하지 않고 걸어서 움직일 수 있는 공간적 범위
- 시장권역 / 역세권역 / 주거환경보호 우선
- 지형적, 인위적 제약성 / 지역적 특수성
- 우체국, 도서관, 소방서 등 위치

2) 2차 생활권(중생활권) : 지역 · 커뮤니티(Community)

① 설정기준 / 인구 규모 : 2~4개 소생활권 / 10만 명

② 특징

- 중 · 고등학교의 학군 / 청소년 회관 등 위치
- 계획의도적 구분 / 지역중심이 있고 주거, 상업 등 2~3가지 토지용도 계획
- 산세, 하천 등 자연환경
- 시설배치 기준을 고려

3) 3차 생활권(대생활권) : 부도심권 중심(Sub – core)

① 설정기준 / 인구 규모 : 구 단위 / 50만 명

② 특징

- 도로, 철도 등 인문적 환경
- 부도심원 형성 및 도심기능 분산을 유도한 계획성
- 대학교 등 위치
- 주거, 상업뿐만 아니라 생산시설도 입지

핵심문제

생활권의 권역 구분 중 2차 생활권(중생활권)의 특징으로 가장 옳은 것은?　　　[15년 4회, 23년 1회]

① 주거환경의 보호가 우선이다.
② 주거, 상업뿐만 아니라 생산시설도 입지한다.
③ 지역 중심이 있고 2~3가지 토지용도가 있다.
④ 교통수단을 이용하지 않고 걸어서 움직일 수 있는 공간적 범위를 의미한다.

답 ③

해설●
① 주거환경보호가 우선인 것은 1차 생활권(소생활권)에 해당한다.
② 생산시설까지 입지한 것은 3차 생활권(대생활권)에 해당한다.
④ 걸어서 움직이는 공간적 범위는 1차 생활권(소생활권)에 해당한다.

2. 근린주구이론

(1) 근린주구의 기본개념 및 문제점

1) 근린주구이론의 기본단위

페리(C. A. Perry)의 근린주구이론은 초등학교 학구를 기준단위로 설정하며 이는 반경 약 400m, 최대 통학거리 800m를 기준으로 한다.

2) 근린주구이론의 문제점

① 동질의 건축물 시설 집합에 따른 배타적인 지역 공간을 형성하여, 인종 간, 계층 간 분리를 조장하여 사회적 통합을 저해한다.
② 자족적 생활단위로 제한함으로써 현대의 도시생활에 역행하는 시대착오적 산물이다.
③ 근린주구이론의 규모는 현실적으로 자족적 주거단위를 구성하기에는 너무 작다.
④ 장래의 토지이용 변화나 발전에 대한 고려가 없어 신축성이 결여되어 있다.
⑤ 생활양식의 다양성과 지역 특수성 반영이 미흡하고 도시정체성 확보가 곤란하다.

핵심문제

C. A. Perry가 주장한 근린주구 개념에 의한 초등학교의 적정 유치거리는?　　　[15년 1회]

① 200~400m　　　　　　② 400~800m
③ 800~1,200m　　　　　④ 1,200~1,500m

답 ②

해설●
페리의 근린주구이론상의 규모
하나의 초등학교가 필요하게 되는 인구에 대응하는 규모로서 반경 400m 정도, 최대 통학거리 800m 이내로 구성한다.

(2) 근린주구 구성의 6가지 원리(C. A. Perry, 1929년)

원리	내용
규모	• 하나의 초등학교가 필요하게 되는 인구에 대응하는 규모(반경 400m 정도, 최대 통학거리 800m) • 1,000~2,000세대, 거주인구 5,000~6,000명
경계	통과교통이 내부를 관통하지 않고, 네 면 모두가 간선도로에 의해 구획
오픈스페이스	• 계획된 소공원과 여가공간(운동장 등)의 체계 수립 • 소공원과 레크리에이션 용지 10% 이상 확보
공공시설	• 근린주구 중심에 위치 • 학교와 공공시설은 주구 중심부에 적절히 통합배치
근린상가	도로의 결절점에 위치 혹은 옆 근린단위의 상점구역과 인접
지구 내 가로체계	• 특수한 가로체계를 갖고, 보행동선과 차량동선 분리하며 통과교통은 배제 • 단지 내부 교통체계는 쿨데삭과 루프형 집분산도로, 주구외곽은 간선도로로 계획

───────────────────────────┤핵심문제

★ 페리(Clarence A. Perry)가 주장한 근린단위(Neighbourhood Unit)에 관한 6가지 원칙에 해당하지 않는 것은? [13년 1회, 17년 4회]

① 하나의 초등학교를 유지할 수 있는 인구 규모를 갖도록 개발한다.
② 주민들에게 필요한 작은 공원과 여가공간의 체계가 수립되어야 한다.
③ 학교와 기타 다른 공공시설부지는 근린단위의 중심에 적절히 모여 있어야 한다.
④ 통과교통을 허용하되 가로망은 근린단위 안의 순환이 원활하도록 설계해야 한다.

답 ④

해설⊕ --
페리의 근린주구이론상의 지구 내 가로체계
특수한 가로체계를 갖고, 보행동선과 차량동선을 분리하며 통과교통은 배제한다.

(3) 래드번 계획

1) 정의

자동차 시대의 도시라고도 하며, 라이트와 스타인이 근린주구이론을 적용하여 설계한 것으로, 뉴욕에서 24km 떨어진 뉴저지의 페어론시에 계획된 주거단지

2) 특징

① 총 면적은 420ha로 12~20ha의 슈퍼블록(대가구)으로 구성되고, 슈퍼블록은 개발녹지로 둘러싸임
② 녹지 내에는 학교, 상점, 중심시설로 통하는 보행자 도로를 배치
③ 통과교통 배제(쿨데삭형의 가로망)

④ 보차분리(보도와 차도(고가차도)의 입체적 분리)

⑤ 자동차도로 끝부분 둘레에 쿨데삭(Cul-de-sac)으로 통과교통 배제, 클러스터 배치

⑥ 단지 중앙에 대공원 설치

⑦ 기능에 따른 4종류 도로 설치

⑧ 계획인구 약 25,000명

핵심문제

래드번 계획의 특징으로 옳지 않은 것은?　　　　　　　　　　[15년 2회, 18년 1회]

① 대가구(Superblock) 개념을 기본으로 한다.

② 자동차도로의 기능을 통합 일원화하였다.

③ 보차분리의 원칙이 강조되었다.

④ 기능에 따른 4가지 종류의 도로로 구분하였다.

답 ②

해설⊕

래드번 계획에서는 기능에 따라 4가지 종류의 도로(주간선도로, 보조간선도로, 집산도로, 국지도로)로 구분한다.

(4) 슈퍼블록(Super Block)

1) 정의

대형 가구의 내부에 자동차의 통과교통을 없애고, 보행자 전용도로를 조성하여 쾌적하고 편리한 주거생활공간을 창출한 것으로서, 1928년 래드번 계획에서 처음 채택되었다.

2) 특징

장점	단점
• 주택공급 용이, 다양한 주택공급이 가능하며, 다양한 선택 가능 • 건물을 집약화함으로써 고층화, 효율화가 가능 • 공공시설 확보 용이, 편익시설 확보 용이, 기반시설비용 경감 • 전력, 난방, 하수, 쓰레기 수집 등 도시시설의 공동화가 가능 • 충분한 공동의 오픈스페이스 확보가 용이 • 보도와 차도의 완전한 분리가 가능	• 주변 지가 앙등, 도시의 외연적 확산, 외부불경제 효과 발생, 기반시설 부담으로 주택가격 상승 • 획일적 주거환경 • 주변 지역과 부정합성 및 가구폐쇄로 도시성 상실 • 중심시설 중앙 배치로 간선도로변의 활성화 기회 상실

★ 다음 중 슈퍼블록(Super Block)의 장점으로 옳지 않은 것은? [16년 2회, 20년 4회, 22년 1회, 24년 1회]

① 보도와 차도의 완전한 분리가 가능
② 충분한 공동의 오픈스페이스 확보 가능
③ 건물을 집약화함으로써 고층화 · 효율화 가능
④ 대형 가구의 내부에 자동차의 통과를 생성하여 도로율 증가 가능

📖 ④

해설⊕
슈퍼블록(Super Block)
대형 가구의 내부에 자동차의 통과교통을 없애고, 보행자 전용도로를 조성하여 쾌적하고 편리한 주거생활공간을 창출한 것으로서, 1928년 래드번 계획에서 처음 채택되었다.

(5) 전통적 근린지역(TND : Traditional Neighborhood District)

구분	내용
크기	중심부에서 가장자리까지의 거리(걸어서 10분 정도, 1/4~1/3마일 정도)
교통 시스템	작은 블록을 가진 가로 패턴(복합적인 루트, 분산된 자동차 교통, 짧은 보행거리 제공)
가로 디자인	자동차 속도 감소를 위한 차폭 감소, 교통 분산을 위한 네트워크 체계
공간구조	주거, 상점, 직장을 혼합하여 균형 잡힌 공간구조
개발 패턴	공공건물은 눈에 잘 띄는 대지에 위치
건축계획	건축적인 표준과 기준 설정(지역주민의 의견을 반영한 다양한 주택 Type)
오픈스페이스	커뮤니티와 자연의 유기적인 관계를 높임
대지개발 및 환경	대지의 개발기준을 명확하게 함, 환경과 관련된 가이드라인을 명확히 함

② 토지이용계획

1. 개발밀도 및 용도배분

(1) 밀도의 유형

1) 일반적 분류

구분	내용
물리적 밀도	단위면적당 분포되어 있는 시설의 양(건폐율, 용적률, 토지이용률)
활동밀도	단위면적당 발생하는 활동강도(인구밀도, 세대 · 호수밀도)
입체밀도	단위가 2개 이상인 경우의 밀도(단위시간당 단위면적의 보행량)

2) 산출대상에 따른 밀도

① 인구밀도

② 이용밀도 : 용적률

③ 건축밀도 : 건폐율

(2) 저밀 주택건설용지

① 중심상업지역으로부터 떨어진 지역

② 지가가 낮은 지역

③ 구릉지로서 자연지형의 스카이라인을 보존해야 할 지역

④ 고밀도로 개발할 경우 자연환경의 파괴가 심각해져 산사태와 생태계 훼손의 우려가 있는 지역

⑤ 입주대상 주민이 대중교통수단을 이용하기보다 스스로 교통수단을 해결할 수 있고 경제적 여유가 있는 지역

(3) 밀도측정

구분	내용
주거밀도	주거편의시설을 위한 적절한 오픈스페이스, 광선·통풍 등을 확보해 주는 주거지역에 대한 밀도측정
근린주구밀도	인구수에 비례하여 적절한 커뮤니티 편의시설의 확보를 위해 모든 토지이용을 포함하는 전체 근린주구에 대한 밀도측정
총밀도	주거용 토지에 가로들이 포함되며 학교, 레크리에이션, 쇼핑, 기타 근린주구 커뮤니티 용도의 토지의 에이커당 가구수
순밀도 (Net Density)	주택단지의 부지 중 일반 건축용지, 녹지용지, 교통용지를 제외한 순수한 주택용지만에 대한 인구밀도

─────핵심문제

다음 중 단지 내의 일반 건축용지, 녹지용지, 교통용지를 제외한 주택용지만에 대한 밀도는?

[16년 1회, 23년 2회]

① 근린밀도(Neighborhood Density)
② 총밀도(Gross Density)
③ 중밀도(Medium Density)
④ 순밀도(Net Density)

답 ④

해설⊕

순밀도(Net Density)는 주택단지계획에 있어서 주택단지 내 순대지의 단위면적에 대한 밀도를 의미한다.

(4) 대지 분석항목

구분	내용
교통환경	접근교통수단, 도로망체계 등
자연환경	지형, 경사, 지질 등
주변환경 분석	주변의 소음원이 있는 경우 수목들을 이용하여 차음
사회적 환경	인구, 가구, 토지이용 등
도시기반시설	상하수도, 가스, 전기 등의 도시설비 현황

2. 획지 및 가구계획

(1) 획지계획

1) 획지의 정의

① 획지(Lot)란 개발이 이루어지는 최소의 단위이며, 획지계획은 장래 일어날 단위개발의 토지기반을 마련하는 과정이다.

② 향후 환지계획을 감안하여 토지의 용도, 획지의 형태와 규모, 개발의 용도 및 밀도, 가로구성, 경관조성 등 여러 사항이 고려되어야 한다.

2) 획지계획의 관점

구분	내용
계획적 관점	토지분할행위
물리적 관점	건축물의 구조와 형태를 달리하는 개별단위로서의 토지
경제적 관점	동일한 가격평가의 기준이 되는 단위토지

3) 획지분할

① 단독주택지의 획지 세장비는 1 : 1.2 정도가 일반적이다.

② 가구의 길이가 150m를 초과하면 중간에 3~5m의 보행통로를 설치하는 것이 좋다.

③ 주거지역의 대지 최소면적은 60m² 이상이다.

(2) 단독주택지 획지 및 가구계획

1) 간선도로변 획지 기법

① 가구의 장변길이가 150m 이상일 경우 3~4m의 보행자 통로를 설치하여 보행거리를 줄임

② 간선도로변에 면한 획지의 전면에는 완충녹지를 설치

③ 간선도로변에 완충녹지가 없는 경우 세장비가 큰 대형의 획지를 1켜로 배치하여 도로변의 소음·진동을 줄이고 가로경관을 증진시킴

2) 소가구 획지 기법

① 가구 단변의 길이는 30~50m, 남북 간은 짧게(26~34m), 동서 간은 길게(32~44m)

② 가구 장변의 길이는 90~130m, 150m 이상일 경우 보행거리가 길고 지루함

3) 대가구 획지 기법

① 대가구의 단위 규모는 어린이놀이터의 이용반경과 주거가구를 인지할 수 있는 소가구의 적절한 조합으로 결정

② 길을 건너지 않고 어린이놀이터를 이용할 수 있는 반경 100~150m

③ 소가구 조합에 의한 대가구 구성 시 구획도로는 평행으로 4~5개가 적합

④ 단변의 길이 180~250m, 장변의 길이 250~350m

⎸핵심문제

다음 중 획지계획에 대한 설명으로 옳지 않은 것은?　　　　　　[12년 1회, 18년 4회, 24년 1회]

① 획지계획의 기본목표는 주택용지의 경우 토지이용의 효율성과 주거의 쾌적성을 보장하는 것이다.

② 다양한 규모의 획지로 분할하여 여러 계층의 수요를 고르게 만족시킬 수 있도록 하여야 한다.

③ 용도에 맞는 적정 획지를 계획하도록 한다.

④ 간선가로망 주변에 소형 가구를 많이 배치하여 상업시설과 부대시설에 의한 가로변의 미관 저해를 방지토록 한다.

답 ④

해설⊕ --

간선가로망 주변에는 일반적으로 대형 가구를 배치하여 상업시설과 부대시설의 조화를 이루고 미관 저해를 방지토록 한다.

---

(3) 상업용지의 획지 및 가구계획

1) 가구계획

① 구역 중심지의 주간선도로 또는 보조간선도로의 교차로 주변에 계획

② 주간선도로 또는 보조간선도로를 따라 1열 배열이 되도록 하고 그 뒷면에 접지도로를 두고 2열 배열로 하여 도로에서 접근이 용이하도록 함

③ 가능한 한 정형화된 형태를 유지

2) 가구 규모

시설입지에 대한 다양한 요구를 충족시킬 수 있도록 다양한 규모로 계획

3) 가구의 단변 및 장변 길이

1열 배치인 경우 20~60m가 적당하며, 장변은 단변의 2~3배인 80~200m가 적당

4) 배치형태

집중형	노선형
• 시설 상호 간의 유기적 관계성이 높다. • 자동차 위주의 접근을 유도한다.	• 모든 주민에게 균등한 접근성을 부여한다. • 장래 수요의 성장과 다양성에 대처할 융통성이 있다. • 도로와 거주지 사이의 소음 완충지 역할을 한다. • 단일 목적의 활동이 일어나는 것이 기대될 때 적용한다. • 도시미관이 손상될 우려가 있다.

5) 상업지 면적의 산출

$$상업지\ 면적 = \frac{1인당\ 상면적 \times 상업지\ 이용인구}{용적률 \times (1 - 공공용지율)}$$

───────────┤핵심문제

지구단위계획 수립 시 상업용지의 획지 및 가구계획 기준으로 옳지 않은 것은?　　　[13년 1회, 17년 2회]

① 구역 중심지의 주간선도로 또는 보조간선도로의 교차로 주변에 계획한다.
② 주간선도로 또는 보조간선도로를 따라 배치되는 가구는 2열 이상으로 배열이 되도록 한다.
③ 가구 규모는 시설입지에 대한 다양한 요구를 충족시킬 수 있도록 다양한 규모로 계획한다.
④ 도로에서의 접근이 용이하도록 계획한다.

답 ②

해설⊕
상업용지의 획지 및 가구계획 시 주간선도로 또는 보조간선도로를 따라 1열 배열이 되도록 하고 그 뒷면에 접지도로를 두고 2열 배열로 하여 도로에서 접근이 용이하도록 한다.

───────────┤핵심문제

아래 조건에서 상업지역의 면적은?　　　[13년 4회, 17년 4회]

- 건폐율 : 0.8
- 평균층수 : 10층
- 1인당 점유면적 : 12m²
- 공공용지율 : 0.4
- 수용인구 : 60,000명

① 13.0ha
② 14.0ha
③ 15.0ha
④ 18.0ha

답 ③

해설⊕

$$상업지\ 면적 = \frac{1인당\ 상면적 \times 상업지\ 이용인구}{용적률 \times (1 - 공공용지율)} = \frac{1인당\ 상면적 \times 상업지\ 이용인구}{(건폐율 \times 층수) \times (1 - 공공용지율)}$$

$$= \frac{(12 \times 60,000명)}{(0.8 \times 10)(1 - 0.4)} = \frac{720,000}{4.8}$$

$$= 150,000m^2 = 15.0ha$$

(4) 획지 규모 결정 요인

① 다양한 수요계층의 요구를 골고루 만족시킬 수 있도록 함

② 건전한 사회구조의 구성을 위해 요구되는 주택 규모

③ 가구원 수와 가구 유형에 따른 쾌적한 주택 규모

④ 법적 규제사항

　　건폐율, 용적률, 대지면적의 최소 한도, 대지와 도로와의 관계, 대지 내 공지, 높이 제한 등

(5) 「주택법」상 주택단지의 획지 구분

다음의 시설로 분리된 토지는 각각 별개의 주택단지로 본다.

① 철도 · 고속도로 · 자동차전용도로

② 폭 20m 이상인 일반도로

③ 폭 8m 이상인 도시계획예정도로

④ ①~③에 준하는 것으로서 「도로법」에 의한 일반국도 · 특별시도 · 광역시도 또는 지방도

(6) 획지의 형상과 세장비

1) 획지의 형상

① 획지의 형상은 건축물의 형태 및 가로경관 형성에 중요한 요소이다.

② 획지의 형상을 건축하고자 하는 건축물의 용도와 관련하여 적합하게 결정하는 것이 좋다.

③ 획지의 형상은 내부도로의 활용 및 차량, 보행자의 진출입을 고려하여 결정하되 가급적 정형화하도록 한다.

④ 획지의 방향과 세장비는 보행접근성, 서비스 동선, 개방 · 폐쇄감, 채광 등 건물의 이용도 및 기능을 고려하여 결정한다.

⑤ 일반적으로 과도한 세장비를 피하는 것이 좋으며 보통 1 : 0.8~1.5가 되도록 한다.

2) 세장비

① 세장비란 가늘고 긴 정도로 도로에 면한 길이에 대한 깊이의 비이다.

② 도로면에 면한 획지의 앞너비가 깊이에 비해 길어야 하는 획지형상(세장비 1.0 이하)

- 도로에 면하여 보행자의 접근성이 요구되는 용도 : 근린상가, 백화점, 판매시설 등
- 건물의 상징성이 요구되는 용도 : 경찰서, 소방서, 우체국 등의 공공업무시설 등
- 기능적으로 요구되는 용도 : 주유소

③ 도로에 면한 획지의 앞너비가 깊이보다 짧아도 되는 획지형상(세장비 1.0 이상)

　　여관 · 호텔 등 숙박시설, 종합병원 등의 의료시설 등

④ 동서축 가구 획지는 세장비를 크게, 남북축 가구 획지는 세장비를 작게 하면 일조권 확보에 유리하다.

⑤ 획지 규모가 180~240m²일 경우 세장비는 1.2~1.5 정도가 적당하다.

⑥ 획지 규모가 작을 경우 토지이용의 효율성을 위해서 세장비는 가능한 한 크게 하는 것이 좋다.

⑦ 세장비는 가구 전체의 도로율 향상이 목적이 아니라 일조권 확보를 통한 효율적인 가구구성을 위해 사용된다.

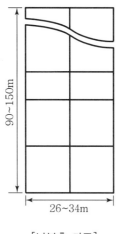

[남북축 가구]

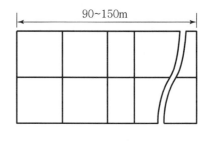

[동서축 가구]

3. 배치계획

(1) 주동배치 종류별 특징

구분	특징
―자형(평행배치)	• 남향배치 시 일조, 통풍에 유리, 차량동선 명료, 옥외공간 균등배치 • 공간구조 반복으로 경관의 단순성, 획일성, 위요 곤란, 장소성 결여, 공동체 형성에 불리
ㄴ자형(직각배치)	• 주동이 서로 직각되어 클러스터 형성, 공간의 폐쇄, 개방, 위요에 유리 • 격자형으로 생겨나는 공간은 놀이터, 주차장, 녹지로 활용, 다양한 외부공간 형성
ㅁ자형(중정형 배치)	• 위요감이 강함, 중정에 놀이터 · 주민휴식공간 설치, 개발밀도 증가 • 폐쇄감, 일조 · 통풍조건이 나쁜 주호 발생

(2) 도로배치 종류별 특징

구분	배치형태	특기사항	평면도
루프형 (위요형)	단지의 외곽을 각 주택이 감싸는 형태	가운데 공간을 잔디마당으로 활용	
쿨데삭형	단지의 외곽도로에서 쿨데삭을 통하여 각 주택으로의 접근이 이루어지는 형태	• 비교적 독립된 생활의 영위가 가능 • 우회도로가 없어 방재 또는 방범상에 단점 • 부정형한 지형이나 경사지 등에 주로 이용되며, 통과 교통이 차단되어 보행자들이 안전하게 보행할 수 있음	
선형	주택의 배치가 선형으로 나열되어 있는 형태	단독형 집합주택 또는 공동주택 적용 가능	
산재형	지형을 따라서 주택이 산재된 형태	지형을 살린 원형지 개발 가능	

───────────────────────────────┤핵심문제

부정형한 지형에도 적용하기 용이하고 통과교통이 차단되어 보행자들이 안전하게 보행할 수 있으나, 개별 획지로의 접근성은 다소 불리한 도로 유형은?　　　　　　　　　　　　[13년 1회, 17년 4회, 23년 4회]

① 격자형 도로　　　　　　　　　　　　　② T자형 도로
③ 쿨데삭형 도로　　　　　　　　　　　　④ S자형 도로

답 ③

해설⊕
쿨데삭(Cul-de-sac)형 도로는 도로와 각 가구를 연결하는 도로로서, 통과교통이 적어 주거환경의 안전성이 확보되지만 우회도로가 없어 방재 또는 방범상 단점을 가지고 있다.

③ 기반시설계획

1. 교통시설계획

(1) 대지와 도로의 관계

1) 도로의 정의

① 보행 및 자동차 통행이 가능한 너비 4m 이상의 도로

② 지형적 조건으로 차량통행이 불가능한 경우 : 너비 3m 이상의 도로
  (길이가 10m 미만인 막다른 도로인 경우 : 너비 2m 이상의 도로)

2) 대지와 도로의 관계

① 2m 이상을 도로(자동차만의 통행에 사용되는 도로를 제외)에 접해야 함

② 연면적의 합계가 2천m² 이상인 건축물의 대지 : 너비 6m 이상의 도로에 4m 이상 접하여야 함

③ 도로(주택단지 안의 도로를 포함) 및 주차장(지하 또는 필로티, 기타 이와 유사한 구조에 설치하는 주차장 및 차로를 제외)의 경계선으로부터 공동주택의 외벽까지의 거리는 2m 이상 띄어야 하고, 띄운 부분에 조경 등 식재를 실시하여야 함

3) 예외 조건

① 건축물의 출입에 지장이 없다고 인정되는 경우

② 건축물의 주변에 광장 · 공원 · 유원지 공지가 있는 경우

4) 막다른 도로에서 도로의 너비

막다른 도로의 길이	~	10m	~	35m	~
도로의 너비	2m 이상		3m 이상		6m 이상(읍 · 면 : 4m 이상)

핵심문제

건축물의 대지는 최소한 몇 m 이상이 도로에 접해야 하는가?(단, 자동차만의 통행에 사용되는 도로는 제외한다.) 　　　　　　　　　　　　　　　　　　　　　　　　[15년 2회, 18년 2회]

① 2m

② 4m

③ 6m

④ 8m

답 ①

해설⊕

건축물의 대지는 최소한 2m 이상이 도로에 접해야 한다.

(2) 감속유도시설

구분	적용 시설
주거단지 내 차량의 감속	험프(Hump) : 과속방지턱
통과교통의 배제	볼라드(Bollard) : 차량통행 차단용 단주
도로방식	• 쿨데삭, 루프형, U형, T형 • 입구 및 도로폭을 좁게 함 • 도로의 형태를 의도적으로 불규칙하게 함

(3) 뷰캐넌 보고서

1) 개요

1963년에 발표된 뷰캐넌 보고서(인구 50만 명의 도시 리즈에 대한 조사 연구)는 자동차는 간선도로를 장애 없이 주행할 수 있는 동시에 통과교통으로부터 거주자의 일상생활을 보호하고 건축물과 도로의 유기적 관계를 유지하게 한다는 원칙을 거주지역에 적용하고자 하는 방안

2) 특징

① 지역의 바깥을 둘러싸는 도로의 네트워크와 거주환경지역으로 구성됨

② 거주환경지역으로 지정된 지역에서는 자동차교통의 위험 없이 사람들이 안심하고 거주할 수 있으며 도보로 통학과 쇼핑을 할 수 있도록 함

③ 자동차의 완전배제가 아니라 생활환경을 침해하지 않는 범위 내에서는 허용

④ 영국에서는 뷰캐넌 보고서가 각 지역의 도시교통처리의 원동력이 되어 중소도시의 장기 자동차교통 대책의 일환으로서 종합교통계획으로 입안 발표됨

핵심문제

도시의 구성에 있어서 도로의 위계체제를 명확히 함과 동시에 거주환경지역(Environmental Area)을 설정하여 일상생활에서 보행자를 우선하도록 주장한 보고서는? [12년 4회, 15년 1회]

① Barlow Report   ② Buchanan Report
③ Utwatt Report   ④ 보차공존방식

답 ②

해설⊕

뷰캐넌 보고서(Buchanan Report)
1963년에 발표된 뷰캐넌 보고서(인구 50만 명의 도시 리즈에 대한 조사 연구)는 자동차는 간선도로를 장애 없이 주행할 수 있는 동시에 통과교통으로부터 거주자의 일상생활을 보호하고 건축물과 도로의 유기적 관계를 유지하게 한다는 원칙을 거주지역에 적용하고자 하는 방안

(4) 단지 진입도로

1) 진입도로의 특징

① 집산도로 · 국지도로와 연결

② 단구간 내에 진입구를 2개소 이상 설치하지 말 것

③ 교차각은 90°로 한다. (교차각 60° 이하는 피한다.)

2) 단지 내 도로

① 길이가 100m 이상인 막다른 도로의 끝 부분은 자동차 회전시설 설치

② 단지 내 도로 폭이 12m 이상인 경우 : 폭 1.5m 이상의 보도설치

③ 공동주택 배치 시 도로 및 주차장의 경계에서 주택의 벽까지의 최소거리 : 2m

3) 단지 내의 도로 폭 결정 시 고려사항

① 이용자 수

② 통행차량의 종류

③ 공공시설의 분포와 종류

④ 도로용량

※ 도로의 용량 측정 시 고려사항

노폭 및 길이, 도로의 구배, 차량 이용 빈도

⑤ 단지 진입도로 최소폭원

세대수	1~300세대	300~500세대	500~1,000세대	1,000~2,000 세대	2,000세대 이상
진입도로 폭(m)	6	8	12	15	20

4) 단지 내 진입도로계획

① 진입도로는 집산도로 또는 국지도로에 연결하는 것을 원칙으로 한다.

② 교차의 지수(支數)는 4지 이하로 하며, 특별한 경우를 제외하고는 어긋난 교차를 하지 말고 또한 동일선상에 설치하도록 한다.

③ 교통류 상호 간의 교차각은 가급적 90°에 가깝도록 하고, 교차각 60° 이하의 굴절교차는 원칙적으로 피한다.

④ 단지 진입부를 단구간에 2개소 이상 설치하면 운전자의 혼돈과 교통혼잡을 유발하므로 단구간에 2개소 이상 설치하지 않도록 한다.

핵심문제

주택단지의 총 세대수가 2,000세대 이상인 경우 기간도로와 접하거나 기간도로로부터 당해 단지에 이르는 진입도로의 폭은 최소 얼마 이상이어야 하는가? [12년 2회, 14년 1회, 18년 1회, 19년 1회, 22년 1회]

① 8m 이상
② 12m 이상
③ 15m 이상
④ 20m 이상

답 ④

해설⊕

진입도로 최소폭원

세대수	1~300세대	300~500세대	500~1,000세대	1,000~2,000세대	2,000세대 이상
진입도로 폭(m)	6	8	12	15	20

(5) Loop형 도로

장점	단점
빠른 우회도로를 두어 단지 내로 통과차량의 진입을 방지한다.	• 도로길이가 길어지고 도로율이 높아진다. • 차량 우회교통이 발생한다.

핵심문제

국지도로의 형태 중 하나인 루프(Loop)형 도로에 대한 설명으로 옳지 않은 것은? [15년 4회, 19년 1회]

① 불필요한 차량의 진입이 배제된다.
② 교차점이 많아 방향성이 불분명하다.
③ 주거환경의 안정성이 어느 정도 확보된다.
④ 외곽부에서 내부로의 진입이 제한되므로 차량의 우회교통이 발생한다.

답 ②

해설⊕

교차점이 많아 방향성이 불분명한 것은 격자형 도로의 특징이다.

(6) 보차공존도로

1) 정의

주민들의 일상생활을 활용할 수 있는 안전하고 쾌적한 도로환경을 제공하고 보행자통행 위주이며 차량통행이 부수적이라는 점이 보차혼용도로와 다르다.

2) 목표

① 안전성 : 통과교통, 주행속도, 노상주차 억제
② 편리성 : 주민의 진출입 및 배달·수거 편리
③ 쾌적성 : 식재공간 확보, 쾌적한 보행환경, 경관향상

3) 기대효과

① 도로의 효율적 이용

② 휴식과 사회적 교류장소 제공

③ 안전한 도로 공간 제공

④ 질서 있는 주차공간 확보

⑤ 매력 있는 도시경관 조성

(7) 도로망 구성형식(Street Net System)

구분	특징
격자형	• 도로의 가로와 세로의 크기(길이)가 거의 동일하게 바둑판처럼 설계된 도로로 바둑판형 도로라고도 함 • 도시개발과정에서 구획하기가 쉽고 경비가 덜 드는 장점이 있지만, 도로가 너무 획일적이고 도로 기능별 다양성이 결여되고 도로교차지점이 너무 많아 형태가 단조로우며 도심부가 없는 단점도 있음 • 통과교통 허용으로 안전성이 낮음 • 도로의 위계가 불분명하고 부정형 지형에 적용이 곤란 • 각 택지에 대한 서비스가 용이, 토지이용 효율 증대 • 광범위한 지역에 유효함
방사격자형	• 도심부는 격자형 방식, 주변부는 방사형 방식으로 잇는 가로방식 • 토지이용상의 결함 발생
환상방사형	• 도심부는 방사형 방식, 주변부는 환상형 방식으로 잇는 가로방식으로, 인구 100만 명 이상 대도시에 적합 • 자연발생적으로 확대되는 도시에서 많이 나타나는 형식으로서 도시의 중심적 통일성을 강조
혼합형	• 도심부는 격자형 방식, 주변부는 방사환상형 방식 • 지형과 토지 이용상의 제약으로 격자형, 방사형 등이 혼합된 일반적 배치 방법

(8) 도로의 규모별 도로폭

구분	1류	2류	3류
광로(폭 40m 이상)	70m 이상	50m 이상~70m 미만	40m 이상~50m 미만
대로(폭 25m 이상~40m 미만)	35m 이상~40m 미만	30m 이상~35m 미만	25m 이상~30m 미만
중로(폭12m 이상~25m 미만)	20m 이상~25m 미만	15m 이상~20m 미만	12m 이상~15m 미만
소로(폭 12m 미만)	10m 이상~12m 미만	8m 이상~10m 미만	8m 미만

핵심문제

단지계획의 도로망 구성에 있어서 도로의 폭원에 따라 대로·중로·소로로 구분할 경우, 다음 중 중로에 속하지 않는 규모는?　　　　　　　　　　　　　　　[14년 2회, 18년 2회, 22년 1회, 23년 1회]

① 12m

② 15m

③ 20m

④ 25m

답 ④

해설〇

중로의 범위는 폭 12m 이상 25m 미만이다.

(9) 도로의 기능별 구분

구분	내용
주간선도로	시·군 내 주요 지역을 연결하거나 시·군 상호 간을 연결하여 대량통과교통을 처리하는 도로로서 시·군의 골격을 형성하는 도로
보조간선도로	주간선도로를 집산도로 또는 주요 교통발생원과 연결하여 시·군 교통의 집산기능을 하는 도로로서 근린주거구역의 외곽을 형성하는 도로
집산도로	근린주거구역의 교통을 보조간선도로에 연결하여 근린주거구역 내 교통의 집산기능을 하는 도로로서 근린주거구역의 내부를 구획하는 도로
국지도로	가구(도로로 둘러싸인 일단의 지역)를 구획하는 도로
특수도로	보행자전용도로·자전거전용도로 등 자동차 외의 교통에 전용되는 도로

(10) 도로의 기능별 분류에 따른 배치간격

구분	배치간격
주간선도로와 주간선도로	1,000m 내외
주간선도로와 보조간선도로	500m 내외
보조간선도로와 집산도로	250m 내외
국지도로	장축 90~150m, 단축 25~60m

핵심문제

주간선도로와 보조간선도로의 배치간격 기준은?　　　　　　　　　　　　　　　[12년 2회, 17년 1회]

① 1,000m 내외

② 750m 내외

③ 500m 내외

④ 250m 내외

답 ③

해설〇

주간선도로와 보조간선도로의 배치간격 기준은 500m 내외이다.

(11) 도로의 사용 및 형태별 구분

구분	내용
일반도로	폭 4m 이상의 도로로서 통상의 교통소통을 위하여 설치되는 도로
자동차전용도로	특별시·광역시·특별자치시·시 또는 군내 주요 지역 간이나 시·군 상호 간에 발생하는 대량교통량을 처리하기 위한 도로로서 자동차만 통행할 수 있도록 하기 위하여 설치하는 도로
보행자전용도로	폭 1.5m 이상의 도로로서 보행자의 안전하고 편리한 통행을 위하여 설치하는 도로
보행자우선도로	폭 20m 미만의 도로로서 보행자와 차량이 혼합하여 이용하되 보행자의 안전과 편의를 우선적으로 고려하여 설치하는 도로
자전거전용도로	하나의 차로를 기준으로 폭 1.5m(지역 상황 등에 따라 부득이하다고 인정되는 경우에는 1.2m) 이상의 도로로서 자전거의 통행을 위하여 설치하는 도로
고가도로	시·군내 주요 지역을 연결하거나 시·군 상호 간을 연결하는 도로로서 지상교통의 원활한 소통을 위하여 공중에 설치하는 도로
지하도로	시·군내 주요 지역을 연결하거나 시·군 상호 간을 연결하는 도로로서 지상교통의 원활한 소통을 위하여 지하에 설치하는 도로(도로·광장 등의 지하에 설치된 지하공공보도시설을 포함). 다만, 입체교차를 목적으로 지하에 도로를 설치하는 경우를 제외한다.

──────────핵심문제

도로의 종류에서 도로의 사용 및 형태별 구분에 해당하지 않는 것은? [12년 2회, 17년 2회]

① 일반도로 ② 고가도로
③ 간선도로 ④ 지하도로

답 ③

해설○
간선도로는 도로의 기능상 분류에 해당한다.

(12) 도로모퉁이 길이

1) 목적
도로의 교차지점에서의 교통을 원활히 하고 시야를 충분히 확보하기 위함

2) 도로의 교차방식
교통섬·변속차로 등을 설치하는 방식, 로터리를 설치하는 방식

3) 보도와 차도의 경계선에 대한 곡선반경 기준

구분	곡선반경 기준
주간선도로	15m 이상
보조간선도로	12m 이상
집산도로	10m 이상
국지도로	6m 이상

┤핵심문제

「도시 · 군계획시설의 결정 · 구조 및 설치기준에 관한 규칙」상 단지계획의 가로망을 구성할 때 주간선도로와 보조간선도로가 접속되는 교차지점의 도로 모퉁이 부분에서 보도와 차도의 경계선에 대한 곡선반경의 기준은? [16년 4회, 21년 4회]

① 8m 이상 ② 10m 이상
③ 12m 이상 ④ 15m 이상

답 ④

해설⊕

주간선도로와 보조간선도로가 접속되는 교차지점의 도로 모퉁이 부분에서 보도와 차도의 경계선에 대한 곡선반경은 기능상 상위도로인 주간선도로를 기준으로 계획하며, 15m 이상의 곡선반경을 가져야 한다.

2. 커뮤니티 시설계획 및 공급처리시설계획

(1) 공공체육시설

구분	내용
전문체육시설	국내 · 외 경기대회 개최와 선수 훈련 등에 필요한 체육시설
생활체육시설	주민이 쉽게 이용할 수 있는 체육시설
직장체육시설	상시근무자 500인 이상인 직장에 설치하는 체육시설

(2) 주택단지 안에 설치하는 시설의 설치기준

① 어린이놀이터 : 50세대 이상
② 유치원 : 2천 세대 이상
③ 주민운동시설 : 500세대 이상
④ 경로당 등 : 100세대 이상
⑤ 관리사무소 : 50세대 이상(설치면적 : 50세대일 경우 $10m^2$, 50세대를 넘는 매 세대마다 $500cm^2$씩 추가. 단, 최대 설치면적 기준은 $100m^2$ 이하)

┤핵심문제

다음 중 500세대의 주택을 건설하는 주택단지에 설치하여야 하는 기준 시설에 해당하지 않는 것은?(단, 사업계획승인권자가 설치할 필요가 없다고 인정한 경우는 배제한다.) [16년 1회, 22년 2회]

① 경로당 ② 어린이놀이터
③ 유치원 ④ 주민운동시설

답 ③

해설⊕

유치원은 2,000세대 이상일 경우 의무설치 대상이다.

(3) 생활편익시설 배치유형

구분	집중형	노선형
장점	• 시설 상호 간 유기적 관련성이 높음 • 시설의 다양성과 선택성이 높음 • 용지 절약	• 대중교통 · 단지 주변 이용자 이용 편리 • 활력 있는 가로 분위기 • 단지 내 시설기능 분리 용이
단점	• 원거리(외곽부 거주자 접근 불리) • 동선체계 • 주차공간 확보 문제(자동차 위주의 접근)	• 도로교통 혼잡 초래 • 보행 위주의 강력한 생활권 중심 형성 곤란 • 도시미관 손상 가능

───────────────┤핵심문제

★ 생활편익시설의 배치 시, 노선형에 비해 집합형으로 배치하였을 때의 특징으로 틀린 것은?

[12년 2회, 19년 2회]

① 시설 상호 간의 유기적 관련성이 높다.
② 상점의 입장에서는 충분한 주차공간의 확보가 어렵다.
③ 공공공간의 공동 이용으로 용지의 면적이 절약된다.
④ 활력 있는 가로 분위기를 조성할 수 있다.

답 ④

해설 ⊕ ---
활력 있는 가로 분위기를 조성할 수 있는 것은 노선형의 특징이다.

(4) 근린생활시설 및 생활편익시설 배치 시 고려사항

1) 근린생활시설 배치 시 고려사항

① 공동시설은 이용성, 기능상의 상관성, 토지이용의 효율성에 따라 인접 배치한다.
② 장래의 변화에 대처할 수 있도록 증축을 고려한 융통성 있는 공간을 확보한다.
③ 지역의 구매시설 및 다른 점포의 분포에 따라 하나의 중심을 형성할 수 있는 곳에 설치한다.
④ 중심에는 광역시설을 설치하며 공원, 녹지, 학교 등과 관련시켜 계획한다.
⑤ 이용 빈도가 높은 건물은 가급적 이용거리를 가깝게 한다.

2) 생활편익시설 배치 시 고려사항

① 상가는 단지 내의 통합주차장과 인접하여 배치한다.
② 근린공공시설물은 다른 관련 시설 연계하여 배치한다.
③ 어린이놀이터는 주차장과 인접하지 않게 배치하여 어린이의 안전을 고려한다.
④ 초등학교는 가급적 근린주구단위의 중심에 배치한다.

(5) 공동구

1) 정의

도로의 노면을 굴착하여 도로의 지하에 구축한 박스 형태의 암거(暗渠)를 말하는 것으로, 통신·전기·가스·상하수도·중앙난방 배관 등 도시의 주요 공급 및 기반시설 중 2종 이상을 동일구 내에 공동 수용함으로써 도시의 미관, 도로구조의 보전과 원활한 교통의 유통을 위하여 지하에 설치하는 시설물이며, 시장·군수가 관리한다.

2) 특징

장점	단점
• 도로교통의 원활화에 기여하며, 도시미관의 향상 • 노면의 내구력 증대 • 설비개선의 용이하며, 유지관리비의 절감 • 방재효율의 향상	• 최초 건설비의 과다 • 기존 도로에 설치하기 어려움

핵심문제

다음 중 공동구의 설치로 인한 장점으로 옳지 않은 것은?　　　　[13년 2회, 16년 2회, 21년 2회]

① 도시미관의 향상　　　　　　　② 설비개선의 용이
③ 방재효율의 향상　　　　　　　④ 초기 설치비용의 절감

　④

해설⊕

공동구는 도시미관 등을 향상시킬 수 있으나 초기 설치비용이 크다는 단점을 가지고 있다.

4 외부공간계획

1. 공원 및 녹지계획

(1) 주거단지 내의 공원·녹지의 기능

① 대기오염 및 수질오염을 부분적으로 정화
② 미기후 조절 가능
③ 화재·홍수 등의 재난 예방과 완화

(2) 도시공원의 종류 및 계획기준

1) 생활권 공원의 종류 및 계획기준

구분		유치거리	규모
소공원		제한 없음	제한 없음
어린이공원		250m 이하	1,500m² 이상
근린공원	근린생활권 근린공원	500m 이하	1만m² 이상
	도보권 근린공원	1,000m 이하	3만m² 이상
	도시지역권 근린공원	제한 없음	10만m² 이상
	광역권 근린공원	제한 없음	100만m² 이상

※ 근린공원이란 주로 1개의 근린주구(Neighborhood Unit)의 주민이 이용하기에 편리한 위치, 규모, 시설을 갖춘 도시공원

2) 주제 공원의 종류

역사공원, 문화공원, 수변공원, 묘지공원, 체육공원, 도시농업공원, 방재공원

---핵심문제

도시공원 및 녹지 등에 관한 법령상 어린이공원의 규모와 유치거리 기준이 모두 옳은 것은?

[15년 2회, 17년 1회, 19년 2회, 21년 1회, 22년 1회, 23년 2회]

① 1,500m² 이상, 200m 이하
② 1,500m² 이상, 250m 이하
③ 2,000m² 이상, 200m 이하
④ 2,000m² 이상, 250m 이하

답 ②

해설 ◆ -

어린이공원의 규모는 최소한 1,500m² 이상이어야 하며, 유치거리는 250m 이하로 계획되어야 한다.

(3) 녹지의 종류별 설치목적

1) 완충녹지

공해 · 재해 · 사고 방지 및 완화를 위한 녹지

2) 경관녹지

자연경관의 보전과 주민의 일상생활의 쾌적성과 안정성 확보를 위한 녹지

3) 연결녹지

도시 안의 공원 · 하천 · 산지 등을 유기적으로 연결하고 도시민에게 산책공간의 역할을 하는 등 여가 · 휴식을 제공하는 선형의 녹지

★ 「도시공원 및 녹지 등에 관한 법률」에 따른 녹지의 세분에 해당하지 않는 것은?   [13년 1회, 18년 2회]

① 시설녹지   ② 연결녹지

③ 경관녹지   ④ 완충녹지

답 ①

해설 ⊕

「도시공원 및 녹지 등에 관한 법률」에 따른 녹지의 분류

완충녹지, 연결녹지, 경관녹지

(4) 도시 내 녹지체계

1) 공원 · 녹지체계 형성

① 주변 지역의 공원녹지의 입지, 이용가능성 등을 종합적으로 고려하여 공원녹지체계를 수립

② 도시공원은 공원 이용자가 안전하고 원활하게 도시공원에 모였다가 흩어질 수 있도록 원칙적으로 3면 이상이 도로에 접하도록 설치

② 산림지역을 포함할 경우 일정 면적 이상을 원형보전지역으로 확보

③ 매립지는 공원용지화하여 토지이용 및 경관 효율성 증대

④ 단지 내 보행자도로, 녹도, 실개천, 녹지회랑을 차량동선에 단절되지 않도록 체계적 연계 조성

⑤ 주변 녹지대, 자연녹지, 공원, 둔치, 제방 등과 유기적 연계 계획

⑥ 생물이동통로, 바람길, 물순환체계, 통경축(경관축), 도시기후관리벨트 등과 상호 연계 배치

⑦ 도시공원의 경계는 가급적 식별이 명확한 지형 · 지물을 이용하거나 주변의 토지이용과 확실히 구별할 수 있는 위치로 정함

2) 공원 · 녹지체계

구분	내용
집중형	단지 내 녹지를 한 곳으로 모으는 방법
분산형	단지 내 녹지를 고르게 분포시키는 방법
노선형	일정 폭의 녹지를 길게 조성하는 방법(대상형)
격자형	대상형을 가로, 세로로 겹쳐놓은 형태 • 장점 : 공원 및 녹지체계의 유형 중 녹지의 연결성과 접근성의 측면에서 바람직함 • 단점 : 한정된 녹지가 넓은 면적에 분포하게 되어 녹지의 폭이 좁아지게 됨

단지계획 중 공원 및 녹지계획과 관련된 설명으로 적합하지 않은 것은?　　　[12년 4회, 19년 1회]

① 기존의 생태환경은 최대한 보존 · 활용한다.

② 비옥도가 양호한 표토층은 채취 · 보관 후 활용하도록 한다.

③ 소수의 대규모 공원보다는 다수의 소공원을 조성하는 것이 생태성 강화 및 종다양성 확보를 위해 바람직하다.

④ 친환경적인 단지조성을 위해 자연지형은 최대한 살리며 절성토를 최소화하여야 한다.

目 ③

해설⊕

소공원을 다수로 할 경우 빈번한 공사가 일어날 수 있다. 소수의 대규모로 할 경우 공원 및 녹지를 광범위하게 연계할 수 있어 생태환경 및 종 다양성 확보를 더 용이하게 할 수 있다.

2. 놀이터와 광장

(1) 어린이놀이터

1) 어린이놀이터 산정기준

구분	시 · 군	시 · 군 이외 지역
50세대 이상 100세대 미만	$2m^2$ 이상	$3m^2$ 이상
100세대 이상인 경우	$200m^2$에 100세대 초과 매 세대당 $0.7m^2$ 추가 산출 이상	$300m^2$에 100세대 초과 매 세대당 $1m^2$ 추가 산출 이상

2) 놀이터의 설치기준

① 놀이터의 폭
  - 1개소의 면적이 $150m^2$ 미만인 경우 : 6m 이상
  - 1개소의 면적이 $150m^2$ 이상인 경우 : 9m 이상

② 건축물 이격거리
  외벽 각 부분 5m 이상(단, 개구부가 없는 외벽은 3m 이상 이격)

③ 인접대지경계선으로부터의 이격거리 : 3m 이상

④ 놀이터 입구는 간선도로변에 면하지 않도록 하며 보행로와 연결하고, 2군데 이상 개설한다.

(2) 광장

구분		결정기준
교통광장	교차점광장	• 교차지점에서 차량과 보행자의 원활한 소통을 위하여 설치 • 혼잡한 주요 도로의 교차지점 중 필요한 곳에 설치 • 자동차전용도로의 교차지점인 경우에는 입체교차방식으로 설치
	역전광장	역전에서의 교통혼잡을 방지하고 이용자의 편의를 도모하기 위하여 철도역 앞에 설치
	주요시설광장	항만·공항 등 일반교통의 혼잡요인이 있는 주요시설에 대한 원활한 교통처리를 위하여 당해 시설과 접하는 부분에 설치
일반광장	중심대광장	다수인의 집회·행사·사교 등을 위하여 교통중심지에 설치, 교통량을 고려
	근린광장	사교·오락·휴식 등을 위하여 생활권별로 설치, 다수인이 집산하는 시설과 연계되도록 인근의 토지이용현황을 고려, 계통적으로 균형
경관광장		주민의 휴식·오락 및 경관·환경의 보전을 위하여 필요한 경우, 경관유지에 지장이 없도록 인근의 토지이용현황을 고려, 도로와 연결
지하광장		교통처리를 원활히 하고 이용자에게 휴식을 제공하기 위해 출입구는 도로와 연결
건축물부설광장		건축물의 내부 또는 그 주위에 설치, 건축물과 광장 상호 간의 기능이 저해되지 아니하도록 할 것, 접근로를 확보

핵심문제

다음 중 교차점광장의 결정 기준으로 옳지 않은 것은?　　　　[15년 2회, 19년 2회, 23년 2회]

① 교차지점에서 차량과 보행자의 원활한 소통을 위하여 설치한다.
② 다수인의 집회·행사·사교 등을 위하여 필요한 경우에 설치한다.
③ 혼잡한 주요 도로의 교차지점 중 필요한 곳에 설치한다.
④ 자동차전용도로의 교차지점인 경우에는 입체교차방식으로 설치한다.

답 ②

해설◆

다수인의 집회·행사·사교 등을 위하여 필요한 경우에 설치하는 것은 일반광장에 속하는 중심대광장이다.

3. 오픈스페이스(Open Space)의 기능

기능	내용
생태적 기능	• 단지 생태계의 기반 조성 • 대기오염, 수질오염의 정화 • 소음, 먼지 등의 차폐 • 미기후의 조절 • 화재, 홍수 등의 재난 예방 및 완화 • 환경친화적 단지 조성에 기여
사회적 기능	• 휴식 및 레크리에이션 기회의 제공 • 재해 혹은 사고 시 피난처의 제공 • 단지주민의 정신건강, 정서함양에 기여 • 단지주민 간 접촉기회의 증진
경관적 기능	• 단지의 경관미, 스카이라인의 질의 향상 • 특징 있는 공간 조성으로 단지의 정체성 고양 • 인공구조물의 건조함 완화 • 단지 외부공간의 차경 또는 차폐

---핵심문제

오픈스페이스의 기능에 대한 설명이 틀린 것은?　　　　　　[12년 4회, 17년 2회, 21년 4회, 24년 1회]

① 시냇물 · 연못 · 동산 등과 같은 자연 경관적 요소들을 제공한다.
② 오픈스페이스의 적극적 확보를 위하여 평탄한 곳과 접근성이 뛰어난 곳을 우선 확보하여야 한다.
③ 기존의 자연환경을 보전 · 향상시켜 줄 수 있는 수단을 제공한다.
④ 공기정화를 위한 순환통로의 기능을 수행함으로써 미기후의 형성에 영향을 준다.

답 ②

해설⊕--------

오픈스페이스(Open Space)는 생태적, 사회적, 경관적 기능이 어우러진 자연적 공간으로서 평탄지형과 접근성보다는 자연지형을 그대로 살린 형태의 대지에 계획되는 것이 적당하다.

01 근린생활권의 위계가 옳은 것은?

[15년 2회, 17년 4회, 20년 3회, 24년 3회]

① 근린주구 > 근린분구 > 인보구

② 근린분구 > 근린주구 > 인보구

③ 인보구 > 근린분구 > 근린주구

④ 근린분구 > 인보구 > 근린주구

해설

생활권의 크기에 따른 분류

근린주구(8,000~10,000명) > 근린분구(2,000~2,500명) > 인보구(100~200명)

02 생활권의 위계가 큰 것에서 작은 것으로의 나열이 옳은 것은? [14년 1회, 18년 1회, 23년 4회]

① 근린주구 → 근린분구 → 인보구 → 지역(지구)

② 지역(지구) → 근린주구 → 근린분구 → 인보구

③ 지역(지구) → 인보구 → 근린주구 → 근린분구

④ 지역(지구) → 근린분구 → 인보구 → 근린주구

해설

생활권의 크기에 따른 분류

근린지구(100,000명) > 근린주구(8,000~10,000명) > 근린분구(2,000~2,500명) > 인보구(100~200명)

03 근린생활권의 위계 중에서 주민 간에 면식이 가능한 최소단위의 생활권이라 할 수 있고, 유치원·어린이공원 등을 공유하는 반경 약 250m가 설정기준이 되는 것은?

[17년 1회, 19년 2회, 23년 2회]

① 인보구

② 근린기초구

③ 근린분구

④ 근린주구

해설

유치원과 어린이공원 등을 공유하는 생활권의 크기는 근린분구이다.

04 다음 중 생활권을 1차~3차 생활권으로 구분하였을 때, 2차 생활권(중생활권)을 기준으로 설치되는 시설로 가장 적합한 것은?

[17년 2회, 22년 4회]

① 대학교

② 우체국

③ 초등학교

④ 청소년회관

해설

① 대학교 : 3차 생활권(대생활권)

② 우체국 : 1차 생활권(소생활권)

③ 초등학교 : 1차 생활권(소생활권)

05 주거단지 계획 시 생활권의 단계와 생활 시설 배치의 관계로 옳은 것은? [12년 2회]

① 생활권의 단계에 따라 시설의 종류와 규모를 달리한다.

② 시설의 종류는 동일하고 생활권의 단계에 따라 규모를 달리한다.

③ 생활권의 단계와 관계없이 초등학교는 항상 1개소만 둔다.

④ 생활권의 단계와 관계없이 도보거리 500m를 기준으로 시설을 배치한다.

해설

② 생활권의 단계에 따라 규모 및 시설의 종류가 달라진다.

③ 생활권 단계에 따라 초등학교 개수는 달라지며, 초등학교 1개소를 두는 경우는 근린주구 중심인 1차 생활권(소생활권)에 해당한다.

④ 도보로 움직일 수 있는 공간적 범위로 생활권을 제한하는 것은 1차 생활권(소생활권)에 해당하는 내용이다.

06 학교의 결정기준에 관한 아래 내용 중 ( ) 안에 들어갈 알맞은 것은? [18년 4회]

> 학교의 결정기준에서 중학교는 ( )개 근린주거구역 단위에 1개의 비율로 배치해야 한다.

① 1   ② 2
③ 3   ④ 4

● 해설

3개의 근린주거구역을 기준으로 중학교 1개소를 배치한다. 중학교를 기준으로 하는 배치는 2차 생활권(중생활권)에 해당한다.

07 다음 중 근린주구 개념을 처음으로 제창한 사람은? [16년 4회]

① 페리(C. A. Perry)
② 테일러(G. R. Taylor)
③ 르 코르뷔지에(Le Corbusier)
④ 하워드(Ebenerzer Howard)

● 해설

페리(C. A. Perry)의 근린주구이론

페리의 근린주구이론은 초등학교 학구를 기준단위로 설정하며 이는 반경 약 400m, 최대 통학거리 800m를 기준으로 한다.

08 페리(Clarence A. Perry)가 제안한 근린주구 이론은 많은 계획을 통하여 변화와 비판을 받았다. 다음 중 근린주구이론의 비판으로서 가장 적합한 것은? [16년 1회, 24년 1회]

① 표준화에 따른 공공 편익시설의 부족
② 통과교통 배제에 따른 도로망 체계의 불합리성
③ 공동체 의식을 제고하기 위한 영역성의 결여
④ 동질의 건축물 시설 집합에 따른 배타적인 지역 공간 형성

● 해설

근린주구는 동질의 건축물 시설 집합에 따른 배타적인 지역 공간을 형성하여, 인종 간, 계층 간 분리를 조장하여 사회적 통합을 저해한다.

09 근린주구이론의 가치와 비판론 중 적절치 못한 것은? [18년 2회]

① 미국의 교외화 및 주거지의 대량 건설의 필요성 등장에 따라 근린주구이론은 실용적이고 현실적인 의미를 가지게 된다.
② 근린주구이론의 사회적 가치는 주민들에게 근린이라는 안정적인 환경을 제공함으로써 급속한 도시화에 따른 사회적인 변화에 개인들이 쉽게 적응하도록 한 완충적 역할에서 찾아볼 수 있다.
③ 근린주구이론은 보행권을 대면접촉이 가능한 공동사회의 원칙으로 삼아 같은 계층의 사람들끼리 모여 사는 것을 강조하여, 이에 대한 선호는 결과적으로 사회적 혼합(social mix) 개념 태동의 근거가 되었다.
④ 근린주구이론은 대량생산시대에 걸맞는 주거지 건설의 표준으로서의 역할을 하였지만, 보편화 및 표준화 개념을 바탕으로 하였기 때문에 주거지의 동질화 현상이 발생하고 지역 간의 특수성과 생활양식의 다양성을 반영하지는 못하였다.

● 해설

문제 8번 해설 참고

10 다음 중 페리(Perry)가 주장한 근린주구이론에서 하나의 근린단위가 갖고 있어야 하는 기본요소에 해당하지 않는 것은?

[15년 4회, 21년 1회, 24년 2회]

① 작은 공원   ② 운동장
③ 작은 가게   ④ 완충녹지

● 해설

근린주구 구성의 6가지 원리(C. A. Perry, 1929년)

• 규모 : 초등학교 1개
• 경계 : 보조간선도로로 경계
• 오픈스페이스 : 소공원, 운동장 등 10% 확보 → 작은 공원과 운동장
• 공공시설 : 근린주구 중심에 위치
• 근린상가 : 상가 등 도로의 결절점에 위치 → 작은 가게
• 지구 내 가로체계 : 보차분리

11 페리(C. A. Perry)가 구상한 근린생활권을 결정하는 보행거리의 기준은? [15년 2회]

① 600m ② 800m

③ 1,600m ④ 2,000m

해설

페리의 근린주구이론상의 규모

하나의 초등학교가 필요하게 되는 인구에 대응하는 규모로서 반경 400m 정도, 최대 통학거리 800m 이내로 구성한다.

12 페리(C. A. Perry)가 주장한 근린주구론의 원칙이 아닌 것은? [14년 4회, 17년 2회, 23년 1회]

① 주거단위는 하나의 초등학교 운영에 필요한 인구에 대응하는 규모를 가져야 하고, 그 규모는 인구밀도에 의해 결정된다.

② 주거단위는 주거지 안으로 지나는 통과교통이 내부를 관통하지 않고 우회되어야 하며, 네 면 모두 충분한 폭원의 간선도로(Arterial Street of High Way)로 위요되어야 한다.

③ 하나의 근린주구는 상위도시를 기준으로 구축된 가로체계에 의존하고, 원활한 순환체계 속에서 통과교통을 체계적으로 수용할 수 있는 입체적인 가로망으로 계획한다.

④ 개개 근린주구의 요구에 부합하도록 계획된 소공원과 레크리에이션 체계를 갖춘다.

해설

페리의 근린주구이론상의 지구 내 가로체계

특수한 가로체계를 갖고, 보행동선과 차량동선을 분리하며 통과교통은 배제한다.

13 도시계획시설로서 초등학교는 근린주거구역 단위로 설치하며, 근린주거구역의 중심시설이 되도록 한다. 이때 새로이 개발되는 지역의 경우 1개의 근린주거구역의 범위는 몇 세대를 기준으로 결정하게 되는가?(단, 이미 개발된 지역과 인접한 지역의 개발여건을 고려하여 필요한 경우 세대수를 조정하는 것은 고려하지 않음) [14년 4회]

① 500세대 내지 1,000세대

② 1,000세대 내지 2,000세대

③ 2,000세대 내지 3,000세대

④ 5,000세대 내지 10,000세대

해설

근린주구의 규모는 1,000~2,000세대, 거주인구로는 5,000~6,000명 정도로 한다.

14 C. A. Perry의 근린주구 개념으로 옳지 않은 것은? [14년 2회]

① 크기는 초등학교 1개교를 유치할 수 있는 인구가 적당하다.

② 간선도로로서 경계되어 구획되어야 한다.

③ 지구 내의 근린점포는 단지의 중심에 집중되어야 한다.

④ 내부 교통은 단지 내에서 원활하도록 하고 통과교통에 사용되지 않도록 한다.

해설

페리의 근린주구이론상의 근린상가

도로의 결절점에 위치하거나 옆 근린단위의 상점구역과 인접하도록 계획한다.

15 다음 중 근린주구(Neighborhood Unit)와 관련이 없는 것은? [13년 2회, 18년 4회, 23년 2회]

① 페리(C. A. Perry)

② 스타인(Clarence S. Stein)

③ 래드번(Radburn) 계획

④ 아디케스(F. Adickes)

해설

독일(1902년)에서 시행된 「아디케스법」은 민간의 토지를 지방정부가 도시계획에 따라 개발한 후 재분배하는 토지구획정리에 대한 법이다.

16 다음 중 페리가 제안한 근린주구의 물리적 기본요소가 아닌 것은?　　　　　[12년 4회]

① 초등학교
② 공동체의식
③ 작은 공원과 운동장
④ 작은 가게

해설

문제 10번 해설 참고

17 페리의 근린주구이론에서 근린단위(Neighborhood Unit)의 규모를 결정하는 구분 기준이 되는 시설은?　　　　　[12년 2회, 18년 2회]

① 동사무소
② 우체국
③ 놀이터
④ 초등학교

해설

페리의 근린주구이론은 초등학교 학구를 기준단위로 설정하며 이는 반경 약 400m, 최대 통학거리 800m를 기준으로 한다.

18 다음 중 페리가 주장한 근린주구이론의 내용으로 옳지 않은 것은?　　　　　[12년 1회, 22년 4회]

① 초등학교를 중심으로 구성한다.
② 소공원과 위탁공간의 체계가 있어야 한다.
③ 상업시설은 주구의 중심에 배치한다.
④ 주구의 경계는 간선도로에 의해 구획되어야 한다.

해설

상업시설은 도로의 결절점에 위치하거나 옆 근린단위의 상점구역과 인접하도록 계획한다.

19 라이트(H. Wright)와 스타인(C. Stein)이 래드번(Radburn) 단지계획에서 제시한 기본 원리로 옳지 않은 것은?　　　　　[16년 2회, 24년 3회]

① 자동차 통과도로를 위한 슈퍼블록의 구성
② 기능에 따른 4가지 종류의 도로 구분
③ 보도와 차도(고가차도)의 입체적 분리
④ 주택단지 어디로나 통할 수 있는 공동의 오픈스페이스 조성

해설

래드번 계획(H. Wright, C. Stein)에서 가장 중요한 원리는 단지 내로의 자동차 통과를 배제한다는 것이다.

20 래드번(Radburn) 주택단지계획의 특성이 아닌 것은?　　　　　[16년 1회, 24년 1회]

① 주거단지 내 통과교통을 배제함
② 학교는 보행자 도로체계와 분리하여 계획함
③ 차량진입은 Cul−de−sac을 통하여 주택의 입구까지만 허용함
④ 주도로와 보행자도로가 만나는 곳은 입체교차 시설을 설치함

해설

래드번 계획은 페리의 근린주구이론에 근간을 두고 있으며, 학교 및 공공시설이 지역의 중심에 위치하고 보도로 통행할 수 있도록 계획한다.

21 래드번(Radburn) 주택단지계획의 특성에 해당되지 않는 것은?　　　　　[15년 1회, 24년 2회]

① 단지 내에 통과교통 불허용
② 중앙에 대공원 설치
③ 단지 내에 직장과 주거의 혼합배치
④ 주거구는 슈퍼블록(Super Block) 단위로 계획

해설

래드번은 직장과 주거가 분리된 형태로서, 직장지인 뉴욕에서 24km 떨어진 뉴저지의 페어론시에 계획된 주거단지이다.

22 래드번(Radburn) 계획의 기본 원리가 아닌 것은? [14년 4회, 23년 2회]

① 슈퍼블록(Super Block)을 구성하였다.
② 쿨데삭형의 세가로망을 구성하였다.
③ 주거단지 내에 통과교통을 허용하였다.
④ 도로를 기능별로 구분하여 설치하였다.

해설
래드번 계획에서는 단지 내로의 자동차 통과를 배제한다.

23 다음 중 래드번(Radburn) 계획의 특징으로 가장 거리가 먼 것은? [14년 2회, 21년 2회]

① 보도와 차도를 분리하여 계획하였다.
② 주택 내부의 공간 배치에 있어서 거실과 침실은 차량 접근 도로쪽에 가깝게 배치하였다.
③ 쿨데삭(Cul−de−sac)형의 가로망을 일정한 간격으로 배열하고 쿨데삭 주변에 주택을 배치하였다.
④ 슈퍼블록 내 차도를 단일기능 체계로 계획하였다.

해설
래드번 계획(H. Wright, C. Stein)에서 국지도로망은 쿨데삭 형태로 계획되었으며, 자동차의 소음 및 매연 등에 따라 주거 공간의 메인인 거실과 침실쪽이 아닌 주택의 뒤편이 차량 접근로와 가깝도록 배치하였다.

24 래드번(Radburn) 계획의 기본 원리와 가장 거리가 먼 것은? [13년 1회, 21년 1회, 22년 4회]

① 슈퍼블록의 구성
② 보·차의 혼용
③ 공동의 오픈스페이스 조성
④ 기능에 따른 도로 구분

해설
래드번 계획에서는 보도와 차도를 입체적으로 분리하였다.

25 슈퍼블록을 구성함으로써 얻는 효과로 가장 거리가 먼 것은? [14년 4회, 22년 1회]

① 건물을 집약화함으로써 고층화 및 효율화에 기여한다.
② 충분한 공동의 오픈스페이스 확보가 가능하다.
③ 블록 주변부 가로의 활성화에 기여한다.
④ 전력, 난방, 하수, 쓰레기 등 도시시설의 공동화가 용이하다.

해설
슈퍼블록(Super Block)은 중심시설 중앙 배치로 간선도로변의 활성화 기회 상실된다는 단점을 가지고 있다.

26 슈퍼블록(Super Block)에 대한 설명으로 틀린 것은? [13년 4회, 24년 2회]

① 블록 내부에 큰 오픈스페이스(Open Space)를 만들 수 있다.
② 대형 가구의 내부에 교통량을 증대시키는 경향이 있다.
③ 주거환경의 쾌적성을 높일 수 있다.
④ 래드번(Radburn) 계획은 슈퍼블록으로 계획된 것이다.

해설
슈퍼블록(Super Block)
대형 가구의 내부에 자동차의 통과교통을 없애고, 보행자 전용도로를 조성하여 쾌적하고 편리한 주거생활공간을 창출한 것으로서, 1928년 래드번 계획에서 처음 채택되었다.

27 슈퍼블록에 관한 설명으로 틀린 것은?
[13년 2회]

① 1960년대 이후 영국의 주택이론가들에 의해 창안되었다.
② 충분한 공동의 오픈스페이스를 확보할 수 있다.
③ 불필요한 도로의 면적을 줄이고 보차분리가 가능하다.
④ 대형 건물, 집합주택을 배치하기에 적당하다.

●해설

문제 26번 해설 참고

28 슈퍼블록(Super Block)에 대한 설명이 틀린 것은? [12년 4회]

① 래드번 시스템이라고 불리기도 한다.

② 건물을 집약함으로써 고층화와 효율화가 가능하다.

③ 전력, 난방 등 도시 시설의 공동화가 가능하다.

④ 블록화로 인해 오픈스페이스의 확보가 어렵다.

●해설

슈퍼블록(Super Block)은 블록화를 통해 충분한 공동의 오픈스페이스 확보가 용이하다는 장점을 가지고 있다.

29 슈퍼블록(Super Block)의 장점과 거리가 먼 것은? [12년 2회, 22년 1회, 22년 4회, 24년 3회]

① 공동의 오픈스페이스 확보

② 전통적 가로경관의 유지

③ 공급처리시설의 공동화 가능

④ 자동차 통과교통의 방지

●해설

슈퍼블록(Super Block)은 중심시설 중앙 배치로 간선도로변의 활성화 기회가 상실되고 전통적 가로경관을 유지할 수 없다는 단점을 가지고 있다.

30 뉴어바니즘의 주요 계획 기법 중 하나인 TND(전통적 근린지역) 계획에 관한 내용 중 옳지 않은 것은? [15년 1회]

① 반경 1/4mile의 보행 중심 커뮤니티와 장소성을 가진 주거지

② 다양한 타입의 주택

③ 좁은 격자형 가로를 통한 교통량의 분산과 속도 감소

④ 행정적 통일성을 위한 Top-down형 계획

●해설

전통적 근린지역(TND : Traditional Neighborhood District)은 주민들의 의도와 목적에 맞게 다양한 주택타입과 상점 등이 입지한 근린지역으로서, 정부주도인 하향적 계획(Top-down)의 획일적 주택 배치와는 거리가 멀다.

31 주택단지계획에 있어서 주택단지 내 순대지의 단위면적에 대한 밀도가 의미하는 것은? [16년 4회]

① 총밀도 ② 근린밀도

③ 순밀도 ④ 주거밀도

●해설

순밀도(Net Density)

주택단지의 부지 중 일반 건축용지, 녹지용지, 교통용지를 제외한 주택용지만에 대한 인구밀도

32 개발밀도에 관한 설명으로 옳은 것은? [13년 4회, 24년 1회]

① 계획의 타당성 여부에 대한 중요한 판단기준이 되며 주거환경의 질을 결정한다.

② 호수밀도는 단위면적당 거주인구를 의미한다.

③ 통풍, 채광, 일조 등 국지기후와는 관련이 없다.

④ 개발 사업자의 수익성을 고려하여 밀도를 결정한다.

●해설

② 호수밀도는 단위면적당 호수(가구 수)의 밀도를 의미한다.

③ 개발밀도가 높아질 경우 통풍, 채광, 일조 등이 나빠질 수 있다.

④ 개발밀도를 개발 사업자의 수익성을 고려하여 결정할 경우 고밀도가 될 우려가 있어, 건축 및 주거환경적으로 안 좋은 결과를 초래할 수 있으며, 개발밀도는 지구단위계획 등 토지이용계획에 따라 결정한다.

33 계획밀도를 물리적 밀도 · 활동밀도 · 입체 밀도로 구분할 때 다음 중 물리적 밀도에 포함되지 않는 것은? [12년 4회]

① 건폐율   ② 용적률

③ 인구밀도   ④ 토지이용률

해설

인구밀도는 단위면적당 발생하는 활동강도를 의미하는 활동밀도에 속한다.

34 건폐율 60%로 규제되고 있는 지역에 연면적 3,000m²의 건물을 5층으로 짓고자 할 때 필요한 최소한의 대지면적은?

[13년 1회, 18년 1회, 22년 4회, 24년 2회]

① 800m²   ② 900m²

③ 1,000m²   ④ 1,200m²

해설

$$건폐율 = \frac{건축면적}{대지면적} \times 100(\%)$$

$$대지면적 = \frac{건축면적}{건폐율} \times 100(\%)$$

여기서, 건축면적은 연면적을 층수로 나눈 면적을 의미한다.

$$대지면적 = \frac{3,000m^2 / 5층}{60\%} \times 100(\%) = 1,000m^2$$

35 단지설계를 위한 대지 분석(Site Analysis)의 내용으로 옳지 않은 것은? [15년 1회]

① 지형, 경사, 지질 등의 자연환경

② 인구, 가구, 토지이용 등의 사회적 환경

③ 접근 교통수단, 도로망 체계 등의 교통환경

④ 분석자의 선호에 기반한 시각적 경관

해설

대지 분석 시 분석자의 개인적 선호가 배제된 객관적 분석 평가가 필요하다.

36 지구단위계획에서의 획지계획에 대한 설명 중 옳은 것은? [17년 1회]

① 용도지역에 상관없이 획지 규모는 동일하게 지정

② 최대 획지의 지정을 통해 이면부의 과대개발을 유도

③ 최소 획지 규모는 모든 지구단위계획지구에서 의무적으로 일정비율 이상을 반드시 지정

④ 일단의 가구 내에 부정형의 영세필지들이 군집되어 있을 경우 공동개발대상지로 지정 가능

해설

① 용도지역 기준에 준하여 획지 규모를 설정한다.

② 적합하고 합리적인 최대 획지 지정을 통해 적절한 개발을 유도한다.

③ 최소 획지 규모는 「국토의 계획 및 이용에 관한 법률」에 따라 설정한다.

37 획지계획에 대한 설명으로 틀린 것은?

[14년 4회]

① 획지(Lot)는 개발이 이루어지는 최소 단위다.

② 앞으로 진행될 단위 개발의 토지 기반을 마련해주는 행위다.

③ 획지의 형태와 규모는 개발의 용도와 밀도, 가로구성, 경관조성 등이 실제적으로 실현되는 데 영향을 준다.

④ 획지계획은 토지이용의 효율성과 주거의 쾌적성 중 하나의 목적만을 선택하여 추구할 수 있도록 계획하여야 한다.

해설

획지계획 시 토지이용의 효율성과 주거의 쾌적성을 모두 고려하여야 한다.

38 상업시설의 배치 형식을 크게 집중형과 노선형으로 구분할 때, 노선형의 장점으로 가장 거리가 먼 것은? [15년 2회, 23년 4회]

① 모든 주민에게 균등한 접근성을 부여한다.

② 장래 수요의 성장과 다양성에 대처할 융통성이 있다.

③ 도로와 거주지 사이의 소음 완충지 역할을 한다.

④ 시설 상호 간의 유기적 관계성이 높다.

해설

집중형은 시설 상호 간의 유기적 관계성이 높고, 노선형은 가로변을 따라 형성되어 시설 상호 간의 거리가 멀어질 수 있어 상호 간 유기성이 떨어질 우려가 있다.

39 상업시설용지의 배치유형을 집중형과 노선형으로 구분할 때, 집중형에 비해 노선형이 갖는 특징으로 틀린 것은? [13년 2회, 20년 3회]

① 자동차 위주의 접근을 유도한다.

② 단일 목적의 활동이 일어나는 것이 기대될 때 적용한다.

③ 도시미관이 손상될 우려가 있다.

④ 도로와 거주지 사이의 소음을 완충하는 역할을 한다.

해설

자동차 위주의 접근을 유도하는 것은 집중형의 특징이다.

40 가로에 면한 건물의 주 용도가 사람들과의 접촉이 자주 일어날 수 있도록 하기 위해 상업·업무단지의 획지 계획 시 건물과의 관계에서 무엇을 가장 중요시해야 하는가? [15년 1회]

① 융통성   ② 전면성

③ 적정성   ④ 방향성

해설

상업·업무단지 획지계획에서 사람들과의 접촉이 자주 일어날 수 있도록 하기 위해서는 건축물의 파사드(입면)가 가로와 얼마큼 접하고 있는가가 중요하며, 이러한 특성을 전면성이라고 한다.

41 다음과 같은 도시계획 조건에서 소요되는 상업지역의 적정면적은? [14년 1회, 16년 2회]

- 건폐율 : 60%
- 공공용지율 : 40%
- 평균 층수 : 5층
- 상업지역 이용인구 : 30,000명
- 1인당 평균 바닥면적 : 12m²

① 15ha   ② 20ha

③ 150ha   ④ 200ha

해설

$$상업지\ 면적 = \frac{1인당\ 상면적 \times 상업지\ 이용인구}{용적률 \times (1 - 공공용지율)}$$

$$= \frac{1인당\ 상면적 \times 상업지\ 이용인구}{(건폐율 \times 층수) \times (1 - 공공용지율)}$$

$$= \frac{(12 \times 30,000명)}{(0.6 \times 5)(1 - 0.4)} = 20 \times 10^4 m^2 = 20ha$$

42 다음 중 「주택법」에 따라 별개의 주택단지로 분리하는 기준이 되는 시설로 틀린 것은? [15년 1회, 23년 1회]

① 폭 15m 이하인 일반도로

② 폭 8m 이상인 도시계획예정도로

③ 철도·고속도로·자동차전용도로

④ 「도로법」에 의한 일반국도·특별시도·광역시도 또는 지방도

해설

「주택법」에 따라 폭 20m 이상인 일반도로로 분리되었을 경우 별개의 주택단지로 본다.

43 다음 중 도로와 각 가구를 연결하는 도로이므로 통과교통이 적어 주거환경의 안전성이 확보되지만 우회도로가 없어 방재 또는 방범상에 단점이 있는 국지도로의 패턴은? [16년 4회, 24년 3회]

① 격자형   ② 루프형

③ T자형   ④ 쿨데삭형

해설

쿨데삭형 도로는 도로의 구성 특성상 비교적 독립된 생활의 영위가 가능하나, 우회도로가 없어 방재 또는 방범상 불리한 단점을 가지고 있다.

44 구획도로망의 구성형식에 관한 설명 중 틀린 것은? [16년 2회]

① 격자형−도로의 위계가 불명확하고, 통과교통이 허용되어 안전성이 떨어진다.
② 티(T)자형−격자형에 비하여 주행속도가 낮고, 단조로운 가구가 형성된다.
③ 루프형−가구 내부에 주민에게 독점적으로 활용되는 쾌적한 도로공간이 형성된다.
④ 쿨데삭형−구획도로와 별도로 보행자전용도로를 설치하는 것은 불가능하다.

해설

쿨데삭형 도로는 단지의 외곽도로에서 쿨데삭(막힘 도로)을 통하여 각 주택으로의 접근이 이루어지는 형태로서, 통과교통이 차단되어 보행자들이 안전하게 보행할 수 있는 특징을 가지고 있다.

45 쿨데삭(Cul−de−sac) 도로에 대한 설명으로 옳은 것은? [14년 4회]

① 보도와 차도의 분리가 힘들다.
② 부정형한 지형에 적용이 곤란하다.
③ 운전자가 전체 도로망을 인지하기 쉽다.
④ 통과 차량의 통행을 억제하는 효과가 있다.

해설

①쿨데삭(Cul−de−sac) 교통의 가장 큰 장점은 보차분리를 통한 통행자의 안전확보가 가장 유리하다는 것이다.
②부정형 지형이나 경사지 등에 주로 이용한다.
③운전자가 전체 도로망을 인지하기 어렵다.

46 각 가구를 잇는 도로가 하나이며 막다른 도로의 형태로 통과교통을 최소화하고, 부정형한 지형에 적용이 용이하며 주거환경의 쾌적성과 안전성을 용이하게 확보할 수 있는 국지도로의 형태는? [13년 2회, 20년 4회]

① 십(十)자형
② 쿨데삭(Cul−de−sac)
③ T자형
④ 격자형

해설

문제 44번 해설 참고

47 다음 중 기능 및 목적이 다른 시설은? [16년 1회]

① 가로등
② 신호등
③ 횡단보도
④ 버스정차대

해설

신호등, 횡단보도, 버스정차대는 보행자의 안전한 도로 횡단 및 버스의 승하차를 위한 것이고, 가로등의 경우는 도로에서 차량의 시거(시야) 확보를 원활하게 하는 데 기능 및 목적이 있다.

48 보행자의 안전을 고려하여 단지 내 차량의 속도를 제한하기 위해 도로에 적용하는 기법으로 적합하지 않은 것은? [12년 4회]

① 도로의 형태를 의도적으로 불규칙하게 만든다.
② 입구 및 도로 폭을 좁게 한다.
③ 도로 표면상에 차량감속시설물(Hump)을 설치한다.
④ 직선 구간을 길게 한다.

해설

직선 구간을 길게 할 경우 과속을 할 우려가 있다.

49 다음 중 뷰캐넌 보고서(Buchannan Report)의 "통과교통으로부터 생활환경 보호"의 개념과 가장 관계 있는 것은? [14년 1회, 24년 1회]

① 슈퍼블록
② 거주환경지역
③ 보행자데크
③ 획지분할

해설

뷰캐넌 보고서(Buchanan Report)의 의도는 거주환경지역의 보행자 보호를 최우선으로 두고 있다.

50 「주택건설기준 등에 관한 규정」상 도로 및 주차장의 경계선으로부터 공동주택의 외벽까지는 최소 얼마 이상을 띄워야 하는가?

[13년 1회, 15년 4회, 22년 2회]

① 2m ② 3m
③ 5m ④ 10m

● 해설
「주택건설기준 등에 관한 규정」에 따라 도로 및 주차장의 경계선으로부터 공동주택의 외벽까지의 거리는 2m 이상 띄어야 한다.

51 격자형 가로망의 특징에 해당하지 않은 것은?

[16년 1회, 24년 1회]

① 토지의 분할이 용이하다.
② 단계별 개발이 용이하다.
③ 도로의 위계를 쉽게 설정할 수 있다.
④ 도시경관의 정연성을 부각시킬 수 있다.

● 해설
격자형은 도로의 위계가 불분명하고 부정형 지형에 곤란한 특징을 가지고 있다.

52 「도시·군계획시설의 결정·구조 및 설치기준에 관한 규칙」상 도로를 규모별로 구분할 때 소로 1류의 기준은?

[16년 2회]

① 폭 15m 이상 20m 미만인 도로
② 폭 12m 이상 15m 미만인 도로
③ 폭 10m 이상 12m 미만인 도로
④ 폭 8m 이상 10m 미만인 도로

● 해설
① 중로 2류, ② 중로 3류, ④ 소로 2류

53 「도시·군계획시설의 결정·구조 및 설치기준에 관한 규칙」에서 폭 35m 도로는 다음 중 어느 규모별 구분에 해당하는가?

[15년 4회]

① 대로 1류 ② 대로 3류
③ 중로 1류 ④ 광로 3류

● 해설
대로 1류(폭 35m 이상 40m 미만)에 속한다.

54 근린주거구역의 교통을 보조간선도로에 연결하여 근린주거구역 내 교통의 집산기능을 하는 도로로서 근린주거구역의 내부를 구획하는 도로는?

[15년 2회, 23년 2회]

① 주간선도로 ② 보조간선도로
③ 집산도로 ④ 국지도로

● 해설
근린주거구역의 교통을 보조간선도로와 연결하는 도로는 집산도로이다. 이러한 집산도로에서 다시 가구로 세분하여 들어가는 도로를 국지도로라고 한다.

55 기능별 구분에 따른 각 도로에 대한 설명이 옳은 것은?

[12년 4회]

① 가구를 구획하는 도로는 국지도로이다.
② 근린주거구역의 골격을 형성하고 근린주거구역 내 교통의 집산기능을 하는 도로는 보조간선도로이다.
③ 근린주거구역의 외곽을 형성하고 시·군 교통의 집산기능을 하는 도로는 주간선도로이다.
④ 대량통과교통의 처리를 목적으로 하며 시·군의 골격을 형성하는 도로는 집산도로이다.

● 해설
② 집산도로, ③ 보조간선도로, ④ 주간선도로

56 기능별 구분에 의한 도로의 종류로서 보조간선도로와 집산도로의 배치간격 기준은?

[15년 4회, 21년 2회]

① 120~150m 내외 ② 250m 내외
③ 500m 내외 ④ 1,000m 내외

● 해설
보조간선도로와 집산도로의 배치간격 기준은 250m 내외이다.

정답 **50** ① **51** ③ **52** ③ **53** ① **54** ③ **55** ① **56** ②

57 다음 중 도로의 배치간격 기준으로 옳지 않은 것은? [12년 1회, 21년 1회]

① 주간선도로와 주간선도로의 배치간격 : 2,000m 내외
② 주간선도로와 보조간선도로의 배치간격 : 500m 내외
③ 보조간선도로와 집산도로의 배치간격 : 250m 내외
④ 국지도로의 배치간격 : 가구의 짧은 변 사이의 배치간격은 90m 내지 150m 내외, 긴 변 사이의 배치간격은 25m 내지 60m 내외

●해설
주간선도로와 주간선도로의 배치간격 기준은 1,000m 내외이다.

58 도시 · 군계획시설인 도로의 사용 및 형태별 구분에 따른 일반도로의 폭은 얼마 이상인가? [16년 4회]

① 2m
② 4m
③ 6m
④ 8m

●해설
일반도로는 통상의 교통소통을 위하여 설치되는 도로로서, 폭은 4m 이상이어야 한다.

59 「도시 · 군계획시설의 결정 · 구조 및 설치기준에 관한 규칙」에 의한 보행자전용도로의 최소 폭은? [15년 4회, 21년 2회, 23년 1회]

① 1.0m
② 1.5m
③ 2.0m
④ 2.5m

●해설
보행자전용도로는 폭 1.5m 이상의 도로로서 보행자의 안전하고 편리한 통행을 위하여 설치하는 도로를 말한다.

60 「주택건설기준 등에 관한 규정」상 관리사무소를 설치하여야 하는 공동주택을 건설하는 주택단지의 최소 규모는? [16년 4회]

① 50세대
② 100세대
③ 150세대
④ 300세대

●해설
관리사무소를 설치해야 하는 최소 규모
50세대 이상(설치면적 : 50세대일 경우 10㎡, 초과 매 세대당 500cm^{2}씩 추가. 단, 최대 설치면적 기준은 100㎡ 이하)

61 다음 중 「주택건설기준 등에 관한 규정」상에서 500세대 이상의 주택을 건설하는 주택단지에 의무적으로 설치하지 않아도 되는 시설은? [14년 2회]

① 유치원
② 어린이놀이터
③ 관리사무소
④ 주민운동시설

●해설
유치원은 2,000세대 이상일 경우 의무설치 대상이다.

62 주거단지 내 공동시설 계획 시 고려할 사항으로 틀린 것은? [13년 4회]

① 공동시설은 이용성, 기능상의 상관성, 토지이용의 효율성에 따라 인접 배치한다.
② 증축을 고려한 융통성 있는 공간을 확보한다.
③ 중심을 형성할 수 있는 곳에 설치한다.
④ 이용 빈도가 높은 건물은 가급적 이용거리를 멀리 한다.

●해설
근린생활시설 배치 시 이용 빈도가 높은 건물은 가급적 이용거리를 가깝게 한다.

63 단지계획에 있어서 생활편익시설의 배치 방법에 대한 설명으로 가장 적합한 것은? [14년 1회]

① 상가는 단지 내의 통합주차장과 인접하여 배치한다.
② 근린공공시설은 다른 관련 시설과 독립적으로 분리·배치한다.
③ 어린이놀이터는 주차장과 인접한 곳에 배치한다.
④ 초등학교는 가급적 근린분구단위의 중심에 배치한다.

●해설
② 근린공공시설물은 다른 관련 시설에 연계하여 배치한다.
③ 어린이놀이터는 주차장과 인접하지 않게 배치하여 어린이의 안전을 고려한다.
④ 초등학교는 가급적 근린주구단위의 중심에 배치한다.

64 공동구의 효과(필요성)로서 적당하지 않은 것은? [16년 4회]

① 방재효율 향상
② 유지관리 편리
③ 도시미관 향상
④ 개별비용 감소

●해설
공동구는 도시미관 등을 향상시킬 수 있으나 초기 설치비용이 크다는 단점을 가지고 있어, 개별비용의 감소 효과를 거두기는 어렵다.

65 주거단지 내의 공원·녹지의 기능이 아닌 것은? [14년 4회]

① 대기오염 및 수질오염을 정화
② 미기후 조절 가능
③ 차경(借景) 기회 억제
④ 화재·홍수 등의 재난 예방과 완화

●해설
차경(借景)은 경치를 빌린다는 의미를 가지고 있으며, 좋은 경치를 감상한다는 폭넓은 의미로 사용되고 있다. 그러므로 주거단지 내 공원·녹지는 차경을 억제하기보다 활성화시키는 기능을 갖는다고 볼 수 있다.

66 「도시공원 및 녹지 등에 관한 법률」에 의해 도시공원을 생활권공원과 주제공원으로 세분할 때 생활권공원에 해당되지 않는 것은? [15년 2회]

① 어린이공원
② 근린공원
③ 지구공원
④ 소공원

●해설
생활권 공원은 크게 소공원, 어린이공원, 근린공원으로 분류된다.

67 공원 및 녹지의 계획에 관한 내용 중 맞는 것은? [14년 2회, 23년 4회, 24년 1회]

① 어린이공원의 면적은 500m^2 이상으로 한다.
② 도보권 근린공원의 면적은 1만m^2 이상으로 한다.
③ 공원이용자의 안전을 위해 입구를 제외하고는 가급적 도로를 배치하지 않는다.
④ 근린공원은 휴식, 여가, 운동 등 이용자의 옥외활동을 수용할 수 있도록 계획한다.

●해설
① 어린이공원의 면적은 $1,500\text{m}^2$ 이상으로 한다.
② 도보권 근린공원의 면적은 3만m^2 이상으로 한다.
③ 도시공원은 공원 이용자가 안전하고 원활하게 도시공원에 모였다가 흩어질 수 있도록 원칙적으로 3면 이상이 도로에 접하도록 설치되어야 한다.

68 다음 중 도보권 근린공원(주로 도보권 안에 거주하는 자의 이용에 제공할 것을 목적으로 하는 근린공원)의 유치거리와 규모의 기준이 옳게 나열된 것은? [12년 1회, 16년 2회, 20년 1·2회]

① 500m 이하, 30,000m^2 이상
② 500m 이하, 50,000m^2 이상
③ 1,000m 이하, 30,000m^2 이상
④ 1,000m 이하, 50,000m^2 이상

●해설
도보권 근린공원은 이용자들이 도보로서 공원을 이용할 수 있는 거리(1,000m 이하)로 계획되어야 하며, 3만m^2 이상의 규모를 가져야 한다.

69 도시공원의 기능에 따른 분류 중 생활권 공원의 하나인 어린이공원의 최소 설치 규모 기준은?

[15년 4회]

① 3,000m² 이상   ② 2,000m² 이상
③ 1,500m² 이상   ④ 1,000m² 이상

해설

어린이공원의 규모는 최소한 1,500㎡ 이상이어야 하며, 유치거리는 250m 이하로 계획되어야 한다.

70 「도시공원 및 녹지 등에 관한 법률」에 따른 도시 공원 설치 및 규모의 기준으로 옳은 것은?

[17년 1회]

① 어린이공원의 면적은 최소 2,000m² 이상으로 한다.
② 도보권 근린공원의 면적은 최소 1만m² 이상으로 한다.
③ 공원 이용자의 안전을 위해 입구를 제외하고는 가급적 도로를 배치하지 않는다.
④ 도시공원의 경계는 가급적 식별이 명확한 지형·지물을 이용하거나 주변의 토지이용과 확실히 구별할 수 있는 위치로 정한다.

해설

① 어린이공원의 면적은 최소 1,500m² 이상으로 한다.
② 도보권 근린공원의 면적은 3만m² 이상으로 한다.
③ 도시공원은 공원 이용자가 안전하고 원활하게 도시공원에 모였다가 흩어질 수 있도록 원칙적으로 3면 이상이 도로에 접하도록 설치되어야 한다.

71 도시공원 중 주로 도보권 안에 거주하는 자의 이용에 제공할 것을 목적으로 하는 도보권 근린공원의 유치거리 기준으로 옳은 것은?

[13년 1회, 17년 2회, 22년 4회]

① 250m 이하   ② 500m 이하
③ 1,000m 이하   ④ 1,500m 이하

해설

문제 68번 해설 참고

72 도시공원의 설치 및 규모의 기준에서 규모가 큰 것부터 작은 순으로 올바르게 나열된 것은?

[17년 4회]

① 묘지공원 > 도보권 근린공원 > 체육공원 > 어린이공원
② 도보권 근린공원 > 묘지공원 > 어린이공원 > 체육공원
③ 묘지공원 > 체육공원 > 도보권 근린공원 > 어린이공원
④ 도보권 근린공원 > 묘지공원 > 체육공원 > 어린이공원

해설

묘지공원(10만m² 이상) > 도보권 근린공원(3만m² 이상) > 체육공원(1만m² 이상) > 어린이공원(1,500m² 이상)

73 「도시공원 및 녹지 등에 관한 법률」에 의한 경관녹지의 기능으로 가장 옳은 것은?

[14년 1회, 18년 1회]

① 도시민에게 산책 공간으로 제공하는 선형의 녹지
② 재해 발생 시 주민의 피난지대 확보
③ 도시의 자연적 환경 보전 또는 개선
④ 대기오염, 소음, 진동 등 공해의 차단 및 완화

해설

경관녹지는 자연경관의 보전과 주민의 일상생활의 쾌적성과 안정성 확보를 목적으로 한다.
① 연결녹지, ② 완충녹지, ④ 완충녹지

74 공원 · 녹지체계의 유형 중 일정 폭의 녹지를 직선적으로 길게 조성하는 경우를 말하는 것은?

[16년 2회, 23년 1회]

① 집중형　　　　　② 분산형
③ 격자형　　　　　④ 대상형

●**해설**

일정 폭의 녹지를 길게 조성하는 방법을 대상형 또는 노선형이라 한다.

75 공원 및 녹지체계의 유형 중 녹지의 연결성과 접근성의 측면에서 바람직하다고 볼 수 있으나, 한정된 녹지가 넓은 면적에 분포하게 되어 녹지의 폭이 좁아지는 단점이 있는 것은?[16년 2회, 24년 3회]

① 단지 녹지를 한 곳으로 모으는 집중형
② 단지 내 녹지를 고르게 분포시키는 분산형
③ 일정폭의 녹지를 길게 조성하는 대상형
④ 대상형을 가로, 세로로 겹쳐 놓은 격자형

●**해설**

격자형의 경우 공원 및 녹지체계의 유형 중 녹지의 연결성과 접근성의 측면에서 바람직하나, 한정된 녹지가 넓은 면적에 분포하게 되어 녹지의 폭이 좁아지게 된다는 단점을 가지고 있다.

76 다음 중 「도시 · 군계획시설의 결정 · 구조 및 설치기준에 관한 규칙」에 의하여 교통광장을 구분할 때 교통광장에 해당하지 않는 것은?

[16년 4회, 21년 1회, 22년 4회]

① 역전광장　　　　　② 교차점광장
③ 중심대광장　　　　④ 주요시설광장

●**해설**

교통광장의 종류

교차점광장, 역전광장, 주요시설광장

77 다음 중 교통광장에 대한 설명으로 옳지 않은 것은?

[15년 1회]

① 교통광장은 교차점광장, 역전광장, 주요시설광장으로 구분한다.

② 역전에서의 교통혼잡을 방지하고 이용자의 편의를 도모하기 위하여 철도역 앞에 설치한다.

③ 주간선도로의 교차지점에 광장을 설치하는 경우 접속도로의 기능에 따라 입체교차방식으로 하거나 교통성, 변속차로 등에 의한 평면교차방식으로 한다.

④ 전체 주민이 쉽게 이용할 수 있도록 교통중심지에 설치한다.

●**해설**

전체 주민이 쉽게 이용할 수 있도록 설치하는 것은 일반광장에 속하며 교통광장과는 거리가 멀다.

78 다음 중 교통광장에 대한 설명으로 옳지 않은 것은?

[12년 1회]

① 교통광장은 교차점 광장, 역전광장, 주요시설 광장 등으로 구분한다.

② 역전에서 교통 혼잡을 방지하고 이용자의 편의를 도모하기 위하여 철도역 앞에 설치한다. 주간선도로의 교차지점에 광장을 설치하는 경우 접속도로의 기능에 따라 입체교차방식으로 하거나 교통섬, 변속차로 등에 의한 평면 교차방식으로 한다.

③ 교차점광장은 각종 차량과 보행자를 원활하게 소통시키기 위하여 필요한 곳에 설치한다.

④ 교통광장은 보행광장, 근린광장, 건축물 부설광장으로 구분한다.

●**해설**

문제 76번 해설 참고

79 오픈스페이스(Open Space)에서 시민이 누릴 수 있는 것과 거리가 먼 것은?

[13년 2회]

① 자유감
② 자발적 활동
③ 새로운 생활환경의 접촉
④ 제한된 도시생활의 연속

●**해설**

오픈스페이스(Open Space)의 기능 중 하나가 제한된 도시생활에서 자유감을 느낄 수 있다는 것이다.

1 지구단위계획의 개념과 유형

1. 지구단위계획의 개념

(1) 지구단위계획의 정의

당해 지구단위계획구역의 토지이용을 합리화하고 그 기능을 증진시키며 도시의 경관 · 미관을 개선하고 양호한 환경을 확보하며, 당해 구역을 체계적 · 계획적으로 관리하기 위하여 수립하는 계획

(2) 지구단위계획의 성격

① 도시 내 일정구역에 대하여 지구단위계획은 향후 10년 내외에 걸쳐 나타날 시 · 군의 성장, 발전 등의 여건 변화를 고려하여 수립한다.

② 도시 · 군관리계획으로 결정한다.(10년 단위 계획, 5년마다 정비)

③ 인간과 자연이 공존하는 환경친화적 도시환경을 조성을 위한 도시계획

④ 평면적 계획과 입체적 계획의 조화에 중점을 둠

지구단위계획 = 도시계획(평면적) + 건축계획(입체적)

- 도시계획(평면적) : 토지이용계획과 도시기반시설의 정비 등에 중점
- 건축계획(입체적) : 건축물 등 입체적 시설 계획에 중점
- 지구단위계획 : 토지이용계획과 건축물계획 등이 서로 환류되도록 함으로써 평면적 토지이용계획과 입체적 시설계획이 서로 조화를 이루도록 하는 데 중점

⑤ 개선 효과가 지구단위계획구역 인근에 미쳐 도시 전체의 기능이나 미관 등의 개선에 도움을 주기 위한 계획

⑥ 지구단위의 수립 및 변경 시에는 제안한 지역의 대상 토지 면적의 2/3 이상에 해당하는 토지소유자의 동의가 있어야 한다.(단, 국공유지의 면적은 제외)

핵심문제

다음 중 지구단위계획에 대한 설명으로 옳지 않은 것은? [16년 4회]

① 지구단위계획구역 및 지구단위계획은 도시·군기본계획으로 결정한다.
② 인간과 자연이 공존하는 환경친화적 환경을 조성하고 지속 가능한 개발 또는 관리가 가능하도록 하기 위한 계획이다.
③ 지구단위계획은 향후 10년 내외에 걸쳐 나타날 시·군의 성장·발전 등의 여건 변화와 향후 5년 내외에 개발이 예상되는 일단의 토지 또는 지역과 그 주변 지역의 미래 모습을 상정하여 수립하는 계획이다.
④ 지구단위계획을 통한 구역의 정비 및 기능 재정립의 개선효과가 인근까지 미쳐 시·군 전체의 기능이나 미관 등의 개선에 도움을 주기 위한 계획이다.

답 ①

해설⊕
지구단위계획구역 및 지구단위계획은 도시·군관리계획으로 결정한다.

(3) 지구단위계획의 내용

지구단위계획의 수립기준 등은 대통령령이 정하는 바에 따라 국토교통부장관이 정한다. (아래 내용 중 ①, ②는 필수이며, ①, ②를 포함한 최소 2가지 이상의 내용이 포함되어 지구단위계획이 수립되어야 한다.)

① 기반시설의 배치와 규모
② 건축물의 용도제한·건폐율·용적률·높이의 최고한도 또는 최저한도
③ 교통처리계획
④ 용도지역 또는 용도지구를 그 범위 안에서 세분하거나 변경하는 사항(기존의 용도지구를 폐지하고 그 용도지구에서의 건축물이나 그 밖의 시설의 용도·종류 및 규모 등의 제한을 대체하는 사항 포함)
⑤ 일단의 토지 규모와 조성계획
⑥ 건축물의 배치·형태·색채·건축선에 관한 계획
⑦ 환경관리계획, 경관계획
⑧ 토지이용의 합리화, 도시 또는 농·산·어촌의 기능 증진 등에 필요한 사항

핵심문제

「국토의 계획 및 이용에 관한 법률」에 규정된 지구단위계획의 내용이 아닌 것은? [14년 2회]

① 단계별 집행계획
② 기반시설의 배치와 규모
③ 용도지역 또는 지구의 세분이나 변경
④ 건축물의 배치, 형태, 색채 및 건축선에 관한 계획

답 ①

해설⊕
단계별 집행계획은 지구단위계획에 대한 세부적 사항을 다루는 것으로서 지구단위계획의 내용에는 포함되지 않는다.

(4) 지구단위계획의 실효

지구단위계획구역의 지정에 관한 도시·군관리계획결정의 고시일로부터 3년 이내에 당해 지구단위계획구역에 관한 지구단위계획이 결정·고시되지 아니하는 경우에는 그 3년이 되는 날의 다음 날에 당해 지구단위계획구역의 지정에 관한 도시·군관리계획결정은 그 효력을 상실한다.

───┤핵심문제

지구단위계획구역의 지정에 관한 도시·군관리계획 결정의 고시일부터 얼마 이내에 그 지구단위계획구역에 관한 지구단위계획이 결정·고시되지 아니하면 그 효력을 잃는가?   [12년 2회, 22년 1회]

① 1년 이내   ② 2년 이내

③ 3년 이내   ④ 4년 이내

답 ③

해설⊕

지구단위계획구역의 지정에 관한 도시·군관리계획결정의 고시일로부터 3년 이내에 당해 지구단위계획구역에 관한 지구단위계획이 결정·고시되지 아니하는 경우에는 그 3년이 되는 날의 다음 날에 당해 지구단위계획구역의 지정에 관한 도시·군관리계획결정은 그 효력을 상실한다.

(5) 지구단위계획 수립지침

1) 일반원칙

① 입안권자는 지구단위계획을 작성하는 때에 도시·군계획, 건축, 경관, 토목, 조경, 교통 등 필요한 분야의 전문가의 협력을 받을 수 있다.

② 쾌적하고 편리한 환경이 조성되도록 지역현황 및 성장잠재력을 고려하여 적절한 개발밀도가 유지되도록 하는 등 환경친화적으로 계획을 수립하여야 한다.

③ 도로, 상·하수도, 전기공급설비 등 기반시설의 처리·공급 수용능력과 건축물의 연면적이 적정한 조화를 이루도록 하여 기반시설 용량이 부족하지 아니하도록 한다.

④ 정비구역 및 택지개발예정지구에서 시행되는 사업이 완료된 후 10년이 경과한 지역에 수립하는 지구단위계획은 기존의 기반시설 및 주변환경에 적합하고 과도한 재건축이 되지 않도록 하여야 한다.

2) 주거형 지구단위계획 수립지침(토지이용계획)

① 일조권을 감안하여 단독주택용지가 아파트 용지의 진북 방향으로 입지하는 때에는 충분한 이격거리가 유지되도록 하여야 한다.

② 녹지용지는 쾌적한 주거환경을 조성하는 데 필요한 근린공원·어린이공원·완충녹지·경관녹지·광장·보행자전용도로·친수공간 등으로 구획한다.

③ 상업용지는 주거용지 면적의 5% 내외에서 계획하는 것을 원칙으로 하되, 당해 구역의 경제권 및 생활권의 규모와 구조 등을 감안하여 적정한 비율을 확보하도록 한다.

④ 주거용지와 면하는 철도부지변에는 폭 30m 이상의 완충녹지, 폭 25m 이상의 도시계획도로변에는 폭 10m 이상의 완충녹지, 철도역 등과 인접해서는 폭 10m 내외의 완충녹지를 설치하는 것이 바람직하다.

2. 지구단위계획의 유형

(1) 지구단위계획구역의 중심기능에 따른 구분(도시지역 외 지역에 지정하는 경우)

구분	내용
주거형 지구단위계획구역	• 향후 5년 내 개발수요가 크게 증가할 것으로 예상되는 지역 • 주택이 소규모로 연담화하여 건설되어 있거나 건설되고 있는 지역 • 도로 · 상하수도 등 기반시설과 개발여건이 양호하여 개발이 예상되는 지역 • 공공사업의 시행으로 인하여 이주단지를 조성할 필요가 있는 지역
산업유통형 지구단위계획구역	• 「산업입지 및 개발에 관한 법률」에 의한 농공단지 • 「산업집적활성화 및 공장설립에 관한 법률」에 의한 공장과 이에 부수되는 근로자 주택 • 「물류정책기본법」에 의한 물류시설 • 「물류시설의 개발 및 운영에 관한 법률」에 의한 유통단지 • 「유통산업발전법」에 의한 공동집배송단지 및 집배송센터와 그 관련시설 • 「유통산업발전법」에 의한 시장 · 대형점 · 대규모 소매점 • 기타 농어촌 관련시설
관광휴양형 지구단위계획구역	• 「관광진흥법」에 의해 설치하는 시설 • 「체육시설의 설치 · 이용에 관한 법률」에 의한 체육시설
복합형 지구단위계획구역	상기의 지구단위계획 중 2 이상을 동시에 지정하는 경우

(2) 지구단위계획으로 결정하는 도시계획시설

1) 기반시설 중 도시 · 군관리계획으로 결정하는 시설

※ 표의 ( ) 안은 미리 도시 · 군관리계획으로 결정하지 않아도 되는 도시계획시설

구분	시설 세분
공간시설	광장, 공원, 시설녹지(위치별, 목적별), 유원지, (공공공지)
공공문화체육시설	(학교), (도서관), 운동장, (공공청사), (체육시설), (문화시설), (연구시설), (사회복지시설), (청소년수련시설), (공공직업훈련시설)
교통시설	도로, 주차장, 철도, 궤도, 삭도, 항만, 운하, 공항, (자동차 및 건설기계검사시설), (운전학원)
유통 · 공급시설	수도, 전기, 가스, 열공급설비, 유류저장 및 송유설비, (방송 · 통신시설), 공동구, (시장), 유통업무 설비

보건위생시설	공동묘지, (장례식장), 화장장(도로 · 철도 · 하천 − 300m, 학교 · 인구밀집지역 − 1km 이상), 납골시설, 도축장, (종합의료시설)
환경기초시설	하수도(도시하수도, 공공하수도, 유역하수도), 수질오염방지시설, 폐기물처리시설, (폐차장)
방재시설	하천, 유수지, (저수지), (방화) · (방풍) · (방수) · (방조), (사방설비)

핵심문제

다음 중 지구단위계획에서 결정할 수 있는 도시 · 군계획시설에 해당하지 않는 것은? [14년 2회]

① 공원시설 : 공원묘지
② 유통 · 공급시설 : 공동구
③ 공간시설 : 공공공지
④ 공공 · 문화체육시설 : 도서관

답 ①

해설⊕

공원시설은 지구단위계획에서 결정할 수 있는 도시 · 군계획시설의 대분류에 속하지 않으며, 공원묘지 또한 세분된 시설 사항에 포함되어 있지 않다.

2 지구단위계획의 과정

1. 지구단위계획구역의 지정 절차

지정 절차	수행 주체	비고
기초조사 및 지구단위계획구역 지정안 작성	특별시장 · 광역시장 · 시장 · 군수	
주민의견 청취		
시 · 군 · 구 도시계획위원회 자문		
지구단위계획구역의 지정 입안	특별시장 · 광역시장 · 시장 · 군수	주민이 제안하는 경우 입안권자에게 제안
시 · 도 도시계획위원회 심의		
지구단위계획구역의 지정 결정 · 고시	특별시장 · 광역시장 · 도지사	
송부	특별시장 · 광역시장 · 시장 · 군수	
일반열람		

지구단위계획구역 지정절차에서 시장 또는 군수가 할 수 없는 것은?　　[13년 4회]

① 기초조사　　　　　　　　　　② 지구단위계획구역의 지정 입안
③ 지구단위계획구역의 지정 결정　　④ 지구단위계획구역 지정안 작성

답 ③

해설⊕--

지구단위계획구역의 지정 결정 · 고시는 특별시장 · 광역시장 · 도지사에게 권한이 있다.

2. 구역 지정

(1) 지구단위계획구역 지정 대상 지역

① 용도지구, 도시개발구역, 정비구역, 택지개발예정지구, 대지조성사업지구, 산업단지, 관광특구
② 개발제한구역 · 도시자연공원구역 · 시가화조정구역 · 공원에서 해제되는 구역
③ 녹지지역에서 주거 · 상업 · 공업지역으로 변경되는 구역, 새로이 도시지역으로 편입되는 구역
④ 도시지역의 체계적 · 계획적인 관리 또는 개발이 필요한 지역
⑤ 양호한 환경의 확보 또는 기능 및 미관의 증진 등을 위하여 필요한 지역
⑥ 정비구역 · 택지개발예정지구에서 시행되는 사업이 완료된 후 10년이 경과된 지역
⑦ 시가화조정구역 · 공원에서 해제되는 지역으로서 면적이 30만m² 이상인 지역
⑧ 녹지지역에서 주거 · 상업 · 공업지역으로 변경되는 지역으로서 면적이 30만m² 이상인 지역
⑨ 체계적 · 계획적인 개발 또는 관리가 필요한 지역
※ 국토교통부장관이 지구단위계획상의 지구단위계획구역을 지정할 경우 중앙도시계획위원회의 심의를 거쳐야 한다.
※ 심의 생략이 가능한 경우
  • 가구면적의 10% 이내의 변경인 경우
  • 획지면적의 30% 이내의 변경인 경우
  • 건축물 높이의 20% 이내의 변경인 경우
  • 건축선의 1m 이내의 변경인 경우

(2) 지구단위계획구역으로 반드시 지정하여야 하는 지역

① 정비구역 · 택지개발예정지구에서 시행되는 사업이 완료된 후 10년이 경과된 지역
② 시가화조정구역 또는 공원에서 해제되는 지역, 녹지지역에서 주거지역 · 상업지역 또는 공업지역으로 변경되는 지역으로 그 면적이 30만m² 이상인 지역

지구단위계획구역으로 반드시 지정하여야 하는 지역은? [14년 2회]

① 「도시 및 주거환경정비법」에 의하여 지정된 정비구역에서 시행되는 사업이 완료된 후 5년이 경과된 지역

② 「택지개발촉진법」에 의한 택지개발예정지구에서 시행되는 사업이 완료된 후 7년이 경과된 지역

③ 녹지지역에서 주거지역·상업지역 또는 공업지역으로 변경되는 지역으로서 그 면적이 30만m²인 지역

④ 시가화조정구역 또는 공원에서 해제되는 지역으로서 그 면적이 20만m²인 지역

目 ③

해설⊕

지구단위계획구역으로 반드시 지정하여야 하는 지역

• 정비구역·택지개발예정지구에서 시행되는 사업이 완료된 후 10년이 경과된 지역

• 시가화조정구역 또는 공원에서 해제되는 지역, 녹지지역에서 주거지역·상업지역 또는 공업지역으로 변경되는 지역으로 그 면적이 30만m² 이상인 지역

3. 현황조사

(1) 기초조사

1) 조사 내용

① 도시에서 당해 구역이 차지하는 위치와 역할

② 대상구역의 발전과정 및 변화 양상

③ 대상구역의 문제점과 계획 과제

2) 유의사항

① 지정목적, 구역의 협소 등을 감안하여 조사가 필요하지 않거나 조사를 할 수 없는 경우에는 해당부문의 조사를 생략할 수 있음

② 문헌이나 각종 통계자료를 활용·조사하고, 현지답사, 주민에 대한 설문조사 등 현지 확인

③ 지형, 수문 등 자연환경과 인구, 토지이용, 교통량, 도시기반시설 등과 같은 인문환경을 포함하여 조사·분석

④ 통계자료는 가능한 한 10년 이상의 것을 사용하고, 현황자료의 신빙성을 확보할 수 있도록 자료 출처를 명시

⑤ 건물의 높이·용도 및 스카이라인 등과 같은 입체적 사항을 조사

⑥ 생태계, 문화재, 보호림, 기암괴석 등 보존가치가 있는 것을 조사

3) 방법

① 지구단위계획의 기초조사와 관련하여 이 지침에서 정하지 아니한 사항은 「도시기본계획수립지침」 및 「도시관리계획수립지침」의 기초조사에 따른다.

② 기초조사는 일반기초조사 · 환경성 검토 · 토지적성평가로 구성

구분	내용
일반기초조사	대상구역의 특성과 계획 수준에 따라 조사내용 및 수준을 차등적으로 적용
환경성 검토	환경성 검토 방법 중 적합한 사항에 대하여 시행
토지적성평가	「토지의 적성평가에 관한 지침」에 따라 시행

③ 기초조사를 실시하지 아니할 수 있는 경우

- 도심지(상업지역과 상업지역에 연접한 지역)에 위치하는 경우
- 나대지면적이 전체구역면적의 2%에 미달하는 경우
- 당해 지구단위계획구역 또는 도시계획시설부지가 다른 법률에 의하여 지역 · 지구 · 구역 · 단지 등으로 지정되거나 개발계획이 수립된 경우
- 당해 구역을 정비 또는 관리하고자 하는 경우로서 너비 12m 이상의 도로의 설치계획이 없는 경우
- 법 또는 다른 법령에 의하여 조성된 지역인 경우
- 도시관리계획 입안일 전 5년 이내에 토지적성평가를 실시한 지역
- 개발제한구역에서 조정 또는 해제된 지역에 대하여 도시관리계획을 입안하는 경우
- 주거지역 · 상업지역 · 공업지역에 입안하는 경우 : 토지적성평가 생략
- 지구단위계획구역 또는 도시계획시설부지에서 도시관리계획을 입안하는 경우 : 토지적성평가 생략

01 국토교통부장관, 시·도지사, 시장 또는 군수가 지구단위계획구역으로 지정할 수 있는 대상이 아닌 것은? [14년 1회]

① 「물류시설의 개발 및 운영에 관한 법률」에 의한 유통단지
② 「도시개발법」에 따라 지정된 도시개발구역
③ 「주택법」에 따른 대지조성사업지구
④ 「도시 및 주거환경정비법」에 따라 지정된 정비구역

◎해설

지구단위계획은 평면적 도시계획과 입체적 건축계획이 어우러져 계획되는 것으로서, 상업적 목적에 국한된 유통단지의 경우는 계획 지정 대상이 아니다.

02 지구단위계획구역의 지정 절차에서 국토교통부장관이 결정하는 경우 심의를 거쳐야 하는 곳은? [19년 1회, 23년 2회]

① 시·도공동위원회
② 중앙도시계획위원회
③ 시·도도시계획위원회
④ 시·군도시계획위원회

◎해설

국토교통부장관이 지구단위계획상의 지구단위계획구역을 지정할 경우 중앙도시계획위원회의 심의를 거쳐야 한다.

03 「국토의 계획 및 이용에 관한 법률」에 의한 지구단위계획구역의 지정 목적을 이루기 위하여 지구단위계획에 반드시 포함되어야 하는 사항이 아닌 것은? [14년 1회]

① 대통령령으로 정하는 기반시설의 배치와 규모
② 건축물 높이의 최고한도 또는 최저한도
③ 건축물의 용도제한, 건축물의 건폐율 또는 용적률
④ 건축물의 배치·형태·색채 또는 건축선에 관한 계획

◎해설

건축물의 배치·형태·색채 또는 건축선에 관한 계획은 반드시 포함되어야 하는 사항이 아니다.

지구단위계획의 내용

아래 내용 중 ①, ②는 필수이며, ①, ②를 포함한 최소 2가지 이상의 내용이 포함되어 지구단위계획이 수립되어야 한다.

① 기반시설의 배치와 규모
② 건축물의 용도제한·건폐율·용적률·높이의 최고한도 또는 최저한도
③ 교통처리계획
④ 용도지역 또는 용도지구를 그 범위 안에서 세분하거나 변경하는 사항(기존의 용도지구를 폐지하고 그 용도지구에서의 건축물이나 그 밖의 시설의 용도·종류 및 규모 등의 제한을 대체하는 사항 포함)
⑤ 일단의 토지 규모와 조성계획
⑥ 건축물의 배치·형태·색채·건축선에 관한 계획
⑦ 환경관리계획, 경관계획
⑧ 토지이용의 합리화, 도시 또는 농·산·어촌의 기능 증진 등에 필요한 사항

04 지구단위계획 수립의 일반원칙에 대한 내용으로 옳지 않은 것은? [17년 4회, 20년 4회]

① 입안권자는 지구단위계획을 작성하는 때에 도시·군계획, 건축, 경관, 토목, 조경, 교통 등 필요한 분야의 전문가의 협력을 받을 수 있다.
② 쾌적하고 편리한 환경이 조성되도록 지역현황 및 성장잠재력을 고려하여 적절한 개발밀도가 유지되도록 하는 등 환경친화적으로 계획을 수립하여야 한다.
③ 도로, 상·하수도, 전기공급설비 등 기반시설의 처리·공급 수용능력과 건축물의 연면적이 적정한 조화를 이루도록 하여 기반시설 용량이 부족하지 아니하도록 한다.
④ 정비구역 및 택지개발예정지구에서 시행되는 사업이 완료된 후 20년이 경과한 지역에 수립하는 지구단위계획은 기존의 기반시설 및 주변환경에 적합하고 과도한 재건축이 되지 않도록 하여야 한다.

해설

정비구역 및 택지개발예정지구에서 시행되는 사업이 완료된 후 10년이 경과한 지역에 수립하는 지구단위계획은 기존의 기반시설 및 주변환경에 적합하고 과도한 재건축이 되지 않도록 하여야 한다.

05 주민이 지구단위계획의 수립 및 변경에 관한 사항을 제안하는 때에 갖추어야 할 요건 중, 제안한 지역의 대상 토지면적의 얼마 이상에 해당하는 토지소유자의 동의가 있어야 하는가?(단, 국공유지의 면적은 제외한다.)

[17년 4회, 21년 1회, 22년 4회, 23년 4회]

① 2/3 이상 ② 1/3 이상
③ 1/2 이상 ④ 1/4 이상

해설

지구단위의 수립 및 변경 시에는 제안한 지역의 대상 토지면적의 2/3 이상에 해당하는 토지소유자의 동의가 있어야 한다.

06 지구단위계획구역을 변경하는 경우에 관계행정기관의 장과의 협의, 국토교통부장관과의 협의 및 도시계획위원회의 심의를 생략할 수 있는 경우에 해당하지 않는 것은? [17년 2회, 22년 4회]

① 가구면적의 20% 이내의 변경인 경우
② 획지면적의 30% 이내의 변경인 경우
③ 건축물 높이의 20% 이내의 변경인 경우
④ 건축선의 1m 이내의 변경인 경우

해설

가구면적의 10% 이내의 변경인 경우 관계행정기관의 장과의 협의, 국토교통부장관과의 협의 및 도시계획위원회의 심의를 생략할 수 있다.

07 지구단위계획의 수립과 관련한 설명이 틀린 것은? [12년 4회]

① 지구단위계획은 향후 20년 내외에 걸쳐 나타날 시·군의 성장, 발전 등의 여건 변화를 고려하여 수립한다.

② 지구단위계획은 인간과 자연이 공존하는 환경친화적 환경을 조성하고 지속 가능한 개발 또는 관리가 가능하도록 하기 위한 계획이다.
③ 지구단위계획구역의 지역은 지구단위계획을 통한 체계적·계획적 개발 또는 관리가 필요한 지역을 대상으로 함을 원칙으로 한다.
④ 지구단위계획구역은 결정된 날부터 5년 이내에는 이를 변경하지 않는 것을 원칙으로 한다.

해설

지구단위계획은 향후 10년 내외에 걸쳐 나타날 시·군의 성장, 발전 등의 여건 변화를 고려하여 수립한다.

08 지구단위계획 수립기준에 대한 설명으로 틀린 것은? [17년 1회]

① 주민은 지구단위계획구역의 지정에 관한 입안을 국토교통부장관 또는 시·도지사에게 제안할 수 있다.
② 지구단위계획은 지구단위계획구역의 지정목적 및 유형에 따라 계획내용의 상세 정도에 차등을 두되, 시장·군수는 당해 구역의 지정목적의 달성에 필수적인 항목 이외의 사항에 대해서도 필요 시 포함하여야 한다.
③ 지구단위계획에서 일반적으로 주거·상업·공업·녹지지역과 용도지구 사이의 용도변경은 할 수 없다.
④ 도시지역 내 지구단위계획구역 안에서는 용도지역상 불허되는 용도라도 주거지역·상업지역·공업지역·녹지지역의 테두리 안에서 허용되는 용도·종류·규모의 건축물을 지구단위계획으로 허용할 수 있다.

해설

지구단위계획구역의 지정은 도시·군관리계획을 따른다. 주민은 도시·군관리계획을 입안할 수 있는 자에게 도시·군관리계획의 입안을 제안할 수 있으며, 도시·군관리계획의 입안권자는 특별시장·광역시장·특별자치시장·특별자치도지사·시장 또는 군수가 해당된다. 국토교통부장관 및 특별자치도지사를 제외한 도지사는 입안권자에 해당하지 않는다.

09 토지이용을 합리화하고 그 기능을 증진시키며, 경관과 미관을 개선하고, 체계적 및 계획적으로 개발관리하기 위하여 건축물 및 그 밖의 시설의 용도와 종류 및 규모, 건폐율 또는 용적률을 완화하여 수립하는 계획을 무엇이라 하는가?

[15년 1회, 20년 3회, 23년 4회]

① 토지이용계획　　　② 지구단위계획
③ 개발계획　　　　　④ 경관계획

● 해설

지구단위계획은 지구단위계획 구역의 토지이용을 합리화하고 그 기능을 증진시키며 경관·미관을 개선하고 양호한 환경을 확보하며, 당해 구역을 체계적·계획적으로 관리하기 위하여 수립하는 계획이다.

10 지구단위계획을 관계 행정기관의 장과의 협의, 국토교통부장관과의 협의 및 중앙 또는 지방도시계획위원회의 심의를 거치지 아니하고 변경할 수 있는 기준으로 옳지 않은 것은?

[18년 2회, 24년 1회]

① 획지면적의 30% 이내의 변경인 경우
② 건축물의 배치·형태 또는 색채의 변경인 경우
③ 건축물 높이의 30% 이내의 변경인 경우(층수변경이 수반되는 경우를 포함한다)
④ 가구(관련 조항에 따른 별도의 구역을 포함한다) 면적의 10% 이내의 변경인 경우

● 해설

건축물 높이의 20% 이내의 변경인 경우 관계행정기관의 장과의 협의, 국토교통부장관과의 협의 및 도시계획위원회의 심의를 생략할 수 있다.

11 도시·군관리계획과 지구단위계획에 대한 설명 중에서 잘못 기술된 것은? [14년 1회, 18년 2회]

① 도시·군관리계획은 그 범위가 특별시·광역시·특별자치시·특별자치도·시 또는 군 전체에 미친다.
② 도시·군관리계획은 토지이용계획과 기반시설의 정비 등에 중점을 둔다.

③ 지구단위계획은 관할 행정구역 내의 일부 지역을 대상으로 토지이용계획과 건축물계획이 서로 환류되도록 한다.
④ 지구단위계획은 특정 필지에 대한 입체적 토지이용계획과 평면적 시설계획이 조화를 이루도록 하는 데 중점을 둔다.

● 해설

지구단위계획은 특정 필지에 대한 평면적 토지이용계획과 입체적 시설계획이 조화를 이루도록 하는 데 중점을 둔다.

12 다음 중 지구단위계획구역의 지정권자가 아닌 자는? [13년 1회, 24년 3회]

① 국토교통부장관
② 도지사
③ 군수
④ 대도시 시장

● 해설

지구단위계획구역의 지정 결정·고시는 국토교통부장관·특별시장·광역시장·도지사에게 권한이 있다.

13 다음 중 괄호 안에 맞는 것은?

[14년 2회, 22년 4회, 24년 2회]

> 지구단위계획구역의 지정에 관한 도시·군관리계획결정의 고시일로부터 (　　　) 이내에 당해 지구단위계획구역에 관한 지구단위계획이 결정·고시되지 아니하는 경우에는 다음 날에 그 효력을 상실한다.

① 1년　　　　　　　② 2년
③ 3년　　　　　　　④ 5년

● 해설

지구단위계획구역의 지정에 관한 도시·군관리계획결정의 고시일로부터 3년 이내에 당해 지구단위계획구역에 관한 지구단위계획이 결정·고시되지 아니하는 경우에는 그 3년이 되는 날의 다음 날에 당해 지구단위계획구역의 지정에 관한 도시·군관리계획결정은 그 효력을 상실한다.

14 지구단위계획 수립 시 각 용지별 토지이용계획 수립기준으로 틀린 것은? [15년 2회]

① 단독주택용지가 아파트용지의 진북 방향으로 입지하는 때에는 충분한 이격거리를 유지하도록 하여야 한다.

② 녹지용지는 근린공원, 어린이공원, 완충녹지, 광장, 친수공간 등으로 구획한다.

③ 상업용지는 주거용지면적의 5% 내외 비율로 계획하되 구역의 경제권 등을 감안할 수 있다.

④ 주거용지와 면하는 철도부지면에는 폭 30m 미만의 완충녹지, 폭 25m 이상의 도시 · 군계획 도로변에는 폭 10m 미만의 완충녹지를 설치하는 것이 바람직하다.

●해설

주거용지와 면하는 철도부지변에는 폭 30m 이상의 완충녹지, 폭 25m 이상의 도시계획도로변에는 폭 10m 이상의 완충녹지, 철도역 등과 인접해서는 폭 10m 내외의 완충녹지를 설치하는 것이 바람직하다.

15 도시지역 내 지구단위계획구역을 지정할 수 있는 용도지구가 아닌 것은? [14년 4회, 19년 2회]

① 경관지구　　　　② 리모델링 지구
③ 보존지구　　　　④ 개발진흥지구

●해설

리모델링 지구는 「국토의 계획 및 이용에 관한 법률」 제37조의 용도지구의 지정상에 별도로 분류된 지구에 해당하지 않는다.

16 지구단위계획구역의 지정 및 지구단위계획 수립을 위해 실시하여야 하는 기초조사를 하지 아니할 수 있는 경우의 기준이 아닌 것은?

[13년 2회, 20년 1 · 2회]

① 당해 지구단위계획구역이 도심지 상업지역과 상업지역에 연접한 지역에 위치하는 경우

② 당해 지구단위계획구역의 지정목적이 당해 구역을 정비 또는 관리하고자 하는 경우로서 지구단위계획의 내용에 너비 10m 이상의 도로의 설치계획이 없는 경우

③ 당해 지구단위계획구역 또는 도시 · 군계획시설부지가 다른 법률에 따라 지역 · 지구 · 구역 · 단지 등으로 지정되거나 개발계획이 수립된 경우

④ 당해 지구단위계획구역 안의 나대지면적이 전체 구역면적의 2%에 미달하는 경우

●해설

당해 구역을 정비 또는 관리하고자 하는 경우로서 너비 12m 이상의 도로의 설치계획이 없는 경우 기초조사를 하지 아니할 수 있다.

1 가구 및 획지계획

1. 용어정리 및 지구단위계획 표시기호

(1) 용어정리

1) 가구(Block)

사방이 가로에 의하여 둘러싸인 일단의 토지공간으로 1 또는 2 이상의 필지가 일정한 패턴으로 집합된 대지(주거단지)

2) 획지(Lot)

가구를 분할하여 1단위의 건축부지로 한 것으로 주택에 소요되는 면적(단지계획의 최소단위)

3) 필지

지적법에 의해 경계와 지목이 지정되는 일단의 토지로 지번(소유권)이 부여되는 단위(법적 효력을 가짐)

4) 대지

건축행위가 이루어지는 최소단위로 주택을 지을 수 있는 필지는 그 지목이 대지이어야 한다.

5) 대지면적 : 대지의 수평투영면적

6) 건축면적

건축물(지표면으로부터 1m 이하에 있는 부분을 제외)의 외벽(외벽이 없는 경우에는 외곽부분의 기둥)의 중심선[처마, 차양, 부연 그 밖에 이와 유사한 것으로서 당해 외벽의 중심선으로부터 수평거리 1m(창고의 경우에는 3m, 한옥의 경우에는 2m) 이상 돌출된 부분이 있는 경우에는 그 끝부분으로부터 수평거리 1m(창고의 경우에는 3m, 한옥의 경우에는 2m)를 후퇴한 선으로 둘러싸인 부분의 수평투영면적으로 한다.

7) 바닥면적

건축물의 각 층 또는 그 일부로서 벽 · 기둥 기타 이와 유사한 구획의 중심선으로 둘러싸인 부분의 수평투영면적으로 한다.

8) 연면적

하나의 건축물의 각 층의 바닥면적의 합계로 하되, 지하층의 면적, 지상층의 주차용으로 사용되는 면적, 주민공동시설의 면적은 제외한다.

9) 건축물의 높이

지표면으로부터 당해 건축물의 상단까지의 높이로 필로티의 층고를 제외한 높이로 전면도로의 중심선으로부터의 높이로 한다.

10) 층고

방의 바닥구조체 윗면으로부터 위층 바닥구조체의 윗면까지의 높이로 한다.

11) 층수

승강기탑 · 계단탑 · 망루 · 장식탑 · 옥탑 기타 이와 유사한 건축물의 옥상부분으로서 그 수평투영면적의 합계가 당해 건축물의 건축면적의 1/8(공동주택 중 세대별 전용면적이 85m² 이하인 경우에는 1/6) 이하인 것과 지하층은 건축물의 층수에 산입하지 아니하고, 층의 구분이 명확하지 아니한 건축물은 당해 건축물의 높이 4m마다 하나의 층으로 산정하며, 건축물의 부분에 따라 그 층수를 달리하는 경우에는 그중 가장 많은 층수로 한다.

(2) 획지 및 건축물 등에 관한 지구단위계획 표시기호

지구단위계획구역	─ · ─
획지경계선	──── 지적경계선보다 약간 굵은 실선
대지분할가능선	· · · · · ·
건축물의 용도	허용용도 권장용도
건축물의 용적률, 건폐율, 높이	용적률 / 최고높이 건폐율 / 최저높이
건축지정선	⊔ ⊔ ⊔
건축한계선	────
벽면지정선	· · · · · · · ·
벽면한계선	· · · ·
공공보행통로	▨▨▨▨

합벽건축	○　　→　←　○
공동개발	○　　－　－　○
차량출입허용구간	▲
차량출입불허구간	×
보행주출입구	△
공동주택단지의 분산상가	●
공동주택단지의 단지 내 도로	◄ ▶
공동주택단지의 주택유형, 평형	유형　　평형
특별계획구역	굵은 실선

※ 상기 범례 외 필요한 범례는 별도로 작성하여 사용할 수 있다.
※ 지구단위계획에 대한 도시·군관리계획 결정도의 축척 : 1/1,000~1/5,000

핵심문제

다음 중 지구단위계획에 대한 도시·군관리계획 결정도의 아래 표시기호가 의미하는 것은?

[16년 4회, 22년 2회, 24년 2회]

⊠ ⊠ ⊠ ⊠

① 보차분리통로　　　　　　　　② 공공보행통로
③ 보행주출입구　　　　　　　　④ 공개공지접근로

답 ②

해설⊕

⊠⊠⊠⊠는 공공보행통로를 의미한다.

2. 가구계획

(1) 지구단위계획 수립지침에서의 벽면한계선 등

1) 지정 목적

다음과 같은 경우에는 건축지정선, 벽면지정선, 건축한계선, 벽면한계선 등을 지정하여 건축물이 적정하게 배치되도록 할 수 있다.

① 가로경관이 연속적으로 형성되지 않거나 벽면선이 일정하지 않을 것이 예상되는 경우

② 건축물 전면에 생기는 공지(空地)가 일정하지 않아 외부공간이 효율적으로 이용되지 못할 것이 예상되는 경우

③ 가로경관에 일정한 특성을 부여할 필요가 있는 경우 등

2) 지정 방법

건축한계선 · 건축지정선 · 벽면선 등은 인접가로의 폭, 특성과 관련하여 건폐율 · 용적률 · 개발 규모 등을 종합적으로 검토하여 지정하며, 공공시설을 확보하고 보행환경을 개선하는 데 적극 활용되도록 한다.

① 건축지정선

- 가로경관이 연속적인 형태를 유지하거나 상업지역에서 중요 가로변의 건물을 가지런하게 할 필요가 있는 경우에 사용할 수 있다.

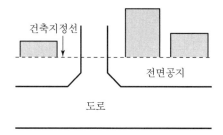

- 도로의 개방감 확보, 건축물의 연속성 확보를 위하여 건축물을 도로에서 일정 거리 후퇴시킨 지점에 맞추어 건축할 필요가 있는 곳에 지정할 수 있다.
- 계획적 개발을 위한 지구단위계획이나 정비사업에서 주로 사용하는 기법으로 건축한계선과 달리 지상부의 외벽면의 위치를 정해주는 것으로 블록 단위의 일체감을 주기 위하여 주로 사용한다.
- 주로 지상부에서 일정 높이 부분(예 6m 이하)에 한정하여 지정한다.

② 벽면지정선

특정 지역에서 상점가의 1층 벽면을 가지런히 하거나 고층부의 벽면의 위치를 지정하는 등 특정 층의 벽면 위치를 규제할 필요가 있는 경우에 지정할 수 있다.

③ 건축한계선

- 도로에 있는 사람이 개방감을 가질 수 있도록 건축물을 도로에서 일정 거리 후퇴시켜 건축하게 할 필요가 있는 곳에 지정할 수 있다.

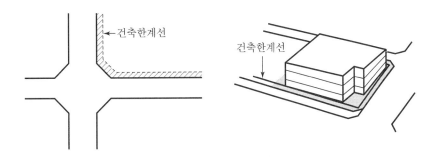

- 부대시설을 포함한 건축물 지상부의 외벽면이 관련 계획에서 정한 선(線)의 수직면을 넘어 돌출하여 건축할 수 없도록 규정된 선이다.
- 계획적 개발을 위한 지구단위계획이나 정비사업에서 주로 사용하는 기법으로 건축한계선으로 확보된 부지는 일반인에게 사용되도록 보도 또는 공개공지 형태로 제공된다.
- 가로경관에 일정한 특성을 부여할 필요가 있는 경우 등에 지정할 수 있다.
- 가로경관이 연속적으로 형성되지 않거나 벽면선이 일정하지 않을 것이 예상되는 경우에 지정할 수 있다.

④ 벽면한계선

- 도로의 개방감 확보를 위하여 고층부를 후퇴할 필요가 있거나, 특정 층에 보행공간 및 공동주차통로 등의 확보가 필요한 곳에 지정하는 것으로서 건축물 특정 층이 계획에서 정한 선의 수직면을 넘어 돌출하여 건축할 수 없는 선을 말한다.

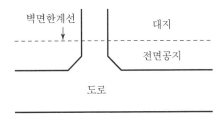

- 계획적 개발을 위한 지구단위계획이나 정비사업에서 주로 사용하는 기법으로 벽면한계선으로 확보된 부지는 일반인이 보도 또는 공개공지 형태로 사용하도록 제공된다.
- 주로 지상부에서 일정 높이 부분에 한정하여 지정한다.
- 고층부가 후퇴하는 경우에는 통경축 등으로 개방감을 확보할 수 있다.

다음 중 건축물의 특정 층이 계획에서 정한 선의 수직면을 넘어 돌출하여 건축할 수 없는 것으로, 보행공간이나 공동주차통로 등의 확보가 필요한 곳에 지정하는 것은? [12년 1회, 15년 1회, 18년 1회]

① 건축지정선
② 벽면지정선
③ 벽면한계선
④ 건축한계선

답 ③

해설⊕

지구단위계획 수립지침에서의 벽면한계선
도로의 개방감 확보를 위하여 고층부를 후퇴할 필요가 있거나, 특정 층에 보행공간 및 공동주차통로 등의 확보가 필요한 곳에 지정하는 것으로서 건축물 특정 층이 계획에서 정한 선의 수직면을 넘어 돌출하여 건축할 수 없는 선을 말한다.

3. 획지계획

(1) 획지 규모

① 획지 규모별 배분은 가구의 형태 및 주택수용에 따라 다양한 규모로 배분이 이루어지도록 계획
② 세장비(앞너비 : 깊이)는 일반적으로 1.0 : 1.2 ~ 1.0 : 1.5로 계획

(2) 획지 조성

① 획지의 형태는 일조, 채광, 건축물 배치관계 등을 고려하여 남북 장방형 위주로 계획
② 단독주택지 내 소로의 최소폭원은 노상주차, 긴급차량 진출입 등을 고려하여 8m 이상으로 계획
③ 주거환경 보호를 위해 획지경계선에 의해 구획된 획지는 분할할 수 없도록 규제

(3) 획지의 형상

① 건축물의 규모와 배치, 인동간격, 높이, 토지이용, 차량동선, 녹지공간의 확보 등을 고려
② 장방형 또는 정방형의 형태
③ 획지의 형상은 건축물의 규모와 배치, 높이, 토지이용 등을 고려하여 결정하되, 가능하면 남북 방향의 긴 장방형으로 한다.

(4) 단독주택지 가구 및 획지계획

1) 간선도로변 획지 기법

① 가구의 장변 길이가 120m 초과일 경우 3~4m의 보행자 통로를 설치하여 보행거리를 줄인다.
② 간선도로변에 시설녹지가 없는 경우 세장비가 큰 대형의 획지를 1켜로 배치하여 도로변의 소음·진동을 줄이고 가로경관을 증진시킨다.
③ 동서축 가구의 획지는 크게, 남북축 가구의 획지는 작게 하는 것이 일조 확보에 유리하다.

④ 토지이용의 효율성을 위해서 세장비는 가능한 한 커야 한다.

2) 소가구 획지 기법

① 가구 단변의 길이는 30~50m, 남북 간은 짧게(26~34m), 동서 간은 길게(32~44m)

② 가구 장변의 길이는 90~130m, 150m 이상일 경우 보행거리가 길고 지루하다.

③ 단독주택용 획지로 구성된 소가구는 근린의식 형성이 용이하도록 10~24획지 내외로 구성한다.

3) 대가구 획지 기법

① 대가구의 단위규모는 어린이놀이터의 이용반경과 주거가구를 인지할 수 있는 소가구의 적절한 조합으로 결정한다.

② 대가구의 규모는 어린이놀이터 하나를 유치하는 거리로 반경 100~150m를 기준으로 한다.

③ 소가구 조합에 의한 대가구 구성 시 구획도로는 평행으로 4~5개가 적합하다.

④ 대가구 내 도로계획은 단조로움과 통과교통 방지를 위하여 3지 교차도로 및 루프(Loop)형 도로를 배치한다.

⑤ 단변의 길이 180~250m, 장변의 길이 250~350m

(5) 공동주택지 가구 및 획지계획

① 연립주택은 경관상 단독주택지 내에 혼재되어도 무리가 없고 보통 한 동이 12~18호로 구성되는 것이 좋다.

② 아파트단지의 경우는 최소대지면적은 3ha 이상이 되어야 하며 생활편익시설을 모두 갖추기 위해서는 30~50ha 정도가 되어야 바람직하다.

핵심문제

주거형 지구단위계획에서 단독주택용지의 가구 및 획지계획 기준으로 틀린 것은?

[12년 2회, 17년 1회, 20년 1·2회, 22년 1회]

① 획지의 형상은 건축물의 규모와 배치, 인동간격, 높이, 토지이용, 차량동선, 녹지공간의 확보 등을 고려하여 장방형 또는 정방형의 형태를 결정하되, 가능하면 남북 방향으로의 긴 장방형으로 한다.

② 단독주택용 획지로 구성된 소가구는 근린의식 형성이 용이하도록 10~24획지 내외로 구성하며, 장변이 120m를 초과할 경우에는 장변 중간에 보행자도로를 삽입하는 것이 좋다.

③ 대가구의 규모는 어린이놀이터 하나를 유치하는 거리로 반경 150~250m를 기준으로 한다.

④ 대가구 내 도로계획은 단조로움과 통과교통 방지를 위하여 3지 교차도로 및 루프(Loop)형 도로를 배치한다.

目 ③

해설⊕

대가구의 규모는 어린이놀이터 하나를 유치하는 거리로 반경 100~150m를 기준으로 한다.

② 건축물계획

1. 건축물용도계획

(1) 주택의 분류

1) 단독주택

① 단독주택(가정보육시설을 포함)

② 다중주택

학생 또는 직장인 등 다수인이 장기간 거주할 수 있는 구조로 되어 있으며 독립된 주거 형태가 아니며 330m² 이하로 3층 이하인 주택

③ 다가구주택

1개 동에 쓰이는 바닥면적의 합계가 660m² 이하로 3층 이하이며 19세대 이하가 거주할 수 있는 공동주택이 아닌 주택

④ 공관

2) 공동주택

구분	형식
아파트	주택으로 쓰이는 층수가 5개층 이상인 주택
연립주택	주택으로 쓰이는 1개 동의 연면적이 660m²를 초과하고 4개층 이하인 주택
다세대주택	주택으로 쓰이는 1개 동의 연면적이 660m² 이하이고 4개층 이하인 주택
기숙사	학교 또는 공장 등의 학생 또는 종업원 등을 위하여 사용되는 것으로 공동취사 등을 할 수 있는 구조로 독립된 주거의 형태를 갖추지 아니한 것

┤핵심문제

다음 중 건축법령상 공동주택의 구분에 따른 분류가 옳지 않은 것은?(단, 2개 이상의 동을 지하주차장으로 연결하는 경우에는 각각의 동으로 본다.)   [15년 4회, 19년 1회, 23년 1회]

① 주택으로 쓰는 층수가 6개 층인 주택은 아파트다.

② 주택으로 쓰는 층수가 8개 층인 주택은 아파트다.

③ 주택으로 쓰는 1개 동의 바닥면적 합계(지하주차장 면적 제외)가 450m²인 3층의 주택은 다세대주택이다.

④ 주택으로 쓰는 1개 동의 바닥면적 합계(지하주차장 면적 제외)가 660m²인 5층의 주택은 연립주택이다.

🖺 ④

해설➕- -

주택의 층수가 5개층 이상일 경우 아파트로 분류된다. 연립주택은 1개 동의 바닥면적 합계(지하주차장 면적 제외)가 660m²를 초과하고 4개층 이하인 주택을 말한다.

3) 주택형식별 특징 비교

구분	단독주택	연립주택	아파트
장점	• 프라이버시 확보 • 사적 옥외공간 형성 • 개성 있는 외관 창조 • 다양한 생활양식에 대응 • 모든 주택에 일조 · 통풍 양호	• 프라이버시 확보 • 변화 있는 외관 • 지형조건에 따른 다양한 배치와 시각적 변화 • 경사지의 토지이용 제고 • 공동설비로 공사비 절감	• 주거지의 고밀화 가능 • 공동의 오픈스페이스 및 조망 확보에 유리 • 커뮤니티 형성이 유리 • 공동설비로 공사비 절감 • 변화 있는 옥외공간 구성에 유리
단점	• Sprawl 야기 • 공공녹지의 확보 곤란 • 변화 있는 옥외공간 구성에 불리 • 방범에 불리	• 벽체의 공유로 인한 일조 · 채광 · 통풍에 불리 • 단조로운 외관일 경우는 주거환경 및 시각효과 관련 • 프라이버시 확보에 절대 불리	• 개인 정원 및 Service Yard 없음 • 획일화된 외관 구성 • 사회적 접촉 결여 • 프라이버시 확보에 불리 • 일부 주택에 일조 · 통풍 불량

4) 공동주택의 평면형식에 따른 분류

구분		특징
판상형	계단실형 (홀형)	• 엘리베이터와 계단홀에서 직접 단위주거로 들어가는 형식 • 채광 · 통풍 유리, 출입 편리, 독립성이 큼, 통로면적 절약 • 엘리베이터 이용률이 낮음
	편복도형 (갓복도형)	• 중앙에 엘리베이터와 계단홀을 배치하고 주위에 많은 단위주거를 집중배치 • 설비의 집중화가 가능하나, 단위주거의 조건에 따라 일조조건이 나빠지므로 평면계획의 고려가 필요
	중복도형	• 건물 한쪽에 긴 복도를 설치하고 복도에 연속해서 단위주거가 면하는 형식 • 엘리베이터 1대당 이용 단위주거 수가 많아서 고층화에 유리 • 독립성이 좋지 않음, 채광 · 통풍에 불리
탑상형(집중형)		• 건물의 중앙에 있는 복도 양쪽에 단위주거가 배치되어 고밀화에 좋은 형식 • 주로 독신자 아파트 등에 사용 • 설비를 집중화할 수 있으나, 채광 · 통풍 등의 실내환경 불량, 평면상 배치 어려움, 방연의 문제

5) 연립주택의 종류

구분	특징
테라스하우스 (Terrace House)	경사지 혹은 평지에 아래층 지붕을 위층의 테라스로 이용하며 지하층을 포함하여 3~4층의 저층으로 건축되는 주택으로 저층 아파트에 주로 이용된다.
타운하우스 (Town House)	• 토지의 효율적인 이용 및 건설비, 유지관리비의 절약이 가능한 1세대가 2개 층 이상을 사용하는 연립주택 형태 • 대개 2~3층의 경우 아래층은 생활공간이, 위층은 휴식공간이 위치한다. • 단위주택마다 개인정원이나 뜰을 갖추고 있다.

타운하우스 (Town House)	• 각 주호의 프라이버시가 중요한 요소이기 때문에, 정원의 프라이버시 확보를 위한 방법으로서 양쪽 경계벽의 구조가 중요하다.
로우하우스 (Row House)	토지의 효율적인 이용과 공사비와 유지관리비 절감을 위한 연립주택으로 타운하우스와 유사한 형식
중정형 주택 (Patio House)	• 1가구의 단층형 주택으로 주거공간이 마당을 부분 또는 전부 에워싸고 있는 형태 • 중정(Court, Atrium)은 여기에 면한 실들에 채광과 통풍을 제공하는 매개공간인 동시에 마당 · 정원 등의 역할을 하는 실외생활공간이기 때문에 단위주거의 적주성을 높이는 수단이 된다.
복층형 주택 (Maisonette)	• 공동주택에서 각 단위거주가 2층에 걸쳐 있는 복층형 거주형식으로, 아래층에는 거실과 부엌을 두고 위층에는 침실을 두는 평면구성 • 편복도형에서 쓰이는 경우가 많다. • 복도는 한 층 걸러서 설치할 수 있으므로 공용통로의 면적을 절약하고 엘리베이터의 정지층이 감소하는 경제적 이점이 있다. • 단층형에 비해 면적이 커지는 경우가 많아서, 소규모 주택에는 채용이 어렵다. • 중복도형이나 계단식형에 이용되기도 하고 스킵플로어(Skip Floor)형과 조합하여 평면적으로나 입체적으로 구성이 복잡해지는 예도 있다.

─┤핵심문제

1가구의 단층형으로서 주거공간이 마당을 부분 또는 전부 에워싸고 있는 주택형태를 무엇이라고 하는가?
[14년 4회]

① Terrace House   ② Town House

③ Patio House   ④ Row House

③

해설⊕
중정형 주택(Patio House)의 중정(Court, Atrium)은 여기에 면한 실들에 채광과 통풍을 제공하는 매개공간인 동시에 마당 · 정원 등의 역할을 하는 실외생활공간이기 때문에 단위주거의 적주성을 높이는 수단이 된다.

─┤핵심문제

복층형 주택(메조네트, Maisonnette) 형식에 대한 설명으로 틀린 것은?   [13년 2회, 16년 1회]

① 1개 주호가 2개 층을 사용하는 경우 Duplex라고 한다.
② 단면형태가 복잡해져 구조, 설비 등의 구성 및 설계에 세심한 고려가 필요하다.
③ 일반적으로 작은 규모(약 132m² 이하)의 주거형식으로 적합하다.
④ 공용복도가 없는 층에서는 직통 두 방향으로 개구부를 둘 수 있어서 통풍과 채광에 유리하다.

③

해설⊕
복층형(Maisonnette)은 단층형에 비해 면적이 커지는 경우가 많아서, 소규모 주택에는 채용이 어렵다.

(2) 근린생활시설

1) 제1종 근린생활시설

① 바닥면적의 합계가 300m² 미만인 휴게음식점 · 제과점

② 바닥면적의 합계가 500m² 미만인 이용원 · 미용원 · 일반목욕장 · 세탁소, 의원 · 치과의원 · 한의원 · 침술원 · 접골원 및 조산소, 탁구장 및 체육도장

③ 바닥면적의 합계가 1,000m² 미만인 슈퍼마켓 · 소매점, 동사무소 · 경찰관파출소 · 소방서 · 우체국 · 전신전화국 · 방송국 · 보건소 · 공공도서관 · 지역건강보험조합

④ 마을회관 · 마을공동작업소 · 마을공동구판장, 변전소 · 양수장 · 정수장 · 대피소 · 공중화장실, 지역아동센터

2) 제2종 근린생활시설

① 일반음식점 · 기원, 휴게음식점 · 제과점, 장의사 · 동물병원 · 독서실 · 총포판매사, 안마시술소 · 안마원 및 노래연습장

② 바닥면적의 합계가 150m² 미만인 게임제공업소, 멀티미디어문화컨텐츠설비제공업소, 복합유통 · 제공업소, 단란주점

③ 바닥면적의 합계가 300m² 미만인 종교집회장 · 공연장이나 비디오물감상실 · 비디오물소극장

④ 바닥면적의 합계가 500m² 미만인 금융업소, 사무소, 부동산중개업소, 결혼상담소 등 소개업소, 출판사, 제조업소 · 수리점 · 세탁소서점, 테니스장 · 체력단련장 · 에어로빅장 · 볼링장 · 당구장 · 실내낚시터 · 골프연습장, 사진관 · 표구점 · 학원, 직업훈련소

⑤ 바닥면적의 합계가 1,000m² 미만인 의약품도매점 및 자동차영업소

(3) 종교시설

① 종교집회장 · 교회 · 성당 · 사찰 · 기도원 · 수도원 · 수녀원 · 제실 · 사당, 그 밖에 이와 유사한 것으로서 제2종 근린생활시설에 해당하지 아니하는 것

② 종교집회장 안에 설치하는 납골당으로서 제2종 근린생활시설에 해당하지 아니하는 것

(4) 위락시설

단란주점, 주점영업(유흥주점과 유사한 것 포함), 투전기업소 및 카지노업소, 무도장과 무도학원

(5) 유통단지, 산업단지, 공업단지

1) 유통단지

① 공간배분 및 배치계획

- 개발대상지의 특성 · 기능 · 연계성 · 단계별 개발전략 등을 고려하여 배치한다.
- 정적 · 동적 활동을 분리하고 완충공간을 확보하고, 유사기능은 집합시키고 기능 간 상호보완관계를 유지시킨다.

- 보관창고구역과 배송센터구역으로 구분하여 북쪽은 보관센터, 남쪽은 배송센터로 계획한다.
- 이용객을 고려하여 시설 규모를 책정하고 시설 확장에 대비한다.
- 건폐율은 보관창고 50%, 배송센터 40% 정도로 한다.

② 단지 내 동선 배치계획
- 물류창고의 유·출입 동선은 분리하여 출입구를 배치한다.
- 배송센터는 도로에 가까이 배치하고, 일반이용자가 많은 시설도 인접외곽도로에 가깝게 배치한다.
- 단지 내의 도로는 격자형으로 하며 교차로는 직각교차로 하며, 일방통행과 양방통행을 적절히 배치한다.
- 진입도로는 도로용량과 연장거리를 충분히 확보하고, 노폭은 15~20m 정도로 한다.

③ 유통단지의 입지조건
- 도시 간, 도시 내의 교통이 원활하고 도시 관문에 가까운 지점
- 고속도로, 철도역, 항만에 근접한 지점
- 공업단지 등 화물공급지와 연계성이 용이한 지점
- 부지조성 및 기반시설 비용이 적은 곳
- 재해나 기업활동 저해요인이 적고 장래 확장성이 용이한 곳

2) 산업단지

① 정의
- 산업단지 조성사업에는 「산업입지 및 개발에 관한 법률」이 「국토의 계획 및 이용에 관한 법률」보다 우선하는 특별법이다.
- "산업단지"라 함은 공장·지식산업관련시설·문화산업관련시설·정보통신산업관련시설·자원비축시설 등과 이와 관련된 교육·연구·업무·정보처리·유통시설 및 이들 시설의 기능 제고를 위하여 시설의 종사자와 이용자를 위한 주거·문화·의료·관광·체육·복지시설 등을 집단적으로 설치하기 위하여 포괄적 계획에 따라 지정·개발되는 일단의 토지를 말한다.

② 산업단지의 분류
- **국가산업단지** : 국가기간산업·첨단과학기술산업 등을 육성하거나 개발촉진이 필요한 낙후지역이나 2 이상의 특별시·광역시 또는 도에 걸치는 지역을 개발하기 위하여 지정된 산업단지
- **지방산업단지**

구분	형식
일반지방 산업단지	산업의 적정한 지방분산을 촉진하고 지역경제의 활성화를 위하여 지정된 산업단지
도시첨단 산업단지	지식산업·문화산업·정보통신산업 등 첨단산업의 육성을 위하여 「도시계획법」에 의한 도시계획구역 안에 지정된 산업단지

- 농공단지 : 대통령령이 정하는 농어촌지역에 농어민의 소득증대를 위한 산업을 유치 · 육성하기 위하여 지정된 산업단지

3) 공업단지

① 적지 조건
- 평탄한 곳(경사 5% 이내)
- 교통 · 동력 · 용수 · 노동력 획득이 편리한 곳
- 광대한 지역으로 지가가 저렴한 곳
- 철도, 하천, 항만 근처

② 배치 방법
- 공업밀도별로 유형화
- 위험한 공업은 시가지에서 멀리 배치
- 가능한 한 전용화(그룹핑)

③ 형태지역지구제
- 낮은 건폐율 적용
- 업태에 따라 건축밀도 조정

④ 입지요건
- 공업단지 입지요건 : 넓은 용지 필요, 상업보다 수익이 적어 지가 경사가 상업 지구보다 완만
- 상업단지 입지요건 : 가장 많은 고객을 확보하기 위해 접근성이 좋은 지역을 선호, 지가 경사가 심함
- 주택단지 입지요건 : 이윤 추구 기능이 없고 쾌적한 지역을 선호, 지가 경사가 가장 완만

(6) 건축물 용도제한의 종류 구분

1) 불허용도(규제)

① **전층 불허** : 구역의 지정목적과 계획목표에 부합하지 않는 용도의 입지 불허
② **1층 불허** : 가로의 성격을 해치는 용도의 1층 입지 불허

2) 지정용도(규제 + 권장)

① 공공적 성격이 강하여 특별히 확보해야 하는 시설의 경우
② 특화거리 또는 단지조성의 경우 등

3) 권장용도(권장)

① **전층 권장** : 구역 위상에 부합하는 용도의 입지를 통한 기능 강화가 필요한 경우 등
② **1층 전면** : 가로 활성화와 보행 지원이 필요한 경우 등
③ **지하층** : 공공지하공간과의 연계가 필요한 경우 등

──────────────────┤핵심문제

★ 공공적 성격이 강하여 특별히 확보해야 하는 시설의 경우, 특화거리 또는 단지 조성의 경우에 적용하는 용도제한의 종류 구분에 해당하는 것은?　　　　　　　　　　　　　　　[13년 2회, 19년 2회]

① 지정　　　　　　　　　　　　　　② 권장
③ 불허　　　　　　　　　　　　　　④ 지하층

🗐 ①

해설⊕──────────────────────────────────

지정용도(규제 + 권장)
• 공공적 성격이 강하여 특별히 확보해야 하는 시설의 경우
• 특화거리 또는 단지조성의 경우 등

2. 밀도계획

(1) 개념

① 토지이용계획의 기준이 되는 동시에 타당성을 판단할 수 있는 지표
② 단지생활 환경의 질을 결정하고 각종 시설의 공간적 배분에 영향을 주는 중요 요소

(2) 고려사항

① 공간구성의 특징 부여와 도시경관 고려
② 주구구성, 시설배치의 균형 도모
③ 조성계획과의 적합성 도모
④ 인접한 토지이용을 고려
⑤ 특정 조건(고압선, 전파장애, 지구 외에서의 조망 등)에 대해 고려

(3) 결정요인

① 경제적 요인 : 토지의 수요와 공급
② 인구 특성
③ 주변 환경과 환경의 질적 수준의 목표

(4) 밀도계획의 내용

단지의 규모, 건물과 옥외공간과의 관계, 프라이버시 보호 등 다른 계획사항과 연계되어 주거단지 생활의 질이나 토지이용, 시설의 공간적 배분, 활동의 강도 등을 결정하게 되는 중요한 요소이므로 당해 지구의 여건 및 특성에 따라 적정밀도 기준을 설정하여 쾌적한 주거환경이 조성될 수 있도록 배려한다.

(5) 개발밀도 설정의 일반적 원칙

1) 인구 및 호수밀도

① 인구 및 호수에 관련된 밀도는 단지 시설의 양과 질을 결정하는 기초

② 배치의 기본원칙 : 시설들 상호 간의 규모와 배치상의 균형을 갖추도록 하는 것(시설 상호 간의 균형을 이룬 배치는 양호한 단지환경의 질을 의미)

2) 건축밀도

구분	내용
건폐율	단지 내 최소한의 공지를 확보하여 통풍, 일조, 채광, 방재 등을 갖춘 쾌적한 환경 조성
용적률	토지이용의 입체화 정도를 표현
토지이용률	단지 전체면적에 대한 시설면적의 비율(%)로 단지 배치 및 시설계획의 기준, 토지의 효율적인 이용과 환경의 질을 설명해 주는 기준

(6) 밀도 및 주택용지의 산정

1) 호수밀도의 산정

$$호수밀도 = \frac{평균주택수}{단위면적}$$

2) 순인구밀도

$$순인구밀도 = \frac{총인구}{주택용지면적} = \frac{총인구}{총면적 \times 주택용지율} = \frac{총인구밀도}{주택용지율}$$

3) 총인구밀도

$$총인구밀도 = \frac{총인구}{총면적}$$

4) 순주택용지

$$순주택용지 = 대지면적 \times 순주택용지율$$

5) 주거용지의 총면적

$$주거용지의 총면적 = \sum\left(\frac{계획인구}{인구밀도}\right)$$

---|핵심문제

주택단지계획 시 주택용지율을 70%, 총 인구밀도를 210인/ha로 한다면 이곳의 순인구밀도는?

[13년 2회, 18년 4회, 21년 2회]

① 147인/ha
② 210인/ha
③ 300인/ha
④ 333인/ha

답 ③

해설⊕----------

$$순인구밀도 = \frac{총인구}{주택용지면적} = \frac{총인구}{총면적 \times 주택용지율} = \frac{총인구밀도}{주택용지율}$$

$$= \frac{210}{0.7} = 300인/ha$$

3. 높이 및 배치계획

(1) 높이 제한

1) 도로에 의한 높이 제한(개방감 확보)

① 도로에서의 개방감 확보를 위해 전면도로의 폭에 따라 높이 제한

② 건축물 높이 ≤ 전면도로의 반대 측 경계선까지의 수평거리 × 1.5

2) 대지경계선에 의한 높이 제한(일조 확보)

① 건물높이 9m 이하 : 인접대지의 경계선과의 거리 1.5m 이상

② 건물높이 9m 초과 : 건축물의 각 부분 높이의 1/2 이상 인접대지의 경계선과 이격

3) 인동간격에 의한 높이 제한(일조 확보)

동지일 기준으로 최하층의 세대가 9~15시에 2시간 이상 연속으로 일조를 확보할 수 있는 거리 확보(연속일사 2시간, 하루 중 총 4시간)

---|핵심문제

다음 중 공동주택의 일조 등의 확보를 위한 높이 제한에 대한 설명으로 옳은 것은? [12년 1회, 15년 2회]

① 같은 대지에서 두 동 이상의 건축물이 마주 보고 있는 경우 그 대지의 모든 세대가 하지를 기준으로 9시에서 15시 사이에 2시간 이상을 계속하여 일조를 확보할 수 있는 거리 이상으로 할 수 있다.

② 같은 대지에서 두 동 이상의 건축물이 마주 보고 있는 경우 그 대지의 모든 세대가 하지를 기준으로 10시에서 15시 사이에 2시간 이상을 계속하여 일조를 확보할 수 있는 거리 이상으로 할 수 있다.

③ 같은 대지에서 두 동 이상의 건축물이 마주 보고 있는 경우 그 대지의 모든 세대가 동지를 기준으로 9시에서 15시 사이에 2시간 이상을 계속하여 일조를 확보할 수 있는 거리 이상으로 할 수 있다.

④ 같은 대지에서 두 동 이상의 건축물이 마주 보고 있는 경우 그 대지의 모든 세대가 동지를 기준으로 10시에서 15시 사이에 2시간 이상을 계속하여 일조를 확보할 수 있는 거리 이상으로 할 수 있다.

답 ③

인동간격에 의한 높이 제한(일조 확보)

동지일 기준으로 최하층의 세대가 9~15시에 2시간 이상 연속으로 일조를 확보할 수 있는 거리 확보(연속일사 2시간, 하루 중 총 4시간)

(2) 건폐율, 용적률, 층수 산정

1) 건폐율 $= \dfrac{건축바닥면적}{대지면적} \times 100(\%)$

2) 용적률 $= \dfrac{건축연면적}{대지면적} \times 100(\%)$

3) 층수 $= \dfrac{용적률}{건폐율}$

핵심문제

건폐율 60%, 용적률 540%를 적용할 경우 최대 층수는?(단, 각 층의 평면이 동일한 경우이다.)

[13년 2회, 17년 2회, 21년 1회]

① 3층　　　　　　　　　　② 5층
③ 9층　　　　　　　　　　④ 14층

답 ③

층수 $= \dfrac{용적률}{건폐율} = \dfrac{540}{60} = 9$층

(3) 공개공지 등 대지 내 공지

1) 건축선 지정 등을 통한 대지 내 공개공지의 확보

전면공지의 체계적 · 일체적 조경을 통한 외부환경의 질적 향상을 도모하고자 하는 경우

2) 대지 내 공지 확보 시 고려사항

① 공개공지 지정 방향
- 한 개 필지에 국한되는 대지 내 공지의 지정은 가급적 지양
- 가구 및 획지 내 대지 상호 간 또는 가구 및 획지의 연계체계를 고려

② 공개공지 지정 및 적용
- 보차(步車) 혼용통로 지정 시에는 벽면한계선을 병행 지정
- 건축물 내부 공중회랑 또는 필로티로 조성된 공공통로에 대한 적용을 고려

③ 공개공지를 필로티 구조로 할 경우 : 유효높이가 4m 이상이 되도록 함

④ 공개공지를 광장으로 조성하고자 하는 경우 : 건축물의 전면에 배치

⑤ 지역별 특성을 고려한 외부공간 조성 및 보행환경 개선 : 전면공지, 공개공지, 공공공지, 대지 내 조경, 보차혼용통로, 공공보행통로 등에 대한 배치와 조성방식 및 형태 등을 검토

3) 공개공지 활용

① 공공통로의 경우 : 필로티나 공중회랑형 등을 인접대지와 면한 부분에 배치

② 공개공지를 확보하고자 하는 경우 : 인접대지와의 관계뿐 아니라 지구단위계획구역 전체의 도로망, 녹지축 등과 연계될 수 있도록 함

4. 건축물 외관계획

(1) 폭과 높이에 따른 외부 공간의 시각적 규모

1) 관찰자와 수직면 간의 거리 및 높이와의 관계성(P. Spreiregen)

① $D/H \leq 1(45°)$: 건물 높이에 대한 인식 불가능

여기서, D : 관찰자 자신으로부터 건물까지의 거리

H : 건물 높이

② $1 \leq D/H \leq 2(30°)$: 균형감, 안정감, 거리감 인식 가능

③ $2 \leq D/H \leq 3(18°)$: 폐쇄감을 느끼는 최소의 비례

④ $3 \leq D/H(14°)$: 폐쇄감 상실, 노출감 인식

⑤ $D/H > 4$: 개방감 인식

2) 사람의 키에 대한 벽면이나 구조물의 높이와의 관계성(Y. Ashihara)

구조물의 높이가 60cm 이하일 경우 폐쇄성을 상실하고 개방감을 느낄 수 있다고 보았다.

핵심문제

Spreiregen은 외부 공간에서의 폐쇄성은 수직면에서 관찰자까지의 거리(D)와 수직면의 높이(H) 간의 비율로 결정되고, Ashihara는 사람의 키에 대한 벽면이나 구조물의 높이에 의해서 폐쇄성이 결정된다고 했다. 다음 중 Spreiregen과 Ashihara가 폐쇄성이 거의 상실되는 기점으로 설명한 각각의 조건이 모두 옳은 것은? [12년 2회]

① $D/H=1$, 180cm

② $D/H=2$, 150cm

③ $D/H=3$, 120cm

④ $D/H=4$, 60cm

답 ④

해설⊕

P. Spreiregen은 관찰자와 수직면 간의 거리 및 높이와의 관계성에 대하여 $D/H > 4$일 때 개방감을 느낄 수 있다고 하였으며, 사람의 키에 대한 벽면이나 구조물의 높이와의 관계성을 펼친 Y. Ashihara는 구조물의 높이가 60cm 이하일 경우 폐쇄성을 상실하고 개방감을 느낄 수 있다고 보았다.

3 동선계획

1. 차량동선계획

(1) 단지 내 차량 동선계획

① 주택단지계획에 있어 지역의 교통량은 주변의 간선도로에 의해 처리하고 단지 내의 교통량은 최소화하여야 주거환경이 양호해진다.

② 국지도로망은 쿨데삭(Cul-de-sac)과 루프(Loop)형, T형 등으로 구성한다.

③ 회전차로 및 변속차로의 폭은 3m를 기준으로 하되, 필요한 경우 0.25m의 가감이 가능하다.

④ 집산도로망의 구성형식은 토지이용형식에 따라 계획하되, 보조간선도로와의 연결이 용이하도록 가급적 격자형으로 구성하며 근린주구를 통과하지 못하도록 한다.

(2) 단지 차량의 진출입구 배치

① 출입구를 간선도로나 교차로에 설치할 경우 교통정체를 유발할 수 있다.

② 출입구를 도로 모퉁이 또는 보행자 도로와 교차할 경우 사고 위험이 높다.

(3) 보행자와 차량과의 관계

구분		특징
보차공존방식		• 보 · 차를 동일한 공간에 배치하되 차량통행 억제의 다양한 기법 사용 • 보행자 위주의 안전 확보, 주거환경 개선, 차량통행은 부수적
	적용목적	• 안전성 : 통과교통, 주행속도, 노상주차 억제 • 편리성 : 주민의 진출입 및 배달 · 수거 편리 • 쾌적성 : 식재공간 확보, 쾌적한 보행환경, 경관 향상
	주요 적용사례	• 네덜란드 델프트시의 본엘프 도로 : 생활의 터 • 일본의 커뮤니티 도로 : 보행환경개선 – 일방향통행 • 독일의 보차공존구간 : 30~40m 간격으로 주행속도 억제시설 설치
보차혼용방식		• 보 · 차가 동일 공간을 사용하는 방식 • 우리나라의 10m 이하의 주거지역 내의 도로에 적용
보차병행방식		• 도로 측면에 보도를 분리하는 방식 • 주로 폭 12m 이상의 국지도로, 보조간선도로에 적용, 차량교통이 많은 주거지역
보차분리방식		• 보 · 차 체계를 완전 분리(평면분리 · 입체분리, 시간분리 · 면적분리) • 도로 폭이 12m 이상인 도로

---| 핵심문제

★ 보행자 통행이 주이고 차량 통행이 부수적인 도로계획 기법으로, 1970년 네덜란드 델프트시에 최초로 등장한 본엘프(Woonerf)가 대표적인 것은? [13년 4회, 17년 4회, 23년 2회, 24년 2회]

① 보차공존도로   ② 보행전용도로

③ 카프리존   ④ 보차혼용도로

답 ①

해설⊕--

보차공존(도로)방식은 보행자와 차를 동일한 공간에 배치하되 차량통행 억제의 다양한 기법을 사용하는 방식으로 보행자 위주의 안전 확보, 주거환경 개선에 초점이 맞추어져 있으며, 차량통행을 부수적 목적으로 설정하였다. 주요 사례에는 네덜란드 델프트시의 본엘프 도로(생활의 터), 일본의 커뮤니티 도로(보행환경개선 – 일방향통행), 독일의 보차공존구간(30~40m 간격으로 주행속도 억제시설 설치) 등이 있다.

2. 주차장계획

(1) 주차단위원단위법

1) 주차발생원단위법

① 주차장 수요 추정에 있어 가장 많이 사용되는 방법으로 신뢰성이 비교적 높고 간편하나 주차이용 효율 산정이 힘들고 장래에 주차발생원단위가 변하는 경우 신뢰성이 떨어진다.

② 주차수요

$$P = \frac{U \times F}{100 \times e}$$

여기서, P : 주차수요(대)

U : 피크 시 건물연면적 1,000m²당 주차발생량(시간당)

F : 계획건물 상면적(m²)

e : 주차이용효율

2) 건물연면적 원단위법 : 현재의 토지이용 용도별 연면적과 총주차대수 이용 방법

3) 교통량 원단위법

사람 통행 실태조사에 의한 승용차 통행량 패턴과 기종점조사에 의한 승용차 통행을 구분하여 일정한 지구의 주차수요를 구한다.

주차수요 추정 방법 중 주차발생원단위법에 의한 계산식의 용어설명이 틀린 것은? [16년 1회]

① P : 주차수요(대)

② U : 첨두 시 용도별 주차발생량(대/1,000m² · 시간)

③ F : 장래 계획 건물연면적(1,000m²)

④ e : 건물이용자 중 승용차 이용률(%)

답 ④

해설 ⊕

주차발생원단위법 $P = \dfrac{U \times F}{100 \times e}$

여기서, P : 주차수요(대)

　　　　U : 피크 시 건물연면적 1,000m²당 주차발생량

　　　　F : 계획건물 상면적(m²)

　　　　e : 주차이용효율

(2) 주차장

1) 주차대수 산정

① 주택단지에는 주택의 전용면적의 합계를 기준으로 하여 산정

② 소수점 이하 발생 시 올림하여 주차대수를 구함

③ 세대당 주차대수가 1대(세대당 전용면적이 60m² 이하인 경우에는 0.7대) 이상 설치

2) 특별시 · 광역시 및 수도권 내의 시지역에서 300세대 이상의 주택을 건설하는 주택단지

세대당 전용면적	60m² 이하	60m² 초과 85m² 이하	85m² 초과
지하주차장 비율	3/10 이상	4/10 이상	6/10 이상

3) 노인복지주택을 건설하는 경우

세대당 주차대수가 0.3대(세대당 전용면적이 60m² 이하인 경우에는 0.2대) 이상 설치

4) 주차형식별 특징

구분	특징
평행주차 (Parallel Parking)	• 차량의 방향이 차도와 선형으로 평행하고 인접한 교통의 흐름과 동일한 방향(평행)이 되도록 주차하는 방식을 말하며, 종열주차라고도 한다. • 주차폭이 자동차 길이의 반 정도만 되면 된다. • 주차대수(용량)가 적다.
각도주차	• 주차하는 차량의 방향이 차도의 방향에 대하여 평행하지 않은 주차를 말한다. • 30° 전진주차 : 1대당 주차소요면적이 최대 • 90° 후진주차 : 1대당 주차소요면적이 최소

핵심문제

다음 중 1대당 주차 소요면적이 가장 작은 각도주차형식은?(단, 소형차의 경우이며 장애인용 주차단위 구획의 경우는 고려하지 않는다.)   [13년 1회, 17년 4회]

① 30° 전진주차   ② 45° 전진주차
③ 60° 후진주차   ④ 90° 후진주차

답 ④

해설⊕

• 30° 전진주차 : 1대당 주차소요면적이 최다
• 90° 후진주차 : 1대당 주차소요면적이 최소

3. 보행동선 및 자전거동선계획

(1) 보행동선계획

① 구역의 유형별 특성을 감안하여 보행환경을 체계화
② 각각의 필지가 아닌 가구별 보행동선이 되도록 계획
③ 건축선 후퇴부분은 보행에 장애를 주는 지장물이 설치되거나 주차공간으로 사용하는 것을 피하도록 함
④ 통과교통 억제를 위한 시설 등을 조성
⑤ 주요한 보행자축에는 보행자우선도로를 고려
⑥ 대지의 규모가 커서 보행자가 우회하게 되는 불편이 없도록 함
⑦ 주차장·광장·교통시설 등 보행자이용시설은 보행자가 걸어서 쉽게 이용하고 보행자가 보호될 수 있는 환경 조성
⑧ 보행동선은 계획구역과 구역 이외의 지역과도 네트워크가 형성되도록 함

(2) 공공보행통로

1) 정의

대지 안에 일반인이 보행통행에 이용할 수 있도록 조성한 통로로서 지구단위계획에서 운용되는 계획요소이며 주택재개발, 주택재건축, 도시환경정비사업 등에서 사용된다.

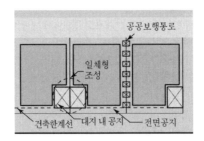

2) 특징

① 주로 사유지의 필지 또는 단지의 규모가 크거나 주변 도로망이 원활하지 않을 경우, 일반인에게 항상 개방되는 보도

② 소유는 토지주가 가지고 있지만 공공보행통로로 지정되면 임의대로 통로를 차단하거나 보행에 지장을 주는 행위를 하면 안 됨

③ 공공보행통로는 공중이 오픈되어 있는 것이 일반적이지만, 경우에 따라서는 지하통로 또는 건축물의 필로티 형식으로 설치 · 이용되기도 함

(3) 보행자전용공간(Pedestrian Mall)의 유형

1) 정의

① 주로 상업지역에 설치되어 안전하고 쾌적한 보행을 유도하여 주변 상가의 활성화를 도모하는 시설

② 도심지역의 차량 혼잡으로 인한 소음, 배기가스, 교통사고 등으로부터 보행인을 보호하여 쾌적한 구매행위가 일어날 수 있도록 기존 도로를 재정비하여 보행몰을 조성, 신도시에서는 계획초기부터 체계적으로 조성되기도 함

③ 차량 진입을 완전히 배제한 것을 풀몰(Full Mall)이라고 하고, 공공교통의 진입만을 제한적으로 허용하는 트랜싯몰(Transit Mall) 및 세미몰(Semi Mall) 등이 있다.

④ 안락하고 편리한 보행자 공간을 이용하여 보행자들이 목적지까지 편리하게 도달할 수 있게 한다.

2) 종류

종류	특징
풀몰 (Full Mall)	기존 자동차전용도로를 재포장이나 식재, 스트리트 퍼니처를 도입해 보행자전용도로로 개선한 형태
트랜싯몰 (Transit Mall)	차량 중 버스나 택시, 긴급자동차 등 공공교통만을 통과시키고 그 외의 자동차 통행을 금지하는 몰로서 차로를 좁히고 노상주차를 금지하며 반대로 보도를 확장하여 보행자의 안전성이나 쾌적성을 높인 형태
세미몰 (Semi Mall)	자동차교통이나 주차를 규제한 경우로 기본적으로 통과교통을 배제하고 지구 내 혹은 방문차량만을 통과시키는 형태

★ ── 핵심문제

보행자 공간의 역할과 거리가 먼 것은?   [12년 2회]

① 쾌적한 보행자 공간의 조성을 통해 연도상가의 환경을 개선시킬 수 있다.
② 안락하고 편리한 보행자 공간을 이용하여 보행자들이 목적지까지 편리하게 도달할 수 있게 한다.
③ 산책, 놀이, 대화 등의 생활공간으로 활용될 수 있다.
④ 특정 주택단지의 정체성을 높여 저소득 계층과의 구분이 가능하도록 해준다.

답 ④

해설⊕───

보행자 공간은 특정 주택단지를 위한 것이 아니고, 또한 계층 구분을 위한 것도 아니다.

4 경관계획

1. 경관에 관한 계획

(1) 주거단지 경관계획의 기본 방향

기본 방향	내용
자연조건 반영	주변의 자연조건에 순응, 계절적 특성 반영·이용
조화와 개성의 부여	상징성을 부여, 조화와 개성을 부여하여 생활의 장을 조성
커뮤니티 감각의 부여	휴식·교류 등의 공간배치, 인간척도를 지닌 공간 창출
역사와 문화의 표현	지역의 역사와 전통적인 생활양식 및 공간 이미지 부여

★ ── 핵심문제

경관조성의 기본 방향으로 틀린 것은?   [13년 1회, 16년 2회]

① 조화와 개성을 부여한다.
② 지역의 기후, 식생, 지형 등 자연조건에 순응한다.
③ 보행자 공간을 중심으로 휴식, 놀이, 교육, 교류의 공간을 배치한다.
④ 인간척도보다는 도시의 상징이 될 수 있는 랜드마크를 우선 발굴 또는 조성한다.

답 ④

해설⊕───

경관조성 시 인간척도를 최우선으로 고려하여 사람이 경관을 바라보는 관점을 확인해야 한다.

(2) 경관상세계획

1) 경관상세계획 수립 대상 지역

① 광역도시계획 · 도시기본계획 또는 도시관리계획에서 경관상세계획을 수립하도록 결정한 지역

② 수림대 · 구릉지 · 하천변 · 청청호수 등 자연경관이 양호한 지역

③ 독특한 경관 형성이 요구되는 시 · 군의 상징적 도로, 녹지대, 문화재나 한옥 등 전통적 건조물, 시대적 건축특성이 반영되어 있는 건물군 등의 주변지역

④ 경관지구 및 미관지구에 지정된 지구단위계획구역

2) 경관상세계획 수립 시 고려사항

① 종합적이고 일체감 있는 경관조성계획 제시

② 상징적 요소를 개발하여 적재적소에 배치

③ 건축물(유형 및 입체형태 등), 가로 및 공공공간 등을 복합적으로 계획

④ 구역 전체를 미래 지향적인 관점에서 입체적으로 체험할 수 있도록 함

⑤ 향토문화의 구현과 지역특정 이미지의 부각을 위한 계획

⑥ 형태와 색채, 로고, 문양 등을 특색 있게 계획하고 랜드마크 등 경관의 주요 요소들을 중심으로 계획

⑦ 근경과 원경 모두에서 주변과 조화

⑧ 각 건축물 외관의 형태, 색채, 스카이라인 등에 대한 계획 기준을 제시
- 색채계획을 수립하여 구역 전체의 통일감과 지역적 특성이 나타날 수 있도록 함
- 각종 인공구조물의 색채는 질서와 조화를 연출

⑨ 각 공원과 녹지별로 지역의 개성과 공원 이미지의 특성을 부여

⑩ 구역 분위기의 특성과 정체성을 인지할 수 있도록 구체적인 설치기준을 제시

⑪ 옥외광고물에 대한 설치지침을 제시

⑫ 경관계획 : 다른 부문별 계획인 토지이용계획(특히 용도지구인 경관지구계획), 공원 · 녹지계획, 교통시설물계획, 가구 및 획지의 규모와 조성계획, 건축물에 관한 계획 등과 서로 연계하여 검토 · 수립

⑬ 대문 · 담 또는 울타리의 재료, 형태, 색채 등에 대한 지침을 제시

⑭ 역사적 가로나 주요한 상징가로의 경우 : 건축물의 특징적 형태 · 재료 · 외벽 높이 · 의장 · 지붕 · 담장 · 석재 셔터 등의 기준을 제시

⑮ 시뮬레이션을 통한 경관 분석 : 문화재, 산, 수변 및 특정 건축물의 조망권을 확보하기 위하여 주요 지점에서 분석

경관상세계획의 수립 대상 지역에서 경관상세계획을 수립하는 경우의 고려사항으로 가장 거리가 먼 것은? [15년 1회, 18년 1회, 21년 1회]

① 당해 구역의 미래상을 개개의 건축물을 통하여 체험하는 것이 아니라 구역 전체를 미래 지향적인 관점에서 입체적으로 체험할 수 있도록 한다.

② 안내표지판 · 가로시설물 등은 당해 구역의 이미지를 연출하는 데 중요한 역할을 하므로 구역 분위기의 특성과 정체성을 인지할 수 있도록 한다.

③ 문화재 · 산 · 수변 및 특정 건축물의 조망권을 위하여 조망점을 설정하는 경우 근경보다 원경이 원활하게 확보되도록 한다.

④ 지표물은 주민이나 방문자에게 방향감을 제공하는 등 당해 지역에 대한 이미지를 강화시킬 수 있도록 상징적 요소를 개발하여 적재적소에 배치하도록 한다.

답 ③

해설⊕
경관상세계획 수립 시 문화재 · 산 · 수변 및 특정 건축물은 근경에서 조망점을 설정해 주어야 한다.

3) 경관상세계획의 작성 방법

① **수립개요** : 경관상세계획의 목적 및 공간적 · 시간적 · 내용적 범위

② **현황 분석** : 자연 · 인문 · 역사 · 관광 · 스카이라인 등 경관요소와 경관에 영향을 미치는 법규 및 관련계획 등에 관한 조사 및 분석

③ 기본구상
- 경관상세계획을 통해 보전 · 육성 · 창조 또는 제거하여야 할 과제의 선정
- 과제별 기본전략을 제시하고 적정한 축척의 경관관리구상도 작성

④ 계획지침
- 일반지침 : 스카이라인, 야경, 색채, 광고물, 가로, 안내물
- 장소별 특별지침 : 랜드마크, 조망점, 유적지, 보전지역
- 건축지침 : 건축선, 건물의 높이 · 길이, 창문의 위치 · 크기, 지붕 형상 등
- 기타 공원 · 녹지조성계획 등
- 실행계획 – 단계별 추진계획 등

(3) 경관 분석 기법의 종류

구분	내용
사진에 의한 방법	항공사진이나 일정지점에서 대상물을 촬영하여 경관을 분석하는 방법
메시(Mesh)에 의한 방법	경관 분석을 위해 구역의 넓이, 분석의 정밀도 등에 따라 그리드(Grid)의 크기를 나누고 등급화하여 경관을 분석하는 방법
기호화 방법	• 케빈 린치(K. Lynch), 워스케트(Worskett) • 경관을 분석함에 있어서 기호를 만들어 이를 경관 분석에 이용 • 경관의 좋고 나쁨을 기호화하여 분석
심미적 요소의 개량화 방법	• 경관의 질적 요소를 개량화하는 방법으로서 경관 평가의 객관화를 시도 • 레오폴드(Leopold)가 최초 발표, 계곡 경관을 평가
시각회랑 (Visual Corridor)에 의한 방법	• 리튼(Litton)이 산림경관을 분석하는 데 이용 • 산림경관을 7가지 유형으로 구분하고 이들 경관 Type을 지배하는 4가지 우세 요소와 또 이들 경관미를 변화시키는 8가지 경관의 변화미를 제시 • 7가지 유형 : 전경관(Open된 경관), 지형경관, 위요경관(둘러싸인 경관), 초점·관개·세부·일시경관 • 4가지 우세 요소 : 선, 색채, 형태, 질감 • 8가지 경관의 변화 요인 : 운동, 빛, 계절, 시간, 기후조건, 거리, 관찰위치, 규모
게슈탈트(Gestalt)에 의한 방법	• 형태 심리학자들은 심리현상은 요소의 가산적 총화로는 설명할 수 없고 전체성을 갖는 동시에 구조화되어 있다고 주장하면서 이러한 성질을 게슈탈트라 함 • 사물은 사물 자체로서보다는 부분의 속성을 전체와의 연관성 속에서 구조적으로 파악하는 것이 중요하다고 주장 • 지형·지물·식물·건물·도로 등의 경관 구성요소들은 형태심리학적(Gestalt) 관점에서 구조적 분해·결합을 통해 다양한 경관요소들을 보다 쉽고 간명하게 이해할 수 있음

핵심문제

다음 중 Litton이 산림경관을 분석하는 데 사용한 시각회랑에 의한 방법에서, 경관의 변화요인(Variable Factors)에 해당하지 않는 것은?   [15년 2회, 17년 4회, 21년 2회, 23년 4회]

① 계절(Season)   ② 연속(Sequence)
③ 거리(Distance)   ④ 시간(Time)

目 ②

해설⊕

시각회랑에 의한 방법에서 8가지 경관의 변화 요인
운동, 빛, 계절, 시간, 기후조건, 거리, 관찰위치, 규모

(4) 경관구성요소

1) 물적 구성요소

기능적 경관(주거, 교통, 공지), 구조물(고층 건물, 대규모 시설, 다리), 도시골격(도로망, 철도망), 구조 (거리구획, 부지), 복합(주택가, 상업시설), 연출(혼잡, 축제, 이벤트)

2) 비물적 구성요소

역사, 경제, 문화, 제도, 행정, 사람의 행태

(5) 스카이라인(Skyline) 형성

1) 지붕은 주변 지역과 조화되는 색채로 통일하고 경사는 동일하게 함

2) 파출소 · 도서관 · 면사무소 등 공공시설물을 랜드마크로 조성

3) 15층 이상으로 건축물을 건축하는 경우

① 당해 구역을 조망할 수 있는 「도로법」에 의한 간선도로에서 컴퓨터 시뮬레이션을 실시
② 당해 구역 안의 시설 배치 및 층수에 관한 계획이 배경이 되는 산이나 주변 경관을 훼손하는지 여부를 검토

4) 경사지 · 구릉지의 경우

① 가급적 시설입지를 제한
② 주변 지역과 조화를 이루도록 건축물 등의 건폐율 · 용적률 및 높이를 제한

5) 단일 고층 건물의 배경에 산이 있을 경우

건물의 높이는 산 높이의 60~70%가 되게 한다.

6) 고층 건물 주변에 일정 높이의 건물이 있을 경우

고층 건물의 높이는 주변 건물 높이의 160~170%가 되게 한다.

7) 주변 건물에 비하여 현저하게 높은 건물의 경우

위로 갈수록 좁아지는 피라미드 형태 또는 첨탑 형태로 한다.

8) 입면차폐도, 용적률, 건축물 높이 등이 직접적인 영향을 줌

일반적인 스카이라인 형성기준과 거리가 먼 것은? [15년 1회, 23년 4회]

① 단일 고층 건물의 배경에 산이 있을 경우, 건물의 높이는 산 높이의 60~70%가 되게 한다.

② 고층 건물 주변에 일정 높이의 건물이 있을 경우, 고층 건물의 높이는 주변 건물 높이의 160~170%가 되게 한다.

③ 주변 건물에 비하여 현저하게 높은 건물은 위로 갈수록 좁아지는 피라미드 형태 또는 첨탑 형태로 한다.

④ 신도시와 같이 고층 건물을 집합적으로 계획할 경우, 주요 조망점에서 볼 때 하나의 형태로 겹쳐서 보이게 한다.

답 ④

해설⊕

주요 조망점에서 하나로 겹쳐지게 보이는 것이 아니라, 높은 건물은 위로 갈수록 좁아지는 피라미드 형태 또는 첨탑 형태로 한다.

(6) 건물의 색채

① 건물의 주조색은 주변경관과 조화되도록 그 범위를 결정하고, 건물의 부차색은 주조색과 같은 계통의 색으로 명도·채도·색상에 크게 차이가 없는 가까운 색 중 선택하도록 한다.

② 건물의 강조색은 원색도 사용 가능하나 전체 면적의 20%를 넘지 않도록 하며, 특히 굴뚝과 같이 랜드마크적인 요소에 강조색을 적용하되 검은색 등 산업시설의 특성을 나타내는 저채도의 무채색은 지양한다.

5 환경관리계획

1. 환경관리계획

(1) 자연환경 보전을 위한 고려사항

1) 구릉지 등의 개발 : 절토를 최소화하고 절토면이 드러나지 않게 대지를 조성

2) 생태민감지역의 개발 : 오픈스페이스 체계에 연결을 통한 보존

3) 구릉지에는 가급적 자연지형을 살릴 수 있도록 저층 위주로 계획

(2) 에너지 및 자원 재활용을 위한 고려사항

1) 태양열·풍력·지중냉열 등의 자연 에너지의 이용률을 높임

2) 수자원계획 수립

① 지역에 산재한 저수지 · 호수 · 마을연못 등의 자원을 조사하여 마을 내 수자원의 보전과 전체적인 수자원의 순환체계를 고려하여 수립

② 생태연못이나 하천 · 우수저류시설 등을 도입

3) 건물 개구부 : 여름철 바람이 불어오는 쪽을 향하게 하여 자연환기 고려

(3) 환경오염 방지를 위한 고려사항

1) 대기오염원이 되는 생산활동 : 주거지 안에서 일어나지 않도록 함

2) 쓰레기 수거

① 가급적 건물 후면에서 이루어지도록 설계

② 폐기물처리시설을 설치하는 경우 바람의 영향을 감안하고 지붕을 설치

3) 차도와 주거지 사이에 방음벽을 설치하는 경우

① 소음원에 가깝게 설치

② 자연지형을 적극적으로 이용하여 소음원과 건물 사이에 둔덕을 설치

4) 강우 시 유출수에 의한 환경오염 저감 방안

투수성 포장 등을 통하여 비점원오염(Non-point Source Pollution) 물질을 줄임

(4) 환경설계 평가 : 이용 후 평가(POE : Post Occupancy Evaluation)

1) 프로젝트가 시행된 후 행태에 적합한 공간구성이 이루어졌는지 평가

2) 프리드만(John Friedmann)

① 옥외공간을 대상으로 설계평가 시 고려할 4가지 사항 제시

② 물리적 · 사회적 환경 분석, 이용자 분석, 주변환경 분석, 설계과정 분석

(5) 산업입지 및 산업단지의 조성사업에서 환경영향평가 대상사업

① 「산업입지 및 개발에 관한 법률」에 의한 산업단지개발사업 중 면적이 15만m² 이상인 것

② 「중소기업진흥에 관한 법률」에 의한 단지조성사업 중 면적이 15만m² 이상인 것

③ 「자유무역지역의 지정 및 운영에 관한 법률」에 의한 자유무역지역의 지정으로서 면적이 15만m² 이상인 것

④ 「산업집적활성화 및 공장설립에 관한 법률」에 의한 공장의 설립으로서 조성면적이 15만m² 이상인 것

⑤ 「도시개발법」에 의한 도시개발사업으로서 공업용지조성사업 중 면적이 15만m² 이상인 것

⑥ 「산업기술단지 지원에 관한 특례법」의 조성사업 중 면적이 15만m² 이상인 것

⑦ 「연구개발특구의 육성에 관한 특별법」에 의한 연구개발특구의 조성사업 중 면적이 15만m² 이상인 것

핵심문제

다음 중 지구단위계획 수립 시 환경관리계획의 목표로 가장 거리가 먼 것은?　　　[16년 4회, 19년 2회]

① 개발로 인한 자연환경의 피해 최소화
② 자연생태계 보존 및 순환체계의 유지
③ 자연에너지의 활용 및 에너지 절감
④ 불투수포장의 확대로 인한 물순환체계의 유지

답 ④

해설⊕

불투수성 포장을 하게 되면 배수가 원활히 이루어지지 않아 물순환에 저해가 된다.

---

6 기타

1. 특별계획구역

(1) 정의

① 지구단위계획구역 중 현상설계 등에 의하여 창의적 개발안을 받아들일 필요가 있거나 계획안을 작성하는 데 상당한 기간이 걸릴 것으로 예상되어 충분한 시간을 가질 필요가 있을 때 별도의 개발안을 만들어 지구단위계획으로 수용, 결정하는 구역

② 미국식 PUD 제도를 국내에 도입

(2) 특별계획구역의 지정대상

① 하나의 대지 안에 여러 동의 건축물과 다양한 용도를 수용하기 위해 특별한 건축 프로그램에 의한 복합적 개발이 필요한 경우 : 대규모 쇼핑단지, 전시장, 터미널, 농수산물 도매시장, 출판단지 등 일반화되기 어려운 특수기능의 건축시설 등

② 지형조건상 지반고 차이가 심하여 건축적으로 상세한 입체계획이 수립되어야 할 경우 : 복잡한 지형의 재개발구역을 종합적으로 개발하는 경우 등

③ 지구단위계획구역 내 일정 지역에 대해 좋은 설계안을 반영하기 위해 현상설계 등을 하고자 할 경우

④ 주요 지표물 지점으로서 지구단위계획안 작성 당시에는 대지 소유자의 개발프로그램이 뚜렷하지 않으나 앞으로 협의를 통하여 좋은 개발안을 유도할 필요가 있는 경우

⑤ 공공사업 시행, 대형 건축물 등 공동개발 필요지역

⑥ 기타 지구단위계획구역의 지정 목적을 달성하기 위하여 필요한 경우

(3) 특별계획구역에 대한 지구단위계획 작성 절차

① 지구단위계획을 입안할 때 지정조건에 부합하는 곳을 특별계획구역으로 지정

② 특별계획구역에 대한 계획내용 설정 : 지구단위계획에 포함하여 결정

※ 계획내용(현상설계안 등의 평가기준으로 사용) : 특별계획구역의 지정목적, 전체 지구단위계획과의 관계, 개발 방향 등에 대한 사항 제시

③ 상세 계획안 작성 : 적절한 시기에 현상설계 등을 통하여 상세한 계획안 작성

④ 별도의 계획 승인과정을 거쳐 도시관리계획으로 결정

⑤ 도시관리계획으로 결정 범위 설정 : 건축물의 용도, 건축물의 형태 · 색채 등

┤핵심문제

지구단위계획의 특별계획구역에 대한 설명으로 틀린 것은?　　　　　[12년 2회, 15년 4회]

① 특별계획구역에 대한 계획내용은 지구단위계획에 포함하여 결정한다.

② 지구단위계획 입안 시, 현상설계 등에 의하여 창의적 개발안을 받아들일 필요가 있을 경우 특별계획구역으로 반영하여 함께 지정한다.

③ 도시 · 군관리계획으로 결정하는 데 있어 법령에서 지구단위계획으로 결정하도록 한 부분이 있는 경우에는 이들 모두를 도시 · 군관리계획으로 결정하여야 한다.

④ 지구단위계획구역 중에서 계획의 수립 및 실현에 상당한 기간이 걸릴 것으로 예상되어 별도의 개발안이 필요한 경우에는 특별계획구역으로 지정할 수 없다.

🄰 ④

해설⊕

특별계획구역은 지구단위계획구역 중 현상설계 등에 의하여 창의적 개발안을 받아들일 필요가 있거나 계획안을 작성하는 데 상당한 기간이 걸릴 것으로 예상되어 충분한 시간을 가질 필요가 있을 때 별도의 개발안을 만들어 지구단위계획으로 수용, 결정하는 구역을 말한다.

(4) 특별지역지구제(Special Zoning)

① 1967년 뉴욕에서 처음으로 채택

② 도심부 내 특정 지역이나 부지에서 공공과 민간의 개발을 효율적으로 유도 · 촉진함으로써 공공이 의도하는 구체적인 도시설계 목표를 달성하기 위해 개발된 특수한 형태의 지역지구제

2. 도시설계의 인센티브 제도

(1) 보상지역지구제(Incentive Zoning)

개발자에게 적당한 개발 보너스를 부여하는 대신 공공에게 필요한 쾌적요소를 제공하도록 유도하기 위해 개발된 방법이다.

(2) 개발권 이양제(TDR : Transfer of Development Right)

(3) 계획단위개발(PUD : Planned Unit Development)

계획단위개발로 대상지 전체를 일체적이고 유기적으로 계획하고 설계하여 개발하는 방식으로 우리나라의 지구단위계획 내의 특별계획구역제도와 유사하다.

(4) 혼합 및 공동개발(Mixed and Joint Development)

(5) 조건부 지역제(Conditional Zoning)

민간개발이 지역지구제 조례에서 제시하고 있는 특별조건을 만족하는 경우 민간의 요구에 부응하여 해당 토지의 용도를 재지정하는 방법이다.

01 사방이 가로에 의하여 둘러싸인 일단의 토지를 무엇이라 하는가? [14년 4회]

① 획지(Lot)
② 가구(Block)
③ 단지(Site)
④ 지구(District)

◎해설

가구는 사방이 가로에 의하여 둘러싸인 일단의 토지공간으로 1 또는 2 이상의 필지가 일정한 패턴으로 집합된 대지(주거단지)를 말한다.

02 다음의 주택단지 획지 · 가구계획에 관한 설명 중 가장 관계가 없는 것은? [17년 4회]

① 획지의 형태를 결정하는 세장비는 가구 전체의 도로율을 증가시킬 수 있도록 하여, 효율적인 가구구성이 되게 해야 한다.
② 획지계획은 개발이 이루어지는 최소 단위로 토지를 구획하여 장차 일어날 단위개발의 토지기반을 만들어주는 행위이다.
③ 획지와 유사하게 사용되는 용어로서 필지와 대지가 있는데 필지는 지적법상 하나의 소유권(지번)이 부여되는 단위이며, 대지는 건축행위가 이루어지는 최소단위를 의미한다.
④ 가구는 도로에 의해 둘러싸이는 일단의 토지공간으로서 소가구의 구성은 개별획지로 공공서비스시설(도시하부시설)을 적절하게 공급할 수 있도록 가로망과 획지와의 결합관계를 설정해주는 계획이다.

◎해설

세장비는 앞너비 대비 깊이의 비를 말하며, 이러한 세장비는 적당한 도로율이 확보되면서 일조를 최대한 도입할 수 있도록 계획되어져야 한다.

03 단독주택용지의 가구 및 획지계획의 기준으로 틀린 것은? [16년 4회, 20년 4회, 22년 1회]

① 단독주택용 획지로 구성된 소가구는 근린의식 형성이 용이하도록 10~24획지 내외로 구성한다.
② 대가구 내 도로계획은 단조로움과 통과교통 방지를 위하여 3지 교차도로 및 루프(Loop)형 도로를 배치한다.
③ 대가구의 규모는 어린이놀이터 하나를 유치하는 거리로 반경 100~150m를 기준으로 한다.
④ 획지의 형상은 건축물의 규모와 배치, 높이, 토지이용 등을 고려하여 결정하되, 가능하면 동서 방향의 긴 장방형으로 한다.

◎해설

획지의 형상은 건축물의 규모와 배치, 높이, 토지이용 등을 고려하여 결정하되, 가능하면 남북측 방향으로 긴 장방형으로 한다.

04 다음 단독 및 공동주택단지의 가구 구성에 관한 설명 중 틀린 것은? [16년 1회]

① 단독주택지 : 소가구 구성 시 보통 인지 가능한 획지의 수가 10~12개라고 보면 가구의 길이는 90~130m의 범위가 적당하다.
② 공동주택지 : 연립주택은 경관상 단독주택지 내에 혼재되어도 무리가 없고 보통 한 동이 12~18호로 구성되는 것이 좋다.
③ 단독주택지 : 가구의 단변 길이를 조작할 수 있는 요소는 세장비이며, 이때 단변의 길이는 가구 규모에 따라 30~50m의 범위를 갖게 된다.
④ 공동주택지 : 아파트단지의 경우는 최소대지면적이 3ha 이상이 되어야 하며 생활편익시설을 모두 갖추기 위해서는 30~50ha 정도가 되어야 바람직하다.

◎해설

가구의 단변 길이를 조작할 수 있는 요소는 배할선(획지를 분할하는 선)이며, 이때 단변의 길이는 가구 규모에 따라 30~50m의 범위를 갖게 된다.

05 단독주택지의 소가구 구성에서 다음의 가구 크기 중 가장 일반적인 규모로 옳은 것은?

[19년 1회]

① 장변 60m, 단변 20m
② 장변 120m, 단변 50m
③ 장변 220m, 단변 150m
④ 장변 500m, 단변 250m

해설

소가구 획지 구획 시 가구의 단변 길이는 30~50m, 가구의 장변 길이는 90~130m 정도로 하는 것이 합리적이다.

06 주택단지설계에 대한 설명으로 가장 거리가 먼 것은? [15년 1회]

① 토지이용의 효율성을 위해서 세장비는 가능한 한 커야 한다.
② 동서축 가구의 획지는 세장비를 크게 하는 것이 일조의 확보에 유리하다.
③ 남북축 가구의 획지는 세장비를 크게 하는 것이 일조의 확보에 유리하다.
④ 간선도로변 가구의 길이가 150m를 초과하게 되면 중간에 폭 3~4m의 보행통로를 배치하는 것이 좋다.

해설

동서축 가구의 획지는 크게, 남북축 가구의 획지는 작게 하는 것이 일조 확보에 유리하다.

07 단독주택의 획지 규모를 결정하는 요인이 아닌 것은? [13년 4회]

① 모든 계층의 고밀도 주택 구입 수요전망에 의한 규모
② 법적 규제사항
③ 건전한 사회구조의 구성을 위해 요구되는 주택 규모
④ 가구원 수와 가구 유형에 따른 쾌적한 주거 수준

해설

모든 계층의 동일한 주택 유형에 대한 수요가 아닌, 다양한 계층의 다양한 유형의 수요에 대처할 수 있도록 획지 규모를 설정하여야 한다.

08 지구단위계획에 대한 도시·군관리계획 결정도의 표시기호가 옳은 것은?

[15년 2회, 20년 3회, 22년 4회, 23년 1회, 24년 1회]

① 공동개발
② 차량진출입구
③ 건축한계선
④ 공공보행통로

해설

① 합벽건축, ② 보행주출입구, ③ 대지분할가능선

09 지구단위계획에 대한 도시·군관리계획 결정도의 축척으로 옳은 것은?

[15년 1회, 18년 4회, 23년 1회]

① 1/500~1/1,000 ② 1/1,000~1/5,000
③ 1/5,000~1/10,000 ④ 1/10,000~1/25,000

해설

도시·군관리계획 수립지침상의 도면 축척
1/1,000 또는 1/5,000

10 지구단위계획에 대한 도시·군관리계획 결정도의 표시기호가 틀린 것은? [14년 1회, 21년 1회]

① 건축지정선
② 건축한계선
③ 벽면지정선
④ 공공보행통로

해설

②는 대지분할가능선이다.

11 건축한계선에 관한 설명으로 옳지 않은 것은?
[17년 4회, 24년 3회]

① 가로경관에 일정한 특성을 부여할 필요가 있는 경우 등에 지정할 수 있다.

② 가로경관이 연속적으로 형성되지 않거나 벽면선이 일정하지 않을 것이 예상되는 경우에 지정할 수 있다.

③ 가로경관이 연속적인 형태를 유지하거나 구역 내 중요 가로변의 건축물을 가지런하게 할 필요가 있는 경우에 사용할 수 있다.

④ 도로에 있는 사람이 개방감을 가질 수 있도록 건축물을 도로에서 일정거리 후퇴시켜 건축하게 할 필요가 있는 곳에 지정할 수 있다.

해설

가로경관이 연속적인 형태를 유지하거나 구역 내 중요 건축물을 가지런하게 할 필요가 있는 경우에 사용하는 것은 건축지정선이다.

12 건축물의 배치와 건축선에 관한 설명으로 옳은 것은?
[13년 4회, 22년 2회]

① 벽면한계선은 가로경관이 연속적인 형태를 유지하거나 구역 내 중요 가로변의 건축물을 가지런하게 할 필요가 있는 경우에 사용할 수 있다.

② 건축지정선은 특정 지역에서 상점가의 1층 벽면을 가지런하게 하거나 고층부의 벽면의 위치를 지정하는 등 특정 층의 벽면의 위치를 규제할 필요가 있는 경우에 지정할 수 있다.

③ 벽면지정선은 특정한 층에서 보행공간 등을 확보할 필요가 있는 경우에 사용할 수 있다.

④ 건축한계선은 도로에 있는 사람이 개방감을 가질 수 있도록 건축물을 도로에서 일정 거리 후퇴시켜 건축하게 할 필요가 있는 곳에 지정할 수 있다.

해설

① 건축지정선, ② 벽면지정선, ③ 벽면한계선

13 다음 중 단독주택 또는 연립주택과 비교하여 아파트 형식의 주택이 갖는 장점이 아닌 것은?
[16년 1회]

① 주거지의 고밀화가 가능하다.

② 프라이버시 확보와 개성 있는 외관 형성이 용이하다.

③ 공동의 오픈스페이스 확보와 커뮤니티 형성에 유리하다.

④ 공동설비로 공사비를 절감할 수 있다.

해설

아파트의 단점 중 하나가 획일화된 외관구성이며, 여러 세대가 동일 건물에 있어 프라이버시에도 취약한 특성을 갖는다. 프라이버시 확보와 개성 있는 외관 형성이 용이한 것은 단독주택의 특징이다.

14 다음과 같은 특징을 갖는 공동주택의 주호형식은?
[16년 2회, 22년 4회]

- 중앙에 엘리베이터나 계단실을 두고 많은 주호를 집중 배치하는 형식
- 설비 집중화 가능
- 고층화된 아파트에서 많이 채택
- 복도 및 코너 부분의 일부 세대는 채광, 소음, 환기 등이 불리

① 단차형   ② 탑상형

③ 편복도 판상형   ④ 중복도 판상형

해설

집중형(탑상형)은 설비의 집중화가 가능하나, 단위주거의 조건에 따라 일조조건이 나빠지므로 평면계획의 고려가 필요한 형식이다.

15 공동주택의 단위주거 구성형식으로 중앙에 엘리베이터나 계단실을 두고 많은 주호를 집중 배치하는 형식으로 부지 조건에 따른 설계가 용이하고 설비의 집중화가 가능한 것은? [13년 4회]

① 탑상형
② 편복도형
③ 단차형
④ 일반 단층형

해설

탑상형(집중형)은 설비를 집중화할 수 있으나, 채광·통풍 등의 실내환경 불량, 평면상 배치 어려움, 방연의 문제 등이 있다.

16 다음과 같은 특징을 갖는 아파트의 주호형식은? [13년 1회]

> 설비를 집중화할 수 있으며, 고층화된 아파트에서 많이 채택되며 아파트의 시각적인 경관통로(Visual Corridor)를 유지할 수 있다. 반면 복도 및 코너 부분의 일부 세대는 채광, 소음, 환기 등에 어려움이 있다.

① 편복도 판상형
② 중복도 판상형
③ 탑상(Tower)형
④ 복층 단차형

해설

문제 15번 해설 참고

17 다음 중 아래와 같은 특징을 갖는 주택유형은? [14년 2회]

> - 대개 2~3층이며, 아래층은 거실·부엌과 같은 생활공간이, 위층은 침실 등 휴식공간이 위치한다.
> - 단위주택마다 개인정원이나 뜰을 갖추고 있다.
> - 각 주호의 프라이버시가 중요한 요소이기 때문에, 정원의 프라이버시 확보를 위한 방법으로서 양쪽 경계벽의 구조가 중요하다.

① 연립주택
② 다세대주택
③ 중정형 주택
④ 타운하우스

해설

타운하우스(Town House)는 토지의 효율적인 이용 및 건설비, 유지관리비의 절약이 가능한 1세대가 2개 층 이상을 사용하는 연립주택 형태이지만, 세대들이 경계벽을 마주하고 집합적으로 모여 있는 특성이 있기 때문에 프라이버시 확보를 위한 계획 시 고려가 중요하다.

18 순인구밀도가 250인/ha이고 주택용지율이 70%일 때, 총인구밀도는?

[13년 1회, 17년 2회, 22년 4회, 24년 3회]

① 105인/ha
② 175인/ha
③ 265인/ha
④ 305인/ha

해설

$$순인구밀도 = \frac{총인구}{주택용지면적}$$
$$= \frac{총인구}{총면적 \times 주택용지율} = \frac{총인구밀도}{주택용지율}$$
$$총인구밀도 = 순인구밀도 \times 주택용지율$$
$$= 250 \times 0.7 = 175$$

19 순인구밀도가 200인/ha이고 주택용지율이 60%일 때, 총인구밀도는? [12년 4회, 23년 4회]

① 80인/ha
② 120인/ha
③ 265인/ha
④ 340인/ha

해설

$$순인구밀도 = \frac{총인구}{주택용지면적}$$
$$= \frac{총인구}{총면적 \times 주택용지율} = \frac{총인구밀도}{주택용지율}$$
$$총인구밀도 = 순인구밀도 \times 주택용지율$$
$$= 200 \times 0.6 = 120인/ha$$

20 6ha의 대지에 1호당 순대지 200m²의 단독주택 필지를 계획할 때 몇 호 건설이 가능한가?(단, 순 주택용지율 60%, 도로 및 기타 공공용지율 40%) [16년 1회]

① 120호
② 150호
③ 180호
④ 300호

●해설

순주택용지 = 대지면적 × 순주택용지율
$$= 6(10,000) \times 0.6 = 36,000㎡$$
1호당 200㎡의 면적이 필요하므로,
호수는 $36,000㎡/200㎡ = 180$호
※ 1ha = 10,000㎡, 1a = 100㎡

21 주거단지 내의 밀도계획을 아래와 같이 하고자 할 때, 상정인구밀도에 의하여 계산한 주거용지의 총면적은? [12년 2회, 17년 1회, 24년 2회]

구분 밀도	계획인구	인구밀도
고밀도	12,500인	250인/ha
중밀도	9,000인	200인/ha
저밀도	5,000인	100인/ha

① 80ha
② 105ha
③ 125ha
④ 145ha

●해설

주거용지의 총면적 $= \sum \left(\dfrac{계획인구}{인구밀도} \right)$

$\dfrac{12,500인}{250인/ha} + \dfrac{9,000인}{200인/ha} + \dfrac{5,000인}{100인/ha} = 145ha$

22 「건축법」상 전용주거지역이나 일반주거지역에 건축물을 건축하는 경우에는 높이 9m를 초과하는 부분에 대하여 정북 방향으로의 인접대지 경계선으로부터 해당 건축물 각 부분 높이의 얼마 이상을 띄어서 건축하여야 하는가?

[16년 2회, 22년 4회]

① 1/2 이상
② 1/3 이상
③ 1/5 이상
④ 1/10 이상

●해설

대지경계선에 의한 높이 제한(일조확보)
• 건물높이 9m 이하 : 인접대지 경계선과의 거리 1.5m 이상
• 건물높이 9m 초과 : 건축물의 각 부분 높이의 1/2 이상 인접대지의 경계선과 이격

23 대지면적 15,000m²에 60%의 건폐율로 연면적 45,000m²의 아파트를 건축할 경우 그 평균 층수는?(단, 각 층의 바닥면적은 동일함) [15년 1회]

① 3층
② 4층
③ 5층
④ 6층

●해설

• 용적률 $= \dfrac{건축연면적}{대지면적} \times 100(\%)$

  $= \dfrac{45,000}{15,000} \times 100(\%) = 300\%$

• 층수 $= \dfrac{용적률}{건폐율} = \dfrac{300\%}{60\%} = 5$층

24 평균층수, 건폐율 및 용적률의 관계에 대한 설명으로 옳은 것은?(단, 언급되지 않은 조건은 동일한 것으로 가정한다.) [12년 4회]

① 평균층수와 용적률은 일정한 상관관계가 없다.
② 평균층수가 높아지면 용적률도 높아진다.
③ 건폐율이 높아지면 용적률은 낮아진다.
④ 용적률과 건폐율은 일정한 상관관계가 없다.

●해설

① 동일한 건폐율에 평균층수가 커지면 용적률이 커진다.
  (용적률 = 평균층수 × 건폐율)
③ 동일한 층수에서 건폐율이 높아지면 용적률도 높아진다. (용적률 = 평균층수 × 건폐율)
④ 동일한 층수에서 건폐율이 높아지면 용적률은 낮아진다. (층수 $= \dfrac{용적률}{건폐율}$)

25 건물로 사방이 폐쇄된 공간 내에 서 있는 관찰자 자신으로부터 건물까지의 거리가 건물 높이(H)의 몇 배를 초과하면서부터 건물에 의해 폐쇄되었던 느낌을 벗어날 수 있는가? [15년 4회]

① $2H$
② $3H$
③ $4H$
④ $5H$

●해설

D/H가 4배를 초과하면 그때부터 개방감을 느낄 수 있다.
여기서, D : 관찰자 자신으로부터 건물까지의 거리
H : 건물 높이

26 구조물의 높이(H)와 그 외부 공간의 거리(D)의 관계에서 공간 폐쇄감의 상실(공허감)이 시작되는 각도는? [18년 4회, 21년 2회, 24년 3회]

① 약 $14°$ ② 약 $18°$
③ 약 $20°$ ④ 약 $25°$

해설

폐쇄감을 상실하고 노출감을 인식하는 것은 D/H가 3 이상인 경우를 의미하며, 이때의 각도는 약 $14°$이다.

27 주거형 지구단위계획에서의 동선계획에 대한 설명으로 부적합한 것은? [18년 1회]

① 국지도로망은 쿨데삭(Cul-de-sac)과 루프(Loop)형 등으로 구성한다.
② 집산도로 상호 간의 교차 또는 집산도로와 국지도로의 교차는 입체교차를 원칙으로 한다.
③ 회전차로 및 변속차로의 폭은 3m를 기준으로 하되, 필요한 경우 0.25m의 가감이 가능하다.
④ 집산도로망의 구성형식은 토지이용형식에 따라 계획하되, 보조간선도로와의 연결이 용이하도록 가급적 격자형으로 구성하며 근린주구를 통과하지 못하도록 한다.

해설

간선도로급 이상에서 입체교차를 원칙으로 한다.

28 1970년 네덜란드의 델프트시에서 최초로 등장한 보차공존도로는? [12년 2회, 15년 2회]

① 쿨데삭(Cul－de－sac)   ② 본엘프(Woonerf)
③ 커뮤니티 도로   ④ 트랜싯몰(Transit Mall)

해설

보차공존(도로) 방식은 보행자와 차를 동일한 공간에 배치하되 차량통행 억제의 다양한 기법을 사용하는 방식으로서 보행자 위주의 안전 확보, 주거환경 개선에 초점이 맞추어져 있으며, 차량통행을 부수적 목적으로 설정하였다. 주요 사례에는 네덜란드 델프트시의 본엘프 도로(생활의 터), 일본의 커뮤니티 도로(보행환경개선－일방향통행), 독일의 보차공존구간(30~40m 간격으로 주행속도 억제시설 설치)등이 있다.

29 단지계획에서 보차공존도로의 설치 목적과 거리가 먼 것은? [14년 4회, 19년 1회]

① 노상주차 억제를 통한 안전성 확보
② 식재공간 확보를 통한 쾌적성 증대
③ 통과교통 억제를 통한 안전성 확보
④ 국지도로와의 교차지점 감소를 통한 효율성 확보

해설

보차공존도로의 설치목적은 안전성, 편리성, 쾌적성에 있다. 국지도로와의 교차지점 감소는 주민의 진출입 및 배달 · 수거 등에 대한 편리성이 저해되기 때문에 보차공존도로의 설치 목적과는 맞지 않다.

30 지구단위계획의 동선계획에 관한 설명으로 옳지 않은 것은? [17년 2회]

① 간선가로변에서의 주차 출입은 가급적 제한한다.
② 공용주차장은 소요부지 최소화를 위해 가급적 기계식으로 설치한다.
③ 차량동선으로 인한 보행공간 단절 및 침해를 최소화한다.
④ 공동개발하는 이면필지의 출입을 위하여 제한적 주차출입금지구간으로 지정한 후 공동개발 시에 주차출입을 허용할 수 있다.

해설

공용주차장은 이용자가 쉽게 접근할 수 있도록, 기계식이 아닌 자주식(스스로 주차)의 형태를 띠는 것이 좋다.

31 보행자도로와 차도를 동일한 공간에 설치하고 보행자의 안전성을 향상하는 동시에 주거환경을 개선하는 방안으로 1970년대에 제시되었으며, 보행자를 위주로 하는 도로에 차량이 부수적이고 제한적으로 이용하는 방식은? [13년 1회]

① 보차혼용방식   ② 보차병행방식
③ 보차분리방식   ④ 보차공존방식

해설

문제 28번 해설 참고

정답   **26** ①   **27** ②   **28** ②   **29** ④   **30** ②   **31** ④

32 단독주택지 블록(가구) 구성 시 중앙의 보행자 도로와 녹지를 겹쳐 집약하기에 가장 유리한 국지도로 형태는? [18년 2회, 24년 2회]

① T자형
② 격자형
③ 루프(Loop)형
④ 쿨데삭(Cul-de-sac)형

⊙해설
루프(Loop)형은 단지의 외곽을 각 주택이 감싸면서 그 주변에 도로가 설치되는 형태로서 주택이 감싸고 있는 곳에 녹지 등을 집약적으로 설치할 수 있는 장점이 있다.

33 교차로의 우선 방향이 명확하기 때문에 교통사고의 위험이 적으며, 주택지에서 적극적으로 이용될 수 있는 교차로 형태는? [18년 4회]

① T형   ② +형
③ Ring형   ④ Loop형

⊙해설
교차로의 방향을 명확하게 설정하고 운영할 수 있는 방식은 T형 방식이다.

34 노외주차장의 구조·설비기준에서 출입구가 2개 이상인 경우 직각주차형식의 최소 차로 너비는?(단, 이륜자동차 전용 노외주차장은 고려하지 않는다.) [16년 2회, 22년 4회]

① 3.0m   ② 3.5m
③ 4.5m   ④ 6.0m

⊙해설
출입구가 2개 이상인 경우 직각주차형식의 최소 차로 너비는 6.0m 이상이다.

35 지구단위계획의 보행동선계획 수립 시 유의하여 검토하여야 하는 사항 중 틀린 것은? [14년 2회]

① 대지의 규모가 커서 보행자가 우회하지 않게 대지 안에 공공보행통로를 지정하는 방안을 검토한다.
② 건축선 후퇴부분에 대하여 주차장 부족에 따른 주차공간으로 활용을 적극 권장한다.
③ 보행동선은 계획구역과 구역 이외의 지역과도 네트워크가 형성되도록 하여야 한다.
④ 통과교통 억제를 위한 시설 등을 조성하여 보행자 전용도로의 설치를 검토하여야 한다.

⊙해설
건축선 후퇴부분은 보행에 장애를 주는 지장물이 설치되거나 주차공간으로 사용하는 것을 피하도록 해야 한다.

36 주거단지 경관계획의 기본 방향으로 가장 적합하지 않은 것은? [14년 1회]

① 자연조건의 반영
② 조화와 개성의 부여
③ 획일적 시각적 이미지
④ 커뮤니티 감각의 부여

⊙해설
주거단지 경관계획의 기본 방향

기본 방향	내용
자연조건 반영	주변의 자연조건에 순응, 계절적 특성 반영·이용
조화와 개성의 부여	상징성을 부여, 조화와 개성을 부여하여 생활의 장을 조성
커뮤니티 감각의 부여	휴식·교류 등의 공간배치, 인간척도를 지닌 공간 창출
역사와 문화의 표현	지역의 역사와 전통적인 생활양식 및 공간 이미지 부여

37 도시 및 단지설계에서 조망경관을 고려한 도시공간 형성과 가장 거리가 먼 내용은? [15년 4회]
① 조망대상 주변지역의 일정한 건축물 높이 제한
② 전체 조망구도를 고려한 용도지역 및 지구 설정
③ 주요 조망점 주변지역의 시야 확보를 위한 넉넉한 공지 확보
④ 랜드마크 경관을 확보하기 위한 최고층 건축물의 건설 의무화

해설
랜드마크 경관을 확보하기 위해 최고층 건축물의 건설을 의무화하면 다른 조망대상의 조망을 저해할 우려가 있다.

38 다음 중 경관 분석의 기법에 해당하지 않는 것은? [15년 4회, 19년 2회, 22년 1회, 24년 1회]
① 기호화 방법
② 군락측도 방법
③ 시각회랑에 의한 방법
④ 게슈탈트(Gestalt)에 의한 방법

해설
군락측도는 어떠한 집단이 모여 있는 정도를 나타내는 것으로 경관 분석의 기법과는 거리가 멀다.

39 경관 분석을 위해 구역의 넓이, 분석의 정밀도 등에 따라 그리드(Grid)의 크기를 나누고 등급화하여 등급별 그리드 수에 의해 경관의 특색을 도출하는 경관 분석 방법은? [12년 2회, 15년 1회, 20년 1 · 2회]
① 기호화 방법
② 생태학적 방법
③ 사진판독법
④ 메시(Mesh)에 의한 방법

해설
경관 분석을 위해 구역의 넓이, 분석의 정밀도 등에 따라 그리드(Grid)의 크기를 나누고 등급화하여 경관을 분석하는 방법은 메시(Mesh)에 의한 방법이다.

40 경관 분석의 방법에 해당하지 않는 것은? [14년 4회, 20년 3회, 23년 1회]
① 그린 매트릭스(Green Matrix)에 의한 방법
② 시각회랑(Visual Corridor)에 의한 방법
③ 게슈탈트(Gestalt)에 의한 방법
④ 기호화 방법

해설
그린 메트릭스(Green Metrix)
지역 내의 아파트, 학교, 기업용지 등의 녹지 등을 공원녹지 등의 공공녹지와 연결하는 등 지역의 녹지 네트워크를 촘촘히 구성하는 것을 그린 메트릭스라고 한다.

41 다음 중 경관 분석 기법에 해당하지 않는 것은? [13년 4회, 22년 1회]
① 사진에 의한 방법
② 메시(Mesh)에 의한 방법
③ 기호화 방법
④ 군락측도 방법

해설
문제 38번 해설 참고

42 도시의 스카이라인 형성에 직접적인 영향을 미치지 않는 지표는? [13년 4회, 21년 1회, 23년 2회]
① 입면차폐도 ② 용적률
③ 가구(街區) 크기 ④ 건축물 높이

해설
스카이라인(Skyline)은 건축물의 입체적 형태와 조망의 차폐여부 등에 의해 결정되는 것으로서, 평면적 요소인 가구의 크기는 직접적인 영향이 없다.

43 다음 중 공동주택 건립을 위한 지구단위계획에서의 친환경 계획요소로 가장 거리가 먼 것은? [14년 4회, 17년 1회]
① 비오톱 조성 ② 투수성 바닥처리
③ 자원 재활용 ④ 조망권 확보

해설

조망권 확보는 경관계획과 관련된 계획요소이다.

44 다음 중 특별계획구역에 대한 설명으로 옳지 않은 것은? [14년 2회]

① 지구단위계획구역 중에서 현상설계 등에 의하여 창의적 개발안을 받아들일 필요가 있거나 계획의 수립 및 실현에 상당한 시간이 걸릴 것으로 예상되어 충분한 시간을 가질 필요가 있을 때에 별도의 개발안을 만들어 지구단위계획으로 수용 결정하는 구역을 말한다.

② 복잡한 지형의 재개발구역을 종합적으로 개발하는 경우와 같이 지형조건상 지반의 높낮이 차이가 심하여 건축적으로 상세한 입체계획을 수립하여야 하는 경우 특별계획구역으로 지정한다.

③ 특별계획구역에 대한 계획내용은 지구단위계획에 포함하여 결정한다.

④ 구역 내 권리관계가 복잡하여 민간개발보다 공공개발과 연계가 주목적이지만 주민의 합의가 있는 경우는 민간사업과 연계가 가능하다.

해설

특별계획구역의 경우 장기 프로젝트이고 건축물의 건립 난이도가 높아 주민 합의에 따른 시행주체 변경이 어려우며, 본 구역의 특성상 공공개발에 초점이 맞추어져 있다.

45 지구단위계획 중 특별계획구역의 지정대상이 아닌 것은? [13년 4회, 17년 2회, 20년 1·2회]

① 공공사업 시행 이외의 모든 사업에 대하여 지구단위계획구역의 지정목적을 달성하기 위하여 필요한 경우

② 순차 개발하는 경우 후순위개발 대상 지역

③ 지구단위계획구역 안의 일정 지역에 대하여 우수한 설계안을 반영하기 위하여 현상설계를 하고자 하는 경우

④ 하나의 대지 안에 여러 동의 건축물과 다양한 용도를 수용하기 위하여 특별한 건축적 프로그램을 만들어 복합적 개발을 필요로 하는 경우

해설

특별계획구역의 지정대상은 모든 사업에 해당하는 것이 아닌 하나의 대지 안에 여러 동의 건축물과 다양한 용도를 수용하기 위해 특별한 건축 프로그램에 의한 복합적 개발이 필요한 경우 등에 한한다.

46 1967년 뉴욕에서 처음으로 채택되기 시작한 제도로, 도심부 내 특정 지역이나 부지에서 공공과 민간의 개발을 효율적으로 유도·촉진함으로써 공공이 의도하는 구체적인 도시설계 목표를 달성하기 위해 개발된 특수한 형태의 지역지구제는? [14년 1회, 17년 4회, 23년 1회]

① 영향지역지구제(Impact Zoning)

② 유동지역지구제(Floating Zoning)

③ 특별지역지구제(Special Zoning)

④ 성능지역지구제(Performance Zoning)

해설

1967년 뉴욕에서 처음으로 채택된 특별지역지구제(Special Zoning)에 대한 설명이다.

특별지역지구제(Special Zoning)

도심부 내 특정 지역이나 부지에서 공공과 민간의 개발을 효율적으로 유도·촉진함으로써 공공이 의도하는 구체적인 도시설계 목표를 달성하기 위해 개발된 특수한 형태의 지역지구제이다.

47 도시설계의 보너스 제도와 관련된 설명으로 적합하지 않은 것은? [18년 1회, 20년 4회]

① 인센티브 제공을 위해 확보되는 쾌적 요소(Amenity Unit)는 사유지 내에 확보되는 가로광장이나 아케이드 등의 공개공지가 대표적이다.

② 성능지역지구제(Performance Zoning)는 전통적인 기준인 토지의 용도를 결정하고 상세한 설계기준에 의거하여 토지의 성능을 판단하는 제도이다.

③ 보상지역지구제(Incentive Zoning)는 개발자에게 적당한 개발 보너스를 부여하는 대신 공공에게 필요한 쾌적요소를 제공하도록 유도하기 위해 개발된 방법이다.

④ 조건부 지역제(Conditional Zoning)는 민간개발
이 지역지구제 조례에서 제시하고 있는 특별조건
을 만족하는 경우 민간의 요구에 부응하여 해당 토
지의 용도를 재지정하는 방법이다.

해설

②는 유클리드 지역지구제에 대한 설명이며, 성능지역지구
제는 실제의 토지이용에 근거하여 발생하는 각종 결과를
기준으로 하여 규제하는 방식을 말한다.

48 계획단위개발(PUD) 방식의 문제점 및 가능성
에 대한 내용으로 옳지 않은 것은?　　[16년 2회]

① 공동 오픈스페이스 확보가 어렵다.
② 평범한 고밀도 단지를 형성할 우려가 있다.
③ 승인과정상 자치단체의 관리능력이 강화된다.
④ 계획단위개발의 제안, 심사, 협상, 공청회 등 시행
과정에 과도한 시간이 소요된다.

해설

계획단위개발(PUD : Planned Unit Development)
계획단위개발로 대상지 전체를 일체적이고 유기적으로 계
획하고 설계하여 개발하는 방식으로서, 근린생활권 개념을
도입하여 개별 필지의 개발을 억제하고 집단개발을 유도함
에 따라 공동 오픈스페이스 확보에 유리하다.

49 도시설계 제어의 유형 중 유도적 성격이 강한
제도가 아닌 것은?　　[12년 4회]

① 특별허가　　　　② 보상지역지구제
③ 개발권 이양　　　④ 계획단위개발

해설

특별허가는 유도적 성격이 아닌, 규제적 성격이 강한 특수
적 규제수법에 해당한다.

PART 03

도시개발론

도시개발의 의의와 배경

1 도시개발의 이해 및 역사

1. 필요성과 목적

(1) 도시개발의 개념

구분	정의
일반적 개념	• 도시 변화의 수요에 대응하여 도시발전을 도모하기 위한 일련의 의도적 행위 • 도시가 성장·변화함에 따라 새로이 요구되는 도시 공간을 창출하고 공급하는 행위
광의의 개념	• 도시성장을 관리하고 도시발전을 도모하기 위한 경제, 사회 등 모든 개발행위의 총체 • 아직 도시적 형태와 기능을 지니지 않은 토지에 도시적 기능을 부여
협의의 개념	• 물리적 측면에서의 신개발, 재개발과 같은 도시공간개발 • 조성에 의한 개량, 건축에 의한 개량 • 기존의 도시적 용지에 대해 도시기능 제고를 목적으로 토지의 형상이나 이용에 변화를 일으키는 개발행위

————————————| 핵심문제

도시개발의 개념적 정의로 적합하지 않은 것은?　　　　　　　　　　　　　　[12년 4회]

① 도시적 형태와 기능을 지니지 않은 토지에 도시적 기능을 부여한 것
② 기존의 도시적 용지에 대해 도시기능 제고를 목적으로 토지의 형상이나 이용에 변화를 일으키는 개
발행위
③ 도시가 성장·변화함에 따라 새로이 요구되는 도시 공간을 창출하고 공급하는 행위
④ 도시 외곽지역에서 농업용 등 비도시적 용도의 토지를 관리·유지하는 것

답 ④

해설⊕--
도시 외곽지역에서 농업용 등 비도시적 용도의 토지를 관리·유지하는 것은 비도시에 관련된 것으로서, 도시개발
의 개념과는 거리가 멀다.

(2) 도시개발의 필요성

1) 도시토지이용상의 모순 발생 개선
2) 과밀주거와 비위생적 주택지구로 인한 도시환경의 악화 개선
3) 도시 주변의 무질서한 평면확장 방지

4) 수요 · 공급적 측면의 필요성

구분	필요성
수요 측면	• 인구의 자연증가 및 가구 규모의 변화 • 소득의 증가와 주거 수준의 향상 • 공공용지의 확보 및 주택의 이용전환
공급 측면	• 유한한 국토자원으로 인한 토지 부족 • 개발제한구역 설정과 같은 토지공급 제한 • 토지의 세분화 및 지가상승 현상

(3) 도시개발의 목적

① 인구성장과 도시인구의 증가로 인한 주택공급 확대

② 경제성장에 따른 삶의 질 향상

③ 기술의 발전에 따른 주거, 업무 등 입지 선택의 변화에 부응하기 위해

④ 도시의 건전한 발전을 도모하고 공공의 안녕질서와 공공복리의 증진

⑤ 도시민 전체의 활동에 대한 능률성과 안전성 증대

★ ┤핵심문제

도시개발의 필요성을 설명한 것으로 적절하지 않은 것은?　　　　　[16년 1회, 23년 1회]

① 주택, 산업시설, 공공기반시설 등에 대한 새로운 공간 수요가 있기 때문이다.

② 지속 가능한 도시발전을 위하여 자연 생태계의 유지관리 수요가 발생하기 때문이다.

③ 도시산업구조의 변화를 수용하기 위하여 새로운 개발이 필요하기 때문이다.

④ 사회 · 경제활동의 변화에 따라 새로운 도시 공간의 수요가 발생하기 때문이다.

답 ②

해설⊕ --

자연 생태계의 유지관리 수요와 도시개발과는 서로 상반되는 특성을 가지고 있다.

---

(4) 도시개발과정에서 공적 개입의 목적 및 방법

① 각종 토지이용 규제, 계획적인 도시개발을 통해 난개발을 방지

② 바람직한 도시개발을 목적으로 함

③ 특히, 공공은 세율 및 세목 등을 이용한 조세정책과 금리 및 대출규제 등을 이용한 금융정책을 복합적으로 이용하여 도시개발과정에 개입

④ 개발업자 등의 자격을 제한하는 시장진입 규제, 토지 등의 거래행위에 대한 규제, 각종 부담금 등을 통한 개발이익 분배과정에 개입

⑤ 공부(公簿) 등을 통해 토지나 건물에 대한 권리관계를 확인하고 보장해 주는 역할

2. 도시개발의 역사

(1) 우리나라의 신도시

① 1기 신도시 : 분당, 일산, 중동, 평촌, 산본
② 2기 신도시 : 화성(동탄신도시), 판교, 김포, 파주, 수원, 양주옥정신도시

(2) 우리나라 도시재생(Urban Regeneration) 사업의 특징

① 도시 중심부의 노후화로 도심 쇠퇴 현상이 가속화되어 도시 전체의 발전을 저해한다는 점에서 시작
②「도시재생 활성화 및 지원에 관한 특별법」에 근거
③ 도시의 쇠퇴지역에 대한 경제적 · 사회적 · 물리적 · 환경적 활성화를 목적으로 함

(3) 세계적 도시개발의 역사

1) Torrens Act(1868, 영국)

① 주거환경의 불량과 급수원의 오염, 전국적인 전염병으로 많은 인명 피해 → 슬럼주택의 개량 또는 철거 명령권
② 지방행정당국이 직접 불량주택 철거 또는 개량사업을 실시(1875년) : 최초의 제도적 도시개발의 효시

2) 그린우드 「주택법」(Green Wood Housing Act, 1930, 영국)

슬럼의 철거재개발을 최초로 규정, 현대도시재개발의 기원이며 제도적 정착

3) 노동자 계층을 위한 주택공급과 주거환경 개선을 위한 해결책 제시

① 오웬(Owen, Robert)의 협동마을(Village of Unity and Cooperation, 1817)
② 푸리에(Fourier, Charles)의 팔란스테르(Phalanstre, 1847) 등

4) 도시와 농촌의 매력을 함께 지닌 자족적인 커뮤니티(하워드의 전원도시론)

① 1898년에 영국의 근대도시화 과정에서 표출된 문제에 대해 전원도시 건설의 필요성을 강조
② 인간관계가 중시되는 공동사회를 만들기 위한 이상도시안(案) 제시

5) 1920년대 위성도시 제안론자

① 위성도시의 발달은 하워드의 전원도시에서 유래
② 테일러(G. R. Taylor), 언윈(R. Unwin), 휘튼(R. Whitten), 라딩(A. Rading)

─────┤핵심문제

1920년대에 위성도시안을 제안한 사람이 아닌 자는?　　　　　[12년 2회, 14년 4회, 24년 1회]

① 테일러(G.R. Taylor)　　　　　　　② 라딩(A. Rading)
③ 기버드(F. Gibberd)　　　　　　　④ 휘튼(R. Whitten)

답 ③

해설⊕
기버드(F. Gibberd)는 1920년대 위성도시 제안론자에는 포함되지 않으나, 영국의 1기 신도시 중의 하나인 할로우 (Harlow)의 기본계획과 설계를 맡아 진행한 도시계획가이다.

3. 최근의 도시개발 경향

(1) Robert Goodland(1994)가 제안한 지속 가능한 도시개발을 위한 지속성 요소

구분	내용
사회 · 문화적 지속성 제고를 위한 계획	• 사회개발, 사회적 혼합을 위한 주택건설 • 역사 · 문화적 지속성 확보
경제적 지속성 제고를 위한 계획	• 자족시설용지 조성 • 개발유보지 확보, 홍수예방 등을 위한 유수지 조성
경관 및 환경적 지속성 제고를 위한 계획	• 경관 형성 및 관리를 위한 계획 • 환경적 지속성 제고를 위한 계획 : 자연순응형 개발, 접근성 제고, 밀도, 에너지 이용 및 자원순환, 생태적 환경조성, 대중교통체계 확립

─────┤핵심문제

다음 중 Robert Goodland(1994)가 제안한 지속 가능한 도시개발을 위한 지속성의 분류에 해당되지 않는 것은?　　　　　[12년 4회, 18년 1회]

① 사회적 지속성 : 문화, 역사, 제도
② 환경적 지속성 : 환경의 질, 생태계 용량, 지연자원
③ 경제적 지속성 : 경제자본, 산업, 사업
④ 기술적 지속성 : 과학, 기술개발

답 ④

해설⊕
Robert Goodland(1994)가 제안한 지속 가능한 도시개발을 위한 지속성 요소는 사회적 지속성, 경관 및 환경적 지속성, 경제적 지속성이다.

(2) 주민참여형 도시개발의 유형

① 개발협정(Development Agreements)

② 주민투표

③ 주민발의

④ 민간협약(Covenants)

⑤ 지구 차원의 계획

핵심문제

다음 중 주민참여형 도시개발의 유형이 아닌 것은?　　　　　[13년 4회, 17년 4회, 21년 4회, 24년 3회]

① 주민발의　　　　　　　　　　　② 개발협정

③ 주민투표　　　　　　　　　　　④ 공공협약

답 ④

해설◐

공공협약은 공공이 주체가 되는 형식이며, 주민참여형 도시개발의 유형은 민간이 주체가 되는 민간협약의 형태로 진행된다.

---

(3) 전통근린지역개발(TND : Traditional Neighborhood Development)

1) 정의

① 보행 중심적 근린주구를 의미하며 1980년대 후반부터 미국에서 시작된 새로운 건축도시계획의 사조인 이른바 뉴어바니즘의 주요한 계획기법의 하나

② 가정 · 직장 · 교육시설 · 상업시설 · 여가시설 등의 도시생활에 필요한 요소들을 콤팩트하게 보행권 내에 배치, 복합용도의 근린지역을 대중교통으로 연결하여 통합

③ 뉴어바니즘의 계획기법은 TND, TOD가 가장 특징적임

2) 기본 원칙

① 모든 주거자는 걸어서 5분 만에 근린센터에 도달

② 다양한 타입의 주택, 주구 모서리에 상점과 오피스 위치

③ 초등학교는 아이들이 도보로 가능한 거리에 배치

④ 작은 운동장을 근거리(200m)에 배치

⑤ 선택과 교통량 분산을 위해 격자형가로 사용

⑥ 가로는 좁고 수목으로 그늘을 형성(보행자 안전제고)

⑦ 차고는 길의 후면에 위치하며 소로를 통해 접근

⑧ 근린주구센터 설치(랜드마크, 각종 문화 · 종교시설 배치)

⑨ 자족적으로 운영되도록 조직

TND(Traditional Neighborhood Development)에 대한 설명으로 틀린 것은?　　　[14년 1회, 18년 2회]

① 커뮤니티가 살아 있던 이전 도시들을 모티브로 삼아 과거 도시의 계획적 특성을 현대 도시에 적용하고자 한 도시개발 수법이다.

② 보행 중심적 근린주구를 의미한다.

③ 현대 도시에서 나타나는 고밀개발의 폐해를 비판하고 저밀개발을 유도한다.

④ 도시 내 보행, 자전거, 대중교통 이용을 장려한다.

🖺 ③

해설⊕ --

전통근린지역개발(TND : Traditional Neighborhood Development)은 가정 · 직장 · 교육시설 · 상업시설 · 여가시설 등의 도시생활에 필요한 요소들을 콤팩트하게 보행권 내에 배치, 복합용도의 근린지역을 대중교통으로 연결하여 통합하는 지역계획의 일종으로, 고밀도 복합개발의 특징을 가지고 있다.

01 다음 중 도시개발에 대한 설명으로 옳지 않은 것은? [12년 1회, 24년 1회]

① 도시개발은 택지 문제의 해결에만 중점을 두어야 한다.

② 도시계획과 연계성을 고려하여 개발 방향이 제시되어야 한다.

③ 경제성장에 따른 삶의 질 향상과 생활양식의 변화 등도 고려하여야 한다.

④ 공공의 질서 안녕과 공공복리의 증진에 기여함을 목표로 한다.

해설

도시개발의 목적은 도시민 전체의 활동에 대한 능률성과 안전성 증대에 있으며, 도시개발 시에는 택지 문제뿐만 아니라, 상업 및 공업, 공원 및 녹지 등 전 분야에 걸친 고려가 필요하다.

02 다음 중 공공(公共)이 도시개발과정에 개입하는 다양한 형태에 대한 설명으로 옳지 않은 것은? [16년 2회, 22년 1회]

① 각종 토지이용 규제를 통하여 도시개발을 제어한다.

② 조세정책이 아닌 금융정책을 통해서만 도시개발을 촉진시키거나 지연시키는 효과를 갖는다.

③ 개발업자 등의 자격을 제한하는 시장진입 규제, 토지 등의 거래행위에 대한 규제, 각종 부담금 등을 통한 개발이익 분배과정에 개입한다.

④ 공부(公簿) 등을 통해 토지나 건물에 대한 권리관계를 확인하고 보장해 주는 역할을 담당한다.

해설

공공은 세율 및 세목 등을 이용한 조세정책과 금리 및 대출 규제 등을 이용한 금융정책을 복합적으로 이용하여 도시개발과정에 개입할 수 있다.

03 영국의 근대도시화 과정에서 표출된 문제에 대하여 1898년에 전원도시 건설의 필요성을 강조한 사람은? [15년 4회, 24년 2회]

① 오웬 ② 어윈

③ 하워드 ④ 테일러

해설

도시와 농촌의 매력을 함께 지닌 자족적인 커뮤니티(하워드의 전원도시론)

• 1898년에 영국의 근대도시화 과정에서 표출된 문제에 대해 전원도시 건설의 필요성을 강조

• 인간관계가 중시되는 공동사회를 만들기 위한 이상도시 안(案) 제시

04 영국의 근대도시화과정에서 나타난 도시화의 문제를 해결하고자 전원도시의 개념을 처음으로 주장한 사람은? [13년 1회, 22년 4회]

① 레이몬드 언원 ② 르 코르뷔지에

③ 에베네즈 하워드 ④ 피에르 랑팡

해설

문제 3번 해설 참고

05 도시개발 밀도에 관한 내용 중 옳지 않은 것은? [16년 2회, 23년 2회]

① 단위 토지당 자본의 투입량이 증가하는 경우에는 저밀 개발이 이루어진다.

② 상대적으로 높은 지대를 지불해야 하는 토지에는 고밀 개발을 추구한다.

③ 개발 밀도는 토지의 매입비용 또는 지대와 자본 차입에 따른 이자율에 의해 결정된다.

④ 건물 수요가 많은 곳에서는 건물의 분양가격, 지대가 높아진다.

해설

단위 토지당 자본의 투입량이 증가하는 경우 고밀도 개발이 이루어진다.

06 1987년 Brundtland 보고서에서 "미래 세대의 욕구나 복지를 충족시킬 수 있는 능력과 여건을 저해하지 않으면서 현 세대의 욕구를 충족시키는 개발"이라는 지속 가능한 개발 개념을 잉태했다. 이는 다양한 변화의 압력에 대응해 나가는 지속적인 동태적 과정으로 1994년 Robert Goodland는 세 가지 지속성의 요소를 제안하고 있는데, 이에 해당되지 않는 것은?　　　[15년 4회, 22년 4회]

① 사회적 지속성　　　② 경제적 지속성
③ 환경적 지속성　　　④ 물리적 지속성

◀해설
Robert Goodland가 제안한 지속 가능한 도시개발을 위한 지속성 요소는 사회·문화적 지속성, 경제적 지속성, 경관 및 환경적 지속성이다.

07 환경친화적 도시개발을 실현하기 위해 선택할 수 있는 최선의 대안으로 적합하지 않은 것은?　　　[13년 2회, 24년 3회]

① 개발물량의 최소화　　　② 환경훼손의 최소화
③ 오염발생의 최소화　　　④ 개발 주체의 최소화

◀해설
환경친화적 도시개발을 실현하기 위해서는 개발 주체를 다양화하여, 다양한 환경친화적 Needs를 반영하는 것이 타당하다.

08 다음 중 주민참여형 도시개발의 유형과 가장 거리가 먼 것은?
　　　[13년 1회, 15년 4회, 21년 2회, 22년 4회, 24년 1회]

① BTL 방식　　　② 민간협약
③ 주민투표　　　④ 지구 차원의 계획

◀해설
BTL(Build Transfer Lease) 방식은 사회간접자본(SOC)에 대해 민간이 건설자본을 투자하는 사업추진방식의 한 종류이다.

1 수요 분석 및 입지 선정

1. 수요 예측의 필요성 및 수요 예측 기법

(1) 개발사업의 위험성

구분	내용
시장 위험 (Market Risk)	• 사업기간 중 인플레이션, 이자율 변동, 소비자의 선호도 변화, 토지조성계획과 분양가 책정의 적정성, 자재값 앙등, 노임 문제 등에 의해 비용이 예상보다 상승하므로 발생하는 위험 • 시장 위험을 줄이기 위해 시장 분석(Market Analysis)과 타당성 분석(Feasibility Analysis)을 실시
금융 위험 (Financial Risk, 재무 위험)	• 개발기간 중 금리의 변동, 차입금 상환, 자금 부족, 운영비 부족 등과 관련된 위험 • 도시개발방식에 적절한 재원조달방식을 도출, 필요한 자금을 자기자본과 부채자본으로 구분하고 이를 운영하는 방식을 개별사업에 맞게 수립
건설 관련 위험 (Construction Risk)	• 도시개발 실시과정에서 매장문화재 출토, 환경오염 및 지역주민의 민원에 의한 공사 중단, 시공회사의 도산 등과 관련한 위험 • 도시개발조사 및 기획단계에서 사전조사 철저, 지역주민에 대한 설명회, 개발대상지 축소, 손해보험 및 보증보험 가입의 제도화 등을 실시함
운영 위험	• 사업협약 이행 위험 / 사업계획 변동 위험 • 분양 및 임대 위험 • 관리운영 위험 / 시설물 결함 위험
정책 및 환경 위험	• 법률적 위험 / 인허가 위험 • 정치변동 위험 / 경제정책 급변 위험 • 자연재해사고 위험

핵심문제

도시개발에서 발생 가능한 위험의 유형을 시장 위험, 금융 위험, 건설 관련 위험으로 나눌 때, 다음 중 시장 위험과 관련된 사항이 아닌 것은? [12년 4회, 17년 4회]

① 문화재의 출토 ② 소비자의 선호도 변화

③ 경제구조 변화 ④ 분양가 책정의 적정성

답 ①

해설⊕

문화재의 출토는 건설 관련 위험(Construction Risk)에 속한다.

┤핵심문제

개발사업의 위험은 재무 위험, 건설 위험, 운영 위험, 정책 및 환경 위험으로 분류되는데, 이 중 운영 위험에 해당되지 않는 것은? [16년 1회]

① 사업협약 이행 위험   ② 시설물 결함 위험

③ 비용 증가 위험   ④ 비활성화 위험

답 ③

해설⊕

비용 증가 위험은 시장위험에 해당한다.

(2) 건설 관련 위험의 세부분류

구분	건설 위험	관리방안
기술적 위험	기술 수준, 경험 수준 관련 위험	• 기술하자 보증 • 공정평가관리
공사완공 지연 위험	일정 지연에 따른 위험	• 책임시공에 대한 협약 • 공사완공보험가입 • 공사 지연 시 지체보상금 부과 • CM(Construction Management)사 선정 관리
하자보수 위험	부실발생 위험	• 설계 및 설계변경 관리 • 품질관리, 시공관리
안전사고 위험	안전사고 관련 위험	보험가입, 종합안전계획 수립 및 운영

참고 CM(Construction Management)

건설 프로젝트를 수행함에 있어서 프로젝트의 목적을 발주자가 요구하는 기준에 맞추어 가장 경제적이며 효율적인 방법으로 수행하기 위해 프로젝트의 기획에서 설계, 계약, 엔지니어링, 구매활동, 시설물의 시공, 운전 및 유지관리에 이르는 프로젝트 전반에 걸쳐 행해지는 일련의 모든 지식과 정보활동을 포함하는 체계적인 활동을 총괄하는 것

┤핵심문제

다음 중 공사진행속도가 공정표상의 일정보다 지연될 위험인 '공사완공 지연 위험'을 관리할 방안으로 적합하지 않은 것은? [15년 2회, 22년 1회]

① 우수시공사와 책임시공에 대한 협약

② 설계 및 설계변경 관리

③ CM(Construction Management)사 선정 및 관리

④ 공사 완공보험 가입 및 공사 지연 시 지체보상금 부과

답 ②

해설⊕

설계 및 설계변경 관리는 하자보수 위험에 해당한다.

(3) 수요 예측 방법

1) 계량적(정량적) 방법

① 회귀분석법, 시계열모형, 다변량해석법, 마르코프과정, 통계적 결정모형, 계량경제분석, 산업연관분석

② 자료가 있는 경우 그 패턴을 찾아서 수요를 예측

③ 예측변수 : 인구 규모, 가구 규모, 고용자 수, 주택보급률(공가율), 주택규모 및 용적률

2) 비계량적(정성적) 방법

① 델파이방법, 집단회의법, 시나리오법, 의사결정나무를 통한 분석

② 과거 자료가 없는 경우, 즉 신규 상품이나 서비스가 없는 경우 실증적인 방법

③ 예측변수 : 생활양식의 변화, 대상지역 주민의 경제적 여건(소득, 주택가격, 구매성향), 접근성, 구매력, 소비 및 지출의 형태

3) 계량 분석의 범위

① 계량 불능 효과 : 사회정의, 지역갈등, 민주화, 개인의 자유 등과 같은 것으로 계량화 및 가치화가 모두 불가능하다.

② 가치화 불능 효과 : 전염병의 발병률, 교통사고 발생률, 사망률, 환경 수준의 변화 등과 같은 것으로서 계량화는 가능하나, 화폐단위 또는 금전적 등의 가치로 나타낼 수 없다(단, 조건부 가치측정법을 이용할 경우 금전적인 가치로 나타낼 수 있다).

③ 시장재 효과 : 재화 및 서비스 시장의 변화 등과 같은 것으로서, 계량화 및 가치화가 가능하다.

────────────────────────────┤핵심문제

도시개발사업의 수요를 파악하기 위한 정량적 예측모형에 해당하지 않는 것은?

[12년 4회, 17년 1회, 23년 4회]

① 시계열 분석   ② 회귀모형

③ 중력모형   ④ 의사결정나무 기법

답 ④

해설⊕

의사결정나무 기법은 비계량적(정성적) 방법이다.

4) 조건부 가치측정법(CVM : Contingency Valuation Method)

계량화 및 가치화가 불가능한 효과에 금전적 가치를 부여해야 할 필요성이 있는 경우 사용하는 방법

─────────────────────────────────────┤핵심문제

경제성 분석 시, 계량화 및 가치화가 불가능한 효과에 금전적 가치를 부여해야 할 필요성이 있는 경우 사용하는 방법은?　　　　　　　　　　　　　　　　[14년 1회, 19년 1회, 24년 1회]

① 변이-할당 분석　　　　　　　　　② 조건부 가치측정법
③ 권리 분석　　　　　　　　　　　　④ 시장성 분석

답 ②

해설⊕--

계량화 및 가치화가 불가능한 효과에 금전적 가치를 부여해야 할 필요성이 있는 경우 사용하는 방법은 조건부 가치측정법(CVM : Contingency Valuation Method)이다.

(4) 델파이 방법

1) 정의

고대 그리스의 아폴로 신전이 있던 도시의 이름으로 아폴로 신전의 여사제가 그리스 현인들로부터 의견을 넓게 수렴하였다는 데서 유래하였으며, 각종 계획 수립을 위한 장기적인 미래 예측에 많이 쓰이는 방법이다.

2) 방법

① 앙케이트의 반복을 통한 전문가들의 의견을 조사하여 반영하는 방법
② 지속적인 피드백 과정으로 질적인 방법

3) 특징

① 토론에서 발생하기 쉬운 심리적 교란이 없음
② 최초의 앙케이트를 반복 수렴한다는 데에서 여러 사람의 판단이 피드백되기에 결론을 의미 있게 받아들일 수 있다.
③ 예측을 하는 데 회의방식보다 서면을 통한 설문방식이 올바른 결론에 도달할 가능성이 높다는 가정에 근거한다.
④ 예측과제의 추출 처리 → 조사표 설계 → 조사대상자 선정 → 조사 실시 → 조사결과의 집계와 분석과정을 거친다.

★ 도시개발수요를 분석하기 위한 정성적 예측모형 중 조사하고자 하는 특정 사항에 대하여 전문가 집단을 대상으로 반복 앙케이트를 수행하여 의견을 수집하는 방법은? [12년 4회, 16년 2회, 19년 2회, 23년 1회]

① 델파이법 ② 지수평활법
③ 박스젠킨스법 ④ 의사결정나무 기법

답 ①

해설◐

델파이법은 고대 그리스의 아폴로 신전이 있던 도시의 이름으로 아폴로 신전의 여사제가 그리스 현인들로부터 의견을 넓게 수렴하였다는 데서 유래하였으며, 각종 계획 수립을 위한 장기적인 미래 예측에 많이 쓰이는 방법이다.

(5) 허프(Huff)의 소매지역이론(Huff 모형)

1) 정의

① 전통적인 수요추정모델 중에서 상권에 관한 가장 체계적인 이론으로 소비자가 상점시설을 선정하는 행동을 확률적으로 해석하는 방법
② 개별 소매점의 고객흡입력을 계산하는 기법

2) 방법

소비자가 주어진 상업시설을 이용할 확률은 상업시설의 크기에 비례하고 이동하는 데 걸리는 시간에 반비례한다.

3) 특징

① 많은 실증연구에 의해 유용성이 입증됨
② 한 상업시설의 매력이 규모에만 비례하는 것은 너무 단순함
③ 미시적 분석에 관심, 특히 소비자 행태에 주목
④ 소비자는 가까운 곳에서 상품을 선택하는 경향이 있다(이동시간에 반비례함).
⑤ 적당한 거리에 고차 중심지가 있으면 인근의 저차를 지나친다(상업시설의 크기에 비례함).
⑥ 고차계층일수록 수송 가능성이 더 확대된다(상업시설의 크기가 클수록 상권이 큼).

다음 중 Huff 모형에 대한 설명으로 옳지 않은 것은?   [13년 1회, 17년 1회]

① 개별소매점의 고객 흡입력을 계산하는 방법이다.
② 상업시설을 이용할 확률은 상업시설의 크기와 관계가 있다.
③ 모형에서 중요한 변수 중 하나는 상점까지의 거리다.
④ 상업시설을 이용할 확률은 상점까지의 거리에 비례한다.

답 ④

해설⊕

Huff 모형에 따르면 소비자가 주어진 상업시설을 이용할 확률은 상업시설의 크기에 비례하고 이동하는 데 걸리는 시간에 반비례한다.

(6) 레일리의 소매인력법칙

① 2개 도시의 상거래 흡인력은 두 도시의 인구에 비례하고, 두 도시의 분기점으로부터 거리의 제곱에 반비례함
② 고차 중심지와 저차 중심지가 서로 마주하고 있을 때, 상권의 경계는 인력이 더 센 쪽이 범역확대를 꾀하는 곳에 결정됨
③ 고차 중심지일수록 인력이 더 강하게 작용하고, 저차 중심지일수록 인력의 작용이 약함

(7) 시계열(Time Serial) 모형

1) 정의

① 시간적으로 순서지워진 자료를 매체로 하여 작성되는 모형
② 일반적으로 경향변동, 순환변동, 주기변동, 불규칙변동 4가지 요소가 합성되어 구성

2) 분석 기법

구분	내용
이동평균법	3개월 미만에 적용, 신제품시장 예측, 배우기 쉽고 결과해석이 용이
지수평활법	3개월 미만에 적용, 신제품시장 예측, 배우기 쉬움
박스젠킨스법	1~2년에 적용, 중장기 제품시장 예측, 배우기는 어려우나 결과해석 용이
XII ARMA	단·중기 적용, 기업별 판매 예측, 배우기는 쉬우나 결과해석이 어려움

3) 특징

① 계절별, 연도별 변화 추이 파악에 이용
② 시간과 설명변수 사이의 다중공선성
③ 축적된 시계열 자료가 부족할 경우 곤란함

(8) 계층화 분석법(AHP : Analytical Hierarchical Process)

다수의 대안이 제시되었을 때 다면적 평가기준에 의해 제기되는 복잡한 문제를 체계적으로 단순 구조화시킴으로써 의사결정자가 합리적으로 최선의 결정을 내릴 수 있도록 유도하는 방법

---|핵심문제

다수의 대안이 제시되었을 때 다면적 평가기준에 의해 복잡한 문제를 체계적으로 단순 구조화하여 합리적 결정을 내릴 수 있도록 유도하는 분석방법은? [14년 4회, 17년 4회]

① CVM(Contingency Valuation Method) ② NPV(Net Present Value)
③ IRR(Internal Rate of Return) ④ AHP(Analytical Hierarchical Process)

④

해설⊕------

계층화 분석법(AHP : Analytical Hierarchical Process)은 다수의 대안이 제시되었을 때 다면적 평가기준에 의해 제기되는 복잡한 문제를 체계적으로 단순 구조화시킴으로써 의사결정자가 합리적으로 최선의 결정을 내릴 수 있도록 유도하는 방법이다.

2. 입지 선정

(1) 입찰지대(Bid-Rent, 토지이용에서 얻어지는 수익)

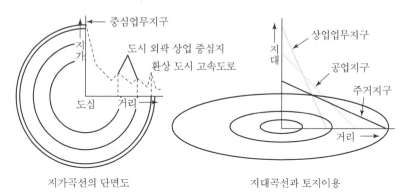

지가곡선의 단면도 지대곡선과 토지이용

① 접근성과 밀접한 관계가 있으며, 접근성은 도심(중심지, CBD)이 높고, 동시에 최고지가지점(PLVI : Peak Land Value Intersection)이 된다.
② 입찰지대가 높은 곳은 일반적으로 개발 밀도가 높다.
③ 입찰지대는 동심원이론을 설명하는 경제학적 토대가 된다.
④ 입찰지대가 가장 큰 곳은 상업업무지구용 토지로 이용된다. 반대로 가장 낮은 곳은 주거지구용 토지로 이용된다.

입찰지대(Bid – Rent)에 대한 설명이 틀린 것은?　　　　　　　　　[14년 2회]

① 입찰지대가 높은 곳은 일반적으로 개발 밀도가 높다.

② 입찰지대는 중심지가 가장 높고 외곽으로 갈수록 낮아진다.

③ 입찰지대는 동심원이론을 설명하는 경제학적 토대가 된다.

④ 입찰지대가 가장 낮은 곳은 일반적으로 상업용 토지로 이용된다.

답 ④

해설 ✚

입찰지대가 가장 큰 곳은 상업업무지구용 토지로 이용된다. 반대로 가장 낮은 곳은 주거지구용 토지로 이용된다.

(2) 입지 선정의 절차

1) 신도시 입지 선정의 기준

구분	내용
국토공간상의 기준	기존 대도시의 집중이 아닌 분산 및 균형발전
지역의 물질적인 상태	토지이용상황, 개발밀도, 건설비, 생활환경, 도시경관 등
사회경제적 기준	지가, 신도시의 계획 규모, 대도시권과의 거리, 광역권의 시장성 등
자원의 기준	경제적 자립을 이룩하면서 계속 발전하기 위한 지상자원, 지하자원, 대기권자원 등
환경적 기준	미관 · 정취 · 건전한 환경이 개발, 보존될 수 있는 곳

2) 도시의 개발을 위한 입지여건 분석

구분	내용
입지 분석	부지의 이용가치를 극대화하기 위한 분석으로 개발 콘셉트를 사업화하기 위한 일련의 타당성 분석 가운데 가장 먼저 행해지는 것
물리적 여건 분석	• 개발대상 부지 자체가 가지고 있는 자연지리적 · 물리적 특성을 분석하여 최적 설계조건을 도출하는 것 • 자연 특성 분석 : 지형, 지질, 경사도, 식생 등의 분석 • 토지공부(土地公簿) 분석 : 부지의 일반적인 특성(위치, 규모, 소유자, 지가, 지목, 지적현황 등) 분석 • 기반시설 특성 분석 : 전력, 통신, 상하수도, 가스 등의 현황 분석
지리적 여건 분석	• 부지 자체가 아닌 그 부지가 속해 있는 좀 더 넓은 범위인 지역단위 여건을 분석하는 것으로 수요를 예측하는 데 기초가 됨 • 지역접근 분석 등이 해당됨
법적 · 제도적 여건 분석	개발은 규제에 영향을 받으므로 개발과 관련된 규제에 대한 분석을 수행하는 것
경제적 여건 분석	경제적 입지 분석을 통해 지역이나 장소에 경쟁력을 확보할 수 있는 사업개발 아이템을 개발함

★ 핵심문제

도시개발 여건 분석에 대한 설명으로 틀린 것은?   [13년 4회, 19년 1회, 23년 2회]

① 부지의 이용가치를 극대화하기 위해 그 부지의 입지조건을 면밀히 분석할 필요가 있다.

② 입지의 특성은 물리적 요인과 지리적 요인, 법적 · 제도적 요인, 경제적 요인 등으로 구분할 수 있다.

③ 입지 분석은 개발의 콘셉트를 사업화하기 위한 일련의 타당성 분석과정 가운데 가장 먼저 행해지게
된다.

④ 물리적 요인을 분석하는 것을 일반 분석이라 하고, 지리적 요인, 제도적 · 경제적 요인을 분석하는
것을 부지 분석이라 한다.

답 ④

해설◐

지리적 요인, 제도적 · 경제적 요인을 분석하는 것을 일반 분석이라 하고, 부지의 자연 특성 등을 분석하는 물리적
요인을 부지 분석이라 한다.

2 구상과 계획

1. 수요 분석과 타당성 검토

(1) 시장 분석의 개념

1) 시장의 정의

상품의 수요와 공급이 만나 양과 가격이 결정되어 거래가 일어나는 곳

2) 시장의 종류

① 현재시장(Actual Market) : 현재 거래가 일어나는 시장

② 잠재시장(Potential Market) : 거래가 일어날 가능성이 있는 시장

3) 도시개발 측면에서의 시장 분석의 개념 및 특징

① 시장의 수용과 공급에 영향을 미치는 요인 등을 분석하는 것

② 도시개발 측면에서의 시장은 시장 위치의 고정성 측면, 분할성 측면, 지역적 측면이 서로 연관성을
가지며 하위시장으로 구성 분산되어 있어 여타의 일반재화시장과는 다름

③ 공공성이 강하며 정부의 개입과 통제를 축으로 시장의 수급이 이루어짐

4) 시장 분석 순서

입지 분석을 통한 경쟁력 있는 사업 아이템 선정 → 시장 분석을 통한 수요 측면의 고객 세분화 →
도시개발형태 차별화 및 표적시장 구축 → 개발 수요 예측을 통한 타당성 있는 개발계획 수립

5) 시장 분석 방법

① SWOT

- 내부환경 : S(Strength, 강점) − W(Weakness, 약점)
- 외부환경 : O(Opportunity, 기회) − T(Threat, 위협)

② PEST

거시환경 분석에 주로 쓰이는 기법으로, 약자는 정치(Political), 경제(Economic), 사회(Social), 기술(Technological)을 의미함

│핵심문제

시장 분석 중 시장상황을 전반적으로 검토하기 위한 SWOT 분석의 내용이 옳은 것은?　　[14년 2회]

① S(Straight) − W(Wonder) − O(Order) − T(Training)
② S(Strength) − W(Weakness) − O(Opportunity) − T(Threat)
③ S(Strength) − W(Weakness) − O(Order) − T(Training)
④ S(Straight) − W(Wonder) − O(Opportunity) − T(Threat)

답　②

해설⊕

시장 분석 방법

㉠ SWOT

- 내부환경 : S(Strength, 강점) − W(Weakness, 약점)
- 외부환경 : O(Opportunity, 기회) − T(Threat, 위협)

㉡ PEST

거시환경 분석에 주로 쓰이는 기법으로, 약자는 정치(Political), 경제(Economic), 사회(Social), 기술(Technological)을 의미함

---

(2) 사업 타당성 분석

구분	내용
경제적 타당성	• 도시개발사업에 소요되는 비용보다 발생되는 수익이 많을 때 타당성이 인정됨 • 영향변수 : 개발대상 부지의 규모, 위치, 토지가격, 시장가격, 시장여건, 법/제도 • 분석기법 : 순현가지(NPV), 내부수익률(IRR) 등이 사용됨
법 · 제도적 타당성	• 추진하려는 도시개발사업과 관련된 법 · 제도상의 제약을 검토하는 것 • 도시계획사업(3개 법률), 비도시계획사업(5개 법률)을 포함한 수십 가지의 법률 검토
물리적 · 기술적 타당성	• 토양의 수용능력, 지하수, 하중, 유해물질 등 개발대상 부지의 적합성 검토 • 도시개발사업에서 타당성 분석이라 함은 협의의 타당성 분석에 해당하는 경제적 타당성 분석을 의미함

2. 계획 수립

(1) 개발전략 수립의 고려사항

구분	내용
개발대상지 분석	부지를 포함한 주변 지역의 기반시설, 부지경계선, 지형, 지세, 규제, 토지이용계획 등
재무적 기준	자금조달의 지분구조, 수익 발생의 흐름, 자금의 환원, 부채 등
재무적 타당성 분석	개발목표, 전문가의 의견, 입지, 시장 분석, 경쟁시설 분석, 분양성, 사전기획, 트렌드, 디자인, 개발계획 등의 종합적인 분석
기본구상	사회적 목표, 재무적 목표, 비즈니스 계획 등
지분구조	단순주식회사, 부분투자자, 재무적 투자자, 일반주주, 창업투자회사 등 바람직한 지분구조를 찾음
개발상품	주거용, 업무용, 산업용, 판매용, 숙박용, 혼합상품 등 다양한 형태

(2) 허가(許可)

1) 일반사항

① 일반적으로 금지되어 있는 행위를 특정한 경우에 해제하여 적법하게 그 행위를 할 수 있게 하는 행정처분을 말한다.

② 실정법상으로는 허가라는 말 이외에 면허 · 인가 · 특허 · 승인 · 등록 · 지정 등의 용어를 사용한다.
  ※ 허가대상이 허가를 받지 않은 경우 처벌대상이 되나, 인가대상의 경우에는 인가를 받지 않은 경우에도 처벌대상이 되지 않는다.

③ 금지가 부작위 의무를 명하는 행정행위인 데 반해, 허가는 기존의 금지를 해제하는 행정행위이다.

④ 허가는 출원에 의해 부여되고, 형식 면에서는 서면으로 행하는 것이 보통이다.

⑤ 허가는 운전면허와 같이 특정인에 대해 부여되는 것, 건축허가 등과 같이 물적 설비에 부여되는 것이 있다.

2) 개발행위허가제

① 계획의 적정성, 기반시설의 확보 여부, 주변 환경과의 조화 등을 고려하여 개발행위에 대한 허가 여부를 결정함으로써 난개발을 방지하기 위한 제도이다.

② 건축물의 건축 또는 공작물의 설치, 토지의 형질 변경, 토석의 채취, 토지분할, 녹지지역 · 관리지역 또는 자연환경 보전지역에 물건을 1월 이상 쌓아놓는 경우는 개발행위허가대상이다.

③ 관리지역의 토지형질 변경의 허용범위는 3만m² 미만이다.

④ 개발행위를 하려는 자는 특별시장 · 광역시장 · 특별자치시장 · 특별자치도지사 · 시장 또는 군수의 허가를 받아야 한다.

다음 중 도시개발사업에서의 인허가에 대한 설명으로 옳지 않은 것은? [12년 1회, 19년 2회]

① 허가란 법령에 의하여 금지되어 있는 행위를 해제하여 적법하게 하는 것을 의미한다.
② 인가란 제3자의 행위를 보충하여 그 법률상의 효력을 완성시키는 행위를 의미한다.
③ 승인은 국가 또는 지방자치단체가 특정 행위에 대하여 부여하는 동의 승낙 등을 의미한다.
④ 허가를 요하는 행위를 허가 없이 행하거나 인가를 받지 않고 한 행위는 처벌의 대상이 된다.

📋 ④

해설⊕

허가를 요하는 행위를 허가 없이 행하면 처벌대상이 되지만, 인가의 대상인 경우에는 행위를 인가 없이 행한다 해도 처벌의 대상이 되는 것은 아니다.

③ 집행 및 관리

1. 개발사업의 착수

(1) 단순개발방식

토지형질변경 등 지주에 의한 자력개발을 의미하는 것으로 전통적인 개발방식

(2) 환지방식(토지구획정리방식)

택지화가 되기 전 토지의 위치, 지목, 면적, 등급, 이용도 등의 필요사항을 고려하여 택지개발 후 개발된 감소 토지를 토지소유주에게 재배분하는 것(예전의 토지구획정리사업)

1) 일반사항

① 적은 자본으로 사업 시행이 가능 : 체비지 매각 등에 의한 자금조달
② 사업 시행자는 토지를 매입할 필요가 없으므로 비용 절감 가능
③ 기존 시가지나 교외농지 등을 정비하거나 택지로 조성
④ 도로 · 공원 등의 공공시설 용지를 토지소유자가 제공
⑤ 토지의 분할 및 구획을 통하여 토지의 이용을 증진
⑥ 토지소유자의 감소된 면적은 사업이 종료된 이후에 종전의 권리에 상응하는 토지 또는 건축물을 토지소유자에게 환지하는 방법
⑦ 민원 발생의 소지가 전면매수방식보다 적다(단, 소규모 토지소유자들은 토지가 환지되지 않고 청산됨으로써 문제가 발생할 수 있음).
⑧ 토지의 권리관계 변동이 발생되지 않음(지나친 개발이익의 사유화 문제 발생 가능)

「도시개발법」에 따른 도시개발사업의 시행방식 중 해당 토지의 지가가 주변보다 높거나 대지의 효용 증진을 위한 정비를 목적으로 하여 사업 시행 전에 존재하던 관리관계에 변동을 가하지 않고 사업 시행 후의 새로이 조성된 대지에 기존의 권리를 이전하는 방식은?   [12년 4회]

① 수용방식   ② 환지방식
③ 매수방식   ④ 사용방식

답 ②

해설●

사업이 종료된 이후에 종전의 토지소유자의 권리에 상응하는 토지 또는 건축물을 토지소유자에게 환지하는 방법인 환지방식(토지구획정리방식)에 대한 설명이다.

2) 환지방식 적용 시 동의조건

지정권자가 환지방식의 도시개발계획을 수립할 때(도시개발구역의 지정) 환지방식을 적용하려 할 때는 토지면적의 2/3 이상에 해당하는 토지소유자와 그 지역의 토지소유자 총수의 1/2 이상의 동의를 얻어야 한다(단, 국가, 지방자치단체는 예외).

다음 중 ㉠, ㉡에 들어갈 내용이 모두 옳은 것은?   [12년 1회, 12년 4회, 15년 4회, 19년 1회]

지정권자는 환지방식의 도시개발사업에 대한 개발계획을 수립하면서 환지방식이 적용되는 지역의 토지 면적의 (㉠)에 해당하는 토지소유자와 그 지역의 토지소유자 총수의 (㉡)의 동의를 받아야 한다.

① ㉠ 3분의 2 이상, ㉡ 3분의 2 이상   ② ㉠ 3분의 2 이상, ㉡ 2분의 1 이상
③ ㉠ 3분의 1 이상, ㉡ 3분의 1 이상   ④ ㉠ 3분의 1 이상, ㉡ 3분의 2 이상

답 ②

해설●

지정권자가 환지방식의 도시개발계획을 수립할 때(도시개발구역의 지정) 환지방식을 적용하려 할 때는 토지면적의 2/3 이상에 해당하는 토지소유자와 그 지역의 토지소유자 총수의 1/2 이상의 동의를 얻어야 한다(단, 국가, 지방자치단체는 예외).

3) 환지방식의 시행자

① 국가 또는 지방자치단체, 공사
② 다만, 전부를 환지방식으로 시행하는 경우는 토지소유자 및 토지소유자가 도시개발을 위해 설립한 조합

---|핵심문제

환지방식과 관련된 용어에 대한 설명이 틀린 것은?   [14년 1회]

① 환지란 사업 시행 전에 존재하던 권리관계에 변동을 가하고 각 토지의 위치, 지적, 토지이용상황 및 환경 등을 고려하여 사업 시행 후 새로이 조성된 대지에 기존의 권리를 이전하는 행위를 말한다.

② 보류란 환지방식에 의하여 조성되는 토지 중 일반환지대상 토지 외의 토지를 말하며 체비지, 공공시설용지 및 기타 용지를 말한다.

③ 체비지란 도시개발사업으로 인하여 발생하는 사업비용을 충당하기 위하여 사업 시행자가 취득하여 집행 또는 매각하는 토지를 말한다.

④ 감보란 토지소유자가 환지방식 개발사업으로 얻은 각각의 수익에 따라 사업비용의 충당과 공공시설의 설치를 위한 용지를 부담하여야 하는데, 이에 따라 종전의 토지면적에 비해 환지의 면적이 감소하는 것을 말한다.

冒 ①

해설⊕--
환지방식은 기존의 권리관계의 변동 없이 사업을 시행하는 방식이다.

4) 환지방식의 행정절차

환지계획의 작성, 환지설계(시행자) → 환지계획의 인가신청(시행자 → 시장·군수·구청장) → 환지계획의 인가(시장·군수·구청장) → 환지예정지의 지정(필요시, 시행자) → 환지처분(시행자) → 등기촉탁 신청(시행자), (환지처분 공고 후 14일 이내) → 청산금의 징수·교부(시행자 → 토지소유자

5) 환지계획 작성 시 포함사항

환지설계, 필지별로 된 환지명세, 필지별·권리별로 된 청산대상 토지명세, 체비지 또는 보류지의 명세, 축척 1,200분의 1 이상의 환지예정지도

---|핵심문제

다음 중 환지계획의 작성 시 포함되지 않는 사항은?   [12년 1회, 18년 4회]

① 환지설계   ② 필지별 환지명세
③ 필지별·권리별로 된 청산대상 토지명세   ④ 환지청산금 징수시기

冒 ④

해설⊕--
환지계획 작성 시 포함사항
환지설계, 필지별로 된 환지명세, 필지별·권리별로 된 청산대상 토지명세, 체비지 또는 보류지의 명세, 축척 1,200분의 1 이상의 환지예정지도

6) 입체환지

① 토지소유자의 동의를 얻어 환지의 목적인 토지에 갈음하여 시행자가 처분할 권한이 있는 건축물의 일부와 그 건축물이 있는 토지의 공유지분을 부여

② 집단체비지 내에 공동주택 또는 상가를 건설하는 경우

③ 입체환지의 기준

- 입체환지는 집단체비지 내에 공동주택 또는 상가를 건설하는 경우에 허용된다.
- 입체환지의 대상이 될 수 있는 자는 당해 구역 안에 토지와 그 토지에 건축된 주택을 동시에 소유한 자이거나 토지와 토지에 건축된 상가를 동시에 소유한 자를 말한다.
- 입체환지인 경우에는 건축계획을 환지계획의 내용에 포함하여야 한다. 이 경우 건축계획은 구역 내 입체환지의 수요를 고려하여 결정한다.
- 입체환지로 계획 수립 시는 비례율에 의해 환지할 수 있다.
- 소유면적은 토지대장을 기준으로 한다.
- 입체환지 신청자가 많을 경우 대상자를 공개추첨에 의하여 결정할 수 있다.

핵심문제

입체환지의 기준에 적합한 것은? [16년 1회]

① 소유면적은 기존의 건축물대장을 기준으로 함
② 입체환지는 집단체비지에 단독주택을 건설하는 경우에 허용함
③ 입체환지로 계획 수립 시는 평가식, 면적식, 절충식에 의한 환지방식 규정을 적용받아야 함
④ 입체환지의 대상이 될 수 있는 자는 당해 구역 안에 토지와 그 토지에 건축된 주택들 동시에 소유한 자를 말함

답 ④

해설⊕

① 소유면적은 토지대장을 기준으로 한다.
② 입체환지는 집단체비지 내에 공동주택 또는 상가를 건설하는 경우에 허용된다.
③ 입체환지로 계획 수립 시는 비례율에 의해 환지할 수 있다.

7) 환지방식 관련 용어

① 체비지 · 보류지 : 사업에 필요한 경비 조달, 공공시설 설치에 필요한 토지 확보를 위한 토지
② 입체환지 : 과소 토지가 되지 않도록 건축물과 이것이 있는 토지의 공유 지분을 주는 것
③ 환지예정지 : 권리는 인정하나, 사용 · 수익은 인정되지 않음
④ 청산금 : 손실을 받은 사람에게 현금으로 정산하여 교부
⑤ 증환지(감환지) : 종전보다 토지가 늘어나는(줄어드는) 환지
⑥ 감보 : 종전토지보다 토지면적이 감소하는 것

> **참고** 감보
>
> ① 감보의 개념 : 시행지구 내의 모든 토지소유자는 환지방식 개발사업으로 얻은 각각의 수익에 따라 사업비용의 충당과 공공시설의 설치를 위한 용지(체비지 또는 보류지)를 부담하여야 하는데, 이에 따라 종전의 토지면적에 비해 환지의 면적이 다소 감소하게 되는 경우가 있을 수 있다. 이러한 면적의 감소를 가리켜 감보(減步)라고 한다.
>
> ② 감보의 종류
> • 연도감보 : 정리 후 택지의 접면도로 폭원에 따라 받는 이익에 차이가 발생한다는 논리에서 접면도로 면적 일부를 시행규정이 정함에 따라 부담하는 감보
> • 공통감보 : 환지기준면적에 비례해서 연도감보에서 제외된 도로면적과 신설 또는 확장되는 공원, 하천, 시장, 학교용지 및 보류지에 충당될 면적을 부담하는 감보
>
> ③ 감보율 : 환지계획구역의 평균 토지부담률은 50%를 초과할 수 없다. 다만, 당해 환지계획구역의 특성을 고려하여 지정권자가 인정하는 경우에는 60%까지로 할 수 있으며, 환지계획구역 안의 토지소유자 전원이 동의하는 경우에는 60%를 초과하여 정할 수 있다.

───핵심문제

환지방식에 의한 도시개발사업의 시행에 있어, 도시개발사업으로 인하여 발생하는 사업비용을 충당하기 위하여 사업 시행자가 취득하여 집행 또는 매각하는 토지를 무엇이라 하는가?　　　[15년 4회]

① 비환지　　　　　　　　　　　② 체비지
③ 공유지　　　　　　　　　　　④ 공공공지

답 ②

해설⊕ --

체비지 · 보류지
사업에 필요한 경비 조달, 공공시설 설치에 필요한 토지 확보를 위한 토지

8) 사업 시행자 토지부담률

$$토지부담률 = \frac{보류지면적 - 시행자에게\ 무상귀속되는\ 공공시설면적}{환지계획구역면적 - 시행자에게\ 무상귀속되는\ 공공시설면적}$$

───핵심문제

환지계획구역의 면적이 1,000m², 보류지의 면적이 400m², 시행자에게 무상귀속되는 공공시설면적이 150m²일 때, 환지계획구역의 평균 토지부담률은 약 얼마인가?

[14년 2회, 16년 4회, 20년 1 · 2회, 23년 4회, 24년 3회]

① 19.4%　　　　　　　　　　　② 29.4%
③ 39.4%　　　　　　　　　　　④ 49.4%

답 ②

해설⊕ --

$$토지부담률 = \frac{보류지면적 - 시행자에게\ 무상귀속되는\ 공공시설면적}{환지계획구역면적 - 시행자에게\ 무상귀속되는\ 공공시설면적} \times 100(\%)$$

$$= \frac{400\mathrm{m}^2 - 150\mathrm{m}^2}{1,000\mathrm{m}^2 - 150\mathrm{m}^2} \times 100(\%) = 29.41\%$$

9) 기타 사항

① 환지설계의 원칙 : 적응환지, 평면환지, 제자리 환지

② 환지설계방식 : 평가식 환지(가격기준＝원칙), 면적식 환지(면적기준), 절충식

③ 환지계획구역에서 사업 시행자 평균토지부담률은 50%를 넘지 못하도록 되어 있다. 그러나 지정권 자가 당해 구역의 특성을 고려하여 60%까지 설정하는 것이 가능하며, 토지소유자 전원이 동의하면 60%를 초과할 수 있도록 유연한 운영규정을 두고 있다.

(3) 전면매수방식(수용 또는 사용에 의한 방식)

① 시행자가 개발대상지의 토지를 매수하여 개발하는 방식으로 협의매수방식과 수용방식이 있다.

② 토지수용을 위한 막대한 초기자금이 필요함

③ 이주대책의 수립이 필요함

④ 공공기관에 의해 주도되므로 녹지 등의 확보가 유리함

⑤ 토지수용에 따른 보상문제 등으로 인한 민원 발생이 많음

⑥ 개발이익의 사유화 방지 가능

⑦ 사업기간 단축 가능

⑧ 국가 또는 지방자치단체가 도시개발사업 시 전면매수방식의 토지수용 조건 : 토지소유자, 법인, 부동산 투자회사 등이 사업대상 토지면적의 3분의 2 이상에 해당하는 토지를 소유하고 토지소유자 총수의 2분의 1 이상에 해당하는 자의 동의를 얻어야 한다.

(4) 혼용방식

「도시개발법」에 의한 도시개발사업, 「주택건설촉진법」에 의한 대지조성사업 등과 같이 대상토지를 전면매수하는 방식과 환지하는 방식을 혼합하는 방식

(5) 합동개발방식

토지개발사업에 참여하는 토지소유자와 함께 사업 시행자, 재원조달자, 건설자가 택지개발을 착수하기 전에 일정가격으로 대상토지를 전량매수해서 택지로 개발하는 방식이다.

(6) 토지상환채권

1) 정의

시행자는 토지 소유자가 원하면 토지 등의 매수 대금의 일부를 지급하기 위하여 사업 시행으로 조성된 토지·건축물로 상환하는 채권(＝토지상환채권)을 발행할 수 있다.

2) 토지상환채권의 발행

① 발행규모 : 상환할 토지·건축물이 분양토지 또는 분양건축물 면적의 1/2 미만이어야 함

② 보증기관 : 금융기관, 보험회사

③ 발행계획의 내용 : 시행자의 명칭, 발행총액, 이율, 발행가액 및 발행시기, 상환대상지역 또는 용도, 토지가격의 추산방법, 보증기관 및 보증의 내용

④ 발행공고 : 토지상환채권의 명칭, 발행계획의 내용

⑤ 발행조건
- 이율 : 발행 당시의 예금금리, 부동산 수급상황을 고려하여 발행자가 정함
- 보증기관의 보증을 받아 발행내용을 공고하고 기명식(記名式) 증권으로 발행

⑥ 청약서 기재내용 : 사업의 명칭, 청약자의 성명 · 주소, 청약자 소유의 토지 등의 명세, 청약자가 토지 등의 매각대금으로 받는 금액, 토지상환채권으로 받으려는 금액

⑦ 토지상환채권의 기재사항 : 토지상환채권의 발행계획 내용, 번호, 발행연월일

⑧ 토지상환채권의 이전
- 취득자는 그 성명과 주소를 토지상환채권원부에 기재하여야 하며, 기재되지 아니하면 발행자 및 그 밖의 제3자에게 대항하지 못한다.
- 질권의 목적으로 하는 경우에는 질권자의 성명과 주소가 토지상환채권원부에 기재되지 아니하면 질권자는 발행자 및 그 밖의 제3자에게 대항하지 못한다.
- 발행자는 질권이 설정된 때에는 토지상환채권에 그 사실을 표시하여야 한다.

⑨ 소유자에 대한 통지 : 소유자에 대한 통지 또는 최고는 토지상환채권원부에 기재된 주소로 한다.

┤핵심문제

★ 토지상환채권의 발행 규모는 그 토지상환채권으로 상환할 토지 · 건축물이 해당 도시개발사업으로 조성되는 분양토지 또는 분양건축물 면적의 얼마를 초과하지 아니하도록 하여야 하는가?

[14년 2회, 19년 2회, 23년 2회, 24년 3회]

① 2분의 1 　　　　　　　　② 3분의 1
③ 4분의 1 　　　　　　　　④ 5분의 1

답 ①

해설⊕ ---
토지상환채권의 발행 규모는 상환할 토지 · 건축물이 분양토지 또는 분양건축물 면적의 1/2 미만이어야 한다.

---

(7) 필요 동의 수

1) 지정권자가 환지방식의 도시개발계획을 수립할 때(도시개발구역의 지정)

환지방식을 적용하려 할 때는 토지면적의 2/3 이상에 해당하는 토지소유자와 그 지역의 토지소유자 총수의 1/2 이상의 동의를 얻어야 함 : 국가, 지방자치단체는 예외

2) 환지방식의 시행자

① 토지소유자(토지면적의 2/3 이상의 토지소유)

② 토지소유자가 도시개발을 위해 설립한 조합(토지소유자 7인 이상, 소유자 총수의 1/2, 토지면적의 2/3 이상의 동의)

3) 전면매수방식의 토지수용 조건

토지소유자, 법인, 부동산 투자회사 등 : 사업대상 토지면적의 3분의 2 이상에 해당하는 토지를 소유하고 토지소유자 총수의 2분의 1 이상에 해당하는 자의 동의 필요

01 다음 중 인플레이션, 이자율 변동, 소비자의 선호도 변화, 토지조성계획과 분양가 책정의 적정성, 자재값 인상 등으로 비용이 예상보다 상승하여 사업기간 중 발생하는 위험은? [15년 1회]

① 재무 위험   ② 건설 위험

③ 운영 위험   ④ 시장 위험

●해설

시장 위험(Market Risk)에 대한 설명이며, 이러한 시장 위험을 줄이기 위해 시장 분석(Market Analysis)과 타당성 분석(Feasibility Analysis)을 실시하는 것이 필요하다.

02 도시개발 실시과정에서 매장 문화재의 출토, 환경오염 및 지역 주민 민원에 의한 공사 중단, 추가 공사의 발생 등과 관련된 위험의 유형은?

[13년 2회, 22년 2회]

① 시장 위험(Market Risk)

② 재해 위험(Disaster Risk)

③ 금융 위험(Financial Risk)

④ 건설 관련 위험(Construction Risk)

●해설

건설 관련 위험(Construction Risk)에 대한 설명이며, 이러한 건설 관련 위험을 줄이기 위해 도시개발조사 및 기획단계에서 사전조사 철저, 지역주민에 대한 설명회, 개발대상지 축소, 손해보험 및 보증보험 가입의 제도화 등을 실시하는 것이 필요하다.

03 다음의 수요추정방법 중 정량적인 예측모형이 아닌 것은? [12년 1회, 15년 1회, 21년 4회]

① 회귀 분석법   ② Huff 모형

③ 시나리오법   ④ 중력모형

●해설

시나리오법은 비계량적(정성적) 방법이다.

04 미래의 불확실성에 대응하기 위한 분석방법인 시나리오 분석에 대한 설명으로 틀린 것은?

[12년 4회, 20년 3회]

① 장래에 일어날 수 있는 일이 어떠한 영향을 미치게 되는가를 시나리오적인 문장으로 표현한다.

② 보통 현상연장형 낙관적 시나리오, 비관적 시나리오의 3가지 종류를 준비한다.

③ 전문가에게 각 시나리오 중 어느 것이 실현된 것인가를 평가받거나 또는 각각의 시나리오의 발생확률을 평가받는다.

④ 연속된 의사결정이 도식적으로 표현되어 이해가 쉽고, 각 시나리오별 대안의 기댓값 산출이 가능하다.

●해설

④는 의사결정나무 기법에 대한 설명이다.

05 개발수요 분석에 활용되는 예측모형 중 정량적 모형에 해당하지 않는 것은?

[12년 2회, 21년 2회, 22년 4회, 24년 2회]

① Huff 모형   ② 중력모형

③ 시계열 분석   ④ 델파이법

●해설

델파이법은 비계량적(정성적) 방법이다.

06 경제성 분석에서 가치화 불능효과에 대한 설명으로 옳은 것은? [13년 4회]

① 가치화 불능효과는 조건부 가치측정법을 이용하여도 금전적인 가치로 나타낼 수 없다.

② 가치화 불능효과는 구체적인 수치로 나타낼 수는 있으나 효과의 가치를 화폐단위로 나타낼 수 없는 효과다.

③ 가치화 불능효과와 시장재 효과를 명확하게 구분하는 기준이 존재하여 경제성 분석에 유용하다.

④ 가치화 불능효과의 예로는 재화, 서비스 시장의 변화를 들 수 있다.

해설

가치화 불능 효과

전염병의 발병률, 교통사고 발생률, 사망률, 환경 수준의 변화 등과 같은 것으로서 계량화는 가능하나, 화폐단위 또는 금전적 등의 가치로 나타낼 수 없다(단, 조건부 가치측정법을 이용할 경우 금전적인 가치로 나타낼 수 있다).

07 개발수요를 예측하기 위한 예측기법 중, 전문가 집단을 대상으로 반복 앙케이트를 행하여 의견을 수집하는 방법은?

[14년 2회, 16년 4회, 23년 4회]

① 이동평균법 　　　　② 중력모형
③ 인과 분석법 　　　　④ 델파이법

해설

델파이법은 고대 그리스의 아폴로 신전이 있던 도시의 이름으로 아폴로 신전의 여사제가 그리스 현인들로부터 의견을 넓게 수렴하였다는 데서 유래하였으며, 각종 계획 수립을 위한 장기적인 미래 예측에 많이 쓰이는 방법이다.

08 델파이법에 관한 설명으로 옳지 않은 것은?

[15년 4회, 21년 1회, 24년 1·3회]

① 조사하고자 하는 특정 사항에 대해 일반인 집단을 대상으로 반복 앙케이트를 행하여 의견을 수집하는 방법이다.
② 예측을 하는 데 회의방식보다 서면을 통한 설문방식이 올바른 결론에 도달할 가능성이 높다는 가정에 근거한다.
③ 예측과제의 추출 처리 → 조사표 설계 → 조사대상자 선정 → 조사 실시 → 조사결과의 집계와 분석 과정을 거친다.
④ 최초의 앙케이트를 반복 수렴한다는 데에서 여러 사람의 판단이 피드백되기에 결론을 의미 있게 받아들일 수 있다.

해설

델파이 방법은 앙케이트의 반복을 통한 전문가들의 의견을 조사하여 반영하는 방법이다.

09 수요 예측의 정성적 예측모형으로 조사하고자 하는 특정사항에 대한 전문가 집단을 대상으로 반복 앙케이트를 시행하여 의견을 조사하는 방법은?

[14년 1회, 20년 3회]

① 델파이 방법 　　　　② 판단결정모델
③ 로짓 모형 　　　　④ 허프(Huff) 모형

해설

문제 7번 해설 참고

10 도시개발사업 아이템의 정량적 수요 예측의 기법 중 상권에 대한 이론을 가장 체계적으로 정립한 것으로, 개별 소매점의 고객흡입력을 계산하는 기법은?

[13년 4회, 20년 4회]

① 델파이법 　　　　② 중력모형
③ Huff 모형 　　　　④ 판단결정모형

해설

허프(Huff)의 소매지역이론(Huff 모형)은 전통적인 수요 추정모델 중에서 상권에 관한 가장 체계적인 이론이다. 소비자가 상점시설을 선정하는 행동을 확률적으로 해석하는 방법으로서 개별 소매점의 고객흡입력을 계산하는 기법으로 활용할 수 있다.

11 도시개발사업의 각 아이템별로 수요가 어느 정도 있는지를 파악하기 위한 정량적 예측모형인 시계열 분석(Time Series Analysis) 기법이 아닌 것은?

[13년 4회]

① 이동평균법 　　　　② 지수평활법
③ 인과 분석법 　　　　④ 박스-젠킨스법

해설

인과 분석법은 여러 요인들과 예상결과 간의 인과관계를 분석하는 것으로서, 시간적으로 순서지워진 자료를 매체로 작성되는 모형인 시계열(Time Serial)모형 분석 기법과는 거리가 멀다.

12 수요 예측방법의 시계열 분석 기법인 이동평균법에 대한 설명이 아닌 것은? [13년 1회]

① 3개월 미만의 단기 분석에 사용한다.
② 규모가 작은 신제품의 시장 예측에 사용한다.
③ 배우기 쉬우나 결과해석이 어렵다.
④ 이용비용이 매우 적다.

● 해설

시계열(Time Serial) 분석 기법 중 이동평균법은 3개월 미만에 적용하는데, 주로 신제품 시장 예측에 이용되며 배우기 쉽고 결과해석이 용이하다는 특징을 가지고 있다.

13 그림과 같은 거리와 지대/밀도의 관계 그래프에서 도시용 토지와 농업 등의 생산용도로 이용하고자 하는 토지로 나누어지는 지점은?(단, R_a는 농업지대곡선, R_r는 주거지대곡선, R_c는 상업·업무지대곡선이다.) [15년 4회, 22년 1회, 24년 1·2회]

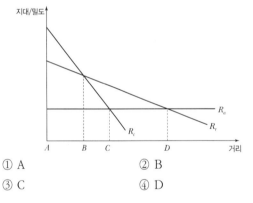

① A
② B
③ C
④ D

● 해설

상업·업무지대곡선(R_c)과 주거지대곡선(R_r) 중 지대가 낮은 주거지대곡선(R_r)을 기준으로 농업지대곡선(R_a)과 교차되는 지점이 도시용 토지와 농업 등의 생산용도로 이용하고자 하는 토지로 나누어지는 지점이라 볼 수 있다.

14 도시개발의 시장원리에 관한 설명 중 틀린 것은? [12년 4회]

① 이윤극대화를 추구하는 완전경쟁시장에서 토지는 최대의 수익을 얻을 수 있는 형태로 개발·이용된다.

② 토지의 개발용도는 토지의 입지조건과 이에 따른 개발 수요의 특성에 따라 달라진다.
③ 토지의 가격은 여러 개발업자가 토지를 매입하기 위하여 지불하고자 하는 지대 중 가장 빈도수가 높은 가격에 의해 결정된다.
④ 토지시장에서 특정 토지가 어떠한 용도로 개발·이용될 것인가는 그 토지를 여러 가지 용도로 개발·이용하였을 때 예상되는 수익들을 비교하여 결정된다.

● 해설

토지의 가격은 여러 개발업자가 토지를 매입하기 위하여 지불하고자 하는 지대 중 최대 가격에 의해 결정된다.

15 다음 중 신도시의 개발 목적으로 틀린 것은? [12년 4회, 20년 1·2회, 24년 2회]

① 저개발지역의 발전을 촉진하여 지역발전의 거점으로 성장시키고자 하는 경우
② 대도시에 인구나 산업의 집중을 꾀하고자 하는 경우
③ 새로운 산업기지로 발전시켜 고용기회를 확대하고 주민의 소득증대를 꾀하고자 하는 경우
④ 국가적 필요에 따라 신수도로 활용하기 위하여 도시를 새로 개발하는 경우

● 해설

신도시의 개발 목적 중 하나는 기존 대도시에 집중된 인구나 산업을 분산시키는 데 있다.

16 도시개발사업을 수행할 때 대상부지(Site)의 물리적 분석을 수행하는 기대효과는? [16년 4회]

① 최적 설계조건 도출
② 경쟁력 있는 경제기반 도출
③ 입지 가능한 아이템(Item) 도출
④ 도시 및 지역 특성 분석을 통한 사업방향 도출

● 해설

대상부지(Site)의 물리적 여건 분석의 기대효과는 개발대상 부지 자체가 가지고 있는 자연지리적·물리적 특성을 분석하여 최적 설계조건을 도출하는 것에 있다.

17 도시개발사업을 할 때 물리적 측면에서의 입지 분석 방법이 아닌 것은? [15년 2회, 23년 1회]

① 토지공부 분석
② 자연 특성 분석
③ 기반시설 특성 분석
④ 지역접근 분석

해설

지역접근 분석은 지리적 여건 분석에 해당한다.

18 도시개발을 위한 입지 분석 단계에서 토지공부 분석을 통하여 알 수 없는 사항은 무엇인가? [14년 4회]

① 지적현황
② 지장물
③ 부지의 위치
④ 소유자

해설

토지공부(土地公簿) 분석은 위치, 규모, 소유자, 지가, 지목, 지적현황 등 부지의 일반적인 특성을 분석하는 것이다.

19 도시의 개발 여건 분석에 대한 설명이 틀린 것은? [14년 2회]

① 입지 분석 : 부지의 이용가치를 극대화하기 위한 분석으로 개발 콘셉트를 사업화하기 위한 일련의 타당성 분석 가운데 가장 먼저 행해지는 것
② 물리적 여건 분석 : 지역이나 장소에 경쟁력을 확보할 수 있는 사업 아이템을 개발하는 것
③ 지리적 여건 분석 : 부지 자체가 아닌 그 부지가 속해 있는 좀 더 넓은 범위인 지역 단위의 여건을 분석하는 것
④ 법적·제도적 여건 분석 : 개발은 규제에 영향을 받으므로 개발과 관련된 규제에 대한 분석을 수행하는 것

해설

지역이나 장소에 경쟁력을 확보할 수 있는 사업 아이템을 개발하는 것은 경제적 여건 분석에 해당한다.

20 도시개발의 과정에서 시장 분석 시 전반적인 현황을 검토하기 위하여 SWOT 분석을 시도하기도 한다. 이 중 '어떤 대상지나 실체에게 외적으로 주어진 부정적인 측면'은 다음 중 어느 것인가? [13년 2회]

① 강점(Strength)
② 약점(Weakness)
③ 기회요소(Opportunity)
④ 위협요소(Threat)

해설

SWOT
• 내부환경 : S(Strength, 강점) - W(Weakness, 약점)
• 외부환경 : O(Opportunity, 기회) - T(Threat, 위협)
외적으로 주어진 부정적인 측면이므로, 위협요소(T)에 해당한다.

21 다음 중 도시개발사업과정에서의 허가(許可)에 대한 설명으로 옳은 것은? [15년 2회, 19년 1회, 24년 3회]

① 허가를 받지 않고 한 행위는 처벌의 대상이 되지 않는다.
② 법령에 의하여 금지되어 있는 행위를 해제하여 적법하게 하는 것을 의미한다.
③ 제3자의 행위를 보충하여 그 법률상의 효력을 완성시키는 행위를 말한다.
④ 국가 또는 지방자치단체가 특정 행위에 대하여 부여하는 동의의 뜻이다.

해설

① 허가를 받지 않고 한 행위는 처벌의 대상이 된다.
③ 제3자의 행위를 보충하여 그 법률상의 효력을 완성시키는 행위를 인가라고 한다.
④ 국가 또는 지방자치단체가 특정 행위에 대하여 부여하는 동의의 뜻은 승인에 해당한다.

22 다음 중 수용 또는 사용방식에 비하여 환지방식이 갖는 장점으로 가장 거리가 먼 것은? [16년 4회, 20년 1·2회]

① 기존의 시설 부지를 최대한 반영할 수 있다.
② 조성 후 분양을 통한 수익을 기대할 수 있다.
③ 체비지 매각대금을 통하여 사업비 부담이 경감된다.
④ 최소한의 사업비 투입으로 공공시설을 확보할 수 있다.

해설

환지방식은 택지화가 되기 전 토지의 위치, 지목, 면적, 등급, 이용도 등의 필요사항을 고려하여 택지개발 후 개발된 감소 토지를 토지소유주에게 재배분하는 것으로서, 분양에 따른 시세 차익(수익)을 기대하기는 어렵다.

23 도시개발대상지의 토지 취득방법에 따른 개발방식에 해당되지 않는 것은?[16년 2회, 22년 2회]

① 보상방식　　　　　② 환지방식
③ 혼용방식　　　　　④ 전면매수방식

해설

토지취득방법에 따른 개발방식

구분	내용
환지방식	• 택지화가 되기 전의 토지의 위치, 지목, 면적, 등급, 이용도 등의 필요사항을 고려하여 택지개발 후 개발된 감소 토지를 토지소유주에게 재배분하는 것 • 구획정리 기법의 권리변환방식
전면매수방식 (수용 또는 사용에 의한 방식)	시행자가 개발대상지의 토지를 매수하여 개발하는 방식, 협의매수방식과 수용방식
혼용방식	「도시개발법」에 의한 도시개발사업, 「주택법」에 의한 대지조성사업 등과 같이 대상토지를 전면매수하는 방식과 환지하는 방식을 혼합하는 방식

24 도시개발사업의 사업방식에 대한 설명 중 옳지 않은 것은?　　　　　[15년 1회]

① 환지방식은 수용·사용방식에 비해 초기투자비가 막대하게 큼
② 수용·사용방식은 토지 매수 후의 사업기간이 상대적으로 빠름
③ 환지방식은 최소한의 사업비 투입으로 공공시설을 확보할 수 있음
④ 환지방식과 수용·사용방식은 혼용할 수 있음

해설

초기투자비가 막대하게 큰 도시개발사업의 사업방식은 전면매수방식(수용 또는 사용에 의한 방식)이다.

25 도시개발사업에서 환지방식에 대한 설명 중 옳은 것은?　　　　　[14년 4회]

① 감보란 시행자가 환지방식에 의해 신설 또는 확장된 공공시설용지를 제외한 토지를 권리자에게 배분하는 것을 말한다.
② 환지계획은 입체환지를 원칙으로 한다.
③ 환지설계의 방법에는 평가식, 면적식, 감보비율식이 있다.
④ 환지계획구역에서 평균토지부담률은 최소 50% 이상이어야 한다.

해설

② 입체환지는 집단체비지 내에 공동주택 도는 상가를 건설하는 경우 등 일부 경우에 허용되는 환지방식이다. 환지설계의 원칙은 적응환지, 평면환지, 제자리환지 등이다.
③ 환지 설계평가방식에는 평가식 환지(가격기준 : 원칙), 면적식 환지(면적 기준), 절충식이 있다.
④ 환지구역에서 평균토지부담률은 50%를 넘지 못하도록 되어 있다.

26 도시개발사업방식 중 도시개발대상지의 토지 취득 방법에 따른 개발방식이 아닌 것은?
　　　　　[14년 2회]

① 혼용방식
② 환지방식
③ 전면임대방식
④ 수용·사용방식

해설

문제 23번 해설 참고

27 환지방식 개발사업의 특성이 아닌 것은?

[13년 1회, 22년 2회, 24년 3회]

① 원칙적으로 지구 내 토지소유자는 토지를 수용당하거나 떠나야 하는 문제가 없다.
② 권리자는 사업에 필요한 비용을 비교적 공평하게 분담한다.
③ 사업 시행자는 토지를 매입할 필요가 없으므로 그만큼 비용이 줄어든다.
④ 공공시설 관리자는 필요한 공공용지를 조성원가에 확보할 수 있고, 사업 시행에 유리한 장소에 용지를 마련하여 이윤을 최대화할 수 있다.

◉해설

공공시설 관리자가 필요한 공공용지를 조성원가에 확보할 수 있는 것은 매수방식의 특징이다.

28 도시개발사업의 토지확보방식에 따른 사업 분류에 해당하지 않는 것은? [13년 1회]

① 수용·사용방식   ② 혼용방식
③ 환지방식   ④ 상환방식

◉해설

문제 23번 해설 참고

29 다음 중 「도시개발법」상 도시개발구역의 전부를 환지방식으로 시행하는 경우 시행자로 지정될 수 있는 자는? [15년 1회, 21년 2회, 21년 4회]

① 국가 또는 지방자치단체
② 한국관광공사
③ 「지방공기업법」에 따라 설립된 지방공사
④ 도시개발구역의 토지소유자가 설립한 조합

◉해설

환지방식의 시행자
• 국가 또는 지방자치단체, 공공기관, 정부출연기관, 지방공사, 토지소유자, 도시개발조합
• 다만, 전부를 환지방식으로 시행하는 경우는 토지소유자 및 토지소유자가 도시개발을 위해 설립한 조합

30 국가나 지방자치단체가 도시개발사업에 필요한 토지 등을 수용하거나 사용하기 위한 기준은?

[12년 2회, 23년 2회]

① 사업대상 토지면적의 1/3 이상에 해당하는 토지를 소유하고 토지 소유자 총수의 1/2 이상에 해당하는 자의 동의를 받아야 한다.
② 사업대상 토지면적의 1/2 이상에 해당하는 토지를 소유하고 토지 소유자 총수의 1/3 이상에 해당하는 자의 동의를 받아야 한다.
③ 사업대상 토지면적의 2/3 이상에 해당하는 토지를 소유하고 토지 소유자 총수의 1/2 이상에 해당하는 자의 동의를 받아야 한다.
④ 사업대상 토지면적의 2/3 이상에 해당하는 토지를 소유하고 토지 소유자 총수의 1/3 이상에 해당하는 자의 동의를 받아야 한다.

◉해설

국가 또는 지방자치단체가 도시개발사업 시 전면매수방식의 토지수용조건

토지소유자, 법인, 부동산 투자회사 등이 사업대상 토지면적의 3분의 2 이상에 해당하는 토지를 소유하고 토지소유자 총수의 2분의 1 이상에 해당하는 자의 동의를 얻어야 한다.

31 「도시개발법」에 "시행자는 도시개발사업을 원활히 시행하기 위하여 특히 필요한 경우에는 토지 또는 건축물 소유자의 신청을 받아 건축물의 일부와 그 건축물이 있는 토지의 공유지분을 부여할 수 있다."라고 규정한 내용은 무엇인가? [15년 2회]

① 입체환지
② 혼합환지
③ 환지예정지
④ 공유지분환지

◉해설

입체환지는 과소 토지가 되지 않도록 건축물과 이것이 있는 토지의 공유 지분을 주는 것을 말한다.

32 환지계획에서 사업에 필요한 경비를 조달하고 공공시설 설치에 필요한 용지를 확보하기 위해 정하는 것은? [12년 2회, 24년 1회]

① 체비지 · 보류지   ② 청산환지
③ 입체환지   ④ 증환지

해설

체비지 · 보류지

사업에 필요한 경비 조달, 공공시설 설치에 필요한 토지 확보를 위한 토지

33 개발사업방식 중 "수용 및 사용방식에 의한 개발사업"에서 토지상환채권에 대한 설명으로 옳지 않은 것은? [15년 2회]

① 토지 등의 매수대금의 일부를 지급하기 위하여 사업 시행으로 조성된 토지 또는 건축물로 상환하는 것이다.
② 발행 규모는 토지상환채권으로 상환할 토지 또는 건축물이 해당 도시개발사업으로 조성되는 분양토지 또는 분양건축물의 1/2을 초과하지 아니하도록 한다.
③ 토지상환채권은 필요시 공공 시행자의 재량으로 발행한 후 지정권자에게 통보하여야 한다.
④ 토지상환채권의 이율은 발행 당시 은행의 예금금리 및 부동산 수급상황을 고려하여 발행자가 정한다.

해설

토지상환채권의 발행조건
• 이율 : 발행 당시의 예금금리, 부동산 수급상황을 고려하여 발행자가 정함
• 공공시행자 재량이 아닌, 보증기관의 보증을 받아 발행내용을 공고하고 기명식(記名式) 증권으로 발행

도시개발의 제도

■ 도시개발사업제도

1. 「택지개발촉진법」의 응용

(1) 택지개발계획의 수립

1) 택지개발계획 수립 시 포함사항(「택지개발촉진법」 제8조)

① 개발계획의 개요

② 개발기간

③ 토지이용에 관한 계획 및 주요 기반시설의 설치계획

④ 수용할 토지 등의 소재지, 지번(地番) 및 지목(地目), 면적, 소유권 및 소유권 외의 권리의 명세와 그 소유자 및 권리자의 성명 · 주소

⑤ 그 밖에 대통령령으로 정하는 사항

2) 택지개발 수립과정에서 '대통령령으로 정하는 사항'(「택지개발촉진법 시행령」 제7조)

① 택지개발계획의 명칭

② 시행자의 명칭 및 주소와 대표자의 성명

③ 개발하려는 토지의 위치와 면적

(2) 택지개발사업의 시행자(원칙 : 공공기관)

① 국가 · 지방자치단체

② LH공사(한국토지공사 · 대한주택공사)

③ 「지방공기업법」에 의한 지방공사

④ 주택건설 등 사업자가 공공시행자와 공동으로 개발사업을 시행하는 자

⑤ 공공시행자는 택지개발사업의 일부를 주택건설 등 사업자로 하여금 대행하게 할 수 있다.

2. 「도시개발법」의 응용

(1) 도시개발구역으로 지정할 수 있는 대상지역별 규모기준

1) 도시지역

① 주거지역, 상업지역, 자연녹지지역, 생산녹지지역 : 1만m^2 이상

② 공업지역 : 3만m^2 이상

2) 도시지역 외의 지역 : 30만m^2 이상

┤핵심문제

「도시개발법」에 따른 도시개발구역 지정대상지역 및 규모기준이 틀린 것은? [14년 2회, 22년 1회]

① 주거지역 및 상업지역(도시지역) : 1만m^2 이상

② 도시지역 외의 지역 : 10만m^2 이상

③ 자연녹지지역(도시지역) : 1만m^2 이상

④ 공업지역(도시지역) : 3만m^2 이상

답 ②

해설⊕---

도시지역 외의 지역에서의 도시개발구역으로 지정할 수 있는 규모기준 30만m^2 이상이다.

---

(2) 면적 결정

① 개발행위허가의 대상인 토지가 2 이상의 용도지역에 걸치는 경우 : 각각의 용도지역 개발행위 규모에 관한 규정 적용

② 개발행위허가 대상 토지의 총면적 : 개발행위의 규모가 가장 큰 용도지역의 규모를 초과할 수 없음

③ 관리지역 및 농림지역 : 도시계획조례로 따로 정할 수 있음

(3) 도시개발구역의 지정

1) 도시개발구역지정권자

시 · 도지사, 국토교통부장관

2) 절차

제안(도시개발사업 시행자) → 요청(시장 · 군수, 구청장) → 시 · 도지사, 국토교통부장관

3) 주민 등의 의견 청취

시 · 도지사, 국토교통부장관이 도시개발구역을 지정하거나, 시장 · 군수, 구청장이 도시개발구역의 지정을 요청하고자 하는 때에는 공람 또는 공청회(100만m^2 이상)를 통하여 주민 또는 관계 전문가로부터 의견을 청취해야 한다.

(4) 경미한 변경

「도시개발법」상 환지계획을 변경하고자 할 때 특별자치도지사·시장·군수 또는 구청장의 인가가 필요하지 않은 경우
① 종전토지의 합필 또는 분필 시
② 토지소유자들 간의 합의에 의한 변경 시
③ 공사완료 후 확정 측량결과에 따른 변경 시

(5) 도시개발사업 시행의 위탁

① 시행자는 공공시설의 건설과 공유수면의 매립에 관한 업무를 국가, 지방자치단체, 공공기관·정부 출연기관 또는 지방공사에 위탁하여 시행할 수 있다.
② 시행자는 도시개발사업을 위한 기초조사, 토지매수업무, 손실보상업무, 주민 이주대책사업 등을 관할 지방자치단체, 공공기관·정부출연기관·정부출자기관 또는 지방공사에 위탁할 수 있다. (다만, 정부출자기관에 주민 이주대책 사업을 위탁하는 경우에는 이주대책의 수립·실시 또는 이주정착금의 지급, 그 밖에 보상과 관련된 부대업무만을 위탁할 수 있다.)
③ 시행자가 요율의 위탁 수수료를 그 업무를 위탁받아 시행하는 자에게 지급하여야 한다.
④ 지정권자의 승인을 받아 신탁업자와 신탁계약을 체결하여 도시개발사업을 시행할 수 있다.

───────────────┤핵심문제

★ 도시개발사업 시행의 위탁에 관한 내용으로 옳은 것은?　　　　[13년 4회, 16년 1회, 23년 4회]
① 시행자가 대통령령으로 정하는 공공시설의 건설사업에 대한 시행을 위탁할 수 있는 기관에는 한국 토지주택공사, 한국철도공사, 한국감정원이 포함된다.
② 시행자는 도시개발사업을 위한 토지매수업무를 국가나 관할지방자치단체에 위탁할 수 없다.
③ 시행자는 도시개발사업을 위한 기초조사와 손실보상업무에 한해서는 관할지방자치단체에 위탁할 수 없다.
④ 시행자는 대통령령으로 정하는 공공시설의 건설과 공유수면의 매립에 관한 업무를 대통령령으로 정하는 바에 따라 국가, 지방자치단체에 위탁하여 시행할 수 있다.

답 ④

해설⊕
① 한국감정원은 포함되지 않는다.
② 국가나 관할 지방자치단체에 위탁할 수 있다.
③ 시행자는 도시개발사업을 위한 기초조사와 손실보상업무를 관할 지방자치단체에 위탁할 수 있다.

(6) 감가보상금

1) 감가보상금(「도시개발법」 제45조)

행정청인 시행자는 도시개발사업의 시행으로 사업 시행 후의 토지 가액(價額)의 총액이 사업 시행

전의 토지 가액의 총액보다 줄어든 경우에는 그 차액에 해당하는 감가보상금을 대통령령으로 정하는 기준에 따라 종전의 토지 소유자나 임차권자 등에게 지급하여야 한다.

2) 감가보상기준(「도시개발법」 시행령 제67조)

법 제45조에 따라 감가보상금으로 지급하여야 할 금액은 도시개발사업 시행 후의 토지가액의 총액과 시행 전의 토지가액의 총액과의 차액을 시행 전의 토지가액의 총액으로 나누어 얻은 수치에 종전의 토지 또는 그 토지에 대하여 수익할 수 있는 권리의 시행 전의 가액을 곱한 금액으로 한다.

---|핵심문제

「도시개발법」에 아래와 같이 규정한 내용은? [13년 1회, 18년 2회]

> 행정청인 시행자는 도시개발사업의 시행으로 사업 시행 후의 토지 가액의 총액이 사업 시행 전의 토지 가액의 총액보다 줄어든 경우에는 그 차액에 해당하는 금액을 대통령령으로 정하는 기준에 따라 종전의 토지소유자나 임차권자 등에게 지급하여야 한다.

① 환지청산금 ② 입체환지보상금
③ 감보상금 ④ 감가보상금

답 ④

해설⊕ --

감가보상금
행정청인 시행자는 도시개발사업의 시행으로 사업 시행 후의 토지 가액(價額)의 총액이 사업 시행 전의 토지 가액의 총액보다 줄어든 경우에는 그 차액에 해당하는 감가보상금을 대통령령으로 정하는 기준에 따라 종전의 토지 소유자나 임차권자 등에게 지급하여야 한다.

3. 「주택법」의 응용

(1) 주택건설사업의 등록(「주택법」 제4조)

연간 대통령령으로 정하는 호수(戶數) 이상의 주택건설사업을 시행하려는 자 또는 연간 대통령령으로 정하는 면적 이상의 대지조성사업을 시행하려는 자는 국토교통부장관에게 등록하여야 한다. 다만, 다음 각 호의 사업 주체의 경우에는 그러하지 아니하다.

① 국가·지방자치단체
② 한국토지주택공사
③ 지방공사
④ 주택건설사업을 목적으로 설립된 공익법인
⑤ 주택조합(등록사업자와 공동으로 주택건설사업을 하는 주택조합만 해당한다)
⑥ 근로자를 고용하는 자(등록사업자와 공동으로 주택건설사업을 시행하는 고용자만 해당한다)

(2) 리모델링 사업(「주택법」제66조)

노후된 공동주택 등 건축물이 밀집된 지역으로서 새로운 개발보다는 현재의 환경을 유지하면서 이를 정비하는 사업으로 「주택법」을 근거법으로 한다. 기존 자원을 최대한 활용하는 효과를 얻을 수 있다.

(3) 국민주택규모(「주택법」제2조)

주거전용면적이 1호(戶) 또는 1세대당 85m² 이하인 주택(단, 수도권을 제외한 도시지역이 아닌 읍 또는 면 지역은 1호 또는 1세대당 주거전용면적이 100m² 이하인 주택)을 말한다. 이 경우 주거전용면 적의 산정방법은 국토교통부령으로 정한다.

┤핵심문제

다음 중 국민주택규모의 주택으로서 1세대당 가장 큰 주택의 주거전용면적은?(단, 수도권을 제외한 도시 지역이 아닌 읍 또는 면 지역은 제외한다.) [15년 2회]

① 65m²
② 85m²
③ 105m²
④ 120m²

답 ②

해설 ⊕
국민주택규모(「주택법」제2조)
주거전용면적이 1호(戶) 또는 1세대당 85m² 이하인 주택(단, 수도권을 제외한 도시지역이 아닌 읍 또는 면 지역은 1호 또는 1세대당 주거전용면적이 100m² 이하인 주택)을 말한다. 이 경우 주거전용면적의 산정방법은 국토교통부 령으로 정한다.

4. 「산업입지 및 개발에 관한 법률」의 응용

(1) 산업단지의 분류

구분	내용
국가산업단지	국가기간산업·첨단과학기술산업 등을 육성하거나 개발촉진이 필요한 낙후지역이나 2 이상의 특별시·광역시 또는 도에 걸치는 지역을 산업단지로 개발하기 위하여 지정된 산업단지
일반산업단지	산업의 적정한 지방분산을 촉진하고 지역경제의 활성화를 위하여 지정된 산업단지
도시첨단산업단지	지식산업·문화산업·정보통신산업, 그 밖의 첨단산업의 육성과 개발촉진을 위하여 도시지역에 지정된 산업단지
농공단지	대통령령이 정하는 농어촌지역에 농어민의 소득 증대를 위한 산업을 유치·육성하기 위하여 지정된 산업단지
스마트그린산업단지	입주기업과 기반시설·주거시설·지원시설 및 공공시설 등의 디지털화, 에너지 자립 및 친환경화를 추진하는 산업단지

(2) 물류단지의 계획 시 개발수요 예측 단계별 고려사항

1단계 : 물동량 예측 및 검증 → 2단계 : 화물의 유통단지 경유비율 설정 → 3단계 : 시설원단위 산출 → 물류단지 개발수요 예측

───┤핵심문제

물류단지의 계획 중에서 개발수요의 예측 시 다음의 2단계에 고려할 사항은?　　　[15년 2회, 18년 1회]

| 물동량 예측 및 검증 → (　　　) → 시설원단위 산출 → 물류단지 개발수요 예측 |

① 화물의 유통단지 경유비율 설정　　　　② 조립/가공기술 검토
③ 개발계획 분석을 통한 규모 산정　　　　④ 법/제도적 검토

답 ①

해설⊕ ───

물류단지의 계획 시 개발수요 예측 단계별 고려사항
1단계 : 물동량 예측 및 검증 → 2단계 : 화물의 유통단지 경유비율 설정 → 3단계 : 시설원단위 산출 → 물류단지 개발수요 예측

5. 「관광진흥법」의 응용

(1) 관광개발기본계획, 권역별 관광개발계획(권역계획), 관광지 등의 지정

1) 관광개발기본계획

① 수립권자/ 수립시기 : 문화체육관광부장관(전국을 대상으로 함)/ 10년마다
② 기본계획 내용
- 전국의 관광여건 · 관광동향 · 관광수요 · 공급에 관한 사항
- 관광자원 보호 · 개발 · 이용 · 관리에 관한 기본적인 사항
- 관광권역 설정 및 권역별 관광개발에 관한 기본적인 사항
- 기타 관광개발에 관한 사항

2) 권역별 관광개발계획(권역계획)

① 수립권자
- 시 · 도지사(기본계획에 의하여 구분된 권역을 대상으로 함)
- 2 이상의 시 · 도에 걸치는 경우 : 협의, 문화체육관광부장관이 지정
② 수립시기 : 5년마다 수립

3) 관광지 등의 지정

① 문화체육관광부령이 정하는 바에 따라 시장 · 군수 · 구청장이 신청하여 시 · 도지사가 지정
② 기본계획 · 권역계획이 기준, 관계행정기관장과 협의

(2) 관광특구의 지정

관광특구는 다음 각 호의 요건을 모두 갖춘 지역 중에서 시장 · 군수 · 구청장의 신청(특별자치도의 경우는 제외)에 따라 시 · 도지사가 지정한다.

① 외국인 관광객 수가 대통령령으로 정하는 기준 이상일 것

② 문화체육관광부령으로 정하는 바에 따라 관광안내시설, 공공편익시설 및 숙박시설 등이 갖추어져 외국인 관광객의 관광수요를 충족시킬 수 있는 지역일 것

③ 임야 · 농지 · 공업용지 또는 택지 등 관광활동과 직접적인 관련성이 없는 토지의 비율이 대통령령으로 정하는 기준을 초과하지 아니할 것

④ 제1호부터 제3호까지의 요건을 갖춘 지역이 서로 분리되어 있지 아니할 것

② 도시재생 관련 제도

1. 「도시 및 주거환경정비법」의 응용

(1) 정비사업의 종류(「도시 및 주거환경정비법」 제2조)

구분	내용
주거환경개선사업	도시저소득 주민이 집단거주하는 지역으로서 정비기반시설이 극히 열악하고 노후 · 불량 건축물이 과도하게 밀집한 지역의 주거환경을 개선하거나 단독주택 및 다세대주택이 밀집한 지역에서 정비기반시설과 공동이용시설 확충을 통하여 주거환경을 보전 · 정비 · 개량하기 위한 사업
재개발사업	정비기반시설이 열악하고 노후 · 불량건축물이 밀집한 지역에서 주거환경을 개선하거나 상업지역 · 공업지역 등에서 도시기능의 회복 및 상권활성화 등을 위하여 도시환경을 개선하기 위한 사업
재건축사업	정비기반시설은 양호하나 노후 · 불량건축물에 해당하는 공동주택이 밀집한 지역에서 주거환경을 개선하기 위한 사업

(2) 주택의 규모 및 건설비율(「도시 및 주거환경정비법 시행령」 제9조)

구분	내용
주거환경 개선사업	• 국민주택규모의 주택 : 건설하는 주택 전체 세대수의 100분의 90 이하 • 공공임대주택 : 건설하는 주택 전체 세대수의 100분의 30 이하로 하되, 주거전용면적이 $40m^2$ 이하인 공공임대주택이 전체 공공임대주택 세대수의 100분의 50 이하일 것
재개발사업	• 국민주택 규모의 주택 : 건설하는 주택 전체 세대수의 100분의 80 이하 • 임대주택 : 건설하는 주택 전체 세대수의 100분의 20 이하
재건축사업	국민주택 규모의 주택이 건설하는 주택 전체 세대수의 100분의 60 이하

──┤핵심문제

「도시 및 주거환경정비법」상 주거환경개선사업의 경우 임대주택의 규모는 건설하는 주택 전체 세대수의
얼마 이하로 하도록 규정하고 있는가?   [12년 4회]

① 100분의 30 이하   ② 100분의 50 이하
③ 100분의 80 이하   ④ 100분의 90 이하

답 ①

해설 ⊕ --

주거환경개선사업의 경우 주택의 규모 및 건설비율(「도시 및 주거환경정비법 시행령」 제9조)

• 국민주택 규모의 주택 : 건설하는 주택 전체 세대수의 100분의 90 이하
• 공공임대주택 : 건설하는 주택 세대수의 100분의 30 이하로 하되, 주거전용면적이 $40m^2$ 이하인 공공임대
  주택이 전체 공공임대주택 세대수의 100분의 50 이하일 것

(3) 기본계획 수립 및 변경 절차

기본계획 수립 또는 변경 → 14일 이상 주민에게 공람하고 지방의회에 의견 제시(60일 이내 의견
제시) → (대도시 시장이 아닌 경우 도지사의 승인 필요) → 관계 행정기관의 장과 협의 → 지방도시계
획위원회 심의 → 지방자치단체의 공보에 고시, 국토교통부장관에게 보고

(4) 정비사업 실시 단계 및 조합 결성

기본계획 수립 → 정비계획 수립 → 정비구역 지정 → 추진위 구성(1/2 주민동의) → 안전진단 →
조합 설립(재건축 − 각 동의 2/3, 전체의 3/4 이상의 동의) 인가 신청 → 사업 시행 인가 → 관리처분계
획 인가 → (이주 → 착공 → 분양 → 완공)

2. 「도시재정비 촉진을 위한 특별법」의 응용

(1) 재정비 촉진지구

1) 재정비 촉진지구의 정의

도시의 낙후된 지역에 대한 주거환경개선과 기반시설의 확충 및 도시 기능의 회복을 광역적으로 계획하고 체계적이며 효율적으로 추진하기 위하여 지정하는 지구

2) 재정비 촉진지구의 종류

구분	내용
주거지형	노후·불량주택과 건축물이 밀집한 지역으로서 주로 주거환경의 개선과 기반시설의 정비가 필요한 지구
중심지형	상업지역·공업지역 또는 역세권·지하철역·간선도로의 교차지 등으로서 토지의 효율적 이용과 도심 또는 부도심 등의 도시 기능의 회복이 필요한 지구
고밀복합형	주요 역세권, 간선도로의 교차지 등 양호한 기반시설을 갖추고 있어 대중교통 이용이 용이한 지역으로서 도심 내 소형주택의 공급 확대, 토지의 고도이용과 건축물의 복합개발이 필요한 지구

3) 재정비 촉진사업

재정비 촉진지구 안에서 시행되는 다음의 사업

① 「도시 및 주거환경정비법」에 의한 주거환경개선사업·재개발사업 및 재건축사업, 「빈집 및 소규모주택 정비에 관한 특례법」에 따른 가로주택정비사업 및 소규모재건축사업

② 「도시개발법」에 의한 도시개발사업

③ 「재래시장 육성을 위한 특별법」에 의한 시장정비사업

④ 「국토의 계획 및 이용에 관한 법률」에 의한 도시계획시설사업

4) 재정비 촉진지구의 지정

① 재정비 촉진지구 지정의 신청
- 시장·군수·구청장은 시·도지사에게 재정비 촉진지구의 지정을 신청할 수 있다.
- 재정비 촉진지구의 지정 또는 변경을 신청하고자 하는 때에는 14일 이상 주민에게 공람하고 지방의회의 의견을 들은 후 이를 첨부하여 신청

② 재정비 촉진지구의 지정
- 시·도지사 → 관계행정기관의 장과 협의 → 시·도 도시계획위원회(도시재정비위원회) 심의를 거쳐 재정비 촉진지구의 지정
- 시·도지사는 시장·군수·구청장의 재정비 촉진지구 지정 신청이 없더라도 해당 시장·군수·구청장과 협의를 거쳐 직접 재정비 촉진지구를 지정할 수 있다.

③ 재정비 촉진지구 지정의 요건
- 노후 · 불량주택과 건축물이 밀집한 지역으로서 주로 주거환경의 개선과 기반시설의 정비가 필요한 경우
- 상업지역 · 공업지역 또는 역세권 · 지하철역 · 간선도로의 교차지 등으로서 토지의 효율적 이용과 도심 또는 부도심 등의 도시기능의 회복이 필요한 경우
- 다수의 사업을 체계적 · 계획적으로 개발할 필요가 있는 경우
- 그 밖에 대통령령이 정하는 경우

④ 재정비 촉진지구의 면적요건
- 재정비 촉진지구의 면적은 주거지형의 경우 50만m^2 이상, 중심지형의 경우 20만m^2 이상
- 일정 규모 이하의 광역시 또는 시의 경우에는 그 면적을 2분의 1까지 완화하여 적용 가능
- 주거여건이 열악한 지역 등의 경우에는 4분의 1까지 완화하여 적용 가능

⑤ 재정비 촉진지구 지정의 효력상실
- 재정비 촉진지구 지정을 고시한 날부터 2년이 되는 날까지 재정비 촉진계획이 결정되지 않은 경우(2년이 되는 날 효력이 상실), 시 · 도지사는 당해 기간을 1년의 범위 내에서 연장할 수 있음
- 재정비 촉진지구의 지정목적을 달성하였거나 달성할 수 없다고 인정되는 경우(시 · 도 도시계획 위원회 또는 도시재정비위원회의 심의를 거쳐 지정을 해제)

─┤핵심문제

다음 중 「도시재정비 촉진을 위한 특별법」에 따른 재정비 촉진사업에 해당되지 않는 것은?

[12년 1회, 16년 1회]

① 「도시 및 주거환경정비법」에 의한 주거환경개선사업
② 「도시개발법」에 의한 도시개발사업
③ 「전통시장 및 상점가 육성을 위한 특별법」에 의한 시장정비사업
④ 「택지개발촉진법」에 의한 택지개발사업

답 ④

해설✚ -

재정비 촉진사업은 재정비 촉진지구 안에서 시행되는 다음의 사업을 말한다.
- 「도시 및 주거환경정비법」에 의한 주거환경개선사업 · 재개발사업 및 재건축사업
- 「빈집 및 소규모주택 정비에 관한 특례법」에 따른 가로주택정비사업 및 소규모재건축사업
- 「도시개발법」에 의한 도시개발사업
- 「전통시장 및 상점가 육성을 위한 특별법」에 의한 시장정비사업
- 「국토의 계획 및 이용에 관한 법률」에 의한 도시 · 군계획시설사업

3. 「도시재생 활성화 및 지원에 관한 특별법」의 응용

(1) 목적(「도시재생 활성화 및 지원에 관한 특별법」 제1조)

이 법은 도시의 경제적·사회적·문화적 활력 회복을 위하여 공공의 역할과 지원을 강화함으로써 도시의 자생적 성장기반을 확충하고 도시의 경쟁력을 제고하며 지역 공동체를 회복하는 등 국민의 삶의 질 향상에 이바지함을 목적으로 한다.

(2) 정의(「도시재생 활성화 및 지원에 관한 특별법」 제2조)

1) 도시재생

인구의 감소, 산업구조의 변화, 도시의 무분별한 확장, 주거환경의 노후화 등으로 쇠퇴하는 도시를 지역역량의 강화, 새로운 기능의 도입·창출 및 지역자원의 활용을 통하여 경제적·사회적·물리적·환경적으로 활성화시키는 것을 말한다.

2) 도시재생활성화지역

국가와 지방자치단체의 자원과 역량을 집중함으로써 도시재생을 위한 사업의 효과를 극대화하려는 전략적 대상지역으로 그 지정 및 해제를 도시재생전략계획으로 결정하는 지역을 말한다.

3) 도시재생활성화계획

도시재생전략계획에 부합하도록 도시재생활성화지역에 대하여 국가, 지방자치단체, 공공기관 및 지역주민 등이 지역발전과 도시재생을 위하여 추진하는 다양한 도시재생사업을 연계하여 종합적으로 수립하는 실행계획을 말하며, 주요 목적 및 성격에 따라 다음의 유형으로 구분한다.

구분	세부사항
도시경제기반형 활성화계획	산업단지, 항만, 공항, 철도, 일반국도, 하천 등 국가의 핵심적인 기능을 담당하는 도시·군계획시설의 정비 및 개발과 연계하여 도시에 새로운 기능을 부여하고 고용기반을 창출하기 위한 도시재생활성화계획
근린재생형 활성화계획	생활권 단위의 생활환경 개선, 기초생활인프라 확충, 공동체 활성화, 골목경제 살리기 등을 위한 도시재생활성화계획

4) 도시재생사업

① 도시재생활성화지역에서 도시재생활성화계획에 따라 시행하는 다음의 사업

- 국가 차원에서 지역발전 및 도시재생을 위하여 추진하는 일련의 사업
- 지방자치단체가 지역발전 및 도시재생을 위하여 추진하는 일련의 사업
- 주민 제안에 따라 해당 지역의 물리적·사회적·인적 자원을 활용함으로써 공동체를 활성화하는 사업
- 「도시 및 주거환경정비법」에 따른 정비사업 및 「도시재정비 촉진을 위한 특별법」에 따른 재정비촉진사업
- 「도시개발법」에 따른 도시개발사업 및 「역세권의 개발 및 이용에 관한 법률」에 따른 역세권개발사업

- 「산업입지 및 개발에 관한 법률」에 따른 산업단지개발사업 및 산업단지 재생사업
- 「항만 재개발 및 주변지역 발전에 관한 법률」에 따른 항만재개발사업
- 「전통시장 및 상점가 육성을 위한 특별법」에 따른 상권활성화사업 및 시장정비사업
- 「국토의 계획 및 이용에 관한 법률」에 따른 도시 · 군계획시설사업 및 시범도시(시범지구 및 시범단지를 포함) 지정에 따른 사업
- 「경관법」에 따른 경관사업
- 「빈집 및 소규모주택 정비에 관한 특례법」에 따른 빈집정비사업 및 소규모주택정비사업
- 「공공주택 특별법」에 따른 공공주택사업
- 「민간임대주택에 관한 특별법」에 따른 공공지원민간임대주택 공급에 관한 사업
- 그 밖에 도시재생에 필요한 사업으로서 대통령령으로 정하는 사업
  ※ 대통령령으로 정하는 사업
    - 「전통시장 및 상점가 육성을 위한 특별법」에 따른 상업기반시설 현대화사업
    - 「국가통합교통체계효율화법」에 따른 복합환승센터 개발사업
    - 「관광진흥법」에 따른 관광지 및 관광단지 조성사업
    - 「물류시설의 개발 및 운영에 관한 법률」에 따른 도시첨단물류단지개발사업
    - 「공사중단 장기방치 건축물의 정비 등에 관한 특별조치법」에 따른 정비사업

② 혁신지구에서 혁신지구계획 및 시행계획에 따라 시행하는 사업(혁신지구재생사업)

③ 도시재생전략계획이 수립된 지역에서 도시재생활성화지역과 연계하여 시행할 필요가 있다고 인정하는 사업(도시재생 인정사업)

5) 도시재생선도지역

도시재생을 긴급하고 효과적으로 실시하여야 할 필요가 있고 주변지역에 대한 파급효과가 큰 지역으로, 국가와 지방자치단체의 시책을 중점 시행함으로써 도시재생 활성화를 도모하는 지역을 말한다.

6) 특별재생지역

「재난 및 안전관리 기본법」에 따른 특별재난지역으로 선포된 지역 중 피해지역의 주택 및 기반시설 등 정비, 재난 예방 및 대응, 피해지역 주민의 심리적 안정 및 지역공동체 활성화를 위하여 국가와 지방자치단체가 도시재생을 긴급하고 효과적으로 실시하여야 할 필요가 있는 지역을 말한다.

7) 도시재생기반시설

① 「국토의 계획 및 이용에 관한 법률」에 따른 기반시설

② 주민이 공동으로 사용하는 놀이터, 마을회관, 공동작업장, 마을 도서관 등 대통령령으로 정하는 공동이용시설

8) 기초생활인프라

도시재생기반시설 중 도시주민의 생활편의를 증진하고 삶의 질을 일정한 수준으로 유지하거나 향상시키기 위하여 필요한 시설을 말한다.

9) 상생협약

도시재생활성화지역에서 지역주민, 사업자등록의 대상이 되는 상가건물의 임대인과 임차인, 해당 지방자치단체의 장 등이 지역 활성화와 상호이익 증진을 위하여 자발적으로 체결하는 협약을 말한다.

(3) 국가도시재생기본방침의 수립(「도시재생 활성화 및 지원에 관한 특별법」 제4조)

1) 수립주체 및 수립주기

국토교통부장관이 10년마다 수립한다.(5년마다 재검토 및 정비)

2) 국가도시재생기본방침 포함사항

① 도시재생의 의의 및 목표

② 국가가 중점적으로 시행하여야 할 도시재생 시책

③ 도시재생전략계획 및 도시재생활성화계획의 작성에 관한 기본적인 방향 및 원칙

④ 도시재생선도지역의 지정기준

⑤ 도시 쇠퇴기준 및 진단기준

⑥ 기초생활인프라의 범위 및 국가적 최저기준

3) 국가도시재생기본방침 수립을 위한 도시쇠퇴의 진단 및 실태조사

① 국토교통부장관은 국가도시재생기본방침의 수립을 위하여 도시재생종합정보체계를 활용하여 도시쇠퇴를 진단할 수 있다. 이 경우 국토교통부장관은 관계 지방자치단체에 자료를 요청할 수 있으며, 지방자치단체는 이에 우선적으로 협조하여야 한다.

② 국토교통부장관은 국가도시재생기본방침을 체계적으로 수립하기 위하여 국가적인 도시쇠퇴 현황 및 기초생활인프라 현황에 대하여 정기적으로 실태조사를 할 수 있다.

(4) 도시재생특별위원회(「도시재생 활성화 및 지원에 관한 특별법」 제7조)

1) 특별위원회의 구성

위원장은 국무총리가 되고 10명 이상 30명 이하의 위원으로 구성한다.

2) 특별위원회의 심의사항

① 국가도시재생기본방침 등 국가 주요 시책

② 둘 이상의 특별시·광역시·특별자치시·특별자치도 또는 도의 관할구역에 속한 전략계획수립권자가 공동으로 수립하는 도시재생전략계획

③ 국가지원 사항이 포함된 도시재생활성화계획

④ 도시재생선도지역 지정 및 도시재생선도지역에 대한 도시재생활성화계획

⑤ 국가지원 사항이 포함된 혁신지구계획 및 시행계획

⑥ 국가지원 사항이 포함된 도시재생사업

⑦ 그 밖에 도시재생과 관련하여 필요한 사항으로서 위원장이 회의에 상정하는 사항

(5) 특별재생지역의 지정(「도시재생 활성화 및 지원에 관한 특별법」 제35조)

국토교통부장관은 「재난 및 안전관리 기본법」에 따른 특별재난지역으로 선포된 지역 중 피해 합계금액 100억 원 이상의 대규모 재난 피해가 발생한 지역으로서 다음의 사항을 모두 충족하는 지역을 전략계획수립권자의 요청에 따라 특별재생지역으로 지정할 수 있다.

① 주택의 전부 또는 일부가 파손되어 주거안정을 위한 주택 정비 및 공급이 필요한 지역

② 재난이 발생하여 기반시설의 전부 또는 일부가 파손되고 추가 재난피해의 방지 및 대응을 위하여 기반시설 정비가 필요한 지역

③ 피해지역 주민의 심리적 안정 및 지역공동체 활성화가 필요한 지역

4. 「빈집 및 소규모주택 정비에 관한 특별법」의 응용

(1) 목적(「빈집 및 소규모주택 정비에 관한 특별법」 제1조)

이 법은 방치된 빈집을 효율적으로 정비하고 소규모주택 정비를 활성화하기 위하여 필요한 사항 및 특례를 규정함으로써 주거생활의 질을 높이는 데 이바지함을 목적으로 한다.

(2) 정의(「빈집 및 소규모주택 정비에 관한 특별법」 제2조)

1) 빈집

특별자치시장·특별자치도지사·시장·군수 또는 자치구의 구청장이 거주 또는 사용 여부를 확인한 날부터 1년 이상 아무도 거주 또는 사용하지 아니하는 주택을 말한다.

2) 소규모주택정비사업

구분	내용
자율주택정비사업	단독주택, 다세대주택 및 연립주택을 스스로 개량 또는 건설하기 위한 사업
가로주택정비사업	가로구역에서 종전의 가로를 유지하면서 소규모로 주거환경을 개선하기 위한 사업
소규모재건축사업	정비기반시설이 양호한 지역에서 소규모로 공동주택을 재건축하기 위한 사업
소규모재개발사업	역세권 또는 준공업지역에서 소규모로 주거환경 또는 도시환경을 개선하기 위한 사업

(3) 빈집정비계획의 수립(「빈집 및 소규모주택 정비에 관한 특별법」 제4조)

1) 수립권자 : 시장 · 군수(5년 주기로 수립 시행)

2) 수립사항

① 빈집정비의 기본방향

② 빈집정비사업의 추진계획 및 시행방법

③ 빈집정비사업에 필요한 재원조달계획

④ 빈집의 매입 및 활용에 관한 사항

⑤ 그 밖에 빈집정비를 위하여 필요한 사항으로서 대통령령으로 정하는 사항

※ 대통령령으로 정하는 사항

- 빈집이나 빈집으로 추정되는 주택에 대한 실태조사 결과
- 빈집의 철거 등 필요한 조치에 관한 계획
- 비용의 보조 또는 출자 · 융자 등 빈집정비사업의 지원 대상 · 기준 및 내용
- 그 밖에 시장 · 군수 등이 빈집정비사업 추진에 필요하다고 인정하는 사항

3) 주민공람 및 의견수렴 : 빈집정비계획 수립 시 14일 이상

4) 심의 : 도시계획위원회의 심의를 거쳐야 한다.(단, 경미한 사항에 대하여 그렇지 않다.)

※ 경미한 사항

- 빈집정비사업의 추진계획 중 추진기간 단축에 관한 사항
- 빈집정비사업에 필요한 재원조달계획의 변경에 관한 사항
- 계산착오 · 오기 · 누락 또는 이에 준하는 명백한 오류의 수정에 관한 사항

5) 빈집밀집구역 지정 요건(아래 요건 모두 충족 필요)

① 빈집이 증가하고 있거나 빈집 비율이 높은 지역

② 노후 · 불량건축물이 증가하고 있거나 정비기반시설이 부족하여 주거환경이 열악한 지역

③ 다른 법령에 따른 정비사업을 추진하고 있지 아니한 지역

6) 빈집밀집구역 지정의 세부기준(「빈집 및 소규모주택 정비에 관한 특별법 시행령」 제5조)

① 해당 구역의 면적이 1만m² 미만으로서 다음 어느 하나에 위치하지 않을 것

- 농어촌 또는 준농어촌
- 정비구역(단, 주거환경개선사업이 시행되는 정비구역은 제외한다.)
- 재정비촉진지구

② 빈집의 수가 10호 이상이거나 빈집의 면적이 해당 구역 전체 토지 면적의 20% 이상일 것

③ 노후 · 불량건축물의 수가 해당 구역 내 전체 건축물 수의 3분의 2 이상이거나 정비기반시설이 현저히 부족하여 재해 발생 시 피난 및 구조 활동이 곤란한 지역일 것

(4) 빈집 등에의 출입(「빈집 및 소규모주택 정비에 관한 특별법」 제6조)

시장·군수 등 또는 전문기관의 장은 빈집 등 및 그 대지에 출입하는 경우 출입하는 날 7일 전까지 국토교통부령으로 정하는 바에 따라 소유자·점유자 또는 관리인에게 그 일시와 장소를 알려야 한다.

(5) 빈집정비사업의 시행방법(「빈집 및 소규모주택 정비에 관한 특별법」 제9조)

① 빈집의 내부 공간을 칸막이로 구획하거나 벽지·천장재·바닥재 등을 설치하는 방법
② 빈집을 철거하지 아니하고 개축·증축·대수선하거나 용도변경하는 방법
③ 빈집을 철거하는 방법
④ 빈집을 철거한 후 주택 등 건축물을 건축하거나 정비기반시설 및 공동이용시설 등을 설치하는 방법

(6) 조합설립인가(「빈집 및 소규모주택 정비에 관한 특별법」 제23조)

1) 가로주택정비사업

가로주택정비사업의 토지 등 소유자는 조합을 설립하는 경우 토지 등 소유자의 10분의 8 이상 및 토지면적의 3분의 2 이상의 토지소유자 동의를 받은 후 조합설립을 위한 창립총회를 개최하고 시장·군수 등의 인가를 받아야 한다. 이 경우 사업시행구역의 공동주택은 각 동(복리시설의 경우에는 주택단지의 복리시설 전체를 하나의 동으로 본다)별 구분소유자의 과반수 동의(공동주택의 각 동별 구분소유자가 5명 이하인 경우는 제외)를, 그 외의 토지 또는 건축물은 해당 토지 또는 건축물이 소재하는 전체 토지면적의 2분의 1 이상의 토지소유자 동의를 받아야 한다.

2) 소규모재건축사업

① 소규모재건축사업의 토지 등 소유자는 조합을 설립하는 경우 주택단지의 공동주택의 각 동(복리시설의 경우에는 주택단지의 복리시설 전체를 하나의 동으로 본다)별 구분소유자의 과반수 동의(공동주택의 각 동별 구분소유자가 5명 이하인 경우는 제외)와 주택단지의 전체 구분소유자의 4분의 3 이상 및 토지면적의 4분의 3 이상의 토지소유자 동의를 받은 후 창립총회를 개최하고 시장·군수 등의 인가를 받아야 한다.
② 토지 등 소유자는 주택단지가 아닌 지역이 사업시행구역에 포함된 경우 주택단지가 아닌 지역의 토지 또는 건축물 소유자의 4분의 3 이상 및 토지면적의 3분의 2 이상의 토지소유자의 동의를 받아야 한다.

3) 소규모재개발사업

소규모재개발사업의 토지 등 소유자는 조합을 설립하는 경우 토지 등 소유자의 10분의 8 이상 및 토지면적의 3분의 2 이상의 토지소유자 동의를 받은 후 창립총회를 개최하고 시장·군수 등의 인가를 받아야 한다.

(7) 사업시행계획서의 작성(「빈집 및 소규모주택 정비에 관한 특별법」 제30조)

1) 사업시행계획서 포함사항

① 사업시행구역 및 그 면적

② 토지이용계획(건축물배치계획을 포함한다)

③ 정비기반시설 및 공동이용시설의 설치계획

④ 임시거주시설을 포함한 주민이주대책

⑤ 사업시행기간 동안 사업시행구역 내 가로등 설치, 폐쇄회로 텔레비전 설치 등 범죄예방대책

⑥ 임대주택의 건설계획

⑦ 건축물의 높이 및 용적률 등에 관한 건축계획

⑧ 사업시행과정에서 발생하는 폐기물의 처리계획

⑨ 정비사업비

⑩ 분양설계 등 관리처분계획

⑪ 수용 또는 사용하여 사업을 시행하는 경우 수용 또는 사용할 토지ㆍ물건 또는 권리의 세목과 그 소유자 및 권리자의 성명ㆍ주소

(8) 주택의 규모 및 건설비율(「빈집 및 소규모주택 정비에 관한 특별법」 제32조)

1) 주택의 규모

가로주택정비사업의 사업시행자는 사업시행구역에 있는 기존 단독주택의 호수(戶數)와 공동주택의 세대 수를 합한 수 이상의 주택을 공급하여야 한다.

2) 국민주택규모 건설비율

국토교통부장관은 주택수급의 안정과 저소득 주민의 입주기회 확대를 위하여 소규모재건축사업으로 건설하는 주택에 대하여 전체 세대수의 100분의 90 이하로서 국민주택규모의 주택 건설비율을 정하여 고시할 수 있다.

❸ 기반시설에 관한 제도

1. 「도시 · 군계획시설의 결정 · 구조 및 설치기준에 관한 규칙」의 응용

(1) 기반시설의 분류

당해 시설 그 자체의 기능발휘와 이용을 위하여 필요한 부대시설 및 편익시설을 포함한다.

구분	시설물
공간시설	광장(교통광장, 일반광장, 경관광장, 지하광장, 건축물부설광장) · 공원 · 녹지 · 유원지 · 공공공지
공공 · 문화체육시설	학교 · 운동장 · 공공청사 · 문화시설 · 체육시설 · 도서관 · 연구시설 · 사회복지시설 · 공공직업훈련시설 · 청소년수련시설
교통시설	도로(일반도로, 자동차전용도로, 보행자전용도로, 자전거전용도로, 고가도로, 지하도로) · 철도 · 항만 · 공항 · 주차장 · 자동차정류장(여객자동차터미널, 화물터미널, 공영차고지) · 궤도 · 삭도 · 운하, 자동차 및 건설기계검사시설, 자동차 및 건설기계운전학원
유통 · 공급시설	유통업무설비, 수도 · 전기 · 가스 · 열공급설비, 방송 · 통신시설, 공동구 · 시장, 유류저장 및 송유설비
보건위생시설	화장장 · 공동묘지 · 납골시설 · 장례식장 · 도축장 · 종합의료시설
환경기초시설	하수도 · 폐기물처리시설 · 수질오염방지시설 · 폐차장
방재시설	하천 · 유수지 · 저수지 · 방화설비 · 방풍설비 · 방수설비 · 사방설비 · 방조설비

2. 「도시공원 및 녹지 등에 관한 법률」의 응용

(1) 공원의 종류

구분	정의	종류
생활권 공원	도시생활권의 기반공원 성격으로 설치 · 관리되는 공원	• 소공원 • 어린이공원 • 근린공원
주제공원	생활권공원 외에 다양한 목적으로 설치된 공원	• 역사공원 • 문화공원 • 수변공원 • 묘지공원 • 체육공원 • 도시농업공원 • 방재공원 • 특별시 · 광역시 또는 도의 조례가 정하는 공원

(2) 녹지의 종류

구분	내용
완충녹지	대기오염·소음·진동·악취 등의 공해와 각종 사고나 자연재해 등의 방지를 위하여 설치하는 녹지
경관녹지	도시의 자연적 환경을 보전·개선·복원함으로써 도시경관을 향상시키기 위하여 설치하는 녹지
연결녹지	도시 안의 공원·하천·산지 등을 유기적으로 연결하고 도시민에게 산책공간의 역할을 하는 등 여가·휴식을 제공하는 선형의 녹지

핵심문제

대기오염, 소음, 진동, 악취, 그 밖에 이에 준하는 공해와 각종 사고나 자연재해 등의 방지를 위하여 설치하는 녹지는?　　　　　　　　　　　　　　　　　　[14년 2회, 20년 4회, 24년 3회]

① 방재녹지　　　　　　　　　　　　　　② 경관녹지
③ 연결녹지　　　　　　　　　　　　　　④ 완충녹지

답 ④

해설⊕

녹지의 종류

구분	내용
완충녹지	대기오염·소음·진동·악취 등의 공해와 각종 사고나 자연재해 등의 방지를 위하여 설치하는 녹지
경관녹지	도시의 자연적 환경을 보전·개선·복원함으로써 도시경관을 향상시키기 위하여 설치하는 녹지
연결녹지	도시 안의 공원·하천·산지 등을 유기적으로 연결하고 도시민에게 산책공간의 역할을 하는 등 여가·휴식을 제공하는 선형의 녹지

01 택지개발사업의 시행자로 지정될 수 없는 자는? [13년 1회]

① 국가·지방자치단체
② 「지방공기업법」에 따른 지방공사
③ 「한국토지주택공사법」에 따른 한국토지주택공사
④ 토지소유자 조합

해설

택지개발사업의 시행자는 공공기관을 원칙으로 한다.

02 도시개발법령에 따라 도시개발구역으로 지정할 수 있는 대상지역별 규모기준이 틀린 것은? [13년 2회, 22년 1회, 24년 1회]

① 도시지역 안 공업지역 : 3만m² 이상
② 도시지역 안 자연녹지지역 : 1만m² 이상
③ 도시지역 안 주거지역 : 1만m² 이상
④ 도시지역 외의 지역 : 50만m² 이상

해설

도시지역 외의 지역에서의 도시개발구역으로 지정할 수 있는 규모기준은 30만m² 이상이다.

03 도시개발법령상 도시개발구역으로 지정할 수 있는 대상지역 및 규모기준이 틀린 것은?(단, 도시지역의 경우임) [12년 4회, 21년 1회]

① 주거지역 : 1만m² 이상
② 상업지역 : 1만m² 이상
③ 공업지역 : 1만m² 이상
④ 자연녹지지역 : 1만m² 이상

해설

공업지역에서의 도시개발구역으로 지정할 수 있는 규모기준은 3만m² 이상이다.

04 리모델링 사업의 근거법은 무엇인가? [14년 4회, 22년 4회]

① 「도시 및 주거환경정비법」
② 「주택법」
③ 「국토의 계획 및 이용에 관한 법률」
④ 「임대주택법」

해설

리모델링 사업(「주택법」 제66조)

노후된 공동주택 등 건축물이 밀집된 지역으로서 새로운 개발보다는 현재의 환경을 유지하면서 이를 정비하는 사업으로 「주택법」을 근거법으로 한다. 기존 자원을 최대한 활용하는 효과를 얻을 수 있다.

05 「산업입지 및 개발에 관한 법률」에 따라, 산업의 적정한 지방 분산을 촉진하고 지역경제의 활성화를 위하여 지정하는 산업단지는? [13년 1회, 23년 2회]

① 국가산업단지 ② 일반산업단지
③ 도시첨단산업단지 ④ 농공단지

해설

산업단지의 구분(「산업입지 및 개발에 관한 법률」 제2조)

구분	내용
국가산업단지	국가기간산업, 첨단과학기술산업 등을 육성하거나 개발 촉진이 필요한 낙후지역이나 둘 이상의 특별시·광역시·특별자치시 또는 도에 걸쳐 있는 지역을 산업단지로 개발하기 위하여 지정된 산업단지
일반산업단지	산업의 적정한 지방 분산을 촉진하고 지역경제의 활성화를 위하여 지정된 산업단지
도시첨단산업단지	지식산업·문화산업·정보통신산업, 그 밖의 첨단산업의 육성과 개발 촉진을 위하여 도시지역에 지정된 산업단지
농공단지 (農工團地)	대통령령으로 정하는 농어촌지역에 농어민의 소득 증대를 위한 산업을 유치·육성하기 위하여 지정된 산업단지

구분	내용
스마트그린 산업단지	입주기업과 기반시설·주거시설·지원시설 및 공공시설 등의 디지털화, 에너지 자립 및 친환경화를 추진하는 산업단지

06 도시·주거환경정비기본계획을 수립하고자 하는 때에는 며칠 이상 주민에게 공람하여야 하는가?

[15년 4회, 21년 4회, 22년 4회]

① 14일 　　　　　　② 15일
③ 20일 　　　　　　④ 21일

●해설

기본계획 수립 및 변경 시에는 14일 이상 주민에게 공람하여야 한다.

07 「도시재정비 촉진을 위한 특별법」에서의 도시재정비 촉진지구의 특성에 따른 유형이 아닌 것은? [14년 1회, 24년 2회]

① 주거지형 　　　　② 중심지형
③ 상업지형 　　　　④ 고밀복합형

●해설

재정비 촉진지구의 종류

구분	내용
주거지형	노후·불량주택과 건축물이 밀집한 지역으로서 주로 주거환경의 개선과 기반시설의 정비가 필요한 지구
중심지형	상업지역·공업지역 또는 역세권·지하철역·간선도로의 교차지 등으로서 토지의 효율적 이용과 도심 또는 부도심 등의 도시기능의 회복이 필요한 지구
고밀복합형	주요 역세권, 간선도로의 교차지 등 양호한 기반시설을 갖추고 있어 대중교통 이용이 용이한 지역으로서 도심 내 소형주택의 공급 확대, 토지의 고도이용과 건축물의 복합개발이 필요한 지구

08 「도시재정비 촉진을 위한 특별법」에 따른 재정비 촉진계획의 수립에 대한 내용이 틀린 것은?

[12년 4회]

① 재정비 촉진계획이란 재정비 촉진지구의 재정비 촉진사업을 계획적이고 체계적으로 추진하기 위한 재정비 촉진지구의 토지이용, 기반시설의 설치 등에 관한 계획을 말한다.
② 시장·군수·구청장은 재정비 촉진계획을 수립 또는 변경하려는 경우에는 그 내용을 14일 이상 주민에게 공람하고 지방 의회의 의견을 들은 후 공청회를 개최하여야 한다.
③ 시·도지사 또는 대도시시장은 재정비 촉진계획 수립의 전 과정을 총괄 진행·조정하게 하기 위하여 도시계획·도시설계·건축 등 분야의 전문가를 총괄계획가로 위촉할 수 있다.
④ 시장·군수·구청장은 재정비 촉진계획을 수립하여 지방 도시계획위원회의 심의를 거쳐 국토교통부장관에게 결정을 신청하여야 한다.

●해설

재정비 촉진지구 지정의 신청 시 시장·군수·구청장은 시·도지사에게 재정비 촉진지구의 지정을 신청할 수 있다.

09 「도시재정비 촉진을 위한 특별법」에 따른 재정비 촉진사업에 해당하는 것은? [14년 2회]

① 「기업도시개발 특별법」에 따른 기업도시개발사업
② 「주택법」에 따른 국민주택건설사업
③ 「전통시장 및 상점가 육성을 위한 특별법」에 따른 시장정비사업
④ 「공공주택건설 등에 관한 특별법」에 따른 공공주택건설사업

●해설

재정비 촉진사업은 재정비 촉진지구 안에서 시행되는 다음의 사업을 말한다.
• 「도시 및 주거환경정비법」에 의한 주거환경개선사업·재개발사업 및 재건축사업
• 「빈집 및 소규모주택 정비에 관한 특례법」에 따른 가로주택정비사업 및 소규모재건축사업

- 「도시개발법」에 의한 도시개발사업
- 「전통시장 및 상점가 육성을 위한 특별법」에 의한 시장정비사업
- 「국토의 계획 및 이용에 관한 법률」에 의한 도시계획시설사업

10 「도시재정비 촉진을 위한 특별법」상에 정의된 재정비 촉진사업에 포함되지 않는 것은?

[13년 2회]

① 「도시 및 주거환경정비법」에 따른 주거환경개선사업
② 「주택법」에 따른 주택건설사업
③ 「국토의 계획 및 이용에 관한 법률」에 따른 도시·군계획시설사업
④ 「전통시장 및 상점가 육성을 위한 특별법」에 따른 시장정비사업

해설

문제 9번 해설 참고

11 「도시재정비 촉진을 위한 특별법」에서 재정비 촉진계획과 관련한 완화조항이 아닌 것은?

[15년 4회, 22년 4회]

① 재정비 촉진계획에서 건축물의 건축 제한
② 재정비 촉진계획 조례에서 정한 건폐율 상한
③ 재정비 촉진계획에 따라 조성하는 근린공원의 조성면적
④ 재정비 촉진계획에 따라 건축하는 건축물에 부과하는 과밀부담금

해설

재정비 촉진계획은 재정비를 촉진하는 계획으로서, 재정비의 의도와 맞게 거주민이 편리하고 쾌적한 주거생활을 누리고 인프라를 활용할 수 있도록 해야 한다. 보기의 근린공원의 조성면적 축소 시 재정비의 의도를 충족하기 어렵다고 볼 수 있다.

1 개발 주체에 따른 분류

(1) 공영개발(공공개발)

국가 · 지방자치단체 · 공사가 택지개발의 주체가 되는 공공부문으로서 개발

(2) 민간개발

민간부문의 활동 주체가 적법한 절차로 소규모의 부지를 개량 · 개선하는 개발

(3) 민관합동개발(제3섹터개발)

1) 공영개발 + 민간개발

공공부문과 민간부문이 공동출자하여 독립적으로 만든 합동법인 형태의 기구 및 사업 주체가 시행하는 사업방식

2) 지방공사형

민간출자 비율이 50% 미만인 경우

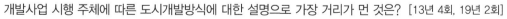

┤핵심문제

개발사업 시행 주체에 따른 도시개발방식에 대한 설명으로 가장 거리가 먼 것은? [13년 4회, 19년 2회]

① 공공개발은 국가나 지방자치단체가 직접 시행하는 도시개발이며, 공사 또는 지방공기업이 시행하는 경우는 공공개발에서 제외된다.

② 합동개발이란 공공이 사업 주체가 되고 민간이 자본과 기술을 투입하여 택지를 조성하는 공영개발 방식이다.

③ 민간개발이란 토지소유자 또는 토지소유자로 구성된 조합, 순수 민간기업 등이 사업 시행자가 되는 개발이다.

④ 제3섹터개발은 관 · 민 양 부문이 공동출자하여 설립된 반관반민의 법인조직이 사업 시행자가 되는 개발이다.

답 ①

해설◐

공영개발(공공개발)은 국가 · 지방자치단체 · 공사가 택지개발의 주체가 되는 공공부문의 개발로서, 공사 또는 지방공기업이 시행하는 경우를 포함한다.

3) 지방공사와 지방공단의 비교

구분	지방공사	지방공단
업무성격	• 자체 프로젝트를 통한 수익 추구 • 단독사업 경영 • 이익금을 통한 수입창출	• 공공업무 대행기관 • 특정사업 수탁 • 수탁금을 통한 수입창출
설립조건	자치단체 또는 민관합작	자치단체 단독(민관합작 불가)
자본조달방식	• 공사채 발생 • 증자(민간출자 가능)	• 공단채 발생 • 증자(민간출자 불가)

───────────────┤핵심문제

지방공사와 지방공단에 대한 설명으로 옳지 않은 것은? [16년 2회, 22년 4회]

① 지방공사는 지방자치단체 단독으로 설립할 수 있다.
② 지방공단은 지방자치단체 단독으로 설립할 수 있다.
③ 지방공사는 자본조달 시 민간출자에 의한 증자가 가능하다.
④ 지방공단은 자본조달 시 민간출자에 의한 증자가 가능하다.

답 ④

해설⊕
지방공단은 자본조달 시 민간출자가 불가하다.

② 개발대상지에 따른 분류

1. 신개발

(1) 개념

토지를 새롭게 개발하는 형태로 도시개발사업이 대표적임

(2) 공유재산관리지침상의 인수인계 협의시점에 따른 시설물

1) 사업준공 전 공용 개시 시점(일반공공시설)

도로, 공장, 공공주차장, 공공용지, 교량, 호안, 터널, 고가차도, 지하차도, 지하보도, 녹지, 공원, 운동장, 가로등, 상수관로시설, 하수관로시설, 유수지 등

2) 공사 준공일

① 관리조직을 필요로 하는 공공시설 : 정수장, 배수지, 가압장, 취수장, 배수갑문, 도서관 등
② 관리경험 및 조직이 필요한 공공시설 : 하수종말처리장, 폐수처리장, 쓰레기처리시설, 배수펌프장, 공동구, 지하주차장

핵심문제

개발형태에 의한 개발사업의 분류는 크게 신개발사업과 재개발사업으로 분류되고 있는데, 다음 중 신개발 사업에 포함되지 않는 것은?　　　　　　　　　　　　　　　　　　[15년 2회, 19년 1회, 23년 2회]

① 건축물 증개축사업　　　　　　　　　　② 토지형질변경사업
③ SOC 사업　　　　　　　　　　　　　　④ 도시개발사업

정답 ①

해설⊕

건축물의 증개축사업은 기존 건축물에 행하는 건축행위로서, 재개발사업에 가깝다.

2. 재개발(도시정비사업)

(1) 재개발의 정의 및 목적

1) 정의

① 기존에 개발된 지역이 시대적 · 공간적 발달에 따라 그 기능을 상실하고 불량화되었을 때 도시의 불량지구개선, 안전하고 위생적인 환경의 마련, 도시 기능의 부활 등을 기하고자 실시하는 사업

② 현대사회에 적응할 수 없게 된 도시의 환부를 도시의 기능과 환경의 개선이라는 계획적 의도하에 다시 개발하는 것을 말한다.

2) 재개발의 목적

① 도시의 기능과 환경의 유지 및 향상 도모

② 도시구조의 개혁, 직주근접촉진, 공공시설의 정비, 도시의 방호 · 방화, 상가재개발, 시가지 환경정비 등

3) 재개발(도시정비사업)의 실시단계(계획 수립단계 → 실시단계)

① 계획 수립단계 : 기본계획 수립 → 정비계획 수립 → 정비구역 지정 → 추진위 구성(1/2 주민 동의) → 안전진단

② 실시단계 : 조합 설립(재건축 – 각 동의 2/3, 전체의 3/4 이상의 동의) 인가 신청 → 사업 시행 인가 → 관리처분계획 인가 → (이주 → 착공 → 분양 → 완공)

(2) 재개발 방식

구분	내용
수복재개발(Rehabilitation)	노후 · 불량화 요인을 제거시키는 것
개량재개발(Remodeling)	새로운 시설 첨가를 통해 도시 기능을 제고하는 것
보전재개발(Conservation)	노후 · 불량화의 진행을 방지하는 것
전면재개발 또는 철거재개발(Redevelopment)	기존 환경을 제거하고 새로운 시설물로 대체시키는 것

───────────────┤핵심문제

재개발을 시행하는 방식에 따른 분류에 해당하지 않는 것은?　　　　[12년 2회, 18년 1회, 24년 2회]

① 수복재개발(Rehabilitation)　　　　② 단지재개발(Reblocking)
③ 보전재개발(Conservation)　　　　④ 전면재개발(Redevelopment)

답 ②

해설⊕--
시행방법에 따른 재개발방식의 분류
수복(보수)재개발(Rehabilitation), 보전재개발(Conservation), 철거(전면)재개발(Redevelopment), 개량재개발(Remodeling)

(3) 네덜란드 헤이그 국제세미나에서 정의된 도시재개발의 종류

네덜란드 헤이그(1958)에서 개최된 도시재개발 관련 제1회 국제세미나에서 도시재개발의 종류는 지구전면재개발(Redevelopment), 지구수복재개발(Re-habilitation), 지구보전재개발(Conservation)의 3가지로 정의되었다.

(4) 주택재개발사업 진행방식

구분	내용
순환재개발	재개발구역의 일부 지역 또는 당해 재개발구역 외의 지역에 주택을 건설하거나 건설된 주택을 활용하여 재개발구역을 순차적으로 개발하거나 재개발구역 또는 재개발사업시행지구를 수개의 공구로 분할하여 순차적으로 시행하는 재개발방식
합동재개발방식	• 사업지역 권리자인 가옥 및 토지의 소유자가 조합을 구성하여 법정 시행자의 자격을 갖추어 자율적으로 주택재개발을 시행하는 방식 • 지금까지의 주택재개발사업의 대부분은 이 방식에 의하여 추진되어 왔음
자력재개발방식	• 지방자치단체가 시행자가 되어, 공공시설 설치 및 행정지원 등을 담당하고 주택은 주민이 건립하는 형태로 운영하는 방식 • 토지구획정리사업의 환지기법을 적용
위탁재개발	주민들에 의한 현지개발방식이 주민들의 경제능력 부족 등으로 활성화되지 못하고 개량효과가 미미하고 공공시설 확보 등도 이루어지지 못하여 주민들과 민간기업이 협력하여 공동주택을 건설하는 재개발방식을 위탁재개발방식이라 함

재개발의 유형에 대한 설명이 옳은 것은? [14년 1회, 19년 1회, 23년 1회]

① 철거재개발(Redevelopment) : 도시환경 및 시설에 있어서 불량 또는 노후화 현상이 현재까지는 발생하지 않았으나 현 상태로 방치할 경우 환경악화가 예상되는 지역에 예방적 조처로 시행하는 방식

② 수복재개발(Rehabilitation) : 관리상 부실로 인하여 도시환경이 악화될 우려가 있거나 이미 악화된 지역에 대하여 기존시설을 보존하면서 구역 전체의 기능과 환경을 회복하거나 개선하는 소극적인 방식

③ 보전재개발(Conservation) : 낙후되고 노후화된 기존의 도시지역의 시설을 보수, 확장, 새로운 시설을 첨가하는 방법을 통하여 도시환경을 개선하는 방식

④ 개량재개발(Improvement) : 기존의 시설을 전면적으로 철거하고 새로운 시설물로 대체시켜 쾌적하고 능률적이며 기능적인 도시환경을 창출해내는 적극적인 방식

답 ②

해설◑

① 보전재개발, ③ 개량재개발, ④ 철거(전면)재개발

(5) 뉴타운사업

1) 정의

① 도시기반시설에 대한 충분한 고려 없이 주택 중심으로 추진되어 난개발 문제를 야기한 기존의 민간 중심의 개발방식에 대한 개선대책으로 시행하는 새로운 '기성 시가지 재개발방식'

② 생활권역을 대상으로 도시개발시설을 확충하면서 합리적인 도시기능을 수행할 수 있는 신도시를 건설하는 종합적인 도시계획사업

2) 뉴타운사업 개발방향

① 인구의 상한선 설정

② 자립 · 자족적인 도시경제 구축

③ 토지이용 다양화

④ 개발제한구역이 주위를 둘러쌈

⑤ 단계적 개발계획

⑥ 토지 공유화

3) 뉴타운사업과 종전 재개발사업과의 비교

뉴타운개발	종전 재개발
• 적정 생활권역별 계획적 개발 • 공공부문 역할 증대(재정투자 확대) • 다양한 도시개발방식 활용	• 소규모 구역단위 재개발사업 • 민간 의존 도시기반시설 확보 • 주택 재개발방식 위주 개발

(6) 파리 대개조계획

1) 개요

① 1852년 나폴레옹 3세의 지시에 따라 당시 파리도지사였던 오스만에 의해 진행된 파리의 재정비 사업

② 파리 인구급증으로 인한 비위생적인 상태와 계속되는 도시반란에 이용되는 건물을 없애고 치안유지를 목적으로 대대적인 재건축을 단행

2) 특징

① 노동자 거주지역을 외곽으로 옮기고 시내 도로망과 상하수도를 정비하여 시내를 관통하는 오늘날의 대로(大路) 체계 고안

② 도로, 상하수도, 스카이라인 규제

❸ 도입 기능에 따른 분류

1. 단일용도도시(주거도시, 산업도시, 관광휴양도시 등)

(1) 워터프론트(水邊空間, Waterfront)

1) 정의

바다, 하천, 호수 등의 공간을 가지는 육지에 인공적으로 개발된 도시공간

2) 특징

① 항만 및 해운기능, 어업 · 공업 등의 생산기능, 상업, 업무, 주거, 레크리에이션 등 다양한 도시활동을 수용할 수 있는 유연성을 지님

② 1960년대 전후로 과거 항만시설과 임해형 산업지역이었던 수변공간은 첨단정보단지, 도시레저공간, 주거지와 상업업무지 등 새로운 도시공간으로 재개발됨

③ 샌프란시스코의 피어(Pier), 런던의 토크랜드 등이 대표적 사례 도시이다.

┤핵심문제

바다, 하천, 호수 등의 공간을 가지는 육지에 인공적으로 개발된 공간을 무엇이라 하는가?

[12년 2회, 15년 4회, 18년 1회, 23년 1회, 24년 2회]

① 역세권　　　② 지하공간　　　③ 텔레포트　　　④ 워터프론트

답 ④

해설⊕

워터프론트(水邊空間, Waterfront)는 항만 및 해운 기능, 어업 · 공업 등의 생산 기능, 상업, 업무, 주거, 레크리에이션 등 다양한 도시활동을 수용할 수 있는 유연성을 지니고 있다.

(2) 혁신도시

1) 정의

이전하는 공공기관을 수용하여 기업 · 대학 · 연구소 · 공공기관 등의 기관이 서로 긴밀하게 협력할 수 있는 혁신여건과 수준 높은 주거 · 교육 · 문화 등의 정주(定住)환경을 갖추도록 개발하는 미래형 도시

2) 목적

공공기관 지방 이전 시책 등에 따라 수도권에서 수도권이 아닌 지역으로 이전하는 공공기관 등을 수용하는 혁신도시의 건설을 위하여 필요한 사항과 해당 공공기관 및 그 소속 직원에 대한 지원에 관한 사항을 규정함으로써 공공기관의 지방이전을 촉진하고 국가균형발전과 국가경쟁력 강화에 이바지함

핵심문제

수도권에 집중되어 있는 공공기관의 지방 이전을 계기로 이들 기관과 지역의 대학, 연구소, 지방자치단체가 협력하여 지역의 새로운 성장동력을 창출하는 것을 목표로 하는 것은? [12년 2회, 16년 4회, 21년 2회]

① 혁신도시개발사업   ② 기업도시개발사업
③ 도시환경재정비사업   ④ 행정중심복합도시사업

답 ①

해설⊕

혁신도시는 이전하는 공공기관을 수용하여 기업 · 대학 · 연구소 · 공공기관 등의 기관이 서로 긴밀하게 협력할 수 있는 혁신여건과 수준 높은 주거 · 교육 · 문화 등의 정주(定住)환경을 갖추도록 개발하는 미래형 도시를 말한다.

---

(3) 텔레포트(Teleport : 정보화단지) 개발

① 텔레포트(Teleport)는 전기통신(Tele Comunication)과 항구(Port)의 합성어로서, 텔레포트(정보화 단지)는 정보와 통신의 거점을 의미한다.
② 전 세계 각국에서 제4차 산업혁명에 맞추어 기존 도시들을 근간으로 하는 텔레포트의 개발이 활발히 이루어지고 있다.

(4) 역사보존도시

1) 역사보전도시의 목적 및 필요성

구분	내용
도시의 다양성 부여	고층화, 대형화, 획일화되어가는 도시환경의 문제점 해소
도시의 역사성 및 정체성 확립	도시의 과거 역사의 보존과 해당 도시만의 특색 있는 정체성을 확립
도시활성화의 자원으로 활용 가능	문화 관광자원으로 도시를 활성화시킴

━━━━┥핵심문제

★ 역사보존도시의 필요성 및 의의와 가장 거리가 먼 것은?　　　　　　[14년 1회, 17년 2회, 20년 4회]

① 도시의 품격보다는 수적인 인구 유발을 통하여 도시의 활력을 부여하는 역할을 한다.

② 개성적이고 다양한 경관을 나타내어, 고층화·대형화·획일화되어 가는 도시 환경의 문제점을 해소하여 도시에 다양성을 부여한다.

③ 역사 환경이 형성된 배경과 사상을 이해하고, 과거와 현재를 연결시켜 도시의 역사성을 인식하는 도시 속 경험을 통해 도시생활을 풍부하게 한다.

④ 도시의 발전과 맥락을 이해할 수 있는 전통적 기반 보존을 통해 다른 도시와의 차별성을 부각시킬 수 있다.

　　　　　　　　　　　　　　　　　　　　　　　　　　　　　　　　　　　目 ①

해설⊕ --

역사보전도시는 수적인 인구 유발보다는 도시의 정체성 및 역사성을 확립하고 그 도시만의 특색을 찾는 데 초점을 맞추고 있다.

(5) 지하공간개발

1) 정의

① 상업적·공공적인 목적을 위해 지상공간의 하부에 자연적으로 형성되어 있던 공간의 개발이나 인위적인 굴착을 통해 지하공간을 생성하는 것을 지하공간개발이라고 한다.

② 지하철, 지하도로, 지하물류시설, 하수도, 공동구 등이 포함된다.

2) 지하공간의 개발 배경

① 공간 확대, 열손실 감소, 냉동력의 유지, 소음·진동·습기 변화 차단, 방호목적

② 비교적 안정한 암반층에서는 대규모 지하공간개발 가능

③ 도시개발공간의 수요 증가 및 도시 기능 개선의 압력, 환경보존

━━━━┥핵심문제

★ 지하공간의 개발 배경으로 적절하지 않은 것은?　　　　　　　　　　[13년 4회, 17년 1회]

① 우리나라는 비교적 안정적인 사암으로 지질이 구성되어 있고 암반의 규모 및 면적이 넓어 대규모 지하공간 개발에 적합한 자연적 요건을 가지고 있다.

② 급격한 도시화와 수도권 편중에 의한 인구 유입에 따른 개발 가능한 토지 공급의 부족문제를 해결할 수 있다.

③ 과도한 집중으로 인해 도시의 기능이 저해되고 있는 현상을 지하공간의 개발을 통해 완화할 수 있다.

④ 도시미관을 저해하는 시설 또는 혐오시설을 지하에 배치하여 지상공간을 더욱 쾌적하게 활용할 수 있다.

　　　　　　　　　　　　　　　　　　　　　　　　　　　　　　　　　　　目 ①

해설⊕
우리나라는 비교적 안정적인 경질의 암반층으로 구성되어 있고, 암반의 규모 및 면적이 넓어 대규모 지하공간 개발에 적합한 자연적 요건을 갖추고 있다. 사암은 모래질로서 강도면에 불리하여 지하공간 개발에는 적합하지 않다.

(6) 역세권 개발

1) 정의

① 역사로부터 타 교통 수단에 의하지 않고 도보에 의해 10~15분(650~1,000m) 이내에 도달할 수 있는 지역

② 또한 역사를 중심으로 작은 지역을 이룰 수 있는 공간이며, 도시민들에게 역세권을 중심으로 서비스나 편의를 제공하기에 충분한 공간을 의미함

2) 역세권 개발의 목적

① 이동시간의 단축으로 도시발달에 영향을 미침

② 지하철을 비롯하여 고속철도를 중심으로 성장거점이 될 수 있음

③ 역세권은 도시 간의 독자적인 문화를 발달시키고 각종 이벤트와 교육의 장

④ 역을 중심으로 전시장, 판매장이 생겨 상업의 발달과 산업의 교류 역할을 담당

⑤ 교통, 정보 · 통신의 교류 중심지가 되는 결절지

⑥ 역을 중심으로 복합형 역세권을 형성 혼합토지이용개발(MXD)이 이루어지며, 지상뿐만 아니라 지하공간까지 활용함

⑦ 다차원적인 개발을 통해 최대의 편리성과 다양한 서비스를 제공한다.

3) 역세권 개발의 유형

구분	내용
종착역세권	대도시 도심부에 위치한 역사 중심
환승역세권	기존도시나 신도시의 신시가지 등에 위치
통과역세권	관광지 혹은 휴양지와 같은 특수한 도시에 적용

4) 역세권 개발구역 지정대상

① 철도역이 신설되어 역세권의 체계적 · 계획적인 개발이 필요한 경우

② 철도역의 시설 노후화 등으로 철도역을 증축 · 개량할 필요가 있는 경우

③ 노후 · 불량 건축물이 밀집한 역세권으로서 도시환경 개선을 위하여 철도역과 주변 지역을 동시에 정비할 필요가 있는 경우

④ 철도역으로 인한 주변 지역의 단절 해소 등을 위하여 철도역과 주변 지역을 연계하여 개발할 필요가 있는 경우

⑤ 도시의 기능 회복을 위하여 역세권의 종합적인 개발이 필요한 경우

⑥ 그 밖에 대통령령으로 정하는 경우

┤핵심문제

★ 역세권개발구역으로 지정할 수 있는 경우에 해당되지 않는 것은?　　　　[16년 1회]

① 철도역이 신설되어 역세권의 체계적·계획적인 개발이 필요한 경우
② 철도역의 시설 노후화 등으로 철도역을 증축·개량할 필요가 있는 경우
③ 도시의 기능 회복을 위하여 역세권의 종합적인 개발이 필요한 경우
④ 노후·불량건축물이 밀집한 도시환경을 정비할 필요가 있는 경우

답 ④

해설⊕--

노후·불량건축물이 밀집한 역세권의 경우 역세권개발구역으로 지정이 가능하다.

---

(7) 압축도시(Compact City)

1) 방법

① 다수의 교외지역에 확산된 개발보다는 소수의 고밀개발을 통하여 환경에의 부하를 최소화하여 정주지개발의 효율성을 높임
② 도시의 방만한 교외확산을 방지하고 고밀도 복합용으로 개발함
③ 미개발지를 보호할 수 있게 되어 자연생태계에 대한 부하를 최소화함

2) 특징

① 자연자원의 무분별한 훼손 방지
② 직주근접을 통해 교외지역에서 발생하는 교통량 최소화
③ 인프라 및 에너지의 효율적 이용을 도모
④ 공원, 정원 등과 같은 녹지공간의 부족을 초래(단, 도심 외곽부는 녹지화 가능)

┤핵심문제

★ 압축도시(Compact City)에 대한 설명으로 옳지 않은 것은?　　　　[12년 2회, 18년 2회]

① 토지이용은 고밀개발을 추구한다.
② 압축도시개발은 직주근접과 관련이 있다.
③ 압축도시개발을 위해서는 단일용도의 토지이용이 이루어져야 한다.
④ 에너지 사용을 줄이고 환경오염을 최소화할 수 있는 도시형태이다.

답 ③

해설⊕--

압축도시(Compact City)는 소수의 토지를 다양한 용도의 복합적 고밀도개발을 통해 도시의 방만한 교외확산에 따른 저밀화를 막는 데 목적이 있다.

(8) 과학기술도시(Science City 또는 Technopolis, Tatsuno, 1986)

쾌적한 자연환경과 효율적인 모도시의 생활기반 서비스를 바탕으로 첨단산업의 활력을 도입함으로써 산업(첨단기술산업군), 대학(학술연구기관), 주거(쾌적한 생활환경 및 도시 서비스)의 3가지 기능이 잘 조화된 도시환경을 실현시키기 위한 방안

(9) 기업도시

1) 정의

산업입지와 경제활동을 위하여 민간기업이 산업 · 연구 · 관광 · 레저 · 업무 등의 주된 기능과 주거 · 교육 · 의료 · 문화 등의 자족적 복합기능을 고루 갖추도록 개발하는 도시

2) 기업도시의 구분

구분	내용
산업교역형 기업도시	제조업과 교역 위주의 기업도시
지식기반형 기업도시	연구개발 위주의 기업도시
관광레저형 기업도시	관광 · 레저 · 문화 위주의 기업도시

─┤핵심문제

★

다음 중 기업도시의 기능별 유형에 해당하지 않는 것은?　　　　　　　　[14년 4회, 19년 2회]
① 제조업과 교역 위주의 산업교역형 기업도시
② 연구개발 위주의 지식기반형 기업도시
③ 관광 · 레저 · 문화 위주의 관광레저형 기업도시
④ 지역의 정체성을 살려주는 특성화형 기업도시

답 ④

해설⊕
지역의 정체성을 살려주는 특성화형 기업도시는 기업도시의 기능별 유형에 들어가 있지 않으며, 기업도시는 각 지역의 특색에 맞추어 산업교역형, 지식기반형, 관광 · 레저 · 문화형으로 나누어진다.

2. 복합도시(복합용도개발(MXD : MiXed - use Development))

(1) 정의 및 분류

1) 정의

혼합적 토지이용의 개념에 근거하여 주거와 업무, 상업, 문화 등 상호보완이 가능한 용도를 서로 밀접한 관계를 가질 수 있도록 연계 · 개발하는 것을 말한다.

2) 복합도시의 분류

구분	분류
수용 기능에 따라	• 주거와 업무 기능의 복합 형태 • 주거와 상업 기능의 복합 형태 • 주거와 상업과 업무 기능의 복합 형태 • 주거와 업무 및 상업과 위락 기능의 복합 형태
주거 기능의 비중에 따라	• 주거 중심형 • 직주분등형 • 주거보조형
건물 형태에 따라	• 단순수직 중첩형 • 수평분리형 • 플랫폼형

(2) 혼합적 토지이용(Mixed Land Use)

1) 정의

도시 내 상충되는 토지이용의 분리를 기본으로 하되 합리적인 계획에 의하여 서로 다른 용도를 적절히 혼합함으로써 기능상 상호보완 및 상승효과를 발휘하도록 하는 것

2) 특징

① 단일 용도지역제로 인한 도시문제 완화를 위해 용도 혼합

② 19세기 무질서한 혼합적 토지이용과는 다름

③ 상충하는 용도는 분리를 기본으로 하되 상호 보완되는 용도의 혼합을 유도

④ 주상복합, PUD, 압축도시, 첨단과학도시, 텔레포트, 인텔리전트 시티 등의 형태로 발전

⑤ 직주근접으로 교통혼잡 방지 및 에너지 절약이 가능한 지속 가능한 개발 형태

───┤핵심문제

복합용도개발(MXD)의 사회적 · 경제적 효과로 가장 거리가 먼 것은?

[13년 4회, 17년 4회, 21년 4회, 23년 4회]

① 도시의 외연적 확산 완화   ② 수직통행의 감소를 통한 교통혼잡 완화

③ 직주근접에 따른 통행거리 감소   ④ 도시개발 리스크의 감소

답 ②

해설⊕ ---

복합용도개발은 고밀화를 수반하므로, 수평통행이 감소하고 수직통행의 증가를 가져온다. 수평통행의 감소는 교통혼잡의 완화를 가져온다.

01 도시개발방식의 유형별 분류가 틀린 것은?
[14년 1회, 17년 4회, 22년 4회]

① 개발 주체 : 공공개발, 민간개발, 민관합동개발
② 토지취득방식 : 수용방식, 환지방식, 혼용방식
③ 개발대상지역 : 신도시개발, 위성도시개발
④ 토지의 용도 : 택지개발, 유통단지개발, 복합단지개발

● 해설

도시개발방식의 유형

구분	분류
개발 주체에 따른 분류	공영개발, 민간개발, 민관합작개발
토지취득방식에 따른 분류	환지방식, 매수방식(수용 또는 사용에 의한 방식), 혼용방식, 합동개발방식
개발대상지역에 따른 분류	신개발, 재개발
토지의 용도에 따른 도시개발방식 유형 구분	공업용지개발, 관광용지개발, 유통단지개발, 개발촉진지구개발, 복합단지개발, 택지개발

02 다음 중 제3섹터의 특징이 아닌 것은?
[16년 4회, 20년 3회, 24년 1회]

① 단기간 내의 채산성 확보가 어려움
② 주민의 적극적인 자원봉사를 전제로 함
③ 불안정성과 실패에 대한 책임소재가 불분명함
④ 공공의 안정성, 계획성과 민간의 효율성을 결합함으로써 합리적 사업 추진 가능

● 해설

제3섹터란 민관합동개발을 의미하지만, 주민의 적극적인 자원봉사를 전제로 하지는 않는다.

03 다음 중 제3섹터 개발방식에 대한 설명으로 옳은 것은?
[15년 1회, 24년 3회]

① 국가나 지방자치단체, 정부투자기관인 공사 또는 지방공기업 등이 사업 시행자이다.
② 토지소유자나 순수 민간기업 등이 사업 시행자이다.
③ 공공이 사업 주체가 되고 민간이 자본과 기술을 투입하여 택지를 조성하는 방식이다.
④ 민관이 공동출자하여 설립한 법인조직이 개발하는 방식이다.

● 해설

① 공공개발
②, ③ 민간개발

04 다음 중 지방공사 또는 지방공단의 특징 설명이 잘못된 것은? [16년 1회, 22년 4회, 24년 3회]

① 지방공단은 민관합작에 의한 설립이 불가하다.
② 지방공사는 판매수입으로 경영비용을 조달한다.
③ 지방공사는 증자를 통한 민간출자는 할 수 없다.
④ 지방공단은 특정사업의 수탁에 의해 업무한다.

● 해설

지방공사는 증자를 통한 민간출자가 가능하며, 지방공단은 증자를 통한 민간출자가 불가능하다.

지방공사와 지방공단의 비교

구분	지방공사	지방공단
업무성격	• 자체 프로젝트를 통한 수익 추구 • 단독사업 경영 • 이익금을 통합 수입 창출	• 공공업무 대행기관 • 특정사업 수탁 • 수탁금을 통한 수입 창출
설립조건	자치단체 또는 민관합작	자치단체 단독 (민관합작 불가)
자본조달 방식	• 공사채 발생 • 증자(민간출자 가능)	• 공단채 발생 • 증자(민간출자 불가)

05 토지의 용도에 따른 도시개발 유형 구분에 해당하지 않는 것은? [13년 2회]

① 복합단지개발 ② 공업용지개발
③ 유통단지개발 ④ 토지신탁개발

해설

토지의 용도에 따른 도시개발방식 유형 구분

공업용지개발, 관광용지개발, 유통단지개발, 개발촉진지구개발, 복합단지개발

06 도시개발사업의 방식 중 수용 또는 사용방식이 환지방식이나 혼용방식과 비교하여 갖는 특징으로 옳지 않은 것은? [12년 2회, 22년 4회]

① 초기투자비가 막대한 편이다.
② 이주대책을 마련하는 데 어려움이 따를 수 있다.
③ 사업기간이 상대적으로 많이 걸린다.
④ 전면매수에 따른 토지주의 반발이 많아질 수 있다.

해설

수용 또는 사용에 의한 방식은 매수에 의해 이루어지므로 환지방식에서의 관련된 협의 및 행정처리 등의 소요기간이 필요 없어 상대적으로 사업기간이 적게 걸린다.

07 다음 중 개발대상지의 상태에 따라 도시개발을 신개발과 재개발로 구분할 때, 재개발에 대한 설명으로 옳지 않은 것은?
[16년 4회, 20년 1·2회, 23년 4회]

① 재개발은 신개발에 비해 그 절차가 간편하고 시간이 적게 걸린다.
② 재개발은 기존 시가지의 일부를 개수 혹은 재건축하고 시설을 확충하는 개발행위라고 할 수 있다.
③ 재개발의 유형은 재개발대상의 공간적 범위와 토지이용, 재개발방식 등에 의하여 여러 가지로 나눌 수 있다.
④ 재개발의 일반적인 목적은 주거 환경을 개선함으로써 주민의 주거안정을 도모하고 공동체적 삶의 질을 향상시키는 것이다.

해설

재개발은 기존 입주민 등과의 협의 절차 등에 의해 신개발과 비교하여 그 절차가 복잡하고 시간이 많이 소요된다.

08 일반적으로 도시개발의 유형을 신개발과 재개발로 분류하는 방식은? [16년 1회, 20년 1·2회]

① 개발 주체에 따른 분류
② 개발대상지에 따른 분류
③ 토지의 용도에 따른 분류
④ 토지의 취득방식에 따른 분류

해설

개발대상지에 따른 분류로서 신개발은 토지를 새롭게 개발하는 형태이며, 재개발은 기존에 개발된 지역에 대해 불량지구 개선, 안전 및 위생환경 개선, 도시기능의 부활 등을 위해 실시하는 사업이다.

09 다음의 도시정비사업 절차 중에서 가장 먼저 시행되어야 할 내용은 무엇인가? [15년 1회]

① 사업시행계획 인가 ② 조합설립 인가
③ 관리처분계획 인가 ④ 일반분양

해설

도시정비사업 시행 시 계획 수립단계 후 본격적인 실시단계의 첫 단계는 조합설립을 진행하는 것이다.

재개발(도시정비사업)의 실시 단계(계획 수립단계 → 실시단계)

• 계획 수립단계 : 기본계획 수립 → 정비계획 수립 → 정비구역 지정 → 추진위 구성(1/2 주민 동의) → 안전진단
• 실시단계 : 조합 설립(재건축 – 각 동의 2/3, 전체의 3/4 이상의 동의) 인가 신청 → 사업 시행 인가 → 관리처분계획 인가 → (이주 → 착공 → 분양 → 완공)

10 다음은 「도시 및 주거환경정비법」에 의한 사업시행을 위해서 거쳐야 하는 절차들이다. 이들 중에서 가장 마지막에 이루어지는 절차는?[14년 4회]

① 정비구역의 지정 ② 조합의 설립
③ 관리처분계획 인가 ④ 사업 시행 인가

해설
도시정비사업 시행 시 계획 수립단계 후 본격적인 실시단계에서의 가장 마지막 단계는 관리처분계획 인가단계이다.

11 신도시 개발의 경우 준공과 함께 공공시설들은 모두 지방자치단체에 넘겨지게 되는데, 이는 공유재산관리지침 기준에 따른다. 다음 중 인수인계 협의일이 공사 준공일인 것은? [16년 2회]

① 도로
② 녹지
③ 공동구
④ 공공주차장

해설
공동구는 관리경형 및 조직이 필요한 공공시설로서 공사 준공일을 기준으로 인수인계 협의일이 설정된다.

12 재개발의 일반적인 목적으로 옳지 않은 것은? [13년 2회]

① 주택 및 물리적 시설의 불량 · 노후화의 개선과 예방
② 다양한 공공시설과 서비스의 적정한 배치 및 공급
③ 경제적 효율성의 확대 방지
④ 주민의 사회경제적 조건 향상과 공동체적 삶의 질 향상

해설
도시구조의 개혁, 직주근접 촉진, 공공시설의 정비, 도시의 방호 · 방화, 상가재개발, 시가지 환경정비 등을 통해 도시의 경제적 효율성의 확대를 증진할 수 있다.

13 이미 악화된 지역에 대하여 기존 시설을 보존하면서 노후 및 불량화 요인만을 제거하여 구역의 기능과 환경을 회복하는 재개발방식은? [16년 4회, 21년 2회]

① 전면재개발
② 수복재개발
③ 보전재개발
④ 협동재개발

해설
수복재개발은 노후 · 불량화 요인을 제거시키는 재개발로 지구수복에 의한 재개발은 도시 기능과 생활환경이 점차 악화되고 있는 대상지에서 건축물의 신축을 부분적으로 허용하되 나머지 건축물을 수리 · 개조함으로써 점진적으로 개선하는 재개발방법이다.

14 도시환경 및 시설에 대해 현재까지는 불량 · 노후화 현상이 발생하지 않았으나 현 상태로 방치할 경우 환경 악화가 예상되는 지역에 예방적 조치로 시행하는 재개발방식은? [15년 2회, 21년 1회, 22년 4회]

① 철거재개발
② 수복재개발
③ 개량재개발
④ 보전재개발

해설
보전재개발은 노후 · 불량화의 진행을 방지하는 예방/보존적 재개발이다.

15 주택재개발방식인 1970년대 초의 자력재개발에 대한 설명으로 가장 거리가 먼 것은? [15년 1회, 24년 3회]

① 구청장이 사업 시행자가 되어 도로, 공원 등 도시기반시설은 공공이 설치한다.
② 주민이 재정을 부담하여 5층 이하의 공동주택을 건립하는 사업이다.
③ 주민의 재정 문제 등으로 활발히 추진되지 못하였다.
④ 토지구획정리사업의 환지기법을 적용하였다.

해설
주민이 재정을 부담하여 5층 이하의 공동주택을 건립하는 사업은 위탁재개발에 속한다.

16 다음 중 시행방식에 따른 재개발사업의 분류에 해당되지 않는 것은? [14년 4회, 21년 4회]

① 환류재개발(Regeneration)
② 전면재개발(Redevelopment)
③ 수복재개발(Rehabilitation)
④ 보전재개발(Conservation)

해설
시행방식에 따른 재개발사업의 분류
수복재개발, 개량재개발, 보전재개발, 전면재개발 또는 철거재개발

정답 11 ③ 12 ③ 13 ② 14 ④ 15 ② 16 ①

17 다음 중 관리상 부실로 인하여 도시환경이 악화될 우려가 예견되거나 이미 악화된 지역에 대하여 기존 시설을 보존하면서 노후 및 불량화 요인만을 제거하는, 즉 부분적인 철거재개발 형식으로 구역 전체의 기능과 환경을 회복하거나 개선시키는 소극적인 재개발 시행방식은? [14년 4회, 23년 2회]

① 보완재개발(Recover)
② 수복재개발(Rehabilitation)
③ 보전재개발(Conservation)
④ 지구단위재개발(Sectiondevelopment)

●해설
기존 시설을 보존하면서 노후 및 불량화 요인만을 제거하는 재개발방식을 수복재개발이라고 한다.

18 주택재개발사업의 시행방식 중 사업 시행자가 해당 부지 또는 인접 지역에 소유하고 있는 토지를 이용하여 재개발지역 주민 일부를 이주시킨 다음 그 지역을 먼저 개발한 뒤 입주시키고 순차적으로 다른 지역으로 확산해 나가는 것은? [14년 2회]

① 자력재개발방식 ② 위탁재개발방식
③ 순환재개발방식 ④ 합동재개발방식

●해설
순환재개발
재개발구역의 일부 지역 또는 당해 재개발구역 외의 지역에 주택을 건설하거나 건설된 주택을 활용하여 재개발구역을 순차적으로 개발하거나 재개발구역 또는 재개발사업 시행지구를 수개의 공구로 분할하여 순차적으로 시행하는 재개발방식

19 재개발방식에 따른 재개발 유형에 해당되지 않는 것은? [13년 4회, 19년 2회]

① 공공시설정비 재개발 ② 수복재개발
③ 전면재개발 ④ 보전재개발

●해설
문제 16번 해설 참고

20 생활환경을 저해할 원인이 있거나 구조적으로는 보존 가능하나 유지관리가 불충분하게 행해지는 경우, 기존 시설을 보존하면서 노후 및 불량화 요인만을 제거하는 재개발방식은? [13년 2회, 20년 4회]

① 전면재개발(Redevelopment)
② 개량재개발(Improvement)
③ 수복재개발(Rehabilitation)
④ 보전재개발(Conservation)

●해설
문제 17번 해설 참고

21 1958년 네덜란드 헤이그에서 열린 제1회 도시재개발에 관한 국제세미나에서 정의한 재개발방법에 해당하지 않는 것은? [13년 1회, 24년 1회]

① 전면재개발(Redevelopment)
② 개량새개발(Remodeling)
③ 수복재개발(Rehabilitation)
④ 보전재개발(Conservation)

●해설
네덜란드의 헤이그(1958)에서 열린 제1회 국제세미나에서 정의한 도시재개발 방법
• 지구전면재개발(Redevelopment)
• 지구수복재개발(Rehabilitation)
• 지구보전재개발(Conservation)

22 다음 중 시행방식에 따른 재개발의 유형이 아닌 것은? [12년 4회]

① 전면재개발 ② 수복재개발
③ 전환재개발 ④ 보전재개발

●해설
문제 16번 해설 참고

23 나폴레옹 3세의 명령에 의해 오스만이 추진한 것으로 근대적 도시재개발의 시작이라고 할 수 있는 것은? [12년 2회, 21년 2회]

① 런던 개조계획
② 파리 대개조계획
③ 콜롬비아 도시미운동
④ 말로법에 의한 주거환경개선사업

해설

파리 대개조계획
㉠ 개요
• 1852년 나폴레옹 3세의 지시에 따라 당시 파리도지사였던 오스만에 의해 진행된 파리의 재정비사업
• 파리 인구급증으로 인한 비위생적인 상태와 계속되는 도시반란에 이용되는 건물을 없애고 치안유지를 목적으로 대대적인 재건축을 단행
㉡ 특징
• 노동자 거주지역을 외곽으로 옮기고 시내도로망과 상하수도를 정비하여 시내를 관통하는 오늘날의 대로(大路)체계 고안
• 도로, 상하수도, 스카이라인 규제

24 다음 중 공공기관을 지방으로 이전하는 계기로 지역의 성장거점지역에 조성되는 도시이며, 지역의 대학·연구소·지방자치단체가 협력하여 새로운 성장동력을 창출하는 기반이 될 것으로 기대되는 것은? [12년 1회, 14년 4회]

① 행복도시
② 혁신도시
③ 기업도시
④ 뉴타운

해설

혁신도시는 이전하는 공공기관을 수용하여 기업·대학·연구소·공공기관 등의 기관이 서로 긴밀하게 협력할 수 있는 혁신여건과 수준 높은 주거·교육·문화 등의 정주(定住)환경을 갖추도록 개발하는 미래형 도시를 말한다.

25 다음 중 상업적이나 공공적인 목적을 위해 지상공간의 하부에 자연적으로 형성되어 있던 공간의 개발이나 인위적인 굴착을 통해 생성한 공간을 무엇이라 하는가? [16년 1회, 21년 4회]

① 지하공간
② 녹지
③ 오픈스페이스
④ 주차장

해설

지하공간의 개발 배경
• 공간 확대, 열손실 감소, 냉동력의 유지, 소음·진동·습기 변화 차단, 방호목적
• 비교적 안정한 암반층에서는 대규모 지하공간개발 가능
• 도시개발공간의 수요 증가 및 도시 기능 개선의 압력, 환경보존

26 다음 중 역세권에 대한 설명으로 옳지 않은 것은? [16년 2회, 20년 3회]

① 좁은 의미로 역사로부터 타 교통수단에 의존하지 않고 도보로 도달할 수 있는 지역을 뜻한다.
② 역사를 중심으로 작은 지역을 이루 수 있는 공간으로, 도시민들에게 서비스나 편의를 제공한다.
③ 최근에는 역을 중심으로 한 복합적 토지이용을 지양하고 수송의 역할에 충실한 역세권을 개발하려고 한다.
④ 기차의 정착에 따라 종착역세권, 환승역세권, 통과역세권으로 나누어 볼 수 있다.

해설

역세권 개발은 다차원적인 개발을 통해 최대의 편리성과 다양한 서비스를 제공하는 특징을 가지고 있다.

27 다음 중 지속 가능한 개발을 위한 도시개발 패러다임으로 가장 거리가 먼 것은? [12년 1회, 16년 4회, 22년 4회]

① 뉴어바니즘(New Urbanism)
② 스마트 성장(Smart Growth)
③ 콤팩트시티(Compact City)
④ 타운빌리지(Town Village)

해설

타운 빌리지는 저층형 집합주거단지로서, 고밀도 및 복합적이고 다양한 기능을 추구하는 지속 가능한 개발을 위한 도시개발 패러다임과는 거리가 멀다.

28 압축도시(Compact City)에 대한 설명으로 틀린 것은? [16년 2회, 23년 1회]

① 압축도시의 개념은 직주근접과 관련이 있다.

② 교외지역 주거지를 저밀도로 확산시키는 개발방식이다.

③ 지속 가능한 개발이 가능하도록 등장한 도시개발 패러다임 중 하나이다.

④ 환경부하를 최소화하고 정주지 개발의 효율성을 높이려는 목적을 갖는다.

◉해설

압축도시(Compact City)는 소수의 토지에 복합적 고밀도개발을 통해 도시의 방만한 교외확산에 따른 저밀화를 막는 데 목적이 있다.

29 21세기 지구환경시대에 등장한 도시개발 패러다임으로 가장 거리가 먼 것은? [14년 1회, 16년 2회]

① 스마트 성장(Smart Growth)

② 위성도시(Satellite Town)

③ 콤팩트시티(Compact City)

④ 어반빌리지(Urban Village)

◉해설

위성도시(Satellite Town)는 대도시의 규모 확산 및 밀도 증가에 따른 대도시의 주변에 형성된 도시로서, 최근의 도시개발 패러다임과는 거리가 있다.

30 교외화로 인한 스프롤(Sprawl) 현상을 치유하기 위해 시작된 것으로 기 개발된 지역 안에서 신규주택 건설과 상업적 개발을 강조함으로써 새로운 도로와 시설, 어메니티에 드는 공공투자와 신개발로 인해 발생하는 사회적 비용을 줄여보자는 취지의 도시운동은? [15년 4회]

① 에코이즘   ② 뉴어바니즘

③ 스마트 성장   ④ 어반빌리지

◉해설

스마트 성장(Smart Growth)은 도시성장관리 수단의 한 유형으로 1980년대 후반 미국 교외의 저밀도화로 인한 스프롤(Sprawl, 난개발) 문제 해결책으로 도입되었다. 이는 기 개발된 지역 안에서 개발을 통해 공공시설 등 신개발로 인한 사회비용 절감 차원에서 시행하였다.

31 도시개발의 패러다임 중 자연자원의 무분별한 훼손을 막고 직주근접을 통해 교외지역에서 발생하는 교통량을 최소화하여 인프라 및 에너지의 효율적 이용을 도모하려는 것은? [14년 4회]

① 뉴어바니즘(New Urbanism)

② 어반빌리지(Urban Village)

③ 스마트 성장(Smart Growth)

④ 콤팩트시티(Compact City)

◉해설

압축도시(Compact City)는 소수의 토지에 다양한 용도의 복합적 고밀도개발을 추구하였으며, 이를 통해 직주근접을 통한 교외지역에서 발생하는 교통량을 최소화하는 데 그 목적이 있다.

32 압축도시(Compact City)에 대한 설명으로 틀린 것은? [14년 1회]

① 토지이용은 단일이용(Unit Land Use)을 추구해야 한다.

② 지속 가능한 개발이 가능하도록 등장한 도시개발 패러다임 중 하나이다.

③ 압축도시의 개념은 직주근접과 관련이 있다.

④ 환경부하를 최소화하고 정주지 개발의 효율성을 높이려는 목적을 갖는다.

◉해설

문제 28번 해설 참고

도시개발의 수법

1 도시개발 기법

1. 개발권 양도제(TDR)

(1) 정의

문화재 보존이나 환경보호 등을 위해 해당 지역의 토지소유자로 하여금 다른 지역에 대한 개발권을 부여하는 제도

(2) 특징

① 역사적 건축물이나 자연환경 보존지역, 특정지역 개발에 유용

② 기존용도지역제의 경직성을 보완 시장주도형 도시개발에 유연하게 대처할 수 있으며 공익적인 차원에서 사유재산을 보호할 수 있다는 이점

③ 이미 설정된 규제상한선 이상으로 토지를 개발할 수 있음을 전제로 하기 때문에 개발권이 주위 건물에 이양됨에 따라, 건물의 고층화와 과밀화를 가중시킴

④ 개발이익을 사회에 환원

⑤ 토지소유자 간의 갈등을 최소화할 수 있는 방법임

⑥ 개발권은 토지의 소유권에서 분리될 수 있는 권리로 이해

⑦ 토지의 개발권을 다른 필지로 이전하여 추가 개발하는 방식

⑧ 역사적 보존가치가 있는 지역에 높이 등 건축제한을 할 필요가 있는 경우, 제한으로 인해 개발하지 못하는 부분만큼 다른 지역 토지소유주에게 매각해서 보상하는 방법

⑨ 규제를 받는 토지소유주는 제한을 받은 만큼 보상을 받게 되고 개발권을 이양받은 토지소유주는 법적 한도를 넘어서 그 만큼 더 개발할 수 있게 됨

―――|핵심문제

★ 개발권 양도제(TDR)의 장점으로 틀린 것은?　　　　　　　　[12년 1회, 12년 4회, 14년 4회, 16년 4회]

① 개발 규제의 실질적인 영속성을 제공한다.

② 클러스터링에 의한 개발비용의 절약이 가능하다.

③ 토지소유자의 개발 제한에 대해 보상함으로써 높은 공정성의 확보가 가능하다.

④ 보상가격 산정에 있어 시장기구를 활용할 수 있어 자원배분의 왜곡을 방지할 수 있다.

답 ②

해설❶ --

개발권 양도제(TDR)는 상황에 따라 토지의 개발권을 다른 필지로 이전하여 추가 개발하는 방식으로서, 개발권역의 클러스터링(묶음)이 아닌 분리를 가져오게 되어, 개발비용의 총합은 늘어나게 되는 것이 일반적이다.

2. 대중교통중심개발(TOD : Transit-Oriented Development)

(1) 정의

피터 캘도프(Peter Calthorpe)에 의해 처음 주창된 도시개발방식으로서 철도역과 버스정류장 주변 도보접근이 가능한 10~15분(650~1,000m) 거리에 대중교통 지향적 근린지역을 형성하여 대중교통체계가 잘 정비된 도심지구를 중심으로 고밀개발을 추구하고, 외곽지역에는 저밀도의 개발을 추구하는 방식이다.

────────────────────────────────┤핵심문제

대중교통역과 대중교통 노선의 거점을 중심으로 보행거리 내에 있는 토지를 복합고밀로 개발하여 대중교통의 이용률을 높이고 교통혼잡과 도시에너지 소비를 경감시키고자 Peter Calthorpe에 의해 처음으로 주창된 것은?   [12년 2회, 16년 2회, 23년 2회]

① TDR   ② TOD   ③ PUD   ④ TOP

답 ②

해설❶ --
대중교통중심개발(TOD : Transit-Oriented Development)
피터 캘도프(Peter Calthorpe)에 의해 처음 주창된 도시개발방식으로서 철도역과 버스정류장 주변 도보접근이 가능한 10~15분(650~1,000m) 거리에 대중교통 지향적 근린지역을 형성하여 대중교통체계가 잘 정비된 도심지구를 중심으로 고밀개발을 추구하고, 외곽지역에는 저밀도의 개발을 추구하는 방식이다.

(2) 시행 방법 및 TOD 7원칙

1) 시행 방법

① 도심형 TOD : 도심 · 부심 등 도시의 주요 거점에 계획하는 TOD
② 근린형 TOD : 지구 중심 · 주거지 등 생활권 중심에 계획하는 TOD

2) Calthorpe의 TOD 7가지 원칙(1993)

① 대중교통서비스를 유지할 수 있는 고밀도를 유지
② 역으로부터 보행거리 내에 주거, 상업, 직장, 공원, 공공시설 배치
③ 지구 내에는 걸어서 목적지까지 갈 수 있는 보행친화적인 가로망 구성
④ 주택의 유형, 밀도, 비용의 혼합배치
⑤ 양질의 자연환경과 공지 보전
⑥ 공공공간을 건물배치 및 근린생활의 중심지로 조성

⑦ 기존 근린지구 내에 대중교통 노선을 따라 재개발 촉진

Calthorpe(1993)가 정리한 TOD(Transit Oriented Development)의 원칙으로 틀린 것은?

[14년 2회, 17년 4회]

① 지상공간이 아닌 지하공간을 최대한 활용
② 주택의 유형, 밀도, 비용의 혼합 배치
③ 공공공간을 건물배치 및 근린생활의 중심지로 조성
④ 기존 근린지구 내에 대중교통 노선을 따라 재개발 촉진

답 ①

해설⊕

피터 캘도프(Peter Calthorpe, 1993)는 역으로부터 보행거리 내에 주거, 상업, 직장, 공원, 공공시설을 배치하여, 지구 내에는 걸어서 역까지 갈 수 있는 보행친화적인 가로망을 구성하는 것을 원칙으로 하였으므로 지하공간 활용과는 거리가 멀다.

3. 계획단위개발(PUD : Planned Unit Development)

(1) 정의 및 시행절차

1) 정의

① 계획단위개발로서 대상지 전체를 일체적이고 유기적으로 계획하고 설계하여 개발하는 방식이다.
② 최소면적, 개발자의 자격요건, 용적률, 건축물의 높이, 주차시설 등에 관한 일반지침을 정해주고 개발자는 이 지침의 범위 내에서 사업대상지와 사업내용의 특성에 맞추어 토지이용계획 및 단지계획을 수립하여 정부의 인가를 받은 후 종합적으로 개발하는 방식이다.
③ 우리나라의 지구단위계획 내의 특별계획구역제도와 유사하다.

2) 계획단위개발 시행절차

사전회의 실시 → 개별개발계획 수립 → 예비개발계획 수립 → 최종개발계획 수립

(2) 특징

① 혼합토지이용의 특징을 갖는다.
② 단일 개발 주체에 의한 대규모 동시개발이 가능(사업대상지 전체를 일괄적으로 개발)
③ 대규모 개발에 따른 하부시설의 설치비용과 개발비용 절감
④ 협의와 절충을 통한 민관의 상호의존성
⑤ 사업 지향적이며, 중기계획적인 규제방법(단기적 개발 규제 가능)
⑥ 근린생활권 개념을 도입하여 개별 필지의 개발을 억제하고 집단개발 유도
⑦ 토지이용 규제와 같은 경직성 완화와 토지이용의 효율성 향상 가능

⑧ 기존 용도지구상의 규제내용에 관계없이 밀도, 토지이용 패턴, 녹지공간, 설계요소 등에 신축성이 있고 다양하게 개발할 수 있음

⑨ 다양한 주택 유형이 한 지역 내에 입지할 수 있고, 설계도 자유롭게 할 수 있음

⑩ 복잡하고 산재해 있는 규제를 PUD(Planned Unit Development)의 한 규정 속에 묶어, 개발업자의 신축성 있는 토지이용을 수립할 수 있음

⑪ 행정력 집중에 따른 지방자치단체의 개발관리능력을 높일 수 있음

────────────┤핵심문제

용도지역제와 획지분할규제를 근간으로 하는 미국의 종래 택지개발방식이 지니는 문제점을 극복하기 위한 제도로, 공적 입장에서 요구되는 환경의 질과 개발자의 입장에서 요구되는 사업성을 동시에 추구하고자 한 것은?　　　　　　　　　　　　　　　　　　　　　　　　　　[12년 2회, 15년 1회]

① TDR　　　　　② IP　　　　　③ PUD　　　　　④ U-City

답 ③

해설✚
계획단위개발(PUD : Planned Unit Development)은 대상지 전체를 일체적이고 유기적으로 계획하고 설계하여 개발하는 방식으로서, 단일 개발 주체에 의한 대규모 동시개발이 가능하므로, 대규모 개발에 따른 하부시설의 설치비용과 개발비용이 절감되는 특징을 가지고 있다.

4. 연계정책(Linkage Policy)

① 도시재생 또는 도시부흥에 의해 쇠퇴한 도심과 기성 시가지의 재도시화로 인해 도시 내부의 양극화 현상의 심화로 이원도시(Dual City)를 형성하게 되고 이에 대한 대책으로 양극화를 해소할 수 있는 새로운 유형의 도시개발로 선진국의 도시에서 채택하기 시작한 정책이다.

② 따라서 고소득 주택과의 연계뿐만 아니라 저소득층의 주택건설을 촉진하려는 개발 형태를 갖는다.

────────────┤핵심문제

1981년 미국의 샌프란시스코를 필두로 하여 도심재개발에 적용된 연계정책(Linkage Policy)에 대한 설명으로 가장 거리가 먼 것은?　　　　　　　　　　　　　　　　　　[14년 2회, 17년 1회, 22년 2회]

① D. Keating, G. McMahon 등이 링키지(Link-age)란 용어를 사용하였다.

② 링키지에 대한 정의의 폭이 각기 다른 것은 연계 프로그램의 정책적 내용이 차츰 확대되어 나가고 있음을 반영하는 것으로 볼 수 있다.

③ 시당국이 신규로 상업적 개발을 허가해 주는 대신 개발업자에게 일정한 주택, 고용기회, 보육시설, 교통시설 등의 건설을 촉구하는 다양한 프로그램으로 정의하기도 한다.

④ 업무, 상업시설 등을 고려하여 고소득 주택과의 연계만을 추구하는 것이 일반적이다.

답 ④

해설✚
연계정책(Linkage Policy)의 취지는 고소득 주택과 상대적으로 낙후된 저소득 주택 간의 개발상 균형을 맞추자는 것이므로, 고소득 주택과의 연계만을 추구하는 것은 목적에 부합하지 않는다.

② 타당성 분석

1. 도시개발의 사업타당성 분석

(1) 개념

① 도시개발사업에서 타당성 분석이라 함은 협의의 타당성 분석에 해당하는 경제적 타당성 분석을 의미한다.

② 해당사업이나 프로젝트가 기술적 실현가능성, 제도적 측면에서의 합리성, 재무적 측면의 수익성, 경제적 효율성을 고려하여 사업 가능성을 분석 평가하는 것으로 기술적 · 제도적 · 재무적 · 경제적 측면이 고려된다.

구분	내용
경제적 타당성	• 도시개발사업에 소요되는 비용보다 발생되는 수익이 많을 때 타당성이 인정됨 • 영향변수 : 개발대상 부지의 규모, 위치, 토지가격, 시장가격, 시장여건, 법/제도 • 분석 기법 : 순현가치(NPV), 내부수익률(IRR) 등이 사용됨
법 · 제도적 타당성	• 추진하려는 도시개발사업과 관련된 법 · 제도상의 제약을 검토하는 것 • 도시계획사업(3개의 법률), 비도시계획사업(5개의 법률)을 포함한 수십 가지의 법률 검토
물리적 · 기술적 타당성	토양의 수용능력, 지하수, 하중, 유해물질 등 개발대상 부지의 적합성 검토

───────────────────────────────────────┤핵심문제

공공사업의 비용과 편익을 사회적 측면에서 분석하여 수익률을 계산하고 이를 바탕으로 공공투자사업이나 정책의 타당성을 분석하는 것을 무엇이라 하는가?　　　　　[12년 2회, 16년 1회, 22년 2회]

① 재무 분석　　　　　　　　　　　　　② 민감도 분석
③ 자금순환 분석　　　　　　　　　　　④ 경제성 분석

답 ④

해설 ⊕

도시개발의 사업에서의 타당성 분석은 경제적 타당성 분석을 의미하며, 순현재가치법, 내부수익률법 등을 통해 수익률을 확인하고 이를 바탕으로 공공투자사업이나 정책의 타당성을 분석하게 된다.

(2) 사업성 분석

1) 정의

수익성 없는 사업에 투자하여 기업이 부실한 경영상태로 빠지지 않도록 하기 위하여 프로젝트의 비용과 수입을 추정 분석하는 것을 말한다.

2) 사업성 분석체계

분석단계		세부사항
1단계	분석의 전제	사업의 개요, 투자계획과 분양계획, 할인율 결정
2단계	연차별 투자비용 추정	직접비 및 간접비 추정, 연차별 투자비용 추정
3단계	연차별 분양수입 추정	용지별 분양가격 추정, 연차별 분양수입 추정
4단계	사업성 평가	현금 흐름표 작성, 사업성 평가

3) 연차별 투자비용 추정(= 직접비 + 간접비)

① 직접비 : 용지비, 조성비, 직접인건비

② 간접비 : 판매비, 일반관리비, 금융비용

(3) 타당성 분석의 특징

① 타당성은 확실성을 제공하지 않으며, 타당성이 그 사업의 확실한 성공을 보장하지는 못한다.

② 타당성은 분석 이전에 설정된 사업 목적의 충족 여부에 따라 결정되며, 사업의 목적은 사업으로 인해 영향을 받는 사회구성원들의 입장이 고려되어야 한다.

③ 타당성 분석은 선택된 수단의 적합성을 실험하는 것이며, 사업에 대한 구체적 계획과 수단의 선택이 우선 결정되어야 한다.

④ 타당성 분석이란 다양한 제약조건하에서 프로젝트의 적합성을 실험하는 것이다.

⑤ 타당성 분석 방법 : 비용 - 편익 분석(경제성 평가), SWOT 분석

핵심문제

다음 중 Miles, Berens & Weiss(2000)의 정의를 바탕으로 하는 도시개발에서의 타당성 분석에 포함되는 개념으로 옳지 않은 것은? [12년 1회, 15년 4회, 18년 2회]

① 타당성은 그 프로젝트의 확실한 성공을 보장하지 않는다.

② 타당성 분석 이전에 설정된 프로젝트의 명료한 목적에 대한 충족 여부에 따라 결정된다.

③ 타당성 분석은 선택된 수단의 적합성을 실험하는 것이다.

④ 타당성 분석이란 제약사항이 없는 상태에서 프로젝트의 적합성을 실험하는 것이다.

답 ④

해설⊕
타당성 분석이란 다양한 제약조건하에서 프로젝트의 적합성을 실험하는 것이다.

2. 재무적 타당성

(1) 사업성 평가에 사용되는 금액 – 실질적인 금액의 흐름 사용

① 잠재가격(Shadow Price)이 아닌 시장가격(Market Price)

② 세금ㆍ이자ㆍ이전비용(Transfer Payment)에 대해 불고려

③ 이자율은 사회적 할인율이 아닌 재무적 할인율을 사용

3. 경제적 타당성

(1) 경제성 분석의 정의

1) 정의

프로젝트의 경제성 분석은 기업 측면이 아닌 사회적 측면에서 평가하는 것으로 분석대상은 공공투자 사업이나 정책을 대상으로 한다.

2) 평가지표

평가지표	세부사항
편익–비용비(B/C)	• 총편익 $(B) = \dfrac{B_0}{(1+r)^0} + \dfrac{B_1}{(1+r)^1} + \cdots + \dfrac{B_T}{(1+r)^T} = \sum\limits_{t=0}^{T} \dfrac{B_{it}}{(1+r)^t}$ • 총비용 $(C) = \dfrac{C_0}{(1+r)^0} + \dfrac{C_1}{(1+r)^1} + \cdots + \dfrac{C_T}{(1+r)^T} = \sum\limits_{t=0}^{T} \dfrac{C_{jt}}{(1+r)^t}$ • 총편익을 총비용으로 나눈 값으로 정책에 투입되는 비용의 효율성을 비교 • $B/C > 1$ 비용에 비해 더 큰 편익, 즉 자원의 효율적인 활용 → 정책선택 • $B/C < 1$ 비용에 비해 낮은 편익, 즉 자원의 비효율적인 활용 → 정책기각
수익성지수 (P.I : Profitability Index)	• B/C와 동일 • $\text{P.I} = \dfrac{\sum\limits_{t=0}^{T} \dfrac{R_t}{(1+r)^t}}{\sum\limits_{t=0}^{T} \dfrac{C_t}{(1+r)^t}}$ 여기서, R_t : t년도에 발생한 사업수입, C_t : t년도에 발생한 사업비용 　　　　r : 기업의 할인율, t : 사업기간 • P.I 가 1보다 클 경우 사업성이 있다고 판단함
순현재가치법 (Net Present Value)	• 편익과 수입 현재가치로 환산하여 평가하는 방법 • $\text{FNPV} = \sum\limits_{t=0}^{T} \dfrac{R_t}{(1+r)^t} - \sum\limits_{t=0}^{T} \dfrac{C_t}{(1+r)^t}$ • FNPV > 기대수익 → 프로젝트의 사업성이 있음
내부수익률(FIRR, λ)	• 현재가치의 편익과 비용을 서로 동일하게 만드는 할인율 • $\sum\limits_{t=0}^{T} \dfrac{B_t}{(1+\lambda)^t} = \sum\limits_{t=0}^{T} \dfrac{C_t}{(1+\lambda)^t}$ 여기서, λ : 내부수익률 • FIRR > 기대수익률 → 사업성이 있음

─────────┤핵심문제

개발사업의 실행(사업성) 평가를 위해 사용되는 경제적 타당성 분석의 지표가 아닌 것은?

[13년 4회, 16년 1회, 22년 1회]

① 순현재가치(NPV)　　　　　　② B/C 비율
③ 내부수익률(IRR)　　　　　　④ 승수효과

🗹 ④

해설✚─────────────────────────────────

승수효과는 어떤 경제요인의 변화가 다른 경제요인의 변화를 유발하는 파급효과를 나타내는 것으로서 개발사업의 실행 평가 방법으로는 거리가 멀다.

─────────┤핵심문제

도시개발사업의 평가를 위한 지표인 수익성지수(PI)를 산정하는 식으로 옳은 것은?

[14년 4회, 17년 1회, 19년 2회]

> • r : 기업의 할인율　　　　　　　　• t : 프로젝트의 최종연도
> • R_t : t년도 발생한 프로젝트의 수입　• C_t : t년도 발생한 프로젝트의 비용

① $\displaystyle\sum_{t=0}^{T}\frac{R_t}{(1+r)^t}-\sum_{t=0}^{T}\frac{C_t}{(1+r)^t}$　　② $\displaystyle\sum_{t=0}^{T}\frac{R_t}{(1+r)^t}+\sum_{t=0}^{T}\frac{C_t}{(1+r)^t}$

③ $\displaystyle\sum_{t=0}^{T}\frac{R_t}{(1+r)^t}/\sum_{t=0}^{T}\frac{C_t}{(1+r)^t}$　　④ $\displaystyle\sum_{t=0}^{T}\frac{R_t}{(1+r)^t}\times\sum_{t=0}^{T}\frac{C_t}{(1+r)^t}$

🗹 ③

해설✚─────────────────────────────────

수익성지수(P.I : Profitability Index)

• $\text{P.I}=\displaystyle\sum_{t=0}^{T}\frac{R_t}{(1+r)^t}/\sum_{t=0}^{T}\frac{C_t}{(1+r)^t}$

　　　여기서, R : t년도에 발생한 사업수입, C_t : t년도에 발생한 사업비용, r : 기업의 할인율, t : 사업기간

• P.I 가 1보다 클 경우 사업성이 있다고 판단함

(2) 경제성 분석단계

구분	내용
정책과정의 단계	정책의 전반적인 성격, 내용, 기타 분석에 필요한 기본적인 사항 결정
분석체계 수립단계	정책효과의 항목화와 분석범위 결정
자료 수집단계	분석을 위한 실제자료를 수집하는 단계
분석 실시단계	정책의 효과를 비용과 편익으로 구분하여 측정하는 단계
선택 및 결정단계	정책결정가가 분석가의 분석결과를 토대로 정책대안을 결정하는 단계

핵심문제

다음 중 경제성 분석의 5단계 과정으로 옳은 것은? [15년 1회, 15년 4회]

① 정책과정 → 분석체계 수립 → 자료 수집 → 분석 실시 → 결정 및 선택
② 분석체계 수립 → 정책과정 → 자료 수집 → 분석 실시 → 결정 및 선택
③ 자료 수집 → 정책과정 → 분석체계 수립 → 분석 실시 → 결정 및 선택
④ 정책과정 → 자료 수집 → 분석체계 수립 → 분석 실시 → 결정 및 선택

답 ①

해설 ⊕

경제성 분석단계

구분	내용
정책과정의 단계	정책의 전반적인 성격, 내용, 기타 분석에 필요한 기본적인 사항 결정
분석체계 수립단계	정책효과의 항목화와 분석범위 결정
자료 수집단계	분석을 위한 실제자료를 수집하는 단계
분석 실시단계	정책의 효과를 비용과 편익으로 구분하여 측정하는 단계
선택 및 결정단계	정책결정가가 분석가의 분석결과를 토대로 정책대안을 결정하는 단계

4. 파급효과 분석

(1) 수요의 종류

구분	내용
토지수요	파생적 수요 또는 간접수요
유효수요	구입할 의사와 지불능력이 있는 수요
가수요	수요자는 자본이득의 획득을 목적으로 함
신규수요	구매력이 생겨서 처음 부동산을 소유하고자 하는 수요
교체수요	현재의 부동산을 처분하여 다른 부동산으로 교체하고자 하는 수요
자역(自域)수요	인근지역 내에서 이동하는 수요
이동(이전)수요	인근지역 외부에서 인근지역으로 이동하는 수요

(2) 파급효과 분석

① 변이할당분석(Shift-share Analysis)
② 지역산업 연관모형(지역 투입산출 모형 : Regional Input-output Model)
③ 경제기반이론(수출기반이론)

(3) 지역산업 연관모형(지역 투입산출모형 : Regional Input – output model)

1) 정의

지역적인 차원에서 산업부문 간 경제활동의 상호의존관계를 설명할 뿐만 아니라 최종수요의 규모변동에 따른 경제적 파급효과를 분석하는 방법이다.

2) 지역경제의 구성

① 생산부문
② 지불부문(재고 사용)
③ 중간수요부문
④ 최종수요부문(가계소비, 정부구입, 수출, 민간자본 형성, 재고축적 등)

(4) 경제기반이론(수출기반이론)

1) 정의

도시의 산업을 기반부문(Basic Sector)과 비기반부문(Non-basic Sector)으로 나누고 기반부문에서 생산된 재화를 타 지역으로 수출함으로써 이익을 창출하는 것이다.

2) 수출기반모형의 가정

구분	내용
동일한 노동 생산성	지역과 전국 간의 노동생산성이 동일
동일한 소비 수준	지역과 전국 간의 동일한 소득 수준으로 가정함
폐쇄된 경제(Closed Economy)	국가 간 교역이 없음을 의미

┤핵심문제

다음 중 수출기반모형이 요구하는 가정사항이 아닌 것은?　　　[12년 1회, 15년 2회, 21년 1회, 23년 4회]

① 동일한 노동 생산성　　　　　　② 동일한 소비 수준
③ 폐쇄된 경제　　　　　　　　　④ 동일한 생산비

답 ④

해설⦿ --

수출기반모형 분석에서는 동일한 노동 생산성, 동일한 소비 수준, 폐쇄된 경제(Closed Economy)를 가정한다.

❸ 도시 마케팅

1. 마케팅 전략

(1) 4P 전략과 4C 전략

① 4P : 마케팅 목표를 이루기 위하여 마케팅 활동에서 사용하는 여러 가지 전략을 종합적으로 균형이 잡히도록 조정·구성(McCarthy, 1960)

② 4C : 수요자 입장에서 접근하는 마케팅 방법(Schultz, 1996)

4P(마케팅 구성요소)	4C(수요자 입장)	
제품(Product)	소비자 가치(Customer value)	소비자가 원하는 제품
가격(Price)	소비자 비용(Cost of the Customer)	소비자 지불 적정가격
장소(Place)	편리성(Convenience)	소비자의 접근성
홍보(Promotion)	의사소통(Communication)	소비자와의 소통

(2) STP 3단계 전략

STP 3단계 전략	세부사항
시장세분화(Segmentation)	수요자집단을 동질적인 집단으로 세분하고, 상품판매의 지향점 설정
표적시장(Target)	수요집단 또는 표적시장에 적합한 신상품 기획
차별화(Positioning)	다양한 공급자들과의 경쟁방안 강구

───────────────────────── 핵심문제

마케팅 목표를 이루기 위하여 마케팅 활동에서 사용하는 여러 가지 전략을 종합적으로 균형이 잡히도록 조정·구성하는 마케팅믹스(4P's Mix)의 4P로 옳은 것은?　　　[13년 4회, 16년 2회, 20년 3회, 24년 3회]

① Property, Price, Place, Pride

② Property, Price, Purpose, Pride

③ Product, Price, Place, Promotion

④ Product, Price, Purpose, Promotion

답 ③

해설 ⊕ ─────────────────────────────────────

4P(마케팅 구성요소)는 제품(Product), 가격(Price), 장소(Place), 홍보(Promotion)이다.

핵심문제

★ 마케팅 전략의 3단계인 STP 전략 중 새로운 제품에 대해 다양한 욕구, 행동, 특성을 가진 소비자들을 동질적인 집단으로 나누는 것은? [15년 4회, 19년 2회, 21년 4회]

① 시장 세분화 ② 표적시장 선정
③ 전략적 관측 ④ 제품 포지셔닝

답 ①

해설⊕

수요자집단을 세분하고, 상품판매의 지향점을 설정하는 것은 시장 세분화(Segmentation)에 속한다.

2. 도시 마케팅

(1) 정의

도시 내에서 생산된 재화나 서비스를 다른 지역에 수출하여 부가가치를 벌어들이는 것뿐만 아니라 도시 또는 도시 내 특정 지역을 산업화하여 기업과 자본 등을 유치하고, 특정 장소나 건축물 등을 상품화하여 투자와 관광객을 끌어들이거나, 이주자 및 기타 방문객을 도시 내로 유인하여 부가가치를 창출하는 것이다.

(2) 도시 마케팅의 구성요소

구성	세부사항
경쟁시장	공공서비스를 생산하고 공급하는 도시정부들과 공공서비스를 소비하는 단위들이 커뮤니케이션하는 도시공간
고객	• 도시정부는 경쟁시장에서 고객을 만나 그들의 장점과 기회를 파악하여 표적시장을 결정 • 투자기업, 관광객 및 방문객, 주민
상품	• 도시 마케팅의 상품은 단일재가 아닌 집합적 성격을 가지는 복합재 • 소비를 통해 변형되거나 소멸되지 않는 내구재로 제품의 주기가 뚜렷하지 않음 • 문화역사적 자산, 도시의 이미지, 숙박시설 및 서비스 등

(3) 도시 마케팅의 필수 고려사항

구분	상세사항
도시자족성	고용자족성, 생활자족성, 환경자족성에 대한 제고를 통한 지역경제의 활성화
도시경쟁력	도시의 상품가치를 높여 도시의 경쟁력 향상
아이디어 및 차별성	창의적 아이디어를 통해 다른 도시와의 차별화된 이미지 형성

도시 마케팅에서 필수적인 고려사항과 가장 거리가 먼 것은?　　　[15년 1회, 20년 1 · 2회, 23년 1회]

① 도시자족성　　　　② 도시운영성과　　　　③ 도시경쟁력　　　　④ 아이디어 및 차별성

답 ②

해설 ⊕

도시운영성과는 도시 마케팅 과정에서의 필수 고려사항이 아닌, 마케팅의 결과로서 나오는 산출물이라 볼 수 있다.

4 재원조달방안

1. 지분조달방식

(1) 개념

① 투자조합의 조합원 모집을 통한 재원의 조달방식으로서, 투자조합의 형성방식으로는 신디케이션(Syndications), 파트너십(Partnership), 합작회사(Joint Ventures) 등이 있다.

② 지분조달방식은 지분투자로 자금을 조달하게 되면 투자금액을 상환하지 않아도 되므로, 특히 현금이 긴요할 때 사용할 수 있는 주요 투자수단이 된다.

(2) 특징

장점	단점
• 원리금이나 이자의 상환부담이 없음 • 사업아이디어가 발전적으로 진행됨 • 투자가가 자문가로서의 역할을 수행	• 회사의 통제권 일부를 포기해야 함 • 판매된 지분은 미래에 다시 회수하기 어려움 • 자본시장의 여건에 따라 조달조건이 민감하게 변함 • 조달 규모 증대 시 소유주의 지분 축소가 불가피 • 중소기업 등은 주식 공개매매, 유통시장이 발달되지 않음

도시개발사업을 위한 재원조달방안인 지분조달방식에 대한 설명으로 옳지 않은 것은?

[12년 2회, 17년 2회, 21년 4회, 24년 1회]

① 원리금이나 이자의 상환부담이 없다.

② 중소기업의 경우 주식 공개매매, 유통시장이 발달되지 않는다.

③ 자본시장의 여건에 따라 조달이 민감하게 영향을 받는다.

④ 조달 규모의 증대로 소유자의 지분이 크게 확대된다.

답 ④

해설 ⊕

지분조달방식에서는 조달 규모의 증대 시 소유자의 지분이 축소되는 특징이 있다.

(3) 공동사업(Partnership)

구분	세부사항
일반 파트너십 (General Partnership)	통상의 파트너십, 민법상 조합으로 둘 이상의 동업자(Partner)가 공동으로 사업을 수행 · 이윤분할 형태
유한 파트너십 (Limited Partnership)	최소 한 명 이상의 일반 파트너(사업의 소유자 – 무한책임, 경영참여)와 여타의 유한 파트너(출자한도 내에서 유한책임 – 경영이나 지배에 참여 불가능)로 구성됨
유한책임 파트너십 (Limited Liability Partnership)	무한책임을 부담하는 일반파트너가 존재하지 않는 형태로서, 주로 공인중개사, 변호사, 건축사 등의 업무 및 관련 사업을 위하여 구성되는 전문직의 동업 형태를 말한다.

┤핵심문제

부동산 사업 자본 모집을 위한 수단으로서 파트너십에 대한 설명이 틀린 것은?   [12년 4회, 16년 2회]

① 일반 파트너십의 설립은 정식 절차 없이 구두 또는 문서에 의해서도 가능하다.
② 일반 파트너십은 출자 시 유형자산뿐만 아니라 기술, 아이디어, 노하우와 같은 무형자산도 가능하다.
③ 유한 파트너십에서 유한 파트너는 경영과정에 참여할 수 있어 일반 파트너와 달리 무한책임을 진다.
④ 유한책임 파트너십에서는 의무와 채무에 대하여 무한책임을 부담하는 일반 파트너가 존재하지 않는다.

답 ③

해설⊕

유한 파트너십(Limited Partnership)은 최소 한 명 이상의 일반 파트너(사업의 소유자 : 무한책임, 경영참여)와 여타의 유한 파트너(출자한도 내에서 유한책임 : 경영이나 지배에 참여 불가능)로 구성된다.

(4) 합작사업(Joint Venture)

1) 정의

2인 이상의 주체(극소수의 개인투자가 또는 기관)가 부동산개발 등의 목적을 달성하기 위해 공동으로 사업하는 기업형태를 말한다.

2) 방법

부동산 투자를 원하는 보험회사와 전문성이 뛰어난 개발업자가 합작회사를 구성하여 사업하는 방식이다.

┤핵심문제

지분조달방안의 수법으로 2인 이상의 주체(극소수의 개인투자가 또는 기관)가 부동산 개발 등의 목적을 달성하기 위해 공동으로 사업하는 기업 형태는? [14년 1회, 19년 1회]

① 합작사업(Joint Venture)
② 신디케이트(Syndicate)
③ 유한 파트너십(LP : Limited Partnership)
④ 유한 책임파트너십(LLP : Limited Liability Partnership)

답 ①

해설⊕

지분조달방안의 하나로서 2인 이상의 주체가 부동산 개발 등의 목적을 두고 공동으로 사업하는 기업의 형태를 합작회사(Joint Venture)라고 한다.

2. 부채조달방식

(1) 개념 및 특징

1) 개념

금융기관으로부터의 대출(Loan)과 자본시장에서 다양한 형태의 증권을 발행하여 자금을 직접 조달하는 공적 차입(Public Debt)방식이 있다.

2) 특징

장점	단점
• 차입 여건만 충족되면 손쉽게 차입 가능 • 기업의 이자비용에 대한 손실비가 인정되어 금융비용 절감이 가능	• 원리금 상환부담 • 과도한 차입비중은 기업재무구조를 악화시킴 • 중소기업의 경우 신용이 취약한 기업은 차입수단, 규모, 시기, 비용상의 문제 존재

3) 부채조달방식 관련 주요 이론

① 레버리지 효과(지렛대 효과, Leverage Effect) : 타인자본 때문에 발생하는 이자가 지렛대 역할을 하여 영업이익의 변화에 대한 주당이익의 변화폭이 더욱 커지는 현상을 말한다.

② 대리인이론 : 소유와 경영이 분리된 기업환경하에서 수탁책임을 가지는 경영자들이 주체인 주주들이 원하는 기업가치의 극대화보다는 기업의 외형적 성장, 매출액의 극대화, 경영자의 사적 이득을 추구함으로써 대리인의 문제 발생을 설명한 이론이다.

③ 자본조달순서이론 : 상충이론과 더불어 기업의 자본구조를 설명하는 영향력 있는 이론 중 하나로, 기업이 영업활동에 필요한 자금을 조달함에 있어 특정 우선순위를 가진다고 설명한 이론이다.

핵심문제

다음 ( ) 안의 내용이 순서대로 모두 옳은 것은?　　　　[13년 2회, 16년 1회, 20년 1 · 2회]

a. 타인 자본 때문에 발생되는 이자가 지렛대의 역할을 하여 영업이익의 변화에 대한 순이익의 변화폭이 커지는 현상을 (   )라고 한다.
b. (   )은 상충이론과 더불어 기업의 자본구조를 설명하는 영향력 있는 이론 중 하나로, 기업이 영업활동에 필요한 자금을 조달함에 있어 특정 우선순위를 가진다.
c. (   )은 소유와 경영이 분리된 기업환경하에서 수탁 책임을 가지는 경영자들이 주체인 주주들이 원하는 목적과 다른 목적을 추구함으로써 문제가 발생한다는 이론이다.

① 지렛대 효과, 대리인이론, 자본조달순서이론
② 재무레버리지 효과, 자본조달순서이론, 대리인이론
③ 재무레버리지 효과, 자본조달순서이론, 경영인이론
④ 지렛대 효과, 경영인이론, 자본조달순서이론

답 ②

해설 ➕

• 레버리지 효과(지렛대 효과, Leverage Effect) : 타인자본 때문에 발생하는 이자가 지렛대 역할을 하여 영업이익의 변화에 대한 주당이익의 변화폭이 더욱 커지는 현상을 말한다.
• 자본조달순서이론 : 상충이론과 더불어 기업의 자본구조를 설명하는 영향력 있는 이론 중 하나로, 기업이 영업활동에 필요한 자금을 조달함에 있어 특정 우선순위를 가진다고 설명한 이론이다.
• 대리인이론 : 소유와 경영이 분리된 기업환경하에서 수탁책임을 가지는 경영자들이 주체인 주주들이 원하는 기업가치의 극대화보다는 기업의 외형적 성장, 매출액의 극대화, 경영자의 사적이득을 추구함으로써 대리인의 문제발생을 설명한 이론이다.

(2) 대출(Loan)

금융기관(은행권이나 보험회사와 같은 장기투자기관)으로부터 조달하는 방식이다.

구분	세부사항
수익참여대출 (Equity Participation Loan)	대출자는 낮은 계약금리로 돈을 빌려주고 부동산이 생성하는 소득에 참여하는 방식
토지의 세일 앤 리스백 (Sale & Lease Back)	• 저당대출 상환의 경우 원금상환부분이 아닌 이자지급해당분만 세금공제되는 데 반해, 토지 Sale & Lease Back은 토지 Lease비 지급액에 대한 세금공제가 이루어짐 • 토지는 감가상각되지 않으므로, 토지의 Sale & Lease Back은 투자자본에 대한 감가상각비율을 더 크게 가져갈 수 있음
원금거치 대출 (Interest‑Only Loans)	대출자는 원리금의 분할상환이 이루어지지 않으므로 대출위험도를 더 높게 보아 더 높은 대출금리를 요구함
복리대출 (Accrual Loans)	• 특정 기간 중 불입액이 이자지급 소요액보다 더 작은 대출 • 불입액의 계산은 Pay Rate라는 비율 사용

지분전환대출 (Convertible Mortage)	• 대출자가 일정 기간 경과 후에 부동산에 대한 전체 또는 일부의 지분을 매입할 수 있는 옵션을 갖는 경우 • 대출자가 대출권리를 지분권으로 전환할 수 있다는 뜻에서 Convertible Mortgage • 대출자의 대출 + Call Option의 결합

(3) 공적 차입(Public Debt)

자본시장에서 다양한 형태의 증권을 발행하여 자금을 직접 조달하는 방식(회사채, 자산담보부 증권 등)을 말한다.

(4) 개발금융(PF : Project Finance)

1) 정의

① 개발금융이란 자기자본과 타인의 자본을 포함하여 개발사업에 소요되는 자금을 조달하는 것
② 개발금융이란 약 3~4년의 기간 동안 건설에 필요한 전체 개발비용이나 일부에 대한 단기이자 지불공채를 지칭한다.

2) 개발금융의 특징

① 공공(직접조달, 민자유치)과 민간(부동산 개발금융, 지분조달과 부채조달방식)이 다르다.
② 마케팅, 토지수용, 건설작업 등에 필요한 비용 등도 개발비용에 포함된다.
③ 부동산 개발금융의 원천은 지분에 의한 조달과 부채에 의한 조달로 나눌 수 있다.
④ 투자금융회사는 프로젝트에 따른 이자율을 설정하고 지분의 공유를 요구할 수 있어 시행자들이 신중을 기하는 방식이다.

(5) 기업의 자금조달방법

구분		세부사항
내부자금		기업의 사내유보금, 준비금, 감가상각 충당금
외부 자금	직접금융	• 대출자와 차입자 간에 직접자금을 거래하는 형태 • 주주를 모집하여 기업에 필요한 자금을 조달(신주발행, 기업공개, MBO, MBJ, 트레이드 세일즈, M&A)
	간접금융	• 자금을 중개하는 기관을 통해 수요자와 공급자가 연결되는 형태 • 정책금융(정부), 일반금융(은행), 사채발행을 통한 조달

3. 개발 유형과 재원조달방식(BTL, BTO, BOT 등)

(1) 유동화전문회사, 특수목적회사(SPC : Special Purpose Company)

① 금융기관과 일반기업의 자금조달을 원활하게 하여 재무구조의 건전성을 높이기 위하여 설립된 유한회사로 파산위험 분리 등의 목적으로 유동화대상 자산을 양도받아 유동화 업무를 담당하는 명목상의 회사(Paper Company)를 말한다.

② 금융기관에서 발생한 부실채권을 매각하기 위해 일시적으로 설립된 특수목적(Special Purpose) 회사로 채권 매각과 원리금 상환이 끝나면 자동으로 없어지는 명목상의 회사이다.

(2) 민간투자 사회간접자본(S.O.C)의 사업추진방식

구분	세부사항
BTL(Build-Transfer-Lease 건설 · 이전 후 리스방식)	민간 시행자가 사회간접자본을 건설한 후 주무관청에 소유권을 넘겨주고 관리운영권을 일정 기간 리스하여 사용하는 방식
BTO(Build-Transfer-Operate 건설 · 양도 후 운영방식)	사회간접자본시설의 준공과 동시에 당해시설의 소유권이 국가 또는 지방자치단체에 귀속되며 사업 시행자에게 일정 기간의 시설관리운영권을 인정하는 방식
BOT(Build-Operate-Transfer 건설 · 운영 후 양도방식)	사회간접자본시설의 준공 후 일정 기간 동안 사업 시행자에게 당해 시설의 소유권이 인정되며 그 기간의 만료 시 시설소유권이 국가 또는 지방자치단체에 귀속되는 방식
BOO(Build-Own-Operate 건설 · 소유 운영방식)	사회간접자본시설의 준공과 동시에 사업 시행자에게 당해 시설의 소유권을 인정하는 방식
BLT(Build-Lease-Transfer 건설 · 리스 후 양도방식)	사업 시행자가 일정 기간 주무관청에 리스해주고 리스기간이 끝나면 소유권을 관청에 넘기는 방식
ROT(Rehabilitate-Operate-Transfer 시설 정비 후 운영권 위탁방식)	국가 또는 지방자치단체 소유의 기존시설을 정비한 사업 시행자에게 일정 기간 동안 시설에 대한 운영권을 인정하는 방식
ROO(Rehabilitate-Own-Operate 시설 정비 후 소유권 인정방식)	기존시설을 정비한 사업 시행자에게 당해시설의 소유권을 인정하는 방식

----|핵심문제

도시개발사업을 위한 민간투자유치방법 중 국가 또는 지방자치단체 소유의 기존 시설을 정비한 사업 시행자에게 일정 기간 동안만 해당 시설에 대한 소유권을 인정하는 방식은?　　　　[13년 2회, 17년 4회]

① BOT 방식　　　② BOT 방식　　　③ ROT 방식　　　④ ROO 방식

🖹 ③

해설✚-------------------

ROT(Rehabilitate-Operate-Transfer 시설 정비 후 운영권 위탁방식)
국가 또는 지방자치단체 소유의 기존 시설을 정비한 사업 시행자에게 일정 기간 동안 시설에 대한 운영권을 인정하는 방식

⑤ 부동산금융

1. 부동산금융의 투자 유형 및 부동산 금융의 분류

(1) 부동산 투자의 유형

1) 자본투자(Equity Financing)

① 공개시장(Public Market) : 부동산투자회사(REITs), 부동산간접투자기구
② 민간시장(Private Market) : 직접투자, 사모부동산펀드

2) 대출투자(Debt Financing)

① 공개시장(Public Market) : 상업용 저당채권(CMBS), 부동산간접투자기구
② 민간시장(Private Market) : 직접대출(loans), 사모부동산펀드

| 핵심문제

부동산펀드의 유형을 운용시장의 형태에 따라 구분할 때, 다음 중 민간시장(Private Market)부문에 해당되지 않는 것은?　　　　　　　　　　　[13년 2회, 18년 2회, 19년 1회, 21년 4회, 23년 2회, 24년 1회]

① 직접투자　　　　　　　　　　② 사모부동산 펀드
③ 상업용 저당채권　　　　　　　④ 직접대출

답 ③

해설⊕

상업용 저당채권(CMBS)은 공개시장(Public Market)에 해당한다.

---

(2) 부동산금융의 분류

1) 단기금융과 장기금융

① 단기금융 : 직접투자, 합작투자 등(타인자본 비중 높음)
② 장기금융 : 장기투자, 장기대출, 연기금, 생명보험회사, 리츠 등

2) 프로젝트 단계에 따른 중요 관점

① 계획단계 : 민간금융기관들은 사업의 총비용과 개발에 따른 수익성
② 시공(개발)단계 : 시공 및 마케팅 관련 매입 및 매출에 대한 비용의 밸런싱
③ 관리(운용)단계 : 개발된 부동산의 임대나 매각 등과 관련한 사업 자체의 수익성

핵심문제

부동산금융에 관한 설명 중 틀린 것은? [13년 1회, 17년 1회, 22년 1회]

① 부동산금융은 기간을 기준으로 단기금융과 장기금융으로 구분한다.
② 부동산개발금융은 단기금융과 타인자본이 가장 큰 비중을 차지한다.
③ 개발단계에서 민간금융기관들은 사업의 총비용과 개발에 따른 수익성을 가장 중요시한다.
④ 관리운용단계에서는 개발된 부동산의 임대나 매각 등과 관련한 사업 자체의 수익성이 중요한 고려요소이다.

답 ③

해설
개발단계에서는 시공 및 마케팅 관련 매입 및 매출에 따른 비용의 밸런싱을 중요시한다.

2. 민간의 부동산개발금융

(1) 프로젝트 파이낸싱(PF : Project Financing) 방법

1) 정의

특정사업의 소요자금을 조달하기 위한 일체의 금융방식을 말하며, 프로젝트 자체의 사업성과 그로부터 현금 흐름을 바탕으로 자금을 조달하게 된다.

2) 특징

구분	세부사항
비소구금융 (Non - recourse Financing)	• 투자의 부담을 투자액 범위 내로 한정하는 방식 • 모기업에 대한 소구권 행사 배제 또는 제한, 상환권 청구제한 • PF는 완전한 비소구금융 조건은 드물며 대부분 제한적인 비소구금융형태를 취한다.
부외금융 (Off - balance - sheet Financing)	• 프로젝트회사의 부채가 대차대조표에 나타나지 않으므로 부채증가가 사업주의 부채율에 영향을 미치지 않음을 의미한다. • 프로젝트 수행을 위해 일정한 조건을 갖춘 별도의 프로젝트회사를 설립함으로써 부외금융효과를 얻을 수 있다.

민관합동의 부동산개발금융방식인 프로젝트 파이낸싱(PF)에 대한 설명으로 틀린 것은?

[13년 1회, 17년 2회]

① 협의의 의미로 프로젝트 자체의 사업성과 그로부터의 현금 흐름을 바탕으로 자금을 조달하는 것을 말한다.

② PF의 특징 중 하나인 비소구금융(Non-recourse Financing)이란 투자자의 부담을 투자액 범위 내로 한정하는 방식을 말한다.

③ PF의 특징 중 하나인 부외금융(Off-balance-sheet Financing)이란 프로젝트회사의 부채가 손익계산서상에 나타남으로써 프로젝트회사의 자본감소가 사업성에 영향이 없도록 하는 것을 의미한다.

④ 광의의 의미로 특정 사업의 소요자금을 조달하기 위한 일체의 금융방식을 의미하며 개발사업과 관련한 모든 금융방식을 프로젝트파이낸싱이라 할 수 있다.

답 ③

해설 ⊕

부외금융(Off-balance-sheet Financing)
• 프로젝트회사의 부채가 대차대조표에 나타나지 않으므로 부채증가가 사업주의 부채율에 영향을 미치지 않음을 의미한다.
• 프로젝트 수행을 위해 일정한 조건을 갖춘 별도의 프로젝트회사를 설립함으로써 부외금융효과를 얻을 수 있다.

3) 자금 조달 형태

구분	세부사항
자기자본투자	• 투자회수의 순위에서 가장 낮은 순위를 지니므로 위험도가 가장 높으며, 동시에 사업 성과에 따라 높은 사업이익을 확보할 수 있다. • 전략적 투자자(시공권 확보, 영업권 확보, 신규사업진출 등이 투자목적인 자)와 재무적 투자자(배당수익이 목적인 자)로 분류
선순위 채권 (Senior Debt)	• 프로젝트 파이낸싱에서 가장 큰 비중을 차지하는 자금 • 대부분 상업은행으로부터의 차입금이 이에 해당되며 이자수익을 목적으로 투자
후순위 채권 (Subordinated Debt)	• 자기자본과 선순위채무의 중간적 성격의 금융 • 부채비율 계산 시 자기자본으로 간주 • 공사비 초과분 조달, 적정채무비율 유지, 기타 보증채무 상환 등에 사용

──┤핵심문제

민관합동 부동산개발금융방식인 프로젝트 파이낸싱(Project Financing)의 자금조달 형태에 관한 설명으로 틀린 것은?　　　　　　　　　　　　　　　　　　　　　　　　[13년 4회, 16년 1회, 19년 2회]

① 자금원 중 자기자본투자는 투자회수의 순위에서 가장 높은 순위를 지니므로 위험도가 가장 낮다고 할 수 있다.

② 자기자본투자자는 전략적 투자와 재무적 투자자로 분류되며 재무적 투자자는 사업에 의한 배당수익에 투자 목적이 있다.

③ 자금원 중 선순위채권(Senior Debt)은 프로젝트 파이낸싱에서 가장 큰 비중을 차지하는 자금이다.

④ 자금원 중 선순위채권(Senior Debt)은 대부분 상업은행으로부터의 차입금이 이에 해당되며 이자수익을 목적으로 투자한다.

답 ①

해설⊕──

PF의 자금조달 형태 중 자기자본투자는 투자회수의 순위에서 가장 낮은 순위를 지니므로 위험도가 가장 높으며, 동시에 사업성과에 따라 높은 사업이익을 확보할 수 있다.

4) 장점 및 단점

장점	단점
• PF는 별도의 프로젝트 회사를 설립하여 사업을 수행하므로 비소구 금융 및 부외금융의 효과를 얻을 수 있다. • 공공기관의 입장에서는 재원 확보와 사업 위험의 분산이 큰 장점이다. • 민간의 입장에서는 공공부문의 공신력과 금융비용의 절감 및 택지 확보, 인허가 위험경감 등의 장점이 있다. • 프로젝트회사 설립을 통해 다양하고 유연한 사업기법을 적용하여 사업성을 높이고 고도의 생산성을 추구할 수 있다.	• 금융기관이 부담하는 위험이 통상적인 기업금융에 비해 높고, 기업금융에 비해 높은 금융비용이 요구된다. • 복잡한 금융절차, 위험배분 및 참여조건 결정에 많은 시간이 소요되며 이해관계 조정에 전문성이 요구된다.

──┤핵심문제

다음 중 프로젝트 파이낸싱(Project Financing)에 대한 설명으로 옳지 않은 것은? [15년 1회, 18년 2회]

① 프로젝트 파이낸싱은 프로젝트 자체의 사업성과 그로부터의 현금 흐름을 바탕으로 자금을 조달하는 방식이다.

② 자금원 중 선순위채권은 프로젝트 파이낸싱에서 가장 큰 비중을 차지하는 자금이다.

③ 프로젝트 파이낸싱을 도입할 경우 일반적인 기업금융에 비해 금융기관의 위험(Risk)이 줄고 금융비용도 줄일 수 있다.

④ 비소구금융 및 부외금융의 효과를 얻을 수 있는 반면에 다양한 이해관계자들의 협상에 의해 이루어지기 때문에 복잡한 금융절차를 가진다.

답 ③

해설⊕──

프로젝트 파이낸싱(PF : Project Financing)은 금융기관이 부담하는 위험이 통상적인 기업금융에 비해 높고, 기업금융에 비해 높은 금융비용이 요구된다.

(2) 신탁업무의 종류

구분	세부사항
개발 신탁 (운용형 신탁)	토지소유자인 위탁자가 토지의 효율적인 이용을 통한 수익을 목적으로 해당 토지를 신탁회사에 신탁하게 되면 신탁회사는 신탁재산인 토지에 건축물을 건설하거나 택지조성 등의 사업을 시행한 후 이를 분양하거나 임대해 그 수익을 위탁자에게 돌려주는 방식이다.
처분 신탁	신탁회사가 자체 정보망을 통해 신탁된 부동산을 신탁회사의 명의로 처분하고 처분대금을 부동산의 소유자에게 지급하며 소유권이전등기를 매수자의 명의로 이전해 주는 방식이다.
담보 신탁	• 토지의 관리와 처분을 신탁회사에 신탁한 후 수익증권을 발급받아 이를 담보로 금융기관에서 자금을 빌리는 방식이다. • 토지를 담보로 제공하고 금융기관에서 금전을 차용할 때에 이용하는 방식
관리 신탁	기존의 건물이나 토지에 대한 모든 관리를 신탁회사가 행하는 것으로서, 소유자를 대신해 임대차 관리, 시설의 유지관리, 소유권의 법률·세무관리, 수입금의 관리 등 모든 관리를 대행해 주고 일정액의 수수료만 받는 방식이다.
국유지 신탁	유휴국유지를 신탁회사에 맡겨 개발과 관리를 대신하게 하고 이에 따른 이익을 국가와 신탁회사가 나누되 신탁기간이 끝나면 국유지와 그 부속건물 등의 소유권이 국가에 귀속되는 방식이다.
대리 사무	부동산의 취득, 처분, 인허가, 조사 분석, 개발사업에 따른 공정·수입금관리 등의 업무를 신탁회사가 대리로 처분하는 업무를 말한다.
중개 업무	제반 부동산에 대해 신탁회사의 공신력과 정보를 바탕으로 고객의 부동산을 매각, 구입, 임대차를 원활하게 지원하는 서비스를 말한다.

──────── 핵심문제

부동산신탁의 종류 중 임대형 토지신탁과 분양형 토지신탁이 속하는 신탁의 종류는?

[13년 4회, 19년 1회, 22년 1회]

① 관리형 신탁　　　　　　　　　② 운용형 신탁
③ 처분형 신탁　　　　　　　　　④ 관리·처분형 신탁

답 ②

해설⊕------

개발신탁(운용형 신탁)
토지소유자인 위탁자가 토지의 효율적인 이용을 통한 수익을 목적으로 해당 토지를 신탁회사에 신탁하게 되면 신탁회사는 신탁재산인 토지에 건축물을 건설하거나 택지조성 등의 사업을 시행한 후 이를 분양하거나 임대해 그 수익을 위탁자에게 돌려주는 방식

(3) 부동산증권화

1) 부동산증권화의 개념 및 특징

① 부동산증권화란 부동산 관련 증권을 발행해 자금을 조달하는 것이다.

② 부동산금융이 활성화되며, 부동산증권화를 통해 부동산시장과 자본시장이 유기적으로 통합됨으로써 부동산시장의 선진화를 기할 수 있다.

2) 부동산증권의 종류

① 지분증권 : 부동산투자회사나 부동산개발회사가 지분금융을 얻기 위해 발행하는 증권이다. 리츠(REITs)가 해당한다.

② 부채증권 : 부채금융을 얻기 위해 발행하는 증권으로 자산담보증권(ABS), 저당담보증권(MBS)이 해당한다(지분형 MBS도 있다).

3) 자산담보부 증권(ABS : Asset-Backed Securities)

자산담보부 증권은 금융기관이나 기업이 보유하고 있는 장기성 유가증권, 대출채권, 외상매출금 등의 자산을 담보로 증권을 발행하여 투자자에게 매각함으로써 자금을 조달하는 금융기법으로서 다음과 같은 특징을 갖는다.

① 사업주의 신용이 낮은 경우에도 자금 조달 가능

② 자산을 기초로 ABS를 발행할 경우 대차대조표에 영향을 미치지 않는 부외금융(Off Balance Sheet Financing)임

③ 다른 방법에 비해 간편하고 운용보수 등이 저렴

④ 자금 조달비용 절감효과

⑤ 자금 고정화 현상을 완화, 자본의 유동성 제고

───┤핵심문제

자산담보부 증권(ABS)에 대한 설명으로 옳지 않은 것은? [12년 2회, 15년 2회, 19년 2회]

① 자산을 기초로 발행하는 경우에는 대차대조표에는 영향을 미치지 않는 부외금융이라는 이점이 있다.

② 사업주의 신용이 낮은 경우에도 자금을 조달할 수 있다.

③ 대출과 달리 유가증권의 형태로 유동화한다.

④ 다른 수단에 비하여 간편하지만 운용보수가 높다.

🖹 ④

해설 ⊕ --
자산담보부 증권(ABS : Asset-Backed Securities)방식은 다른 수단에 비해 간편하면서 운용보수도 저렴하다.

---

(4) 부동산투자신탁(REITs)

1) 정의

① 소액투자자들로부터 자금을 모아 부동산이나 부동산 관련 대출에 투자하여 발생한 수익을 투자자에게 배당하는 투자신탁을 의미한다.

② 부동산과 금융을 결합한 형태로 부동산투자의 약점으로 꼽히는 유동성 문제와 소액투자 곤란의 문제를 극복하기 위하여 증권화를 이용하여 해결하는 방식이다.

2) 특징

① 주식처럼 소액으로도 부동산에 투자할 수 있어 일반인들도 쉽게 참여 가능하다.

② 증권화가 가능하여 증권시장에 상장하여 언제든지 팔 수 있다.

③ 부동산이라는 실물자산에 투자하여 가격이 안정적이다.

④ 가치상승에 의한 이익을 목적으로 하기보다는 가격상승에 따른 수입증가분의 분배를 목적으로 하는 경우가 많다.

3. 민관합동의 부동산개발금융

(1) 조세담보금융(TIF : Tax Increment Financing)

① 지방자치단체가 도시의 신시가지나 기존 시가지의 개발 또는 재개발에 소요되는 재원을 미래의 세금수입을 기초로 자금을 조달하는 방법이다.

② 미래의 조세수입 증가분을 담보로 하여 채권을 발행하는 방법으로서, 세대 간의 부담을 분담하여 형평성을 제고하고, 공공시설에 선투자하여 해당 기간 동안 증가된 조세수입으로 채권을 상환하는 기법이다.

-----|핵심문제

지방자치단체가 도시의 신시가지나 기존 시가지의 개발 또는 재개발에 소요되는 재원을 미래의 세금수입을 기초로 자금을 조달하는 방법은?　　　　　　　　　　　　　　　　　　　　[16년 2회]

① 조세담보금융(TIF)　　　　　　　　　② 주택저당증권(MBS)

③ 자산담보부증권(ABS)　　　　　　　　④ 부동산투자신탁제도(REITs)

답 ①

해설⊕--

조세담보금융(TIF : Tax Increment Financing)

미래의 조세수입 증가분을 담보로 하여 채권을 발행하는 방법으로서, 세대 간의 부담을 분담하여 형평성을 제고하고, 공공시설에 선투자하여 해당기간 동안 증가된 조세수입으로 채권을 상환하는 기법이다.

01 문화재 보존이나 환경보호 등을 위해 해당 지역의 토지소유자로 하여금 다른 지역에 대한 개발권을 부여하는 제도는?

[16년 4회, 21년 2회, 22년 4회]

① TOD
② TDR
③ PUD
④ Floating Zoning

해설

개발권 양도제(TDR)는 기존 용도지역제의 경직성을 보완하여 시장 주도형 도시개발에 유연하게 대처할 수 있으며 공익적인 차원에서 사유재산을 보호할 수 있다는 이점이 있다.

02 다음 중 개발권 양도와 관련된 설명 중 옳지 않은 것은? [16년 1회]

① 개발권 거래시장의 조성이 필요하다.
② 개발유도지역의 규제가 강할수록 제도의 실현성이 높다.
③ 토지소유자와 비소유자 간의 형평성도 제고할 수 있다.
④ 개발유도지역의 경우 과밀이나 혼잡 등 사회적 비용을 발생시킬 수 있다.

해설

TDR 개발방식이 토지소유자와 비소유자 간의 형평성까지 제고할 수는 없다. 단, 토지소유주가 개발에 따라 받을 수 있는 불이익을 최소화할 수 있다는 장점은 있다.

03 다음 중 개발권 양도제에 대한 설명이 틀린 것은? [13년 2회, 20년 4회]

① 개발유도지역의 지가 수준이 높거나 토지이용규제가 강하면 개발권에 대한 수요가 줄어든다.
② 도시의 성장관리수법의 하나로 활용되는 제도이다.
③ 공공이 토지소유주에게 용도 규제에 상응하는 토지주의 손실금액만큼의 개발권을 부여한다.
④ 개발권의 신축적인 운영을 위해 개발권수급은행의 운영을 고려할 수 있다.

해설

개발권 양도제 관점에서 개발유도지역의 지가 수준이 높고 토지이용 규제가 강하게 되더라도 개발에 대한 권리는 보존되므로 개발권에 대한 수요가 줄어든다고 볼 수 없다.

04 개발권 양도제(TDR)의 목적으로 가장 거리가 먼 것은? [13년 1회, 19년 2회, 23년 2회]

① 납세자 보호
② 역사적 건축물 보호
③ 과밀지역의 개발 제한
④ 사업 인프라비용 절감

해설

개발권 양도제(TDR)는 상황에 따라 토지의 개발권을 다른 필지로 이전하여 추가 개발하는 방식으로서, 개발권역의 클러스터링(묶음)이 아닌 분리를 가져오게 되어, 개발비용의 총합은 늘어나게 되는 것이 일반적이다.

05 다음 중 Calthorpe가 제안한 TOD의 원칙으로 옳지 않은 것은? [15년 4회, 16년 1회, 21년 2회]

① 자동차 중심의 중·저밀도 유지
② 주택의 유형, 밀도의 혼합배치
③ 지구 내 목적지 간 보행친화적인 가로망 구성
④ 역으로부터 보행거리 내에 주거·상업시설 설치

해설

자동차 중심이 아닌 대중교통 중심의 고밀도 유지를 원칙으로 한다.

06 다음 내용이 설명하는 것으로 옳은 것은?

[13년 4회]

철도역, 버스정류장 등 대중교통역과 대중교통 노선의 거점을 중심으로 복합고밀개발하여 자동차에 대한 의존도를 줄이고 대중교통의 이용률을 높여 교통 혼잡과 도시에너지 소비를 경감시키는 것으로 Peter Calthorpe에 의해 처음 주창되었다.

① MXD
② TOD
③ PUD
④ Zoning

◉**해설**

대중교통중심개발(TOD : Transit-Oriented Develop-ment)

피터 캘도프(Peter Calthorpe)에 의해 처음 주창된 도시개발방식으로서 철도역과 버스정류장 주변 도보접근이 가능한 10~15분(650~1,000m) 거리에 대중교통 지향적 근린지역을 형성하여 대중교통체계가 잘 정비된 도심지구를 중심으로 고밀개발을 추구하고, 외곽지역에는 저밀도의 개발을 추구하는 방식이다.

07 대중교통중심개발(TOD : Transit Oriented Development)의 개념과 거리가 먼 것은?

[13년 2회, 17년 4회, 22년 4회, 24년 1회]

① 복합고밀개발
② 보행거리 내 상업, 주거, 업무, 공공시설 배치
③ 자동차에 대한 의존도 감소
④ 주민참여의 극대화

◉**해설**

TOD는 정부 주도형의 고밀도 역세권개발방식인 하향적 정책으로서, 주민참여방식인 상향적 정책결정과는 거리가 멀다.

08 대중교통중심개발(TOD)의 주요 원칙으로 틀린 것은?
[13년 1회, 18년 4회, 22년 1회]

① 대중교통 정거장을 중심으로 개발하고 대중교통 정류장으로부터 보행거리 내에 상업, 주거, 업무, 공공시설 등을 혼합 배치한다.
② 지역 내 목적지 간 보행친화적인 가로망을 구축한다.
③ 생태적으로 민감한 지역이나 수변지, 양호한 공지의 보전을 추구한다.
④ TOD 내에는 대중교통서비스를 제공할 수 있는 수준의 저밀도 공동주택만을 조성한다.

◉**해설**

TOD는 역으로부터 보행거리 내에 주거, 상업, 직장, 공원, 공공시설 등 다양한 용도의 시설을 배치하는 것을 원칙으로 한다.

09 Calthorpe가 제시한 TOD 7가지 원칙에 해당되지 않는 것은? [12년 4회, 19년 1회, 23년 1회]

① 지구 내에는 걸어서 목적지까지 갈 수 있는 보행친화적인 가로망 구성
② 기존 근린지구 내에 대중교통노선을 따라 재개발 촉진
③ 공공공간의 건물배치 및 근린 생활의 중심지로 조성
④ 주택의 유형, 밀도, 비용 등은 고층, 고밀, 고급화를 지향하고 통일된 유형을 배치

◉**해설**

Calthorpe(1993)는 주택의 유형, 밀도, 비용 등의 다양한 형태를 혼합하여 배치하는 것을 TOD 7가지 원칙으로 주장하였다.

10 다음 중 대중교통중심개발(TOD)에 대한 설명으로 옳지 않은 것은? [12년 1회, 20년 1 · 2회]

① 철도역, 버스정류장 등 대중교통역과 대중교통 노선의 거점을 중심으로 저밀도로 개발하여 쾌적성을 추구한다.
② 대중교통수단으로 보행접근거리 및 시간을 단축시킴으로써 자동차에 대한 의존도를 줄일 수 있도록 한다.
③ 대중교통의 이용률을 높임으로써 교통 혼잡과 도시에너지 소비를 경감시킬 수 있도록 한다.
④ 생태적으로 민감한 지역이나 수변지, 양질의 자연환경을 보전하기 위하여 양호한 공지의 보전을 추구한다.

◉**해설**

철도역, 버스정류장 등 대중교통역과 대중교통 노선의 거점을 중심으로 고밀도로 개발하여 쾌적성을 추구한다.

11 도시개발기법과 가장 거리가 먼 것은?

[16년 2회]

① 용도지역제(Zoning)
② 계획단위개발(PUD)
③ 개발권 양도제(TDR)
④ 정보화 기반도시개발(u-City)

● 해설

용도지역제는 토지의 이용과 건축물의 용도, 건폐율, 용적률, 높이 등을 제한하기 위해 책정해 놓은 구역을 의미하므로, 도시개발기법과는 거리가 멀다.

12 다음 설명에 해당하는 도시개발기법은?

[16년 2회, 22년 1회, 24년 2회]

일단의 지구를 하나의 계획단위로 보아 그 지구의 특성에 맞는 설계기준을 개발자와 그 개발을 관장하는 당국 간의 협상과정을 통해 융통성 있게 능률적으로 책정, 허용함으로써 공적 입장에서 요구되는 환경의 질과 개발자의 입장에서 요구되는 사업성을 동시에 추구하는 제도

① 마치즈쿠리
② 개발권 양도제(TDR)
③ 계획단위개발(PUD)
④ ABC 정책

● 해설

계획단위개발(PUD : Planned Unit Development)은 대상지 전체를 일체적이고 유기적으로 계획하고 설계하여 개발하는 방식이다.

13 1960년대 이후 미국의 계획단위개발(PUD)의 본격적 시행을 통하여 몇 가지 문제점이 지적되었다. 다음 중 계획단위개발의 문제점으로 볼 수 없는 것은?

[14년 4회]

① 평범한 고밀도단지의 형성 우려
② 고용기회를 갖추지 못한 채 대량인구 유입 우려
③ 공동 오픈스페이스 등 과도한 유지·관리비용 발생
④ 지방자치단체 개발관리능력의 저하

● 해설

계획단위개발(PUD : Planned Unit Development)은 개발 대상지를 일체적으로 묶어서 계획하고 설계하는 것으로서 행정력이 집중될 수 있어 지방자치단체의 개발관리능력을 높일 수 있는 개발방식이다.

14 계획단위개발(PUD)의 4단계 시행절차의 순서가 옳은 것은?

[14년 2회, 17년 1회, 21년 1회, 22년 4회, 24년 1회]

| a. 예비개발계획 | b. 사전회의 |
| c. 최종개발계획 | d. 개별개발계획 |

① a-b-d-c
② b-c-d-a
③ b-d-a-c
④ a-d-b-c

● 해설

계획단위개발 시행절차

사전회의 실시 → 개별개발계획 수립 → 예비개발계획 수립 → 최종개발계획 수립

15 일정 규모 이상의 단지개발에 있어서 단지 전체를 규제단위로 하여 지역제나 택지분할규제와 같은 일반적 규제를 적용하지 않고 밀도규제 완화, 용도 혼합 등 유연한 토지이용규제를 통하여 단지 전체의 조화를 도모하는 도시개발방법은?

[14년 2회, 23년 2회]

① 계획단위개발
② 단지계획
③ 적용특례
④ 혼합지역제

● 해설

계획단위개발(PUD : Planned Unit Development)은 대상지 전체를 일체적이고 유기적으로 계획하고 설계하여 개발하는 방식으로서, 단일 개발 주체에 의한 대규모 동시개발이 가능하므로, 대규모개발에 따른 하부시설의 설치비용과 개발비용이 절감되는 특징을 가지고 있다.

16 다음은 사업성 분석의 단계를 나타내고 있는데, 이 중 분석과정을 가장 알맞게 나타내고 있는 것은? (단, 1~4단계까지로 나타냄) [16년 1회, 23년 2회]

① 할인율 설정 – 연차별 투자비용 추정 – 연차별 분양 수입 추정 – 현금흐름표 작성

② 직접비 및 간접비 추정 – 분양계획 – 용지별 분양가 격 추정 – 사업성 평가

③ 할인율 설정 – 현금흐름표 작성 – 연차별 투자비용 추정 – 연차별 분양수입 추정

④ 분양계획 – 현금흐름표 작성 – 용지별 분양가격 추 정 – 직접비 및 간접비 추정

해설

사업성 분석체계

분석단계		세부사항
1단계	분석의 전제	사업의 개요, 투자계획과 분양 계획, 할인율 결정
2단계	연차별 투자비용 추정	직접비 및 간접비 추정, 연차별 투자비용 추정
3단계	연차별 분양수입추정	용지별 분양가격 추정, 연차별 분양수입 추정
4단계	사업성 평가	현금흐름표 작성, 사업성 평가

17 기업의 타당성 분석(사업성 분석) 중 개발사업의 연차별 투자비용을 추정하는 단계에서 비용을 크게 직접비와 간접비로 나누어 사업비용을 추정할 때, 다음 중 직접비에 해당하는 것은? [15년 1회]

① 용지비   ② 판매비

③ 일반관리비   ④ 금융비용

해설

판매비, 일반관리비, 금융비용은 간접비에 해당한다.

18 사업성 분석체계 중 연차별 투자비용 추정 단계에서 이루어지는 작업은 무엇인가? [14년 4회]

① 할인율 설정

② 용지별 분양가격 추정

③ 연차별 분양수입 추정

④ 직접비 및 간접비 추정

해설

문제 16번 해설 참고

19 어느 개발사업의 운영수익이 다음과 같이 예상된다. 이 사업의 순현재가치는 약 얼마인가? [16년 4회, 24년 1회]

- 12개월 후 : 100억 원
- 24개월 후 : 100억 원
- 36개월 후 : 100억 원
- 연이자율 : 10%
- 억 단위 미만 절사

① 247억 원   ② 272억 원

③ 331억 원   ④ 364억 원

해설

$$\text{FNPV} = \sum_{t=0}^{T} \frac{R_t}{(1+r_0)^t} - \sum_{t=0}^{T} \frac{C_t}{(1+r_0)^t}$$

여기서, R : t년도에 발생한 사업수입

C_t : t년도에 발생한 사업비용

r_0 : 기업의 할인율, t : 사업기간

$$\frac{100}{(1+0.1)^1} + \frac{100}{(1+0.1)^2} + \frac{100}{(1+0.1)^3} ≒ 248.69(억 원)$$

※ 본 문제의 답은 248.69억 원이 나오며, 보기 중 가장 근사치인 약 247억 원을 답으로 선정한다.

20 다음 중 도시개발사업에서 타당성 분석에 관한 설명으로 가장 적절하지 않은 것은? [16년 4회, 23년 4회]

① 타당성 분석은 민간이나 공공의 입장에 따라 분석 의 범위와 내용이 달라진다.

② 사업의 목적을 합리적인 수준에서 달성할 수 있을 것으로 예상될 때 타당성을 확보했다고 할 수 있다.

③ 타당성 분석을 위해서는 먼저 해당 사업에 대한 구 체적인 계획이 수립되어 있어야 한다.

④ 타당성 분석은 여러 가지 제약을 고려하여 사업의 적합성을 고려하는 것으로 시간의 범위는 구체적 인 고려대상이 아니다.

● 해설

타당성 분석 시 사업의 적합성을 고려할 때 반드시 시간의 범위를 반영하여 연차별 혹은 분기별로 수익 및 비용을 고려해야 한다.

21 도시개발에서의 사업타당성 분석에 해당되지 않는 것은?　　　　　　　　　　[16년 4회, 24년 3회]

① 환경적 타당성
② 경제적 타당성
③ 법 · 제도적 타당성
④ 물리적 · 기술적 타당성

● 해설

도시개발의 사업타당성 분석

구분	내용
경제적 타당성	• 도시개발사업에 소요되는 비용보다 발생되는 수익이 많을 때 타당성이 인정됨 • 영향변수 : 개발대상 부지의 규모, 위치, 토지가격, 시장가격, 시장여건, 법/제도 • 분석 기법 : 순현가치(NPV), 내부수익률(IRR) 등이 사용됨
법 · 제도적 타당성	• 추진하려는 도시개발사업과 관련된 법 · 제도상의 제약을 검토하는 것 • 도시계획사업(3개의 법률), 비도시계획사업(5개 법률)을 포함한 수십 가지의 법률 검토
물리적 · 기술적 타당성	토양의 수용능력, 지하수, 하중, 유해물질 등 개발대상 부지의 적합성 검토

22 다음 중 타당성 분석에 대한 설명으로 옳지 않은 것은?　　　　　　　　　　　　　　[16년 1회]

① 타당성은 사업의 확실한 성공을 보장하고자 한다.
② 타당성 분석은 선택된 수단의 적합성을 실험하는 것이다.
③ 타당성 분석이란 사업이 직면한 모든 제약하에서 프로젝트의 적합성을 실험하는 것이다.

④ 타당성은 분석 이전에 설정된 프로젝트의 명료한 목적에 대한 충족 여부에 따라 결정된다.

● 해설

타당성은 확실성을 제공하지 않으며, 타당성이 그 사업의 확실한 성공을 보장하지는 못한다.

23 다음 중 도시개발사업의 타당성 분석에 관한 설명으로 옳지 않은 것은?　　　[15년 2회, 24년 2회]

① 타당성 분석은 해당 프로젝트 시행 이전에 사전적으로 이루어지는 것이 일반적이다.
② 사업성 분석에서의 기본은 평가지표, 프로젝트의 비용과 수입의 추정이다.
③ 프로젝트의 경제성 평가지표로는 비용−편익비(B/C ratio), 현재가치 순편익(PVNB), 내부수익률(IRR)이 있다.
④ 사업성 및 경제성 분석으로 수출기반모형과 다지역두입산출모형이 이용된다.

● 해설

수출기반모형과 다지역투입산출모형은 수요파급효과 분석을 위해 이용된다.

24 프로젝트의 사업성을 평가하는 지표들과 관련된 설명으로 옳지 않은 것은?　　　[15년 2회]

① 재화의 가치평가에 있어 시장가격이 기준이 된다.
② 세금, 이전 비용에 대해서도 일반적으로 고려한다.
③ 내부수익률이 자본비용보다 클 때 프로젝트는 사업성이 있는 것으로 본다.
④ 지표로는 수익성 지수, 순현재가치, 내부수익률이 있다.

● 해설

세금이나 이전 비용은 이중으로 계상될 수 있는 가능성이 있으므로 사업성을 평가하는 지표로서 일반적으로 고려되지 않는다.

25 다음 중 프로젝트를 기업 측면이 아니라 사회적 측면에서 평가하는 것으로, 분석의 대상이 일반적으로 공공투자사업이나 정책이 되는 타당성 분석은? [12년 1회, 15년 1회, 23년 1회]

① 경제적 타당성 분석
② 재무적 타당성 분석
③ 파급효과 타당성 분석
④ 행정적 타당성 분석

해설

도시개발사업에서의 타당성 분석은 경제적 타당성 분석을 의미하며, 순현재가치법, 내부수익률법 등을 통해 수익률을 확인하고 이를 바탕으로 공공투자사업이나 정책의 타당성을 분석하게 된다.

26 다음 중 사업성 평가에 사용되는 지표에 대한 일반적인 설명으로 옳지 않은 것은? [14년 4회]

① 내부수익률이 자본비용보다 클 때 프로젝트는 사업성이 있는 것으로 평가된다.
② 수익성지수가 1보다 클 때 해당 프로젝트는 사업성이 있는 것으로 평가된다.
③ 순현재가치가 1보다 작을 때 그 프로젝트의 사업성은 없는 것으로 평가된다.
④ 수익성지수는 프로젝트로부터 발생하는 할인된 전체 수입을 할인된 전체비용으로 나눈 값이다.

해설

순현재가치법(Net Present Value)에서 순현재가치가 0보다 작을 때 그 프로젝트의 사업성은 없는 것으로 평가된다.

27 도시개발사업의 경제적 타당성 분석에 관한 설명으로 가장 거리가 먼 것은?

[14년 4회, 17년 4회]

① 경제적 타당성 분석의 전개과정은 상식적이고 합리적으로 도시개발사업을 평가한다.
② 도시개발사업의 경제적 타당성 분석에서 할인율은 고려하지 않는다.

③ 경제적 타당성 분석의 평가지표로 비용－편익비(B/C), 내부수익률(IRR)을 이용할 수 있다.
④ 도시개발에서의 경제적 타당성은 개발 사업에 소요되는 비용보다 발생되는 수익이 많을 때에 인정된다.

해설

도시개발의 경제적 타당성 분석에 있어서 할인율은 반드시 고려되어야 한다.

28 수익성지수(PI : Profitability Index)에 대한 설명으로 틀린 것은? [14년 1회, 19년 1회, 24년 2회]

① 수익성지수가 1보다 클 때 해당 프로젝트는 사업성이 있는 것으로 평가한다.
② 프로젝트로부터 발생하는 할인된 전체 수입을 할인된 전체 비용으로 나눈 값이다.
③ 순현재가치(NPV)가 0이면 수익성지수도 0이다.
④ 여러 프로젝트의 평가에서 순현재가치법과 수익성지수평가법은 서로 다른 대안을 택할 수 있다.

해설

순현재가치(NPV)가 0이면 수익성지수(P.I) 1이 된다.

29 다음 중 사업타당성을 판단할 수 없는 도시개발사업은? [13년 1회, 18년 1회, 22년 2회, 23년 1회]

① A사업의 순현재가치(FNPV)가 1,000억 원이다.
② B사업의 내부수익률(FIRR)은 10%이며, 기대수익률이 9%이다.
③ C사업의 비용편익비(B/C Ratio)가 0.95이다.
④ D사업은 1년차에 비용이 1,000억 원 발생하고, 5년차에 수익이 1,100억 원 발생하였다.

해설

④는 할인율 또는 기대수익률이 제시되어 있지 않으므로 사업타당성을 판단할 수 없다.

30 사업성 평가지표에 대한 설명으로 옳은 것은?
[12년 4회, 21년 4회]

① 사업성 평가에 일반적으로 사용되는 지표로는 수익성 지수(PI), 순현재가치(NPV), 내부수익률(IRP)이 있다.
② 순현재가치가 0보다 클 때 프로젝트의 사업성을 판단할 수 없다.
③ 내부수익률이 자본비용보다 작을 때 사업성이 있는 것으로 평가된다.
④ 수익성지수가 1보다 작을 때 사업성이 있는 것으로 평가된다.

해설
② 순현재가치가 0보다 클 때 프로젝트의 사업성이 있다고 판단할 수 있다.
③ 내부수익률이 자본비용보다 클 때 사업성이 있는 것으로 평가된다.
④ 수익성지수가 1보다 클 때 사업성이 있는 것으로 평가된다.

31 도시개발의 사업성 분석을 위한 사업성 평가지표 중, 순현재가치(FNPV : Financial Net Present Value)에 관한 설명으로 맞는 것은?
[12년 2회, 20년 1·2회]

① 프로젝트로부터 발생하는 할인된 전체 수입을 할인된 전체 비용으로 나눈 값이다.
② 프로젝트로부터 발생하는 수입과 비용을 같게 만들어 주는 할인율이다.
③ 순현재가치가 1보다 클 때 프로젝트의 사업성은 있다고 할 수 있으며, 반대로 1보다 작을 때 그 프로젝트의 사업성은 없는 것으로 평가된다.
④ 프로젝트로부터 발생하는 할인된 전체 수입에서 할인된 전체 비용을 뺀 값이다.

해설
순현재가치법(Net Present Value)은 편익과 수입 현재가치로 환산하여 그 차이를 보고 수익과 비용의 차이가 0보다 크면 사업성이 있다고 판단한다.

32 다음 중 프로젝트의 사업성을 평가하는 지표로 가장 적절하지 못한 것은?
[12년 1회]

① 순현재가치　② 내부수익률
③ 할인율　④ 수익성지수

해설
할인율은 수익성을 평가하는 지수를 계산하기 위한 변수로서 쓰이는 자료이다.

33 도시개발사업의 각 아이템별로 정량적 방법에 의해 추정하는 수요 중 현재 다른 곳에서 상업활동을 하고 있는데, 어떤 이유로 개발 대상부지에 입주하여 상업활동을 하거나 업종을 바꾸고자 하는 경우에의 수요는?
[13년 2회]

① 가변수요　② 이전수요
③ 신규수요　④ 증설수요

해설
인근지역 외부에서 인근지역으로 이동하는 수요로서, 이동(이전)수요에 해당한다.

34 마케팅을 활성화하기 위한 경영활동의 계획에서 반드시 수반되어야 하는 마케팅전략(STP)의 세 단계는?
[14년 4회, 20년 3회, 24년 3회]

① Stimulating, Tightening, Positioning
② Stimulating, Tightening, Pursuing
③ Standardization, Targeting, Pursuing
④ Segmentation, Targeting, Positioning

해설
STP 3단계 전략

STP 3단계 전략	세부사항
시장세분화 (Segmentation)	수요자집단을 세분하고, 상품판매의 지향점 설정
표적시장(Target)	수요집단 또는 표적시장에 적합한 신상품 기획
차별화(Positioning)	다양한 공급자들과의 경쟁방안 강구

35 도시 마케팅에 관한 설명으로 옳지 않은 것은? [16년 4회]

① 도시 마케팅의 고객은 크게 투자기업, 관광객 및 방문객, 주민 등으로 구분될 수 있다.
② 도시 마케팅의 시장은 공공서비스를 생산하고 공급하는 도시정부들과 그것을 소비하는 단위들이 커뮤니케이션하는 도시공간이다.
③ 도시 마케팅은 도시나 도시 내 특정 장소를 상품화하는 것으로, 일반 재화 및 용역과 다른 특징을 가지고 있다.
④ 도시 마케팅의 상품은 도시의 이미지, 해당 도시의 역사·문화적 자산, 숙박시설 및 각종 서비스 등이 어우러져 하나의 상품을 구성하며 소비를 통해 변형되거나 소멸될 수 있다.

해설

도시 마케팅의 상품은 단일재가 아닌 집합적 성격을 가지는 복합재적 성격을 가지고 있으며, 소비를 통해 변형되거나 소멸되지 않는 내구재로 제품의 주기가 뚜렷하지 않다.

36 다음 중 도시 마케팅의 고객이 아닌 것은? [15년 4회, 17년 1회, 20년 1·2회]

① 주민 ② 지방자치단체
③ 투자기업 ④ 관광객 및 방문객

해설

지방자치단체는 도시 마케팅의 고객이 아닌, 마케팅을 진행하는 주체라고 볼 수 있다.

37 도시 마케팅에 대한 설명으로 가장 거리가 먼 것은? [14년 1회]

① 도시 마케팅의 시장은 공공서비스를 생산하고 공급하는 도시정부와 그것을 소비하는 단위들이 커뮤니케이션하는 도시공간이다.
② 도시정부 혹은 도시 내의 공·사적 주체가 목표 시장에 대해 경쟁 도시보다 효율적으로 상품을 제공하고 만족을 극대화하기 위해 효율적으로 관리하는 것이다.

③ 도시나 도시 내 특정 장소를 상품화하는 것으로, 일반재화나 용역과는 다른 특징을 갖는다.
④ 재화나 서비스를 다른 지역에서 수입하여 부가가치를 창출하는 것을 주요 목적으로 한다.

해설

도시 마케팅 시 고려사항 중 중요한 것은 도시의 자족성에 대한 제고이다. 이는 자체 도시에서 창출되는 요소들을 가지고 부가가치를 창출하는 것에 주안점이 있다는 것을 의미한다.

38 일반 마케팅과 비교하여 도시 마케팅이 갖는 특징으로 옳지 않은 것은? [12년 2회, 22년 2회]

① 마케팅의 핵심적인 주체는 도시정부다.
② 도시의 발전이나 성장보다는 이윤의 극대화를 마케팅의 주요 목표로 한다.
③ 도시 또는 도시 내 특정 장소라는 일정한 공간적 단위 그 자체를 상품화한다.
④ 상품 자체가 지리적으로 이동할 수 없어, 이를 생산·판매·소비하는 경제주체들의 이동이 중요하다.

해설

일반 마케팅은 이윤의 극대화를 주요 목표로 하며, 도시 마케팅은 도시의 발전이나 성장을 주요 목표로 하여 진행한다.

39 다음 중 지분조달방식과 비교하여 부채조달방식이 갖는 단점으로 옳은 것은? [16년 4회, 20년 1·2회, 22년 1회, 23년 4회]

① 원리금 상환부담이 존재한다.
② 기업가치의 불안정으로 매매 활성화에 한계가 있다.
③ 조달 규모의 증대로 소유주의 지분축소가 불가피하다.
④ 자본시장의 여건에 따라 조달이 민감한 영향을 받는다.

해설

②, ③, ④는 지분조달방식의 단점이다.

40 부동산 시장 및 각종 생산과 설비를 위한 투자의 경우에도 널리 사용되는 개념으로, 기업의 부채에 대한 이자가 영업이익의 변동, 세후순이익의 변동을 확대시키는 현상은?

[14년 1회, 22년 1회, 24년 1회]

① 승수효과　　　　　② 쿠르노 효과
③ 레버리지 효과　　　④ 파레토 효과

◉ 해설

레버리지 효과(지렛대 효과, Leverage Effect)
타인자본 때문에 발생하는 이자가 지렛대 역할을 하여 영업이익의 변화에 대한 주당이익의 변화폭이 더욱 커지는 현상을 말한다.

41 일반적인 부동산개발금융방식의 구분 중 부채에 의한 조달방식으로 대출자가 부동산 개발에 의해 발생하는 수익의 배분에 일부 참여하는 방식은?　　　　[16년 4회, 22년 2회, 23년 2회]

① Sale & Lease Back　　② Participation Loan
③ Interest Only Loans　　④ 자산매입 조건부 대출

◉ 해설

대출자는 낮은 계약금리로 돈을 빌려주고 부동산이 생성하는 소득에 참여하는 방식인 수익참여대출(Equity Participation Loan)에 대한 설명이다.

42 다음 중 지분조달방식의 일반적인 특징이 아닌 것은?　　　　　　　　　　[16년 2회]

① 투자금액을 상환하지 않아도 된다.
② 회사 통제권 일부를 포기해야 한다.
③ 사업자가 현금이 긴요할 경우에는 선호하지 않는다.
④ 지분투자자가 항상 사업계획에 동의하는 것은 아니므로 이에 따른 문제 발생도 고려해야 한다.

◉ 해설

지분조달방식은 지분투자로 자금을 조달하게 되면 투자금액을 상환하지 않아도 되므로, 특히 현금이 긴요할 때 사용할 수 있는 주요 투자수단이 된다.

43 도시(부동산)개발을 위한 자금조달수단 중 신디케이션, 공동, 합작사업과 같은 지분조달방식에 대한 설명으로 옳지 않은 것은?

[15년 2회, 23년 2회]

① 지분투자자가 항상 사업계획에 동의하는 것은 아니므로 이에 따른 문제의 발생도 고려하여야 한다.
② 지분투자로 자금을 조달하게 되면 투자금액을 상환하지 않아도 되므로, 특히 현금이 긴요할 때 사용할 수 있는 주요 투자수단이 된다.
③ 회사 통제권의 일부를 포기해야 한다는 단점이 있다.
④ 중소기업의 경우 신용이 취약한 기업은 차입수단, 규모, 시기, 비용상의 문제점이 존재한다.

◉ 해설

지분조달방식이 아닌 부채조달방식에서, 중소기업의 경우 신용이 취약한 기업은 차입수단, 규모, 시기, 비용상의 문제점이 발생할 수 있다.

44 단일 또는 소수의 프로젝트를 신디케이트하는 경우 또는 부동산사업의 자본을 모집하기 위한 수단으로 파트너십(Partnership)의 형태가 많이 활용되고 있다. 다음은 어떤 형태의 파트너십을 설명하고 있는가?　　　[12년 2회, 21년 4회]

> 의무와 채무에 대하여 무한책임을 부담하는 일반 파트너가 존재하지 않는 형태다. 주로 공인회계사, 변호사, 건축사 등의 업무 및 관련 사업을 위하여 구성하는 전문직 동업 형태다.

① 일반 파트너십(General Partnership)
② 무한 파트너십(Unlimited Partnership)
③ 유한 파트너십(Limited Partnership)
④ 유한책임 파트너십(Limited Liability Partnership)

◉ 해설

유한책임 파트너십(Limited Liability Partnership)
무한책임을 부담하는 일반 파트너가 존재하지 않는 형태로서, 주로 공인중개사, 변호사, 건축사 등의 업무 및 관련 사업을 위하여 구성되는 전문직의 동업형태를 말한다.

정답 　40 ③　41 ②　42 ③　43 ④　44 ④

45 다음 중 도시개발을 위한 자금조달수단인 부채조달방식이 지분조달방식과 비교하여 갖는 단점으로 옳지 않은 것은? [12년 1회, 22년 1회]

① 원리금의 상환 부담이 있다.
② 기업이 이자비용에 대한 손비 인정이 어려워 금융비용의 증대가 초래된다.
③ 과도한 차입비중은 기업재무구조를 악화시켜 부실확률, 부도확률을 증대시킬 수 있다.
④ 중소기업의 경우 신용이 취약한 기업은 차입수단, 규모, 시기, 비용상의 문제점이 존재한다.

해설
부채조달방식의 장점 중 하나가 기업의 이자비용에 대한 손실비가 인정되어 금융비용 절감이 가능하다는 것이다.

46 기업의 자금조달방법을 크게 직접금융과 간접금융으로 분류할 때 다음 중 직접금융에 관한 설명으로 옳은 것은? [12년 1회, 21년 2회]

① 정부의 각 부처에서 실시 중인 정책금융으로부터의 조달을 포함한다.
② 은행 등 일반금융으로부터의 조달, 불특정다수인으로부터의 사채 발행을 통하여 자금을 조달한다.
③ 개별적인 금전소비대차계약에 의한 차입과 사채발행을 통한 자금조달로 분류할 수 있다.
④ 일반투자자를 주주로 끌어들이는 방법을 통하여 기업이 필요로 하는 자금을 조달한다.

해설
①, ②, ③은 간접금융에 대한 설명이다.

47 다음 중 개발금융에 관한 설명으로 가장 거리가 먼 것은? [12년 1회]

① 개발금융이란 약 3~4년의 기간 동안 건설에 필요한 전체 개발비용이나 일부에 대한 단기이자 지불공채를 지칭한다.
② 마케팅, 토지수용, 건설작업 등에 필요한 비용 등도 개발비용에 포함된다.

③ 투자금융회사는 기본 대출이자와 동일한 이자율을 설정하고 지분의 공유를 요구하지 않아 시행자들이 선호한다.
④ 부동산 개발금융의 원천은 지분에 의한 조달과 부채에 의한 조달로 나눌 수 있다.

해설
개발금융(프로젝트 파이낸싱, Project Finance)에서의 투자금융회사는 프로젝트에 따른 이자율을 설정하고 지분의 공유를 요구할 수 있어 시행자들이 신중을 기하는 방식이다.

48 특수목적회사(SPC)에 대한 설명으로 틀린 것은? [14년 2회, 21년 2회, 24년 2·3회]

① 채권 매각과 원리금 상환이 주요 업무이다.
② 부실채권 처리 업무가 끝난 후 개발회사로 발전한다.
③ 파산 위험 분리 등의 목적으로 유동화대상 자산을 양도받아 유동화 업무를 담당한다.
④ 부실채권을 매수해 국내외의 투자자들에게 매각하는 중개기관 역할을 한다.

해설
유동화전문회사, 특수목적회사(SPC : Special Purpose Company)는 금융기관에서 발생한 부실채권을 매각하기 위해 일시적으로 설립된 특수목적(Special Purpose)회사로 채권 매각과 원리금 상환이 끝나면 자동으로 없어지는 명목상의 회사이다.

49 다음의 사업추진방식 중 민간사업자가 시설의 완공 후 소유권을 이전한 뒤, 민간이 일정 기간 동안 시설물을 직접 관리·운영하여 투자비를 회수하는 것은? [15년 1회, 22년 4회, 24년 3회]

① BTL 방식   ② BTO 방식
③ BOT 방식   ④ BOO 방식

해설
BTO(Build –Transfer–Operate, 건설·운영 후 양도방식)
사회간접자본시설의 준공과 동시에 당해시설의 소유권이 국가 또는 지방자치단체에 귀속되며 사업 시행자에게 일정 기간의 시설관리운영권을 인정하는 방식

50 민간사업자가 건설한 사회기반시설의 소유권을 일단 정부에 이전하고 다시 정부로부터 관리운영권을 임대받는 방식은? [14년 1회]

① ABS ② PF

③ CM ④ BTL

◯**해설**

BTL(Build-Transfer-Lease, 건설 · 양도 후 리스방식)

• 민간시행자가 사회간접자본을 건설한 후 주무관청에 소유권을 넘겨주고 관리운영권을 일정 기간 리스하여 사용하는 방식

• 시설을 사용하는 정부는 관리운영권을 갖게 된 민간시행자에게 사용료를 지불해야 함

51 민간이 자금을 투자하여 사회기반시설을 건설하면 정부가 일정 운영기간 동안 이를 임차하여 시설을 사용하고 그 대가로 임대료를 지급하는 방식은? [13년 4회, 18년 2회, 21년 1회, 24년 2회]

① BTO 방식 ② BTL 방식

③ BOT 방식 ④ BOO 방식

◯**해설**

문제 50번 해설 참고

52 다음 중 운용시장의 형태가 공개시장(Public Market)이고 자본의 성격이 대출투자(Debt Financ-ing)인 유형에 속하는 부동산 투자는? [13년 1회, 23년 4회, 24년 2회]

① 상업용 저당채권 ② 사모부동산펀드

③ 직접대출 ④ 직접투자

◯**해설**

② 사모부동산펀드 : 민간시장의 자본투자 및 대출투자

③ 직접대출 : 민간시장의 대출투자

④ 직접투자 : 민간시장의 자본투자

53 기업금융과 비교하여 프로젝트 파이낸싱이 갖는 특징에 대한 설명으로 옳지 않은 것은? [16년 2회, 21년 1회]

① 담보 : 사업자산 및 현금 흐름

② 사후관리 : 채무 불이행 시 상환청구권 행사

③ 채무수용능력 : 부외금융으로 채무수용능력 제고

④ 소구권 행사 : 모기업에 대한 소구권 행사 배제 또는 제한

◯**해설**

프로젝트 파이낸싱(PF : Project Financing) 방법은 비소구금융(Non-Recourse Financing)의 특징을 가지고 있어서 채무 불이행에 대한 상환청구권이 제한된다.

54 기업금융과 대별되는 프로젝트 파이낸싱에 대한 설명으로 옳은 것은? [13년 2회, 17년 4회, 20년 4회]

① 비소구금융 및 부외금융의 특성을 갖는다.

② 상환 재원은 사업주의 전체 재원을 기반으로 한다.

③ 공공기관 입장에서는 사업 위험의 분산효과가 작다.

④ 민간의 입장에서는 기업금융에 비하여 금융비용의 절감이 불가능하다.

◯**해설**

프로젝트 파이낸싱(PF : Project Financing) 방법의 가장 큰 특징은 비소구금융 및 부외금융 특성을 갖는다는 것이다.

구분	세부사항
비소구금융 (Non-recourse Financing)	• 투자의 부담을 투자액 범위 내로 한정하는 방식 • 모기업에 대한 소구권 행사 배제 또는 제한, 상환권 청구 제한 • PF는 완전한 비소금융 조건은 드물며 대부분 제한적인 비소금융형태를 취함
부외금융 (Off-balance-sheet Financing)	• 프로젝트회사의 부채가 대차대조표에 나타나지 않으므로 부채증가가 사업주의 부채율에 영향을 미치지 않음을 의미함 • 프로젝트 수행을 위해 일정한 조건을 갖춘 별도의 프로젝트회사를 설립함으로써 부외금융효과를 얻을 수 있음

55 프로젝트 파이낸싱(PF : Project Financing)의 자금조달 형태 중 가장 큰 비중을 차지하며 대부분 상업은행에서 제공되는 차입금(이자수익을 목적으로 투자)이 이에 해당하는 것은?

[12년 2회, 17년 4회, 20년 4회]

① 선순위 채권   ② 후순위 채무
③ 자기자본   ④ 부동산펀드

●해설

선순위 채권(Senior Debt)
• 프로젝트 파이낸싱에서 가장 큰 비중을 차지하는 자금
• 대부분 상업은행으로부터의 차입금이 이에 해당되며 이자수익을 목적으로 투자

56 다음 중 부동산신탁의 주요 업무가 아닌 것은?

[15년 2회]

① 증권업무   ② 대리사무
③ 중개업무   ④ 관리신탁

●해설

증권업무는 부동산신탁사에서 진행하는 업무가 아니다.

57 다음 중 금융기관이나 기업이 보유하고 있는 장기성 유가증권, 대출채권, 외상매출금 등의 자산을 담보로 증권을 발행하여 투자자에게 매각함으로써 자금을 조달하는 금융 기법은?

[12년 1회, 14년 4회]

① 자산담보부 증권(ABS)
② 공인담보부 증권(CBS)
③ 유동화전문회사(SPC)
④ 리츠(REITS)

●해설

사업주의 신용이 낮은 경우에 자금조달이 가능하고, 다른 자금조달 방법에 비해 절차가 간편하며 운용보수 등이 저렴한 방법인 자산담보부 증권에 대한 설명이다.

58 「자산유동화에 관한 법률」의 제정으로 도입되었으며, 주택저당대출채권, 매출채권, 부동산 등 현금 흐름이 창출될 수 있는 자산을 유동화전문회사에 양도하고, 유동화전문회사가 이들 자산을 기초로 자기명의로 발행하여 투자자에게 매각하는 채권 또는 증권을 무엇이라 하는가?   [14년 2회]

① 메자닌 금융(Mezzanin Financing)
② 리츠(REITs)
③ 부동산신탁
④ 자산담보부증권(ABS)

●해설

자산담보부증권(ABS : Asset−Backed Securities)
자산담보부 증권은 금융기관이나 기업이 보유하고 있는 장기성 유가증권, 대출채권, 외상매출금 등의 자산을 담보로 증권을 발행하여 투자자에게 매각함으로써 자금을 조달하는 금융 기법을 말한다.

59 부동산과 금융을 결합한 형태로 부동산투자의 약점으로 꼽히는 유동성 문제와 소액투자 곤란의 문제를 극복하기 위하여 증권화를 이용하여 해결하는 방식은?   [16년 4회, 24년 2회]

① 리츠(REITs)
② 특수목적회사(SPC)
③ 자산담보부증권(ABS)
④ 프로젝트 파이낸싱(PF)

●해설

부동산투자신탁(REITs)
소액투자자들로부터 자금을 모아 부동산이나 부동산 관련 대출에 투자하여 발생한 수익을 투자자에게 배당하는 투자신탁을 의미한다.

국토 및 지역계획

국토 및 지역계획의 개념

■ 국토 및 지역계획의 개념 및 구분

1. 국토 및 지역계획의 개념 및 성격

(1) 국토계획의 개념

① 경제계획, 사회계획, 물리계획을 종합하는 종합계획이다.

② 하위운영계획의 지침을 제시하는 지침 제시적 계획으로 국가의 정책계획이다.

③ 지역적 수준에서 최상위인 국가를 바탕으로 하는 계획이다.

④ 계획기간이 20년인 장기계획이다.

(2) 국토계획의 기본 방향

① 국토의 균형 있는 발전

② 경쟁력 있는 국토 여건의 조성

③ 환경친화적 국토 관리

(3) 국토계획의 성격

① 종합적 · 정책지향적 계획

② 지침 제시적 계획

③ 경제적 · 사회적 계획

④ 추상적 · 장기적 계획

핵심문제

「국토기본법」에서 정한 국토 관리의 기본이념으로 적합하지 않은 것은? [13년 1회, 17년 4회, 24년 2회]

① 국토의 균형 있는 발전　　　　　② 경쟁력 있는 국토 여건의 조성

③ 환경친화적인 국토 관리　　　　④ 국토에 따른 사회체제의 개혁

답 ④

해설⊕
국토계획의 기본 방향은 국토의 균형 있는 발전, 경쟁력 있는 국토 여건의 조성, 환경친화적 국토 관리이다.

(4) 지역계획의 정의 및 성격

1) 지역계획의 정의

① 지역계획이란 지역이라는 일정한 공간영역이 현재 당면하고 있는 제 문제들을 개선하고 지역을 발전시킴으로써 지역주민의 복지를 증대시키고자 하는 종합적이고 체계적인 과정을 의미한다.

② 학문으로서의 지역계획은 종합적이고 규범적이며, 실천적 · 임상적 · 공간적인 특성을 가지고 있다.

③ 지역계획은 최하위 공간 단위계획과 전국계획 사이의 중간 계층적 공간 계획을 의미한다.

④ 「국토기본법」상의 지역계획의 정의(「국토기본법」 제6조)

- 지역계획을 국토계획의 한 유형으로 구분하고, 지역계획이란 특정한 지역을 대상으로 특별한 정책목적을 달성하기 위하여 수립하는 계획으로 정의

- 지역계획에는 수도권발전권계획, 광역권개발계획, 특정지역개발계획, 개발촉진지구개발계획, 타 법률에 의한 계획 등이 포함됨

2) 지역계획의 성격

① 지역단위 공간에 대한 계획

② 미래지향적 문제해결과정

③ 실천계획의 성격

④ 규범적 계획의 성격

⑤ 지역복지 향상을 위한 종합계획

┤핵심문제

⭐ 지역계획에 대한 설명으로 가장 적절한 것은?　　　　　　　　　　　　　　　[14년 2회, 19년 1회]

① 지역계획은 최하위 공간 단위계획과 전국계획 사이의 중간 계층적 공간 계획을 의미한다.

② 지역계획은 최소 1개 이상의 공간 단위를 대상으로 한 전국계획 하위 체계의 공간 계획이다.

③ 지역계획은 국가 경제성장 정책의 수행을 위한 사회경제적 수단을 제시하는 전략적 종합 계획이다.

④ 지역계획은 도시의 광역화에 따라 발생하는 문제를 효과적으로 대처하기 위한 중앙 정부에 의한 조정적 계획이다.

📖 ①

해설⊕

지역계획은 최하위 공간 단위계획과 전국계획 사이의 중간 계층적 공간 계획을 의미하며, 지역계획에는 수도권발전권계획, 광역권개발계획, 특정지역개발계획, 개발촉진지구개발계획, 타 법률에 의한 계획 등이 포함된다.

(5) 국토 및 지역계획의 특징

구분	내용
물리적 계획	우리나라의 경우 지역개발에 중점을 두는 물리적 계획의 성격을 가짐
하향적 계획	우리나라는 하향적 접근방법에 가까움
조언적(지표적) 계획	우리나라는 조언적(지표적) 계획의 성격이 강함
다목적 계획	우리나라는 다목적 계획에 가까움

──┤핵심문제

우리나라 국토 및 지역계획의 특징으로 볼 수 있는 것은?　　　　　　　　[16년 1회]

① 상향식 접근방식에 가깝다.
② 단일 목적적 성격을 지니고 있다.
③ 지표적 계획으로서의 성격을 지니고 있다.
④ 비물리적 계획의 성격이 강하다.

📄 ③

해설⊕
국토 및 지역계획의 특징은 하향식 접근방식에 가깝고, 다목적 성격을 지니고 있다. 또한 물리적 성격이 강한 계획이다.

2. 국토 및 지역계획의 필요성

(1) 국토계획의 필요성

① 대도시의 집중 및 과밀 문제
② 농촌지역의 황폐화, 개발의욕의 상실과 상대적 박탈감 팽배 문제
③ 지역 불균형 : 도농 간의 격차, 종주도시와 낙후지역 문제
④ 자원의 개발
⑤ 실업구제, 사업진흥, 국력회복
⑥ 국가 주도적 경제개발 추진 문제

(2) 지역계획의 필요성

① 지역 자체의 발전을 도모하는 계획이지만 국토 전체적인 광의의 차원에서 보면 지역 간의 불균형을 해소할 목적으로 추진
② 지역계획은 지역 간의 경제적 불균형을 줄이기 위한 것으로 최적의 산업배치가 이루어지도록 개발사업을 추진하는 계획(워터스톤, A. Waterstone)
③ 지역의 복지 향상과 생활환경 개선을 위한 지역적 수준의 경제사회 및 공간 개발

3. 국토계획의 구분

1) 국토종합계획

국토 전역을 대상으로 하여 국토의 장기적인 발전 방향을 제시하는 종합계획

2) 도종합계획

도의 관할구역을 대상으로 하여 당해 지역의 장기적인 발전 방향을 제시하는 종합계획

3) 시군종합계획

특별시·광역시·시 또는 군(광역시의 군을 제외한다)의 관할구역을 대상으로 하여 당해 지역의 기본적인 공간구조와 장기 발전 방향을 제시하고, 토지이용·교통·환경·안전·산업·정보통신·보건·후생·문화 등에 관하여 수립하는 계획으로서 「국토의 계획 및 이용에 관한 법률」에 의하여 수립되는 도시계획

4) 지역계획

특정한 지역을 대상으로 특별한 정책목적을 달성하기 위하여 수립하는 계획

5) 부문별 계획

국토 전역을 대상으로 하여 특정 부문에 대한 장기적인 발전 방향을 제시하는 계획
① 중앙행정기관의 장은 국토 전역을 대상으로 하여 소관업무에 관한 부문별 계획을 수립할 수 있다.
② 부문별 계획을 수립하고자 하는 경우에는 국토종합계획의 내용을 반영하여야 하며, 이와 상충되지 않아야 한다.
③ 부문별 계획을 수립한 때에는 이를 지체없이 국토교통부장관에게 통보하여야 한다.

2 국토 및 지역계획의 역사적 전개

1. 국토 및 지역계획의 역사 및 지역 문제

(1) 국토 및 지역계획의 역사

1) 지역계획 풍조의 발생

① 영국에서 실업구제, 국력회복, 산업진흥 등과 결부되면서 발생
② 영국은 도시 및 지역개발의 이론과 실천 분야에 있어서 선구적 국가로 인정되고 있다.

2) 영국의 지역 간 불균형 해소를 위한 해결책

① 「산업이전법」

② 「공업배치법」

③ 「특수지역개발촉진법」

3) 독일의 아서 코미(A. Comey, 1923년)

지역계획이론

4) 영국의 패트릭 아베크롬비(P. Abercrombie, 1944년)

대런던계획 : 그린벨트 개념을 본격적으로 도입

5) 영국의 프레데릭 기버드(F. Gibberd, 1947년)

할로우(Harlow) : 런던 주변에 개발된 초기 신도시

6) 미국의 맥캐이(B. Mackaye, 1928년)

① 새로운 탐험, 지역계획의 철학

② 테네시계곡 개발사업

- 1930년대 전후 실업자 구제 및 공업도시 개발을 위해 미국 테네시강 유역에 전력과 수자원 공급을 목표로 다수의 다목적댐을 건설
- 미국에서 지역개발계획의 선구적 사례

7) 프랑스의 오스만(G. E. Haussmann, 1852년)

파리대개조계획 : 도시환경개선 목표

핵심문제

다음의 지역 문제 해결책 중 그 성격이 가장 다른 것은?   [14년 1회, 16년 4회, 23년 1회]

① 「산업이전법」(영국)

② 「공업배치법」(영국)

③ 「특수지역개발촉진법」(영국)

④ 테네시강 종합개발계획(미국)

답 ④

해설⊕

「산업이전법」, 「공업배치법」, 「특수지역개발촉진법」은 영국의 지역 간 불균형 해소를 위한 해결책이며, 미국의 테네시강 종합개발계획은 1930년대 전후 실업자 구제 및 공업도시 개발을 위해 미국 테네시강 유역에 다수의 다목적댐을 건설하여 전력과 수자원 공급을 목표로 하였다.

──────────────────────────────────┤핵심문제

★ 다음 중 미국 지역개발계획의 선구적 사례가 된 것은?　　　　　[13년 4회, 20년 4회, 23년 4회]

① 다모달 개발사업　　　　　　　　② 테네시계곡 개발사업
③ 실리콘밸리 사업　　　　　　　　④ 리서치트라이앵글 사업

答 ②

해설⊕--

테네시계곡 개발사업
• 1930년대 전후 실업자 구제 및 공업도시 개발을 위해 테네시강 유역에 다수의 다목적댐을 건설하여 전력과 수자원 공급을 목표로 함
• 미국에서 지역개발계획의 선구적 사례

──────────────────────────────────┤핵심문제

★ 다음 중 프랑스 파리권의 집중억제를 위하여 실시한 정책이 아닌 것은?
　　　　　　　　　　　　　　　[14년 1회, 17년 1회, 20년 1 · 2회, 24년 1회]

① 오스만의 파리대개조계획
② 파리소재 대학의 지방 이전
③ 신축 건물에 대한 부담금제도
④ 일정 규모 이상의 기업체의 신증축 시 사전허가제 적용

答 ①

해설⊕--
파리대개조계획은 도시환경 개선을 목표로 추진한 도시계획이다.

(2) 지역 문제

1) 지역격차 문제

① 소득과 고용 측면에서의 경제적 격차
② 정책 결정과정에서 참여 및 영향력 발휘의 정치적 격차
③ 생산 여건 및 생활환경 수준 측면에서의 사회적 격차

2) 지역 문제 발생원인

① 인구의 급격한 증가
② 농촌의 황폐화
③ 뒤늦은 산업화

지역 문제가 발생하는 원인으로 틀린 것은? [12년 2회, 18년 1회]

① 지역마다 가지고 있는 자연자원 또는 입지적 조건의 차이가 있기 때문에 발생한다.

② 지역 분석에 대한 기술의 개발에 상대적인 비교 방법이 발달하였기 때문에 발생한다.

③ 지역마다 특유한 산업구조를 갖게 되며 이것이 경제적으로 영향을 주기 때문에 발생한다.

④ 지역주민의 발전의지, 발전이나 성장에 유익한 가치관이나 문화적 특성이 지역마다 다르기 때문에 발생한다.

답 ②

해설

지역 분석에 대한 기술의 개발에 상대적인 비교 방법이 발달한 것과 지역 문제는 연관성이 없다.

(3) 지역소득격차 분석

1) 로렌츠 곡선(Lorenz Curve)

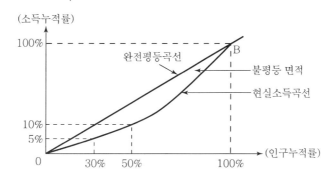

① 횡축 : 소득인구의 누적 백분비

② 종축 : 소득액의 누적 백분비

③ 완전평등분포선 : 45°의 직선

④ 현실의 소득분포 곡선은 아래쪽으로 활처럼 굽는 경향이 있음

⑤ 불평등 면적 : 완전평등분포선과 곡선 사이의 면적

2) 지니의 집중계수(Gini Coefficient)

① 로렌츠 곡선의 불평등 면적에 2배를 한 것

② 0과 1 사이에 위치(0은 완전 평등, 1은 완전 불균등)

③ 가중치를 고려함

3) 경제성장에 따른 소득격차 분석(역U곡선)

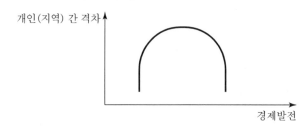

① 쿠즈네츠(Kuznets)는 한 국가의 경제가 성장함으로써 개인 간 소득격차는 처음에 증가하다 후기에는 감소하는 역U의 형태라는 가설을 제기

② 윌리엄슨(Williamson)은 개인 간 소득격차의 변화를 토대로 지역 간 격차도 경제발전 초기 단계에 증가하고 후기에 감소하는 역U곡선의 형태임을 입증

③ 에이모스(Amos)는 미국을 비롯한 선진국들의 최근 지역 간 격차에 대한 연구결과로 지역격차의 마지막 단계에서 다시 격차가 증가하는 발전된 역U곡선을 제안

4) 테일의 지수

① 주민 1인당 지역생산에 있어서 불균형 측정

② 0과 1 사이에 위치(0은 완전 평등, 1은 완전 불균등)

핵심문제

로렌츠 곡선(Lorenz Curve)을 통해 파악할 수 있는 것은? [12년 2회, 19년 2회, 23년 2회, 24년 2회]

① 지역생산구조
② 지역소득분배
③ 지역고용구조
④ 지역소득수준

답 ②

해설⊕
로렌츠 곡선은 지역소득격차(지역소득분배) 분석에 활용한다.

핵심문제

지역의 소득격차를 측정하는 방법이 아닌 것은? [13년 2회, 18년 1회, 20년 1 · 2회, 23년 4회, 24년 2회]

① 로렌츠 곡선
② 지니 계수
③ 쿠즈네츠비
④ 허프 모형

답 ④

해설⊕
허프(Huff)의 소매지역이론(Huff 모형)은 전통적인 수요 추정 모델 중에서 상권에 관한 가장 체계적인 이론으로서 소비자가 상점시설을 선정하는 행동을 확률적으로 해석하는 방법을 통해 개별 소매점의 고객 흡입력을 계산하는 기법으로 활용되고 있다.

2. 국토 및 지역계획의 문제점

(1) 국토 및 지역계획의 문제점

1) 수립단계의 문제점

① 계획입안기관의 독주성과 형식성
② 다른 계획과의 연계적 체계성 결여
③ 법 절차상 계획의 결정까지 시간 과다소요

2) 실천단계의 문제점

① 계획실현 저조
② 주민참여와 협조의 부족
③ 평가제도의 미흡

(2) 우리나라 지역계획의 문제점

① 중앙집권적 하향적 계획체계
② 복잡한 계획 기법과 수립체계의 상호 중복
③ 계획의 기능과 역할이 지역 내 사회간접자본시설의 투자 등 개발사업에만 치중(물리적 성격이 강함)
④ 지역 간 경합이나 대립을 공간적으로 조정하는 중간계층의 공간적 계획으로서의 기능 부족
⑤ 도시계획 등 다른 공간계획과의 연계성 부족
⑥ 집행제도와 수단이 결여

핵심문제

우리나라의 국토 및 지역계획의 문제점으로 가장 거리가 먼 것은? [16년 4회]

① 지역주민이 직접 입안하는 계획
② 계획입안기관의 독주성 및 형식성
③ 관련 계획과의 연계적 체계성 결여
④ 계획 결정까지 오랜 시간 소요

답 ①

해설⊕

우리나라의 국토 및 지역계획 수립단계에서의 계획입안기관의 독주성 및 형식성이 문제가 되고 있으며, 지역주민이 직접 입안하는 계획이 많아지는 방향으로의 계획수립단계의 개선이 필요한 상황이다.

01 다음 중 국토계획의 개념을 가장 바르게 설명한 것은? [16년 1회]

① 국토계획은 국토에서 일어나는 여러 가지 경제활동의 공간적 배분 문제를 다루는 경제계획이다.
② 국토계획은 특정한 지역을 계획대상으로 하는 계획이다.
③ 국토계획은 하위계획과 구체적인 집행계획에 지침을 제시하는 지침 제시적인 계획이다.
④ 국토계획은 지방정부가 계획 수립의 주체가 되는 계획이다.

해설

국토계획은 종합적이고, 지침 제시적이며, 지역적 수준에서 최상위인 국가를 바탕으로 하는 계획이다.

02 다음 중 「국토기본법」상 국토 관리의 기본이념으로 옳지 않은 것은?

[14년 4회, 19년 2회, 22년 4회]

① 국토의 균형 있는 발전
② 경쟁력 있는 국토 여건의 조성
③ 거점개발에 의한 집적이익의 추구
④ 환경친화적 국토 관리

해설

국토계획의 기본 방향은 국토의 균형 있는 발전, 경쟁력 있는 국토 여건의 조성, 환경친화적 국토 관리이다.

03 학문으로서의 지역계획에 대한 설명이 옳은 것을 모두 나열한 것은? [15년 1회, 21년 1회]

⊙ 종합적이며 복합적이다.
ⓒ 도시 주변의 농촌만 다룬다.
ⓒ 경제학, 지리학 및 사회학을 넘나드는 학제 간 계획이다.

① ⊙, ⓒ   ② ⊙, ⓒ
③ ⓒ, ⓒ   ④ ⊙, ⓒ, ⓒ

해설

학문으로서의 지역계획은 종합적이고 규범적이며, 실천적·임상적·공간적인 특성을 가지고 있다.

04 우리나라 국토계획의 필요성에 대한 설명으로 가장 거리가 먼 것은? [13년 4회]

① 지역격차 완화 및 균형된 지역발전
② 향상된 생활환경의 균등한 공급
③ 국토자원 이용의 효율성 증대
④ 특정지역 개발의 유도와 관리

해설

국토계획의 필요성
• 대도시의 집중 및 과밀 문제 해결
• 농촌지역의 황폐화, 개발의욕의 상실과 상대적 박탈감 팽배 문제 해결
• 지역 불균형 개발 문제 해결 : 도농 간의 격차, 종주도시와 낙후지역 문제 해결
• 자원의 효과적 개발
• 실업구제, 산업진흥, 국력회복
• 국가 주도적 경제개발 추진 문제 해결 : 정책 간 상충 방지, 하위정책의 지침 제시

05 다음 중 국토계획의 필요성에 해당하지 않는 것은? [12년 4회, 24년 1회]

① 유한적 국토자원의 효과적 활용
② 국토 관련 행정의 중앙집중 및 규제력 강화
③ 지역격차와 불균형 문제 해소
④ 상위 정책 간 마찰 조정과 하위정책에 대한 지침 제시

해설

국토계획은 효율적이고 균형적인 국토운영을 위해 종합적이고 지침 제시적인 성격을 가지고 있다. 국토관련 행정의 중앙집중 및 규제력 강화와는 거리가 멀다.

06 우리나라 국토계획의 성격과 가장 거리가 먼 것은? [13년 1회]

① 추상적 · 장기적 계획
② 정책지향적 계획
③ 문제지향적 계획
④ 경제적 · 사회적 계획

해설
국토계획의 성격
• 종합적 · 정책지향적 계획
• 지침 제시적 계획
• 경제적 · 사회적 계획
• 추상적 · 장기적 계획

07 다음 중 지역계획의 학문적 성격으로 옳지 않은 것은? [16년 2회, 21년 4회]

① 종합과학적인 학문이다.
② 순수이론을 다루는 학문이다.
③ 규범적이고 실천적인 학문이다.
④ 공간의 문제를 바탕에 둔 학문이다.

해설
지역계획은 학문적으로 순수이론이 아닌, 실천적 특성을 가지고 있다.

08 다음 중 지역계획의 학문적 성격으로 옳지 않은 것은? [13년 4회, 23년 4회]

① 종합과학적이며 학제적인 학문이다.
② 국토 전체에 관한 총량적인 내용을 다루는 학문이다.
③ 규범적이고 실천적인 학문이다.
④ 공간적 배분과 형평성에 학문적 패러다임을 둔다.

해설
국토 전체에 관한 총량적인 내용을 다루는 학문은 국토계획에 대한 사항이다.

09 다음 우리나라 국토 및 지역계획의 특징으로 가장 관계가 먼 것은? [16년 4회]

① 다목적 계획 ② 경제개발계획
③ 하향적 계획 ④ 지표적 계획

해설
국토 및 지역계획은 경제에 국한된 계획이 아닌 전 국토에 걸친 종합계획적 성격을 띤다.

10 다음 중 하향식 지역개발전략에 적합한 것은? [15년 1회, 22년 1회, 24년 3회]

① 소단위지역 단위 개발
② 거점중심적 개발
③ 기본수요 접근
④ 한계기술의 개발

해설
하향식(Top−down, Development from Above) 계획은 국가주도형 정책의 특성을 가지므로 성장거점개발, 거점중심적 지역개발전략 등과 어울린다.

11 다음 중 국토 및 지역개발의 관점에서 중앙 정부 주도의 하향식 개발을 지향하는 것은? [14년 4회, 17년 4회, 24년 1회]

① 도농통합개발 ② 지역생활권개발
③ 성장거점개발 ④ 농어촌정주권개발

해설
문제 10번 해설 참고

12 다음의 지역발전이론 중 그 성격이 가장 다른 하나는? [13년 4회, 18년 4회, 24년 2회]

① 농촌종합개발전략 ② 기초수요전략
③ 성장거점이론 ④ 농정적 개발론

해설
성장거점이론은 하향적 계획, 그 외는 상향적 계획에 속한다.

13 다음 지역개발전략 중에서 성격이 다른 하나는? [13년 2회]

① 성장거점 개발전략　② 불균형 개발전략
③ 하향식 개발전략　　④ 내생적 개발전략

해설
내생적 개발전략은 상향식 개발전략이고, 그 외는 하향식 개발전략이다.

14 지역계획의 수립과정에 있어 상향식(Bottom -up) 방식의 특징으로 옳은 것은?
[13년 2회, 17년 1회, 20년 4회]

① 미시적이고 지역 변화에 적응하는 접근의 모색
② 성장 거점에 의한 개발 파급효과의 가속
③ 총량적인 개발과 성장의 지향
④ 계획의 신속한 수립과 집행

해설
상향적(Bottom-up Development Approach) 계획은 지역주민의 욕구와 참여에 바탕을 둔 것으로서, 미시적이고 지역 변화에 적응하는 접근의 모색을 특징으로 한다.

15 다음의 지역개발이론 중 성격이 다른 하나는?
[12년 4회, 18년 2회, 23년 1회]

① 기본수요이론　　② 불균형성장이론
③ 농정적 개발론　　④ 지속 가능한 개발론

해설
불균형성장이론은 하향적 개발이론, 그 외는 상향적 개발이론이다.

16 다음 중 런던의 무질서한 확산을 방지하기 위해 그린벨트를 주요 내용으로 하는 대런던계획을 작성한 사람은? [12년 1회]

① 페리　　　　　② 하워드
③ 아베크롬비　　④ 르 코르뷔지에

해설
영국의 패트릭 아베크롬비(P. Abercrombie, 1944년)는 대

런던계획에서 무질서한 런던의 확산을 방지하기 위해 그린벨트 개념을 본격적으로 도입하였다.

17 도시 및 지역개발의 이론과 실천 분야에 있어서 선구적 국가는? [16년 1회]

① 미국　　　　　② 영국
③ 일본　　　　　④ 프랑스

해설
지역계획 풍조의 발생
• 영국에서 실업구제, 국력회복, 산업진흥 등과 결부되면서 발생
• 영국은 도시 및 지역개발의 이론과 실천 분야에 있어서 선구적 국가로 인정되고 있다.

18 다음 중 테네시계곡 개발계획(TVA 계획)은 어느 나라의 지역 계획인가?
[15년 1회, 20년 3회, 24년 1·2회]

① 프랑스　　　　② 영국
③ 미국　　　　　④ 독일

해설
테네시계곡 개발사업
• 1930년대 전후 실업자 구제 및 공업도시 개발을 위해 미국 테네시강 유역에 다수의 다목적댐을 건설하여 전력과 수자원 공급을 목표로 함
• 미국에서 지역개발계획의 선구적 사례

19 1930년대와 1940년대 초의 자연자원 중심의 대표적 지역계획인 '테네시계곡 개발계획'이 이루어진 곳은? [12년 4회, 22년 1회]

① 미국　　　　　② 영국
③ 독일　　　　　④ 이탈리아

해설
테네시계곡 개발사업(TVA)
미국에서 지역개발계획의 선구적 사례로 1930년대 전후 실업자 구제 및 공업도시 개발을 위해 테네시강 유역에 전력과 수자원 공급을 목표로 다수의 다목적댐을 건설하였다.

20 다음 중 지역 문제의 발생 원인으로 가장 거리가 먼 것은? [12년 4회, 19년 2회]

① 지역 내 특정 자연자원의 부존 여부와 입지조건의 차이
② 지역주민들의 요구 수준의 차이
③ 정부가 추진하는 선성장, 후분배의 경제개발 정책 방향
④ 해당 지역 지배산업의 전 세계 또는 다른 지역의 산업들과의 경쟁력 수준

해설

지역주민들의 요구 수준의 차이는 주관적이며, 이것을 지역 문제의 발생원인으로 판단하기는 어렵다.

21 우리나라의 국토 및 지역계획의 문제점으로 가장 거리가 먼 것은? [14년 2회]

① 지역주민이 직접 입안하는 계획
② 계획입안기관의 독주성 및 형식성
③ 관련 계획과의 연계적 체계성 결여
④ 외부경제와 비경제는 없다.

해설

우리나라의 국토 및 지역계획 수립단계에서의 계획입안기관의 독주성 및 형식성이 문제가 되고 있으며, 지역주민이 직접 입안하는 계획이 많아지는 방향으로의 계획수립단계의 개선이 필요한 상황이다.

22 다음 중 로렌츠(Lorenz) 곡선을 이용한 지역 소득격차 측정 방법은? [15년 4회, 20년 4회]

① 평균 편차
② 표준 편차
③ 지니 계수
④ 변이 계수

해설

지니의 집중계수(Gini Coefficient)
• 로렌츠 곡선의 불평등 면적에 2배를 한 것
• 0과 1 사이에 위치(0은 완전 평등, 1은 완전 불균등)
• 가중치를 고려함

23 지역 간 소득 격차는 국가 경제의 성장단계에 따라 역U자형 곡선을 보이게 된다고 주장한 사람은? [15년 4회, 20년 4회, 24년 3회]

① Hirchmann
② Myrdal
③ Williamson
④ Friedman

해설

윌리엄슨(Williamson)은 개인 간 소득격차의 변화를 토대로 지역 간 격차도 경제발전 초기 단계에 증가하고 후기에 감소하는 역U곡선의 형태임을 입증하였다.

24 지역 간 소득격차 분석에 사용되는 지표로 거리가 먼 것은? [15년 1회]

① 지니 계수
② 로렌츠 곡선
③ 크리스탈러의 포섭계수
④ 윌리엄슨의 가중변이계수

해설

크리스탈러의 포섭계수는 중심지이론에서 시장권의 크기 결정과 관련된 사항이다.

25 지역 간 소득격차를 나타내는 지니 계수(Gini Coefficient)가 1일 경우를 설명한 것으로 옳은 것은? [14년 4회, 24년 2회]

① 지역 간 소득이 완전히 균등배분되어 있음
② 지역 간 소득이 완전히 불균등 상태임
③ 지역 간 소득격차를 잘 알 수 없음
④ 지역 간 소득이 상당히 불균형적임

해설

지니의 집중계수(Gini Coefficient)는 0과 1 사이에 위치하며, 0이면 완전 평등 분포, 1이면 완전 불평등 분포 상태를 나타낸다.

26 로렌츠 곡선(Lorenz Curve)이 지역계획 수립 시에 활용되는 경우로 적당한 것은?

[14년 2회, 23년 4회]

① 지역 간 인구이동의 분석 및 예측
② 국민소득의 지역 간 분포격차 분석
③ 지역인구의 성별, 연령별, 인구구조 분석
④ 지역적인 차원에서의 산업부분 간 경제활동의 상호의존관계 분석

●해설

로렌츠 곡선은 지역소득격차 분석에 활용한다.

27 지역의 불균형 정도를 측정하는 데 활용될 수 없는 것은? [13년 2회, 24년 1회]

① 허프 모형   ② 파레토 계수
③ 지니 계수   ④ 로렌츠 곡선

●해설

허프(Huff)의 소매지역이론(Huff 모형)은 전통적인 수요 추정 모델 중에서 상권에 관한 가장 체계적인 이론으로서 소비자가 상점시설을 선정하는 행동을 확률적으로 해석하는 방법을 통해 개별 소매점의 고객 흡입력을 계산하는 기법으로 활용되고 있다.

28 다음 중 윌리엄슨(Williamson)이 주장한 지역 간 소득격차와 국가발전 단계와의 관계에 대한 설명으로 가장 옳은 것은? [12년 1회]

① 지역 간 소득격차는 역U자형 곡선을 그린다.
② 지역 간 소득격차는 국가 발전의 초기 단계에 가장 적다.
③ 윌리엄슨은 미르달의 이론을 경험적으로 검증하였다.
④ 누적적 인과법칙에 의하여 지역격차가 발생함을 밝혔다.

●해설

윌리엄슨은 지역 간 소득격차의 변화에 응용하여 지역 간 격차도 경제발전 초기 단계에 증가하고 후기에 감소하는 역U곡선의 형태임을 입증하였다.

정답 26 ② 27 ① 28 ①

1 공간 단위 설정

1. 지역획정의 원칙

(1) 부드빌의 지역분류

구분	내용
동질지역 (同質地域, Homogeneous Area)	지리적 특성, 경제 · 사회적 특성 등과 같은 어떤 공통적인 특성에 따라 몇 개의 공간 단위(Spatial Unit)를 하나로 묶은 지역
결절지역 (結節地域, Node Region)	• 상호의존적 · 보완적 관계를 가진 몇 개의 공간 단위를 하나로 묶은 지역 • 지역 내의 특정 공간 단위에 경제활동이나 인구가 집중되어 있는 공간 단위를 흔히 결절(Node) 또는 분극(Focus)이라고 한다.
계획지역 (計劃地域, Planning Region)	• 고용 또는 소득의 극대화나 지역개발의 극대화 등 어떤 목적을 가장 경제적인 방법으로 달성케 하는 연속적 공간으로 계획의 필요에 따라 설정된 지역 • 일반적으로 계획의 집행과 효율성을 위해 행정구역과 일치시킨다.

──────────────┤핵심문제

부드빌(O. Boudevile)의 지역 분류에 해당하지 않는 것은?　　　　　[12년 2회, 16년 4회, 17년 1회]

① 동질지역(Homogeneous Area)　　　　② 결절지역(Nodal Region)

③ 계획지역(Planning Region)　　　　　④ 낙후지역(Lagging Region)

답 ④

해설⊕--

부드빌은 지역을 동질지역, 결절지역, 계획지역으로 분류하였다.

(2) 동질성의 원칙

1) 부드빌의 동질지역

　지리적 특성, 경제 · 사회적 특성 등과 같은 어떤 공통적인 특성에 따라 몇 개의 공간 단위(Spatial Unit)를 하나로 묶은 지역

2) 클라센의 동질지역 구분

$$성장률 \quad g_o = \frac{g_i}{g} \qquad\qquad 소득 \quad y_o = \frac{y_i}{y}$$

여기서, g_i : i지역의 성장률   여기서, y_i : i지역의 소득

g : 국가의 성장률 y : 국가의 소득

① 번성지역 : $g_o > 1$, $y_o > 1$

② 발전도상 저개발지역 : $g_o > 1$, $y_o < 1$

③ 잠재적 저개발지역 : $g_o < 1$, $y_o > 1$

④ 저개발지역 : $g_o < 1$, $y_o < 1$

───────────────┤핵심문제

다음 중 클라센(L. H. Klaassen)의 지역 분류 기준은?　　　　　[15년 2회, 18년 4회, 23년 2회]

① 기능적 연계　　　　　　　　　　② 호혜적 영향력

③ 소득수준과 성장률　　　　　　　④ 사회간접자본과 생산활동

🗒 ③

해설⊕┄┄┄

클라센(L. Klaassen)은 지역의 성장률과 지역의 소득, 국가의 성장률과 국가의 소득에 따라 지역 분류 기준을 수립하였다.

3) 한센(Hansen)의 동질지역 구분

① 과밀지역(Congested Regions) : 한계사회비용 > 한계사회편익

② 중간지역(Intermediate Regions) : 한계비용 < 한계편익

③ 낙후지역(Lagging Regions) : 소규모 농업과 침체산업이 지배적인 경제구조를 지니고, 새로운 경제활동을 흡인할 수 있는 입지매력이 거의 없는 지역

───────────────┤핵심문제

한센(N. Hansen)이 과밀지역, 중간지역, 낙후지역으로 지역을 구분한 기준은?　　　[12년 2회, 18년 4회]

① 기능지역　　　② 동질지역　　　③ 사업지역　　　④ 계획지역

 ②

해설⊕┄┄┄

한센의 동질지역 구분
- 과밀지역 : 한계사회비용 > 한계사회편익
- 중간지역 : 한계비용 < 한계편익
- 낙후지역 : 소규모 농업과 침체산업이 지배적인 경제구조를 지니고, 새로운 경제활동을 흡인할 수 있는 입지매력이 거의 없는 지역

4) 힐호스트(Hilhorst)의 지역분류

동질성과 의존성이라는 기준과 분석 및 계획이라는 구분의 목적에 따라 지역을 구분하였다.

구분의 목적	의존성	동질성
분석	분극지역	동질지역
계획	계획권역	사업지역

───────────────────┤핵심문제

지역구분에 관한 다음 설명 중 옳은 것은?   [13년 1회, 17년 2회, 23년 4회]

① 부드빌(Boudeville)은 동질지역, 분극지역, 계획권역, 사업지역의 네 가지 유형으로 구분하였다.
② 클라센(Klaassen)은 1인당 소득수준과 지역경제성장률을 이용하여 결절지역을 넷으로 구분하였다.
③ 한센(Hansen)은 미국 대도시권 표준통계구역(SMSA)의 설정기준을 제시하였다.
④ 힐호스트(Hillhorst)는 동질성과 의존성이라는 기준과 분석 및 계획이라는 구분의 목적에 따라 지역을 구분하였다.

답 ④

해설⊕ ───

① 부드빌(Boudeville)은 동질지역, 결절지역, 계획지역의 세 가지 유형으로 구분하였다.
② 클라센(Klaassen)은 1인당 소득수준과 지역경제성장률을 이용하여 동질지역을 넷으로 구분하였다.
③ 한센(Hansen)은 한계비용과 한계편익의 관계를 이용한 설정기준을 제시하였다.

5) 베리의 요인분석(Principal Components)

일명 주성분 분석이라 하며 변수들의 분산 중에서 가급적 많은 부분을 설명하는 요인을 찾아내는 요인분석을 하는 방법으로 주로 주성분 분석으로 변수들을 요인으로 추출해낸다.

(3) 기능결합(결절, 분극)의 원칙

1) 기능결합(결절, 분극)의 특징

① 동일한 중심결절과 관계를 가지고 있는 주변지역을 하나의 지역으로 통합
② 결절·분극지역의 분석에는 인구이동, 상품과 서비스의 흐름, 전화 등 정보의 흐름의 일정한 규칙성을 활용하게 된다.
③ 결절·분극지역에서는 경제활동은 물론 정치적·문화적인 관계에 있어서도 그 흐름이나 유대가 그 지역을 지배하는 중심점을 향해 이루어진다.

2) 하게트(Haggett)의 입지 분석을 통한 결절지역의 공간구조요소

움직임(Movement), 네트워크(Networks), 결절(Nodes)

3) 레일리의 소매인력법칙 적용

① 뉴턴의 중력이론인 만유인력의 법칙을 이용하여 상권의 범위를 확정하는 모형이다.

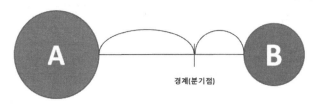

경계(분기점)

② 레일리의 법칙은 소비자가 선택 가능한 점포의 수가 제한된다는 문제점을 갖고 있다.

③ 구매중심점이 다수 존재하는 대도시의 경우에 적용하는 데 한계가 있다.

│핵심문제

다음 중 결절지역의 분석에 적용하는 자료로 거리가 먼 것은?　　　　　　[12년 2회, 17년 2회]

① 전신 · 전화　　　　　　　　　　② 도매 시장권

③ 산업별 구성비　　　　　　　　　④ 인구이동과 통근

답 ③

해설❖

결절지역의 분석에는 인구이동, 상품과 서비스의 흐름, 전화 등 정보의 흐름의 일정한 규칙성을 활용하게 된다.

│핵심문제

인구 200만 명의 A시와 인구 50만 명의 B시가 40km 떨어진 곳에 위치하고 있다. 컨버스의 수정소매인력이론에 의해 제안된 시장분기점은 A시로부터 얼마의 거리에서 형성되는가?　　　　　[14년 1회, 16년 2회]

① 10.0km　　　　　　　　　　　② 13.3km

③ 26.7km　　　　　　　　　　　④ 30.0km

답 ③

해설❖

레일리의 소매인력법칙

$$\frac{200}{x^2} = \frac{50}{(40-x)^2} = \frac{50}{40^2 - 80x + x^2}$$

$$200(40^2 - 80x + x^2) = 50x^2$$

$$\therefore x = 26.7\text{km (A시에서의 상권의 범위)}$$

2. 계획단위로서의 지역 및 공간

(1) 권역(圈域, Circular Region Planning Area)

1) 정의

지역개발에서 지역의 범위를 말하며 개발의 주체가 어떤 목적을 가지고 어느 정도의 범위를 개발할 것인가는 지역개발에서 선행되어야 하고 이 구체적 지역개발 범위를 계획지역 또는 권역이라 한다.

2) 권역의 성격

① 고용 또는 소득의 극대화나 지역개발의 극대화 등 어떤 목적을 가장 경제적인 방법으로 달성케 하는 연속된 공간

② 계획의 필요에 따라 설정된 지역

③ 계획지역(Planning Region)으로 사용되기도 한다.

④ 대개의 경우 정치, 경제, 사회, 문화적인 유대가 깊고 특히 어떤 중심지와 주변지역과의 기능적 의존관계가 존재하는 범위를 묶어 설정하게 된다.

⑤ 대체적으로 행정구역과 일치한다.

3) 군집분석(Cluster Analysis)

① 개체들을 서로 유사한 것끼리 군집화하거나 상관관계가 큰 변수들끼리 집단으로 묶는 통계적 방법 으로서 권역설정 시 가장 유용한 방식

② 개체들 간의 유사성(Similarity) 또는 이와 반대 개념인 거리(Distance)에 근거하여 개체들을 집단 으로 군집화한다.

(2) 독시아디스(C. A. Doxiadis)의 인간 정주학적 유형에 의한 분류

1) 인간 정주공간(정주사회)을 15개의 공간 단위로 구분

2) 도시형성 이전 단계(6단계)

개인 → 방 → 주거(4명) → 주거군 → 소근린 → 근린(1,500명)

3) 도시형성 이후단계(9단계)

소도시(Town) → 도시(5만 명) → 대도시(City) → 거대도시(Metropolis, 200만 명) → 연담도시 (Conurbation, 1,400만 명) → 대상도시(Megalopolis, 1억 명) → 도시화 지역(Urban Resion) → 대륙도시(Urbanized Continent) → 세계도시(Ecumenopolis, 300억 명)

4) 인간 정주학을 구성하는 5요소

인간, 사회, 자연, 네트워크, 구조물

┤핵심문제

그리스의 도시계획가인 독시아디스(Doxiadis)가 제시한 인간 정주사회의 구성요소가 아닌 것은?

[12년 2회, 18년 2회]

① 네트워크   ② 자연

③ 인간   ④ 문화

답 ④

해설◐

인간 정주학을 구성하는 5요소
인간, 사회, 자연, 네트워크, 구조물

② 계획 과정

1. 계획과정과 계획이론의 발달

(1) 계획이론의 발생 순서

사회계획론 → 합리주의 → 점증이론 → 체계적 종합이론(혼합주사적 계획) → 선택이론 → 거래·교환이론(교류적 계획)

┤핵심문제

다음 지역계획의 이론들을 그 발생시기가 빠른 것부터 순서대로 옳게 나열한 것은?

[13년 1회, 16년 1회, 18년 4회, 21년 2회, 23년 2회, 24년 3회]

A. 사회계획론(Mannheim)   B. 혼합주사적 계획(Etzioni)
C. 합리주의(Simon)   D. 교류적 계획(Friedmann)

① A→B→C→D   ② A→B→D→C
③ A→C→D→B   ④ A→C→B→D

답 ④

해설◐

계획이론의 발생 순서
사회계획론 → 합리주의 → 점증이론 → 체계적 종합이론(혼합주사적 계획) → 선택이론 → 교류적 계획(거래·교환이론)

(2) 계획이론의 주요 패러다임

1) 합리적 접근 방법(합리적 모형)

① 순수합리모형, 종합적 합리모형이라고도 하며, 현대적 의미의 계획의 기원이라고 할 수 있는 종합계획(Master Plan) 또는 청사진적 계획(Blue Print Planning)

② 절차에 관한 이론으로 절차적 계획이론(Procedural Planning Theory)의 특성을 가지며, 합리성과 의사결정을 위한 일련의 선택과정을 강조(선택의 합리성 : 모든 정보를 총동원)

③ 상황을 종합적으로 분석하고 최적의 대안 선택이 가능하다고 보는 규범적이며 이상적인 접근 방법

④ 조건 : 명확한 규정, 완전한 지식과 정보, 인간과 조직의 합리성

⑤ 절차

문제의 객관화 · 구체화 → 조직화를 통한 계량화 → 완전한 정보를 이용한 분석 → 대안 추출 → 각각의 대안 비교 · 분석 → 객관적, 합리적 기준에 의해 최적대안 선정

핵심문제

다음의 도시계획이론 중 상황의 종합적 분석과 최적의 대안 선택이 가능하다고 보는 규범적이며 이상적인 접근 방법은? [12년 4회, 15년 2회, 18년 1회, 23년 1회]

① 합리적 접근 방법
② 만족화 접근 방법
③ 점진적 접근 방법
④ 혼합주사적 접근 방법

답 ①

해설●

합리적 접근 방법

순수합리모형, 종합적 합리모형이라고도 하며, 현대적 의미의 계획의 기원이라고 할 수 있는 종합계획(Master Plan) 또는 청사진적 계획(Blue Print Planning)을 의미한다. 절차에 관한 이론으로 절차적 계획이론(Procedural Planning Theory)의 특성을 가지며, 합리성과 의사결정을 위한 일련의 선택과정을 강조한다.

2) 정치경제계획모형

① 합리적 계획모형에 대한 비판적 입장에서 비롯된 이론

• 합리적 계획모형은 의사결정에 있어 합리성을 지나치게 강조하여 보편적이고 특정한 구조에 구애받지 않는 일련의 계획과정을 만들어냄

• 합리적 계획모형은 계획의 목적에 초점을 맞추기보다는 그 수단에 지나치게 집착

• 합리적 계획모형은 제한된 합리성을 인정함에도 불구하고 이론과 실제 간의 연결고리를 더욱 복잡하게 하는 경향을 지님

• 계획의 실제 응용에 있어 항상 괴리가 발생하는 문제

② 1970년대에 계획이론의 다원화 시대로 접어들고 이때 가장 대표적인 패러다임이 정치경제모형임

③ 계획을 정부의 집합적인 간섭으로 조망하면서, 도시에서의 끊임없는 계층 간의 갈등을 정부가 간섭하는 과정을 통해 현대의 계획을 분석하고 설명

④ 계획의 실행은 자본 축적과정의 맥락 안에서 존재하며, 자본주의 생산양식의 관점에서 분석되어 야 함

- 자본주의 사회의 결정적인 계층 간의 갈등이 도시현상에도 조명되어야 함

⑤ 계획의 실행은 사회 · 역사적 맥락 안에서 비판적으로 분석되어야 함

⑥ 문제점

- 지나치게 장기적이며 사회 구조적 해결책만을 강조
- 특정한 사회 경제적 틀 안에서만 존재(보편 타당한 적용성을 갖기 어려움)

┤핵심문제

합리적 계획모형을 비판하는 데서 출발하여 계획은 자본주의 생산양식의 관점에서 분석되어야 하며 특정 이념에만 기능하는 대신 역사적 관계와 정치 · 사회 · 경제적 맥락을 전반적으로 조명하여야 한다고 강조 하는 지역계획모형은?   [12년 2회, 16년 2회, 19년 2회]

① 혼합주사적 계획(Mixed Scanning) 모형   ② 옹호적 계획(Advocacy Planning) 모형
③ 교류적 계획(Transactive Planning) 모형   ④ 정치경제계획(Political Economy Planning) 모형

답 ④

해설⊕
정치경제 계획(Political Economy Planning) 모형은 합리적 계획모형에 대한 비판적 입장에서 비롯된 이론으로 서, 계획의 실행은 사회 · 역사적 맥락 안에서 비판적으로 분석되어야 한다는 점을 강조하는 지역계획모형이다.

---

2. 주민참여

(1) 주민참여(民間參與)

1) 정의

일정 지역의 주민이 정책 또는 계획의 결정에 참여하는 것을 의미한다.

2) 안스타인의 주민참여 8단계

구분	단계	내용
비참여	1	조작
	2	치유
형식적 참여	3	정보제공
	4	상담
	5	회유
주민권력	6	협동
	7	권력이양
	8	주민통제

3) 주민참여의 행정관리적 기능과 정치적 기능

행정관리적 기능	정치적 기능
• 정보기능(정보확산 · 정보전달 · 정보수집기능) • 주민에의 접근 기능 • 주민의 이해 및 이견의 조정 기능 • 결정에의 관여 기능	• 간접민주주의 제도의 보완 • 행정책임 확보 • 지방행정의 독선화 방지

4) 주민참여의 순기능과 역기능

순기능	역기능
• 주민의 심리적 욕구 충족과 주체성 회복 • 주민의 권리, 재산상의 침해 예방 또는 극소화 • 자치단체의 행정실태 파악 • 주민의식 성숙, 사회적 · 정치적 능력 향상 도모 • 주민의 지지와 협조를 통한 집행의 효율화 • 자치단체와 주민 간 거리 단축으로 협조관계 강화 • 결정에 대한 책임 분담이 가능해짐 • 주민 요구를 통한 행정 수요 파악으로 사업의 우선순위 결정에 도움	• 정책집행의 지체 초래 가능 • 빈민층의 엄청난 기대와 실망스러운 결과는 패배의식을 안겨주는 결과를 초래할 수 있음 • 참여의 허구화와 민중조작 우려 • 소수의 적극적 참여자나 특수이익 과잉대표는 행정의 공정성을 저해할 수 있음 • 행정책임의 회피, 전가를 초래할 수 있음

———————————————————————————————|핵심문제

안스타인(S. Arnstein)이 주장한 주민참여 8단계에서 주민권력단계(Degrees of Citizen Power)에 해당하지 않는 것은? [15년 1회, 18년 2회, 23년 2회]

① 주민통제(Citizen Control)
② 권한위임(Delegated Power)
③ 협동관계(Partnership)
④ 상담(Consultation)

답 ④

해설 ⊕
주민권력단계에는 주민통제(8단계), 권한위임(7단계), 협동관계(6단계)가 포함된다. 상담의 경우는 형식적 참여단계이며 안스타인의 구분에 따르면 4단계에 해당한다.

01 지역획정의 원칙은 크게 동질성의 원칙과 기능결합의 원칙으로 구분할 수 있다. 기능결합의 원칙 중 하게트(Haggett)의 입지 분석을 통한 결절지역의 공간구조요소로 옳지 않은 것은? [16년 2회]

① 움직임(Movement)　② 네트워크(Networks)
③ 결절(Nodes)　④ 기후(Climate)

해설

기능결합의 원칙
• 동일한 중심결절과 관계를 가지고 있는 주변지역을 하나의 지역으로 통합
• 하게트(Haggett)의 입지 분석을 통한 결절지역의 공간구조요소 : 움직임(Movement), 네트워크(Networks), 결절(Nodes)

02 부드빌(Boudeville)이 정의한 지역구분에 해당하지 않는 것은? [16년 1회, 20년 1·2회]

① 동질지역(Homogeneous Region)
② 결절지역(Nodal Region)
③ 계획지역(Planning Region)
④ 추진지역(Propulsive Region)

해설

부드빌은 지역을 동질지역, 결절지역, 계획지역으로 분류하였다.

03 고용 또는 소득의 극대화나 지역개발의 극대화 등 어떤 목적을 가장 경제적인 방법으로 달성케 하는 연속적 공간으로 계획의 필요에 따라 설정된 지역은? [15년 1회]

① 결절지역　② 분극지역
③ 계획권역　④ 동질지역

해설

계획지역(計劃地域, Planning Region)
• 고용 또는 소득의 극대화나 지역개발의 극대화 등 어떤 목적을 가장 경제적인 방법으로 달성케 하는 연속적 공간

으로 계획의 필요에 따라 설정된 지역
• 일반적으로 계획의 집행과 효율성을 위해 행정구역과 일치시킨다.

04 공간적 거점을 중심으로 기능적 연계가 밀접하게 형성된 지역범위로, 상호의존적 또는 상호보완적 관계를 가진 몇 개의 공간 단위를 하나로 묶은 지역을 일컫는 것은? [13년 2회, 23년 2회, 24년 1회]

① 동질지역　② 중간지역
③ 낙후지역　④ 결절지역

해설

결절지역(Node Region)
• 상호의존적·보완적 관계를 가진 몇 개의 공간 단위를 하나로 묶은 지역
• 지역 내의 특정 공간 단위에 경제활동이나 인구가 집중되어 있는 공간 단위를 흔히 결절(Node) 또는 분극(Focus)이라고 한다.

05 다음 중 부드빌(Boudeville)에 의한 지역 분류가 옳은 것은? [13년 2회, 19년 2회, 24년 2회]

① 성장지역－침체지역－쇠퇴지역
② 동질지역－결절지역－계획권역
③ 과밀지역－중간지역－후진지역
④ 보완지역－대체지역－발전지역

해설

부드빌의 지역 분류
동질지역, 결절지역, 계획지역

06 다음 중 국토 및 지역계획의 공간 단위로서 지역을 구분하는 동질성의 원칙과 관계가 없는 것은? [12년 1회]

① 부드빌　② 요인분석법
③ 누스　④ 베리

해설

동질성의 원칙과 관련된 학자 및 관련 이론
- 부드빌의 동질지역 구분
- 클라센의 동질지역 : 지역의 번성도에 따라 동질성 구분
- 한센의 동질지역 : 지역의 과밀도에 따라 동질성 구분
- 베리의 요인분석 : 주요 변수들의 공통성을 추출하여 동질 지역 구분

07 다음 중 계획지역(Planning Region)에 대한 설명에 해당하는 것은? [16년 1회]

① 자원분포의 동질성을 확보하기 위해 기후, 지형, 식생, 토양 등 자연적 요소의 분포를 고려하여 결정한다.

② 인간의 경제활동을 중심으로 하나의 중심결절과 배후세력권의 크기를 고려하여 결정한다.

③ 경제지표, 즉 소득수준과 산업구조 등이 비슷한 정도를 고려하여 결정한다.

④ 투자의 효율성을 증대할 수 있는 충분한 크기의 면적과 투자과실의 공정한 분배가 이루어질 수 있는 면적을 고려하여 결정한다.

해설

문제 3번 해설 참고

08 계획권역(Planning Region)에 대한 설명으로 틀린 것은? [14년 1회]

① 지역의 의존성보다는 동질성에 기초한 지역개념이다.

② 대개의 경우 정치, 경제, 사회, 문화적인 유대가 깊고 특히 어떤 중심지와 주변지역과의 기능적 의존 관계가 존재하는 범위를 묶어 설정하게 된다.

③ 계획의 필요에 따라 설정된 지역을 가리킨다.

④ 고용 또는 소득의 극대화나 지역개발의 극대화 등 어떤 목적을 가장 경제적인 방법으로 달성케 하는 연속된 공간이다.

해설

계획권역(Planning Region)은 동질성보다는 어떠한 목적을 달성하기 위해 중심지와 주변지를 필요에 맞추어 설정한 권역을 의미한다.

09 다음 중 클라센(L. Klaassen)의 성장률과 소득수준에 의한 지역 분류에 해당하지 않는 것은? [16년 2회, 24년 1회]

① 번성지역
② 과밀지역
③ 저개발지역
④ 잠재적 저개발지역

해설

클라센의 동질지역 구분

성장률 $g_o = \dfrac{g_i}{g}$, 소득 $y_o = \dfrac{y_i}{y}$

여기서, g_i, y_i : i지역의 성장률과 지역의 소득

　　　　g, y : 국가의 성장률과 국가의 소득

- 번성지역 : $g_o > 1$, $y_o > 1$
- 발전도상 저개발지역 : $g_o > 1$, $y_o < 1$
- 잠재적 저개발지역 : $g_o < 1$, $y_o > 1$
- 저개발지역 : $g_o < 1$, $y_o < 1$

10 클라센(L. H. Klaassen)의 지역 분류 기준은? [15년 1회, 23년 1회]

① 성장률과 소득수준
② 산업별 인구 규모
③ 동질성과 의존성
④ 사회간접자본과 생산활동

해설

클라센(L. Klaassen)은 지역의 성장률과 지역의 소득, 국가의 성장률과 국가의 소득에 따라 지역 분류 기준을 수립하였다.

성장률 $g_o = \dfrac{g_i}{g}$, 소득 $y_o = \dfrac{y_i}{y}$

여기서, g_i, y_i : i지역의 성장률과 지역의 소득

　　　　g, y : 국가의 성장률과 국가의 소득

11 동질지역을 구분하는 방법에 해당하지 않는 것은? [12년 4회]

① 부드빌의 가중지수법
② 베리의 요인분석법
③ 글라손의 표준편차크기법
④ 크리스탈러의 중심지 체계 분석

●**해설**
크리스탈러의 중심지 체계 분석은 3차 산업을 대상으로 한 정주체계와 관련한 이론이다.

12 한센(N. Hansen)의 동질지역 구분에 해당하지 않는 것은? [15년 1회, 21년 2회, 24년 3회]

① 낙후지역(Lagging Regions)
② 침체지역(Recession Regions)
③ 과밀지역(Congested Regions)
④ 중간지역(Intermediate Regions)

●**해설**
한센의 동질지역 구분
• 과밀지역 : 한계사회비용>한계사회편익
• 중간지역 : 한계비용<한계편익
• 낙후지역 : 소규모 농업과 침체산업이 지배적인 경제구조를 지니고, 새로운 경제활동을 흡인할 수 있는 입지매력이 거의 없는 지역

13 다음 각 학자들과 그들이 주장한 지역 구분이 바르게 짝지어진 것은? [14년 2회, 20년 3회, 22년 4회]

① Boudeville : 동질 · 분극 · 계획 · 사업지역
② Herbertson : 지리적 · 경제 · 사회문화지역
③ Hilhorst : 과밀 · 중간 · 낙후지역
④ Hansen : 대도시 · 중소도시 · 농촌지역

●**해설**
① 부드빌(O. Boudeville) : 동질지역, 결절지역, 계획지역
③ 힐호스트(Hilhorst) : 분극지역, 계획권역, 동질지역, 사업지역
④ 한센(N. Hansen) : 과밀지역, 중간지역, 낙후지역

14 A도시의 인구는 100만 명, B도시의 인구는 25만 명이며 두 도시 간의 거리가 60km일 때, 두 도시의 세력이 분기되는 지점은 A도시로부터의 거리가 얼마인가?(단, 두 도시 사이에는 아무런 도시도 입지하지 않는다고 가정한다.) [16년 1회, 18년 2회, 23년 2회]

① 20km
② 30km
③ 40km
④ 45km

●**해설**
레일리의 소매인력법칙
$$\frac{1,000,000}{x^2} = \frac{250,000}{(60-x)^2} = \frac{250,000}{60^2 - 2 \times 60x + x^2}$$
$$1,000,000(3,600 - 120x + x^2) = 250,000x^2$$
$$\therefore x = 40\,km\,(A시에서의\ 상권의\ 범위)$$

15 A도시와 B도시가 있다. 컨버스의 수정소매인력이론을 이용하여 A도시로부터 분기점까지의 거리를 구하면 얼마인가?(단, A도시의 인구는 100,000명, B도시의 인구는 900,000명이고, A도시와 B도시 간 거리는 200km이다.) [16년 1회, 17년 2회, 20년 3회, 24년 2회]

① 30km
② 50km
③ 70km
④ 75km

●**해설**
레일리의 소매인력법칙
$$\frac{100,000}{x^2} = \frac{900,000}{(200-x)^2} = \frac{900,000}{200^2 - 400x + x^2}$$
$$200^2 - 400x + x^2 = 9x^2$$
$$40,000 - 400x - 8x^2 = 0$$
$$(400 - 8x)(100 + x) = 0,\ x = 50\ 또는\ -100$$
$$\therefore x = 50\,km\,(A시에서의\ 상권의\ 범위)$$

16 다음 중 권역을 설정하는 데 가장 유용한 통계적 기법은? [15년 4회]

① 로짓모형(Logit Model)
② 군집분석(Cluster Analysis)
③ 회귀분석(Regression Analysis)
④ 분산분석(Analysis of Variance)

해설

군집분석(Cluster Analysis)

• 개체들을 서로 유사한 것끼리 군집화하거나 상관관계가 큰 변수들끼리 집단으로 묶는 통계적 방법으로서 권역설정 시 가장 유용한 방식

• 개체들 간의 유사성(Similarity) 또는 이와 반대 개념인 거리(Distance)에 근거하여 개체들을 집단으로 군집화한다.

17 동일한 중심결절과 관계를 가지고 있는 주변지역을 하나의 지역으로 통합했다면 지역획정의 원칙 중 어떤 원칙에 따른 것인가?

[15년 4회, 18년 1회]

① 순위규모의 법칙
② 동질성의 원칙
③ 기능결합의 원칙
④ 계획성의 원칙

해설

기능결합(결절, 분극)의 특징

• 동일한 중심결절과 관계를 가지고 있는 주변지역을 하나의 지역으로 통합

• 결절·분극지역의 분석에는 인구이동, 상품과 서비스의 흐름, 전화 등 정보의 흐름의 일정한 규칙성을 활용하게 된다.

• 결절·분극지역에서는 경제활동은 물론 정치적·문화적인 관계에 있어서도 그 흐름이나 유대가 그 지역을 지배하는 중심점을 향해 이루어진다.

18 독시아디스가 설정한 인간의 정주공간 단위가 작은 것부터 큰 것으로 옳게 나열한 것은?

[14년 1회]

① Town－City－Metropolis－Megalopolis－Conurbation
② City－Town－Metropolis－Conurbation－Megalopolis
③ Town－City－Metropolis－Conurbation－Megalopolis
④ City－Town－Conurbation－Megalopolis－Metropolis

해설

독시아디스(C. A. Doxiadis)의 인간 정주학적 유형에 의한 분류

• 도시형성 이전 단계(6단계)
개인 → 방 → 주거(4명) → 주거군 → 소근린 → 근린(1,500명)

• 도시형성 이후 단계(9단계)
소도시(Town) → 도시(5만 명) → 대도시(City) → 거대도시(Metropolis, 200만 명) → 연담도시(Conurbation, 1,400만 명) → 대상도시(Megalopolis, 1억 명) → 도시화지역(Urban Resion) → 대륙도시(Urbanized Continent) → 세계도시(Ecumenopolis, 300억 명)

19 도시의 성격을 설명하는 데 있어 인구 규모를 기준으로 인간 정주사회를 15단계의 공간 단위로 분류한 학자는? [13년 4회, 23년 4회]

① 멈포드(L. Mumford)
② 독시아디스(C. A. Doxiadis)
③ 베버(M. Weber)
④ 쿠퍼(J. M. Cowper)

해설

독시아디스(C. A. Doxiadis)

• 인간 정주공간(정주사회)을 15개의 공간 단위로 구분

• 인간 정주학을 구성하는 5요소 : 인간, 사회, 자연, 네트워크, 구조물

20 지역계획과정에서 주민참여의 기대 효과로 볼 수 없는 것은? [14년 1회, 22년 4회, 24년 1회]

① 주민의 지지와 협조를 통한 집행의 효율화
② 주민 요구에 대한 행정책임의 강화
③ 주민의 심리적 욕구 충족과 주체성 회복
④ 주민 요구를 통한 행정 수요 파악으로 사업의 우선순위 결정에 도움

해설

주민참여를 할 경우 행정책임의 회피 현상을 가져올 수 있다.

❶ 지역발전이론

1. 지역개발의 공간형식의 변천

구분	세부사항
지역통합(1925~1935)	• 이상주의적 계획 • 문화적 지역주의
공간개발(1935~1950)	• 실용적 이상주의 • 유역개발 중심의 물적 계획
기능통합(1950~1975)	• 체계적 공간계획 • 공간개발정책과 공간균형정책 • 총량성장과 재분배성장
지역통합(1975~1985)	• 기본수요이론(기초수요이론) • 종속이론 • 상향적 복지적 지역계획의 접근 • 지방화 시대의 전개와 지역발전 중시 • 소득분배이론

─┤핵심문제

지역계획의 이론적 배경과 그 이론이 등장한 시기의 공간 형식이 바르게 짝지어진 것은?   [16년 1회]

① 이상주의 계획 – 기능통합　　　　② 실용적 이상주의 – 공간개발
③ 총량성장과 재분배성장 – 지역통합　　④ 종속이론 – 공간개발

답 ②

해설⊕

① 이상주의 계획 – 지역통합
③ 총량성장과 재분배성장 – 기능통합
④ 종속이론 – 지역통합

2. 기본수요이론

(1) 배경

1) 성장을 통한 재분배 방식의 실패 인식

2) 성장중심 전략의 문제점

① 기존의 경제성장이 빈곤층에 혜택을 주지 못함
② 서구식 개발모형은 성장만 강조
③ 분배적 차원의 형평성 무시
④ 주민의 기본욕구와 고용을 간과

3) 기본수요 접근방식은 1976년 리처드 졸러가 GNP 대신 기본수요전략을 개발에 사용해야 한다고 주장한 후 개발개념으로 주목받음

(2) 기본개념

① 기존 지역발전이론으로 인해 발생된 지역 불균형, 빈곤, 산업 문제 등에 대처
② 빈곤계층이 품위 있는 생활을 하는 데 기본이 되는 최소한의 물품과 서비스를 보장
③ 적정 규모의 지역에서 생산요소를 지역의 공동소유로 하고, 모든 주민에게 동등한 기회를 부여하여 기본수요를 충족시키면서 지역발전을 유도

(3) 기본수요전략

1) 생활권을 중심으로 한 개발전략으로서, 특히 초점을 두고 있는 생활권은 일상생활권과 주간생활권이다.

2) 기본수요

① 인간의 수요는 인간으로서 정상적인 기능을 함에 필요한 최저 수요라는 의미의 객관적 수요와 인간이 충족되어야 할 것으로 인지하는 주관적 수요의 두 가지 측면을 가지고 있다.
② 이 두 가지의 상이한 기준을 타협하여 얻은 것을 기본수요(Basic Minimum Needs)라고 표현하며, 일반적으로 적절한 식생활, 주택 등 가계의 사적 소비, 식수 · 보건 · 대중교통 · 교육 등 지역사회의 서비스 공급을 포함하며 여기에 국민의 참여를 포함시키기도 한다.

(4) 기본수요 유형

1) 기본수요는 1976년 유엔 국제노동기구(ILO)가 주최한 세계고용회의에서 처음 사용

2) 기본수요 12개 항목

보건(평균수명), 교육(문맹률), 식량(칼로리), 식수(상수도보급률), 위생(위생시설), 주택(주택보급률), 작업환경, 교통, 의류, 위락, 안전, 자유

(5) 특징

1) 일반적 특징

① 빈곤층의 기본욕구가 개발계획과 정책의 핵심
② 기본욕구는 물질뿐만 아니라 교육, 보건 등 공공적이며 공동체적인 서비스, 인간의 권리, 참여, 자립의 측면도 모두 포함
③ 시간에 따라 진보하는 동적인 개념으로서 하위의 최저 요소가 충족되면 상위의 요구 수준이 최저 수준으로 등장
④ 일반적인 최소의 기본욕구는 식품, 교육, 보건, 위생을 포함
⑤ 기본욕구전략에 정치적 권력의 배분도 포함

2) 본질적 특성

① 지역자원과 지방기술을 활용, 지방욕구의 충족
② 부문 간의 상호 연계체제 강조
③ 빈곤층 지향
④ 계획에서의 지방적 참여

3) 이론의 한계

① 국가나 지역에 따라 다양하게 실시됨에 따라 통일된 기본수요 개념이 없음
② 세계경제, 자본, 기술, 집적경제, 비교우위 등의 개념을 무시
③ 주민의 구매력을 위한 소득의 공정한 분배와 같은 지역사회구조의 변화를 요구
④ 제로성장을 강조할 경우 기본수요 충족이 미비
⑤ 지역성장 방향의 불투명성과 새로운 생산체계 도입에 따른 기존 생산체계의 희생

3. 신고전이론(신고전학파의 지역경제성장이론, 1960년대)

(1) 정의

① 생산성의 증가를 성장의 기초로 여겨 공급 측면을 강조한 성장이론으로 지역 간 생산요소의 이동에 의해 성장을 파악하였다.

② 생산요소의 지역 간 이동이 자유롭게 허용된다면 자연히 지역 간 형평이 달성된다고 보았다.

(2) 기본특징

① 지역의 경제성장은 노동, 자본, 기술 등 생산요소의 증가에 의하여 결정되며 이러한 생산요소가 지역 간에 이동함에 따라 장기적으로는 지역 간 소득격차를 좁힌다.

② 지역 간 요소 가격의 차이 → 지역 간 자유로운 생산요소의 이동 → 해당 지역 요소생산성의 증대 → 생산능력 증대 → 생산 증가 → 지역경제성장

③ 도시의 임금이 낮아지면 높은 수익이 발생되므로 자본은 고임금지역에서 저임금지역으로 움직이게 되어 한계요소수익이 같아질 때까지 생산요소가 움직여 자동적으로 소득 균형이 이루어진다.

④ 지역경제성장의 원동력이 해당 지역의 공급능력에 있다고 이해하고 이러한 공급능력을 결정하는 핵심적인 생산요소인 자본 및 노동의 부존량 및 확보에 의해 지역성장이 결정된다고 보는 공급중시 이론이다.

(3) 미르달(G. Myrdal)의 역류효과(逆流效果, Backwash Effects)

① 한 지역은 중심도시와 주변지역으로 구성된다.

② 중심도시와 주변지역 간에는 순환인과관계가 이루어지고 역류와 확산효과가 나타나게 된다.

③ 역류효과와 확산효과는 주기적인 상향 또는 하향운동을 일으킴으로써 지역 간 격차를 지속시킨다. 성장지역의 부(富)와 기술 등이 주변지역으로 파급되어 지역 간 격차가 줄어드는 것이 아니라, 오히려 주변지역의 자본, 노동 등 생산요소가 계속해서 성장지역으로 흘러 들어가 성장지역은 계속 성장하고 주변지역은 계속 낙후지역으로 남게 되는 것이다.

┤핵심문제

1960년대에 지역경제학자들이 국가경제의 성장모형으로 개발한 모형을 지역 간 생산요소의 이동을 특징으로 하는 개방적인 지역경제의 성장에 적용하기 시작한 것으로, 지역의 경제성장은 노동, 자본, 기술 등 생산요소의 증가에 의하여 결정되며 이러한 생산요소가 지역 간에 이동함에 따라 장기적으로는 지역 간 소득격차를 좁힌다고 주장하는 이론은? [13년 2회, 17년 2회, 23년 2회]

① 중심 · 변경이론　　　　　　　　② 종속이론
③ 쇄신확산이론　　　　　　　　　④ 신고전이론

④

해설 ⊕

신고전학파의 지역경제성장이론인 신고전이론은 생산성의 증가를 성장의 기초로 여겨 공급 측면을 강조한 성장이론으로 지역 간 생산요소의 이동에 의해 성장을 파악하였다.

4. 성장거점이론(Growth Center Theory)

(1) 정의

① 경제 선도 산업, 집적 경제, 확산 효과가 있는 지역을 지정하고 이를 집중적으로 개발하여 국가 경제성장을 견인하는 방법과 수단에 대한 이론이다.

② 성장속도가 빠르고 전·후방 연관효과가 큰 경제활동 분야의 파급성 및 국가 경제 견인성에 대한 이론인 성장극이론(Growth Pole Theory, 페로우)에 기반을 두고 있다.

(2) 핵심개념

1) 선도산업(Leading Industry)

① 성장에 대한 열의를 고무할 수 있는 새로운 기술의 역동적인 산업

② 산업의 규모가 커서 경제적 지배력을 행사할 수 있는 산업

③ 지역의 성장을 이끄는 산업으로서 수요에 대한 소득 탄력성이 높아 다른 산업에 비해 성장속도가 빠른 산업

④ 여타 부분과의 산업 간 연계성이 높은 산업(전후방 연계성이 높고 파급효과가 있음)

2) 극화현상(Polarization Effect)

성장극이 주변지역과의 경쟁에서 항상 유리한 입장을 취하여 성장극 주변지역에서 유능한 두뇌를 흡수하여 주변지역의 경제활동을 둔화시키는 현상

3) 확산(파급)효과(Spread Effect)

중심지의 잉여자본과 과학기술이 주변지역으로 흘러 들어오는 것으로서 역류효과가 보다 강력하므로 불균형 성장을 유발

---핵심문제

성장거점이론의 기본개념과 가장 거리가 먼 것은? [15년 1회, 19년 2회]

① 경쟁효과(Competition Effect)
② 선도산업(Leading Industry)
③ 극화효과(Polarization Effect)
④ 파급효과(Spread Effect)

답 ①

해설⊕
성장거점이론의 기본개념
선도산업(Leading Industry), 극화현상(Polarization Effect), 확산(파급)효과(Spread Effect)

핵심문제
[12년 4회]

성장거점이론에 있어서 선도산업이 갖는 특성이 아닌 것은?

① 진보된 수준의 기술을 요구하는 새롭고 동적인 산업이다.
② 다른 부분과 강한 산업적 연계를 갖는다.
③ 성장을 유도하고 그 성장을 다른 곳으로 확산시킨다.
④ 다른 산업에 비하여 성장속도는 느리나 안정된 성장을 보인다.

답 ④

해설◑

선도산업(Leading Industry)은 지역의 성장을 이끄는 산업으로서 수요에 대한 소득 탄력성이 높아 다른 산업에 비해 성장속도가 빠른 산업이다.

(3) 페로우(F. Peffoux)가 제시한 성장극(Growth Pole)

1) 정의

① 지리적 공간상에서 발전의 효과를 발생시키는 입지
② 성장극(Growth Pole)이 경제공간상의 기업이나 산업을 가리킨다면 성장거점은 지리공간상의 성장적 입지, 곧 도시를 의미한다.
③ 낙후지역을 개발하기 위한 지리공간적 정책수단으로 사용되며 나아가서 대도시의 인구과밀을 막기 위한 수단으로도 이해되고 있다.
④ 역동적 산업의 집합체로서의 도시를 의미하여 이러한 성장거점상의 주력산업을 추진력 있는 산업이라 한다.

2) 특성

구분	내용
대규모성(大規模性)	성장거점상의 추진력 있는 산업은 최소한 지역의 적정성장을 유도할 수 있는 규모는 되어야 하며 이러한 산업이 입지하기 위해서는 인적자원, 부존자원, 정책적 지원 등으로 타 지역과 비교되는 매력적 입지조건을 가져야 한다.
급속한 성장	추진력 있는 산업은 지역발전을 위해 급속한 성장이 가능한 산업이어야 하지만 경기의 변화에 영향이 적은 탄력성이 높은 안정적인 산업이어야 한다.
타 산업과의 높은 연계성(連繫性)	추진력 있는 산업은 타 산업과의 연관성이 높아 추가적 산업성장을 유발할 수 있는 산업이므로, 전·후방 연계가 강해야 한다.
전방연쇄효과	선도산업의 발전이 그 생산물을 사용하여 생산할 수 있는 새로운 산업을 발전시키는 효과
후방연쇄효과	선도산업이 설립되면 그 선도산업에 투입될 중간생산재를 생산하는 산업의 발전이 유도되는 효과

★ 페로우(F. Perroux)가 제시한 성장극(Growth Pole)의 특성으로 옳지 않은 것은?

[13년 4회, 16년 4회, 22년 1회]

① 성장극은 전체산업의 평균성장률보다 빠른 성장속도를 갖는다.
② 성장극은 자체의 성장을 유도하고 성장을 다른 곳으로 확산시킨다.
③ 성장극은 경제적 지배력을 가질 수 있을 만큼 충분히 큰 규모를 갖는다.
④ 성장극은 다른 산업과의 연계에 있어서 독립성이 강한 특징이 있다.

답 ④

해설⊕
페로우(F. Perroux)가 제시한 성장극(Growth Pole)의 특성
대규모성(大規模性), 급속한 성장, 타 산업과의 높은 연계성(連繫性), 전방연쇄효과, 후방연쇄효과

5. 기타 지역발전이론

(1) 후버-피셔의 지역발전 5단계설

1) 정의

후버-피셔(Hoover-Fisher)는 지역발전을 산업구조의 전환과정에 따라서 5단계로 구분하였다.

2) 지역발전 5단계

자족적 최저생존경제단계(Stage of a Self Sufficient Subsistence Economy) → 1차 산업단계 및 지역 간 교역단계 → 2차 산업 도입단계 → 공업의 다양화 단계(A Shift to Move Diversified Industrialization) → 3차 산업의 전문화 단계

★ 다음 중 후버-피셔의 지역발전 5단계설의 두 번째 단계에 해당하는 것은?

[12년 1회, 19년 1회, 23년 1회]

① 1차 산업 전문화 및 지역 간 교역의 단계
② 2차 산업의 도입단계
③ 다양한 공업화 이행단계
④ 수출용 3차 산업 전문단계

답 ①

해설⊕
지역발전 5단계
자족적 최저생존경제단계(Stage of a Self Sufficient Subsistence Economy) → 1차 산업단계 및 지역 간 교역 단계 → 2차 산업 도입단계 → 공업의 다양화 단계(A Shift to Move Diversified Industrialization) → 3차 산업의 전문화 단계

(2) 톰슨(W. R. Thompson)의 도시의 성장 5단계설

1) 정의

후버 – 피셔의 5단계 발전과정 중에서 3단계인 2차 산업 도입 이후의 과정을 더욱 세분화하였다.

2) 도시성장 5단계

구분	내용
소수의 특정산업에 의한 수출 전문화 단계	하나의 산업이나 기업이 도시경제를 좌우하는 경우
복합수출산업단계	제 기반의 확대가 이루어지게 되며 수출산업의 범위도 넓어지게 된다.
지역경제 성숙단계	지역경제의 수출의존도가 더욱 높아지며 지역서비스산업의 성장도 두드러지게 나타난다.
고급기능확대단계	인접지역에 대한 서비스의 공급이 확대된다.
고도전문도시단계	지역은 특정 기술과 전문화된 기능을 수행하게 되며 국가적인 중심지 기능을 담당

(3) 클라센과 팰린크(Klaassen and Paelinck)의 도시발전 6단계

1단계	성장기	도시화	절대적 집중
2단계	성장기	도시화	상대적 집중
3단계	성장기	교외화	상대적 집중
4단계	성장기	교외화	절대적 분산
5단계	쇠퇴기	역도시화	절대적 분산
6단계	쇠퇴기	역도시화	상대적 분산

(4) 프리드만의 도시체계 이론

1) 개념

분극적 개발이론에서 국가의 경제발전의 단계에 따라 도시체계의 동태적 변화를 설명하였다.

2) 경제발전 4단계

단계	구분	내용
1단계	공업화 (산업화) 이전 단계	• 많은 수의 소규모 중심지가 농업 지역에 고르게 분포 • 소규모 중심지들은 그 주변 배후지역에 중심 서비스 공급 • 중심지 간 교역은 없고 중심지와 농촌 배후지 간의 경제적 교류만 존재
2단계	초기 공업화 단계	• 공업화의 진행에 따라 종주적인 패턴이 공간 구조를 지배 • 종주도시는 식민지 시대에는 자원 착취의 거점으로, 공업화 단계에서도 배후지에 대한 기생적 관계를 형성 • 농촌에서 종주도시로 대규모 인구이동이 발생함으로써 정주 패턴이 불안정하며 경제성장을 제약함

3단계	과도 단계	• 어느 정도 종주성은 남아 있지만 점차 지역 중심도시가 발달하며 배후지에 대한 지배력이 약화됨 • 국가의 새로운 자원이 생산과정에 점차 흡수됨으로써 경제성장의 잠재력은 커짐 • 종주도시와 몇 개의 지방도시 사이에 낙후된 빈곤지역 존재(공간구조 불안정)
4단계	경제발전 단계	• 순위규모분포 원리에 입각한 완전히 발달된 공간 조직이 출현 • 중심지 체계를 통해 전 국토와 공간 경제가 통합됨 • 경제성장의 잠재력이 극대화되고 고도의 지역 간 균형이 달성됨

(5) 불균형 성장이론(성장거점이론 비판)

1) 정의

신고전학파의 주장처럼 시장 방임은 생산요소의 자동적인 이동에 의해 지역 간 균형이 이루어지는
것이 아니라 오히려 지역 간의 격차를 확대시킨다는 이론

2) 미르달(G. Myrdal)

파급효과의 가능성을 인정하면서도 배후지역의 사회경제적 환경 악화로 모든 생산 요소가 중심지역으
로 집중되는 역류효과가 후진국에서 일반적 현상이라고 주장

3) 허쉬만(A. O. Hirschman, 1958)

① 극화효과(Polarization Effects)로 불균형 성장을 설명
  • 지역 간의 불균형 구조로 인하여 발전지역이 저발전지역으로부터 노동, 자본, 물자 등을 흡수함으
    로써 저발전지역의 발전잠재력을 훼손하는 효과(극화효과)를 가져온다고 주장
② 장기적으로는 중심지역이 제공하는 적하효과(Trickling Down Effects, 분극효과)를 통해 배후지
  역의 경제도 성장하게 될 것이라고 전망
③ 정부 정책은 주변지역에 역점을 두어 지역격차 해소 및 지역 간 균형 개발하는 방향으로 추진되어야
  한다고 주장

┤핵심문제

허쉬만(Hirschman)의 불균형 지역성장이론을 가장 잘 설명하는 것은?　　　　[14년 1회, 17년 2회]

① 대약진(Big Push) 전략
② 역류효과(Backwash Effect)와 파급효과(Spread Effect)
③ 쇄신의 계층적 파급(Hierarchical Diffusion)
④ 극화(Polarization)와 적하효과(Trickling Down)

답 ④

해설 ⊕
허쉬만(A. O. Hirschman, 1958)은 지역 간의 불균형 구조로 인하여 발전지역이 저발전지역으로부터 노동, 자본,
물자 등을 흡수함으로써 저발전지역의 발전잠재력을 훼손하는 효과(극화효과)를 가져온다고 주장하였고, 장기적
으로는 중심지역이 제공하는 적하효과(분극효과)를 통해 배후지역의 경제도 성장하게 될 것이라고 전망하였다.

② 공간구조이론

구분	주요 이론
1차 산업 입지이론	튀넨의 고립국모형(농업입지론)
2차 산업 입지이론	베버의 최소비용법
	뢰쉬의 최대수입(수요)이론
	프레드의 행태적 입지론
3차 산업 입지이론	크리스탈러의 중심지이론

1. 중심지이론(Central Place Theory)

(1) 개념 및 기본가정

1) 개념

① 독일 학자인 크리스탈러에 의해 1950년 주장되었으며, 공간 구조론의 기초가 된 이론이다.

② 3차 산업(서비스 산업)을 대상으로 도시 계층과 분포의 규칙성을 밝히려는 이론이다.

③ 중심지는 배후지역에 재화·용역을 제공하고 물자교환의 편의를 제공하는 장소로서 중심지이론은 정주체계를 구성하고 있는 취락 상호 간의 도시의 분포, 거리 및 상호 계층 간의 지역구조에 관한 현상을 설명하는 이론이다.

2) 기본가정

① 등질 평야 지대

② 교통수단과 접근성이 동일

③ 운송비는 거리에 비례

④ 소비자는 중심지 주변에 균등 분포

⑤ 소비자의 성향과 구매력은 모두 동일

⑥ 최소 비용으로 재화를 구입하는 경제인

3) 특징

① 도시는 크고 작은 여러 계층으로 구성되어 있다.

② 저위계층에서 고위계층으로 가면 중심지 숫자는 적어진다.

③ 고위 중심지 기능은 저위 중심지 기능을 포함한다.

④ 저위 중심지 기능은 고위 중심지 기능을 포함할 수 없다.

⑤ 교통이 발달하면 고위 중심지는 발달한다.

⑥ 교통이 발달하면 저위 중심지는 쇠퇴한다.

⑦ 고위 중심지일수록 접근도가 높다.

(2) 시장(중심지)

1) 시장(중심지)의 개념

① 중심지

주변지역에 재화와 서비스를 제공하는 넓은 의미에서의 도시

② 배후지(보완지역)

중심지를 이용하는 주변지역으로서 시장의 영향권, 세력권, 상권을 의미

③ 중심재

시장(중심지)을 통해 제공되는 재화(상품)와 용역(서비스)

④ 재화의 도달거리

⑤ 상권 및 수요

2) 시장(중심지)의 기능

주변지역에 재화(상품)와 용역(서비스)을 제공하는 도소매업, 교통, 금융, 교육, 행정 등과 같은 3차 산업의 기능

3) 시장(중심지)의 형성

① 시장이 성립하기 위해서는 최소 요구치(Threshold Range)보다 재화의 도달 범위(Range of Goods)가 커야 한다.

구분	내용
최소 요구치(Threshold)	중심 기능이 존속하기 위해 필요한 최소한의 수요, 상권
재화의 도달 범위(Range of Goods)	재화와 서비스의 도달 거리 또는 범위
중심지 성립 조건	최소 요구치 < 재화의 도달 범위

② 인구가 희박하고 교통이 발달하지 못하면 최소 요구치보다 재화의 도달 범위가 작아지게 되므로 시장이 성립되지 못한다.

4) 시장권의 크기를 결정하는 요인

구분	내용
재화나 용역 생산 규모의 경제의 크기	규모의 경제에 의한 생산비용의 감소는 시장권의 크기를 증가시킴
재화나 용역에 대한 수요의 밀도	수요의 밀도가 높을수록 시장의 크기가 증가
수송비용의 크기	수송비용이 적은 경우 가격이 감소하여 시장권의 크기가 증가

(3) 포섭 원리(Nesting Principle)

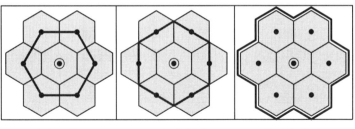

시장의 원리   교통의 원리   행정의 원리

구분	내용
시장의 원리 (Marketing Principle, K=3 System)	• 시장성 원칙이라고도 함 • 시장권이 3개의 상위 중심지에 의해 1/3씩 분할 포섭(6×1/3+1=3) • 고차 중심지의 보완구역은 저차 중심지보다 3배가 넓어짐(K=3 System)
교통의 원리 (Transportation Principle, K=4 System)	• 교통로상에 입지하는 중심지의 수를 극대화하는 포섭 원리 • 등거리에 있는 2개의 상위 중심지에 의해 시장권을 1/2씩 분할 포섭(6×1/2+1=4) • 보완구역의 크기는 4배수로 증가하게 됨(K=4 System)
행정의 원리 (K=7 System)	• 중심지가 배후지를 능률적으로 관리할 수 있도록 하는 포섭 원리 • 행정통제상 고차의 행정중심지가 저차 행정중심지의 관할구역을 완전 포섭 배타적 배후지를 가짐(6×1+1=7) • 보완구역의 크기보다 7배수 증가하게 됨(K=7 System) • 행정 원리에 따른 공간조직은 각 중심지의 보완구역이 커지기 때문에 행정통제에는 유리하지만 재화와 서비스의 공급 측면에서는 비효율적임
제4의 원리 (시장–행정모형)	• 시장 원리에 의한 지역단위를 행정구역의 기본단위로 함 • 공공재의 효율적 배분을 가장 중요한 과제로 인식한 행정 원리의 역할을 시장 원리와 동등한 차원이 아닌 하나의 고려해야 할 요인으로 간주

핵심문제

크리스탈러(W. Christaller)의 중심지이론에서 중심지의 계층을 형성하는 포섭 원리에 해당하지 않는 것은?   [12년 2회, 18년 2회, 23년 4회]

① 시장 원리   ② 교통 원리   ③ 행정 원리   ④ 임계 원리

답 ④

해설 ⊕

포섭 원리(Nesting Principle)
• 시장의 원리(Marketing Principle, K=3 System, 시장성 원칙)
• 교통의 원리(Transportation Principle, K=4 System)
• 행정의 원리(K=7 System)
• 제4의 원리(시장–행정모형)

크리스탈러의 중심지이론에서 1개의 중심지가 그 중심지 및 3개의 하위 중심지를 포섭하는 원리는?

[12년 4회, 19년 1회, 23년 4회]

① 시장의 원리   ② 행정의 원리

③ 교통의 원리   ④ 근린의 원리

답 ③

해설

1개의 중심지가 그 중심지 및 3개의 하위 중심지를 포섭하는 것이므로, 1개의 중심지가 4개의 하위 중심지를 포섭하는 개념이다. 이는 교통의 원리(K=4)에 해당한다.

2. 산업입지이론

(1) 지역산업연관모형(지역투입산출모형, Regional Input-output Model)

1) 정의

지역적인 차원에서 산업부문 간 경제활동의 상호의존관계를 설명하고 최종수요의 규모변동에 따른 경제적 파급효과를 분석하는 방법이다.

2) 지역경제의 구성

① 생산부문

② 지불부문(재고 사용)

③ 중간수요부문

④ 최종수요부문(가계소비, 정부구입, 수출, 민간자본 형성, 재고축적 등)

3) 기본가정

① 모든 산업은 하나의 선형적 · 동질적 생산함수를 갖는다.

② 측정 기간 동안 교역계수는 동일하다.

③ 외부경제와 비경제는 없다.

④ 최종 생산물은 원초적 생산요소, 중간재, 최종재로 구분하여 추계한다.

⑤ 모든 재화와 원료의 가격, 기업의 판매상태가 일정불변임을 가정한다.

4) 특징

장점	단점
• 통계적 시계열분석법이 보여줄 수 없는 지역 간 및 지역 내의 산업 연관관계 파악 가능 • 최종수요부문에서의 수요의 증가가 중간 재생산부문에 미치는 경제적 효과를 측정 • 장래의 최종수요 증가에 따르는 고용승수효과 측정 가능	• 모든 재화와 원료의 가격, 기업의 판매상태가 일정불변임을 가정(비현실적) • 산업부문을 정확하게 구분하기 위해서는 전문적 지식 필요 • 자료수집에 있어서 현장조사 필요(자료수집이 어려우며 많은 비용 필요)

핵심문제

다음 중 지역적인 차원에서 산업부문 간 경제활동의 상호의존관계를 설명하고 최종수요의 규모 변동에 따른 경제적 파급효과를 분석할 수 있는 모형은?   [12년 1회]

① Economic Base Model   ② Input-output Model
③ Shift-share Model   ④ Location Quotient Model

답 ②

해설⊕

지역산업연관모형(지역투입산출모형, Regional Input-output Model)은 모든 산업은 하나의 선형적·동질적 생산함수를 갖는다는 가정하에 지역적인 차원에서 산업부문 간 경제활동의 상호의존관계 및 최종수요의 규모 변동에 따른 경제적 파급효과를 분석하는 방법이다.

(2) 알프레드 베버(A. Weber)의 공업입지이론(최소비용이론, 최소비용법)

1) 개념

① 알프레드 베버(A.Weber)의 공업입지이론은 정주체계이론 중 2차 산업에 대한 입지이론으로 최소비용법이라고도 한다.

② 최소비용법이란 수송비, 노동비와 집적이익을 고려하여 생산에 드는 총비용이 최소가 되는 곳에 산업이 입지한다는 이론으로서 입지결정 인자로는 수송비, 노동비, 집적이익이 있다.

2) 입지결정 인자

구분	내용
최소수송비 원리	총수송비가 최소가 되는 지점에 입지하는 것이 최적입지이다.
노동비에 따른 최적입지의 변화	만일 어느 지역이 상대적으로 노동비가 저렴하다면 최적입지는 최소수송비지점에서 벗어날 수 있다.(노동지향형 입지)
집적이익에 따른 최적지점의 변화	서로 다른 기업들이 한 지점에 집적함으로써 생산비용을 절감할 수 있을 때 최소수송비지점에서 이동할 수 있다.(집적지향형 입지)

3) 원료지수(M) = 사용된 편재원료 중량/최종생산물중량

① M > 1이면 중량감소형 원료(원료지향형 입지)

② M=1이면 중량불변형 원료(입지자유형)

③ M < 1이면 중량증가형 원료(시장지향형 입지)

───┤핵심문제

다음 중 베버(A. Weber)의 공업입지이론에서 입지를 결정하는 인자에 해당하지 않는 것은?

[12년 4회, 15년 2회, 23년 1회]

① 수송비   ② 집적경제

③ 노동비   ④ 제품수요

답 ④

해설◉--

입지결정 인자

• 최소수송비 원리

• 노동비에 따른 최적입지의 변화

• 집적이익에 따른 최적지점의 변화

(3) 수출성장기반이론(Export Base Model, 경제기반이론)

1) 정의

① 지역의 성장은 신고전학모형이 주장하는 것처럼 생산요소의 유입·유출로 인한 외부관계에 있는 것이 아니라 지역 내부에 기인한다는 입장으로서, 경제기반이론(Economic Base Theory)이라고도 한다.

② 한 지역의 경제를 기반부문(수출부문)과 비기반부문(지원부문)으로 구분한다.

③ 도시의 산업을 기반부문과 비기반부문으로 나누고 기반부문에서 생산된 재화를 타 지역으로 수출함으로써 이익을 창출하여 도시가 성장한다.

2) 수출기반모형의 가정

① 동일한 노동 생산성 : 지역과 전국 간의 노동생산성이 동일

② 동일한 소비수준 : 지역과 전국 간의 소득수준이 통일

③ 폐쇄된 경제(Closed Economy) : 국가 간 교역이 없음을 의미

3) 기반부문(Basic Sector)과 비기반부문(Non-basic Sector)

① 기반부문

경쟁력을 갖추고 있는 수출산업으로 재화나 용역을 외부에 수출함으로써 화폐를 벌어들여 도시경제의 성장을 가져오게 하는 부문(수출부문 – Export Sector)

② 비기반부문

생산된 재화나 용역은 지역 자체 내에서 소비됨으로써 외부 지역으로 수출되지 않고 기반산업을 보조하는 중간재 역할을 한다. (지방부문-Local Sector, 서비스 부문-Service Sector)

4) 경제기반승수 및 기반비

① 경제기반승수 $= \dfrac{\text{총 고용인구}}{\text{기반산업고용인구}}$

② 기반비 $= \dfrac{\text{비기반산업고용인구}}{\text{기반산업고용인구}}$

③ 총 고용인구 변화 = 경제기반승수 × 기반산업고용인구 변화

5) 특징

장점	단점
• 이해하기 쉬워 설득력이 강하다. • 지방의 경제·산업정책을 수립하는 데 유용한 정보를 제공한다. • 적용이 용이하며, 한 지역의 경제적 건전도 평가 및 경제적 위기 시점을 쉽게 발견한다. • 산업연관표 작성이 어려운 경우에 유용하다.	• 경제성장과 관련한 내적인 요인의 영향을 고려할 수 없다. • 다른 공급 측면을 무시하고 있다. (수출만을 고려하고 수입은 고려하지 않음) • 기반·비기반산업의 구분이 어렵다. • 자료조사가 어렵다. • 수출활동 변동이나 지역성장과정의 설명이 어렵다. • 경제기반승수 일정의 가정은 비현실적이다.

──────────────────── 핵심문제

다음 중 경제기반이론(Economic Base Theory)에 관한 설명으로 가장 거리가 먼 것은?

[12년 2회, 18년 2회, 22년 2회, 23년 2회]

① 기반활동만이 지역경제의 원동력이고 비기반활동은 지역성장에 기여하지 않는 부수적인 활동이라고 가정한다.

② 개념적으로 지역의 경제활동을 단순하게 기반활동과 비기반활동으로 분류하기 어려운 산업활동이 있다.

③ 지역의 성장이 지역에서 생산되는 재화의 외부 수요에 의해 결정된다는 것에 기초한다.

④ 경제기반승수가 계속 변화한다고 가정하기 때문에 모형은 실제로 단기 예측에는 부적절하다.

🅐 ④

해설 ⊕ --

수출기반성장이론(Export Base Model)에서 경제기반승수가 일정하다고 가정하며, 이 가정은 수출기반성장이론을 비현실적으로 만드는 단점으로 작용한다.

┤핵심문제

★ 총 고용이 50만 명인 지역의 경제기반승수가 2라면, 기반활동 고용이 1만 명 증가할 때 총 고용은 어떻게 변하는가? [15년 4회, 19년 2회, 23년 2회]

① 51만 명으로 증가 ② 52만 명으로 증가

③ 53만 명으로 증가 ④ 54만 명으로 증가

답 ②

해설⊕--

총 고용인구 변화=경제기반승수×기반산업고용인구 변화=2×1만=2만
그러므로 총 고용인구는 52만 명이 된다.

(4) 입지계수(LQ : Location Quotient)

1) 정의

① 해당 지역의 입지계수(LQ : Location Quotient)는 어떤 지역의 산업이 전국의 동일 산업에 대한 상대적인 중요도를 측정하는 방법으로 산업의 상대적인 특화 정도를 나타내는 지수이다.

② 지역과 전국 간의 노동생산성, 소비수준, 수요패턴, 상품은 동일하다고 가정한다.

2) 산출식 및 평가

$$LQ = \frac{E_{ri}/E_r}{E_{ni}/E_n} = \frac{r지역의\ i산업\ 고용수/r지역\ 전체\ 고용수}{전국의\ i산업\ 고용수/전국의\ 고용수}$$

① LQ(입지계수) > 1 : 특화산업(기반산업)

② LQ(입지계수) < 1 : 비기반산업

③ LQ(입지계수) = 1 : 전국이 같은 수준

3) 수출성장기반모형(입지계수)의 문제점

① 수출만을 고려하고, 수입, 중간재 등 다른 공급 측면을 무시하고 있다.

② 기반산업과 비기반산업의 구분이 어렵다.

③ 산업의 구조조정 및 기술혁신 등 내적 요인이 성장에 기여하는 측면을 적절히 설명하지 못한다.

④ 어떤 산업의 생산품에 대한 수요 수준이 전국적으로 동일하다고 가정하는 모순이 있다.

핵심문제

입지상은 어떤 지역의 산업이 전국의 동일 산업에 대한 상대적인 중요도를 측정하는 방법으로서, 그 지역 산업의 상대적인 특화 정도를 나타낸 계수이다. [보기]의 경우 지역산업의 입지계수는 얼마인가?

[15년 4회, 18년 4회, 23년 2회]

[보기]
• 전국의 총 고용인구 : 1,000만 명 • 전국의 i산업 고용인구 : 200만 명
• A지역의 총 고용인구 : 10만 명 • A지역의 i산업 고용인구 : 3만 명

① 1 ② 1.5
③ 2 ④ 2.5

답 ②

해설 ⊕

$$LQ = \frac{E_{Ai}/E_A}{E_{ni}/E_n} = \frac{A지역의\ i산업\ 고용수/A지역\ 전체\ 고용수}{전국의\ i산업\ 고용수/전국의\ 고용수}$$

$$= \frac{30,000/100,000}{2,000,000/10,000,000} = 1.5$$

핵심문제

다음 중 입지계수법(Location Quotient Method)에 대한 설명으로 옳지 않은 것은?

[14년 2회, 17년 4회]

① A지역 특정산업의 입지계수(LQ값)가 1보다 크면 A지역은 해당 산업이 비교적 특화되어 있다는 의미다.
② 중간재의 특성을 고려한 장점이 있다.
③ 수출기반모형 중 하나인 입지계수법은 수요모형에 해당한다.
④ 어떤 산업의 생산품에 대한 수요 수준이 전국적으로 동일하다고 가정하는 모순이 있다.

답 ②

해설 ⊕

입지계수(LQ : Location Quotient)는 수출만을 고려하고, 수입, 중간재 등 다른 공급 측면을 무시하고 있다는 단점을 가지고 있다.

(5) 튀넨의 농업입지론(1차 산업 입지이론)

1) 개념

① 1차 산업인 농업적 토지이용을 바탕으로 도시의 정주체계를 설명한 이론으로 토지이용 패턴이 시장으로부터의 거리에 따라 분화됨을 설명한 이론이다.
② 지대 차이의 발생원인
  • 지대 = 매상고(제품의 단위가격, 농산물의 시판수입 등)
      − 생산비(생산단위비용, 농산물의 생산비용)
      − 수송비(시장까지의 운송비용, 시장까지의 거리)

• 토지비옥도는 동일하다고 가정하고, 수송비의 차이를 지대로 봄

2) 특징

① 지대가 높은 도심은 근교농업(집약적 토지이용, 고가의 곡물 생산) 발달

② 지대가 낮은 도심 외곽은 조방적 토지이용 중심

③ 작물 · 경제활동에 따라 한계지대곡선은 달라진다.

④ 농산물 가격 · 생산비 · 수송비 · 인간의 형태 변화는 지대를 변화시킨다.

┤핵심문제

본 튀넨이 제시한 농업용 토지의 지대이론에서 토지의 지대를 결정하는 요인에 해당하지 않는 것은?

[13년 4회, 18년 4회]

① 거리   ② 제품의 단위가격

③ 생산단위비용   ④ 인구밀도

답 ④

해설⊕

지대 = 매상고(제품의 단위가격, 농산물의 시판수입 등)
  − 생산비(생산단위비용, 농산물의 생산비용)
  − 수송비(시장까지의 운송비용, 시장까지의 거리)

---

(6) 마셜(A. Marshall)의 지대 구분

구분	내용
본원적 지대	자연상태의 토지에서 발생
사적 지대	토지소유자의 투자에 의해 발생
공공지대	공공기관에 의한 공공지대
준지대	토지 이외의 생산요소가 일시적으로 지대의 성격을 가지고 생산요소에 귀속되는 소득

(7) 리카도(D. Ricardo)의 지대이론

토지의 비옥도와 지대의 관계를 통한 지대이론을 처음 주장한 것으로서, 지대는 토지의 비옥도에 따라 달라지며, 비옥도에 따라 토지경작자가 소유자에게 지불하는 경제적 대가로 지대를 정의하였다.

(8) 라우리(Lowry)의 대도시 모형(Model of Metropolis)

1) 정의

1964년 대도시 모형 연구의 일환으로 주장한 모형으로 기반시설 입지 분석 방법이다.

2) 방법

① 도시 활동 부문을 기반부문 · 상업부문 · 가계부문으로 분류하고 이들의 경제적 · 물리적 원리를 이용하여 상관관계를 분석하는 모형이다.

② 기반시설 입지 분석 방법으로 토지이용계획의 공간배분에 있어 주거 및 서비스 시설의 입지를 결정에 활용한다.

3) 특징

① 소매활동 입지분포를 결정

② 중력모형(Gravity-type Models)의 활동입지 조건을 고려하고 경제기반이론과 결합

③ 기반부문은 공업 · 제조업부문, 상업부문은 자원서비스 부문, 가계부문은 소비활동으로 분류

④ 각 부문의 경제적 · 물리적 원리를 활용하여 주어진 일정공간 안에서 가장 자유로운 활동 패턴이나 성향을 찾아내어 이들의 상관성을 분석

(9) 변이할당분석(Shift-share Analysis)

1) 개념

① Dunn(1960)에 의해 소개되었으며, 도시의 주요 산업별 성장원인을 규명하고, 도시의 성장력을 측정하는 방법을 말한다.

② 지역의 경제성장은 지역 자체의 입지적 특성에 따른 효과와 그 지역 내의 산업 구성에 따른 효과가 함께 작용한 결과로 보는 지역경제 분석모형이다.

③ 산업구조와 지역경제성장 간의 관계를 분석할 수 있으며, 지역의 횡적인 산업구조와 종적인(시차적인) 구조 변화를 두 시점에서의 자료만 확보되면 분석할 수 있다.

④ 도시 및 도시산업의 성장효과를 전국의 경제성장효과(국가성장효과), 지역의 산업구조효과(산업구조효과), 도시의 입지경쟁력에 의한 효과(지역할당효과) 등으로 구분하여 분석한다.

2) 특징

장점	단점
• 간결, 저렴, 동적인 분석이 가능하다. • 정책적 의미를 쉽게 도출할 수 있다. • 종횡적 차원의 동시 분석이 가능하다. • 세계 여러 곳에서 널리 사용된다.	• 실업자 증감, 성장요인, 성장의 차이에 대한 근본적 설명이 없다. • 산업 상호 간의 연관성을 파악할 수 없다.

지역이 가지고 있는 입지특성이나 생산환경의 변화에 따른 추세를 고려하여 지역산업의 전문화 정도를 추계하는 지역산업 성장분석 기법은? [13년 1회, 18년 2회]

① 변이할당분석법(Shift-share Analysis)
② 경제기반승수법(Enconomic Base Multiflier Analysis)
③ 경제활동참가율(Labor Force Participation Rate)
④ 지역산업연관분석(Input-output Analysis)

目 ①

해설 ✚--

변이할당분석(Shift-share Analysis) 모형은 Dunn(1960)에 의해 소개되었으며, 도시의 주요 산업별 성장원인을 규명하고, 도시의 성장력을 측정하는 방법을 말한다. 도시의 성장요인을 전국의 경제성장효과(국가성장효과), 지역의 산업구조효과(산업구조효과), 도시의 입지경쟁력에 의한 효과(지역할당효과) 등으로 구분하여 분석한다.

(10) 공공시설입지모형

이론적 배경은 이용자의 시설접근성을 높이는 경제적 효율성을 제고하는 데 있으며, 다음과 같은 모형들로 설명될 수 있다.

구분	내용
거리최소화모형	• 이용자의 통행거리를 최소화, 소비하는 시간 개념을 가미한 입지모형 • 시설 수는 시설 건립에 따른 비용과 운영비에 대한 이용자의 절약시간의 기회비용을 비교하여 의사결정
시간최소화모형	• 이용자가 소비하는 시간 개념은 거리와 동일 • 지역 내 필요한 시설 수는 공공시설 이용자의 총 이용가치를 높이는 데 중요
최대수요모형	• 공공기관은 가능한 일정한 시간 내에 많은 이용자들에게 서비스가 전달되도록 필요한 시설 수를 설치해야 함 • 시설이용자의 최대수요를 충족할 수 있는 지역에 입지해야 함

(11) 테크노폴리스(Technopolis)

1) 개념

테크노폴리스(Technopolis)는 Technology(기술)+Polis(도시)의 합성어로 반도체, 전자, 신소재, 정밀기계와 같은 첨단산업과 이공계 대학의 연구소와 매력적인 주거환경이 잘 조화된 고도의 집적도시를 말한다.

2) 테크노폴리스의 구성요건(3대 Zone)

① 산업(첨단기술산업군, Industrial Zone)
② 대학(학술연구기관, Academic Zone)
③ 주거(쾌적한 생활환경 및 도시 서비스, Habitation Zone)

3) 테크노폴리스의 유형

자립도시 형성형, 부도심 형성형, 모도시 거점형, 다핵도시형

4) 테크노폴리스의 입지조건

고속의 교통체계, 양질의 노동력, 도시기능 및 학술기능의 집적, 양호한 주거환경

핵심문제

지역개발의 테크노폴리스 전략은 첨단산업의 발전 가능성이 성공의 주요한 요소이다. 첨단산업의 입지조건에서 일반적으로 가장 불리한 것은?   [14년 4회, 17년 1회]

① 양호한 국내외 항공의 접근성   ② 대규모 공업단지 소재 도시
③ 양호한 주거환경   ④ 대학 등의 연구기관 존재

답 ②

해설➕

대규모 공업단지 소재 도시의 경우 기존 2차 산업의 인프라가 이미 공고히 구축되어 있어 첨단산업으로의 업종 변경이 쉽지 않은 특성이 있다. 이에 따라 첨단산업 입지에 불리한 조건으로 작용하게 된다.

3. 주거입지론

(1) 주택여과이론(Filtering Theory)

1) 정의

일반적으로 재산이나 소득이 늘면 한 단계 업그레이드된 더 좋은 집에서 살고 싶어 한다는 가정에서 출발한 이론으로서, 소득계층에 따라 고가주택 및 저가주택으로 이동하는 현상을 설명했다.

2) 종류

구분	내용
하향여과	고소득 계층이 사용하던 주택이 저소득층의 사용으로 전환되는 현상
상향여과	저소득 계층이 사용하던 주택 등이 재개발 등으로 고소득층의 사용으로 전환되는 현상

(2) 주거지 상쇄모형

1) 정의

도시 내 토지이용자들이 교통비용과 임대료 간의 상호교환(Trade-off)을 통해 입지비용을 최소화하는 것이 반영된 주거입지모형이다.

2) 기본가정 및 특징

① 교통비용은 도심으로부터의 거리에 비례한다.

② 지대는 도심으로부터의 거리에 반비례한다.

③ 도시 내에서 주거지의 선택은 위치와 접근성에 의해 결정된다.

④ 고소득층일수록 입지 선택의 폭이 크며 도시 외곽의 주거지역을 선호함에 따라 도시 외곽에 고소득 층 주거지역을 형성한다.

⑤ 저소득층일수록 교통비 절감을 위해 도심 가까이에 주거지를 선택함에 따라 도심과 그 주변지역에 이웃하여 고밀도의 주거지역을 형성한다.

---핵심문제

도시지역의 주거입지를 설명하는 주거지 상쇄모형에서 상쇄의 대상이 되는 것은? [12년 2회, 15년 1회]

① 주거비용과 통근비용　　　　　　　② 소득과 소비

③ 주택 규모와 주택의 질적 수준　　　④ 승용차와 대중교통

답 ①

해설⊕ --

주거지 상쇄모형은 도시 내 토지이용자들이 교통(통근)비용과 임대료(주거비용) 간의 상호교환(Trade-off)을 통해 입지비용을 최소화하는 것이 반영된 주거입지모형이다.

4. 기타 공간구조 이론

(1) 도시 지리학자 에드워드 소자(Edward Soja, 1971)의 거리 종류

구분	내용
물리적 거리 (Physical Distance)	물리적 단위로 측정한 지각자와 대상 간의 거리, 즉 실제 지표상의 거리
인식거리 (Perceived Distance)	감정 · 심리적으로 느끼는 거리
시간거리 (Time Distance)	교통의 발달 정도로 접근성을 고려한 소요시간 거리

(2) 친환경적 공간계획

1) Green GDP와 GNP

세계자원연구소(WRI)가 선보인 환경계산 방법으로 환경오염에 의한 피해와 자연자원 감소의 경제적 손실을 GDP에서 차감하여 계산한 GDP로 자원의 고갈 및 환경훼손에 따른 기회비용을 계산하는 방법이다.

2) 압축도시(Compact City)

집중개발을 통한 도시의 통행수요 및 에너지 사용을 감소시키는 에너지 절약적인 도시 자연환경 보전과 도시생활의 질 향상을 동시에 해결하는 도시로 환경적으로 지속 가능한 개발이다.

3) 복합토지이용(Mixed Land Use)

① 복합용도개발의 근거로 상호보완이 가능한 용도를 합리적으로 계획하여 서로 밀접한 관계를 가질 수 있도록 연계하여 개발하는 것이다.

② 도심지역의 평면적 확산 방지, 토지이용효율 증진, 도심공동화 방지, 직주근접에 의한 교통난 완화의 장점을 가지고 있다.

핵심문제

친환경적 공간계획(국토계획, 지역계획, 도시계획)의 수단으로 적합하지 않은 것은?

[13년 2회, 16년 1회, 19년 1회, 23년 1회]

① Green GNP 개념 도입
② 거대도시와 도시광역화 개발
③ 압축도시(Compact City) 개발
④ 복합토지이용(Mixed Land Use) 도입

답 ②

해설⊕

친환경적 공간계획은 압축도시 및 복합적 토지이용을 통한 좁은 토지의 고밀화에 초점이 맞추어져 있으므로 도시화를 통해 토지공간을 넓혀가는 거대도시와 도시광역화와는 거리가 멀다.

❸ 지역발전이론

1. 전통적 지역발전이론

(1) 성장거점이론(Growth Pole Theory)

전통적 지역발전이론으로서, 지역 재배치, 인구의 지역분산, 기술혁신, 기업가의 투자 등은 중심지에서 배후지역으로 파급된다고 주장한다.

(2) 종속이론(Dependent Theory)

① 전통적 지역발전이론(성장거점이론 등)에 대한 비판으로 제기된 것으로서, 자본주의제도는 구조적으로 선진국의 독점 및 불균형 발전을 지향하므로 개발도상국은 착취를 당하여 결국 저발전 상태에 존재하게 된다는 이론이다.

② 중심과 주변의 관계는 종속관계이며 이 불평등 관계가 항구적인 현상임을 강조한다.

③ 선진자본주의 국가는 후진국에 대한 국제적 독점권을 형성하게 된다.(레닌, 1933년)

(3) 기본수요이론(Basic Needs Theory)

① 기존 지역발전 이론으로 인해 발생된 지역 불균형, 빈곤, 산업 문제 등에 대처하기 위해, 빈곤계층이 품위 있는 생활을 하는 데 기본이 되는 최소한의 물품과 서비스를 보장해야 한다는 이론이다.

② 적정 규모의 지역에서 생산요소를 지역의 공동소유로 하고, 모든 주민에게 동등한 기회를 부여하여 기본수요를 충족시키면서 지역발전을 유도한다.

③ 지역 간 균형과 사회계층 간 형평성을 중시하는 개발방식을 주요 전략으로 하여, 지역생활권 개발의 이론적 근거가 되었다.(일종의 균형발전이론)

─┤핵심문제

다음의 지역계획 및 지역개발과 관련된 이론이 등장한 순서가 빠른 것부터 옳게 나열된 것은?

[13년 4회, 16년 1회]

A. 기본수요이론	B. 성장거점이론	C. 종속이론

① A→B→C ② C→B→A
③ B→A→C ④ B→C→A

답 ④

해설 ⊕ -
성장거점이론 → 종속이론 → 기본수요이론의 순으로 지역계획 및 지역개발 관련 이론이 등장하였다.

─┤핵심문제

인간이 필요로 하는 최소한의 재화와 서비스 품목을 소득집단에게 공급해 주고자 하는 지역개발전략은?

[12년 2회, 17년 2회, 21년 1회]

① 농촌개발전략 ② 기본수요전략
③ 오지개발전략 ④ 성장거점전략

답 ②

해설 ⊕ -
기본수요이론(Basic Needs Theory)
기존 지역발전 이론으로 인해 발생된 지역 불균형, 빈곤, 산업 문제 등에 대처하기 위해, 빈곤계층이 품위 있는 생활을 하는 데 기본이 되는 최소한의 물품과 서비스를 보장해야 한다는 이론이다.

2. 신지역발전이론

(1) 영국의 엔터프라이즈존(Enterprise Zone) 정책

① 기업들이 지역경제의 활력을 불어넣게 하는 정책의 하나이다.

② 영국의 엔터프라이즈존(Enterprise Zone)은 경제적으로 쇠퇴하고 물리적으로 황폐한 특정지역에 대하여 다양한 장벽을 없애고 새로운 경제활동을 활성화시키기 위한 것으로 「지방자치 · 계획 및 토지법」에 명기(1980년)되었다.

③ 일반적으로 투자가 이루어지지 않을 정도로 심각한 문제를 안고 있는 지역이나 철강 · 조선 · 자동차 등 종전의 기간산업이 급속히 쇠퇴하는 지역에 지정되고 있다.

④ 개발 규제 완화 및 세제상의 혜택이 주어진다.

(2) 쇄신 확산이론(베리, Berry) : 공간적 확산과 정보

1) 공간적 확산(진행과정)

① 전염적 확산 : 거리마찰효과(교통거리가 변수)

② 계층적 확산

  • 가구적 확산 : 소비적 확산(상류층 → 중류층 → 하류층으로 확산)

  • 기업적 쇄신 : 대도시 → 중간도시 → 소도시로 확산

2) 정보 전달 방법에 의한 분류

① 이전확산 : 인구이동에 의한 확산

② 팽창확산 : 쇄신적 정보만 확산

(3) 환경을 중시하는 ESSD(지속 가능한 개발)와 Eco-city

구분	내용
환경오염 규제	Greenbelt, 공공재(Public Goods) 등 외부효과에 따른 공적 규제
입체적 토지이용	TDR, Special Zoning, Incentive Zoning 등
기능 통합적 토지이용	MXD Zoning 등
대중교통 지향적인 교통망	대중교통중심개발(TOD), 지속 가능한 도로체계, 대중교통체계, 녹색교통체계, 지능형 교통체계(ITS), 교통정온화(Traffic Calming) 기법, 장애물 없는 생활환경 설계(Barrier-free Design), 입체적 환승센터, 역세권 주차장 등

핵심문제

모든 유형의 개발계획 활동에 있어서 지속 가능한 개발(Sustainable Development)이 중요한 기저가 되고 있다. 이 개념을 설명한 내용으로 옳지 않은 것은? [15년 4회, 19년 2회]

① 환경오염 규제만을 강화하는 개발 방법
② 지구의 환경용량 내에서 삶의 질을 향상시키는 개발
③ 미래세대 수요 충족을 저해하지 않으면서 현 세대의 수요 충족을 보장하는 개발
④ 자연과 사회체계의 생명력을 보호하면서 기초적인 모든 공동체 주민에게 제공하는 것

답 ①

해설⊕

지속 가능한 개발은 환경오염의 규제뿐만 아니라, 입체적 토지이용, 기능 통합적 토지이용, 대중교통 지향적 교통 망 등 다양한 복합적 요소에 의해 이루어진다.

(4) 영국에서 지역개발과 계획발전에 큰 영향을 미친 3가지 보고서(1930년대)

구분	내용
스코트(Scott) 보고서	그린벨트와 농촌계획에 대한 내용
바로우(Barlow) 보고서	인구분산과 공업 재배치에 관한 내용
아스와트(Uthwatt) 보고서	개발이익환수와 토지공개념에 관한 내용

(5) 수익극대화 이론(그린허트, Greenhut)

최소비용이론, 최대수요이론, 입지상호의존성이론을 통합한 이론으로서, 수익극대화 이론에서의 최적 입지점은 최소비용점과 최대수요점의 차이가 가장 큰 지점을 말한다.

01 다음 중 지역계획이론의 범주에 포함되지 않는 것은? [12년 4회]

① 경제기반이론   ② 입지론

③ 선형이론   ④ 성장거점이론

해설

선형이론(호이트)은 도시형태의 발달이 교통축을 따라 도심에서 외곽으로 분화된다는 도시의 발전 형태를 다룬 이론으로서, 지역계획이론의 범주에는 포함되지 않는다.

02 1950~1960년대의 자원 개발과 관련한 지역개발 철학은 하향적이고 엘리트 의식주의 성향이 강하였으나 1970년대 이후에는 여기에 반발하여 새로운 지역개발 철학이 대두되었다. 이에 속하지 않는 것은? [15년 2회]

① 종속이론

② 순환인과관계모형

③ 소득분배이론

④ 기본수요이론

해설

지역통합(1975~1985)

• 기본수요이론(기초수요이론)

• 종속이론

• 상향적 복지적 지역계획의 접근

• 지방화 시대의 전개와 지역발전 중시

• 소득분배이론

03 생산요소의 지역 간 이동이 자유롭게 허용된다면 자연히 지역 간 형평이 달성된다고 보는 지역균형성장론에 해당하는 것은? [15년 1회, 18년 1회, 21년 1회, 23년 1회]

① 성장거점이론

② 신고전학파의 지역경제성장이론

③ 종속이론

④ 누적인과모형

해설

신고전학파의 지역경제성장이론은 생산성의 증가를 성장의 기초로 여겨 공급 측면을 강조한 성장이론으로 지역 간 생산요소의 이동에 의해 성장을 파악하였다.

04 다음과 같이 주장한 학자는? [16년 2회, 24년 1회]

> • 한 지역은 중심도시와 주변지역으로 구성된다.
> • 중심도시와 주변지역 간에는 순환인과관계가 이루어지고 역류와 확산효과가 나타나게 된다.

① Haggett   ② Myrdal

③ Kaldor   ④ Williamson

해설

역류와 확산효과를 주장한 학자는 미르달(G. Myrdal)이며, 미르달은 역류효과와 확산효과는 주기적인 상향 또는 하향운동을 일으킴으로써 지역 간 격차를 지속시킨다고 주장하였다. 성장지역의 부(富)와 기술 등이 주변지역으로 파급되어 지역 간 격차가 줄어드는 것이 아니라, 오히려 주변지역의 자본, 노동 등 생산요소가 계속해서 성장지역으로 흘러 들어가 성장지역은 계속 성장하고 주변지역은 계속 낙후지역으로 남게 되는 것이라고 하였다.

05 다음 중 아래와 같이 주장한 학자는? [12년 4회]

> • 한 지역은 중심도시와 주변지역으로 구성된다.
> • 중심도시와 주변지역 간에는 순환인과관계가 이루어지고 역류와 확산효과가 이루어진다.
> • 역류효과와 확산효과는 주기적인 상향 또는 하향운동을 일으킴으로써 지역 간 격차를 지속시킨다.

① Haggett   ② Myrdal

③ Kaldor   ④ Williamson

해설

문제 4번 해설 참고

정답 **01** ③ **02** ② **03** ② **04** ② **05** ②

06 지역의 경제성장을 순환적 · 누적적 인과 원리 (Principle of Circular and Cumulative Causation)로 설명한 학자는?　　　　　　　[12년 2회]

① Myrdal
② Smith
③ Rabnau
④ Hirschman

●해설
미르달(G. Mydal)은 한 지역은 중심도시와 주변지역으로 구성되며, 중심도시와 주변지역 간에는 순환인과관계가 이루어지고 역류와 확산효과가 나타나게 된다고 주장하였다.

07 다음 중 성장거점이론의 전신인 성장극(Growth Pole)이론에 관한 것은?　　[16년 1회, 22년 4회]

① 인구 규모가 큰 대도시 중심
② 인구유입이 빠르고 시가화지역이 넓은 거점도시
③ 성장속도가 빠르고 전 · 후방 연관된 효과가 큰 경제활동 분야
④ 성장잠재력이 크고 각종 도시시설이 잘 구비되어 있는 지역 중심의 도시

●해설
도시의 성장이론 중 하나인 성장거점이론은 성장속도가 빠르고 전 · 후방 연관효과가 큰 경제활동 분야의 파급성 및 국가 경제 견인성에 대한 이론인 성장극(Growth Pole, 페로우)이론에 기반을 두고 있다.

08 성장거점이론의 기초를 최초로 정립한 학자는?　　　　　　　　　　　[15년 4회]

① 페로우(Perroux)
② 미르달(Gunner Myrdal)
③ 프리드만(John Friedmann)
④ 허쉬만(Albert O. Hirschman)

●해설
문제 7번 해설 참고

09 성장극(Growth Pole)의 특성이 아닌 것은?
　　　　　　　[13년 2회, 20년 3회, 24년 1 · 2회]

① 성장을 유도하고 그 성장을 다른 곳으로 확산시킨다.
② 성장을 촉진시키는 쇄신, 새로운 아이디어를 받아들이는 성향을 갖는다.
③ 다른 산업보다 빠르게 성장한다.
④ 다른 산업과의 연계성(Linkage)을 갖지는 않는다.

●해설
페로우(F. Perroux)가 제시한 성장극(Growth Pole)의 특성
대규모성(大規模性), 급속한 성장, 타 산업과의 높은 연계성(連繫性), 전방연쇄효과, 후방연쇄효과

10 다음 중 성장거점이론의 기본전제에 해당하지 않는 것은?　　　　[13년 1회, 24년 1회]

① 규모경제의 극대화를 위해 소수지역에 투자를 집중한다.
② 지역혁신을 도시지역에서부터 시도하여 농어촌지역으로 확산한다.
③ 기반투자는 이용인구가 밀집된 곳의 우선순위가 높다.
④ 지역 간 투자의 균등배분을 통한 균형발전을 도모한다.

●해설
성장거점이론(Growth Pole Theory)은 경제 선도 산업, 집적 경제, 확산 효과가 있는 지역을 지정하고 이를 집중적으로 개발하여 국가 경제성장을 견인하는 방법과 수단에 대한 이론이다.

11 성장거점지역에 있는 선도산업(Leading Industry)의 특성이 아닌 것은?　　[13년 1회]

① 진보된 수준의 기술을 요구하는 새롭고 동적인 산업이다.
② 다른 산업보다 빠르게 성장한다.
③ 전방파급효과가 크고, 후방파급효과는 없다.
④ 쇄신에 대한 능력이 뛰어난 성장산업이다.

선도산업(Leading Industry)은 선도산업의 발전이 그 생산물을 사용하여 생산할 수 있는 새로운 산업을 발전시키는 효과인 전방연쇄효과뿐만 아니라, 선도산업이 설립되면 그 선도산업에 투입될 중간생산재를 생산하는 산업의 발전이 유도되는 효과인 후방연쇄효과의 특성을 가지고 있다.

12 다음 중 성장극(Growth Pole)이라는 용어를 처음으로 사용한 프랑스의 경제학자는?
[12년 1회, 24년 3회]

① Losch
② Perroux
③ Hirschman
④ Myrdal

1955년 페로우(F. Perroux)에 의해 '성장극'이라는 용어가 처음 사용되었다.

13 다음 중 지역 간 불균형 성장이론을 옹호한 학자는?
[14년 4회, 17년 4회, 22년 4회]

① 넉스(Nurkse)
② 허쉬만(Hirschman)
③ 루이스(Lewis)
④ 로젠스타인 로단(Rosenstein Rodan)

허쉬만(A. O. Hirschman, 1958)은 지역 간의 불균형 구조로 인하여 발전지역이 저발전지역으로부터 노동, 자본, 물자 등을 흡수함으로써 저발전지역의 발전잠재력을 훼손하는 효과(극화효과)를 가져온다고 주장하였다.

14 허쉬만(Hirschman)이 설명한 적하(Trickling Down) 효과에 대한 내용으로 옳지 않은 것은?
[13년 4회, 21년 2회]

① 소득이 높은 중심도시가 잉여자본을 주변지역에 투자하면 주변지역은 빠르게 성장하게 된다.

② 중심도시가 주변지역에서 농산물을 구입하게 되면 주변지역은 수출의 증대로 성장하게 된다.
③ 중심도시는 주변지역의 실업자를 흡수하게 되고 주변지역의 근로자들은 중심도시에서 직업을 구하고 소득을 올릴 수 있게 된다.
④ 중심도시가 주변지역의 경제력을 흡수하여 성장 발전을 하게 되므로, 주변지역의 발전은 둔화된다.

적하효과(Trickling Down Effects, 분극효과)는 낙수효과라고도 하며, 중심도시의 성장에 따른 영향이 주변지역에 파급되어 주변지역도 성장하게 되는 효과를 말한다.

15 Friedmann이 제시한 경제발전의 4단계로 맞는 것은?
[15년 2회]

① 산업화 이전의 경제－전이경제－산업화 경제－후기산업화 경제
② 원시경제－전이경제－산업화 경제－신경제
③ 원시경제－농업경제－산업화 경제－대량생산과 소비경제
④ 산업화 이전의 경제－전이경제－도시화 경제－신산업경제

프리드만의 도시 발전 4단계

단계	구분	내용
1단계	공업화 (산업화) 이전 단계	• 많은 수의 소규모 중심지가 농업 지역에 고르게 분포 • 소규모 중심지들은 그 주변 배후지역에 중심 서비스 공급 • 중심지 간 교역은 없고 중심지와 농촌 배후지 간의 경제적 교류만 존재
2단계	초기 공업화 단계	• 공업화의 진행에 따라 종주적인 패턴이 공간 구조를 지배 • 종주도시는 식민지 시대에는 자원 착취의 거점으로, 공업화 단계에서도 배후지에 대한 기생적 관계를 형성 • 농촌에서 종주도시로 대규모 인구 이동이 발생함으로써 정주 패턴이 불안정하며 경제성장을 제약함

3단계	과도 (전이) 단계	• 어느 정도 종주성은 남아 있지만 점차 지역 중심도시가 발달하며 배후지에 대한 지배력이 약화됨 • 국가의 새로운 자원이 생산과정에 점차 흡수됨으로써 경제성장의 잠재력은 커짐 • 종주도시와 몇 개의 지방도시 사이에 낙후된 빈곤지역 존재(공간구조 불안정)
4단계	경제발전 (산업화 경제 및 후기산업 화경제) 단계	• 순위규모분포 원리에 입각한 완전히 발달된 공간 조직이 출현 • 중심지 체계를 통해 전 국토와 공간경제가 통합됨 • 경제성장의 잠재력이 극대화되고 고도의 지역 간 균형이 달성됨

16 중심지이론(Central Place Theory)의 기본 가정으로 옳지 않은 것은? [16년 2회, 23년 1회]

① 지형이 평탄하다.
② 수요가 동일하다.
③ 비용은 거리에 반비례한다.
④ 접근성이 모든 방향에서 일정하다.

◀해설▶

중심지이론에서 비용(운송비)은 거리에 비례한다고 가정한다.

17 크리스탈러가 주장한 중심지이론(Central Place Theory)의 포섭 원칙이 아닌 것은?

[16년 2회, 22년 4회]

① 중심의 원칙(K = 1)
② 시장성 원칙(K = 3)
③ 교통의 원칙(K = 4)
④ 행정의 원칙(K = 7)

◀해설▶

포섭 원리(Nesting Principle)
• 시장의 원리(Marketing Principle, K=3 System, 시장성 원칙)

• 교통의 원리(Transportation Principle, K=4 System)
• 행정의 원리(K=7 System)
• 제4의 원리(시장–행정모형)

18 크리스탈러(W. Christaller)가 도시정주지를 설명하는 데 사용한 R(Range, 범위)과 T(Threshold, 한계거리)의 개념에 따라, 기업이 손해를 보는 상황을 설명한 것은? [13년 1회, 16년 1회]

① $R > T$
② $R < T$
③ $R = T$
④ $T = 1$

◀해설▶

시장이 성립하기 위해서는 최소 요구치(Threshold Range)보다 재화의 도달 범위(Range of Goods)가 커야 한다. 만약 재화의 도달범위가 최소 요구치보다 작으면 시장은 성립하지 않으며, 진출한 기업은 손해를 보게 된다. 이러한 상황을 식으로 표현하면 R(재화의 도달 범위) < T(최소 요구치)가 된다.

19 독일의 발터 크리스탈러(Walter Christaller)가 주장한 공간이론으로서 3차 산업의 입지 원리를 설명하는 이론은? [15년 4회]

① 동심원이론
② 선형이론
③ 중심지이론
④ 다핵구조론

◀해설▶

중심지이론(Central Place Theory)
독일 학자인 크리스탈러에 의해 1950년 주장되었으며, 3차 산업(서비스 산업)을 대상으로 도시 계층과 분포의 규칙성을 밝히려는 이론이다.

20 크리스탈러의 중심지이론(Central Place Theory)의 주요 개념 요소가 아닌 것은?[15년 1회]

① 중심재
② 보완지역
③ 종주지수
④ 재화의 도달 거리

해설

시장(중심지)의 개념

- 중심지 : 주변지역에 재화와 서비스를 제공하는 넓은 의미에서의 도시
- 배후지(보완지역) : 중심지를 이용하는 주변지역으로서 시장의 영향권, 세력권, 상권을 의미
- 중심재 : 시장(중심지)을 통해 제공되는 재화(상품)와 용역(서비스)

21 다음 중 크리스탈러의 중심지이론에 대한 설명으로 옳지 않은 것은? [14년 4회]

① 중심지로부터 재화나 용역을 공급받는 주변지역을 배후지역, 시장권 또는 보완지역이라 한다.
② 중심지이론은 3차 산업이 공간상에서 어떻게 입지하고 어떤 원리에 의하여 분포 패턴이 결정되는지를 설명한다.
③ 중심지 간 관계성을 나타내는 K값은 시장의 원리, 교통의 원리, 행정의 원리 중 시장의 원리에서 가장 크다.
④ 중심지이론에서 지리적 공간은 자원과 인구가 균등하게 분포되어 있는 평면공간으로 가정한다.

해설

문제 17번 해설 참고

22 다음 그림은 크리스탈러의 중심지 계층에 관한 포섭 원리 중 어떤 원리를 나타내는 것인가? [14년 2회, 24년 3회]

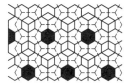

① 시장 원리　　　　② 교통 원리
③ 행정 원리　　　　④ 확산 원리

해설

시장의 원리(Marketing Principle, K=3 System)
- 시장성 원칙이라고도 함

- 시장권이 3개의 상위 중심지에 의해 1/3씩 분할 포섭 $(6 \times 1/3 + 1 = 3)$
- 고차 중심지의 보완구역은 저차 중심지보다 3배가 넓어짐 (K=3 System)

23 크리스탈러가 주장한 중심지이론(Central Place Theory)의 포섭 원리로서 설명되지 않은 것은? [14년 1회]

① 중심 원리 : K = 1
② 시장 원리 : K = 3
③ 교통 원리 : K = 4
④ 행정 원리 : K = 7

해설

문제 17번 해설 참고

24 크리스탈러의 중심지이론(Central Place Theory)에서 가정한 내용으로 틀린 것은? [13년 1회]

① 모든 지역의 생산원가는 동일한 수준이다.
② 자연자원이 균일하게 분포한 평탄한 공간이다.
③ 상품의 수송비용은 거리에 비례한다.
④ 인구가 균일하게 분포한다.

해설

운송비는 거리에 비례하는 것으로 가정하므로, 모든 지역의 생산원가는 거리 등의 이유로 동일한 수준이 되기는 어렵다.

25 크리스탈러의 중심지이론에서 가정하는 내용이 틀린 것은? [12년 4회, 22년 1회]

① 균일한 인구밀도를 갖는 동질적 공간이다.
② 교통비는 소비자가 지불한다.
③ 모든 소비자의 구매력은 동일하다.
④ 수송비용은 방향에 따라 달라진다.

해설

중심지이론에서 수송비용은 거리에 따라 비례하면서 달라진다.

26 다음 중 크리스탈러가 중심지이론에서 제시한 공간조직 원리에 해당하지 않는 것은? [12년 1회, 21년 1회]

① 시장 원리
② 입지 원리
③ 행정 원리
④ 교통 원리

해설

문제 17번 해설 참고

27 지역산업연관분석모형의 기본가정과 거리가 먼 것은? [14년 1회, 21년 4회]

① 모든 산업은 하나의 선형적·동질적 생산함수를 갖는다.
② 측정 기간 동안 교역계수는 동일하다.
③ 각 산업의 생산물은 결합생산물로 추계한다.
④ 외부경제와 비경제는 없다.

해설

지역산업연관분석모형의 기본가정
• 구조방정식이 지닌 1차성의 가정 : 일정불변의 생산계수를 의미, 1차성의 가정은 모든 재화와 원료의 가격, 기업의 판매상태가 일정불변임을 의미(비현실적)
• 생산물은 원초적 생산요소, 중간재, 최종재로 구분하여 추계

28 베버(A. Weber)의 공업입지 최소비용이론의 3가지 입지인자에 해당하지 않는 것은? [16년 4회, 24년 1회]

① 원료비
② 노동비
③ 수송비
④ 집적경제

해설

입지결정 인자
• 최소수송비 원리
• 노동비에 따른 최적입지의 변화
• 집적이익에 따른 최적지점의 변화

29 수출기반이론에 대한 설명으로 옳지 않은 것은? [15년 4회]

① 수출은 재화의 형태만을 갖는다.
② 한 지역의 지역경제를 수출부문과 지원부문으로 구분한다.
③ 도시, 지역, 국가에 이르기까지 다양한 공간적 범역에 적용이 가능하다.
④ 기반산업과 비기반산업은 일정한 관계를 갖고 연쇄적으로 지역경제성장에 영향을 준다.

해설

수출은 재화뿐만 아니라 용역의 형태도 갖는다.

30 지역의 외부수요가 지역경제의 성장을 선도함을 전제한 모형은? [14년 2회, 18년 1회, 22년 4회, 23년 4회]

① 투입산출모형
② 수출기반모형
③ 지역혁신모형
④ 섹터모형

해설

수출성장기반이론(Export Base Model)
도시의 산업을 기반부문(Basic Sector)과 비기반부문(Non-basic Sector)으로 나누고 기반부문에서 생산된 재화를 타 지역으로 수출(지역의 외부수요)함으로써 이익을 창출하여 도시가 성장한다.

31 North의 경제기반이론(Economic Base Theory)에 따라 다음 중 다른 셋과 구별되는 부문은? [13년 2회, 22년 1회]

① 수출부문(Export Sector)
② 비기반부문(Non-basic Sector)
③ 지방부문(Local Sector)
④ 서비스부문(Service Sector)

해설

수출부문(Export Sector)은 기반부문(Basic Sector)을 의미하며, 나머지 보기는 비기반부문(Non-basic Sector)을 의미한다.

32 수출기반이론(경제기반이론)의 장점으로 틀린 것은? [13년 1회]

① 지역성장이론 중 가장 단순하고 분명하다.
② 산업활동을 기반활동과 비기반활동으로 구분하기 용이하다.
③ 다양한 공간적 범위에 적용이 가능하다.
④ 다른 모형에 비하여 분석에 필요한 자료의 양이 상대적으로 적다.

해설

산업활동에서 다양한 교역이 일어날 경우 기반산업과 비기반산업의 구분이 모호하다는 단점이 있다.

33 다음 중 A시의 총 고용인구가 100만 명이고 이 지역 기반산업의 고용인구가 70만 명일 때 기반산업에 대한 총 고용의 승수효과는 얼마인가? [16년 1회, 20년 4회, 23년 1회]

① 4.53 　　② 3.33
③ 2.33 　　④ 1.43

해설

$$경제기반승수 = \frac{지역\ 총\ 고용인구}{지역의\ 수출(기반)산업\ 고용인구}$$
$$= \frac{100만\ 명}{70만\ 명} = 1.43$$

34 M시의 수출산업 종사인구(E_B)가 50,000명, 지역산업 종사인구(E_M)가 100,000명이다. M시의 수출산업 종사자를 1명 고용하면 총 고용자(E_T)는 몇 명 늘어나는가? [15년 1회, 19년 1회]

① 1명 　　② 2명
③ 3명 　　④ 4명

해설

$$경제기반승수 = \frac{지역\ 총\ 고용인구}{지역의\ 수출산업\ 고용인구}$$
$$= \frac{100,000 + 50,000}{50,000} = 3$$
총 고용인구 변화 = 경제기반승수 × 기반산업고용인구 변화
$$= 3 × 1명 = 3명$$

35 지역발전의 경제기반이론에 기초하여 아래 사례지역의 고용통계를 활용하여 기반승수를 구하면 얼마인가? [14년 2회, 18년 1회, 23년 4회]

- 기반산업부문 고용 : 25,000명
- 비기반산업부문 고용 : 50,000명
- 총 인구 : 150,000명

① 0.17
② 0.50
③ 2.00
④ 3.00

해설

$$경제기반승수 = \frac{지역\ 총\ 고용인구}{지역의\ 수출(기반)산업\ 고용인구}$$
$$= \frac{75,000명}{25,000명} = 3.00$$

36 어떤 지역의 총 고용인구는 500,000명이고 이 중 비기반부문의 고용인구가 400,000명이다. 그런데 이 지역에 외부지역으로의 수출만을 목적으로 하는 기반활동이 새롭게 입지하여 5,000명의 고용 증가가 예상된다면 이 지역의 총 고용인구는 얼마나 증가하는가? [14년 1회, 18년 2회, 21년 2회, 24년 3회]

① 10,000명
② 15,000명
③ 20,000명
④ 25,000명

해설

$$경제기반승수 = \frac{지역\ 총\ 고용인구}{지역의\ 수출산업\ 고용인구}$$
$$= \frac{500,000}{100,000} = 5$$
총 고용인구 변화 = 경제기반승수 × 기반산업고용인구 변화
$$= 5 × 5,000명 = 25,000명$$

37 기반부문의 고용인구가 100명, 비기반부문의 고용인구가 200명일 경우, 기반비(A)와 경제기반승수(B)는 얼마인가?[13년 2회, 17년 4회, 24년 2회]

① $A = 0.5$, $B = 2.0$
② $A = 0.5$, $B = 3.0$
③ $A = 2.0$, $B = 2.0$
④ $A = 2.0$, $B = 3.0$

◀해설

기반비 $= \dfrac{비기반산업\ 고용인구}{기반산업\ 고용인구} = \dfrac{200}{100} = 2$

경제기반승수 $= \dfrac{지역\ 총\ 고용인구}{지역의\ 수출(기반)산업\ 고용인구}$

$= \dfrac{100+200}{100} = 3$

38 A도시 산업자료가 아래와 같을 때, 입지상법(LQ Method)에 의한 A도시 i산업의 고용승수는 얼마인가? [16년 4회, 23년 1회]

- 전국의 총 고용인구 : 1,000만 명
- 전국의 i산업 고용인구 : 100만 명
- A도시의 총 고용인구 : 50만 명
- A도시의 i산업 고용인구 : 10만 명

① 10.0　　　　② 2.0
③ 0.5　　　　④ 0.1

◀해설

$LQ = \dfrac{E_{Ai}/E_A}{E_{ni}/E_n}$

$= \dfrac{A지역의\ i산업\ 고용수/A지역\ 전체\ 고용수}{전국의\ i산업\ 고용수/전국의\ 고용수}$

$= \dfrac{100,000/500,000}{1,000,000/10,000,000} = 2.0$

39 전국의 고용인구는 5천만 명이고 전국의 섬유산업에 종사하는 고용인구는 1백만 명이다. 한편 A도시의 고용인구가 2백만 명, A도시의 섬유산업에 종사하는 고용인구가 5만 명일 때 A도시 섬유 산업의 입지계수(LQ)는? [16년 2회]

① 0.8　　　　② 1.0
③ 1.25　　　　④ 1.5

◀해설

$LQ = \dfrac{E_{Ai}/E_A}{E_{ni}/E_n}$

$= \dfrac{A지역의\ i산업\ 고용수/A지역\ 전체\ 고용수}{전국의\ i산업\ 고용수/전국의\ 고용수}$

$= \dfrac{50,000/2,000,000}{1,000,000/50,000,000} = 1.25$

40 다음의 조건에서 청주의 i산업에 대한 입지계수(LQ)는 얼마인가? [15년 2회, 19년 1회, 22년 4회]

구분	청주	전국
i산업 고용자 수	4,000명	250,000명
총 고용자 수	60,000명	7,500,000명

① 0.07　　　　② 0.75
③ 1.67　　　　④ 2.00

◀해설

$LQ = \dfrac{E_{Ai}/E_A}{E_{ni}/E_n}$

$= \dfrac{A지역의\ i산업\ 고용수/A지역\ 전체\ 고용수}{전국의\ i산업\ 고용수/전국의\ 고용수}$

$= \dfrac{4,000/60,000}{250,000/7,500,000} = 2$

41 관광산업의 고용자 규모가 아래와 같을 때 경주에서 관광산업의 입지계수(LQ : Location Quotient)는 얼마인가? [15년 1회]

구분	전국	경주
총 고용자 수	50,000명	10,000명
관광산업 고용자 수	15,000명	4,500명

① 0.3　　　　② 0.6
③ 1.2　　　　④ 1.5

해설

$$LQ = \frac{E_{Ai}/E_A}{E_{\exists}/E_n}$$

$$= \frac{A지역의\ i산업\ 고용수/A지역\ 전체\ 고용수}{전국의\ i산업\ 고용수/전국의\ 고용수}$$

$$= \frac{4,500/10,000}{15,000/50,000} = 1.5$$

42 다음의 조건을 가진 A도시의 섬유업에 관한 LQ 지수는?   [12년 1회, 14년 4회, 23년 4회]

- A시의 섬유업 총 고용자 수 : 5만 명
- A시의 총 고용자 수 : 40만 명
- 전국의 섬유업 총 고용자 수 : 35만 명
- 전국의 총 고용자 수 : 140만 명

① 0.5   ② 1.2
③ 2.0   ④ 2.4

해설

$$LQ = \frac{E_{Ai}/E_A}{E_{ni}/E_n}$$

$$= \frac{A지역의\ i산업\ 고용수/A지역\ 전체\ 고용수}{전국의\ i산업\ 고용수/전국의\ 고용수}$$

$$= \frac{50,000/400,000}{350,000/1,400,000} = 0.5$$

43 A도시의 기계산업 고용 점유비가 20%이고 전국의 기계산업 고용 점유비가 10%일 때, A도시의 기계산업의 LQ 지수와 산업의 특성을 모두 옳게 설명한 것은?   [13년 2회, 17년 1회]

① LQ 지수는 0.5이고 지역산업의 특화가 되지 않은 산업이다.
② LQ 지수는 0.5이고 지역의 수요를 충당하고 잉여분을 외부로 수출하는 특화된 산업이다.
③ LQ 지수는 2.0이고 지역의 수요를 충당하고 잉여분을 외부로 수출하는 특화된 산업이다.
④ LQ 지수는 2.0이고 지역산업의 특화가 되지 않은 산업이다.

해설

입지계수(LQ : Location Quotient)의 산출식 및 평가
- LQ(입지계수)>1 : 특화산업(기반산업)
- LQ(입지계수)<1 : 비기반산업
- LQ(입지계수)=1 : 전국이 같은 수준

44 다음 중 튀넨의 농업입지론에서 재배작물의 유형을 결정하는 요소에 해당하지 않는 것은?   [16년 1회, 24년 1 · 2회]

① 지대   ② 생산비
③ 운송비   ④ 경작지 규모

해설

재배작물의 유형은 지대에 따라 달라지며, 지대는 매상고, 생산비, 수송비에 영향을 받는다.

45 본 튀넨(Von Thünen)의 농업지대이론 모형에서 지대에 직접적인 영향을 미치지 않는 것은?   [15년 2회, 24년 3회]

① 농산물의 시판수입
② 농산물의 생산비용
③ 시장까지의 운송비용
④ 경작지의 규모

해설

지대＝ 매상고(제품의 단위가격, 농산물의 시판수입 등)
     – 생산비(생산단위비용, 농산물의 생산비용)
     – 수송비(시장까지의 운송비용, 시장까지의 거리)

46 본 튀넨이 주장한 농업입지이론에서 토지이용 패턴에 영향을 주는 근본적인 요인은 무엇인가?   [12년 2회]

① 임금수준
② 인구밀도
③ 중심부로의 접근성
④ 토지의 비옥도

해설

농업입지이론에서 토지이용 패턴에 영향을 주는 근본적인 원인은 중심부로의 접근성이다. 토지비옥도는 동일하다고 가정하고, 중심부로의 접근성에 따라 도심의 근교와 외곽의 토지이용 활용도가 달라지게 된다.

---

47 지역계획의 발전에 기여하였던 학자와 내용이 옳은 것은? [16년 2회]

① 튀넨―지대론
② 베버―경제지역이론
③ 뢰쉬―경제기반이론
④ 크리스탈러―공업입지이론

해설

② 베버―공업입지론
③ 뢰쉬―경제지역이론
④ 크리스탈러―중심지이론

---

48 다음 중 농업용 토지에 대하여 토지의 비옥도와 지대의 관계를 가지고 지대이론을 처음으로 발전시킨 학자는? [15년 1회]

① 리카도(D. Ricardo)
② 스미스(A. Smith)
③ 튀넨(Von Thünen)
④ 뢰쉬(A. Löch)

해설

리카도(D. Ricardo)의 지대이론

토지의 비옥도와 지대의 관계를 통한 지대이론을 처음 주장한 것으로서, 지대는 토지의 비옥도에 따라 달라지며, 비옥도에 따라 토지경작자가 소유자에게 지불하는 경제적 대가로 지대를 정의하였다.

---

49 변이할당(Shift―share) 분석에 관한 설명으로 옳지 않은 것은? [15년 4회, 20년 4회]

① 산업 상호 간의 연관성을 파악할 수 있다.
② 두 시점에서의 자료만 확보되면 동태적인 분석이 가능하다.

③ 지역의 횡적인 산업구조와 종적인(시차적인) 구조 변화를 동시에 살펴볼 수 있다.
④ 산업구조와 지역경제성장 간의 관계를 분석할 수 있다.

해설

변이할당분석은 산업 상호 간의 연관성을 파악할 수 없다는 단점을 가지고 있다.

---

50 지역의 경제성장은 지역 자체의 입지적 특성에 따른 효과와 그 지역 내의 산업 구성에 따른 효과가 함께 작용한 결과로 보는 지역경제 분석모형은? [15년 1회]

① 변이할당모형(Shift―share Model)
② 경제기반모형(Economic Base Model)
③ 지역산업연관모형(Regional Input―output Model)
④ 헤로드의 성장률모형(The Harrod Model of Growth Rate)

해설

변이할당분석(Shift―share Analysis) 모형은 Dunn(1960)에 의해 소개되었으며, 도시의 주요 산업별 성장원인을 규명하고, 도시의 성장력을 측정하는 방법을 말한다. 도시의 성장요인을 전국의 경제성장효과(국가성장효과), 지역의 산업구조효과(산업구조효과), 도시의 입지경쟁력에 의한 효과(지역할당효과) 등으로 구분하여 분석한다.

---

51 다음 중 Technopolis의 구성요건이 되는 3대 존이 아닌 것은? [12년 1회]

① Industrial Zone
② Academic Zone
③ Administrative Zone
④ Habitation Zone

해설

테크노폴리스의 구성요건(3대 Zone)
• 산업(첨단기술산업군, Industrial Zone)
• 대학(학술연구기관, Academic Zone)
• 주거(쾌적한 생활환경 및 도시 서비스, Habitation Zone)

정답 47 ① 48 ① 49 ① 50 ① 51 ③

52 다음 중 콤팩트시티(Compact City)에 대한 설명으로 옳지 않은 것은?

[15년 2회, 18년 1회, 23년 2회]

① 인프라 및 에너지의 효율적 이용을 도모할 수 있다.
② 고밀개발을 통해 도심의 지가를 안정시킨다.
③ 도시의 무분별한 교외 확산을 방지할 수 있다.
④ 주거와 직장 및 도시 서비스의 분리를 최소화한다.

■ 해설

고밀개발을 할 경우 도심의 지가가 상승 가능성이 있다.

53 지역 간 균형과 사회계층 간 형평성을 중시하는 개발방식을 주요 전략으로 하여, 지역생활권 개발의 이론적 근거가 되는 것은?

[14년 1회, 19년 2회, 24년 3회]

① 성장거점이론   ② 기본수요이론
③ 경제기반이론   ④ 중심지이론

■ 해설

기본수요이론(Basic Needs Theory)
• 기존 지역발전 이론으로 인해 발생된 지역 불균형, 빈곤, 산업 문제 등에 대처하기 위해, 빈곤계층이 품위 있는 생활을 하는 데 기본이 되는 최소한의 물품과 서비스를 보장해야 한다는 이론이다.
• 적정 규모의 지역에서 생산요소를 지역의 공동소유로 하고, 모든 주민에게 동등한 기회를 부여하여 기본수요를 충족시키면서 지역발전을 유도한다.

54 레닌(V. I. Lenin, 1933년)이 종속이론에서 주장한 후진국의 자본주의적 발전 특성으로 옳은 것은?

[13년 4회, 18년 1회]

① 선진자본주의 국가의 자본은 후진국을 지배하지 않는다.
② 선진자본주의 국가는 후진국에서 경제적 상호주의의 입장을 취한다.
③ 선진자본주의 국가는 후진국에 대한 국제적 독점권을 형성한다.
④ 선진자본주의 국가의 자본은 후진국에서 많은 이윤을 남기고, 이것을 후진국에 재투자한다.

■ 해설

종속이론(Dependent Theory)
• 전통적 지역발전이론(성장거점이론 등)에 대한 비판으로 제기된 것으로서, 자본주의제도는 구조적으로 선진국의 독점 및 불균형 발전을 지향하므로 개발도상국은 착취를 당하여 결국 저발전 상태에 존재하게 된다는 이론이다.
• 중심과 주변의 관계는 종속관계이며 이 불평등 관계가 항구적인 현상임을 강조한다.
• 선진자본주의 국가는 후진국에 대한 국제적 독점권을 형성하게 된다.(레닌, 1933년)

55 국가발전의 목표를 경제적 효율성보다 사회 내 모든 집단과 개인생활의 질적 향상에 치중하는 발전전략은?

[13년 1회, 21년 4회]

① 기본수요이론   ② 성장거점이론
③ 종속이론   ④ 불균형 개발이론

■ 해설

문제 53번 해설 참고

56 영국에서 1930년대에 지역계획에 큰 영향을 미친 보고서 중, 스코트(Scott) 보고서의 주요 내용으로 옳은 것은?

[13년 1회, 15년 2회]

① 인구분산과 공업 재배치
② 토지공개념
③ 개발이익의 사회적 환원
④ 그린벨트

■ 해설

영국에서 지역개발과 계획발전에 큰 영향을 미친 3가지 보고서(1930년대)

구분	내용
스코트(Scott) 보고서	그린벨트와 농촌계획에 대한 내용
바로우(Barlow) 보고서	인구분산과 공업 재배치에 관한 내용
아스와트(Uthwatt) 보고서	개발이익환수와 토지공개념에 관한 내용

57 입지적 상호의존이론과 최소비용입지이론의 통합을 시도한 학자는? [13년 1회]

① 베버(Weber)

② 아이자드(Isard)

③ 호텔링(Hotelling)

④ 그린헛(Greenhut)

●해설

수익극대화 이론(그린허트, Greenhut)

최소비용이론, 최대수요이론, 입지상호의존성이론을 통합한 이론으로서, 수익극대화 이론에서의 최적 입지점은 최소비용점과 최대수요점의 차이가 가장 큰 지점을 말한다.

1 자료조사 분석과 계획의 평가

1. 국토조사의 실시 및 자료조사 방법

(1) 국토조사의 실시

1) 정기조사 : 매년 실시

2) 수시조사

　　국토교통부장관이 필요하다고 인정하는 경우 특정지역 또는 특정부문 등을 대상으로 실시

(2) 도시계획을 위한 자료조사 방법

구분		조사 방법
1차 자료	현지조사	관찰법, 실측법
	면접조사	개인면접법, 전화면접법, 집단면접법
	설문조사	개인설문조사, 우편설문조사, 집단설문조사
2차 자료		문헌자료조사
		통계자료조사

─────────────────────────────────────┤핵심문제

도시계획을 위한 자료조사 방법 중 면접조사 방법이 아닌 것은?　　　　　　[16년 1회]

① 전화면접법(Telephone Interview)

② 개인면접법(Personal Interview)

③ 단체면접법(Group Interview)

④ 우편면접법(Mail Interview)

답 ④

해설❸--

우편으로 조사하는 방법은 설문조사에 해당한다.

② 부문적 계획

1. 계획인구의 예측

(1) 과거 추계에 의한 인구산정 방법(비요소모형)

1) 개념

① 총량적 예측 방법으로 과거 인구추세에 의한 외삽추정방식, 고용 예측 및 기타의 간접자료에 기반을 둔 예측방식으로 구분한다.

② 간접자료의 정확성 및 획득 문제로 외삽추정방식을 많이 이용한다.

2) 종류

구분	산출식	특징
등차급수법	$P_n = P_0(1 + r \cdot n)$	• 인구 증가가 정체된 소도시에 적당 • 과거 인구가 거의 동일하게 증가되거나 감소되었고 미래에도 이와 같은 추세가 계속될 것으로 예상되는 도시에 적용
등비급수법	$P_n = P_0(1 + r)^n$	• 인구가 기하급수적으로 증가하는 신흥공업도시에 적용
지수함수법 (지수성장모형)	$P_n = ab^n$	• 짧은 기간의 변화까지도 분석 가능 • 인구의 기하급수적인 증가를 나타내고 있기 때문에 단기간에 급속히 팽창하는 신도시의 인구를 예측하는 경우에 유용 • 안정적인 인구 변화 추세를 나타내는 도시의 경우 이 방법을 사용하면 인구의 과도 예측을 초래할 위험이 높음
최소제곱법	$P_n = a + bn$	• 최확값 산정 가능, 인구의 증감이 교차되는 경우 적용 가능
로지스틱 곡선	$P_n = \dfrac{K}{1 + e^{a + bn}}$	• 인구성장의 상한선(K)을 미리 상정한 후에 미래 인구를 추계하는 인구예측모형 • 강력한 인구통제정책을 사용하는 대도시권에서의 인구 분석에 유효한 공식 • 급속한 증가를 보인 후 완만해지는 인구성장

여기서, P_n =n년 경과 후 추정인구, P_0= 초기연도 인구, r =인구증가율, n =1년 단위 기간(경과연도)
a, b = 상수, K = 인구성장한계

(2) 집단생잔법(조성법, Cohort Survival Method) – 요소모형

1) 개념

① 도시인구를 출생, 사망 및 인구이동이라는 세 가지 요소를 합산하여 인구 변화를 예측하는 방식으로 인구예측모형이라고도 한다.

② 출생률, 사망률, 인구이동 등을 고려하여 인구를 추정한다.

③ 도시 서비스 제공을 위한 자료로 유용하지만, 자료수집의 한계를 가지고 있다는 단점이 있다.

2) 종류

구분	내용
연령집단생잔모형 (연령계층별 생존모형)	전체인구를 연령계층별, 성별로 나누어 집단별로 일정 시점 이후까지 생존하는 인구를 예측하여 합산하는 방법
인구이동모형	인구가 일정 기간 동안 유입하고 유출하는 것을 계산해 미래의 특정 시점의 인구를 예측하는 방법

핵심문제

도시인구예측모형을 요소모형과 비요소모형으로 구분할 때, 다음 중 요소모형에 해당하는 것은?

[16년 2회, 18년 4회, 20년 4회, 23년 1회]

① 선형모형   ② 인구이동모형
③ 지수성장모형   ④ 곰페르츠 모형

답 ②

해설⊕

인구이동모형(요소모형)

인구가 일정 기간 동안 유입하고 유출하는 것을 계산해 미래의 특정 시점의 인구를 예측하는 방법

(3) 인구이동에 관한 연구

1) 라벤슈타인(E. G. Ravenstein)의 인구이동의 법칙

① 인구이동과 거리
   - 두 지역 간의 인구이동률은 두 지역 간의 거리에 반비례한다.
   - 먼 거리 이동자는 큰 상공업의 중심지로 가는 경향이 있다.

② 단계적 이동인구

   지역 간 인구이동은 농촌에서 근처의 소도시로, 소도시에서 가장 빨리 성장하는 다른 도시로 이동하는 단계적 이동의 형태를 일반적으로 취한다.

③ 주류와 반주류

   인구이동의 주된 흐름은 그것을 상쇄하는 반주류를 일으킨다.

④ 도농 간 이동성향

   일반적으로 도시 출신은 농촌 출신보다 인구이동의 성향이 낮으며, 이에 따라 지역 간 순인구이동의 흐름은 농촌에서 도시로의 방향이 지배적이다.

⑤ 교통, 통신기술과 인구이동

   교통, 통신수단의 발달과 상공업 발달의 결과로 인구이동은 시간의 흐름에 따라 증가하는 경향이 있다.

⑥ 경제적 동기의 지배

　탄압적인 입법, 과중한 조세, 나쁜 기후, 비우호적인 사회 분위기와 같은 강제적 방법 등이 인구의 이동을 일으키기도 하지만, 인구이동을 일으키는 요인 중 가장 지배적인 동기는 경제적인 것이다.

2) 토다로(M. Todaro)

지역 간 인구이동이 지역 간의 기대소득 격차에 의해 발생한다고 주장

3) 마코브 모형(Markovian Models)

동태적 인구이동 과정을 서술

4) 로리(Lowry) 모형

경제적 변수와 중력모형의 변수를 결합한 모형

5) 모릴(Morril)

인구이동에 미치는 비경제적 변수에 연구의 초점을 둠

────────────────────┤핵심문제

지역 간 인구이동에 관한 라벤슈타인(E. G. Ravenstein)의 인구이동 법칙에 대한 설명이 옳은 것은?

[13년 4회, 21년 1회]

① 지역 간의 인구이동은 지역 간의 거리에 비례한다.
② 지역 간 인구이동은 농촌에서 근처의 소도시로, 소도시에서 가장 빨리 성장하는 다른 도시로 이동하는 단계적 이동형태를 취한다.
③ 도시-농촌 간 인구이동 성향에 있어서 일반적으로 도시 출신이 농촌 출신보다 높은 이동성향을 지니고 있다.
④ 교통수단, 상업의 발전은 인구이동의 감소를 유도한다.

답 ②

해설⊕

① 두 지역 간의 인구이동률은 두 지역 간의 거리에 반비례한다.
③ 일반적으로 도시 출신은 농촌 출신보다 인구이동의 성향이 낮으며, 이에 따라 지역 간 순인구이동의 흐름은 농촌에서 도시로의 방향이 지배적이다.
④ 교통, 통신수단의 발달과 상공업 발달의 결과로 인구이동은 시간의 흐름에 따라 증가하는 경향이 있다.

핵심문제

다음 중 토다로의 인구이동 모형에 대한 설명으로 가장 적합한 것은?　　[12년 1회, 14년 2회, 21년 2회]

① 주로 선진국의 농촌과 도시 간의 인구이동현상을 설명하는 모형이다.

② 도시에서 주변 농촌으로 역류하는 인구이동현상을 설명하는 모형이다.

③ 실질소득보다 기대소득의 개념으로 인구이동현상을 설명하는 모형이다.

④ 사회주의국가의 농촌과 도시 간의 인구이동현상을 설명하는 모형이다.

답 ③

해설⊕

토다로(M. Todaro)는 지역 간 인구이동이 지역 간의 실질소득보다 기대소득 격차에 의해 발생한다고 주장하였다.

(4) 지역 간 인구이동 요인

구분		내용
개발 도상국	요인	지역 간 취업기회의 차이, 기대소득의 차이, 임금의 차이 등에 의해 농촌에서 도시, 도시에서 대도시 · 수위도시로 이동함
	특징	지역 간 불균형 발전, 도시화율의 급격한 증가, 가도시화 현상 발생
선진국	요인	지역 간 문화 혜택의 차이, 삶의 질 차이, 도시환경의 차이로 인해 보다 좋은 환경을 갖춘 도시로의 이동
	특징	지역 간 균형 발전, 도시화율 정체, 성숙도시화, 입체적 도시화 발생

(5) 리(E. S. Lee)의 인구이동이론

1) 인구이동은 선별성을 지닌다는 인구이동이론

2) 인구이동의 3가지 변수

　① 인구흡인요인(당기는 요인, Pull Factor) : 긍정적인 의미의 선별성이 높음

　② 인구배출요인(밀어내는 요인, Push Factor) : 부정적인 의미의 선별성이 높음

　③ 출발지와 목적지 간의 중간개입 장애요인

핵심문제

다음 중 리(E. S. Lee)가 인구이동을 설명하기 위해 사용한 개념에 해당하지 않는 것은?

[12년 1회, 14년 4회, 21년 1회]

① 흡인요인　　　　　　　　　　　② 밀어내는 요인

③ 확률적 요인　　　　　　　　　　④ 중간개입 장애요인

답 ③

해설⊕

인구이동의 3가지 변수

• 인구흡인요인(당기는 요인, Pull Factor) : 긍정적인 의미의 선별성이 높음

• 인구배출요인(밀어내는 요인, Push Factor) : 부정적인 의미의 선별성이 높음

• 출발지와 목적지 간의 중간개입 장애요인

(6) 수위도와 종주화지수

수위도시에 집중 정도를 나타내는 지표에는 수위도와 종주화지수가 주로 사용되고 있음

1) 수위도 $= \dfrac{\text{제1위 도시 인구규모}}{\text{제2위 도시 인구규모}}$

2) 종주화지수 $= \dfrac{\text{제1위 도시 인구규모}}{(\text{2위 도시} + \text{3위 도시} + \text{4위 도시})\text{의 인구규모}}$

┤핵심문제

★ 다음과 같은 인구 조건에서 종주화지수(Primary Index)는 얼마인가?(단, 전국의 인구는 2,000만 명이다.)

[14년 2회, 17년 2회, 23년 2회]

도시	A	B	C	D
인구(명)	1,200만	300만	200만	100만

① 0.60　　　　　　　　　　　② 0.75

③ 2.0　　　　　　　　　　　④ 3.3

답 ③

해설 ⊕ -

종주화지수 $= \dfrac{\text{제1위 도시 인구규모}}{(\text{2위 도시} + \text{3위 도시} + \text{4위 도시})\text{의 인구규모}}$

$= \dfrac{1,200\text{만}}{300\text{만} + 200\text{만} + 100\text{만}} = 2$

---

(7) 지프(Zipf)의 순위규모모형

1) 개념

① 최상위 도시의 인구를 기준으로 도시의 순위와 인구 규모와의 관계를 이용하여 도시 정주체계를 분석하였다.

② 예를 들어, $q = 1$은 순위규모분포로 어느 나라에서 수위도시의 인구분포가 1이라면 나머지 도시의 인구는 1/2, 1/3, 1/4 분포를 뜻하며, $q = 2$는 수위도시의 인구를 1로 했을 때 나머지 도시의 인구는 1/4, 1/9, 1/16, …로 하위도시로 갈수록 인구가 급격히 작아지는 것을 의미한다.

③ 순위규모모형에서 q가 클 경우 수위도시나 소수의 대도시로 인구집중이 크다는 것을 의미한다.

2) 순위규모모형의 활용

$$P_r = \frac{P_1}{r^q}$$

여기서, P_r : 순위 r번째 도시 인구

P_1 : 수위도시 인구

r : 인구 규모에 의한 도시의 순위

q : 상수

① $q=0$: 같은 규모(도시가 형성되지 못한 상태)

② $q<1$: 중간규모분포(중간규모도시가 우세)

③ $q=1$: 순위규모분포(1, 1/2, 1/3)

④ $q>1$: 과두분포(상위 몇 개 도시에 집중)

⑤ $q \gg 1$: 종주분포(수위도시에 집중)

⑥ $q=\infty$: 한 개 도시

⑦ 일반적으로 q는 국가의 크기가 작을수록 커진다.

핵심문제

도시순위규모법칙에 따른 q값이 과거 1.0에서 현재 2.0으로 증가한 어느 나라의 도시체계에 대한 설명으로 가장 옳은 것은?　　　　　　　　　　　　　　　　　　　　[12년 4회, 17년 4회, 19년 2회, 22년 2회]

① 과거에는 도시인구의 분포가 균등하지 못하였으나 현재는 균등한 분포에 근접하고 있다.

② 과거에는 인구분포가 균형을 이루었으나 현재는 주요 도시의 인구가 농촌 인구의 2배가 되었다.

③ 과거보다 수위도시 또는 소수의 몇몇 대도시에 더욱 많은 인구가 집중하였다.

④ 과거보다 도시화의 속도가 2배로 증가하였다.

답 ③

해설⊕

지프(Zipf)의 순위규모모형에서 q값이 커질수록 대도시의 종주화가 심화하고 있음을 나타내고 q값이 무한대(∞)로 갈 경우는 한 개 도시에 모든 인구가 거주하고 있다는 것을 의미한다.

2. 토지이용계획

(1) 샤핀(F. Stuart Chapin Jr.)의 공간구조이론

1) 개념

샤핀(Chapin)은 토지이용은 경제적, 사회적, 공공복지적 요인의 상호작용에 의하여 결정된다는 공간구조이론을 제시하였다.

2) 토지이용계획의 목표

구분	내용
안정성(Safety)	인간의 생명과 관계된 가장 중요한 목표
보건성(Health)	인간의 육체적, 정신적 건상상태를 유지하는 것
편의성(Convenience)	토지이용의 배치에 따라 생기는 기능지역 간의 상호관계
쾌적성(Amenity)	환경의 즐거움뿐만 아니라 시각적 경관의 쾌적성
공공의 경제성(Economy)	개개의 측면에서보다 사회적 측면에서 공적 경제에 낭비가 생기지 않도록 하는 것

3) 공간구조 결정 요인

구분	내용
경제적 요인	도시공간은 경제적 지불능력인 지가와 지대의 영향을 받아 도심은 고밀도 개발이 이루어지며 지가가 낮은 외곽지대는 근교산업이 입지한다.
사회적 요인	도시공간구조의 변화가 집중 및 분산, 침입 및 계승, 지배 및 분리라는 인간 생태학적 요인에 의해 결정된다.
공공복지적 요인	공익적 측면으로 정부가 주체가 되는 규제적인 요인에 의해 결정된다.

01 국토계획의 효율적 관리를 위한 국토조사 방법에 대한 설명으로 옳지 않은 것은?

[14년 4회, 17년 2회]

① 국토교통부장관은 국토에 관한 계획 및 정책의 수립과 집행에 활용하기 위하여 국토종합계획의 수립 시에 정기조사를 실시한다.

② 국토교통부장관이 필요하다고 인정하는 경우 특정 지역 또는 부문 등을 대상으로 수시조사를 실시할 수 있다.

③ 국토교통부장관은 중앙행정기관의 장 또는 지방자치단체의 장에게 조사에 필요한 자료의 제출을 요청하거나 조사 사항 중 일부에 대하여 직접 조사하도록 요청할 수 있다.

④ 국토교통부장관은 효율적 국토조사를 위해 조사항목 및 조사 주체 등 필요한 사항에 대하여 관계중앙행정기관의 장 및 시·도지사와 사전협의를 거쳐 국토조사계획을 수립할 수 있다.

해설

정기조사는 국토종합계획의 수립 시가 아닌, 매년 실시하는 국토조사이다.

02 지수성장모형의 설명 중 틀린 것은?

[14년 1회, 17년 1회]

① 과거 인구가 거의 동일하게 증가되거나 감소되었고 미래에도 이와 같은 추세가 계속될 것으로 예상되는 도시에 적용한다.

② 인구가 정률 변화를 할 때 적합한 모형으로 증가율은 과거의 일정 기간에 나타난 실제인구의 변화로부터 계산할 수 있다.

③ 안정적인 인구 변화 추세를 나타내는 도시의 경우 이 방법을 사용하면 인구의 과도 예측을 초래할 위험이 높다.

④ 인구의 기하급수적인 증가를 나타내고 있기 때문에 단기간에 급속히 팽창하는 신도시의 인구를 예측하는 경우에 유용하다.

해설

과거 인구가 거의 동일하게 증가되거나 감소되었고 미래에도 이와 같은 추세가 계속될 것으로 예상되는 도시에 적용하는 것은 등차급수법(등차급수모형)에 해당한다.

03 인구예측모형을 요소모형과 비요소모형으로 구분할 때, 다음 중 요소모형에 해당하는 것은?

[13년 2회]

① 선형모형

② 연령 계층별 생존모형

③ 지수모형

④ 곰페르츠 모형

해설

요소모형의 종류

구분	내용
연령집단 생잔모형 (연령계층별 생존모형)	전체인구를 연령계층별, 성별로 나누어 집단별로 일정 시점 이후까지 생존하는 인구를 예측하여 합산하는 방법
인구이동모형	인구가 일정 기간 동안 유입하고 유출하는 것을 계산해 미래의 특정 시점의 인구를 예측하는 방법

04 기준연도의 인구와 출생률, 사망률 및 인구이동 등의 변화요인을 고려하여 장래의 인구를 추정하는 방법은? [15년 2회, 22년 1회, 24년 3회]

① 선형모형(Linear Growth Model)

② 비율적용법(Ratio Method)

③ 로지스틱커브법(Logistic Curve Method)

④ 집단생잔법(Cohort Survival Method)

해설

집단생잔법(조성법, Cohort Survival Method) – 요소모형

도시인구를 출생, 사망 및 인구이동이라는 세 가지 요소를 합산하여 인구 변화를 예측하는 방식으로 인구예측모형이라고도 한다.

05 인구이동모형에 대한 설명 중 틀린 것은?

[15년 1회, 20년 1·2회, 23년 4회, 24년 2회]

① 마코브 모형(Markovian Models)은 동태적 인구이동 과정을 서술하였다.
② 로리(Lowry) 모형은 경제적 변수와 중력모형의 변수를 결합한 모형이다.
③ 토다로(M. Todaro)는 도농 간 실제소득의 차이가 인구이동을 결정한다고 분석했다.
④ 모릴(Morril)은 인구이동에 미치는 비경제적 변수에 연구의 초점을 두었다.

●**해설**

토다로(M. Todaro)는 지역 간 인구이동이 지역 간의 실질소득보다 기대소득 격차에 의해 발생한다고 주장하였다.

06 우리나라의 인구 규모별 도시 순위가 아래와 같을 때 데이비스(K. Davis)의 종주화지수는 약 얼마인가?

[13년 1회, 16년 4회, 22년 4회]

순위	도시명	인구(명)
1위	서울	9,762,546
2위	부산	3,512,547
3위	대구	2,517,680
4위	인천	2,456,016
5위	광주	1,413,644

① 2.78
② 1.15
③ 0.99
④ 0.62

●**해설**

종주화지수

$$= \frac{\text{제1위 도시 인구규모}}{(\text{2위 도시} + \text{3위 도시} + \text{4위 도시})의 인구규모}$$

$$= \frac{9,762,546}{3,512,547 + 2,517,680 + 2,456,016} = 1.1504$$

07 지프(Zipf)의 도시 순위규모법칙(Rank – size Rule)에 대한 설명으로 틀린 것은? [16년 1회]

① 도시 규모와 순위는 역상관 관계가 있다는 데 착안하였다.
② 매개변수 q값이 1보다 클 경우 도시 규모 분포가 종주화 상태에 있는 것을 나타낸다.
③ 공업화된 국가에서는 농업국가보다 법칙 적용의 편차가 크게 나타나므로 적용이 어렵다.
④ 실제의 도시 분포상태를 경험적으로 파악하는 데 도움이 되나 이론적 기반이 미약하다.

●**해설**

지프(Zipf)의 순위규모모형에서 농업화 국가의 경우 인구의 분포가 국가 전반적으로 넓게 형성되어 상대적으로 인구의 집중화가 진행된 공업화된 국가에서보다 법칙 적용의 편차가 크게 나타나므로 적용이 어렵다.

08 최상위 도시의 인구를 기준으로 도시의 순위와 인구 규모와의 관계를 이용하여 도시 정주체계를 분석한 대표적인 학자는?

[14년 1회, 18년 2회, 24년 2회]

① 지프(Zipf)
② 베버(A. Weber)
③ 뢰쉬(Lösch)
④ 아이자드(Isard)

●**해설**

지프(Zipf)는 순위규모모형을 통해 최상위 도시의 인구를 기준으로 도시의 순위와 인구 규모와의 관계를 이용하여 도시 정주체계를 분석하였다.

09 지프(Zipf)의 순위규모모형$\left(P_r = \frac{P_1}{r^q} \right)$에 대한 설명이 옳은 것은?(단, P_r : 순위 r 번째 도시 인구, P_1 : 수위도시 인구, r : 인구 규모에 의한 도시의 순위, q : 상수) [13년 2회, 20년 1·2회]

① $q = 1$ 일 때 중간계층의 도시 성장이 활발한 상태이다.
② q값은 국가의 크기에 관계없다.
③ q가 1보다 크면 클수록 종주분포가 심화되어 있음을 나타낸다.
④ q가 0에 가까우면 가까울수록 동규모의 도시가 적게 분포함을 나타낸다.

해설

지프(Zipf)의 순위규모모형에서 *q*값이 커질수록 대도시의 종주화가 심화하고 있음을 나타내고 *q*값이 무한대(∞)로 갈 경우는 한 개 도시에 모든 인구가 거주하고 있다는 것을 의미한다.

10 어떤 국가의 도시 규모가 지프의 순위규모법칙에 의한 순위규모분포(*q* = 1)를 따른다고 할 때 수위도시 인구가 100만 명이면 제4순위 도시의 인구는 얼마로 예상할 수 있는가? [12년 1회, 23년 1회, 24년 1회]

① 40만 명 ② 33만 명
③ 25만 명 ④ 20만 명

해설

q = 1은 순위규모분포로 어느 나라에서 수위도시의 인구분포가 1이라면 나머지 도시의 인구는 1/2, 1/3, 1/4 분포를 뜻한다. 이는 1순위 수위도시가 100만 명이라고 하면 2순위는 1/2, 3순위는 1/3, 4순위는 1/4가 된다는 것을 의미한다. 그러므로 4순위 도시는 100만 명×1/4=25만 명이 된다.

11 토지이용계획의 수립을 위한 도시조사의 범위 중 환경조사의 항목이 아닌 것은? [16년 2회]

① 적응성 ② 보건성
③ 안전성 ④ 편리성

해설

토지이용계획의 목표
안전성, 보건성, 편의성, 쾌적성, 공공의 경제성

12 샤핀(F. Stuart Chapin Jr.)이 주장한 토지이용을 결정하는 때에 고려하여야 하는 다음의 요소 중 공공의 이익에 해당하지 않는 것은? [15년 2회, 20년 4회, 22년 4회]

① 경제성 ② 보건성
③ 광역성 ④ 쾌적성

해설

샤핀이 주장한 토지이용계획 시 고려되어야 하는 공공의 이익
안전성, 보건성, 편의성, 쾌적성, 공공의 경제성

13 다음 중 도시공간의 확장과 분화는 지속적인 침입(Invasion)과 계승(Succession)의 과정을 통해 이루어진다고 설명하는 도시 공간 구조 이론은? [14년 4회, 18년 1회, 24년 3회]

① 선형이론 ② 다핵이론
③ 동심원이론 ④ 다차원이론

해설

동심원이론
도시를 사회, 경제, 문화의 요소들로 구성된 도시생태계로 파악한 것으로서, 도시 내부의 거주지 분화과정은 침입(Invasion) → 경쟁(Competition) → 계승(Succession)의 과정을 통해 내부공간구조가 동심원 형태로 분화된다는 이론이다.

우리나라의 국토 및 지역계획

1 국토종합계획

1. 국토종합계획의 개념

(1) 국토종합계획의 개요

1) 개념

① 국토 전역에 대한 기본적이고 장기적인 발전 방향을 제시하는 종합계획이다.

② 국토종합계획은 20년을 단위로 하여 수립하며, 도종합계획 · 시군종합계획 · 지역계획 및 부문별 계획의 수립권자는 국토종합계획의 수립주기를 감안하여 그 수립주기를 정한다.

③ 사회적 · 경제적 여건 변화를 고려하여 5년마다 국토종합계획을 전반적으로 재검토 · 정비한다.

2) 수립권자 : 국토교통부장관

3) 수립절차

시 · 도지사로부터 소관별 계획안을 제출받음 → 조정 · 총괄하여 국토종합계획안을 작성(관계 행정 기관의 장과 협의) → 공청회 → 심의안에 대해 관계 중앙행정기관 장과 협의, 시 · 도지사 의견(30일 이내) → 국무회의 심의 → 대통령의 승인 → 지체 없이 주요 내용을 관보에 공고, 관계 중앙행정기 관의 장, 시 · 도지사, 시장 및 군수에게 송부

4) 국토계획의 구분

구분	특징
국토종합계획	국토 전역을 대상으로 국토의 장기적인 발전 방향을 제시하는 종합계획
도종합계획	도의 관할구역에 대한 장기적인 발전 방향을 제시하는 종합계획
시군종합계획	시(특별시 · 광역시 포함) · 군(광역시의 군 제외)의 관할구역에 대한 기본적인 공간구조와 장기 발전 방향을 제시
지역계획	특정한 지역을 대상으로 특별한 정책목적을 달성하기 위하여 수립하는 계획
부문별 계획	국토 전역을 대상으로 특정부문에 대한 장기적인 발전 방향을 제시하는 계획

※ 초광역계획 : 지역의 경제 및 생활권역의 발전에 필요한 연계 · 협력사업 추진을 위하여 2개 이상의 지방자치 단체가 상호 협의하여 설정하거나 특별지방자치단체가 설정한 권역으로, 특별시 · 광역시 · 특별자치시 및 도 · 특별자치도의 행정구역을 넘어서는 권역("초광역권")을 대상으로 하여 해당 지역의 장기적인 발전 방향 을 제시하는 계획

(2) 국토종합계획의 내용(「국토기본법」 제10조)

① 국토의 현황 및 여건 변화 전망에 관한 사항

② 국토발전의 기본이념 및 바람직한 국토 미래상의 정립에 관한 사항

③ 국토의 공간구조의 정비 및 지역별 기능분담 방향에 관한 사항

④ 국토의 균형발전을 위한 시책 및 지역산업 육성에 관한 사항

⑤ 국가경쟁력 제고 및 국민생활의 기반이 되는 국토기간시설의 확충에 관한 사항

⑥ 토지·수자원·산림자원·해양자원 등 국토자원의 효율적 이용 및 관리에 관한 사항

⑦ 주택·상하수도 등 생활여건의 조성 및 삶의 질 개선에 관한 사항

⑧ 수해·풍해 그 밖의 재해의 방제에 관한 사항

⑨ 지하공간의 합리적 이용 및 관리에 관한 사항

⑩ 지속 가능한 국토발전을 위한 국토환경의 보전 및 개선에 관한 사항 등

(3) 국토정책위원회

1) 개요

국무총리 소속으로 두며, 국토계획 및 정책에 관한 중요 사항을 심의한다.

2) 심의사항

① 국토종합계획에 관한 사항

② 도종합계획에 관한 사항

③ 지역계획에 관한 사항(다른 위원회의 심의를 거친 경우 생략 가능)

④ 부문별 계획에 관한 사항(다른 위원회의 심의를 거친 경우 생략 가능)

⑤ 국토계획 평가에 관한 사항

⑥ 국토계획 및 국토계획에 관한 처분 등의 조정에 관한 사항

⑦ 국토정책위원회의 심의를 거치도록 한 사항

⑧ 그 밖에 국토정책위원회 위원장, 분과위원회 위원장이 회의에 부치는 사항

3) 구성

① 위원장 1명 : 국무총리

② 부위원장 2명 : 국토교통부장관, 위촉위원 중에서 호선으로 선정

③ 위원 : 부위원장 포함 40명 이내

★

┤핵심문제

국토계획 및 정책에 관한 중요사항을 심의하기 위하여 마련된 국무총리 소속기관은?

[14년 4회, 17년 4회]

① 중앙도시계획위원회
② 국토계획위원회
③ 국토정책위원회
④ 국가균형발전위원회

답 ③

해설ⓞ--
국토정책위원회
국무총리 소속으로 두며, 국토계획 및 정책에 관한 중요 사항을 심의한다.

2. 국토종합계획의 수립

(1) 제1차 국토종합개발계획(1972~1981)

1) 기본목표

　① 국토이용관리의 효율화

　② 사회간접자본 확충

　③ 국토자원개발과 자연보전

　④ 국민생활환경의 개선

2) 개발권역

　① 4대권(한강, 금강, 낙동강, 영산강 유역권)

　② 8중권(수도권, 태백권, 충청권, 전주권, 대구권, 부산권, 광주권, 제주권)

　③ 17소권

3) 특징

　① 거점개발방식의 채택

　② 경부 측 중심의 양극화 초래

┤핵심문제

★

제1차 국토종합개발계획에서의 권역 설정이 옳은 것은?　　　[14년 1회, 14년 2회, 18년 1회, 23년 2회]

① 4대권 8중권 17소권
② 28개 지방정주생활권
③ 9개 광역생활권
④ 4개 대도시경제권

답 ①

해설ⓞ--
제1차 국토종합개발계획에서의 개발권역
• 4대권(한강, 금강, 낙동강, 영산강 유역권)
• 8중권(수도권, 태백권, 충청권, 전주권, 대구권, 부산권, 광주권, 제주권)
• 17소권

(2) 제2차 국토종합개발계획(1982~1991, 수정계획 1987~1991)

1) 기본목표

① 인구의 지방정착 유도

② 개발가능성의 전국적 확대

③ 국민복지수준의 제고

④ 국토자연환경의 보전

⑤ 양대도시의 성장 억제 및 성장거점도시의 육성에 의한 국토 균형 발전 추구

- 제1차 성장거점도시(3개 도시) : 서울의 중추적 관리기능의 분담, 대전 · 대구 · 광주
- 제2차 성장거점도시(15개 도시) : 대전 · 광주 · 대구 · 춘천 · 원주 · 강릉 · 청주 · 천안 · 전주 · 남원 · 순천 · 목포 · 안동 · 진주 · 제주

2) 개발권역

① 기존계획

28개 지역생활권(대도시생활권 5, 지방도시생활권 17, 농촌도시생활권 6)

구분	내용
대도시생활권 (5개 권)	인구가 장차 100만 명 이상이 될 것이 예상되는 도시(서울 · 부산 · 대전 · 대구 · 광주)를 중심으로 하는 생활권
지방도시생활권 (17개 권)	지방도시(춘천 · 원주 · 강릉 · 청주 · 충주 · 제천 · 천안 · 전주 · 정읍 · 남원 · 순천 · 목포 · 안동 · 포항 · 영주 · 진주 · 제주)를 중심으로 하는 생활권
농촌도시생활권 (6개 권)	영월 · 서산 · 홍성 · 강진 · 점촌 · 거창을 중심으로 하는 농업적 기반이 강한 낙후 지역의 생활권

② 수정계획

4개 지역경제권(수도권, 중부권, 서남권, 동남권)과 특정 지역(태백산, 제주도, 다도해, 88 고속국도 주변)

3) 특징

① 양대도시의 성장 억제 및 성장거점도시의 육성에 의한 국토 균형 발전 추구

② 구체적 집행수단의 결여로 국토의 불균형 지속

4) 제2차 국토종합개발계획 수정계획에서 생활권 전략이 취소된 이유

① 수도권 집중에 대한 반자력적 기능의 미흡

② 지방도시 생활권과 농촌도시 생활권의 계속적인 인구 감소

③ 중심도시와 주변 농촌지역 간에 일체가 되는 생활권 형성의 어려움

---핵심문제

국토의 다핵화를 위하여 대전 및 광주 등 제1차 성장거점과 청주, 춘천, 전주 등 제2차 성장거점을 제시하고 전국을 28개의 지역생활권으로 나누어 생활권의 성격과 규모에 따라 5개의 대도시생활권, 17개의 지방도시생활권, 6개의 농촌도시생활권으로 구분하였던 계획은?   [12년 2회, 17년 1회, 22년 1회]

① 제1차 국토종합개발계획   ② 제2차 국토종합개발계획
③ 제3차 국토종합개발계획   ④ 제4차 국토종합계획

답 ②

해설➕

제2차 국토종합개발계획(1982~1991)
28개 지역생활권(대도시생활권 5, 지방도시생활권 17, 농촌도시생활권 6)

구분	내용
대도시생활권 (5개 권)	인구가 장차 100만 명 이상이 될 것이 예상되는 도시(서울·부산·대전·대구·광주)를 중심으로 하는 생활권
지방도시생활권 (17개 권)	지방도시(춘천·원주·강릉·청주·충주·제천·천안·전주·정읍·남원·순천·목포·안동·포항·영주·진주·제주)를 중심으로 하는 생활권
농촌도시생활권 (6개 권)	영월·서산·홍성·강진·점촌·거창을 중심으로 하는 농업적 기반이 강한 낙후지역의 생활권

---핵심문제

우리나라의 제1차 및 제2차 국토종합개발계획에 주로 이용되었던 개발 방식은?   [14년 2회, 17년 2회]

① 농촌지역개발방식   ② 거점개발방식
③ 완전균형개발방식   ④ 자유방임개발방식

답 ②

해설➕

제1차 및 제2차 국토종합개발계획에서는 주로 성장거점도시를 통한 거점개발방식을 채택하였다.

(3) 제3차 국토종합개발계획(1992~1999)

1) 기본목표

① 지방 분산형 골격형성(균형성) : 지방육성과 수도권 집중 억제

② 통일 대비 기반조성(통합성) : 남북교류지역의 관리

③ 생산적·절약적 국토이용(효율성) : 종합적 고속교류망 구축

④ 복지수준 향상, 환경보존(쾌적성) : 국민 생활과 환경부문의 투자 확대

2) 지방육성 대도시와 중추관리기능

도시	중추관리기능	도시	중추관리기능
부산	국제무역 · 금융기능	대전	행정 · 과학연구 · 첨단산업
대구	업무 · 첨단기술 및 패션산업	전주	산업 · 문화예술
광주	첨단산업 · 예술 · 문화기능	제주	관광 · 문화
춘천	산업 · 관광 · 교육		

3) 특징

① 세계화 · 개방화 · 지방화 등 여건 반영 미흡
② WTO 출범 등 국토개발의 기조 변화

핵심문제

제3차 국토종합개발계획의 전략 중 지방대도시와 중추관리기능이 올바르게 연결된 것은? [16년 1회]

① 부산 : 업무중추기능, 첨단산업 및 패션기능
② 대구 : 행정기능, 첨단연구기능
③ 대전 : 국제금융기능, 국제무역기능
④ 광주 : 첨단산업기능, 예술문화기능

답 ④

해설 ⊕
① 부산 : 국제무역 · 금융기능
② 대구 : 업무 · 첨단기술 및 패션산업
③ 대전 : 행정 · 과학연구 · 첨단산업

(4) 제4차 국토종합계획 수정계획(2011~2020)

1) 기본목표

5대 목표 : 균형국토, 개방국토, 녹색국토, 복지국토, 통일국토
① 개방형 통합 국토축 형성
② 지역별 경쟁력 고도화
③ 건강하고 쾌적한 국토환경 조성
④ 고속교통 · 정보망 구축
⑤ 남북한 교류협력 기반 조성

2) 계획목표의 실현을 위해 6대 추진전략 수립

① 자립형 지역발전 기반의 구축
② 동북아 시대의 국토경영과 통일기반 조성
③ 네트워크형 인프라 구축

④ 아름답고 인간적인 정주환경 조성

⑤ 지속 가능한 국토 및 자원 관리

⑥ 분권형 국토계획 및 집행체계 구축

- 선계획 후계발 체계 구축
- 참여와 협력에 기초한 도시체계 구축
- 균형 잡힌 도시체계 구축 및 정주체계 정비

3) 핵심 정책 방향

① 광역화 · 특성화를 통한 지역경쟁력 강화

② 저탄소 · 에너지 절감형 녹색국토 실현

③ 기후 변화 · 기상 이변에 대한 선제적 방재능력 강화

④ 새로워진 강과 산 · 바다를 연계한 품격 있는 국토 창조 : 강, 산, 바다 통합형 국토, 수변의 여가 · 건강 · 복지공간화

⑤ 인구 · 사회구조 변화에 대응한 사회 인프라 확충

⑥ 대륙과 해양을 연결하는 글로벌 거점기능 강화

⑦ 국토 관리시스템의 선진화 · 효율화

4) 특징

① 개방형의 π형 연안 국토축과 10대 광역권을 개발하여 지역 균형발전 개발 촉진

② 국토환경의 적극적인 보전을 위해 개발과 환경의 조화 전략 제시

5) 제4차 국토종합계획에서 제시한 개방형 통합국토축

① 국토 3면을 활동하여 세계로 뻗어가는 "연안국토축"

구분	특성화
동해안축	국제관광, 기간산업 고도화
남해안축	국제물류, 관광, 산업특화지대
황해안축 (서해안축)	중국 성장에 대응하는 신산업지대(동북아를 향한 국제물류, 비즈니스, 신산업, 문화관광 기반의 성장동력 육성)

② 내륙지역의 균형개발을 추진하는 "동서내륙축"

구분	특성화
남부내륙축	영호남 균형 개발을 위한 연계 강화
중부내륙축	수도권의 기능 분산 및 수용, 산악과 연안의 연계 관광 활성화
북부내륙축	통일 이후의 장기적 고려

★ 다음 중 제4차 국토종합계획 수정계획(2011~2020)에서 국토계획 5대 목표에 따른 전략에 해당하지 않는 것은? [13년 4회, 16년 4회]

① 다핵분산형 국토구조 형성 및 지역 특화발전
② 국토의 개방거점 확충 및 상생적 국제협력 선도
③ 도시 및 농촌의 정주환경 개선 및 주거복지 증진
④ 국토의 환경친화적 개발 억제 및 아름다운 국토 조성

目 ④

해설⊕

제4차 국토종합계획 수정계획(2011~2020)에서는 저탄소 · 에너지 절감형 녹색국토 실현을 추구한다.

(5) 제5차 국토종합개발계획(2020~2040)

1) 비전

모두를 위한 국토, 함께 누리는 삶터

2) 목표

어디서나 살기 좋은 균형국토, 안전하고 지속 가능한 스마트국토, 건강하고 활력 있는 혁신국토

3) 공간구성

연대와 협력을 통한 유연한 스마트국토 구현

4) 국토발전전략

① 개성 있는 지역발전과 연대 · 협력 촉진
② 지역산업 혁신과 문화관광 활성화
③ 세대와 계층을 아우르는 안심 생활공간 조성
④ 품격 있고 환경친화적 공간 창출
⑤ 인프라의 효율적 운영과 국토 지능화
⑥ 대륙과 해양을 잇는 평화국토 조성

❷ 수도권정비계획

1. 수도권정비계획의 개요

(1) 수도권정비계획의 필요성(수도권 집중에 따른 문제)

① 극심한 교통난과 환경 및 도시경관 악화
② 주택가격 및 지가 상승
③ 지방의 산업공동화 및 지방의 인력난 가중

┤핵심문제

★ 수도권으로의 기능 집중에 따른 도시 문제와 거리가 먼 것은? [14년 1회, 18년 2회, 23년 2회, 24년 1회]

① 도시경관의 악화　　　　　　　② 교통난의 심화

③ 환경 문제 심화　　　　　　　　④ 인력난 가중

답 ④

해설⊕--

인력난 가중은 수도권으로의 인력의 집중에 따라 지방에서 발생하는 문제이다.

(2) 기본법률 및 수립절차

1) 기본법률

수도권정비계획은 「수도권정비계획법」을 기본법으로 함

2) 수립절차

입안자(국토교통부장관) → 수도권정비위원회(심의) → 국무위원회(심의) → 승인권자(대통령)

3) 수도권의 의미와 권역 구분

① 수도권이라 함은 서울특별시와 인천광역시, 경기도가 포함된 지역을 지칭한다.

② 수도권정비계획에서의 권역 구분

구분	세부 사항
과밀억제권역	인구 · 산업의 집중으로 이전 · 정비가 필요한 지역
성장관리권역	인구 · 산업의 계획적 유치 · 개발이 필요한 지역
자연보전권역	한강수계의 수질 및 녹지 등의 자연환경보전이 필요한 지역

┤핵심문제

★ 다음 중 수도권정비계획의 권역 구분이 아닌 것은?　　　[12년 2회, 16년 2회, 24년 2회]

① 과밀억제권역　　　　　　　　② 성장관리권역

③ 개발유도권역　　　　　　　　④ 자연보전권역

답 ③

해설⊕--

수도권정비계획에서의 권역 구분 : 과밀억제권역, 성장관리권역, 자연보전권역

4) 수도권정비위원회 심의 사항

① 수도권정비계획의 수립과 변경에 관한 사항

② 수도권정비계획의 소관별 추진계획에 관한 사항

③ 수도권의 정비와 관련된 정책과 계획의 조정에 관한 사항

④ 과밀억제권역에서 추진될 공업지역의 지정에 관한 사항

⑤ 종전 대지의 이용계획에 관한 사항

⑥ 공장·학교에 대한 총량 규제에 관한 사항

⑦ 대규모 개발사업의 개발계획에 관한 사항

⑧ 그 밖에 수도권의 정비에 필요한 사항으로서 대통령령으로 정하는 사항

─────────────────────────┤핵심문제

다음 중 수도권정비계획안의 승인권자는?   [12년 4회, 18년 4회]

① 대통령   ② 국무총리

③ 국토교통부장관   ④ 경기도지사

답 ①

해설⊕ --

입안자(국토교통부장관) → 수도권정비위원회(심의) → 국무위원회(심의) → 승인권자(대통령)

(3) 인구집중유발시설 종류

① 대학, 산업대학, 교육대학 또는 전문대학

② 공공청사, 사무소(연구소와 연수 시설) : 1,000m^2 이상

③ 공장 : 500m^2 이상

④ 판매용 건축물(15,000m^2), 업무용 건축물(25,000m^2 이상), 복합 건축물(25,000m^2 이상)

⑤ 교육원, 직업훈련소, 운전 및 정비 관련 직업훈련소 등의 연수시설(30,000m^2 이상)

─────────────────────────┤핵심문제

서울시 주변에 위치한 수원, 안성, 용인 등으로 대학교가 이전되거나 분교가 설치되는 현상과 가장 직접적으로 관련 있는 것은?   [14년 1회, 17년 4회, 24년 1회]

①「국토기본법」   ②「수도권정비계획법」

③ 경기도 도시계획조례   ④ 서울특별시 도시계획조례

답 ②

해설⊕ --

「수도권정비계획법」 제4조의 수도권정비계획의 수립상에 대학교가 인구집중유발시설로 분류되어 대학교가 분교의 형식으로 분산 배치되는 현상이 나타나고 있다.

2. 수도권정비계획의 전략

(1) 수도권정비계획에 따른 규제수단

1) 권역의 구분

과밀억제권역, 성장관리권역, 자연보전권역

2) 광역적 기반시설

대규모 개발사업 시행 시 인구영향평가·교통영향평가 및 환경영향평가를 반영하여 설치한다.

3) 총량 규제

학교와 공장 등의 인구집중유발시설이 수도권에 집중하지 않도록 총 허용 용량에 의해 규제한다.

4) 과밀부담금

① 과밀억제권역 안(서울만 해당)에서 인구집중유발시설 중 업무용 건축물·판매용 건축물·공공청사·복합용 건축물을 건축하고자 할 때 적용한다.

② 수도권정비계획권역 내에서의 과밀부담금은 건축비의 100분의 10을 원칙으로 한다.

③ 「수도권정비계획법」에 의거, 징수된 부담금의 100분의 50은 「국가균형발전 특별법」에 따른 지역발전특별회계에 귀속하고, 100분의 50은 부담금을 징수한 건축물이 있는 시·도에 귀속한다.

5) 인구집중유발시설 신설·증설 억제

대학, 연면적 $200m^2$ 이상 건축물, 공공청사 및 연수시설, 학원, 판매용·업무용 건축물

6) 공공기관의 지방 이전

7) 지방에 거점도시 육성

8) 대규모 개발사업 억제

│핵심문제

수도권정비계획에서 징수된 과밀부담금을 「국가균형발전 특별법」에 따른 지역발전특별회계와 과밀부담금을 징수한 건축물이 있는 시·도에 귀속하는 배분 비율은?　　　　　　　[12년 2회, 16년 4회]

① 25% : 75%　　　　　　　　　　② 50% : 50%

③ 75% : 25%　　　　　　　　　　④ 100% : 0%

답 ②

해설◆

「수도권정비계획법」에 의거, 징수된 부담금의 100분의 50은 「국가균형발전 특별법」에 따른 지역발전특별회계에 귀속하고, 100분의 50은 부담금을 징수한 건축물이 있는 시·도에 귀속한다.

핵심문제

「수도권정비계획법」상 수도권의 과밀을 해소하기 위한 목적으로 시행하는 규제수단으로 옳지 않은 것은? [13년 4회, 17년 2회, 23년 2회]

① 과밀부담금 부과　　　　　　② 개발제한구역 지정
③ 총량 규제　　　　　　　　　④ 대규모 개발사업 규제

답 ②

해설➕
개발제한구역의 지정은 무분별한 도심의 확대를 막기 위해서 적용하는 정책이다.

(2) 성장관리권역의 행위 제한의 예외(「수도권정비계획법 시행령」 제12조)

1) 학교

　① 총량 규제의 내용에 적합한 범위에서의 산업대학, 전문대학, 대학원대학 또는 입학 정원이 50명 이내인 대학의 신설

　② 총량 규제의 내용에 적합한 범위에서의 학교 입학 정원의 증원

　③ 신설된 지 8년이 지나지 아니한 소규모 대학 입학 정원의 증원

　④ 수도권에서의 학교 이전

　⑤ 대학과 전문대학 간 통·폐합으로 인한 대학의 신설·증설 또는 이전

2) 연수시설

　① 연수시설의 신축, 증축 또는 용도변경으로서 수도권정비위원회의 심의를 거친 것

　② 기존 연수시설의 건축물 연면적의 100분의 20 범위에서의 증축

　③ 수도권에서 이전하는 연수시설의 종전 규모의 범위에서의 신축, 증축 또는 용도변경

❸ 지역계획

1. 지역계획의 개요

(1) 지역계획의 개념 및 영역

1) 지역계획의 개념

　특정한 지역을 대상으로 특별한 정책목적을 달성하기 위하여 수립하는 계획

2) 지역계획의 핵심적 영역

　① 도시 및 대도시권계획

　② 지역사회 및 인적자원계획

③ 환경계획

④ 자연자원계획

⑤ 경제개발계획

(2) 지역계획의 목표

① 지역의 복지 향상과 생활환경 개선을 도모

② 지역적 수준의 경제사회 및 공간개발

③ 지역 간의 불균형을 해소

④ 최적의 산업배치

⑤ 사후적인 "결과의 균등"보다는 사전적인 "기회의 균등"

2. 지역계획의 평가

(1) 지역계획의 평가 방법

1) 비용편익분석(Benefit/Cost Analysis)의 확대

① 사회적 비용법(Social Cost)

계획집행에 의해 발생하는 사회적 효과를 사회적 비용으로 측정하여 화폐단위로 환산하여 비용편익분석의 틀 속에 하나의 비용으로 고려한다.

② 계획대차대조표(Planning Balance Sheet)

• 민간기업에서 작성하는 대차대조표를 공공정책 분야에 응용한 것이다.

• 화폐단위로 환산 가능한 것은 화폐단위로, 화폐단위로 환산이 불가능한 것은 시간항목, 물리적인 영향항목, 비계량항목 등으로 구분하여 비교한다.

2) 다면적 평가 방법

① 비용효과분석(Cost Effectiveness Analysis)

각 대안이 추구하는 목표를 달성하기 위한 비용의 최소화 방안을 평가하는 방법

② 목표달성행렬법(Goals Achievement Matrix)

• 비용편익분석과 계획대차대조표의 단점을 보완하기 위하여 개발

• 가중치를 이용하여 목표달성의 지표를 산출하고 이를 합산하여 총 목표달성지표를 구함

3) 종합적 평가 방법

① 다목적법(Multi Objective)

복수의 계획목표하에서 계획대안의 실현가능성은 순편익변형곡선으로 표현하고, 관련 이해집단의 가치관은 사회적 편익무차별곡선으로 표현하여 양자를 접합하여 각 집단에 대한 최적의 계획안을 선택하는 방법

② 공조분석법(Concordance Analysis)

특정한 방법을 활용하여 설정된 대안평가기준의 가중치와 각각의 대안의 영향행렬을 조합하여 평가

4) 델파이 방법(Delphi Method)

① 앙케이트의 반복을 통하여 전문가들의 의견을 조사하여 반영하는 방법

② 지속적인 피드백 과정에 의한 방법

핵심문제

다양한 계획의 주관적인 평가 결과를 여러 차례의 앙케이트를 반복 실시하여 평가함으로써 주관적 평가의 객관화를 도모하는 분석 방법은? [13년 2회]

① 트리모형법 ② 투입산출법
③ 델파이 방법 ④ 준실험에 의한 방법

답 ③

해설 ⊕

델파이 방법(Delphi Method)
• 앙케이트의 반복을 통하여 전문가들의 의견을 조사하여 반영하는 방법
• 지속적인 피드백 과정에 의한 방법

---

4 광역도시계획

1. 광역도시계획의 개요

① 광역도시권이란 도시가 거대해지면서 대도시와 그 주변지역을 망라하여 형성된 도시화된 지역으로, 인접도시 간을 연결하여 형성되거나 주변 도시군들을 포함하는 큰 도시로 연담도시(Conurbation), 집합도시(Agglomeration)라고도 하며, 몇 개의 도시가 팽창·접근하여 한 개의 대도시로 간주되는 도시

② 중심대도시와 경제·사회·문화적으로 통합된 지역으로 기능적으로 유기적인 연계성을 지닌 일상생활권으로 중심대도시의 행정력이 직접 미치는 행정구역과는 다르다.

2. 광역도시계획 수립지침상의 부문별 계획

① 기능분담계획 및 토지이용계획
② 문화·여가공간계획
③ 녹지관리계획
④ 환경보전계획

⑤ 교통 및 물류유통체계

⑥ 광역시설계획

⑦ 경관계획

⑧ 방재계획

핵심문제

광역도시계획 수립지침에 따른 광역도시계획의 부문별 계획으로 틀린 것은?　　　[15년 2회]

① 광역시설계획　　　　　　　　② 녹지관리계획

③ 사회복지계획　　　　　　　　④ 경관계획

답 ③

해설⊕

광역도시계획 수립지침상의 부문별 계획

• 기능분담계획 및 토지이용계획　　　• 문화 · 여가공간계획

• 녹지관리계획　　　　　　　　　　• 환경보전계획

• 교통 및 물류유통체계　　　　　　• 광역시설계획

• 경관계획　　　　　　　　　　　　• 방재계획

01 다음 중 「국토기본법」상 국토종합계획에 포함되는 내용이 아닌 것은?

[15년 2회, 20년 3회, 24년 3회]

① 재정 확충 및 도시·군기본계획의 시행을 위하여 필요한 재원조달에 관한 사항
② 국토의 현황 및 여건 변화 전망에 관한 사항
③ 주택, 상하수도 등 생활여건의 조성 및 삶의 질 개선에 관한 사항
④ 지하공간의 합리적 이용 및 관리에 관한 사항

해설

국토종합계획은 국토의 전반적인 사항을 다루는 것으로서, 도시·군기본계획의 시행을 위하여 필요한 재원조달에 관한 사항과는 거리가 멀다.

02 국토 전역을 대상으로 하여 국토의 장기적인 발전 방향을 제시하는 최상위 국토계획은?

[13년 4회]

① 시·군종합계획
② 국토종합계획
③ 도종합계획
④ 광역개발계획

해설

국토계획의 위계상 최상위의 국토계획은 국토종합계획이다.

03 「국토기본법」에 따른 국토계획의 구분이 틀린 것은?

[13년 2회, 17년 1회]

① 국토종합계획은 국토 전역을 대상으로 국토의 장기적인 발전 방향을 제시하는 종합계획이다.
② 부문별 계획은 국토 전역을 대상으로 특정부문에 대한 장기적인 발전 방향을 제시하는 계획이다.
③ 지역계획은 특정한 지역을 대상으로 특별한 정책목적을 달성하기 위하여 수립하는 계획이다.
④ 시·군종합계획은 도 또는 특별자치도의 관할구역을 대상으로 해당 지역의 장기적인 발전 방향을 제시하는 종합계획이다.

해설

도 또는 특별자치도의 관할구역을 대상으로 해당 지역의 장기적인 발전 방향을 제시하는 종합계획은 도종합계획이다.

04 「국토기본법」에서 제시하고 있는 국토정책위원회에 관한 사항으로 옳지 않은 것은?

[16년 1회, 23년 2회]

① 국무총리 소속으로 둔다.
② 위원장은 국토교통부장관이다.
③ 분야별로 분과위원회를 둘 수 있다.
④ 국토종합계획에 관한 사항을 심의한다.

해설

국토정책위원회는 국무총리 소속으로 두며, 위원장은 국무총리가 한다.

05 우리나라의 국토종합개발계획 중 전국을 4대권, 8중권, 17소권으로 구분한 계획은?

[16년 4회, 24년 2회]

① 제1차 국토종합개발계획
② 제2차 국토종합개발계획
③ 제2차 국토종합개발계획 수정계획
④ 제3차 국토종합개발계획

해설

제1차 국토종합개발계획의 권역 설정
• 4대권(한강, 금강, 낙동강, 영산강 유역권)
• 8중권(수도권, 태백권, 충청권, 전주권, 대구권, 부산권, 광주권, 제주권)
• 17소권

06 제1차 국토종합개발계획(1972~1981)에서 8개의 권역으로 구분한 8중권에 속하지 않는 권역은?

[15년 2회, 18년 4회]

① 태백권 개발
② 대구권 개발
③ 대전권 개발
④ 제주권 개발

해설

제1차 국토종합개발계획에서의 개발권역
- 4대권(한강, 금강, 낙동강, 영산강 유역권)
- 8중권(수도권, 태백권, 충청권, 전주권, 대구권, 부산권, 광주권, 제주권)
- 17소권

07 우리나라 국토종합개발계획 중 서울, 부산 양대 도시의 성장 억제와 인구분산, 국토의 다각화를 위한 성장거점도시의 육성 및 지역생활권의 조성 등을 개발전략으로 채택한 계획은?   [16년 4회]
① 제1차 국토종합개발계획
② 제2차 국토종합개발계획
③ 제2차 국토종합개발계획 수정계획
④ 제3차 국토종합개발계획

해설

제2차 국토종합개발계획(1982~1991)
양대도시의 성장 억제 및 성장거점도시의 육성에 의한 국토균형 발전 추구
- 제1차 성장거점도시(3개 도시) : 서울의 중추적 관리기능의 분담, 대전·대구·광주
- 제2차 성장거점도시(15개 도시) : 대전·광주·대구·춘천·원주·강릉·청주·천안·전주·남원·순천·목포·안동·진주·제주

08 제2차 국토종합개발계획에서 개발 가능성의 전국적 확대라는 기본목표에 대해서 28개 생활권 형성 전략이 채택되었으나 1987년 수정계획에서 생활권 전략이 취소되었다. 취소 이유로 타당하지 않은 것은?   [16년 4회]
① 도시 계층별 시설 이용체계 확립의 어려움
② 수도권 집중에 대한 반자력적 기능의 미흡
③ 지방도시 생활권과 농촌도시 생활권의 계속적인 인구 감소
④ 중심도시와 주변 농촌지역 간에 일체가 되는 생활권 형성의 어려움

해설

제2차 국토종합개발계획 수정계획에서 생활권 전략이 취소된 근본적 이유는 지방과 농촌의 지속적인 인구감소에 따른 중심도시와의 일체적 생활권 형성이 어려웠다는 것이다.

09 다음 중 전국을 28개의 생활권으로 구분하고 각 생활권을 성격과 규모에 따라 대도시 생활권, 지방도시생활권, 농촌도시생활권으로 구분하였던 국토계획은?   [12년 1회, 23년 4회]
① 제1차 국토종합개발계획
② 제2차 국토종합개발계획
③ 제3차 국토종합개발계획
④ 제4차 국토종합계획

해설

제2차 국토종합개발계획(1982~1991)
28개 지역생활권(대도시생활권 5, 지방도시생활권 17, 농촌도시생활권 6)

구분	내용
대도시생활권 (5개 권)	인구가 장차 100만 명 이상이 될 것이 예상되는 도시(서울·부산·대전·대구·광주)를 중심으로 하는 생활권
지방도시생활권 (17개 권)	지방도시(춘천·원주·강릉·청주·충주·제천·천안·전주·정읍·남원·순천·목포·안동·포항·영주·진주·제주)를 중심으로 하는 생활권
농촌도시생활권 (6개 권)	영월·서산·홍성·강진·점촌·거창을 중심으로 하는 농업적 기반이 강한 낙후지역의 생활권

10 다음 중 우리나라의 제2차 국토종합개발계획(1982~1991)에서 설정한 대도시생활권에 해당되지 않는 것은?   [16년 2회]
① 인천생활권   ② 대전생활권
③ 부산생활권   ④ 광주생활권

●해설

대도시생활권(5개 권)

인구가 장차 100만 명 이상이 될 것이 예상되는 도시(서울·부산·대전·대구·광주)를 중심으로 하는 생활권

11 다음 중 제2차 국토종합개발계획(1982~1991)의 생활권 구분에서 농촌도시생활권에 해당하지 않는 것은? [15년 4회, 24년 1회]

① 영월생활권   ② 서산생활권

③ 점촌생활권   ④ 강화생활권

●해설

농촌도시생활권(6개 권)

영월·서산·홍성·강진·점촌·거창을 중심으로 하는 농업적 기반이 강한 낙후지역의 생활권

12 제2차 국토종합개발계획 수정계획(1987~1991)에서 설정한 지역경제권에 해당되지 않는 것은? [16년 2회]

① 중부권   ② 영동권

③ 동남권   ④ 서남권

●해설

제2차 국토종합개발계획 수정계획(1987~1991)의 권역 설정

4개 지역경제권(수도권, 중부권, 서남권, 동남권)과 특정지역(태백산, 제주도, 다도해, 88고속국도 주변)

13 제3차 국토종합개발계획에서 수도권 비대화를 견제하기 위한 대도시 기능특화전략 중 틀린 것은? [16년 4회, 20년 4회]

① 부산-국제무역, 금융 및 첨단산업

② 대구-업무, 첨단산업 및 패션산업

③ 광주-첨단산업 및 예술문화

④ 대전-행정, 과학연구 및 첨단산업

●해설

부산-국제무역, 금융기능

14 제4차 국토종합계획 수정계획(2011~2020)에 반영된 핵심 정책 방향이 아닌 것은? [13년 2회]

① 기후 변화·기상 이변에 대한 선제적 방재능력 강화

② 대륙과 해양을 연결하는 글로벌 거점기능 강화

③ 저탄소·에너지 절감형 녹색국토 실현

④ 지역기능 강화를 위한 교통·통신 자본의 확충

●해설

제4차 국토종합계획 수정계획(2011~2020) 핵심 정책 방향

• 광역화·특성화를 통한 지역경쟁력 강화

• 저탄소·에너지 절감형 녹색국토 실현

• 기후 변화·기상 이변에 대한 선제적 방재능력 강화

• 새로워진 강과 산·바다를 연계한 품격 있는 국토 창조 : 江山海 통합형 국토관리 네트워크, 수변의 여가·건강·복지공간화

• 인구·사회구조 변화에 대응한 사회 인프라 확충

• 대륙과 해양을 연결하는 글로벌 거점기능 강화

• 국토 관리시스템의 선진화·효율화

15 제4차 국토종합계획 수정계획(2011~2020)의 도시정책 관련 부분으로 틀린 것은? [12년 1회, 16년 2회]

① 네트워크형 도시체계 형성

② 선계획 후개발 국토이용체제 정립

③ 참여와 협력에 기초한 도시계획체제 구축

④ 균형 잡힌 도시체계 구축 및 정주체계 정비

●해설

제4차 국토종합계획 수정계획(2011~2020)의 계획목표 실현을 위한 6대 추진전략 중 분권형 국토계획 및 집행체계 구축

• 선계획 후계발 체계 구축

• 참여와 협력에 기초한 도시체계 구축

• 균형 잡힌 도시체계 구축 및 정주체계 정비

16 다음 중 제4차 국토종합계획 수정계획(2011~2020)의 주요 내용으로 가장 거리가 먼 것은?

[12년 1회, 14년 4회]

① 동북아 시대의 국토경영과 통일기반 조성
② 분권형 국토계획과 집행체계의 구축
③ 네트워크형 인프라 구축
④ 사회간접자본의 확충과 국토이용관리 효율화

해설

④는 제1차 국토종합계획에 대한 사항이다.

17 다음 중 제4차 국토종합계획 수정계획(2011~2020)에서 국토축별 발전 방향에 대한 설명으로 가장 옳은 것은?

[12년 1회]

① 동해안축 : 환태평양 진출을 위한 해양물류 및 산업경제력 강화
② 남해안축 : 유라시아 진출 및 남북교류의 거점지대로 육성
③ 중부내륙축 : 국제물류, 관광, 산업특화지대로 육성
④ 서해안축 : 동북아를 향한 국제물류, 비즈니스, 신산업, 문화관광 기반의 성장동력육성

해설

① 동해안축 : 국제관광, 기간산업 고도화
② 남해안축 : 국제물류, 관광, 산업특화지대
③ 중부내륙축 : 수도권의 기능 분산 및 수용, 산악과 연안의 연계 관광 활성화

18 다음 중 인구와 각종 기능이 집중함으로 인해 수도권에 발생할 수 있는 문제점에 해당하지 않는 것은?

[15년 4회, 22년 4회]

① 교통난 심화
② 주택가격의 급등
③ 환경 문제의 심화
④ 지방자치제의 퇴보

해설

인구와 각종 기능의 집중과 지방자치제의 퇴보는 큰 개연성이 없다.

19 「수도권정비계획법」상 수도권정비위원회의 심의사항에 해당하지 않는 것은?

[16년 4회]

① 인구영향평가에 관한 사항
② 종전대지의 이용계획에 관한 사항
③ 대규모 개발사업의 개발계획에 관한 사항
④ 공장·학교에 대한 총량 규제에 관한 사항

해설

수도권정비위원회의 심의사항에서 인구영향평가는 다루어지지 않으며, 이 사항은 2009. 1. 1.부로 폐지된 바 있다.

20 수도권 권역의 구분과 지정에 관한 내용으로 옳지 않은 것은?

[16년 2회, 23년 1회]

① 과밀억제권역 : 인구와 산업이 지나치게 집중되었거나 집중될 우려가 있어 이전하거나 정비할 필요가 있는 지역
② 성장관리권역 : 과밀억제권역으로부터 이전하는 인구와 산업을 계획적으로 유치하고 산업의 입지와 도시의 개발을 적정하게 관리할 필요가 있는 지역
③ 자연보전권역 : 한강 수계의 수질과 녹지 등 자연환경을 보전할 필요가 있는 지역
④ 이전촉진권역 : 과밀억제권역으로부터 인구 및 산업을 계획적으로 유치하고 산업의 입지와 도시의 적정개발이 필요한 지역

해설

수도권정비계획에서의 권역 구분

구분	세부 사항
과밀억제권역	인구·산업의 집중으로 이전·정비가 필요한 지역
성장관리권역	인구·산업의 계획적 유치·개발이 필요한 지역
자연보전권역	한강수계의 수질 및 녹지 등의 자연환경보전이 필요한 지역

21 「수도권정비계획법」에서 구분하고 있는 구역의 종류로서 옳지 않은 것은?

[14년 2회, 18년 2회, 24년 2회]

① 과밀억제권역　　　　② 성장관리권역
③ 자연보전권역　　　　④ 개발촉진권역

● 해설

수도권정비계획에서의 권역 구분

과밀억제권역, 성장관리권역, 자연보전권역

22 지방 분산형 국토구조를 조직화하기 위한 지방 분산 정책의 방향이 될 수 없는 것은?

[15년 4회, 20년 4회]

① 지방대도시의 수도권 견제 기능 강화 및 중소도시의 경쟁력 제고
② 도·농 간, 도시 간 기능적 연계 강화
③ 농·어촌의 구조 개선과 낙후지역의 개발 촉진
④ 과밀부담금제도의 완화

● 해설

과밀부담금은 수도권 과밀화를 억제하기 위한 수단으로서, 과밀부담금제도를 완화할 경우 수도권 집중현상 강화로 지방 분산 정책 실현이 어려워질 수 있다.

23 수도권으로의 인구집중, 수도권의 과밀·과대화를 억제하기 위한 방법으로 옳지 않은 것은?

[15년 4회, 22년 1회]

① 고등 교육기관의 증설
② 수도권 소재 공공기관의 이전
③ 수도권 내 공장의 신·증축 억제
④ 수도권 외 지역의 거점도시 육성

● 해설

수도권 과밀화를 억제하기 위해서 대학, 연면적 200m² 이상 건축물, 공공청사 및 연수시설, 학원, 판매용·업무용 건축물 등 인구집중유발시설의 신설·증설을 억제한다.

24 다음 중 수도권 인구 및 산업 집중의 억제대책이 아닌 것은? [15년 2회, 22년 2회, 24년 3회]

① 공장의 신·증설 억제
② 대학의 신·증설 억제
③ 임대주택의 공급 확대
④ 중앙행정 권한의 지방 이양

● 해설

임대주택의 공급 확대는 인구의 유입을 일으켜 수도권의 인구 및 산업 집중화를 가중시킬 수 있다.

25 수도권정비계획법령상 성장관리권역에서 시설의 신설·증설에 대한 허가가 불가능한 것은?

[16년 2회, 21년 2회]

① 수도권에서의 학교 이전
② 총량 규제의 내용에 적합한 범위에서의 학교 입학 정원의 증원
③ 기존 연수시설의 건축물 연면적의 100분의 50범위에서의 증축
④ 수도권에서 이전하는 연수 시설의 종전 규모의 범위에서의 신축

● 해설

성장관리권역의 행위 제한(「수도권정비계획법 시행령」 제12조)

기존 연수시설의 건축물 연면적의 100분의 20 범위에서 증축할 경우 허가가 가능하다.

26 다음 중 대도시 성장 관리 정책에 대한 설명으로 틀린 것은? [15년 4회, 19년 1회]

① 종주도시권의 다핵개발은 자유방임정책보다 오히려 대도시권으로의 인구와 산업의 집중을 유발한다.

② 반자력중심도시의 육성은 대도시의 통근권 밖인 60~160km 떨어진 도시를 육성하는 정책이다.

③ 대도시 집중 억제의 한 수단으로서 소규모 서비스 중심지 및 농촌의 개발은 소요투자의 효율성에 문제가 있다.

④ 대도시의 관리정책으로서 지역중심도시와 하위체계 개발시책은 투자재원의 한계성 때문에 모든 지역을 동시에 개발할 수 없다.

●해설

반자력중심도시의 육성은 대도시와의 통근권 내에 형성되어야 한다.

27 다음 중 지역계획의 핵심적 영역이라 할 수 없는 것은? [16년 1회]

① 도시 및 대도시권 계획

② 지역사회 및 인적자원 계획

③ 지역교통계획

④ 경제개발계획

●해설

지역계획의 핵심적 영역의 범주는 큰 범위를 가지게 된다. 지역교통계획 같은 경우는 지역계획 수립과정에서 고려되는 요소이지만, 큰 범주의 형태인 지역계획의 핵심적 영역에는 포함되지 않는다.

지역계획의 핵심적 영역
• 도시 및 대도시권계획
• 지역사회 및 인적자원계획
• 환경계획
• 자연자원계획
• 경제개발계획

28 산업 및 생활기반시설 등이 다른 지역에 비하여 현저히 낙후된 지역을 종합적으로 개발함으로써 지역주민의 소득 증대와 복지 향상을 기하고 지역 간 격차를 해소하여 국토의 균형 있는 발전을 도모함을 목적으로 하였던 것은? [14년 4회]

① 오지종합개발계획 　　② 접경지역개발계획

③ 도서종합개발계획 　　④ 개발밀도정비계획

●해설

다른 지역에 비하여 현저히 낙후된 지역인 오지에 대한 종합적인 개발계획에 대한 설명이다.

29 지역 문제의 해결을 위해 여러 가지 대안을 도출하고 이를 평가하여 최종안을 결정하고자 할 때 다음 중 가장 적절하지 못한 방법은?
[14년 2회, 24년 1회]

① 비용편익분석(Benefit/Cost Analysis)

② 계획대차대조표법(Planning Balance Sheet)

③ 정수계획법(Integer Programming)

④ 목표성취행렬법(Goals Achievement Matrix)

●해설

정수계획법(Integer Programming)
선형계획법에서 변수의 일부 또는 전부를 정수로 한정하여 산출하는 방식으로서, 여러 가지 대안을 도출하고 이를 평가하여 최종안을 도출하는 방식과는 거리가 멀다.

ENGINEER URBAN PLANNING

도시계획
관계 법규

도시계획관리 관련 법규

1 「국토기본법」 및 동법 시행령, 시행규칙

(1) 「국토기본법」의 목적(「국토기본법」 제1조)

이 법은 국토에 관한 계획 및 정책의 수립·시행에 관한 기본적인 사항을 정함으로써 국토의 건전한 발전과 국민의 복리향상에 이바지함을 목적으로 한다.

(2) 국토의 균형 있는 발전(「국토기본법」 제3조)

① 국가와 지방자치단체는 각 지역이 특성에 따라 개성 있게 발전하고, 자립적인 경쟁력을 갖추도록 함으로써 국민 모두가 안정되고 편리한 삶을 누릴 수 있는 국토 여건을 조성하여야 한다.

② 국가와 지방자치단체는 수도권과 비수도권(非首都圈), 도시와 농촌·산촌·어촌, 대도시와 중소도시 간의 균형 있는 발전을 이룩하고, 생활 여건이 현저히 뒤떨어진 지역이 발전할 수 있는 기반을 구축하여야 한다.

③ 국가와 지방자치단체는 지역 간의 교류협력을 촉진시키고 체계적으로 지원함으로써 지역 간의 화합과 공동 번영을 도모하여야 한다.

(3) 국토계획의 정의와 구분(「국토기본법」 제6조)

① 이 법에서 "국토계획"이란 국토를 이용·개발 및 보전할 때 미래의 경제적·사회적 변동에 대응하여 국토가 지향하여야 할 발전 방향을 설정하고 이를 달성하기 위한 계획을 말한다.

② 국토계획은 다음의 구분에 따라 국토종합계획, 도종합계획, 시·군 종합계획, 지역계획 및 부문별계획, 초광역권계획으로 구분한다.

- 국토종합계획 : 국토 전역을 대상으로 하여 국토의 장기적인 발전 방향을 제시하는 종합계획[수립권자 : 국토교통부장관]
- 도종합계획 : 도 또는 특별자치도의 관할구역을 대상으로 하여 해당 지역의 장기적인 발전 방향을 제시하는 종합계획[수립권자 : 도지사]
- 시·군종합계획 : 특별시·광역시·시 또는 군(광역시의 군은 제외한다)의 관할구역을 대상으로 하여 해당 지역의 기본적인 공간구조와 장기 발전 방향을 제시하고, 토지이용, 교통, 환경, 안전, 산업, 정보통신, 보건, 후생, 문화 등에 관하여 수립하는 계획으로서 「국토의 계획 및 이용에 관한 법률」에 따라 수립되는 도시·군계획[수립권자 : 시장, 군수]
- 지역계획 : 특정 지역을 대상으로 특별한 정책목적을 달성하기 위하여 수립하는 계획[수립권자 : 중앙행정기관의 장 또는 지방자치단체의 장]

- 부문별 계획 : 국토 전역을 대상으로 하여 특정 부문에 대한 장기적인 발전 방향을 제시하는 계획 [수립권자 : 중앙행정기관의 장]
- 초광역권계획 : 지역의 경제 및 생활권역의 발전에 필요한 연계 · 협력사업 추진을 위하여 2개 이상의 지방자치단체가 상호 협의하여 설정하거나 「지방자치법」 제199조의 특별지방자치단체가 설정한 권역으로, 특별시 · 광역시 · 특별자치시 및 도 · 특별자치도의 행정구역을 넘어서는 권역을 대상으로 하여 해당 지역의 장기적인 발전 방향을 제시하는 계획[수립권자 : 시 · 도지사 또는 특별지방자치단체의 장]
- ※ 2개 이상의 지방자치단체가 공동으로 특정한 목적을 위하여 광역적으로 사무를 처리할 필요가 있을 때에는 특별지방자치단체를 설치할 수 있다.

───────────────────────────────────────┤핵심문제

다음 중 「국토기본법」에 따른 국토계획의 구분에 해당되지 않는 것은?　　　　[12년 4회, 16년 2회]

① 부문별 계획　　　　　　　　　　　② 도종합계획
③ 시 · 군종합계획　　　　　　　　　　④ 권역별 계획

🗒 ④

해설➕--

국토계획은 국토종합계획, 도종합계획, 시 · 군종합계획, 지역계획, 부문별 계획, 초광역권계획으로 구분된다.

───────────────────────────────────────┤핵심문제

국토계획의 종류 및 수립권자의 연결이 옳은 것은?　　　　　　　　　　[14년 2회]

① 도종합계획 : 도지사 또는 국토교통부장관
② 부문별 계획 : 중앙행정기관의 장 또는 지방자치단체의 장
③ 국토종합계획 : 국무총리
④ 지역계획 : 중앙행정기관의 장 또는 지방자치단체의 장

🗒 ④

해설➕--

국토계획의 계획별 수립권자
- 국토종합계획 : 국토교통부장관　　　　　　· 도종합계획 : 도지사
- 시 · 군종합계획 : 시장, 군수　　　　　　　· 지역계획 : 중앙행정기관의 장 또는 지방자치단체의 장
- 부문별 계획 : 중앙행정기관의 장　　　　　· 초광역권계획 : 시 · 도지사 또는 특별자치단체의 장

(4) 국토종합계획의 내용(「국토기본법」 제10조)

국토종합계획에는 기본적이고 장기적인 정책 방향이 포함되어야 한다.
① 국토의 현황 및 여건 변화 전망에 관한 사항
② 국토발전의 기본 이념 및 바람직한 국토 미래상의 정립에 관한 사항
③ 교통, 물류, 공간정보 등에 관한 신기술의 개발과 활용을 통한 국토의 효율적인 발전 방향과 혁신 기반 조성에 관한 사항

④ 국토의 공간구조의 정비 및 지역별 기능 분담 방향에 관한 사항

⑤ 국토의 균형발전을 위한 시책 및 지역산업 육성에 관한 사항

⑥ 국가경쟁력 향상 및 국민생활의 기반이 되는 국토 기간시설의 확충에 관한 사항

⑦ 토지, 수자원, 산림자원, 해양수산자원 등 국토자원의 효율적 이용 및 관리에 관한 사항

⑧ 주택, 상하수도 등 생활 여건의 조성 및 삶의 질 개선에 관한 사항

⑨ 수해, 풍해(風害), 그 밖의 재해의 방제(防除)에 관한 사항

⑩ 지하 공간의 합리적 이용 및 관리에 관한 사항

⑪ 지속 가능한 국토발전을 위한 국토환경의 보전 및 개선에 관한 사항

⑫ 그 밖에 ①～⑪까지에 부수(附隨)되는 사항

(5) 국토조사의 실시(「국토기본법 시행령」 제10조)

① 국토교통부장관은 국토조사를 효율적으로 실시하기 위하여 국토조사 항목 및 조사 주체 등 필요한 사항에 대하여 관계 중앙행정기관의 장 및 시·도지사와 사전협의를 거쳐 국토조사계획을 수립할 수 있다.

구분	내용
정기조사	국토에 관한 계획 및 정책의 수립, 집행, 성과진단 및 평가, 국토현황의 시계열적·부문별 변화상 측정 및 비교 등에 활용하기 위하여 매년 실시하는 조사
수시조사	국토교통부장관이 필요하다고 인정하는 경우 특정지역 또는 부문 등을 대상으로 실시하는 조사

② 국토조사는 행정구역 또는 일정한 격자(格子) 형태의 구역 단위로 할 수 있다.

─────────────────│핵심문제

다음 국토조사에 관한 설명 중 빈칸에 들어갈 용어가 바르게 나열된 것은?

[15년 4회, 19년 1회, 23년 1회, 24년 2회]

(㉠)은(는) 국토조사를 효율적으로 실시하기 위하여 국토조사 항목 및 조사 주체 등 필요한 사항에 대하여 관계 중앙행정기관의 장 및 (㉡)와(과) 사전협의를 거쳐 국토조사계획을 수립할 수 있다.

① ㉠ : 국토교통부장관, ㉡ : 시·도지사
② ㉠ : 국토교통부장관, ㉡ : 국토정책위원회
③ ㉠ : 국토정책위원회, ㉡ : 시·도지사
④ ㉠ : 국토정책위원회, ㉡ : 국토교통부장관

답 ①

해설⊕

국토조사의 실시(「국토기본법 시행령」 제10조)
국토교통부장관은 국토조사를 효율적으로 실시하기 위하여 국토조사 항목 및 조사 주체 등 필요한 사항에 대하여 관계 중앙행정기관의 장 및 시·도지사와 사전협의를 거쳐 국토조사계획을 수립할 수 있다.

(6) 지역계획의 수립(「국토기본법」 제16조)

1) 수도권 발전계획

수도권에 과도하게 집중된 인구와 산업의 분산 및 적정배치를 유도하기 위하여 수립하는 계획

2) 지역개발계획

성장 잠재력을 보유한 낙후지역 또는 거점지역 등과 그 인근지역을 종합적 · 체계적으로 발전시키기 위하여 수립하는 계획

(7) 국토계획의 평가

1) 국토계획평가의 대상 및 기준(「국토기본법」 제19조의2)

① 국토교통부장관은 대통령령으로 정하는 중장기적 · 지침적 성격의 국토계획이 국토관리의 기본 이념에 따라 수립되었는지를 평가하여야 한다.
② 국토계획평가의 기준은 국토관리의 기본이념을 고려하여 대통령령으로 정한다.
③ 국토교통부장관이 국토계획평가를 실시할 때에는 국토모니터링 결과를 우선적으로 활용하여야 한다.

2) 국토계획평가의 절차(「국토기본법」 제19조의3)

① 국토계획평가 대상이 되는 국토계획의 수립권자는 해당 국토계획을 수립하거나 변경하기 전에 국토계획평가 요청서를 작성하여 국토교통부장관에게 제출하여야 한다.
② 국토계획평가 요청서를 제출받은 국토교통부장관은 국토계획평가를 실시한 후 그 결과에 대하여 국토정책위원회의 심의를 거쳐야 한다.
③ 국토교통부장관은 국토계획평가를 실시할 때 필요한 경우에는 정부출연연구기관이나 관계 전문 가에게 현지조사를 의뢰하거나 의견을 들을 수 있으며, 국토계획평가 요청서 중 환경친화적인 국토 관리에 관한 사항은 대통령령으로 정하는 바에 따라 환경부장관의 의견을 들어야 한다.
④ 국토계획평가 요청서 제출 시기, 국토계획평가 결과의 통보 절차 및 그 밖에 국토계획평가 절차에 필요한 사항은 대통령령으로 정한다.

(8) 국토정책위원회

1) 심의사항(「국토기본법」 제26조)

① 소속 : 국무총리 소속 국토정책위원회
② 심의사항(다만, 제3호와 제4호의 경우 다른 법률에서 다른 위원회의 심의를 거치도록 한 경우에는 국토정책위원회의 심의를 거치지 아니한다)
- 국토종합계획에 관한 사항
- 초광역권계획에 관한 사항

- 도종합계획에 관한 사항
- 지역계획에 관한 사항
- 부문별 계획에 관한 사항
- 국토계획평가에 관한 사항
- 국토계획 및 국토계획에 관한 처분 등의 조정에 관한 사항
- 이 법 또는 다른 법률에서 국토정책위원회의 심의를 거치도록 한 사항
- 그 밖에 국토정책위원회 위원장 또는 분과위원회 위원장이 회의에 부치는 사항

2) 구성(「국토기본법」 제27조)

① 위원장 1명(국무총리)과 부위원장 2명(국토교통부장관과 위촉위원 중에 호선으로 선정된 위원)을 포함한 42명 이내의 위원으로 구성

② 위원의 구성

구분	구성사항
당연직 위원	중앙행정기관의 장과 국무조정실장, 지방시대위원회 위원장
위촉위원	국토계획 및 정책에 관하여 학식과 경험이 풍부한 사람으로서 국무총리가 위촉한 사람

③ 위원의 임기

위촉위원의 임기는 2년으로 하되, 사임 등으로 인하여 새로 위촉된 위원의 임기는 전임위원 임기의 남은 기간으로 한다.

3) 분과위원회 및 전문위원(「국토기본법」 제28조)

① 국토정책위원회의 업무를 효율적으로 수행하기 위하여 대통령령으로 정하는 바에 따라 분야별로 분과위원회를 둔다.

② 분과위원회의 심의는 국토정책위원회의 심의로 본다.

③ 국토정책위원회와 분과위원회의 주요 심의사항에 관하여 자문하기 위하여 국토정책위원회의 위원장은 국토계획 및 정책에 관한 전문지식 및 경험이 있는 사람 중에서 전문위원을 위촉할 수 있다.

④ 전문위원은 국토정책위원회와 분과위원회에 출석하여 발언할 수 있으며, 필요한 경우 위원회에 서면으로 의견을 제출할 수 있다.

⑤ 분과위원회의 구성·운영 및 전문위원의 임기 등에 필요한 사항은 대통령령으로 정한다.

「국토기본법」에 의한 국토정책위원회에 대한 설명으로 옳은 것은? [15년 2회, 18년 2회, 22년 2회]

① 국토정책위원회는 위원장 1명, 부위원장 1명, 34명 이내의 위원으로 구성한다.
② 위원장은 대통령, 부위원장은 국무총리이다.
③ 분과위원회의 심의는 국토정책위원회의 심의로 본다.
④ 대통령은 학식과 경험이 있는 전문가 중에서 전문위원을 약간인으로 위촉할 수 있다.

답 ③

해설⊕

국토정책위원회의 구성(「국토기본법」 제27조)

• 위원장 1명(국무총리)과 부위원장 2명(국토교통부장관과 위촉위원 중에 호선으로 선정된 위원)을 포함한 42명 이내의 위원으로 구성

• 위원의 구성

구분	구성사항
당연직 위원	중앙행정기관의 장과 국무조정실장, 지방시대위원회 위원장
위촉위원	국토계획 및 정책에 관하여 학식과 경험이 풍부한 사람으로서 국무총리가 위촉한 사람

2 「국토의 계획 및 이용에 관한 법률」 및 동법 시행령, 시행규칙

(1) 기반시설(「국토의 계획 및 이용에 관한 법률」 제2조, 시행령 제2조)

1) 기반시설의 종류

구분	시설 종류
교통시설	도로 · 철도 · 항만 · 공항 · 주차장 · 자동차정류장 · 궤도 · 차량 검사 및 면허시설
공간시설	광장 · 공원 · 녹지 · 유원지 · 공공공지
유통 · 공급시설	유통업무설비, 수도 · 전기 · 가스 · 열공급설비, 방송 · 통신시설, 공동구 · 시장, 유류저장 및 송유설비
공공 · 문화체육시설	학교 · 공공청사 · 문화시설 · 공공필요성이 인정되는 체육시설 · 연구시설 · 사회복지시설 · 공공직업훈련시설 · 청소년수련시설
방재시설	하천 · 유수지 · 저수지 · 방화설비 · 방풍설비 · 방수설비 · 사방설비 · 방조설비
보건위생시설	장사시설 · 도축장 · 종합의료시설
환경기초시설	하수도 · 폐기물처리 및 재활용시설 · 빗물저장 및 이용시설 · 수질오염방지시설 · 폐차장

2) 도로 · 자동차정류장 및 광장의 세분

구분	세분사항
도로	일반도로, 자동차전용도로, 보행자전용도로, 보행자우선도로, 자전거전용도로, 고가도로, 지하도로
자동차정류장	여객자동차터미널, 물류터미널, 공영차고지, 공동차고지, 화물자동차 휴게소, 복합환승센터, 환승센터
광장	교통광장, 일반광장, 경관광장, 지하광장, 건축물부설광장

──────────────────────────────┤핵심문제

「국토의 계획 및 이용에 관한 법률」에서 정한 '기반시설'에 속하지 않는 것은?

[12년 1회, 16년 4회]

① 광장 · 공원 · 녹지 등 공간시설
② 도로 · 철도 · 항만 · 공항 · 주차장 등 교통시설
③ 하수도 · 폐기물처리시설 등 환경기초시설
④ 아파트 · 연립주택 · 다세대주책 등 주거시설

답 ④

해설⊕
아파트 · 연립주택 · 다세대주책 등 주거시설은 기반시설을 이용하는 주체에 해당한다.

(2) 공공시설

1) 공공시설의 정의(「국토의 계획 및 이용에 관한 법률」 제2조)

"공공시설"이란 도로 · 공원 · 철도 · 수도, 그 밖에 대통령령으로 정하는 공공용 시설을 말한다.

2) 대통령령으로 정하는 공공시설(「국토의 계획 및 이용에 관한 법률 시행령」 제4조)

① 항만 · 공항 · 광장 · 녹지 · 공공공지 · 공동구 · 하천 · 유수지 · 방화설비 · 방풍설비 · 방수설비 · 사방설비 · 방조설비 · 하수도 · 구거
② 행정청이 설치하는 시설로서 주차장, 저수지 및 그 밖에 국토교통부령으로 정하는 시설
③ 「스마트도시 조성 및 산업진흥 등에 관한 법률」에 따른 시설

(3) 다른 법률에 따른 토지 이용에 관한 구역 등의 지정 제한 등(「국토의 계획 및 이용에 관한 법률」 제8조)

1) 중앙행정기관의 장이나 지방자치단체의 장은 다른 법률에 따라 지정되는 구역 등 중 대통령령으로 정하는 면적 이상의 구역 등을 지정하거나 변경하려면 중앙행정기관의 장은 국토교통부장관과 협의하여야 하며 지방자치단체의 장은 국토교통부장관의 승인을 받아야 한다.

2) 지방자치단체의 장이 승인을 받아야 하는 구역 등 중 대통령령으로 정하는 면적 미만의 구역 등을 지정하거나 변경하려는 경우 특별시장·광역시장·특별자치시장·도지사·특별자치도지사는 국토교통부장관의 승인을 받지 아니하되, 시장·군수 또는 구청장은 시·도지사의 승인을 받아야 한다.

3) **국토교통부장관과의 협의 또는 국토교통부장관 또는 시·도지사의 승인을 받지 아니하는 경우**
    ① 다른 법률에 따라 지정하거나 변경하려는 구역 등이 도시·군기본계획에 반영된 경우
    ② 보전관리지역·생산관리지역·농림지역 또는 자연환경보전지역에서 다음 각 목의 지역을 지정하려는 경우
        • 「농지법」에 따른 농업진흥지역
        • 「한강수계 상수원수질개선 및 주민지원 등에 관한 법률」에 따른 수변구역
        • 「수도법」에 따른 상수원보호구역
        • 「자연환경보전법」에 따른 생태·경관보전지역
        • 「야생생물 보호 및 관리에 관한 법률」에 따른 야생생물 특별보호구역
        • 「해양생태계의 보전 및 관리에 관한 법률」에 따른 해양보호구역
    ③ 군사상 기밀을 지켜야 할 필요가 있는 구역 등을 지정하려는 경우
    ④ 협의 또는 승인을 받은 구역 등을 대통령령으로 정하는 범위에서 변경하려는 경우

4) 국토교통부장관 또는 시·도지사는 협의 또는 승인을 하려면 중앙도시계획위원회 또는 시·도 도시계획위원회의 심의를 거쳐야 한다. 다만, 다음의 경우에는 그러하지 아니하다.
    ① 보전관리지역이나 생산관리지역에서 다음 각 목의 구역 등을 지정하는 경우
        • 「산지관리법」에 따른 보전산지
        • 「야생생물 보호 및 관리에 관한 법률」에 따른 야생생물 보호구역
        • 「습지보전법」에 따른 습지보호지역
        • 「토양환경보전법」에 따른 토양보전대책지역
    ② 농림지역이나 자연환경보전지역에서 다음 각 목의 구역 등을 지정하는 경우
        • 보전관리지역이나 생산지역의 어느 하나에 해당하는 구역 등
        • 「자연공원법」에 따른 자연공원
        • 「자연환경보전법」에 따른 생태·자연도 1등급 권역
        • 「독도 등 도서지역의 생태계보전에 관한 특별법」에 따른 특정도서
        • 「자연유산의 보존 및 활용에 관한 법률」에 따른 명승 및 천연기념물과 그 보호구역
        • 「해양생태계의 보전 및 관리에 관한 법률」에 따른 해양생태도 1등급 권역

핵심문제

중앙행정기관의 장이나 지방자치단체의 장이 다른 법률에 따라 토지이용에 관한 지역·지구·구역 또는 구획 등 중 대통령령으로 정하는 면적 이상을 지정 또는 변경하려면 국토교통부장관의 협의나 승인을 받아야 한다. 이때 국토교통부장관이 협의 또는 승인을 하기 위해 중앙도시계획위원회의 심의를 거치지 않아도 되는 경우는? [14년 1회, 17년 4회]

① 농림지역에서 「농지법」에 따른 농업진흥지역을 지정하는 경우
② 자연환경보전지역에서 「수도법」에 따른 상수원 보호구역을 지정하는 경우
③ 보전관리지역이나 생산관리지역에서 「습지보전법」에 따른 습지보호지역을 지정하는 경우
④ 자연환경보전지역에서 「자연환경보전법」에 따른 생태·경관보전지역을 지정하는 경우

③

해설⊕

다른 법률에 따른 토지 이용에 관한 구역 등의 지정 제한 등(「국토의 계획 및 이용에 관한 법률」 제8조)
국토교통부장관 또는 시·도지사는 협의 또는 승인을 하려면 중앙도시계획위원회 또는 시·도 도시계획위원회의 심의를 거쳐야 한다. 다만, 다음 각 호의 경우에는 그러하지 아니하다.
1. 보전관리지역이나 생산관리지역에서 다음 각 목의 구역 등을 지정하는 경우
　가. 「산지관리법」에 따른 보전산지
　나. 「야생생물 보호 및 관리에 관한 법률」에 따른 야생생물 보호구역
　다. 「습지보전법」에 따른 습지보호지역
　라. 「토양환경보전법」에 따른 토양보전대책지역

(4) 광역도시계획

1) 광역계획권의 지정 및 수립(「국토의 계획 및 이용에 관한 법률」 제10조, 제11조)

구분	광역계획권의 지정권자	광역도시계획의 수립권자
광역계획권이 도의 관할 구역에 속한 경우	도지사 (지방도시계획위원회 심의)	관할 시장 또는 군수 공동
광역계획권이 둘 이상의 시·도 관할 구역에 걸쳐 있는 경우	국토교통부장관 (중앙도시계획위원회 심의)	관할 시·도지사 공동

① 광역계획권을 지정한 날부터 3년이 지날 때까지 관할 시장 또는 군수로부터 광역도시계획의 승인 신청이 없는 경우 : 관할 도지사가 수립
② 국가계획과 관련된 광역도시계획의 수립이 필요한 경우나 광역계획권을 지정한 날부터 3년이 지날 때까지 관할 시·도지사로부터 광역도시계획의 승인 신청이 없는 경우 : 국토교통부장관이 수립
③ 국토교통부장관은 시·도지사가 요청하는 경우와 그 밖에 필요하다고 인정되는 경우에는 관할 시·도지사와 공동으로 광역도시계획을 수립할 수 있다.
④ 도지사는 시장 또는 군수가 요청하는 경우와 그 밖에 필요하다고 인정하는 경우에는 관할 시장 또는 군수와 공동으로 광역도시계획을 수립할 수 있으며, 시장 또는 군수가 협의를 거쳐 요청하는 경우에는 단독으로 광역도시계획을 수립할 수 있다.

2) 광역도시계획의 내용(「국토의 계획 및 이용에 관한 법률」 제12조)

① 광역계획권의 공간구조와 기능 분담에 관한 사항

② 광역계획권의 녹지관리체계와 환경 보전에 관한 사항

③ 광역시설의 배치 · 규모 · 설치에 관한 사항

④ 경관계획에 관한 사항

⑤ 그 밖에 대통령령으로 정하는 사항

- 광역계획권의 교통 및 물류유통체계에 관한 사항
- 광역계획권의 문화 · 여가공간 및 방재에 관한 사항

3) 광역도시계획의 수립을 위한 공청회(「국토의 계획 및 이용에 관한 법률 시행령」 제12조)

① 국토교통부장관, 시 · 도지사, 시장 또는 군수는 공청회를 개최하려면 일간신문, 관보, 공보, 인터넷 홈페이지 또는 방송 등의 방법으로 공청회 개최예정일 14일 전까지 1회 이상 공고

② 공청회 공지 시 개시사항

- 공청회의 개최목적
- 공청회의 개최예정일시 및 장소
- 수립 또는 변경하고자 하는 광역도시계획의 개요
- 그 밖에 필요한 사항

─┤핵심문제

광역도시계획의 수립권자에 대한 설명이 틀린 것은? [13년 2회, 18년 4회]

① 광역계획권이 같은 도의 관할구역에 속하여 있는 경우 관할 시장 또는 군수가 공동으로 수립한다.

② 광역계획권이 둘 이상의 시 · 도의 관할구역에 걸쳐 있는 경우 관할 도지사가 단독으로 수립한다.

③ 국가계획과 관련된 광역도시계획의 수립이 필요한 경우 국토교통부장관이 수립한다.

④ 광역계획권을 지정한 날부터 3년이 지날 때까지 관할 시 · 도지사로부터 광역도시계획의 승인 신청이 없는 경우 국토교통부장관이 수립한다.

🗒 ②

해설➕

광역계획권의 지정 및 수립(「국토의 계획 및 이용에 관한 법률」 제10조, 제11조)

구분	광역계획권의 지정권자	광역도시계획의 수립권자
광역계획권이 도의 관할 구역에 속한 경우	도지사 (지방도시계획위원회 심의)	관할 시장 또는 군수 공동
광역계획권이 둘 이상의 시 · 도 관할 구역에 걸쳐 있는 경우	국토교통부장관 (중앙도시계획위원회 심의)	관할 시 · 도지사 공동

(5) 도시 · 군기본계획

1) 도시 · 군기본계획의 정의(「국토의 계획 및 이용에 관한 법률」 제2조)

"도시 · 군기본계획"이란 특별시 · 광역시 · 특별자치시 · 특별자치도 · 시 또는 군의 관할 구역에 대하여 기본적인 공간구조와 장기발전방향을 제시하는 종합계획으로서 도시 · 군관리계획 수립의 지침이 되는 계획을 말한다.

2) 도시 · 군기본계획의 수립권자(「국토의 계획 및 이용에 관한 법률」 제18조)

특별시장 · 광역시장 · 특별자치시장 · 특별자치도지사 · 시장 또는 군수

3) 도시 · 군기본계획의 내용(「국토의 계획 및 이용에 관한 법률」 제19조)

① 지역적 특성 및 계획의 방향 · 목표에 관한 사항
② 공간구조 및 인구의 배분에 관한 사항, 생활권의 설정과 생활권역별 개발 · 정비 및 보전 등에 관한 사항
③ 토지의 이용 및 개발에 관한 사항
④ 토지의 용도별 수요 및 공급에 관한 사항
⑤ 환경의 보전 및 관리에 관한 사항
⑥ 기반시설에 관한 사항
⑦ 공원 · 녹지에 관한 사항
⑧ 경관에 관한 사항
⑨ 기후 변화 대응 및 에너지절약에 관한 사항
⑩ 방재 · 방범 등 안전에 관한 사항
⑪ 기본계획 내용의 단계별 추진에 관한 사항
⑫ 그 밖에 대통령령으로 정하는 사항

4) 도시 · 군기본계획의 정비(「국토의 계획 및 이용에 관한 법률」 제23조)

특별시장 · 광역시장 · 특별자치시장 · 특별자치도지사 · 시장 또는 군수는 5년마다 관할 구역의 도시 · 군기본계획에 대하여 타당성을 전반적으로 재검토하여 정비하여야 한다.

★ 「국토의 계획 및 이용에 관한 법률」에 따른 도시·군기본계획의 내용에 포함되지 않는 것은?

[15년 4회, 23년 4회]

① 토지의 이용 및 개발에 관한 사항
② 지역적 특성 및 계획의 방향·목표에 관한 사항
③ 건축물의 배치·형태·색채 또는 건축선에 관한 계획
④ 공간구조, 생활권의 설정 및 인구의 배분에 관한 사항

🖉 ③

해설⊕

도시·군기본계획의 내용(「국토의 계획 및 이용에 관한 법률」 제19조)
• 지역적 특성 및 계획의 방향·목표에 관한 사항
• 공간구조 및 인구의 배분에 관한 사항, 생활권의 설정과 생활권역별 개발·정비 및 보전 등에 관한 사항
• 토지이용 및 개발에 관한 사항
• 토지의 용도별 수요 및 공급에 관한 사항
• 환경의 보전 및 관리에 관한 사항
• 기반시설에 관한 사항
• 공원·녹지에 관한 사항
• 경관에 관한 사항
• 기후 변화 대응 및 에너지절약에 관한 사항
• 방재·방범 등 안전에 관한 사항
• 기본계획 내용의 단계별 추진에 관한 사항
• 그 밖에 대통령령으로 정하는 사항

(6) 도시·군관리계획

1) 도시·군관리계획의 정의(「국토의 계획 및 이용에 관한 법률」 제2조)

"도시·군관리계획"이란 특별시·광역시·특별자치시·특별자치도·시 또는 군의 개발·정비 및 보전을 위하여 수립하는 토지 이용, 교통, 환경, 경관, 안전, 산업, 정보통신, 보건, 복지, 안보, 문화 등에 관한 다음 각 목의 계획을 말한다.

2) 도시·군관리계획의 내용(「국토의 계획 및 이용에 관한 법률」 제2조)

① 용도지역·용도지구의 지정 또는 변경에 관한 계획
② 개발제한구역, 도시자연공원구역, 시가화조정구역, 수산자원보호구역의 지정 또는 변경에 관한 계획
③ 기반시설의 설치·정비 또는 개량에 관한 계획
④ 도시개발사업이나 정비사업에 관한 계획
⑤ 지구단위계획구역의 지정 또는 변경에 관한 계획과 지구단위계획
⑥ 도시혁신구역(입지규제최소구역)의 지정 또는 변경에 관한 계획과 도시혁신구역(입지규제최소구역)계획

3) 주민 및 지방의회의 의견청취(「국토의 계획 및 이용에 관한 법률 시행령」 제22조)

① 특별시장 · 광역시장 · 특별자치시장 · 특별자치도지사 · 시장 또는 군수는 도시 · 군관리계획의 입안에 관하여 주민의 의견을 청취하고자 하는 때에는 도시 · 군관리계획안의 주요 내용을 2 이상의 일간신문과 해당 지방자치단체의 인터넷 홈페이지, 국토이용정보체계 등에 공고하고 14일 이상 일반이 열람할 수 있도록 하여야 한다.

② 공고된 도시 · 군관리계획안의 내용에 대하여 의견이 있는 자는 열람기간 내에 특별시장 · 광역시장 · 특별자치시장 · 특별자치도지사 · 시장 또는 군수에게 의견서를 제출할 수 있다.

③ 국토교통부장관, 시 · 도지사, 시장 또는 군수는 제출된 의견을 도시 · 군관리계획안에 반영할 것인지 여부를 검토하여 그 결과를 열람기간이 종료된 날부터 60일 이내에 당해 의견을 제출한 자에게 통보하여야 한다.

4) 도시 · 군관리계획 결정의 효력(「국토의 계획 및 이용에 관한 법률」 제31조)

도시 · 군관리계획 결정의 효력은 지형도면을 고시한 날부터 발생한다.

---핵심문제

도시 · 군관리계획 입안에 있어 주민 의견 청취 공고 및 공람에 관한 설명 중 옳은 것은?

[14년 1회, 18년 1회]

① 당해 지역을 주된 보급지역으로 하는 하나의 일간신문에 공고하고 14일간 일반이 열람할 수 있도록 하여야 한다.

② 당해 지역을 주된 보급지역으로 하는 2 이상의 일간신문과 당해 시 · 군의 인터넷 홈페이지에 14일 이상 일반인이 열람할 수 있도록 하여야 한다.

③ 중앙지 일간신문에 1회 이상 공고하고 14일간 일반이 열람할 수 있도록 하여야 한다.

④ 중앙지 일간신문에 2회 이상 공고하고 20일간 일반이 열람할 수 있도록 하여야 한다.

답 ②

해설⊕

주민 및 지방의회의 의견청취(「국토의 계획 및 이용에 관한 법률」 시행령 제22조)

특별시장 · 광역시장 · 특별자치시장 · 특별자치도지사 · 시장 또는 군수는 도시 · 군관리계획의 입안에 관하여 주민의 의견을 청취하고자 하는 때에는 도시 · 군관리계획안의 주요 내용을 2 이상의 일간신문과 해당 지방자치단체의 인터넷 홈페이지, 국토이용정보체계 등에 공고하고 14일 이상 일반이 열람할 수 있도록 하여야 한다.

(7) 용도지역 · 용도지구 · 용도구역

1) 용도지역의 지정(「국토의 계획 및 이용에 관한 법률」 제36조)

국토교통부장관, 시 · 도지사 또는 대도시 시장은 용도지역의 지정 또는 변경을 도시 · 군관리계획으로 결정한다.

구분		내용
도시지역	주거지역	거주의 안녕과 건전한 생활환경의 보호를 위하여 필요한 지역
	상업지역	상업이나 그 밖의 업무의 편익을 증진하기 위하여 필요한 지역
	공업지역	공업의 편익을 증진하기 위하여 필요한 지역
	녹지지역	자연환경 · 농지 및 산림의 보호, 보건위생, 보안과 도시의 무질서한 확산을 방지하기 위하여 녹지의 보전이 필요한 지역
관리지역	보전관리지역	자연환경 보호, 산림 보호, 수질오염 방지, 녹지공간 확보 및 생태계 보전 등을 위하여 보전이 필요하나, 주변 용도지역과의 관계 등을 고려할 때 자연환경보전지역으로 지정하여 관리하기가 곤란한 지역
	생산관리지역	농업 · 임업 · 어업 생산 등을 위하여 관리가 필요하나, 주변 용도지역과의 관계 등을 고려할 때 농림지역으로 지정하여 관리하기가 곤란한 지역
	계획관리지역	도시지역으로의 편입이 예상되는 지역이나 자연환경을 고려하여 제한적인 이용 · 개발을 하려는 지역으로서 계획적 · 체계적인 관리가 필요한 지역
농림지역		도시지역에 속하지 아니하는 「농지법」에 의한 농업진흥지역 또는 「산지관리법」에 의한 보전산지 등으로서 농림업의 진흥과 산림의 보전을 위하여 필요한 지역
자연환경보전지역		자연환경 · 수자원 · 해안 · 생태계 · 상수원 및 문화재의 보전과 수산자원의 보호 · 육성 등을 위하여 필요한 지역

─┤핵심문제

도시지역 내에서 자연환경 · 농지 및 산림의 보호, 보건위생, 보안과 도시의 무질서한 확산을 방지하기 위하여 녹지의 보전이 필요한 지역에 지정하는 용도지역은? [16년 1회]

① 녹지지역   ② 개발제한지역

③ 산림지역   ④ 생활환경보호지역

🗎 ①

해설⊕ ----

용도지역의 지정(「국토의 계획 및 이용에 관한 법률」 제36조)

도시지역 내 녹지지역 : 자연환경 · 농지 및 산림의 보호, 보건위생, 보안과 도시의 무질서한 확산을 방지하기 위하여 녹지의 보전이 필요한 지역

2) 용도지역의 세분(「국토의 계획 및 이용에 관한 법률 시행령」 제30조)

국토교통부장관, 시 · 도지사 또는 대도시의 시장은 도시 · 군관리계획결정으로 주거지역 · 상업지역 · 공업지역 및 녹지지역을 세분하여 지정할 수 있다.

구분	세분사항	내용
주거지역	전용주거지역	양호한 주거환경을 보호하기 위하여 필요한 지역
	(1) 제1종 전용주거지역	단독주택 중심의 양호한 주거환경을 보호하기 위하여 필요한 지역
	(2) 제2종 전용주거지역	공동주택 중심의 양호한 주거환경을 보호하기 위하여 필요한 지역
	일반주거지역	편리한 주거환경을 조성하기 위하여 필요한 지역
	(1) 제1종 일반주거지역	저층주택을 중심으로 편리한 주거환경을 조성하기 위하여 필요한 지역
	(2) 제2종 일반주거지역	중층주택을 중심으로 편리한 주거환경을 조성하기 위하여 필요한 지역
	(3) 제3종 일반주거지역	중고층주택을 중심으로 편리한 주거환경을 조성하기 위하여 필요한 지역
	준주거지역	주거기능을 위주로 이를 지원하는 일부 상업기능 및 업무기능을 보완하기 위하여 필요한 지역
상업지역	중심상업지역	도심 · 부도심의 상업기능 및 업무기능의 확충을 위하여 필요한 지역
	일반상업지역	일반적인 상업기능 및 업무기능을 담당하게 하기 위하여 필요한 지역
	근린상업지역	근린지역에서의 일용품 및 서비스의 공급을 위하여 필요한 지역
	유통상업지역	도시 내 및 지역 간 유통기능의 증진을 위하여 필요한 지역
공업지역	전용공업지역	주로 중화학공업, 공해성 공업 등을 수용하기 위하여 필요한 지역
	일반공업지역	환경을 저해하지 아니하는 공업의 배치를 위하여 필요한 지역
	준공업지역	경공업 그 밖의 공업을 수용하되, 주거기능 · 상업기능 및 업무기능의 보완이 필요한 지역
녹지지역	보전녹지지역	도시의 자연환경 · 경관 · 산림 및 녹지공간을 보전할 필요가 있는 지역
	생산녹지지역	주로 농업적 생산을 위하여 개발을 유보할 필요가 있는 지역
	자연녹지지역	도시의 녹지공간의 확보, 도시확산의 방지, 장래 도시용지의 공급 등을 위하여 보전할 필요가 있는 지역으로서 불가피한 경우에 한하여 제한적인 개발이 허용되는 지역

─────핵심문제

「국토의 계획 및 이용에 관한 법률」상 녹지지역을 세분한 것 중 해당되지 않는 것은?　　　　[15년 2회]

① 보전녹지지역　　　　　　　　　② 생산녹지지역
③ 임야녹지지역　　　　　　　　　④ 자연녹지지역

답 ③

해설 ⊕-------

용도지역의 세분(「국토의 계획 및 이용에 관한 법률 시행령」 제30조)
녹지지역은 보전녹지지역, 생산녹지지역, 자연녹지지역으로 세분된다.

3) 용도지구의 지정(「국토의 계획 및 이용에 관한 법률」 제37조, 시행령 제31조)

국토교통부장관, 시·도지사 또는 대도시 시장은 용도지구의 지정 또는 변경을 도시·군관리계획으로 결정한다.

① 경관지구 : 경관의 보전·관리 및 형성을 위하여 필요한 지구

세분사항	내용
자연경관지구	산지·구릉지 등 자연경관을 보호하거나 유지하기 위하여 필요한 지구
시가지경관지구	지역 내 주거지, 중심지 등 시가지의 경관을 보호 또는 유지하거나 형성하기 위하여 필요한 지구
특화경관지구	지역 내 주요 수계의 수변 또는 문화적 보존가치가 큰 건축물 주변의 경관 등 특별한 경관을 보호 또는 유지하거나 형성하기 위하여 필요한 지구

② 고도지구 : 쾌적한 환경 조성 및 토지의 효율적 이용을 위하여 건축물 높이의 최고한도를 규제할 필요가 있는 지구

③ 방화지구 : 화재의 위험을 예방하기 위하여 필요한 지구

④ 방재지구 : 풍수해, 산사태, 지반의 붕괴, 그 밖의 재해를 예방하기 위하여 필요한 지구

세분사항	내용
시가지방재지구	건축물·인구가 밀집되어 있는 지역으로서 시설 개선 등을 통하여 재해 예방이 필요한 지구
자연방재지구	토지의 이용도가 낮은 해안변, 하천변, 급경사지 주변 등의 지역으로서 건축 제한 등을 통하여 재해 예방이 필요한 지구

⑤ 보호지구 : 문화재, 중요시설물(항만, 공항 등 대통령령으로 정하는 시설물을 말한다) 및 문화적·생태적으로 보존가치가 큰 지역의 보호와 보존을 위하여 필요한 지구

세분사항	내용
역사문화환경보호지구	문화재·전통사찰 등 역사·문화적으로 보존가치가 큰 시설 및 지역의 보호와 보존을 위하여 필요한 지구
중요시설물보호지구	중요시설물의 보호와 기능의 유지 및 증진 등을 위하여 필요한 지구
생태계보호지구	야생동식물서식처 등 생태적으로 보존가치가 큰 지역의 보호와 보존을 위하여 필요한 지구

⑥ 취락지구 : 녹지지역·관리지역·농림지역·자연환경보전지역·개발제한구역 또는 도지사연공원구역의 취락을 정비하기 위한 지구

세분사항	내용
자연취락지구	녹지지역·관리지역·농림지역 또는 자연환경보전지역 안의 취락을 정비하기 위하여 필요한 지구
집단취락지구	개발제한구역 안의 취락을 정비하기 위하여 필요한 지구

⑦ 개발진흥지구 : 주거기능 · 상업기능 · 공업기능 · 유통물류기능 · 관광기능 · 휴양기능 등을 집중적으로 개발 · 정비할 필요가 있는 지구

세분사항	내용
주거개발진흥지구	주거기능을 중심으로 개발 · 정비할 필요가 있는 지구
산업 · 유통개발진흥지구	공업기능 및 유통 · 물류기능을 중심으로 개발 · 정비할 필요가 있는 지구
관광 · 휴양개발진흥지구	관광 · 휴양기능을 중심으로 개발 · 정비할 필요가 있는 지구
복합개발진흥지구	주거기능, 공업기능, 유통 · 물류기능 및 관광 · 휴양기능 중 2 이상의 기능을 중심으로 개발 · 정비할 필요가 있는 지구
특정개발진흥지구	주거기능, 공업기능, 유통 · 물류기능 및 관광 · 휴양기능 외의 기능을 중심으로 특정한 목적을 위하여 개발 · 정비할 필요가 있는 지구

⑧ 특정용도제한지구 : 주거 및 교육 환경 보호나 청소년 보호 등의 목적으로 오염물질 배출시설, 청소년 유해시설 등 특정시설의 입지를 제한할 필요가 있는 지구

⑨ 복합용도지구 : 지역의 토지이용 상황, 개발 수요 및 주변 여건 등을 고려하여 효율적이고 복합적인 토지이용을 도모하기 위하여 특정시설의 입지를 완화할 필요가 있는 지구

　　※ 시 · 도지사 또는 대도시 시장은 대통령령으로 정하는 주거지역 · 공업지역 · 관리지역에 복합용도지구를 지정할 수 있으며, 그 지정기준 및 방법 등에 필요한 사항은 대통령령으로 정한다.

⑩ 그 밖에 대통령령으로 정하는 지구

───────────────────────────────── 핵심문제

「국토의 계획 및 이용에 관한 법률」과 동법 시행령에서 규정한 용도지구에 해당하는 것은?

[14년 1회]

① 개발진흥지구　　　　　　　　　　　② 산업촉진지구
③ 도시시설지구　　　　　　　　　　　④ 시설용지지구

目 ①

해설 ⊕
용도지구의 지정(「국토의 계획 및 이용에 관한 법률」 제37조, 시행령 제31조)
개발진흥지구 : 주거기능 · 상업기능 · 공업기능 · 유통물류기능 · 관광기능 · 휴양기능 등을 집중적으로 개발 · 정비할 필요가 있는 지구

4) 개발제한구역의 지정(「국토의 계획 및 이용에 관한 법률」 제38조)

국토교통부장관은 도시의 무질서한 확산을 방지하고 도시 주변의 자연환경을 보전하여 도시민의 건전한 생활환경을 확보하기 위하여 도시의 개발을 제한할 필요가 있거나 국방부장관의 요청이 있어 보안상 도시의 개발을 제한할 필요가 있다고 인정되면 개발제한구역의 지정 또는 변경을 도시 · 군관리계획으로 결정할 수 있다.

다음 중 국토교통부장관이 개발제한구역의 지정 및 해제를 도시관리계획으로 결정할 수 있는 경우와 가장 거리가 먼 것은? [12년 1회, 19년 2회, 23년 2회]

① 도시의 무질서한 확산을 방지할 필요가 있을 때
② 도시민의 건전한 생활환경을 확보하기 위하여 도시의 개발을 제한할 필요가 있는 경우
③ 국방부장관의 요청으로 보안상 도시의 개발을 제한할 필요가 있는 경우
④ 올림픽 등 국제행사에 대비하여 대규모 자연공간을 확보할 필요가 있는 경우

답 ④

해설⊕

「국토의 계획 및 이용에 관한 법률」 제38조(개발제한구역의 지정)
국토교통부장관은 도시의 무질서한 확산을 방지하고 도시 주변의 자연환경을 보전하여 도시민의 건전한 생활환경을 확보하기 위하여 도시의 개발을 제한할 필요가 있거나 국방부장관의 요청이 있어 보안상 도시의 개발을 제한할 필요가 있다고 인정되면 개발제한구역의 지정 또는 변경을 도시 · 군관리계획으로 결정할 수 있다.

5) 시가화조정구역의 지정(「국토의 계획 및 이용에 관한 법률」 제39조)

① 시 · 도지사는 도시지역과 그 주변지역의 무질서한 시가화를 방지하고 계획적 · 단계적인 개발을 도모하기 위하여 대통령령으로 정하는 기간(5년 이상 20년 이내의 기간) 동안 시가화를 유보할 필요가 있다고 인정되면 시가화조정구역의 지정 또는 변경을 도시 · 군관리계획으로 결정할 수 있다. 다만, 국가계획과 연계하여 시가화조정구역의 지정 또는 변경이 필요한 경우에는 국토교통부장관이 직접 시가화조정구역의 지정 또는 변경을 도시 · 군관리계획으로 결정할 수 있다.

② 시가화조정구역의 지정에 관한 도시 · 군관리계획의 결정은 시가화 유보기간이 끝난 날의 다음 날부터 그 효력을 잃는다.

③ 시가화조정구역 안에서 할 수 있는 행위(「국토의 계획 및 이용에 관한 법률 시행령」 제88조 ─ 별표 24)

> 1. 농업 · 임업 또는 어업 관련 시설의 건축
>   축사, 퇴비사, 잠실, 창고(저장 및 보관시설을 포함), 생산시설(단순가공시설을 포함), 관리용 건축물(33m² 이하인 것), 양어장
> 2. 주택 및 그 부속건축물의 건축
>   (1) 주택의 증축(기존주택의 면적을 포함하여 100m² 이하에 해당하는 면적의 증축을 말한다)
>   (2) 부속건축물의 건축(기존건축물의 면적을 포함하여 33m² 이하에 해당하는 면적의 신축 · 증축 · 재축 또는 대수선)
> 3. 마을공동시설의 설치
>   농로 · 제방 및 사방시설의 설치, 새마을회관의 설치, 기존정미소의 증축 및 이축, 정자 등 간이휴게소의 설치, 농기계수리소 및 농기계용 유류판매소의 설치, 선착장 및 물양장의 설치
> 4. 공익시설 · 공용시설 및 공공시설 등의 설치
>   (1) 문화재의 복원과 문화재관리용 건축물의 설치, 보건소 · 경찰파출소 · 119안전센터 · 우체국 및 읍 · 면 · 동사무소의 설치, 공공도서관 · 전신전화국 · 직업훈련소 · 연구소 · 양수장 · 초소 · 대피소 및 공중화장실과 예비군운영에 필요한 시설의 설치

    (2) 농업협동조합법에 의한 조합, 산림조합 및 수산업협동조합의 공동구판장 · 하치장 및 창고의 설치, 사회복지시설의 설치, 환경오염방지시설의 설치

    (3) 교정시설의 설치, 야외음악당 및 야외극장의 설치

5. 광공업 등을 위한 건축물 및 공작물의 설치

    (1) 시가화조정구역 지정 당시 이미 외국인투자기업이 경영하는 공장, 수출품의 생산 및 가공공장, 중소기업협동화실천계획의 승인을 얻어 설립된 공장 그 밖에 수출진흥과 경제발전에 현저히 기여할 수 있는 공장의 증축(증축면적은 기존시설 연면적의 100%에 해당하는 면적 이하로 하되, 증축을 위한 토지의 형질변경은 증축할 건축물의 바닥면적의 200%를 초과할 수 없다)과 부대시설의 설치

    (2) 시가화조정구역 지정 당시 이미 관계 법령의 규정에 의하여 설치된 공장의 부대시설의 설치(새로운 대지조성은 허용되지 아니하며, 기존공장 부지 안에서의 건축에 한한다)

    (3) 시가화조정구역 지정 당시 이미 광업법에 의하여 설정된 광업권의 대상이 되는 광물의 개발에 필요한 가설건축물 또는 공작물의 설치

    (4) 토석의 채취에 필요한 가설건축물 또는 공작물의 설치

6. 기존 건축물의 동일한 용도 및 규모 안에서의 개축 · 재축 및 대수선

7. 시가화조정구역 안에서 허용되는 건축물의 건축 또는 공작물의 설치를 위한 공사용 가설건축물과 그 공사에 소요되는 블록 · 시멘트벽돌 · 쇄석 · 레미콘 및 아스콘 등을 생산하는 가설공작물의 설치

8. 용도변경행위

    (1) 관계 법령에 의하여 적법하게 건축된 건축물의 용도를 시가화조정구역 안에서의 신축이 허용되는 건축물로 변경하는 행위

    (2) 공장의 업종변경(오염물질 등의 배출이나 공해의 정도가 변경 전의 수준을 초과하지 아니하는 경우에 한한다)

    (3) 공장 · 주택 등 시가화조정구역 안에서의 신축이 금지된 시설의 용도를 근린생활시설(슈퍼마켓 · 일용품소매점 · 취사용 가스판매점 · 일반음식점 · 다과점 · 다방 · 이용원 · 미용원 · 세탁소 · 목욕탕 · 사진관 · 목공소 · 의원 · 약국 · 접골시술소 · 안마시술소 · 침구시술소 · 조산소 · 동물병원 · 기원 · 당구장 · 장의사 · 탁구장 등 간이운동시설 및 간이수리점에 한한다) 또는 종교시설로 변경하는 행위

9. 종교시설의 증축(새로운 대지조성은 허용되지 아니하며, 증축면적은 시가화조정구역 지정 당시의 종교시설 연면적의 200%를 초과할 수 없다)

10. 입목의 벌채, 조림, 육림, 토석의 채취

11. 토지의 형질변경

    (1) 시가화조정구역에 허용된 규모의 건축물의 건축 또는 공작물의 설치를 위한 토지의 형질변경

    (2) 공익사업을 수행하기 위한 토지의 형질변경

    (3) 농업 · 임업 및 어업을 위한 개간과 축산을 위한 초지조성을 목적으로 하는 토지의 형질변경

    (4) 시가화조정구역 지정 당시 이미 「광업법」에 의하여 설정된 광업권의 대상이 되는 광물의 개발을 위한 토지의 형질변경

12. 토지의 합병 및 분할

─┤핵심문제

다음 중 시가화조정구역에서 특별시장 · 광역시장 · 특별자치시장 · 특별자치도지사 · 시장 또는 군수의
허가를 받아 할 수 있는 행위에 대한 내용으로 옳지 않은 것은? [15년 1회, 19년 2회]

① 농업 · 임업 또는 어업용의 건축물 중 대통령령으로 정하는 종류와 규모의 건축물이나 그 밖의 시설
을 건축하는 행위

② 건축물의 건축 및 공작물 중 대통령령으로 정하는 종류의 공작물 설치 행위

③ 마을공동시설, 공익시설 · 공공시설, 광공업 등 주민의 생활을 영위하는 데 필요한 행위로서 대통령
령으로 정하는 행위

④ 입목의 벌채, 조림, 육림, 토석의 채취, 그 밖에 대통령령으로 정하는 경미한 행위

 ②

해설⊕
시가화조정구역 안에서 할 수 있는 행위(「국토의 계획 및 이용에 관한 법률」 시행령 제88조 – 별표 24)
시가화조정구역 안에서 할 수 있는 행위는 건축 및 공작물이 아닌, 일정 범위 내의 주택 및 그 부속건축물의 건축이다.

(8) 도시 · 군계획시설

1) 도시 · 군계획시설 결정의 실효(「국토의 계획 및 이용에 관한 법률」 제48조)

도시 · 군계획시설 결정이 고시된 도시 · 군계획시설에 대하여 그 고시일부터 20년이 지날 때까지
그 시설의 설치에 관한 도시 · 군계획시설사업이 시행되지 아니하는 경우 그 도시 · 군계획시설결정은
그 고시일부터 20년이 되는 날의 다음 날에 그 효력을 잃는다.

(9) 도시 · 군계획사업(「국토의 계획 및 이용에 관한 법률」 제2조)

1) 개념

"도시 · 군계획사업"이란 도시 · 군관리계획을 시행하기 위한 사업을 말한다.

2) 계획사업

① 도시 · 군계획시설사업
② 「도시개발법」에 따른 도시개발사업
③ 「도시 및 주거환경정비법」에 따른 정비사업

─┤핵심문제

다음 중 「국토의 계획 및 이용에 관한 법률」에 따른 도시·군계획사업에 해당하지 않는 것은?

[12년 4회]

① 도시·군계획 시설사업
② 「도시개발법」에 따른 도시개발사업
③ 「도시 및 주거환경정비법」에 따른 정비사업
④ 「택지개발촉진법」에 따른 택지개발사업

답 ④

해설 ⊕
도시·군계획사업(「국토의 계획 및 이용에 관한 법률」 제2조)
1) 개념
   "도시·군계획사업"이란 도시·군관리계획을 시행하기 위한 사업을 말한다.
2) 계획사업
   ① 도시·군계획시설사업
   ② 「도시개발법」에 따른 도시개발사업
   ③ 「도시 및 주거환경정비법」에 따른 정비사업

(10) 지구단위계획

1) 도시지역 내 지구단위계획구역에서의 건폐율 등의 완화적용(「국토의 계획 및 이용에 관한 법률 시행령」 제46조)

① 공공시설부지로 제공하는 경우 건폐율 150% 이하, 용적률 200% 이하 완화 적용

② 주차장 설치기준을 100%까지 완화하여 적용하는 경우
   • 한옥마을을 보존하고자 하는 경우
   • 차 없는 거리를 조성하고자 하는 경우(지구단위계획으로 보행자전용도로를 지정하거나 차량의 출입을 금지한 경우를 포함한다)
   • 그 밖에 국토교통부령이 정하는 경우

③ 용적률의 120% 이내에서 용적률을 완화하여 적용하는 경우
   • 도시지역에 개발진흥지구를 지정하고 당해 지구를 지구단위계획구역으로 지정한 경우
   • 다음에 해당하는 경우로서 특별시장·광역시장·특별자치시장·특별자치도지사·시장 또는 군수의 권고에 따라 공동개발을 하는 경우
     - 지구단위계획에 2필지 이상의 토지에 하나의 건축물을 건축하도록 되어 있는 경우
     - 지구단위계획에 합벽건축을 하도록 되어 있는 경우
     - 지구단위계획에 주차장·보행자통로 등을 공동으로 사용하도록 되어 있어 2필지 이상의 토지에 건축물을 동시에 건축할 필요가 있는 경우

④ 도시지역에 개발진흥지구를 지정하고 당해 지구를 지구단위계획구역으로 지정한 경우에는 제한된 건축물높이의 120% 이내에서 높이제한을 완화하여 적용할 수 있다.

┤핵심문제

★ 건축물을 건축하고자 하는 자가 그 대지의 일부를 공공시설부지로 제공하는 경우에 당해 건축물에 대한 규정 용적률의 200% 이하의 범위 안에서 대지면적의 제공비율에 따라 용적률을 따로 정할 수 있는 지역·지구 또는 구역에 해당하지 않는 것은?(단, 「국토의 계획 및 이용에 관한 법률」에 따른다.)

[12년 2회, 13년 2회, 21년 4회]

① 「도시 및 주거환경정비법」에 의한 도시환경정비사업을 시행하기 위한 정비구역
② 주택재건축사업을 시행하기 위한 정비구역
③ 상업지역
④ 개발진흥지구

답 ④

해설⊕

도시지역에 개발진흥지구를 지정하고 당해 지구를 지구단위계획구역으로 지정한 경우에는 용적률을 120% 이내에서 완화적용한다.

(11) 개발행위허가(「국토의 계획 및 이용에 관한 법률」 제56조)

1) 개발행위의 허가를 필요로 하는 경우

① 건축물의 건축 또는 공작물의 설치
② 토지의 형질 변경(경작을 위한 경우로서 대통령령으로 정하는 토지의 형질 변경은 제외)
③ 토석의 채취
④ 토지 분할(건축물이 있는 대지의 분할은 제외)
⑤ 녹지지역·관리지역 또는 자연환경보전지역에 물건을 1개월 이상 쌓아놓는 행위

2) 개발행위허가 불필요사항

① 재해복구나 재난수습을 위한 응급조치
② 건축물의 개축·증축 또는 재축과 이에 필요한 범위에서의 토지의 형질 변경(도시·군계획시설사업이 시행되지 아니하고 있는 도시·군계획시설의 부지인 경우만 가능)
③ 그 밖에 대통령령으로 정하는 경미한 행위

1. 건축물의 건축 : 건축허가 또는 건축신고 및 가설건축물 건축의 허가 또는 가설건축물의 축조신고 대상에 해당하지 아니하는 건축물의 건축
2. 공작물의 설치
   가. 도시지역 또는 지구단위계획구역에서 무게가 50톤 이하, 부피가 $50m^3$ 이하, 수평투영면적이 $50m^2$ 이하인 공작물의 설치
   나. 도시지역·자연환경보전지역 및 지구단위계획구역 외의 지역에서 무게가 150톤 이하, 부피가 $150m^3$ 이하, 수평투영면적이 $150m^2$ 이하인 공작물의 설치
   다. 녹지지역·관리지역 또는 농림지역 안에서의 농림어업용 비닐하우스(양식업을 하기 위하여 비닐하우스 안에 설치하는 양식장은 제외)의 설치

3. 토지의 형질변경

　가. 높이 50cm 이내 또는 깊이 50cm 이내의 절토 · 성토 · 정지 등(포장을 제외하며, 주거지역 · 상업지역 및 공업지역 외의 지역에서는 지목변경을 수반하지 아니하는 경우에 한한다)

　나. 도시지역 · 자연환경보전지역 및 지구단위계획구역 외의 지역에서 면적이 660m² 이하인 토지에 대한 지목변경을 수반하지 아니하는 절토 · 성토 · 정지 · 포장 등(토지의 형질변경 면적은 형질변경이 이루어지는 당해 필지의 총면적을 말한다. 이하 같다)

　다. 조성이 완료된 기존 대지에 건축물이나 그 밖의 공작물을 설치하기 위한 토지의 형질변경(절토 및 성토는 제외한다)

　라. 국가 또는 지방자치단체가 공익상의 필요에 의하여 직접 시행하는 사업을 위한 토지의 형질변경

4. 토석채취

　가. 도시지역 또는 지구단위계획구역에서 채취면적이 25m² 이하인 토지에서의 부피 50m³ 이하의 토석채취

　나. 도시지역 · 자연환경보전지역 및 지구단위계획구역 외의 지역에서 채취면적이 250m² 이하인 토지에서의 부피 500m³ 이하의 토석채취

5. 토지분할

　가. 「사도법」에 의한 사도개설허가를 받은 토지의 분할

　나. 토지의 일부를 공공용지 또는 공용지로 하기 위한 토지의 분할

　다. 행정재산 중 용도폐지되는 부분의 분할 또는 일반재산을 매각 · 교환 또는 양여하기 위한 분할

　라. 토지의 일부가 도시 · 군계획시설로 지형도면고시가 된 당해 토지의 분할

　마. 너비 5m 이하로 이미 분할된 토지의 분할제한면적 이상으로의 분할

6. 물건을 쌓아놓는 행위

　가. 녹지지역 또는 지구단위계획구역에서 물건을 쌓아놓는 면적이 25m² 이하인 토지에 전체무게 50톤 이하, 전체부피 50m³ 이하로 물건을 쌓아놓는 행위

　나. 관리지역(지구단위계획구역으로 지정된 지역을 제외)에서 물건을 쌓아놓는 면적이 250m² 이하인 토지에 전체무게 500톤 이하, 전체부피 500m³ 이하로 물건을 쌓아놓는 행위

---핵심문제

개발행위허가의 대상으로 볼 수 없는 것은? [14년 4회, 18년 4회]

① 토석의 채취
② 경작을 위한 토지의 형질 변경
③ 건축물의 건축 또는 공작물 설치
④ 녹지지역 · 관리지역 또는 자연환경보전지역에 물건을 1개월 이상 쌓아 놓는 행위

답 ②

해설⊕

개발행위허가(「국토의 계획 및 이용에 관한 법률」 제56조)

개발행위의 허가를 필요로 하는 경우인 토질의 형질 변경 중에서 경작을 위한 경우로서 대통령령으로 정하는 토지의 형질 변경은 제외한다.

(12) 개발밀도관리구역(「국토의 계획 및 이용에 관한 법률」 제66조)

1) 개발밀도관리구역의 개요

① 특별시장·광역시장·특별자치시장·특별자치도지사·시장 또는 군수는 주거·상업 또는 공업지역에서의 개발행위로 기반시설의 처리·공급 또는 수용능력이 부족할 것으로 예상되는 지역 중 기반시설의 설치가 곤란한 지역을 개발밀도관리구역으로 지정할 수 있다.

② 특별시장·광역시장·특별자치시장·특별자치도지사·시장 또는 군수는 개발밀도관리구역에서는 건폐율 또는 용적률(용적률 최대한도의 50% 범위 내)을 강화하여 적용한다.

③ 특별시장·광역시장·특별자치시장·특별자치도지사·시장 또는 군수는 제1항에 따라 개발밀도관리구역을 지정하거나 변경하려면 지방도시계획위원회의 심의를 거쳐야 한다.
- 개발밀도관리구역의 명칭
- 개발밀도관리구역의 범위
- 건폐율 또는 용적률의 강화 범위

2) 개발밀도관리구역의 지정기준 및 관리방법

국토교통부장관은 개발밀도관리구역의 지정기준 및 관리방법을 정할 때에는 다음의 사항을 종합적으로 고려하여야 한다.

① 개발밀도관리구역은 도로·수도공급설비·하수도·학교 등 기반시설의 용량이 부족할 것으로 예상되는 지역 중 기반시설의 설치가 곤란한 지역으로서 다음에 해당하는 지역에 대하여 지정할 수 있도록 할 것
- 당해 지역의 도로서비스 수준이 매우 낮아 차량통행이 현저하게 지체되는 지역. 이 경우 도로서비스 수준의 측정에 관하여는 「도시교통정비 촉진법」에 따른 교통영향평가의 예에 따른다.
- 당해 지역의 도로율이 국토교통부령이 정하는 용도지역별 도로율에 20% 이상 미달하는 지역
- 향후 2년 이내에 당해 지역의 수도에 대한 수요량이 수도시설의 시설용량을 초과할 것으로 예상되는 지역
- 향후 2년 이내에 당해 지역의 하수발생량이 하수시설의 시설용량을 초과할 것으로 예상되는 지역
- 향후 2년 이내에 당해 지역의 학생 수가 학교수용능력을 20% 이상 초과할 것으로 예상되는 지역

② 개발밀도관리구역의 경계는 도로·하천 그 밖에 특색 있는 지형지물을 이용하거나 용도지역의 경계선을 따라 설정하는 등 경계선이 분명하게 구분되도록 할 것

③ 용적률의 강화범위는 범위 안에서 기반시설의 부족 정도를 감안하여 결정할 것

④ 개발밀도관리구역 안의 기반시설의 변화를 주기적으로 검토하여 용적률을 강화 또는 완화하거나 개발밀도관리구역을 해제하는 등 필요한 조치를 취하도록 할 것

---핵심문제

⭐ 다음 중 개발밀도관리구역에 대한 설명으로 옳지 않은 것은?　　　　[12년 1회, 18년 2회, 23년 4회]

① 개발밀도관리구역의 지정기준, 관리 등에 관하여 필요한 사항은 대통령령으로 정하는 바에 따라 국토교통부장관이 정한다.

② 개발밀도관리구역은 개발행위로 인한 기반시설의 설치가 곤란한 주거지역에 대해서만 지정할 수 있다.

③ 특별시장, 광역시장, 시장 또는 군수는 개발밀도 관리관청에서는 대통령령이 정하는 범위 내에서 관련 조항에 따른 건폐율 또는 용적률을 강화하여 적용한다.

④ 개발밀도관리구역을 지정 또는 변경하려면 해당 지방자치단체에 설치된 도시계획위원회의 심의를 거쳐야 한다.

답 ②

해설 ⊕--

개발밀도관리구역(「국토의 계획 및 이용에 관한 법률」 제66조)

특별시장 · 광역시장 · 특별자치시장 · 특별자치도지사 · 시장 또는 군수는 주거 · 상업 또는 공업지역에서의 개발행위로 기반시설의 처리 · 공급 또는 수용능력이 부족할 것으로 예상되는 지역 중 기반시설의 설치가 곤란한 지역을 개발밀도관리구역으로 지정할 수 있다.

(13) 기반시설부담구역

1) 기반시설부담구역의 정의(「국토의 계획 및 이용에 관한 법률」 제2조)

"기반시설부담구역"이란 개발밀도관리구역 외의 지역으로서 개발로 인하여 도로, 공원, 녹지 등 대통령령으로 정하는 기반시설의 설치가 필요한 지역을 대상으로 기반시설을 설치하거나 그에 필요한 용지를 확보하게 하기 위하여 지정 · 고시하는 구역을 말한다.

2) 기반시설부담구역의 지정(「국토의 계획 및 이용에 관한 법률」 제67조)

특별시장 · 광역시장 · 특별자치시장 · 특별자치도지사 · 시장 또는 군수는 다음 각 호의 어느 하나에 해당하는 지역에 대하여는 기반시설부담구역으로 지정하여야 한다. 다만, 개발행위가 집중되어 특별시장 · 광역시장 · 특별자치시장 · 특별자치도지사 · 시장 또는 군수가 해당 지역의 계획적 관리를 위하여 필요하다고 인정하면 기반시설부담구역으로 지정할 수 있다.

3) 기반시설부담구역의 지정(「국토의 계획 및 이용에 관한 법률 시행령」 제64조)

"대통령령으로 정하는 지역"이란 특별시장 · 광역시장 · 특별자치시장 · 특별자치도지사 · 시장 또는 군수가 기반시설의 설치가 필요하다고 인정하는 지역으로서 다음의 어느 하나에 해당하는 지역을 말한다.

① 해당 지역의 전년도 개발행위허가 건수가 전전년도 개발행위허가 건수보다 20% 이상 증가한 지역

② 해당 지역의 전년도 인구증가율이 그 지역이 속하는 특별시 · 광역시 · 특별자치시 · 특별자

치도·시 또는 군(광역시의 관할 구역에 있는 군은 제외)의 전년도 인구증가율보다 20% 이상 높은 지역

4) 기반시설부담구역의 지정기준(「국토의 계획 및 이용에 관한 법률 시행령」 제66조)

국토교통부장관은 기반시설부담구역의 지정기준을 정할 때에는 다음의 사항을 고려하여야 한다.

① 기반시설부담구역은 기반시설이 적절하게 배치될 수 있는 규모로서 최소 10만m² 이상의 규모가 되도록 지정할 것

② 소규모 개발행위가 연접하여 시행될 것으로 예상되는 지역의 경우에는 하나의 단위구역으로 묶어서 기반시설부담구역을 지정할 것

③ 기반시설부담구역의 경계는 도로, 하천, 그 밖의 특색 있는 지형지물을 이용하는 등 경계선이 분명하게 구분되도록 할 것

핵심문제

다음 중 기반시설부담구역을 지정할 수 있는 경우가 아닌 것은? [15년 2회]

① 관련 법령의 제정·개정으로 인하여 행위제한이 완화되거나 해제되는 지역
② 지정된 용도지역 등이 변경되거나 해제되어 행위 제한이 완화되는 지역
③ 해당 지역의 전년도 개발행위 허가 건수가 전전년도 개발행위 허가 건수보다 20% 이상 증가한 지역
④ 해당 지역의 전년도 인구증가율이 그 지역이 속하는 시 또는 군의 전년도 인구증가율보다 10% 이상 높은 지역

답 ④

해설⊕

기반시설부담구역의 지정(「국토의 계획 및 이용에 관한 법률 시행령」 제64조)
해당 지역의 전년도 인구증가율이 그 지역이 속하는 특별시·광역시·특별자치시·특별자치도·시 또는 군(광역시의 관할 구역에 있는 군은 제외)의 전년도 인구증가율보다 20% 이상 높은 지역

---

(14) 용도지역의 건폐율 및 용적률(「국토의 계획 및 이용에 관한 법률」 제77조 및 제78조, 시행령 제84조 및 제85조)

1) 용도지역별 건폐율 및 용적률 기준

구분			건폐율 기준	용적률
도시지역	주거지역 (건폐율 최대 70% 이하 / 용적률 최대 500% 이하)	제1종 전용주거지역	50% 이하	50% 이상 100% 이하
		제2종 전용주거지역	50% 이하	50% 이상 150% 이하
		제1종 일반주거지역	60% 이하	100% 이상 200% 이하
		제2종 일반주거지역	60% 이하	100% 이상 250% 이하
		제3종 일반주거지역	50% 이하	100% 이상 300% 이하
		준주거지역	70% 이하	200% 이상 500% 이하

구분			건폐율 기준	용적률
도시지역	상업지역 (건폐율 최대 90% 이하 / 용적률 최대 1,500% 이하)	중심상업지역	90% 이하	200% 이상 1,500% 이하
		일반상업지역	80% 이하	200% 이상 1,300% 이하
		근린상업지역	70% 이하	200% 이상 900% 이하
		유통상업지역	80% 이하	200% 이상 1,100% 이하
	공업지역 (건폐율 최대 70% 이하)	전용공업지역	70% 이하	150% 이상 300% 이하
		일반공업지역	70% 이하	150% 이상 350% 이하
		준공업지역	70% 이하	150% 이상 400% 이하
	녹지지역 (건폐율 최대 20% 이하)	보전녹지지역	20% 이하	50% 이상 80% 이하
		생산녹지지역	20% 이하	50% 이상 100% 이하
		자연녹지지역	20% 이하	50% 이상 100% 이하
관리지역	보전관리지역		20% 이하	50% 이상 80% 이하
	생산관리지역		20% 이하	50% 이상 80% 이하
	계획관리지역		40% 이하	50% 이상 100% 이하
농림지역			20% 이하	50% 이상 80% 이하
자연환경보전지역			20% 이하	50% 이상 80% 이하

2) 특정 지역에 대한 건폐율 기준 적용

(대통령령으로 정하는 기준에 따라 조례로 아래의 수치 이하로 조례로 정함)

① 취락지구 : 60% 이하

② 개발진흥지구(도시지역 외의 지역 또는 대통령령으로 정하는 용도지역만 해당)

- 도시지역 외의 지역에 지정된 경우 : 40% 이하

- 자연녹지지역에 지정된 경우 : 30% 이하

③ 수산자원보호구역 : 40% 이하

④ 자연공원 : 60% 이하

⑤ 농공단지 : 70% 이하

⑥ 국가산업단지, 일반산업단지 및 도시첨단산업단지와 준산업단지 : 80% 이하

⑦ 다음의 경우 대통령령으로 정하는 기준에 따라 조례로 따로 건폐율을 정할 수 있다.

- 토지이용의 과밀화를 방지하기 위하여 건폐율을 강화할 필요가 있는 경우

- 주변 여건을 고려하여 토지의 이용도를 높이기 위하여 건폐율을 완화할 필요가 있는 경우

- 녹지지역, 보전관리지역, 생산관리지역, 농림지역 또는 자연환경보전지역에서 농업용 · 임업용 · 어업용 건축물을 건축하려는 경우

- 보전관리지역, 생산관리지역, 농림지역 또는 자연환경보전지역에서 주민생활의 편익을 증진시키기 위한 건축물을 건축하려는 경우

해당 용도지역별 용적률의 최대한도가 가장 낮은 것부터 순서대로 옳게 나열한 것은?

[14년 1회, 16년 4회, 21년 4회, 24년 3회]

가. 제1종 전용주거지역	라. 일반상업지역
나. 중심상업지역	마. 전용공업지역
다. 준주거지역	바. 보전녹지지역

① 바, 가, 다, 마, 라, 나
② 바, 가, 다, 라, 마, 나
③ 바, 가, 마, 다, 나, 라
④ 바, 가, 마, 다, 라, 나

답 ④

해설⊕

가. 제1종 전용주거지역 : 50% 이상 100% 이하
나. 중심상업지역 : 200% 이상 1,500% 이하
다. 준주거지역 : 200% 이상 500% 이하
라. 일반상업지역 : 200% 이상 1,300% 이하
마. 전용공업지역 : 150% 이상 300% 이하
바. 보전녹지지역 : 50% 이상 80% 이하

(15) 중앙도시계획위원회

1) 중앙도시계획위원회의 업무(「국토의 계획 및 이용에 관한 법률」 제106조)

① 광역도시계획·도시·군계획·토지거래계약허가구역 등 국토교통부장관의 권한에 속하는 사항의 심의

② 이 법 또는 다른 법률에서 중앙도시계획위원회의 심의를 거치도록 한 사항의 심의

③ 도시·군계획에 관한 조사·연구

2) 조직(「국토의 계획 및 이용에 관한 법률」 제107조)

① 중앙도시계획위원회는 위원장·부위원장 각 1명을 포함한 25명 이상 30명 이하의 위원으로 구성한다.

② 중앙도시계획위원회의 위원장과 부위원장은 위원 중에서 국토교통부장관이 임명하거나 위촉한다.

③ 위원은 관계 중앙행정기관의 공무원과 토지 이용, 건축, 주택, 교통, 공간정보, 환경, 법률, 복지, 방재, 문화, 농림 등 도시·군계획과 관련된 분야에 관한 학식과 경험이 풍부한 자 중에서 국토교통부장관이 임명하거나 위촉한다.

④ 공무원이 아닌 위원의 수는 10명 이상으로 하고, 그 임기는 2년으로 한다.

⑤ 보궐위원의 임기는 전임자 임기의 남은 기간으로 한다.

3) 위원장 등의 직무(「국토의 계획 및 이용에 관한 법률」 제108조)

① 위원장은 중앙도시계획위원회의 업무를 총괄하며, 중앙도시계획위원회의 의장이 된다.

② 부위원장은 위원장을 보좌하며, 위원장이 부득이한 사유로 그 직무를 수행하지 못할 때에는 그 직무를 대행한다.

③ 위원장과 부위원장이 모두 부득이한 사유로 그 직무를 수행하지 못할 때에는 위원장이 미리 지명한 위원이 그 직무를 대행한다.

4) 회의의 소집 및 의결정족수(「국토의 계획 및 이용에 관한 법률」 제109조)

① 중앙도시계획위원회의 회의는 국토교통부장관이나 위원장이 필요하다고 인정하는 경우에 국토교통부장관이나 위원장이 소집한다.

② 중앙도시계획위원회의 회의는 재적위원 과반수의 출석으로 개의(開議)하고, 출석위원 과반수의 찬성으로 의결한다.

5) 분과위원회(「국토의 계획 및 이용에 관한 법률」 제110조)

① 중앙도시계획위원회에 분과위원회를 둘 수 있다.

② 분과위원회의 심의는 중앙도시계획위원회의 심의로 본다.

6) 전문위원(「국토의 계획 및 이용에 관한 법률」 제111조)

① 도시 · 군계획 등에 관한 중요 사항을 조사 · 연구하기 위하여 중앙도시계획위원회에 전문위원을 둘 수 있다.

② 전문위원은 위원장 및 중앙도시계획위원회나 분과위원회의 요구가 있을 때에는 회의에 출석하여 발언할 수 있다.

③ 전문위원은 토지 이용, 건축, 주택, 교통, 공간정보, 환경, 법률, 복지, 방재, 문화, 농림 등 도시 · 군계획과 관련된 분야에 관한 학식과 경험이 풍부한 자 중에서 국토교통부장관이 임명한다.

7) 간사 및 서기(「국토의 계획 및 이용에 관한 법률」 제112조)

① 중앙도시계획위원회에 간사와 서기를 둔다.

② 간사와 서기는 국토교통부 소속 공무원 중에서 국토교통부장관이 임명한다.

③ 간사는 위원장의 명을 받아 중앙도시계획위원회의 서무를 담당하고, 서기는 간사를 보좌한다.

다음 중 중앙도시계획위원회에 대한 설명으로 옳은 것은?   [12년 4회]

① 위원장과 부위원장 각 1명을 포함하여 20명 이상 25명 이내의 위원으로 구성한다.

② 중앙도시계획위원회의 위원장은 국토교통부장관이다.

③ 공무원이 아닌 위원의 수는 10명 이상으로 하고, 그 임기는 3년으로 한다.

④ 위원은 관계 중앙행정기관의 공무원과 도시 · 군계획과 관련된 분야에 관한 학식과 경험이 풍부한 자 중에서 국토교통부장관이 임명하거나 위촉한다.

답 ④

해설 ⊕

① 중앙도시계획위원회는 위원장 · 부위원장 각 1명을 포함한 25명 이상 30명 이하의 위원으로 구성한다.

② 중앙도시계획위원회의 위원장과 부위원장은 위원 중에서 국토교통부장관이 임명하거나 위촉한다.

③ 공무원이 아닌 위원의 수는 10명 이상으로 하고, 그 임기는 2년으로 한다.

(16) 토지에의 출입(「국토의 계획 및 이용에 관한 법률」 제130조)

① 타인의 토지에 출입하려는 자는 특별시장 · 광역시장 · 특별자치시장 · 특별자치도지사 · 시장 또는 군수의 허가를 받아야 하며, 출입하려는 날의 7일 전까지 그 토지의 소유자 · 점유자 또는 관리인에게 그 일시와 장소를 알려야 한다. 다만, 행정청인 도시 · 군계획시설사업의 시행자는 허가를 받지 아니하고 타인의 토지에 출입할 수 있다.

② 토지를 일시 사용하거나 장애물을 변경 또는 제거하려는 자는 토지를 사용하려는 날이나 장애물을 변경 또는 제거하려는 날의 3일 전까지 그 토지나 장애물의 소유자 · 점유자 또는 관리인에게 알려야 한다.

③ 일출 전이나 일몰 후에는 그 토지 점유자의 승낙 없이 택지나 담장 또는 울타리로 둘러싸인 타인의 토지에 출입할 수 없다.

「국토의 계획 및 이용에 관한 법률」상 도시 · 군계획시설 사업의 시행자가 도시 · 군계획시설 사업에 관한 조사를 위해 타인의 토지에 출입하고자 할 때에는 특별시장 · 광역시장 · 특별자치시장 · 특별자치도지사 · 시장 또는 군수의 허가를 받아야 하는데, 출입하고자 하는 날의 며칠 전까지 그 토지의 소유자 · 점유자 또는 관리인에게 그 일시와 장소를 통지하여야 하는가?(단, 도시계획시설사업의 시행자가 행정청인 경우는 제외한다.)   [15년 4회, 20년 3회, 23년 4회, 24년 3회]

① 3일   ② 5일

③ 7일   ④ 14일

답 ③

해설 ⊕

토지에의 출입(「국토의 계획 및 이용에 관한 법률」 제130조)

타인의 토지에 출입하려는 자는 특별시장 · 광역시장 · 특별자치시장 · 특별자치도지사 · 시장 또는 군수의 허가를 받아야 하며, 출입하려는 날의 7일 전까지 그 토지의 소유자 · 점유자 또는 관리인에게 그 일시와 장소를 알려야 한다.

❸ 「수도권정비계획법」 및 동법 시행령

(1) 수도권의 범위(「수도권정비계획법」 제2조)

서울특별시, 인천광역시, 경기도가 해당된다.

┤핵심문제

수도권정비계획에 관한 설명으로 틀린 것은?   [12년 2회]

① 수도권정비계획의 대상이 되는 수도권이란 서울특별시와 인천광역시만을 말한다.

② 수도권정비계획은 수도권의 도시·군계획, 그 밖에 다른 법령에 따른 토지이용계획 또는 개발계획 등에 우선하며, 그 계획의 기본이 된다. 다만, 수도권의 군사에 관한 사항에 대하여는 그러하지 아니하다.

③ 중앙행정기관의 장과 서울특별시장·광역시장은 수도권정비계획을 입안한다.

④ 국토교통부장관은 수도권정비계획안을 수도권정비위원회의 심의를 거친 후 국무회의의 심의와 대통령의 승인을 받아 결정한다.

답 ①

해설⊕

수도권의 범위(「수도권정비계획법」 제2조)

서울특별시, 인천광역시, 경기도

(2) 인구집중유발시설

1) 인구집중유발시설의 정의(「수도권정비계획법」 제2조)

"인구집중유발시설"이란 학교, 공장, 공공 청사, 업무용 건축물, 판매용 건축물, 연수시설, 그 밖에 인구집중을 유발하는 시설로서 대통령령으로 정하는 종류 및 규모 이상의 시설을 말한다.

2) 인구집중유발시설의 종류(「수도권정비계획법 시행령」 제3조)

① 대학, 산업대학, 교육대학 또는 전문대학

② 공장으로서 건축물의 연면적이 500m² 이상인 것

③ 다음의 공공 청사(도서관, 전시장, 공연장, 군사시설 중 군부대의 청사, 국가정보원 및 그 소속 기관의 청사는 제외)로서 건축물의 연면적이 1,000m² 이상인 것

• 중앙행정기관 및 그 소속 기관의 청사

• 정부가 자본금의 100분의 50 이상을 출자한 법인 및 그 법인이 자본금의 100분의 50 이상을 출자한 법인

• 정부출자기업체

• 정부 출연 대상 법인

• 개별 법률에 따라 설립되는 법인으로서 주무부장관의 인가 또는 허가를 받지 아니하고 해당 법률에 따라 직접 설립된 법인

④ 업무용 건축물 : 연면적이 25,000m² 이상

⑤ 판매용 건축물 : 연면적이 15,000m² 이상

⑥ 복합 건축물 : 연면적이 25,000m² 이상

⑦ 교육원, 직업훈련소 및 운전 및 정비 관련 직업훈련소로서 연면적이 3만m² 이상인 연수 시설

──────────────────────────────┤핵심문제

★ 다음 중 수도권정비계획법령에서 규정하고 있는 인구집중 유발시설 기준으로 옳지 않은 것은?

[12년 1회, 15년 1회]

① 「고등교육법」 제2조에 따른 학교로서 교육대학 또는 전문대학
② 업무용 시설이 주 용도인 건축물로서 그 연면적이 3만m² 이상인 업무용 건축물
③ 건축물의 연면적이 1,000m² 이상인 중앙행정기관 및 그 소속 기관의 청사
④ 판매용 시설이 주 용도인 건축물로서 그 연면적이 15,000m² 이상인 판매용 건축물

답 ②

해설⊕ ─────────────────────────────────────

인구집중유발시설의 종류(「수도권정비계획법 시행령」 제3조)
업무용 시설이 주 용도인 건축물로서 그 연면적이 25,000m² 이상인 업무용 건축물

(3) 성장관리권역의 행위 제한

1) 성장관리권역의 행위 제한(「수도권정비계획법」 제8조)

① 관계 행정기관의 장은 성장관리권역이 적정하게 성장하도록 하되, 지나친 인구집중을 초래하지 않도록 대통령령으로 정하는 학교, 공공 청사, 연수시설, 그 밖의 인구집중유발시설의 신설·증설이나 그 허가 등을 하여서는 아니 된다.

② 관계 행정기관의 장은 성장관리권역에서 공업지역을 지정하려면 대통령령으로 정하는 범위에서 수도권정비계획으로 정하는 바에 따라야 한다.

2) 공업지역 지정 관련 대통령령으로 정하는 범위(「수도권정비계획법 시행령」 제12조)

① 과밀억제권역에서 이전하는 공장 등을 계획적으로 유치하기 위하여 필요한 지역
② 개발 수준이 다른 지역에 비하여 뚜렷하게 낮은 지역의 주민 소득 기반을 확충하기 위하여 필요한 지역
③ 공장이 밀집된 지역을 재정비하기 위하여 필요한 지역
④ 관계 중앙행정기관의 장이 산업정책상 필요하다고 인정하여 국토교통부장관에게 요청한 지역

★ 수도권정비계획법령상 관계 행정기관의 장이 성장관리권역에서 공업지역을 지정할 수 없는 지역은?

[14년 1회, 19년 1회]

① 과밀억제권역에서 이전하는 공장 등을 계획적으로 유치하기 위하여 필요한 지역
② 인구증가율이 수도권의 평균 인구증가율보다 낮은 지역
③ 공장이 밀집된 지역을 재정비하기 위하여 필요한 지역
④ 개발 수준이 다른 지역에 비하여 뚜렷하게 낮은 지역의 주민 소득기반을 확충하기 위하여 필요한 지역

답 ②

해설 ⊕

공업지역 지정 관련 대통령령으로 정하는 범위(「수도권정비계획법 시행령」 제12조)
• 과밀억제권역에서 이전하는 공장 등을 계획적으로 유치하기 위하여 필요한 지역
• 개발 수준이 다른 지역에 비하여 뚜렷하게 낮은 지역의 주민 소득 기반을 확충하기 위하여 필요한 지역
• 공장이 밀집된 지역을 재정비하기 위하여 필요한 지역
• 관계 중앙행정기관의 장이 산업정책상 필요하다고 인정하여 국토교통부장관에게 요청한 지역

(4) 대규모 개발사업

1) 대규모 개발사업의 정의(「수도권정비계획법」 제2조)

"대규모개발사업"이란 택지, 공업 용지 및 관광지 등을 조성할 목적으로 하는 사업으로서 대통령령으로 정하는 종류 및 규모 이상의 사업을 말한다.

2) 대규모 개발사업의 종류(「수도권정비계획법 시행령」 제4조)

"대통령령으로 정하는 종류 및 규모 이상의 사업"이란 다음의 어느 하나에 해당하는 사업을 말한다.

① 다음에 해당하는 택지조성사업으로서 그 면적이 100만m^2 이상인 것
   • 택지개발사업
   • 주택건설사업 및 대지조성사업
   • 산업단지 및 특수지역에서의 주택지 조성사업

② 다음에 해당하는 공업용지조성사업으로서 그 면적이 30만m^2 이상인 것
   • 산업단지개발사업 및 특수지역개발사업
   • 자유무역지역 조성사업
   • 중소기업협동화단지 조성사업
   • 공장설립을 위한 공장용지 조성사업

③ 다음에 해당하는 관광지조성사업으로서 시설계획지구의 면적이 10만m^2 이상인 것. 다만, 공유수면매립지에서 시행하는 관광지조성사업은 30만m^2 이상인 것으로 한다.
   • 관광지 및 관광단지 조성사업과 관광시설 조성사업
   • 유원지 설치사업

- 온천이용시설 설치사업

④ 도시개발사업으로서 그 면적이 100만m² 이상인 것 또는 그 면적이 100만m² 미만인 도시개발사업으로서 공업용도로 구획되는 면적이 30만m² 이상인 것

⑤ 지역개발사업으로서 그 면적이 100만m² 이상인 것과 그 면적이 100만m² 미만인 지역개발사업으로서 공업용도로 구획되는 면적이 30만m² 이상인 것 또는 10m² 이상의 관광단지가 포함된 것

3) 대규모개발사업에 대한 규제(「수도권정비계획법」 제19조)

① 관계 행정기관의 장은 수도권에서 대규모개발사업을 시행하거나 그 허가 등을 하려면 그 개발 계획을 수도권정비위원회의 심의를 거쳐 국토교통부장관과 협의하거나 승인을 받아야 한다. 국토교통부장관이 대규모개발사업을 시행하거나 그 허가 등을 하려는 경우에도 또한 같다.

② 관계 행정기관의 장이 수도권정비위원회의 심의를 요청하는 경우에 교통 문제, 환경오염 문제 및 인구집중 문제 등을 방지하기 위한 방안과 대통령령으로 정하는 광역적 기반시설의 설치계획을 각각 수립하여 함께 제출하여야 한다.

③ 교통 문제 및 환경오염 문제를 방지하기 위한 방안은 각각 「도시교통정비 촉진법」과 「환경영향평가법」에서 정하는 바에 따르고, 인구집중 문제를 방지하기 위한 인구유발효과 분석, 저감방안 수립 등에 필요한 사항은 대통령령으로 정하는 바에 따른다.

핵심문제

「수도권정비계획법」의 정의에 따른 "대규모 개발사업" 기준이 틀린 것은?　　　[13년 2회, 16년 4회]

① 「택지개발촉진법」에 따른 택지개발사업으로서 그 면적이 100만m² 이상인 것
② 「주택법」에 따른 주택건설사업으로서 그 면적이 100만m² 이상인 것
③ 「도시개발법」에 따른 도시개발사업으로서 그 면적이 10만m² 이상인 것
④ 「산업입지 및 개발에 관한 법률」에 따른 산업단지 개발사업으로서 그 면적이 30만m² 이상인 것

답 ③

해설 ⊕

대규모 개발사업의 종류(「수도권정비계획법 시행령」 제4조)
도시개발사업으로서 그 면적이 100만m² 이상인 것 또는 그 면적이 100만m² 미만인 도시개발사업으로서 공업용도로 구획되는 면적이 30만m² 이상인 것

4) 광역적 기반시설의 설치계획(「수도권정비계획법 시행령」 제25조)

광역적 기반시설은 대규모 개발사업지구와 그 사업지구 밖의 지역을 연계하여 설치하는 다음의 기반시설을 말한다.

① 대규모 개발사업지구와 주변 도시 간의 교통시설
② 환경오염 방지시설 및 폐기물 처리시설
③ 용수공급계획에 의한 용수공급시설
④ 그 밖에 광역적 정비가 필요한 시설

(5) 권역의 구분과 지정(「수도권정비계획법」 제6조)

1) 수도권의 인구와 산업을 적정하게 배치하기 위하여 수도권을 다음과 같이 구분한다.

구분	내용
과밀억제권역	인구와 산업이 지나치게 집중되었거나 집중될 우려가 있어 이전하거나 정비할 필요가 있는 지역
성장관리권역	과밀억제권역으로부터 이전하는 인구와 산업을 계획적으로 유치하고 산업의 입지와 도시의 개발을 적정하게 관리할 필요가 있는 지역
자연보전권역	한강 수계의 수질과 녹지 등 자연환경을 보전할 필요가 있는 지역

2) 과밀억제권역, 성장관리권역 및 자연보전권역의 범위는 대통령령으로 정한다.

핵심문제

「수도권정비계획법」에 따른 권역에 해당하지 않는 것은?　　　　　[13년 2회, 17년 4회]

① 과밀억제권역　　　　　　　　　　② 이전촉진권역
③ 성장관리권역　　　　　　　　　　④ 자연보전권역

답 ②

해설⊕

수도권 권역의 구분(「수도권정비계획법」 제6조)

구분	내용
과밀억제권역	인구와 산업이 지나치게 집중되었거나 집중될 우려가 있어 이전하거나 정비할 필요가 있는 지역
성장관리권역	과밀억제권역으로부터 이전하는 인구와 산업을 계획적으로 유치하고 산업의 입지와 도시의 개발을 적정하게 관리할 필요가 있는 지역
자연보전권역	한강 수계의 수질과 녹지 등 자연환경을 보전할 필요가 있는 지역

(6) 자연보전권역의 행위제한

1) 자연보전권역의 행위제한(「수도권정비계획법」 제9조, 시행령 제13조)

관계 행정기관의 장은 자연보전권역에서는 다음의 행위나 그 허가 등을 하여서는 아니 된다.

① 택지조성사업

② 면적이 3만m^2 이상인 공업용지조성사업

③ 시설계획지구의 면적이 3만m^2 이상인 관광지조성사업

④ 면적이 3만m^2 이상인 도시개발사업

⑤ 면적이 3만m^2 이상인 지역종합개발사업

⑥ 학교, 공공 청사, 업무용 건축물, 판매용 건축물 또는 복합 건축물

⑦ 연수 시설 중 직업훈련소 및 운전·정비 관련 직업훈련소 중 사업주가 설치·운영하는 직업능력개발훈련시설

─┤핵심문제

★ 수도권정비계획법령상 자연보전권역에서의 행위제한에 해당하는 개발사업의 최소 규모 기준으로 옳은 것은? [15년 4회]

① 면적이 3만m² 이상인 도시개발사업
② 면적이 2만m² 이상인 지역종합개발사업
③ 면적이 4만m² 이상인 공업용지조성사업
④ 시설계획지구의 면적이 2만m² 이상인 관광지 조성사업

답 ①

해설 ⊕---

② 면적이 3만m² 이상인 지역종합개발사업
③ 면적이 3만m² 이상인 공업용지조성사업
④ 시설계획지구의 면적이 3만m² 이상인 관광지조성사업

(7) 과밀부담금의 부과 · 징수

1) 과밀부담금의 부과 · 징수(「수도권정비계획법」 제12조)

① 과밀억제권역에 속하는 지역으로서 대통령령으로 정하는 지역에서 인구집중유발시설 중 업무용 건축물, 판매용 건축물, 공공 청사, 그 밖에 대통령령으로 정하는 건축물을 건축하려는 자는 과밀부담금을 내야 한다.

② 부담금을 내야 할 자가 대통령령으로 정하는 조합인 경우 그 조합이 해산하면 그 조합원이 부담금을 내야 한다.

2) 대통령령으로 정하는 지역(「수도권정비계획법 시행령」 제16조)

① 과밀부담금이 부과 · 징수되는 "대통령령으로 정하는 지역"이란 서울특별시를 말하고, "대통령령으로 정하는 건축물"이란 복합 건축물을 말하며, "대통령령으로 정하는 용도변경"이란 업무용 시설, 판매용 시설 및 복합시설이 아닌 시설에서 업무용 시설 등으로 용도를 변경하는 것을 말한다.

② "대통령령으로 정하는 조합"이란 정비사업조합이나 그 밖에 건축물의 건축을 위하여 관계 법률에 따라 구성된 조합을 말한다.

3) 부담금의 감면(「수도권정비계획법」 제13조, 시행령 제17조)

다음의 건축물에 대하여는 부담금을 감면할 수 있다.

① 국가나 지방자치단체가 건축하는 건축물에는 부담금을 부과하지 아니한다.

② 「도시 및 주거환경정비법」에 따른 재개발사업으로 건축하는 건축물에는 부담금의 100분의 50을 감면한다.

③ 건축물 중 주차장, 주택, 직장어린이집 및 국가나 지방자치단체에 기부채납되는 시설에 대하여는 부담금을 감면한다.

④ 건축물 중 수도권만을 관할하는 공공법인의 사무소에 대하여는 부담금을 부과하지 아니한다.

⑤ 연구소 중 다음에 해당하는 단지에 건축하는 연구소에 대하여는 부담금을 감면한다.
- 「산업입지 및 개발에 관한 법률」 제2조에 따른 산업단지
- 「과학기술기본법」 제29조에 따른 과학연구단지
- 「나노기술개발촉진법」 제16조에 따른 나노기술연구단지
- 「산업기술단지 지원에 관한 특례법」 제2조에 따른 산업기술단지.

⑥ 금융중심지에 건축하는 일반업무시설 중 금융업소에 대하여는 부담금을 감면한다.

⑦ 건축물 중 부담금이 부과된 시설을 용도변경하는 경우에는 부담금을 부과하지 아니한다.

⑧ 다음에 해당하는 건축물의 경우에는 해당 면적에 대하여 부담금을 감면한다.
- 업무용 건축물 : 25,000m²
- 판매용 건축물 : 15,000m²
- 복합 건축물로서 부과대상 면적 중 판매용 시설의 면적이 용도별 면적 중 가장 큰 건축물 : 15,000m²
- 위의 복합 건축물(판매용 시설의 면적이 용도별 면적 중 가장 큰 건축물) 외의 복합 건축물 : 25,000m²

핵심문제

과밀부담금의 감면에 대한 내용으로 틀린 것은? [13년 1회, 19년 2회]

① 국가나 지방자치단체가 건축하는 건축물에는 부담금을 부과하지 아니한다.
② 「과학기술기본법」에 따른 과학연구단지에는 부담금을 부과하지 아니한다.
③ 건축물 중 수도권만을 관할하는 공공법인의 사무소에 대하여는 부담금을 부과하지 아니한다.
④ 「도시 및 주거환경정비법」에 따른 도시환경정비사업으로 건축하는 건축물에는 부담금의 100분의 50을 감면한다.

답 ②

해설◉
부담금의 감면(「수도권정비계획법」 제13조, 시행령 제17조)
「과학기술기본법」에 따른 과학연구단지에는 부담금을 부과하지 않는 것이 아니라, 일부 감면한다.

4) 부담금의 산정기준(「수도권정비계획법」 제14조)

① 부담금은 건축비의 100분의 10으로 하되, 지역별 여건 등을 고려하여 대통령령으로 정하는 바에 따라 건축비의 100분의 5까지 조정할 수 있다.

② 건축비는 국토교통부장관이 고시하는 표준건축비를 기준으로 산정한다.

③ 부담금의 산정에 관한 구체적인 사항은 대통령령으로 정한다.

※ 부담금의 산정방법(「수도권정비계획법 시행령」제18조 - 별표 2)

산정방식은 용도별(업무시설과 비업무시설, 공공청사 등)과 신축/구축/용도변경 등에 따라 다르게 산정되게 된다.

──┤핵심문제

★ 과밀부담금에 관한 설명으로 옳은 것은? [16년 1회, 22년 1회, 24년 1회]

① 부담금은 건축비의 100분의 20으로 한다.
② 건축물 중 주차장의 용도로 사용되는 건축물은 부담금을 감면할 수 없다.
③ 부담금은 부과대상 건축물이 속한 지역을 관할하는 시·도지사가 부과 징수한다.
④ 부담금에 반영되는 건축비는 산업통상자원부장관이 고시하는 표준건축비를 기준으로 산정한다.

답 ③

해설⊕
① 부담금은 건축비의 100분의 10으로 한다.
② 건축물 중 주차장, 주택, 직장어린이집 및 국가나 지방자치단체에 기부채납되는 시설에 대하여는 부담금을 감면한다.
④ 건축비는 국토교통부장관이 고시하는 표준건축비를 기준으로 산정한다.

5) 부담금의 부과·징수 및 납부 기한(「수도권정비계획법」제15조)

① 부담금은 부과대상 건축물이 속한 지역을 관할하는 시·도지사가 부과·징수하되, 건축물의 건축허가일, 건축 신고일 또는 용도변경일을 기준으로 산정하여 부과한다.

② 부담금의 납부 기한은 건축물의 사용승인일로 하되, 사용승인이 필요 없는 경우에는 부과일부터 6개월로 한다.

③ 시·도지사는 납부 의무자가 부담금을 납부 기한까지 내지 아니하면 납부 기한이 지난 후 10일 이내에 독촉장을 발부하여야 하며, 이 경우의 납부 기한은 독촉장 발부일부터 10일로 한다.

④ 시·도지사는 납부 의무자가 납부 기한까지 부담금을 내지 아니하면 가산금을 징수한다.

⑤ 시·도지사는 납부 의무자가 독촉장을 받고도 지정된 기한까지 부담금과 가산금을 내지 아니하면 「지방행정제재·부과금의 징수 등에 관한 법률」에 따라 징수할 수 있다.

⑥ 과오납(過誤納)된 부담금·가산금 및 체납처분비의 처리에 관하여는 「지방세기본법」을 준용하며, 그 밖에 부담금의 부과·징수·납부의 방법·절차 등에 관하여 필요한 사항은 대통령령으로 정한다.

다음 중 「수도권정비계획법」에 따라 과밀부담금에 대한 설명으로 옳지 않은 것은?[12년 1회, 17년 4회]

① 과밀부담금은 건축비의 100분의 10으로 하되, 지역별 여건 등을 고려하여 대통령령으로 정하는 바에 따라 건축비의 100분의 5까지 조정할 수 있다.

② 과밀부담금의 부과대상은 성장관리권역에 속하는 지역이다.

③ 과밀부담금은 부과대상 건축물이 속한 지역을 관할하는 시·도지사가 부과, 징수한다.

④ 시·도지사는 납부 의무자가 납부기한까지 과밀부담금을 내지 아니하면 부담금의 100분의 5에 해당하는 가산금을 부과할 수 있다.

정답 ②

해설⊕

과밀부담금의 부과대상은 과밀억제권역에 속하는 지역이다. (서울시)

6) 부담금의 배분(「수도권정비계획법」 제16조)

징수된 부담금의 100분의 50은 지방균형발전특별회계에 귀속하고, 100분의 50은 부담금을 징수한 건축물이 있는 시·도에 귀속한다.

(8) 총량규제

1) 총량규제(「수도권정비계획법」 제18조)

① 국토교통부장관은 공장, 학교, 그 밖에 대통령령으로 정하는 인구집중유발시설이 수도권에 지나치게 집중되지 아니하도록 하기 위하여 그 신설 또는 증설의 총허용량(總許容量)을 정하여 이를 초과하는 신설 또는 증설을 제한할 수 있다.

② 공장에 대한 총량규제의 내용과 방법은 대통령령으로 정하는 바에 따라 수도권정비위원회의 심의를 거쳐 결정하며, 국토교통부장관은 이를 고시하여야 한다.

③ 학교나 그 밖에 대통령령으로 정하는 인구집중유발시설에 대한 총량규제의 내용은 대통령령으로 정한다.

④ 관계 행정기관의 장은 인구집중유발시설의 신설 또는 증설에 대하여 총량규제의 내용과 다르게 허가 등을 하여서는 아니 된다.

2) 공장 총허용량의 산출(「수도권정비계획법 시행령」 제22조)

① 국토교통부장관은 수도권정비위원회의 심의를 거쳐 공장건축의 총허용량을 산출하는 방식을 정하여 관보에 고시하여야 한다.

② 국토교통부장관은 3년마다 수도권정비위원회의 심의를 거쳐 산출방식에 따라 시·도별 공장건축의 총허용량을 결정하여 관보에 고시하여야 한다.

3) 학교에 대한 총량규제(「수도권정비계획법 시행령」 제24조)

대학 및 교육대학의 입학 정원 증가 총수는 국토교통부장관이 수도권정비위원회의 심의를 거쳐 정한다.

(9) 수도권정비실무위원회

1) 수도권정비실무위원회의 설치(「수도권정비계획법」 제23조)

① 위원회에 관계 행정기관의 공무원과 수도권 정비 정책에 관계되는 분야에 학식과 경험이 풍부한 자로 구성되는 수도권정비실무위원회를 둔다.

② 수도권정비실무위원회의 심의사항
  • 위원회에서 심의할 안건에 대한 검토 · 조정
  • 대통령령으로 정하는 바에 따라 위원회로부터 위임받은 사항

2) 수도권정비실무위원회의 구성(「수도권정비계획법 시행령」 제30조)

① 수도권정비실무위원회는 위원장 1명과 25명 이내의 위원으로 구성한다.

② 실무위원회의 위원장은 국토교통부 제1차관이 되고, 위원은 교육부, 국방부, 행정안전부, 문화체육관광부, 농림축산식품부, 산업통상자원부, 환경부, 국토교통부 및 심의사항과 관련하여 실무위원회의 위원장이 지정하는 중앙행정기관의 고위공무원단에 속하는 일반직공무원, 서울특별시의 2급 또는 3급 공무원과 인천광역시, 경기도의 3급 또는 4급 공무원 중에서 소속 기관의 장이 지정한 자 각 1명과 수도권정비정책과 관계되는 분야의 학식과 경험이 풍부한 자 중에서 수도권정비위원회의 위원장이 위촉하는 자가 된다.

③ 공무원이 아닌 위원의 임기는 2년으로 한다.

④ 실무위원회의 사무를 처리하기 위하여 실무위원회에 간사 1명을 두며, 간사는 국토교통부 소속 공무원 중에서 실무위원회의 위원장이 임명한다.

핵심문제

수도권정비실무위원회의 구성에 관한 설명으로 옳지 않은 것은? [16년 1회]

① 위원장은 국토교통부장관이 된다.
② 사무를 처리하기 위하여 간사 1명을 둔다.
③ 공무원이 아닌 위원의 임기는 2년으로 한다.
④ 위원장 1명과 25명 이내의 위원으로 구성한다.

답 ①

해설 ◆

수도권정비실무위원회의 구성(「수도권정비계획법 시행령」 제30조)
실무위원회의 위원장은 국토교통부 제1차관이 맡는다.

4 「경관법」및 동법 시행령

(1) 경관계획

1) 경관계획의 수립권자 및 대상지역(「경관법」제7조)

① 다음의 자는 관할구역에 대하여 경관을 보전·관리 및 형성하기 위한 계획을 수립하여야 한다.

  1. 시·도지사

  2. 인구 10만 명을 초과하는 시의 시장

  3. 인구 10만 명을 초과하는 군의 군수

② 인구 10만 명 이하인 시·군의 시장·군수, 행정시장, 구청장 등 또는 경제자유구역청장은 관할구역에 대하여 경관계획을 수립할 수 있다.

③ 특별시장·광역시장·특별자치시장·도지사, 시장·군수, 행정시장, 구청장 등 또는 경제자유구역청장은 둘 이상의 특별시·광역시·특별자치시·도, 시·군·구, 행정시 또는 경제자유구역청의 관할구역에 걸쳐 있는 지역을 대상으로 공동으로 경관계획을 수립할 수 있다.

④ 도지사는 시장·군수가 요청하거나 그 밖에 필요하다고 인정하는 경우에는 둘 이상의 시 또는 군의 관할구역에 걸쳐 있는 지역을 대상으로 경관계획을 수립할 수 있다.

─┤핵심문제

「경관법」에 따른 경관계획의 수립권자 및 대상지역의 기준이 틀린 것은?(단, '군'은 광역시 관할 구역 안에 있는 군을 제외한 경우를 말한다.)   [13년 2회]

① 특별자치도의 경우에는 특별자치도지사가 수립한다.

② 경관계획이 대상지역이 2 이상의 시 또는 군의 관할 구역에 걸쳐 있는 경우로서 해당 시장·군수가 요청하거나 도지사가 필요하다고 인정하는 경우에는 관할 도지사가 수립한다.

③ 경관계획의 대상지역이 2 이상의 특별시·광역시·시 또는 군의 관할 구역에 걸쳐 있는 경우에는 관할 특별시장 또는 광역시장이 수립한다.

④ 경관계획의 대상지역이 특별시·광역시·시 또는 군의 관할 구역 전부 또는 일부에 속하는 경우에는 관할 특별시장·광역시장·시장 또는 군수가 수립한다.

답 ③

해설⊕

경관계획의 수립권자 및 대상지역(「경관법」제7조)

특별시장·광역시장·특별자치시장·도지사, 시장·군수, 행정시장, 구청장 등 또는 경제자유구역청장은 둘 이상의 특별시·광역시·특별자치시·도, 시·군·구, 행정시 또는 경제자유구역청의 관할구역에 걸쳐 있는 지역을 대상으로 공동으로 경관계획을 수립할 수 있다.

01 공간계획의 기본이 되는 법률로, 국토에 관한 계획 및 정책의 수립 · 시행에 관한 기본적인 사항을 정함으로써 국토의 건전한 발전과 국민의 복리 향상에 이바지함을 목적으로 제정 · 시행되는 것은? [14년 2회, 24년 2회]

① 「국토기본법」
② 「택지개발촉진법」
③ 「도시개발법」
④ 「국토의 계획 및 이용에 관한 법률」

해설

목적(「국토기본법」 제1조)
이 법은 국토에 관한 계획 및 정책의 수립 · 시행에 관한 기본적인 사항을 정함으로써 국토의 건전한 발전과 국민의 복리 향상에 이바지함을 목적으로 한다.

02 「국토기본법」에서 수립하는 조사 및 계획의 수립 주체가 잘못 연결된 것은? [13년 1회, 23년 4회]

① 국토종합계획의 수립－국토교통부장관
② 도종합계획의 수립－도지사
③ 부문별 계획의 수립－중앙행정기관의 장
④ 국토조사－지방자치단체의 장

해설

국토조사(국토기본법 제25조)
국토교통부장관은 국토에 관한 계획 또는 정책의 수립, 공간정보의 제작, 연차보고서의 작성 등을 위하여 국토조사를 실시할 수 있다.

03 다음 중 「국토기본법」에 따른 국토계획의 구분과 그 정의가 옳지 않은 것은?
[12년 1회, 15년 1회, 22년 2회]

① 국토종합계획은 국토 전역을 대상으로 하여 국토의 장기적인 발전 방향을 제시하는 종합계획이다.
② 도종합계획은 도 또는 특별자치도의 관할구역을 대상으로 하여 해당 지역의 장기적인 발전 방향을 제시하는 종합계획이다.

③ 지역계획은 특정 지역을 대상으로 특별한 정책목적을 달성하기 위하여 수립하는 계획이다.
④ 부문별 계획은 특정 지역을 대상으로 특정 부문에 대한 단기적인 발전 방향을 제시하는 계획이다.

해설

국토계획의 정의와 구분(「국토기본법」 제6조)
부문별 계획 : 국토 전역을 대상으로 하여 특정 부문에 대한 장기적인 발전 방향을 제시하는 계획(중앙행정기관의 장)

04 「국토기본법」상 부문별 계획에 대한 설명으로 틀린 것은? [15년 2회]

① 부문별 계획은 특정 지역을 대상으로 특별한 정책목적을 달성하기 위하여 수립하는 계획이다.
② 중앙행정기관의 장은 국토 전역을 대상으로 하여 소관 업무에 관한 부문별 계획을 수립할 수 있다.
③ 중앙행정기관의 장은 부문별 계획을 수립할 때에는 국토종합계획의 내용을 반영하여야 하며, 이와 상충되지 아니하도록 하여야 한다.
④ 중앙행정기관의 장은 부문별 계획을 수립하거나 변경한 때에는 지체 없이 국토교통부장관에게 알려야 한다.

해설

문제 3번 해설 참고

05 국토종합계획에 포함되어야 할 내용이 아닌 것은? [16년 1회]

① 개발제한구역의 지정 및 관리에 관한 사항
② 국토의 균형발전을 위한 시책 및 지역산업육성에 관한 사항
③ 토지, 수자원, 산림자원, 해양자원 등 국토자원의 효율적 이용 및 관리에 관한 사항
④ 국가경쟁력 향상 및 국민생활의 기반이 되는 국토 기간시설의 확충에 관한 사항

정답 **01** ① **02** ④ **03** ④ **04** ① **05** ①

해설

국토종합계획의 내용(「국토기본법」 제10조)

국토종합계획에는 다음 각 호의 사항에 대한 기본적이고 장기적인 정책 방향이 포함되어야 한다.

1. 국토의 현황 및 여건 변화 전망에 관한 사항
2. 국토발전의 기본 이념 및 바람직한 국토 미래상의 정립에 관한 사항

   2의2. 교통, 물류, 공간정보 등에 관한 신기술의 개발과 활용을 통한 국토의 효율적인 발전 방향과 혁신 기반 조성에 관한 사항
3. 국토의 공간구조의 정비 및 지역별 기능 분담 방향에 관한 사항
4. 국토의 균형발전을 위한 시책 및 지역산업 육성에 관한 사항
5. 국가경쟁력 향상 및 국민생활의 기반이 되는 국토 기간 시설의 확충에 관한 사항
6. 토지, 수자원, 산림자원, 해양수산자원 등 국토자원의 효율적 이용 및 관리에 관한 사항
7. 주택, 상하수도 등 생활 여건의 조성 및 삶의 질 개선에 관한 사항
8. 수해, 풍해(風害), 그 밖의 재해의 방제(防除)에 관한 사항
9. 지하 공간의 합리적 이용 및 관리에 관한 사항
10. 지속 가능한 국토 발전을 위한 국토환경의 보전 및 개선에 관한 사항
11. 그 밖에 제1호부터 제10호까지에 부수(附隨)되는 사항

06 다음 중 국토계획이 국토의 지속 가능한 발전에 이바지하는지를 평가하기 위한 국토계획평가의 절차를 올바르게 나열한 것은? [15년 2회, 24년 3회]

| ㉠ 국토교통부장관은 국토계획평가를 실시 |
| ㉡ 수립권자는 국토계획평가 요청서를 작성 |
| ㉢ 국토정책위원회의 심의 |

① ㉠-㉡-㉢　　　　② ㉡-㉢-㉠
③ ㉢-㉡-㉠　　　　④ ㉡-㉠-㉢

해설

국토계획평가의 절차(「국토기본법」 제19조의3)

- 국토계획평가 대상이 되는 국토계획의 수립권자는 해당 국토계획을 수립하거나 변경하기 전에 국토계획평가 요청서를 작성하여 국토교통부장관에게 제출하여야 한다.

- 국토계획평가 요청서를 제출받은 국토교통부장관은 국토계획평가를 실시한 후 그 결과에 대하여 국토정책위원회의 심의를 거쳐야 한다.

07 「국토기본법」에 의한 국토정책위원회에 관한 설명으로 옳은 것은? [16년 4회, 21년 4회]

① 위원장은 국토교통부장관이 한다.
② 위촉위원은 국무조정실장이 한다.
③ 당연직위원은 국토계획 및 정책에 관하여 학식과 경험이 풍부한 사람으로서 국무총리가 위촉한 사람으로 한다.
④ 위촉위원의 임기는 2년으로 하되, 사임 등으로 인하여 새로 위촉된 위원의 임기는 전임위원 임기의 남은 기간으로 한다.

해설

국토정책위원회의 구성(「국토기본법」 제27조)

- 위원장 1명(국무총리)과 부위원장 2명(국토교통부장관과 위촉위원 중에 호선으로 선정된 위원)을 포함한 42명 이내의 위원으로 구성
- 위원의 구성

구분	구성사항
당연직위원	중앙행정기관의 장과 국무조정실장, 지방시대위원회 위원장
위촉위원	국토계획 및 정책에 관하여 학식과 경험이 풍부한 사람으로서 국무총리가 위촉한 사람

08 「국토기본법」에 의한 국토정책위원회에 대한 설명으로 옳은 것은? [13년 2회]

① 위원장 1명, 부위원장 3명을 포함한 40명 이내의 위원으로 구성한다.
② 국무총리 소속으로 둔다.
③ 위촉위원의 임기는 3년으로 한다.
④ 위원장은 국토교통부장관이 되고 부위원장은 위촉위원 중에서 위원장이 임명한다.

해설

문제 7번 해설 참고

09 다음 중 공공·문화체육시설에 포함되지 않는 것은? [12년 2회, 21년 4회, 22년 4회, 24년 1회]

① 시장
② 청소년수련시설
③ 학교
④ 사회복지시설

●해설

시장은 유통·공급시설에 포함된다.

10 광역계획권의 지정범위에 따른 광역계획권의 지정권자와 광역도시계획의 수립권자가 올바르게 연결된 것은? [15년 1회]

구분	광역계획권의 지정권자	광역도시계획의 수립권자
광역계획권이 도의 관할 구역에 속한 경우	㉠	관할 시장 또는 군수 공동
광역계획권이 둘 이상의 시·도 관할 구역에 걸쳐 있는 경우	국토교통부장관	㉡

① ㉠ 도지사, ㉡ 관할 시·도지사 공동
② ㉠ 시·도지사, ㉡ 국토교통부장관
③ ㉠ 관할 시장 또는 군수 공동, ㉡ 관할 시·도지사 공동
④ ㉠ 관할 시장 또는 군수 공동, ㉡ 국토교통부장관

●해설

광역계획권의 지정 및 수립(「국토의 계획 및 이용에 관한 법률」 제10조, 제11조)

구분	광역계획권의 지정권자	광역도시계획의 수립권자
광역계획권이 도의 관할 구역에 속한 경우	도지사 (지방도시계획위원 회 심의)	관할 시장 또는 군수 공동
광역계획권이 둘 이상의 시·도 관할 구역에 걸쳐 있는 경우	국토교통부장관 (중앙도시계획위원 회 심의)	관할 시·도지사 공동

11 광역도시계획의 수립권자에 대한 설명으로 옳지 않은 것은? [12년 4회]

① 광역계획권이 같은 도의 관할구역에 속하여 있는 경우 관할 시장 또는 군수가 공동으로 수립한다.
② 광역계획권이 둘 이상의 시·도의 관할 구역에 걸쳐 있는 경우 국토교통부장관이 수립한다.
③ 국가계획과 관련된 광역도시계획의 수립이 필요한 경우 국토교통부장관이 수립한다.
④ 광역계획권을 지정한 날부터 3년이 지날 때까지 관할 시·도지사로부터 광역도시계획의 승인 신청이 없는 경우 국토교통부장관이 수립한다.

●해설

문제 10번 해설 참고

12 「국토의 계획 및 이용에 관한 법률」에 따른 광역도시계획의 내용으로 옳지 않은 것은? [15년 4회]

① 경관계획에 관한 사항
② 광역시설의 배치·규모·설치에 관한 사항
③ 광역계획권의 예산 확보방안에 관한 사항
④ 광역계획권의 녹지관리체계와 환경보전에 관한 사항

●해설

광역도시계획의 내용(「국토의 계획 및 이용에 관한 법률」 제12조)

㉠ 광역계획권의 공간 구조와 기능 분담에 관한 사항
㉡ 광역계획권의 녹지관리체계와 환경 보전에 관한 사항
㉢ 광역시설의 배치·규모·설치에 관한 사항
㉣ 경관계획에 관한 사항
㉤ 그 밖에 대통령령으로 정하는 사항
  • 광역계획권의 교통 및 물류유통체계에 관한 사항
  • 광역계획권의 문화·여가공간 및 방재에 관한 사항

13 도시 · 군기본계획의 수립 시 공청회 개최에 관련된 사항들 중 옳지 않은 것은? [14년 4회]

① 공청회 개최에 관련된 사항을 일간신문에 공고하여야 한다.

② 공청회 개최일 10일 전까지 관계행정기관의 공보에 공고하여야 한다.

③ 공고 시 주요 사항으로는 개최목적, 개최예정일시 및 장소, 도시 · 군기본계획의 개요, 기타 필요한 사항으로 한다.

④ 공청회 개최 시에는 관할구역을 수개의 지역으로 구분하여 개최할 수 있다.

◀해설

광역도시계획의 수립을 위한 공청회(「국토의 계획 및 이용에 관한 법률 시행령」 제12조)

㉠ 공청회 개최 시 광역계획권에 속하는 지역의 일간신문에 공청회 개최예정일 14일 전까지 1회 이상 공고

㉡ 공청회 공지 시 개시사항
- 공청회의 개최목적
- 공청회의 개최예정일시 및 장소
- 수립 또는 변경하고자 하는 광역도시계획의 개요
- 그 밖에 필요한 사항

14 다음 중 도시 · 군기본계획의 원칙적인 수립권자가 아닌 자는? [13년 1회, 22년 2회]

① 국토교통부장관

② 광역시장

③ 시장 또는 군수

④ 특별시장

◀해설

도시 · 군기본계획의 수립권자(「국토의 계획 및 이용에 관한 법률」 제18조)

특별시장 · 광역시장 · 특별자치시장 · 특별자치도지사 · 시장 또는 군수

15 다음 중 도시 · 군기본계획에 포함되어야 할 내용으로 옳지 않은 것은? [15년 1회]

① 토지의 용도지역 · 용도지구의 지정에 관한 사항

② 환경의 보전 및 관리에 관한 사항

③ 경관에 관한 사항

④ 공원 · 녹지에 관한 사항

◀해설

①은 도시 · 군관리계획에 대한 사항이다.

도시 · 군기본계획의 내용(「국토의 계획 및 이용에 관한 법률」 제19조)

㉠ 지역적 특성 및 계획의 방향 · 목표에 관한 사항

㉡ 공간구조 및 인구의 배분에 관한 사항, 생활권의 설정과 생활권역별 개발 · 정비 및 보전 등에 관한 사항

㉢ 토지이용 및 개발에 관한 사항

㉣ 토지의 용도별 수요 및 공급에 관한 사항

㉤ 환경의 보전 및 관리에 관한 사항

㉥ 기반시설에 관한 사항

㉦ 공원 · 녹지에 관한 사항

㉧ 경관에 관한 사항
- 기후 변화 대응 및 에너지절약에 관한 사항
- 방재 · 방범 등 안전에 관한 사항

㉨ 기본계획 내용의 단계별 추진에 관한 사항 그 밖에 대통령령으로 정하는 사항

16 특별시장, 광역시장, 시장 또는 군수는 몇 년마다 관할구역의 도시기본계획에 대하여 그 타당성 여부를 전반적으로 재검토하여 정비하여야 하는가? [12년 1회, 24년 2회]

① 3년　　　　② 5년

③ 10년　　　④ 20년

◀해설

도시 · 군기본계획의 정비(「국토의 계획 및 이용에 관한 법률」 제23조)

특별시장 · 광역시장 · 특별자치시장 · 특별자치도지사 · 시장 또는 군수는 5년마다 관할 구역의 도시 · 군기본계획에 대하여 그 타당성 여부를 전반적으로 재검토하여 정비하여야 한다.

17 도시 · 군관리계획의 설명으로 옳지 않은 것은? [14년 4회, 24년 1회]
① 지역적 특성 및 계획의 방향 · 목표에 관한 계획
② 기반시설의 설치 · 정비 또는 개량에 관한 계획
③ 용도지역 · 용도지구의 지정 또는 변경에 관한 계획
④ 지구단위계획구역의 지정 또는 변경에 관한 계획과 지구단위계획

해설
①은 도시 · 군기본계획에 대한 사항이다.

도시 · 군관리계획의 내용(「국토의 계획 및 이용에 관한 법률」 제2조)
• 용도지역 · 용도지구의 지정 또는 변경에 관한 계획
• 개발제한구역 · 도시자연공원구역 · 시가화조정구역 · 수산자원보호구역의 지정 또는 변경에 관한 계획
• 기반시설의 설치 · 정비 또는 개량에 관한 계획
• 도시개발사업 또는 정비사업에 관한 계획
• 지구단위계획구역의 지정 또는 변경에 관한 계획과 지구단위계획
• 입지규제최소구역의 지정 또는 변경에 관한 계획과 입지규제최소구역계획

18 도시 · 군관리계획에 포함되지 않는 것은? [14년 1회]
① 용도지역 · 용도지구의 지정 또는 변경에 관한 계획
② 기반시설의 설치 · 정비 또는 개량에 관한 계획
③ 광역계획권의 장기발전방향에 관한 계획
④ 도시개발사업이나 정비사업에 관한 계획

해설
문제 17번 해설 참고

19 도시 · 군관리계획 결정이 효력을 발생하는 시기 기준은? [14년 2회]
① 지형도면을 고시한 날부터
② 도시계획위원회의 심의 후 다음 날부터
③ 도시관리계획결정이 고시가 된 날부터 3일 후
④ 도시 · 군관리계획결정이 고시가 된 날부터 5일 후

해설
도시 · 군관리계획 결정의 효력(「국토의 계획 및 이용에 관한 법률」 제31조)
도시 · 군관리계획 결정의 효력은 지형도면을 고시한 날부터 발생한다.

20 「국토의 계획 및 이용에 관한 법률」에서 정하고 있는 국토의 용도구분에 관한 설명 중 옳지 않은 것은? [15년 4회]
① 도시지역 : 인구와 산업이 밀집되어 있거나 밀집이 예상되어 그 지역에 대하여 체계적인 개발 · 정비 · 관리 · 보전 등이 필요한 지역
② 관리지역 : 도시지역의 인구와 산업을 수용하기 위하여 도시지역에 준하여 체계적으로 관리하거나 농림업의 진흥, 자연환경 또는 산림의 보전을 위하여 관리할 필요가 있는 지역
③ 농림지역 : 도시지역에 속하지 아니하는 「농지법」에 의한 농림진흥지역 또는 「산지관리법」에 의한 보전산지 등으로서 장래 시가화를 위해 개발을 유보하고 있는 지역
④ 자연환경보전지역 : 자연환경 · 수자원 · 해안 · 생태계 · 상수원 및 문화재의 보전과 수산자원의 보호 · 육성 등을 위하여 필요한 지역

해설
용도지역의 지정(「국토의 계획 및 이용에 관한 법률」 제36조)
농림지역
도시지역에 속하지 아니하는 「농지법」에 의한 농업진흥지역 또는 「산지관리법」에 의한 보전산지 등으로서 농림업의 진흥과 산림의 보전을 위하여 필요한 지역

21 국토의 용도지역 구분에 해당하지 않는 것은? [12년 4회]
① 도시지역
② 관리지역
③ 비도시지역
④ 자연환경보전지역

해설

용도지역의 지정(「국토의 계획 및 이용에 관한 법률」 제36조)

용도지역은 크게 도시지역, 관리지역, 농림지역, 자연환경보전지역으로 구분 지정된다.

22 다음 중 공동주택 중심의 양호한 주거환경을 보호하기 위하여 세분하여 지정하는 용도지역은?

[12년 1회]

① 제1종 전용주거지역
② 제2종 전용주거지역
③ 제1종 일반주거지역
④ 제2종 일반주거지역

해설

용도지역의 세분(「국토의 계획 및 이용에 관한 법률 시행령」 제30조)

구분	세분사항	내용
주거지역	전용주거지역	양호한 주거환경을 보호하기 위하여 필요한 지역
	(1) 제1종 전용주거지역	단독주택 중심의 양호한 주거환경을 보호하기 위하여 필요한 지역
	(2) 제2종 전용주거지역	공동주택 중심의 양호한 주거환경을 보호하기 위하여 필요한 지역
	일반주거지역	편리한 주거환경을 조성하기 위하여 필요한 지역
	(1) 제1종 일반주거지역	저층주택을 중심으로 편리한 주거환경을 조성하기 위하여 필요한 지역
	(2) 제2종 일반주거지역	중층주택을 중심으로 편리한 주거환경을 조성하기 위하여 필요한 지역
	(3) 제3종 일반주거지역	중고층주택을 중심으로 편리한 주거환경을 조성하기 위하여 필요한 지역
	준주거지역	주거기능을 위주로 이를 지원하는 일부 상업기능 및 업무기능을 보완하기 위하여 필요한 지역

23 「국토의 계획 및 이용에 관한 법률」에 따른 공업지역의 분류에 해당되지 않는 것은?

[15년 4회, 23년 1회]

① 준공업지역
② 근린공업지역
③ 전용공업지역
④ 일반공업지역

해설

용도지역의 세분(「국토의 계획 및 이용에 관한 법률 시행령」 제30조)

구분	세분사항	내용
공업지역	전용공업지역	주로 중화학공업, 공해성 공업 등을 수용하기 위하여 필요한 지역
	일반공업지역	환경을 저해하지 아니하는 공업의 배치를 위하여 필요한 지역
	준공업지역	경공업 그 밖의 공업을 수용하되, 주거기능·상업기능 및 업무기능의 보완이 필요한 지역

24 도심·부도심의 상업기능 및 업무기능의 확충을 위하여 지정되는 지역은?

[15년 2회, 21년 1회, 22년 4회]

① 근린상업지역
② 중심상업지역
③ 유통상업지역
④ 일반상업지역

해설

용도지역의 세분(「국토의 계획 및 이용에 관한 법률 시행령」 제30조)

구분	세분사항	내용
상업지역	중심상업지역	도심·부도심의 상업기능 및 업무기능의 확충을 위하여 필요한 지역
	일반상업지역	일반적인 상업기능 및 업무기능을 담당하게 하기 위하여 필요한 지역
	근린상업지역	근린지역에서의 일용품 및 서비스의 공급을 위하여 필요한 지역
	유통상업지역	도시 내 및 지역 간 유통기능의 증진을 위하여 필요한 지역

25 개발제한구역으로 지정하는 대상지역 기준으로 옳지 않은 것은? [15년 4회, 24년 1회]

① 도시의 정체성 확보 및 적정한 성장관리를 위하여 개발을 제한할 필요가 있는 지역

② 주민이 집단적으로 거주하는 취락으로서 주거환경의 개선 및 취락 정비가 필요한 지역

③ 도시가 무질서하게 확산되는 것 또는 서로 인접한 도시가 시가지로 연결되는 것을 방지하기 위하여 개발을 제한할 필요가 있는 지역

④ 도시 주변의 자연환경 및 생태계를 보전하고 도시민의 건전한 생활환경을 확보하기 위하여 개발을 제한할 필요가 있는 지역

● 해설

개발제한구역의 지정(「국토의 계획 및 이용에 관한 법률」 제38조)

국토교통부장관은 도시의 무질서한 확산을 방지하고 도시 주변의 자연환경을 보전하여 도시민의 건전한 생활환경을 확보하기 위하여 도시의 개발을 제한할 필요가 있거나 국방부장관의 요청이 있어 보안상 도시의 개발을 제한할 필요가 있다고 인정되면 개발제한구역의 지정 또는 변경을 도시ㆍ군관리계획으로 결정할 수 있다.

26 개발제한구역의 지정목적에 해당되지 않는 것은? [14년 4회]

① 도시의 무질서한 확산 방지

② 도시 주변의 자연환경 보전

③ 도시민의 건전한 생활환경 확보

④ 도시 내 중요시설 보호

● 해설

문제 25번 해설 참고

27 「국토의 계획 및 이용에 관한 법률」상 시가화조정구역 내에 설치할 수 없는 것은? [16년 2회]

① 종합병원

② 공공도서관

③ 119안전센터

④ 산림조합의 공동구판장

● 해설

시가화조정구역 안에서 할 수 있는 행위(「국토의 계획 및 이용에 관한 법률 시행령」 제88조 – 별표 24)

공익시설ㆍ공용시설 및 공공시설 등의 설치

• 문화재의 복원과 문화재관리용 건축물의 설치, 보건소ㆍ경찰파출소ㆍ119안전센터ㆍ우체국 및 읍ㆍ면ㆍ동사무소의 설치, 공공도서관ㆍ전신전화국ㆍ직업훈련소ㆍ연구소ㆍ양수장ㆍ초소ㆍ대피소 및 공중화장실과 예비군운영에 필요한 시설의 설치

• 「농업협동조합법」에 의한 조합, 산림조합 및 수산업협동조합의 공동구판장ㆍ하치장 및 창고의 설치, 사회복지시설의 설치, 환경오염방지시설의 설치

• 교정시설의 설치, 야외음악당 및 야외극장의 설치

28 시가화조정구역의 지정에 관한 설명으로 옳지 않은 것은?

[15년 4회, 22년 2회, 22년 4회, 24년 2회]

① 시가화를 유보할 수 있는 기간은 5년 이상 20년 이내이다.

② 시가화조정구역의 지정에 관한 도시ㆍ군관리계획의 결정은 시가화 유보기간이 만료된 날로부터 효력을 상실한다.

③ 시가화조정구역의 실효고시는 실효일자 및 실효사유와 실효된 도시ㆍ군관리계획의 내용을 관보 또는 공보에 게재하는 방법에 의한다.

④ 국가계획과 연계하여 시가화조정구역의 지정 또는 변경이 필요한 경우에는 국토교통부장관이 직접 시가화조정구역의 지정 또는 변경을 도시ㆍ군관리계획으로 결정할 수 있다.

● 해설

시가화조정구역의 지정(「국토의 계획 및 이용에 관한 법률」 제39조)

시가화조정구역의 지정에 관한 도시ㆍ군관리계획의 결정은 시가화 유보기간이 끝난 날의 다음 날부터 그 효력을 잃는다.

29 도시·군계획시설 결정이 고시된 도시·군계획시설에 대하여 고시일부터 얼마가 지날 때까지 그 시설의 설치에 관한 도시·군계획시설사업이 시행되지 아니하는 경우 그 도시·군계획시설사업이 효력을 잃는가? [12년 4회, 22년 4회]

① 10년   ② 15년

③ 20년   ④ 30년

해설

도시·군계획시설 결정의 실효(「국토의 계획 및 이용에 관한 법률」 제48조)

도시·군계획시설 결정이 고시된 도시·군계획시설에 대하여 그 고시일부터 20년이 지날 때까지 그 시설의 설치에 관한 도시·군계획시설사업이 시행되지 아니하는 경우 그 도시·군계획시설 결정은 그 고시일부터 20년이 되는 날의 다음 날에 그 효력을 잃는다.

30 다음 중 「국토의 계획 및 이용에 관한 법률」 상 개발행위의 허가를 받아야 하는 경우에 해당되지 않는 것은? [16년 2회]

① 건축물의 건축 또는 공작물의 설치

② 도시계획사업에 의한 토지의 형질 변경

③ 토지 분할(건축물이 있는 대지의 분할은 제외)

④ 녹지지역·관리지역 또는 자연환경보전지역에 물건을 1개월 이상 쌓아놓는 행위

해설

개발행위허가(「국토의 계획 및 이용에 관한 법률」 제56조)

개발행위허가 불필요사항

• 재해복구나 재난수습을 위한 응급조치

• 건축물의 개축·증축 또는 재축과 이에 필요한 범위에서의 토지의 형질 변경(도시·군계획시설사업이 시행되지 아니하고 있는 도시·군계획시설의 부지인 경우만 가능)

• 그 밖에 대통령령으로 정하는 경미한 행위

※ 대통령령으로 정하는 경미한 행위 중 국가 또는 지방자치단체가 공익상의 필요에 의하여 직접 시행하는 사업을 위한 토지의 형질 변경이 포함되므로 도시계획사업에 의한 토지의 형질 변경은 개발행위의 허가를 받지 않아도 되는 사항이 된다.

31 다음에서 설명하고 있는 제도는? [15년 4회]

> 이 제도는 계획의 적정성, 기반시설의 확보 여부, 주변 환경과의 조화 등을 고려하여 개발행위에 대한 허가 여부를 결정함으로써 난개발을 방지하기 위한 제도이다.

① 토지거래제한

② 개발행위허가제

③ 개발밀도관리

④ 개발제한구역제

해설

보기에서 제시하고 있는 것은 개발행위허가제도에 대한 목적이다.

32 「국토의 계획 및 이용에 관한 법률」상 개발행위의 허가를 받지 않아도 되는 경미한 행위가 아닌 것은? [15년 1회, 23년 2회]

① 도시지역에서 무게 50t 이하, 부피 50m³ 이하, 수평투영면적이 50m² 이하인 공작물의 설치

② 높이 50cm 이내 또는 깊이 50cm 이내의 절토, 성토, 정지 등 토지의 형질 변경

③ 지구단위계획구역에서 채취면적이 면적 50m² 이하인 토지에서 부피 50m³ 이하의 토석 채취

④ 녹지지역에서 물건을 쌓아놓는 면적이 25m² 이하인 토지에 전체 무게 50t 이하, 전체 부피 50m³ 이하로 물건을 쌓아놓는 행위

해설

개발행위의 허가를 받지 않아도 되는 경미한 행위(토석채취)

• 도시지역 또는 지구단위계획구역에서 채취면적이 25m² 이하인 토지에서의 부피 50m³ 이하의 토석채취

• 도시지역·자연환경보전지역 및 지구단위계획구역외의 지역에서 채취면적이 250m² 이하인 토지에서의 부피 500m³ 이하의 토석채취

33 「국토의 계획 및 이용에 관한 법률」상 개발밀도관리구역은 기반시설의 용량이 부족할 것으로 예상되는 지역 중 기반시설의 설치가 곤란한 지역으로서 일정 기준에 해당하는 지역에 지정할 수 있다. 그 기준에 해당하지 않는 것은?

[16년 4회, 22년 4회]

① 당해 지역의 도로서비스 수준이 매우 낮아 차량통행이 현저하게 지체되는 지역
② 향후 2년 이내에 당해 지역의 수도에 대한 수요량이 수도시설의 시설용량을 초과할 것으로 예상되는 지역
③ 향후 2년 이내에 당해 지역의 하수 발생량이 하수시설의 시설용량을 초과할 것으로 예상되는 지역
④ 향후 2년 이내에 당해 지역의 학생 수가 학교수용능력을 10% 이상 초과할 것으로 예상되는 지역

▶ **해설**

개발밀도관리구역은 향후 2년 이내에 당해 지역의 학생 수가 학교수용능력을 20% 이상 초과할 것으로 예상되는 지역에 지정될 수 있도록 한다.

34 개발로 인하여 기반시설이 부족할 것으로 예상되나 기반시설을 설치하기 곤란한 지역을 대상으로 건폐율이나 용적률을 강화하여 적용하기 위하여 지정하는 구역은?

[14년 4회, 20년 4회, 21년 1회, 24년 2·3회]

① 기반시설부담구역
② 개발밀도관리구역
③ 지구단위계획구역
④ 시가화조정구역

▶ **해설**

개발밀도관리구역(「국토의 계획 및 이용에 관한 법률」 제66조)
특별시장·광역시장·특별자치시장·특별자치도지사·시장 또는 군수는 주거·상업 또는 공업지역에서의 개발행위로 기반시설의 처리·공급 또는 수용능력이 부족할 것으로 예상되는 지역 중 기반시설의 설치가 곤란한 지역을 개발밀도관리구역으로 지정할 수 있다.

35 개발밀도관리구역으로의 지정기준이 적합하지 않은 지역은? [13년 1회, 20년 1·2회]

① 당해 지역의 도로 서비스 수준이 매우 낮아 차량통행이 현저하게 지체되는 지역
② 당해 지역의 도로율이 국토교통부령이 정하는 용도지역별 도로율에 20% 이상 미달하는 지역
③ 향후 2년 이내에 당해 지역의 하수 발생량이 하수시설의 시설용량을 초과할 것으로 예상되는 지역
④ 향후 2년 이내에 당해 지역의 학생 수가 학교수용능력을 50% 이상 초과할 것으로 예상되는 지역

▶ **해설**

문제 33번 해설 참고

36 개발밀도관리구역에 대한 설명으로 틀린 것은? [12년 2회]

① 개발행위가 집중되어 해당 지역의 계획적 관리를 위하여 필요한 경우 시·도지사가 지정한다.
② 개발밀도관리구역에서는 당해 용도지역에 적용되는 용적률의 최대한도의 50%의 범위에서 용적률을 강화하여 적용한다.
③ 당해 지역의 도로율이 국토교통부령으로 정하는 용도지역별 도로율에 20% 이상 미달하는 지역에 대하여 개발밀도관리구역으로 지정할 수 있다.
④ 향후 2년 이내에 당해 지역의 학생 수가 학교수용능력의 20% 이상을 초과할 것으로 예상되는 지역을 개발밀도관리구역으로 지정할 수 있다.

▶ **해설**

특별시장·광역시장·특별자치시장·특별자치도지사·시장 또는 군수는 주거·상업 또는 공업지역에서의 개발행위로 기반시설의 처리·공급 또는 수용능력이 부족할 것으로 예상되는 지역 중 기반시설의 설치가 곤란한 지역을 개발밀도관리구역으로 지정할 수 있다.(도지사는 지정권자가 아님)

37 다음 중 건폐율에 관한 내용이 틀린 것은?
[16년 4회, 22년 1회, 23년 4회, 24년 2회]
① 건폐율이란 대지면적에 대한 건축면적의 비율이다.
② 도시지역 내 주거지역의 건폐율 최대한도는 70% 이하이다.
③ 관리지역 내 보전관리지역의 건폐율 최대한도는 10%이다.
④ 농림지역의 건폐율 최대한도는 20% 이하이다.

해설
관리지역 내 보전관리지역의 건폐율 최대한도는 20%이다.

38 「국토의 계획 및 이용에 관한 법률 시행령」상 용적률 하한치가 가장 낮은 지역은? [16년 1회]
① 전용공업지역
② 제2종 전용주거지역
③ 유통상업지역
④ 제2종 일반주거지역

해설
① 전용공업지역(150% 이상 300% 이하)
② 제2종 전용주거지역(100% 이상 150% 이하)
③ 유통상업지역(200% 이상 1,100% 이하)
④ 제2종 일반주거지역(150% 이상 250% 이하)

39 다음 중 건폐율에 관한 내용이 틀린 것은?
[13년 1회]
① 건폐율이란 대지면적에 대한 건축면적의 비율이다.
② 도시지역 내 주거지역의 건폐율 최대한도는 70% 이하이다.
③ 수산자원보호구역의 건폐율에 관한 기준은 90% 이하의 범위에서 국토교통부령으로 정하는 기준에 따라 조례로 따로 정한다.
④ 토지이용의 과밀화를 방지하기 위하여 건폐율을 강화할 필요가 있는 경우, 대통령령으로 정하는 기준에 따라 조례로 건폐율을 따로 정할 수 있다.

해설
수자원보호구역의 경우 40% 이하의 범위에서 대통령령으로 정하는 기준에 따라 조례로 따로 정한다.

40 중앙도시계획위원회의 구성과 운영 등에 대한 설명이 옳은 것은? [14년 2회, 24년 3회]
① 중앙도시계획위원회는 국토교통부에 둔다.
② 위원장과 부위원장은 위원 중에서 국무총리가 임명하거나 위촉한다.
③ 위원장은 중앙도시계획위원회의 업무를 총괄하며, 지방도시계획위원회의 의장이 된다.
④ 회의는 재적위원 2/3의 출석으로 개의하고, 출석위원 3/4의 찬성으로 의결한다.

해설
② 중앙도시계획위원회의 위원장과 부위원장은 위원 중에서 국토교통부장관이 임명하거나 위촉한다.
③ 위원장은 중앙도시계획위원회의 업무를 총괄하며, 중앙도시계획위원회의 의장이 된다.
④ 중앙도시계획위원회의 회의는 재적위원 과반수의 출석으로 개의(開議)하고, 출석위원 과반수의 찬성으로 의결한다.

41 다음 중 중앙도시계획위원회에 대한 설명이 옳은 것은? [13년 1회]
① 위원장과 부위원장 각 1명을 포함하여 25명 이상 30명 이내의 위원으로 구성한다.
② 중앙도시계획위원회의 위원장은 국토교통부장관이다.
③ 공무원이 아닌 위원의 수는 10명 이상으로 하고, 그 임기는 3년으로 한다.
④ 위원은 관계 중앙행정기관의 공무원과 도시계획에 관한 학식과 경험이 풍부한 자 중에서 위원장이 임명하거나 위촉한다.

해설
② 중앙도시계획위원회의 위원장과 부위원장은 위원 중에서 국토교통부장관이 임명하거나 위촉한다.

③ 공무원이 아닌 위원의 수는 10명 이상으로 하고, 그 임기는 2년으로 한다.

④ 위원은 관계 중앙행정기관의 공무원과 토지 이용, 건축, 주택, 교통, 공간정보, 환경, 법률, 복지, 방재, 문화, 농림 등 도시·군계획과 관련된 분야에 관한 학식과 경험이 풍부한 자 중에서 국토교통부장관이 임명하거나 위촉한다.

42 「국토의 계획 및 이용에 관한 법률」상 도시군계획시설사업의 시행자가 도시군계획시설사업에 관한 조사측량을 위해 타인의 토지에 출입하고자 할 때, 출입하려는 날의 며칠 전까지 그 토지의 소유자·점유자 또는 관리인에게 그 일시와 장소를 알려야 하는가?(단, 시행자가 행정청인 경우는 제외)　　　　　　[13년 2회, 22년 4회]

① 14일　　　　　　② 7일

③ 5일　　　　　　④ 3일

▶해설

토지에의 출입(「국토의 계획 및 이용에 관한 법률」 제130조)
타인의 토지에 출입하려는 자는 특별시장·광역시장·특별자치시장·특별자치도지사·시장 또는 군수의 허가를 받아야 하며, 출입하려는 날의 7일 전까지 그 토지의 소유자·점유자 또는 관리인에게 그 일시와 장소를 알려야 한다.

43 다음 중 「수도권정비계획법」에 따른 인구집중 유발시설의 기준이 틀린 것은?
　　　　　　[16년 2회, 23년 1회]

① 「고등교육법」에 따른 학교로서 대학, 산업대학, 교육대학 또는 전문대학

② 「산업집적활성화 및 공장설립에 관한 법률」에 따른 공장으로서 건축물의 연면적이 200m² 이상인 것

③ 중앙행정기관 및 그 소속 기관의 청사 중 건축물의 연면적이 1,000m² 이상인 것

④ 복합시설이 주용도인 건축물로서 그 연면적이 25,000m² 이상인 건축물

▶해설

인구집중유발시설의 종류(「수도권정비계획법 시행령」 제3조)
공장으로서 건축물의 연면적이 500m² 이상인 것

44 「수도권정비계획법」상의 인구집중유발시설 기준이 틀린 것은?　　　　[13년 4회, 21년 1회]

① 「고등교육법」 규정에 따른 산업대학 또는 전문대학

② 「산업집적활성화 및 공장설립에 관한 법률」의 규정에 따른 공장으로서 건축물의 연면적이 500m² 이상인 것

③ 중앙행정기관 및 그 소속기관의 청사로서 건축물의 연면적이 500m² 이상인 것

④ 업무용 시설이 주용도인 건축물로서 그 연면적이 25,000m² 이상인 건축물

▶해설

인구집중유발시설의 종류(「수도권정비계획법 시행령」 제3조)
다음의 공공 청사(도서관, 전시장, 공연장, 군사시설 중 군부대의 청사, 국가정보원 및 그 소속 기관의 청사는 제외)로서 건축물의 연면적이 1,000m² 이상인 것
• 중앙행정기관 및 그 소속 기관의 청사
• 정부가 자본금의 100분의 50 이상을 출자한 법인 및 그 법인이 자본금의 100분의 50 이상을 출자한 법인
• 정부출자기업체
• 정부출자법인

45 수도권정비계획법령상 대규모개발사업의 종류가 아닌 것은?　　　　[14년 4회, 18년 1회, 22년 4회]

① 「택지개발촉진법」에 의한 사업부지 면적이 100만m² 이상인 택지개발사업

② 「주택법」에 의한 사업부지 면적이 100만m² 이상인 주택건설사업 및 대지조성사업

③ 「산업입지 및 개발에 관한 법률」에 의한 사업부지 면적이 30만m² 이상인 산업단지개발사업

④ 「관광진흥법」에 의한 관광지조성사업으로서 시설계획지구의 면적이 5만m² 이상인 관광단지 조성사업

▶해설

대규모 개발사업의 종류(「수도권정비계획법 시행령」 제4조)
관광지조성사업으로서 시설계획지구의 면적이 10만m² 이상인 것

46 다음 중 「수도권정비계획법」에 따른 대규모 개발사업의 종류에 해당하지 않는 택지조성사업은?(단, 면적이 모두 100만m² 이상의 경우)
[12년 4회, 19년 1회, 23년 4회]

① 「도시 및 주거환경정비법」에 따른 주거환경개선사업
② 「택지개발촉진법」에 따른 택지개발사업
③ 「주택법」에 따른 주택건설사업
④ 「산업입지 및 개발에 관한 법률」에 따른 산업단지 및 특수지역에서의 주택지 조성사업

해설
대규모 개발사업의 종류(「수도권정비계획법 시행령」 제4조)
다음에 해당하는 택지조성사업으로서 그 면적이 100만m² 이상인 것
• 택지개발사업
• 주택건설사업 및 대지조성사업
• 산업단지 및 특수지역에서의 주택지 조성사업

47 수도권정비계획법령에서 규정하는 광역적 기반시설에 해당하지 않는 것은?
[14년 1회, 20년 4회]

① 대규모 개발사업지구와 주변 도시 간의 교통시설
② 환경오염 방지시설 및 폐기물 처리시설
③ 용수공급계획에 의한 용수공급시설
④ 대규모 개발사업지구 내의 주요 연수시설

해설
광역적 기반시설의 설치계획(「수도권정비계획법 시행령」 제25조)
광역적 기반시설은 대규모 개발사업지구와 그 사업지구 밖의 지역을 연계하여 설치하는 다음의 기반시설을 말한다.
• 대규모 개발사업지구와 주변 도시 간의 교통시설
• 환경오염 방지시설 및 폐기물 처리시설
• 용수공급계획에 의한 용수공급시설
• 그 밖에 광역적 정비가 필요한 시설

48 수도권의 권역 구분과 지정에 관한 설명이 틀린 것은?
[13년 4회]

① 과밀억제권역, 성장관리권역 및 자연보전권역의 범위는 국토교통부령으로 정한다.
② 과밀억제권역은 인구와 산업이 지나치게 집중되었거나 집중될 우려가 있어 이전하거나 정비할 필요가 있는 지역을 말한다.
③ 성장관리권역은 과밀억제권역으로부터 이전하는 인구와 산업을 계획적으로 유지하고 산업의 입지와 도시의 개발을 적정하게 관리할 필요가 있는 지역을 말한다.
④ 자연보전권역은 한강 수계의 수질과 녹지 등 자연환경을 보전할 필요가 있는 지역을 말한다.

해설
권역의 구분과 지정(「수도권정비계획법」 제6조)
과밀억제권역, 성장관리권역 및 자연보전권역의 범위는 대통령령으로 정한다.

49 「수도권정비계획법」에 따른 수도권의 권역 구분이 모두 옳은 것은?
[13년 1회, 22년 4회]

① 과밀억제권역, 자연보전권역, 개발유도권역
② 성장관리권역, 이전촉진권역, 환경보전권역
③ 성장관리권역, 개발유도권역, 환경보전권역
④ 과밀억제권역, 성장관리권역, 자연보전권역

해설
수도권 권역의 구분(「수도권정비계획법」 제6조)

구분	내용
과밀억제권역	인구와 산업이 지나치게 집중되었거나 집중될 우려가 있어 이전하거나 정비할 필요가 있는 지역
성장관리권역	과밀억제권역으로부터 이전하는 인구와 산업을 계획적으로 유치하고 산업의 입지와 도시의 개발을 적정하게 관리할 필요가 있는 지역
자연보전권역	한강 수계의 수질과 녹지 등 자연환경을 보전할 필요가 있는 지역

50 수도권정비계획법령에 따른 다음 내용 중 틀린 것은? [13년 4회, 23년 1회]

① 국토교통부장관은 인구집중유발시설에 대하여 신설 또는 증설의 총허용량을 정하여 이를 초과하는 신설 또는 증설을 제한할 수 있다.

② 「도시 및 주거환경정비법」에 따른 도시환경정비사업으로 건축하는 건축물에 과밀부담금의 100분의 50을 감면한다.

③ 과밀부담금 산정 시 건축비는 국토교통부장관이 고시하는 표준건축비를 기준으로 산정한다.

④ 징수된 부담금의 100분의 50은 부담금을 징수한 건축물이 있는 구에 귀속된다.

⊙해설

부담금의 배분(「수도권정비계획법」 제16조)
징수된 부담금의 100분의 50은 지방균형발전특별회계에 귀속하고, 100분의 50은 부담금을 징수한 건축물이 있는 시·도에 귀속한다.

51 과밀부담금의 산정 기준으로 옳은 것은? [12년 2회, 21년 1회, 23년 2회]

① 과밀부담금은 건축비의 100분의 10으로 한다.

② 지역별 여건에 따라 과밀부담금을 건축비의 100분의 3까지 조정할 수 있다.

③ 건축비는 해당 권역 건축물들의 표준건축비를 기준으로 한다.

④ 과밀부담금의 산정방식은 신축과 증축의 경우에 동일하다.

⊙해설

② 지역별 여건 등을 고려하여 대통령령으로 정하는 바에 따라 건축비의 100분의 5까지 조정(調整)할 수 있다.

③ 건축비는 국토교통부장관이 고시하는 표준건축비를 기준으로 산정한다.

④ 과밀부담금의 산정방식은 신축과 증축의 경우에 따라 서로 다르다.

※ 산정방식은 용도별(업무시설과 비업무시설, 공공청사 등)과 신축/구축/용도변경 등에 따라 다르게 산정된다.

52 수도권정비계획법령에 따른 총량규제의 내용으로 틀린 것은? [15년 4회]

① 총량규제의 대상이 되는 시설로는 학교·공공청사·연수시설 등이 있다.

② 대학 및 교육대학의 입학 정원의 증가 총수는 국토교통부장관이 수도권정비위원회의 심의를 거쳐 정한다.

③ 국토교통부장관은 인구집중유발시설이 수도권에 과도하게 집중하지 않도록 그 신설·증설의 총 허용량을 제한할 수 있다.

④ 국토교통부장관은 5년마다 수도권정비위원회의 심의를 거쳐 시·도별 공장건축의 총 허용량을 결정하여 관보에 이를 고시하여야 한다.

⊙해설

공장 총허용량의 산출(「수도권정비계획법 시행령」 제22조)

• 국토교통부장관은 수도권정비위원회의 심의를 거쳐 공장건축의 총허용량을 산출하는 방식을 정하여 관보에 고시하여야 한다.

• 국토교통부장관은 3년마다 수도권정비위원회의 심의를 거쳐 산출방식에 따라 시·도별 공장건축의 총허용량을 결정하여 관보에 고시하여야 한다.

1 「도시개발법」 및 동법 시행령, 시행규칙

(1) 도시개발구역의 지정대상지역 및 규모(「도시개발법 시행령」 제2조)

1) 도시지역

① 주거지역 및 상업지역 : 1만m² 이상

② 공업지역 : 3만m² 이상

③ 자연녹지지역 : 1만m² 이상

④ 생산녹지지역(생산녹지지역이 도시개발구역 지정면적의 100분의 30 이하인 경우만 해당된다) : 1만m² 이상

2) 도시지역 외의 지역 : 30만m² 이상

3) 다음 각 호의 어느 하나에 해당하는 지역으로서 도시개발구역을 지정하는 자가 계획적인 도시개발이 필요하다고 인정하는 지역에 대하여는 지정대상지역에 따른 면적규모 제한을 적용하지 아니한다.

① 「국토의 계획 및 이용에 관한 법률」에 따른 취락지구 또는 개발진흥지구로 지정된 지역

② 「국토의 계획 및 이용에 관한 법률」에 따른 지구단위계획구역으로 지정된 지역

③ 국토교통부장관이 지역균형발전을 위하여 관계 중앙행정기관의 장과 협의하여 도시개발구역으로 지정하려는 지역(자연환경보전지역은 제외)

4) 도시개발구역으로 지정하려는 지역이 둘 이상의 용도지역에 걸치는 경우에는 국토교통부령으로 정하는 기준에 따라 도시개발구역을 지정하여야 한다.

5) 같은 목적으로 여러 차례에 걸쳐 부분적으로 개발하거나 이미 개발한 지역과 붙어 있는 지역을 개발하는 경우에 국토교통부령으로 정하는 기준에 따라 도시개발구역을 지정하여야 한다.

★ 다음 중 도시개발법령에 따라 도시개발구역으로 지정할 수 있는 대상지역과 규모기준이 옳은 것은?

[12년 1회, 17년 1회, 20년 1·2회, 23년 4회]

① 도시지역 중 주거지역 : 3만m² 이상
② 도시지역 중 공업지역 : 5만m² 이상
③ 도시지역 중 자연녹지지역 : 1만m² 이상
④ 도시지역 외의 지역 : 66만m² 이상

답 ③

해설⊕

① 도시지역 중 주거지역 : 1만m² 이상
② 도시지역 중 공업지역 : 3만m² 이상
④ 도시지역 외의 지역 : 30만m² 이상

(2) 도시개발구역의 지정

1) 도시개발구역의 지정(「도시개발법」 제3조)

① 지정권자
- 특별시장 · 광역시장 · 도지사 · 특별자치도지사
- 서울특별시와 광역시를 제외한 인구 50만 명 이상의 행정구역에 걸치는 시 · 도지사 또는 대도시 시장
- 국토교통부장관(국가가 도시개발을 실시하는 경우, 관계 중앙행정기관의 장이 요청하는 경우, 정부 주도 개발사업 30만m² 이상 규모)

② 지정절차
제안(도시개발사업 시행자) → 요청(시장, 군수, 구청장) → 시 · 도지사, 국토교통부장관

2) 개발계획의 수립 및 변경(「도시개발법」 제4조)

① 지정권자는 직접 또는 관계 중앙행정기관의 장 또는 시장 · 군수 · 구청장 또는 도시개발사업의 시행자의 요청을 받아 개발계획을 변경할 수 있다.

② 지정권자는 환지(換地)방식의 도시개발사업에 대한 개발계획을 수립하려면 환지방식이 적용되는 지역의 토지면적의 3분의 2 이상에 해당하는 토지 소유자와 그 지역의 토지 소유자 총수의 2분의 1 이상의 동의를 받아야 한다. 환지방식으로 시행하기 위하여 개발계획을 변경(대통령령으로 정하는 경미한 사항의 변경은 제외)하려는 경우에도 또한 같다.

③ 지정권자가 도시개발사업의 전부를 환지방식으로 시행하려고 개발계획을 수립하거나 변경할 때에 조합이 성립된 후 총회에서 도시개발구역의 토지면적의 3분의 2 이상에 해당하는 조합원과 그 지역의 조합원 총수의 2분의 1 이상의 찬성으로 수립 또는 변경을 의결한 개발계획을 지정권자에게 제출한 경우에는 토지 소유자의 동의를 받은 것으로 본다.

3) 주민 등의 의견청취(「도시개발법」 제7조, 시행령 제11조)

① 국토교통부장관, 시·도지사 또는 대도시 시장이 도시개발구역을 지정하고자 하거나 대도시 시장이 아닌 시장·군수 또는 구청장이 도시개발구역의 지정을 요청하려고 하는 경우에는 공람이나 공청회를 통하여 주민이나 관계 전문가 등으로부터 의견을 들어야 하며, 공람이나 공청회에서 제시된 의견이 타당하다고 인정되면 이를 반영하여야 한다. 도시개발구역을 변경(대통령령으로 정하는 경미한 사항은 제외)하려는 경우에도 또한 같다.

② 국토교통부장관 또는 특별시장·광역시장·도지사·특별자치도지사는 도시개발구역의 지정에 관한 주민의 의견을 청취하려면 관계 서류 사본을 시장·군수 또는 구청장에게 송부하여야 한다.

③ 시장·군수 또는 구청장은 주민의 의견을 청취하려는 경우에는 전국 또는 해당 지방을 주된 보급지역으로 하는 둘 이상의 일간신문과 해당 시·군 또는 구의 인터넷 홈페이지에 공고하고 14일 이상 일반인에게 공람시켜야 한다. 다만, 도시개발구역의 면적이 10만m² 미만인 경우에는 일간신문에 공고하지 아니하고 공보와 해당 시·군 또는 구의 인터넷 홈페이지에 공고할 수 있다.

핵심문제

시장·군수 또는 구청장은 도시개발구역의 지정에 관한 주민의 의견을 청취하려는 경우 해당 사항을 최소 얼마 이상 일반인에게 공람시켜야 하는가? [12년 4회]

① 14일　　　　　　　　　　　　　② 1개월

③ 3개월　　　　　　　　　　　　　④ 6개월

답 ①

해설 ⊕

주민 등의 의견청취(「도시개발법 시행령」 제11조)
시장·군수 또는 구청장은 관계 서류 사본을 송부받거나 법 제7조에 따라 주민의 의견을 청취하려는 경우에는 전국 또는 해당 지방을 주된 보급지역으로 하는 둘 이상의 일간신문과 해당 시·군 또는 구의 인터넷 홈페이지에 공고하고 14일 이상 일반인에게 공람시켜야 한다.

---

4) 공청회(「도시개발법 시행령」 제13조)

① 국토교통부장관, 시·도지사, 시장·군수 또는 구청장은 도시개발사업을 시행하려는 구역의 면적이 100만m² 이상인 경우에는 공람기간이 끝난 후에 공청회를 개최하여야 한다.

② 국토교통부장관, 시·도지사, 시장·군수 또는 구청장은 공청회를 개최하려면 전국 또는 해당 지방을 주된 보급지역으로 하는 일간신문과 인터넷 홈페이지에 공청회 개최 예정일 14일 전까지 1회 이상 공고하여야 한다.

5) 도시계획위원회의 심의(「도시개발법」 제8조)

① 지정권자는 도시개발구역을 지정하거나 개발계획을 수립하려면 관계 행정기관의 장과 협의한 후 중앙도시계획위원회 또는 시·도도시계획위원회나 대도시에 두는 대도시도시계획위원회의 심의를 거쳐야 한다. 변경하는 경우에도 또한 같다.

② 지구단위계획에 따라 도시개발사업을 시행하기 위하여 도시개발구역을 지정하는 경우에는 중앙 도시계획위원회 또는 시·도도시계획위원회나 대도시에 두는 대도시도시계획위원회의 심의를 거치지 아니한다.

③ 지정권자는 관계 행정기관의 장과 협의하는 경우 지정하려는 도시개발구역이 일정 규모 이상 또는 국가계획과 관련되는 등 대통령령으로 정하는 경우에 해당하면 국토교통부장관과 협의하여야 한다.

핵심문제

도시개발구역의 지정 절차와 효력에 관한 설명 중 옳지 않은 것은?　　　　　　　　　[16년 2회]

① 도시개발구역을 지정하고자 할 때에는 미리 주민의견을 청취하고 관계 지방의회의 의견을 들어야 한다.

② 시·도지사가 계획적인 도시개발이 필요하다고 인정되는 때에는 도시개발구역을 지정할 수 있다.

③ 시·도지사 또는 대도시 시장이 도시개발구역을 지정·고시한 경우에는 국토교통부장관에게 그 내용을 통보하여야 한다.

④ 도시개발구역이 지정·고시된 경우 해당 도시개발구역은 「국토의 계획 및 이용에 관한 법률」에 의한 도시지역 및 지구단위계획으로 결정·고시된 것으로 본다.

답 ①

해설ⓞ

도시개발구역을 지정하고자 할 때에는 미리 주민의견을 청취하여야 하며, 관계 도시계획위원회의 심의를 거쳐야 한다.

---

6) 도시개발구역 지정의 해제(「도시개발법」 제10조)

① 도시개발구역이 지정·고시된 날부터 3년이 되는 날까지 제17조에 따른 실시계획의 인가를 신청하지 아니하는 경우에는 그 3년이 되는 날

② 도시개발사업의 공사 완료(환지방식에 따른 사업인 경우에는 그 환지처분)의 공고일

7) 도시개발구역 해제의 고시 및 공람(「도시개발법 시행령」 제17조)

도시개발구역의 지정이 해제된 경우에는 관계 서류를 14일 이상 공람한다.

도시개발구역지정의 해제에 관한 다음의 내용에서 (   ) 안에 공통으로 들어갈 내용으로 옳은 것은?

[13년 4회, 21년 1회]

도시개발구역의 지정은 다음 각 호의 어느 하나에 규정된 날의 다음 날에 해제된 것으로 본다.
1. 도시개발구역이 지정·고시된 날부터 (   )이 되는 날까지 실시계획의 인가를 신청하지 아니하는 경우에는 그 (   )이 되는 날

① 2년　　　　　　　　　　　　　　② 3년
③ 5년　　　　　　　　　　　　　　④ 7년

답 ②

해설⊕

도시개발구역 지정의 해제(「도시개발법」 제10조)
• 도시개발구역이 지정·고시된 날부터 3년이 되는 날까지 제17조에 따른 실시계획의 인가를 신청하지 아니하는 경우에는 그 3년이 되는 날
• 도시개발사업의 공사 완료(환지방식에 따른 사업인 경우에는 그 환지처분)의 공고일

(3) 시행자 및 실시계획

1) 시행자(「도시개발법」 제11조)

① 도시개발사업의 시행자는 지정권자가 지정한다.

② 지정권자의 시행자 변경 가능 사유
  • 도시개발사업에 관한 실시계획의 인가를 받은 후 2년 이내에 사업을 착수하지 아니하는 경우
  • 행정처분으로 시행자의 지정이나 실시계획의 인가가 취소된 경우
  • 시행자의 부도·파산, 그 밖에 이와 유사한 사유로 도시개발사업의 목적을 달성하기 어렵다고 인정되는 경우
  • 시행자로 지정된 자가 도시개발구역 지정 고시일로부터 1년 이내에 도시개발사업에 관한 실시계획의 인가를 신청하지 아니하는 경우

2) 조합설립의 인가(「도시개발법」 제13조)

① 조합을 설립하려면 도시개발구역의 토지 소유자 7명 이상이 대통령령으로 정하는 사항을 포함한 정관을 작성하여 지정권자에게 조합 설립의 인가를 받아야 한다.

② 조합 설립의 인가를 신청하려면 해당 도시개발구역의 토지면적의 3분의 2 이상에 해당하는 토지 소유자와 그 구역의 토지 소유자 총수의 2분의 1 이상의 동의를 받아야 한다.

3) 도시개발사업 시행의 위탁(「도시개발법」 제12조)

① 시행자는 항만·철도, 그 밖에 대통령령으로 정하는 공공시설의 건설과 공유수면의 매립에 관한 업무를 대통령령으로 정하는 바에 따라 국가, 지방자치단체, 대통령령으로 정하는 공공기관·정부출연기관 또는 지방공사에 위탁하여 시행할 수 있다.

② 시행자는 도시개발사업을 위한 기초조사, 토지 매수 업무, 손실보상 업무, 주민 이주대책사업 등을 대통령령으로 정하는 바에 따라 관할 지방자치단체, 대통령령으로 정하는 공공기관·정부출연기관·정부출자기관 또는 지방공사에 위탁할 수 있다.

③ 시행자가 업무를 위탁하여 시행하는 경우에는 국토교통부령으로 정하는 요율의 위탁 수수료를 그 업무를 위탁받아 시행하는 자에게 지급하여야 한다.

4) 위탁수수료의 요율(「도시개발법 시행규칙」 제18조 - 별표 2)

① 토지매수 및 보상업무

위탁금액	요율 (위탁금액에 대한 수수료의 비율)	비고
10억 원 이하	20/1,000 이내	1. "위탁금액"이란 기초조사비, 토지매입비, 시설의 매수 및 이전비, 권리 또는 지장물의 보상비와 이주대책사업비(이주대책사업을 하는 경우만 해당한다) 등의 합계액을 말한다.
10억 원 초과 30억 원 이하	17/1,000 이내	2. 감정수수료 및 등기수수료 등의 법정수수료는 위탁수수료의 요율을 정할 때에 가산한다.
30억 원 초과 50억 원 이하	13/1,000 이내	3. 기초조사, 매수 및 보상업무의 완료 후 준공 및 관리처분을 위한 측량·지목변경 및 관리이전을 위한 소유권의 변경에 소요되는 비용은 위탁수수료의 요율기준의 100분의 30의 범위에서 이를 가산할 수 있다.
50억 원 초과	10/1,000 이내	4. 지역적인 특수한 사정이 있는 경우에는 위탁자와 수탁자가 협의하여 이 위탁수수료의 요율을 조정할 수 있다.

② 도시개발사업

공사비	요율 (공사비에 대한 수수료의 비율)	비고
100억 원 이하	90/1,000 이내	1. "공사비"란 재료비·노무비·일반관리비·이윤 및 부가가치세액의 합계액을 말한다.
100억 원 초과 300억 원 이하	80/1,000 이내	2. 공사비는 발주설계서 또는 직영설계서에 따른 금액을 기준으로 하되, 설계·시공일괄입찰의 경우에는 계약금액을 기준으로 한다. 3. 설계변경으로 공사비가 변경되는 경우에는 그에 따라 수수료를 가감할 수 있다.
300억 원 초과 500억 원 이하	75/1,000 이내	4. 2년 이상의 장기사업인 경우에는 총 공사비에 대한 수수료를 산정하여 위탁자와 수탁자의 협의에 따라 연차별 수수료를 배분하여 정할 수 있다. 5. 위탁사업의 범위에 용지매수 및 손실보상업무와 이주대책사업이 포함되는 경우에는 그에 따른 위탁수수료를 가산한다.
500억 원 초과	70/1,000 이내	6. 조사·설계 등 부대사업을 포함하여 위탁하는 경우에는 부대사업에 소요되는 비용을 공사비에 합산하여 요율을 적용한다.

핵심문제

택지개발사업 시행자가 토지매수 업무와 손실보상 업무를 위탁할 때 토지매수 금액과 손실보상 금액의 얼마의 범위에서 대통령령으로 정하는 요율의 위탁수수료를 지급하여야 하는가?

[13년 1회, 18년 2회, 23년 1회]

① $\dfrac{5}{100}$ 의 범위

② $\dfrac{4}{100}$ 의 범위

③ $\dfrac{3}{100}$ 의 범위

④ $\dfrac{2}{100}$ 의 범위

답 ④

해설 ⊕

위탁수수료의 요율(「도시개발법 시행규칙」 제18조 – 별표 2)
토지매수 및 보상업무의 위탁수수료율의 최대 범위는 20/1,000 이내이다.

핵심문제

도시개발사업의 개발계획 수립 및 시행 등과 관련한 대상지 주민의 동의 기준이 옳은 것은?

[14년 2회, 17년 4회]

① 환지방식의 개발계획 수립 시 환지방식이 적용되는 지역의 토지면적의 3분의 2 이상에 해당하는 토지 소유자와 그 지역의 토지 소유자 총 수의 3분의 1 이상의 동의를 받아야 한다.
② 조합·설립의 인가를 신청하려면 해당 도시개발구역의 토지면적의 3분의 1 이상에 해당하는 토지 소유자와 그 구역의 토지 소유자 총 수의 2분의 1 이상의 동의를 받아야 한다.
③ 도시개발구역의 토지 소유자가 토지 등을 수용하는 경우 사업대상 토지면적의 3분의 2 이상에 해당하는 토지를 소유하고 토지 소유자 총 수의 3분의 1 이상에 해당하는 자의 동의를 받아야 한다.
④ 토지 소유자가 도시개발구역의 지정을 제안하려는 경우 대상 구역 토지면적의 3분의 2 이상에 해당하는 토지소유자의 동의를 받아야 한다.

답 ④

해설 ⊕

① 개발계획의 수립 및 변경(「도시개발법」 제4조)
　지정권자는 환지(換地)방식의 도시개발사업에 대한 개발계획을 수립하려면 환지방식이 적용되는 지역의 토지면적의 3분의 2 이상에 해당하는 토지 소유자와 그 지역의 토지 소유자 총 수의 2분의 1 이상의 동의를 받아야 한다.
② 조합설립의 인가(「도시개발법」 제13조)
　조합 설립의 인가를 신청하려면 해당 도시개발구역의 토지면적의 3분의 2 이상에 해당하는 토지 소유자와 그 구역의 토지 소유자 총 수의 2분의 1 이상의 동의를 받아야 한다.
③ 토지 등의 수용 또는 사용(「도시개발법」 제22조)
　시행자는 사업대상 토지면적의 3분의 2 이상에 해당하는 토지를 소유하고 토지 소유자 총 수의 2분의 1 이상에 해당하는 자의 동의를 받아야 한다.

(4) 환지방식에 의한 사업 시행

1) 환지계획의 작성(「도시개발법」 제28조)

시행자는 도시개발사업의 전부 또는 일부를 환지방식으로 시행하려면 다음의 사항이 포함된 환지계획을 작성하여야 한다.

① 환지 설계

② 필지별로 된 환지 명세

③ 필지별과 권리별로 된 청산 대상 토지 명세

④ 체비지(替費地) 또는 보류지(保留地)의 명세

⑤ 입체 환지를 계획하는 경우에는 입체 환지용 건축물의 명세와 공급 방법 · 규모에 관한 사항

⑥ 그 밖에 국토교통부령으로 정하는 사항

2) 입체환지(「도시개발법」 제32조)

시행자는 도시개발사업을 원활히 시행하기 위하여 특히 필요한 경우에는 토지 또는 건축물 소유자의 신청을 받아 건축물의 일부와 그 건축물이 있는 토지의 공유지분을 부여할 수 있다.

3) 체비지(「도시개발법」 제34조)

시행자는 도시개발사업에 필요한 경비에 충당하거나 규약 · 정관 · 시행규정 또는 실시계획으로 정하는 목적을 위하여 일정한 토지를 환지로 정하지 아니하고 보류지로 정할 수 있으며, 그중 일부를 체비지로 정하여 도시개발사업에 필요한 경비에 충당할 수 있다.

핵심문제

도시개발법령상 환지방식으로 도시개발사업을 시행할 경우 시행자가 도시개발사업에 필요한 경비를 충당하기 위하여 환지로 정하지 않고 보류지로 정한 토지로 옳은 것은? [14년 4회]

① 체비지   ② 담보지

③ 유보지   ④ 이택지

답 ①

해설 ◉

체비지(「도시개발법」 제34조)

시행자는 도시개발사업에 필요한 경비에 충당하거나 규약 · 정관 · 시행규정 또는 실시계획으로 정하는 목적을 위하여 일정한 토지를 환지로 정하지 아니하고 보류지로 정할 수 있으며, 그중 일부를 체비지로 정하여 도시개발사업에 필요한 경비에 충당할 수 있다.

4) 청산금(「도시개발법」 제41조)

① 환지를 정하거나 그 대상에서 제외한 경우 그 과부족분(過不足分)은 종전의 토지 및 환지의 위치 · 지목 · 면적 · 토질 · 수리 · 이용 상황 · 환경, 그 밖의 사항을 종합적으로 고려하여 금전으로 청산

하여야 한다.

② 청산금은 환지처분을 하는 때에 결정하여야 한다.

5) 환지처분의 효과(「도시개발법」 제42조)

① 환지 계획에서 정하여진 환지는 그 환지처분이 공고된 날의 다음 날부터 종전의 토지로 보며, 환지 계획에서 환지를 정하지 아니한 종전의 토지에 있던 권리는 그 환지처분이 공고된 날이 끝나는 때에 소멸한다.

② 청산금은 환지처분이 공고된 날의 다음 날에 확정된다.

6) 청산금의 징수 · 교부(「도시개발법」 제46조)

시행자는 환지처분이 공고된 후에 확정된 청산금을 징수하거나 교부하여야 한다.

│핵심문제

「도시개발법」상 환지방식으로 사업을 시행하는 경우 시행자가 청산금을 징수하거나 교부하는 시기 기준은?(단, 환지를 정하지 아니하는 토지에 대하여는 고려하지 않는다.)

[14년 1회, 16년 2회, 22년 1회, 22년 2회]

① 등기완료 후   ② 환지처분 공고 후

③ 환지계획 인가 후   ④ 공사 시행 완료 보고 후

답 ②

해설◆
청산금의 징수 · 교부(「도시개발법」 제46조)
시행자는 환지처분이 공고된 후에 확정된 청산금을 징수하거나 교부하여야 한다.

7) 청산금의 소멸시효(「도시개발법」 제47조)

청산금을 받을 권리나 징수할 권리를 5년간 행사하지 아니하면 시효로 소멸한다.

│핵심문제

「도시개발법」에 따르면 청산금을 받을 권리나 징수할 권리를 얼마 동안 행사하지 아니하면 시효로 소멸하는가? [13년 1회, 24년 3회]

① 1년   ② 3년

③ 5년   ④ 10년

답 ③

해설◆
청산금의 소멸시효(「도시개발법」 제47조)
청산금을 받을 권리나 징수할 권리를 5년간 행사하지 아니하면 시효로 소멸한다.

(5) 도시개발채권의 발행

1) 도시개발채권의 발행(「도시개발법」 제62조)

① 지방자치단체의 장은 도시개발사업 또는 도시·군계획시설사업에 필요한 자금을 조달하기 위하여 도시개발채권을 발행할 수 있다.

② 도시개발채권의 소멸시효는 상환일부터 기산(起算)하여 원금은 5년, 이자는 2년으로 한다.

2) 도시개발채권의 발행절차(「도시개발법 시행령」 제82조)

① 도시개발채권은 시·도의 조례로 정하는 바에 따라 시·도지사가 이를 발행한다.

② 시·도지사는 도시개발채권을 발행하려는 경우에는 행정안전부장관의 승인을 받아야 한다.

3) 도시개발채권의 발행방법(「도시개발법 시행령」 제83조)

① 도시개발채권은 전자 등록하여 발행하거나 무기명으로 발행할 수 있으며, 발행방법에 필요한 세부적인 사항은 시·도의 조례로 정한다.

② 도시개발채권의 상환은 5~10년까지의 범위에서 지방자치단체의 조례로 정한다.

┤핵심문제

도시개발채권에 대한 설명으로 틀린 것은? [13년 4회, 20년 1·2회]

① 지방자치단체의 장은 도시개발사업 또는 도시·군계획 시설사업에 필요한 자금을 조달하기 위하여 도시개발채권을 발행할 수 있다.

② 도시개발채권의 소멸시효는 상환일부터 기산하여 원금은 2년, 이자는 5년으로 한다.

③ 시·도지사가 도시개발채권을 발행하려는 경우 행정안전부장관의 승인을 받아야 하는 상황이 있다.

④ 도시개발채권의 상환은 5~10년까지의 범위에서 지방자치단체의 조례로 정한다.

답 ②

해설⊕

도시개발채권의 발행(「도시개발법」 제62조)
- 지방자치단체의 장은 도시개발사업 또는 도시·군계획시설사업에 필요한 자금을 조달하기 위하여 도시개발채권을 발행할 수 있다.
- 도시개발채권의 소멸시효는 상환일부터 기산(起算)하여 원금은 5년, 이자는 2년으로 한다.

---

② 「도시 및 주거환경정비법」 및 동법 시행령, 시행규칙

(1) 목적(「도시 및 주거환경정비법」 제1조)

이 법은 도시기능의 회복이 필요하거나 주거환경이 불량한 지역을 계획적으로 정비하고 노후·불량건축물을 효율적으로 개량하기 위하여 필요한 사항을 규정함으로써 도시환경을 개선하고 주거생활의 질을 높이는 데 이바지함을 목적으로 한다.

핵심문제

도시기능의 회복이 필요하거나 주거환경이 불량한 지역을 계획적으로 정비하고 노후ㆍ불량건축물을 효율적으로 개량하기 위하여 필요한 사항을 규정함으로써 도시환경을 개선하고 주거생활의 질을 높이는 데 이바지함을 목적으로 하는 법률은? [14년 4회, 17년 2회, 23년 2회]

① 「국토의 계획 및 이용에 관한 법률」 ② 「수도권정비계획법」

③ 「도시 및 주거환경정비법」 ④ 「도시개발법」

답 ③

해설 ⊕

목적(「도시 및 주거환경정비법」 제1조)

이 법은 도시기능의 회복이 필요하거나 주거환경이 불량한 지역을 계획적으로 정비하고 노후ㆍ불량건축물을 효율적으로 개량하기 위하여 필요한 사항을 규정함으로써 도시환경을 개선하고 주거생활의 질을 높이는 데 이바지함을 목적으로 한다.

(2) 용어의 정의(「도시 및 주거환경정비법」 제2조)

1) 정비구역

정비사업을 계획적으로 시행하기 위하여 지정ㆍ고시된 구역을 말한다.

2) 정비사업

도시기능을 회복하기 위하여 정비구역에서 정비기반시설을 정비하거나 주택 등 건축물을 개량 또는 건설하는 다음의 사업을 말한다.

구분	내용
주거환경 개선사업	도시저소득 주민이 집단거주하는 지역으로서 정비기반시설이 극히 열악하고 노후ㆍ불량건축물이 과도하게 밀집한 지역의 주거환경을 개선하거나 단독주택 및 다세대주택이 밀집한 지역에서 정비기반시설과 공동이용시설 확충을 통하여 주거환경을 보전ㆍ정비ㆍ개량하기 위한 사업
재개발사업	정비기반시설이 열악하고 노후ㆍ불량건축물이 밀집한 지역에서 주거환경을 개선하거나 상업지역ㆍ공업지역 등에서 도시기능의 회복 및 상권활성화 등을 위하여 도시환경을 개선하기 위한 사업
재건축사업	정비기반시설은 양호하나 노후ㆍ불량건축물에 해당하는 공동주택이 밀집한 지역에서 주거환경을 개선하기 위한 사업

3) 정비기반시설

도로ㆍ상하수도ㆍ구거(溝渠: 도랑)ㆍ공원ㆍ공용주차장ㆍ공동구, 그 밖에 주민의 생활에 필요한 열ㆍ가스 등의 공급시설로서 대통령령으로 정하는 시설을 말한다.

(3) 도시 · 주거환경정비기본계획

1) 도시 · 주거환경정비기본계획의 수립(「도시 및 주거환경정비법」 제4조)

① 특별시장 · 광역시장 · 특별자치시장 · 특별자치도지사 또는 시장은 관할 구역에 대하여 도시 · 주거환경정비기본계획을 10년 단위로 수립하여야 한다. 다만, 도지사가 대도시가 아닌 시로서 기본계획을 수립할 필요가 없다고 인정하는 시에 대하여는 기본계획을 수립하지 아니할 수 있다.

② 특별시장 · 광역시장 · 특별자치시장 · 특별자치도지사 또는 시장은 기본계획에 대하여 5년마다 타당성 여부를 검토하여 그 결과를 기본계획에 반영하여야 한다.

2) 기본계획의 내용(「도시 및 주거환경정비법」 제5조)

① 정비사업의 기본방향

② 정비사업의 계획기간

③ 인구 · 건축물 · 토지이용 · 정비기반시설 · 지형 및 환경 등의 현황

④ 주거지 관리계획

⑤ 토지이용계획 · 정비기반시설계획 · 공동이용시설 설치계획 및 교통계획

⑥ 녹지 · 조경 · 에너지공급 · 폐기물처리 등에 관한 환경계획

⑦ 사회복지시설 및 주민문화시설 등의 설치계획

⑧ 도시의 광역적 재정비를 위한 기본방향

⑨ 정비구역으로 지정할 예정인 구역의 개략적 범위

⑩ 단계별 정비사업 추진계획(정비예정구역별 정비계획의 수립시기가 포함되어야 한다)

⑪ 건폐율 · 용적률 등에 관한 건축물의 밀도계획

⑫ 세입자에 대한 주거안정대책

⑬ 그 밖에 주거환경 등을 개선하기 위하여 필요한 사항으로서 대통령령으로 정하는 사항

※ 대통령령으로 정하는 사항(「도시 및 주거환경정비법 시행령」 제5조)

> "대통령령으로 정하는 사항"이란 다음의 사항을 말한다.
> 1. 도시관리 · 주택 · 교통정책 등 도시 · 군계획과 연계된 도시 · 주거환경정비의 기본 방향
> 2. 도시 · 주거환경정비의 목표
> 3. 도심기능의 활성화 및 도심공동화 방지방안
> 4. 역사적 유물 및 전통건축물의 보존계획
> 5. 정비사업의 유형별 공공 및 민간부문의 역할
> 6. 정비사업의 시행을 위하여 필요한 재원조달에 관한 사항

3) 기본계획의 작성기준 및 작성방법은 국토교통부장관이 정하여 고시한다.

핵심문제

도시 · 주거환경정비기본계획에 관한 설명으로 옳지 않은 것은?　　　　　　　[15년 4회]

① 도시 · 주거환경정비기본계획은 20년 단위로 수립하여야 한다.

② 도시 · 주거환경정비기본계획의 작성기준 및 작성방법은 국토교통부장관이 이를 정한다.

③ 도시 · 주거환경정비기본계획에 대하여 5년마다 타당성 여부를 검토하여 그 결과를 도시 · 주거환경정비기본계획에 반영하여야 한다.

④ 대도시가 아닌 경우 도지사가 도시 · 주거환경정비기본계획의 수립이 필요하다고 인정하는 시를 제외하고 도시 · 주거환경정비기본계획을 수립하지 아니할 수 있다.

답 ①

해설❶

도시 · 주거환경정비기본계획의 수립(「도시 및 주거환경정비법」제4조)

특별시장 · 광역시장 · 특별자치시장 · 특별자치도지사 또는 시장은 관할 구역에 대하여 도시 · 주거환경정비기본계획을 10년 단위로 수립하여야 한다.

(4) 주택의 규모 및 건설비율(「도시 및 주거환경정비법」제10조, 시행령 제9조)

1) 정비계획의 입안권자는 주택수급의 안정과 저소득 주민의 입주기회 확대를 위하여 정비사업으로 건설하는 주택에 대하여 다음의 구분에 따른 범위에서 국토교통부장관이 정하여 고시하는 임대주택 및 주택규모별 건설비율 등을 정비계획에 반영하여야 한다.

① 국민주택규모의 주택이 전체 세대수의 100분의 90 이하에서 대통령령으로 정하는 범위

② 임대주택이 전체 세대수 또는 전체 연면적의 100분의 30 이하에서 대통령령으로 정하는 범위

2) 대통령령으로 정하는 범위

구분		내용
주거환경개선사업	국민주택 규모 (전용면적 85m² 이하)의 주택	건설하는 주택 전체 세대수의 100분의 90 이하
	공공임대주택	건설하는 주택 전체 세대수의 100분의 30 이하로 하며, 주거전용면적이 40m² 이하인 공공임대주택이 전체 공공임대주택 세대수의 100분의 50 이하일 것
재개발사업	국민주택 규모의 주택	건설하는 주택 전체 세대수의 100분의 80 이하
	임대주택(공공 및 민간)	건설하는 주택 전체 세대수의 100분의 20 이하
재건축사업		대통령령으로 정하는 범위의 경우 국민주택 규모의 주택이 건설하는 주택 전체 세대수의 100분의 60 이하

──┤핵심문제

「도시 및 주거환경정비법」상 주택의 규모 및 건설비율에 대한 아래 내용에서 ㉠과 ㉡에 들어갈 내용이 모두 옳은 것은? [13년 2회, 16년 2회]

> 국토교통부장관은 주택수급의 안정과 저소득 주민의 입주기회 확대를 위하여 정비사업으로 건설하는 주택에 대하여 주택의 규모 및 규모별 비율 등을 정하여 고시할 수 있으며, 사업 시행자는 고시된 내용에 따라 주택을 건설하여야 한다.
> 1. 「주택법」 제2조 제3호에 따른 국민주택규모의 주택이 전체 세대수의 (㉠) 이하로서 대통령령으로 정하는 범위
> 2. 임대주택이 전체 세대수 또는 전체 연면적의 (㉡) 이하로서 대통령령으로 정하는 범위

① ㉠ 100분의 90, ㉡ 100분의 50 ② ㉠ 100분의 90, ㉡ 100분의 30
③ ㉠ 100분의 50, ㉡ 100분의 30 ④ ㉠ 100분의 50, ㉡ 100분의 20

답 ②

해설 ➕ ─────────────────────────────
주택의 규모 및 건설비율(「도시 및 주거환경정비법」 제10조)
• 국민주택 규모의 주택이 전체 세대수의 100분의 90 이하에서 대통령령으로 정하는 범위
• 임대주택이 전체 세대수 또는 전체 연면적의 100분의 30 이하에서 대통령령으로 정하는 범위

(5) 정비사업의 시행방법

1) 정비사업의 시행방법(「도시 및 주거환경정비법」 제23조)

① 주거환경개선사업
• 사업 시행자가 정비구역에서 정비기반시설 및 공동이용시설을 새로 설치하거나 확대하고 토지 등 소유자가 스스로 주택을 보전·정비하거나 개량하는 방법
• 사업 시행자가 정비구역의 전부 또는 일부를 수용하여 주택을 건설한 후 토지 등 소유자에게 우선 공급하거나 대지를 토지 등 소유자 또는 토지 등 소유자 외의 자에게 공급하는 방법
• 사업 시행자가 환지로 공급하는 방법
• 사업 시행자가 정비구역에서 인가받은 관리처분계획에 따라 주택 및 부대시설·복리시설을 건설하여 공급하는 방법

② 재개발사업
정비구역에서 인가받은 관리처분계획에 따라 건축물을 건설하여 공급하거나 환지로 공급하는 방법으로 한다.

③ 재건축사업
• 정비구역에서 인가받은 관리처분계획에 따라 주택, 부대시설·복리시설 및 오피스텔을 건설하여 공급하는 방법으로 한다. 다만, 주택단지에 있지 아니하는 건축물의 경우에는 지형여건·주변의 환경으로 보아 사업 시행상 불가피한 경우로서 정비구역으로 보는 사업에 한정한다.
• 오피스텔을 건설하여 공급하는 경우에는 준주거지역 및 상업지역에서만 건설할 수 있다. 이 경우 오피스텔의 연면적은 전체 건축물 연면적의 100분의 30 이하이어야 한다.

「도시 및 주거환경정비법」에 따른 정비사업의 시행방법에 관한 설명으로 옳은 것은?

[15년 1회 수정]

① 주거환경개선사업은 사업의 시행자가 환지로 공급하는 방법으로만 시행하여야 한다.
② 재개발사업은 정비구역 안에서 인가받은 관리처분계획에 따라 주택 및 부대·복리시설을 건설하여 공급하는 방법으로만 시행한다.
③ 재건축사업은 정비구역 안에서 인가받은 관리처분계획에 따라 환지로 공급하는 방법에 의한다.
④ 재건축사업에서 오피스텔을 건설하여 공급하는 경우에는 준주거지역 및 상업지역에서만 건설할 수 있다. 도시환경정비사업은 정비구역 안에서 인가받은 관리처분계획에 따라 건축물을 건설하여 공급하는 방법 또는 환지로 공급하는 방법으로 시행한다.

답 ④

해설 ◐

정비사업의 시행방법(「도시 및 주거환경정비법」 제23조)
① 주거환경개선사업은 환지, 소유자 스스로 주택의 보존·정비, 사업 시행자가 주택건설 후 토지소유자 등에게 공급하는 방법 등 다양하게 시행되고 있다.
② 재개발사업은 정비구역에서 인가받은 관리처분계획에 따라 건축물을 건설하여 공급하거나 환지로 공급하는 방법으로 한다.
③ 재건축사업 정비구역에서 인가받은 관리처분계획에 따라 주택, 부대시설·복리시설 및 오피스텔을 건설하여 공급하는 방법으로 한다.

(6) 조합설립추진위원회 및 조합의 설립

1) 조합설립인가(「도시 및 주거환경정비법」 제35조)

① 시장·군수 등, 토지주택공사 등 또는 지정개발자가 아닌 자가 정비사업을 시행하려는 경우에는 토지 등 소유자로 구성된 조합을 설립하여야 한다.

② 재개발사업의 추진위원회가 조합을 설립하려면 토지 등 소유자의 4분의 3 이상 및 토지면적의 2분의 1 이상의 토지소유자의 동의를 받아 정관 등 관련 서류를 첨부하여 시장·군수 등의 인가를 받아야 한다.

③ 재건축사업의 추진위원회가 조합을 설립하려는 때에는 주택단지의 공동주택의 각 동별 구분소유자의 과반수 동의와 주택단지의 전체 구분소유자의 4분의 3 이상 및 토지면적의 4분의 3 이상의 토지소유자의 동의를 받아 제2항 각 호의 사항을 첨부하여 시장·군수 등의 인가를 받아야 한다.

④ 재건축사업임에도 불구하고 주택단지가 아닌 지역이 정비구역에 포함된 때에는 주택단지가 아닌 지역의 토지 또는 건축물 소유자의 4분의 3 이상 및 토지면적의 3분의 2 이상의 토지소유자의 동의를 받아야 한다.

⑤ 재개발 및 재건축사업에 따라 설립된 조합이 인가받은 사항을 변경하고자 하는 때에는 총회에서 조합원의 3분의 2 이상의 찬성으로 의결하고, 정관 등의 사항을 첨부하여 시장·군수 등의 인가를 받아야 한다.(시장·군수 등은 신고를 받은 날부터 20일 이내에 신고수리 여부를 신고인에게 통지하여야 한다. 단, 시장·군수 등이 정한 기간 내에 신고수리 여부 또는 민원 처리 관련 법령에 따른 처리기간의

연장을 신고인에게 통지하지 아니하면 그 기간(민원 처리 관련 법령에 따라 처리기간이 연장 또는 재연장된 경우에는 해당 처리기간을 말한다)이 끝난 날의 다음 날에 신고를 수리한 것으로 본다.)

⑥ 조합이 정비사업을 시행하는 경우 사업 주체로 보며, 조합설립인가일부터 주택건설사업 등의 등록을 한 것으로 본다.

⑦ 토지 등 소유자에 대한 동의의 대상 및 절차, 조합설립 신청 및 인가 절차, 인가받은 사항의 변경 등에 필요한 사항은 대통령령으로 정한다.

⑧ 추진위원회는 조합설립에 필요한 동의를 받기 전에 추정분담금 등 대통령령으로 정하는 정보를 토지 등 소유자에게 제공하여야 한다.

2) 조합의 법인격(「도시 및 주거환경정비법」 제38조)

① 조합은 법인으로 한다.

② 조합은 조합설립인가를 받은 날부터 30일 이내에 주된 사무소의 소재지에서 대통령령으로 정하는 사항을 등기하는 때에 성립한다.

③ 조합은 명칭에 "정비사업조합"이라는 문자를 사용하여야 한다.

──┤핵심문제

「도시 및 주거환경정비법」상 조합의 법인격에 대한 설명으로 옳은 것은? [13년 2회, 18년 1회, 23년 4회]

① 조합은 법인으로 할 수 없다.

② 조합은 조합 설립의 인가를 받은 날부터 60일 이내에 등기함으로써 성립한다.

③ 조합은 그 명칭 중에 "정비사업조합"이라는 문자를 사용하여야 한다.

④ 조합의 공식적 업무 시작일은 대통령령으로 정하는 사업 승인일로부터 시작된다.

답 ③

해설⊕ --

조합의 법인격(「도시 및 주거환경정비법」 제38조)

① 조합은 법인으로 한다.

② 조합은 조합 설립의 인가를 받은 날부터 30일 이내에 등기함으로써 성립한다.

④ 조합은 대통령령으로 정하는 사항을 등기(설립목적, 조합의 명칭 등)하는 때에 성립(공식 업무 시작)한다.

---

(7) 정비사업 시행을 위한 조치

1) 「공익사업을 위한 토지 등의 취득 및 보상에 관한 법률」의 준용(「도시 및 주거환경정비법」 제65조)

① 정비구역에서 정비사업의 시행을 위한 토지 또는 건축물의 소유권과 그 밖의 권리에 대한 수용 또는 사용은 이 법에 규정된 사항을 제외하고는 「공익사업을 위한 토지 등의 취득 및 보상에 관한 법률」을 준용한다.

② 「공익사업을 위한 토지 등의 취득 및 보상에 관한 법률」을 준용하는 경우 사업시행계획인가 고시가 있은 때에는 사업인정 및 그 고시가 있은 것으로 본다.

(8) 관리처분계획의 인가(「도시 및 주거환경정비법」 제74조)

1) 사업 시행자가 관리처분계획에 포함시켜야 하는 사항

① 분양설계

② 분양대상자의 주소 및 성명

③ 분양대상자별 분양예정인 대지 또는 건축물의 추산액(임대관리 위탁주택에 관한 내용을 포함한다)

④ 보류지 등의 명세와 추산액 및 처분방법

⑤ 분양대상자별 종전의 토지 또는 건축물 명세 및 사업시행계획인가 고시가 있은 날을 기준으로 한 가격

⑥ 정비사업비의 추산액 및 그에 따른 조합원 분담규모 및 분담시기

⑦ 분양대상자의 종전 토지 또는 건축물에 관한 소유권 외의 권리명세

⑧ 세입자별 손실보상을 위한 권리명세 및 그 평가액

⑨ 그 밖에 정비사업과 관련한 권리 등에 관하여 대통령령으로 정하는 사항

핵심문제

다음 중 「도시 및 주거환경정비법」에 따라 사업 시행자가 관리처분계획에 포함시켜야 하는 사항에 해당하지 않는 것은? [12년 1회]

① 분양설계

② 손실보상 및 토지의 수용

③ 정비사업비의 추산액 및 그에 따른 조합원 부담 규모와 부담시기

④ 분양대상자의 분양예정인 대지 또는 건축물 추산액

답 ②

해설◉

관리처분계획의 인가(「도시 및 주거환경정비법」 제74조)
사업 시행자가 관리처분계획에 포함시켜야 하는 사항

• 분양설계

• 분양대상자의 주소 및 성명

• 분양대상자별 분양예정인 대지 또는 건축물의 추산액(임대관리 위탁주택에 관한 내용을 포함한다)

• 보류지 등의 명세와 추산액 및 처분방법

• 분양대상자별 종전의 토지 또는 건축물 명세 및 사업시행계획인가 고시가 있은 날을 기준으로 한 가격

• 정비사업비의 추산액 및 그에 따른 조합원 분담규모 및 분담시기

• 분양대상자의 종전 토지 또는 건축물에 관한 소유권 외의 권리명세

• 세입자별 손실보상을 위한 권리명세 및 그 평가액

• 그 밖에 정비사업과 관련한 권리 등에 관하여 대통령령으로 정하는 사항

---

(9) 비용의 부담

1) 비용부담의 원칙(「도시 및 주거환경정비법」 제92조)

① 정비사업비는 특별한 규정이 있는 경우를 제외하고는 사업 시행자가 부담한다.

② 시장·군수 등은 시장·군수 등이 아닌 사업 시행자가 시행하는 정비사업의 정비계획에 따라 설치되는 다음의 시설에 대하여는 그 건설에 드는 비용의 전부 또는 일부를 부담할 수 있다.
- 도시·군계획시설 중 대통령령으로 정하는 주요 정비기반시설 및 공동이용시설
- 임시거주시설

2) 도시·군계획시설 중 대통령령으로 정하는 주요 정비기반시설 및 공동이용시설(「도시 및 주거환경정비법」 시행령 제77조)

도로, 상·하수도, 공원, 공용주차장, 공동구, 녹지, 하천, 공공공지, 광장

3) 국유·공유재산의 처분(「도시 및 주거환경정비법」 제98조)

① 시장·군수 등은 인가하려는 사업시행계획 또는 직접 작성하는 사업시행계획서에 국유·공유재산의 처분에 관한 내용이 포함되어 있는 때에는 미리 관리청과 협의하여야 한다. 이 경우 관리청이 불분명한 재산 중 도로·구거(도랑) 등은 국토교통부장관을, 하천은 환경부장관을, 그 외의 재산은 기획재정부장관을 관리청으로 본다.

② 협의를 받은 관리청은 20일 이내에 의견을 제시하여야 한다.

③ 정비구역의 국유·공유재산은 정비사업 외의 목적으로 매각되거나 양도될 수 없다.

④ 정비구역의 국유·공유재산은 사업 시행자 또는 점유자 및 사용자에게 다른 사람에 우선하여 수의계약으로 매각 또는 임대될 수 있다.

⑤ 다른 사람에 우선하여 매각 또는 임대될 수 있는 국유·공유재산은 사업시행계획인가의 고시가 있은 날부터 종전의 용도가 폐지된 것으로 본다.

⑥ 정비사업을 목적으로 우선하여 매각하는 국·공유지는 사업시행계획인가의 고시가 있은 날을 기준으로 평가하며, 주거환경개선사업의 경우 매각가격은 평가금액의 100분의 80으로 한다. 다만, 사업시행계획인가의 고시가 있은 날부터 3년 이내에 매매계약을 체결하지 아니한 국·공유지는 「국유재산법」 또는 「공유재산 및 물품관리법」에서 정한다.

---핵심문제

「도시 및 주거환경정비법」상 주거환경개선사업을 목적으로 우선 매각하는 국·공유지의 매각가격은 평가금액의 얼마를 기준으로 하는가? [14년 2회, 17년 1회]

① 100분의 90　　　　　② 100분의 80
③ 100분의 70　　　　　④ 100분의 50

답 ②

해설⊕

국유·공유재산의 처분(「도시 및 주거환경정비법」 제98조)
정비사업을 목적으로 우선하여 매각하는 국·공유지는 사업시행계획인가의 고시가 있은 날을 기준으로 평가하며, 주거환경개선사업의 경우 매각가격은 평가금액의 100분의 80으로 한다.

4) 공동구의 설치비용(「도시 및 주거환경정비법 시행규칙」 제16조)

① 공동구의 설치에 드는 비용
- 설치공사의 비용
- 내부공사의 비용
- 설치를 위한 측량 · 설계비용
- 공동구의 설치로 인한 보상의 필요가 있는 경우에는 그 보상비용
- 공동구 부대시설의 설치비용
- 융자금이 있는 경우에는 그 이자에 해당하는 금액

② 공동구에 수용될 전기 · 가스 · 수도의 공급시설과 전기통신시설 등의 관리자("공동구점용예정자")가 부담할 공동구의 설치에 드는 비용의 부담비율은 공동구의 점용예정면적비율에 따른다.

③ 공동구점용예정자는 공동구의 설치공사가 착수되기 전에 부담금액의 3분의 1 이상을 납부하여야 하며, 그 잔액은 공사완료 고시일 전까지 납부하여야 한다.

5) 공동구의 관리(「도시 및 주거환경정비법 시행규칙」 제17조)

① 공동구는 시장 · 군수 등이 관리한다.

② 시장 · 군수 등은 공동구 관리비용의 일부를 그 공동구를 점용하는 자에게 부담시킬 수 있으며, 그 부담비율은 점용면적비율을 고려하여 시장 · 군수 등이 정한다.

③ 공동구 관리비용은 연도별로 산출하여 부과한다.

④ 공동구 관리비용의 납입기한은 매년 3월 31일까지로 하며, 시장 · 군수 등은 납입기한 1개월 전까지 납입통지서를 발부하여야 한다. 다만, 필요한 경우에는 2회로 분할하여 납부하게 할 수 있으며 이 경우 분할금의 납입기한은 3월 31일과 9월 30일로 한다.

핵심문제

「도시 및 주거환경정비법」 및 동법 시행규칙에 따라 사업 시행자가 정비사업을 시행하는 지역에 공동구를 설치하는 경우, 이를 관리하는 자는? [13년 2회, 17년 2회, 23년 2회]

① 시장 · 군수
② 전력 및 통신설비 회사
③ 주택 분양 대상자
④ 국토교통부장관

답 ①

해설⊕
공동구의 관리(「도시 및 주거환경정비법 시행규칙」 제17조)
공동구는 시장 · 군수 등이 관리한다.

3 「택지개발촉진법」 및 동법 시행령, 시행규칙

(1) 목적 및 정의

1) 목적(「택지개발촉진법」 제1조)

이 법은 도시지역의 시급한 주택난(住宅難)을 해소하기 위하여 주택건설에 필요한 택지(宅地)의 취득 · 개발 · 공급 및 관리 등에 관하여 특례를 규정함으로써 국민 주거생활의 안정과 복지 향상에 이바지함을 목적으로 한다.

2) 정의(「택지개발촉진법」 제2조)

"택지"란 이 법에서 정하는 바에 따라 개발 · 공급되는 주택건설용지 및 공공시설용지를 말한다.

─────────────────────────────────┤핵심문제

도시지역의 시급한 주택난을 해소하기 위하여 주택건설에 필요한 택지의 취득, 개발, 공급 및 관리 등에 관하여 특례를 규정함으로써 국민주거생활의 안정과 복지향상에 이바지함을 목적으로 하는 법은?

[12년 1회, 12년 4회, 16년 4회]

① 수도권정비계획법 　　　　　　　　② 「택지개발촉진법」
③ 도시개발법 　　　　　　　　　　　④ 주택법

답 ②

해설⊕--
목적(「택지개발촉진법」 제1조)
이 법은 도시지역의 시급한 주택난(住宅難)을 해소하기 위하여 주택건설에 필요한 택지(宅地)의 취득 · 개발 · 공급 및 관리 등에 관하여 특례를 규정함으로써 국민 주거생활의 안정과 복지 향상에 이바지함을 목적으로 한다.

(2) 택지개발지구의 지정(「택지개발촉진법」 제3조)

1) 지정권자

① 특별시장 · 광역시장 · 도지사 또는 특별자치도지사

단, 둘 이상의 특별시 · 광역시 · 도 또는 특별자치도에 걸치는 경우에는 관계 시 · 도지사가 협의하여 지정권자를 정한다.

② 국토교통부장관(특별자치도는 예외)

- 국가가 택지개발사업을 실시할 필요가 있는 경우
- 관계 중앙행정기관의 장이 요청하는 경우
- 한국토지주택공사가 택지개발지구의 지정을 제안하는 경우
- 제1항 후단에 따른 협의가 성립되지 아니하는 경우

2) 심의 : (시 · 도) 주거정책심의위원회

3) 지정의 해제

　① 지정권자는 택지개발지구가 고시된 날부터 3년 이내에 시행자가 택지개발사업 실시계획의 작성 또는 승인 신청을 하지 아니하는 경우에는 그 지정을 해제하여야 한다.

　② 택지개발지구의 지정 또는 해제가 있는 때에는 지구단위계획구역의 지정 또는 해제가 있는 것으로 본다.

핵심문제

택지개발지구가 고시된 날부터 얼마 이내에 택지개발사업 실시계획의 작성 또는 승인신청을 하지 아니하는 경우, 그 지정이 해제되는가?　　　　　　　　　　　　[14년 2회, 19년 1회]

① 6개월 이내　　　　　　　　　　② 1년 이내
③ 2년 이내　　　　　　　　　　　④ 3년 이내

답 ④

해설 ⊕

택지개발지구의 지정(「택지개발촉진법」 제3조)
지정의 해제
지정권자는 택지개발지구가 고시된 날부터 3년 이내에 시행자가 택지개발사업 실시계획의 작성 또는 승인 신청을 하지 아니하는 경우에는 그 지정을 해제하여야 한다.

---

(3) 공공시설용지

1) 공공시설용지의 정의(「택지개발촉진법」 제2조)

　"공공시설용지"란 「국토의 계획 및 이용에 관한 법률」에서 정하는 기반시설과 대통령령으로 정하는 시설을 설치하기 위한 토지를 말한다.

2) 공공시설의 범위(「택지개발촉진법 시행령」 제2조)

　① 어린이놀이터, 노인정, 집회소(마을회관을 포함한다), 그 밖에 주거생활의 편익을 위하여 이용되는 시설로서 국토교통부령으로 정하는 시설

　② 지역의 자족기능 확보를 위하여 필요한 다음의 시설

　　• 판매시설, 업무시설, 의료시설, 유통시설, 그 밖에 거주자의 생활복리를 위하여 지정권자가 필요하다고 인정하는 시설

　　• 지역의 발전 및 고용창출을 위한 다음의 시설
　　　벤처기업집적시설, 도시형 공장, 소프트웨어진흥시설, 호텔업 시설, 문화 및 집회시설, 교육연구시설, 원예시설 등 농업 관련 시설, 이외 국토교통부령으로 정하는 시설

　③ 공공시설 등의 관리시설

3) 공공시설의 범위(「택지개발촉진법 시행규칙」 제2조)

① 주거생활의 편익을 위하여 이용되는 시설로서 국토교통부령이 정하는 시설

운동시설, 일반목욕장, 종교집회장, 보육시설

② 지역의 자족기능 확보를 위하여 필요한 국토교통부령으로 정하는 시설

산업집적기반시설, 지식산업센터, 원예시설, 첨단농업시설, 조합 및 중앙회의 시설

⎯⎯⎯⎯⎯⎯⎯⎯⎯⎯⎯⎯⎯⎯⎯⎯⎯⎯⎯⎯⎯⎯⎯⎯⎯⎯⎯⎯│**핵심문제**

★ 「택지개발촉진법 시행규칙」에서 주거생활의 편익을 위하여 이용되는 시설로서 국토교통부령이 정하는 시설이 아닌 것은? [16년 4회]

① 운동시설 ② 종교집회장
③ 일반목욕장 ④ 공용시장

답 ④

해설 ⊕ ⎯⎯⎯⎯⎯⎯⎯⎯⎯⎯⎯⎯⎯⎯⎯⎯⎯⎯⎯⎯⎯⎯⎯⎯⎯⎯⎯⎯⎯⎯⎯⎯⎯⎯⎯⎯⎯⎯⎯

공공시설의 범위(「택지개발촉진법 시행규칙」 제2조)
주거생활의 편익을 위하여 이용되는 시설로서 국토교통부령이 정하는 시설 : 운동시설, 일반목욕장, 종교집회장, 보육시설

---

(4) 행위제한

1) 행위제한(「택지개발촉진법」 제6조)

택지개발지구에서 건축물의 건축, 공작물의 설치, 토지의 형질변경, 토석(土石)의 채취, 토지분할, 물건을 쌓아놓는 행위 등 대통령령으로 정하는 행위를 하려는 자는 특별자치도지사·시장·군수 또는 자치구의 구청장의 허가를 받아야 한다. 허가받은 사항을 변경하려는 경우에도 또한 같다.

2) 행위허가의 대상(「택지개발촉진법 시행령」 제6조)

① 허가를 받아야 하는 행위
- 건축물의 건축 등 : 건축물(가설건축물을 포함)의 건축, 대수선 또는 용도 변경
- 공작물의 설치 : 인공을 가하여 제작한 시설물의 설치
- 토지의 형질 변경 : 절토(땅깎기)·성토(흙쌓기)·정지(땅고르기)·포장 등의 방법으로 토지의 형상을 변경하는 행위, 토지의 굴착 또는 공유수면의 매립
- 토석의 채취 : 흙·모래·자갈·바위 등의 토석을 채취하는 행위
- 토지분할
- 물건을 쌓아놓는 행위 : 이동이 쉽지 아니한 물건을 1개월 이상 쌓아놓는 행위
- 죽목의 벌채 및 식재

② 허가의 대상이 아닌 것
- 농림수산물의 생산에 직접 이용되는 것으로서 국토교통부령으로 정하는 간이공작물의 설치

- 경작을 위한 토지의 형질 변경
- 택지개발지구의 개발에 지장을 주지 아니하고 자연경관을 손상하지 아니하는 범위에서의 토석 채취
- 택지개발지구에 존치하기로 결정된 대지에 물건을 쌓아놓는 행위
- 관상용 죽목의 임시식재(경작지에서의 임시식재는 제외한다)

③ 신고하여야 하는 자는 택지개발지구가 지정·고시된 날부터 30일 이내에 그 공사 또는 사업의 진행상황과 시행계획을 첨부하여 관할 특별자치도지사·시장·군수 또는 자치구의 구청장에게 신고하여야 한다.

───────────────────────────────────── 핵심문제

★ 택지개발지구에서 특별자치도지사·시장·군수 또는 자치구의 구청장의 허가를 받지 아니하고 할 수 있는 행위는?   [12년 2회, 17년 1회]

① 죽목의 벌채 및 식재
② 이동이 용이하지 아니한 물건을 1개월 이상 쌓아놓는 행위
③ 토지분할
④ 경작을 위한 토지의 형질 변경

답 ④

해설⊕
행위허가의 대상(「택지개발촉진법 시행령」 제6조)
※ 허가의 대상이 아닌 것
- 농림수산물의 생산에 직접 이용되는 것으로서 국토교통부령으로 정하는 간이공작물의 설치
- 경작을 위한 토지의 형질 변경
- 택지개발지구의 개발에 지장을 주지 아니하고 자연경관을 손상하지 아니하는 범위에서의 토석 채취
- 택지개발지구에 존치하기로 결정된 대지에 물건을 쌓아놓는 행위
- 관상용 죽목의 임시식재(경작지에서의 임시식재는 제외한다)

(5) 택지개발사업의 시행자(「택지개발촉진법」 제7조)

① 국가·지방자치단체
② 한국토지주택공사
③ 지방공사
④ 주택건설 등 사업자

※ 주택건설 등 사업자로서 공공 시행자와 협약을 체결하여 공동으로 개발사업을 시행하는 자 또는 공공 시행자와 주택건설 등 사업자가 공동으로 출자하여 설립한 법인. 이 경우 주택건설 등 사업자의 투자지분은 100분의 50 미만으로 하며, 공공 시행자의 주택건설 등 사업자 선정 방법, 협약의 내용 및 주택건설 등 사업자의 이윤율 등에 대하여는 대통령령으로 정한다.

핵심문제

택지개발사업의 시행자가 될 수 없는 자는?　　　　　　　　　　　　　　[12년 2회, 16년 2회]

① 주민 조합　　　　　　　　　　　　② 국가
③ 한국토지주택공사　　　　　　　　　④ 지방공사

답 ①

해설⊕
택지개발사업의 시행자(「택지개발촉진법」 제7조)
• 국가 · 지방자치단체
• 한국토지주택공사, 지방공사
• 주택건설 등 사업자

(6) 택지개발사업 실시계획의 작성 및 승인

1) 택지개발사업 실시계획의 작성 및 승인(「택지개발촉진법」 제9조, 시행령 제8조)

시행자는 대통령령으로 정하는 바에 따라 택지개발사업 실시계획을 작성하고, 지정권자가 아닌 시행자는 실시계획에 대하여 지정권자의 승인을 받아야 한다. 승인된 실시계획을 변경(대통령령으로 정하는 경미한 사항의 변경은 제외)하려는 경우에도 같다.

※ 대통령령으로 정하는 경미한 사항의 변경(「택지개발촉진법 시행령」 제8조)
  • 사업비의 100분의 10 범위에서의 증감
  • 사업면적의 100분의 10 범위에서의 감소
  • 승인을 받은 사업비의 범위에서 설비 및 시설의 설치 변경

핵심문제

택지개발사업 실시계획의 작성 및 승인에서 지정권자의 승인을 받지 않아도 되는 대통령령으로 정하는 경미한 사항의 변경에 해당되지 않는 것은?　　　　　　　　　　　　　　[13년 4회]

① 사업비의 100분의 10의 범위에서의 사업비의 증감
② 사업면적이 100분의 10의 범위에서의 면적의 감소
③ 3,000m² 미만인 공공시설의 위치 및 면적 변경
④ 승인을 얻은 사업비의 범위에서의 설비 및 시설의 설치 변경

답 ③

해설⊕
택지개발사업 실시계획의 작성 및 승인(「택지개발촉진법」 제9조, 시행령 제8조)
※ 대통령령으로 정하는 경미한 사항의 변경(「택지개발촉진법 시행령」 제8조)
  • 사업비의 100분의 10 범위에서의 증감
  • 사업면적의 100분의 10 범위에서의 감소
  • 승인을 받은 사업비의 범위에서 설비 및 시설의 설치 변경

(7) 환매

1) 환매권(「택지개발촉진법」 제13조)

① 택지개발지구의 지정 해제 또는 변경, 실시계획의 승인 취소 또는 변경, 그 밖의 사유로 수용한 토지 등의 전부 또는 일부가 필요 없게 되었을 때에는 수용 당시의 토지 등의 소유자 또는 그 포괄승계인("환매권자"(還買權者))은 필요 없게 된 날부터 1년 이내에 토지 등의 수용 당시 받은 보상금에 대통령령으로 정한 금액(보상금 지급일부터 환매일까지의 법정이자)을 가산하여 시행자에게 지급하고 이를 환매할 수 있다.

② 환매권자는 환매로써 제3자에게 대항할 수 있다.

③ 환매권자의 권리의 소멸에 관하여는 「공익사업을 위한 토지 등의 취득 및 보상에 관한 법률」을 준용한다.

핵심문제

「택지개발촉진법」에 따른 환매권에 대한 내용으로 옳은 것은?　　　[12년 2회, 16년 4회, 17년 2회]

① 환매권자는 환매로써 제3자에게 대항할 수 있다.

② 환매권자의 권리의 소멸에 관하여는 「공익사업을 위한 토지 등의 취득 및 보상에 관한 법률」을 준용할 수 없다.

③ 환매권자는 환매권이 발생한 날로부터 2년 이내에 환매할 수 있다.

④ 환매권은 택지개발지구의 지정 해제에 의한 사유로만 권리가 발생한다.

답 ①

해설⊕
② 환매권자의 권리의 소멸에 관하여는 「공익사업을 위한 토지 등의 취득 및 보상에 관한 법률」을 준용한다.

③ "환매권자(還買權者)"는 1년 이내에 토지 등의 수용 당시 받은 보상금에 대통령령으로 정한 금액(보상금 지급일부터 환매일까지의 법정이자)을 가산하여 시행자에게 지급하고 이를 환매할 수 있다.

④ 택지개발지구의 지정 해제 또는 변경, 실시계획의 승인 취소 또는 변경, 그 밖의 사유로 수용한 토지 등의 전부 또는 일부가 필요 없게 되었을 때에 발생한다.

(8) 준공검사(「택지개발촉진법」 제16조)

① 시행자는 택지개발사업을 완료하였을 때에는 지체 없이 대통령령으로 정하는 바에 따라 지정권자로부터 준공검사를 받아야 한다.

② 시행자가 준공검사를 받았을 때에는 인·허가 등에 따른 해당 사업의 준공검사 또는 준공인가를 받은 것으로 본다.

③ 특별시장·광역시장·특별자치도지사·시장 또는 군수는 택지개발사업이 준공된 지구에 대하여 이미 고시된 실시계획에 포함된 지구단위계획으로 관리하여야 한다.

(9) 택지의 공급

1) 택지의 공급(「택지개발촉진법」 제18조)

① 택지를 공급하려는 자는 실시계획에서 정한 바에 따라 택지를 공급하여야 한다.

② 공급하는 택지의 용도, 공급의 절차·방법 및 대상자, 그 밖에 공급조건에 관한 사항은 대통령령으로 정한다.

③ 시행자는 「주택법」의 국민주택 중 「주택도시기금법」에 따른 주택도시기금으로부터 자금을 지원받는 국민주택의 건설용지로 사용할 택지를 공급할 때 그 가격을 택지조성원가 이하로 할 수 있다.

2) 택지의 공급방법(「택지개발촉진법 시행령」 제13조의2)

① 시행자는 그가 개발한 택지를 「주택법」에 따른 국민주택 규모의 주택(임대주택을 포함) 건설용지와 그 밖의 주택건설용지 및 공공시설용지로 구분하여 공급하되, 공공시설용지를 제외하고는 국민주택 규모의 주택건설용지로 우선 공급하여야 한다.

② 택지를 공급하는 경우에는 미리 가격을 정한 후 공급받을 자를 선정하여 분양하거나 임대해야 한다. 다만, 다음의 어느 하나에 해당하는 택지는 경쟁입찰의 방법으로 공급할 수 있다.

• 판매시설용지 등 영리를 목적으로 사용될 택지

• 「주택법」에 따라 사업계획의 승인을 받아 건설하는 공동주택 건설용지 외의 택지

③ 건설용지를 국가 및 공공기관에게 공급할 경우 등에 대해서는 수의계약의 방법으로 공급할 수 있다.

3) 택지의 공급방법(「택지개발촉진법 시행규칙」 제10조)

시행자는 택지를 수의계약으로 공급할 때에는 1세대당 1필지를 기준으로 하여 1필지당 140m² 이상 265m² 이하의 규모로 공급하여야 한다.

4) 택지의 용도(「택지개발촉진법」 제19조)

택지를 공급받은 자(국가, 지방자치단체 및 한국토지주택공사는 제외한다) 또는 그로부터 그 택지를 취득한 자는 실시계획에서 정한 용도에 따라 주택 등을 건설하여야 한다.

핵심문제

택지개발촉진법령상 택지의 공급에 관한 설명이 틀린 것은? [13년 4회, 17년 1회]

① 시행자는 그가 개발한 택지를 국민주택 규모의 주택건설용지와 기타의 주택건설용지 및 법의 관련 조항에 따른 공공시설용지로 구분하여 공급한다.

② 「주택법」에 의한 사업주체 중 국가, 지방자치단체 또는 국토교통부령이 정하는 공공기관에 공급할 경우 수의계약의 방법으로 택지를 우선 공급하여야 한다.

③ 시행자는 공공시설용지를 제외하고는 국민주택 규모의 주택건설용지로 택지를 우선 공급하여야 한다.

④ 판매시설용지 등 영리를 목적으로 사용될 택지는 공개추첨에 의하여 공급한다.

답 ④

택지의 공급방법(「택지개발촉진법 시행령」 제13조의2)
택지를 공급하는 경우에는 미리 가격을 정한 후 공급받을 자를 선정하여 분양하거나 임대해야 한다.
• 판매시설용지 등 영리를 목적으로 사용될 택지
• 「주택법」에 따라 사업계획의 승인을 받아 건설하는 공동주택의 건설용지 외의 택지

(10) 권한의 위임과 위탁

1) 권한의 위임과 위탁(「택지개발촉진법」 제30조)

① 지정권자의 권한은 대통령령으로 정하는 바에 따라 그 일부를 시·도지사 또는 국토교통부 지방국토관리청장에게 위임할 수 있다.

② 지정권자의 권한 중 다음의 권한은 시행자에게 위탁할 수 있다.
  • 시행자의 성명, 사업의 종류 및 수용할 토지 등의 세목을 그 토지 등의 소유자 및 권리자에게 통지하는 권한
  • 「공익사업을 위한 토지 등의 취득 및 보상에 관한 법률」에 따라 사업인정으로 보게 되는 경우 이를 토지소유자 및 관계인에게 통지하는 권한
  • 준공검사에 관한 권한(시행자가 공공 시행자인 경우로 한정)

━━━━━━━━━━━━━━━━━━━━━━━━━━━━━━━| 핵심문제

다음 중 국토교통부장관이 「택지개발촉진법」에 의한 권한의 일부를 대통령령이 정하는 바에 따라서 위임할 수 있는 경우가 아닌 자는? [16년 1회]

① 구청장　　　　　　　　　　　② 도지사
③ 특별시장　　　　　　　　　　④ 국토교통부 지방국토관리청장

🔖 ①

권한의 위임과 위탁(「택지개발촉진법」 제30조)
지정권자의 권한은 대통령령으로 정하는 바에 따라 그 일부를 시·도지사 또는 국토교통부 지방국토관리청장에게 위임할 수 있다.

4 「주택법」 및 동법 시행령, 시행규칙 중 도시계획 관련 사항

(1) 정의(「주택법」 제2조)

1) 주택

세대(世帶)의 구성원이 장기간 독립된 주거생활을 할 수 있는 구조로 된 건축물의 전부 또는 일부 및 그 부속토지를 말하며, 단독주택과 공동주택으로 구분한다.

2) 단독주택

1세대가 하나의 건축물 안에서 독립된 주거생활을 할 수 있는 구조로 된 주택을 말하며, 그 종류와 범위는 대통령령으로 정한다.

3) 공동주택

건축물의 벽·복도·계단이나 그 밖의 설비 등의 전부 또는 일부를 공동으로 사용하는 각 세대가 하나의 건축물 안에서 각각 독립된 주거생활을 할 수 있는 구조로 된 주택을 말하며, 그 종류와 범위는 대통령령으로 정한다.

4) 준주택

주택 외의 건축물과 그 부속토지로서 주거시설로 이용 가능한 시설 등을 말하며, 그 범위와 종류는 대통령령으로 정한다.

5) 국민주택

국민주택 규모 이하인 주택을 말한다.

6) 국민주택 규모

주거의 용도로만 쓰이는 면적(주거전용면적)이 1호(戶) 또는 1세대당 85m² 이하인 주택(단, 수도권을 제외한 도시지역이 아닌 읍 또는 면 지역은 1호 또는 1세대당 주거전용면적이 100m² 이하인 주택을 말한다)을 말한다.

7) 민영주택 : 국민주택을 제외한 주택을 말한다.

8) 임대주택

임대를 목적으로 하는 주택으로서, 공공임대주택과 민간임대주택으로 구분한다.

9) 토지임대부 분양주택

토지의 소유권은 사업계획의 승인을 받아 토지임대부 분양주택 건설사업을 시행하는 자가 가지고, 건축물 및 복리시설(福利施設) 등에 대한 소유권은 주택을 분양받은 자가 가지는 주택을 말한다.

10) 사업주체

주택건설사업계획 또는 대지조성사업계획의 승인을 받아 그 사업을 시행하는 다음의 자를 말한다.
① 국가·지방자치단체
② 한국토지주택공사 또는 지방공사
③ 등록한 주택건설사업자 또는 대지조성사업자

④ 그 밖에 이 법에 따라 주택건설사업 또는 대지조성사업을 시행하는 자

11) 주택조합

많은 수의 구성원이 사업계획의 승인을 받아 주택을 마련하거나 리모델링하기 위하여 결성하는 다음의 조합을 말한다.

① 지역주택조합 : 지역에 거주하는 주민이 주택을 마련하기 위하여 설립한 조합

② 직장주택조합 : 같은 직장의 근로자가 주택을 마련하기 위하여 설립한 조합

③ 리모델링주택조합 : 공동주택의 소유자가 그 주택을 리모델링하기 위하여 설립한 조합

12) 주택단지

주택건설사업계획 또는 대지조성사업계획의 승인을 받아 주택과 그 부대시설 및 복리시설을 건설하거나 대지를 조성하는 데 사용되는 일단(一團)의 토지를 말한다. 다만, 다음의 시설로 분리된 토지는 각각 별개의 주택단지로 본다.

① 철도 · 고속도로 · 자동차전용도로

② 폭 20m 이상인 일반도로

③ 폭 8m 이상인 도시계획예정도로

④ 대통령령으로 정하는 시설

13) 부대시설

주택에 딸린 다음의 시설 또는 설비를 말한다.

① 주차장, 관리사무소, 담장 및 주택단지 안의 도로

② 건축설비

③ 대통령령으로 정하는 시설 또는 설비

14) 복리시설

주택단지의 입주자 등의 생활복리를 위한 다음의 공동시설을 말한다.

① 어린이놀이터, 근린생활시설, 유치원, 주민운동시설 및 경로당

② 그 밖에 입주자 등의 생활복리를 위하여 대통령령으로 정하는 공동시설

15) 기반시설

「국토의 계획 및 이용에 관한 법률」에 따른 기반시설을 말한다.

16) 기간시설(基幹施設)

도로 · 상하수도 · 전기시설 · 가스시설 · 통신시설 · 지역난방시설 등을 말한다.

17) 간선시설(幹線施設)

도로 · 상하수도 · 전기시설 · 가스시설 · 통신시설 및 지역난방시설 등 주택단지 안의 기간시설을 그 주택단지 밖에 있는 같은 종류의 기간시설에 연결시키는 시설을 말한다. 다만, 가스시설 · 통신시설 및 지역난방시설의 경우에는 주택단지 안의 기간시설을 포함한다.

18) 공구

하나의 주택단지에서 대통령령으로 정하는 기준에 따라 둘 이상으로 구분되는 일단의 구역으로, 착공신고 및 사용검사를 별도로 수행할 수 있는 구역을 말한다.

19) 세대구분형 공동주택

공동주택의 주택 내부 공간의 일부를 세대별로 구분하여 생활이 가능한 구조로 하되, 그 구분된 공간의 일부를 구분소유할 수 없는 주택으로서 대통령령으로 정하는 건설기준, 설치기준, 면적기준 등에 적합한 주택을 말한다.

20) 도시형 생활주택

300세대 미만의 국민주택 규모에 해당하는 주택으로서 대통령령으로 정하는 주택을 말한다.

21) 에너지절약형 친환경주택

저에너지 건물 조성기술 등 대통령령으로 정하는 기술을 이용하여 에너지 사용량을 절감하거나 이산화탄소 배출량을 저감할 수 있도록 건설된 주택을 말하며, 그 종류와 범위는 대통령령으로 정한다.

22) 건강친화형 주택

건강하고 쾌적한 실내환경의 조성을 위하여 실내공기의 오염물질 등을 최소화할 수 있도록 대통령령으로 정하는 기준에 따라 건설된 주택을 말한다.

23) 장수명 주택

구조적으로 오랫동안 유지 · 관리될 수 있는 내구성을 갖추고, 입주자의 필요에 따라 내부 구조를 쉽게 변경할 수 있는 가변성과 수리 용이성 등이 우수한 주택을 말한다.

24) 공공택지

다음의 어느 하나에 해당하는 공공사업에 의하여 개발 · 조성되는 공동주택이 건설되는 용지를 말한다.
① 국민주택건설사업 또는 대지조성사업
② 「택지개발촉진법」에 따른 택지개발사업
③ 「산업입지 및 개발에 관한 법률」에 따른 산업단지개발사업

④ 「공공주택 특별법」에 따른 공공주택지구조성사업

⑤ 「민간임대주택에 관한 특별법」에 따른 공공지원민간임대주택 공급촉진지구 조성사업

⑥ 「도시개발법」에 따른 도시개발사업

⑦ 「경제자유구역의 지정 및 운영에 관한 특별법」에 따른 경제자유구역개발사업

⑧ 「혁신도시 조성 및 발전에 관한 특별법」에 따른 혁신도시개발사업

⑨ 「신행정수도 후속대책을 위한 연기ㆍ공주지역 행정중심복합도시 건설을 위한 특별법」에 따른 행정중심복합도시건설사업

⑩ 「공익사업을 위한 토지 등의 취득 및 보상에 관한 법률」에 따른 공익사업으로서 대통령령으로 정하는 사업

25) 리모델링

건축물의 노후화 억제 또는 기능 향상 등을 위한 다음의 어느 하나에 해당하는 행위를 말한다.

① 대수선(大修繕)

② 사용검사일 또는 사용승인일부터 15년이 경과된 공동주택을 각 세대의 주거전용면적의 30% 이내 (세대의 주거전용면적이 85m² 미만인 경우에는 40% 이내)에서 증축하는 행위. 이 경우 공동주택 의 기능 향상 등을 위하여 공용부분에 대하여도 별도로 증축할 수 있다.

③ 각 세대의 증축 가능 면적을 합산한 면적의 범위에서 기존 세대수의 15% 이내에서 세대수를 증가하는 증축 행위(세대수 증가형 리모델링). 다만, 수직으로 증축하는 행위(수직증축형 리모델링)는 다음 요건을 모두 충족하는 경우로 한정한다.

• 최대 3개층 이하로서 대통령령으로 정하는 범위에서 증축할 것

• 리모델링 대상 건축물의 구조도 보유 등 대통령령으로 정하는 요건을 갖출 것

26) 리모델링 기본계획

세대수 증가형 리모델링으로 인한 도시과밀, 이주수요 집중 등을 체계적으로 관리하기 위하여 수립하는 계획을 말한다.

27) 입주자

① 주택을 공급받는 자

② 주택의 소유자 또는 그 소유자를 대리하는 배우자 및 직계존비속

28) 사용자

「공동주택관리법」에 따른 사용자를 말한다.

29) 관리주체

「공동주택관리법」에 따른 관리주체를 말한다.

─┤핵심문제

「주택법」에 따른 용어의 정의가 틀린 것은? [13년 4회, 16년 1회]

① 공동주택이란 건축물의 벽·복도·계단이나 그 밖에 설비 등의 전부 또는 일부를 공동으로 사용하는 각 세대가 하나의 건축물 안에서 각각 독립된 주거생활을 할 수 있는 구조로 된 주택을 말한다.

② 국민주택이란 국민주택기금으로부터 자금을 지원받아 건설되거나 개량되는 주택으로서 주거전용면적이 1호 또는 1세대당 85m² 이하인 주택을 말한다.

③ 도시형 생활주택이란 150세대 미만의 국민주택 규모에 해당하는 주택으로서 대통령령으로 정하는 주택을 말한다.

④ 에너지절약형 친환경주택이란 저에너지 건물 조성기술 등 대통령령으로 정하는 기술을 이용하여 에너지 사용량을 절감하거나 이산화탄소 배출량을 저감할 수 있도록 건설된 주택을 말한다.

📄 ③

해설⊕--

정의(「주택법」 제2조)
도시형 생활주택이란 300세대 미만의 국민주택 규모에 해당하는 주택으로서 대통령령으로 정하는 주택을 말한다.

(2) 주택건설사업자

1) 주택건설사업자 등의 범위 및 등록기준(「주택법」 제4조, 시행령 제14조)

① 연간 대통령령으로 정하는 호수(戶數) 이상의 주택건설사업을 시행하려는 자 또는 연간 대통령령으로 정하는 면적 이상의 대지조성사업을 시행하려는 자는 국토교통부장관에게 등록하여야 한다.

② "대통령령으로 정하는 호수"란 다음의 구분에 따른 호수(戶數) 또는 세대수를 말한다.

• 단독주택의 경우 : 20호

• 공동주택의 경우 : 20세대. 다만, 도시형 생활주택은 30세대로 한다.

③ "대통령령으로 정하는 면적"이란 1만m²를 말한다.

④ 주택건설사업 또는 대지조성사업의 등록을 하려는 자는 다음의 요건을 모두 갖추어야 한다.

• 자본금 : 3억 원(개인인 경우에는 자산평가액 6억 원) 이상

• 기술인력(주택건설사업 : 건축 분야 기술인 1명 이상, 대지조성사업 : 토목 분야 기술인 1명 이상)

• 사무실면적 : 사업의 수행에 필요한 사무장비를 갖출 수 있는 면적

─┤핵심문제

다음 중 도시형 생활주택에 대한 주택건설사업을 시행하려는 자가 국토교통부장관에게 등록하여야 하는 호수(세대수) 기준은? [14년 4회]

① 10세대 이상　　　　　　　　　② 20세대 이상
③ 30세대 이상　　　　　　　　　④ 50세대 이상

📄 ③

해설⊕ --

주택건설사업자 등의 범위 및 등록기준(「주택법」 제4조, 시행령 제14조)

① 연간 대통령령으로 정하는 호수(戶數) 이상의 주택건설사업을 시행하려는 자 또는 연간 대통령령으로 정하는 면적 이상의 대지조성사업을 시행하려는 자는 국토교통부장관에게 등록하여야 한다.

② "대통령령으로 정하는 호수"란 다음의 구분에 따른 호수(戶數) 또는 세대수를 말한다.

- 단독주택의 경우 : 20호
- 공동주택의 경우 : 20세대. 다만, 도시형 생활주택은 30세대로 한다.

③ "대통령령으로 정하는 면적"이란 1만m²를 말한다.

(3) 간선시설의 설치

1) 간선시설의 정의(「주택법」 제2조)

"간선시설"(幹線施設)이란 도로 · 상하수도 · 전기시설 · 가스시설 · 통신시설 및 지역난방시설 등 주택단지 안의 기간시설을 그 주택단지 밖에 있는 같은 종류의 기간시설에 연결시키는 시설을 말한다. 다만, 가스시설 · 통신시설 및 지역난방시설의 경우에는 주택단지 안의 기간시설을 포함한다.

2) 간선시설의 설치 및 비용의 상환(「주택법」 제28조, 시행령 제39조)

① 사업 주체가 대통령령으로 정하는 호수 이상의 주택건설사업을 시행하는 경우 또는 대통령령으로 정하는 면적 이상의 대지조성사업을 시행하는 경우 다음에 해당하는 자는 각각 해당 간선시설을 설치하여야 한다.

- 지방자치단체 : 도로 및 상하수도시설
- 해당 지역에 전기 · 통신 · 가스 또는 난방을 공급하는 자 : 전기시설 · 통신시설 · 가스시설 또는 지역난방시설
- 국가 : 우체통

② "대통령령으로 정하는 호수"란 다음의 구분에 따른 호수 또는 세대수를 말한다.

- 단독주택인 경우 : 100호
- 공동주택인 경우 : 100세대(리모델링의 경우에는 늘어나는 세대수를 기준)

③ "대통령령으로 정하는 면적"이란 16,500m²를 말한다.

④ 간선시설은 특별한 사유가 없으면 사용검사일까지 설치를 완료하여야 한다.

⑤ 간선시설의 설치 비용은 설치의무자가 부담한다. 이 경우 지방자치단체의 도로 및 상하수도시설의 설치 비용은 그 비용의 50%의 범위에서 국가가 보조할 수 있다.

3) 간선시설의 종류별 설치범위(「주택법 시행령」 제39조 - 별표 2)

> 1. 도로
>   주택단지 밖의 기간(基幹)이 되는 도로부터 주택단지의 경계선(단지의 주된 출입구를 말한다)까지로 하되, 그 길이가 200m를 초과하는 경우로서 그 초과부분에 한정한다.
> 2. 상하수도시설
>   주택단지 밖의 기간이 되는 상·하수도시설부터 주택단지의 경계선까지의 시설로 하되, 그 길이가 200m를 초과하는 경우로서 그 초과부분에 한정한다.
> 3. 전기시설
>   주택단지 밖의 기간이 되는 시설부터 주택단지의 경계선까지로 한다. 다만, 지중선로는 사업지구 밖의 기간이 되는 시설부터 그 사업지구 안의 가장 가까운 주택단지(사업지구 안에 1개의 주택단지가 있는 경우에는 그 주택단지를 말한다)의 경계선까지로 한다. 다만, 「공공주택 특별법 시행령」 제2조 제1항 제2호에 따른 국민임대주택을 건설하는 주택단지에 대해서는 국토교통부장관이 산업통상자원부장관과 따로 협의하여 정하는 바에 따른다.
> 4. 가스공급시설
>   주택단지 밖의 기간이 되는 가스공급시설부터 주택단지의 경계선까지로 한다. 다만, 주택단지 안에 취사 및 개별난방용(중앙집중식 난방용은 제외한다)으로 가스를 공급하기 위하여 정압조정실을 설치하는 경우에는 그 정압조정실까지로 한다.
> 5. 통신시설(세대별 전화 설치를 위한 시설을 포함한다)
>   관로시설은 주택단지 밖의 기간이 되는 시설부터 주택단지 경계선까지, 케이블시설은 주택단지 밖의 기간이 되는 시설부터 주택단지 안의 최초 단자까지로 한다. 다만, 국민주택을 건설하는 주택단지에 설치하는 케이블시설의 경우에는 그 설치 및 유지·보수에 관하여는 국토교통부장관이 과학기술정보통신부장관과 따로 협의하여 정하는 바에 따른다.
> 6. 지역난방시설
>   주택단지 밖의 기간이 되는 열수송관의 분기점(해당 주택단지에서 가장 가까운 분기점을 말한다)부터 주택단지 안의 각 기계실 입구 차단밸브까지로 한다.

(4) 도시형 생활주택

1) 도시형 생활주택의 정의(「주택법」 제2조)

"도시형 생활주택"이란 300세대 미만의 국민주택 규모에 해당하는 주택으로서 대통령령으로 정하는 주택을 말한다.

2) 도시형 생활주택의 건설규모(「주택법 시행령」 제10조)

① 소형 주택 : 다음의 요건을 모두 갖춘 공동주택
  • 세대별 주거전용면적은 60m² 이하일 것
  • 세대별로 독립된 주거가 가능하도록 욕실 및 부엌을 설치할 것
  • 지하층에는 세대를 설치하지 아니할 것
② 단지형 연립주택 : 소형 주택이 아닌 연립주택. 다만, 건축위원회의 심의를 받은 경우에는 주택으로 쓰는 층수를 5개층까지 건축할 수 있다.

③ 단지형 다세대주택 : 소형 주택이 아닌 다세대주택. 다만, 건축위원회의 심의를 받은 경우에는 주택으로 쓰는 층수를 5개층까지 건축할 수 있다.

※ 하나의 건축물에는 도시형 생활주택과 그 밖의 주택을 함께 건축할 수 없다. 다만, 다음의 어느 하나에 해당하는 경우는 예외로 한다.

- 소형 주택과 주거전용면적이 85m²를 초과하는 주택 1세대를 함께 건축하는 경우
- 준주거지역 또는 상업지역에서 소형 주택과 도시형 생활주택 외의 주택을 함께 건축하는 경우

※ 하나의 건축물에는 단지형 연립주택 또는 단지형 다세대주택과 소형 주택을 함께 건축할 수 없다.

5 「산업입지 및 개발에 관한 법률」 및 동법 시행령 중 도시계획 관련 사항

(1) 산업입지정책심의회(「산업입지 및 개발에 관한 법률」 제3조)

① 산업입지정책에 관한 중요사항을 심의하기 위하여 국토교통부에 산업입지정책심의회를 둔다.

② 심의회의 기능·구성·운영 등에 필요한 사항은 대통령령으로 정한다.

③ 산업단지의 지정·개발에 관하여 특별시장·광역시장·특별자치시장·도지사 및 특별자치도 지사와 시장·군수·구청장의 자문을 위하여 특별시·광역시·특별자치시·도 및 특별자치도 와 시·군·자치구에 지방산업입지심의회를 둘 수 있다.

④ 지방산업입지심의회의 기능·구성·운영 등에 필요한 사항은 해당 지방자치단체의 조례로 정한다.

(2) 산업단지의 구분 및 지정

1) 산업단지의 구분(「산업입지 및 개발에 관한 법률」 제2조)

구분	내용	지정권자
국가산업단지	국가기간산업, 첨단과학기술산업 등을 육성하거나 개발 촉진이 필요한 낙후지역이나 둘 이상의 특별시·광역시·특별자치시 또는 도에 걸쳐 있는 지역을 산업단지로 개발하기 위하여 지정된 산업단지	국토교통부장관
일반산업단지	산업의 적정한 지방 분산을 촉진하고 지역경제의 활성화를 위하여 지정된 산업단지	시·도지사
도시첨단 산업단지	지식산업·문화산업·정보통신산업, 그 밖의 첨단산업의 육성과 개발 촉진을 위하여 도시지역에 지정된 산업단지	국토교통부장관 또는 시·도지사
농공단지 (農工團地)	대통령령으로 정하는 농어촌지역에 농어민의 소득 증대를 위한 산업을 유치·육성하기 위하여 지정된 산업단지	특별자치도지사 또는 시장·군수·구청장
스마트그린 산업단지	입주기업과 기반시설·주거시설·지원시설 및 공공시설 등의 디지털화, 에너지 자립 및 친환경화를 추진하는 산업단지	각 산업단지 지정권자

2) 국가산업단지의 지정(「산업입지 및 개발에 관한 법률」 제6조)

① 국가산업단지는 국토교통부장관이 지정한다.

② 중앙행정기관의 장은 국가산업단지의 지정이 필요하다고 인정하면 대상지역을 정하여 국토교통부장관에게 국가산업단지로의 지정을 요청할 수 있다.

③ 국토교통부장관은 국가산업단지를 지정하려면 산업단지개발계획을 수립하여 관할 시·도지사의 의견을 듣고, 관계 중앙행정기관의 장과 협의하여야 한다. 산업단지개발계획을 변경하려는 경우에도 또한 같다.

④ 국토교통부장관은 협의 후 심의회의 심의를 거쳐 국가산업단지를 지정하여야 한다. 대통령령으로 정하는 중요사항을 변경하려는 경우에도 또한 같다.

3) 일반산업단지의 지정(「산업입지 및 개발에 관한 법률」 제7조)

① 일반산업단지는 시·도지사 또는 대도시시장이 지정한다. 다만, 대통령령으로 정하는 면적 미만의 산업단지의 경우에는 시장·군수 또는 구청장이 지정할 수 있다.

② 일반산업단지의 지정권자는 일반산업단지를 지정하려면 산업단지개발계획을 수립하여 관할 시장·군수 또는 구청장의 의견을 듣고 국토교통부장관을 비롯한 관계 행정기관의 장과 협의하여야 한다. 산업단지개발계획을 변경하려는 경우에도 또한 같다.

③ 일반산업단지지정권자는 일반산업단지의 지정 또는 변경 내용을 국토교통부장관에게 통보하여야 한다. 이 경우 지정권자가 시장·군수 또는 구청장인 경우에는 그 지정 또는 변경 내용을 시·도지사에게도 통보하여야 한다.

④ 일반산업단지지정권자는 제2항에 따른 관계 행정기관의 장과의 협의과정에서 관계 기관 간의 의견 조정을 위하여 필요하다고 인정하는 경우에는 국토교통부장관에게 조정을 요청할 수 있으며, 조정을 요청받은 국토교통부장관은 심의회의 심의를 거쳐 이를 조정할 수 있다.

4) 도시첨단산업단지의 지정(「산업입지 및 개발에 관한 법률」 제7조의2)

① 도시첨단산업단지는 국토교통부장관, 시·도지사 또는 대도시시장이 지정하며, 시·도지사(특별자치도지사는 제외한다)가 지정하는 경우에는 시장·군수 또는 구청장의 신청을 받아 지정한다. 다만, 대통령령으로 정하는 면적 미만인 경우에는 시장·군수 또는 구청장이 직접 지정할 수 있다.

② 인구의 과밀 방지 등을 위하여 서울특별시 등 대통령령으로 정하는 지역에는 도시첨단산업단지를 지정할 수 없다.

③ 시장·군수 또는 구청장은 시·도지사에게 도시첨단산업단지의 지정을 신청하려는 경우에는 산업단지개발계획을 작성하여 제출하여야 한다.

④ 도시첨단산업단지의 지정권자는 도시첨단산업단지를 지정하려는 경우 산업단지개발계획에 대하여 관계 행정기관의 장과 협의하여야 한다. 산업단지개발계획을 변경하려는 경우에도 또한 같다.

⑤ 국토교통부장관이 도시첨단산업단지를 지정하려는 경우에는 협의 후 심의회의 심의를 거쳐 지정 하여야 하며, 대통령령으로 정하는 중요사항을 변경하려는 경우에도 또한 같다.

⑥ 지방자치단체의 장은 도시첨단산업단지의 지정 또는 변경 내용을 국토교통부장관에게 통보하여 야 한다. 이 경우 지정권자가 시장 · 군수 또는 구청장인 경우에는 그 지정 또는 변경 내용을 시 · 도 지사에게도 통보하여야 한다.

5) 산업단지 지정의 제한(「산업입지 및 개발에 관한 법률」 제8조의2, 시행령 제10조의2)

① 산업단지지정권자는 지정된 산업단지의 면적 또는 미분양 비율이 산업단지의 종류별로 대통령령 으로 정하는 면적 또는 미분양 비율에 해당하는 지방자치단체인 경우에는 산업단지를 지정하여서 는 아니 된다.

② 대통령령으로 정하는 면적 또는 미분양 비율

구분	비율
국가산업단지	시 · 도별로 미분양 비율 15% 이상
일반산업단지	시 · 도별로 미분양 비율 30% 이상
도시첨단산업단지	시 · 도별로 미분양 비율 30% 이상
농공단지	시 · 군 · 구별로 100만m²부터 200만m²까지의 범위 안에서 농공단지개발세부지침이 정하는 면적 이상 또는 미분양 비율 30% 이상

(3) 산업단지의 개발

1) 산업단지개발사업자의 시행자(「산업입지 및 개발에 관한 법률」 제16조)

① 산업단지를 개발하여 분양 또는 임대하고자 하는 경우로서 다음에 해당하는 자
- 국가 및 지방자치단체, 공공기관, 지방공사
- 산업단지 개발을 목적으로 설립한 법인(공공지분 50/100 이상)

② 중소벤처기업진흥공단, 한국산업단지공단 또는 한국농어촌공사, 중소기업협동조합 또는 상공회 의소

③ 해당 산업단지개발계획에 적합한 시설을 설치하여 입주하려는 자 또는 해당 산업단지개발계획에 서 적합하게 산업단지를 개발할 능력이 있다고 인정되는 자로서 대통령령으로 정하는 요건에 해당 하는 자

④ 산업단지의 개발을 목적으로 출자에 참여하여 설립한 법인으로서 대통령령으로 정하는 요건에 해당하는 법인

⑤ 사업 시행자와 산업단지개발에 관한 신탁계약을 체결한 부동산신탁업자

⑥ 산업단지 안의 토지의 소유자 또는 그들이 산업단지개발을 위하여 설립한 조합

※ 산업단지지정권자는 사업 시행자가 실시계획 승인을 받은 후 2년 이내에 산업단지개발사업에 착수하지 아니하거나 실시계획에 정하여진 기간 내에 산업단지개발사업을 완료하지 아니하거

나 완료할 가능성이 없는 경우로서 대통령령으로 정하는 경우에는 다른 사업 시행자를 지정하여 해당 산업단지개발사업을 시행하게 할 수 있다.

(4) 개발토지 · 시설 등의 공급방법 및 처분절차 등(「산업입지 및 개발에 관한 법률 시행령」제 42조의4)

① 사업 시행자가 개발한 토지 · 시설 등을 분양 또는 임대하고자 하는 때에는 제39조 및 제41조의 규정에 의한 분양계획 및 임대사업계획(처분계획)에서 정하는 바에 따라 가격기준 · 자격요건 및 대상자선정방법 등 주요 내용을 중앙 또는 당해 지방에서 발간되는 일간신문에 공고하여야 한다.

② 개발토지 · 시설 등을 분양 또는 임대받고자 하는 자는 사업 시행자에게 분양 · 임대신청서를 제출하여야 한다.

③ 사업 시행자는 신청자 중에서 처분계획에서 정한 자격요건에 따라 분양 또는 임대받을 자를 선정하되, 그 대상자 간에 경쟁이 있는 경우에는 추첨의 방법으로 선정한다. 다만, 산업시설용지의 경우 다음의 어느 하나에 해당하는 자를 우선적으로 선정할 수 있다.(단, 대학 내 산업시설용지의 경우 창업기업 또는 중소기업을 우선적으로 선정해야 한다.)

- 과밀억제권역으로부터 이전하고자 하는 자
- 지식산업센터를 설립하고자 하는 자
- 협동화실천계획의 승인을 얻어 시행하고자 하는 자
- 재생계획에 의하여 이전이 요구되는 자
- 이전이 요구되는 공장이나 물류시설을 소유하고 있는 자
- 재해경감 우수기업
- 증축이 제한되는 공장 중 시 · 도지사가 그 관할구역의 산업단지로 이전이 필요하다고 인정하는 공장을 소유하고 있는 자
- 국내복귀기업
- 신규채용 실적이 우수하거나 청년고용 실적이 우수한 것으로 평가되는 기업
- 스마트그린산업단지 조성에 기여하는 설비규모 등을 갖춘 자로서 건축물 에너지효율등급 인증 또는 제로에너지건축물 인증을 받으려는 자 및 신에너지 및 재생에너지 설비를 설치하려는 자, 그 밖에 사업 시행자가 스마트그린산업단지 조성에 기여한다고 인정하는 자

(5) 입지지정 및 개발에 관한 기준

1) 입지지정 및 개발에 관한 기준(「산업입지 및 개발에 관한 법률」제40조, 시행령 제45조)

① 국토교통부장관은 산업단지 외의 지역에서의 공장설립을 위한 입지 지정과 지정 승인된 입지의 개발에 관한 기준을 작성 · 고시할 수 있다.

② 기준을 작성하려면 산업통상자원부장관 및 관계 중앙행정기관의 장과 협의한 후 심의회의 심의를 거쳐야 한다. 다만, 대통령령으로 정하는 경미한 사항의 변경은 그러하지 아니하다.

③ 입지지정 및 개발에 관한 기준에는 다음의 사항이 포함되어야 한다.

- 개별공장입지의 선정기준에 관한 사항

- 산업시설용지의 적정이용기준에 관한 사항
- 기반시설의 설치 및 정비에 관한 사항
- 산업의 적정배치와 지역 간 균형발전을 위하여 필요한 사항
- 환경보전 및 문화재보존을 위하여 필요한 사항
- 토지가격의 안정을 위하여 필요한 사항
- 기타 다른 계획과의 조화를 위하여 필요한 사항

6 「관광진흥법」 및 동법 시행령 중 도시계획 관련 사항

(1) 정의(「관광진흥법」 제2조)

1) 관광사업

관광객을 위하여 운송·숙박·음식·운동·오락·휴양 또는 용역을 제공하거나 그 밖에 관광에 딸린 시설을 갖추어 이를 이용하게 하는 업(業)을 말한다.

2) 관광사업자

관광사업을 경영하기 위하여 등록·허가 또는 지정을 받거나 신고를 한 자를 말한다.

3) 기획여행

여행업을 경영하는 자가 국외여행을 하려는 여행자를 위하여 여행의 목적지·일정, 여행자가 제공받을 운송 또는 숙박 등의 서비스 내용과 그 요금 등에 관한 사항을 미리 정하고 이에 참가하는 여행자를 모집하여 실시하는 여행을 말한다.

4) 회원

관광사업의 시설을 일반 이용자보다 우선적으로 이용하거나 유리한 조건으로 이용하기로 해당 관광사업자와 약정한 자를 말한다.

5) 공유자

단독 소유나 공유(共有)의 형식으로 관광사업의 일부 시설을 관광사업자로부터 분양받은 자를 말한다.

6) 관광지

자연적 또는 문화적 관광자원을 갖추고 관광객을 위한 기본적인 편의시설을 설치하는 지역으로서 이 법에 따라 지정된 곳을 말한다.

7) 관광단지

관광객의 다양한 관광 및 휴양을 위하여 각종 관광시설을 종합적으로 개발하는 관광 거점 지역으로서 이 법에 따라 지정된 곳을 말한다.

8) 민간개발자

관광단지를 개발하려는 개인이나 「상법」 또는 「민법」에 따라 설립된 법인을 말한다.

9) 조성계획

관광지나 관광단지의 보호 및 이용을 증진하기 위하여 필요한 관광시설의 조성과 관리에 관한 계획을 말한다.

10) 지원시설

관광지나 관광단지의 관리 · 운영 및 기능 활성화에 필요한 관광지 및 관광단지 안팎의 시설을 말한다.

11) 관광특구

외국인 관광객의 유치 촉진 등을 위하여 관광 활동과 관련된 관계 법령의 적용이 배제되거나 완화되고, 관광 활동과 관련된 서비스 · 안내 체계 및 홍보 등 관광 여건을 집중적으로 조성할 필요가 있는 지역으로 이 법에 따라 지정된 곳을 말한다.

12) 여행이용권

관광취약계층이 관광 활동을 영위할 수 있도록 금액이나 수량이 기재된 증표를 말한다.

13) 문화관광해설사

관광객의 이해와 감상, 체험 기회를 제고하기 위하여 역사 · 문화 · 예술 · 자연 등 관광자원 전반에 대한 전문적인 해설을 제공하는 사람을 말한다.

(2) 관광사업

1) 관광사업의 종류 및 세분(「관광진흥법」 제3조, 시행령 제2조)

관광사업	종류
여행업	일반여행업, 국외여행업, 국내여행업
호텔업의 종류	관광호텔업, 수상관광호텔업, 한국전통호텔업, 가족호텔업, 호스텔업, 소형호텔업, 의료관광호텔업
관광객 이용시설업	전문휴양업, 종합휴양업, 야영장업(일반야영장업, 자동차야영장업), 관광유람선업(일반관광유람선업, 크루즈업), 관광공연장업, 외국인관광 도시민박업, 한옥체험업
국제회의업의 종류	국제회의시설업, 국제회의기획업
유원시설업(遊園施設業)	종합유원시설업, 일반유원시설업, 기타 유원시설업
관광편의시설업	관광유흥음식점업, 관광극장유흥업, 외국인전용 유흥음식점업, 관광식당업, 관광순환버스업, 관광사진업, 여객자동차터미널시설업, 관광펜션업, 관광궤도업, 관광면세업, 관광지원서비스업

(3) 관광개발 관련 계획

1) 관광개발 기본계획(「관광진흥법」 제49조, 제50조)

① 문화체육관광부장관은 관광자원을 효율적으로 개발하고 관리하기 위하여 전국을 대상으로 다음과 같은 사항을 포함하는 관광개발기본계획을 수립하여야 한다.

- 전국의 관광 여건과 관광 동향(動向)에 관한 사항
- 전국의 관광 수요와 공급에 관한 사항
- 관광자원 보호 · 개발 · 이용 · 관리 등에 관한 기본적인 사항
- 관광권역(觀光圈域)의 설정에 관한 사항
- 관광권역별 관광개발의 기본방향에 관한 사항
- 그 밖에 관광개발에 관한 사항

② 시 · 도지사는 기본계획의 수립에 필요한 관광 개발사업에 관한 요구서를 문화체육관광부장관에게 제출하여야 하고, 문화체육관광부장관은 이를 종합 · 조정하여 기본계획을 수립하고 공고하여야 한다.

③ 문화체육관광부장관은 수립된 기본계획을 확정하여 공고하려면 관계 부처의 장과 협의하여야 한다.

2) 권역별 관광개발 계획(권역계획)(「관광진흥법」 제49조, 제51조)

① 시 · 도지사(특별자치도지사는 제외한다)는 기본계획에 따라 구분된 권역을 대상으로 다음 각 호의 사항을 포함하는 권역별 관광개발계획을 수립하여야 한다.

- 권역의 관광 여건과 관광 동향에 관한 사항
- 권역의 관광 수요와 공급에 관한 사항
- 관광자원의 보호 · 개발 · 이용 · 관리 등에 관한 사항
- 관광지 및 관광단지의 조성 · 정비 · 보완 등에 관한 사항
- 관광지 및 관광단지의 실적 평가에 관한 사항
- 관광지 연계에 관한 사항
- 관광사업의 추진에 관한 사항
- 환경보전에 관한 사항
- 그 밖에 그 권역의 관광자원의 개발, 관리 및 평가를 위하여 필요한 사항

② 권역계획(圈域計劃)은 그 지역을 관할하는 시 · 도지사(특별자치도지사는 제외한다)가 수립하여야 한다. 다만, 둘 이상의 시 · 도에 걸치는 지역이 하나의 권역계획에 포함되는 경우에는 관계되는 시 · 도지사와의 협의에 따라 수립하되, 협의가 성립되지 아니한 경우에는 문화체육관광부장관이 지정하는 시 · 도지사가 수립하여야 한다.

※ 경미한 권역계획의 변경(「관광진흥법 시행령」 제43조)

"대통령령으로 정하는 경미한 사항의 변경"이란 다음의 어느 하나에 해당하는 것을 말한다.
1. 관광개발기본계획의 범위에서의 변경
2. 다음의 변경
   가. 관광자원의 보호 · 이용 및 관리 등에 관한 사항
   나. 관광지 또는 관광단지 면적의 축소
   다. 관광지 등 면적의 100분의 30 이내의 확대
   라. 지형여건 등에 따른 관광지 등의 구역 조정(그 면적의 100분의 30 이내에서 조정하는 경우만 해당)이
       나 명칭 변경

③ 시 · 도지사는 수립한 권역계획을 문화체육관광부장관의 조정과 관계 행정기관의 장과의 협의를
거쳐 확정하여야 한다. 이 경우 협의요청을 받은 관계 행정기관의 장은 특별한 사유가 없는 한 그
요청을 받은 날부터 30일 이내에 의견을 제시하여야 한다.
④ 시 · 도지사는 권역계획이 확정되면 그 요지를 공고하여야 한다.
⑤ 확정된 권역계획을 변경하는 경우에는 규정을 준용한다. 다만, 대통령령으로 정하는 경미한 사항
의 변경에 대하여는 관계 부처의 장과의 협의를 갈음하여 문화체육관광부장관의 승인을 받아야
한다.

3) 관광지의 지정(「관광진흥법」 제52조)

① 관광지 및 관광단지는 문화체육관광부령으로 정하는 바에 따라 시장 · 군수 · 구청장의 신청에
의하여 시 · 도지사가 지정한다. 다만, 특별자치시 및 특별자치도의 경우에는 특별자치시장 및
특별자치도지사가 지정한다.
② 시 · 도지사는 관광지 등을 지정하려면 사전에 문화체육관광부장관 및 관계 행정기관의 장과 협의
하여야 한다.
③ 문화체육관광부장관 및 관계 행정기관의 장은 「환경영향평가법」 등 관련 법령에 특별한 규정이
있거나 정당한 사유가 있는 경우를 제외하고는 협의를 요청받은 날부터 30일 이내에 의견을 제출하
여야 한다.
④ 문화체육관광부장관 및 관계 행정기관의 장이 기간 내에 의견을 제출하지 아니하면 협의가 이루어
진 것으로 본다.
⑤ 관광지 등의 지정 취소 또는 그 면적의 변경은 관광지 등의 지정에 관한 절차에 따라야 한다. 이
경우 대통령령으로 정하는 경미한 면적의 변경은 협의를 하지 아니할 수 있다.
⑥ 시 · 도지사는 지정, 지정취소 또는 그 면적변경을 한 경우에는 이를 고시하여야 한다.

4) 조성계획의 수립(「관광진흥법」 제54조)

① 관광지 등을 관할하는 시장 · 군수 · 구청장은 조성계획을 작성하여 시 · 도지사의 승인을 받아야
한다. 이를 변경(대통령령으로 정하는 경미한 사항의 변경은 제외한다)하려는 경우에도 또한 같다.
다만, 관광단지를 개발하려는 공공기관 등 문화체육관광부령으로 정하는 공공법인 또는 민간개발

자는 조성계획을 작성하여 대통령령으로 정하는 바에 따라 시·도지사의 승인을 받을 수 있다.

② 시·도지사는 조성계획을 승인하거나 변경승인을 하고자 하는 때에는 관계 행정기관의 장과 협의하여야 한다. 이 경우 협의요청을 받은 관계 행정기관의 장은 특별한 사유가 없는 한 그 요청을 받은 날부터 30일 이내에 의견을 제시하여야 한다.

③ 시·도지사가 조성계획을 승인 또는 변경승인한 때에는 지체 없이 이를 고시하여야 한다.

(4) 관광특구

1) 관광특구의 진흥계획(「관광진흥법」 제71조)

① 특별자치시장·특별자치도지사·시장·군수·구청장은 관할 구역 내 관광특구를 방문하는 외국인 관광객의 유치 촉진 등을 위하여 관광특구진흥계획을 수립하고 시행하여야 한다.

② 관광특구진흥계획에 포함될 사항 등 관광특구진흥계획의 수립·시행에 필요한 사항은 대통령령으로 정한다.

2) 관광특구진흥계획의 수립·시행(「관광진흥법 시행령」 제59조)

① 특별자치시장·특별자치도지사·시장·군수·구청장은 법 제71조에 따른 관광특구진흥계획을 수립하기 위하여 필요한 경우에는 해당 특별자치시·특별자치도·시·군·구 주민의 의견을 들을 수 있다.

② 특별자치시장·특별자치도지사·시장·군수·구청장은 다음의 사항이 포함된 진흥계획을 수립·시행한다.

- 외국인 관광객을 위한 관광편의시설의 개선에 관한 사항
- 특색 있고 다양한 축제, 행사, 그 밖에 홍보에 관한 사항
- 관광객 유치를 위한 제도개선에 관한 사항
- 관광특구를 중심으로 주변지역과 연계한 관광코스의 개발에 관한 사항
- 그 밖에 관광질서 확립 및 관광서비스 개선 등 관광객 유치를 위하여 필요한 사항으로서 문화체육관광부령으로 정하는 사항

③ 특별자치시장·특별자치도지사·시장·군수·구청장은 수립된 진흥계획에 대하여 5년마다 그 타당성을 검토하고 진흥계획의 변경 등 필요한 조치를 하여야 한다.

7 「건축법」 및 동법 시행령, 시행규칙 중 도시계획 관련 사항

(1) 용어 정의(「건축법」 제2조)

1) 대지(垈地)

「공간정보의 구축 및 관리 등에 관한 법률」에 따라 각 필지(筆地)로 나눈 토지를 말한다. 다만, 대통령령으로 정하는 토지는 둘 이상의 필지를 하나의 대지로 하거나 하나 이상의 필지의 일부를 하나의 대지로 할 수 있다.

2) 건축물

토지에 정착(定着)하는 공작물 중 지붕과 기둥 또는 벽이 있는 것과 이에 딸린 시설물, 지하나 고가(高架)의 공작물에 설치하는 사무소 · 공연장 · 점포 · 차고 · 창고, 그 밖에 대통령령으로 정하는 것을 말한다.

3) 건축물의 용도

건축물의 종류를 유사한 구조, 이용 목적 및 형태별로 묶어 분류한 것을 말한다.

4) 건축설비

건축물에 설치하는 전기 · 전화 설비, 초고속 정보통신 설비, 지능형 홈네트워크 설비, 가스 · 급수 · 배수(配水) · 배수(排水) · 환기 · 난방 · 냉방 · 소화(消火) · 배연(排煙) 및 오물처리의 설비, 굴뚝, 승강기, 피뢰침, 국기 게양대, 공동시청 안테나, 유선방송 수신시설, 우편함, 저수조(貯水槽), 방범시설, 그 밖에 국토교통부령으로 정하는 설비를 말한다.

5) 지하층

건축물의 바닥이 지표면 아래에 있는 층으로서 바닥에서 지표면까지 평균높이가 해당 층 높이의 2분의 1 이상인 것을 말한다.

6) 거실

건축물 안에서 거주, 집무, 작업, 집회, 오락, 그 밖에 이와 유사한 목적을 위하여 사용되는 방을 말한다.

7) 주요 구조부

내력벽(耐力壁), 기둥, 바닥, 보, 지붕틀 및 주계단(主階段)을 말한다. 다만, 사이 기둥, 최하층 바닥, 작은 보, 차양, 옥외 계단, 그 밖에 이와 유사한 것으로 건축물의 구조상 중요하지 아니한 부분은 제외한다.

8) 건축

건축물을 신축 · 증축 · 개축 · 재축(再築)하거나 건축물을 이전하는 것을 말한다.

※ 결합건축 : 용적률을 개별 대지마다 적용하지 아니하고, 2개 이상의 대지를 대상으로 통합 적용하여 건축하는 것을 말한다.

9) 대수선

건축물의 기둥, 보, 내력벽, 주계단 등의 구조나 외부 형태를 수선 · 변경하거나 증설하는 것으로서 대통령령으로 정하는 것을 말한다.

10) 리모델링

건축물의 노후화를 억제하거나 기능 향상 등을 위하여 대수선하거나 건축물의 일부를 증축 또는 개축하는 행위를 말한다.

11) 도로

보행과 자동차 통행이 가능한 너비 4m 이상의 도로(지형적으로 자동차 통행이 불가능한 경우와 막다른 도로의 경우에는 대통령령으로 정하는 구조와 너비의 도로)로서 다음의 어느 하나에 해당하는 도로나 그 예정도로를 말한다.

① 「국토의 계획 및 이용에 관한 법률」, 「도로법」, 「사도법」, 그 밖의 관계 법령에 따라 신설 또는 변경에 관한 고시가 된 도로

② 건축허가 또는 신고 시에 특별시장 · 광역시장 · 특별자치시장 · 도지사 · 특별자치도지사 또는 시장 · 군수 · 구청장이 위치를 지정하여 공고한 도로

12) 건축주

건축물의 건축 · 대수선 · 용도변경, 건축설비의 설치 또는 공작물의 축조에 관한 공사를 발주하거나 현장 관리인을 두어 스스로 그 공사를 하는 자를 말한다.

13) 제조업자

건축물의 건축 · 대수선 · 용도변경, 건축설비의 설치 또는 공작물의 축조 등에 필요한 건축자재를 제조하는 사람을 말한다.

14) 유통업자

건축물의 건축 · 대수선 · 용도변경, 건축설비의 설치 또는 공작물의 축조에 필요한 건축자재를 판매하거나 공사현장에 납품하는 사람을 말한다.

15) 설계자

자기의 책임으로 설계도서를 작성하고 그 설계도서에서 의도하는 바를 해설하며, 지도하고 자문에 응하는 자를 말한다.

16) 설계도서

건축물의 건축 등에 관한 공사용 도면, 구조 계산서, 시방서(示方書), 그 밖에 국토교통부령으로 정하는 공사에 필요한 서류를 말한다.

17) 공사감리자

자기의 책임으로 이 법으로 정하는 바에 따라 건축물, 건축설비 또는 공작물이 설계도서의 내용대로 시공되는지를 확인하고, 품질관리 · 공사관리 · 안전관리 등에 대하여 지도 · 감독하는 자를 말한다.

18) 공사시공자

「건설산업기본법」에 따른 건설공사를 하는 자를 말한다.

19) 건축물의 유지 · 관리

건축물의 소유자나 관리자가 사용 승인된 건축물의 대지 · 구조 · 설비 및 용도 등을 지속적으로 유지하기 위하여 건축물이 멸실될 때까지 관리하는 행위를 말한다.

20) 관계전문기술자

건축물의 구조 · 설비 등 건축물과 관련된 전문기술자격을 보유하고 설계와 공사감리에 참여하여 설계자 및 공사감리자와 협력하는 자를 말한다.

21) 특별건축구역

조화롭고 창의적인 건축물의 건축을 통하여 도시경관의 창출, 건설기술 수준향상 및 건축 관련 제도개선을 도모하기 위하여 이 법 또는 관계 법령에 따라 일부 규정을 적용하지 아니하거나 완화 또는 통합하여 적용할 수 있도록 특별히 지정하는 구역을 말한다.

22) 고층건축물

층수가 30층 이상이거나 높이가 120m 이상인 건축물을 말한다.
(초고층 건축물은 층수가 50층 이상이거나 높이가 200m 이상인 건축물을 말한다.)

23) 실내건축

건축물의 실내를 안전하고 쾌적하며 효율적으로 사용하기 위하여 내부 공간을 칸막이로 구획하거나 벽지, 천장재, 바닥재, 유리 등 대통령령으로 정하는 재료 또는 장식물을 설치하는 것을 말한다.

24) 부속구조물

건축물의 안전 · 기능 · 환경 등을 향상시키기 위하여 건축물에 추가적으로 설치하는 환기시설물 등 대통령령으로 정하는 구조물을 말한다.

|핵심문제

「건축법」상 용어의 정의가 틀린 것은?　　　　　　[14년 2회, 18년 4회, 23년 1회, 24년 3회]

① 대지 : 「공간정보의 구축 및 관리 등에 관한 법률」에 따라 각 필지로 나눈 토지
② 건축 : 건축물을 신축 · 증축 · 개축 · 재축 · 이전 또는 대수선하는 것
③ 건폐율 : 대지면적에 대한 건축면적의 비율
④ 용적률 : 대지면적에 대한 연면적의 비율

답 ②

해설⊕

용어 정의(「건축법」 제2조)
건축이란 건축물을 신축 · 증축 · 개축 · 재축(再築)하거나 건축물을 이전하는 것을 말한다.

---

(2) 용도별 건축물의 종류(「건축법 시행령」 제3조의5 – 별표 1)

1) 단독주택

① 단독주택

② 다중주택(다음의 요건을 모두 갖추어야 함)

- 학생 또는 직장인 등 여러 사람이 장기간 거주할 수 있는 구조로 되어 있는 것
- 독립된 주거의 형태를 갖추지 아니한 것(각 실별로 욕실은 설치할 수 있으나, 취사시설은 설치하지 아니한 것을 말한다)
- 1개 동의 주택으로 쓰이는 바닥면적(부설 주차장 면적은 제외)의 합계가 660제곱미터 이하이고 주택으로 쓰는 층수(지하층은 제외한다)가 3개 층 이하일 것. 다만, 1층의 전부 또는 일부를 필로티 구조로 하여 주차장으로 사용하고 나머지 부분을 주택(주거 목적으로 한정) 외의 용도로 쓰는 경우에는 해당 층을 주택의 층수에서 제외한다.
- 적정한 주거환경을 조성하기 위하여 건축조례로 정하는 실별 최소 면적, 창문의 설치 및 크기 등의 기준에 적합할 것

③ 다가구주택(다음의 요건을 모두 갖춘 주택으로서 공동주택에 해당하지 아니하는 것)

- 주택으로 쓰는 층수(지하층은 제외한다)가 3개 층 이하일 것. 다만, 1층의 전부 또는 일부를 필로티 구조로 하여 주차장으로 사용하고 나머지 부분을 주택 외의 용도로 쓰는 경우에는 해당 층을 주택의 층수에서 제외한다.
- 1개 동의 주택으로 쓰이는 바닥면적(부설 주차장 면적은 제외한다)의 합계가 660m² 이하일 것
- 19세대(대지 내 동별 세대수를 합한 세대를 말한다) 이하가 거주할 수 있을 것

④ 공관(公館)

2) 공동주택

① 아파트 : 주택으로 쓰는 층수가 5개 층 이상인 주택

② 연립주택 : 주택으로 쓰는 1개 동의 바닥면적(2개 이상의 동을 지하주차장으로 연결하는 경우에는 각각의 동으로 본다) 합계가 660m²를 초과하고, 층수가 4개 층 이하인 주택

③ 다세대주택 : 주택으로 쓰는 1개 동의 바닥면적 합계가 660m² 이하이고, 층수가 4개 층 이하인 주택(2개 이상의 동을 지하주차장으로 연결하는 경우에는 각각의 동으로 본다)

④ 기숙사

- 일반기숙사 : 학교 또는 공장 등의 학생 또는 종업원 등을 위하여 사용하는 것으로서 해당 기숙사의 공동취사시설 이용 세대 수가 전체 세대수의 50% 이상인 것(학생복지주택을 포함한다)

- 임대형기숙사 : 공동주택사업자 또는 임대사업자가 임대사업에 사용하는 것으로서 임대 목적으로 제공하는 실이 20실 이상이고 해당 기숙사의 공동취사시설 이용 세대수가 전체 세대수의 50% 이상인 것

─┤핵심문제

「건축법」상 건축물의 용도 분류 시 공동주택에 해당되지 않는 것은?　　　　　　[16년 2회]

① 연립주택　　　　　　　　　　② 다중주택
③ 아파트　　　　　　　　　　　④ 다세대주택

답 ②

해설⊕--
다중주택은 단독주택의 분류에 속한다.

---

(3) 건축허가 제한(「건축법」 제18조)

1) 제한권자에 따른 제한사항

제한권자	내용
국토교통부장관	국토관리를 위하여 특히 필요하다고 인정하거나 주무부장관이 국방, 국가유산의 보존, 환경보전 또는 국민경제를 위하여 특히 필요하다고 인정하여 요청하면 허가권자의 건축허가나 허가를 받은 건축물의 착공을 제한할 수 있다.
특별시장 · 광역시장 · 도지사	지역계획이나 도시 · 군계획에 특히 필요하다고 인정하면 시장 · 군수 · 구청장의 건축허가나 허가를 받은 건축물의 착공을 제한할 수 있다.

2) 허가 또는 착공제한 시 절차사항

국토교통부장관이나 시 · 도지사는 건축허가나 건축허가를 받은 건축물의 착공을 제한하려는 경우에는 주민의견을 청취한 후 건축위원회의 심의를 거쳐야 한다.

3) 허가 또는 착공 제한기간

건축허가나 건축물의 착공을 제한하는 경우 제한기간은 2년 이내로 한다. 다만, 1회에 한하여 1년 이내의 범위에서 제한기간을 연장할 수 있다.

「건축법」에 따른 건축허가의 제한에 관한 설명이 옳지 않은 것은?　　　[15년 1회, 18년 1회]

① 국토교통부장관은 국토관리를 위하여 특히 필요하다고 인정하는 경우 2년 이내 기간으로 건축허가를 제한할 수 있으며, 1회에 한하여 1년 이내의 범위에서 제한기간을 연장할 수 있다.
② 특별시장·광역시장·도지사가 도시·군계획에 특히 필요하다고 인정하여 건축허가를 제한하고자 하는 경우에는 지방도시계획위원회의 심의를 거쳐야 한다.
③ 특별시장·광역시장·도지사가 지역계획에 특히 필요하다고 인정하여 시장·군수·구청장의 건축허가를 제한한 경우에는 즉시 국토교통부장관에게 보고하여야 한다.
④ 국토교통부장관이 건축허가를 제한하는 경우 그 내용을 상세하게 정하여 허가권자에게 통보하고, 통보를 받은 허가권자는 지체 없이 이를 공고하여야 한다.

답 ②

해설⊕

건축허가 제한(「건축법」 제18조)
국토교통부장관이나 시·도지사는 건축허가나 건축허가를 받은 건축물의 착공을 제한하려는 경우에는 주민의견을 청취한 후 건축위원회의 심의를 거쳐야 한다.

(4) 건축물의 대지와 도로

1) 대지의 범위(「건축법 시행령」 제3조)

① 둘 이상의 필지를 하나의 대지로 할 수 있는 토지
　• 하나의 건축물을 두 필지 이상에 걸쳐 건축하는 경우
　• 합병이 불가능한 필지의 토지를 합한 토지 : 각 필지의 지번부여지역(地番附與地域)이 서로 다른 경우, 각 필지의 도면의 축척이 다른 경우, 서로 인접하고 있는 필지로서 각 필지의 지반(地盤)이 연속되지 아니한 경우
　• 「국토의 계획 및 이용에 관한 법률」에 따른 도시·군계획시설에 해당하는 건축물을 건축하는 경우 그 도시·군계획시설이 설치되는 일단(一團)의 토지
　• 「주택법」에 따른 사업계획승인을 받아 주택과 그 부대시설 및 복리시설을 건축하는 경우
　• 도로의 지표 아래에 건축하는 건축물의 경우 특별시장·광역시장·특별자치시장·특별자치도지사·시장·군수 또는 구청장이 그 건축물이 건축되는 토지로 정하는 토지
　• 사용승인을 신청할 때 둘 이상의 필지를 하나의 필지로 합칠 것을 조건으로 건축허가를 하는 경우 그 필지가 합쳐지는 토지

② 하나 이상의 필지의 일부를 하나의 대지로 할 수 있는 토지
- 하나 이상의 필지의 일부에 대하여 도시 · 군계획시설이 결정 · 고시된 경우 : 그 결정 · 고시된 부분의 토지
- 하나 이상의 필지의 일부에 대하여 「농지법」에 따른 농지전용허가를 받은 경우 그 허가받은 부분의 토지
- 하나 이상의 필지의 일부에 대하여 「산지관리법」에 따른 산지전용허가를 받은 경우 그 허가받은 부분의 토지
- 하나 이상의 필지의 일부에 대하여 「국토의 계획 및 이용에 관한 법률」에 따른 개발행위허가를 받은 경우 그 허가받은 부분의 토지
- 사용승인을 신청할 때 필지를 나눌 것을 조건으로 건축허가를 하는 경우 : 그 필지가 나누어지는 토지

2) 대지의 조경(「건축법」 제42조)

① 면적이 200m² 이상인 대지에 건축을 하는 건축주는 용도지역 및 건축물의 규모에 따라 해당 지방자치단체의 조례로 정하는 기준에 따라 대지에 조경이나 그 밖에 필요한 조치를 하여야 한다.
② 국토교통부장관은 식재(植栽) 기준, 조경시설물의 종류 및 설치방법, 옥상 조경의 방법 등 조경에 필요한 사항을 정하여 고시할 수 있다.

3) 공개공지 등의 확보(「건축법」 제43조)

① 공개공지
지역의 환경을 쾌적하게 조성하기 위하여 대통령령으로 정하는 용도와 규모의 건축물은 일반이 사용할 수 있도록 대통령령으로 정하는 기준에 따라 소규모 휴식시설 등의 공개공지(空地, 공터) 또는 공개 공간
② 공개공지 설치대상 지역
- 일반주거지역, 준주거지역
- 상업지역
- 준공업지역
- 특별자치시장 · 특별자치도지사 또는 시장 · 군수 · 구청장이 도시화의 가능성이 크거나 노후 산업단지의 정비가 필요하다고 인정하여 지정 · 공고하는 지역
③ 공개공지 등을 설치하는 경우에는 건축물의 건폐율, 건축물의 용적률, 건축물의 높이제한을 대통령령으로 정하는 바에 따라 완화하여 적용할 수 있다.
④ 누구든지 공개공지 등에 물건을 쌓아놓거나 출입을 차단하는 시설을 설치하는 등 공개공지 등의 활용을 저해하는 행위를 하여서는 아니 된다.

4) 대지와 도로의 관계(「건축법」 제44조)

① 건축물의 대지는 2m 이상이 도로에 접하여야 한다.

② 예외사항

- 해당 건축물의 출입에 지장이 없다고 인정되는 경우
- 건축물의 주변에 대통령령으로 정하는 공지가 있는 경우
- 「농지법」에 따른 농막을 건축하는 경우

─┤핵심문제

「건축법」상 건축물의 대지는 최소 얼마 이상이 도로에 접하여야 하는가?(단, 도로는 자동차만의 통행에 사용되는 도로를 제외한다.)　　　　　　　　　　　　　　[13년 2회, 17년 4회, 23년 4회]

① 2m 　　　　　　　　　　② 4m

③ 5m 　　　　　　　　　　④ 6m

답 ①

해설⊕- -

대지와 도로의 관계(「건축법」 제44조)

건축물의 대지는 2m 이상이 도로에 접하여야 한다.

(5) 건축물의 대지가 지역·지구 또는 구역에 걸치는 경우의 조치(「건축법」 제54조)

① 대지가 지역·지구 또는 구역에 걸치는 경우에는 대통령령으로 정하는 바에 따라 그 건축물과 대지의 전부에 대하여 대지의 과반(過半)이 속하는 지역·지구 또는 구역 안의 건축물 및 대지 등에 관한 규정을 적용한다.

② 하나의 건축물이 방화지구와 그 밖의 구역에 걸치는 경우에는 그 전부에 대하여 방화지구 안의 건축물에 관한 규정을 적용한다. 다만, 건축물의 방화지구에 속한 부분과 그 밖의 구역에 속한 부분의 경계가 방화벽으로 구획되는 경우 그 밖의 구역에 있는 부분에 대하여는 그러하지 아니하다.

③ 대지가 녹지지역과 그 밖의 지역·지구 또는 구역에 걸치는 경우에는 각 지역·지구 또는 구역 안의 건축물과 대지에 관한 규정을 적용한다.

④ 해당 대지의 규모와 그 대지가 속한 용도지역·지구 또는 구역의 성격 등 그 대지에 관한 주변여건상 필요하다고 인정하여 해당 지방자치단체의 조례로 적용방법을 따로 정하는 경우에는 그에 따른다.

01 「도시개발법」에 의하여 도시개발구역으로 지정할 수 있는 규모 기준으로 옳지 않은 것은?

[16년 1회, 22년 1회]

① 도시지역 안의 주거지역 : 1만m² 이상

② 도시지역 안의 자연녹지지역 : 3만m² 이상

③ 도시지역 안의 공업지역 : 3만m² 이상

④ 도시지역 외의 지역 : 30만m² 이상

해설

도시개발구역의 지정대상지역 및 규모(「도시개발법 시행령」 제2조)

도시지역 안의 자연녹지지역 : 1만m² 이상

02 「도시개발법」에 따라 도시개발구역으로 지정할 수 있는 대상 지역 및 규모기준이 틀린 것은? (단, 도시지역의 경우이다.) [15년 1회, 23년 1회]

① 주거지역 : 1만m² 이상

② 공업지역 : 3만m² 이상

③ 자연녹지지역 : 1만m² 이상

④ 상업지역 : 3만m² 이상

해설

도시개발구역의 지정대상지역 및 규모(「도시개발법 시행령」 제2조)

도시지역 안의 상업지역 : 1만m² 이상

03 「도시개발법」에 따른 아래 내용에서 ( )에 들어갈 내용이 모두 옳은 것은? [13년 1회, 18년 2회]

> 조합 설립의 인가를 신청하려면 해당 도시개발구역의 토지면적의 (㉠) 이상에 해당하는 토지소유자와 그 구역의 토지소유자 총 수의 (㉡) 이상의 동의를 받아야 한다.

① ㉠ 3분의 2, ㉡ 3분의 2

② ㉠ 3분의 2, ㉡ 2분의 1

③ ㉠ 2분의 1, ㉡ 3분의 2

④ ㉠ 2분의 1, ㉡ 2분의 1

해설

조합 설립의 인가(「도시개발법」 제13조)

조합 설립의 인가를 신청하려면 해당 도시개발구역의 토지면적의 3분의 2 이상에 해당하는 토지소유자와 그 구역의 토지소유자 총 수의 2분의 1 이상의 동의를 받아야 한다.

04 도시개발구역의 지정권자가 환지(換地)방식의 도시개발사업에 대한 개발계획을 수립하고자 하는 경우에 필요한 동의 요건기준은? [16년 1회]

① 적용되는 지역의 토지면적의 2분의 1 이상에 해당하는 토지소유자와 그 지역 토지소유자 총 수의 2분의 1 이상의 동의

② 적용되는 지역의 토지면적의 2분의 1 이상에 해당하는 토지소유자와 그 지역 토지소유자 총 수의 3분의 2 이상의 동의

③ 적용되는 지역의 토지면적의 3분의 2 이상에 해당하는 토지소유자와 그 지역 토지소유자 총 수의 2분의 1 이상의 동의

④ 적용되는 지역의 토지면적의 3분의 2 이상에 해당하는 토지소유자와 그 지역 토지소유자 총 수의 3분의 2 이상의 동의

해설

개발계획의 수립 및 변경(「도시개발법」 제4조)

지정권자는 환지(換地)방식의 도시개발사업에 대한 개발계획을 수립하려면 환지방식이 적용되는 지역의 토지면적의 3분의 2 이상에 해당하는 토지 소유자와 그 지역의 토지소유자 총수의 2분의 1 이상의 동의를 받아야 한다.

05 다음 중 「도시개발법」상 도시개발구역의 지정권자가 도시개발사업의 시행자를 변경할 수 있는 경우에 해당하지 않는 것은? [16년 4회]

① 행정처분으로 시행자의 지정이나 실시계획의 인가가 취소된 경우

② 시행자의 부도로 도시개발사업의 목적을 달성하기 어렵다고 인정되는 경우

③ 도시개발사업에 관한 기초조사 실시결과가 포함된 기본계획을 제출하지 않은 경우

④ 도시개발사업에 관한 실시계획의 인가를 받은 후 2년 이내에 사업을 착수하지 아니하는 경우

◎ 해설

시행자(「도시개발법」 제11조)
지정권자의 시행자 변경 가능 사유

• 도시개발사업에 관한 실시계획의 인가를 받은 후 2년 이내에 사업을 착수하지 아니하는 경우
• 행정처분으로 시행자의 지정이나 실시계획의 인가가 취소된 경우
• 시행자의 부도·파산, 그 밖에 이와 유사한 사유로 도시개발사업의 목적을 달성하기 어렵다고 인정되는 경우
• 시행자로 지정된 자가 도시개발구역 지정 고시일로부터 1년 이내에 도시개발사업에 관한 실시계획의 인가를 신청하지 아니하는 경우

06 다음 중 시행자가 도시개발사업의 전부 또는 일부를 환지방식으로 시행하고자 할 때 작성하는 환지계획에 포함되지 않는 사항은? [16년 2회, 24년 2회]

① 환지설계
② 도시계획조서
③ 필지별로 된 환지 명세
④ 필지별과 권리별로 된 청산대상 토지 명세

◎ 해설

환지계획의 작성(「도시개발법」 제28조)
시행자는 도시개발사업의 전부 또는 일부를 환지방식으로 시행하려면 다음의 사항이 포함된 환지계획을 작성하여야 한다.

• 환지 설계
• 필지별로 된 환지 명세
• 필지별과 권리별로 된 청산대상 토지 명세
• 체비지(替費地) 또는 보류지(保留地)의 명세
• 입체 환지를 계획하는 경우에는 입체 환지용 건축물의 명세와 공급 방법·규모에 관한 사항
• 그 밖에 국토교통부령으로 정하는 사항

07 도시개발사업에서 환지계획에 정할 사항으로 틀린 것은? [15년 2회, 18년 1회]

① 환지설계
② 필지별로 된 환지명세
③ 필지별과 권리별로 된 청산대상 토지명세
④ 축척 1/1,000 이하의 환지예정지도

◎ 해설
문제 6번 해설 참고

08 시행자가 도시개발사업을 원활히 시행하기 위하여 특히 필요한 경우에는 토지 또는 건축물 소유자의 신청을 받아 건축물의 일부와 그 건축물이 있는 토지의 공유지분을 부여하는 것을 무엇이라 하는가? [12년 2회, 21년 4회, 22년 2회, 24년 1회]

① 보류지
② 체비지
③ 증감환지
④ 입체환지

◎ 해설

입체환지(「도시개발법」 제32조)
시행자는 도시개발사업을 원활히 시행하기 위하여 특히 필요한 경우에는 토지 또는 건축물 소유자의 신청을 받아 건축물의 일부와 그 건축물이 있는 토지의 공유지분을 부여할 수 있다.

09 다음 중 환지에 의한 「도시개발법」에서 규정하는 설명이 옳지 않은 것은? [16년 2회, 24년 3회]

① 청산금은 청산금 교부 시에 결정하여야 한다.

② 관련 규정에 의하여 주택으로 환지하는 경우에 동주택에 대하여는 「주택법」의 규정에 의한 주택의 공급에 관한 기준을 적용하지 아니한다.

③ 시행자는 토지 면적의 규모를 조정할 특별한 필요가 있는 때에는 면적이 작은 토지에 대하여는 과소토지가 되지 아니하도록 면적을 증가하여 환지를 정하거나 환지대상에서 제외할 수 있다.

④ 환지를 정하거나 그 대상에서 제외한 경우에 그 과부족분에 대하여는 종전의 토지 및 환지의 위치·지목·면적·토질·환경 등 기타의 사항을 종합적으로 고려하여 금전으로 이를 청산하여야 한다.

해설

환지처분의 효과(「도시개발법」 제42조)
• 환지계획에서 정하여진 환지는 그 환지처분이 공고된 날의 다음 날부터 종전의 토지로 보며, 환지계획에서 환지를 정하지 아니한 종전의 토지에 있던 권리는 그 환지처분이 공고된 날이 끝나는 때에 소멸한다.
• 청산금은 환지처분이 공고된 날의 다음 날에 확정된다.

10 「도시 및 주거환경정비법」상의 도시·주거환경정비기본계획 수립항목에 포함되지 않는 것은?
[15년 2회]

① 주거지 관리계획

② 인구·건축물·토지이용·정비기반시설 등의 현황

③ 건전하고 지속 가능한 주거환경의 조성 및 정비에 관한 사항

④ 건폐율·용적률 등에 관한 건축물의 밀도계획

해설

기본계획의 내용(「도시 및 주거환경정비법」 제5조)
• 정비사업의 기본방향
• 정비사업의 계획기간
• 인구·건축물·토지이용·정비기반시설·지형 및 환경 등의 현황
• 주거지 관리계획
• 토지이용계획·정비기반시설계획·공동이용시설 설치계획 및 교통계획
• 녹지·조경·에너지공급·폐기물처리 등에 관한 환경계획
• 사회복지시설 및 주민문화시설 등의 설치계획
• 도시의 광역적 재정비를 위한 기본방향
• 정비구역으로 지정할 예정인 구역의 개략적 범위
• 단계별 정비사업 추진계획(정비예정구역별 정비계획의 수립시기가 포함되어야 한다)
• 건폐율·용적률 등에 관한 건축물의 밀도계획
• 세입자에 대한 주거안정대책
• 그 밖에 주거환경 등을 개선하기 위하여 필요한 사항으로서 대통령령으로 정하는 사항

11 도시·주거환경정비기본계획에 관한 설명으로 옳지 않은 것은? [12년 4회, 22년 4회]

① 20년 단위로 수립하여야 한다.

② 대도시가 아닌 경우 도지사가 기본계획의 수립이 필요하다고 인정하는 시를 제외하고 기본계획을 수립하지 아니할 수 있다.

③ 기본계획에 대하여 5년마다 타당성 여부를 검토하여 그 결과를 기본계획에 반영하여야 한다.

④ 기본계획의 작성기준 및 작성방법은 국토교통부장관이 이를 정한다.

해설

도시·주거환경정비기본계획의 수립(「도시 및 주거환경정비법」 제4조)
특별시장·광역시장·특별자치시장·특별자치도지사 또는 시장은 관할 구역에 대하여 도시·주거환경정비기본계획을 10년 단위로 수립하여야 한다.

12 「도시 및 주거환경정비법」상 조합의 설립인가에 관한 아래 내용 중 (   ) 안에 들어갈 내용이 옳은 것은?　　　　　　[13년 4회 수정, 24년 3회]

> 재개발사업의 추진위원회가 조합을 설립하려면 토지 등 소유자의 (   ) 이상 및 토지면적의 2분의 1 이상의 토지소유자의 동의를 얻어 첨부하여야 하는 서류를 첨부하여 시장 · 군수의 인가를 받아야 한다.

① 2분의 1
② 3분의 2
③ 4분의 3
④ 5분의 4

해설

조합설립인가(「도시 및 주거환경정비법」 제35조)
재개발사업의 추진위원회가 조합을 설립하려면 토지 등 소유자의 4분의 3 이상 및 토지면적의 2분의 1 이상의 토지소유자의 동의를 받아 정관 등 관련 서류를 첨부하여 시장 · 군수 등의 인가를 받아야 한다.

13 「도시 및 주거환경정비법」상 정비사업의 시행을 위한 토지 또는 건축물의 소유권과 그 밖의 권리에 대한 수용 또는 사용에 관하여 「공익사업을 위한 토지 등의 취득 및 보상에 관한 법률」을 준용하는 경우, 사업 인정 및 그 고시가 있은 것으로 보는 시기는?　　　　　　[13년 2회, 20년 4회]

① 도시 및 주거환경정비 기본계획의 승인이 있을 때
② 정비계획의 수립 및 정비구역의 지정이 있을 때
③ 사업시행인가의 고시가 있을 때
④ 관리처분인가의 고시가 있을 때

해설

「공익사업을 위한 토지 등의 취득 및 보상에 관한 법률」의 준용(「도시 및 주거환경정비법」 제65조)
정비구역에서 정비사업의 시행을 위한 토지 또는 건축물의 소유권과 그 밖의 권리에 대한 수용 또는 사용은 이 법에 규정된 사항을 제외하고는 「공익사업을 위한 토지 등의 취득 및 보상에 관한 법률」을 준용하며, 사업시행인가의 고시가 있을 때, 사업 인정 및 해당 사항의 고시가 있는 것으로 본다.

14 도시 및 주거환경정비법령상 시장 · 군수가 그 건설에 소요되는 비용의 전부 또는 일부를 부담할 수 있는 주요 정비기반시설에 해당하지 않는 것은?(단, 시장 · 군수가 아닌 사업 시행자가 시행하는 정비사업의 정비계획에 따라 설치되는 도시계획시설을 말한다.)　　　　[16년 2회, 21년 1회]

① 공원
② 하천
③ 공용주차장
④ 소방용수시설

해설

도시 · 군계획시설 중 대통령령으로 정하는 주요 정비기반시설 및 공동이용시설(「도시 및 주거환경정비법 시행령」 제77조)
도로, 상 · 하수도, 공원, 공용주차장, 공동구, 녹지, 하천, 공공공지, 광장

15 공동구의 관리에 관한 설명 중 틀린 것은?
　　　　　　[15년 2회, 24년 2회]

① 공동구는 특별시장 · 광역시장 · 특별자치시장 · 특별자치도지사 · 시장 또는 군수가 이를 관리한다.
② 공동구의 안전점검은 1년에 1회 이상 실시하여야 한다.
③ 공동구의 관리에 소요되는 비용은 연 2회로 분할 납부하게 한다.
④ 공동구의 관리비용은 그 공동구를 관리하는 자가 전액 부담한다.

해설

공동구의 관리(「도시 및 주거환경정비법 시행규칙」 제17조)
• 공동구는 시장 · 군수 등이 관리한다.
• 시장 · 군수 등은 공동구 관리비용의 일부를 그 공동구를 점용하는 자에게 부담시킬 수 있으며, 그 부담비율은 점용면적비율을 고려하여 시장 · 군수 등이 정한다.

16 「택지개발촉진법」상 '택지'의 정의는?

[16년 4회]

① 「국토의 계획 및 이용에 관한 법률」에서 정하는 기반시설을 설치하기 위한 토지
② 「택지개발촉진법」에서 정하는 바에 따라 개발·공급되는 주택건설용지 및 공공시설용지
③ 일단(一團)의 토지를 활용하여 주택건설 및 주거생활이 가능한 택지를 조성하는 사업
④ 「국토의 계획 및 이용에 관한 법률」에 따른 도시지역과 그 주변지역 중 지정권자가 지정·고시하는 지구

◎해설

정의(「택지개발촉진법」 제2조)
"택지"란 이 법에서 정하는 바에 따라 개발·공급되는 주택건설용지 및 공공시설용지를 말한다.

17 택지개발지구가 고시된 날부터 최대 얼마 이내에 시행자가 택지개발사업 실시계획의 작성 또는 승인 신청을 하지 아니하는 경우 지정권자는 그 지정을 해제하여야 하는가? [13년 1회]

① 2년 이내　　　　② 3년 이내
③ 5년 이내　　　　④ 10년 이내

◎해설

택지개발지구의 지정(「택지개발촉진법」 제3조)
지정의 해제
지정권자는 택지개발지구가 고시된 날부터 3년 이내에 시행자가 택지개발사업 실시계획의 작성 또는 승인 신청을 하지 아니하는 경우에는 그 지정을 해제하여야 한다.

18 「택지개발촉진법」상의 공공시설용지가 아닌 것은? [14년 1회]

① 어린이놀이터를 설치하기 위한 토지
② 공동주택을 설치하기 위한 토지
③ 일반목욕장을 설치하기 위한 토지
④ 노인정을 설치하기 위한 토지

◎해설

공공시설용지는 기반시설 및 도시의 자족기능 확보를 위한 시설들을 설치하기 위한 토지이다. 공동주택의 경우는 이러한 기반 및 자족기능 확보를 위한 시설을 이용하는 주체로서 공공시설용지에 해당하는 토지에 설치되는 사항이 아니다.

19 택지개발예정지구 안에서 허가를 받아야 하는 행위는? [16년 1회]

① 죽목의 벌채 및 식재
② 경작을 위한 토지의 형질 변경
③ 택지개발지구에 존치하기로 결정된 대지에 물건을 쌓아놓는 행위
④ 택지개발지구의 개발에 지장을 주지 아니하고 자연경관을 손상하지 아니하는 범위에서의 토석 채취

◎해설

행위허가의 대상(「택지개발촉진법 시행령」 제6조)
※ 허가의 대상이 아닌 것
• 농림수산물의 생산에 직접 이용되는 것으로서 국토교통부령으로 정하는 간이공작물의 설치
• 경작을 위한 토지의 형질 변경
• 택지개발지구의 개발에 지장을 주지 아니하고 자연경관을 손상하지 아니하는 범위에서의 토석 채취
• 택지개발지구에 존치하기로 결정된 대지에 물건을 쌓아놓는 행위
• 관상용 죽목의 임시식재(경작지에서의 임시식재는 제외한다)

20 다음 중 택지개발사업의 시행자로 지정될 수 없는 자는? [13년 2회, 22년 4회]

① 토지소유자 조합　　② 한국토지주택공사
③ 지방자치단체　　　　④ 지방공사

◎해설

택지개발사업의 시행자(「택지개발촉진법」 제7조)
• 국가·지방자치단체
• 한국토지주택공사, 지방공사
• 주택건설 등 사업자

21 택지개발예정지구의 해제, 변경, 승인의 취소 또는 변경의 사유로 포괄승계인은 1년 이내 보상금에 일정 금액을 가산하여 시행자에게 지급하고 환매할 수 있다. 이를 무엇이라 하는가? [16년 2회]

① 수용권   ② 환매권

③ 처분권   ④ 지역권

해설

환매권(「택지개발촉진법」제13조)

택지개발지구의 지정 해제 또는 변경, 실시계획의 승인 취소 또는 변경, 그 밖의 사유로 수용한 토지 등의 전부 또는 일부가 필요 없게 되었을 때에는 수용 당시의 토지 등의 소유자 또는 그 포괄승계인(환매권자(還買權者))은 필요 없게 된 날부터 1년 이내에 토지 등의 수용 당시 받은 보상금에 대통령령으로 정한 금액(보상금 지급일부터 환매일까지의 법정이자)을 가산하여 시행자에게 지급하고 이를 환매할 수 있다.

22 「택지개발촉진법」상 환매권에 관한 설명으로 틀린 것은? [14년 1회]

① 수용 당시의 토지 등의 소유자로부터 승계를 받은 자는 환매권자가 될 수 없다.

② 수용한 토지 등의 전부 또는 일부가 필요 없게 되었을 때에 환매권자는 필요 없게 된 날부터 1년 이내에 환매할 수 있다.

③ 환매권자는 환매로써 제3자에게 대항할 수 있다.

④ 환매권자는 토지 등의 수용 당시 받은 보상금에 대통령령으로 정한 금액을 가산하여 시행자에게 지급하고 이를 환매할 수 있다.

해설

문제 21번 해설 참고

23 다음은 「택지개발촉진법」 중 준공검사에 관한 내용이다. ( )에 들어갈 내용으로 옳은 것은? [16년 4회, 23년 2회, 24년 2회]

> 시행자는 택지개발사업을 완료하였을 때에는 ( ) 대통령령으로 정하는 바에 따라 지정권자로부터 준공검사를 받아야 한다.

① 지체 없이

② 1개월 이내에

③ 3개월 이내에

④ 6개월 이내에

해설

준공검사(「택지개발촉진법」제16조)

시행자는 택지개발사업을 완료하였을 때에는 지체 없이 대통령령으로 정하는 바에 따라 지정권자로부터 준공검사를 받아야 한다.

24 「공익사업을 위한 토지 등의 취득 및 보상에 관한 법률」에 의한 협의에 응하여 그가 소유하는 택지개발지구의 토지의 전부를 시행자에게 양도한 자에게 국토교통부령이 정하는 규모의 택지를 수의계약으로 공급하는 경우, 시행자는 1세대당 1필지를 기준으로 얼마의 규모로 1필지를 공급하여야 하는가? [13년 2회 수정]

① 85m² 이상 130m² 이하

② 100m² 이상 165m² 이하

③ 165m² 이상 230m² 이하

④ 140m² 이상 265m² 이하

해설

택지의 공급방법(「택지개발촉진법 시행규칙」제10조)

시행자는 택지를 수의계약으로 공급할 때에는 1세대당 1필지를 기준으로 하여 1필지당 140m² 이상 265m² 이하의 규모로 공급하여야 한다.

25 「택지개발촉진법」에 따라 지정권자의 권한의 일부를 위임할 수 있는 대상으로 옳은 것은?

[15년 4회]

① 기획재정부 장관
② 행정자치부 장관
③ 한국토지주택공사장
④ 국토교통부 지방국토관리청장

해설

권한의 위임과 위탁(「택지개발촉진법」 제30조)
지정권자의 권한은 대통령령으로 정하는 바에 따라 그 일부를 시·도지사 또는 국토교통부 지방국토관리청장에게 위임할 수 있다.

26 다음 중 「주택법」상 각각 별개의 주택단지로 볼 수 있는 기준시설에 해당하지 않는 것은?

[12년 1회, 19년 1회, 22년 2회, 24년 1·3회]

① 철도, 고속도로
② 폭 15m 이상인 일반도로
③ 폭 8m 이상인 도시계획 예정도로
④ 자동차 전용도로

해설

정의(「주택법」 제2조)
주택단지
주택건설사업계획 또는 대지조성사업계획의 승인을 받아 주택과 그 부대시설 및 복리시설을 건설하거나 대지를 조성하는 데 사용되는 일단(一團)의 토지를 말한다. 다만, 다음의 시설로 분리된 토지는 각각 별개의 주택단지로 본다.
• 철도·고속도로·자동차전용도로
• 폭 20m 이상인 일반도로
• 폭 8m 이상인 도시계획예정도로
• 대통령령으로 정하는 시설

27 다음 중 "국민주택 규모"라 함은 1호 또는 1세대당 주거전용면적이 얼마 이하인 경우를 뜻하는가?(단, 수도권을 제외한 도시지역이 아닌 읍 또는 면 지역의 경우는 고려하지 않는다.)

[15년 4회, 18년 1회, 21년 2회, 24년 1회]

① 60m^2
② 66m^2
③ 85m^2
④ 100m^2

해설

정의(「주택법」 제2조)
국민주택 규모
주거의 용도로만 쓰이는 면적(주거전용면적)이 1호(戶) 또는 1세대당 85m^2 이하인 주택(단, 수도권을 제외한 도시지역이 아닌 읍 또는 면 지역은 1호 또는 1세대당 주거전용면적이 100m^2 이하인 주택을 말한다)을 말한다.

28 주택건설사업을 시행하려는 자가 사업계획승인권자에게 사업계획승인을 받아야 하는 주택건설사업과 대지조성사업의 규모기준으로 옳은 것은?

[12년 2회]

① 단독주택 : 20호 이상, 면적 : 1만m^2 이상
② 단독주택 : 50호 이상, 면적 : 10만m^2 이상
③ 단독주택 : 30호 이상, 면적 : 1만m^2 이상
④ 단독주택 : 50호 이상, 면적 : 20만m^2 이상

해설

주택건설사업자 등의 범위 및 등록기준(「주택법」 제4조, 시행령 제14조)
㉠ 연간 대통령령으로 정하는 호수(戶數) 이상의 주택건설사업을 시행하려는 자 또는 연간 대통령령으로 정하는 면적 이상의 대지조성사업을 시행하려는 자는 국토교통부장관에게 등록하여야 한다.
㉡ "대통령령으로 정하는 호수"란 다음의 구분에 따른 호수(戶數) 또는 세대수를 말한다.
  • 단독주택의 경우 : 20호
  • 공동주택의 경우 : 20세대. 다만, 도시형 생활주택은 30세대로 한다.
㉢ "대통령령으로 정하는 면적"이란 1만m^{2}를 말한다.

29 「주택법」상 사업 주체가 대통령령으로 정하는 호수 이상의 주택건설사업을 시행하는 경우 지방자치단체가 설치하는 도로 및 상하수도시설에 대한 설치비용에 대하여 얼마의 범위에서 국가가 보조할 수 있는가? [13년 1회, 19년 4회, 22년 4회]

① 그 비용의 전부　　② 그 비용의 2분의 1
③ 그 비용의 3분의 1　　④ 그 비용의 4분의 1

〈해설〉
간선시설의 설치 및 비용의 상환(「주택법」 제28조, 시행령 제39조)
간선시설의 설치 비용은 설치의무자가 부담한다. 이 경우 지방자치단체의 도로 및 상하수도시설의 설치 비용은 그 비용의 50%의 범위에서 국가가 보조할 수 있다.

30 「주택법」에 따른 간선시설의 종류별 설치범위 기준이 틀린 것은? [16년 2회, 21년 2회]

① 도로 – 주택단지 밖의 기간이 되는 도로로부터 주택단지의 경계선까지로 하되, 그 길이가 150m를 초과하는 경우로서 그 초과부분에 한한다.
② 상하수도시설 – 주택단지 밖의 기간이 되는 상·하수도시설로부터 주택단지의 경계선까지의 시설로 하되, 그 길이가 200m를 초과하는 경우로서 그 초과부분에 한한다.
③ 지역난방시설 – 주택단지 밖의 기간이 되는 열수송관의 분기점으로부터 주택단지 내의 각 기계실입구 차단밸브까지로 한다.
④ 통신시설 – 관로시설은 주택단지 밖의 기간이 되는 시설로부터 주택단지 경계선까지, 케이블시설은 주택단지 밖의 기간이 되는 시설로부터 주택단지 안의 최초 단자까지로 한다.

〈해설〉
간선시설의 종류별 설치범위(「주택법 시행령」 제39조 – 별표 7)
도로
주택단지 밖의 기간(基幹)이 되는 도로부터 주택단지의 경계선(단지의 주된 출입구를 말한다)까지로 하되, 그 길이가 200m를 초과하는 경우로서 그 초과부분에 한정한다.

31 택지개발사업을 시행하는 데 있어서 간선시설의 설치비용을 국가가 2분의 1의 범위에서 보조가 가능한 시설은? [15년 2회, 18년 2회]

① 주택단지 내 통신시설
② 주택단지 내 송·변전시설
③ 가스공급시설
④ 상하수도시설

〈해설〉
간선시설의 설치 및 비용의 상환(「주택법」 제28조, 시행령 제39조)
간선시설의 설치 비용은 설치의무자가 부담한다. 이 경우 지방자치단체의 도로 및 상하수도시설의 설치 비용은 그 비용의 50%의 범위에서 국가가 보조할 수 있다.

32 간선시설의 설치에 관한 아래의 내용에서 ㉠과 ㉡에 해당하는 규모기준이 모두 옳은 것은? [13년 4회, 17년 2회, 21년 1회, 23년 2회, 24년 2회]

사업주체가 ㉠ 대통령으로 정하는 호수 이상의 주택건설사업을 시행하는 경우 또는 ㉡ 대통령으로 정하는 면적 이상의 대지조성사업을 시행하는 경우 각 호에 해당하는 자는 각각 해당 간선시설을 설치하여야 한다.

① ㉠ : 100호, ㉡ : 16,500m²
② ㉠ : 100호, ㉡ : 33,000m²
③ ㉠ : 200호, ㉡ : 16,500m²
④ ㉠ : 200호, ㉡ : 33,000m²

〈해설〉
간선시설의 설치 및 비용의 상환(「주택법」 제28조, 시행령 제39조)
㉠ "대통령으로 정하는 호수"란 다음의 구분에 따른 호수 또는 세대수를 말한다.
　• 단독주택인 경우 : 100호
　• 공동주택인 경우 : 100세대(리모델링의 경우에는 늘어나는 세대수를 기준)
㉡ "대통령으로 정하는 면적"이란 16,500m²를 말한다.

33 「산업입지 및 개발에 관한 법률」에 의거하여 산업입지정책에 관한 중요사항을 심의하기 위하여 국토교통부에 두는 위원회는? [12년 2회, 24년 2회]

① 산업입지정책심의회
② 산업입지평가위원회
③ 산업정책위원회
④ 국토정책심의회

●해설

산업입지정책심의회(「산업입지 및 개발에 관한 법률」 제3조)

산업입지정책에 관한 중요사항을 심의하기 위하여 국토교통부에 산업입지정책심의회를 둔다.

34 다음 중 「산업입지 및 개발에 관한 법률」에 따른 산업단지에 해당하는 것으로만 나열된 것은?
[13년 2회, 19년 2회, 23년 1회, 24년 1회]

① 국가산업단지, 일반산업단지, 농공단지
② 국가산업단지, 도시산업단지, 농공산업단지
③ 국가산업단지, 일반산업단지, 특수산업단지
④ 국가산업단지, 지역산업단지, 농공단지

●해설

산업단지의 구분(「산업입지 및 개발에 관한 법률」 제2조)

국가산업단지, 일반산업단지, 도시첨단산업단지, 농공단지(農工團地), 스마트그린산업단지

35 산업단지의 종류와 그 지정권자의 연결이 옳지 않은 것은? [12년 4회, 21년 1회]

① 국가산업단지 : 국토교통부장관
② 일반산업단지 : 시·도지사
③ 도시첨단산업단지 : 시·도지사
④ 농공단지 : 시·도지사

●해설

산업단지의 구분(「산업입지 및 개발에 관한 법률」 제2조)

구분	산업단지	지정권자
국가산업단지	국가기간산업, 첨단과학기술산업 등을 육성하거나 개발 촉진이 필요한 낙후지역이나 둘 이상의 특별시·광역시·특별자치시 또는 도에 걸쳐 있는 지역을 산업단지로 개발하기 위하여 지정된 산업단지	국토교통부장관
일반산업단지	산업의 적정한 지방 분산을 촉진하고 지역경제의 활성화를 위하여 지정된 산업단지	시·도지사
도시첨단산업단지	지식산업·문화산업·정보통신산업, 그 밖의 첨단산업의 육성과 개발 촉진을 위하여 도시지역에 지정된 산업단지	국토교통부장관 또는 시·도지사
농공단지 (農工團地)	대통령령으로 정하는 농어촌지역에 농어민의 소득 증대를 위한 산업을 유치·육성하기 위하여 지정된 산업단지	특별자치도지사 또는 시장·군수·구청장
스마트그린산업단지	입주기업과 기반시설·주거시설·지원시설 및 공공시설 등의 디지털화, 에너지 자립 및 친환경화를 추진하는 산업단지	각 산업단지 지정권자

36 다음 산업단지의 지정에 관한 설명으로 옳지 않은 것은? [12년 1회, 17년 4회]

① 일반산업단지는 시·도지사 또는 대통령령이 정하는 시장이 지정한다. 단, 대통령령이 정하는 면적 미만의 산업단지의 경우에는 시장·군수 또는 구청장이 지정할 수 있다.
② 국토교통부장관은 관계 중앙행정기관의 장과 협의 후 심의회의 심의를 거쳐 국가산업단지를 지정하여야 한다.
③ 도시첨단산업단지는 국토교통부장관이 지정하는 경우, 시·도지사의 신청을 받아 지정한다.
④ 시장·군수 또는 구청장은 시·도지사에게 도시첨단산업단지의 지정을 신청하고자 하는 때에는 산업단지 개발계획을 입안하여 제출하여야 한다.

정답 33 ① 34 ① 35 ④ 36 ③

해설

도시첨단산업단지의 지정(「산업입지 및 개발에 관한 법률」 제7조의2)

도시첨단산업단지는 국토교통부장관, 시·도지사 또는 대도시시장이 지정하며, 시·도지사(특별자치도지사는 제외한다)가 지정하는 경우에는 시장·군수 또는 구청장의 신청을 받아 지정한다. 다만, 대통령령으로 정하는 면적 미만인 경우에는 시장·군수 또는 구청장이 직접 지정할 수 있다.

37 「산업입지 및 개발에 관한 법률」상 산업단지 지정의 제한에 대한 아래 설명과 관련하여 밑줄 그은 부분에 대한 기준이 잘못 제시된 것은?

[13년 1회, 20년 4회]

> 산업단지 지정권자는 지정된 산업단지의 면적 또는 미분양 비율이 산업단지의 종류별로 <u>대통령령으로 정하는 면적 또는 미분양 비율</u>에 해당하는 지방자치단체인 경우 산업단지를 지정하여서는 아니 된다.

① 국가산업단지 : 시·도별로 미분양 비율 15% 이상
② 일반산업단지 : 시·도별로 미분양 비율 30% 이상
③ 도시첨단산업단지 : 시·도별로 미분양비율 15% 이상
④ 농공단지 : 시·군·자치구별로 100만m²부터 200만m²까지의 범위 안에서 농공단지개발 세부지침이 정하는 면적 이상 또는 미분양 비율 30% 이상

해설

산업단지 지정의 제한(「산업입지 및 개발에 관한 법률」 제8조의2, 시행령 제10조의 2)

• 산업단지지정권자는 지정된 산업단지의 면적 또는 미분양 비율이 산업단지의 종류별로 대통령령으로 정하는 면적 또는 미분양 비율에 해당하는 지방자치단체인 경우에는 산업단지를 지정하여서는 아니 된다.

• 대통령령으로 정하는 면적 또는 미분양 비율

구분	비율
국가산업단지	시·도별로 미분양 비율 15% 이상
일반산업단지	시·도별로 미분양 비율 30% 이상
도시첨단 산업단지	시·도별로 미분양 비율 30% 이상
농공단지	시·군·구별로 100만m²부터 200만m²까지의 범위 안에서 농공단지개발세부지침이 정하는 면적 이상 또는 미분양 비율 30% 이상

38 다음 중 산업단지개발사업의 시행자가 될 수 없는 자는? [13년 4회, 23년 2회, 24년 3회]

① 「중소기업진흥에 관한 법률」에 따른 중소기업진흥공단
② 산업단지 안의 토지의 소유자 또는 그들이 산업단지 개발을 위하여 설립한 조합
③ 해당 산업단지개발계획에 적합한 시설을 설치하여 입주하려는 자와 산업단지개발에 관한 자문계약을 체결한 부동산투자자문회사
④ 「산업집적활성화 및 공장설립에 관한 법률」의 규정에 따라 설립된 한국산업단지공단

해설

사업 시행자와 산업단지개발에 관한 신탁계약을 체결한 부동산신탁업자

39 「산업입지 및 개발에 관한 법률」상 사업 시행자가 개발토지·시설 등을 분양 또는 임대받을 자를 선정함에 있어, 산업시설용지를 우선적으로 선정받을 수 있는 자가 아닌 경우? [14년 2회]

① 「수도권정비계획법」의 관련 규정에 의한 과밀억제권역으로부터 이전하고자 하는 자
② 국외에서 운영하던 사업장을 국내로 이전하려는 자
③ 재생계획에 의하여 이전이 요구되는 자
④ 관련 법률의 규정에 따라 증축을 원하는 공장을 소유하고 있는 자

해설

개발토지·시설 등의 공급방법 및 처분절차 등(「산업입지 및 개발에 관한 법률」 제42조의3)

산업시설용지의 경우 다음의 어느 하나에 해당하는 자를 우선적으로 선정할 수 있다.

• 과밀억제권역으로부터 이전하고자 하는 자
• 지식산업센터를 설립하고자 하는 자
• 협동화실천계획의 승인을 얻어 시행하고자 하는 자
• 재생계획에 의하여 이전이 요구되는 자
• 이전이 요구되는 공장이나 물류시설을 소유하고 있는 자
• 재해경감 우수기업
• 증축이 제한되는 공장 중 시·도지사가 그 관할구역의 산업단지로 이전이 필요하다고 인정하는 공장을 소유하고 있는 자

• 국외에서 운영하던 사업장을 국내로 이전하려는 자
• 신규채용 실적이 우수하거나 청년고용 실적이 우수한 것으로 평가되는 기업

40 국토교통부장관이 산업단지 외의 지역에서의 공장 설립을 위한 입지 지정과 지정 승인된 입지의 개발에 관한 기준 작성 시 포함되어야 할 사항으로 옳지 않은 것은?

[15년 2회, 19년 1회, 21년 4회, 23년 2회]

① 산업시설용지의 적정 이용기준에 관한 사항
② 주택건설 및 공급에 관한 사항
③ 토지가격의 안정을 위하여 필요한 사항
④ 환경 보전 및 문화재 보존을 위하여 필요한 사항

해설

입지지정 및 개발에 관한 기준의 작성(「산업입지 및 개발에 관한 법률 시행령」 제45조)

입지지정 및 개발에 관한 기준에는 다음의 사항이 포함되어야 한다.

• 개별공장입지의 선정기준에 관한 사항
• 산업시설용지의 적정 이용기준에 관한 사항
• 기반시설의 설치 및 정비에 관한 사항
• 산업의 적정배치와 지역 간 균형발전을 위하여 필요한 사항
• 환경 보전 및 문화재 보존을 위하여 필요한 사항
• 토지가격의 안정을 위하여 필요한 사항
• 기타 다른 계획과의 조화를 위하여 필요한 사항

41 「관광진흥법」상에 정의된 내용으로 옳은 것은?

[12년 2회, 17년 2회]

① 관광펜션업은 관광숙박업에 해당한다.
② 관광지란 자연적 또는 문화적 관광자원을 갖추고 관광객을 위한 기본적인 편의시설을 설치하는 지역이다.
③ 관광지 및 관광단지의 지정권자는 문화체육관광부장관이다.
④ 시 · 도지사는 관광개발기본계획을 수립하여야 한다.

해설

① 관광펜션업은 관광편의시설업에 속한다.
③ 관광지 및 관광단지는 문화체육관광부령으로 정하는 바에 따라 시장 · 군수 · 구청장의 신청에 의하여 시 · 도지사가 지정한다. 다만, 특별자치시 및 특별자치도의 경우에는 특별자치시장 및 특별자치도지사가 지정한다.
④ 문화체육관광부장관은 관광자원을 효율적으로 개발하고 관리하기 위하여 전국을 대상으로 관광개발기본계획을 수립하여야 한다.

42 「관광진흥법」에 따른 관광객 이용시설업의 종류에 해당하지 않는 것은?

[16년 1회, 19년 2회, 22년 4회]

① 종합휴양업
② 관광유람선업
③ 전문휴양업
④ 일반유원시설업

해설

일반유원시설업은 유원시설업(遊園施設業)에 속한다.

43 다음 중 「관광진흥법」상 시 · 도지사가 권역별 관광개발기본계획의 수립 시 포함하여야 하는 사항에 해당하지 않는 것은?

[16년 4회, 20년 1 · 2회, 23년 1회]

① 환경보전에 관한 사항
② 관광권역(觀光圈域)의 설정에 관한 사항
③ 관광자원의 보호 · 개발 · 이용 · 관리 등에 관한 사항
④ 관광지 및 관광단지의 조성 · 정비 · 보완 등에 관한 사항

해설

관광권역(觀光圈域)의 설정에 관한 사항은 문화체육관광부장관이 수립하는 관광개발 기본계획에 포함하는 사항이다.

44 관광지 및 관광단지의 개발에 대한 설명으로 옳지 않은 것은? [15년 1회]

① 문화체육관광부장관은 전국을 대상으로 관광개발 기본계획을 수립하여야 한다.

② 관광지 및 관광단지는 기본계획과 권역계획을 기준으로 시·군수 또는 구청장이 지정한다.

③ 관광개발기본계획에는 관광권역의 설정에 관한 내용이 포함된다.

④ 권역계획은 그 지역을 관할하는 시·도지사가 수립하여야 한다.

해설

관광지의 지정(「관광진흥법」 제52조)

관광지 및 관광단지는 문화체육관광부령으로 정하는 바에 따라 시·군수·구청장의 신청에 의하여 시·도지사가 지정한다. 다만, 특별자치시 및 특별자치도의 경우에는 특별자치시장 및 특별자치도지사가 지정한다.

45 「관광진흥법」상 관광지 및 관광단지의 개발에 관한 설명으로 옳은 것은? [14년 2회]

① 관광지 및 관광단지는 문화체육관광부장관이 지정한다.

② 관광지 및 관광단지의 조성계획은 문화체육관광부장관의 승인을 받아야 한다.

③ 시·도지사(특별자치도지사는 제외)는 관광개발기본계획에 따라 구분된 권역을 대상으로 권역별 관광계획을 수립하여야 한다.

④ 시장·군수·구청장이 관광단지 조성계획을 변경하는 경우 국토교통부장관의 승인을 받아야 한다.

해설

① 관광지 및 관광단지는 문화체육관광부령으로 정하는 바에 따라 시·군수·구청장의 신청에 의하여 시·도지사가 지정한다. 다만, 특별자치시 및 특별자치도의 경우에는 특별자치시장 및 특별자치도지사가 지정한다.

② 관광지 등을 관할하는 시·군수·구청장은 조성계획을 작성하여 시·도지사의 승인을 받아야 한다.

④ 시장·군수·구청장이 관광단지 조성계획을 변경하는 경우 시·도지사의 승인을 받아야 한다.

46 다음 중 시장·군수·구청장이 시·도지사의 승인을 받지 않아도 되는 조성계획의 변경 기준으로 옳지 않은 것은? [15년 2회, 18년 2회, 23년 4회]

① 관광시설계획면적의 100분의 20 이내의 변경

② 관광시설계획 중 시설지구별 토지이용계획 면적의 100분의 40 이내의 변경

③ 관광시설계획 중 시설지구별 건축 연면적의 100분의 30 이내의 변경

④ 관광시설계획 중 시설지 구별 토지이용계획면적이 2,200m² 미만인 경우에는 660m² 이내의 변경

해설

경미한 조성계획의 변경(「관광진흥법 시행령」 제47조)

"대통령령으로 정하는 경미한 사항의 변경"이란 다음 각 호의 어느 하나에 해당하는 것을 말한다.

1. 관광시설계획면적의 100분의 20 이내의 변경

2. 관광시설계획 중 시설지구별 토지이용계획면적(조성계획의 변경승인을 받은 경우에는 그 변경승인을 받은 토지이용계획면적)의 100분의 30 이내의 변경(시설지구별 토지이용계획면적이 2천200제곱미터 미만인 경우에는 660제곱미터 이내의 변경)

3. 관광시설계획 중 시설지구별 건축 연면적(조성계획의 변경승인을 받은 경우에는 그 변경승인을 받은 건축 연면적)의 100분의 30 이내의 변경(시설지구별 건축 연면적이 2천200제곱미터 미만인 경우에는 660제곱미터 이내의 변경)

4. 관광시설계획 중 숙박시설지구에 설치하려는 시설(조성계획의 변경승인을 받은 경우에는 그 변경승인을 받은 시설)의 변경(숙박시설지구 안에 설치할 수 있는 시설 간 변경에 한정)으로서 숙박시설지구의 건축 연면적의 100분의 30 이내의 변경(숙박시설지구의 건축 연면적이 2천200제곱미터 미만인 경우에는 660제곱미터 이내의 변경)

5. 관광시설계획 중 시설지구에 설치하는 시설의 명칭 변경

6. 조성계획의 승인을 받은 자(특별자치시장 및 특별자치도지사가 조성계획을 수립한 경우를 포함하며 "사업시행자"라 한다)의 성명(법인인 경우에는 그 명칭 및 대표자의 성명) 또는 사무소 소재지의 변경. 다만, 양도·양수, 분할, 합병 및 상속 등으로 인해 사업시행자의 지위나 자격에 변경이 있는 경우는 제외한다.

47 「관광진흥법」상 특별자치도지사 · 시장 · 군수 · 구청장이 관할구역 내 관광특구를 방문하는 외국인 관광객의 유치 촉진 등을 위하여 수립하고 시행하는 계획은? [13년 4회, 24년 1회]

① 관광권역계획

② 관광기본계획

③ 관광특구진흥계획

④ 관광활성화계획

● 해설

관광특구의 진흥계획(「관광진흥법」 제71조)

특별자치시장 · 특별자치도지사 · 시장 · 군수 · 구청장은 관할 구역 내 관광특구를 방문하는 외국인 관광객의 유치 촉진 등을 위하여 관광특구진흥계획을 수립하고 시행하여야 한다.

48 「건축법」상 지하층이란 건축물의 바닥이 지표면 아래에 있는 층으로 바닥에서 지표면까지 평균 높이가 해당 층 높이의 얼마 이상인 것을 말하는가? [13년 1회, 13년 4회, 18년 2회]

① 2분의 1

② 3분의 1

③ 4분의 1

④ 5분의 1

● 해설

용어 정의(「건축법」 제2조)

지하층이란 건축물의 바닥이 지표면 아래에 있는 층으로서 바닥에서 지표면까지 평균높이가 해당 층 높이의 2분의 1 이상인 것을 말한다.

49 다음 중 건축법령상 공동주택에 해당하지 않는 것은? [12년 4회, 20년 4회, 21년 2회, 23년 1회, 24년 2회]

① 연립주택

② 다가구주택

③ 다세대주택

④ 기숙사

● 해설

다가구주택은 단독주택의 분류에 속한다.

50 다음 중 건축법령상 두 필지 이상의 필지를 하나의 대지로 할 수 있는 토지가 아닌 것은? [12년 1회, 17년 1회, 22년 2회]

① 하나의 건축물을 두 필지 이상에 걸쳐 건축하는 경우

② 「국토의 계획 및 이용에 관한 법률」에 따른 도시계획시설에 해당하는 건축물을 건축하는 경우 그 도시계획시설이 설치되는 일단의 토지

③ 건축물의 사용승인을 신청할 때 둘 이상의 필지를 하나의 필지로 합칠 것을 조건으로 건축허가를 하는 경우 그 필지가 합쳐지는 토지

④ 도로의 지표 아래에 건축하는 건축물의 경우 국토교통부장관이 그 건축물이 건축되는 토지로 정하는 토지

● 해설

대지의 범위(「건축법 시행령」 제3조)

둘 이상의 필지를 하나의 대지로 할 수 있는 토지

도로의 지표 아래에 건축하는 건축물의 경우 특별시장 · 광역시장 · 특별자치시장 · 특별자치도지사 · 시장 · 군수 또는 구청장이 그 건축물이 건축되는 토지로 정하는 토지

51 「건축법」상 건축을 하는 건축주가 해당 지방자치단체의 조례로 정하는 기준에 따라 대지에 조경이나 그 밖에 필요한 조치를 하여야 하는 기준은? [14년 1회, 22년 2회]

① 면적이 100m^2 이상인 대지에 건축을 하는 경우

② 면적이 150m^2 이상인 대지에 건축을 하는 경우

③ 면적이 165m^2 이상인 대지에 건축을 하는 경우

④ 면적이 200m^2 이상인 대지에 건축을 하는 경우

● 해설

대지의 조경(「건축법」 제42조)

면적이 200m^2 이상인 대지에 건축을 하는 건축주는 용도지역 및 건축물의 규모에 따라 해당 지방자치단체의 조례로 정하는 기준에 따라 대지에 조경이나 그 밖에 필요한 조치를 하여야 한다.

규정을 적용한다. 다만, 건축물의 방화지구에 속한 부분과 그 밖의 구역에 속한 부분의 경계가 방화벽으로 구획되는 경우 그 밖의 구역에 있는 부분에 대하여는 그러하지 아니하다.

52 「건축법」상 지역의 환경을 쾌적하게 조성하기 위하여 대통령령으로 정하는 용도 및 규모의 건축물에 일반이 사용할 수 있도록 소규모 휴식시설 등을 설치하는 것은 무엇인가?

[15년 1회, 18년 1회, 23년 4회]

① 공공공지
② 대지 안의 공지
③ 공개공지
④ 공공녹지

해설

공개공지(「건축법」 제43조)
지역의 환경을 쾌적하게 조성하기 위하여 대통령령으로 정하는 용도와 규모의 건축물은 일반이 사용할 수 있도록 대통령령으로 정하는 기준에 따라 소규모 휴식시설 등의 공개공지(空地, 공터) 또는 공개공간

53 둘 이상의 용도지역 · 지구 · 구역(용도지역 등)에 하나의 대지가 걸치는 경우의 적용기준에 대한 다음 설명 중 틀린 것은? [14년 4회]

① 하나의 대지가 둘 이상의 용도지역 등에 걸친 경우 건폐율과 용적률 이외의 건축 제한 등에 관한 사항은 그 대지 중 가장 넓은 면적이 속하는 용도지역 등에 관한 규정을 적용한다.
② 건축물이 미관지구나 고도지구에 걸쳐 있는 경우에는 그 건축물 및 대지의 전부에 대하여 미관지구나 고도지구의 건축물 및 대지에 관한 규정을 적용한다.
③ 하나의 건축물이 방화지구와 그 밖의 용도지역 등에 걸쳐 있는 경우에는 그 일부에 대하여 방화지구의 건축물에 관한 규정을 적용한다.
④ 하나의 대지가 녹지지역과 그 밖의 용도지역 등에 걸쳐 있는 경우에는 각각의 용도지역 등의 건축물 및 토지에 관한 규정을 적용한다.

해설

건축물의 대지가 지역 · 지구 또는 구역에 걸치는 경우의 조치(「건축법」 제54조)
하나의 건축물이 방화지구와 그 밖의 구역에 걸치는 경우에는 그 전부에 대하여 방화지구 안의 건축물에 관한 이 법의

1 「도시 · 군계획시설의 결정 · 구조 및 설치기준에 관한 규칙」

(1) 용어의 정의

1) 주차장(「도시 · 군계획시설의 결정 · 구조 및 설치기준에 관한 규칙」 제29조)

주차장이라 함은 노외주차장을 말한다.

2) 유원지(「도시 · 군계획시설의 결정 · 구조 및 설치기준에 관한 규칙」 제56조)

유원지라 함은 주로 주민의 복지 향상에 기여하기 위하여 설치하는 오락과 휴양을 위한 시설을 말한다.

3) 공공공지(「도시 · 군계획시설의 결정 · 구조 및 설치기준에 관한 규칙」 제59조)

공공공지라 함은 시 · 군내의 주요 시설물 또는 환경의 보호, 경관의 유지, 재해대책, 보행자의 통행과 주민의 일시적 휴식공간의 확보를 위하여 설치하는 시설을 말한다.

─┤핵심문제

「도시 · 군계획시설의 결정 · 구조 및 설치기준에 관한 규칙」에 대한 설명으로 틀린 것은?

[15년 4회, 18년 4회]

① 주차장이라 함은 「주차장법」 규정에 의한 노외주차장과 노상주차장을 말한다.
② 유원지의 규모는 1만m² 이상으로 당해 유원지의 성격과 기능에 따라 적정하게 한다.
③ 운동장이라 함은 국민의 건강 증진과 여가선용에 기여하기 위하여 설치하는 종합운동장으로서 관람석 수 1,000석 이하의 소규모 실내운동장을 제외한다.
④ 광장의 결정기준에 따른 분류에는 교통광장, 일반광장, 경관광장, 지하광장, 건축물부설광장이 있다.

답 ①

해설⊕ ┄┄

주차장(「도시 · 군계획시설의 결정 · 구조 및 설치기준에 관한 규칙」 제29조)
주차장이라 함은 노외주차장을 말한다.

---

(2) 도시 · 군계획시설의 중복결정(「도시 · 군계획시설의 결정 · 구조 및 설치기준에 관한 규칙」 제3조)

① 토지를 합리적으로 이용하기 위하여 필요한 경우에는 둘 이상의 도시 · 군계획시설을 같은 토지에 함께 결정할 수 있다. 이 경우 각 도시 · 군계획시설의 이용에 지장이 없어야 하고, 장래의 확장 가능성을 고려하여야 한다.

② 도시지역에 도시 · 군계획시설을 결정할 때에는 둘 이상의 도시 · 군계획시설을 같은 토지에 함께 결정할 필요가 있는지를 우선적으로 검토하여야 하고, 공공청사, 문화시설, 체육시설, 사회복지시

설 및 청소년수련시설 등 공공·문화체육시설을 결정하는 경우에는 시설의 목적, 이용자의 편의성 및 도심활성화 등을 고려하여 둘 이상의 도시·군계획시설을 같은 토지에 함께 설치할 것인지 여부를 반드시 검토하여야 한다.

(3) 도로

1) 도로의 구분(「도시·군계획시설의 결정·구조 및 설치기준에 관한 규칙」 제9조)

① 사용 및 형태별 구분

구분	내용
일반도로	폭 4m 이상의 도로로서 통상의 교통소통을 위하여 설치되는 도로
자동차 전용도로	특별시·광역시·특별자치시·시 또는 군(이하 "시·군"이라 한다) 내 주요 지역 간이나 시·군 상호 간에 발생하는 대량교통량을 처리하기 위한 도로로서 자동차만 통행할 수 있도록 하기 위하여 설치하는 도로
보행자 전용도로	폭 1.5m 이상의 도로로서 보행자의 안전하고 편리한 통행을 위하여 설치하는 도로
보행자 우선도로	폭 20m 미만의 도로로서 보행자와 차량이 혼합하여 이용하되 보행자의 안전과 편의를 우선적으로 고려하여 설치하는 도로
자전거 전용도로	하나의 차로를 기준으로 폭 1.5m(지역 상황 등에 따라 부득이하다고 인정되는 경우에는 1.2m) 이상의 도로로서 자전거의 통행을 위하여 설치하는 도로
고가도로	시·군 내 주요 지역을 연결하거나 시·군 상호 간을 연결하는 도로로서 지상교통의 원활한 소통을 위하여 공중에 설치하는 도로
지하도로	시·군 내 주요 지역을 연결하거나 시·군 상호 간을 연결하는 도로로서 지상교통의 원활한 소통을 위하여 지하에 설치하는 도로(도로·광장 등의 지하에 설치된 지하공공보도시설을 포함한다). 다만, 입체교차를 목적으로 지하에 도로를 설치하는 경우를 제외한다.

② 규모별 구분

구분		도로 폭
광로	1류	폭 70m 이상인 도로
	2류	폭 50m 이상 70m 미만인 도로
	3류	폭 40m 이상 50m 미만인 도로
대로	1류	폭 35m 이상 40m 미만인 도로
	2류	폭 30m 이상 35m 미만인 도로
	3류	폭 25m 이상 30m 미만인 도로
중로	1류	폭 20m 이상 25m 미만인 도로
	2류	폭 15m 이상 20m 미만인 도로
	3류	폭 12m 이상 15m 미만인 도로
소로	1류	폭 10m 이상 12m 미만인 도로
	2류	폭 8m 이상 10m 미만인 도로
	3류	폭 8m 미만인 도로

③ 기능별 구분

구분	내용
주간선도로	시 · 군 내 주요 지역을 연결하거나 시 · 군 상호 간을 연결하여 대량통과교통을 처리하는 도로로서 시 · 군의 골격을 형성하는 도로
보조간선도로	주간선도로를 집산도로 또는 주요 교통발생원과 연결하여 시 · 군 교통이 모였다 흩어지도록 하는 도로로서 근린주거구역의 외곽을 형성하는 도로
집산도로(集散道路)	근린주거구역의 교통을 보조간선도로에 연결하여 근린주거구역 내 교통이 모였다 흩어지도록 하는 도로로서 근린주거구역의 내부를 구획하는 도로
국지도로	가구(街區 : 도로로 둘러싸인 일단의 지역을 말한다. 이하 같다)를 구획하는 도로
특수도로	보행자전용도로 · 자전거전용도로 등 자동차 외의 교통에 전용되는 도로

2) 도로의 일반적 결정기준(「도시 · 군계획시설의 결정 · 구조 및 설치기준에 관한 규칙」 제10조)

① 도로의 효용을 높이기 위하여 당해 도로가 교통의 소통에 미치는 영향이 최대화되도록 할 것

② 도로의 종류별로 일관성 있게 계통화된 도로망이 형성되도록 하고, 광역교통망과의 연계를 고려할 것

③ 도로의 배치간격

- 주간선도로와 주간선도로의 배치간격 : 1,000m 내외
- 주간선도로와 보조간선도로의 배치간격 : 500m 내외
- 보조간선도로와 집산도로의 배치간격 : 250m 내외
- 국지도로 간의 배치간격 : 가구의 짧은 변 사이의 배치간격은 90m 내지 150m 내외, 가구의 긴 변 사이의 배치간격은 25m 내지 60m 내외

④ 국도대체우회도로 및 자동차전용도로에는 집산도로 또는 국지도로가 직접 연결되지 아니하도록 할 것

⑤ 도로의 폭은 해당 시 · 군의 인구 및 발전 전망을 고려한 교통수단별 교통량분담계획, 해당 도로의 기능과 인근의 토지이용계획에 따라 정할 것

⑥ 기존 도로를 확장하는 경우에는 원칙적으로 한쪽 방향으로 확장하도록 하고, 도로의 선형, 보상비, 공사의 난이도, 공사비, 주변토지의 이용효율, 다른 공공시설과의 관계 등을 종합적으로 고려하며, 도로부지에 국 · 공유지가 우선적으로 편입되도록 할 것

⑦ 보전녹지지역 · 생산녹지지역 · 보전관리지역 · 생산관리지역 · 농림지역 및 자연환경보전지역에는 원칙적으로 다음의 도로에 한정하여 설치하여야 한다.

- 당해 지역을 통과하는 교통량을 처리하기 위한 도로
- 도시 · 군계획시설에의 진입도로
- 도시 · 군계획사업 및 다른 법령에 의한 대규모 개발사업이 시행되는 구역과 연결되는 도로
- 지구단위계획구역에 설치하는 도로 및 지구단위계획구역과 연결되는 도로
- 기존 취락에 설치하는 도로 및 기존 취락과 연결되는 도로

⑧ 개발이 되지 아니한 주거지역·상업지역 및 공업지역에는 지역개발에 필요한 주간선도로 및 보조간선도로에 한하여 설치하고, 주간선도로 및 보조간선도로 외의 도로는 지구단위계획을 수립한 후 이에 의하여 설치할 것

─┤핵심문제

「도시·군계획시설의 결정·구조 및 설치기준에 관한 규칙」에 따른 도로의 일반적 결정기준이 틀린 것은?   [13년 1회, 17년 2회]

① 도로의 폭은 당해 시·군의 인구 및 발전전망을 고려한 교통수단별 교통량분담계획, 해당 도로의 기능과 인근의 토지이용계획에 따라 결정한다.
② 기존 도로를 확장하는 경우에는 원칙적으로 양측 방향으로 확장하도록 한다.
③ 보조간선도로와 집산도로의 배치간격은 250m 내외로 한다.
④ 국도대체우회도로 및 자동차전용도로에는 집산도로 또는 국지도로가 직접 연결되지 않도록 한다.

정답 ②

해설⊕--

도로의 일반적 결정기준(「도시·군계획시설의 결정·구조 및 설치기준에 관한 규칙」 제10조)
기존 도로를 확장하는 경우에는 원칙적으로 한쪽 방향으로 확장하도록 하고, 도로의 선형, 보상비, 공사의 난이도, 공사비, 주변 토지의 이용효율, 다른 공공시설과의 관계 등을 종합적으로 고려하며, 도로부지에 국·공유지가 우선적으로 편입되도록 할 것

---

3) 용도지역별 도로율(「도시·군계획시설의 결정·구조 및 설치기준에 관한 규칙」 제11조)

구분	도로율
주거지역	15% 이상 30% 미만. 이 경우 간선도로의 도로율은 8% 이상 15% 미만이어야 한다.
상업지역	25% 이상 35% 미만. 이 경우 간선도로의 도로율은 10% 이상 15% 미만이어야 한다.
공업지역	8% 이상 20% 미만. 이 경우 간선도로의 도로율은 4% 이상 10% 미만이어야 한다.

(4) 주차장

1) 주차장의 범위(「도시·군계획시설의 결정·구조 및 설치기준에 관한 규칙」 제29조)

주차장이라 함은 노외주차장을 말한다.

2) 주차장의 결정기준 및 구조·설치기준(「도시·군계획시설의 결정·구조 및 설치기준에 관한 규칙」 제30조)

① 주차장은 원활한 교통의 흐름을 위하여 주간선도로의 교차로에 인접하여 설치되지 아니하도록 할 것
② 주간선도로에 진·출입구가 설치되지 아니하도록 할 것. 다만, 별도의 진·출입로 또는 완화차선을 설치하는 경우에는 그러하지 아니하다.
③ 대중교통수단과 연계되는 지점에 설치할 것

④ 국가 또는 지방자치단체가 재해취약지역이나 그 인근에 설치 또는 관리하는 면적 3,000m² 이상의 주차장에는 지형 및 배수환경 등을 검토하여 적정한 규모의 지하 저류시설을 설치하는 것을 고려할 것. 다만, 하천구역 및 공유수면에 설치하는 경우에는 그렇지 않다.

⑤ 건축물이 아닌 주차장에서 유출되는 빗물을 최소화하도록 빗물이 땅에 잘 스며들 수 있는 구조로 하거나 식생도랑, 저류·침투조 등의 빗물관리시설을 설치하고, 나무, 화초, 잔디 등을 심는 경우에는 그 식재면의 높이를 인접한 포장면의 바닥 높이보다 낮게 할 것

(5) 광장(「도시·군계획시설의 결정·구조 및 설치기준에 관한 규칙」제49조 및 제50조)

1) 광장의 정의 및 구분

① 광장이라 함은 교통광장·일반광장·경관광장·지하광장 및 건축물부설광장을 말한다.

② 교통광장은 교차점광장·역전광장 및 주요 시설광장으로 구분하고, 일반광장은 중심대광장 및 근린광장으로 구분한다.

2) 광장의 결정기준

① 교통광장

구분	내용
교차점 광장	• 혼잡한 주요 도로의 교차지점에서 각종 차량과 보행자를 원활히 소통시키기 위하여 필요한 곳에 설치할 것 • 자동차전용도로의 교차지점인 경우에는 입체교차방식으로 할 것 • 주간선도로의 교차지점인 경우에는 접속도로의 기능에 따라 입체교차방식으로 하거나 교통섬·변속차로 등에 의한 평면교차방식으로 할 것. 다만, 도심부나 지형여건상 광장의 설치가 부적합한 경우에는 그러하지 아니하다.
역전광장	• 역전에서의 교통혼잡을 방지하고 이용자의 편의를 도모하기 위하여 철도역 앞에 설치할 것 • 철도교통과 도로교통의 효율적인 변환을 가능하게 하기 위하여 도로와의 연결이 쉽도록 할 것 • 대중교통수단 및 주차시설과 원활히 연계되도록 할 것
주요 시설 광장	• 항만·공항 등 일반교통의 혼잡요인이 있는 주요 시설에 대한 원활한 교통처리를 위하여 당해 시설과 접하는 부분에 설치할 것 • 주요 시설의 설치계획에 교통광장의 기능을 갖는 시설계획이 포함된 때에는 그 계획에 의할 것

② 일반광장

구분	내용
중심 대광장	• 다수인의 집회 · 행사 · 사교 등을 위하여 필요한 경우에 설치할 것 • 전체 주민이 쉽게 이용할 수 있도록 교통중심지에 설치할 것 • 일시에 다수인이 모였다 흩어지는 경우의 교통량을 고려할 것
근린광장	• 주민의 사교, 오락, 휴식 및 공동체 활성화 등을 위하여 근린주거구역별로 설치할 것 • 시장 · 학교 등 다수인이 모였다 흩어지는 시설과 연계되도록 인근의 토지이용현황을 고려할 것 • 시 · 군 전반에 걸쳐 계통적으로 균형을 이루도록 할 것

③ 경관광장

- 주민의 휴식 · 오락 및 경관 · 환경의 보전을 위하여 필요한 경우에 하천, 호수, 사적지, 보존가치가 있는 산림이나 역사적 · 문화적 · 향토적 의의가 있는 장소에 설치할 것
- 경관물에 대한 경관유지에 지장이 없도록 인근의 토지이용현황을 고려할 것
- 주민이 쉽게 접근할 수 있도록 하기 위하여 도로와 연결시킬 것

④ 지하광장

- 철도의 지하정거장, 지하도 또는 지하상가와 연결하여 교통처리를 원활히 하고 이용자에게 휴식을 제공하기 위하여 필요한 곳에 설치할 것
- 광장의 출입구는 쉽게 출입할 수 있도록 도로와 연결시킬 것

⑤ 건축물부설광장

- 건축물의 이용효과를 높이기 위하여 건축물의 내부 또는 그 주위에 설치할 것
- 건축물과 광장 상호 간의 기능이 저해되지 아니하도록 할 것
- 일반인이 접근하기 용이한 접근로를 확보할 것

핵심문제

교통광장에 대한 설명이 틀린 것은? [13년 4회, 19년 1회]

① 교통광장은 교차점광장, 역전광장 및 주요 시설광장으로 구분한다.
② 교차점광장은 혼잡한 주요 도로의 교차지점에서 각종 차량과 보행자를 원활히 소통시키기 위하여 필요한 곳에 설치한다.
③ 역전광장은 대중교통수단 및 주차시설과 원활히 연계되도록 설치한다.
④ 주요 시설광장에는 주민의 집회 · 행사 또는 휴식을 위한 시설과 보행자의 통행에 지장이 없는 시설을 설치한다.

답 ④

해설⊕--

광장(「도시 · 군계획시설의 결정 · 구조 및 설치기준에 관한 규칙」 제50조)

주요 시설광장
- 항만 · 공항 등 일반교통의 혼잡요인이 있는 주요 시설에 대한 원활한 교통처리를 위하여 당해 시설과 접하는 부분에 설치할 것
- 주요 시설의 설치계획에 교통광장의 기능을 갖는 시설계획이 포함된 때에는 그 계획에 의할 것

※ 주민의 집회 · 행사 또는 휴식을 위한 시설과 보행자의 통행에 지장이 없는 시설을 설치하는 것은 일반광장의 중심대광장에 대한 사항이다.

(6) 종합의료시설

1) 종합의료시설의 범위(「도시 · 군계획시설의 결정 · 구조 및 설치기준에 관한 규칙」 제151조)

① 「의료법」에 따른 병원 · 한방병원 또는 요양병원으로서 다음의 요건을 모두 갖춘 병원급 의료기관
- 300개 이상의 병상(요양병원의 경우는 요양병상을 말한다)
- 7개 이상의 진료과목

② 「의료법」에 따른 종합병원

2) 종합의료시설의 결정기준(「도시 · 군계획시설의 결정 · 구조 및 설치기준에 관한 규칙」 제152조)

① 인근의 토지이용계획을 고려하여 의료행위에 지장을 주는 매연 · 소음 · 진동 등의 저해요소가 없고 일조 · 통풍 및 배수가 잘 되는 장소에 설치할 것

② 제2종 일반주거지역 · 제3종 일반주거지역 · 준주거지역 · 중심상업지역 · 일반상업지역 · 근린상업지역 · 전용공업지역 · 일반공업지역 · 준공업지역 · 자연녹지지역 및 계획관리지역에 한하여 설치할 것

③ 이용자, 특히 구급환자가 쉽게 접근할 수 있도록 도심부에 설치하고, 각종 교통기관과 연결되도록 할 것. 다만, 요양병원은 그러하지 아니하다.

④ 시각적으로 불쾌감을 주는 사물에 대하여는 은폐시설을 하여야 하며, 주변에 충분한 녹지시설을 하여 평온한 환경을 유지할 수 있도록 할 것

⑤ 기존 의료시설의 배치상황을 고려하여 기존 의료시설과 기능 · 시설 등이 중복되지 아니하도록 할 것

⑥ 주차장 · 휴게소 · 구내매점 · 휴게음식점 · 제과점 · 세면장 · 화장실 등 이용자를 위한 편익시설을 설치할 것

⑦ 빗물 이용을 위한 시설의 설치를 고려하고, 물이 스며들지 않는 표면에서 유출되는 빗물을 최소화하도록 빗물이 땅에 잘 스며들 수 있는 구조로 하거나 식생도랑, 저류 · 침투조, 빗물정원, 옥상정원 등 빗물관리시설 설치를 고려할 것

⑧ 재해취약지역에는 종합의료시설 설치를 가급적 억제하고 부득이 설치하는 경우에는 재해 발생 가능성을 충분히 고려하여 설치할 것

2 「도시공원 및 녹지에 관한 법률」 및 동법 시행령, 시행규칙

(1) 공원시설의 종류(「도시공원 및 녹지에 관한 법률 시행규칙」 제3조 – 별표 1)

공원시설	종류
1. 조경시설	관상용식수대 · 잔디밭 · 산울타리 · 그늘시렁 · 못 및 폭포 그 밖에 이와 유사한 시설로서 공원경관을 아름답게 꾸미기 위한 시설
2. 휴양시설	가. 야유회장 및 야영장 그 밖에 이와 유사한 시설로서 자연공간과 어울려 도시민에게 휴식공간을 제공하기 위한 시설 나. 경로당, 노인복지관 다. 수목원
3. 유희시설	시소 · 정글짐 · 사다리 · 순환회전차 · 궤도 · 모험놀이장, 유원시설(유기시설 또는 유기기구), 발물놀이터 · 뱃놀이터 및 낚시터 그 밖에 이와 유사한 시설로서 도시민의 여가선용을 위한 놀이시설
4. 운동시설	가. 운동시설, 실내사격장, 골프장(6홀 이하 규모) 나. 자연체험장
5. 교양시설	가. 도서관 및 독서실 나. 온실 다. 야외극장, 문화예술회관, 미술관 및 과학관 라. 장애인복지관(국가 또는 지방자치단체가 설치하는 경우에 한정) 마. 청소년수련시설 및 학생기숙사 바. 국공립어린이집, 직장어린이집 사. 국립유치원, 공립유치원 아. 천체 또는 기상관측시설 자. 기념비, 옛무덤, 성터, 옛집, 그 밖의 유적 등을 복원한 것으로서 역사적 · 학술적 가치가 높은 시설 차. 공연장 및 전시장 카. 어린이 교통안전교육장, 재난 · 재해 안전체험장 및 생태학습원(유아숲체험원 및 산림교육센터를 포함) 타. 민속놀이마당 및 정원 파. 그 밖에 가목부터 타목까지와 유사한 시설로서 도시민의 교양함양을 위한 시설
6. 편익시설	가. 우체통 · 공중전화실 · 휴게음식점 · 일반음식점 · 약국 · 수화물예치소 · 전망대 · 시계탑 · 음수장 · 제과점 및 사진관 그 밖에 이와 유사한 시설로서 공원이용객에게 편리함을 제공하는 시설 나. 유스호스텔 다. 선수 전용 숙소, 운동시설 관련 사무실, 대형마트 및 쇼핑센터
7. 공원관리시설	창고 · 차고 · 게시판 · 표지 · 조명시설 · 폐쇄회로 텔레비전(CCTV) · 쓰레기처리장 · 쓰레기통 · 수도, 우물, 태양에너지설비(건축물 및 주차장에 설치하는 것으로 한정), 그 밖에 이와 유사한 시설로서 공원관리에 필요한 시설
8. 도시농업시설	도시텃밭, 도시농업용 온실 · 온상 · 퇴비장, 관수 및 급수시설, 세면장, 농기구 세척장, 그 밖에 이와 유사한 시설로서 도시농업을 위한 시설

9. 그 밖의 시설	가. 장사시설
	나. 역사 관련 시설
	다. 동물놀이터
	라. 보훈단체가 입주하는 보훈회관
	마. 무인동력비행장치 조종연습장
	바. 국제경기장을 활용하는 공익목적 시설로서 조례로 정하는 시설

━━━━━┥핵심문제

다음의 공원시설 중 유희시설에 해당되지 않는 것은?　　　　[12년 1회, 16년 4회, 23년 1회, 24년 3회]

① 시소　　　　　　　　　　　　② 정글짐
③ 사다리　　　　　　　　　　　④ 야외극장

답 ④

해설⊕------

공원시설의 종류(「도시공원 및 녹지에 관한 법률 시행규칙」제3조 - 별표 1)
유희시설
시소 · 정글짐 · 사다리 · 순환회전차 · 궤도 · 모험놀이장, 유원시설(유기시설 또는 유기기구), 발물놀이터 · 뱃놀이터 및 낚시터 그 밖에 이와 유사한 시설로서 도시민의 여가선용을 위한 놀이시설

(2) 도시공원의 세분 및 규모(「도시공원 및 녹지 등에 관한 법률」제15조)

1) 도시공원의 세분

① 국가도시공원 : 도시공원 중 국가가 지정하는 공원

② 생활권공원 : 도시생활권의 기반이 되는 공원의 성격으로 설치 · 관리하는 공원으로서 다음의 공원

구분	내용
소공원	소규모 토지를 이용하여 도시민의 휴식 및 정서 함양을 도모하기 위하여 설치하는 공원
어린이공원	어린이의 보건 및 정서생활의 향상에 이바지하기 위하여 설치하는 공원
근린공원	근린거주자 또는 근린생활권으로 구성된 지역생활권 거주자의 보건 · 휴양 및 정서생활의 향상에 이바지하기 위하여 설치하는 공원

③ 주제공원 : 생활권공원 외에 다양한 목적으로 설치하는 다음의 공원

구분	내용
역사공원	도시의 역사적 장소나 시설물, 유적 · 유물 등을 활용하여 도시민의 휴식 · 교육을 목적으로 설치하는 공원
문화공원	도시의 각종 문화적 특징을 활용하여 도시민의 휴식 · 교육을 목적으로 설치하는 공원
수변공원	도시의 하천가 · 호숫가 등 수변공간을 활용하여 도시민의 여가 · 휴식을 목적으로 설치하는 공원
묘지공원	묘지 이용자에게 휴식 등을 제공하기 위하여 일정한 구역에 묘지와 공원시설을 혼합하여 설치하는 공원

체육공원	주로 운동경기나 야외활동 등 체육활동을 통하여 건전한 신체와 정신을 배양함을 목적으로 설치하는 공원
도시농업공원	도시민의 정서순화 및 공동체의식 함양을 위하여 도시농업을 주된 목적으로 설치하는 공원
방재공원	지진 등 재난 발생 시 도시민 대피 및 구호거점으로 활용할 수 있도록 설치하는 공원

─┤핵심문제

「도시공원 및 녹지 등에 관한 법률」상 도시공원에 해당되지 않는 것은?　　　　　　[14년 1회, 18년 2회]

① 국립공원　　　　② 체육공원　　　　③ 묘지공원　　　　④ 어린이공원

답 ①

해설⊕

도시공원의 세분 및 규모(「도시공원 및 녹지 등에 관한 법률」 제15조)
- 생활권 공원 : 소공원, 어린이공원, 근린공원
- 주제 공원 : 역사공원, 문화공원, 수변공원, 묘지공원, 체육공원, 도시농업공원, 방재공원

2) 도시공원의 규모(「도시공원 및 녹지 등에 관한 법률 시행규칙」 제6조 – 별표 3)

공원구분			유치거리	규모
생활권공원		소공원	제한 없음	제한 없음
		어린이공원	250m 이하	1,500m² 이상
	근린공원	근린생활권근린공원	500m 이하	1만m² 이상
		도보권근린공원	1,000m 이하	3만m² 이상
		도시지역권근린공원	제한 없음	10만m² 이상
		광역권근린공원	제한 없음	100만m² 이상
주제공원		역사공원	제한 없음	제한 없음
		문화공원	제한 없음	제한 없음
		수변공원	제한 없음	제한 없음
		묘지공원	제한 없음	10만m² 이상
		체육공원	제한 없음	1만m² 이상
		도시농업공원	제한 없음	1만m² 이상

─┤핵심문제

다음 중 도시공원의 구분에 따른 규모기준이 옳은 것은?　　　　　　[12년 1회, 19년 2회]

① 어린이공원 1,500m²　　　　② 묘지공원 10,000m²
③ 도보권 근린공원 20,000m²　　　　④ 체육공원 30,000m²

답 ①

해설⊕

도시공원의 규모(「도시공원 및 녹지 등에 관한 법률 시행규칙」 제6조 – 별표 3)
② 묘지공원 : 100,000m²
③ 도보권 근린공원 : 30,000m²
④ 체육공원 : 10,000m²

(3) 도시공원의 설치 및 관리

1) 도시공원의 설치 및 관리(「도시공원 및 녹지 등에 관한 법률」 제19조)

① 도시공원은 특별시장·광역시장·특별자치시장·특별자치도지사·시장 또는 군수가 공원조성계획에 따라 설치·관리한다.

② 둘 이상의 행정구역에 걸쳐 있는 도시공원의 관리자 및 그 관리방법은 관계 특별시장·광역시장·특별자치시장·특별자치도지사·시장 또는 군수가 협의하여 정한다.

2) 도시공원 및 공원시설관리의 위탁(「도시공원 및 녹지 등에 관한 법률」 제20조)

① 공원관리청은 도시공원 또는 공원시설의 관리를 공원관리청이 아닌 자에게 위탁할 수 있다.

② 공원관리청은 도시공원 또는 공원시설의 관리를 위탁하였을 때에는 그 내용을 공고하여야 한다.

③ 도시공원 또는 공원시설을 위탁받아 관리하는 자(공원수탁관리자)는 대통령령으로 정하는 바에 따라 공원관리청의 업무를 대행할 수 있다.

④ 도시공원 또는 공원시설의 관리를 위탁하는 경우 위탁의 방법·기준 및 수탁자의 선정기준 등 필요한 사항은 그 공원관리청이 속하는 지방자치단체의 조례로 따로 정할 수 있다.

3) 도시공원의 면적기준(「도시공원 및 녹지 등에 관한 법률 시행규칙」 제4조)

① 하나의 도시지역 안에 있어서의 도시공원의 확보기준은 해당도시지역 안에 거주하는 주민 1인당 6m² 이상

② 개발제한구역 및 녹지지역을 제외한 도시지역 안에 있어서의 도시공원의 확보기준은 해당도시지역 안에 거주하는 주민 1인당 3m² 이상

┤핵심문제

「도시공원 및 녹지 등에 관한 법률」상 하나의 도시지역 안에 있어서의 도시공원의 확보기준은?(단, 개발제한구역 및 녹지지역을 제외한 도시지역 안에 있어서의 경우는 고려하지 않는다.)

[12년 4회, 16년 2회, 21년 4회]

① 해당 도시지역 안에 거주하는 주민 1인당 3m² 이상
② 해당 도시지역 안에 거주하는 주민 1인당 4m² 이상
③ 해당 도시지역 안에 거주하는 주민 1인당 5m² 이상
④ 해당 도시지역 안에 거주하는 주민 1인당 6m² 이상

🔒 ④

해설⊕

도시공원의 면적기준(「도시공원 및 녹지 등에 관한 법률 시행규칙」 제4조)
• 하나의 도시지역 안에 있어서의 도시공원의 확보기준은 해당 도시지역 안에 거주하는 주민 1인당 6m² 이상
• 개발제한구역 및 녹지지역을 제외한 도시지역 안에 있어서의 도시공원의 확보기준은 해당 도시지역 안에 거주하는 주민 1인당 3m² 이상

(4) 개발계획 규모별 도시공원 또는 녹지의 확보기준(「도시공원 및 녹지 등에 관한 법률 시행규칙」 제5조 – 별표 2)

기준 개발계획	도시공원 또는 녹지의 확보기준
1. 「도시개발법」에 의한 개발계획	• 1만m² 이상 30만m² 미만의 개발계획 : 상주인구 1인당 3m² 이상 또는 개발 부지면적의 5% 이상 중 큰 면적 • 30만m² 이상 100만m² 미만의 개발계획 : 상주인구 1인당 6m² 이상 또는 개발 부지면적의 9% 이상 중 큰 면적 • 100만m² 이상 : 상주인구 1인당 9m² 이상 또는 개발 부지면적의 12% 이상 중 큰 면적
2. 「주택법」에 의한 주택건설사업계획	1,000세대 이상의 주택건설사업계획 : 1세대당 3m² 이상 또는 개발 부지면적의 5% 이상 중 큰 면적
3. 「주택법」에 의한 대지조성사업계획	10만m² 이상의 대지조성사업계획 : 1세대당 3m² 이상 또는 개발 부지면적의 5% 이상 중 큰 면적
4. 「도시 및 주거환경정비법」에 의한 정비계획	5만m² 이상의 정비계획 : 1세대당 2m² 이상 또는 개발 부지면적의 5% 이상 중 큰 면적
5. 「산업입지 및 개발에 관한 법률」에 의한 개발계획	전체계획구역에 대하여는 「기업활동 규제완화에 관한 특별조치법」 제21조의 규정에 의한 공공녹지 확보기준을 적용한다.
6. 「택지개발촉진법」에 의한 택지개발계획	• 10만m² 이상 30만m² 미만의 개발계획 : 상주인구 1인당 6m² 이상 또는 개발 부지면적의 12% 이상 중 큰 면적 • 30만m² 이상 100만m² 미만의 개발계획 : 상주인구 1인당 7m² 이상 또는 개발 부지면적의 15% 이상 중 큰 면적 • 100만m² 이상 330만m² 미만의 개발계획 : 상주인구 1인당 9m² 이상 또는 개발 부지면적의 18% 이상 중 큰 면적 • 330만m² 이상의 개발계획 : 상주인구 1인당 12m² 이상 또는 개발 부지면적의 20% 이상 중 큰 면적
7. 「유통산업발전법」에 의한 사업계획	• 주거용도로 계획된 지역 : 상주인구 1인당 3m² 이상 • 전체계획구역에 대하여는 「산업입지 및 개발에 관한 법률」 제5조의 규정에 의하여 작성된 산업입지개발지침에서 정한 공공녹지 확보기준을 적용한다.
8. 「지역균형개발 및 지방중소기업 육성에 관한 법률」에 의한 개발계획	• 주거용도로 계획된 지역 : 상주인구 1인당 3m² 이상 • 전체계획구역에 대하여는 「산업입지 및 개발에 관한 법률」 제5조의 규정에 의하여 작성된 산업입지개발지침에서 정한 공공녹지 확보기준을 적용한다.
9. 법 제9호에 따른 그 밖의 개발계획	주거용도로 계획된 지역 : 상주인구 1명당 3m² 이상

핵심문제

「도시개발법」에 의한 개발계획의 규모가 100만m^2 이상인 경우 도시공원 또는 녹지의 확보기준으로 옳은 것은?   [14년 2회, 20년 3회]

① 상주인구 1인당 3m^2 이상 또는 개발 부지 면적의 5% 이상 큰 면적
② 상주인구 1인당 5m^2 이상 또는 개발 부지 면적의 7% 이상 중 큰 면적
③ 상주인구 1인당 7m^2 이상 또는 개발 부지 면적의 10% 이상 중 큰 면적
④ 상주인구 1인당 9m^2 이상 또는 개발 부지 면적의 12% 이상 중 큰 면적

답 ④

해설⊕

개발계획 규모별 도시공원 또는 녹지의 확보기준(「도시공원 및 녹지 등에 관한 법률 시행규칙」 제5조 – 별표 2)
– 「도시개발법」에 의한 개발계획
100만m^2 이상 : 상주인구 1인당 9m^2 이상 또는 개발 부지면적의 12% 이상 중 큰 면적

(5) 공원조성계획

1) 공원조성계획의 입안(「도시공원 및 녹지 등에 관한 법률」 제16조)

① 도시공원의 설치에 관한 도시·군관리계획이 결정되었을 때에는 그 도시공원이 위치한 행정구역을 관할하는 특별시장·광역시장·특별자치시장·특별자치도지사·시장 또는 군수는 그 도시공원의 조성계획(공원조성계획)을 입안하여야 한다.

② 특별시장·광역시장·특별자치시장·특별자치도지사·시장 또는 군수가 아닌 자(민간공원추진자)는 도시공원의 설치에 관한 도시·군관리계획이 결정된 도시공원에 대하여 자기의 비용과 책임으로 그 공원을 조성하는 내용의 공원조성계획을 입안하여 줄 것을 특별시장·광역시장·특별자치시장·특별자치도지사·시장 또는 군수에게 제안할 수 있다.

③ 제3항에 따라 공원조성계획의 입안을 제안받은 특별시장·광역시장·특별자치시장·특별자치도지사·시장 또는 군수는 그 제안의 수용 여부를 해당 지방자치단체에 설치된 도시공원위원회의 자문을 거쳐 대통령령으로 정하는 기간 내에 제안자에게 통보하여야 하며, 그 제안 내용을 수용하기로 한 경우에는 이를 공원조성계획의 입안에 반영하여야 한다.

2) 공원조성계획의 결정(「도시공원 및 녹지 등에 관한 법률」 제16조의2)

① 공원조성계획은 도시·군관리계획으로 결정하여야 한다. 이 경우 지방의회의 의견청취와 관계 행정기관의 장과의 협의를 생략할 수 있으며, 시·도도시계획위원회의 심의는 시·도도시공원위원회가 설치된 경우 시·도도시공원위원회의 심의로 갈음한다.

② 공원조성계획의 변경에 관하여 주민의 의견을 청취하려면 공보(公報)와 해당 특별시·광역시·특별자치시·특별자치도·시 또는 군의 인터넷 홈페이지 등에 공고하고, 14일 이상 일반인이 열람할 수 있도록 하여야 한다.

③ 공원조성계획의 변경 내용이 해당 공원의 주제 또는 특색에 변화를 가져오지 아니하고 다음에 해당하는 경우에는 시·도도시공원위원회의 심의와 주민 의견 청취절차를 생략할 수 있다.

- 공원시설 부지면적의 10% 미만의 범위에서의 변경(공원시설 부지 중 변경되는 부분의 면적의 규모가 3만m² 이하인 경우만 해당한다)
- 소규모 공원시설의 설치 등 경미한 변경에 해당하는 행위로서 대통령령으로 정하는 사항
④ 공원조성계획의 수립기준과 그 밖에 필요한 사항은 국토교통부령으로 정한다.

3) 공원조성계획의 실효(「도시공원 및 녹지 등에 관한 법률」 제17조)

① 도시공원의 설치에 관한 도시·군관리계획결정은 그 고시일부터 10년이 되는 날까지 공원조성계획의 고시가 없는 경우에는 그 10년이 되는 날의 다음 날에 그 효력을 상실한다.
② 공원조성계획을 고시한 도시공원 부지 중 국유지 또는 공유지는 도시공원 결정의 고시일부터 30년이 되는 날까지 사업이 시행되지 아니하는 경우 그 다음 날에 도시공원 결정의 효력을 상실한다. 다만, 국토교통부장관이 대통령령으로 정하는 바에 따라 도시공원의 기능을 유지할 수 없다고 공고한 국유지 또는 공유지는 예외로 한다.
③ 도시공원 결정의 효력이 상실될 것으로 예상되는 국유지 또는 공유지의 경우 대통령령으로 정하는 바에 따라 10년 이내의 기간을 정하여 1회에 한정하여 도시공원 결정의 효력을 연장할 수 있다.
④ 시·도지사 또는 대도시 시장은 규정에 따라 도시공원 결정의 효력이 상실되었을 때에는 대통령령으로 정하는 바에 따라 지체 없이 그 사실을 고시하여야 한다.

4) 공원조성계획의 정비(「도시공원 및 녹지 등에 관한 법률」 제18조)

① 특별시장·광역시장·특별자치시장·특별자치도지사·시장 또는 군수는 공원조성계획이 결정·고시된 후 주변의 토지이용이 현저하게 변화되거나 대통령령으로 정하는 요건에 따른 주민 요청이 있을 때에는 공원조성계획의 타당성을 전반적으로 재검토하여 필요한 경우 이를 정비하여야 한다.
② 제1항에 따라 공원조성계획의 정비를 요청할 수 있는 주민의 요건은 해당 공원을 주로 이용할 것으로 예상되는 주민의 범위, 공원의 규모 등을 고려하여 공원별로 달리 정할 수 있다.

(6) 도시공원의 점용허가

1) 도시공원의 점용허가(「도시공원 및 녹지 등에 관한 법률」 제24조, 시행령 제22조)

① 도시공원에서 다음의 어느 하나에 해당하는 행위를 하려는 자는 대통령령으로 정하는 바에 따라 그 도시공원을 관리하는 특별시장·광역시장·특별자치시장·특별자치도지사·시장 또는 군수의 점용허가를 받아야 한다.
- 공원시설 외의 시설·건축물 또는 공작물을 설치하는 행위
- 토지의 형질 변경
- 죽목(竹木)을 베거나 심는 행위
- 흙과 돌의 채취
- 물건을 쌓아놓는 행위

② 대통령령으로 정하는 도시공원의 점용허가대상

- 전봇대 · 전선 · 변전소 · 지중변압기 · 개폐기 · 가로등분전반 · 전기통신설비 · 수소연료공급시설 · 환경친화적 자동차 충전시설 및 태양에너지설비 등 분산형 전원설비의 설치

  ※ 단, 수소연료공급시설은 소공원 또는 어린이공원에 설치하지 않아야 하며, 주차장에 설치하여야 하고, 「고압가스 안전관리법」에 따른 시설 · 기술 · 검사 기준을 충족해야 한다.

- 수도관 · 하수도관 · 가스관 · 송유관 · 가스정압시설 · 열송수시설 · 공동구(공동구의 관리사무소 포함) · 전력구 · 송전선로 및 지중정착장치(어스앵커)의 설치
- 도로 · 교량 · 철도 및 궤도 · 노외주차장 · 선착장의 설치
- 농업을 목적으로 하는 용수의 취수시설, 관개용수로, 생활용수의 공급을 위하여 고지대에 설치하는 배수시설, 비상급수시설과 그 부대시설의 설치
- 지구대 · 파출소 · 초소 · 등대 및 항로표지 등의 표지의 설치
- 방화용 저수조 · 지하대피시설의 설치
- 군용전기통신설비 · 축성시설, 그 밖에 국방부장관이 군사작전상 불가피하다고 인정하는 최소한의 시설의 설치
- 농업 · 임업 · 축산업 · 수산업 또는 광업에 종사하는 자가 생산에 직접 공여할 목적으로 자기 소유의 토지에 설치하는 관리용 가설건축물의 설치
- 각종 가설건축물의 설치
- 공원관리청이 재해의 예방 또는 복구를 위하여 필요하다고 인정하는 공작물의 설치
- 도시공원결정 당시 기존 건축물 및 기존 공작물의 증축 · 개축 · 재축 또는 대수선
- 지하에 설치하는 운송통로, 창고시설 등의 시설
- 시설의 설치에 필요한 공사용 비품 및 재료의 적치장의 설치
- 연접한 토지에 건축물 또는 공작물을 설치하기 위하여 필요한 공사용 비품 및 재료 적치장의 설치
- 토지의 형질 변경, 토석의 채취 및 나무를 베거나 심는 행위
- 개별 시설의 건축연면적이 200m² 이하인 시설일 것
- 지하설치시설의 관리 · 운영을 위하여 설치가 불가피하다고 인정하는 출입구 · 환기구 등 필수 부대시설의 설치

──────────────────────┤핵심문제

★ 다음 중 도시공원의 점용허가대상에 해당하지 않는 것은?　　　　　　　[15년 1회]

① 개별 시설의 건축연면적이 500m² 이하인 시설의 설치
② 농업 · 임업 · 수산업 또는 광업에 종사하는 자가 생산에 직접 공여할 목적으로 자기 소유의 토지에 설치하는 관리용 가설건축물의 설치
③ 군용 전기통신설비 · 축성시설, 그 밖에 국방부장관이 군사작전상 불가피하다고 인정하는 최소한의 시설의 설치

④ 도시공원의 설치에 관한 도시 · 군관리계획결정 당시 기존 건축물 및 기존공작물의 개축 · 재축 · 증축 또는 대수선

답 ①

해설⊙

도시공원의 점용허가(「도시공원 및 녹지 등에 관한 법률 시행령」 제22조)
개별 시설의 건축연면적이 200m² 이하인 시설의 설치

2) 도시공원의 점용허가의 신청(「도시공원 및 녹지 등에 관한 법률 시행령」 제20조)

① 도시공원에 대한 점용허가를 받고자 하는 자는 도시공원점용허가신청서에 다음의 서류를 첨부하여 공원관리청에 제출하여야 한다.
  - 사업계획서(위치도 및 평면도를 포함한다)
  - 공사시행계획서
  - 원상회복계획서

② 공원관리청은 공원관리자가 관리하는 도시공원에 대하여 도시공원의 점용허가를 하고자 하는 때에는 미리 공원관리자의 의견을 들어야 한다.

3) 도시공원의 점용허가를 받지 아니하고 할 수 있는 경미한 행위(「도시공원 및 녹지 등에 관한 법률 시행령」 제21조)

- 산림의 경영을 목적으로 솎아베는 행위
- 나무를 베는 행위 없이 나무를 심는 행위
- 농사를 짓기 위하여 자기 소유의 논 · 밭을 갈거나 파는 행위
- 자기 소유 토지의 이용 용도가 과수원인 경우로서 과수목을 베거나 보충하여 심는 행위
- 산림병해충 방제 또는 수목진료에 수반되는 나무를 베는 행위, 물건을 일시적으로 쌓아놓는 행위, 땅을 파는 행위

(7) 녹지의 세분(「도시공원 및 녹지 등에 관한 법률」 제35조)

구분	내용
완충녹지	대기오염, 소음, 진동, 악취, 그 밖에 이에 준하는 공해와 각종 사고나 자연재해, 그 밖에 이에 준하는 재해 등의 방지를 위하여 설치하는 녹지
경관녹지	도시의 자연적 환경을 보전하거나 이를 개선하고 이미 자연이 훼손된 지역을 복원 · 개선함으로써 도시경관을 향상시키기 위하여 설치하는 녹지
연결녹지	도시 안의 공원, 하천, 산지 등을 유기적으로 연결하고 도시민에게 산책공간의 역할을 하는 등 여가 · 휴식을 제공하는 선형(線型)의 녹지

❸ 「주차장법」및 동법 시행령, 시행규칙 중 도시계획 관련 사항

(1) 주차장의 종류 및 형태

1) 주차장의 정의 및 종류(「주차장법」제2조)

① 주차장의 종류

구분	내용
노상주차장 (路上駐車場)	도로의 노면 또는 교통광장(교차점광장만 해당)의 일정한 구역에 설치된 주차장으로서 일반(一般)의 이용에 제공되는 것
노외주차장 (路外駐車場)	도로의 노면 및 교통광장 외의 장소에 설치된 주차장으로서 일반의 이용에 제공되는 것
부설주차장	건축물, 골프연습장, 그 밖에 주차수요를 유발하는 시설에 부대(附帶)하여 설치된 주차장으로서 해당 건축물·시설의 이용자 또는 일반의 이용에 제공되는 것

② 기계식 주차장치란 노외주차장 및 부설주차장에 설치하는 주차설비로서 기계장치에 의하여 자동차를 주차할 장소로 이동시키는 설비를 말한다.

③ 기계식 주차장이란 기계식 주차장치를 설치한 노외주차장 및 부설주차장을 말한다.

2) 주차장의 형태(「주차장법 시행규칙」제2조)

주차장의 형태는 운전자가 자동차를 직접 운전하여 주차장으로 들어가는 주차장(자주식 주차장)과 기계식 주차장으로 구분하되, 이를 다시 다음과 같이 세분한다.

① 자주식 주차장 : 지하식·지평식(地平式) 또는 건축물식

② 기계식 주차장 : 지하식·건축물식

핵심문제

다음 중 「주차장법」상 주차장의 종류에 해당하지 않는 것은?　　　　　[14년 4회, 18년 4회, 24년 1회]

① 노상주차장　　　　　　　　　② 노변주차장

③ 노외주차장　　　　　　　　　④ 부설주차장

답 ②

해설 ⊕

주차장의 종류(「주차장법」제2조)
노상주차장, 노외주차장, 건축물부설주차장

---

(2) 주차장설비기준(「주차장법」제6조)

① 주차장의 구조·설비기준 등에 관하여 필요한 사항은 국토교통부령으로 정한다. 이 경우 배기량 1,000cc 미만의 자동차(경형자동차) 및 환경친화적 자동차(환경친화적 자동차)승용차 공동이용 자동차에 대하여는 전용주차구획(환경친화적 자동차의 경우에는 충전시설을 포함)을 일정 비율 이상 정할 수 있다.

② 특별시장 · 광역시장, 시장 · 군수 또는 구청장은 노상주차장 또는 노외주차장을 설치하는 경우에는 도시 · 군관리계획과 도시교통정비 기본계획에 따라야 하며, 노상주차장을 설치하는 경우에는 미리 관할 경찰서장과 소방서장의 의견을 들어야 한다.

(3) 노외주차장

1) 노외주차장의 설치에 대한 계획기준(「주차장법 시행규칙」 제5조)

① 노외주차장의 유치권은 노외주차장을 설치하려는 지역에서의 토지이용 현황, 노외주차장 이용자의 보행거리 및 보행자를 위한 도로 상황 등을 고려하여 이용자의 편의를 도모할 수 있도록 정하여야 한다.

② 노외주차장의 규모는 유치권 안에서의 전반적인 주차수요와 이미 설치되었거나 장래에 설치할 계획인 자동차 주차에 사용하는 시설 또는 장소와의 연관성을 고려하여 적정한 규모로 하여야 한다.

③ 노외주차장을 설치하는 지역은 녹지지역이 아닌 지역이어야 한다. 다만, 자연녹지지역으로서 다음의 어느 하나에 해당하는 지역의 경우에는 그러하지 아니하다.

- 하천구역 및 공유수면으로서 주차장이 설치되어도 해당 하천 및 공유수면의 관리에 지장을 주지 아니하는 지역
- 토지의 형질 변경 없이 주차장 설치가 가능한 지역
- 주차장 설치를 목적으로 토지의 형질 변경 허가를 받은 지역
- 특별시장 · 광역시장, 시장 · 군수 또는 구청장이 특히 주차장의 설치가 필요하다고 인정하는 지역

④ 단지조성사업 등에 따른 노외주차장은 주차수요가 많은 곳에 설치하여야 하며 될 수 있으면 공원 · 광장 · 큰길가 · 도시철도역 및 상가인접지역 등에 접하여 배치하여야 한다.

⑤ 노외주차장의 출구 및 입구의 설치제한 장소

- 교차로 · 횡단보도 · 건널목이나 보도와 차도가 구분된 도로의 보도
- 교차로의 가장자리나 도로의 모퉁이로부터 5m 이내인 곳
- 안전지대가 설치된 도로에서는 그 안전지대의 사방으로부터 각각 10m 이내인 곳
- 버스여객자동차의 정류지(停留地)임을 표시하는 기둥이나 표지판 또는 선이 설치된 곳으로부터 10m 이내인 곳. 다만, 버스여객자동차의 운전자가 그 버스여객자동차의 운행시간 중에 운행노선에 따르는 정류장에서 승객을 태우거나 내리기 위하여 차를 정차하거나 주차하는 경우에는 그러하지 아니하다.
- 건널목의 가장자리로부터 10m 이내인 곳
- 터널 안 및 다리 위
- 도로공사를 하고 있는 경우에는 그 공사 구역의 양쪽 가장자리의 5m 이내인 곳
- 다중이용업소의 영업장이 속한 건축물로 소방본부장의 요청에 의하여 시 · 도경찰청장이 지정한 곳의 5m 이내인 곳

- 시 · 도경찰청장이 도로에서의 위험을 방지하고 교통의 안전과 원활한 소통을 확보하기 위하여 필요하다고 인정하여 지정한 곳
- 횡단보도(육교 및 지하횡단보도를 포함)로부터 5m 이내에 있는 도로의 부분
- 너비 4m 미만의 도로(주차대수 200대 이상인 경우에는 너비 6m 미만의 도로)와 종단 기울기가 10%를 초과하는 도로
- 유아원, 유치원, 초등학교, 특수학교, 노인복지시설, 장애인복지시설 및 아동전용시설 등의 출입구로부터 20m 이내에 있는 도로의 부분

⑥ 노외주차장과 연결되는 도로가 둘 이상인 경우에는 자동차교통에 미치는 지장이 적은 도로에 노외주차장의 출구와 입구를 설치하여야 한다.

⑦ 주차대수 400대를 초과하는 규모의 노외주차장의 경우에는 노외주차장의 출구와 입구를 각각 따로 설치하여야 한다. 다만, 출입구의 너비의 합이 5.5m 이상으로서 출구와 입구가 차선 등으로 분리되는 경우에는 함께 설치할 수 있다.

⑧ 특별시장 · 광역시장, 시장 · 군수 또는 구청장이 설치하는 노외주차장의 주차대수 규모가 50대 이상인 경우에는 주차대수의 2~4%까지의 범위에서 장애인의 주차수요를 고려하여 지방자치단체의 조례로 정하는 비율 이상의 장애인 전용주차구획을 설치하여야 한다.

⑨ 경사진 곳에 노외주차장을 설치하는 경우에는 미끄럼 방지시설 및 미끄럼 주의 안내표지 설치 등 안전대책을 마련해야 한다.

핵심문제

★ 출구와 입구를 각각 따로 설치하여야 하는 노외주차장의 규모기준은?　　　　[12년 4회]

① 주차대수 300대를 초과하는 규모　　② 주차대수 400대를 초과하는 규모
③ 주차대수 500대를 초과하는 규모　　④ 주차대수 600대를 초과하는 규모

답 ②

해설 ➕
노외주차장의 설치에 대한 계획기준(「주차장법 시행규칙」 제5조)
주차대수 400대를 초과하는 규모의 노외주차장의 경우에는 노외주차장의 출구와 입구를 각각 따로 설치하여야 한다. 다만, 출입구의 너비의 합이 5.5m 이상으로서 출구와 입구가 차선 등으로 분리되는 경우에는 함께 설치할 수 있다.

2) 노외주차장의 구조 · 설비기준(「주차장법 시행규칙」 제6조)

① 노외주차장의 출구와 입구에서 자동차의 회전을 쉽게 하기 위하여 필요한 경우에는 차로와 도로가 접하는 부분을 곡선형으로 하여야 한다.

② 노외주차장의 출구 부근의 구조는 해당 출구로부터 2m(이륜자동차전용 출구의 경우에는 1.3m)를 후퇴한 노외주차장의 차로의 중심선상 1.4m의 높이에서 도로의 중심선에 직각으로 향한 왼쪽 · 오른쪽 각각 60도의 범위에서 해당 도로를 통행하는 자를 확인할 수 있도록 하여야 한다.

③ 노외주차장에는 자동차의 안전하고 원활한 통행을 확보하기 위하여 다음 각 목에서 정하는 바에 따라 차로를 설치하여야 한다.

- 주차구획선의 긴 변과 짧은 변 중 한 변 이상이 차로에 접하여야 한다.
- 차로의 너비는 주차형식 및 출입구(지하식 또는 건축물식 주차장의 출입구를 포함)의 개수에 따라 다음 구분에 따른 기준 이상으로 하여야 한다.

- 이륜자동차전용 노외주차장

주차형식	차로의 너비	
	출입구가 2개 이상인 경우	출입구가 1개인 경우
평행주차	2.25m	3.5m
직각주차	4.0m	4.0m
45° 대향(對向)주차	2.3m	3.5m

- 이륜자동차 외의 노외주차장

주차형식	차로의 너비	
	출입구가 2개 이상인 경우	출입구가 1개인 경우
평행주차	3.3m	5.0m
직각주차	6.0m	6.0m
60° 대향주차	4.5m	5.5m
45° 대향주차	3.5m	5.0m
교차주차	3.5m	5.0m

④ 노외주차장의 출입구 너비는 3.5m 이상으로 하여야 하며, 주차대수 규모가 50대 이상인 경우에는 출구와 입구를 분리하거나 너비 5.5m 이상의 출입구를 설치하여 소통이 원활하도록 하여야 한다.
⑤ 지하식 또는 건축물식 노외주차장의 차로는 다음에서 정하는 바에 따른다.
- 높이는 주차바닥면으로부터 2.3m 이상으로 하여야 한다.
- 경사로의 곡선 부분은 자동차가 6m(같은 경사로를 이용하는 주차장의 총주차대수가 50대 이하인 경우에는 5m, 이륜자동차전용 노외주차장의 경우에는 3m) 이상의 내변반경으로 회전할 수 있도록 하여야 한다.
- 경사로의 차로 너비는 직선형인 경우에는 3.3m 이상(2차로의 경우에는 6m 이상)으로 하고, 곡선형인 경우에는 3.6m 이상(2차로의 경우에는 6.5m 이상)으로 하며, 경사로의 양쪽 벽면으로부터 30cm 이상의 지점에 높이 10cm 이상 15cm 미만의 연석(경계석)을 설치하여야 한다. 이 경우 연석 부분은 차로의 너비에 포함되는 것으로 본다.
- 경사로의 종단경사도는 직선 부분에서는 17%를 초과하여서는 아니 되며, 곡선 부분에서는 14%를 초과하여서는 아니 된다.
- 경사로의 노면은 거친 면으로 하여야 한다.
- 오르막 경사로서 도로와 접하는 부분으로부터 3m 이내인 경사로의 종단경사도는 직선 부분에서는 8.5%를, 곡선 부분에서는 7%를 초과하여서는 안 된다.

- 주차대수 규모가 50대 이상인 경우의 경사로는 너비 6m 이상인 2차로를 확보하거나 진입차로와 진출차로를 분리해야 하며, 완화구간(경사로를 지나는 자동차가 지면에 접촉하지 않도록 종단경사도가 경사로 최대 종단경사도의 2분의 1 이하로 설계된 구간)을 설치해야 한다.

⑥ 자동차용 승강기로 운반된 자동차가 주차구획까지 자주식으로 들어가는 노외주차장의 경우에는 주차대수 30대마다 1대의 자동차용 승강기를 설치해야 한다. 이 경우 자동차용 승강기의 출구와 입구가 따로 설치되어 있거나 주차장의 내부에서 자동차가 방향전환을 할 수 있을 때에는 진입로를 설치하고 전면공지 또는 방향전환장치를 설치하지 않을 수 있다.

⑦ 노외주차장에서 주차에 사용되는 부분의 높이는 주차바닥면으로부터 2.1m 이상으로 하여야 한다.

⑧ 노외주차장 내부 공간의 일산화탄소 농도는 주차장을 이용하는 차량이 가장 빈번한 시각의 앞뒤 8시간의 평균치가 50ppm 이하(「실내공기질관리법」에 따른 실내주차장은 25ppm 이하)로 유지되어야 한다.

⑨ 자주식 주차장으로서 지하식 또는 건축물식 노외주차장에는 벽면에서부터 50cm 이내를 제외한 바닥면의 최소 조도(照度)와 최대 조도를 다음과 같이 한다.
- 주차구획 및 차로 : 최소 조도는 10lx 이상, 최대 조도는 최소 조도의 10배 이내
- 주차장 출구 및 입구 : 최소 조도는 300lx 이상, 최대 조도는 없음
- 사람이 출입하는 통로 : 최소 조도는 50lx 이상, 최대 조도는 없음

⑩ 노외주차장에는 다음 각 목에서 정하는 바에 따라 경보장치를 설치해야 한다.
- 주차장의 출입구로부터 3m 이내의 장소로서 보행자가 경보장치의 작동을 식별할 수 있는 곳에 위치해야 한다.
- 경보장치는 자동차의 출입 시 경광(警光)과 50dB 이상의 경보음이 발생하도록 해야 한다.

⑪ 주차대수 30대를 초과하는 규모의 자주식 주차장으로서 지하식 또는 건축물식 노외주차장에는 관리사무소에서 주차장 내부 전체를 볼 수 있는 폐쇄회로 텔레비전(녹화장치를 포함) 또는 네트워크 카메라를 포함하는 방범설비를 설치·관리하여야 하되, 다음 각 목의 사항을 준수하여야 한다.
- 방범설비는 주차장의 바닥면으로부터 170cm의 높이에 있는 사물을 알아볼 수 있도록 설치하여야 한다.
- 폐쇄회로 텔레비전 또는 네트워크 카메라와 녹화장치의 화면 수가 같아야 한다.
- 선명한 화질이 유지될 수 있도록 관리하여야 한다.
- 촬영된 자료는 컴퓨터보안시스템을 설치하여 1개월 이상 보관하여야 한다.

⑫ 2층 이상의 건축물식 주차장 및 특별시장·광역시장·특별자치도지사·시장·군수가 정하여 고시하는 주차장에는 다음 각 목의 어느 하나에 해당하는 추락방지 안전시설을 설치하여야 한다.
- 2톤 차량이 시속 20km의 주행속도로 정면충돌하는 경우에 견딜 수 있는 강도의 구조물로서 구조계산에 의하여 안전하다고 확인된 구조물
- 방호(防護) 울타리

- 2톤 차량이 시속 20km의 주행속도로 정면충돌하는 경우에 견딜 수 있는 강도의 구조물로서 한국 도로공사, 한국교통안전공단 그 밖에 국토교통부장관이 정하여 고시하는 전문연구기관에서 인정하는 제품
- 그 밖에 국토교통부장관이 정하여 고시하는 추락방지 안전시설

⑬ 노외주차장의 주차단위구획은 평평한 장소에 설치하여야 한다. 다만, 경사도가 7% 이하인 경우로서 시장·군수 또는 구청장이 안전에 지장이 없다고 인정하는 경우에는 그러하지 아니하다.

⑭ 노외주차장에는 확장형 주차단위구획을 주차단위구획 총수(평행주차형식의 주차단위구획 수는 제외한다)의 30% 이상 설치해야 하며, 환경친화적 자동차의 전용주차구획을 총주차대수의 100분의 5 이상 설치해야 한다. 다만, 시장·군수 또는 구청장이 지역별 주차환경을 고려하여 필요하다고 인정하는 경우에는 시·군 또는 자치구의 조례로 환경친화적 자동차의 전용주차구획의 의무 설치 비율을 100분의 5보다 상향하여 정할 수 있다.

⑮ 주차대수 400대를 초과하는 규모의 노외주차장의 경우에는 주차장 내에서 안전한 보행을 위하여 과속방지턱, 차량의 일시정지선 등 보행안전을 확보하기 위한 시설을 설치해야 한다.

⑯ 하천구역 및 공유수면에 설치되는 주차장에는 홍수 등으로 인한 자동차 침수를 방지하기 위하여 차량 출입을 통제하기 위한 주차 차단기, 주차장 전체를 볼 수 있는 폐쇄회로 텔레비전 또는 네트워크 카메라, 차량 침수가 발생할 우려가 있는 경우에 차량 대피를 안내할 수 있는 방송설비 또는 전광판이 모두 설치되어야 한다.

※ 시장·군수 또는 구청장은 준수사항에 대하여 매년 한 번 이상 지도점검을 실시하여야 한다.

※ 노외주차장에 설치할 수 있는 부대시설(설치면적은 전기자동차 충전시설을 제외한 총 시설면적의 20% 이하)
- 관리사무소, 휴게소 및 공중화장실
- 간이매점, 자동차 장식품 판매점 및 전기자동차 충전시설, 태양광 발전시설, 집배송시설
- 주유소(특별시장·광역시장, 시장·군수 또는 구청장이 설치한 노외주차장만 해당)
- 노외주차장의 관리·운영상 필요한 편의시설
- 특별자치도·시·군 또는 자치구의 조례로 정하는 이용자 편의시설

※ 추락방지 안전시설의 설계 및 설치 등에 관한 세부적인 사항은 국토교통부장관이 정하여 고시한다.

핵심문제

다음 중 주차장법령상 노외주차장에 설치할 수 있는 부대시설에 해당하지 않는 것은?(단, 시·군 또는 구의 조례로 정하는 시설의 경우는 고려하지 않는다.)　　　　[15년 1회, 18년 4회]

① 관리사무소
② 자동차 관련 수리 판매시설
③ 노외주차장의 관리·운영상 필요한 편의시설
④ 간이매점, 자동차 장식품 판매점

📋 ②

해설⊕
노외주차장의 구조 · 설비기준(「주차장법 시행규칙」 제6조)
노외주차장에 설치할 수 있는 부대시설(설치면적은 전기자동차 충전시설을 제외한 총 시설면적의 20% 이하)
• 관리사무소, 휴게소 및 공중화장실
• 간이매점, 자동차 장식품 판매점 및 전기자동차 충전시설, 태양광 발전시설, 집배송시설
• 주유소(특별시장 · 광역시장, 시장 · 군수 또는 구청장이 설치한 노외주차장만 해당)
• 노외주차장의 관리 · 운영상 필요한 편의시설
• 특별자치도 · 시 · 군 또는 자치구의 조례로 정하는 이용자 편의시설

3) 단지조성사업 등에 따른 노외 주차장(「주차장법」 제12조의3)

① 택지개발사업, 산업단지개발사업, 항만배후단지개발사업, 도시재개발사업, 도시철도건설사업, 그 밖에 단지 조성 등을 목적으로 하는 사업을 시행할 때에는 일정 규모 이상의 노외주차장을 설치하여야 한다.

② 단지조성사업 등의 종류와 규모, 노외주차장의 규모와 관리방법은 해당 지방자치단체의 조례로 정한다.

③ 단지조성사업 등으로 설치되는 노외주차장에는 경형자동차 및 환경친화적 자동차를 위한 전용주차구획을 대통령령으로 정하는 비율 이상 설치하여야 한다.

4) 경형자동차 및 환경친화적 자동차 전용주차구획의 설치비율(「주차장법 시행령」 제4조)

단지조성사업 등으로 설치되는 노외주차장에는 경형자동차 및 환경친화적 자동차를 위한 전용주차구획을 다음의 비율이 모두 충족되도록 설치해야 한다.

① 경형자동차를 위한 전용주차구획과 환경친화적 자동차를 위한 전용주차구획을 합한 주차구획
: 총주차대수의 100분의 10 이상

② 환경친화적 자동차를 위한 전용주차구획 : 총주차대수의 100분의 5 이상

─────┤핵심문제

「주차장법」상 단지조성사업 등으로 설치되는 노외주차장에 경형 자동차를 위한 전용 주차구획을 설치하여야 하는 비율기준은? [12년 1회, 16년 4회, 23년 4회]

① 노외주차장 총주차대수의 100분의 3 이상
② 노외주차장 총주차대수의 100분의 5 이상
③ 노외주차장 총주차대수의 100분의 8 이상
④ 노외주차장 총주차대수의 100분의 10 이상

답 ④

해설⊕
경형자동차 및 환경친화적 자동차 전용주차구획의 설치비율(「주차장법 시행령」 제4조)
단지조성사업 등으로 설치되는 노외주차장에는 경형자동차 및 환경친화적 자동차를 위한 전용주차구획을 다음의 비율이 모두 충족되도록 설치해야 한다.

- 경형자동차를 위한 전용주차구획과 환경친화적 자동차를 위한 전용주차구획을 합한 주차구획 : 총주차대수의 100분의 10 이상
- 환경친화적 자동차를 위한 전용주차구획 : 총주차대수의 100분의 5 이상

(4) 주차전용건축물

1) 정의(「주차장법」 제2조)

주차전용건축물이란 건축물의 연면적 중 대통령령으로 정하는 비율 이상이 주차장으로 사용되는 건축물을 말한다.

2) 주차전용건축물의 주차면적비율(「주차장법 시행령」 제1조의2)

① 건축물의 연면적 중 주차장으로 사용되는 부분의 비율이 95% 이상인 것을 말한다. 다만, 주차장 외의 용도로 사용되는 부분이 단독주택, 공동주택, 제1종 근린생활시설, 제2종 근린생활시설, 문화 및 집회시설, 종교시설, 판매시설, 운수시설, 운동시설, 업무시설, 창고시설 또는 자동차 관련 시설 인 경우에는 주차장으로 사용되는 부분의 비율이 70% 이상인 것을 말한다.

② 건축물의 연면적의 산정방법은 「건축법」에 따른다. 다만, 기계식 주차장의 연면적은 기계식 주차장치에 의하여 자동차를 주차할 수 있는 면적과 기계실, 관리사무소 등의 면적을 합하여 계산한다.

3) 다른 법률과의 관계(「주차장법」 제12조의2)

노외주차장인 주차전용건축물의 건축 제한

① 건폐율 : 100분의 90 이하

② 용적률 : 1,500% 이하

③ 대지면적의 최소한도 : 45m² 이상

④ 높이 제한 : 다음 각 사항의 배율 이하
- 대지가 너비 12m 미만의 도로에 접하는 경우 : 건축물의 각 부분의 높이는 그 부분으로부터 대지에 접한 도로(대지가 둘 이상의 도로에 접하는 경우에는 가장 넓은 도로)의 반대쪽 경계선까지의 수평거리의 3배
- 대지가 너비 12m 이상의 도로에 접하는 경우 : 건축물의 각 부분의 높이는 그 부분으로부터 대지에 접한 도로의 반대쪽 경계선까지의 수평거리의 36/도로의 너비(m를 단위)배. 다만, 배율이 1.8배 미만인 경우에는 1.8배로 한다.

(5) 부설주차장

1) 부설주차장의 설치(「주차장법」 제19조)

① 도시지역, 지구단위계획구역 및 지방자치단체의 조례로 정하는 관리지역에서 건축물, 골프연습장, 그 밖에 주차수요를 유발하는 시설을 건축하거나 설치하려는 자는 그 시설물의 내부 또는 그 부지에 부설주차장을 설치하여야 한다.

② 시설물의 위치 · 용도 · 규모 및 부설주차장의 규모 등이 대통령령으로 정하는 기준에 해당할 때에는 해당 주차장의 설치에 드는 비용을 시장 · 군수 또는 구청장에게 납부하는 것으로 부설주차장의 설치를 갈음할 수 있다. 이 경우 부설주차장의 설치를 갈음하여 납부된 비용은 노외주차장의 설치 외의 목적으로 사용할 수 없다.

2) 부설주차장의 설치기준(「주차장법 시행령」 제6조)

① 부설주차장을 설치하여야 할 시설물의 종류와 부설주차장의 설치기준

시설물	설치기준
1. 위락시설	시설면적 100m²당 1대(시설면적/100m²)
2. 문화 및 집회시설(관람장은 제외한다), 종교시설, 판매시설, 운수시설, 의료시설(정신병원 · 요양병원 및 격리병원은 제외한다), 운동시설(골프장 · 골프연습장 및 옥외수영장은 제외한다), 업무시설(외국공관 및 오피스텔은 제외한다), 방송통신시설 중 방송국, 장례식장	시설면적 150m²당 1대(시설면적/150m²)
3. 제1종 근린생활시설[「건축법 시행령」 별표 1 제3호 바목 및 사목(공중화장실, 대피소, 지역아동센터는 제외한다)은 제외한다], 제2종 근린생활시설, 숙박시설	시설면적 200m²당 1대(시설면적/200m²)
4. 단독주택(다가구주택은 제외한다)	• 시설면적 50m² 초과 150m² 이하 : 1대 • 시설면적 150m² 초과 : 1대에 150m²를 초과하는 100m²당 1대를 더한 대수[1 + {(시설면적 − 150m²)/100m²}]
5. 다가구주택, 공동주택(기숙사는 제외한다), 업무시설 중 오피스텔	「주택건설기준 등에 관한 규정」 제27조 제1항에 따라 산정된 주차대수. 이 경우 다가구주택 및 오피스텔의 전용면적은 공동주택의 전용면적 산정방법을 따른다.
6. 골프장, 골프연습장, 옥외수영장, 관람장	• 골프장 : 1홀당 10대(홀의 수 × 10) • 골프연습장 : 1타석당 1대(타석의 수 × 1) • 옥외수영장 : 정원 15명당 1대(정원/15명) • 관람장 : 정원 100명당 1대(정원/100명)
7. 수련시설, 공장(아파트형은 제외한다), 발전시설	시설면적 350m²당 1대(시설면적/350m²)
8. 창고시설	시설면적 400m²당 1대(시설면적/400m²)
9. 학생용 기숙사	시설면적 400m²당 1대(시설면적/400m²)
10. 방송통신시설 중 데이터센터	시설면적 400m²당 1대(시설면적/400m²)
11. 그 밖의 건축물	시설면적 300m²당 1대(시설면적/300m²)

② 특별시 · 광역시 · 특별자치도 · 시 또는 군은 주차수요의 특성 또는 증감에 효율적으로 대처하기 위하여 필요하다고 인정하는 경우에는 부설주차장 설치기준의 2분의 1의 범위에서 그 설치기준을 해당 지방자치단체의 조례로 강화하거나 완화할 수 있다.

③ 건축물의 용도를 변경하는 경우에는 용도변경 시점의 주차장 설치기준에 따라 변경 후 용도의 주차
대수와 변경 전 용도의 주차대수를 산정하여 그 차이에 해당하는 부설주차장을 추가로 확보하여야
한다. 다만, 다음의 어느 하나에 해당하는 경우에는 부설주차장을 추가로 확보하지 아니하고 건축
물의 용도를 변경할 수 있다.
  - 사용승인 후 5년이 지난 연면적 1,000m² 미만의 건축물의 용도를 변경하는 경우. 다만, 문화
    및 집회시설 중 공연장·집회장·관람장, 위락시설 및 주택 중 다세대주택·다가구주택의 용도
    로 변경하는 경우는 제외한다.
  - 해당 건축물 안에서 용도 상호 간의 변경을 하는 경우. 다만, 부설주차장 설치기준이 높은 용도의
    면적이 증가하는 경우는 제외한다.

3) 부설주차장의 인근설치(「주차장법 시행령」 제7조)

① 부설주차장의 부지 인근에 단독 또는 공동으로 설치할 수 있는 경우 : 주차대수 300대 이하
② 시설물의 부지 인근의 범위
  - 해당 부지의 경계선으로부터 부설주차장의 경계선까지의 직선거리 300m 이내 또는 도보거리
    600m 이내
  - 해당 시설물이 있는 동·리 및 그 시설물과의 통행 여건이 편리하다고 인정되는 인접 동·리

4) 부설주차장의 설치의무면제(「주차장법 시행령」 제8조)

구분	내용
시설물의 위치	• 「도로교통법」에 따른 차량통행의 금지 또는 주변의 토지이용 상황으로 인하여 부설주차장의 설치가 곤란하다고 특별자치도지사·시장·군수 또는 자치구의 구청장이 인정하는 장소 • 부설주차장의 출입구가 도심지 등의 간선도로변에 위치하게 되어 자동차교통의 혼잡을 가중시킬 우려가 있다고 시장·군수 또는 구청장이 인정하는 장소
시설물의 용도 및 규모	연면적 1만m² 이상의 판매시설 및 운수시설에 해당하지 아니하거나 연면적 15,000m² 이상의 문화 및 집회시설(공연장·집회장 및 관람장에 한함), 위락시설, 숙박시설 또는 업무시설에 해당하지 아니하는 시설물
부설주차장의 규모	주차대수 300대 이하의 규모

───────┤핵심문제

부설주차장의 설치의무가 면제되는 시설물의 위치·용도·규모 및 부설주차장의 규모 기준으로 옳지 않
은 것은?   [12년 4회, 15년 2회, 18년 2회]

① 연면적 1만m² 이상의 판매시설 및 운수시설에 해당하지 아니하는 시설물
② 연면적 15,000m² 이상의 문화 및 집회시설, 위락시설에 해당하지 아니하는 시설물
③ 주차대수가 500대 규모인 부설주차장의 경우
④ 「도로교통법」에 따른 차량 통행의 금지 또는 주변의 토지이용 상황으로 인하여 부설주차장의 설치
  가 곤란하다고 시장·군수 또는 구청장이 인정하는 장소

답 ③

해설➕
부설주차장의 설치의무면제(「주차장법 시행령」 제8조)
시설물에서 부설주차장의 설치의무가 면제되는 기준은 부설주차장의 규모가 주차대수 300대 이하일 경우이다.

5) 부설주차장의 용도변경 금지(「주차장법」 제19조4, 시행령 제12조)

부설주차장은 주차장 외의 용도로 사용할 수 없다. 다만, 다음의 어느 하나에 해당하는 경우에는 그러하지 아니하다.

① 시설물의 내부 또는 그 부지 안에서 주차장의 위치를 변경하는 경우로서 시장·군수 또는 구청장이 주차장의 이용에 지장이 없다고 인정하는 경우

② 시설물의 내부에 설치된 주차장을 추후 확보된 인근 부지로 위치를 변경하는 경우로서 시장·군수 또는 구청장이 주차장의 이용에 지장이 없다고 인정하는 경우

③ 차량통행의 금지 또는 주변의 토지이용 상황 등으로 인하여 시장·군수 또는 구청장이 해당 주차장의 이용이 사실상 불가능하다고 인정한 경우

④ 직거래 장터 개설 등 지역경제 활성화를 위하여 시장·군수 또는 구청장이 정하여 고시하는 바에 따라 주차장을 일시적으로 이용하려는 경우

⑤ 해당 시설물의 부설주차장의 설치기준 또는 설치제한기준을 초과하는 주차장으로서 그 초과 부분에 대하여 시장·군수 또는 구청장의 확인을 받은 경우

⑥ 도시·군계획시설사업으로 인하여 그 전부 또는 일부를 사용할 수 없게 된 주차장으로서 시장·군수 또는 구청장의 확인을 받은 경우

⑦ 시설물의 부지 인근에 설치한 부설주차장 또는 시설물 내부 또는 그 부지에서 인근 부지로 위치 변경된 부설주차장을 그 부지 인근의 범위에서 위치 변경하여 설치하는 경우

⑧ 산업단지 안에 있는 공장의 부설주차장을 시설물 부지 인근의 범위에서 위치 변경하여 설치하는 경우

(6) 국유재산·공유재산의 처분 제한(「주차장법」 제20조, 시행령 제13조)

① 국가 또는 지방자치단체 소유의 토지로서 노외주차장 설치계획에 따라 노외주차장을 설치하는 데에 필요한 토지는 다른 목적으로 매각(賣却)하거나 양도할 수 없으며, 관계 행정청은 노외주차장의 설치에 적극 협조하여야 한다.

② 도로, 광장, 공원, 그 밖에 대통령령으로 정하는 학교 등 공공시설(초등학교·중학교·고등학교·공용의 청사·주차장 및 운동장)의 지하에 노외주차장을 설치하기 위하여 도시·군계획시설사업의 실시계획인가를 받은 경우에는 점용허가를 받거나 토지형질변경에 대한 협의 등을 한 것으로 보며, 노외주차장으로 사용되는 토지 및 시설물에 대하여는 대통령령으로 정하는 바에 따라 그 점용료 및 사용료를 감면할 수 있다.

③ 대통령령으로 정하는 공공시설(공용의 청사·하천·유수지(遊水池)·주차장 및 운동장)의 지상에 노외주차장을 설치하는 경우에도 점용료 및 사용료를 감면할 수 있다.

(7) 보칙

1) 주차장특별회계의 설치(「주차장법」 제21조의2)

① 특별시장·광역시장, 시장·군수 또는 구청장은 주차장을 효율적으로 설치 및 관리·운영하기 위하여 주차장특별회계를 설치할 수 있다.

② 특별시장·광역시장·특별자치시장·특별자치도지사·시장 또는 군수가 설치하는 주차장특별회계는 다음의 재원(財源)으로 조성한다.

- 주차요금 등의 수입금과 노외주차장 설치를 위한 비용의 납부금
- 주차장의 일반 이용을 거절하였을 경우에 따른 과징금의 징수금
- 해당 지방자치단체의 일반회계로부터의 전입금
- 정부의 보조금
- 재산세 징수액 중 대통령령으로 정하는 일정 비율에 해당하는 금액
- 제주특별자치도지사 또는 시장 등이 부과·징수한 과태료
- 이행강제금의 징수금
- 보통세 징수액의 100분의 1의 범위에서 광역시의 조례로 정하는 비율에 해당하는 금액(광역시에 한한다)
- 광역시의 보조금

③ 구청장이 설치하는 주차장특별회계는 다음의 재원으로 조성한다.

- 주차요금 등의 수입금과 노외주차장 설치를 위한 비용의 납부금 중 해당 구청장이 설치·관리하는 노상주차장 및 노외주차장의 주차요금과 대통령령으로 정하는 납부금
- 주차장의 일반 이용을 거절하였을 경우에 따른 과징금의 징수금
- 해당 지방자치단체의 일반회계로부터의 전입금
- 특별시 또는 광역시의 보조금
- 시장 등이 부과·징수한 과태료
- 이행강제금의 징수금

4 「체육시설의 설치·이용에 관한 법률」 및 동법 시행령 중 도시계획 관련 사항

(1) 체육시설업의 구분·종류(「체육시설의 설치·이용에 관한 법률」 제10조)

구분	체육시설업
등록 체육시설업	골프장업, 스키장업, 자동차 경주장업
신고 체육시설업	요트장업, 조정장업, 카누장업, 빙상장업, 승마장업, 종합 체육시설업, 수영장업, 체육도장업, 골프 연습장업, 체력단련장업, 당구장업, 썰매장업, 무도학원업, 무도장업, 야구장업, 가상체험 체육시설업, 체육교습업, 인공암벽장업

★ 다음 중 신고 체육시설업에 해당하지 않는 것은?　　　　　　　　　　　[12년 2회, 16년 2회]

① 골프연습장업　　　　　　　　　② 스키장업
③ 빙상장업　　　　　　　　　　　④ 종합 체육시설업

🅐 ②

해설 ➕ --

스키장업은 등록체육시설업에 해당한다.

(2) 공공체육시설

1) 전문체육시설(「체육시설의 설치·이용에 관한 법률」 제5조)

① 국가와 지방자치단체는 국내·외 경기대회의 개최와 선수 훈련 등에 필요한 운동장이나 체육관 등 체육시설을 대통령령으로 정하는 바에 따라 설치·운영하여야 한다.

② 전문체육시설의 체육관은 체육, 문화 및 청소년 활동 등 필요한 용도로 활용될 수 있도록 설치되어야 한다.

③ 전문체육시설의 사용을 촉진하기 위하여 지방자치단체는 그 사용료의 전부나 일부를 대통령령으로 정하는 바에 따라 감면할 수 있다.

2) 생활체육시설(「체육시설의 설치·이용에 관한 법률」 제6조)

① 국가와 지방자치단체는 국민이 거주지와 가까운 곳에서 쉽게 이용할 수 있는 생활체육시설을 대통령령으로 정하는 바에 따라 설치·운영하여야 한다.

② 생활체육시설을 운영하는 국가와 지방자치단체는 노인과 장애인이 생활체육시설을 쉽고 안전하게 이용할 수 있도록 시설이나 기구를 마련하는 등의 필요한 시책을 강구하여야 한다.

③ 생활체육시설의 사용을 촉진하기 위하여 지방자치단체는 그 사용료의 전부나 일부를 대통령령으로 정하는 바에 따라 감면할 수 있다.

3) 직장체육시설(「체육시설의 설치·이용에 관한 법률」 제7조)

① 직장의 장은 직장인의 체육 활동에 필요한 체육시설을 설치·운영하여야 한다.

② 직장의 범위와 체육시설의 설치기준은 대통령령으로 정한다.

※ 직장체육시설의 설치·운영(「체육시설의 설치·이용에 관한 법률 시행령」 제5조)

- 직장체육시설을 설치·운영하여야 하는 직장은 상시 근무하는 직장인이 500명 이상인 직장으로 한다.
- 직장체육시설의 설치기준은 문화체육관광부령으로 정한다.
- 직장체육시설의 설치·운영에 관하여는 시·도지사가 지도·감독한다.

(3) 경미한 사항의 변경(「체육시설의 설치 · 이용에 관한 법률 시행규칙」 제10조)

① 필수시설의 경우 : 사업계획 승인을 받은 시설 또는 등록한 시설별 면적의 100분의 30 이내에서의 증축 · 개축 또는 변경

② 임의시설의 경우 : 사업계획 승인을 받은 시설 또는 등록한 시설의 증축 · 개축 · 이축 · 재축 또는 변경

(4) 사업계획의 승인 및 승인의 제한

1) 사업계획의 승인(「체육시설의 설치 · 이용에 관한 법률」 제12조)

등록 체육시설업을 하려는 자는 시설을 설치하기 전에 대통령령으로 정하는 바에 따라 체육시설업의 종류별로 사업계획서를 작성하여 시 · 도지사의 승인을 받아야 한다. 그 사업계획을 변경(대통령령으로 정하는 경미한 사항에 관한 사업계획의 변경은 제외)하려는 경우에도 또한 같다.

2) 사업계획의 승인의 제한(「체육시설의 설치 · 이용에 관한 법률」 제13조)

① 시 · 도지사는 국토의 효율적 이용, 지역 간 균형 개발, 재해 방지, 자연환경 보전 및 체육시설업의 건전한 육성 등 공공복리를 위하여 필요하면 대통령령으로 정하는 바에 따라 사업계획의 승인 또는 변경승인을 제한할 수 있다.

② 시 · 도지사는 사업계획의 승인이 취소된 후 6개월이 지나지 아니한 때에는 같은 장소에서 그 사업계획의 승인이 취소된 자에게 그 취소된 체육시설업과 같은 종류의 체육시설업에 대한 사업계획의 승인을 할 수 없다. 다만, 회원을 모집하는 체육시설업에 대한 사업계획의 승인이 취소된 경우 같은 장소에서 회원을 모집하지 아니하는 체육시설업에 대한 사업계획을 승인하는 경우에는 그러하지 아니하다.

(5) 체육지도자의 배치(「체육시설의 설치 · 이용에 관한 법률」 제23조)

① 체육시설업자는 문화체육관광부령으로 정하는 일정 규모 이상의 체육시설에 체육지도자를 배치하여야 한다.

② 체육지도자의 배치기준에 관하여 필요한 사항은 문화체육관광부령으로 정한다.

(6) 안전 · 위생기준(「체육시설의 설치 · 이용에 관한 법률」 제24조)

① 체육시설업자는 이용자가 체육시설을 안전하고 쾌적하게 이용할 수 있도록 안전관리요원 배치와 임무, 수질관리, 보호 장구의 구비(具備) 및 어린이 안전사고 예방수칙 등 문화체육관광부령으로 정하는 안전 · 위생기준을 지켜야 한다.

② 체육시설업의 시설을 이용하는 자는 안전 · 위생기준에 따른 보호 장구를 착용하여야 한다.

③ 체육시설업자는 체육시설업의 시설을 이용하는 자가 보호 장구 착용 의무를 준수하지 아니한 경우에는 그 체육시설 이용을 거절하거나 중지하게 할 수 있다.

01 다음 중 시·군 내의 주요 시설물 또는 환경의 보호, 경관의 유지, 재해대책, 보행자의 통행과 주민의 일시적 휴식공간의 확보를 위하여 설치하는 도시·군계획시설은? [15년 4회]

① 유원지　　　　　② 공공공지
③ 공개공지　　　　④ 쌈지공원

●해설

공공공지(「도시·군계획시설의 결정·구조 및 설치기준에 관한 규칙」 제59조)

공공공지라 함은 시·군 내의 주요 시설물 또는 환경의 보호, 경관의 유지, 재해대책, 보행자의 통행과 주민의 일시적 휴식공간의 확보를 위하여 설치하는 시설을 말한다.

02 도시계획시설의 결정에 대한 설명으로 틀린 것은? [12년 2회]

① 기반시설에 대한 도시관리계획결정은 당해 도시계획시설의 종류와 기능에 따라 그 위치·면적 등을 결정하여야 한다.
② 둘 이상의 도시계획시설을 같은 토지에 함께 결정할 수 없다.
③ 도시계획시설이 그 규모로 인하여 공간이용에 상당한 영향을 주는 건축물인 시설의 경우 건폐율·용적률 및 높이의 범위를 함께 결정하여야 한다.
④ 도시계획시설이 위치하는 지역의 적정하고 합리적인 토지이용을 촉진하기 위하여 도시계획시설이 위치하는 공간의 일부만을 구획하여 도시계획시설을 결정할 수 있다.

●해설

도시·군계획시설의 중복결정(「도시·군계획시설의 결정·구조 및 설치기준에 관한 규칙」 제3조)

토지를 합리적으로 이용하기 위하여 필요한 경우에는 둘 이상의 도시·군계획시설을 같은 토지에 함께 결정할 수 있다. 이 경우 각 도시·군계획시설의 이용에 지장이 없어야 하고, 장래의 확장 가능성을 고려하여야 한다.

03 다음 중 도로의 규모별 분류에 대한 내용으로 옳은 것은? [14년 4회, 23년 1회, 24년 3회]

① 광로 1류 : 폭 40m 이상인 도로
② 대로 1류 : 폭 35m 이상 40m 미만인 도로
③ 중로 1류 : 폭 25m 이상 35m 미만인 도로
④ 소로 1류 : 폭 12m 이상 15m 미만인 도로

●해설

도로의 구분(「도시·군계획시설의 결정·구조 및 설치기준에 관한 규칙」 제9조) – 도로의 규모별 구분

구분		도로 폭
광로	1류	폭 70m 이상인 도로
	2류	폭 50m 이상 70m 미만인 도로
	3류	폭 40m 이상 50m 미만인 도로
대로	1류	폭 35m 이상 40m 미만인 도로
	2류	폭 30m 이상 35m 미만인 도로
	3류	폭 25m 이상 30m 미만인 도로
중로	1류	폭 20m 이상 25m 미만인 도로
	2류	폭 15m 이상 20m 미만인 도로
	3류	폭 12m 이상 15m 미만인 도로
소로	1류	폭 10m 이상 12m 미만인 도로
	2류	폭 8m 이상 10m 미만인 도로
	3류	폭 8m 미만인 도로

04 「도시·군계획시설의 결정·구조 및 설치기준에 관한 규칙」상 도로의 배치간격기준이 틀린 것은? [13년 4회]

① 주간선도로와 주간선도로 : 2,000m 내외
② 국지도로 간(가구의 짧은 변 사이) : 90m 내지 150m 내외
③ 주간선도로와 보조간선도로 : 500m 내외
④ 보조간선도로와 집산도로 : 250m 내외

해설

도로의 일반적 결정기준(「도시·군계획시설의 결정·구조 및 설치기준에 관한 규칙」제10조)

도로의 배치간격
- 주간선도로와 주간선도로의 배치간격 : 1,000m 내외
- 주간선도로와 보조간선도로의 배치간격 : 500m 내외
- 보조간선도로와 집산도로의 배치간격 : 250m 내외
- 국지도로 간의 배치간격 : 가구의 짧은 변 사이의 배치간격은 90m 내지 150m 내외, 가구의 긴 변 사이의 배치간격은 25m 내지 60m 내외

05 「도시·군계획시설의 결정·구조 및 설치기준에 관한 규칙」상 정하고 있는 용도지역별 도로율이 틀린 것은? [문제변형] [14년 1회, 14년 4회]

① 주거지역 : 15% 이상 30% 미만
② 상업지역 : 25% 이상 35% 미만
③ 공업지역 : 8% 이상 20% 미만
④ 녹지지역 : 5% 이상 15% 미만

해설

용도지역별 도로율(「도시·군계획시설의 결정·구조 및 설치기준에 관한 규칙」제11조)

구분	도로율
주거지역	15% 이상 30% 미만. 이 경우 간선도로의 도로율은 8% 이상 15% 미만이어야 한다.
상업지역	25% 이상 35% 미만. 이 경우 간선도로의 도로율은 10% 이상 15% 미만이어야 한다.
공업지역	8% 이상 20% 미만. 이 경우 간선도로의 도로율은 4% 이상 10% 미만이어야 한다.

※ 녹지지역은 도로율 기준이 없다.

06 도시·군계획시설로서 광장의 구분에 해당하지 않는 것은? [14년 4회, 21년 4회, 23년 1회]

① 교통광장
② 건축물부설광장
③ 지하광장
④ 미관광장

해설

광장(「도시·군계획시설의 결정·구조 및 설치기준에 관한 규칙」제49조)

광장이라 함은 교통광장·일반광장·경관광장·지하광장 및 건축물부설광장을 말한다.

07 도시·군계획시설로서 광장의 구분에 해당하지 않는 것은? [14년 1회]

① 교통광장
② 일반광장
③ 보행광장
④ 지하광장

해설

문제 6번 해설 참고

08 「도시·군계획시설의 결정·구조 및 설치기준에 관한 규칙」상 종합의료시설을 설치할 수 있는 지역이 아닌 것은? [15년 1회]

① 제1종 일반주거지역
② 준공업지역
③ 자연녹지지역
④ 중심상업지역

해설

종합의료시설의 결정기준(「도시·군계획시설의 결정·구조 및 설치기준에 관한 규칙」제152조)

제2종 일반주거지역·제3종 일반주거지역·준주거지역·중심상업지역·일반상업지역·근린상업지역·전용공업지역·일반공업지역·준공업지역·자연녹지지역 및 계획관리지역에 한하여 설치할 것

09 다음 공원시설 중 휴양시설에 해당하지 않는 것은? [13년 1회, 20년 4회, 24년 2회]

① 야유회장
② 야영장
③ 노인복지회관
④ 전망대

해설

공원시설의 종류(「도시공원 및 녹지에 관한 법률 시행규칙」제3조 – 별표 1)

휴양시설
- 야유회장 및 야영장 그 밖에 이와 유사한 시설로서 자연공간과 어울려 도시민에게 휴식공간을 제공하기 위한 시설
- 경로당, 노인복지관

• 수목원

※ 전망대는 공원시설 중 편익시설에 해당한다.

10 도시공원의 효용을 다하기 위하여 설치하는 시설이 아닌 것은? [14년 4회]

① 화단, 분수, 조각 등 조경시설

② 휴게소, 긴 의자 등 휴양시설

③ 실외사격장, 골프장 등의 운동시설

④ 식물원, 박물관, 야외음악당 등 교양시설

◯ 해설

공원시설의 종류(「도시공원 및 녹지에 관한 법률 시행규칙」 제3조 – 별표 1)

운동시설 중 사격장은 실내사격장만 해당되며, 골프장은 6홀 이하의 규모만 공원시설로 인정된다.

11 다음 중 도시공원의 종류에 해당하지 않는 것은? [13년 4회]

① 근린공원   ② 묘지공원

③ 체육공원   ④ 국립공원

◯ 해설

도시공원의 세분 및 규모(「도시공원 및 녹지 등에 관한 법률」 제15조)

• 생활권 공원 : 소공원, 어린이공원, 근린공원

• 주제 공원 : 역사공원, 문화공원, 수변공원, 묘지공원, 체육공원, 도시농업공원, 방재공원

12 다음 중 「도시공원 및 녹지 등에 관한 법률」에 따른 도시공원의 종류에 해당하지 않는 것은? (단, 시 · 도의 조례로 정하는 공원은 고려하지 않는다.) [12년 4회]

① 근린공원   ② 중앙공원

③ 어린이공원   ④ 묘지공원

◯ 해설

도시공원의 세분 및 규모(「도시공원 및 녹지 등에 관한 법률」 제15조)

• 생활권 공원 : 소공원, 어린이공원, 근린공원

• 주제 공원 : 역사공원, 문화공원, 수변공원, 묘지공원, 체육공원, 도시농업공원, 방재공원

13 「도시공원 및 녹지 등에 관한 법률」상 도시공원의 규모기준이 옳은 것은? [12년 2회, 24년 2회]

① 어린이공원 : $1,500m^2$ 이상

② 근린생활권근린공원 : $30,000m^2$ 이상

③ 소공원 : $1,000m^2$ 이상

④ 도보권근린공원 : $100,000m^2$ 이상

◯ 해설

② 근린생활권근린공원 : $10,000m^2$ 이상

③ 소공원 : 제한 없음

④ 도보권근린공원 : $30,000m^2$ 이상

14 하나의 도시지역 안에 있어서 도시공원의 확보기준은 해당 도시지역 안에 거주하는 주민 1인당 얼마 이상으로 하는가?

[15년 4회, 19년 4회, 24년 1회]

① $6m^2$ ② $7m^2$

③ $8m^2$ ④ $9m^2$

◯ 해설

도시공원의 면적기준(「도시공원 및 녹지 등에 관한 법률 시행규칙」 제4조)

• 하나의 도시지역 안에 있어서의 도시공원의 확보기준은 해당 도시지역 안에 거주하는 주민 1인당 $6m^2$ 이상

• 개발제한구역 및 녹지지역을 제외한 도시지역 안에 있어서의 도시공원의 확보기준은 해당 도시지역 안에 거주하는 주민 1인당 $3m^2$ 이상

15 「도시공원 및 녹지 등에 관한 법률」에서 정하고 있는 사항 중 도시공원에 관한 설명으로 틀린 것은? [15년 2회]

① 조경시설로는 화단, 분수, 조각 등이 있다.

② 녹지는 완충녹지, 경관녹지, 차폐녹지로 세분된다.

③ 도시공원의 설치 및 관리는 특별시장 · 광역시장 · 특별자치시장 · 특별자치도지사 · 시장 또는 군수가 담당한다.

④ 공원관리청은 그 관할구역 안에 있는 도시공원의 대장을 작성하여 보관하여야 한다.

해설

녹지는 완충녹지, 경관녹지, 연결녹지로 세분된다.

16 다음은 도시공원 및 녹지 등에 관한 법령에 따른 도시공원의 면적기준이다. (㉠)과 (㉡)에 들어갈 말이 모두 옳은 것은?[14년 4회, 18년 1회, 24년 3회]

> 하나의 도시지역 안에 있어서의 도시공원의 확보기준은 해당 도시지역 안에 거주하는 주민 1인당 (㉠) 이상으로 하고, 개발제한구역 및 녹지지역을 제외한 도시지역 안에 있어서의 도시공원의 확보기준은 해당 도시지역 안에 거주하는 주민 1인당 (㉡) 이상으로 한다.

① ㉠ : 9m^2, ㉡ : 6m^2
② ㉠ : 8m^2, ㉡ : 5m^2
③ ㉠ : 7m^2, ㉡ : 4m^2
④ ㉠ : 6m^2, ㉡ : 3m^2

해설

도시공원의 면적기준(「도시공원 및 녹지 등에 관한 법률 시행규칙」 제4조)
• 하나의 도시지역 안에 있어서의 도시공원의 확보기준은 해당 도시지역 안에 거주하는 주민 1인당 6m^2 이상
• 개발제한구역 및 녹지지역을 제외한 도시지역 안에 있어서의 도시공원의 확보기준은 해당 도시지역 안에 거주하는 주민 1인당 3m^2 이상

17 「도시공원 및 녹지 등에 관한 법률」에 따른 도시공원에 관한 설명으로 옳지 않은 것은?

[12년 4회]

① 도시공원은 도시지역에서 도시자연경관을 보호하고 시민의 건강·휴양 및 정서생활을 향상시키는 데에 이바지하기 위하여 설치·지정한다.
② 공원시설은 도시공원의 효용을 다하기 위하여 설치하는 시설로, 그네·미끄럼틀과 같은 유희시설을 포함한다.

③ 도시공원의 설치기준, 관리기준 및 안전기준은 대통령령으로 정한다.
④ 도시공원이 위치한 행정구역을 관할하는 특별시장, 광역시장, 특별자치시장, 특별자치도지사, 시장 또는 군수는 그 도시공원의 조성계획을 입안하여야 한다.

해설

도시공원의 설치기준, 관리기준 및 안전기준은 국토교통부령으로 정한다.

18 다음 중 「도시 및 주거환경정비법」에 의한 정비계획의 개발규모가 5만m^2 이상인 경우 도시공원 또는 녹지의 확보기준으로 옳은 것은?(단, 「도시공원 및 녹지 등에 관한 법률」에 따른다.) [16년 4회]

① 상주인구 1인당 3m^2 이상 또는 개발부지 면적의 5% 이상 중 큰 면적
② 상주인구 1인당 6m^2 이상 또는 개발부지 면적의 9% 이상 중 큰 면적
③ 1세대당 3m^2 이상 또는 개발부지면적의 5% 이상 중 큰 면적
④ 1세대당 2m^2 이상 또는 개발부지면적의 5% 이상 중 큰 면적

해설

개발계획 규모별 도시공원 또는 녹지의 확보기준(「도시공원 및 녹지 등에 관한 법률 시행규칙」 제5조 – 별표 2) – 「도시 및 주거환경정비법」에 의한 정비계획
5만m^2 이상의 정비계획 : 1세대당 2m^2 이상 또는 개발 부지 면적의 5% 이상 중 큰 면적

19 도시공원 조성계획의 입안·결정에 관한 내용이 옳지 않은 것은? [15년 1회]

① 도시공원 조성계획은 도시·군관리계획으로 결정하여야 한다.
② 민간공원추진자는 도시공원의 설치가 결정된 도시공원에 대하여 자기의 비용과 책임으로 그 공원을 조성하는 내용의 공원조성계획을 입안하여 줄 것을 제안할 수 있다.

③ 도시공원을 관리하는 특별시장·광역시장·특별자치시장·특별자치도지사·시장 또는 군수는 도시공원 또는 공원시설의 관리를 공원관리청이 아닌 자에게 위탁할 수 없다.

④ 도시공원의 설치에 관한 도시·군관리계획결정은 그 고시일부터 10년이 되는 날까지 공원조성계획의 고시가 없는 경우에는 그 10년이 되는 날의 다음날에 그 효력을 상실한다.

◗해설
도시공원 및 공원시설관리의 위탁(「도시공원 및 녹지 등에 관한 법률」 제20조)
공원관리청은 도시공원 또는 공원시설의 관리를 공원관리청이 아닌 자에게 위탁할 수 있다.

20 다음 중 도시공원의 점용허가대상에 해당하지 않는 것은? [15년 4회]

① 전주, 전선, 변전소의 설치
② 공원의 자연경관을 훼손하지 않는 전원주택의 신축
③ 도로, 교통, 철도 및 궤도, 노외주차장, 선착장의 설치
④ 도시공원의 설치에 관한 도시·군관리계획 결정 당시 기존 건축물 및 기존 공작물의 증축·개축·재축 또는 대수선

◗해설
도시공원의 점용허가(「도시공원 및 녹지 등에 관한 법률 시행령」 제22조)
• 전봇대·전선·변전소·지중변압기·개폐기·가로등분전반·전기통신설비·수소연료공급시설·환경친화적 자동차 충전시설 및 태양에너지설비 등 분산형 전원설비의 설치
 ※ 단, 수소연료공급시설은 소공원 또는 어린이공원에 설치하지 않아야 하며, 주차장에 설치하여야 하고, 「고압가스 안전관리법」에 따른 시설·기술·검사 기준을 충족해야 한다.
• 수도관·하수도관·가스관·송유관·가스정압시설·열송수시설·공동구(공동구의 관리사무소 포함)·전력구·송전선로 및 지중정착장치(어스앵커)의 설치
• 도로·교량·철도 및 궤도·노외주차장·선착장의 설치
• 농업을 목적으로 하는 용수의 취수시설, 관개용수로, 생

활용수의 공급을 위하여 고지대에 설치하는 배수시설, 비상급수시설과 그 부대시설의 설치
• 지구대·파출소·초소·등대 및 항로표지 등의 표지의 설치
• 방화용 저수조·지하대피시설의 설치
• 군용전기통신설비비·축성시설, 그 밖에 국방부장관이 군사작전상 불가피하다고 인정하는 최소한의 시설의 설치
• 농업·임업·축산업·수산업 또는 광업에 종사하는 자가 생산에 직접 공여할 목적으로 자기 소유의 토지에 설치하는 관리용 가설건축물의 설치
• 각종 가설건축물의 설치
• 공원관리청이 재해의 예방 또는 복구를 위하여 필요하다고 인정하는 공작물의 설치
• 도시공원결정 당시 기존 건축물 및 기존 공작물의 증축·개축·재축 또는 대수선
• 지하에 설치하는 운송통로, 창고시설 등의 시설
• 시설의 설치에 필요한 공사용 비품 및 재료의 적치장의 설치
• 연접한 토지에 건축물 또는 공작물을 설치하기 위하여 필요한 공사용 비품 및 재료 적치장의 설치
• 토지의 형질 변경, 토석의 채취 및 나무를 베거나 심는 행위
• 개별 시설의 건축연면적이 200m² 이하인 시설일 것

21 도시공원에서 그 도시공원을 관리하는 특별시장·광역시장·특별자치시장·시장 또는 군수의 점용허가를 받아야 할 사항은? [13년 2회]

① 토지의 형질을 변경하는 경우
② 산림의 경영을 목적으로 솎아 베는 경우
③ 나무를 베는 행위 없이 나무를 심는 경우
④ 농사를 짓기 위하여 자기 소유의 논을 갈거나 파는 경우

◗해설
②, ③, ④의 경우 도시공원의 점용허가를 받지 아니하고 할 수 있는 경미한 행위에 해당된다.

도시공원의 점용허가(「도시공원 및 녹지 등에 관한 법률」 제24조)
도시공원에서 다음의 어느 하나에 해당하는 행위를 하려는 자는 대통령령으로 정하는 바에 따라 그 도시공원을 관리하는 특별시장·광역시장·특별자치시장·특별자치도지사·시장 또는 군수의 점용허가를 받아야 한다.

- 공원시설 외의 시설·건축물 또는 공작물을 설치하는 행위
- 토지의 형질 변경
- 죽목(竹木)을 베거나 심는 행위
- 흙과 돌의 채취
- 물건을 쌓아놓는 행위

22 대기오염, 소음, 진동, 악취 그 밖에 이에 준하는 공해와 각종 사고나 자연재해, 그 밖에 이에 준하는 재해 등의 방지를 위하여 설치하는 녹지는?
[16년 1회, 19년 1회, 21년 4회]

① 경관녹지　　　　② 완충녹지
③ 연결녹지　　　　④ 공원녹지

해설

녹지의 세분(「도시공원 및 녹지 등에 관한 법률」 제35조)

구분	내용
완충녹지	대기오염, 소음, 진동, 악취, 그 밖에 이에 준하는 공해와 각종 사고나 자연재해, 그 밖에 이에 준하는 재해 등의 방지를 위하여 설치하는 녹지
경관녹지	도시의 자연적 환경을 보전하거나 이를 개선하고 이미 자연이 훼손된 지역을 복원·개선함으로써 도시경관을 향상시키기 위하여 설치하는 녹지
연결녹지	도시 안의 공원, 하천, 산지 등을 유기적으로 연결하고 도시민에게 산책공간의 역할을 하는 등 여가·휴식을 제공하는 선형(線型)의 녹지

23 주차장의 종류 구분 중 자주식 주차장의 형태가 아닌 것은? [16년 4회, 23년 2회]

① 건물식 주차장　　② 기계식 주차장
③ 지하식 주차장　　④ 지평식 주차장

해설

주차장의 형태(「주차장법 시행령」 제2조)

주차장의 형태는 운전자가 자동차를 직접 운전하여 주차장으로 들어가는 주차장(자주식 주차장)과 기계식 주차장으로 구분한다.

24 「주차장법」에 의한 용어의 정의로 옳지 않은 것은? [15년 4회, 24년 3회]

① 기계식 주차장이란 기계식 주차장치를 설치한 노상주차장과 노외주차장을 말한다.
② 노외주차장이란 도로 노면 및 교통광장 외의 장소에 설치된 주차장으로서 일반의 이용에 제공되는 것을 말한다.
③ 노상주차장이란 도로의 노면 또는 교통광장의 일정한 구역에 설치된 주차장으로서 일반의 이용에 제공되는 것을 말한다.
④ 부설주차장이란 관련 규정에 의하여 건축물, 골프연습장, 그 밖에 주차수요를 유발하는 시설에 부대하여 설치된 주차장으로서 해당 건축물 시설의 이용자 또는 일반의 이용에 제공되는 것을 말한다.

해설

주차장의 정의 및 종류(「주차장법」 제2조)

기계식 주차장이란 기계식 주차장치를 설치한 노외주차장 및 부설주차장을 말한다.

25 다음 중 「주차장법」상 주차장의 종류에 해당하지 않는 것은? [14년 4회, 18년 4회, 24년 1회]

① 노상주차장　　　② 노변주차장
③ 노외주차장　　　④ 부설주차장

해설

주차장의 종류(「주차장법」 제2조)

노상주차장, 노외주차장, 건축물부설주차장

26 다음 중 자주식 주차장의 형태에 해당하지 않는 것은? [13년 1회, 24년 2회]

① 건축물식　　　　② 기계식
③ 지하식　　　　　④ 지평식

해설

주차장의 형태(「주차장법 시행규칙」 제2조)

주차장의 형태는 운전자가 자동차를 직접 운전하여 주차장으로 들어가는 주차장(자주식 주차장)과 기계식 주차장으로 구분하되, 이를 다시 다음과 같이 세분한다.
- 자주식 주차장 : 지하식·지평식(地平式) 또는 건축물식
- 기계식 주차장 : 지하식·건축물식

27 「주차장법 시행규칙」상 노외주차장의 출구 및 입구를 설치하여서는 아니 되는 장소기준으로 옳지 않은 것은? [16년 1회]

① 횡단보도로부터 5m 이내에 있는 도로의 부분
②「도로교통법」의 관련 규정에 해당하는 도로의 부분
③ 너비 8m 미만이고 종단 기울기가 8%를 초과하는 도로
④ 유치원, 초등학교 등의 출입구로부터 20m 이내에 있는 도로의 부분

◖해설

노외주차장의 설치에 대한 계획기준(「주차장법 시행규칙」 제5조)
노외주차장의 출구 및 입구의 설치제한 장소
너비 4m 미만의 도로(주차대수 200대 이상인 경우에는 너비 6m 미만의 도로)와 종단 기울기가 10%를 초과하는 도로

28 다음은 「주차장법 시행규칙」상 노외주차장의 설치에 대한 계획기준이다. 빈칸에 차례대로 들어갈 용어로 옳은 것은? [16년 1회, 22년 4회]

> 주차대수 (㉠)를 초과하는 규모의 노외주차장의 경우에는 노외주차장의 출구와 입구는 각각 따로 설치하여야 한다. 다만, 출입구의 너비의 합이 (㉡) 이상으로서 출구와 입구가 차선 등으로 분리되는 경우에는 함께 설치할 수 있다.

① ㉠ 100대, ㉡ 3.0m
② ㉠ 200대, ㉡ 3.5m
③ ㉠ 300대, ㉡ 5.0m
④ ㉠ 400대, ㉡ 5.5m

◖해설

노외주차장의 설치에 대한 계획기준(「주차장법 시행규칙」 제5조)
주차대수 400대를 초과하는 규모의 노외주차장의 경우에는 노외주차장의 출구와 입구를 각각 따로 설치하여야 한다. 다만, 출입구의 너비의 합이 5.5m 이상으로서 출구와 입구가 차선 등으로 분리되는 경우에는 함께 설치할 수 있다.

29 「주차장법 시행규칙」상 노외주차장에 설치할 수 있는 부대시설에 해당하지 않는 것은?(단, 시·군 또는 구의 조례로 정하는 이용자 편의시설은 고려하지 않는다.) [13년 4회, 16년 2회, 20년 3회]

① 관리사무소
② 자동차 관련 수리시설 및 장식품 판매점
③ 노외주차장의 관리·운영상 필요한 편의시설
④ 공중화장실

◖해설

「주차장법 시행규칙」 제6조(노외주차장의 구조·설비 기준)
노외주차장에 설치할 수 있는 부대시설(설치면적은 전기자동차 충전시설을 제외한 총 시설면적의 20% 이하)
• 관리사무소, 휴게소 및 공중화장실
• 간이매점, 자동차 장식품 판매점 및 전기자동차 충전시설, 태양광 발전시설, 집배송시설
• 주유소(특별시장·광역시장, 시장·군수 또는 구청장이 설치한 노외주차장만 해당)
• 노외주차장의 관리·운영상 필요한 편의시설
• 특별자치도·시·군 또는 자치구의 조례로 정하는 이용자 편의시설

30 자주식 주차장으로서 지하식 또는 건축물식 노외주차장의 사람이 출입하는 통로의 경우, 벽면에서부터 50cm 이내를 제외한 바닥면의 최소 조도기준이 옳은 것은? [13년 2회, 20년 4회, 23년 1회]

① 10럭스 이상
② 50럭스 이상
③ 300럭스 이상
④ 최소 조도기준 없음

◖해설

「주차장법 시행규칙」 제6조(노외주차장의 구조·설비기준)
자주식 주차장으로서 지하식 또는 건축물식 노외주차장에는 벽면에서부터 50cm 이내를 제외한 바닥면의 최소 조도(照度)와 최대 조도를 다음과 같이 한다.
• 주차구획 및 차로 : 최소 조도는 10럭스 이상, 최대 조도는 최소 조도의 10배 이내
• 주차장 출구 및 입구 : 최소 조도는 300럭스 이상, 최대 조도는 없음
• 사람이 출입하는 통로 : 최소 조도는 50럭스 이상, 최대 조도는 없음

31 주차장법령상 단지조성사업 등으로 설치되는 노외주차장에 경형 자동차를 위한 전용주차구획을 노외주차장 총 주차대수의 얼마 이상 설치하여야 하는가? [13년 4회]

① 3% ② 5%
③ 10% ④ 15%

해설

경형자동차 및 환경친화적 자동차 전용주차구획의 설치비율(「주차장법 시행령」 제4조)
노외주차장에는 경형자동차 및 환경친화적 자동차를 위한 전용주차구획을 다음의 비율이 모두 충족되도록 설치해야 한다.
• 경형자동차를 위한 전용주차구획과 환경친화적 자동차를 위한 전용주차구획을 합한 주차구획 : 총주차대수의 100분의 10 이상
• 환경친화적 자동차를 위한 전용주차구획 : 총주차대수의 100분의 5 이상

32 「주차장법」에서 단지조성사업 등을 하는 경우에는 일정 규모 이상의 노외주차장의 설치를 의무화하고 있다. 여기에 해당하는 단지조성사업이 아닌 것은? [16년 1회]

① 도시재개발사업 ② 도시철도건설사업
③ 산업단지개발사업 ④ 초고층건물조성사업

해설

단지조성사업 등에 따른 노외주차장(「주차장법」 제12조의3)
택지개발사업, 산업단지개발사업, 도시재개발사업, 도시철도건설사업, 그 밖에 단지 조성 등을 목적으로 하는 사업을 시행할 때에는 일정 규모 이상의 노외주차장을 설치하여야 한다.

33 택지개발사업, 산업단지개발사업, 도시재개발사업, 도시철도건설사업, 그 밖에 단지 조성 등을 목적으로 하는 사업을 시행할 때에 일정 규모 이상 설치하여야 하는 주차장은? [13년 1회]

① 노상주차장 ② 노외주차장
③ 부설주차장 ④ 노면주차장

해설

문제 32번 해설 참고

34 다음 중 주차장법령상 부설주차장 설치에 관한 기준이 옳은 것은? [12년 1회, 17년 1회]

① 부설주차장의 설치의무는 도시계획구역 안에서만 적용된다.
② 부설주차장이 주차대수 400대의 규모 이하이면 시설물 외 부지 인근에 단독 또는 공동으로 부설주차장을 설치할 수 있다.
③ 특별시장, 광역시장, 특별자치도지사 또는 시장은 부설주차장을 설치하면 교통혼잡이 가중될 우려가 있는 지역에 대하여는 부설주차장의 설치를 제한할 수 있다.
④ 시설물의 위치, 용도, 규모 및 부설주차장의 규모 등이 국토교통부령으로 정하는 기준에 해당할 때에는 해당 주차장의 설치에 드는 비용을 시장, 군수, 구청장에게 납부하는 것으로 부설주차장의 설치를 갈음할 수 있다.

해설

① 도시지역, 지구단위계획구역 및 지방자치단체의 조례로 정하는 관리지역에서 건축물, 골프연습장, 그 밖에 주차수요를 유발하는 시설을 건축하거나 설치하려는 자는 그 시설물의 내부 또는 그 부지에 부설주차장을 설치하여야 한다.
② 부설주차장이 주차대수 300대의 규모 이하이면 시설물 외 부지 인근에 단독 또는 공동으로 부설주차장을 설치할 수 있다.
④ 시설물의 위치·용도·규모 및 부설주차장의 규모 등이 대통령령으로 정하는 기준에 해당할 때에는 해당 주차장의 설치에 드는 비용을 시장·군수 또는 구청장에게 납부하는 것으로 부설주차장의 설치를 갈음할 수 있다. 이 경우 부설주차장의 설치를 갈음하여 납부된 비용은 노외주차장의 설치 외의 목적으로 사용할 수 없다.

35 주차장법령상 설치된 부설주차장의 용도를 변경할 수 있는 경우가 아닌 것은? [14년 1회]

① 「도시개발법」에 따른 도시개발사업으로 인하여 그 전부 또는 일부를 사용할 수 없게 된 주차장으로서 시 · 도지사의 확인을 받은 경우

② 시설물의 내부 또는 그 부지 안에서 주차장의 위치를 변경하는 경우로 시장 · 군수 또는 구청장이 주차장의 이용에 지장이 없다고 인정하는 경우

③ 해당 시설물의 부설주차장의 설치기준을 초과하는 주차장으로서 그 초과 부분에 대하여 시장 · 군수 또는 구청장의 확인을 받은 경우

④ 「도로교통법」의 규정에 따라 차량통행이 금지되어 시장 · 군수 또는 구청장이 해당 주차장의 이용이 사실상 불가능하다고 인정한 경우

●해설

부설주차장의 용도변경(「주차장법 시행령」 제12조)

도시 · 군계획시설사업으로 인하여 그 전부 또는 일부를 사용할 수 없게 된 주차장으로서 시장 · 군수 또는 구청장의 확인을 받은 경우

36 주차장법령상 부설주차장을 시설물의 부지 인근에 설치할 수 있는 시설물의 부지 인근의 범위 기준으로 아래의 ㉠과 ㉡에 들어갈 말이 모두 옳은 것은? [12년 2회]

> 해당 부지의 경계선으로부터 부설주차장의 경계선까지의 직선거리 (㉠)m 이내 또는 도보거리 (㉡)m 이내

① ㉠ 100, ㉡ 200 ② ㉠ 200, ㉡ 300
③ ㉠ 300, ㉡ 500 ④ ㉠ 300, ㉡ 600

●해설

부설주차장의 인근설치(「주차장법 시행령」 제7조) – 시설물의 부지 인근의 범위

• 해당 부지의 경계선으로부터 부설주차장의 경계선까지의 직선거리 300m 이내 또는 도보거리 600m 이내

• 해당 시설물이 있는 동 · 리 및 그 시설물과의 통행 여건이 편리하다고 인정되는 인접 동 · 리

37 주차장법령상 공공시설의 지하에 노외주차장을 설치하기 위하여 도시 · 군계획시설사업의 실시계획인가를 받은 경우 노외주차장의 최초의 사용 기간 동안 그 부지에 대한 점용료 및 그 시설물에 대한 사용료를 면제한다. 다음 중 이에 해당하지 않는 공공시설은? [13년 2회, 16년 4회]

① 도로 ② 광장
③ 녹지 ④ 공원

●해설

국유재산 · 공유재산의 처분 제한(「주차장법」 제20조, 시행령 제13조)

도로, 광장, 공원, 그 밖에 대통령령으로 정하는 학교 등 공공시설(초등학교 · 중학교 · 고등학교 · 공용의 청사 · 주차장 및 운동장)의 지하에 노외주차장을 설치하기 위하여 도시 · 군계획시설사업의 실시계획인가를 받은 경우에는 점용허가를 받거나 토지 형질 변경에 대한 협의 등을 한 것으로 보며, 노외주차장으로 사용되는 토지 및 시설물에 대하여는 대통령령으로 정하는 바에 따라 그 점용료 및 사용료를 감면할 수 있다.

38 특별시장 · 광역시장 · 특별자치도지사 · 시장 또는 군수가 설치하는 주차장 특별회계의 재원이 아닌 것은? [12년 2회]

① 과징금의 징수금
② 해당 지방자치단체의 일반회계로부터의 전입금
③ 자동차세 징수액의 20%에 해당하는 금액
④ 정부의 보조금

●해설

특별시장 · 광역시장 · 특별자치시장 · 특별자치도지사 · 시장 또는 군수가 설치하는 주차장특별회계는 다음의 재원(財源)으로 조성한다.

• 주차요금 등의 수입금과 노외주차장 설치를 위한 비용의 납부금

• 주차장의 일반 이용을 거절하였을 경우에 따른 과징금의 징수금

• 해당 지방자치단체의 일반회계로부터의 전입금

• 정부의 보조금

• 재산세 징수액 중 대통령령으로 정하는 일정 비율에 해당하는 금액

• 제주특별자치도지사 또는 시장 등이 부과·징수한 과태료
• 이행강제금의 징수금
• 보통세 징수액의 100분의 1의 범위에서 광역시의 조례로 정하는 비율에 해당하는 금액(광역시에 한한다)
• 광역시의 보조금

지 아니한 때에는 같은 장소에서 그 사업계획의 승인이 취소된 자에게 그 취소된 체육시설업과 같은 종류의 체육시설업에 대한 사업계획의 승인을 할 수 없다. 다만, 회원을 모집하는 체육시설업에 대한 사업계획의 승인이 취소된 경우 같은 장소에서 회원을 모집하지 아니하는 체육시설업에 대한 사업계획을 승인하는 경우에는 그러하지 아니하다.

39 「체육시설의 설치·이용에 관한 법률」에 따른 공공체육시설에 해당하지 않는 것은?

[14년 1회, 22년 1회, 24년 1회]

① 전문체육시설 ② 재활체육시설
③ 직장체육시설 ④ 생활체육시설

해설

공공체육시설 : 전문체육시설, 생활체육시설, 직장체육시설

40 「체육시설의 설치·이용에 관한 법률」에서 체육시설업 사업계획 승인과 관련된 설명 중 옳지 않은 것은?

[15년 2회]

① 관련 규정에 의하여 등록 체육시설업에 대한 사업계획의 승인을 받은 자는 그 사업계획의 승인을 받은 날부터 6년 이내에 그 사업시설의 설치 공사를 착수·준공하여야 한다.
② 시·도지사는 국토의 효율적 이용, 지역 간 균형개발, 재해 방지, 자연환경 보전 및 체육시설업의 건전한 육성 등 공공복리를 위하여 필요하면 대통령령으로 정하는 바에 따라 사업계획의 승인 또는 변경승인을 제한할 수 있다.
③ 거짓이나 그 밖의 부정한 방법으로 관련 규정에 의한 사업계획의 승인 또는 변경승인을 얻은 때 취소할 수 있다.
④ 회원을 모집하는 체육시설업에 대해서는 사업계획의 승인이 취소된 후 6개월이 지나지 아니한 때에는 동일한 장소에서 회원제 생활체육시설 사업계획은 승인할 수 있다.

해설

사업계획의 승인의 제한(「체육시설의 설치·이용에 관한 법률」 제13조)
시·도지사는 사업계획의 승인이 취소된 후 6개월이 지나

41 「체육시설의 설치·이용에 관한 법률」에 대한 설명 중 옳지 않은 것은? [16년 4회, 24년 2회]

① 체육시설업자는 문화체육관광부령으로 정하는 안전·위생기준을 지켜야 한다.
② 문화체육관광부장관은 골프장업 시설의 농약 사용량 조사와 농약 잔류량 검사를 하여야 한다.
③ 체육시설업자는 문화체육관광부령으로 정하는 일정 규모 이상의 체육시설에 체육지도자를 배치하여야 한다.
④ 체육시설업자는 체육시설업의 시설을 이용하는 자가 보호장구 착용의무를 준수하지 아니한 경우에는 그 체육시설 이용을 거절하거나 중지하게 할 수 있다.

해설

안전·위생기준(「체육시설의 설치·이용에 관한 법률」 제24조)
• 체육시설업자는 이용자가 체육시설을 안전하고 쾌적하게 이용할 수 있도록 안전관리요원 배치와 임무, 수질관리 및 보호 장구의 구비(具備) 및 어린이 안전사고 예방수칙 등 문화체육관광부령으로 정하는 안전·위생기준을 지켜야 한다.
• 체육시설업의 시설을 이용하는 자는 안전·위생기준에 따른 보호 장구를 착용하여야 한다.
• 체육시설업자는 체육시설업의 시설을 이용하는 자가 보호 장구 착용 의무를 준수하지 아니한 경우에는 그 체육시설 이용을 거절하거나 중지하게 할 수 있다.

체육지도자의 배치(「체육시설의 설치·이용에 관한 법률」 제23조)
체육시설업자는 문화체육관광부령으로 정하는 일정규모 이상의 체육시설에 체육지도자를 배치하여야 한다.

PART

06

ENGINEER URBAN PLANNING

과년도
기출문제

1과목 도시계획론

01 자본주의 사회의 도시계획에 대한 비판적 분석을 통해 형성되었으며 도시에서 일어나는 끊임없는 계층 간의 갈등에 대해 정부가 간섭하는 과정을 통해 현대의 도시계획을 분석하고 설명한 계획이론 모형은?

① 협력적 계획 모형　　② 유기적 계획 모형
③ 합리적 계획 모형　　④ 정치경제 계획 모형

■해설
자본주의 사회의 도시계획에 대한 비판적 분석을 통해 형성된 계획 모형은 정치경제 계획 모형이다.

02 풍수해, 산사태, 지반의 붕괴, 그 밖의 재해를 예방하기 위하여 법률로 지정한 지구는?

① 방화지구　　　　　② 방재지구
③ 경관지구　　　　　④ 고도지구

■해설
용도지구의 지정(「국토의 계획 및 이용에 관한 법률」 제37조, 시행령 제31조)
• 방화지구 : 화재의 위험을 예방하기 위하여 필요한 지구
• 방재지구 : 풍수해, 산사태, 지반의 붕괴, 그 밖의 재해를 예방하기 위하여 필요한 지구
• 경관지구 : 경관의 보전·관리 및 형성을 위하여 필요한 지구
• 고도지구 : 쾌적한 환경 조성 및 토지의 효율적 이용을 위하여 건축물 높이의 최고한도를 규제할 필요가 있는 지구

03 광장의 종류와 설치목적이 옳지 않은 것은?

① 중심대광장 : 다수인의 집회·행사·사교 등을 위하여 필요한 경우에 설치할 것
② 교차점광장 : 혼잡한 주요 도로의 교차지점에서 각종 차량을 원활히 소통시키기 위하여 필요한 곳

에 설치할 것
③ 건축물부설광장 : 건축물의 이용효과를 높이기 위하여 건축물 내부 또는 그 주위에 설치할 것
④ 지하광장 : 교통 처리를 원활히 하고 이용자에게 휴식을 제공하기 위하여 필요한 곳에 설치할 것

■해설
교차점광장(「도시·군계획시설의 결정·구조 및 설치기준에 관한 규칙」 제50조)
혼잡한 주요도로의 교차지점에서 각종 차량과 보행자를 원활히 소통시키기 위하여 필요한 곳에 설치할 것

04 중세 유럽 도시의 특성에 대한 설명으로 옳지 않은 것은?

① 성벽과 대규모 사원이 도시 공간의 주된 구성요소이다.
② 방어를 위해 사용된 해자, 운하, 강이 개별 도시를 고립시켰다.
③ 도심을 강조하기 위해 직선을 중심으로 계획하고 엄격한 용도규제를 통하여 도시 내부 기능을 분리하였다.
④ 필요한 기회가 주어질 때마다 이를 활용하는 유기적 계획(Organic Planning)의 형태로 진행되었다.

■해설
중세 유럽 도시계획의 특징은 도심을 강조하기 위해 집중형 간선도로망을 활용한 것이다.

05 텔레커뮤니케이션(Telecommunication)을 위한 기반시설이 인간의 신경망처럼 도시 구석구석까지 연결된 도시이며, 다양한 도시 부분에 ICT의 첨단 인프라가 적용된 지능형 도시는?

① Eco-city　　　　② Green City
③ Smart City　　　④ Compact City

해설

스마트시티(Smart City)
- 텔레커뮤니케이션을 위한 기반시설이 도시 구석구석까지 연결된 도시
- ICT의 첨단 인프라가 적용된 도시
- 지능형 도시

06 고대 그리스 도시의 특징으로 틀린 것은?

① 도시 입구와 신전을 축으로 중간 지점에 아고라를 배치하였다.
② 주로 자연항을 사용하였으나 필요한 경우 제방을 쌓아 인공항만을 건설하였다.
③ 본토의 해안지역에서 자연적으로 발생한 도시는 질서 있는 격자형의 도로망을 갖추었다.
④ 페르시아와의 전쟁 후 복구 과정에서 격자형 가로망 체계가 일부 본토의 도시에서 채택되었다.

해설

본토의 해안지역에서는 해안선을 따라 선형으로 도시가 형성되었으며, 격자형 가로망 체계의 경우는 자연적 형성이 아닌 도시계획에 의해 형성되었다. 고대 그리스에서 히포다무스(Hippodamus)가 도시계획에 의한 격자형 가로망 형성을 주장하였다.

07 도시계획을 위한 자료 수집의 접근방법에 따라 1차 자료와 2차 자료로 구분할 때, 다음 중 1차 자료가 아닌 것은?

① 통계조사자료   ② 현지조사자료
③ 면접조사자료   ④ 설문조사자료

해설

자료의 구분
- 1차자료(직접자료) : 현지조사 / 면접조사 / 설문조사
- 2차자료(간접자료) : 문헌자료조사 / 통계자료조사 / 지도분석

08 토지이용계획의 역할로 옳지 않은 것은?

① 도시의 외연적 확산을 촉진시킨다.
② 토지이용의 규제와 실행수단을 제시해 준다.
③ 계획적인 개발을 유도하여 난개발을 억제시킨다.
④ 도시의 현재와 장래의 공간 구성과 토지이용 형태가 결정된다.

해설

토지이용계획은 토지이용의 규제와 난개발 방지 등에 초점이 맞추어져 있어, 도시의 외연적 확산을 촉진하는 것과는 거리가 멀다.

09 도시 저소득층 주민이 집단적으로 거주하는 노후 · 불량건축물이 밀집한 지역의 주거환경을 개선하기 위하여 시행하는 도시정비사업으로 옳은 것은? 〈법령개정에 따른 문제 수정〉

① 재개발사업
② 주거환경개선사업
③ 재건축사업
④ 도시환경정비사업

해설

용어의 정의(「도시 및 주거환경정비법」 제2조)
㉠ 주거환경개선사업
   도시 저소득 주민이 집단거주하는 지역으로서 정비기반시설이 극히 열악하고 노후 · 불량건축물이 과도하게 밀집한 지역의 주거환경을 개선하거나 단독주택 및 다세대주택이 밀집한 지역에서 정비기반시설과 공동이용시설 확충을 통하여 주거환경을 보전 · 정비 · 개량하기 위한 사업
㉡ 재개발사업
   정비기반시설이 열악하고 노후 · 불량건축물이 밀집한 지역에서 주거환경을 개선하거나 상업지역 · 공역지역 등에서 도시기능의 회복 및 상권활성화 등을 위하여 도시환경을 개선하기 위한 사업
㉢ 재건축사업
   정비기반시설은 양호하나 노후 · 불량건축물에 해당하는 공동주택이 밀집한 지역에서 주거환경을 개선하기 위한 사업

10 지속 가능한 도시개발의 원칙과 관련한 3가지 주요 요소로 적절치 않은 것은?

① 형평성 ② 미래지향성
③ 환경의 가치 ④ 도시공간의 확장

해설

지속 가능한 도시개발을 위한 지속성 요소(Robert Goodland, 1994)

구분	내용
사회문화적 지속성	사회개발, 사회적 혼합을 위한 주택건설 및 역사·문화적 지속성 확보
경제적 지속성	자족시설용지 조성, 개발유보지 확보, 홍수예방 등을 위한 유수지 조성
경관 및 환경적 지속성	경관 형성 및 관리를 위한 계획, 환경적 지속성 제고를 위한 계획(자연순응형 개발, 접근성 제고, 밀도, 에너지 이용 및 자원순환, 생태적 환경 조성, 대중교통체계 확립)

11 2000년에 50만 명이었던 A도시의 인구가 2005년에 58만 명으로 증가되었다. 등차급수법에 의한 5년 동안의 연평균 인구증가율과 2010년의 추정인구는?

① 2.8%, 62만 명
② 3.2%, 66만 명
③ 2.8%, 64만 명
④ 3.2%, 68만 명

해설

• 연평균 인구증가율

$$r = \frac{\left(\dfrac{P_n}{P_0}-1\right)}{n} = \frac{\left(\dfrac{58}{50}-1\right)}{5} = 0.032 = 3.2\%$$

• 2010년의 추정인구

$P_n = P_0(1+r \cdot n)$
$= 50(1+0.032 \times 10) = 66$만 명
여기서, P_0 : 초기 연도 인구, P_n : n년 후의 인구
r : 인구증가율, n : 경과 연수

12 도시화 현상에 대한 정의로 옳지 않은 것은?

① 도시의 행정구역이 넓어지는 현상이다.
② 농촌인구가 도시지역으로 이동하는 현상이다.
③ 농촌적 생활양식이 도시적 생활양식으로 변화하는 현상이다.
④ 인간의 삶터가 공간적, 사회경제적 측면에서 도시적으로 변화해 가는 현상이다.

해설

도시화는 도시의 행정구역이 넓어지는 것이라기보다 도시지역의 속성을 갖춘 도시의 영역이 확대해 나가는 것을 의미한다.

13 환지방식에 의한 도시개발사업 시행에 대한 설명으로 옳지 않은 것은?

① 대규모 토지소유자에 대한 소유권의 침해가 크다.
② 계획의 시행과 주민의 소유권 보호 간 마찰을 최소화하면서 사업을 진행하기 때문에 민원이 발생할 소지가 적다.
③ 사업 시행자가 사업비의 일부를 체비지(替費地) 매각으로 충당할 수 있기 때문에 별도의 큰 자본 없이 사업 시행이 가능하다.
④ 공공감보(公共減步)에 대한 명확한 기준이 없기 때문에 공공감보가 수익자 부담인지 기부금이나 개발부담금에 상당하는 것인지, 또는 개발이익의 사회적 환원인지 등 사회적 명분이 불분명하다.

해설

환지방식의 특징
토지의 권리관계 변동이 발생되지 않아, 토지소유자에 대한 소유권의 침해가 최소화된다.

14 독시아디스(C. A. Doxiadis)가 주장하는 3차원의 공간에 대한 4차원의 시간에 초점을 맞춘 미래 도시로 맞는 것은?

① 연담도시 ② 다이나폴리스
③ 메트로폴리스 ④ 메갈로폴리스

정답 10 ④ 11 ② 12 ① 13 ① 14 ②

해설

다이나폴리스(동적 도시, Dynapolis)
- 독시아디스(Doxiadis)는 인본주의적 도시정주론에 기초하여 다이나믹(Dynamic)하게 발전하는 미래 도시를 다이나폴리스라고 지칭하였다.
- 3차원 공간에 시간과 관련된 4차원적인 도시개발을 통해 개인적인 주거공간에서 확장되어 대도시의 공적인 커뮤니티를 아우를 수 있게 정치·행정·기술적으로 고려하였다.

15 토지이용과 교통체계 간의 관계에 대한 설명으로 옳지 않은 것은?

① 도시개발을 통한 토지이용상태의 변화는 통행을 유발한다.
② 교통수요의 증가는 토지이용에 영향을 주어 지가 상승의 요인이 된다.
③ 교통시설의 확충은 토지이용에 부정적인 외부효과만을 증가시킨다.
④ 도시 내에서 토지이용과 교통체계는 상호 밀접하게 작용하는 체인(Chain)과 같은 관계이다.

해설

교통시설의 확충은 토지이용의 외부불경제성(부정적 영향)뿐만 아니라, 외부경제성(긍정적 영향)도 가져오게 된다.

16 린드블롬(C. Lindblom)이 주장한 점진적 계획(Incremental Planning 또는 Disjointed Incrementalism)의 특징으로 옳은 것은?

① 논리적 일관성을 통해 최적의 대안을 제시하고자 한다.
② 계획의 실행과 결과에 대한 인과관계가 명확히 구분된다.
③ 구체적이고 실체적인 집단행동을 실현시키려는 경향을 띠고 있다.
④ 지속적인 조정과 적응을 통해 계획의 목표를 추구하는 방법을 모색하고자 한다.

해설

점진적 계획(Incremental Planning)
- 린드블롬(C. Lindblom)이 주창한 이론
- 총합적 계획의 비현실성을 비판하면서 인간의 지적 능력의 한계와 의사결정의 제약으로 총합적 분석은 불가능하므로 제한된 대안만을 고려해야 한다는 이론
- 현상을 부분적·점진적으로 개선할 수 있는 제한된 수의 대안을 검토·선택하는 것
- 총합적 계획에 있어 목표, 문제해결, 대안평가와 결정의 집행 등이 지나치게 중앙집중적인 점을 보완
- 논리적 일관성이나 최적의 해결대안을 제시하기보다는 지속적인 조정과 적응을 통한 계획의 목표 추구에 접근하는 방법
- 세계 어느 곳에서도 적용이 가능한 현실적 이론

17 지역사회가 필요로 하는 복합사무실, 연구소, 다세대주택 등을 위한 용도로의 토지이용을 목적으로 집중 Zoning이나 PUD(Planned Unit Development)에 있어 주로 사용하며, 조례상에는 특정한 용도지구로 설정하고 그 요건을 미리 정하지만 구체적으로 어디에 설정할지는 유보하는 것을 의미하는 기법은?

① 계약용도지역(Contract Zoning)
② 조건부용도지역(Conditional Zoning)
③ 부동지역지구(Floating Zoning District)
④ 계획단위개발(Planned Unit Development)

해설

부동지역제(Float Zoning)
- 적용특례나 특례조치는 Zoning의 완결을 전제로 개별 용도 차원에서 이루어지지만, 부동지역제는 Zoning의 결정에 탄력성을 부여할 목적으로 용도지역 차원에서 이루어지는 특례조치이다.
- 이 용도지구는 자치단체구역 내의 여기저기를 '부동(浮動)'한다. Zoning 조례가 요건을 만족시키는 용도가 신청되면 그 시점에 Zoning 도면상에 '고정'된다.
- PUD, 대형 쇼핑센터 등 특정 개발자의 구체적 제안을 지방자치단체 및 의회의 협의를 거쳐 유연하게 적용하는 용도지역제이다.

18 영국에서 1932년 지방자치단체 행정구역 전역을 대상으로 공간계획을 수립하는 제도를 만든 근거 법령은?

① 「도시기본법」　　　② 「연방건설법」
③ 「건축법」과 「건축령」　④ 「도시 및 농촌계획법」

■해설

영국의 국토 및 지역계획의 변천
• 1890년 : 도시화율 50% 상회
• 하워드(전원도시), 게데스(연담도시)
• 1932년 : 도시와 농촌의 통합적 계획, 「도시계획법」 →
「도시 및 농촌계획법」
• 2차 대전 후 : 지역계획의 급격한 발전

19 집단생잔법에 대한 설명으로 옳은 것은?

① 기준연도의 인구와 출생률, 사망률, 인구이동 등의 변화요인을 고려하여 장래인구를 예측한다.
② 과거의 일정 기간에 나타난 실제 인구의 변화 자료에 복리이율방식을 적용하여 장래인구를 예측한다.
③ 장래 산업개발계획을 바탕으로 업종별 취업인구의 예측 결과를 바탕으로 총 인구를 예측한다.
④ 경제적 압출요인과 흡인요인이 도시인구를 변화시키는 요소라고 가정하고, 이들 간의 관계를 방정식으로 표현하여 장래인구를 예측한다.

■해설

집단생잔법은 출생률, 사망률, 인구이동 등을 고려한 요소모형이다.

20 재해관리정보시스템 구축을 위한 기본조사 항목과 가장 관계가 없는 것은?

① 방재 관련 업무 분석
② 표준안 및 시스템 구축 지침 작성
③ 데이터베이스 개념 설계 및 기술 수요 분석
④ 재해 관련 부서 간 네트워킹 체계 및 업무 협조 체계 구축

■해설

재해관리정보시스템 구축을 위한 기본조사 항목
• 방재 관련 업무 분석
• 표준안 및 시스템 구축 지침 작성
• 데이터베이스 개념 설계 및 기술 수요 분석

2과목　도시설계 및 단지계획

21 어린이공원의 규모 및 유치거리 기준으로 옳은 것은?

① $1,500m^2$ 이상, $250m$ 이하
② $2,000m^2$ 이상, $250m$ 이하
③ $2,500m^2$ 이상, $300m$ 이하
④ $3,000m^2$ 이상, $300m$ 이하

■해설

어린이공원의 규모는 최소한 $1,500m^2$ 이상이어야 하며, 유치거리는 $250m$ 이하로 계획되어야 한다.

22 주거단지 내의 밀도계획을 아래와 같이 하고자 할 때, 상정 인구밀도에 의하여 계산한 주거용지의 총 면적은?

밀도 \ 구분	계획인구	인구밀도
고밀도	12,500인	250인/ha
중밀도	9,000인	200인/ha
저밀도	5,000인	100인/ha

① 80ha
② 105ha
③ 125ha
④ 145ha

■해설

$$주거용지의\ 총면적 = \Sigma \left(\frac{계획인구}{인구밀도} \right)$$

$$\frac{12,500인}{250인/ha} + \frac{9,000인}{200인/ha} + \frac{5,000인}{100인/ha} = 145ha$$

23 유비쿼터스 도시 혹은 단지라고 보기 어려운 곳은?

① 싱가포르의 원-노스 파크(One-North Park)
② 홍콩의 사이버포트(Cyber Port)
③ 인천의 송도
④ 미국의 덴버(Denver)

◉해설

미국의 덴버(Denver)
콜로라도 주의 한 도시로 교육, 문화, 관광도시이다. 1850년대부터 존재해온 곳으로서, 북위 40도 가까운 고지대에 위치하여 기후가 온난 건조하고, 로키산맥이 있는 덴버산악공원이 유명하다.

24 주거형 지구단위계획에서 단독주택용지의 가구 및 획지계획 기준으로 틀린 것은?

① 획지의 형상은 건축물의 규모와 배치, 인동간격, 높이, 토지이용, 차량동선, 녹지공간의 확보 등을 고려하여 장방형 또는 정방형의 형태를 결정하되, 가능하면 남북 방향으로의 긴 장방형으로 한다.
② 단독주택용 획지로 구성된 소가구는 근린의식 형성이 용이하도록 10~24획지 내외로 구성하며 장변이 120m를 초과할 경우에는 장변 중간에 보행자도로를 삽입하는 것이 좋다.
③ 대가구의 규모는 어린이놀이터 하나를 유치하는 거리로 반경 150~250m를 기준으로 한다.
④ 대가구 내 도로계획은 단조로움과 통과교통 방지를 위하여 3지 교차도로 및 루프(Loop)형 도로를 배치한다.

◉해설

대가구의 규모는 어린이놀이터 하나를 유치하는 거리로 반경 100~150m를 기준으로 한다.

25 도시설계 또는 지구단위계획과 비교하여 단지 계획이 갖는 정의 및 특성으로 틀린 것은?

① 대지조성계획이다.
② 지침 제시적인 규제계획이다.

③ 시설물의 배치까지도 포함한다.
④ 밀도, 용적, 형태, 기능과 패턴 등을 마련한다.

◉해설

지침 제시적이라는 의미는 구체성이 아닌 큰 틀에서 하위 법령이나 계획 등에 기준을 내려준다는 의미이다. 단지계획의 경우에는 계획대상이 뚜렷하므로, 구체적인 실질적인 실행 계획에 가깝다고 볼 수 있다.

26 도시공원 및 녹지 등에 관한 법률에 따른 도시공원 설치 및 규모의 기준으로 옳은 것은?

① 어린이공원의 면적은 최소 2,000m² 이상으로 한다.
② 도보권 근린공원의 면적은 최소 1만m² 이상으로 한다.
③ 공원이용자의 안전을 위해 입구를 제외하고는 가급적 도로를 배치하지 않는다.
④ 도시공원의 경계는 가급적 식별이 명확한 지형·지물을 이용하거나 주변의 토지이용과 확실히 구별할 수 있는 위치로 정한다.

◉해설

① 어린이공원의 면적은 최소 1,500m² 이상으로 한다.
② 도보권 근린공원의 면적은 3만m² 이상으로 한다.
③ 도시공원은 공원이용자가 안전하고 원활하게 도시공원에 모였다가 흩어질 수 있도록 원칙적으로 3면 이상이 도로에 접하도록 설치되어야 한다.

27 유비쿼터스 도시(U-city)에 대한 설명으로 가장 적합한 것은?

① 인터넷에 가상으로 존재하는 도시를 통칭
② 도시 공간에 IT 기술이 융·복합되어 시민에게 다양한 서비스를 제공하는 도시
③ 최첨단 친환경 기술이 접목된 지속 가능한 저탄소 녹색도시
④ 녹지공간이 풍부하여 쾌적하고 살기 좋은 도시

◉해설

유비쿼터스 도시(Ubiquitous, U-city)
Ubiquitous란 라틴어로 '언제 어디서나 존재한다'는 의미로서, 유비쿼터스 도시란 때와 장소에 관계없이 전산망에 접근할 수 있는 네트워크망이 갖추어진 도시를 말한다.

정답 23 ④ 24 ③ 25 ② 26 ④ 27 ②

28 국지도로의 유형 중 가로망의 형태가 단순하며 이용효율이 높은 반면 통과교통이 생기는 등의 단점이 있는 유형은?

① 격자형
② T자형
③ 루프형
④ Cul-de-sac형

해설

격자형
• 도로의 가로와 세로의 크기(길이)가 거의 동일하게 바둑판처럼 설계된 도로로 바둑판형 도로라고도 한다.
• 도시개발과정에서 구획하기가 쉽고 경비가 덜 드는 장점이 있지만, 도로가 너무 획일적이고 도로 기능별 다양성이 결여되고 도로교차지점이 너무 많아 형태가 단조로우며 도심부가 없는 단점도 있다.
• 통과교통 허용으로 안전성이 낮다.
• 도로의 위계가 불분명하고 부정형 지형에 적용하기가 곤란하다.
• 각 택지에 대한 서비스 용이, 토지이용효율 증대
• 광범위한 지역에 유효

29 케빈 린치가 환경의 이미지를 설명할 때 분해한 성분이 아닌 것은?

① 아이덴티티(Identity)
② 스트럭처(Structure)
③ 의미(Meaning)
④ 행동장면(Behavior Setting)

해설

케빈 린치의 환경 이미지 구성요소
특징(Identity), 구조(Structure), 의미(Meaning)

30 지구단위계획에서의 획지계획에 대한 설명 중 옳은 것은?

① 용도지역에 상관없이 획지규모는 동일하게 지정
② 최대획지의 지정을 통해 이면부의 과대개발을 유도
③ 최소획지규모는 모든 지구단위계획지구에서 의무적으로 일정비율 이상을 반드시 지정
④ 일단의 가구 내에 부정형의 영세필지들이 군집되어 있을 경우 공동개발대상지로 지정 가능

해설

① 용도지역 기준에 준하여 획지규모를 설정한다.
② 적합하고 합리적인 최대획지 지정을 통해 적절한 개발을 유도한다.
③ 최소획지규모는 「국토의 계획 및 이용에 관한 법률」에 따라 설정한다.

31 도시지역 외 지역에 지정하는 지구단위계획구역을 당해 구역의 중심기능에 따라 구분할 때, 그 분류에 해당하지 않는 것은?

① 주거형
② 역사문화형
③ 산업·유통형
④ 관광·휴양형

해설

지구단위계획구역의 중심기능에 따른 구분
• 주거형 지구단위계획구역
• 산업형 지구단위계획구역
• 유통형 지구단위계획구역
• 관광휴양형 지구단위계획구역
• 복합형 지구단위계획구역

32 도시의 가로망 중 중심적 통일성을 물리적으로 강조하며, 그 기능을 강화한 형태로서 부도심의 육성이 필요한 가로망 패턴으로 옳은 것은?

① 격자방사형
② 사다리형
③ 방사환상형
④ 격자형

해설

방사환상형(방상방사형)
도심부는 방사형 방식, 주변부는 환상형 방식으로 잇는 가로방식으로서 인구 100만 명 이상의 대도시에 적합하며, 자연 발생적으로 확대되는 도시에서 많이 나타나고, 도시의 중심적 통일성이 강조된다.

33 도시설계를 그 성격이나 공간적 범위에 따라 구분하고, 광범위한 지역에 걸친 인간 활동의 시간적·공간적 패턴과 물리적 환경조성을 다루며, 경제·사회·심리적 영향도 함께 고려해야 하는 복합적인 것으로 정의한 사람은?

① 로버트 오웬(R. Owen)

② 로버트 벤추리(R. Venturi)

③ 케빈 린치(K. Lynch)

④ 르 코르뷔지에(Le Corbusier)

해설

케빈 린치(K. Lynch)

- 도시설계를 그 성격이나 공간적 범위에 따라 구분하고, 광범위한 지역에 걸친 인간 활동의 시간적·공간적 패턴과 물리적 환경조성을 다루며, 경제·사회·심리적 영향도 함께 고려해야 하는 복합적인 것으로 정의하였다.
- 도시는 "사람에 의해서 이미지화되는 것"이라고 주장하였으며, 도시설계는 경제·사회·심리적 영향도 함께 고려해야 하는 복합적인 것으로 정의하였다.

34 근린생활권의 위계 중에서 주민 간에 면식이 가능한 최소단위의 생활권이라 할 수 있고, 유치원·어린이공원 등을 공유하는 반경 약 250m가 설정기준이 되는 것은?

① 인보구   ② 근린기초구

③ 근린분구   ④ 근린주구

해설

유치원과 어린이공원 등을 공유하는 생활권의 크기는 근린분구이다.

35 다음과 같은 조건을 가진 주택단지에서 합리식(Rational Method)에 의한 최대계획 우수유출량(Q, m³/sec)은?(단, 배수면적(A) : 30ha, 유출계수(C) : 0.6, 평균 강우강도(I) : 30mm/hr)

① 1.5   ② 2.0

③ 2.4   ④ 3.6

해설

합리식을 적용한 우수유출량 산출

$$Q = \frac{1}{360} \cdot C \cdot I \cdot A$$

여기서, Q : 최대계획 우수유출량(m³/sec)

C : 유출계수

I : 유달 시간(T) 내의 평균 강우강도(mm/hr)

A : 배수면적(ha)

$$Q = \frac{1}{360} \cdot C \cdot I \cdot A$$
$$= \frac{1}{360} \times 0.6 \times 30 \times 30 = 1.5$$

36 지테(Camillo Sitte)의 예술적 원리에 근거한 도시공간의 내용으로 틀린 것은?

① 고대와 중세의 도시공간과는 다른 새로운 예술적 도시공간을 조성해야 한다.

② 건물은 광장이나 기타 요소와 상호 관계되는 경우에만 의미를 갖는다.

③ 도시를 확장하는 데 문화재의 보존문제에 관심을 가져야 한다.

④ 도시공간은 연속적으로 존재해야 한다.

해설

카밀로 지테(Camillo Sitte)는 도시의 확장 시 문화재의 보존에 관심을 갖고, 도시공간의 시간적 연속성을 주장하였다. 이에 따라 고대와 중세의 도시공간을 유지하며 시간적인 연속성을 갖는 공간을 조성하는 도시계획을 추구하였다.

37 주간선도로와 보조간선도로의 배치간격 기준으로 옳은 것은?

① 400m 내외   ② 500m 내외

③ 600m 내외   ④ 700m 내외

해설

주간선도로와 보조간선도로의 배치간격 기준은 500m 내외이다.

38 지구단위계획과 「도시 및 주거환경정비법」(이하 도정법) 정비계획의 성격에 대한 설명 중 틀린 것은?

① 제1종 지구단위계획의 입안권자는 시장·군수·구청장이다.

② 도정법 정비계획의 수립대상은 한정적이며 개별법에 의한 사업지역이 이에 해당된다.

③ 제1종 지구단위계획과 도정법 정비계획의 결정권자는 모두 시·도지사이다.

④ 제1종 지구단위계획의 수립대상은 포괄적이며 용도지구가 이에 해당된다.

해설

2014년 이전 「국토의 계획 및 이용에 관한 법률」
- 1종 지구단위계획 : 도시지역
- 2종 지구단위계획 : 도시지역 외 지역
※ 현재 1, 2종을 통합하여 지구단위계획으로 규정
※ 관계법령 개정(2014년 4월)에 따라 전항 정답처리

39 공동주택건립을 위한 지구단위계획에서의 친환경 계획요소로 틀린 것은?

① 비오톱 조성　　　② 자원 재활용
③ 조망권 확보　　　④ 투수성 바닥 처리

해설

조망권 확보는 경관계획과 관련된 계획요소이다.

40 지구단위계획 수립기준에 대한 설명으로 틀린 것은?

① 주민은 지구단위계획구역의 지정에 관한 입안을 국토교통부장관 또는 시·도지사에게 제안할 수 있다.

② 지구단위계획은 지구단위계획구역의 지정목적 및 유형에 따라 계획내용의 상세 정도에 차등을 두되, 시장·군수는 당해 구역의 지정목적의 달성에 필수적인 항목 이외의 사항에 대해서도 필요시 포함하여야 한다.

③ 지구단위계획에서 일반적으로 주거·상업·공업·녹지지역과 용도지구 사이의 용도변경은 할 수 없다.

④ 도시지역 내 지구단위계획구역 안에서는 용도지역상 불허되는 용도라도 주거지역·상업지역·공업지역·녹지지역의 테두리 안에서 허용되는 용도·종류·규모의 건축물을 지구단위계획으로 허용할 수 있다.

해설

주민이 제안하는 경우 지구단위계획구역의 지정 입안권자인 특별시장·광역시장·시장·군수에게 제안할 수 있다.

3과목　도시개발론

41 도시개발사업의 수요를 파악하기 위한 정량적 예측모형에 해당하지 않는 것은?

① 시계열분석　　　② 회귀모형
③ 중력모형　　　　④ 의사결정나무기법

해설

의사결정나무기법은 비계량적(정성적) 방법이다.

42 미국의 샌프란시스코(1981년)를 필두로 하여 도심재개발에 적용된 연계정책(Linkage Policy)에 대한 설명으로 가장 거리가 먼 것은?

① D. Keating, G. McMahon 등이 링키지(linkage)란 용어를 사용하였다.

② 링키지에 대한 정의의 폭이 각기 다른 것은 연계 프로그램의 정책적 내용이 차츰 확대되어 나가고 있음을 반영하는 것으로 볼 수 있다.

③ 시 당국이 신규로 상업적 개발을 허가해주는 대신 개발업자에게 일정한 주택, 고용기회, 보육시설, 교통시설 등의 건설을 촉구하는 다양한 프로그램으로 정의하기도 한다.

④ 업무, 상업시설 등을 고려하여 고소득 주택과의 연계만을 추구하는 것이 일반적이다.

해설

연계정책(Linkage Policy)의 취지는 고소득 주택과 상대적으로 낙후된 저소득 주택 간의 개발상 균형을 맞추는 것이므로, 고소득 주택과의 연계만을 추구하는 것은 목적에 부합하지 않는다.

정답　39 ③　40 ①　41 ④　42 ④

43 도시개발의 방식 중 택지화가 되기 전 토지의 위치, 지목, 면적, 등급, 이용도 등의 필요사항을 고려하여 택지개발 후 개발된 감소 토지를 토지소유주에게 재배분하는 방식은?

① 매수방식(수용 또는 사용에 의한 방식)
② 합동개발방식
③ 단순개발방식
④ 환지방식

해설

환지방식(토지구획정리방식)
택지화가 되기 전 토지의 위치, 지목, 면적, 등급, 이용도 등의 필요사항을 고려하여 택지개발 후 개발된 감소 토지를 토지소유주에게 재배분하는 것(예전의 토지구획정리사업)

44 택지개발계획의 내용에 포함되지 않아도 되는 것은?

① 택지개발계획의 명칭과 개발계획의 개요
② 토지이용에 관한 계획 및 주요 기반시설의 설치계획
③ 시행자의 명칭 및 주소와 대표자의 성명
④ 토지·물건 또는 권리의 매수 및 보상계획서

해설

㉠ 택지개발계획 수립 시 포함 사항(「택지개발촉진법」 제8조)
 • 개발계획의 개요
 • 개발기간
 • 토지이용에 관한 계획 및 주요 기반시설의 설치계획
 • 수용할 토지 등의 소재지, 지번(地番) 및 지목(地目), 면적, 소유권 및 소유권 외의 권리의 명세와 그 소유자 및 권리자의 성명·주소
 • 그 밖에 대통령령으로 정하는 사항
㉡ 택지개발 수립과정에서 "대통령령으로 정하는 사항"(「택지개발촉진법 시행령」 제7조)
 • 택지개발계획의 명칭
 • 시행자의 명칭 및 주소와 대표자의 성명
 • 개발하려는 토지의 위치와 면적

45 해외 텔레포트와 그 유형의 연결이 틀린 것은?

① 일본 동경 – 임해부 부도심의 기반구조형

② 미국 Bay Area – 해안 관광도시형
③ 영국 런던 – 도시재개발형
④ 미국 뉴욕 – 정보통신 관련 산업단지형

해설

㉠ 텔레포트(Teleport, 정보화단지) 개발
 • 텔레포트(Teleport)는 전기통신(Telecommunication)과 항구(Port)의 합성어로서, 텔레포트(정보화 단지)는 정보와 통신의 거점을 의미한다.
 • 전 세계 각국에서 4차 산업혁명에 맞추어 기존 도시들을 근간으로 하는 텔레포트의 개발이 활발히 이루어지고 있다.
㉡ 미국 Bay Area는 샌프란시스코만 일대의 해안 관광도시로서 전기통신을 기반으로 하는 도시개념과는 거리가 멀다.

46 도시개발기법 중 철도역, 버스정류장 등의 역사를 중심으로 한 복합고밀개발을 통하여 교통 혼잡과 도시 에너지의 소비를 경감시키는 방법은?

① 대중교통중심개발(TOD)
② 개발권 양도제(TDR)
③ 계획단위개발(PUD)
④ 연계개발수법(LD)

해설

대중교통중심개발(TOD : Transit Oriented Development)
캘솝(Peter Calthorpe)에 의해 처음 주창된 도시개발방식으로서 철도역과 버스정류장 주변 도보 접근이 가능한 10~15분(650~1,000m) 거리에 대중교통 지향적 근린지역을 형성하여 대중교통체계가 잘 정비된 도심지구를 중심으로 고밀개발을 추구하고, 외곽지역에는 저밀도의 개발을 추구하는 방식이다.

47 주거환경개선사업이 재개발 및 재건축 사업과 차별화되는 점은? 〈법령개정에 따른 문제 수정〉

① 개발의 주체가 민간 및 토지소유자 중심의 개발사업이다.
② 사업성을 가진 주택지역의 개선을 통해 수익을 창출하는 사업이다.

③ 전면적인 철거방식을 통해 낙후된 주택지를 일괄적으로 개선하는 사업이다.
④ 실질적으로 정비가 필요한 노후·불량 주택지를 대상으로 하는 공공성을 띤 사업이다.

해설
주거환경개선사업은 주로 저층의 노후·불량 주택지를 대상으로 하고 있으며, 재개발 및 재건축 사업은 공동주택 및 그에 따른 인프라 위주로 계획되는 차이점이 있다.

48 Huff 모형에 대한 설명으로 틀린 것은?

① 개별 소매점의 고객 흡입력을 계산하는 방법이다.
② 상업시설을 이용할 확률은 상업시설의 크기와 관계 있다.
③ 모형에서 중요한 변수 중 하나는 상점까지의 거리이다.
④ 상업시설을 이용할 확률은 상점까지의 거리에 비례한다.

해설
허프(Huff)의 소매지역이론(Huff 모형)
㉠ 정의
 • 전통적인 수요추정모델 중에서 상권에 관한 가장 체계적인 이론으로 소비자가 상점시설을 선정하는 행동을 확률적으로 해석하는 방법
 • 개별 소매점의 고객흡입력을 계산하는 기법
㉡ 방법
 소비자가 주어진 상업시설을 이용할 확률은 상업시설의 크기에 비례하고 이동하는 데 걸리는 시간에 반비례한다.

49 도시개발사업의 토지취득방식으로서 "수용 또는 사용방식"의 특징에 관한 다음의 설명 중 적절하지 않은 것은?

① 사업투자비용이 많이 소요된다.
② 토지 매수 후 사업기간이 환지방식보다 장기화된다.
③ 환지방식보다 기반시설의 확보가 용이하다.
④ 토지 취득과정에서 민원이 많이 발생한다.

해설
전면매수방식(수용 또는 사용에 의한 방식)
시행자가 개발대상지의 토지를 매수하여 개발하는 방식으로서 토지 매수 후 사업기간이 환지방식보다 상대적으로 빠르다는 특징을 가지고 있다.

50 도시 마케팅의 구성요소 중 고객에 해당하지 않는 것은?

① 도시정부　　② 투자기업
③ 관광객 및 방문객　　④ 주민

해설
도시정부는 도시 마케팅의 고객인 아닌 마케팅을 수행하는 핵심주체이다.

51 계획단위개발(PUD)의 4단계 시행절차의 순서가 맞는 것은?

a. 예비개발계획　　b. 사전회의
c. 최종개발계획　　d. 개략개발계획

① a → b → d → c　　② b → c → d → a
③ b → d → a → c　　④ a → d → b → c

해설
계획단위개발 시행절차
사전회의 실시 → 개별개발계획 수립 → 예비개발계획 수립 → 최종개발계획 수립

52 부동산금융에 관한 설명 중 틀린 것은?

① 부동산금융은 기간을 기준으로 단기금융과 장기금융으로 구분한다.
② 부동산개발금융은 단기금융과 타인자본이 가장 큰 비중을 차지한다.
③ 개발단계에서 민간금융기관들은 사업의 총비용과 개발에 따른 수익성을 가장 중요시한다.
④ 관리운용단계에서는 개발된 부동산의 임대나 매각 등과 관련한 사업 자체의 수익성이 중요한 고려요소이다.

정답 48 ④ 49 ② 50 ① 51 ③ 52 ③

해설

민간금융기관들이 사업의 총비용과 개발에 따른 수익성을 가장 중요시하는 단계는 계획단계이다. 개발단계에서는 시공 및 마케팅 관련 매입 및 매출에 따른 비용의 밸런싱을 중요하게 고려한다.

53 도시개발사업의 평가를 위한 지표인 수익성 지수(PI)를 산정하는 식으로 옳은 것은?

- r : 기업의 할인율
- T : 프로젝트의 최종연도
- R_t : t년도에 발생한 프로젝트의 수입
- C_t : t년도에 발생한 프로젝트의 비용

① $\sum_{t=0}^{T} \dfrac{R_t}{(1+r)^t} - \sum_{t=0}^{T} \dfrac{C_t}{(1+r)^t}$

② $\sum_{t=0}^{T} \dfrac{R_t}{(1+r)^t} + \sum_{t=0}^{T} \dfrac{C_t}{(1+r)^t}$

③ $\sum_{t=0}^{T} \dfrac{R_t}{(1+r)^t} \div \sum_{t=0}^{T} \dfrac{C_t}{(1+r)^t}$

④ $\sum_{t=0}^{T} \dfrac{R_t}{(1+r)^t} \times \sum_{t=0}^{T} \dfrac{C_t}{(1+r)^t}$

해설

수익성 지수(PI : Profitability Index)

- $\Pi = \sum_{t=0}^{T} \dfrac{R_t}{(1+r)^t} \div \sum_{t=0}^{T} \dfrac{C_t}{(1+r)^t}$

  여기서, R_t : t년도에 발생한 사업수입

  C_t : t년도에 발생한 사업비용

  r : 기업의 할인율

  t : 사업기간

- PI가 1보다 클 경우 사업성이 있다고 판단함

54 「건축법」상 용도별 건축물의 종류 중 단독주택에 해당되는 것은?

① 기숙사　　　　② 연립주택

③ 다세대주택　　④ 다가구주택

해설

① 기숙사 : 공동주택

② 연립주택 : 공동주택

③ 다세대주택 : 공동주택

④ 다가구주택 : 단독주택

※ 다가구주택 외 단독주택 : 단독주택, 다중주택, 공관

55 「도시·군계획시설의 결정·구조 및 설치기준에 관한 규칙」에 따른 도로의 기능별 구분 중 다음 설명에 해당되는 것은?

주간선도로를 집산도로 또는 주요 교통 발생원과 연결하여 시·군 교통의 집산기능을 하는 도로로서 근린주거구역의 외곽을 형성하는 도로

① 주간선도로　　② 보조간선도로

③ 집산도로　　　④ 특수도로

해설

도로의 기능별 구분

구분	내용
주간선도로	시·군 내 주요 지역을 연결하거나 시·군 상호 간을 연결하여 대량통과교통을 처리하는 도로로서 시·군의 골격을 형성하는 도로
보조간선도로	주간선도로를 집산도로 또는 주요 교통 발생원과 연결하여 시·군 교통이 모였다 흩어지도록 하는 도로로서 근린주거구역의 외곽을 형성하는 도로
집산도로 (集散道路)	근린주거구역의 교통을 보조간선도로에 연결하여 근린주거구역 내 교통이 모였다 흩어지도록 하는 도로로서 근린주거구역의 내부를 구획하는 도로
국지도로	가구(街區 : 도로로 둘러싸인 일단의 지역)를 구획하는 도로
특수도로	보행자전용도로·자전거전용도로 등 자동차 외의 교통에 전용되는 도로

56 우리나라 도시재생(Urban Regeneration) 사업에 관한 설명으로 틀린 것은?

① 도시 중심부의 노후화로 도심쇠퇴 현상이 가속화되어 도시 전체의 발전을 저해한다는 점에서 시작되었다.

② 기존의 도시재개발 사업과 유사한 사업으로, 도심의 쇠퇴지역을 전체적으로 재개발하는 것을 목표로 한다.

③ 도시재생 활성화 및 지원에 관한 특별법에 근거하고 있는 사업이다.

④ 도시의 쇠퇴지역에 대한 경제적·사회적·물리적·환경적 활성화를 목적으로 하고 있다.

해설

우리나라 도시재생(Urban Regeneration) 사업의 특징
기존의 도시재개발사업과 달리 도심의 쇠퇴를 불러일으키는 요인을 분석하여 그 부분에 대한 보완적 재생사업을 하는 것이 특징이다.

57 권역별 관광개발계획의 수립주기는 몇 년인가?

① 3년 ② 5년
③ 8년 ④ 10년

해설

권역별 관광개발계획(권역계획)
㉠ 수립권자
 • 시·도지사(기본계획에 의하여 구분된 권역을 대상으로 함)
 • 2 이상의 시·도에 걸치는 경우 : 협의, 문화체육관광부장관이 지정
㉡ 수립시기 : 5년마다 수립

58 지하공간의 개발배경으로 적합하지 않은 것은?

① 우리나라는 비교적 안정적인 사암으로 지질이 구성되어 있고 암반의 규모 및 면적이 넓어 대규모 지하공간 개발에 적합한 자연적 요건을 가지고 있다.

② 급격한 도시화와 수도권 편중에 의한 인구 유입에 따른 개발 가능한 토지 공급의 부족 문제를 해결할 수 있다.

③ 과도한 집중으로 인해 도시의 기능이 저해되고 있는 현상을 지하공간의 개발을 통해 완화할 수 있다.

④ 도시미관을 저해하는 시설 또는 혐오시설을 지하에 배치하여 지상공간을 더욱 쾌적하게 활용할 수 있다.

해설

우리나라는 비교적 안정적인 경질의 암반층으로 구성되어 있고, 암반의 규모 및 면적이 넓어 대규모 지하공간 개발에 적합한 자연적 요건을 갖추고 있다. 사암은 모래질로서 강도면에서 불리하여 지하공간 개발에는 적합하지 않다.

59 지속 가능한 도시가 추구하는 목표와 부합되지 않는 것은?

① 도시경관의 개선 및 보전, 역사·문화경관의 확충
② 쾌적한 도시공간의 정비와 확보
③ 환경친화적인 교통 및 물류체계의 정비
④ 경제적 이익 창출보다 환경 개선을 우선으로 하는 개발

해설

지속 가능한 도시는 경제적 이익 창출 및 환경 개선을 동시에 추구하는 것을 목표로 한다.

60 도시개발구역의 지정에 관한 항목으로 옳은 것은?

① 기초조사, 도시계획위원회의 심의, 공청회, 국토교통부장관의 승인, 고시의 순서로 이루어진다.
② 기초조사는 대통령령이 정하는 바에 따라 시행하지 아니할 수 있다.
③ 도시개발구역이 지정·고시된 경우 해당 도시지역 및 지구단위계획구역으로 결정·고시된 것으로 본다.
④ 도시개발구역을 지정하거나 개발계획을 변경하고자 하는 때에는 중앙도시계획위원회 또는 시·도의 도시계획위원회의 심의를 거쳐야 한다.

해설

① 기초조사, 도시개발구역 수립 및 지정(국토교통부장관 등 지정권자), 주민 등의 의견청취(공청회), 도시계획위원회 심의, 도시개발구역의 고시의 순서로 이루어진다.
② 기초조사는 대통령령이 정하는 바에 따라 시행할 수 있다.

정답 57 ② 58 ① 59 ④ 60 ③, ④

4과목 국토 및 지역계획

61 프랑스 파리권의 집중 억제를 위하여 실시한 정책이 아닌 것은?

① 오스만의 파리대개조계획
② 파리 소재 대학의 지방 이전
③ 신축 건물에 대한 부담금제도
④ 일정규모 이상의 기업체의 신증축 시 사전허가제 적용

해설
파리대개조계획은 도시환경 개선을 목표로 추진한 도시계획이다.

62 부드빌(O. Boudeville)에 의한 지역 구분에 해당하지 않는 것은?

① 낙후지역(Lagging Region)
② 계획지역(Planning Region)
③ 분극지역(Polarized Region)
④ 동질지역(Homogeneous Area)

해설
부드빌은 지역을 동질지역, 결절지역, 계획지역으로 분류하였다.

63 지수성장모형의 설명 중 틀린 것은?

① 과거 인구가 거의 동일하게 증가되거나 감소되었고 미래에도 이와 같은 추세가 계속될 것으로 예상되는 도시에 적용한다.
② 인구가 정률 변화를 할 때 적합한 모형으로 증가율은 과거의 일정 기간에 나타난 실제 인구의 변화로부터 계산할 수 있다.
③ 안정적인 인구변화추세를 나타내는 도시의 경우 이 방법을 사용하면 인구의 과도 예측을 초래할 위험이 높다.
④ 인구의 기하급수적인 증가를 나타내고 있기 때문에 단기간에 급속히 팽창하는 신도시의 인구를 예측하는 경우에 유용하다.

해설
과거 인구가 거의 동일하게 증가되거나 감소되었고 미래에도 이와 같은 추세가 계속될 것으로 예상되는 도시에 적용하는 것은 등차급수법(등차급수모형)에 해당한다.

64 지역계획의 수립과정에 있어 상향식(Bottom-up) 방식의 특징으로 옳은 것은?

① 미시적이고 지역 변화에 적용하는 접근의 모색
② 성장 거점에 의한 개발 파급효과의 가속
③ 총량적인 개발과 성장의 지향
④ 계획의 신속한 수립과 집행

해설
상향적(Bottom-up Development Approach) 계획은 지역주민의 욕구와 참여에 바탕을 둔 것으로서, 미시적이고 지역변화에 적용하는 접근의 모색을 특징으로 한다.

65 동질지역을 규명하는 기법이 아닌 것은?

① 요인분석(Factor Analysis)
② 군집분석(Cluster Analysis)
③ 상관분석(Correlation Analysis)
④ 가중지표방식(Weighted Index Number Method)

해설
동질지역(同質地域, Homogeneous Area) 규명 기법
군집분석, 가중지표방식, 요인분석

66 일본의 도시학자 히가사 다다시(日笠端)에 따른 도시조사의 목적이 아닌 것은?

① 그 도시가 지니고 있는 양호한 스톡(Stock)과 보전해야 할 좋은 조건을 명확히 한다.
② 이미 구상되어 오고 있는 도시의 목표를 보다 구체적으로 설정한다.
③ 장래의 계획이론을 전개하고, 기술을 발전시키기 위해 체계적으로 자료를 축적시켜 놓는다.
④ 도시의 상황을 일시적으로 분석하여 장래의 시가화 동향을 예측하고, 기성 시가지의 특성을 파악한다.

해설

도시의 상황을 장기적으로 분석하여 장래의 시가화 동향을 예측하고, 기성 시가지의 특성을 파악한다.

67 다음 중 개발도상국에서의 지역 간 인구 이동 요인으로 가장 설득력이 적은 것은?

① 취업 기회의 확대
② 문화적 욕구의 충족
③ 교육 수준과 기회의 차이
④ 소득과 임금의 지역 간 격차

해설

개발도상국에서의 지역 간 인구이동은 경제적 직접적 요인(취업 기회의 확대, 소득과 임금의 격차)과 간접적 요인(교육에 따른 경제적 가치 창조)에 중점적으로 영향을 받게 된다. 문화적 욕구의 충족의 경우는 선진국의 지역 간 인구이동 요인에 해당한다.

68 국토의 다핵화를 위하여 대전 및 광주 등 제1차 성장거점과 청주, 춘천, 전주 등 제2차 성장거점을 제시하고 전국을 28개의 지역 생활권으로 나누어 생활권의 성격과 규모에 따라 5개의 대도시생활권, 17개의 지방도시생활권, 6개의 농촌도시생활권으로 구분하였던 계획은?

① 제1차 국토종합개발계획
② 제2차 국토종합개발계획
③ 제3차 국토종합개발계획
④ 제4차 국토종합개발계획

해설

제2차 국토종합개발계획(1982~1991)
㉠ 양대도시의 성장 억제 및 성장거점도시의 육성에 의한 국토 균형 발전 추구
 • 제1차 성장거점도시(3개 도시) : 서울의 중추적 관리 기능의 분담, 대전 · 대구 · 광주
 • 제2차 성장거점도시(15개 도시) : 대전 · 광주 · 대구 · 춘천 · 원주 · 강릉 · 청주 · 천안 · 전주 · 남원 · 순천 · 목포 · 안동 · 진주 · 제주
㉡ 28개 지역생활권(대도시생활권 5, 지방도시생활권 17, 농촌도시생활권 6)

구분	내용
대도시생활권 (5개 권)	인구가 장차 100만 명 이상이 될 것이 예상되는 도시(서울 · 부산 · 대전 · 대구 · 광주)를 중심으로 하는 생활권
지방도시생활권 (17개 권)	지방도시(춘천 · 원주 · 강릉 · 청주 · 충주 · 제천 · 천안 · 전주 · 정읍 · 남원 · 순천 · 목포 · 안동 · 포항 · 영주 · 진주 · 제주)를 중심으로 하는 생활권
농촌도시생활권 (6개 권)	영월 · 서산 · 홍성 · 강진 · 점촌 · 거창을 중심으로 하는 농업적 기반이 강한 낙후지역의 생활권

69 지역개발의 테크노폴리스 전략은 첨단산업의 발전 가능성이 성공의 주요한 요소이다. 첨단산업의 입지조건에서 일반적으로 가장 불리한 것은?

① 양호한 국내외 항공의 접근성
② 대규모 공업단지 소재 도시
③ 양호한 주거환경
④ 대학 등의 연구기관 존재

해설

대규모 공업단지 소재 도시의 경우 기존 2차 산업의 인프라가 이미 곤곤히 구축되어 있어 첨단산업으로의 업종의 변경이 쉽지 않은 특성이 있다. 이는 첨단산업 입지에서 불리한 조건으로 작용하게 된다.

70 윌리엄슨(Williamson)이 주장한 지역 간 소득격차와 국가발전 단계와의 관계에서 지역 소득격차를 유발하는 요인에 해당하지 않는 것은?

① 농촌지역의 유망한 청년들이 농촌에 머물지 않고 대도시로 몰려드는 현상
② 급속히 성장하고 있는 공업지역을 억제하고 낙후한 농촌을 지원하는 정부의 경제정책
③ 성장지역에서 먼저 일어나는 기술적 쇄신 등을 경제후발지역에 파급시킬 수 있는 지역 간 연계의 부족
④ 경제후발지역에서 발견되는 투자위험부담의 상승 때문에 성장지역으로만 집적되는 자본

해설

급속히 성장하고 있는 공업지역을 억제하고 낙후한 농촌을 지원하는 정부의 경제정책은 지역 소득격차를 감소하고자 펴는 정책이다.

정답 67 ② 68 ② 69 ② 70 ②

71 지역계획대안의 예측결과 비교 중 계량적·확정적 예측결과에 해당하지 않는 것은?

① 순현가 비교방법(Net Present Value)
② 델파이 비교방법(Delphi Method)
③ 편익비용비 비교방법(Benefit/Cost Ratio)
④ 내부수익률 비교방법(Internal Rate of Return)

해설

델파이법(Delphi Method)
조사하고자 하는 특정 사항에 대한 전문가 집단을 대상으로 반복 앙케이트를 행하여 의견(직관)을 수집하는 방법으로 1964년 미국의 RAND 연구소에서 최초로 시도되었다. 이는 직관에 의한 예측이고, 수요를 어떠한 프로세스로 분해하는 방법과는 달리 총량을 직접적으로 측정하는 방법이라 할 수 있다.

72 A시의 기반 부분 고용자 수가 40,000명, 비기반 부분 고용자 수가 65,000명일 때 경제기반승수는?

① 0.615
② 1.625
③ 2.625
④ 3.615

해설

경제기반승수

$$= \frac{\text{지역 총 고용인구}}{\text{지역의 수출(기반)산업 고용인구}}$$

$$= \frac{40,000 + 65,000}{40,000} = 2.625$$

73 베버(Alfred Weber)가 제안한 공장 입지의 결정 요인이 모두 옳게 나열된 것은?

① 수송비, 노동비, 집적경제
② 노동비, 교통비, 환경
③ 수송비, 통신비, 토지이용 가능성
④ 노동비, 수송비, 정책

해설

베버(Alfred Weber)가 제안한 공장 입지의 결정 요인
• 최소수송비 원리
• 노동비에 따른 최적입지의 변화
• 집적이익에 따른 최적지점의 변화

74 A도시의 기계산업 고용 점유비가 20%이고 전국의 기계산업 고용 점유비가 10%일 때, A도시의 기계산업의 LQ 지수와 산업의 특성을 모두 옳게 설명한 것은?

① LQ 지수는 0.5이고 지역산업의 특화가 되지 않은 산업이다.
② LQ 지수는 0.5이고 지역의 수요를 충당하고 잉여분을 외부로 수출하는 특화된 산업이다.
③ LQ 지수는 2.0이고 지역의 수요를 충당하고 잉여분을 외부로 수출하는 특화된 산업이다.
④ LQ 지수는 2.0이고 지역산업의 특화가 되지 않은 산업이다.

해설

입지계수(LQ : Location Quotient)의 산출식 및 평가
• LQ(입지계수)>1 : 특화산업(기반산업)
• LQ(입지계수)<1 : 비기반산업
• LQ(입지계수)=1 : 전국이 같은 수준

75 입지배분(Allocation) 계획의 설명으로 틀린 것은?

① 평면적으로는 공간구조와 연결체계가 구축되고 입체적으로는 밀도가 배분된다.
② 배치계획의 결과는 토지이용계획도가 되며, 이는 완성된 토지이용계획의 표현이다.
③ 시설 및 규모계획에서 산출된 용도별 면적과 시설을 공간에 배분하는 것이다.
④ 건물 차원의 소규모 배치계획일수록 공간구조와 연결체계 등 평면적인 계획이 중시된다.

해설

소규모 배치계획의 경우 입체적 밀도의 배분 계획도를 중시해야 한다.

76 지역 소득격차를 발생시키는 외생변수가 아닌 것은?

① 1인당 소득
② 산업구조
③ 노동의 질
④ 노동참여율

해설

1인당 소득은 지역 소득격차를 발생시키는 외생변수가 아닌 변수들이 적용된 결과이다.

77 「국토기본법」에 따른 국토계획의 구분으로 틀린 것은?

① 국토종합계획은 국토 전역을 대상으로 국토의 장기적인 발전방향을 제시하는 종합계획이다.
② 부문별 계획은 국토 전역을 대상으로 특정 부문에 대한 장기적인 발전방향을 제시하는 계획이다.
③ 지역계획은 특정한 지역을 대상으로 특별한 정책목적을 달성하기 위하여 수립하는 계획이다.
④ 시 · 군 종합계획은 도 또는 특별자치도의 관할구역을 대상으로 해당 지역의 장기적인 발전 방향을 제시하는 종합계획이다.

해설

도 또는 특별자치도의 관할구역을 대상으로 해당 지역의 장기적인 발전 방향을 제시하는 종합계획은 도종합계획이다.

78 지역계획의 형성 배경으로 틀린 것은?

① 지역적 문제의 심각성을 인식하고 개선하고자 했던 계획적 노력과 이론적 발전이 있었기 때문이다.
② 산업화 및 도시화에 따른 지역의 기능적인 문제가 발생하였기 때문이다.
③ 지역주의 또는 지방주의에 부응하는 지역계획에 대한 요구 때문이다.
④ 고도의 경제 성장으로 인해 발생한 산업 간의 성장격차를 줄여 산업 간 균형성장을 우선적으로 필요로 하였기 때문이다.

해설

지역계획의 형성 배경
• 지역 자체의 발전을 도모하는 계획이지만 국토 전체적인 광의의 차원에서 보면 지역 간의 불균형을 해소할 목적으로 추진하였다.
• 고도의 경제 성장으로 인해 발생한 지역 간의 성장격차를 줄여 지역 간 균형성장을 우선적으로 필요로 하였기 때문이다.

79 수도권정비계획의 입안권자는?

① 시 · 도지사
② 국토교통부장관
③ 국무총리
④ 대통령

해설

국토교통부장관(입안) → 수도권정비위원회(심의) → 국무위원회(심의) → 대통령(승인)

80 제3차 국토종합개발계획에서 추진하였던 신산업지대에 속하지 않는 것은?

① 아산만 – 대전 – 청주
② 군산 – 장항 – 익산 – 전주
③ 창원 – 마산 – 진해
④ 목포 – 광주 – 광양만

해설

제3차 국토종합개발계획의 신산업지대 3개 권역
• 아산만–대전–청주
• 군산–장항 – 익산 – 전주
• 목포–광주–광양만

5과목 도시계획 관계 법규

81 다음 중 「국토의 계획 및 이용에 관한 법률」에 따른 개발행위 허가권자에 해당하는 경우는?

① 대통령
② 국토교통부장관
③ 특별시장, 광역시장, 도지사
④ 특별시장, 광역시장, 특별자치시장, 특별자치도지사, 시장, 군수

정답 76 ① 77 ④ 78 ④ 79 ② 80 ③ 81 ④

● 해설
개발행위허가의 허가권자(「국토의 계획 및 이용에 관한 법률」 제56조)
특별시장 · 광역시장 · 특별자치시장 · 특별자치도지사 · 시장 또는 군수

82 도시개발법령에 따라 도시개발구역으로 지정할 수 있는 대상지역과 규모 기준이 옳은 것은?

① 도시지역 중 주거지역 : 3만m² 이상
② 도시지역 중 공업지역 : 5만m² 이상
③ 도시지역 중 자연녹지지역 : 1만m² 이상
④ 도시지역 외의 지역 : 66만m² 이상

● 해설
① 도시지역 중 주거지역 : 1만m² 이상
② 도시지역 중 공업지역 : 3만m² 이상
④ 도시지역 외의 지역 : 30만m² 이상

83 택지개발촉진법령상 택지의 공급에 관한 설명이 틀린 것은?

① 시행자는 그가 개발한 택지를 국민주택규모의 주택건설용지와 기타의 주택건설용지 및 법의 관련 조항에 따른 공공시설용지로 구분하여 공급한다.
② 「주택법」에 의한 사업주체 중 국가, 지방자치단체 또는 국토교통부령이 정하는 공공기관에 공급할 경우 수의 계약의 방법으로 택지를 공급할 수 있다.
③ 시행자는 공공시설용지를 제외하고는 국민주택규모의 주택건설용지로 택지를 우선 공급하여야 한다.
④ 판매시설용지 등 영리를 목적으로 사용될 택지는 공개추첨에 의하여 공급한다.

● 해설
택지의 공급방법(「택지개발촉진법 시행령」 제13조의2)
택지의 공급은 시행자가 미리 가격을 정하고, 추첨의 방법으로 분양 또는 임대한다. 다만, 다음의 어느 하나에 해당하는 택지는 경쟁입찰의 방법으로 공급한다.
• 판매시설용지 등 영리를 목적으로 사용될 택지
• 「주택법」에 따라 사업계획의 승인을 받아 건설하는 공동주택의 건설용지 외의 택지

84 택지개발지구에서 특별자치도지사 · 시장 · 군수 또는 자치구의 구청장의 허가를 받지 아니하고 할 수 있는 행위는?

① 토지분할
② 죽목의 벌채 및 식재
③ 경작을 위한 토지의 형질변경
④ 이동이 쉽지 아니한 물건을 1개월 이상 쌓아놓는 행위

● 해설
행위허가의 대상이 아닌 것(「택지개발촉진법 시행령」 제6조)
• 농림수산물의 생산에 직접 이용되는 것으로서 국토교통부령으로 정하는 간이공작물의 설치
• 경작을 위한 토지의 형질변경
• 택지개발지구의 개발에 지장을 주지 아니하고 자연경관을 손상하지 아니하는 범위에서의 토석 채취
• 택지개발지구에 존치하기로 결정된 대지에 물건을 쌓아놓는 행위
• 관상용 죽목의 임시식재(경작지에서의 임시식재는 제외한다)

85 「수도권정비계획법」에 관한 다음 내용 중 틀린 것은?

① 수도권에서 국토교통부장관이 대규모 개발사업을 시행하고자 할 경우에는 수도권정비위원회의 심의를 거칠 필요가 없다.
② 인구집중유발시설인 공장에 대한 총량규제의 내용은 수도권정비위원회의 심의를 거쳐 결정한다.
③ 인구집중유발시설인 학교에 대한 총량규제의 내용은 대통령령으로 정한다.
④ 수도권에서 대규모 개발사업을 시행하는 경우 광역적 기반시설의 설치비용을 그 사업시행자에게 부담시킬 수 있다.

● 해설
대규모 개발사업에 대한 규제(「수도권정비계획법」 제19조)
관계 행정기관의 장은 수도권에서 대규모 개발사업을 시행하거나 그 허가 등을 하려면 그 개발계획을 수도권정비위원회의 심의를 거쳐 국토교통부장관과 협의하거나

승인을 받아야 한다. 국토교통부장관이 대규모 개발사업을 시행하거나 그 허가 등을 하려는 경우에도 또한 같다.

86 다음 중 주차장법령상 부설주차장의 설치에 관한 기준이 옳은 것은?

① 부설주차장의 설치의무는 도시계획구역 안에서만 적용된다.
② 부설주차장이 주차대수 400대의 규모 이하이면 시설물의 부지 인근에 단독 또는 공동으로 부설주차장을 설치할 수 있다.
③ 특별시장·광역시장·특별자치도지사 또는 시장은 부설주차장을 설치하면 교통 혼잡이 가중될 우려가 있는 지역에 대하여는 부설주차장의 설치를 제한할 수 있다.
④ 시설물의 위치·용도·규모 및 부설주차장의 규모 등이 국토교통부령으로 정하는 기준에 해당할 때에는 해당 주차장의 설치에 드는 비용을 시장·군수·구청장에게 납부하는 것으로 부설주차장의 설치를 갈음할 수 있다.

해설
① 도시지역, 지구단위계획구역 및 지방자치단체의 조례로 정하는 관리지역에서 건축물, 골프연습장, 그 밖에 주차수요를 유발하는 시설을 건축하거나 설치하려는 자는 그 시설물의 내부 또는 그 부지에 부설주차장을 설치하여야 한다.
② 부설주차장이 주차대수 300대의 규모 이하이면 시설물 외 부지 인근에 단독 또는 공동으로 부설주차장을 설치할 수 있다.
④ 시설물의 위치·용도·규모 및 부설주차장의 규모 등이 대통령령으로 정하는 기준에 해당할 때에는 해당 주차장의 설치에 드는 비용을 시장·군수 또는 구청장에게 납부하는 것으로 부설주차장의 설치를 갈음할 수 있다. 이 경우 부설주차장의 설치를 갈음하여 납부된 비용은 노외주차장의 설치 외의 목적으로 사용할 수 없다.

87 광역도시계획의 수립을 위한 공청회에 관한 사항 중 잘못 설명된 것은?

① 해당 지역을 주된 보급지역으로 하는 일간신문에 공청회 개최예정일 14일 전까지 2회 이상 공고
② 공청회는 국토교통부장관, 시·도지사, 시장 또는 군수가 지명하는 사람이 주재
③ 공청회는 개최를 위한 공고 시 공고 내용에는 공청회의 개최목적, 공청회의 개최예정일시 및 장소 등 포함
④ 광역계획권 단위로 개최하되, 필요한 경우에는 광역계획권을 수 개의 지역으로 구분하여 개최

해설
광역도시계획의 수립을 위한 공청회(「국토의 계획 및 이용에 관한 법률 시행령」 제12조)
공청회 개최 시 광역계획권에 속하는 지역의 일간신문에 공청회 개최예정일 14일 전까지 1회 이상 공고

88 지역의 지정 목적이 바르게 연결되지 않은 것은?

① 제2종 일반주거지역 : 중층주택을 중심으로 편리한 주거환경을 조성하기 위하여 필요한 지역
② 보전녹지지역 : 도시의 녹지공간의 확보, 도시확산의 방지, 장래 도시용지의 공급 등을 위하여 보전할 필요가 있는 지역으로서 불가피한 경우에 한하여 제한적인 개발이 허용되는 지역
③ 일반상업지역 : 일반적인 상업기능 및 업무기능을 담당하게 하기 위하여 필요한 지역
④ 준공업지역 : 경공업 및 그 밖의 공업을 수용하되, 주거기능·상업기능 및 업무기능의 보완이 필요한 지역

해설
보전녹지지역
도시의 자연환경·경관·산림 및 녹지공간을 보전할 필요가 있는 지역

89 수도권정비실무위원회의 위원장은?

① 국무총리　　　　② 국토교통부장관
③ 국토교통부 제1차관　④ 서울특별시 2급 공무원

◦해설

수도권정비실무위원회의 구성(「수도권정비계획법 시행령」 제30조)
- 수도권정비실무위원회는 위원장 1명과 25명 이내의 위원으로 구성한다.
- 실무위원회의 위원장은 국토교통부 제1차관이 되고, 위원은 중앙행정기관의 일반직공무원 및 서울특별시의 공무원과 인천광역시, 경기도의 공무원 중에서 소속 기관의 장이 지정한 자 각 1명과 수도권정비정책과 관계되는 분야의 학식과 경험이 풍부한 자 중에서 수도권정비위원회의 위원장이 위촉하는 자가 된다.
- 공무원이 아닌 위원의 임기는 2년으로 한다.
- 실무위원회의 사무를 처리하기 위하여 실무위원회에 간사 1명을 두며, 간사는 국토교통부 소속 공무원 중에서 실무위원회의 위원장이 임명한다.

90 택지개발예정지구 지정에 관한 내용 중 틀린 것은?

① 특별시장·광역시장·도지사 또는 특별자치도지사는 주거종합계획 중 주택·택지의 수요·공급 및 관리에 관한 사항에서 정하는 바에 따라 택지를 집단적으로 개발하기 위하여 필요한 지역을 택지개발지구로 지정할 수 있다.
② 시·도지사(특별자치도지사는 제외한다)는 택지수급계획에서 정한 해당 시·도의 계획량을 초과하여 지정하려면 국토교통부장관과 미리 협의하여야 한다.
③ 국토교통부장관은 특별자치도에 택지개발사업을 실시할 필요가 있는 경우에는 택지를 집단적으로 개발하기 위하여 필요한 지역을 택지개발지구로 지정할 수 있다.
④ 지정권자가 택지개발지구를 지정하려는 경우에는 미리 관계 중앙행정기관의 장과 협의하고 해당 시장·군수 또는 자치구의 구청장의 의견을 들은 후 시·도 주거정책심의위원회의 심의를 거쳐야 한다.

◦해설

「택지개발촉진법」 제3조(택지개발지구의 지정 등)상에 국토교통부장관의 지정사항(단, 특별자치도는 예외)
- 국가가 택지개발사업을 실시할 필요가 있는 경우
- 관계 중앙행정기관의 장이 요청하는 경우
- 한국토지주택공사가 택지개발지구의 지정을 제안하는 경우
- 둘 이상의 광역시 등에 걸치는 경우 지방자치단체 간 협의가 안 된 경우

91 「주차장법」에 의한 주차장이 아닌 것은?

① 노상주차장
② 노외주차장
③ 부설주차장
④ 주차전용타워

◦해설

주차장의 정의 및 종류(「주차장법」 제2조)

구분	내용
노상주차장 (路上駐車場)	도로의 노면 또는 교통광장(교차점광장만 해당)의 일정한 구역에 설치된 주차장으로서 일반(一般)의 이용에 제공되는 것
노외주차장 (路外駐車場)	도로의 노면 및 교통광장 외의 장소에 설치된 주차장으로서 일반의 이용에 제공되는 것
부설주차장	건축물, 골프연습장, 그 밖에 주차수요를 유발하는 시설에 부대(附帶)하여 설치된 주차장으로서 해당 건축물·시설의 이용자 또는 일반의 이용에 제공되는 것

92 건축법령상 둘 이상의 필지를 하나의 대지로 할 수 있는 토지가 아닌 것은?

① 하나의 건축물을 두 필지 이상에 걸쳐 건축하는 경우 그 건축물이 건축되는 각 필지의 토지를 합한 토지
② 「국토의 계획 및 이용에 관한 법률」에 따른 도시계획시설에 해당하는 건축물을 건축하는 경우 그 도시계획시설이 설치되는 일단의 토지
③ 건축물의 사용승인을 신청할 때 둘 이상의 필지를 하나의 필지로 합칠 것을 조건으로 건축허가를 하는 경우 그 필지가 합쳐지는 토지
④ 도로의 지표 아래에 건축하는 건축물의 경우 국토교통부장관이 그 건축물이 건축되는 토지로 정하는 토지

해설

대지의 범위(「건축법 시행령」 제3조)
도로의 지표 아래에 건축하는 건축물의 경우 특별시장·광역시장·특별자치시장·특별자치도지사·시장·군수 또는 구청장이 그 건축물이 건축되는 토지로 정하는 토지

93 「관광진흥법」에 의한 권역계획(圈域計劃)에 관한 설명 중 틀린 것은?

① 권역계획은 그 지역을 관할하는 문화체육관광부장관이 수립하여야 한다.
② 수립한 권역계획을 문화체육관광부장관의 조정과 관계 행정기관의 장과의 협의를 거쳐 확정하여야 한다.
③ 시·도지사는 권역계획이 확정되면 그 요지를 공고하여야 한다.
④ 대통령령으로 정하는 경미한 사항의 변경에 대하여는 관계 부처의 장과의 협의를 갈음하여 문화체육관광부장관의 승인을 받아야 한다.

해설

권역계획(圈域計劃)은 그 지역을 관할하는 시·도지사(특별자치도지사는 제외한다)가 수립하여야 한다. 다만, 둘 이상의 시·도에 걸치는 지역이 하나의 권역계획에 포함되는 경우에는 관계되는 시·도지사와의 협의에 따라 수립하되, 협의가 성립되지 아니한 경우에는 문화체육관광부장관이 지정하는 시·도지사가 수립하여야 한다.

94 「도시 및 주거환경정비법」상 주거환경개선사업을 목적으로 우선 매각하는 국·공유지의 매각가격은 평가금액의 얼마를 기준으로 하는가?

① 100분의 90
② 100분의 80
③ 100분의 70
④ 100분의 50

해설

국유·공유재산의 처분(「도시 및 주거환경정비법」 제98조)
정비사업을 목적으로 우선하여 매각하는 국·공유지는 사업시행계획인가의 고시가 있은 날을 기준으로 평가하며, 주거환경개선사업의 경우 매각가격은 평가금액의 100분의 80으로 한다. 다만, 사업시행계획인가의 고시가 있은 날부터 3년 이내에 매매계약을 체결하지 아니한 국·공유지는 「국유재산법」 또는 「공유재산 및 물품 관리법」에서 정한다.

95 노상주차장을 설치할 수 있는 자가 아닌 것은?

① 도지사
② 특별시장
③ 군수
④ 구청장

해설

노상주차장은 특별·광역시장. 시장·군수, 구청장이 설치, 관리 및 폐지한다.

96 주택법령상 세대구분형 공동주택이 갖추어야 할 요건으로 틀린 것은?

① 세대별로 구분된 각각의 공간마다 별도의 욕실, 부엌과 현관을 설치할 것
② 하나의 세대가 통합하여 사용할 수 있도록 세대 간에 연결문 또는 경량구조의 경계벽 등을 설치할 것
③ 세대구분형 공동주택의 세대수가 해당 주택단지 안의 공동주택 전체 세대수의 3분의 1을 넘지 아니할 것
④ 세대별로 구분된 각각의 공간의 주거전용면적 합계가 해당 주택단지 전체 주거전용면적 합계의 3분의 2를 넘지 아니하는 등 국토교통부장관이 정하여 고시하는 주거전용면적의 비율에 관한 기준을 충족할 것

해설

세대구분형 공동주택 (「주택법 시행령」 제9조)
세대별로 구분된 각각의 공간의 주거전용면적 합계가 해당 주택단지 전체 주거전용면적 합계의 3분의 1을 넘지 아니하는 등 국토교통부장관이 정하여 고시하는 주거전용면적의 비율에 관한 기준을 충족할 것

97 「도시공원 및 녹지 등에 관한 법률」에서 세분한 도시공원의 설명 중 잘못된 것은?

① 근린공원 : 근린거주자 또는 근린생활권으로 구성된 지역생활권 거주자의 보건 · 휴양 및 정서생활의 향상에 이바지하기 위하여 설치하는 공원
② 역사공원 : 도시의 각종 문화 · 역사적 특징을 활용하여 도시민의 휴식 · 교육을 목적으로 설치하는 공원
③ 도시농업공원 : 도시민의 정서순화 및 공동체의식 함양을 위하여 도시농업을 주된 목적으로 설치하는 공원
④ 묘지공원 : 묘지이용자에게 휴식 등을 제공하기 위하여 설치한 공원

●해설

도시공원의 세분 및 규모(「도시공원 및 녹지 등에 관한 법률」 제15조)
역사공원 : 도시의 역사적 장소나 시설물, 유적 · 유물 등을 활용하여 도시민의 휴식 · 교육을 목적으로 설치하는 공원

98 시가화조정구역의 시가화 유보기간은?

① 5년 이상 10년 이내   ② 10년 이상 20년 이내
③ 20년 이상   ④ 5년 이상 20년 이내

●해설

시가화조정구역의 지정(「국토의 계획 및 이용에 관한 법률」 제39조)
시 · 도지사는 도시지역과 그 주변지역의 무질서한 시가화를 방지하고 계획적 · 단계적인 개발을 도모하기 위하여 대통령령으로 정하는 기간(5년 이상 20년 이내의 기간) 동안 시가화를 유보할 필요가 있다고 인정되면 시가화조정구역의 지정 또는 변경을 도시 · 군관리계획으로 결정할 수 있다. 다만, 국가계획과 연계하여 시가화조정구역의 지정 또는 변경이 필요한 경우에는 국토교통부장관이 직접 시가화조정구역의 지정 또는 변경을 도시 · 군관리계획으로 결정할 수 있다.

99 관광진흥법령상에서 규정하고 있는 관광사업의 종류와 그 세분이 올바르지 않은 것은?

① 여행업 : 일반여행업, 국외여행업, 국내여행업
② 야영장업 : 일반야영장업, 자동차야영장업, 산림야영장업
③ 관광유람선업 : 일반관광유람선업, 크루즈업
④ 호텔업 : 관광호텔업, 수상관광호텔업, 한국전통호텔업, 가족호텔업, 호스텔업, 소형호텔업, 의료관광호텔업

●해설

관광사업의 종류 및 세분(「관광진흥법」 제3조, 시행령 제2조)
야영장업에는 일반야영장업과 자동차야영장업이 해당하며, 산림야영장업은 해당되지 않는다.

100 「수도권정비계획법」상의 총량규제에 관한 설명 중 틀린 것은?

① 국토교통부장관은 인구집중유발시설이 수도권에 과도하게 집중되지 아니하도록 하기 위하여 그 신설 · 증설의 총허용량을 정할 수 있다.
② 국토교통부장관은 인구집중유발시설이 수도권에 과도하게 집중되지 아니하도록 하기 위하여 일정한 기준을 초과하는 신설 · 증설을 제한할 수 있다.
③ 공장에 대한 총량규제의 내용 및 방법은 수도권정비위원회의 심의를 거쳐 결정하며, 관할 시 · 도지사는 이를 고시하여야 한다.
④ 관계행정기관의 장은 인구집중유발시설의 신설 · 증설에 대하여 규정에 의한 총량규제의 내용과 다르게 허가 등을 하여서는 아니 된다.

●해설

공장 총허용량의 산출(「수도권정비계획법 시행령」 제22조)
• 국토교통부장관은 수도권정비위원회의 심의를 거쳐 공장건축의 총허용량을 산출하는 방식을 정하여 관보에 고시하여야 한다.
• 국토교통부장관은 3년마다 수도권정비위원회의 심의를 거쳐 산출방식에 따라 시 · 도별 공장건축의 총허용량을 결정하여 관보에 고시하여야 한다.

1과목 도시계획론

01 어느 특정지역이 용도상으로 필요하다고 규정만 해두고 도면상의 배치결정은 유보하는 지역제 기법은?

① 부동지역제(Float Zoning)
② 특례조치(Special Exception)
③ 혼합지역제(Inclusive Zoning)
④ 성능지역규제(Performance Zoning)

해설

부동지역제(Float Zoning)
• 적용특례나 특례조치는 Zoning의 완결을 전제로 개별 용도 차원에서 이루어지지만, 부동지역제는 Zoning의 결정에 탄력성을 부여할 목적으로 용도지역 차원에서 이루어지는 특례조치이다.
• 이 용도지구는 자치단체구역 내의 여기저기를 '부동(浮動)'한다. Zoning 조례가 요건을 만족시키는 용도가 신청되면 그 시점에 Zoning 도면상에 '고정'된다.
• PUD, 대형 쇼핑센터 등 특정 개발자의 구체적 제안을 지방자치단체 및 의회의 협의를 거쳐 유연하게 적용하는 용도지역제이다.

02 계획이론을 실체적 이론(Substantive Theories)과 절차적 이론(Procedural Theories)으로 구분할 때 실체적 이론에 대한 설명으로 옳지 않은 것은?

① 다양한 계획 활동에 있어 필요로 하는 분야별 전문지식에 관한 이론이다.
② 도시계획에서 실체적 이론이란 토지이용계획, 교통계획 등에 관한 이론이 된다.
③ 경제 또는 사회의 구조나 현상 등을 설명하고 예측하여 문제의 해결 대안을 제시하는 이론이다.
④ 계획이 추구하는 목표와 가치에 따라 계획안을 만들어 내는 과정에 관한 공통적이고 일반적인 이론이다.

해설

계획이 추구하는 목표와 가치에 따라 계획안을 만들어 내는 과정에 관한 공통적이고 일반적인 이론은 절차적 이론에 해당한다.

03 친환경적인 도시개발과 사회적 비용을 최소화하기 위해 토지이용 집적을 통해 토지의 이용가치를 높이기 위한 도시개발을 강조하는 도시는?

① 유시티(U−city)
② 에코시티(Eco−city)
③ 스마트시티(SmArt City)
④ 콤팩트시티(Compact City)

해설

압축도시(Compact City)
집중된 개발을 통하여 도시의 통행수요 및 에너지 사용을 감소시키는 도시 형태로 고밀개발을 통한 직주근접을 도모한다.

04 우리나라 제2기(판교, 화성, 김포, 송파 등) 신도시 계획의 특성은?

① 고밀도 유지
② 자가용 교통 전제
③ 프로젝트 파이낸싱 활용
④ 하드웨어적 기반시설에 치중

해설

제1기 신도시에 비해 제2기 신도시는 녹지율을 높이고 오픈스페이스의 질을 높이는 계획을 하였으며, 이에 따라 제1기 신도시에 비해 토지이용 밀도는 낮게 추진되었다.(평균 밀도 : 제1기 233인/ha, 제2기 110인/ha) 또한 프로젝트 파이낸싱(PF)을 적극 활용한 특징을 갖고 있다.

05 다음의 설명에 해당하는 도시는?

- 상업도시에 기원을 두고 건설됨
- 머큐리오(Mercurio) 거리는 32피트
- 격자형 가로구성과 도로의 포장 및 보도 설치
- 이중벽으로 둘러싸인 달걀 모양의 도시형태

① 폼페이(Pompeii)　　② 아오스타(Aosta)
③ 카스트라(Castra)　　④ 팀가드(Timgard)

해설

폼페이는 A.D. 79년에 화산폭발로 잿더미 속에 묻혀 있다가 1,700여 년 만에 발굴된 고대 로마제국의 지방 항구도시이다.

06 근대건축국제회의(CIAM)의 아테네 헌장(1933)에서 구분한 도시의 활동 기능에 해당하지 않는 것은?

① 생산　　　　　　② 주거
③ 개발　　　　　　④ 교통

해설

아테네 헌장에서 구분한 도시의 네 가지 기능은 주거, 여가, 근로(생산), 교통이다.

07 국토공간계획지원체계(KOPSS : KOrea Planning Support System)에 대한 설명으로 옳지 않은 것은?

① 국토공간계획 및 정책의 수립·시행·평가 과정에서 의사결정에 필요한 정보를 지원코자 개발된 계획지원도구이다.
② 국가공간정보체계의 자료와 한국토지정보(KLIS) 등 유관시스템 자료를 온라인 또는 오프라인 형식으로 수집하여 연결·가공·처리하여 활용할 수 있다.
③ 지역계획, 토지이용계획, 도시정비계획, 공공시설계획, 경관계획 등 공간계획업무를 GIS와 공간통계 기법의 활용을 통해 정책의사결정을 지원할 수 있다.
④ 「국가공간정보에 관한 법률」 제2조 제6항에 따라 기본공간정보데이터베이스를 기반으로 국가공간정보체계를 통합 또는 연계하여 국토교통부장관이 구축·운용토록 되어 있다.

해설

국가공간정보통합체계(「국가공간정보 기본법」 제2조 제6호)
"국가공간정보통합체계"란 기본공간정보데이터베이스를 기반으로 국가공간정보체계를 통합 또는 연계하여 국토교통부장관이 구축·운용하는 공간정보체계를 말한다.
※ 본 문제에서는 "국토공간계획지원체계"를 물어보고 있다.

08 메소포타미아 지방에서 수메르(Smer)인이 세운 고대 도시국가가 아닌 것은?

① 우르(Ur)
② 우르크(Uruk)
③ 라가시(Lagash)
④ 모헨조다로(Mohenjo Daro)

해설

- 수메르(Smer) 문명
  기원전 5000년경 메소포타미아 지역에서 시작된 도시국가들을 말한다.
- 모헨조다로(Mohenjo Daro)
  기원전 2000년경 인더스강 유역에서 형성된 농촌부락이 도시로 발전된 사례이다.

09 우리나라 도시계획제도의 성립과 변화과정에 대한 설명으로 옳지 않은 것은?

① 근대 도시계획제도는 1934년 제정된 「조선시가지계획령」에서 비롯되었다.
② 1981년 「도시계획법」이 전면 개정되면서 20년 장기의 도시기본계획 수립을 제도화하였다.
③ 1962년 「도시계획법」이 제정되면서 일제의 잔재를 청산하고 새로운 도시계획체계를 확립했다.
④ 2002년 「국토의 계획 및 이용에 관한 법률」을 제정하면서 각각 다른 법률에 의하여 도시지역과 비도시지역으로 관리하도록 운영을 이원화하였다.

해설

도시계획 관련 제도의 변천
도시지역과 비도시지역으로 구분하여 각각 「도시계획법」과 「국토이용관리법」으로 이원화되었던 법률을 2002년 「국토의 계획 및 이용에 관한 법률」로 통합하여 제정하였다.

10 경관계획에 대한 설명으로 옳은 것은?

① 경관계획의 요건은 크게 공공성과 현장성으로 요약할 수 있다.

② 경관계획은 크게 물적 경관계획과 장의 경관계획으로 구분된다.

③ 경관계획은 형태를 중시하고 실천적이며 시간변동이 없는 공간적 계획이다.

④ 경관계획의 대상을 직접 조작하거나 시점과 대상의 관계를 조작하여 특별한 경관현상으로 형성할 수 없다.

해설

① 경관계획의 요건은 크게 보전성과 지역성으로 요약할 수 있다.

③ 경관계획은 형태를 중시하고 실천적이며 시간변동이 있는 공간적 계획이다.

④ 경관계획의 대상을 직접 조작하거나 시점과 대상의 관계를 조작하여 특별한 경관현상으로 형성할 수 있다.

11 도시개발사업의 시행 방식에서 토지수용 또는 사용방식의 장점으로 옳지 않은 것은?

① 기반시설 확보 용이

② 공공성 확보 및 일괄 시행

③ 토지소유자의 재정착 가능

④ 공사기간의 단축 및 대규모 개발 가능

해설

시행자가 개발대상지의 토지를 매수하여 개발하는 방식으로서 토지소유자의 권리가 이양되기 때문에 토지소유자의 재정착은 권리가 보전되는 환매방식에 비해 어렵다고 볼 수 있다.

12 튀넨(Von Thunen)의 지대이론에 대한 설명으로 옳지 않은 것은?

① 지대는 토지의 위치에 따라 달라진다.

② 시장에서 멀어질수록 인구밀도는 낮고 지대는 높다.

③ 생산성이 같은 토지라도 시장으로부터의 거리에 따라 지대가 달라진다.

④ 지대는 농산물이 생산되는 토지와 농산물이 판매되는 시장과의 거리에 의해 결정된다.

해설

시장에서 멀어질수록 인구밀도는 낮고, 지대도 낮아지게 된다.

13 다음 조건에서 주거지역 전체면적은?

- 계획인구 : 15,000인
- 단독주택 비율 : 30%, 3인/호, 40호/ha
- 공동주택 비율 : 70%, 3인/호, 120호/ha

① 약 67ha ② 약 90ha

③ 약 100ha ④ 약 120ha

해설

$$순밀도(인/ha) = \frac{총 인구}{주택면적}$$

$$\begin{aligned}단독주택 면적 &= \frac{총 인구}{순밀도(인/ha)}\\ &= \frac{15,000 \times 0.3}{3 \times 40} = 37.5\end{aligned}$$

$$\begin{aligned}공동주택 면적 &= \frac{총 인구}{순밀도(인/ha)}\\ &= \frac{15,000 \times 0.7}{3 \times 120} = 29.17\end{aligned}$$

단독주택 + 공동주택 = 37.5 + 29.17 = 66.67ha

∴ 약 67ha

14 중세도시의 특징에 대한 설명으로 옳지 않은 것은?

① 도로망은 불규칙적이며 폭이 좁았다.

② 기능적 성격으로 구분하면 성채도시, 정기시도시, 상업도시 등으로 구분할 수 있다.

③ 상업도시의 경우 경제적 부흥으로 인구가 유입되면서 인구 10만 명을 넘어서는 도시가 발생하기 시작했다.

④ 물리적 요소로 성벽, 시장, 사원 등이 있으며, 특히 성벽과 대사원은 중세도시의 스카이라인을 형성하는 중요한 요소였다.

정답 10 ② 11 ③ 12 ② 13 ① 14 ③

해설
인구의 정점을 달렸던 파리나 베네치아의 경우가 약 10만 명 정도였으며, 그 도시들을 제외하고는 그 이하의 규모를 가졌다.

15 프리드만(Friedmann)에 의해 발전된 계획이론으로 공익이라고 정의되는 불확실한 계획의 목표를 추구하기 위한 과학적 접근방법을 비판하면서 인간적 요소를 강조하여 계획의 집행에 직접 영향을 받는 사람들과의 대화를 통해 계획을 수립하여야 한다는 계획이론은?

① 종합적 계획(Synoptic Planning)
② 옹호적 계획(Advocacy Planning)
③ 점진적 계획(Incremental Planning)
④ 교류적 계획(Transactive Planning)

해설
교류적 계획(Transactive Planning)
• 현장 조사나 자료 분석보다는 개인 상호 간의 대화를 통한 사회적 학습의 과정을 형성하는 데 중점을 둔다.
• 인간의 존엄성에 기초를 두고 있는 신휴머니즘(New Humanism)의 철학적 사고에서 파생하였다.
• 계획의 집행에 직접적으로 영향을 받는 사람들과의 상호교류와 대화를 통하여 계획을 수립하여야 한다.

16 실세계(Real-world) 형상들을 표현한 지리 데이터베이스로서 불명확하고 특정한 범위가 없는 하나 이상의 공간현상을 다루며 연속적으로 변화하는 실세계 형상을 다루는 모델은?

① 목적기반모델(Goal-based Model)
② 필드기반모델(Field-based Model)
③ 객체기반모델(Object-based Model)
④ 속성기반모델(Attribute-based Model)

해설
실세계를 표현한 지리적 데이터베이스
• 객체기반모델
이산적이고 인식할 수 있는 객체들로 구성된 지리적 공간

• 필드기반모델
불명확하고 특정한 범위가 없는 하나 이상의 공간현상을 다루는 것으로 연속적으로 변화하는 실세계 형상을 다루는 공간현상

17 도시조사에 이용되는 회귀분석모형에 대한 설명으로 옳지 않은 것은?

① 단순회귀분석이란 하나의 종속변수와 하나의 독립변수 사이의 관계를 추정하는 분석이다.
② 다중회귀분석이란 하나의 종속변수와 여러 개의 독립변수 사이의 관계를 추정하는 분석이다.
③ 회귀계수는 추정하려는 독립변수의 파라미터를 뜻하며 일반적으로 최소제곱법에 의하여 회귀계수를 추정한다.
④ 추정된 회귀선이 표본자료를 얼마나 잘 설명하는 가를 나타내는 통계량을 상관계수라고 하며 S^2로 표시한다.

해설
추정된 회귀선이 표본자료를 얼마나 잘 설명하는가를 나타내는 통계량을 상관계수 R로 표현한다.

18 토지이용계획의 역할과 목적에 대한 설명으로 옳지 않은 것은?

① 공공의 이익을 위해서 토지이용의 규제와 실행수단을 제시해 준다.
② 체계적인 계획과 도시의 발전을 도모하여 외연적 확산을 촉진시킨다.
③ 자연적으로 보존해야 하는 지역에 대해서 토지이용에 대한 제한을 설정한다.
④ 도시의 현재와 미래 모습을 고려하여 적절한 용도지역을 부여하여 개발 및 관리를 추진한다.

해설
토지이용계획은 난개발을 억제하여 무분별한 도시의 외연적 확산을 억제시키는 역할을 한다.

19 우리나라 용도지역지구제의 특징에 대한 설명으로 옳지 않은 것은?

① 용도지역은 상호 중복지정이 가능하고, 용도지구는 중복지정이 허용되지 않는다.

② 토지이용의 특화 또는 순화를 도모하기 위하여 도시의 토지용도를 구분하는 제도이다.

③ 이용목적에 부합하지 않는 건축 등의 행위는 규제하고 부합하는 행위는 유도하는 제도적 장치이다.

④ 공공의 건강과 복리를 증진시키기 위한 것으로 이의 실현을 위해 법적 규제를 통하여 개인의 토지이용을 제한한다.

해설

용도지역지구제에 있어 용도지역은 상호 중복지정이 불가능하고, 용도지구는 중복지정이 가능하다.

20 창조도시와 관련하여 리처드 플로리다(Richard Florida)가 주장한 도시의 창조성을 측정하는 3가지 지표에 해당하지 않는 것은?

① 인재(Talent) ② 사고(Thought)
③ 기술(Technology) ④ 관용성(Tolerance)

해설

리처드 플로리다(Richard Florida)가 주장한 도시의 창조성을 측정하는 3가지 지표
• 인재(Talent)
• 기술(Technology)
• 관용성(Tolerance)

2과목 도시설계 및 단지계획

21 도시공원 중 주로 도보권 안에 거주하는 자의 이용에 제공할 것을 목적으로 하는 도보권 근린공원의 유치거리 기준으로 옳은 것은?

① 250m 이하 ② 500m 이하
③ 1,000m 이하 ④ 1,500m 이하

해설

도보권 근린공원은 이용자들이 도보로서 공원을 이용할 수 있는 거리(1,000m 이하)로 계획되어야 하며, 3만m² 이상의 규모를 가져야 한다.

22 도로의 종류에서 도로의 사용 및 형태별 구분에 해당하지 않는 것은?

① 간선도로 ② 고가도로
③ 일반도로 ④ 지하도로

해설

간선도로는 도로의 기능상 분류에 해당한다.

23 다음 중 1980년경 새롭게 등장한 뉴어바니즘(New Urbanism)에서 지정한 행동강령 기본원칙에 해당하지 않는 것은?

① 다양한 주택(Mixed Housing)
② 보행성(Walkability)
③ 위요(Enclose)
④ 연결성(Connectivity)

해설

뉴어바니즘의 기본원칙
• 보행성(Walkability)
• 연계성(Connectivity)
• 복합용도개발(Mixed Use)
• 주택혼합(Mixed Housing)
• 전통적 근린주구(Traditional Neighborhood Structure)
• 고밀도 개발(Incresed Density)
• 스마트 교통체계(Smart Transportation)
• 지속 가능성(Sustainability)
• 삶의 질(Quality of Life)
• 도시설계와 건축(Urban Design & Architecture) : 디자인코드에 의한 건축물 설계

24 지구단위계획 수립 시 인센티브를 부여할 수 있는 사항이 아닌 것은?

① 공동개발의 지정/권장 준수
② 대지 내 공지 및 통로의 설치
③ 지정된 차량 진·출입구의 준수
④ 자연지반의 보존

해설

지정된 차량 진·출입구의 준수사항은 지구단위계획 수립 시 인센티브 부여 사항이 아닌 기본적인 필수사항이다.

25 단지계획에 있어 소음 및 진동과 관련된 설명으로 적합하지 않은 것은?

① 소음은 거리의 제곱에 반비례하여 그 세기가 감소한다.
② 소리에 의해 고통을 느끼기 시작하는 세기는 140dB이다.
③ 일반적인 단지환경에 있어 소음의 세기는 50~60dB 이하로 유지되어야 한다.
④ 소리가 들리기 시작한 정도의 세기는 1dB이다.

해설

소리에 의해 고통을 느끼기 시작하는 세기는 자동차 경적 등이 울릴 때 나는 수준인 110dB이며, 140dB는 로켓이 발사되는 수준으로 귀가 찢어지는 듯한 소음의 정도를 의미한다.

26 다음 중 게토(Ghetto)에 대한 설명으로 옳은 것은?

① 노후지역
② 불량주택지역
③ 무허가 주거지역
④ 특정집단거주지역

해설

게토(Ghetto)
소수 인종이나 소수 민족, 또는 소수 종교집단이 거주하는 도시 안의 한 구역을 지칭하는 것으로서, 주로 빈민가를 형성하며 사회, 경제적인 압박에 시달리는 것이 일반적이다.

27 주거단지계획의 목표설정 시 고려해야 할 사항 중 틀린 것은?

① 기능의 충족성
② 이웃과의 유대
③ 변화에의 불변성
④ 환경선택의 자유

해설

단지계획의 목표
• 건강과 쾌적성(Health and Amenity)
• 기능의 충족성(Functional Integration)
• 이웃과의 의사소통(Communication)
• 환경선택의 다양성(Choice)
• 개발비용의 효율성(Efficiency)
• 변화에 대한 적응성(Adaptability)

28 순인구밀도가 250인/ha이고 주택용지율이 70%일 때 총인구밀도는?

① 105인/ha
② 175인/ha
③ 265인/ha
④ 305인/ha

해설

$$순인구밀도 = \frac{총인구}{주택용지면적}$$
$$= \frac{총인구}{총면적 \times 주택용지율}$$
$$= \frac{총인구밀도}{주택용지율}$$

$$총인구밀도 = 순인구밀도 \times 주택용지율$$
$$= 250 \times 0.7 = 175$$

29 건폐율 60%, 용적률 540%를 적용할 경우 최대층수는?(단, 각 층의 평면이 동일한 경우이다.)

① 3층
② 5층
③ 9층
④ 14층

해설

$$층수 = \frac{용적률}{건폐율} = \frac{540}{60} = 9층$$

30 지구단위계획 수립 시 상업용지의 획지 및 가구계획 기준으로 틀린 것은?

① 도로에서의 접근이 용이하도록 계획한다.

② 구역 중심지의 주간선도로 또는 보조간선도로의 교차로 주변에 계획한다.

③ 가구 규모는 시설입지에 대한 다양한 요구를 충족시킬 수 있도록 다양한 규모로 계획한다.

④ 주간선도로 또는 보조간선도로를 따라 배치되는 가구는 2열 이상으로 배열이 되도록 한다.

●해설

주간선도로 또는 보조간선도로를 따라 1열 배열이 되도록 하고 그 뒷면에 접지도로를 두고 2열 배열로 하여 도로에서 접근이 용이하도록 한다.

31 페리(C. A. Perry)가 주장한 근린주구론의 원칙이 아닌 것은?

① 주거단위는 하나의 초등학교 운영에 필요한 인구에 대응하는 규모를 가져야 하고, 그 규모는 인구밀도에 의해 결정된다.

② 주거단위는 주거지 안으로 지나는 통과교통이 내부를 관통하지 않고 우회되어야 하며, 네 면 모두 충분한 폭원의 간선도로(Arterial Street or High Way)에 의해 둘러싸여져야 한다.

③ 하나의 근린주구는 상위도시를 기준으로 구축된 가로체계에 의존하고, 원활한 순환체계 속에서 통과교통을 체계적으로 수용할 수 있는 입체적인 가로망으로 계획한다.

④ 개개 근린주구의 요구에 부합하도록 계획된 소공원과 레크리에이션 체계를 갖춘다.

●해설

페리의 근린주구이론상의 지구 내 가로체계
특수한 가로체계를 갖고, 보행동선과 차량동선을 분리하며 통과교통은 배제한다.

32 다음 중 우리나라에 도시설계제도가 도입된 것에 관한 설명으로 틀린 것은?

① 도시설계제도와 관련된 법규 중 지구지정 규정의 신설은 1991년에 이루어졌다.

② 도시설계제도가 도입된 지 5년 후인 1985년에 상세계획제도가 도입되었다.

③ 도시설계를 처음 도입할 당시 주된 관심사는 간선가로변의 미관 개선에 있었다.

④ 제도로서의 도시설계를 처음 도입한 것은 1980년 「건축법」에 도시설계 조항을 법제화한 것이다.

●해설

도시설계제도가 도입된 것은 1980년이며, 11년 후인 1991년에 상세계획제도가 도입되었다.

33 지구단위계획 중 특별계획구역의 지정대상이 아닌 것은?

① 순차개발하는 경우 후순위개발 대상지역

② 공공사업 시행 이외의 모든 사업에 대하여 지구단위계획구역의 지정목적을 달성하기 위하여 필요한 경우

③ 지구단위계획구역 안의 일정지역에 대하여 우수한 설계안을 반영하기 위하여 현상설계 등을 하고자 하는 경우

④ 하나의 대지 안에 여러 동의 건축물과 다양한 용도를 수용하기 위하여 특별한 건축적 프로그램을 만들어 복합적 개발을 하는 것이 필요한 경우

●해설

공공사업 시행, 대형 건축물 등 공동개발 필요지역이 특별계획구역의 지정대상이 된다.

34 다음 중 생활권을 제1차~제3차 생활권으로 구분하였을 때, 제2차 생활권(중생활권)을 기준으로 설치되는 시설로 가장 적합한 것은?

① 대학교
② 우체국
③ 초등학교
④ 청소년회관

해설

제2차 생활권(중생활권) – 지역 · 커뮤니티(Community)
㉠ 설정기준 / 인구규모 : 2~4개 소생활권 / 10만 명
㉡ 특징
  • 중 · 고교의 학군 / 청소년 회관 등 위치
  • 계획의도적 구분
  • 산세, 하천 등 자연환경
  • 시설배치 기준을 고려

35 학교의 결정기준과 관련한 규정상 새로이 개발되는 지역의 경우 몇 세대를 기준으로 근린주거구역으로 하는가?(단, 도시 · 군계획시설의 결정 · 구조 및 설치 기준에 관한 규칙에 따른다.)

① 2천 세대 내지 3천 세대
② 3천 세대 내지 4천 세대
③ 4천 세대 내지 5천 세대
④ 5천 세대 내지 6천 세대

해설

근린주거구역의 범위
• 이미 개발된 지역의 경우에는 개발현황에 따라 정하고, 새로이 개발되는 지역(재개발 또는 재건축되는 지역을 포함한다)의 경우에는 2천 세대 내지 3천 세대를 1개 근린주거구역으로 한다.
• 다만, 인접한 지역의 개발 여건을 고려하여 필요한 경우에는 2천 세대 미만인 지역을 근린주거구역으로 할 수 있다.

36 오픈스페이스의 기능에 대한 설명으로 옳지 않은 것은?

① 시냇물 · 연못 · 동산 등과 같은 자연 경관적 요소들을 제공한다.
② 기존의 자연환경을 보전 · 향상시켜 줄 수 있는 수단을 제공한다.
③ 공기정화를 위한 순환통로의 기능을 수행함으로써 미기후의 형성에 영향을 준다.
④ 오픈스페이스의 적극적 확보를 위하여 평탄한 곳과 접근성이 뛰어난 곳을 우선 확보하여야 한다.

해설

오픈스페이스(Open Space)는 생태적, 사회적, 경관적 기능이 어우러진 자연적 공간으로서 평탄지형과 접근성보다는 자연지형을 그대로 살린 형태의 대지에 계획되는 것이 적당하다.

37 도시설계제도와 관련하여 적합하지 않은 설명은?

① 계획단위개발(PUD)은 규모는 작으나 특별한 조건을 가진 지구의 계획에 적용한다.
② 유동지역제(Floating Zoning)는 조건에 맞는 개발이 발생할 경우 적용하는 제도이다.
③ 개발권이양(TDR)제도는 일반적으로 역사적 건축물이나 농경지 같은 오픈스페이스를 보존할 때 사용하는 제도이다.
④ 용도지역 중, 지역을 합리적으로 변경(Rezoning & Up/Down Zoning)하는 것도 도시설계의 실천수단이다.

해설

계획단위개발(PUD : Planned Unit Development)
계획단위개발로 대규모 대상지 전체를 일체적이고 유기적으로 계획하고 설계하여 개발하는 방식으로서, 근린생활권 개념을 도입하여 개별 필지의 개발을 억제하고 집단개발을 유도함에 따라 공동 오픈스페이스 확보에 유리하다.

38 지구단위계획구역을 변경하는 경우에 관계 행정기관의 장과의 협의, 국토교통부장관과의 협의 및 도시계획위원회의 심의를 생략할 수 있는 경우에 해당하지 않는 것은?

① 가구면적의 20% 이내의 변경인 경우
② 획지면적의 30% 이내의 변경인 경우
③ 건축물 높이의 20% 이내의 변경인 경우
④ 건축선의 1m 이내의 변경인 경우

◯해설

심의 생략이 가능한 경우
• 가구면적의 10% 이내의 변경인 경우
• 획지면적의 30% 이내의 변경인 경우
• 건축물 높이의 20% 이내의 변경인 경우
• 건축선의 1m 이내의 변경인 경우

39 지구단위계획의 동선계획에 관한 설명으로 옳지 않은 것은?

① 간선가로변에서의 주차 출입은 가급적 제한한다.
② 공용주차장은 소요부지 최소화를 위해 가급적 기계식으로 설치한다.
③ 차량동선으로 인한 보행공간 단절 및 침해를 최소화한다.
④ 공동개발하는 이면필지의 출입을 위하여 제한적 주차출입금지구간으로 지정한 후 공동개발 시에 주차출입을 허용할 수 있다.

◯해설

공용주차장은 이용자가 쉽게 접근할 수 있도록, 기계식이 아닌 자주식(스스로 주차)의 형태를 띄는 것이 좋다.

40 경관창조를 위한 공동주택 주거동의 바람직한 배치에 대한 설명으로 틀린 것은?

① 스카이라인에 율동감을 준다.
② 기존 지형에 과다한 절 · 성토를 피한다.
③ 주거동의 고층화를 억제하며, 중 · 고밀도로 자연에 순응하는 군집형태로 건물을 배치한다.
④ 연립 및 중 · 고층아파트의 배치는 주 보행로를 중심으로 접지성이 약한 순서인 고층, 중층, 저층의 건축물을 차례로 배치한다.

◯해설

연립 및 중 · 고층아파트의 배치는 주 보행로를 중심으로 접지성이 강한 순서인 저층, 중층, 고층의 건축물을 차례로 배치한다.

3과목 **도시개발론**

41 종합계획적 성격의 도시개발기법은 무엇인가?

① TDR
② TOD
③ PUD
④ 연계개발수법

◯해설

연계개발수법은 도시의 종합계획적 성격이 강한 것으로서 도시의 전체적인 균형을 맞추기 위한 도시개발기법이다.

42 다음 중 CM(Construction Management)에 대한 설명으로 옳지 않은 것은?

① 건설사업을 효율적으로 관리하기 위한 일련의 견적, 계약관리, 공정관리, 원가관리, 품질관리 관련 기술을 말한다.
② 우리나라는 1997년 「건설산업기본법」의 시행으로 공식적으로 제도권 내로 수용되었다.
③ 건설공사 계약형태로서 CM은 설계 완료 후 시공자가 공사에 참여하는 설계 · 시공일괄 턴키방식과 동일한 계약방식이다.
④ 순수형 CM은 CM 전문업체가 사업자의 대리인으로서, 기획, 설계, 시공단계의 총괄적 관리업무만 수행한다.

◯해설

건설공사 계약형태로서 CM은 프로젝트의 기획 단계에서부터 참여하여 설계, 계약, 엔지니어링, 구매활동, 시설물의 시공, 운전 및 유지관리에 이르는 프로젝트 전반에 걸쳐 행해지는 일련의 모든 지식과 정보활동을 포함하는 체계적인 활동을 총괄하는 것을 의미한다.

43 도시개발사업을 위한 재원조달방안인 지분조달방식에 대한 설명으로 옳지 않은 것은?

① 원리금이나 이자의 상환부담이 없다.
② 중소기업의 경우 주식 공개매매, 유통시장이 발달되지 않는다.
③ 자본시장의 여건에 따라 조달이 민감하게 영향을 받는다.
④ 조달규모의 증대로 소유자의 지분이 크게 확대된다.

◖해설◗
지분조달방식에서는 조달규모의 증대 시 소유자의 지분이 축소되는 특징이 있다.

44 다음 중 리모델링 사업의 효과가 아닌 것은?

① 환경보전　　　　② 신고용 창출
③ 자원의 소모적 사용　④ 건축시장의 다양성 확대

◖해설◗
리모델링 사업(「주택법」 제66조)
노후된 공동주택 등 건축물이 밀집된 지역으로서 새로운 개발보다는 현재의 환경을 유지하면서 이를 정비하는 사업으로 「주택법」을 근거법으로 한다. 기존 자원을 최대한 활용하는 효과를 얻을 수 있다.

45 워터프론트(Waterfront)의 특성과 거리가 먼 것은?

① 조망성이 우수하다.
② 대중교통이 발달되어 있다.
③ 자연과 접하기 쉬운 공간이다.
④ 문화, 역사가 많이 축적된 공간이다.

◖해설◗
워터프론트의 특성
• 수변공간은 주변의 자연과 접하기 쉬운 공간으로서 시민에게 안정 및 재충전의 공간을 제공한다.
• 역사적으로 수변공간을 중심으로 많은 도시가 형성되고 발전되어 왔고, 이러한 수변공간은 도시의 역사·문화의 중심지로서의 가치를 가진다.
• 획일적인 도시환경의 내륙공간과 차별적으로 한쪽이 수변과 접하여 개방적 시야와 양호한 조망을 제공한다.

46 다음 중 「도시 및 주거환경정비법」에 따른 "정비사업"에 해당하지 않는 것은? 〈법규개정에 따른 문제 수정〉

① 주거환경개선사업　② 재건축사업
③ 재정비촉진사업　　④ 재개발사업

◖해설◗
정비사업의 종류(「도시 및 주거환경정비법」 제2조)
• 주거환경개선사업
• 재개발사업
• 재건축사업

47 다음 "재개발 대상의 공간적 범위"에 따른 재개발의 유형에 대한 내용으로 틀린 것은?

① 주거지 재개발
② 개별 필지단위의 건축물 재개발
③ 가구단위 재개발
④ 지구단위 재개발

◖해설◗
재개발 대상의 공간적 범위에 따른 재개발 유형 분류
• 개별 필지단위의 건축물 재개발
• 가구(Block, 街區)단위의 재개발
• 지구단위의 재개발

48 자연발생적으로 성장한 도시에서 낙후되고 노후화된 기존의 도시시설지역의 시설을 보수·확장·새로운 시설을 첨가하는 방법을 통해 도시환경개선을 달성하려는 개발방식은?

① 철거재개발　　　② 수복재개발
③ 개량재개발　　　④ 보전재개발

◖해설◗
재개발방식

구분	내용
수복재개발 (Rehabilitation)	노후·불량화 요인을 제거시키는 것
개량재개발 (Remodeling)	새로운 시설 첨가를 통해 도시기능을 제고하는 것
보존재개발 (Conservation)	노후·불량화의 진행을 방지하는 것
전면재개발 또는 철거재개발 (Redevelopment)	기존 환경을 제거하고 새로운 시설물로 대체시키는 것

49 도시 개발 프로젝트를 실현하기 위하여 사업 주체들이 주주로 출자하는 운영 및 경영법인은?

① Special Corporation
② Special Purpose Company
③ Project Financing Corporation
④ Project Management Company

◀해설▶

유동화전문회사, 특수목적회사(SPC : Special Purpose Company)
금융기관과 일반기업의 자금조달을 원활하게 하여 재무구조의 건전성을 높이기 위하여 설립된 유한회사로 파산위험 분리 등의 목적으로 유동화 대상 자산을 양도받아 유동화 업무를 담당하는 명목상의 회사(Paper Company)를 말한다.

50 다음 중 계획단위개발(PUD)에 대한 설명으로 옳지 않은 것은?

① 일단의 지구를 하나의 계획단위로 보고 개발자의 입장에서 요구되는 사업성과 공적 입장에서 요구되는 환경의 질을 동시에 추구하는 제도라 할 수 있다.
② 계획단위개발을 하는 경우, 그 구역 내에서 종래의 용도지역제가 완전히 실효(失效)되는 것은 아니다.
③ 계획단위개발지구 전체의 총밀도가 종전 용도 지역제에 의한 허용범위를 넘지 않는 한 지구 내 각 획지는 밀도기준에 구애받지 않을 수 있다.
④ 1962년 샌프란시스코에서 주거지역과 상업지역에 대한 특례조치로 시작되었다.

◀해설▶

계획단위개발을 하는 경우에는 지구의 특성에 맞는 설계가 적용되므로 그 구역 내에서 종래의 용도지역제는 실효(失效)되어, 적용할 수 없게 된다.

51 토지자원의 특성이라 할 수 있는 것은?

① 단일성
② 고정성
③ 소멸성
④ 위치적 중복성

◀해설▶

토지자원이 갖는 가장 큰 특성으로는 입지적 고정성, 위치적 유일성(Locational Dependency/Uniqueness), 유한성 등이 있다.

52 대도시의 무분별한 외연적 확장을 억제하고 쇠퇴하고 있는 기성 시가지의 물리적 환경뿐만 아니라 사회경제적 환경을 지속적으로 개선하기 위한 도시계획 경향을 무엇이라 하는가?

① 도시재개발(Urban Redevelopment)
② 도시재생(Urban Regeneration)
③ 도시갱신(Urban Renewal)
④ 도시개발(Urban Development)

◀해설▶

우리나라 도시재생(Urban Regeneration) 사업의 특징
• 도시 중심부의 노후화로 도심쇠퇴 현상이 가속화되어 도시 전체의 발전을 저해한다는 점에서 시작
• 「도시재생 활성화 및 지원에 관한 특별법」에 근거
• 도시의 쇠퇴지역에 대한 경제적 · 사회적 · 물리적 환경적 활성화를 목적으로 함

53 역사보존도시의 필요성 및 의의와 가장 거리가 먼 것은?

① 도시의 품격보다는 수적인 인구 유발을 통하여 도시의 활력을 부여하는 역할을 한다.
② 개성적이고 다양한 경관을 나타내어, 고층화 · 대형화 · 획일화되어 가는 도시 환경의 문제점을 해소하여 도시에 다양성을 부여한다.
③ 역사 환경이 형성된 배경과 사상을 이해하고, 과거와 현재를 연결시켜 도시의 역사성을 인식하는 도시 속 경험을 통해 도시생활을 풍부하게 한다.
④ 도시의 발전과 맥락을 이해할 수 있는 전통적 기반보존을 통해 다른 도시와의 차별성을 부각시킬 수 있다.

◀해설▶

역사보전도시는 수적인 인구 유발보다는 도시의 정체성 및 역사성을 확립하고 그 도시만의 특색을 찾는 데 초점을 맞추고 있다.

54 부동산 마케팅과 관계가 가장 적은 것은?

① 사후관리　　② 상품기획
③ 입지분석　　④ 시장조사

해설

- 부동산 마케팅의 정의
부동산 활동주체가 소비자나 이용자의 욕구를 파악하고 창출하여 자신의 목적을 달성시키기 위해 시장을 정의하고 관리하는 과정을 말한다.
- 부동산 마케팅의 추진절차
시장환경 분석, 마케팅 조사, 상품강화방안 수립, 상품구성, 시나리오별 마케팅 전략 수립, 분양 실시, 사후관리로 구분할 수 있다.

55 개발 주체에 따른 개발사업의 분류 중 공공개발 사업의 분류로 가장 적절한 것은?

① 리조트, 재건축 등
② 관광단지, 휴양단지, 산업단지
③ 주택, 상가, 업무시설, 오피스텔, 호텔
④ SOC 사업, 택지개발사업, 간척사업, 시가지 조성 사업

해설

공영개발(공공개발)은 국가 · 지방자치단체 · 공사가 택지개발의 주체가 되는 공공부문의 개발로서 SOC 사업, 택지개발사업, 간척사업, 시가지 조성사업 등 대규모의 공공성을 띤 사업들이 주를 이룬다.

56 일반적으로 마케팅이 5단계에 걸쳐 이루어진다고 할 때, 다음 중 실행단계의 마케팅에 속하지 않는 것은?

① 광고 및 판매 촉진(Promotion)
② 판매 및 유통경로 관리(Sales)
③ 상품기획(Merchandising)
④ 사후관리(After Service)

해설

마케팅의 5단계

- 1단계(R) : 조사(Reseach) – 시장조사 등
- 2단계(STP) : 시장세분화(Segmentation), 표적시장 설정(Targeting), 포지셔닝(Positioning)
- 3단계(MM) : Marketing Mix(4P : Product, Price, Place, Promotion)
- 4단계(I) : 실행(Implementation) – 광고 및 판매 촉진(Promotion), 판매 및 유통경로 관리(Sales), 사후관리(After Service) 등
- 5단계(C) : 통제(Control) – 피드백을 얻고, 결과를 평가하며, STP 전략이나 마케팅믹스 전술을 수정 또는 개선

※ 상품기획(Merchandising)은 실행단계 전에 실시되어야 하는 사항이다.

57 도시개발구역 내 토지소유자가 "수용 또는 사용의 방식"으로 시행하는 도시개발구역의 지정을 제안하고자 하는 경우 지켜야 할 조건은 다음 중 어느 것인가?

① 대상구역의 토지면적 2/3 이상에 해당하는 토지소유자의 동의를 얻어야 한다.
② 대상구역의 토지면적 1/2 이상에 해당하는 토지를 소유하고 토지소유자의 총수의 2/3 이상에 해당하는 자의 동의를 얻어야 한다.
③ 대상구역의 토지면적 2/3 이상에 해당하는 토지를 소유하고 토지소유자의 총수의 1/2 이상에 해당하는 자의 동의를 얻어야 한다.
④ 대상구역의 토지면적 2/3 이상에 해당하는 토지를 사용할 수 있는 권원을 가지고 토지면적의 1/2을 소유하며, 토지소유자 총수의 2/3 이상에 해당하는 자의 동의를 얻어야 한다.

해설

토지 등의 수용 도는 사용(「도시개발법」 제22조)
국가 또는 지방자치단체가 도시개발사업 시 전면매수방식의 토지수용 조건은 다음과 같다.
토지소유자, 법인, 부동산 투자회사 등이 사업대상 토지면적의 3분의 2 이상에 해당하는 토지를 소유하고 토지소유자 총수의 2분의 1 이상에 해당하는 자의 동의를 얻어야 한다.

58 어느 지역의 고용자 수가 다음과 같다. 이 지역 건설산업의 입지상 계수(LQ)는 얼마인가?

- 국가 전체 고용자 수 : 300,000(인)
- 국가 건설업 고용자 수 : 60,000(인)
- 지역 전체 고용자 수 : 10,000(인)
- 지역 건설업 고용자 수 : 5,000(인)

① 0.02 ② 0.08
③ 0.40 ④ 2.50

해설

$$LQ = \frac{E_{Ai}/E_A}{E_{i,n}/E_n}$$

$$= \frac{A지역의 \ i산업 \ 고용수/A지역 \ 전체 \ 고용수}{전국의 \ i산업 \ 고용수/전국의 \ 고용수}$$

$$= \frac{5,000/10,000}{60,000/300,000} = 2.5$$

59 다음 중 시장(Market) 및 시장분석(Market Analysis)의 개념과 필요성에 대한 설명으로 옳지 않은 것은?

① 통상적으로 시장이란 상물의 수요와 공급이 만나 양과 가격이 결정되어 거래가 일어나는 곳을 말한다.
② 도시개발사업 측면에서의 시장분석이란 시장의 수요와 공급에 영향을 미치는 요인들을 분석하는 것을 말한다.
③ 시장에는 현재 거래가 일어나는 실질시장(Actual Market)과 거래가 일어날 가능성이 있는 잠재시장(Potential Market)이 있는데 실질시장의 파악이 특히 중요하다.
④ 도시개발사업은 공공성이 강한 정책적 사업으로 상당수가 정부의 개입과 통제를 축으로 시장의 수급이 이루어진다는 점에 유의하여 시장분석이 이루어져야 한다.

해설

시장에는 현재 거래가 일어나는 실질시장(Actual Market)과 거래가 일어날 가능성이 있는 잠재시장(Potential Market)이 있는데 미래가치를 지닌 잠재시장의 파악이 특히 중요하다.

60 민관합동의 부동산개발금융방식인 프로젝트 파이낸싱(PF)에 대한 설명으로 틀린 것은?

① 협의의 의미로 프로젝트 자체의 사업성과 그로부터의 현금흐름을 바탕으로 자금을 조달하는 것을 말한다.
② PF의 특징 중 하나인 비소구금융(Non-recourse Financing)이란 투자자의 부담을 투자액 범위 내로 한정하는 방식을 말한다.
③ PF의 특징 중 하나인 부외금융(Off-balance-sheet Financing)이란 프로젝트회사의 부채가 손익계산서상에 나타남으로써 프로젝트회사의 자본감소가 사업성에 영향이 없도록 하는 것을 의미한다.
④ 광의의 의미로 특정 사업의 소요자금을 조달하기 위한 일체의 금융방식을 의미하며 개발사업과 관련한 모든 금융방식을 프로젝트 파이낸싱이라 할 수 있다.

해설

부외금융(Off-balance-sheet Financing)
- 프로젝트회사의 부채가 대차대조에 나타나지 않으므로 부채증가가 사업주의 부채율에 영향을 미치지 않음을 의미한다.
- 프로젝트 수행을 위해 일정한 조건을 갖춘 별도의 프로젝트회사를 설립함으로써 부외금융효과를 얻을 수 있다.

4과목 국토 및 지역계획

61 성장거점이론의 핵심사항인 선도 또는 추진산업(Leading or Propulsive Industry)의 특징으로 틀린 것은?

① 빠른 성장속도를 가진 산업
② 다른 산업 부문과 강한 연계를 갖는 산업
③ 지역의 자원 부존과는 관계없는 대규모 산업
④ 어떤 지역의 성장을 불러올 진보된 수준의 기술을 요구하는 새롭고 동적인 산업

해설

선도산업(Leading Industry)
- 성장에 대한 열의를 고무할 수 있는 새로운 기술의 역동적인 산업
- 산업의 규모가 커서 경제적 지배력을 행사할 수 있는 산업
- 지역의 성장을 이끄는 산업으로서 수요에 대한 소득 탄력성이 높아 다른 산업에 비해 성장속도가 빠른 산업
- 여타 부분과의 산업 간 연계성이 높은 산업(전후방 연계성이 높고 파급효과가 있다.)

해설

주차장의 주차단위구획(평행주차형식 외의 경우)

구분	너비	길이
경형	2.0m 이상	3.6m 이상
일반형	2.5m 이상	5.0m 이상
확장형	2.6m 이상	5.2m 이상
장애인 전용	3.3m 이상	5.0m 이상
이륜자동차 전용	1.0m 이상	2.3m 이상

62 변이할당분석(Shift-share Analysis)에 관한 설명으로 옳지 않은 것은?

① 지역의 횡적인 산업구조와 종적인 구조 변화를 동시에 살펴볼 수 있다.
② 산업구조에 관련된 정책적 대안을 제시할 때 이해가 용이하기 때문에 유용하게 쓰일 수 있다.
③ 자료가 불충분하여 시계열적 분석이 불가능할 경우에도 두 시점에서의 자료만 확보되면 동태적인 분석이 가능하다.
④ 기준연도와 최종연도 사이에서 일어나는 변화를 반영할 수 있어 예측모형으로 사용할 경우 예측력이 높다.

해설

변이할당분석(Shift-share Analysis)은 기술의 파급시간을 동일하게 보기 때문에 기준연도와 최종연도 사이에 일어나는 변화를 정확히 반영하기 어려우며, 이에 따라 예측모형으로 사용할 경우 예측력에 대한 신뢰도가 낮아지게 된다.

64 다음 중 시장지향적인 산업의 특징에 해당하는 것은?

① 수요의 변동이 심하여 많은 재고량을 확보해 두어야 한다.
② 전반적인 수송비가 다른 비용보다 지역에 따라 폭넓게 변화한다.
③ 제품의 제조과정에서 원료의 중량이 크게 감소하는 경향이 있다.
④ 단위당 원료의 수송비용이 단위당 최종 생산물의 수송비용보다 크거나 같다.

해설

시장지향적인 산업은 고객의 변심, 혹은 유행에 따라 수요가 큰 폭으로 변화하는 산업을 의미하므로 상품의 주문이 급증할 경우를 대비하여 충분한 재고를 확보해두는 것이 필요하다.

63 평행주차형식 외의 경우 일반자동차의 주차단위구획으로 옳은 것은? 〈법규개정에 따른 문제 수정〉

① 너비 2.0m 이상, 길이 3.5m 이상
② 너비 2.0m 이상, 길이 6.0m 이상
③ 너비 2.5m 이상, 길이 5.0m 이상
④ 너비 3.3m 이상, 길이 5.0m 이상

65 크리스탈러(Christaller)의 행정의 원칙에 의한 중심지 구성의 경우, 각각의 상위 중심지는 주변의 몇 개의 하위 중심지를 지배하는가?

① 3
② 4
③ 6
④ 7

해설

행정의 원리(K=7 System)
K = 7 시스템은 1개의 상위 중심지가 6개의 하위 중심지를 지배하는 구조를 말한다.

66 인간이 필요로 하는 최소한의 재화와 서비스 품목을 최저 소득집단에게 공급해 주고자 하는 지역개발전략은?

① 기본수요전략　　② 농촌개발전략
③ 성장거점전략　　④ 오지개발전략

해설

기본수요이론(Basic Needs Theory)
기존 지역발전 이론으로 인해 발생된 지역 불균형, 빈곤, 산업문제 등에 대처하기 위해, 빈곤계층이 품위 있는 생활을 하는 데 기본이 되는 최소한의 물품과 서비스를 보장해야 한다는 이론이다.

67 다음 중 제4차 국토종합계획이 제4차 국토종합계획 수정계획(2011~2020)으로 변경된 배경으로 가장 거리가 먼 것은?

① 지역 간, 계층 간 통합과 상생발전을 위한 방안 제시의 필요성
② 주요 대도시의 주택 부족 문제를 해결하기 위한 주택의 대량 건설과 보급의 필요성
③ 행정중심복합도시 등 국가 중추 기능의 지방분산에 따른 국토공간구조의 변화를 반영할 필요성
④ 남·북한 교류협력을 더욱 심화시키고 장기적인 국토통일을 염두에 둔 한반도 차원의 국토구상 마련 필요성

해설

주요 대도시의 주택 부족 문제를 해결하기 위한 주택의 대량 건설과 보급의 필요성에 대해 제1기 신도시 개발 등의 계획이 1980년대에 수립되어 1990년대부터 본격적으로 시행되었다. 따라서 제4차 국토종합계획 수정계획과는 연관성이 적다.

68 국토기본법령상 국토조사에 관한 설명으로 틀린 것은?

① 국토교통부장관이 필요하다고 인정하는 경우 특정지역 또는 부문 등을 대상으로 수시조사를 실시할 수 있다.

② 국토교통부장관은 국토에 관한 계획 및 정책의 수립과 집행에 활용하기 위하여 국토종합계획의 수립 시에 정기조사를 실시한다.
③ 국토교통부장관은 중앙행정기관의 장 또는 지방자치단체의 장에게 조사에 필요한 자료의 제출을 요청하거나 조사사항 중 일부를 직접 조사하도록 요청할 수 있다.
④ 국토교통부장관은 효율적 국토조사를 위해 조사항목 및 조사주체 등 필요한 사항에 대하여 관계 중앙행정기관의 장 및 시·도지사와 사전협의를 거쳐 국토조사계획을 수립할 수 있다.

해설

정기조사는 국토종합계획의 수립 시가 아닌, 매년 실시하는 국토조사이다.

69 다음이 주장하는 이론은?

> 1960년대에 지역경제학자들이 국가경제의 성장모형으로 개발한 모형을 지역 간 생산요소의 이동을 특징으로 하는 개방적인 지역경제의 성장에 적용하기 시작한 것으로, 지역의 경제성장은 노동, 자본, 기술 등 생산요소의 증가에 의하여 결정되며 이러한 생산요소가 지역 간 이동함에 따라 장기적으로는 지역 간 소득격차를 좁힌다.

① 종속이론　　② 신고전이론
③ 쇄신확산이론　　④ 중심-주변부 이론

해설

신고전학파의 지역경제성장이론은 생산성의 증가를 성장의 기초로 여겨 공급 측면을 강조한 성장이론으로 지역 간 생산요소의 이동에 의해 성장을 파악하였다.

70 다음 중 결절지역의 분석에 적용하는 자료로 옳지 않은 것은?

① 전신·전화　　② 도매 시장권
③ 산업별 구성비　　④ 인구 이동과 통근

해설

결절지역의 분석에는 인구이동, 상품과 서비스의 흐름, 전화 등 정보의 흐름의 일정한 규칙성을 활용한다.

정답 66 ①　67 ②　68 ②　69 ②　70 ③

71 다음 중 수도권에 과도하게 집중된 인구와 산업의 분산 및 적정배치를 유도하기 위하여 수립하는 계획은? 〈법규개정에 따른 문제 수정〉

① 도종합계획　　　　② 국토종합계획
③ 지역개발계획　　　　④ 수도권정비계획

◀해설▶

수도권정비계획의 필요성(수도권 집중에 따른 문제)
• 극심한 교통난과 환경 및 도시경관 악화
• 주택가격 및 지가 상승
• 지방의 산업공동화 및 지방의 인력난 가중

72 허쉬만(Hirschman)의 불균형 지역성장이론에 대한 설명으로 옳은 것은?

① 대약진(Big-push)전략
② 쇄신의 계층적 파급(Hierarchical Diffusion)
③ 극화(Polarization)와 적하효과(Trickling Down)
④ 역류효과(Backwash Effect)와 파급효과(Spread Effect)

◀해설▶

허쉬만(A. O. Hirschman, 1958)은 지역 간의 불균형 구조로 인하여 발전지역이 저발전지역으로부터 노동, 자본, 물자 등을 흡수함으로써 저발전지역의 발전잠재력을 훼손하는 효과(극화효과)를 가져온다고 주장하였고, 장기적으로는 중심지역이 제공하는 적하효과(Trickling Down Effects, 분극효과)를 통해 배후지역의 경제도 성장하게 될 것이라고 전망하였다.

73 「수도권정비계획법」상 수도권의 과밀을 해소하기 위한 목적으로 시행하는 규제수단으로 옳지 않은 것은?

① 총량규제
② 과밀부담금 부과
③ 개발제한구역 지정
④ 대규모 개발사업 규제

◀해설▶

개발제한구역의 지정은 무분별한 도심의 확대를 막기 위해서 적용하는 정책이다.

74 지역정책수단으로서 성장거점(Growth Center)에 대한 설명으로 옳지 않은 것은?

① 집적경제의 이점을 살려나갈 수 있다.
② 분극효과를 통해 유휴노동력을 흡입하는 지점이다.
③ 지역 경제성장의 촉진을 위해 필요한 추진력 있는 산업이나 기업을 가지고 있다.
④ 쇄신이나 과학기술의 혁신에 필요한 요인을 쉽게 창출하는 낙후지역을 선정하여 그 확산 효과를 누리는 지점이다.

◀해설▶

쇄신이나 과학기술의 혁신에 필요한 요인을 쉽게 창출하는 선도지역(산업)을 선정하여 그 확산 효과를 누리는 지점이다.

75 아래 표와 같은 인구 조건에서의 종주화지수(Primary Index)는?(단, 전국의 인구는 2,000만 명이다.)

도시	A	B	C	D
인구(명)	1,200만	300만	200만	100만

① 0.60　　　　　　② 0.75
③ 2.0　　　　　　④ 3.3

◀해설▶

종주화지수
$$= \frac{\text{제1위 도시 인구 규모}}{(2\text{위 도시}+3\text{위 도시}+4\text{위 도시})\text{의 인구 규모}}$$
$$= \frac{1,200\text{만}}{300\text{만}+200\text{만}+100\text{만}} = 2$$

76 문제지역(Problem Area)의 유형 중 낙후지역(Backward Regions)의 특징에 해당되지 않는 것은?

① 높은 실업률
② 단기적 경기 침체
③ 지속적인 인구 감소
④ 낮은 소득수준 및 생활수준

◯해설

낙후지역(落後地域, Backward Regions)은 단기적인 아닌 장기적 경기 침체의 특징을 갖는다.

77 다음 국토 및 지역계획의 수립을 위한 자료조사방법 중 현지조사에 해당하지 않는 것은?

① 관찰법
② 면접법
③ 설문지법
④ 센서스 자료

◯해설

센서스 자료는 통계자료에 해당하는 것으로서 2차 자료에 해당한다.

78 지역 구분에 관한 설명으로 옳은 것은?

① 부드빌(Boudeville)은 동질지역, 분극지역, 계획권역, 사업지역의 네 가지 유형으로 구분하였다.
② 클라센(Klaassen)은 1인당 소득수준과 지역 경제 성장률을 이용하여 결절지역을 넷으로 구분하였다.
③ 한센(Hansen)은 미국 대도시권 표준통계구역(SMSA)의 설정기준을 제시하였다.
④ 힐호스트(Hillhorst)는 동질성과 의존성이라는 기준과 분석 및 계획이라는 구분의 목적에 따라 지역을 구분하였다.

◯해설

① 부드빌(Boudeville)은 동질지역, 결절지역, 계획지역의 세 가지 유형으로 구분하였다.
② 클라센(Klaassen)은 지역의 성장률과 지역의 소득, 국가의 성장률과 국가의 소득에 따라 지역 분류 기준을 수립하였다.
③ 한센(Hansen)은 한계비용과 한계편익의 관계를 이용한 설정기준을 제시하였다.

79 도시 A와 도시 B가 있다. 컨버스의 수정소매인력이론을 이용한 도시 A로부터 상권분기점까지의 거리는?(단, 도시 A의 인구는 100,000명, 도시 B의 인구는 900,000명, 도시 A와 도시 B 간의 거리는 200km이다.)

① 30km
② 50km
③ 70km
④ 75km

◯해설

레일리의 소매인력법칙

$$\frac{100,000}{x^2} = \frac{900,000}{(200-x)^2} = \frac{900,000}{200^2 - 400x + x^2}$$

$$(40^2 - 80x + x^2) = 9x^2$$

$\therefore x = 50$km. (A시에서의 상권의 범위)

80 우리나라의 제1차 및 제2차 국토종합개발계획에 주로 이용되었던 개발방식은?

① 거점개발방식
② 농촌지역개발방식
③ 완전균형개발방식
④ 자유방임개발방식

◯해설

제1차 및 제2차 국토종합개발계획의 특징
성장거점도시를 통한 거점개발방식의 채택

5과목 도시계획 관계 법규

81 「주택법 시행령」에 따른 공동주택의 종류로 옳지 않은 것은?

① 아파트
② 연립주택
③ 다세대주택
④ 합동주택

◯해설

합동주택은 여러 소규모의 가구들의 모여 있는 주택의 형태로서 일종의 다가구주택의 형태를 띤다. 현재 합동주택은 「건축법 시행령」에서 단독주택과 공동주택 중 그 어느 것에도 분류되고 있지 않은 건축형태이다.

82 「택지개발촉진법」에 따른 환매권에 대한 내용으로 옳은 것은?

① 환매권자는 환매로써 제3자에게 대항할 수 있다.
② 환매권자의 권리의 소멸에 관하여는 「공익사업을 위한 토지 등의 취득 및 보상에 관한 법률」을 준용할 수 없다.

③ 환매권자는 환매권이 발생한 날로부터 2년 이내에 환매할 수 있다.

④ 환매권은 택지개발지구의 지정 해제에 의한 사유로만 권리가 발생한다.

⊙해설

② 환매권자의 권리의 소멸에 관하여는 「공익사업을 위한 토지 등의 취득 및 보상에 관한 법률」을 준용한다.

③ 환매권자(還買權者)는 1년 이내에 토지 등의 수용 당시 받은 보상금에 대통령령으로 정한 금액(보상금 지급일부터 환매일까지의 법정이자)을 가산하여 시행자에게 지급하고 이를 환매할 수 있다.

④ 택지개발지구의 지정 해제 또는 변경, 실시계획의 승인 취소 또는 변경, 그 밖의 사유로 수용한 토지 등의 전부 또는 일부가 필요 없게 되었을 때에 발생한다.

83 「도시·군계획시설의 결정·구조 및 설치기준에 관한 규칙」에 의한 도시·군계획시설결정에 관한 규정으로 틀린 것은?

① 둘 이상의 도시·군계획시설을 같은 토지의 지하, 지상, 수중, 수상 및 공중에 함께 설치하는 경우 함께 결정할 수 없으며 주 기능 여부 및 시설면적 크기에 의해 단일시설로 결정하여야 한다.

② 도시·군계획시설이 위치하는 지역의 적정하고 합리적인 토지이용을 촉진하기 위하여 필요한 경우에는 도시·군계획시설이 위치하는 공간의 일부만을 구획하여 도시·군계획시설결정을 할 수 있다.

③ 도시·군계획시설을 설치하고자 하는 때에는 미리 토지소유자, 토지에 관한 소유권 외의 권리를 가진 자 및 그 토지에 있는 물건에 관하여 소유권 그 밖의 권리를 가진 자와 구분지상권의 설정 또는 이전 등을 위한 협의를 하여야 한다.

④ 건축물인 도시·군계획시설은 그 구조 및 설비가 「건축법」에 적합하여야 한다.

⊙해설

도시·군계획시설의 중복결정(「도시·군계획시설의 결정·구조 및 설치기준에 관한 규칙」 제3조)

토지를 합리적으로 이용하기 위하여 필요한 경우에는 둘 이상의 도시·군계획시설을 같은 토지에 함께 결정할 수 있다. 이 경우 각 도시·군계획시설의 이용에 지장이 없어야 하고, 장래의 확장가능성을 고려하여야 한다.

84 「수도권정비계획법」상 수도권정비계획을 실행하기 위해 확정된 추진 계획을 고시하여야 하는 자는?

① 시·도지사 　　　② 대통령
③ 국무총리 　　　④ 국토교통부장관

⊙해설

수도권정비계획의 추진 계획(「수도권정비계획법」 제5조)

• 중앙행정기관의 장 및 시·도지사는 수도권정비계획을 실행하기 위한 소관별 추진 계획을 수립하여 국토교통부장관에게 제출하여야 한다.

• 위의 추진 계획은 수도권정비위원회의 심의를 거쳐 확정되며, 국토교통부장관은 추진 계획이 확정되면 중앙행정기관의 장 및 시·도지사에게 통보하여야 한다.

• 시·도지사는 확정된 추진 계획을 통보받으면 지체 없이 고시하여야 한다.

85 간선시설의 설치에 관한 아래의 내용에서 ㉠과 ㉡에 해당하는 규모 기준으로 모두 옳은 것은?

사업주체가 ㉠ 대통령령으로 정하는 호수 이상의 주택 건설사업을 시행하는 경우 또는 ㉡ 대통령령으로 정하는 면적 이상의 대지조성사업을 시행하는 경우 각 호에 해당하는 자는 각각 해당 간선시설을 설치하여야 한다.

① ㉠ 100호, ㉡ 16,500m²
② ㉠ 100호, ㉡ 33,000m²
③ ㉠ 200호, ㉡ 16,500m²
④ ㉠ 200호, ㉡ 33,000m²

⊙해설

간선시설의 설치 및 비용의 상환(「주택법」 제28조, 시행령 제39조)

① "대통령령으로 정하는 호수"란 다음의 구분에 따른 호수 또는 세대수를 말한다.
　• 단독주택인 경우 : 100호
　• 공동주택인 경우 : 100세대(리모델링의 경우에는 늘어나는 세대수를 기준)

② "대통령령으로 정하는 면적"이란 16,500m²를 말한다.

86 「도시 및 주거환경정비법」 및 동법 시행규칙에 따라 사업시행자가 정비사업을 시행하는 지역에 공동구를 설치하는 경우, 이를 관리하는 자는?

① 시장·군수　　② 국토교통부장관
③ 주택 분양 대상자　④ 전력 및 통신설비 회사

해설
공동구의 관리(「도시 및 주거환경정비법 시행규칙」 제17조)
공동구는 시장·군수 등이 관리한다.

87 「관광진흥법」상에 정의된 내용으로 옳은 것은?

① 관광펜션업은 관광숙박업에 해당한다.
② 관광지란 자연적 또는 문화적 관광자원을 갖추고 관광객을 위한 기본적인 편의시설을 설치하는 지역이다.
③ 관광지 및 관광단지의 지정권자는 문화체육관광부장관이다.
④ 시·도지사는 관광개발기본계획을 수립하여야 한다.

해설
① 관광펜션업은 관광편의시설업에 속한다.
③ 관광지 및 관광단지는 문화체육관광부령으로 정하는 바에 따라 시장·군수·구청장의 신청에 의하여 시·도지사가 지정한다. 다만, 특별자치시 및 특별자치도의 경우에는 특별자치시장 및 특별자치도지사가 지정한다.
④ 문화체육관광부장관은 관광자원을 효율적으로 개발하고 관리하기 위하여 전국을 대상으로 관광개발기본계획을 수립하여야 한다.

88 「택지개발촉진법」상 지정권자는 택지개발사업 실시계획을 승인하려는 경우 관계 기관의 장과 협의토록 규정되어 있는데, 이때 관계 기관의 장은 지정권자의 협의 요청을 받은 날부터 며칠 이내에 의견을 제출하여야 하는가?

① 7일　　② 14일
③ 20일　④ 30일

해설
택지개발지구 지정의 협의 등(「택지개발촉진법 시행령」 제3조의2)
국토교통부장관 또는 특별시장·광역시장·도지사·특별자치도지사(지정권자)로부터 택지개발지구의 지정에 관한 협의나 의견의 요청을 받은 관계 중앙행정기관의 장 또는 지방자치단체의 장은 그 요청을 받은 날부터 30일 이내에 의견을 제시하여야 한다.

89 「택지개발촉진법 시행규칙」상 택지개발사업 시행자가 택지를 수의계약으로 공급할 때 1세대당 1필지를 기준으로 얼마의 규모로 1필지를 공급하여야 하는가?

① 85m² 이상 130m² 이하
② 100m² 이상 165m² 이하
③ 140m² 이상 230m² 이하
④ 140m² 이상 265m² 이하

해설
택지의 공급방법(「택지개발촉진법 시행규칙」 제10조)
시행자는 택지를 수의계약으로 공급할 때에는 1세대당 1필지를 기준으로 하여 1필지당 140m² 이상 265m² 이하의 규모로 공급하여야 한다.

90 「개발제한구역의 지정 및 관리에 관한 특별조치법」상 개발제한구역을 관할하는 시·도지사는 몇 년 단위로 개발제한구역관리계획을 수립하여 승인을 받아야 하는가?

① 2년　　② 3년
③ 5년　④ 10년

해설
시·도지사는 5년 단위로 개발제한구역관리계획을 수립하여 승인을 받아야 한다.

91 「건축법 시행령」상 공개공지 등에 대한 설명으로 틀린 것은?

① 공개공지 등의 면적은 대지면적의 100분의 20 이상의 범위에서 건축조례로 정한다.

② 매장문화재의 현지보존 조치 면적을 공개공지 등의 면적으로 할 수 있다.

③ 공개공지 등에는 물건을 쌓아 놓거나 출입을 차단하는 시설을 설치하지 아니한다.

④ 환경친화적으로 편리하게 이용할 수 있도록 긴 의자 또는 퍼걸러 등 건축조례로 정하는 시설을 설치한다.

●해설

공개 공지 등의 확보(「건축법 시행령」 제27조의2)
공개공지 등의 면적은 대지면적의 100분의 10 이하의 범위에서 건축조례로 정한다.

92 「건축법 시행령」상 건축물의 용도 변경과 관련하여 규정하고 있는 주거업무시설군에 해당하지 않는 것은?

① 공동주택   ② 판매시설

③ 단독주택   ④ 업무시설

●해설

용도 변경(「건축법 시행령」 제14조)
판매시설은 영업시설군에 속한다.

93 다음 중 수도권정비계획의 수립 내용에 해당하지 않는 것은?

① 환경 보전에 관한 사항

② 인구와 산업 등의 배치에 관한 사항

③ 권역의 구분 및 권역별 정비에 관한 사항

④ 도시 · 군계획시설의 설치 및 관리에 관한 사항

●해설

수도권정비계획의 수립(「수도권정비계획법」 제4조)
국토교통부장관은 수도권의 인구 및 산업의 집중을 억제하고 적정하게 배치하기 위하여 중앙행정기관의 장과 서울특별시장 · 광역시장 또는 도지사의 의견을 들어 다음 각 호의 사항이 포함된 수도권정비계획안을 입안한다.

1. 수도권 정비의 목표와 기본 방향에 관한 사항
2. 인구와 산업 등의 배치에 관한 사항
3. 권역(圈域)의 구분과 권역별 정비에 관한 사항
4. 인구집중유발시설 및 개발사업의 관리에 관한 사항
5. 광역적 교통 시설과 상하수도 시설 등의 정비에 관한 사항
6. 환경 보전에 관한 사항
7. 수도권 정비를 위한 지원 등에 관한 사항
8. 제1호부터 제7호까지의 사항에 대한 계획의 집행 및 관리에 관한 사항
9. 그 밖에 대통령령으로 정하는 수도권 정비에 관한 사항

94 「도시 · 군계획시설의 결정 · 구조 및 설치기준에 관한 규칙」에 따른 도로의 일반적 결정기준으로 옳지 않은 것은?

① 보조간선도로와 집산도로의 배치간격은 250m 내외로 한다.

② 기존 도로를 확장하는 경우에는 원칙적으로 양측 방향으로 확장하도록 한다.

③ 국도대체우회도로 및 자동차전용도로에는 집산도로 또는 국지도로가 직접 연결되지 않도록 한다.

④ 도로의 폭은 해당 시 · 군의 인구 및 발전전망을 고려한 교통수단별 교통량분담계획, 해당 도로의 기능과 인근의 토지이용계획에 따라 결정한다.

●해설

기존 도로를 확장하는 경우에는 원칙적으로 한쪽 방향으로 확장하도록 한다.

95 「도시공원 및 녹지 등에 관한 법률」에 의한 도시공원 조성계획의 입안권자는?

① 도지사   ② 산림청장

③ 시장, 군수   ④ 토지소유자

●해설

공원조성계획의 입안(「도시공원 및 녹지 등에 관한 법률」 제16조)
도시공원의 설치에 관한 도시 · 군관리계획이 결정되었을 때에는 그 도시공원이 위치한 행정구역을 관할하는 특별시장 · 광역시장 · 특별자치시장 · 특별자치도지사 · 시장 또는 군수는 그 도시공원의 조성계획을 입안하여야 한다.

96 지구단위계획구역의 지정대상으로 틀린 것은?

① 도시지역 내 주거 · 상업 · 업무 등의 기능을 결합하는 등 복합적인 토지이용을 증진시킬 필요가 있는 지역으로서 대통령령으로 정하는 요건에 해당하는 지역
② 철도역사, 터미널, 항만, 공공청사, 문화시설 등의 기반시설 중 지역의 거점 역할을 수행하는 시설을 중심으로 주변지역을 집중적으로 정비할 필요가 있는 지역
③ 도시지역 내 유휴토지를 효율적으로 개발하거나 교정시설, 군사시설, 그 밖에 대통령령으로 정하는 시설을 이전 또는 재배치하여 토지이용을 합리화하고, 그 기능을 증진시키기 위하여 집중적으로 정비가 필요한 지역
④ 개발제한구역 · 도시자연공원구역 · 시가화조정구역 또는 공원에서 해제되는 구역, 녹지지역에서 주거 · 상업 · 공업지역으로 변경되는 구역과 새로 도시지역으로 편입되는 구역 중 계획적인 개발 또는 관리가 필요한 지역

해설

철도역사, 터미널, 항만, 공공청사, 문화시설 등의 기반시설 중 지역의 거점 역할을 수행하는 시설을 중심으로 주변지역을 집중적으로 정비할 필요가 있는 지역은 입지규제최소구역의 지정대상이다.

97 노상주차장에 대한 설명으로 옳은 것은?

① 시장 · 군수 또는 구청장만이 관리하여야 한다.
② 도시교통정비 기본계획과 관계없이 설치할 수 있다.
③ 특별시장 · 광역시장, 시장 · 군수 또는 구청장이 설치할 수 있다.
④ 노외주차장이 설치되어 노상주차장이 필요 없는 경우에도 폐지할 필요는 없다.

해설

① 노상주차장은 해당 주차장을 설치한 특별시장 · 광역시장, 시장 · 군수 또는 구청장이 관리하거나 특별시장 · 광역시장, 시장 · 군수 또는 구청장으로부터 그 관리를 위탁받은 자가 관리한다.

② 특별시장 · 광역시장, 시장 · 군수 또는 구청장은 노상주차장 또는 노외주차장을 설치하는 경우에는 도시 · 군관리계획과 「도시교통정비 촉진법」에 따른 도시교통정비 기본계획에 따라야 하며, 노상주차장을 설치하는 경우에는 미리 관할 경찰서장과 소방서장의 의견을 들어야 한다.
④ 노상주차장을 대신하는 노외주차장의 설치 등으로 인하여 노상주차장이 필요 없게 된 경우 노상주차장을 폐지하여야 한다.

98 개발밀도관리구역의 지정기준으로 적합하지 않은 지역은?

① 당해 지역의 도로 서비스 수준이 매우 낮아 차량통행이 현저하게 지체되는 지역
② 당해 지역의 도로율이 국토교통부령이 정하는 용도지역별 도로율에 20% 이상 미달하는 지역
③ 향후 2년 이내에 당해 지역의 하수발생량이 하수시설의 시설용량을 초과할 것으로 예상되는 지역
④ 향후 2년 이내에 당해 지역의 학생 수가 학교 수용능력을 10% 이상 초과할 것으로 예상되는 지역

해설

개발밀도관리구역은 향후 2년 이내에 당해 지역의 학생수가 학교수용능력을 20% 이상 초과할 것으로 예상되는 지역에 지정될 수 있도록 한다.

99 도시기능의 회복이 필요하거나 주거환경이 불량한 지역을 계획적으로 정비하고 노후 · 불량건축물을 효율적으로 개량하기 위하여 필요한 사항을 규정함으로써 도시환경을 개선하고 주거생활의 질을 높이는 데 이바지함을 목적으로 하는 법률은?

① 「도시개발법」
② 「수도권정비계획법」
③ 「도시 및 주거환경정비법」
④ 「국토의 계획 및 이용에 관한 법률」

●해설●

목적(「도시 및 주거환경정비법」 제1조)
도시기능의 회복이 필요하거나 주거환경이 불량한 지역을 계획적으로 정비하고 노후 · 불량건축물을 효율적으로 개량하기 위하여 필요한 사항을 규정함으로써 도시환경을 개선하고 주거생활의 질을 높이는 데 이바지함을 목적으로 한다.

100 다음 중 도시 · 군관리계획으로 수립하는 계획이 아닌 것은?

① 지구단위계획구역의 지정 또는 변경
② 용도지역 · 용도지구 지정 또는 변경
③ 입지규제최소구역의 지정 또는 변경
④ 도시개발사업이나 재개발사업의 지정 또는 변경

●해설●

정의(「국토의 계획 및 이용에 관한 법률」 제2조)
"도시 · 군관리계획"이란 특별시 · 광역시 · 특별자치시 · 특별자치도 · 시 또는 군의 개발 · 정비 및 보전을 위하여 수립하는 토지 이용, 교통, 환경, 경관, 안전, 산업, 정보통신, 보건, 복지, 안보, 문화 등에 관한 다음의 계획을 말한다.
• 용도지역 · 용도지구의 지정 또는 변경에 관한 계획
• 개발제한구역, 도시자연공원구역, 시가화조정구역(市街化調整區域), 수산자원보호구역의 지정 또는 변경에 관한 계획
• 기반시설의 설치 · 정비 또는 개량에 관한 계획
• 도시개발사업이나 정비사업에 관한 계획
• 지구단위계획구역의 지정 또는 변경에 관한 계획과 지구단위계획
• 입지규제최소구역의 지정 또는 변경에 관한 계획과 입지규제최소구역계획

1과목 도시계획론

01 도시정부의 예산편성제도 중 조직목표 달성에 중점을 두고 장기적인 계획 수립과 단기적인 예산편성을 유기적으로 관련시킴으로써 자원배분에 관한 의사결정을 합리적이고 일관성 있게 수행하는 것은?

① 계획예산제도　　② 복식예산제도
③ 영기준예산제도　④ 성과주의 예산제도

해설
계획예산제도(PPBS : Planning Programming Budgeting System)
기획, 사업구조, 그리고 예산을 연계시킨 시스템적 예산제도로서 다양한 부분의 요소가 어우러져서 조직목표 달성에 중점을 두고 합리적인 예산 계획을 수립하고자 하는 예산제도

02 도시계획이론의 옹호적 계획에 대한 설명으로 옳은 것은?

① 피해구제절차와 같은 사회제도를 계획 개념으로 수용한 계획이론이다.
② 계획은 합리적 · 과학적이어야 한다는 인식에 바탕을 둔 계획이론이다.
③ 목표와 문제, 수단과 제약조건 등이 종합적으로 명료하게 제시되는 계획이론이다.
④ 분권화된 협상과정과 상호절충과정을 통하여 이루어지는 계획이 합리적임을 주장한 계획이론이다.

해설
② 종합적 계획
③ 종합적 계획
④ 점진적 계획

03 도시화가 빠르게 진행되면서 발생하는 가도시화(Pseudo-urbanization)에 대한 설명으로 옳은 것은?

① 개발도상국가들보다는 인구의 정체가 일어나는 국가나 지역에서 발생하는 현상이다.
② 도시의 부양능력에 비해서 많은 인구가 유입되면서 인구적으로 비대해진 현상을 의미한다.
③ 도심의 공동화로 인해 슬럼화되는 현상을 해결하기 위해서 도심을 재생하여 활성화를 도모하는 현상이다.
④ 대도시에서 비도시지역으로 인구가 전출되면서 대도시의 상주인구가 급격하게 감소하는 현상을 말한다.

해설
가도시화(Pseudo-urbanization) 현상
• 도시의 부양 능력에 비해 지나치게 많은 인구가 집중하여 인구만 비대해진 도시화를 의미한다.
• 제3세계로 불리는 개발도상국가에서 흔히 볼 수 있는 현상으로서, 산업화와 무관한 도시화 현상을 말한다.

04 GIS 공간분석 중 네트워크 분석에 해당하지 않는 것은?

① 근린성 분석
② 최적경로 분석
③ 교통 흐름 분석
④ 상수도관망 내 수압 분석

해설
네트워크 분석은 링크로 연결된 노드 간의 교통 흐름 등의 관계성을 분석하는 것인데 반해, 최적경로 분석은 네트워크를 구성하는 노드 간 상관성이 아닌, 최적의 경로를 탐색하는 것으로 네트워크 분석이라 보기 어렵다.

05 고대 도시 및 도시 계획적 특성에 대한 설명으로 옳지 않은 것은?

① 로마는 광장을 중심으로 발전하였다.

② 고대 그리스의 히포다무스는 방사형 가로 체계를 신도시 건설에 적용시켰다.

③ 고대 그리스 도시는 도시 입구와 신전을 축으로 중간 지점에 아고라를 배치하였다.

④ 동양의 고대 도시 기원은 기원전 2000년경 황하 중류지방 산둥성 지역에 형성된 상왕조에서부터 비롯되었다.

⑤해설
히포다무스가 도시계획에서 주장한 것은 격자형 가로망 계획이다.

06 토지이용계획의 수립과정인 상향적 접근과 하향적 접근에 대한 설명으로 옳지 않은 것은?

① 기성 시가지의 유형별 대책을 수립하는 것은 상향적 접근이다.

② 도시 내 지구수준의 문제점 해결을 우선하는 것은 상향적 접근이다.

③ 도시 차원에서 도시 전체의 기본 구조를 중시하는 것은 하향적 접근이다.

④ 상위 계획의 지침을 받아 도시의 기본계획을 설정하는 것은 상향적 접근이다.

⑤해설
상향적 접근은 지역주민의 참여를 바탕으로 하는 계획방식으로 하위 계획에서 상위 계획으로 수립해 가는 방식이다. 상위 계획의 지침을 받아 설정하는 방식은 하향적 접근에 속한다.

07 전국의 총 고용인구는 1,800만 명이고 전국의 제조업 고용인구는 600만 명이다. 가상도시의 제조업 고용인구가 5만 명일 때 가상도시의 총 고용인구수는?(단, 가상도시의 제조업 입지계수는 1)

① 5만 명　　　　② 10만 명
③ 15만 명　　　　④ 20만 명

⑤해설
$$LQ = \frac{E_{Ai}/E_A}{E_{ni}/E_n} = \frac{A지역의\ i산업\ 고용수/A지역\ 전체\ 고용수}{전국의\ i산업\ 고용수/전국의\ 고용수}$$
$$= \frac{50,000/x}{6,000,000/18,000,000} = 1$$
$$\therefore x = 150,000명$$

08 도로의 기능별 구분에 따른 설명으로 옳지 않은 것은?

① 특수도로 : 보행자전용도로 · 자전거전용도로 등 자동차 외의 교통에 전용되는 도로

② 보조간선도로 : 시 · 군 교통의 집산기능을 가지고 근린주거구역의 외곽을 형성하는 도로

③ 국지도로 : 근린주거구역 내 교통의 집산기능을 가지고 근린주거구역 내부를 구획하는 도로

④ 주간선도로 : 시 · 군 상호 간을 연결하여 대량의 통과교통을 처리하며 시 · 군의 골격을 형성하는 도로

⑤해설
근린주거구역 내 교통의 집산기능을 하고 근린주거구역 내부를 구획하는 도로는 집산도로에 해당한다.

09 미래 도시계획의 패러다임 방향으로 옳지 않은 것은?

① 지속 가능한 도시개발로의 전환

② 평면적, 기능 분리적 토지이용관리

③ 자원에너지 절약형 도시개발로의 전환

④ 시민참여의 확대와 계획 및 개발주체의 다양화

⑤해설
미래 도시계획은 입체적, 기능 통합적 토지이용을 추구한다.

10 기반시설에 대한 설명으로 옳지 않은 것은?

① 도시관리계획에 의하여 설치되는 물리적 시설이다.

② 시민의 공동생활과 도시의 경제 · 사회활동을 원활하게 지원하기 위한 시설이다.

③ 도시 전체의 발전과 여타 시설과의 기능적 조화를 도모하기 위해 설치할 수 있다.

④ 기반시설의 공공성 확보를 위해 정부가 직접 설치하여 민간의 참여는 제한되고 있다.

해설

기반시설 중 사익성 추구가 가능한 주차장, 자동차 및 건설기계검사시설, 자동차 및 건설기계운전학원, 납골시설, 장례식장 등 많은 시설이 민간에 의해 공급되고 있다.

11 다음 설명에 해당하는 도시경제 분석방법은?

- 경제활동의 분석에 있어 최종생산물의 생산에 투입되는 중간재를 고려하고 있다.
- 생산구조와 산업구조의 예측, 지역 간의 산업 관련 등을 분석하는 데 주로 사용된다.
- 방법이 간단하고 신뢰성이 있으나 투입계수의 불변성이라는 단점을 가지고 있다.

① 입지상모형
② 지수곡선모형
③ 투입산출모형
④ 변이－할당분석모형

해설

투입산출모형은 통계적 시계열분석법이 보여 줄 수 없는 지역 간 및 지역 내의 산업 연관관계 파악이 가능하다.

12 특별시장·광역시장·시장 또는 군수는 도시계획시설 결정의 고시일로부터 단계별 집행계획을 수립해야 하는 기간은?

① 1년 이내
② 2년 이내
③ 3년 이내
④ 4년 이내

해설

단계별 집행계획의 수립(「국토의 계획 및 이용에 관한 법률」 제85조)

특별시장·광역시장·특별자치시장·특별자치도지사·시장 또는 군수는 도시·군계획시설에 대하여 도시·군계획시설 결정의 고시일로부터 2년 이내에 대통령령으로 정하는 바에 따라 재원조달계획, 보상계획 등을 포함하는 단계별 집행계획을 수립하여야 한다.

13 전통건조물 및 문화재의 보전과 보호를 위해 지정할 수 있는 용도지구가 아닌 것은?

① 보존지구
② 최고고도지구
③ 최저고도지구
④ 역사문화미관지구

해설

최저고도지구는 건축물 높이의 최저치를 규정하는 것으로서 토지이용을 고도화하는 경우에 사용하며 전통건조물 및 문화재의 보전과 보호와는 관계성이 적다.

14 토지와 시설에 대한 물리적 계획 요소가 아닌 것은?

① 밀도
② 동선
③ 배치
④ 용도

해설

도시의 물리적 3대 구성요소
밀도, 배치, 동선

15 18~19세기에 제안된 이상도시의 계획가와 이상도시안에 대한 설명으로 옳은 것은?

① Robert Owen : 도시 대신 단일 건물인 팔란스테르(Phalanstere)를 제안하였다.

② Buckinghan : 농업과 공업이 결합된 이상적 도시안인 이상공장촌을 제안하였다.

③ Ledoux : 산업혁명을 의식하여 새로운 생산체제를 도입한 이상도시 쇼(Chaux)를 제안하였다.

④ C. Fourier : 근대건축기술이나 과학적 진보를 적극적으로 도입할 필요성을 제시하면서 유리로 덮인 도시 빅토리아(Victoria)를 제안하였다.

해설

① 푸리에(Fourier, Charles)의 팔란스테르(Phalanstere)
② 오언(R.Owen)의 이상공장촌
③ 르두(C. N. Ledoux)의 쇼(Chaux)
④ 버킹엄(Buckingham)의 빅토리아(Victoria)

16 용도지역 중 상업지역에 해당되지 않는 것은?

① 전용상업지역   ② 근린상업지역
③ 일반상업지역   ④ 유통상업지역

해설

상업지역은 중심상업, 일반상업, 유통상업, 근린상업으로 분류된다.

17 도시 · 군기본계획에 대한 설명으로 옳지 않은 것은?

① 도시 · 군관리계획의 상위계획적 성격을 갖는다.
② 5년마다 타당성 여부를 검토하여 정비하여야 한다.
③ 인구 · 산업 · 재정 등 사회 · 경제적 측면을 포괄하는 종합계획이다.
④ 수립기준은 대통령령으로 정하는 바에 따라 특별시장, 광역시장, 특별자치시장, 특별자치도지사, 시장 또는 군수가 정한다.

해설

도시 · 군기본계획의 수립기준은 대통령령으로 정하는 바에 따라 국토교통부장관이 정한다.

18 도시의 일반적인 특징으로 옳지 않은 것은?

① 행정 · 경제 · 문화의 중심지 기능을 담당한다.
② 지적 엘리트와 전문가들로 구성된 공동체로서 다양한 서비스와 재화가 집중된다.
③ 1차 산업의 비율이 낮고 2 · 3차 산업의 비율이 높은 비농업적 활동이 주로 일어난다.
④ 동질적인 집단의 성격이 강하고 주민 간의 상호 접촉이 지속적 · 직접적으로 발생한다.

해설

도시의 인구 구성은 이질적이며, 주민 간의 상호 접촉은 일시적, 간접적으로 발생한다.

19 토지이용계획(F-Plan)과 지구상세계획(B-Plan)을 각각 운용하면서 기초자치단체 세부지역까지 단위계획을 의무적으로 수립하는 나라는?

① 독일   ② 영국
③ 프랑스   ④ 스웨덴

해설

토지이용계획(F-Plan)과 지구상세계획(B-Plan)을 각각 운용하면서 기초자치단체 세부지역까지 단위계획을 의무적으로 수립하는 나라는 독일이다.

20 획지에 부여된 용적률과 실제 이용되고 있는 용적률의 차이를 다른 부지에 이전할 수 있는 제도는?

① 공중권   ② 개발권양도
③ 계획단위개발   ④ 혼합용도개발

해설

개발권양도제(TDR : Transfer of Development Right)
• 토지의 개발권을 이전할 수 있는 권리로 개발권 이양제라고도 한다.
• 역사적 건축물의 보전과 농지나 자연환경의 보전 등을 위해 기존 지역제에서 정해진 용적률 등 중에서 미이용 부분을 인근 토지소유자에게 양도 또는 매매를 통한 이전이 가능하도록 한 제도이다.

2과목 도시설계 및 단지계획

21 지구단위계획구역에서 대지면적의 일부가 공공시설 부지로 제공되도록 계획되는 경우, 다음의 조건에서 완화받을 수 있는 건폐율의 범위는?

• 대지면적 : 10,000m²
• 조례로 정한 건폐율 : 50%
• 공공시설부지로 제공하는 면적 : 1,000m²

① 53% 이내   ② 55% 이내
③ 57% 이내   ④ 60% 이내

해설

건폐율의 완화범위 산출
완화받을 수 있는 건폐율의 범위
$$= \text{조례로 정한 건폐율}\left(1+\frac{\text{공공시설부지로 제공하는 면적}}{\text{대지면적}}\right)$$
$$= 0.5\left(1+\frac{1,000}{10,000}\right)=0.5\times1.1=0.55$$
∴ 55% 이내

22 건축한계선에 관한 설명으로 옳지 않은 것은?

① 가로경관에 일정한 특성을 부여할 필요가 있는 경우 등에 지정할 수 있다.
② 가로경관이 연속적으로 형성되지 않거나 벽면 선이 일정하지 않을 것이 예상되는 경우에 지정할 수 있다.
③ 가로경관이 연속적인 형태를 유지하거나 구역 내 중요 가로변의 건축물을 가지런하게 할 필요가 있는 경우에 사용할 수 있다.
④ 도로에 있는 사람이 개방감을 가질 수 있도록 건축물을 도로에서 일정거리 후퇴시켜 건축하게 할 필요가 있는 곳에 지정할 수 있다.

해설

가로경관이 연속적인 형태를 유지하거나 구역 내 중요 건축물을 가지런하게 할 필요가 있는 경우에 사용하는 것은 건축지정선이다.

23 아래 조건에 따른 상업지역의 면적(ha)은?

- 건폐율 : 0.8
- 평균층수 : 10층
- 수용인구 : 60,000명
- 공공용지율 : 0.4
- 1인당 점유면적 : 12m²

① 13.0ha ② 14.0ha
③ 15.0ha ④ 18.0ha

해설

$$\text{상업지 면적}=\frac{\text{1인당 상면적}\times\text{상업지 이용인구}}{\text{용적률}\times(1-\text{공공용지율})}$$
$$=\frac{\text{1인당 상면적}\times\text{상업지 이용인구}}{(\text{건폐율}\times\text{층수})\times(1-\text{공공용지율})}$$
$$=\frac{(12\times60,000\text{명})}{(0.8\times10)(1-0.4)}=\frac{720,000}{4.8}$$
$$=150,000\text{m}^2=15.0\text{ha}$$

24 다음 중 1대당 주차 소요면적이 가장 작은 각도 주차 형식은?(단, 소형차의 경우이며 장애인용 주차단위 구획의 경우는 고려하지 않는다.)

① 30° 전진주차 ② 45° 전진주차
③ 60° 후진주차 ④ 90° 후진주차

해설

- 30° 전진주차 : 1대당 주차소요면적이 최다
- 90° 후진주차 : 1대당 주차소요면적이 최소

25 개별 획지에 적용되는 개발밀도나 녹지율 등을 전체 단지 단위로 적용하여 종합계획안을 마련한 후 지방정부의 심사와 협의를 거쳐 인가를 받아 개발하는 방식은?

① 공동개발 ② 공영개발
③ 계획단위개발 ④ 주상복합개발

해설

계획단위개발(PUD : Planned Unit Development)
계획단위개발로 대상지 전체를 일체적이고 유기적으로 계획하고 설계하여 개발하는 방식을 말한다.

26 도시공원의 설치 및 규모의 기준에서 규모가 큰 것부터 작은 순으로 올바르게 나열된 것은?

① 묘지공원 > 도보권 근린공원 > 체육공원 > 어린이공원
② 도보권 근린공원 > 묘지공원 > 어린이공원 > 체육공원

③ 묘지공원 > 체육공원 > 도보권 근린공원 > 어린이공원

④ 도보권 근린공원 > 묘지공원 > 체육공원 > 어린이공원

●해설

묘지공원(10만m² 이상) > 도보권 근린공원(3만m² 이상) > 체육공원(1만m² 이상) > 어린이공원(1,500m² 이상)

27 다음 중 단지계획의 수립과정을 크게 목표설정단계, 조사·분석단계, 기본구상·대안설정단계, 기본계획·기본설계단계, 실시설계·집행계획단계로 구분할 때 해당단계에 대한 설명이 옳지 않은 것은?

① 조사·분석단계 : 답사와 통계적인 자료로부터 기초조사를 수행한다.

② 기본구상·대안설정단계 : 설정한 목표에 따라 계획의 지침과 방향을 작성하는 과정이다.

③ 기본계획·기본설계단계 : 건축·토목·조경·각종 설비 등으로 구분되어 각 분야의 전문가에게 의뢰하여 작성한다.

④ 목표설정단계 : 계획의 전제가 되는 목표를 세우는 것과 그 계획목표에 따라 궁극적으로 달성하고자 하는 목적을 규정하고 구체화하는 단계이다.

●해설

건축·토목·조경·각종 설비 등으로 구분되어 각 분야의 전문가에게 의뢰하여 작성하는 단계는 실시설계·집행계획단계에 해당한다.

28 다음의 국지도로 유형 중 부정형 지형에 적용이 용이한 편이며 통과교통이 차단되어 보행의 안전성과 주거환경의 쾌적성을 확보할 수 있으나, 개별 획지로의 접근성은 다소 불리한 것은?

① S자형 도로
② T자형 도로
③ 격자형 도로
④ 쿨데삭형 도로

●해설

쿨데삭(Cul-de-sac)형 도로는 도로와 각 가구를 연결하는 도로로서, 통과교통이 적어 주거환경의 안전성이 확보되지만 우회도로가 없어 방재 또는 방범상 단점을 가지고 있다.

29 보행자 통행이 주이고 차량 통행이 부수적인 도로계획기법으로, 1970년 네덜란드 델프트시에서 처음 등장한 본엘프(Woonerf)가 대표적인 것은?

① 카프리존
② 보차공존도로
③ 보차혼용도로
④ 보행전용도로

●해설

보차공존(도로)방식

• 보행자와 차를 동일한 공간에 배치하되 차량통행 억제의 다양한 기법을 사용하는 방식으로서 보행자 위주의 안전 확보, 주거환경 개선에 초점이 맞추어져 있으며, 차량통행을 부수적 목적으로 설정하였다.

• 주요 사례에는 네덜란드의 델프트시의 본엘프 도로(생활의 터), 일본의 커뮤니티 도로(보행환경개선 – 일방향통행), 독일의 보차공존구간(30~40m 간격으로 주행속도 억제시설 설치) 등이 있다.

30 페리(Clarence A. Perry)가 주장한 근린주구단위(Neighborhood Unit)에 관한 6가지 원칙에 해당하지 않는 것은?

① 하나의 초등학교를 유지할 수 있는 인구규모를 갖도록 개발한다.

② 주민들에게 필요한 작은 공원과 여가공간의 체계가 수립되어야 한다.

③ 학교와 기타 다른 공공시설부지는 근린단위의 중심에 적절히 모여 있어야 한다.

④ 통과교통을 허용하되 가로망은 근린단위 안의 순환이 원활하도록 설계해야 한다.

●해설

페리의 근린주구이론상의 지구 내 가로체계
특수한 가로체계를 갖고, 보행동선과 차량동선을 분리하며 통과교통은 배제한다.

31 주거환경의 제요소 중 자연 · 환경적 측면에 대한 설명으로 옳지 않은 것은?

① 식생, 특히 교목은 단지 내 오픈스페이스의 일사량 조절에 큰 영향을 미치는 요소이다.
② 인공성 표면재료(아스팔트, 콘크리트, 돌 등)는 토양이나 식생으로 덮인 지표면보다 느리게 열을 흡수하고 전달한다.
③ 일조는 단독적 요소라기보다는 조망 · 프라이버시와 함께 고려되어야 하므로 건물의 높이만 감안하여 일률적으로 규정할 수 없다.
④ 지형이나 지세(등고선, 경사, 지표면 등)는 도로의 구배, 토지이용, 건물의 배치, 시각적 효과, 유수의 형태 등에 있어 주거환경의 결정에 있어서 중요한 요소이다.

해설
인공성 표면재료(아스팔트, 콘크리트, 돌 등)는 토양이나 식생으로 피복된 지표면보다 열전달의 속도와 강도가 빠르고 강하고, 이것을 열충격이 크다고 표현한다. 이러한 열충격은 도심의 열섬현상으로 이어진다.

32 다음의 주택단지 획지 · 가구계획에 관한 설명 중 가장 관계가 없는 것은?

① 획지의 형태를 결정하는 세장비는 가구 전체의 도로율을 증가시킬 수 있도록 하여, 효율적인 가구 구성이 되게 해야 한다.
② 획지계획은 개발이 이루어지는 최소 단위로 토지를 구획하여 장차 일어날 단위개발의 토지기반을 만들어주는 행위이다.
③ 획지와 유사하게 사용되는 용어로서 필지와 대지가 있는데 필지는 지적법상 하나의 소유권(지번)이 부여되는 단위이며, 대지는 건축행위가 이루어지는 최소단위를 의미한다.
④ 가구는 도로에 의해 둘러싸이는 일단의 토지공간으로서 소가구의 구성은 개별획지로 공공서비스시설(도시하부시설)을 적절하게 공급할 수 있도록 가로망과 획지와의 결합관계를 설정해주는 계획이다.

해설
세장비는 앞너비 대비 깊이의 비를 말하며, 이러한 세장비는 적당한 도로율이 확보되면서 일조를 최대한 도입할 수 있도록 계획되어야 한다.

33 다음 중 Litton이 산림경관을 분석하는 데 사용한 시각회랑에 의한 방법에서, 경관의 변화요인(Variable Factors)에 해당하지 않는 것은?

① 시간(Time) ② 계절(Season)
③ 거리(Distance) ④ 연속(Sequence)

해설
시각회랑에 의한 방법에서의 8가지 경관의 변화 요인은 운동, 빛, 계절, 시간, 기후조건, 거리, 관찰위치, 규모이다.

34 지구단위계획 수립의 일반원칙에 대한 내용으로 옳지 않은 것은?

① 입안권자는 지구단위계획을 작성하는 때에 도시 · 군계획, 건축, 경관, 토목, 조경, 교통 등 필요한 분야의 전문가의 협력을 받을 수 있다.
② 쾌적하고 편리한 환경이 조성되도록 지역현황 및 성장잠재력을 고려하여 적절한 개발밀도가 유지되도록 하는 등 환경친화적으로 계획을 수립하여야 한다.
③ 도로, 상 · 하수도, 전기공급설비 등 기반시설의 처리 · 공급 수용능력과 건축물의 연면적이 적정한 조화를 이루도록 하여 기반시설 용량이 부족하지 아니하도록 한다.
④ 정비구역 및 택지개발예정지구에서 시행되는 사업이 완료된 후 20년이 경과한 지역에 수립하는 지구단위계획은 기존의 기반시설 및 주변환경에 적합하고 과도한 재건축이 되지 않도록 하여야 한다.

해설
정비구역 및 택지개발예정지구에서 시행되는 사업이 완료된 후 10년이 경과한 지역에 수립하는 지구단위계획은 기존의 기반시설 및 주변환경에 적합하고 과도한 재건축이 되지 않도록 하여야 한다.

정답 31 ② 32 ① 33 ④ 34 ④

35 계획단위개발(PUD)의 내용으로 옳지 않은 것은?

① 도시 근교나 전원주택지의 개발방식에 많이 적용되었다.

② 제한규정을 완화받아 용적률, 건물의 용도·형태·높이 등 계획의 창의성 발휘가 가능하다.

③ 학교, 공원, 커뮤니티 시설 등 근린생활권에 필요 시설 적용으로 근린생활권 개념 도입이 가능하다.

④ 계획단위개발사업으로 일시에 계획승인을 받아야 하므로 이후에는 수정 또는 변경이 곤란하다.

◀해설▶
계획단위개발(PUD)은 대단위 개발로서, 기획 및 설계과정에서 관련 사항의 수정 또는 변경이 가능하다.

36 산업유통형·지구단위계획 수립기준에서 건물의 색채에 대한 설명으로 옳지 않은 것은?

① 건물의 주조색은 주변경관과 조화되도록 그 범위를 결정한다.

② 건물의 부차색은 주조색의 보색 계통의 색으로 선택하도록 한다.

③ 건물의 강조색은 원색도 사용 가능하나 전체 면적의 20%를 넘지 않도록 한다.

④ 굴뚝과 같이 랜드마크적인 요소에 강조색을 적용하되 검은색 등 산업시설의 특성을 나타내는 저채도의 무채색은 지양한다.

◀해설▶
건물의 주조색은 주변경관과 조화되도록 그 범위를 결정하고, 건물의 부차색은 주조색과 같은 계통의 색으로 명도·채도·색상에 크게 차이가 없는 가까운 색 중 선택하도록 한다.

37 다음 중 생활권의 위계를 구성단위의 크기가 큰 것부터 순서대로 올바르게 나열한 것은?

① 근린주구 > 근린분구 > 인보구
② 근린분구 > 근린주구 > 인보구
③ 인보구 > 근린주구 > 근린분구
④ 근린주구 > 인보구 > 근린분구

◀해설▶
생활권의 크기에 따른 분류
근린주구(8,000~10,000명) > 근린분구(2,000~2,500명) > 인보구(100~200명)

38 1967년 뉴욕에서 처음으로 채택되기 시작한 제도로, 도심부 내 특정 지역이나 부지에서 공공과 민간의 개발을 효율적으로 유도·촉진함으로써 공공이 의도하는 구체적인 도시설계 목표를 달성하기 위해 개발된 특수한 형태의 지역지구제는?

① 영향지역지구제(Impact Zoning)
② 특별지역지구제(Special Zoning)
③ 유동지역지구제(Floating Zoning)
④ 성능지역지구제(Performance Zoning)

◀해설▶
1967년 뉴욕에서 처음으로 채택된 특별지역지구제(Special Zoning)에 대한 설명이다.

특별지역지구제(Special Zoning)
도심부 내 특정지역이나 부지에서 공공과 민간의 개발을 효율적으로 유도, 촉진함으로써 공공이 의도하는 구체적인 도시설계 목표를 달성하기 위해 개발된 특수한 형태의 지역지구제이다.

39 주민이 지구단위계획의 수립 및 변경에 관한 사항을 제안하는 때에 갖추어야 할 요건 중, 제안한 지역의 대상 토지면적의 얼마 이상에 해당하는 토지소유자의 동의가 있어야 하는가?(단, 국공유지의 면적은 제외한다.)

① 2/3 이상　　　② 1/3 이상
③ 1/2 이상　　　④ 1/4 이상

◀해설▶
지구단위의 수립 및 변경 시에는 제안한 지역의 대상 토지면적의 2/3 이상에 해당하는 토지소유자의 동의가 있어야 한다.(단, 국공유지의 면적은 제외)

40 단지계획을 할 때, 획지(劃地)에 관한 설명으로 적절하지 않은 것은?

① 세장비는 앞너비에 대한 깊이의 비율이다.
② 세장비가 클 경우에는 단변 도로에 면한 부분을 앞길이로 설정한다.
③ 간선도로변에 면한 획지는 세장비가 큰 대형 획지를 1켜로 배치한다.
④ 부정형 가구의 끝부분의 획지 분할선은 도로에 수직으로 만나도록 한다.

해설

간선도로변에 면한 획지의 전면에는 완충녹지를 설치하고 가급적 세장비가 큰 대형 획지를 1켜로 배치한다.

3과목 **도시개발론**

41 프로젝트 파이낸싱(PF : Project Financing)의 자금조달 형태 중 가장 큰 비중을 차지하며 대부분 상업은행에서 제공되는 차입금(이자수익을 목적으로 투자)이 이에 해당하는 것은?

① 선순위 채권   ② 후순위 채무
③ 자기자본   ④ 부동산 펀드

해설

선순위 채권(Senior Debt)
• 프로젝트 파이낸싱에서 가장 큰 비중을 차지하는 자금
• 대부분 상업은행으로부터의 차입금이 이에 해당되며 이자수익을 목적으로 투자

42 연간 대통령령으로 정하는 호수(戶數) 이상의 주택건설사업을 시행하려는 자는 국토교통부장관에게 등록하여야 하는데 이에 해당되는 사업주체는?

① 국가 · 지방자치단체   ② 한국토지주택공사
③ 건설법인   ④ 지방공사

해설

주택건설사업의 등록(「주택법」 제4조)

연간 대통령령으로 정하는 호수(戶數) 이상의 주택건설사업을 시행하려는 자 또는 연간 대통령령으로 정하는 면적 이상의 대지조성사업을 시행하려는 자는 국토교통부장관에게 등록하여야 한다. 다만, 다음 각 호의 사업주체의 경우에는 그러하지 아니하다.
• 국가 · 지방자치단체
• 한국토지주택공사
• 지방공사
• 주택건설사업을 목적으로 설립된 공익법인
• 주택조합(등록사업자와 공동으로 주택건설사업을 하는 주택조합만 해당한다)
• 근로자를 고용하는 자(등록사업자와 공동으로 주택건설사업을 시행하는 고용자만 해당한다)

43 다음 중 88올림픽 이후의 주택가격 폭등에 대처하기 위해 주택 대량 공급 방안으로 건설된 수도권 1기 신도시만을 나열한 것은?

① 분당, 일산, 과천, 김포, 목동
② 분당, 일산, 평촌, 산본, 중동
③ 화성, 송파, 파주, 분당, 일산
④ 목동, 과천, 상계, 영통, 광명

해설

우리나라의 신도시
• 1기 신도시 : 분당, 일산, 중동, 평촌, 산본
• 2기 신도시 : 화성(동탄), 판교, 김포, 파주, 수원, 양주옥정

44 다음 부동산 투자의 유형 중 자본의 성격은 자본투자(Equity Financing)이면서 운용시장의 형태가 공개시장(Public Market)에 해당하는 것은?

① 사모부동산펀드   ② 부동산투자회사
③ 상업용저당채권   ④ 직접대출

해설

부동산 투자의 유형
㉠ 자본투자(Equity Financing)
  • 공개시장(Public Market) : 부동산투자회사(REITs), 부동산간접투자기구

정답 40 ③ 41 ① 42 ③ 43 ② 44 ②

- 민간시장(Private Market) : 직접투자, 사모부동산펀드
ⓛ 대출투자(Debt Financing)
  - 공개시장(Public Market) : 상업용저당채권(CMBS), 부동산간접투자기구
  - 민간시장(Private Market) : 직접대출(Loans), 사모부동산펀드

45 인구성장이 완만하게 감소할 것으로 예측되는 도시에서 사용되는 인구예측방법은?

① 등비급수법   ② 등차급수법
③ 이중지수모형   ④ 집단생잔모형

해설

수정된 지수모형(이중지수모형)
인구성장의 상한선(K)을 설정한 후 그 상한선에 가까워지면 향후 인구성장 허용수준(K− Pt)의 일정비율만큼 성장속도가 떨어지는 것으로 가정하는 모형

46 재정비촉진지구의 유형에 해당하는 것은?(단, 「도시재정비 촉진을 위한 특별법」의 규정을 적용한다.)

① 도심지형   ② 저밀복합형
③ 고밀복합형   ④ 부도심형

해설

재정비촉진지구의 종류

구분	내용
주거지형	노후·불량주택과 건축물이 밀집한 지역으로서 주로 주거환경의 개선과 기반시설의 정비가 필요한 지구
중심지형	상업지역·공업지역 또는 역세권·지하철역·간선도로의 교차지 등으로서 토지의 효율적 이용과 도심 또는 부도심 등의 도시기능의 회복이 필요한 지구
고밀복합형	주요 역세권, 간선도로의 교차지 등 양호한 기반시설을 갖추고 있어 대중교통 이용이 용이한 지역으로서 도심 내 소형 주택의 공급 확대, 토지의 고도이용과 건축물의 복합개발이 필요한 지구

47 Calthorpe(1993)가 정리한 TOD(Transit Oriented Development)의 원칙으로 틀린 것은?

① 지상공간이 아닌 지하공간을 최대한 활용
② 주택의 유형, 밀도, 비용의 혼합 배치
③ 공공공간을 건물 배치 및 근린생활의 중심지로 조성
④ 기존 근린지구 내에 대중교통 노선을 따라 재개발 촉진

해설

지상공간이 아닌 지하공간을 최대한 활용하는 것은 지하공간개발 관련 사항이다.

48 「도시 및 주거환경정비법」에 대한 설명으로 옳은 것은?

① 주민대표회의는 5인 이상 10인 이하로 구성하여 절차에 따라 시장·군수에게 통보하여야 한다.
② 도시·주거환경정비기본계획의 수립은 특별시장·광역시장 또는 시장이 하며, 5년 단위로 수립하여야 한다.
③ 시장·군수는 정비사업을 효율적으로 추진하기 위하여 필요하다고 인정하는 경우 정비구역을 2 이상의 구역으로 분할할 수 있다.
④ 시장·군수는 정비계획을 수립하여 15일 이상 주민에게 공람하고 지방의회의 의견을 들은 후 시·도지사에게 정비구역 지정을 신청하여야 한다.

해설

① 주민대표회의는 위원장을 포함하여 5명 이상 25명 이하로 구성하며, 토지 등 소유자의 과반수의 동의를 받아 구성하고, 국토교통부령으로 정하는 방법 및 절차에 따라 시장·군수 등의 승인을 받아야 한다.
② 특별시장·광역시장·특별자치시장·특별자치도지사 또는 시장은 다음 각 호의 사항이 포함된 도시·주거환경정비기본계획을 10년 단위로 수립하여야 한다.
④ 자치구의 구청장 또는 광역시의 군수는 정비계획을 수립하여 이를 주민에게 서면으로 통보한 후 주민설명회를 하고 30일 이상 주민에게 공람하며 지방의회의 의견을 들은 후 이를 첨부하여 특별시장·광역시장에게 정비구역지정을 신청하여야 한다.

49 대중교통중심개발(TOD : Transit Oriented Development)의 개념과 거리가 먼 것은?

① 복합고밀개발
② 보행거리 내 상업 · 주거 · 업무 · 공공시설 배치
③ 자동차에 대한 의존도 감소
④ 주민참여의 극대화

해설

TOD는 정부주도형의 고밀도 역세권 개발방식인 하향적 정책으로서, 주민참여방식인 상향적 정책결정과는 거리가 멀다.

50 도시개발에서 발생 가능한 위험의 유형을 시장위험(Market Risk), 금융위험(Financial Risk), 건설 관련 위험(Construction Risk)으로 나눌 때, 다음 중 시장위험과 관련된 사항이 아닌 것은?

① 문화재의 출토
② 소비자의 선호도 변화
③ 경쟁구조 변화
④ 분양가 책정의 적정성

해설

문화재의 출토는 건설 관련 위험(Construction Risk)에 속한다.

51 도시개발사업의 경제적 타당성 분석에 관한 설명으로 가장 거리가 먼 것은?

① 경제적 타당성 분석의 전개과정은 상식적이고 합리적으로 도시개발사업을 평가한다.
② 도시개발사업의 경제적 타당성 분석에서 할인율은 고려하지 않는다.
③ 경제적 타당성 분석의 평가지표로 비용−편익비(B/C), 내부수익률(IRR)을 이용할 수 있다.
④ 도시개발에서의 경제적 타당성은 개발사업에 소요되는 비용보다 발생되는 수익이 많을 때에 인정된다.

해설

도시개발의 경제적 타당성 분석에 있어서 할인율은 반드시 고려되어야 한다.

52 다음 중 주민참여형 도시개발의 유형이 아닌 것은?

① 주민발의
② 개발협정
③ 주민투표
④ 공공협약

해설

공공협약은 공공이 주체가 되는 형식이며, 주민참여형 도시개발의 유형은 민간이 주체가 되는 민간협약의 형태로 진행된다.

53 다수의 대안이 제시되었을 때 다면적 평가기준에 의해 복잡한 문제를 체계적으로 단순 구조화하여 합리적 결정을 내릴 수 있도록 유도하는 분석방법은?

① CVM(Contingency Valuation Method)
② NPV(Net Present Value)
③ IRR(Internal Rate of Return)
④ AHP(Analytical Hierarchical Process)

해설

계층화 분석법(AHP : Analytical Hierarchical Process) 다수의 대안이 제시되었을 때 다면적 평가기준에 의해 제기되는 복잡한 문제를 체계적으로 단순 구조화시킴으로써 의사결정자가 합리적으로 최선의 결정을 내릴 수 있도록 유도하는 방법

54 도시개발사업을 위한 민간투자유치방법 중, 국가 또는 지방자치단체 소유의 기존 시설을 정비한 사업 시행자에게 일정 기간 동안만 해당 시설에 대한 소유권을 인정하는 방식은?

① BOT 방식
② BTO 방식
③ ROT 방식
④ ROO 방식

해설

ROT(Rehabilitate−Operate−Transfer, 시설 정비 후 운영권 위탁방식)
국가 또는 지방자치단체 소유의 기존 시설을 정비한 사업 시행자에게 일정 기간 동안 시설에 대한 운영권을 인정하는 방식

정답 49 ④ 50 ① 51 ② 52 ④ 53 ④ 54 ③

55 도시공원 및 녹지 등에 관한 법률상 생활권공원에 해당되지 않는 것은?

① 소공원
② 어린이공원
③ 체육공원
④ 근린공원

◀해설▶

체육공원은 주제공원에 해당한다.

56 기업금융과 대별되는 프로젝트 파이낸싱에 대한 설명으로 옳은 것은?

① 비소구금융 및 부외금융의 특성을 갖는다.
② 상환재원은 사업주의 전체 재원을 기반으로 한다.
③ 공공기관 입장에서는 사업위험의 분산 효과가 적다.
④ 민간의 입장에서는 기업금융에 비하여 금융비용의 절감이 불가능하다.

◀해설▶

프로젝트 파이낸싱(PF : Project Financing) 방법의 가장 큰 특징은 비소구금융 및 부외금융의 특성을 갖는다는 것이다.

구분	세부 사항
비소구금융 (Non-recourse Financing)	• 투자의 부담을 투자액 범위 내로 한정하는 방식 • 모기업에 대한 소구권 행사 배제 또는 제한, 상환권 청구 제한 • PF는 완전한 비소금융 조건은 드물며 대부분 제한적인 비소금융형태를 취함
부외금융 (Off-balance -sheet Financing)	• 프로젝트회사의 부채가 대차대조표에 나타나지 않으므로 부채증가가 사업주의 부채율에 영향을 미치지 않음을 의미 • 프로젝트 수행을 위해 일정한 조건을 갖춘 별도의 프로젝트회사를 설립함으로써 부외금융효과를 얻을 수 있음

57 도시개발방식의 유형별 분류가 틀린 것은?

① 개발주체-공공개발, 민간개발, 민관 합동개발
② 토지취득방식-전면매수방식, 환지방식, 혼용방식
③ 개발대상지역-신도시개발, 위성도시개발
④ 토지의 용도-택지개발, 유통단지개발, 복합단지개발

◀해설▶

도시개발방식의 유형

구분	분류
개발 주체에 따른 분류	공영개발, 민간개발, 민관합동개발
토지취득방식에 따른 분류	환지방식, 매수방식(수용 또는 사용에 의한 방식), 혼용방식, 합동개발방식
개발대상지역에 따른 분류	신개발, 재개발
토지의 용도에 따른 도시개발방식 유형 구분	공업용지개발, 관광용지개발, 유통단지개발, 개발촉진지구개발, 복합단지개발, 택지개발

58 복합용도개발(MXD)의 사회적·경제적 효과로 가장 거리가 먼 것은?

① 도시의 외연적 확산 완화
② 수직통행의 감소를 통한 교통 혼잡 완화
③ 직주근접에 따른 통행거리 감소
④ 도시개발 리스크의 감소

◀해설▶

복합용도개발은 고밀화를 수반하므로, 수평통행이 감소하고 수직통행의 증가를 가져온다. 수평통행의 감소는 교통혼잡의 완화를 가져온다.

59 특정 도시개발사업(사업 운영기간이 3년)에 700억 원을 투자하여 매년 말 300억 원의 수익이 기대될 경우, 동 사업의 순현가는 다음 중 어느 것인가?(단, 할인율은 10%로 한다.)

① 19억 원
② 46억 원
③ 121억 원
④ 305억 원

◀해설▶

$$NPV = -700 + \frac{300}{(1+0.1)^1} + \frac{300}{(1+0.1)^2} + \frac{100}{(1+0.1)^3}$$
$$= 46.056 \fallingdotseq 46(억 원)$$

60 지역파급효과를 측정하는 분석방법 중 올바른 것은?

① 중력모형   ② 허프 모형
③ 라우리 모형   ④ 투입산출모형

해설

지역산업 연관모형(지역 투입산출 모형, Regional Input-output Model)
㉠ 정의
지역적인 차원에서 산업부문 간 경제활동의 상호 의존관계를 설명할 뿐만 아니라 최종수요의 규모변동에 따른 경제적 파급효과를 분석하는 방법
㉡ 지역경제의 구성
  • 생산부문
  • 지불부문(재고사용)
  • 중간수요부문
  • 최종수요부문(가계소비, 정부구입, 수출, 민간자본형성, 재고축적 등)

4과목   국토 및 지역계획

61 공공투자분석에 사용되는 내부수익률에 관한 설명으로 옳지 않은 것은?

① 사업 시행의 순현재가치가 0이 되도록 하는 할인율로 계산된다.
② 투자사업이 원만히 진행된다는 전제하에서 기대되는 예상수익률이다.
③ 결정된 평가기간 내에 총편익과 투입된 총비용이 일치하는 이자율이다.
④ 내부수익률은 상호 배타적인 사업의 절대적 규모의 차이를 적절히 고려한다.

해설

내부수익률(IRR)은 현재가치의 편익과 비용을 서로 동일하게 만드는 할인율을 의미하며, 내부수익률이 자본비용보다 클 때 프로젝트는 사업성이 있는 것으로 평가된다. 비교적 간편하게 수익성을 뽑을 수 있지만 상호 배타적인 사업의 절대적 규모의 차이를 고려하지 못한다는 단점이 있다.

62 지역계획과정에서 주민참여의 기대 효과로 볼 수 없는 것은?

① 주민요구에 대한 행정책임의 면제
② 주민의 심리적 욕구 충족과 주체성 회복
③ 주민의 지지와 협조를 통한 집행의 효율화
④ 주민요구를 통한 행정 수요 파악으로 사업의 우선순위 결정에 도움

해설

주민요구에 대한 행정책임의 면제 및 강화에 대한 변화는 발생하지 않는다.

63 서울시 주변에 위치한 수원, 안성, 용인 등으로 대학교가 이전되거나 분교가 설치되는 현상과 가장 직접적으로 관련 있는 것은?

① 「국토기본법」
② 「수도권정비계획법」
③ 「경기도 도시계획 조례」
④ 「서울특별시 도시계획 조례」

해설

정의(「수도권정비계획법」 제2조)
"인구집중유발시설"이란 학교, 공장, 공공 청사, 업무용 건축물, 판매용 건축물, 연수시설, 그 밖에 인구집중을 유발하는 시설로서 대통령령으로 정하는 종류 및 규모 이상의 시설을 말한다.

64 다음 중 Boudeville의 지역유형 분류에 근거한 결절지역에 해당하지 않는 것은?

① 캐나다의 대도시권(CMA)
② 레일리(W. Reily)의 도시세력권
③ 클라센(L. Klaassen)의 저개발지역
④ 미국의 표준대도시통계지역(SMSA)

해설

결절지역은 인구와 세력이 집중된 대도시권을 의미하므로, 클라센의 저개발지역과는 거리가 멀다.

결절지역(結節地域, Nodal Region)
상호의존적·보완적 관계를 가진 몇 개의 공간단위를 하나로 묶은 지역으로서 지역 내의 특정 공간단위에 경제활동이나 인구가 집중되어 있는 공간단위를 흔히 결절(Node) 또는 분극(Focus)이라고 한다.

정답   61 ④   62 ①   63 ②   64 ③

65 2012년부터 국토계획 및 정책에 관한 중요 사항을 심의하기 위하여 마련된 국무총리 소속기관은?

① 국토정책위원회　　② 국가균형발전위원회
③ 주택정책심의위원회　④ 중앙도시계획위원회

● 해설

국토정책위원회
국무총리 소속으로 두며, 국토계획 및 정책에 관한 중요 사항을 심의한다.

66 「국토기본법」에서 정한 국토관리의 기본 이념으로 적합하지 않은 것은?

① 국토의 균형 있는 발전
② 환경친화적 국토관리
③ 국토에 따른 사회체제의 개혁
④ 경쟁력 있는 국토 여건의 조성

● 해설

국토계획의 기본방향은 국토의 균형 있는 발전, 경쟁력 있는 국토여건의 조성, 환경친화적 국토관리이다.

67 국토기본법령상 국토종합계획에 대한 설명으로 옳은 것은?

① 특정 지역을 대상으로 특별한 정책목적을 달성하기 위하여 수립하는 계획
② 국토 전역을 대상으로 하여 국토의 장기적인 발전 방향을 제시하는 종합계획
③ 국토 전역을 대상으로 하여 특정 부문에 대한 장기적인 발전 방향을 제시하는 계획
④ 도 또는 특별자치도의 관할구역을 대상으로 하여 해당 지역의 장기적인 발전 방향을 제시하는 종합계획

● 해설

국토종합계획은 국토계획의 위계상 최상위의 국토계획이며, 국토 전역을 대상으로 하여 국토의 장기적인 발전 방향을 제시하는 종합계획이다.

68 결절지역(Nodal Region)에 관한 설명으로 옳지 않은 것은?

① 이질적인 공간경제의 속성과 공간적 차원을 다루는 지역분류법이다.
② 기능적 측면에서 공간상의 흐름, 접촉, 상호 의존성을 고려한 개념이다.
③ 인구와 경제적 활동이 집적하게 되므로 중심지역과 주변지역으로 나뉘어진다.
④ 지역경제 및 지역정책 목적을 효과적으로 달성하기 위해 인위적으로 설정한 지역이다.

● 해설

결절지역은 인위적이 아닌 상권 등의 자연스러운 형성에 의해 발생된 지역이다.

결절지역(結節地域, Nodal Region)
상호의존적 · 보완적 관계를 가진 몇 개의 공간단위를 하나로 묶은 지역으로서 지역 내의 특정 공간단위에 경제활동이나 인구가 집중되어 있는 공간단위를 흔히 결절(Node) 또는 분극(Focus)이라고 한다.

69 입지론(Location Theory)에서 제시하고 있는 산업입지에 관계하는 중요 요소가 아닌 것은?

① 교통　　　　② 노동
③ 시장　　　　④ 지가

● 해설

산업입지결정 인자
• 최소수송비 원리 : 교통
• 노동비에 따른 최적입지의 변화 : 노동
• 집적이익에 따른 최적지점의 변화 : 시장

70 1980년대 영국에서 도시재생을 위해 재산세 등의 조세 감면, 기업 자유 보장, 인허가 규제 완화 등을 주요 내용으로 한 신설지구는?

① 오버레이존　　② 개발촉진지구
③ 조세감면지구　④ 엔터프라이즈존

● 해설

영국의 엔터프라이즈존(Enterprise Zone) 정책
• 기업들이 지역경제의 활력을 불어넣게 하는 정책의 하나

이다.

- 경제적으로 쇠퇴하고 물리적으로 황폐한 특정지역에 대하여 다양한 장벽을 없애고 새로운 경제활동을 활성화시키기 위한 것으로 「지방자치 · 계획 및 토지법」에 명기(1980년)되었다.
- 일반적으로 투자가 이루어지지 않을 정도로 심각한 문제를 안고 있는 지역이나 철강 · 조선 · 자동차 등 종전의 기간산업이 급속히 쇠퇴하는 지역에 지정되고 있다.
- 개발규제 완화 및 세제상의 혜택이 주어진다.

71 도시 순위-규모 법칙에서 말하는 q값(순위규모계수)이 과거 1.0에서 현재 2.0으로 증가한 어느 나라의 도시체계의 특징에 관한 설명으로 가장 적절한 것은?

① 과거보다 도시화 속도가 2배 증가하였다.
② 과거보다 수위도시 또는 소수의 대도시에 인구가 더욱 많이 집중하였다.
③ 과거보다 수위도시의 인구가 다른 지역으로 분산하여 분포하는 현상으로 전환되었다.
④ 과거에는 인구가 균형을 이루었으나, 현재는 도시지역 인구가 농촌지역 인구의 2배가 되었다.

◀해설
지프(Zipf)의 순위규모모형에서 q값이 커질수록 대도시의 종주화가 심화하고 있음을 나타내고 q값이 무한대(∞)로 갈 경우는 한 개 도시에 모든 인구가 거주하고 있다는 것을 의미한다.

72 성장극(Growth Pole)이란 개념을 처음으로 주장하여 성장거점이론을 발전시킨 사람은?

① 페로우(Perroux)
② 클라크(C. Clark)
③ 미르달(G. Myrdal)
④ 쿠즈네츠(S. Kuznets)

◀해설
성장거점이론은 성장속도가 빠르고 전 · 후방 연관효과가 큰 경제활동 분야의 파급성 및 국가 경제 견인성에 대한 이론인 성장극(Growth Pole, 페로우)이론에 기반을 두고 있다.

73 신고전이론에 대한 설명으로 적합하지 않은 것은?

① 공급 측면을 강조한 이론이다.
② 중심과 주변의 종속관계를 중시한다.
③ 생산능력은 생산요소에 의존한다고 가정한다.
④ 지역 간 생산요소의 이동을 성장요인으로 파악한다.

◀해설
신고전이론(신고전학파의 지역경제성장이론) – 1960년대
- 생산성의 증가를 성장의 기초로 여겨 공급측면을 강조한 성장이론으로 지역 간 생산요소의 이동에 의해 성장을 파악하였다.
- 생산요소의 지역 간 이동이 자유롭게 허용된다면 자연히 지역 간 형평이 달성된다고 보았다.

74 윌리엄슨(Williamson)이 주장한 지역 간 소득격차와 국가발전단계와의 관계에 대한 설명으로 가장 옳은 것은?

① 지역 간 소득격차는 역U자형 곡선을 그린다.
② 지역 간 소득격차는 국가발전의 초기 단계에 가장 작다.
③ 윌리엄슨은 미르달의 이론을 경험적으로 검증하였다.
④ 누적적 인과법칙에 의하여 지역격차가 발생함을 밝혔다.

◀해설
윌리엄슨은 지역 간 소득격차의 변화를 응용하여 지역 간 격차도 경제발전 초기 단계에 증가하고 후기에 감소하는 역U곡선의 형태임을 입증하였다.

75 다음 중 소자(E. Soja, 1971)가 계획단위로서의 공간특성을 거리(Distance)로 분류한 내용에 해당하지 않는 것은?

① 시간거리(Time Distance)
② 마찰거리(Frictional Distance)
③ 인식거리(Perceived Distance)
④ 물리적 거리(Physical Distance)

정답 71 ② 72 ① 73 ② 74 ① 75 ②

⑩해설

에드워드 소자(Edward Soja, 1971)의 거리 종류

구분	내용
물리적 거리 (Physical Distance)	실제 지표상의 거리, 물리적 단위로 측정한 지각자와 대상 간의 거리, 즉 실제 거리
인식거리 (Perceived Distance)	감정 · 심리적으로 느끼는 거리
시간거리 (Time Distance)	교통의 발달 정도로 차의 접근성을 고려한 소요시간 거리

76 다음 중 입지계수법(Location Quotient Method)에 대한 설명으로 옳지 않은 것은?

① 중간재의 특성을 고려한 장점이 있다.

② 수출기반모형 중 하나인 입지계수법은 수요모형에 해당한다.

③ 어떤 산업의 생산품에 대한 수요 수준이 전국적으로 동일하다고 가정하는 모순이 있다.

④ A지역 특정 산업의 입지계수(LQ 값)가 1보다 크면 A지역은 해당 산업이 비교적 특화되어 있다는 의미다.

⑩해설

입지계수(LQ : Location Quotient)는 수출만을 고려하고, 수입, 중간재 등 다른 공급 측면을 무시하고 있다는 단점을 가지고 있다.

77 다음 중 국토 및 지역계획을 평가하는 과정에서 주요 논점으로서 적절하지 못한 것은?

① 계획의 유연성　② 계획의 적절성

③ 계획의 효율성　④ 계획의 지속 가능성

⑩해설

국토 및 지역계획은 장기적이며 지침 제시적이므로 유연성 및 융통성 등이 반영될 경우 하위 지침 수립 시 혼란을 가중시킬 수 있다.

78 기반부문의 고용인구가 100명, 비기반부문의 고용인구가 200명일 때, 기반비(A)와 경제기반승수(B)는?

① (A) : 0.5, (B) : 2.0　② (A) : 0.5, (B) : 3.0

③ (A) : 2.0, (B) : 2.0　④ (A) : 2.0, (B) : 3.0

⑩해설

• 기반비 $= \dfrac{\text{비기반산업 고용인구}}{\text{기반산업 고용인구}} = \dfrac{200}{100} = 2$

• 경제기반승수 $= \dfrac{\text{지역 총 고용인구}}{\text{지역의 수출(기반)산업 고용인구}}$

$$= \frac{100 + 200}{100} = 3$$

79 다음 중 국토 및 지역개발의 관점에서 중앙정부 주도의 하향식 개발을 지향하는 것은?

① 도농통합개발　② 지역생활권개발

③ 성장거점개발　④ 농어촌정주권개발

⑩해설

하향식(Top-down, Development from Above) 계획은 국가주도형 정책의 특성을 가지므로 성장거점개발, 거점중심적 지역개발전략 등과 어울린다.

80 다음 중 지역 간 불균형 성장이론을 옹호한 학자는?

① 넉스(Nurkse)

② 루이스(Lewis)

③ 허쉬만(Hirschman)

④ 로젠스타인 로단(Rosenstein Rodan)

⑩해설

허쉬만(A. O. Hirschman, 1958)은 극화효과(Polarization Effects)와 적하효과(Trickling Down Effects, 분극효과)에 의해 배후지역의 낙후 원인을 수요 부족으로 판단하였고, 부족한 수요가 전후방연쇄효과의 미약과 지역 간 상호연계의 취약성을 낳는다고 주장하였다.

5과목 도시계획 관계 법규

81 다음 시설 중 도시계획 결정 대상이 아닌 것은?

① 철도
② 호텔
③ 도축장
④ 보행자 전용도로

해설
• 철도 및 보행자전용도로 : 교통시설
• 도축장 : 보건위생시설

82 국토종합계획과 조화를 이뤄야 하는 지역계획 중 「국토기본법」에 의해 수립되는 지역계획은?

① 지역개발계획
② 광역권개발계획
③ 수도권정비계획
④ 개발진흥지구계획

해설
지역계획의 수립(「국토기본법」제16조)
• 수도권발전계획 : 수도권에 과도하게 집중된 인구와 산업의 분산 및 적정배치를 유도하기 위하여 수립하는 계획
• 지역개발계획 : 성장 잠재력을 보유한 낙후지역 또는 거점지역 등과 그 인근지역을 종합적·체계적으로 발전시키기 위하여 수립하는 계획
• 그 밖에 다른 법률에 따라 수립하는 지역계획

83 국토의 효율적 이용 및 관리를 위한 성장관리방안 수립지역에서의 건폐율 완화기준으로 옳지 않은 것은?

① 계획관리지역 : 50% 이하
② 자연녹지지역 : 30% 이하
③ 생산관리지역 : 30% 이하
④ 보전녹지지역 : 20% 이하

해설
보전녹지지역에 대해서는 건폐율 완화에 대한 기준이 없다.

성장관리방안 수립지역에서의 건폐율 완화기준(「국토의 계획 및 이용에 관한 법률 시행령」제84조의3)
• 계획관리지역 : 50% 이하
• 자연녹지지역 및 생산관리지역 : 30% 이하

84 다음 중 산업단지의 지정에 관한 설명으로 옳지 않은 것은?

① 도시첨단산업단지는 국토교통부장관이 지정하는 경우, 시·도지사의 신청을 받아 지정한다.
② 국토교통부장관은 관계 중앙행정기관의 장과 협의 후, 심의회의 심의를 거쳐 국가산업단지를 지정하여야 한다.
③ 시장·군수 또는 구청장은 시·도지사에게 도시첨단산업단지의 지정을 신청하고자 하는 때에는 산업단지개발계획을 작성하여 제출하여야 한다.
④ 일반산업단지는 시·도지사 또는 대통령령으로 정하는 시장이 지정한다. 단, 대통령령으로 정하는 면적 미만의 산업단지의 경우에는 시장·군수 또는 구청장이 지정할 수 있다.

해설
도시첨단산업단지는 국토교통부장관, 시·도지사 또는 시장이 지정하며, 시·도지사(특별자치도지사는 제외)가 지정하는 경우에는 시장·군수 또는 구청장의 신청을 받아 지정한다. 다만, 대통령령으로 정하는 면적 미만인 경우에는 시장·군수 또는 구청장이 직접 지정할 수 있다.

85 「건축법」상 건축물의 대지는 최소 얼마 이상이 도로에 접하여야 하는가?(단, 자동차만의 통행에 사용되는 도로는 제외한다.)

① 2m
② 4m
③ 5m
④ 6m

해설
대지와 도로의 관계
• 대지는 2m 이상을 도로(자동차만의 통행에 사용되는 도로를 제외)에 접해야 함
• 연면적의 합계가 2천m² 이상인 건축물의 대지 : 너비 6m 이상의 도로에 4m 이상 접하여야 함

86 「택지개발촉진법」에 의한 택지개발사업 실시계획 변경승인을 받아야 하는 경우는?

① 사업비의 100분의 10 범위에서 사업비의 증감
② 사업비의 100분의 10 범위에서 사업면적의 증가
③ 사업면적의 100분의 10 범위에서 사업면적의 감소
④ 승인을 받은 사업비의 범위에서의 시설의 설치 변경

해설

대통령령으로 정하는 경미한 사항의 변경(「택지개발촉진법 시행령」 제8조)
• 사업비의 100분의 10 범위에서의 증감
• 사업면적의 100분의 10 범위에서의 감소
• 승인을 받은 사업비의 범위에서 설비 및 시설의 설치 변경
※ 위 세 가지 경우에 해당하면 경미한 사항으로 변경승인을 받지 않아도 된다. ②는 사업면적의 증가이므로 실시계획 변경승인을 받아야 한다.

87 「도시공원 및 녹지 등에 관한 법률」상 그 기능에 따라 세분한 녹지의 종류들로 올바르게 묶은 것은?

① 완충녹지와 경관녹지   ② 시설녹지와 경관녹지
③ 완충녹지와 휴양녹지   ④ 자연녹지와 생산녹지

해설

녹지의 종류
완충녹지, 경관녹지, 연결녹지

88 도시개발사업에 있어서 과소토지가 되지 아니하게 하기 위하여 특히 필요한 경우 입체 환지를 할 수 있는데, 이러한 입체 환지에 대한 내용으로 옳지 않은 것은?

① 입체 환지 계획의 작성에 관하여 필요한 사항은 대통령이 정할 수 있다.
② 시행자는 환지 계획 작성 전에 실시계획의 내용 등의 사항을 토지소유자에게 통지해야 한다.

③ 시행자는 건축물의 일부와 그 건축물이 있는 토지의 공유지분을 부여할 수 있다.
④ 환지의 신청 기간은 통지한 날부터 30일 이상 60일 이하로 하여야 한다.

해설

입체 환지(「도시개발법」 제32조)
입체 환지 계획의 작성에 관하여 필요한 사항은 국토교통부장관이 정할 수 있다.

89 「주택법」에 의한 사업계획의 승인 시 사업계획 승인권자에게 첨부하지 않아도 되는 서류는?

① 사용검사계획서   ② 주택관리계획서
③ 입주자모집계획서   ④ 공구별 공사계획서

해설

사업계획의 승인 시 승인권자에게 첨부해야 하는 서류(「주택법」 제15조)
• 공구별 공사계획서
• 입주자모집계획서
• 사용검사계획서

90 「건축법」의 정의에 따른 '도로'의 너비로 옳은 것은?

① 2m 이상   ② 3m 이상
③ 4m 이상   ④ 5m 이상

해설

용어 정의(「건축법」 제2조)
"도로"란 보행과 자동차 통행이 가능한 너비 4m 이상의 도로(지형적으로 자동차 통행이 불가능한 경우와 막다른 도로의 경우에는 대통령령으로 정하는 구조와 너비의 도로)로서 다음의 어느 하나에 해당하는 도로나 그 예정도로를 말한다.
• 「국토의 계획 및 이용에 관한 법률」, 「도로법」, 「사도법」, 그 밖의 관계 법령에 따라 신설 또는 변경에 관한 고시가 된 도로
• 건축허가 또는 신고 시에 특별시장·광역시장·특별자치시장·도지사·특별자치도지사 또는 시장·군수·구청장이 위치를 지정하여 공고한 도로

91 부설주차장을 예외적으로 부지 인근에 단독 또는 공동으로 설치할 수 있도록 하고 있는 것에 대한 설명으로 옳지 않은 것은?

① 원칙적으로 주차 대수 300대 규모 이하인 부설주차장은 부지 인근에 설치할 수 있다.
② 설치비용을 납부한 자는 설치비용에 상응하는 범위 안에서 노외주차장을 무상으로 사용할 수 있다.
③ 해당 부지의 경계선으로부터 부설주차장의 경계선까지의 직선거리 300m 이내 또는 도보거리 500m 이내에 설치한다.
④ 부설주차장 설치로 인하여 자동차 교통의 혼잡을 가중시킬 우려가 있다고 인정하는 장소에 대하여는 설치의무를 면제할 수 있다.

해설
부설주차장의 인근 설치(「주차장법 시행령」 제7조)
㉠ 부설주차장의 부지 인근에 단독 또는 공동으로 설치할 수 있는 경우
 • 주차대수 300대 이하
㉡ 시설물의 부지 인근의 범위
 • 해당 부지의 경계선으로부터 부설주차장의 경계선까지의 직선거리 300m 이내 또는 도보거리 600m 이내
 • 해당 시설물이 있는 동·리 및 그 시설물과의 통행 여건이 편리하다고 인정되는 인접 동·리

92 다음 도시·군기본계획에 관한 설명으로 옳지 않은 것은?

① 도시·군기본계획의 내용에는 도심 및 주거환경의 정비, 보전에 관한 사항도 포함된다.
② 도시·군기본계획을 수립하거나 변경하려면 미리 그 특별시·광역시·특별자치시·특별자치도·시 또는 군 의회의 의견을 들어야 한다.
③ 도시·군기본계획은 도시의 기본적인 공간구조와 장기발전방향을 제시하는 종합계획으로서 도시계획 수립의 지침이 되는 계획을 말한다.
④ 도시·군기본계획은 원칙적으로 도시계획구역에 대하여 수립하며 필요한 경우 관할 행정구역 또는 인접한 다른 행정구역을 포함하여 수립할 수 있다.

해설
계획구역의 설정(「도시·군기본계획 수립지침」 제3절)
 • 시·군 관할구역 단위로 계획을 수립하는 것을 원칙으로 한다.
 • 시장·군수는 지역 여건상 필요하다고 인정되는 경우 인접한 시·군의 관할구역 전부 또는 일부를 포함하여 계획할 수 있다. 이 경우 미리 인접한 시장·군수와 협의하여야 한다.

93 「수도권정비계획법」에 따른 권역에 해당하지 않는 것은?

① 과밀억제권역 ② 이전촉진권역
③ 성장관리권역 ④ 자연보전권역

해설
수도권 권역의 구분(「수도권정비계획법」 제6조)

구분	내용
과밀억제권역	인구와 산업이 지나치게 집중되었거나 집중될 우려가 있어 이전하거나 정비할 필요가 있는 지역
성장관리권역	과밀억제권역으로부터 이전하는 인구와 산업을 계획적으로 유치하고 산업의 입지와 도시의 개발을 적정하게 관리할 필요가 있는 지역
자연보전권역	한강 수계의 수질과 녹지 등 자연환경을 보전할 필요가 있는 지역

94 도시·주거환경정비기본계획의 수립내용에 해당하지 않는 것은?

① 정비사업의 기본방향
② 정비사업의 사업기간
③ 사회복지시설 및 주민문화시설 등의 설치계획
④ 인구·건축물·토지이용·정비기반시설·지형 및 환경 등의 현황

해설
기본계획의 내용(「도시 및 주거환경정비법」 제5조)
 • 정비사업의 기본방향
 • 정비사업의 계획기간
 • 인구·건축물·토지이용·정비기반시설·지형 및 환경 등의 현황

- 주거지 관리계획
- 토지이용계획 · 정비기반시설계획 · 공동이용시설설치 계획 및 교통계획
- 녹지 · 조경 · 에너지공급 · 폐기물처리 등에 관한 환경 계획
- 사회복지시설 및 주민문화시설 등의 설치계획
- 도시의 광역적 재정비를 위한 기본방향
- 정비구역으로 지정할 예정인 구역의 개략적 범위
- 단계별 정비사업 추진계획(정비예정구역별 정비계획의 수립시기가 포함되어야 한다)
- 건폐율 · 용적률 등에 관한 건축물의 밀도계획
- 세입자에 대한 주거안정대책
- 그 밖에 주거환경 등을 개선하기 위하여 필요한 사항으로 서 대통령령으로 정하는 사항

95 중앙행정기관의 장이나 지방자치단체의 장 은 다른 법률에 따라 지정되는 토지이용에 관한 지 역 · 지구 · 구역 또는 구획 중 대통령령으로 정하 는 면적 이상을 지정 또는 변경하려면 국토교통부 장관의 협의 및 승인을 받아야 한다. 이때 국토교통 부장관의 협의 또는 승인을 받기 위해 중앙도시계 획위원회의 심의를 거치지 않아도 되는 경우는?

① 농림지역에서 「농지법」에 따른 농업진흥지역을 지정하는 경우
② 자연환경보전지역에서 「수도법」에 따른 상수원보 호구역을 지정하는 경우
③ 자연환경보전지역에서 「자연환경보전법」에 따른 생태 · 경관보전지역을 지정하는 경우
④ 보전관리지역이나 생산관리지역에서 「습지보전 법」에 따른 습지보호지역을 지정하는 경우

⊙ 해설

다른 법률에 따른 토지 이용에 관한 구역 등의 지정 제한 등(「국토의 계획 및 이용에 관한 법률」 제8조)
국토교통부장관 또는 시 · 도지사는 협의 또는 승인을 하려 면 중앙도시계획위원회 또는 시 · 도 도시계획위원회의 심 의를 거쳐야 한다. 다만, 다음 각 호의 경우에는 그러하지 아니하다.
1. 보전관리지역이나 생산관리지역에서 다음 각 목의 구역 등을 지정하는 경우
  가. 「산지관리법」에 따른 보전산지

나. 「야생생물 보호 및 관리에 관한 법률」에 따른 야생생 물 보호구역
다. 「습지보전법」에 따른 습지보호지역
라. 「토양환경보전법」에 따른 토양보전대책지역
마. 「습지보전법」 제8조에 따른 습지보호지역
바. 「토양환경보전법」 제17조에 따른 토양보전대책지역

96 주차장법령상 노상주차장에 주차대수 규모가 최소 몇 대 이상일 경우 한 면 이상의 장애인 전용주 차구획을 설치해야 하는가?

① 20대 ② 30대
③ 40대 ④ 50대

⊙ 해설

노상주차장의 구조 · 설비기준(「주차장법 시행규칙」 제4조)
노상주차장에는 다음 구분에 따라 장애인 전용주차구획을 설치하여야 한다.
- 주차대수 규모가 20대 이상 50대 미만인 경우 : 한 면 이상
- 주차대수 규모가 50대 이상인 경우 : 주차대수의 2%부 터 4%까지의 범위에서 장애인의 주차수요를 고려하여 해 당 지방자치단체의 조례로 정하는 비율 이상

97 다음 중 「수도권정비계획법」에 따른 과밀부 담금에 대한 설명으로 옳지 않은 것은?

① 과밀부담금의 부과대상은 성장관리권역에 속하는 지역이다.
② 과밀부담금은 부과대상 건축물이 속한 지역을 관 할하는 시 · 도지사가 부과 · 징수한다.
③ 시 · 도지사는 납부의무자가 납부기한까지 과밀부 담금을 내지 아니하면, 부담금의 100분의 3에 상 당하는 가산금을 징수할 수 있다.
④ 과밀부담금은 건축비의 100분의 10으로 하되, 지 역별 여건 등을 고려하여 대통령령으로 정하는 바 에 따라 건축비의 100분의 5까지 조정할 수 있다.

⊙ 해설

과밀부담금의 부과 · 징수(「수도권정비계획법」 제12조)
- 과밀억제권역에 속하는 지역으로서 대통령령으로 정하 는 지역에서 인구집중유발시설 중 업무용 건축물, 판매용 건축물, 공공 청사, 그 밖에 대통령령으로 정하는 건축물

을 건축하려는 자는 과밀부담금을 내야 한다.
• 부담금을 내야 할 자가 대통령령으로 정하는 조합인 경우 그 조합이 해산하면 그 조합원이 부담금을 내야 한다.

에 관한 협의(공원관리청과 공원관리자 간의 협의사항에 대한 협의를 제외한다)
• 도시공원대장의 작성 및 보관

98 「건축법」에서 정의하는 초고층 건축물에 해당하는 층수와 높이로 옳은 것은?

① 30층 이상, 150m 이상
② 30층 이상, 200m 이상
③ 50층 이상, 150m 이상
④ 50층 이상, 200m 이상

해설

용어의 정의(「건축법 시행령」 제2조)
"초고층 건축물"이란 층수가 50층 이상이거나 높이가 200m 이상인 건축물을 말한다.

99 다음 공원관리청이 아닌 자의 도시공원 및 공원시설의 설치·관리에 대한 설명으로 옳지 않은 것은?

① 공원관리자는 도시공원대장의 작성 및 보관권한을 대행할 수 있다.
② 공원관리자는 도시공원 또는 공원시설의 관리방법에 관한 공고 권한을 대행할 수 있다.
③ 공원관리자는 도시공원 또는 공원시설의 관리에 소요되는 비용의 부담에 관한 협의 권한을 대행할 수 있다.
④ 공원관리자는 「국토의 계획 및 이용에 관한 법률」에 따른 도시·군계획시설사업 시행자의 지정과 실시계획의 인가를 받아 도시공원 또는 공원시설을 설치할 수 있다.

해설

공원관리자의 업무대행(「도시공원 및 녹지 등에 관한 법률」 시행령 제16조)
공원관리자는 다음의 업무를 대행할 수 있다.
• 도시공원 또는 공원시설의 관리방법에 관한 협의(공원관리청과 공원관리자 간의 협의사항에 대한 협의를 제외한다) 및 공고
• 도시공원 또는 공원시설의 관리에 소요되는 비용의 부담

100 도시개발사업의 개발계획 수립 및 시행 등과 관련한 대상지 주민의 동의 기준이 옳은 것은?

① 환지방식의 개발계획 수립 시 환지방식이 적용되는 지역의 토지면적의 3분의 2 이상에 해당하는 토지소유자와 그 지역의 토지소유자 총수의 3분의 1 이상의 동의를 받아야 한다.
② 조합 설립의 인가를 신청하려면 해당 도시개발구역의 토지면적의 3분의 1 이상에 해당하는 토지소유자와 그 구역의 토지소유자 총수의 2분의 1 이상의 동의를 받아야 한다.
③ 도시개발구역의 토지소유자가 토지 등을 수용하는 경우 사업대상 토지면적의 3분의 2 이상에 해당하는 토지를 소유하고 토지소유자 총수의 3분의 1 이상에 해당하는 자의 동의를 받아야 한다.
④ 토지소유자가 도시개발구역의 지정을 제안하려는 경우 대상 구역 토지면적의 3분의 2 이상에 해당하는 토지소유자의 동의를 받아야 한다.

해설

① 개발계획의 수립 및 변경(「도시개발법」 제4조)
지정권자는 환지(換地)방식의 도시개발사업에 대한 개발계획을 수립하려면 환지방식이 적용되는 지역의 토지면적의 3분의 2 이상에 해당하는 토지소유자와 그 지역의 토지소유자 총수의 2분의 1 이상의 동의를 받아야 한다.
② 조합설립의 인가(「도시개발법」 제13조)
조합 설립의 인가를 신청하려면 해당 도시개발구역의 토지면적의 3분의 2 이상에 해당하는 토지소유자와 그 구역의 토지소유자 총수의 2분의 1 이상의 동의를 받아야 한다.
③ 토지 등의 수용 또는 사용(「도시개발법」 제22조)
시행자는 사업대상 토지면적의 3분의 2 이상에 해당하는 토지를 소유하고 토지소유자 총수의 2분의 1 이상에 해당하는 자의 동의를 받아야 한다.

1과목 도시계획론

01 우리나라에서 도시계획의 민주화와 공개화를 위해 지역주민에게 공청회나 의견청취 등의 기회를 부여하는 주민참여가 제도화된 시기는?

① 1960년대　　　　② 1970년대
③ 1980년대　　　　④ 1990년대

◎해설

도시계획에서의 주민참여는 1980년대에 제도화되었다.

02 도시계획시설 사업의 단계별 집행계획에 대한 설명으로 옳지 않은 것은?

① 단계별 집행계획에는 재원조달계획과 보상계획 등이 포함되도록 한다.

② 단계별 집행계획을 수립하거나 송부받았을 때에는 7일 이내에 공고하여야 한다.

③ 단계별 집행계획은 특별시장, 광역시장, 특별자치시장, 특별자치도지사, 시장 또는 군수가 수립할 수 있다.

④ 도시계획시설 부지로 예정된 토지는 건축, 토지형질 변경 등 개발행위가 제한되므로 장기간 도시계획사업이 시행되지 않을 경우 토지소유자에 불이익이 발생하므로 이를 방지하기 위해서 단계별 집행계획을 수립하고 있다.

◎해설

단계별 집행계획의 수립(「국토의 계획 및 이용에 관한 법률」 제85조)

특별시장 · 광역시장 · 특별자치시장 · 특별자치도지사 · 시장 또는 군수는 단계별 집행계획을 수립하거나 받은 때에는 대통령령으로 정하는 바에 따라 지체 없이 그 사실을 공고하여야 한다.

03 용도지역지구제의 설명 중 옳지 않은 것은?

① 토지의 효율적인 이용 및 관리를 위해서 지정한다.

② 하나의 용도지역에 2개 이상의 용도지구가 지정될 수 있다.

③ 도시지역의 용도지역은 크게 주거지역, 상업지역, 공업지역, 녹지지역, 관리지역으로 구분된다.

④ 용도지역지구제의 문제점을 보완하기 위해서 개발권양도(TDR), 복합용도개발(MXD)과 같은 제도가 생겨나고 있다.

◎해설

용도지역의 지정(「국토의 계획 및 이용에 관한 법률」 제36조)

용도지역은 도시지역, 관리지역, 농림지역, 자연환경보전지역으로 구분되며, 이 중 도시지역은 주거지역, 상업지역, 공업지역, 녹지지역으로 구분된다.

04 도시 · 군계획시설의 도로를 구분하는 기준이 아닌 것은?

① 규모　　　　② 기능
③ 등급　　　　④ 사용 및 형태

◎해설

도로의 구분(「도시 · 군계획시설의 결정 · 구조 및 설치기준에 관한 규칙」 제9조)
• 사용 및 형태별 구분
• 규모별 구분
• 기능별 구분

05 도시의 구성요소 및 도시화에 대한 설명으로 옳지 않은 것은?

① 시민은 도시를 구성하는 가장 기본적인 요소이다.

② 도시 활동을 수용하고 지원하기 위해 토지 및 시설이 필요하다.

③ 게데스(P. Geddes)는 도시 활동을 생활, 생산, 위락의 세 가지 요소로 구분하였다.

④ 도시화의 컨트롤 수단으로서 인구이동의 통제는 토지이용규제보다 더 유효하고 적법하다.

해설

인구이동의 경우 도시화 과정에서 도시 내의 집적이익의 증가 및 감소에 따라 자연스럽게 작용할 수 있도록 하는 것이 효과적이며, 이러한 자연스러운 현상을 유도하기 위하여 토지이용규제를 이용하는 것이 도시화 컨트롤 수단으로 더 유효하고 적법하다.

06 용도지역제인 유클리드 지역제(Euclidean Zoning)에 대한 설명으로 옳지 않은 것은?

① 과도한 민간개발을 막기 위하여 개발촉진보다는 억제에 더 관심을 두었다.

② 실제의 토지이용에 근거하여 발생하는 각종 결과를 기준하여 규제하는 성과규제지역제이다.

③ 토지이용의 규제단위를 각각의 필지로 하여 이를 통해 양호한 시가지를 형성하고자 하였다.

④ 상위용도(주거 등)를 하위용도(공장 등)로부터 보호하면 충분하다는 전제하에 누적식 지역제를 채택하였다.

해설

유클리드 지역제는 용도를 사전에 확정적으로 계획시키는 방법을 채용하기 때문에 실제의 토지이용에 근거한 성과규제지역제와는 거리가 멀다.

07 영국의 도시학자 하워드(E. Howard)가 제시한 전원도시에 대한 설명으로 옳지 않은 것은?

① 경제기반이 확보되어야 한다.

② 전원도시들은 서로 독립적이다.

③ 계획인구는 3만 명 정도로 한다.

④ 주변에는 충분한 농업지대가 존재한다.

해설

전원도시들은 인구 3~5만 명 정도의 규모로서 전원도시들 간의 유기적인 관계성을 갖는 특징이 있다.

08 인구 증가에 따른 집적의 순이익이 감소하기 시작하여 집적의 이익과 불이익이 같아지는(집적의 순이익이 0이 되는) 때까지 나타나는 도시화 현상은?

① 재도시화　　　　② 분산적 도시화

③ 집중적 도시화　　④ 역도시화와 탈도시화

해설

교외화(Stage of Suburbanization, 분산적 도시화)

• 집적 순이익이 감소하는 추세를 가진 구간으로서 인구의 교외화가 이루어지는 시기

• 교외화로 인한 도시권의 확장은 기존 도시 중심부의 인구와 산업 등이 교외지나 농촌지역으로 이전함으로써 발생하며 도시 중심부는 인구감소현상이 발생한다.

• 서울의 도시화 단계는 수도권 전철, 광역교통망 정비 등과 교외지역의 신도시 건설에 의해 서울 주변으로 도시화가 확산되고 있는 분산적 도시화 단계이다.

09 20세기 이후에 발표된 도시계획 헌장 중 최초의 도시계획 헌장으로 세계 도시계획 및 설계분야의 발전에 많은 영향을 미친 것은?

① 아테네(Athens) 헌장

② 메가리드(Megaride) 헌장

③ 마추픽추(Machu Picchu) 헌장

④ 뉴어바니즘(New Urbanism) 헌장

해설

아테네(Athens) 헌장

㉠ 정의

1933년 그리스 아테네에서 개최된 제4회 근대건축국제회의의 결론인 도시계획헌장

㉡ 내용

• 생활, 생산, 위락의 3가지 기능으로 도시를 분리하고 제4의 기능인 교통에 의해 이들을 결합시켜, 전인적(全人的)인 인간상의 측면에서 새롭게 도시와 인간의 관계를 본질적으로 포착하고 실현하기 위한 제안

• 1930년대 도시의 불건전하고 불합리한 기능적 상황을 비판

정답 06 ② 07 ② 08 ② 09 ①

10 개별 필지에 대한 규제사항 및 토지이용계획사항을 확인하는 것으로, 해당 토지에 대한 용도지역·지구·구역, 도시·군계획시설, 도시계획사업과 입안 내용, 각종 규제에 대한 저촉 여부 등을 확인할 수 있는 자료는?

① 토지대장　　　　　② 건축물대장
③ 토지특성조사표　　④ 토지이용계획확인서

해설

토지이용계획확인서
용도지역·지구 등의 지정 내용과 그 용도지역·지구 등에서의 행위제한 내용 등을 토대로 토지이용 관련 각종 규제에 대한 저촉 여부 등을 확인할 수 있는 자료이다.

11 경합성과 배제성에 따른 재화의 분류에서 대가를 지불할 필요성이 없고, 소비를 제한할 방법이 없기 때문에 아무도 생산하려고 하지 않아 공공의 개입이 필요한 재화는 다음 중 어디에 속하는가?

배제 여부 경합 여부	배제 가능	배제 불가능
경합	A	B
비경합	C	D

① A　　　　　　② B
③ C　　　　　　④ D

해설

- 배제성 : 가격을 지불하지 않은 사람이 해당 재화를 소비하지 못하게 막을 수 있는 성질
- 경합성 : 특정한 재화를 소유하기 위해 개별 소비자들 간에 경쟁하는 성질

12 「도시 및 주거환경정비법」에 근거한 정비사업에 속하지 않는 것은?

① 재개발사업　　　　② 재건축사업
③ 주거환경개선사업　④ 주거환경관리사업

해설

정비사업의 종류(「도시 및 주거환경정비법」 제2조)
주거환경개선사업, 재개발사업, 재건축사업

13 현재 인구가 50만 명인 도시에서 등비급수적으로 연평균 2%씩 인구가 증가한다면 10년 후의 추정인구는?(단, $1.02^9 = 1.195$, $1.02^{10} = 1.219$, $1.02^{11} = 1.243$)

① 550,000　　　　　② 597,500
③ 609,500　　　　　④ 621,500

해설

등비급수법에 의해 산출한다.
$$p_n = p_0(1+r)^n$$

여기서, p_n : n년 후의 인구, p_0 : 초기 연도 인구
　　　　　r : 인구증가율, n : 경과 연수

$$p_{10} = p_0(1+r)^{10}$$
$$500,000(1+0.02)^{10} = 500,000 \times 1.219 = 609,500$$

14 도시·군계획시설의 결정·구조 및 설치에 대한 설명으로 옳지 않은 것은?

① 둘 이상의 도시·군계획시설을 같은 토지에 함께 결정할 수 없으며, 반드시 단일 용도로 도시·군계획시설을 결정하여야 한다.
② 도시·군계획시설에 대해 고시일로부터 20년이 지날 때까지 사업이 시행되지 않으면 고시일로부터 20년이 지난 다음 날에 그 효력이 상실된다.
③ 건축시설물의 규모로 인해 공간 이용에 상당한 영향을 주는 도시·군계획시설인 경우에는 건폐율·용적률 및 높이의 범위를 함께 결정하여야 한다.
④ 도시지역에 건축물인 도시·군계획시설이나 건축물과 연계되는 도시·군계획시설 결정 시 도시·군계획시설이 위치하는 공간의 일부만을 구획하여 도시·군계획시설 결정을 할 수 있다.

해설

도시·군계획시설의 중복결정(「도시·군계획시설의 결정·구조 및 설치기준에 관한 규칙」 제3조)
토지를 합리적으로 이용하기 위하여 필요한 경우에는 둘 이상의 도시·군계획시설을 같은 토지에 함께 결정할 수 있다. 이 경우 각 도시·군계획시설의 이용에 지장이 없어야 하고, 장래의 확장가능성을 고려하여야 한다.

15 도시계획의 수립과정으로 옳은 것은?

① 목표설정 → 상황의 분석 및 미래의 예측 → 대안 설정 및 평가 → 집행

② 상황의 분석 및 미래의 예측 → 목표설정 → 대안 설정 및 평가 → 집행

③ 상황의 분석 및 미래의 예측 → 대안설정 및 평가 → 목표설정 → 집행

④ 목표설정 → 대안설정 및 평가 → 상황의 분석 및 미래의 예측 → 집행

해설

도시계획 수립과정

목표설정 → 현황조사 → 상황의 분석 및 미래의 예측 → 대안설정 및 평가 → 선택안 결정 → 실행

16 가도시화(Pseudo-urbanization)에 대한 설명으로 옳은 것은?

① 도시의 고용능력을 넘어선 인구집중으로 인해 발생한 현상이다.

② 3차 산업에 비하여 2차 산업의 비중이 높은 도시에서 주로 발생한다.

③ 농촌의 주택 부족으로 인해 베드타운의 기능이 강한 인근 도시로의 인구 이동 현상이다.

④ 경제기반이 약한 개발도상국의 도시에서 비공식부문보다 공식부문에의 취업인구가 많아지는 현상이다.

해설

가도시화(Pseudo-urbanization) 현상

• 도시의 부양 능력에 비해 지나치게 많은 인구가 집중하여 인구만 비대해진 도시화를 의미한다.

• 제3세계로 불리는 개발도상국가에서 흔히 볼 수 있는 현상으로서, 산업화와 무관한 도시화 현상을 말한다.

17 다음 설명에 해당하는 시설은?

주요시설물 또는 환경의 보호, 경관의 유지, 재해대책 및 보행자의 통행과 시민의 일시적 휴양공간의 확보를 위하여 설치한다. 공공목적을 위하여 필요한 최소한의 규모로 설치하되 미관, 쾌적성, 안전성을 확보하여야 한다.

① 공동구　　　　　　② 유수지
③ 방조설비　　　　　④ 공공공지

해설

공공공지(「도시·군계획시설의 결정·구조 및 설치기준에 관한 규칙」 제59조)

공공공지라 함은 시·군 내의 주요시설물 또는 환경의 보호, 경관의 유지, 재해대책, 보행자의 통행과 주민의 일시적 휴식공간의 확보를 위하여 설치하는 시설을 말한다.

18 GIS에 대한 설명으로 옳지 않은 것은?

① GIS를 이용한 공간분석을 통해 입력된 정보를 지리적으로 검색하고 표현할 수 있다.

② 벡터 자료는 정방형 셀을 자료저장과 표현의 단위로 하기 때문에 격자형태의 결과물을 생성하게 된다.

③ 기술적인 측면뿐 아니라 GIS를 사용하는 지원인력 및 시설의 측면을 모두 망라하는 것으로 파악한다.

④ 지리·공간정보를 받아들여 체계적으로 저장·검색·변형·분석하고, 사용자에게 유용한 새로운 형태의 정보로 표현하는 등의 작업을 수행하기 위한 기술이나 작동과정 혹은 도구이다.

해설

정방형 셀을 자료저장과 표현의 기본단위로 하기 때문에 격자형태의 결과물로 생성하게 되는 자료형태는 래스터 자료 입력 방식이다.

19 계획이론 중 다비도프(Davidoff)에 의해 주창되었으며, 1960년대 미국의 법조계에서 형성된 피해구제절차와 같은 사회제도를 계획개념으로 수용하여 주로 강자에 대한 약자의 이익을 보호하는 데 적용된 이론은?

① 종합적 계획　　　② 교류적 계획
③ 급진적 계획　　　④ 옹호적 계획

해설

다원적인 관점에서 이론을 펼친 옹호이론(Advocacy Planning)에 대한 설명이다.

정답　15 ①　16 ①　17 ④　18 ②　19 ④

20 환경과 개발에 관한 유엔회의(UNCED)에서 개발과 환경을 조화시키는 도시개발에 대한 내용으로 옳은 것은?

① 지속 가능한 도시개발
② 도 · 농 통합적 도시개발
③ 자원 · 에너지 절약형 도시개발
④ 입체적 · 기능 통합적 도시개발

●해설

1992년 UN회의(UNCED : United Nations Conference on Environment and Development)를 통하여 '환경적으로 건전하고 지속 가능한 개발(ESSD : Environmentally Sound and Sustainable Development)'의 개념이 일반화되었다.

2과목 도시설계 및 단지계획

21 「국토의 계획 및 이용에 관한 법률」상 지구단위계획구역의 지정목적을 이루기 위하여 지구단위계획에 반드시 포함되어야 하는 사항은?(단, 기존의 용도지구를 폐지하고 그 용도지구에서 건축물이나 그 밖의 시설의 용도 · 종류 및 규모 등의 제한을 대체하는 사항을 내용으로 하는 지구단위계획은 고려하지 않는다.)

① 교통처리계획
② 환경관리계획 또는 경관계획
③ 건축물의 배치 · 형태 · 색채 또는 건축선에 관한 계획
④ 건축물의 용도제한, 건축물의 건폐율 또는 용적률, 건축물 높이의 최고한도 또는 최저한도

●해설

지구단위계획의 내용(「국토의 계획 및 이용에 관한 법률」 제52조)
지구단위계획구역의 지정목적을 이루기 위하여 지구단위계획에는 다음 각 호의 사항 중 제2호와 제4호의 사항을 포함한 둘 이상의 사항이 포함되어야 한다. 다만, 제1호의2를 내용으로 하는 지구단위계획의 경우에는 그러하지 아니하다.
1. 용도지역이나 용도지구를 대통령령으로 정하는 범위에서 세분하거나 변경하는 사항

1의2. 기존의 용도지구를 폐지하고 그 용도지구에서의 건축물이나 그 밖의 시설의 용도 · 종류 및 규모 등의 제한을 대체하는 사항
2. 대통령령으로 정하는 기반시설의 배치와 규모
3. 도로로 둘러싸인 일단의 지역 또는 계획적인 개발 · 정비를 위하여 구획된 일단의 토지의 규모와 조성계획
4. 건축물의 용도제한, 건축물의 건폐율 또는 용적률, 건축물 높이의 최고한도 또는 최저한도
5. 건축물의 배치 · 형태 · 색채 또는 건축선에 관한 계획
6. 환경관리계획 또는 경관계획
7. 보행안전 등을 고려한 교통처리계획
8. 그 밖에 토지 이용의 합리화, 도시나 농 · 산 · 어촌의 기능 증진 등에 필요한 사항으로서 대통령령으로 정하는 사항

---

22 샹디가르(Chandigarh)에 적용된 공원녹지체계 유형은?

① 격자형
② 대상형
③ 분산형
④ 집중형

●해설

샹디가르(찬디가르)
인도 편자브 주의 수도이며 르 코르뷔지에에 의해 설계됨

구분	특징
배치의 상징성	삼권분리와 경관의 고려(히말라야산맥을 배경으로 경관적 배려)
배치의 기하학적 질서	물리적 · 시간적 간격 조절
대지로부터 분리된 마천루와 공원화된 도시지면	차량 이동을 위한 길은 행정지구 하부를 가로지르고 공원을 산책하는 사람에게는 차량이 보이지 않도록 함, 풍부한 녹지대 확보(대상형 녹지대 확보)

---

23 다음 중 건축물의 특정 층이 계획에서 정한 선의 수직면을 넘어 돌출하여 건축할 수 없는 것으로, 보행공간이나 공동주차통로 등의 확보가 필요한 곳에 지정하는 것은?

① 건축지정선
② 건축한계선
③ 벽면지정선
④ 벽면한계선

●해설

벽면한계선
도로의 개방감 확보를 위하여 고층부를 후퇴할 필요가 있거나, 특정 층에 보행공간 및 공동주차통로 등의 확보가 필요

한 곳에 지정하는 것으로서 건축물 특정 층이 계획에서 정한 선의 수직면을 넘어 돌출하여 건축할 수 없는 선

24 도로망 계획의 일반적인 원칙으로 옳지 않은 것은?

① 토지로의 접근과 이동성을 동시에 고려해야 한다.
② 도로의 횡단면은 도로의 기능 분류와 계획교통량에 따라 선정한다.
③ 기능에 따라 도로를 분류하되, 항상 통과교통은 적극적으로 방지하도록 계획한다.
④ 도로 체계가 물리적 환경에 잘 융합하고 적당한 시거를 확보하도록 직선구간과 곡선구간을 조합한다.

해설
단지 내 국지도로 등은 통과교통을 배제하여야 하지만, 이동성이 강조되는 간선도로의 경우에는 통과교통을 원활히 처리해 주는 계획이 필요하다.

25 래드번 계획의 특징으로 적절하지 않은 것은?

① 보차분리의 원칙이 강조되었다.
② 대가구(Superblock) 개념을 기본으로 한다.
③ 자동차도로의 기능을 통합 일원화하였다.
④ 기능에 따른 4가지 종류의 도로로 구분하였다.

해설
래드번 계획의 핵심은 자동차 교통의 통과배제에 있으며, 자동차도로의 기능을 통합 일원화하는 것과는 거리가 있다.

26 경관상세계획의 수립 대상 지역에서 경관상세계획을 수립하는 경우의 고려사항으로 가장 거리가 먼 것은?

① 문화재·산·수변 및 특정 건축물의 조망권을 확보하기 위하여 조망점을 설정하는 경우 근경보다 원경이 원활하게 확보되도록 한다.
② 당해 구역의 미래상을 개개의 건축물을 통하여 체험하는 것이 아니라 구역 전체를 미래 지향적인 관점에서 입체적으로 체험할 수 있도록 한다.

③ 안내표지판·가로시설물 등은 당해 구역의 이미지를 연출하는 데 중요한 역할을 하므로, 새로운 경관미를 연출하여 구역 분위기의 특성과 정체성을 인지할 수 있도록 구체적인 설치기준을 제시한다.
④ 지표물은 주민이나 방문자에게 방향감을 제공하는 등 당해지역에 대한 이미지를 강화해줄 수 있도록 상징적 요소를 개발하여 적재적소에 배치하도록 한다.

해설
경관상세계획 수립 시 고려사항
• 종합적이고 일체감 있는 경관조성계획 제시
• 상징적 요소를 개발하여 적재적소에 배치
• 건축물(유형 및 입체형태 등), 가로 및 공공공간 등을 복합적으로 계획
• 구역 전체를 미래 지향적인 관점에서 입체적으로 체험할 수 있도록 함
• 향토문화의 구현과 지역 특정 이미지의 부각을 위한 계획
• 형태와 색채, 로고, 문양 등을 특색 있게 계획하고 랜드마크 등 경관의 주요 요소들을 중심으로 계획
• 근경과 원경 모두에서 주변과 조화

27 다음 가-나 두 지점 사이의 경사가 10%일 때 두 지점의 표고차(등고차)는?

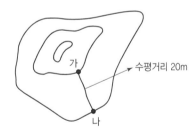

① 1m
② 2m
③ 20m
④ 200m

해설
등고선에서 표고차(등고차) 계산

$$경사도 = \frac{표고차(h)}{등고선\ 간의\ 거리(D)} \times 100$$

$$표고차(h) = \frac{등고선\ 간의\ 거리(D) \times 경사도}{100}$$
$$= \frac{20 \times 10}{100} = 2m$$

정답 24 ③ 25 ③ 26 ① 27 ②

28 건폐율이 60%로 규제되고 있는 지역에 지상 5층 연면적 3,000m²의 건물을 짓고자 할 때 필요한 최소한의 대지면적은?

① 800m² ② 900m²
③ 1,000m² ④ 1,200m²

● 해설

$$건폐율 = \frac{건축면적}{대지면적}$$

$$대지면적 = \frac{건축면적}{건폐율} = \frac{600m^2}{0.60} = 1,000m^2$$

(여기서, 건축면적=연면적/층수=3,000m²/5층=600m²)

29 향(向) 분석에 관한 설명이 옳지 않은 것은?

① 태양과 기후조건에 효율적으로 대처하는 구조를 찾아낼 수 있다.
② 향(向)이 변화함에 따라 주택의 형태가 적응할 수 있도록 해야 한다.
③ 태양과 식생은 단지에서 주호군의 향을 결정하는 데 가장 영향을 미치는 주 요소이다.
④ 강풍에 의한 피해를 방지하기 위해서 주호군의 형태는 날개와 같은 모양으로 되어 바람이 그 위를 미끄러져 가게 하는 것이 좋다.

● 해설

주호군의 향을 결정할 때 영향을 미치는 요소는 지형 및 경사도, 태양, 식생 등이 있으며, 이 중 가장 큰 영향을 미치는 요소는 지형 및 경사도이다.

30 생활권의 위계가 큰 것에서 작은 것으로 올바르게 나열된 것은?

① 근린주구 → 근린분구 → 인보구 → 지역(지구)
② 지역(지구) → 근린주구 → 근린분구 → 인보구
③ 지역(지구) → 인보구 → 근린주구 → 근린분구
④ 지역(지구) → 근린분구 → 인보구 → 근린주구

● 해설

생활권의 크기에 따른 분류
근린지구(100,000명) > 근린주구(8,000~10,000명) > 근린분구(2,000~2,500명) > 인보구(100~200명)

31 도시설계의 보너스 제도와 관련된 설명으로 적합하지 않은 것은?

① 인센티브 제공을 위해 확보되는 쾌적 요소(Amenity Unit)는 사유지 내에 확보되는 가로광장이나 아케이드 등의 공개공지가 대표적이다.
② 성능지역지구제(Performance Zoning)는 전통적인 기준인 토지의 용도를 결정하고 상세한 설계기준에 의거하여 토지의 성능을 판단하는 제도이다.
③ 보상지역지구제(Incentive Zoning)는 개발자에게 적당한 개발 보너스를 부여하는 대신 공공에게 필요한 쾌적요소를 제공하도록 유도하기 위해 개발된 방법이다.
④ 조건부 지역제(Conditional Zoning)는 민간개발이 지역지구제 조례에서 제시하고 있는 특별조건을 만족하는 경우 민간의 요구에 부응하여 해당 토지의 용도를 재지정하는 방법이다.

● 해설

②는 유클리드 지역지구제에 대한 설명이며, 성능지역지구제는 실제의 토지이용에 근거하여 발생하는 각종 결과를 기준하여 규제하는 방식을 말한다.

32 「주택건설기준 등에 관한 규정」상 2,000세대 이상의 공동주택을 건설하는 주택단지는 기간도로와 접하거나 기간도로로부터 당해 단지에 이르는 진입도로의 폭을 최소 얼마 이상으로 하여야 하는가?

① 8m 이상 ② 12m 이상
③ 15m 이상 ④ 20m 이상

● 해설

진입도로 최소폭원

세대수	1 ~ 300 세대	300 ~ 500 세대	500 ~ 1,000 세대	1,000 ~ 2,000 세대	2,000 세대 이상
진입도로 폭(m)	6	8	12	15	20

33 주거형 지구단위계획에서의 동선계획에 대한 설명으로 부적합한 것은?

① 국지도로망은 쿨데삭(Cul-de-sac)형과 루프(Loop)형 등으로 구성한다.

② 집산도로 상호 간의 교차 또는 집산도로와 국지도로의 교차는 입체교차를 원칙으로 한다.

③ 회전차로 및 변속차로의 폭은 3m를 기준으로 하되, 필요한 경우 0.25m의 가감이 가능하다.

④ 집산도로망의 구성형식은 토지이용형식에 따라 계획하되, 보조간선도로와의 연결이 용이하도록 가급적 격자형으로 구성하며 근린주구를 통과하지 못하도록 한다.

해설

간선도로급 이상에서 입체교차를 원칙으로 한다.

34 미국 동남부 지역을 중심으로 시작된 도시 설계 패러다임인 뉴어바니즘(New Urbanism)에 대한 설명으로 옳지 않은 것은?

① 슈퍼블록을 활용한 보행권 확보에 초점을 둔다.

② 압축적이고 복합적인 용도의 토지이용을 추구한다.

③ 도시의 무분별한 확산에 의해 발생하는 도시문제를 극복하기 위한 대안으로 시작되었다.

④ 전통적 근린지역(TND : Traditional Neighbor-hood District)도 뉴어바니즘의 주요 계획기법 중 하나이다.

해설

슈퍼블록을 활용한 보행권 확보에 초점을 둔 것은 래드번 계획이다.

35 주거단지환경의 이론가에 관한 다음의 연결이 옳지 않은 것은?

① 전원도시-E. Howard

② 빛나는 도시-Le Corbusier

③ 래드번 단지계획-F. L. Wright

④ 할로우(Harlow) 도시-F. Gibberd

해설

• 래드번 단지계획 : H. Wright(헨리 라이트)
• F. L. Wright(프랭크 로이드 라이트)는 자연과 건축을 조화시키는 유기적인 건축을 표방한 건축가이다.

36 「도시공원 및 녹지 등에 관한 법률」에 의한 경관녹지의 주요 기능으로 가장 옳은 것은?

① 재해 발생 시 주민의 피난지대 확보

② 도시의 자연적 환경 보전 또는 개선

③ 대기오염, 소음, 진동 등 공해의 차단 및 완화

④ 도시민에게 산책 공간으로 제공하는 선형의 녹지

해설

경관녹지는 자연경관의 보전과 주민의 일상생활의 쾌적성과 안정성 확보를 목적으로 한다.
① 완충녹지, ③ 완충녹지, ④ 연결녹지

37 지구단위계획 수립 시 각 용지별 토지이용계획 수립기준으로 옳지 않은 것은?

① 일조권을 감안하여 단독주택용지가 아파트 용지의 진북 방향으로 입지하는 때에는 충분한 이격거리가 유지되도록 하여야 한다.

② 녹지용지는 쾌적한 주거환경을 조성하는 데 필요한 근린공원·어린이공원·완충녹지·경관녹지·광장·보행자전용도로·친수공간 등으로 구획한다.

③ 상업용지는 주거용지 면적의 5% 내외에서 계획하는 것을 원칙으로 하되, 당해 구역의 경제권 및 생활권의 규모와 구조 등을 감안하여 적정한 비율을 확보하도록 한다.

④ 주거용지와 면하는 철도부지변에는 폭 30m 미만의 완충녹지, 폭 25m 이상의 도시·군계획도로변에는 폭 10m 미만의 완충녹지를 설치하는 것이 바람직하다.

해설

주거용지와 면하는 철도부지변에는 폭 30m 이상의 완충녹지, 폭 25m 이상의 도시계획도로변에는 폭 10m 이상의 완충녹지, 철도역 등과 인접해서는 폭 10m 내외의 완충녹지를 설치하는 것이 바람직하다.

38 주거단지계획의 목표로서 적당하지 않은 것은?

① 개발비용의 효율성
② 공간적 기능성의 충족
③ 프라이버시 확보를 위한 공동체의 배제
④ 안전성 및 건강성 확보를 통한 복리후생의 증진

●해설

단지계획의 목표에서 이웃과의 유대(Communication)는 중요한 사항 중의 하나이다.

39 케빈 린치(Kevin Lynch)가 제안한 도시를 이미지화하는 물리적 구조에 관한 요소가 아닌 것은?

① 통로(Path)   ② 가장자리(Edge)
③ 결절점(Node)   ④ 조경(Landscape)

●해설

케빈 린치의 도시를 이미지화하는 도시의 물리적 구조에 관한 5가지 요소
경계(Edge), 결절점(Node), 통로(Path), 지구(District), 랜드마크(Landmark)

40 아래의 설명에 해당되는 것은?

이들은 국가적 계획 위에 정신적·물리적 희망을 실현하기 위하여 협력한다는 선언을 채택하였다. '빛나는 도시'의 주요 개념인 도시의 4가지 기능, 즉 주거, 휴식, 노동, 교통에 대한 논의와 고층건물 속에 햇빛과 녹음이 충만한 오픈스페이스 확보를 이상도시의 목표로 하였다. 1956년 헤비타트 의제를 마지막으로 막을 내렸으며, 오늘날 도시계획이나 뉴타운 이미지에 많은 영향을 미쳤다.

① 리우선언   ② 전원도시협의회
③ 근대건축국제회의   ④ 빛나는 도시계획가협회

●해설

CIAM(국제근대건축가협회, 근대건축국제회의)
• 1928년 르 코르뷔지에(Le Corbusier)의 주장을 지지하는 각국의 건축가들에 의해 결성된 건축가 및 도시계획가 모임
• 1933년 아테네 회의에서 현대도시의 존재방식에 대한 생각을 정리한 95조로 이루어진 아테네 헌장 발표

• 도시의 네 가지 기능 : 주거, 여가, 근로, 교통
• 이상도시의 목표 : 초록, 태양, 공간
• 도시계획은 주거단위를 중핵으로 하여 이들 기능의 상호관계를 결정해야 함
• CIAM의 주장은 많은 사람들의 공명을 얻어 각국의 도시계획 및 주택지계획 속에 정착되어 감

3과목 **도시개발론**

41 다음 중 개발권양도제(TDR)에 대한 설명으로 가장 거리가 먼 것은?

① 도시기반시설의 설치를 위한 제도
② 공개공지와 농지의 보전을 위한 제도
③ 역사적 건조물을 보전하기 위한 제도
④ 토지이용규제에 따른 손실을 보상하기 위한 제도

●해설

개발권양도제(TDR)는 문화재 보존이나 환경보호 등을 위해 해당 지역의 토지소유자로 하여금 다른 지역에 대한 개발권을 부여하는 제도로서 규제에 따른 손실보상에 그 목적이 있으며, 도시기반시설을 설치하기 위한 제도와는 거리가 멀다.

42 도시개발사업의 타당성 분석을 통하여 얻을 수 있는 효과가 아닌 것은?

① 상품기획   ② 시장조사
③ 표적시장 선정   ④ 도시개발 수요 예측

●해설

타당성 분석은 시장조사를 실시한 후 도시개발사업이 경제적 타당성이 있는지를 분석하는 것이므로, 시장조사가 타당성 분석의 효과라고 보기는 어렵다.

43 다음 중 부동산과 금융을 결합한 형태로서 부동산 투자의 약점으로 꼽히는 유동성 문제와 소액 투자 곤란의 문제를 증권화라는 방식을 이용하여 해결하고 있는 것은?

① 리츠(REITs)
② 건설-운영-이전(BOT)
③ 사모투자전문회사(PEF)
④ 자산담보부증권(ABS)

해설

부동산투자신탁(REITs)
• 소액투자자들로부터 자금을 모아 부동산이나 부동산 관련 대출에 투자하여 발생한 수익을 투자자에게 배당하는 투자신탁을 의미한다.
• 부동산과 금융을 결합한 형태로 부동산 투자의 약점으로 꼽히는 유동성 문제와 소액투자 곤란의 문제를 극복하기 위하여 증권화를 이용하여 해결하는 방식이다.

44 환지방식의 도시개발에서 "감보"와 관련한 설명 중 틀린 것은?

① 감보율의 결정은 일률적일 수 없다.
② 감보의 종류에는 연도감보와 민간감보가 있다.
③ 사업비용의 충당과 공공시설의 설치를 위한 용지를 부담해야 하기 때문에 발생한다.
④ 환지계획구역의 평균 토지부담률은 50%를 초과할 수 없다.

해설

감보의 종류
• 연도감보 : 정리 후 택지의 접면도로 폭원에 따라 받는 이익에 차이가 발생한다는 논리에서 접면도로 면적 일부를 시행규정이 정함에 따라 부담하는 감보
• 공통감보 : 환지기준면적에 비례해서 연도감보에서 제외된 도로면적과 신설 또는 확장되는 공원, 하천, 시장, 학교용지 및 보류지에 충당될 면적을 부담하는 것

45 다음 중 관광특구에 대한 설명이 옳지 않은 것은?

① 관광특구는 외국인 관광객의 유치 및 관광활동의 편의 증진을 목적으로 제정되었다.
② 관광특구는 시장·군수·구청장의 신청에 따라 시·도지사가 지정할 수 있다.
③ 서울의 명동, 이태원, 동대문 패션타운 등이 관광특구에 속한다.

④ 관광특구는 관광의 수요를 충족할 수 있는 지역을 집중적으로 특구 지정을 통해 개발하는 것이다.

해설

관광특구는 지정하여 개발하는 것이 아니라, 문화체육관광부령으로 정하는 바에 따라 관광안내시설, 공공편익시설 및 숙박시설 등이 갖추어져 외국인 관광객의 관광수요를 충족시킬 수 있는 인프라가 이미 갖추어져 있는 지역을 지정하게 된다.

46 다음 중 도시개발 전략의 수립 시 고려할 사항으로 옳지 않은 것은?

① 다양한 재무적 투자형태를 고려하여 가장 바람직한 지분구조를 도출한다.
② 사회적 목표, 재무적 목표, 비즈니스 계획 등을 포함하여 전반적인 기본구상을 설정한다.
③ 개발기본계획의 내용은 고려하지 않고, 시장과 경쟁시설에 대한 개략적인 분석만으로 재무적 타당성을 결정한다.
④ 부지 및 주변지역의 기반시설, 지형, 지세, 각종 규제, 토지이용계획 등을 고려하여 개발대상지를 분석한다.

해설

재무적 타당성 분석 시 시장장과 경쟁시설에 대한 구체적이고 상세한 분석뿐만 아니라 개발기본계획의 내용이 고려되어야 한다.

47 물류단지의 계획 중에서 개발수요의 예측 시 다음의 2단계에서 고려할 사항은?

물동량 예측 및 검증→(　　　)→시설 원단위 산출→물류단지 개발수요 예측

① 법/제도적 검토
② 조립/가공 기술검토
③ 개발계획 분석을 통한 규모 산정
④ 화물의 유통단지 경유비율 설정

●해설
물류단지의 계획 시 개발수요 예측 단계별 고려사항
1단계 : 물동량 예측 및 검증 → 2단계 : 화물의 유통단지 경유비율 설정 → 3단계 : 시설 원단위 산출 → 물류단지 개발수요 예측

48 「국토의 계획 및 이용에 관한 법률」상 다음과 같이 설명되는 구역은?

> 주거지역에서의 개발행위로 기반시설의 처리 · 공급 또는 수용능력이 부족할 것으로 예상되는 지역 중 기반시설의 설치가 곤란한 지역을 대상으로 건폐율이나 용적률을 강화하여 적용하기 위하여 지정하는 구역

① 입지규제최소구역 ② 시가화조정구역
③ 도시자연공원구역 ④ 개발밀도관리구역

●해설
개발밀도관리구역(「국토의 계획 및 이용에 관한 법률」 제66조)
특별시장 · 광역시장 · 특별자치시장 · 특별자치도지사 · 시장 또는 군수는 주거 · 상업 또는 공업지역에서의 개발행위로 기반시설의 처리 · 공급 또는 수용능력이 부족할 것으로 예상되는 지역 중 기반시설의 설치가 곤란한 지역을 개발밀도관리구역으로 지정할 수 있다.

49 바다, 하천, 호수 등 수변공간을 가지는 육지에 개발된 공간을 무엇이라 하는가?

① 워터프론트 ② 역세권
③ 지하공간 ④ 텔레포트

●해설
워터프론트(水邊空間, Waterfront)
바다, 하천, 호수 등의 공간을 가지는 육지에 인공적으로 개발된 도시 공간으로서 항만 및 해운기능, 어업 · 공업 등의 생산기능, 상업, 업무, 주거, 레크리에이션 등 다양한 도시 활동을 수용할 수 있는 유연성을 지니고 있다.

50 도시화의 단계에 관한 설명으로 옳지 않은 것은?

① 도시화 단계에서는 도시지역에 인구집중이 일어나기 때문에 도시지역의 주거환경 정비와 개선이 중요한 문제가 된다.
② 교외화 단계에서는 교외지역의 도시개발이 활성화되기 때문에 도심으로의 통근교통과 도시의 외연적 확장이 문제가 된다.
③ 반도시화 단계에서는 도시민들이 소득 향상과 쾌적한 환경을 찾아 농촌지역으로 이동하는 현상이 일어나 도심부의 쇠퇴현상이 두드러지게 나타난다.
④ 재도시화 단계에서는 재개발사업과 주거환경 개선으로 교외지역에 새로운 개발수요가 나타난다.

●해설
새로운 개발수요는 교외가 아닌 도심에서 나타난다.

재도시화(Stage of Reurbanization)
도심이 재개발됨으로써 기존의 노동자 주거지역이 중산층 · 고소득 계층에게 점유되고 주거지역이 질적 · 환경적으로 좋아지는 현상

51 다음 중 사업타당성을 판단할 수 없는 도시개발사업은?

① A사업의 순현재가치(FNPV)가 1,000억 원이다.
② B사업의 내부수익률(FIRR)은 10%이며, 기대수익률은 9%이다.
③ C사업의 비용편익비(B/C Ratio)가 0.95이다.
④ D사업은 1년차에 비용이 1,000억 원 발생하였고, 5년차에 수익이 1,100억 원 발생하였다.

●해설
④의 경우는 할인율이 없으므로 사업타당성을 판단할 수 없다.

52 시장에서 이루어지는 도시개발 과정에 공공(公共)이 개입하는 이유로 거리가 먼 것은?

① 시장 실패 ② 공공재정 확충
③ 세대 간 형평성 ④ 자연환경의 불가역성

공공재정의 확충을 위해서, 즉 이윤을 얻기 위해서 공공이 개입을 하는 것은 공공개입의 목적상 맞지 않다.

53 다음 중 Robert Goodland(1994)가 제안한 지속 가능한 도시개발을 위한 지속성의 분류에 해당하지 않는 것은?

① 기술적 지속성 : 과학, 기술개발
② 사회적 지속성 : 문화, 역사, 제도
③ 경제적 지속성 : 경제자본, 산업, 사업
④ 환경적 지속성 : 환경의 질, 생태계 용량, 자연자원

Robert Goodland(1994)가 제안한 지속 가능한 도시개발을 위한 지속성 요소는 사회적 지속성, 경관 및 환경적 지속성, 경제적 지속성이다.

54 토지의 취득방식에 따른 개발방식의 설명으로 틀린 것은?

① 토지 취득방식에 따라 개발방식을 분류하면 환지방식, 수용 · 사용방식, 전면매수방식, 혼용방식, 신탁개발방식으로 구분할 수 있다.
② 신탁개발방식은 신탁회사가 토지소유권을 이전받아 토지를 개발한 후 분양하거나 임대하여 그 수익을 신탁자에게 돌려주는 방식이다.
③ 혼용방식은 한 사업지구 안에서 수용 · 사용방식과 환지방식을 혼합하여 적용하는 방식이다.
④ 전면매수방식은 사업 후 개발토지 중 사업에 소요된 비용을 충당하기 위한 토지와 공공용지를 제외한 토지를 원소유자에게 되돌려주는 방식이다.

전면매수방식은 시행자가 개발대상지의 토지를 매수하여 개발하는 방식으로 토지를 원소유자에게 되돌려주는 것과는 거리가 멀다.

55 다음 조건에 따른 상업용지의 수요 면적은?

- 상업지역 예상 이용인구 : 407천 명
- 이용인구 1인당 평균상면적 : 15m^2
- 평균층수 : 5층
- 건폐율 : 65%
- 공공용지율 : 40%

① 0.75km^2
② 1.13km^2
③ 3.13km^2
④ 5.81km^2

$$상업지 면적 = \frac{상업지역 \ 내의 \ 수용인구 \times 1인당 \ 점유면적}{평균층수 \times 건폐율 \times (1 - 공공용지율)}$$
$$= \frac{407,000 \times 15m^2}{5 \times 0.65 \times (1 - 0.4)} = 3,130,769m^2 = 3.13km^2$$

56 재개발을 시행하는 방식에 따른 분류에 해당하지 않는 것은?

① 수복재개발(Rehabilitation)
② 단지재개발(Reblocking)
③ 보존재개발(Conservation)
④ 전면재개발(Redevelopment)

시행방법에 따른 재개발방식의 분류
- 수복(보수)재개발(Rehabilitation)
- 보전(보존)재개발(Conservation)
- 철거(전면)재개발(Redevelopment)
- 개량재개발(Remodeling)

57 다음 중 가구분할계획으로 가장 거리가 먼 것은?

① 단독주택지의 소가구 방향은 주택의 남향배치가 용이하도록 가능한 한 동서장방향으로 구성한다.
② 대로변 완충녹지와 접하게 되는 단독주택지의 소가구는 가능한 한 2열 가구로 구성한다.
③ 대가구의 규모는 어린이놀이터의 이용반경과 소가구의 적절한 조합방식에 의해 결정된다.

④ 상업편익시설용지의 가구 구성은 일반적으로 대로변에 접하게 되는 바깥가구를 안쪽가구보다 크게 구획한다.

●**해설**

대로변 완충녹지와 접하게 되는 단독주택지의 소가구는 가능한 한 1열 가구로 구성하고 그 뒷면에 접지도로를 두고 2열 배열로 한다.

58 도시개발을 위한 재원조달방식 중 "지분조달방식"이 "부채조달방식"에 비하여 갖는 단점으로 옳지 않은 것은?

① 자본시장의 여건에 따라 조달이 민감한 영향을 받는다.

② 조달 규모의 증대로 소유주의 지분 축소가 불가피하다.

③ 기업 가치의 불안정으로 매매활성화에 한계가 있다.

④ 중소기업의 경우 신용이 취약한 기업은 차입수단, 규모, 시기, 비용상의 문제점이 존재한다.

●**해설**

신용이 취약한 중소기업에 차입수단, 규모, 시기, 비용상의 문제점이 존재하는 것은 부채조달방식의 단점이다.

59 텔레포트 단지 개발에서 통신설비의 배치방식과 거리가 먼 것은?

① 중심배치형 ② 외곽배치형
③ 분리배치형 ④ 내부배치형

●**해설**

텔레포트(Teleport, 정보화 단지) 개발

텔레포트(Teleport)는 전기통신(Telecommunication)과 항구(Port)의 합성어로서, 텔레포트(정보화 단지)는 정보와 통신의 거점을 의미하며 통신설비의 배치방식으로는 중심배치형, 외곽배치형, 분리배치형이 있다.

60 도시개발사업에 필요한 경비를 충당하기 위한 방법은?

① 체비지 매각 ② 원인자 부담금
③ 수익지 부담금 ④ 국고 보조금

●**해설**

체비지 · 보류지

사업에 필요한 경비 조달, 공공시설 설치에 필요한 토지 확보를 위한 토지

4과목 국토 및 지역계획

61 A지역의 고용통계가 아래와 같을 때, 지역발전의 경제기반이론에 기초하여 산정한 A지역의 기반승수는?

- 기반산업부문 고용 : 25,000명
- 비기반산업부문 고용 : 50,000명
- 총인구 : 150,000명

① 0.17 ② 0.50
③ 2.00 ④ 3.00

●**해설**

경제기반승수

$$경제기반승수 = \frac{지역\ 총\ 고용인구}{지역의\ 수출(기반)산업\ 고용인구}$$

$$= \frac{75,000명}{25,000명} = 3.00$$

62 수도권정비위원회의 심의내용이 아닌 것은?

① 종전 대지의 이용계획에 관한 사항

② 대규모 개발사업의 개발계획에 관한 사항

③ 도시 · 군관리계획의 수립 및 변경에 관한 사항

④ 과밀억제권역에서 추진될 공업지역의 지정에 관한 사항

●**해설**

수도권정비위원회의 심의사항(「수도권정비계획법」 제21조)

- 수도권정비계획의 수립과 변경에 관한 사항
- 수도권정비계획의 소관별 추진계획에 관한 사항
- 수도권의 정비와 관련된 정책과 계획의 조정에 관한 사항
- 과밀억제권역에서 추진될 공업지역의 지정에 관한 사항
- 종전 대지의 이용계획에 관한 사항
- 제18조에 따른 총량규제에 관한 사항

정답 58 ④ 59 ④ 60 ① 61 ④ 62 ③

- 대규모 개발사업의 개발계획에 관한 사항
- 그 밖에 수도권의 정비에 필요한 사항으로서 대통령령으로 정하는 사항

63 다음 중 국토계획과 지역계획의 성격으로 옳지 않은 것은?

① 국토계획 : 분배계획(Allocative Planning)의 성격을 갖는다.
② 국토계획 : 조언적 계획(Indicative Planning)의 성격을 갖는다.
③ 지역계획 : 미래지향적 계획(Future Oriented Planning)의 성격을 갖는다.
④ 지역계획 : 단일한 이념체계(Specific Ideological)로 구성되는 성격을 갖는다.

해설
지역계획과 이념체계의 구성과는 관계가 없다.

64 지역의 외부수요가 지역경제의 성장을 선도함을 전제한 모형은?

① 섹터모형
② 수출기반모형
③ 지역혁신모형
④ 투입산출모형

해설
수출성장기반이론(Export Base Model, 경제기반이론)
도시의 산업을 기반부문(Basic Sector)과 비기반부문(Non-basic Sector)으로 나누며, 기반부문에서 생산된 재화를 타 지역으로 수출(지역의 외부수요)함으로써 이익을 창출하여 도시가 성장한다.

65 지역을 동질지역(Homogeneous Region)과 결절지역(Nodal Region)으로 분류한 학자는?

① 후버(E. M. Hoover)
② 퍼로프(H. S. Perloff)
③ 로젠버그(N. Rosenverg)
④ 리차드슨(H. Richardson)

해설
후버(E. M. Hoover)는 지역을 동질지역과 결절지역으로 구분하였다.

66 생산요소의 지역 간 이동이 자유롭게 허용된다면 자연히 지역 간 형평이 달성된다고 보는 지역균형성장론에 해당하는 것은?

① 종속이론
② 누적인과모형
③ 성장거점이론
④ 신고전학파의 지역경제성장이론

해설
신고전학파의 지역경제성장이론은 생산성의 증가를 성장의 기초로 여겨 공급 측면을 강조한 성장이론으로 지역 간 생산요소의 이동에 의해 성장을 파악하였다.

67 제1차 국토종합개발계획에서의 권역 설정으로 옳은 것은?

① 9개 광역생활권
② 4개 대도시경제권
③ 4대권 8중권 17소권
④ 28개 지방정주생활권

해설
제1차 국토종합개발계획의 개발권역
- 4대권(한강, 금강, 낙동강, 영산강 유역권)
- 8중권(수도권, 태백권, 충청권, 전주권, 대구권, 부산권, 광주권, 제주권)
- 17소권

68 다음 중 콤팩트시티(Compact City)에 대한 설명으로 옳지 않은 것은?

① 고밀개발을 통해 도심의 지가를 안정시킨다.
② 도시의 무분별한 교외확산을 방지할 수 있다.
③ 인프라 및 에너지의 효율적 이용을 도모할 수 있다.
④ 주거와 직장 및 도시 서비스의 분리를 최소화한다.

해설
고밀개발을 할 경우 도심의 지가가 상승하는 원인으로 작용할 수 있다.

정답 63 ④ 64 ② 65 ① 66 ④ 67 ③ 68 ①

69 지역획정의 원칙 중 동일한 중심결절과의 관계를 가지고 있는 주변지역을 하나의 지역으로 통합했을 때 적용한 원칙은?

① 계획성의 원칙
② 동질성의 원칙
③ 기능결합의 원칙
④ 순위규모의 법칙

● 해설
기능결합의 원칙
• 동일한 중심결절과 관계를 가지고 있는 주변지역을 하나의 지역으로 통합
• 하게트(Haggett)의 입지분석을 통한 결절지역의 공간구조요소 : 움직임(Movement), 네트워크(Networks), 결절(Nodes)

70 지역문제가 발생하는 원인으로 틀린 것은?

① 지역마다 가지고 있는 자연자원 또는 입지적 조건의 차이가 있기 때문에 발생한다.
② 지역분석에 대한 기술의 개발에 따라 상대적인 비교 방법이 발달하였기 때문에 발생한다.
③ 지역마다 특유한 산업구조를 갖게 되며 이것이 경제적으로 영향을 주기 때문에 발생한다.
④ 지역주민의 발전의지, 발전이나 성장에 유익한 가치관이나 문화적 특성이 지역마다 다르기 때문에 발생한다.

● 해설
지역분석에 대한 기술의 개발에 상대적인 비교방법의 발달과 지역문제와는 연관성이 없다.

71 지역계획의 근본적 목적에 어긋나는 것은?

① 지역자원의 효율적 이용
② 지역주민의 평등성 유지
③ 개발정책의 효과성 제고
④ 지역적 집중투자로 경쟁력 강화

● 해설
지역계획의 형성배경
• 지역 자체의 발전을 도모하는 계획이지만 국토 전체적인 광의의 차원에서 보면 지역 간의 불균형을 해소할 목적으로 추진하였다.
• 고도의 경제 성장으로 인해 발생한 지역 간의 성장격차를 줄여 지역 간 균형성장을 우선적으로 필요로 하였다.

72 다음의 도시계획이론 중 상황의 종합적 분석과 최적의 대안선택이 가능하다고 보는 규범적이며 이상적인 접근방법은?

① 합리적 접근방법
② 만족화 접근방법
③ 점진적 접근방법
④ 혼합주사적 접근방법

● 해설
합리적 접근방법
• 순수합리모형, 종합적 합리모형이라고도 하며, 현대적 의미의 계획의 기원이라고 할 수 있는 종합계획(Master Plan) 또는 청사진적 계획(Blue Print Planning)을 의미한다.
• 절차에 관한 이론으로 절차적 계획이론(Procedural Planning Theory)의 특성을 가지며, 합리성과 의사결정을 위한 일련의 선택 과정을 강조(선택의 합리성 : 모든 정보를 총동원)한다.

73 도시규모이론에 있어서 대도시론을 주장한 학자는?

① 언윈(R. Unwin)
② 코미(T. Comey)
③ 하워드(E. Howard)
④ 테일러(G. R. Taylor)

● 해설
코미(T. Comey)는 1차 세계대전 이후 인구, 주택, 국민보건 문제에 집중한 지역계획이론을 발표하였으며, 동시에 르 코르뷔지에와 함께 인구 300만 명 이상의 대도시론을 주장하였다.

74 다음 중 도시공간의 확장과 분화는 지속적인 침입(Invasion)과 계승(Succession)의 과정을 통해 이루어진다고 설명하는 도시공간구조 이론은?

① 다핵이론　　　② 선형이론
③ 동심원이론　　④ 다차원이론

해설

동심원이론
도시를 사회, 경제, 문화의 요소들로 구성된 도시생태계로 파악한 것으로서, 도시 내부의 거주지 분화과정은 침입(Invasion) → 경쟁(Competition) → 계승(Succession)의 과정을 통해 내부공간구조가 동심원 형태로 분화된다는 이론이다.

75 사회간접자본의 민자유치 방법 중 BOT 방식에 대한 설명으로 옳은 것은?

① 공공이 건설, 운영, 소유권을 담당하다가 일정 기간이 지나면 민간에 매각 이전하는 방식
② 민간이 건설하고 일정 기간 운영하며 수익을 취득한 후 정부에 시설을 이전시키는 사업방식
③ 민간이 건설하고 운영하며, 민간이 운영에 실패하면 일정 조건하에 다른 민간 기업에 이전시키는 사업방식
④ 정부가 건설하고 민간이 운영한 후 민간의 운영 효율성이 검증되면 일정 조건하에 민간에 시설을 이전시키는 사업방식

해설

BOT(Build-Operate-Transfer, 건설 · 운영 후 양도방식)
사회간접자본시설의 준공 후 일정 기간 동안 사업시행자에게 당해 시설의 소유권이 인정되며 그 기간의 만료 시 시설소유권을 국가 또는 지방자치단체에 귀속하는 방식

76 레닌(V. I. Lenin, 1933년)이 종속이론에서 주장한 후진국의 자본주의적 발전 특성으로 옳은 것은?

① 선진 자본주의 국가의 자본은 후진국을 지배하지 않는다.

② 선진 자본주의 국가는 후진국에 대한 국제적 독점권을 형성한다.
③ 선진 자본주의 국가는 후진국에서 경제적 상호주의의 입장을 취한다.
④ 선진 자본주의 국가의 자본은 후진국에서 많은 이윤을 남기고, 이것을 후진국에 재투자한다.

해설

종속이론(Dependent Theory)
• 전통적 지역발전이론(성장거점이론 등)에 대한 비판으로 제기된 것으로서, 자본주의제도는 구조적으로 선진국의 독점 및 불균형 발전을 지향하므로 개발도상국은 착취를 당하여 결국 저발전 상태에 존재하게 된다는 이론이다.
• 중심과 주변의 관계는 종속관계이며 이 불평등 관계가 항구적인 현상임을 강조한다.
• 선진 자본주의 국가는 후진국에 대한 국제적 독점권을 형성한다.(레닌, 1933년)

77 2003년 도입된 「국토의 계획 및 이용에 관한 법률」의 내용으로 옳지 않은 것은?

① 도시관리계획은 광역도시계획 및 도시기본계획과 부합되게 입안한다.
② 개발행위허가제도 실시지역을 도시지역에서 전국토로 확대하여 적용한다.
③ 전 국토를 종전 4개의 용도지역에서 5개의 용도지역으로 세분화하여 난개발을 방지한다.
④ 종전 「국토이용관리법」의 적용대상이었던 비도시지역에도 도시기본계획 및 도시관리계획을 수립하도록 한다.

해설

「국토의 계획 및 이용에 관한 법률」에 용도지역은 도시지역, 관리지역, 농림지역, 자연환경보전지역의 4개로 규정되어 있다.

78 다음 중 수출기반모형에 대한 설명으로 옳지 않은 것은?

① 정부지출 또는 민간투자의 역할이 중요시된다.
② 경제구조를 기반활동과 비기반활동으로 구분한다.
③ 도시의 성장은 기반산업의 성장에 의해 주도된다.
④ 산업구조가 변해도 경제기반승수가 일정하다는 가정은 비현실적이다.

◉해설

수출기반이론은 지역의 성장은 신고전학모형이 주장하는 것처럼 생산요소의 유입·유출로 인한 외부관계에 있는 것이 아니라 지역 내부에 기인한다는 입장으로서, 경제기반이론(Economic Base Theory)이라고도 한다. 지역 성장은 내부에 기인하므로 정부지출 또는 민간투자의 역할이 중요하다는 것은 본 이론과 거리가 멀다.

79 지역의 소득격차를 측정하는 방법이 아닌 것은?

① 지니계수   ② 허프 모형
③ 로렌츠 곡선   ④ 쿠즈네츠비

◉해설

허프(Huff)의 소매지역이론(Huff 모형)은 전통적인 수요추정모델 중에서 상권에 관한 가장 체계적인 이론이다. 소비자가 상점시설을 선정하는 행동을 확률적으로 해석하는 방법으로서 개별 소매점의 고객흡입력을 계산하는 기법으로 활용되고 있다.

80 지역 교통계획의 분포통행량 예측(Trip Distribution)에서 성장인수법(Growth Factor Method)에 해당되지 않는 것은?

① 중력모형(Gravity Model)
② 프라타 모형(Fratar Model)
③ 디트로이트 모형(Detroit Model)
④ 평균성장인수법(Average Growth Factor Method)

◉해설

통행분포모형에는 크게 성장인수법, 중력모형, 간섭기회모형, 엔트로피 극대화 모형이 있다. 이 중 성장인수법(Growth Factor Model, 성장인자모형)은 가장 단순하고

오래된 모형으로 현재 통행자의 통행 행태가 장래에도 변하지 않는다는 가정을 두고, 장래의 존 간 통행량이 현재의 총 통행량 또는 유입·유출량에 비례한다는 가정을 둔다. 이러한 방법을 채용하는 것에는 균일성장률법, 평균성장률법(평균성장인수법), 프라타법, 디트로이트법이 있다.

81 「택지개발촉진법」이 지향하는 것이 아닌 것은?

① 시급한 주택난 해소
② 국민 주거생활의 안정
③ 택지의 소유 상한 설정
④ 택지의 취득·개발·공급 및 관리

◉해설

목적(「택지개발촉진법」 제1조)
이 법은 도시지역의 시급한 주택난(住宅難)을 해소하기 위하여 주택건설에 필요한 택지(宅地)의 취득·개발·공급 및 관리 등에 관하여 특례를 규정함으로써 국민 주거생활의 안정과 복지 향상에 이바지함을 목적으로 한다.

82 도시·군관리계획 입안에 있어 주민 의견 청취 공고 및 공람에 관한 설명 중 옳은 것은?

① 중앙지 일간신문에 1회 이상 공고하고 14일간 일반이 열람할 수 있도록 하여야 한다.
② 중앙지 일간신문에 2회 이상 공고하고 20일간 일반이 열람할 수 있도록 하여야 한다.
③ 해당 지역을 주된 보급지역으로 하는 하나의 일간신문에 공고하고 14일간 일반이 열람할 수 있도록 하여야 한다.
④ 해당 지역을 주된 보급지역으로 하는 2 이상의 일간신문과 해당 시·군의 인터넷 홈페이지에 14일 이상 일반이 열람할 수 있도록 하여야 한다.

◉해설

주민 및 지방의회의 의견청취(「국토의 계획 및 이용에 관한 법률 시행령」 제22조)
특별시장·광역시장·특별자치시장·특별자치도지사·시장 또는 군수는 도시·군관리계획의 입안에 관하여 주민의 의견을 청취하고자 하는 때에는 도시·군관리계획안의

주요 내용을 2 이상의 일간신문과 해당 지방자치단체의 인터넷 홈페이지 등에 공고하고 14일 이상 일반이 열람할 수 있도록 하여야 한다.

83 다음 중 수도권정비계획법령상 과밀부담금을 내야 하는 인구집중유발시설에 해당하지 않는 것은?

① 공공청사   ② 연수시설
③ 업무용 건축물   ④ 판매용 건축물

해설

과밀부담금의 부과 · 징수(「수도권정비계획법」 제2조)
과밀억제권역에 속하는 지역으로서 대통령령으로 정하는 지역에서 인구집중유발시설 중 업무용 건축물, 판매용 건축물, 공공청사, 그 밖에 대통령령으로 정하는 건축물을 건축하려는 자는 과밀부담금을 내야 한다.

84 지방도시계획위원회를 설치할 수 없는 관할 구역은?

① 도   ② 읍
③ 광역시   ④ 자치구

해설

지방도시계획위원회(「국토의 계획 및 이용에 관한 법률」 제113조)
도시 · 군관리계획과 관련된 심의를 하게 하거나 자문에 응하게 하기 위하여 시 · 군(광역시의 관할구역에 있는 군을 포함) 또는 구에 각각 시 · 군 · 구도시계획위원회를 둔다.

85 「건축법」에 따른 건축허가의 제한에 관한 설명이 옳지 않은 것은?

① 특별시장 · 광역시장 · 도지사가 도시 · 군계획에 특히 필요하다고 인정하여 건축허가를 제한하고자 하는 경우에는 지방도시계획위원회의 심의를 거쳐야 한다.
② 국토교통부장관이 건축허가를 제한하는 경우 그 내용을 상세하게 정하여 허가권자에게 통보하고, 통보를 받은 허가권자는 지체없이 이를 공고하여야 한다.

③ 특별시장 · 광역시장 · 도지사가 지역계획에 특히 필요하다고 인정하여 시장 · 군수 · 구청장의 건축허가를 제한한 경우 즉시 국토교통부장관에게 보고하여야 한다.
④ 국토교통부장관은 국토관리를 위하여 특히 필요하다고 인정하는 경우 건축허가의 제한기간을 2년 이내로 하며, 1회에 한하여 1년 이내의 범위에서 제한기간을 연장할 수 있다.

해설

건축허가의 제한(「건축법」 제18조)
국토교통부장관이나 시 · 도지사는 건축허가나 건축허가를 받은 건축물의 착공을 제한하려는 경우에는 주민의견을 청취한 후 건축위원회의 심의를 거쳐야 한다.

86 주차장의 효율적인 설치 및 관리운영을 위하여 지방자치단체에 설치하는 주차장특별회계의 설치 등에 관한 설명으로 옳지 않은 것은?

① 시장, 군수, 구청장이 설치할 수 있다.
② 지방도시교통사업특별회계와 통합하여 운용할 수 있다.
③ 노외주차장의 설치자에게 노외주차장의 설치비용의 일부를 보조할 수 있다.
④ 부설주차장의 설치자에게 부설주차장의 설치비용의 일부를 융자할 수 없다.

해설

주차장 특별회계의 설치
특별시장 · 광역시장, 시장 · 군수 또는 구청장은 노외주차장 또는 부설주차장의 설치자에게 주차장 특별회계로부터 노외주차장 또는 부설주차장의 설치비용의 일부를 보조하거나 융자할 수 있다.

87 다음 중 도시 · 군관리계획으로 결정할 수 없는 용도지구는?

① 경관지구   ② 보존지구
③ 침수지구   ④ 시설보호지구

●해설
용도지구의 지정(「국토의 계획 및 이용에 관한 법률」 제37조, 시행령 제31조)
경관지구, 고도지구, 방화지구, 방재지구, 보호지구, 취락지구, 개발진흥지구, 특정용도제한지구, 복합용도지구

88 다음 중 「국토의 계획 및 이용에 관한 법률」에 따른 용도구역의 종류가 아닌 것은?

① 개발제한구역　　② 시가화조정구역
③ 도시자연공원구역　④ 특정시설제한구역

●해설
용도구역의 종류
• 개발제한구역　　　　• 도시자연공원구역
• 시가화조정구역　　　• 수산자원보호구역
• 입지규제최소구역

89 통행의 안전과 차량의 소통을 원활하게 하기 위해서 도로의 교차각과 너비에 따라 교차점으로부터 후퇴하는 것은?

① 사선 제한　　　　② 도로 경계선
③ 건축 지정선　　　④ 도로 모퉁이의 길이

●해설
교통의 원활한 회전 및 시야 확보를 위해 도로 모퉁이의 길이를 조절하며 이것을 가각전제라고 한다.

90 「주택법」의 제정목적으로 가장 타당한 것은?

① 주거생활의 안정 도모
② 도시의 건전한 발전 도모
③ 주택건축행정의 지도와 규제
④ 택지의 건설 및 공급의 촉진

●해설
목적(「주택법」 제1조)
이 법은 쾌적하고 살기 좋은 주거환경 조성에 필요한 주택의 건설 · 공급 및 주택시장의 관리 등에 관한 사항을 정함으로써 국민의 주거안정과 주거수준의 향상에 이바지함을 목적으로 한다.

91 「도시개발법」상 도시개발사업의 환지계획 작성 시 포함하여야 할 사항으로 옳지 않은 것은?

① 환지 설계
② 필지별로 된 환지 명세
③ 축척 1,000분의 1 이하의 환지예정지도
④ 필지별과 권리별로 된 청산 대상 토지 명세

●해설
환지계획의 작성(「도시개발법」 제28조)
시행자는 도시개발사업의 전부 또는 일부를 환지방식으로 시행하려면 다음의 사항이 포함된 환지계획을 작성하여야 한다.
• 환지 설계
• 필지별로 된 환지 명세
• 필지별과 권리별로 된 청산 대상 토지 명세
• 체비지(替費地) 또는 보류지(保留地)의 명세
• 입체 환지를 계획하는 경우에는 입체 환지용 건축물의 명세와 공급 방법 · 규모에 관한 사항
• 그 밖에 국토교통부령으로 정하는 사항

92 수도권정비계획에 관한 설명으로 옳지 않은 것은?

① 수도권정비계획법령상 '수도권'이란 서울특별시와 인천광역시를 말한다.
② 국토교통부장관은 중앙행정기관의 장과 서울특별시장 · 광역시장 또는 도지사의 의견을 들어 수도권정비계획안을 입안한다.
③ 국토교통부장관은 수도권정비계획안을 수도권정비위원회의 심의를 거친 후 국무회의의 심의와 대통령의 승인을 받아 결정한다.
④ 수도권정비계획은 수도권의 도시 · 군계획, 그 밖에 다른 법령에 따른 토지이용계획 또는 개발계획 등에 우선하며, 그 계획의 기본이 된다. 다만, 수도권의 군사에 관한 사항에 대하여는 그러하지 아니하다.

●해설
수도권의 범위(「수도권정비계획법」 제2조)
서울특별시, 인천광역시, 경기도

93 「택지개발촉진법」상 간선시설의 설치에 관한 내용으로 옳지 않은 것은?

① 일반적으로 도로는 지방자치단체가 설치한다.
② 간선시설의 설치 비용은 설치의무자가 부담한다.
③ 일반적으로 상수도시설은 택지개발사업 시행자가 설치한다.
④ 주택단지까지의 전기시설은 해당 지역에 전기를 공급하는 자가 설치한다.

해설

간선시설의 설치 및 비용의 상환(「주택법」 제28조, 시행령 제39조)
사업주체가 대통령령으로 정하는 호수 이상의 주택건설사업을 시행하는 경우 또는 대통령령으로 정하는 면적 이상의 대지조성사업을 시행하는 경우 다음에 해당하는 자는 각각 해당 간선시설을 설치하여야 한다.
• 지방자치단체 : 도로 및 상하수도시설
• 해당 지역에 전기·통신·가스 또는 난방을 공급하는 자 : 전기시설·통신시설·가스시설 또는 지역난방시설
• 국가 : 우체통

94 수도권정비계획법령상 대규모 개발사업에 해당하지 않는 것은?

① 「택지개발촉진법」에 따른 사업부지면적이 100만m² 이상인 택지개발사업
② 「주택법」에 따른 사업부지 면적이 100만m² 이상인 주택건설사업 및 대지조성사업
③ 「산업입지 및 개발에 관한 법률」에 따른 사업부지 면적이 30만m² 이상인 산업단지 개발사업
④ 「관광진흥법」에 따른 관광지 조성사업으로서 시설계획지구의 면적이 5만m² 이상인 것

해설

대규모 개발사업의 종류(「수도권정비계획법 시행령」 제4조)
관광지 조성사업으로서 시설계획지구의 면적이 10만m² 이상인 것

95 「도시 및 주거환경정비법」상 조합에 대한 설명으로 옳은 것은?

① 조합은 법인으로 할 수 없다.
② 조합은 그 명칭 중에 "정비사업조합"이라는 문자를 사용하여야 한다.
③ 조합은 조합 설립의 인가를 받은 날부터 60일 이내에 등기함으로써 성립한다.
④ 조합의 공식적 업무 시작일은 대통령령으로 정하는 사업승인일로부터 시작된다.

해설

① 조합은 법인으로 한다.
③ 조합은 조합설립인가를 받은 날부터 30일 이내에 등기함으로써 성립한다.
④ 조합은 대통령령으로 정하는 사항을 등기(설립목적, 조합의 명칭 등)하는 때에 성립(공식 업무 시작)한다.

96 다음 중 노상주차장의 구조·설비기준에 대한 내용으로 옳지 않은 것은?

① 주간선도로에 설치하여서는 아니 된다.
② 종단경사도가 6%를 초과하는 도로에 설치하여서는 아니 된다.
③ 고속도로, 자동차전용도로 또는 고가도로에 설치하여서는 아니 된다.
④ 지방자치단체의 조례로 따로 정하지 않는 경우 너비 6m 미만의 도로에 설치하여서는 아니 된다.

해설

노상주차장의 구조·설비기준(「주차장법 시행규칙」 제4조)
종단경사도(자동차 진행방향의 기울기)가 4%를 초과하는 도로에 설치하여서는 아니 된다. 다만, 다음의 경우에는 그러하지 아니하다.
• 종단경사도가 6% 이하인 도로로서 보도와 차도가 구별되어 있고, 그 차도의 너비가 13m 이상인 도로에 설치하는 경우
• 종단경사도가 6% 이하인 도로로서 해당 시장·군수 또는 구청장이 안전에 지장이 없다고 인정하는 도로에 노상주차장을 설치하는 경우

97 '국민주택규모'란 주거전용면적이 1호 또는 1세대당 얼마 이하인 주택을 말하는가?(단, 수도권을 제외한 도시지역이 아닌 읍 또는 면 지역의 경우는 고려하지 않는다.)

① 60m^2 ② 66m^2
③ 85m^2 ④ 100m^2

▶해설

국민주택규모의 정의(「주택법」 제2조)
주거의 용도로만 쓰이는 면적(주거전용면적)이 1호(戶) 또는 1세대당 85m^2 이하인 주택(단, 수도권을 제외한 도시지역이 아닌 읍 또는 면 지역은 1호 또는 1세대당 주거전용면적이 100m^2 이하인 주택을 말한다)을 말한다.

98 「도시·군계획시설의 결정·구조 및 설치기준에 관한 규칙」에 관한 내용으로 옳은 것은?

① 도로는 규모별 구분과 기능별 구분이 일치하여야 한다.
② 주차장은 원활한 교통의 연계를 위하여 주간선도로에 진·출입구를 설치하도록 한다.
③ 철도역은 제1종전용주거지역·보전녹지지역 및 보전관리지역 외의 지역에 설치하여야 한다.
④ 교차점광장은 각종 차량과 보행자 흐름을 방해할 우려가 있으므로 주요 도로의 교차지점에는 가급적 설치를 피한다.

▶해설

① 도로의 규모별 구분(대로, 광로, 중로, 소로), 기능별 구분(간선, 집산, 국지)은 각각의 규모와 기능으로 분류한 것으로 일치하지 않아도 된다.
② 주차장은 원칙적으로 주간선도로에 진·출입구를 설치하여서는 안 된다.
④ 교차점광장은 주로 교차지점에 형성한다.

99 다음은 도시공원 및 녹지 등에 관한 법령에 따른 도시공원의 면적기준이다. ㉠과 ㉡에 들어갈 말로 모두 옳은 것은?

하나의 도시지역 안에 있어서의 도시공원의 확보기준은 해당 도시지역 안에 거주하는 주민 1인당 (㉠) 이상으로 하고, 개발제한구역 및 녹지지역을 제외한 도시지역 안에 있어서의 도시공원의 확보기준은 해당 도시지역 안에 거주하는 주민 1인당 (㉡) 이상으로 한다.

① ㉠ : 6m^2, ㉡ : 3m^2
② ㉠ : 7m^2, ㉡ : 4m^2
③ ㉠ : 8m^2, ㉡ : 5m^2
④ ㉠ : 9m^2, ㉡ : 6m^2

▶해설

도시공원의 면적기준(「도시공원 및 녹지 등에 관한 법률 시행규칙」 제4조)
• 하나의 도시지역 안에 있어서의 도시공원의 확보기준은 해당 도시지역 안에 거주하는 주민 1인당 6m^2 이상
• 개발제한구역 및 녹지지역을 제외한 도시지역 안에 있어서의 도시공원의 확보기준은 해당 도시지역 안에 거주하는 주민 1인당 3m^2 이상

100 「건축법」상 지역의 환경을 쾌적하게 조성하기 위하여 대통령령으로 정하는 용도와 규모의 건축물에 일반이 사용할 수 있도록 설치한 소규모 휴식시설은?

① 공개 공지   ② 공공 공지
③ 공공 녹지   ④ 대지 안의 공지

▶해설

공개 공지 등의 확보(「건축법」 제43조)
㉠ 지역의 환경을 쾌적하게 조성하기 위하여 대통령령으로 정하는 용도와 규모의 건축물은 일반이 사용할 수 있도록 대통령령으로 정하는 기준에 따라 소규모 휴식시설 등의 공개 공지(空地: 공터) 또는 공개 공간을 설치하여야 한다.
㉡ 공개 공지 설치 대상 지역
• 일반주거지역, 준주거지역
• 상업지역
• 준공업지역
• 특별자치시장·특별자치도지사 또는 시장·군수·구청장이 도시화의 가능성이 크거나 노후 산업단지의 정비가 필요하다고 인정하여 지정·공고하는 지역

1과목 도시계획론

01 보행자 교통안전에 대한 대책으로 교통의 흐름을 단순화하고 유도하는 사항이 아닌 것은?

① 일방통행　　　　② 추월금지
③ 도류로 표시　　　④ 횡단보도 설치

해설

횡단보도는 보행자 안전상 설치하게 되는 것으로서, 교통의 흐름의 경우에는 횡단보도에 의해 연속된 흐름을 끊는 작용을 하여 교통 흐름의 개선에는 도움이 되지 않는다.

02 인구성장의 상한선을 두고 있지 않은 도시인구예측모형은?

① 지수성장모형　　　② 곰페르츠 모형
③ 로지스틱 모형　　　④ 수정된 지수성장모형

해설

지수성장모형
• 단기간에 급속히 팽창하는 신개발지역의 인구예측에 유용
• 인구성장의 상한선 없이 기하급수적으로 증가함을 가정한 모형

03 중세시대 이슬람 사회의 특성을 나타내고 있는 도시와 국가의 연결이 틀린 것은?

① 라바트(Rabat) – 모로코
② 바스라(Basra) – 튀니지
③ 푸스타트(Fustat) – 이집트
④ 코르도바(Cordoba) – 스페인

해설

바스라(Basra) – 이라크

04 미래의 도시계획과 관련하여 새로운 계획 패러다임의 방향으로 옳지 않은 것은?

① 지속 가능한 도시개발로의 인식 전환
② 자원 · 에너지 절약형 도시개발로의 전환
③ 시민참여의 확대와 계획 및 개발주체의 다양화
④ 도시기능의 평면적 · 일률적 분리를 통한 토지이용관리

해설

미래 도시계획은 입체적, 기능 통합적 토지이용을 추구한다.

05 다음과 같은 조건에서 A도시의 섬유산업에 대한 입지계수는?

• 전국의 고용인구 : 5천만 명
• 전국의 섬유산업 종사자수 : 1백만 명
• A도시의 고용인구 : 2백만 명
• A도시의 섬유산업 종사자수 : 5만 명

① 0.5　　　　　② 0.8
③ 1.25　　　　④ 1.50

해설

$$LQ = \frac{E_{Ai}/E_A}{E_{ni}/E_n}$$

$$= \frac{A지역의\ i산업\ 고용수\,/\,A지역\ 전체\ 고용수}{전국의\ i산업\ 고용수\,/\,전국의\ 고용수}$$

$$= \frac{50,000/2,000,000}{1,000,000/50,000,000} = 1.25$$

06 200만m²를 초과하는 다음의 지역 중 공동구 설치의 의무대상이 아닌 곳은?

① 개발촉진지구　　② 도시개발구역
③ 택지개발지구　　④ 경제자유구역

정답 01 ④　02 ①　03 ②　04 ④　05 ③　06 ①

◀해설▶

공동구의 설치(「국토의 계획 및 이용에 관한 법률」 제44조)
200만m²의 규모를 초과하는 다음 지역에는 공동구를 설치
하여야 한다.
• 도시개발구역, 택지개발지구, 경제자유구역, 정비구역,
  공공주택지구, 도청이전신도시

07 도시기능별 입지조건에 대한 설명으로 옳지
않은 것은?

① 상업지역 : 기능의 활성화를 위하여 접근성이 좋
   아야 한다.
② 녹지지역 : 생활권과 유기적으로 공원을 연결하고
   녹지축을 형성해야 한다.
③ 주거지역 : 지역민이 가장 오랜 시간을 보내는 곳
   으로 안정성과 쾌적성이 좋아야 한다.
④ 공업지역 : 향후 확장에 따른 환경오염 피해를 최
   소화하기 위하여 대상 부지가 좁아야 한다.

◀해설▶

공업지역은 향후 확장을 고려하여 대상 부지가 넓어야 한다.

08 뉴어바니즘(New Urbanism)에 대한 설명으
로 옳지 않은 것은?

① 근린주구는 용도와 인구에 있어서 다양해야 한다.
② 커뮤니티 설계에 있어서 자동차뿐만 아니라 보행
   자와 대중교통도 중요하게 다루어져야 한다.
③ 도시적 장소는 그 지역의 역사, 기후, 생태를 고려
   하되 기존의 건축 관행은 지양되도록 설계되어야
   한다.
④ 도시와 타운은 어디서든지 접근이 가능하고, 물리
   적으로 규정된 공공공간과 커뮤니티 시설에 의해
   형태를 갖추어야 한다.

◀해설▶

도시적 장소는 그 지역의 역사, 기후, 생태를 고려하되 기존
의 건축 관행 중 합리적인 것은 계승하고 기존의 파괴적이
고 개발지향적인 건축행태는 지양해야 한다.

09 도시 · 주거환경정비기본계획의 수립 기간으
로 옳은 것은?

① 5년
② 10년
③ 15년
④ 20년

◀해설▶

도시 · 주거환경정비기본계획의 수립(「도시 및 주거환경
정비법」 제4조)
특별시장 · 광역시장 · 특별자치시장 · 특별자치도지사 또
는 시장은 관할 구역에 대하여 도시 · 주거환경정비기본계
획을 10년 단위로 수립하여야 한다. 다만, 도지사가 대도시
가 아닌 시로서 기본계획을 수립할 필요가 없다고 인정하는
시에 대하여는 기본계획을 수립하지 아니할 수 있다.

10 프리드만이 학문적 전통에 따라 사상적 배경
을 분류한 계획이론으로 옳지 않은 것은?

① 사회개혁(SocIal Reform) 이론
② 사회맥락(Social Context) 이론
③ 사회학습(Social Learning) 이론
④ 사회동원(Social Mobilization) 이론

◀해설▶

프리드만이 분류한 계획이론

구분	내용
사회개혁이론	• 사회적 지도의 일종으로 전문성이 요구되는 책임과 실행 기능이라고 이해 • 맨하임(K. Manheim), 달(R. Dahl), 린드블롬(C. Lindblom), 에치오니(A. Etzioni)
정책분석이론	• 합리적 의사 결정을 통해 조직의 행태를 변화시키고 생산성을 향상시킴 • 사이먼(H. Simon)
사회학습이론	• 듀이(J. Dewey)의 실용주의와 마르크스주의에서 영향을 받음 • 상호 모순성을 극복하는 것에 초점
사회동원이론	• 아래로부터의 계획을 통한 직접적인 집단행동을 강조 • 과학의 중재 없이 시행되는 일종의 정치 형태라고 정의

11 U-city의 개념에 대한 설명으로 옳은 것은?

① 고밀 개발을 통한 직주근접을 목표로 하는 도시
② 물, 에너지, 자원 등이 효율적으로 이용되고 재활용되는 오염 없는 도시
③ 도시의 통행수요 및 에너지 사용을 감소시키는 에너지 절약적인 도시
④ 다양한 정보망을 이용하여 네트워크를 형성하여 시간과 장소의 제한을 받지 않는 미래형 도시

해설

유비쿼터스 도시(Ubiquitous, U-city)
기존 전력망과 정보통신기술을 결합시켜, 언제 어디서나 편리하게 도시 네트워크를 이용하고 정보를 얻을 수 있는 새로운 형태의 미래형 도시

12 계획이론 중에서 약자의 이익을 보호하고 지역주민의 이익을 대변하는 접근방법인 옹호 이론을 주장한 학자는?

① 다비도프　　　　② 에치오니
③ 린드블롬　　　　④ 프리드만

해설

옹호적 계획(Advocacy Planning)
• 다비도프(Paul Davidoff)에 의해 주창된 이론으로서, 주로 강자에 대한 약자의 이익을 보호하는 데 적용
• 지역주민의 이익을 대변하는 접근방법
• 다원적인 가치가 혼재하고 있는 사회에서는 단일 계획안보다는 복수의 다원적인 계획안들을 수립하는 것이 바람직하다고 봄

13 1999년 제정된 「도시개발법」의 주요 특징으로 옳지 않은 것은?

① 민간에 토지수용권을 무한정하게 부여하였다.
② 민간법인도 도시개발구역의 지정을 제안할 수 있도록 하였다.
③ 용지보상을 위해 현금 대신 토지상환채권을 발행할 수 있도록 하였다.
④ 민간도 도시개발사업의 시행자가 되어 도시개발사업에 참여할 수 있도록 하였다.

해설

「도시개발법」상에서는 민간에 토지수용권을 제한적으로 부여하였다.

14 현대적 도시문제에 대한 설명으로 옳지 않은 것은?

① 대도시로의 급격한 인구집중과 도시성장은 오늘날의 도시문제를 유발한 원인이 되었다.
② 현대도시는 사회 · 문화 · 경제뿐만 아니라 물리적으로도 주변 도시들과 상호 긴밀하게 연관되어 있다.
③ 도시의 과밀화로 인해 주택부족, 교통문제, 공공시설과 생활편의시설의 부족 등의 문제가 나타난다.
④ 도시의 성장이나 쇠퇴로 인해 나타나는 도시문제들은 전체 시민보다 일부 계층에 한정적으로 영향을 미친다.

해설

도시의 성장이나 쇠퇴로 인해 나타나는 도시 문제들은 전체 시민에 영향을 주게 된다.

15 경관에 대한 설명으로 옳지 않은 것은?

① 사람에 따라 동일한 대상을 주시하더라도 서로 다른 가치판단을 내릴 수 있다.
② 대상 자체의 순수한 성질을 말하는 것으로 대상이 가지고 있는 본질을 의미한다.
③ 보여지는 풍경과 그 속에 내재하는 환경 그리고 이를 관찰하는 사람 사이의 상호작용이다.
④ 경관의 대상은 단일 대상을 보는 대상으로 하지 않고 복수의 대상 또는 전체를 바라보는 경우를 보는 대상으로 하고 있다.

해설

경관은 대상 자체의 순수한 성질 및 대상의 본질이 아닌, 관찰하는 사람의 심리 및 물리적 상황이 반영되어 주관적으로 보여지게 된다.

정답　11 ④　12 ①　13 ①　14 ④　15 ②

16 인구 규모를 기준으로 한 독시아디스(C. A. Doxiadis)의 인간 정주사회 단계에 속하는 것은?

① 부심도시(Subpolis)

② 행정도시(Politipolis)

③ 다핵도시(Multipolis)

④ 세계도시(Ecumenopolis)

해설

독시아디스는 인간정주공간(정주사회)을 15개의 공간단위로 구분하고 있으며, 보기 중 세계도시만이 이 15개의 공간단위의 분류에 속한다. 여기서 세계도시는 인구 300억 명 규모의 가장 큰 인간정주공간을 의미한다.

17 「국토의 계획 및 이용에 관한 법률」에서 규정하는 용도구역으로 옳지 않은 것은?

① 개발제한구역　　　② 시가화조정구역

③ 자연환경보전구역　④ 수산자원보호구역

해설

용도구역의 종류

• 개발제한구역

• 도시자연공원구역

• 시가화조정구역

• 수산자원보호구역

• 입지규제최소구역

18 해당 토지에 대한 용도지역·지구·구역, 도시계획시설, 도시계획사업과 입안 내용, 각종 규제에 대한 저촉여부를 확인하는 내용 및 지적도에 도시계획선을 표시한 도면으로 구성된 것을 무엇이라 하는가?

① 토지대장　　　　② 건축물대장

③ 재산세 과세대장　④ 토지이용계획확인서

해설

토지이용계획 확인원(토지이용계획확인서)

• 개별 필지에 대한 규제 사항 및 토지이용계획 사항을 확인

• 해당 토지에 대한 용도지역 지구·구역, 도시·군계획시설, 도시계획사업과 입안 내용 그리고 각종 규제에 대한 저촉 여부 등을 확인

19 도시의 일반적인 구성요소가 아닌 것은?

① 물리적인 요소 : 시설(Facility)

② 물리적인 요소 : 건물(Building)

③ 사회문화적 요소 : 시민(Citizen)

④ 사회문화적 요소 : 활동(Activity)

해설

도시의 구성요소

• 도시의 유기적(일반적) 3대 구성요소

구분	내용
인구(시민, Citizen)	가장 기본적인 요소, 토지와 시설의 규모를 정하는 요소
활동(Activity)	주거, 생산, 위락
토지 및 시설(Facility)	건축, 토지 등 활동을 위한 시설

• 도시의 물리적 3대 구성요소 : 동선, 배치, 밀도

20 「국토기본법」에 의한 국토계획에 해당되지 않는 것은?

① 지역계획　　　　② 부문별 계획

③ 도종합계획　　　④ 국토기본계획

해설

국토계획의 구분

국토종합계획, 도종합계획, 시·군종합계획, 지역계획, 부문별 계획, 초광역권계획

2과목 **도시설계 및 단지계획**

21 지구단위계획을 관계 행정기관의 장과의 협의, 국토교통부장관과의 협의 및 중앙 또는 지방도시계획위원회의 심의를 거치지 아니하고 변경할 수 있는 기준으로 옳지 않은 것은?

① 획지면적의 30% 이내의 변경인 경우

② 건축물의 배치·형태 또는 색채의 변경인 경우

③ 건축물 높이의 30% 이내의 변경인 경우(층수변경이 수반되는 경우를 포함한다)

④ 가구(관련 조항에 따른 별도의 구역을 포함한다) 면적의 10% 이내의 변경인 경우

건축물 높이의 20% 이내의 변경인 경우 관계 행정기관의 장과의 협의, 국토교통부장관과의 협의 및 도시계획위원회의 심의를 생략할 수 있다.

22 단지계획의 도로망 구성에 있어서 도로의 폭원에 따라 도로를 구분할 때, 중로에 속하지 않는 규모는?

① 12m ② 15m
③ 20m ④ 25m

해설
중로의 범위는 폭 12m 이상 25m 미만이다.

23 우리나라의 도시설계 관련 제도에 관한 설명으로 옳지 않은 것은?

① 1980년대에는 「건축법」에 도시설계 관련 규정이 처음 포함되었다.
② 1990년대에는 「건축법」에 상세계획제도가 도입되었다.
③ 2000년대에는 「도시계획법」 개정을 통해 지구단위계획 제도가 도입되었다.
④ 우리나라의 도시설계는 독일의 지구상세계획(B-Plan), 일본의 지구계획제도의 영향을 받아 제도화되었다.

해설
상세계획제도는 1991년 12월 「도시계획법」 개정을 통해 상세계획구역의 지정이라는 조항으로 도입되었다.

24 바람직한 도시경관을 형성하기 위해서 건축물의 높이기준이 제시된다. 이때 최고높이 규제가 필요한 경우에 해당하지 않는 경우는?

① 도로에 접한 벽면의 높이와 폭이 이루는 비율을 적절하게 형성하고, 균형을 이루어 건축물의 높이에 균일성을 주고자 하는 경우

② 문화재 주변, 도시지역과의 경계 등과 같이 개발 규모에 현저한 차이가 발생하는 전이(轉移)부분이 있는 경우
③ 이면(裏面)도로 또는 주거지의 경계에 대규모 건축물이 들어섬으로써 이면도로에 과부하(過負荷)를 주거나 주거환경에 침해를 주는 것이 예상되는 경우
④ 간선도로변 또는 주요 결절점에 가설건물, 소규모 및 저층건축물이 난립하여 적정한 토지이용 밀도를 유지하지 못하거나 현저하게 경관 저해가 발생될 경우

해설
간선도로변 또는 주요 결절점에 가설건물, 소규모 및 저층건축물이 난립하여 적정한 토지이용 밀도를 유지하지 못하거나 현저하게 경관 저해가 발생될 경우에는 최고높이 규제가 아닌 최저높이 규제가 필요하다.

25 전원도시론과 관련된 설명으로 옳지 않은 것은?

① 하워드는 도시와 농촌의 장점을 살릴 수 있도록 공업지역을 단지의 중심에 배치하였다.
② 하워드는 전원도시의 규모로서 30,000명 정도의 소규모 집단을 주장하였으며, 사람들이 대도시로부터 전원도시로 이주하게 되면 대도시는 지배기능을 상실하고 수백 개의 분산된 전원도시로 대부분의 인구가 분산될 것이라 기대하였다.
③ 찰스 퓨리에의 영향을 받은 하워드(Ebenezer Howard, 1850~1928)는 1898년에 "Garden Cities of Tomorrow"를 출간하면서 산업혁명 이후 발생한 불평등과 오염된 환경을 배척하기 위한 목표를 가지는 전원도시(Garden City) 개념을 발표하였다.
④ 근린생활의 중심은 파이 형태의 조각으로서 각각의 지구는 1,000가구씩 5,000명을 수용하는 규모이며, 여기에 $20 \times 130ft^2$의 필지의 단독주택이 배치되었다. 주택은 반원형의 구획 안에 위치하며, 이는 대가로(Grand Avenue)에 경계하였다.

◉ 해설

하워드의 전원도시 계획안은 시가지 규모는 약 400ha, 인구는 약 3만 명 규모, 시가지 패턴은 방사형이며, 중심부에 광장과 청사 등 공공시설이 있고 중간지대에 주택과 학교, 외곽지대에 공장, 창고, 철도 등이 형성되는 것으로 구성되어 있다.

26 건축물의 대지는 몇 m 이상이 도로에 접하는 것을 기준으로 하는가?(단, 자동차만의 통행에 사용되는 도로는 제외한다.)

① 2m ② 3m
③ 4m ④ 5m

◉ 해설

대지와 도로의 관계
• 2m 이상을 도로(자동차만의 통행에 사용되는 도로를 제외)에 접해야 함
• 연면적의 합계가 2천m² 이상인 건축물의 대지는 너비 6m 이상의 도로에 4m 이상 접하여야 함

27 다음 중 지구단위계획으로 결정할 수 있는 도시·군계획시설에 해당하지 않는 것은?

① 공간시설 – 묘지공원
② 유통·공급시설 – 공동구
③ 교통시설 – 자동차운전학원
④ 공공·문화체육시설 – 도서관

◉ 해설

지구단위계획으로 결정할 수 있는 공간시설에는 광장, 공원, 시설녹지, 유원지, 공공공지 등이 있다. 묘지공원의 경우 공동묘지로서 보건위생시설에 해당한다.

28 산업혁명 이후 발생한 영국의 전원도시 운동의 전개과정에 대한 설명으로 옳지 않은 것은?

① 레치워스(Letchworth), 웰윈(Welwyn) 등이 건설되면서 본격화되었다.
② 레치워스(Letchworth)는 스와송(Louis de Soissons)에 의하여 계획되었다.

③ 도시인구의 대부분이 도시산업시설의 집적지에 혼재함으로써 나타난 도시사회의 문제들을 해결하고자 제시되었다.
④ 전원도시운동의 파급효과는 이후 여러 나라의 위성도시 및 신도시의 개발방향으로 계승되었다.

◉ 해설

1903년 런던 북쪽 35mile(54km) 거리에 건설된 레치워스(Letchworth)는 레이몬드 언윈(Raymond Unwin)과 배리 파커(Barry Parker)에 의해 건설되었다.

29 다음 중 공동구(지하매설물)의 장점이 아닌 것은?

① 최초의 건설비가 적게 든다.
② 가로 및 도시미관에 도움을 준다.
③ 노면의 이용가치를 높일 수 있다.
④ 빈번한 노면 굴착을 하지 않아도 된다.

◉ 해설

공동구는 굴착 및 지하공간 확보가 필요하므로 초기 건설비가 많이 들어가는 특징이 있다.

30 단독 주택지 블록(가구) 구성 시 중앙의 보행자도로와 녹지를 겹쳐 집약하기에 가장 유리한 국지도로 형태는?

① T자형
② 격자형
③ 루프(Loop)형
④ 쿨데삭(Cul-de-sac)형

◉ 해설

루프(Loop)형은 단지의 외곽을 각 주택이 감싸면서 그 주변에 도로가 설치되는 형태로서 주택이 감싸고 있는 곳에 녹지 등을 집약적으로 설치할 수 있는 장점이 있다.

31 근린주구이론의 가치와 비판론 중 적절치 못한 것은?

① 미국의 교외화 및 주거지의 대량 건설의 필요성 등장에 따라 근린주구이론은 실용적이고 현실적인 의미를 가지게 된다.

② 근린주구이론의 사회적 가치는 주민들에게 근린이라는 안정적인 환경을 제공함으로써 급속한 도시화에 따른 사회적인 변화에 개인들이 쉽게 적응하도록 한 완충적 역할에서 찾아볼 수 있다.

③ 근린주구이론은 보행권을 대면접촉이 가능한 공동사회의 원칙으로 삼아 같은 계층의 사람들끼리 모여 사는 것을 강조하여, 이에 대한 선호는 결과적으로 사회적 혼합(Social Mix) 개념 태동의 근거가 되었다.

④ 근린주구이론은 대량생산시대에 걸맞는 주거지 건설의 표준으로서의 역할을 하였지만, 보편화 및 표준화 개념을 바탕으로 하였기 때문에 주거지의 동질화 현상이 발생하고 지역 간의 특수성과 생활양식의 다양성을 반영하지는 못하였다.

⊙해설

근린주구는 동질의 건축물 시설 집합에 따른 배타적인 지역공간을 형성하여, 인종 간, 계층 간 분리를 조장하여 사회적 통합을 저해하는 결과를 가져왔다.

32 기능별 구분에 따른 각 도로에 대한 설명으로 옳은 것은?

① 가구(街區 : 도로로 둘러싸인 일단의 지역을 말한다)를 구획하는 도로는 국지도로이다.

② 근린주거구역의 교통을 보조간선도로에 연결하여 근린주거구역 내 교통의 집산기능을 하는 도로로서 근린주거구역의 내부를 구획하는 도로는 보조간선도로이다.

③ 주간선도로를 집산도로 또는 주요 교통발생원과 연결하여 시·군 교통의 집산기능을 하는 도로로서 근린주거구역의 외곽을 형성하는 도로는 주간선도로이다.

④ 시·군 내 주요 지역을 연결하거나 시·군 상호 간을 연결하여 대량통과교통을 처리하는 도로로서 시·군의 골격을 형성하는 도로는 집산도로이다.

⊙해설

② 집산도로, ③ 보조간선도로, ④ 주간선도로

33 다음 중 생활권공원에 해당하지 않는 것은?

① 소공원
② 근린공원
③ 수변공원
④ 어린이공원

⊙해설

수변공원은 주제공원에 속한다.

34 가, 나 지점 사이의 평균 경사도는?(단, 두 지점 사이의 수평거리는 500m이다.)

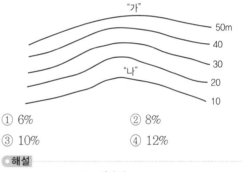

① 6%
② 8%
③ 10%
④ 12%

⊙해설

$$경사도 = \frac{표고차(h)}{등고선\ 간의\ 거리(D)} \times 100$$
$$= \frac{등고선\ 간격}{수평거리} \times 100 = \frac{40}{500} \times 100 = 8\%$$

35 지구단위계획 수립지침에서의 환경관리계획에 대한 설명으로 옳지 않은 것은?

① 대기오염원이 되는 생산활동은 주거지 안에서 일어나지 않도록 한다.

② 구릉지에는 가급적 고층 위주로 계획하며 주변 지역과 유사한 스카이라인을 형성하도록 한다.

③ 구릉지 등의 개발에서 절토를 최소화하고 절토면이 드러나지 않게 대지를 조성하여 전체적으로 양호한 경관을 유지시킨다.

④ 쓰레기 수거는 가급적 건물 후면에서 이루어지도록 설계하며, 폐기물 처리시설을 설치하는 경우 바람의 영향을 감안하고 지붕을 설치하도록 한다.

해설

구릉지에는 가급적 저층 위주로 계획하며 주변 지역과 유사한 스카이라인을 형성하도록 한다.

36 도시·군관리계획과 지구단위계획의 성격에 대한 설명으로 옳지 않은 것은?

① 도시·군관리계획은 토지이용계획과 기반시설의 정비 등에 중점을 둔다.
② 도시·군관리계획은 그 범위가 특별시·광역시·특별자치시·특별자치도·시 또는 군 전체에 미친다.
③ 지구단위계획은 관할 행정구역 내의 일부 지역을 대상으로 토지이용계획과 건축물계획이 서로 환류되도록 한다.
④ 지구단위계획은 특정 필지에 대한 입체적 토지이용계획과 평면적 시설계획이 조화를 이루도록 하는 데 중점을 둔다.

해설

지구단위계획은 특정 필지에 대한 평면적 토지이용계획과 입체적 시설계획이 조화를 이루도록 하는 데 중점을 둔다.

37 「도시공원 및 녹지 등에 관한 법률」에 따른 녹지의 세분에 해당하지 않는 것은?

① 경관녹지
② 시설녹지
③ 연결녹지
④ 완충녹지

해설

녹지의 세분(「도시공원 및 녹지 등에 관한 법률」 제35조)
완충녹지, 연결녹지, 경관녹지

38 페리의 근린주구이론에서 근린단위(Neighborhood Unit)의 규모를 결정하는 구분 기준이 되는 시설은?

① 놀이터
② 우체국
③ 동사무소
④ 초등학교

해설

페리의 근린주구이론은 초등학교 학구를 기준단위로 설정하며 이는 반경 약 400m, 최대 통학거리 800m를 기준으로 한다.

39 다음 중 단지계획의 획지 및 가구구성 방법으로 옳지 않은 것은?

① 각 건물의 일조(日照)가 방해되지 않도록 한다.
② 획지 및 가구의 크기는 건물의 사용 목적에 적합하도록 한다.
③ 획지에 따른 가로는 기능별로 구분하고 폭원은 교통량과 조화를 이루도록 한다.
④ 단지 내 가로는 경사가 없도록 하고 시거(視距)의 확보를 위하여 가급적 직선 가로를 연속되게 한다.

해설

직선 가로를 연속으로 하게 되면 단지 내 차량이 속도를 높일 수 있으므로 시거에 제한이 없는 수준에서 곡선의 형태로 가로를 형성하는 것이 좋다.

40 구릉지 주택의 획지계획에 있어 일조와 조망을 확보하기 위하여 우선적으로 고려해야 할 사항은?

① 토질(Soil)
② 경사향(Aspect)
③ 수문(Hydrology)
④ 미기후(Micro-climate)

해설

일조와 조망을 확보하기 위해 우선적으로 고려해야 할 사항은 경사향(경사와 향, Slope & Aspect) 분석이다.

3과목 도시개발론

41 도시의 외연적 확산이 도시개발에 주는 영향으로 가장 거리가 먼 것은?

① 통근 비용 증대
② 기반시설 투자비용 확대
③ 도심 공동화 유발
④ 도시재생(Urban Renewal) 촉진

해설
도시재생은 도심의 중심부의 노후화된 기능을 회복시키는 것으로서 도시의 외연적 확산과는 거리가 멀다.

42 공영개발의 원칙에 대한 설명이 틀린 것은?

① 도시의 균형개발 추진
② 사유재산권의 보호 필요
③ 쾌적한 주거편익시설의 설치
④ 국민주택건설용지와 국민주택규모 이하의 임대주택용지에 대하여는 무상으로 공급

해설
국민주택건설용지와 국민주택규모 이하의 임대주택용지에 대하여 무상으로 공급하는 것이 공영개발의 원칙은 아니다.

43 프로젝트 파이낸싱(Project Financing)에 대한 설명으로 옳지 않은 것은?

① 자금원 중 선순위채권은 프로젝트 파이낸싱에서 가장 큰 비중을 차지하는 자금이다.
② 프로젝트 파이낸싱은 프로젝트 자체의 사업성과 그로부터의 현금흐름을 바탕으로 자금을 조달하는 방식이다.
③ 프로젝트 파이낸싱을 도입할 경우 일반적인 기업금융에 비해 금융기관의 위험(Risk)이 줄고 금융비용도 줄일 수 있다.
④ 비소구금융 및 부외금융의 효과를 얻을 수 있는 반면에 다양한 이해관계자들의 협상에 의해 이루어지기 때문에 복잡한 금융절차를 가진다.

해설
프로젝트 파이낸싱(PF : Project Financing)은 금융기관이 부담하는 위험이 통상적인 기업금융에 비해 높고, 기업금융에 비해 높은 금융비용이 요구된다.

44 다음 중 저당제도와 비교하여 담보신탁제도가 갖는 특징으로 옳지 않은 것은?

① 담보설정방식 : 근저당권 설정
② 물상대위권 행사 : 압류 불필요
③ 신규 임대차 · 후순위권리 설정 : 배제가능(담보가치 유지에 유리)
④ 환가방법 : 신탁회사 공매

해설
담보설정을 근저당권으로 설정하는 것은 저당제도의 특징이다.

45 TND(Traditional Neighborhood Development)에 대한 설명으로 틀린 것은?

① 보행중심적 근린주구를 의미한다.
② 도시 내 보행, 자전거, 대중교통 이용을 장려한다.
③ 현대 도시에서 나타나는 고밀개발의 폐해를 비판하고 저밀개발을 유도한다.
④ 커뮤니티가 살아있던 이전 도시들을 모티브로 삼아 과거 도시의 계획적 특성을 현대 도시에 적용하고자 한 도시개발 수법이다.

해설
전통적 근린지역(TND : Traditional Neighborhood District) 가정 · 직장 · 교육시설 · 상업시설 · 여가시설 등의 도시생활에 필요한 요소들을 콤팩트하게 보행권 내에 배치하고 복합용도의 근린지역을 대중교통으로 연결하여 통합하는 지역계획의 일종으로, 고밀도 복합개발의 특징을 가지고 있다.

46 인구가 10만 명인 도시에서 다음 조건에 맞게 상업지역의 면적을 산출하면 약 얼마인가?

- 1인당 평균 연상면적 : 15m²
- 상업지역 이용인구 : 전체 인구의 50%
- 평균층수 : 3층
- 건폐율 : 70%
- 공공용지율 : 40%

① 21.4ha   ② 35.7ha

③ 59.5ha   ④ 262.5ha

해설

$$상업지면적 = \frac{전체인구 \times 상업지이용인구비율 \times 1인당상면적}{층수 \times 건폐율 \times (1 - 공공용지율)}$$

$$= \frac{100{,}000 \times 0.5 \times 15}{3 \times 0.7 \times (1 - 0.4)} = 595{,}238\text{m}^2 = 59.5\text{ha}$$

47 국내 텔레포트 단지의 유형 중 순수 통신설비의 배치방식에 따른 분류에 해당하지 않는 것은?

① 중심배치형   ② 분산배치형

③ 외곽배치형   ④ 분리배치형

해설

텔레포트(Teleport, 정보화 단지) 개발

텔레포트(Teleport)는 전기통신(Telecommunication)과 항구(Port)의 합성어로서, 텔레포트(정보화 단지)는 정보와 통신의 거점을 의미하며 통신설비의 배치방식으로는 중심배치형, 외곽배치형, 분리배치형이 있다.

48 다음 중 Miles, Berens and Weiss(2000)의 정의를 바탕으로 하는 도시개발에서의 타당성 분석에 포함되는 개념으로 옳지 않은 것은?

① 타당성 분석은 선택된 수단의 적합성을 실험하는 것이다.

② 타당성은 그 프로젝트의 확실한 성공을 보장하지는 않는다.

③ 타당성은 분석 이전에 설정된 프로젝트의 명료한 목적에 대한 충족 여부에 따라 결정된다.

④ 타당성 분석이란 제약사항이 없는 상태에서 프로젝트의 적합성을 실험하는 것이다.

해설

타당성 분석이란 제약하에서 프로젝트의 적합성을 실험하는 것이다.

49 공간적으로 밀집된 대도시권들 사이의 경제적 연계를 바탕으로, 거대한 하나의 도시로서 기능하는 도시의 개념은?

① 메트로폴리스   ② 혁신클러스터

③ 콤팩트시티   ④ 메갈로폴리스

해설

고트만은 미국 동해안의 보스턴에서 뉴욕을 거쳐 워싱턴에 이르는 약 800km의 지대가 연속된 거대한 도시화 지대를 American Megalopolis라고 하였다. 메갈로폴리스는 메트로폴리스(대도시)가 집합된 초거대도시를 의미한다.

50 「도시 및 주거환경정비법」에서 정의하는 정비사업의 유형이 아닌 것은?

① 재건축사업   ② 재개발사업

③ 주거환경개선사업   ④ 국민주택건설사업

해설

정비사업의 종류

재개발사업, 재건축사업, 주거환경개선사업

51 다음 중 개별 소매점의 고객 흡입력을 계산하는 방법으로 Reilly와 Converse의 소매인력이론을 실제 적용가능하게 하려고 수정·보완한 것은?

① 한정시간모형   ② Huff 모형

③ JA 모형   ④ 인과분석모형

해설

허프(Huff)의 소매지역이론(Huff 모형)은 전통적인 수요 추정모델 중에서 상권에 관한 가장 체계적인 이론으로, 소비자가 상점시설을 선정하는 행동을 확률적으로 해석하는 방법으로서 개별 소매점의 고객흡입력을 계산하는 기법으로 활용할 수 있다.

52 다음 중 도시개발법령에 따른 도시개발구역으로 지정할 수 있는 대상지역 및 규모기준의 연결이 옳지 않은 것은?

① 도시지역 내 주거지역 : 1만m² 이상
② 도시지역 내 상업지역 : 3만m² 이상
③ 도시지역 내 공업지역 : 3만m² 이상
④ 도시지역 내 자연녹지지역 : 1만m² 이상

●해설

도시개발구역으로 지정할 수 있는 대상지역별 규모기준
㉠ 도시지역
　• 주거지역, 상업지역, 자연녹지·생산녹지 : 1만m² 이상
　• 공업지역 : 3만m² 이상
　• 도시지역 외의 지역 : 30만m² 이상
㉡ 관리지역 : 3만m² 미만
㉢ 농림지역 : 3만m² 미만
㉣ 자연환경보전지역 : 5천m² 미만

53 환지방식에 대한 설명으로 옳지 않은 것은?

① 시행자는 도시개발사업의 전부 또는 일부를 환지방식으로 시행하려면 환지 설계, 필지별로 된 환지 명세, 필지별과 권리별로 된 청산 대상 토지 명세, 체비지 또는 보류지 명세, 그 밖에 국토교통부령으로 정하는 사항을 포함하여야 한다.
② 시행자는 도시개발사업에 필요한 경비에 충당하거나 일정한 토지를 환지로 정하지 아니하고 보류지로 정할 수 있으며, 그중 일부를 체비지로 정할 수 있으나 도시개발사업에 필요한 경비로는 충당할 수 없다.
③ 시행자는 토지 면적의 규모를 조정할 특별한 필요가 있으면 면적이 작은 토지는 과소 토지가 되지 아니하도록 면적을 늘려 환지를 정하거나 환지 대상에서 제외할 수 있고, 면적이 넓은 토지는 그 면적을 줄여서 환지를 정할 수 있다.
④ 환지계획은 종전의 토지와 환지의 위치·지목·면적·토질·수리·이용 상황·환경, 그 밖의 사항을 종합적으로 고려하여 합리적으로 정하여야 한다.

●해설

체비지란 도시개발사업으로 인하여 발생하는 사업비용을 충당하기 위하여 사업 시행자가 취득하여 집행 또는 매각하는 토지를 말한다.

54 도시개발사업의 사업성 평가지표인 "수익성 지수(Profitability Index)"의 설명으로 옳은 것은?

① 프로젝트에서 발생하는 할인된 전체 수입에서 할인된 전체 비용을 뺀 값이다.
② 수익성 지수가 0보다 클 때 프로젝트의 사업성은 있다고 할 수 있다.
③ 수익성 지수는 경제성 평가 지표인 편익 비용비와 동일한 개념이다.
④ 수입과 비용을 동일하게 만들어 주는 할인율을 사용한다.

●해설

수익성 지수는 프로젝트로부터 발생하는 할인된 전체 수입을 할인된 전체 비용으로 나눈 값으로서 편익 비용비와 동일한 개념이다.

55 경제적 개념으로 일단의 다른 토지와 구별되어 가격 수준이 비슷한 토지 군을 뜻하는 것은?

① 가구　　　② 대지
③ 필지　　　④ 획지

●해설

㉠ 획지의 정의
　• 획지(Lot)란 개발이 이루어지는 최소의 단위이며, 획지계획은 장래 일어날 단위개발의 토지기반을 마련하는 과정이다.
　• 향후 환지계획을 감안하여 토지의 용도·획지의 형태와 규모·개발의 용도 및 밀도, 가로구성, 경관조성 등 여러 사항이 고려되어야 한다.
㉡ 획지계획의 관점

구분	내용
계획적 관점	토지분할행위
물리적 관점	건축물의 구조와 형태를 달리 하는 개별단위로서의 토지
경제적 관점	동일한 가격평가의 기준이 되는 단위토지

56 다음 중 운용시장의 형태가 공개시장(Public Market)이고 자본의 성격이 대출투자(Debt Financing)인 유형에 속하는 부동산 투자는?

① 상업용저당채권　② 사모부동산펀드
③ 직접대출　　　　④ 직접투자

해설
② 사모부동산펀드 : 민간시장의 자본투자 및 대출투자
③ 직접대출 : 민간시장의 대출투자
④ 직접투자 : 민간시장의 자본투자

57 「도시개발법」에 아래와 같이 규정한 내용은?

> 행정청인 시행자는 도시개발사업의 시행으로 사업 시행 후의 토지 가액(價額)의 총액이 사업 시행 전의 토지 가액의 총액보다 줄어든 경우에는 그 차액에 해당하는 금액을 대통령령으로 정하는 기준에 따라 종전의 토지소유자나 임차권자 등에게 지급하여야 한다.

① 환지청산금　　　② 입체환지보상금
③ 감보보상금　　　④ 감가보상금

해설
㉠ 감가보상금(「도시개발법」 제45조)
행정청인 시행자는 도시개발사업의 시행으로 사업 시행 후의 토지 가액(價額)의 총액이 사업 시행 전의 토지 가액의 총액보다 줄어든 경우에는 그 차액에 해당하는 감가보상금을 대통령령으로 정하는 기준에 따라 종전의 토지소유자나 임차권자 등에게 지급하여야 한다.
㉡ 감가보상기준(「도시개발법 시행령」 제67조)
감가보상금으로 지급하여야 할 금액은 도시개발사업 시행 후의 토지가액의 총액과 시행 전의 토지가액의 총액과의 차액을 시행 전의 토지가액의 총액으로 나누어 얻은 수치에 종전의 토지 또는 그 토지에 대하여 수익할 수 있는 권리의 시행 전의 가액을 곱한 금액으로 한다.

58 압축도시(Compact City)에 대한 설명으로 옳지 않은 것은?

① 토지이용은 고밀개발을 추구한다.
② 압축도시 개발은 직주근접과 관련이 있다.
③ 압축도시 개발을 위해서는 단일용도의 토지이용이 이루어져야 한다.

④ 에너지 사용을 줄이고 환경오염을 최소화할 수 있는 도시형태이다.

해설
압축도시(Compact City)는 소수의 토지를 다양한 용도의 복합적 고밀도개발을 통해 도시의 방만한 교외 확산에 따른 저밀화를 막는 데 목적이 있다.

59 「택지개발촉진법」상에 규정하고 있는 택지개발사업의 시행자에 해당되지 않는 것은?

① 국가 · 지방자치단체
② 한국토지주택공사
③ 한국수자원공사
④ 「지방공기업법」에 따른 지방공사

해설
택지개발사업의 시행자
• 원칙 : 공공기관
• 국가 · 지방자치단체
• LH공사(한국토지공사 · 대한주택공사)
• 「지방공기업법」에 의한 지방공사
• 주택건설 등 사업자가 공공시행자와 공동으로 개발사업을 시행하는 자
• 공공시행자는 택지개발사업의 일부를 주택건설 등 사업자로 하여금 대행하게 할 수 있다.

60 민간이 자금을 투자하여 사회기반시설을 건설하면 정부가 일정 운영기간 동안 이를 임차하여 시설을 사용하고 그 대가로 임대료를 지급하는 방식은?

① BTO 방식　　　② BTL 방식
③ BOT 방식　　　④ BOO 방식

해설
BTL 방식
민간사업자가 공공시설을 건설(Build)한 후 정부에 소유권을 이전(Transfer, 기부채납)함과 동시에 정부에 시설을 임대(Lease)한 임대료를 징수하여 시설투자비를 회수해 가는 방식이다.

4과목 **국토 및 지역계획**

61 그리스의 도시계획가인 독시아디스(Doxiadis)가 제시한 인간정주사회의 구성요소가 아닌 것은?

① 문화　　　　　② 인간
③ 자연　　　　　④ 네트워크

◎해설

인간정주학을 구성하는 5요소
인간, 사회, 자연, 네트워크, 구조물

62 A도시의 인구는 100만 명, B도시의 인구는 25만 명이며 두 도시 간의 거리가 60km일 때, 두 도시의 세력이 분기되는 지점은 A도시로부터의 거리가 얼마인가?(단, 두 도시 사이에는 아무런 도시도 입지하지 않는다고 가정한다.)

① 20km　　　　② 30km
③ 40km　　　　④ 45km

◎해설

레일리의 소매인력법칙

$$\frac{1,000,000}{x^2} = \frac{250,000}{(60-x)^2} = \frac{250,000}{60^2 - 2 \times 60x + x^2}$$

$1,000,000(3,600 - 120x + x^2) = 250,000x^2$

$x = 40, -120$

∴ $x = 40\text{km}$(A시에서의 상권의 범위)

63 사회간접자본시설을 배치함에 있어 고려하여야 할 요소로서 상대적으로 비중이 낮은 것은?

① 기후분포　　　② 도시분포
③ 산업분포　　　④ 인구분포

◎해설

사회간접자본은 도시 내의 인구 및 산업활동이 원활히, 합리적으로 이루어질 수 있는 인프라를 구축하는 것이 일반적이므로, 기후분포 부분에 대한 고려는 도시, 인구, 산업분포에 비해 비중이 낮다.

64 최상위 도시의 인구를 기준으로 도시의 순위와 인구 규모와의 관계를 이용하여 도시 정주체계를 분석한 대표적인 학자는?

① 지프(Zipf)　　　② 뢰쉬(Losch)
③ 아이자드(Isard)　④ 베버(A. Weber)

◎해설

지프(Zipf)는 순위규모모형을 통해 최상위 도시의 인구를 기준으로 도시의 순위와 인구 규모와의 관계를 이용하여 도시 정주체계를 분석하였다.

65 안스타인(S. Arnstein)이 주장한 주민참여 8단계에서 주민권리로서 참여 단계에 해당하지 않는 것은?

① 상담(Consultation)
② 협동관계(Partnership)
③ 주민통제(Citizen Control)
④ 권한위임(Delegated Power)

◎해설

주민권력단계에는 주민통제(8단계), 권한위임(7단계), 협동관계(6단계)가 포함되며, 상담의 경우는 형식적 참여 단계이며 안스타인의 구분에 따르면 4단계에 해당한다.

66 도종합계획에 대한 설명으로 옳지 않은 것은?

① 도종합계획을 수립하였을 때에는 국토교통부장관의 승인을 받아야 한다.
② 도종합계획안을 작성하였을 때에는 공청회를 열어 일반 국민과 관계 전문가 등으로부터 의견을 들어야 한다.
③ 국토교통부장관이 작성하는 도종합계획 수립지침에는 도종합계획의 기본사항과 수립절차 등이 포함되어야 한다.
④ 도종합계획만, 다른 법률에 따라 따로 계획이 수립된 도로서 대통령령으로 정하는 도는 도종합계획을 수립하지 아니할 수 있다.

정답 61 ① 62 ③ 63 ① 64 ① 65 ① 66 ④

도종합계획만이 아닌 수도권발전계획이 수립되는 경기도, 「제주특별자치도 설치 및 국제자유도시 조성을 위한 특별법」에 의해 종합계획이 수립되는 제주특별자치도는 도종합계획을 수립하지 않아도 된다.

67 다음 중 경제기반이론(Economic Base Theory)에 관한 설명으로 가장 거리가 먼 것은?

① 지역의 성장이 지역에서 생산되는 재화의 외부 수요에 의해 결정된다는 것에 기초한다.
② 경제기반승수가 계속 변화한다고 가정하기 때문에 모형은 실제로 단기 예측에는 부적절하다.
③ 개념적으로 지역의 경제활동을 단순하게 기반활동과 비기반활동으로 분류하기 어려운 산업활동이 있다.
④ 기반활동만이 지역경제의 원동력이고 비기반활동은 지역 성장에 기여하지 않는 부수적인 활동이라고 가정한다.

●해설
경제기반이론(수출기반성장이론, Export Base Model)에서는 경제기반승수가 일정하다고 가정하며, 이 가정은 수출기반성장이론을 비현실적으로 만드는 단점으로 작용한다.

68 우리나라 제1차 국토계획의 성과로 보기 어려운 것은?

① 공업개발기반 확충
② 개발제한구역의 지정
③ 수도권 인구집중 방지
④ 고속도로 건설 등 교통통신망 확충

●해설
제1차 국토계획 시 수도권 인구 집중의 가중이 심화되었다.

69 국토 및 지역계획 수립과정에서 사업의 경제적 타당성과 우선순위를 결정하는 방법으로 비용·편익분석방법이 있다. 이의 구체적인 측정방법이 아닌 것은?

① 내부수익률(IRR)
② 순현재가치(NPV)
③ 비용-편익비(B/C Ratio)
④ 지역승수(Regional Multiplier)

●해설
지역승수는 지역의 기반산업의 역할에 대해 산식으로 표현해 놓은 것으로서 비용·편익분석방법과는 거리가 멀다.

70 국토계획에서 지역을 획정하기 위하여 일반적으로 강조하는 특성 3가지에 해당하지 않는 것은?

① 동일 행정구역상에 있는 지역
② 물리적 혹은 거주의 근접성이 있는 지역
③ 사회·문화·경제 및 정치적 동질성이 있는 지역
④ 중심지와 주변 지역 간 기능적 상호 의존성이 있는 지역

●해설
동일 행정구역상에 있다고 하더라도 지역적 특성의 동질성이 수반되지 않으면 하나의 지역으로 획정되기 어렵다.

71 다음의 지역개발이론 중 성격이 다른 하나는?

① 기본수요이론(Basic Needs Approach)
② 농정적 개발론(Agropolitan Development)
③ 불균형성장이론(Non-balanced Growth Theory)
④ 지속 가능한 개발론(Ecologically Sustainable Development)

●해설
불균형성장이론은 하향적 개발이론, 그 외에는 상향적 개발이론이다.

72 크리스탈러(W. Christaller)의 중심지이론에서 중심지의 계층을 형성하는 포섭원리에 해당하지 않는 것은?

① 교통 원리　　　　② 시장 원리
③ 행정 원리　　　　④ 임계 원리

◉해설

포섭 원리(Nesting Principle)
• 시장의 원리(Marketing Principle, K=3 System, 시장성 원칙)
• 교통의 원리(Transportation Principle, K=4 System)
• 행정의 원리(K=7 System)
• 제4의 원리(시장–행정모형)

73 A지역의 한계사회비용이 100만 원이고 한계사회편익이 90만 원일 때, 한센(N. Hansen)의 지역구분 중 어느 것에 해당하는가?

① 과밀지역　　　　② 낙후지역
③ 중간지역　　　　④ 침체지역

◉해설

한센의 동질지역 구분
• 과밀지역 : 한계사회비용 > 한계사회편익
• 중간지역 : 한계비용 < 한계편익
• 낙후지역 : 소규모 농업과 침체산업이 지배적인 경제구조를 지니고, 새로운 경제활동을 흡인할 수 있는 입지매력이 거의 없는 지역

74 다음을 목적으로 하는 법은?

국토를 합리적으로 이용·개발·보전하기 위하여 지방의 발전잠재력을 개발하고 민간부문의 자율적인 참여를 유도하여 지역개발사업이 효율적으로 시행될 수 있도록 하며 아울러 지방중소기업을 적극적으로 육성함으로써 인구의 지방정착을 유도하고 지역경제를 활성화시켜 국토의 균형 있는 발전에 이바지함을 목적으로 한다.

① 「수도권정비법」
② 「민자유치촉진법」
③ 「산업입지 및 개발에 관한 법률」
④ 「지역균형개발 및 지방중소기업 육성에 관한 법률」

◉해설

「지역균형개발 및 지방중소기업 육성에 관한 법률」의 목적에 대한 사항이다.

75 「수도권정비계획법」에서 구분하고 있는 권역의 종류로서 옳지 않은 것은?

① 과밀억제권역　　　② 개발촉진권역
③ 성장관리권역　　　④ 자연보전권역

◉해설

수도권정비계획에서의 권역 구분
과밀억제권역, 성장관리권역, 자연보전권역

76 어느 지역의 총 고용인구는 500,000명이고 비기반부문의 고용인구가 400,000명일 때, 이 지역에 외부지역으로의 수출만을 목적으로 하는 기반활동이 새롭게 입지하여 5,000명의 고용인구의 증가가 예상된다면, 이 지역의 총 고용인구는 얼마나 증가하는가?

① 10,000명　　　　② 15,000명
③ 20,000명　　　　④ 25,000명

◉해설

경제기반승수 및 총 고용인구의 변화

$$경제기반승수 = \frac{총\ 고용인구}{기반산업\ 고용인구}$$

$$= \frac{500,000}{100,000} = 5$$

총 고용인구 변화
= 경제기반승수 × 기반산업 고용인구 변화
= 5 × 5,000 = 25,000명

---

77 국토기본법령상 국토조사의 실시에 관한 설명으로 옳지 않은 것은?

① 국토조사는 정기조사와 수시조사로 나뉘며, 정기조사는 매 3년마다 실시한다.

② 국토교통부장관은 효율적인 국토조사를 위하여 필요하면 조사를 전문기관에 의뢰할 수 있다.

③ 국토조사는 국토에 관한 계획 또는 정책의 수립, 공간정보의 제작 등을 위하여 필요할 때에는 미리 인구, 경제 등에 대하여 조사할 수 있다.

④ 국토교통부장관은 중앙행정기관의 장 또는 지방자치단체의 장에게 조사에 필요한 자료의 제출을 요청할 수 있다.

◉해설

정기조사는 매년 실시한다.

78 수도권으로의 기능 집중에 따른 도시 문제로 가장 거리가 먼 것은?

① 인력난 가중　　　② 환경문제심화

③ 교통난의 심화　　④ 도시경관의 악화

◉해설

인력난 가중은 도시 문제가 아닌 지방에서 일어나는 문제사항이다.

79 지역이 가지고 있는 입지특성이나 생산환경의 변화에 따른 추세를 고려하여 지역산업의 전문화 정도를 추계하는 지역산업 성장분석기법은?

① 변이할당분석법(Shift-share Analysis)

② 지역산업연관분석(Input-output Analysis)

③ 경제기반승수법(Economic Base Multiflier Analysis)

④ 경제활동참가율(Labor Force Participation Rate) 분석

◉해설

변이할당분석(Shift-share Analysis) 모형은 Dunn (1960)에 의해 소개되었으며, 도시의 주요 산업별 성장원

인을 규명하고 도시의 성장력을 측정하는 방법을 말한다. 도시의 성장요인을 전국의 경제성장효과(국가성장효과), 지역의 산업구조효과(산업구조효과), 도시의 입지경쟁력에 의한 효과(지역할당효과) 등으로 구분하여 분석한다.

80 콥-더글라스(Cobb-Douglas)의 생산함수에 관한 설명 중 (　　) 안에 알맞은 것은?

> 지역의 1인당 소득 성장률은 기술진보와는 (㉠)의 관계를, 자본증가율과는 (㉡)의 관계를 갖는다.

① ㉠ 정(正), ㉡ 부(負)

② ㉠ 부(負), ㉡ 정(正)

③ ㉠ 정(正), ㉡ 정(正)

④ ㉠ 부(負), ㉡ 부(負)

◉해설

지역의 1인당 소득 성장률은 기술진보와 정(正)의 관계를, 자본증가율과도 정(正)의 관계를 갖는다.

5과목　도시계획 관계 법규

81 노상주차장의 구조·설비기준으로 옳은 것은?(단, 일반적인 경우에 한하며 단서조건은 고려하지 않는다.)

① 주간선도로에 설치할 수 있다.

② 너비 6m 미만의 도로에 설치하여서는 아니 된다.

③ 고속도로, 자동차전용도로 또는 고가도로에 설치할 수 있다.

④ 주차규모대수 10대 이상의 경우 장애인 전용 주차구획을 한 면 이상 설치하여야 한다.

◉해설

①, ③ 주간선도로, 고속도로, 고가도로, 자동차전용도로, 주정차 금지구역에 해당하는 부분에는 노상주차장을 설치할 수 없다.

④ 주차규모대수 20대 이상의 경우 장애인 전용 주차구획을 한 면 이상 설치하여야 한다.

82 다음 중 개발밀도관리구역에 대한 설명으로 옳지 않은 것은?

① 개발밀도관리구역은 개발행위로 인한 기반시설의 설치가 곤란한 주거지역에 대해서만 지정할 수 있다.

② 개발밀도관리구역을 지정하거나 변경하려면 해당 지방자치단체에 설치된 지방도시계획위원회의 심의를 거쳐야 한다.

③ 개발밀도관리구역의 지정기준, 관리 등에 관하여 필요한 사항은 대통령령으로 정하는 바에 따라 국토교통부장관이 정한다.

④ 특별시장·광역시장·특별자치시장·특별자치도지사·시장 또는 군수는 개발밀도관리구역에서는 대통령령으로 정하는 범위에서 관련 조항에 따른 건폐율 또는 용적률을 강화하여 적용한다.

해설

개발밀도관리구역(「국토의 계획 및 이용에 관한 법률」 제66조)

특별시장·광역시장·특별자치시장·특별자치도지사·시장 또는 군수는 주거·상업 또는 공업지역에서의 개발행위로 기반시설의 처리·공급 또는 수용능력이 부족할 것으로 예상되는 지역 중 기반시설의 설치가 곤란한 지역을 개발밀도관리구역으로 지정할 수 있다.

83 다음 중 시장·군수·구청장이 시·도지사의 승인을 받지 않아도 되는 경미한 조성계획의 변경 기준으로 옳지 않은 것은?

① 관광시설계획면적의 100분의 20 이내의 변경

② 관광시설계획 중 시설지구별 건축 연면적의 100분의 30 이내의 변경

③ 관광시설계획 중 시설지구별 토지이용계획 면적의 100분의 40 이내의 변경

④ 관광시설계획 중 시설지구별 토지이용계획 면적의 2,200m² 미만인 경우에는 660m² 이내의 변경

해설

경미한 조성계획의 변경(「관광진흥법 시행령」 제47조)
"대통령령으로 정하는 경미한 사항의 변경"이란 다음 각 호의 어느 하나에 해당하는 것을 말한다.

1. 관광시설계획면적의 100분의 20 이내의 변경
2. 관광시설계획 중 시설지구별 토지이용계획면적(조성계획의 변경승인을 받은 경우에는 그 변경승인을 받은 토지이용계획면적)의 100분의 30 이내의 변경(시설지구별 토지이용계획면적이 2천200제곱미터 미만인 경우에는 660제곱미터 이내의 변경)
3. 관광시설계획 중 시설지구별 건축 연면적(조성계획의 변경승인을 받은 경우에는 그 변경승인을 받은 건축 연면적)의 100분의 30 이내의 변경(시설지구별 건축 연면적이 2천200제곱미터 미만인 경우에는 660제곱미터 이내의 변경)
4. 관광시설계획 중 숙박시설지구에 설치하려는 시설(조성계획의 변경승인을 받은 경우에는 그 변경승인을 받은 시설)의 변경(숙박시설지구 안에 설치할 수 있는 시설 간 변경에 한정)으로서 숙박시설지구의 건축 연면적의 100분의 30 이내의 변경(숙박시설지구의 건축 연면적이 2천200제곱미터 미만인 경우에는 660제곱미터 이내의 변경)
5. 관광시설계획 중 시설지구에 설치하는 시설의 명칭 변경
6. 조성계획의 승인을 받은 자(특별자치시장 및 특별자치도지사가 조성계획을 수립한 경우를 포함하며 "사업시행자"라 한다)의 성명(법인인 경우에는 그 명칭 및 대표자의 성명) 또는 사무소 소재지의 변경. 다만, 양도·양수, 분할, 합병 및 상속 등으로 인해 사업시행자의 지위나 자격에 변경이 있는 경우는 제외한다.

84 「건축법」상 "지하층"이란 건축물의 바닥이 지표면 아래에 있는 층으로 바닥에서 지표면까지 평균 높이가 해당 층 높이의 얼마 이상인 것을 말하는가?

① 1/5　　② 1/4
③ 1/3　　④ 1/2

해설

용어 정의(「건축법」 제2조)
"지하층"이란 건축물의 바닥이 지표면 아래에 있는 층으로서 바닥에서 지표면까지 평균높이가 해당 층 높이의 2분의 1 이상인 것을 말한다.

85 다음 중 도시공원의 종류에 해당하지 않는 것은?

① 국립공원　　　　　② 근린공원
③ 묘지공원　　　　　④ 체육공원

◉해설

도시공원의 세분 및 규모(「도시공원 및 녹지 등에 관한 법률」 제15조)
• 생활권공원 : 소공원, 어린이공원, 근린공원
• 주제공원 : 역사공원, 문화공원, 수변공원, 묘지공원, 체육공원, 도시농업공원, 방재공원

86 도시개발법령상 도시개발구역의 지정에 대한 설명으로 옳지 않은 것은?

① 도시개발구역으로 지정할 수 있는 상업지역의 규모는 3만m² 이상이다.
② 국토교통부장관은 관계 중앙행정기관의 장이 요청하는 경우 도시개발구역을 지정할 수 있다.
③ 대도시장을 제외한 시·군수 또는 구청장은 시·도지사에게 도시개발구역의 지정을 요청할 수 있다.
④ 도시개발구역의 지정권자는 도시개발사업의 효율적인 추진과 도시의 경관 보호 등을 위하여 필요하다고 인정하는 경우에는 도시개발구역을 둘 이상의 사업시행지구로 분할할 수 있다.

◉해설

도시개발구역으로 지정할 수 있는 상업지역의 규모는 1만m² 이상이다.

87 어느 지역에 다음과 같은 조건의 공공청사를 신축할 경우에 올바른 과밀부담금의 산정식은?

• 건축연면적 : 10,000m²
• 주차장면적 : 2,000m²
• 단위면적당 건축비 : 90,000원/m²

① $(10,000\text{m}^2 - 2,000\text{m}^2) \times 90,000$원/m² $\times 0.1$
② $(10,000\text{m}^2 - 2,000\text{m}^2) \times 90,000$원/m² $\times 0.05$
③ $(10,000\text{m}^2 - 2,000\text{m}^2 - 1,000\text{m}^2) \times 90,000$원/m² $\times 0.1$
④ $(10,000\text{m}^2 - 2,000\text{m}^2 - 1,000\text{m}^2) \times 90,000$원/m² $\times 0.05$

◉해설

부담금의 산정방식(「수도권정비계획법 시행령」 별표 2)
공공 청사(신축)의 경우
부담금=(신축면적−주차장면적−기초공제면적)×단위면적당 건축비×0.1
여기서, 기초공제면적은 1천m²로 한다.
∴ 부담금 = $(10,000\text{m}^2 - 2,000\text{m}^2 - 1,000\text{m}^2) \times 90,000$원/m² $\times 0.1$

88 수도권정비계획의 수립에 대한 설명으로 옳지 않은 것은?

① 수도권정비계획안은 국토교통부장관이 입안한다.
② 수도권정비계획안은 수도권정비위원회의 심의를 거친 후 확정된다.
③ 시·도지사는 수도권정비계획을 실행하기 위한 소관별 추진 계획을 수립하여야 한다.
④ 수도권정비계획의 대통령령으로 정하는 경미한 사항은 수도권정비위원회의 심의를 거쳐 변경할 수 있다.

◉해설

국토교통부장관은 수도권정비계획안을 수도권정비위원회의 심의를 거친 후 국무회의의 심의와 대통령의 승인을 받아 결정한다.

89 「도시개발법」에 따른 조합설립의 인가에 관한 내용 중 (　　) 안에 들어갈 내용이 모두 옳은 것은?

조합설립의 인가를 신청하려면 해당 도시개발구역의 토지면적의 (㉠) 이상에 해당하는 토지소유자와 그 구역의 토지소유자 총수의 (㉡) 이상의 동의를 받아야 한다.

① ㉠ : 1/2, ㉡ : 2/3
② ㉠ : 2/3, ㉡ : 2/3
③ ㉠ : 1/2, ㉡ : 1/2
④ ㉠ : 2/3, ㉡ : 1/2

해설

조합설립의 인가(「도시개발법」 제13조)
조합설립의 인가를 신청하려면 해당 도시개발구역의 토지 면적의 3분의 2 이상에 해당하는 토지소유자와 그 구역의 토지소유자 총수의 2분의 1 이상의 동의를 받아야 한다.

90 중심상업지역 안에서의 건폐율과 용적률의 기준 중 ( ) 안에 알맞은 것은?

중심상업지역의 건폐율은 (㉠)% 이하, 용적률은 (㉡)% 이상 (㉢)% 이하이어야 한다.

① ㉠ : 80, ㉡ : 500, ㉢ : 1,000
② ㉠ : 80, ㉡ : 500, ㉢ : 1,500
③ ㉠ : 90, ㉡ : 400, ㉢ : 1,000
④ ㉠ : 90, ㉡ : 400, ㉢ : 1,500

해설

용도지역의 건폐율 및 용적률(「국토의 계획 및 이용에 관한 법률」 제77조 및 제78조, 시행령 제84조 및 제85조)
중심상업지역의 건폐율은 90% 이하, 용적률은 400% 이상 1,500% 이하이어야 한다.

91 택지개발사업 시행자는 토지매수 업무와 손실보상 업무를 위탁할 때 토지매수 금액과 손실보상 금액의 얼마의 범위에서 대통령령으로 정하는 요율의 위탁수수료를 지급하여야 하는가?

① 2/100의 범위
② 3/100의 범위
③ 4/100의 범위
④ 5/100의 범위

해설

위탁수수료의 요율(「도시개발법 시행규칙」 별표 2)
토지매수 및 보상업무의 위탁수수료율의 최대 범위는 20/1,000 이내이다.

92 「건축법」상의 "대지"에 관한 설명으로 옳지 않은 것은?

① 대통령령으로 정하는 토지는 둘 이상의 필지를 하나의 대지로 할 수 있다.
② 「공간정보의 구축 및 관리 등에 관한 법률」상의 대(垈)와 동일한 개념이다.
③ 「공간정보의 구축 및 관리 등에 관한 법률」에 따라 각 필지(筆地)로 나눈 토지를 말한다.
④ 건축물이 있는 대지는 대통령령으로 정하는 범위에서 해당 지방자치단체의 조례로 정하는 면적에 못 미치게 분할할 수 없다.

해설

「공간정보의 구축 및 관리 등에 관한 법률」상의 대(垈)는 지목(용지의 용도)의 한 종류로서 "대지"의 개념과는 거리가 멀다.

93 다음 중 신고 체육시설업에 해당하지 않는 것은?

① 빙상장업
② 골프 연습장업
③ 종합 체육시설업
④ 자동차 경주장업

해설

체육시설업의 구분·종류(「체육시설의 설치·이용에 관한 법률」 제10조)

구분	체육시설업
등록 체육시설업	골프장업, 스키장업, 자동차 경주장업
신고 체육시설업	요트장업, 조정장업, 카누장업, 빙상장업, 승마장업, 종합 체육시설업, 수영장업, 체육도장업, 골프 연습장업, 체력단련장업, 당구장업, 썰매장업, 무도학원업, 무도장업, 야구장업, 가상체험 체육시설업, 체육교습업, 인공암벽작업

94 택지개발사업을 시행하는 데 있어서 간선시설의 설치비용을 국가가 50%의 범위에서 보조할 수 있는 시설은?

① 가스공급시설
② 상하수도시설

③ 주택단지 내 통신시설
④ 주택단지 내 송·변전시설

●해설
간선시설의 설치 및 비용의 상환(「주택법」 제28조, 시행령 제39조)
간선시설의 설치 비용은 설치의무자가 부담한다. 이 경우 지방자치단체의 도로 및 상하수도시설의 설치 비용은 그 비용의 50%의 범위에서 국가가 보조할 수 있다.

95 무질서한 시가화를 방지하고 계획적·단계적인 개발을 도모하기 위하여 대통령령으로 정하는 기간 동안 시가화를 유보하기 위해 지정되는 구역은?

① 개발제한구역　　② 상세계획구역
③ 시가화조정구역　④ 특정시설제한구역

●해설
시가화조정구역의 지정(「국토의 계획 및 이용에 관한 법률」 제39조)
시·도지사는 도시지역과 그 주변지역의 무질서한 시가화를 방지하고 계획적·단계적인 개발을 도모하기 위하여 대통령령으로 정하는 기간(5년 이상 20년 이내의 기간) 동안 시가화를 유보할 필요가 있다고 인정되면 시가화조정구역의 지정 또는 변경을 도시·군관리계획으로 결정할 수 있다. 다만, 국가계획과 연계하여 시가화조정구역의 지정 또는 변경이 필요한 경우에는 국토교통부장관이 직접 시가화조정구역의 지정 또는 변경을 도시·군관리계획으로 결정할 수 있다.

96 다음 중 개발제한구역에서 허가를 받아 그 행위를 할 수 있는 건축물의 용도변경에 해당하지 않는 경우는?

① 주택을 종교시설로 용도변경하는 행위
② 공장을 교육원 및 연구소로 용도변경하는 행위
③ 신축된 근린생활시설을 노래연습장으로 용도변경하는 행위
④ 주택을 다른 용도로 변경한 건축물을 다시 주택으로 용도변경하는 행위

●해설
개발제한구역에서의 행위제한(「개발제한구역의 지정 및 관리에 관한 특별조치법」 제12조, 시행령 제18조)
근린생활시설을 노래연습장으로 용도변경하는 행위는 허용되지 않는다.

97 산업입지 및 개발에 관한 법령상 도시첨단산업단지의 지정에 관한 설명으로 옳지 않은 것은?

① 도시첨단산업단지의 지정 제외 지역은 특별시와 광역시다.
② 인구의 과밀방지 등을 위하여 대통령령으로 정하는 지역에는 도시첨단산업단지를 지정할 수 없다.
③ 시장·군수 또는 구청장은 시·도지사에게 도시첨단산업단지의 지정을 신청하려는 경우에는 산업단지개발계획을 작성하여 제출하여야 한다.
④ 도시첨단산업단지의 지정권자가 도시첨단산업단지를 지정하려는 경우에는 산업단지개발계획에 대하여 관계 행정기관의 장과 협의하여야 한다.

●해설
도시첨단산업단지의 지정 제외 지역은 서울특별시이다.

98 「도시개발법」상 환지를 정한 토지에 대한 일반적인 청산금 확정시기로 옳은 것은?

① 등기 완료된 날의 다음 날
② 환지계획 인가된 날의 다음 날
③ 환지처분 공고된 날의 다음 날
④ 공사시행 완료 보고된 날의 다음 날

●해설
청산금의 징수·교부(「도시개발법」 제46조)
시행자는 환지처분이 공고된 후에 확정된 청산금을 징수하거나 교부하여야 한다.

99 「국토기본법」에 의한 국토정책위원회에 대한 설명으로 옳은 것은?

① 위원장은 대통령, 부위원장은 국무총리이다.

② 분과위원회의 심의는 국토정책위원회의 심의로 본다.

③ 국토정책위원회는 위원장 1명, 부위원장 1명을 포함한 34명 이내의 위원으로 구성한다.

④ 대통령은 국토계획 및 정책에 관한 전문지식 및 경험이 있는 사람 중에서 전문위원을 위촉할 수 있다.

해설

국토정책위원회의 구성(「국토기본법」 제27조)
• 위원장 1명(국무총리)과 부위원장 2명(국토교통부장관과 위촉위원 중에 호선으로 선정된 위원)을 포함한 42명 이내의 위원으로 구성
• 위원의 구성

구분	구성사항
당연직 위원	중앙행정기관의 장과 국무조정실장, 지방시대위원회 위원장
위촉위원	국토계획 및 정책에 관하여 학식과 경험이 풍부한 사람으로서 국무총리가 위촉한 사람

100 부설주차장의 설치의무가 면제되는 시설물의 위치·용도·규모 및 부설주차장의 규모기준으로 옳지 않은 것은?

① 주차대수가 500대 규모의 부설주차장의 경우

② 연면적 1만m² 이상의 판매시설 및 운수시설에 해당하지 아니하는 시설물

③ 연면적 1만 5천m² 이상의 문화 및 집회시설, 위락시설에 해당하지 아니하는 시설물

④ 「도로교통법」에 따른 차량통행의 금지 또는 주변의 토지이용 상황으로 인하여 부설주차장의 설치가 곤란하다고 시장·군수 또는 구청장이 인정하는 장소

해설

부설주차장의 설치의무면제(「주차장법 시행령」 제8조)
시설물에서 부설주차장의 설치의무가 면제되는 기준은 부설주차장의 규모가 주차대수 300대 이하일 경우이다.

정답 99 ② 100 ①

1과목 도시계획론

01 프리드만(Friedmann)이 주장한 것으로 계획의 집행에 직접적으로 영향을 받는 사람들과 상호 대화를 통하여 수립하는 계획은?

① 교류적 계획   ② 점진적 계획
③ 종합적 계획   ④ 급진적 계획

● 해설

교류적 계획(Transaction Planning)
- 프리드만(J. Friedmann)에 의해 발전한 계획
- 공익이라는 불확실한 목표를 추구하기보다는 계획과 관련된 사람들 간의 상호교류와 대화를 통해 계획을 수립하는 것으로 계획은 합리적이고 과학적이어야 한다는 인식에 대한 비판적 반응
- 인간의 존엄성에 기초를 두는 신휴머니즘적 사고에 기초
- 계획가와 계획에 영향을 받는 사람들 간의 대화와 이를 통한 사회적 학습과정 형성을 중시

02 도시조사에 있어 자료원에 대한 접근이 직접적 혹은 간접적이냐에 따라 1차 자료와 2차 자료로 구분한다. 도시조사에 대한 설명으로 옳지 않은 것은?

① 1차 자료는 계획가가 원하는 현실감 있는 정확한 정보를 제공해 줄 수 있다는 장점이 있다.
② 도시계획을 위한 도시조사에서는 1차 조사와 2차 조사가 병행하여 이루어지는 것이 일반적이다.
③ 2차 자료에 비해 1차 자료는 비교적 적은 노력과 비용으로 계획가가 원하는 정보를 얻을 수 있다.
④ 1차 자료는 도시계획의 대상이 되는 단위 지역이나 당해 지역의 주민들로부터 현지조사나 관찰 및 면접 등을 통해 직접적으로 도출한 자료이다.

● 해설

1차 자료는 현실감이 우수하나, 비용과 시간이 과다 소요되는 특징이 있다.

03 도시 · 군계획시설의 민간 투자방식에 대한 설명으로 옳지 않은 것은?

① BOO 방식 : 시설의 준공과 동시에 국가 또는 지방자치단체에 소유권이 인정되는 방식
② BOT 방식 : 시설의 준공 후 일정 기간 동안 사업시행자에게 소유권이 인정되며, 기간 만료 시 국가 또는 지방자치단체에 소유권이 이전되는 방식
③ BTO 방식 : 시설의 준공과 동시에 국가 또는 지방자치단체에 소유권이 귀속되며, 사업시행자에게 일정 기간 시설의 관리 운영권을 인정하는 방식
④ BLT 방식 : 사업시행자가 시설 준공 후 일정 기간 동안 운영권을 정부에 임대하고 임대 기간 종료 후 시설물을 국가 또는 지방자치단체에 이전하는 방식

● 해설

BOO(Build-Own-Operate, 건설 · 소유 운영방식)
사회간접자본시설의 준공과 동시에 사업시행자에게 당해 시설의 소유권을 인정해 주고 운영권을 주는 방식

04 토지이용계획의 실행수단은 간접적 실행수단과 직접적 실행수단으로 구분할 수 있다. 간접적 실행수단에 해당되지 않는 것은?

① 도로정비와 같은 도시기반시설 설치
② 지구 차원의 토지 이용 지침이 포함된 지구단위계획 수립
③ 개발 사업자가 토지를 확보하여 스스로 건축행위를 하여 실현
④ 주거지역, 상업지역 등 용도를 지정하여 합치되는 용도만을 허용하는 용도지역제 운영

해설

토지이용계획의 실행수단

간접적 실현수단	규제수단	지역 · 지구 · 구역의 지정 (용도, 건폐율, 용적률, 높이 규제)
		지구단위계획
	유도적 수단	세제해택 등
		도시시설의 정비 등
직접적 실현수단	도시계획사업 (계획수단)	도시개발사업
		도시계획시설사업
		도시재개발사업
	기타 개발사업	

05 국토공간계획지원체계(KOPSS : KOrea Plan-ning Support System)에 포함되어 있지 않은 분석모형은?

① 세움이(건축계획지원)
② 경관이(경관계획지원)
③ 재생이(도시정비계획지원)
④ 시설이(도시기반시설계획지원)

해설

국토공간계획지원체계(KOPSS : KOrea Planning Support System)의 분석모형
• 시설이(도시기반시설계획지원)
• 경관이(경관계획지원)
• 터잡이(토지이용계획지원)
• 재생이(도시정비계획지원)
• 지역이(지역계획지원)

06 토지이용계획의 수립과정으로 옳은 것은?

① 현황 파악 → 계획구역 설정 → 계획 목표 및 지표 설정 → 면적수요 산정
② 계획구역 설정 → 현황 파악 → 계획 목표 및 지표 설정 → 면적수요 산정
③ 계획구역 설정 → 현황 파악 → 면적수요 산정 → 계획 목표 및 지표 설정
④ 현황 파악 → 계획구역 설정 → 면적수요 산정 → 계획 목표 및 지표 설정

해설

토지이용계획의 수립과정
계획구역 설정 → 현황 파악 → 계획 목표 및 지표 설정 → 면적수요 산정

07 일정지역의 개발을 법규에서 정한 규정 이상으로 강하게 규제할 필요가 있을 경우 이에 대한 보상으로써, 문화재 보호나 환경보전 등에 있어 활용되는 방식으로 그 지역의 토지소유자로 하여금 재산상 손실부분만큼 다른 지역에서 만회할 수 있도록 하는 제도는?

① 유도지역제도(ICZ)
② 개발권이양제도(TDR)
③ 계획단위개발제도(PUD)
④ 복합용도개발제도(MXD)

해설

개발권양도제(TDR, 개발권이양제도)는 기존 용도지역제의 경직성을 보완하고 시장주도형 도시개발에 유연하게 대처할 수 있으며 공익적인 차원에서 사유재산을 보호할 수 있다는 이점이 있다.

08 도시재개발사업의 문제점 및 개선방안에 대한 설명으로 옳지 않은 것은?

① 상위계획에 입각한 일관성 있는 정책이기보다 행정 편의 위주의 대책으로 시행된 경우가 많다.
② 주로 지구 단위의 미시적 관점에서 진행되어 주변지역과 전체 도시와의 체계성이 상실되고 있다.
③ 토지이용의 고도화를 위해 고층의 업무 및 상업기능 위주로 진행되어 다양한 도시 문제를 양산하고 있다.
④ 도심 내에서 재개발을 하는 경우에는 도시 활성화와 주거환경의 개선을 위해 복합용도개발보다는 순수한 주택단지 계획기술의 개발에 힘쓸 필요가 있다.

◯해설

도심 내에서 재개발을 하는 경우에는 혼합적 토지이용의 개념에 근거하여 주거와 업무, 상업, 문화 등 상호보완이 가능한 용도를 서로 밀접한 관계를 가질 수 있도록 연계·개발하는 것이 필요하다.

09 고대 메소포타미아와 이집트의 도시에서 시작되었던 것을 히포다무스(Hippodamus)가 그리스의 도시계획에 적용시킨 것은?

① 성곽의 축조　　② 격자형 가로망
③ 공중정원의 설치　④ 공공시설의 중앙배치

◯해설

히포다무스가 도시계획에서 주장한 것은 격자형 가로망 계획이다.

10 다음 설명에 해당하는 행동을 수행한 단체는?

- 20세기 초 미국의 사업주의적 개발방식과 겉치레에 그치는 도시미화운동에 비판을 가하고, 삶의 토대를 구체적 장소환경에서 찾아야 하며, 가장 인간주의적이고 문화적 폭이 넓은 도시계획을 강조한다.
- 도시구조형식은 근린주구의 개념을 따르며 소단위의 새로운 주거형태의 개발을 주장하였다.

① 르네상스운동회　　② 세계건축가협회
③ 에키스틱스협회　　④ 미국지역계획가협회

◯해설

미국지역계획가협회는 인간적이고 폭이 넓은 도시계획이 되어야 함을 강조했다. 또한 자연에의 회귀를 주장하면서 농업과 공업이 조화를 이루도록 하고 도시구조형식은 근린주구의 개념을 따르도록 하였다. 이러한 근린주구의 개념은 소단위의 새로운 주거형태를 주장한 것으로서 행정조직의 집중화가 아닌 소단위로의 분권화를 추구한다고 볼 수 있다.

11 용도지역의 분류에 해당하지 않는 것은?

① 환경지역　　② 관리지역
③ 도시지역　　④ 농림지역

◯해설

용도지역은 크게 도시지역, 관리지역, 농림지역, 자연환경보전지역으로 구분된다.

12 크리스탈러(W. Christaller)의 중심지이론에서 작은 중심지로부터 큰 중심지로 확대되어가는 중심지 계층의 포섭이론 중 K=7에 해당되는 원리는?

① 교통 원리　　② 시장 원리
③ 행정 원리　　④ 문화 원리

◯해설

K = 7에 해당되는 원리는 중심지가 배후지를 능률적으로 관리할 수 있도록 하는 포섭 원리인 행정 원리이다.

13 아래 그림이 나타내는 이론과 3(빗금 친 부분)에 해당하는 토지이용이 올바르게 연결된 것은?

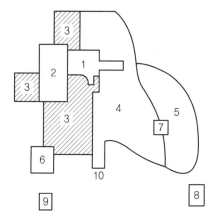

① 선형이론 - 점이지대
② 선형이론 - 도매경공업지구
③ 다핵심이론 - 고소득층 주거지구
④ 다핵심이론 - 저소득층 주거지구

◯해설

그림은 해리스 & 울만의 다핵심이론에서의 토지이용도이며, 3(빗금 친 부분)은 도매 및 경공업지대와 가까워 주거환경이 열악한 곳으로 저소득층 주거지구에 해당한다.

14 광역도시계획의 내용으로 옳지 않은 것은?

① 광역시설의 배치·규모·설치에 관한 사항

② 광역계획권의 공간구조와 기능분담에 관한 사항

③ 광역계획권의 녹지관리체계와 환경보전에 관한 사항

④ 10년을 단위로 광역계획권 지정 목적의 달성에 필요한 사항

●해설

광역도시계획은 20년 단위로 하는 장기계획으로서 둘 이상의 도시공간의 구조 및 기능을 상호 연관시키고 환경을 보전하며 광역시설을 체계적으로 정비하기 위한 계획이다.

15 공업지역의 입지 결정에 고려되어야 할 조건으로 옳지 않은 것은?

① 용수가 충분하고 전력 공급이 가능한 지역

② 주거지역 또는 상업지역과 완벽하게 이격이 되는 지역

③ 평탄지역으로 적정규모 이상의 부지 공급이 가능한 지역

④ 지역 간 수송이 원활하도록 고속도로 및 국도 접근이 용이한 지역

●해설

공업입지는 용수, 전력, 노동력의 공급이 용이한 지역이 고려되어야 하므로, 주거지역 또는 상업지역과 너무 이격된 위치에 있어서는 안 된다.

16 1990년대에 미국과 캐나다에서 도시의 무분별한 확산에 의한 도시 문제를 극복하기 위해 제시된 도시개발 패러다임은?

① 낭만주의 ② 효용주의
③ 뉴어바니즘 ④ 창조혁신도시

●해설

뉴어바니즘(New Urbanism)은 현대도시가 겪어온 여러 가지 문제점들을 해결하기 위해서 도시중심을 복원하고, 확산하는 교외를 재구성하며, 파괴적인 개발행위를 영속화하려는 정책과 관례를 바꾸려는 운동으로서, 자동차 위주

의 근대도시계획에 대한 반발로 사람 중심의 도시환경을 조성하고자 하는 도시계획방법이다.

17 과거 10년간 등비급수적으로 인구가 증가하여 현재 인구가 123만 명이고, 10년 전 인구는 100만 명인 도시가 있다. 이 도시의 연평균 인구증가율은?

① 약 1.1% ② 약 2.1%
③ 약 4.1% ④ 약 5.1%

●해설

등비급수법에 의해 산출한다.
$p_n = p_0(1+r)^n$
여기서, p_n : n년 후의 인구, p_0 : 초기 연도 인구
r : 인구증가율, n : 경과 연수
$p_{10} = p_0(1+r)^{10}$
$1,230,000 = 1,000,000(1+r)^{10}$, $r = 2.1\%$

18 토지이용계획에서 수요예측을 하는 데 가장 중요한 요소로서 비교적 쉽고 간편하게 추정이 가능하여 자주 이용되는 요소는?

① 인구 현황 ② 재정여건 현황
③ 건축물 면적 현황 ④ 도시기반시설 현황

●해설

인구수 및 입출입 현황 등을 활용하는 것은 가장 간편한 수요예측 방법 중 하나이다.

19 미래 도시의 새로운 계획 패러다임 방향으로 옳지 않은 것은?

① 지속 가능한 도시 개발로의 전환

② 미래 사회에 맞는 새로운 U-도시계획

③ 시민참여의 확대와 계획 및 개발주체의 다양화

④ 지역별 특화를 위한 도·농 분리적 계획 체계로의 전환

●해설

지역별 특화뿐만 아니라 균형발전, 합리적 도시계획을 추진하기 위해 도·농 분리가 아닌 도·농 통합적 계획체계로 전환되고 있다.

정답 14 ④ 15 ② 16 ③ 17 ② 18 ① 19 ④

20 공동구의 장점으로 옳지 않은 것은?

① 수용하는 도관의 유지관리가 용이하다.
② 가로와 도시의 미관을 개선할 수 있다.
③ 기존 가로에 도관의 이설 및 신설이 용이하다.
④ 빈번한 노면굴착에 의한 교통 장애를 제거할 수 있다.

●해설

공동구는 기존 가로에 적용하기 어려워 신설 도로 위주로 설치한다.

| 2과목 | 도시설계 및 단지계획 |

21 지역물류 중계기지로서의 특징을 지니고 내수화물 및 도소매 품목을 취급하며 부차적으로 농산물의 집하와 1차 가공기능 입지로서의 기능을 수행하는 물류단지의 유형은?

① 전국 거점형 물류단지
② 산업단지 지원형 물류단지
③ 중소도시 지원형 물류단지
④ 내륙대도시 지원형 물류단지

●해설

지역물류 중계기지로서의 특징을 가지고 있는 것은 중소도시 지원형 물류단지이다.

22 공동주택의 일조 등의 확보를 위한 높이제한에 관한 설명 중 ( ) 안에 알맞은 것은?

> 같은 대지에서 두 동 이상의 건축물이 마주보고 있는 경우에 건축물 각 부분 사이의 거리는 기준의 거리 이상을 띄어 건축할 것. 다만, 그 대지의 모든 세대가 (㉠)를 기준으로 (㉡)시에서 (㉢)시 사이에 (㉣)시간 이상을 계속하여 일조를 확보할 수 있는 거리 이상으로 할 수 있다.

① ㉠ : 하지, ㉡ : 9, ㉢ : 15, ㉣ : 2
② ㉠ : 하지, ㉡ : 12, ㉢ : 16, ㉣ : 2
③ ㉠ : 동지, ㉡ : 12, ㉢ : 16, ㉣ : 2
④ ㉠ : 동지, ㉡ : 9, ㉢ : 15, ㉣ : 2

●해설

「건축법」상 겨울철 동지기준으로 09시에서 15시 사이에 총 일사시간 4시간 이상, 연속일사시간 2시간 이상 되도록 건축물 남북 간의 인동간격 준수가 필요하다.

23 래드번에 처음 채택된 슈퍼블록을 구성함에 따라 얻어질 수 있는 효과가 아닌 것은?

① 보도와 차도의 완전한 혼합형 개발 가능
② 충분한 공동의 오픈스페이스의 확보 가능
③ 건축물을 집약화함으로써 고층화 · 효율화 가능
④ 전기 · 하수 · 쓰레기 수거 등 도시시설의 공동화 가능

●해설

슈퍼블록(Super Block)
대형 가구의 내부에 자동차의 통과교통을 없애고, 보행자 전용도로를 조성하여 쾌적하고 편리한 주거생활공간을 창출한 것으로서, 1928년 래드번 계획에서 처음 채택되었다.

24 주택단지 계획 시 주택용지율을 70%, 총 인구밀도를 210인/ha로 한다면, 순인구밀도는?

① 147인/ha
② 210인/ha
③ 300인/ha
④ 333인/ha

●해설

$$순인구밀도 = \frac{총인구}{주택용지면적}$$
$$= \frac{총인구}{총면적 \times 주택용지율}$$
$$= \frac{총인구밀도}{주택용지율}$$
$$= \frac{210}{0.7} = 300인/ha$$

25 지구단위계획과 도시설계 및 상세계획 간의 차이점에 대한 설명으로 옳지 않은 것은?

① 법적 근거는 3개 제도가 모두 달랐다.

② 상세계획을 제외하고 지정 기준의 규모 제한이 없다.

③ 제도 도입시기는 도시설계, 상세계획, 지구단위계획 순이다.

④ 계획변경은 도시설계의 경우 도시설계 작성절차, 상세계획의 경우 도시계획 결정절차, 지구단위계획의 경우 도시 · 군관리계획 결정절차에 준한다.

해설

지구단위계획과 도시설계 및 상세계획에 대해 지정 기준 및 규모 제한이 적용된다.

26 도시설계에 관하여 아래와 같이 주장한 미국의 사회학자는?

> 근대도시의 획일화된 형태와 기능적인 용도 분리, 가로와의 관계를 의식하지 않은 비정형적인 오픈스페이스 등은 사회범죄와 전통적인 커뮤니티의 해체, 기계적이고 단조로운 인간생활을 조장함으로써 도시는 점점 삭막해져 가고 있다. 이러한 문제의식을 바탕으로 전통적인 도시공간의 사례조사를 통하여 용도 혼합에 의한 가로공간의 조성과 적정 밀도의 저층고밀개발, 보차공존도로의 조성 등을 통하여 근대도시의 부정적 속성을 해결하여야 한다.

① Herbert Gans
② Jane Jacobs
③ Kevin Lynch
④ Paul D. Spreiregen

해설

제이콥스(Jane Jacobs)
- 용도 혼합에 의한 가로공간의 조성과 적정 밀도의 저층 고밀개발 및 보차공존도로의 조성 등을 주장
- 획일화된 형태와 기능적으로 용도가 분리된 근대도시의 문제점 고찰

27 구조물의 높이(H)와 그 외부 공간의 거리 (D)의 관계에서 공간 폐쇄감의 상실(공허감)이 시작되는 각도는?

① 약 14°
② 약 18°
③ 약 20°
④ 약 25°

해설

폐쇄감을 상실하고 노출감을 인식하는 것은 D/H가 3 이상인 경우를 의미하며, 이때의 각도는 약 14°이다.

28 정연한 도시환경 질서 위에 가변성이 큰 오픈스페이스 체계를 계획함으로써 과도한 정형성을 완화하고 동시에 양호한 접근로를 조성하는 오픈스페이스 배치 형태는?

① 연속(Sequence)
② 위요(Encirclement)
③ 결절화(Nodalization)
④ 중첩(Superimposition)

해설

중첩의 원리를 통한 오픈스페이스 배치 형태를 설명한 내용이다.

29 교차로의 우선방향이 명확하기 때문에 교통사고의 위험이 적으며, 주택지에서 적극적으로 이용될 수 있는 교차로 형태는?

① T형
② +형
③ Ring형
④ Loop형

해설

교차로의 방향을 명확하게 설정하고 운영할 수 있는 방식은 T형 방식이다.

30 다음 중 획지계획에 대한 설명으로 옳지 않은 것은?

① 용도에 맞는 적정 획지를 계획하도록 한다.

② 다양한 규모의 획지로 분할하여 여러 계층의 수요를 고르게 만족시킬 수 있도록 하여야 한다.

③ 획지계획의 기본 목표는 주택용지의 경우 토지이용의 효율성과 주거의 쾌적성을 보장하는 것이다.

④ 간선가로망 주변에 소형 가구를 많이 배치하여 상업시설과 부대시설에 의한 가로변의 미관 저해를 방지하도록 한다.

해설

간선가로망 주변에는 일반적으로 대형 가구를 배치하여 상업시설과 부대시설과의 조화 및 미관 저해를 방지토록 한다.

31 「도시공원 및 녹지 등에 관한 법률 시행규칙」상 아래 (   ) 안에 들어갈 알맞은 것은?

> 「도시공원 및 녹지 등에 관한 법률」상 개발제한구역 및 녹지지역을 제외한 도시지역 안에 있어서의 도시공원의 확보기준은 해당 도시지역 안에 거주하는 주민 1인당 (   )m² 이상으로 한다.

① 2   ② 3

③ 5   ④ 10

해설

도시공원의 면적기준(「도시공원 및 녹지 등에 관한 법률 시행규칙」 제4조)

• 하나의 도시지역 안에 있어서의 도시공원의 확보기준은 해당 도시지역 안에 거주하는 주민 1인당 6m² 이상

• 개발제한구역 및 녹지지역을 제외한 도시지역 안에 있어서의 도시공원의 확보기준은 해당 도시지역 안에 거주하는 주민 1인당 3m² 이상

32 도시설계이론 중 설계자의 주관, 직관, 창의력 등에 의존해서 이루어지는 설계접근방식으로 설계 대상의 규모가 작고 규제가 한정되는 경우에 사용되는 도시설계 방법은?

① 개괄적 설계방법   ② 내향적 설계방법

③ 다원적 설계방법   ④ 점진적 설계방법

해설

설계자의 주관에 의존해서 이루어지는 설계접근방식을 내향적 설계방법이라고 한다.

33 다음 중 근린주구(Neighborhood Unit)와 관련이 없는 것은?

① 페리(C. A. Perry)

② 아디케스(F. Adickes)

③ 래드번(Radburn) 계획

④ 스타인(Clarence S. Stein)

해설

독일(1902년)에서 시행된 「아디케스법」은 민간의 토지를 지방정부가 도시계획에 따라 개발한 후 재분배하는 토지구획정리에 대한 법이다.

34 단지경관의 기본이론인 맥락(Context) 중 2차적 맥락을 적합하게 설명한 것은?

① 지역의 특징적 형태나 유형 등을 참조하여 지역의 향토적 흐름을 유추하는 단계를 말한다.

② 건축언어를 일치시키는 것이 목적이며, 여기에는 색채, mass, 높이, 처마선 등이 포함된다.

③ 외형상 주변 건물의 파사드를 맞추는 작업으로 시각적 조화를 바탕으로 하는 통일성에 초점을 둔다.

④ 이미지 유추와 같은 추상적 형태를 반영하며 역사나 철학을 바탕으로 설계가의 작품관과 합해진 형태를 추구한다.

해설

• 1차 맥락 : 경관적 고유 맥락

• 2차 맥락 : 지역적 identity를 반영한 맥락으로서 지역의 특징적 형태나 유형 등을 참조하여 지역의 향토적 흐름을 유추하는 단계

35 「주차장법 시행규칙」상 노외주차장의 설치에 대한 계획기준에 관한 아래 내용 중 ( ) 안에 들어갈 알맞은 것은?

> 주차대수 ( )대를 초과하는 규모의 노외주차장의 경우에는 노외주차장의 출구와 입구를 각각 따로 설치하여야 한다.

① 100
② 200
③ 300
④ 400

해설

노외주차장의 설치에 대한 계획기준(「주차장법 시행규칙」 제5조)
주차대수 400대를 초과하는 규모의 노외주차장의 경우에는 노외주차장의 출구와 입구를 각각 따로 설치하여야 한다. 다만, 출입구의 너비의 합이 5.5m 이상으로서 출구와 입구가 차선 등으로 분리되는 경우에는 함께 설치할 수 있다.

36 조례로 정한 용적률 500%의 근린상업지역 내 대지에 상징시설을 위한 광장면적을 전체 대지면적의 20%로 조성하면서 수립하는 지구단위계획에서 인센티브에 의한 최대 용적률은?(단, 가중치는 0.8로 한다.)

① 550%
② 600%
③ 650%
④ 700%

해설

최대 용적률 = 기준 용적률 $\times (1+0.3)$
$\qquad\qquad = 500 \times 1.3 = 650\%$

37 축척이 1/50,000인 지형도 위에 20m 간격으로 등고선이 그려져 있고 5줄마다 계곡선이 있다. 어떤 사면의 경사를 알기 위해 측정한 계곡선 간의 수평거리가 1.2cm이었을 때 이 사면의 경사도는?

① 약 9%
② 약 12%
③ 약 17%
④ 약 20%

해설

$$경사도 = \frac{표고차(h)}{등고선\ 간의\ 거리(D)} \times 100$$
$$= \frac{20\text{m} \times 5}{0.012\text{m} \times 50,000} \times 100 = 16.67\% \fallingdotseq 17\%$$

38 학교의 결정기준에 관한 아래 내용 중 ( ) 안에 들어갈 알맞은 것은?

> 학교의 결정기준에서 중학교는 ( )개 근린주거구역 단위에 1개의 비율로 배치해야 한다.

① 1
② 2
③ 3
④ 4

해설

3개의 근린주거구역을 기준으로 중학교 1개소를 배치한다. 중학교 기준으로 배치는 2차 생활권(중생활권)에 해당한다.

39 지구단위계획에서 도시·군관리계획도시의 지형도 축척으로 옳은 것은?

① 1/500~1/1,000
② 1/1,000~1/5,000
③ 1/5,000~1/10,000
④ 1/10,000~1/25,000

해설

지구단위계획에 대한 도시·군관리계획 결정도의 축척 1/1,000~1/5,000

40 전통적으로 구분되는 유기적 방법과 구성적 방법으로 도시설계 기법을 제시한 학자는?

① David Gosling
② Paul Meadows
③ Oscar Newman
④ Goeffrey Broadbent

해설

뉴먼(Oscar Newman)
도시공간의 위계적 구성체계(공적 영역, 반공적영역, 사적 영역의 매개공간 계획)를 정립하였다.

정답 35 ④ 36 ③ 37 ③ 38 ③ 39 ② 40 ③

3과목 도시개발론

41 전원도시이론의 영향을 받아 1904년 만들어진 세계 최초의 전원도시 레치워스(Letchworth)를 계획한 사람은?

① 오웬
② 페리
③ 언윈
④ 스타인

◉ 해설

1903년 런던 북쪽 35mile(54km) 거리에 건설된 레치워스(Letchworth)는 레이몬드 언윈(Raymond Unwin)과 배리 파커(Barry Parker)에 의해 건설되었다.

42 재개발의 목적에 관한 설명으로 옳지 않은 것은?

① 주택 및 물리적 시설의 불량, 노후화를 개선, 예방
② 도시적 형태와 기능을 지니지 않은 토지에서 도시적 기능을 부여
③ 재개발지구 주민들의 사회 경제적 조건을 향상시키며 공동체적 삶의 질을 향상
④ 교통시설과 교통체계의 정비, 지역사회를 위한 학교, 공원, 우체국 등 다양한 공공시설과 서비스를 적정 배치 공급

◉ 해설

재개발
기존에 개발된 지역이 시대적·공간적 발달에 따라 그 기능을 상실하고 불량화되었을 때 도시의 불량지구개선, 안전하고 위생적인 환경의 마련, 도시기능의 부활 등을 기하고자 실시하는 사업

43 다음 중 부동산과 금융을 결합한 형태로서 유동성 문제와 소액투자 곤란의 문제를 증권화라는 방식을 이용하여 해결하고 있는 부동산 펀드의 대표적인 형태는?

① 부동산 신디케이션
② 에스크로우(Escrow)
③ 자산담보부증권(ABS)
④ 부동산투자신탁(REITs)

◉ 해설

부동산투자신탁(REITs)
소액투자자들로부터 자금을 모아 부동산이나 부동산 관련 대출에 투자하여 발생한 수익을 투자자에게 배당하는 투자신탁

44 주택재개발사업 시행방식의 종류에 관한 설명으로 옳지 않은 것은?

① 순환재개발방식은 오래된 재개발아파트부터 순차적으로 생애주기별로 재개발해 나가는 방식을 말한다.
② 자력재개발방식은 도로, 공원 등 도시기반 시설은 공공이 설치하고, 주민은 토지구획정리사업의 환지 기법을 적용하여 환지받은 토지에 각자가 건물을 짓도록 하는 방식을 말한다.
③ 위탁재개발방식은 철거를 기본수단으로 하는 사업방식으로 정부가 건설업체를 알선하고 주민이 재정을 부담하여 5층 이하의 공동주택을 건립하는 사업이다.
④ 합동재개발방식은 주민과 건설업자, 정부의 3자가 공동의 이익을 추구하는 사업으로, 점유한 국·공유지는 싸게 불하받아 주민을 수용하는 주택 이외에 여유분의 주택을 지어 매각함으로써 주민은 사업비 부담을 대폭 경감할 수 있는 방식을 일컫는다.

◉ 해설

순환재개발
재개발구역의 일부 지역 또는 당해 재개발구역 외의 지역에 주택을 건설하거나 건설된 주택을 활용하여 재개발구역을 순차적으로 개발하거나 재개발구역 또는 재개발사업시행지구를 수개의 공구로 분할하여 순차적으로 시행하는 재개발방식

45 도시 마케팅의 구성요소 중 고객으로 간주하기 힘든 것은?

① 주민
② 투자기업
③ 경쟁도시
④ 관광객 및 방문객

해설

경쟁도시는 고객이 아닌 경쟁적 요소로 작용한다.

46 지역의 문화전통과 자연환경에 첨단기술산업의 활력을 도입하여 첨단기술산업군, 학술연구기관, 쾌적한 생활환경의 3가지 기능이 잘 조합된 도시 조성을 실현하여 미래지향적인 새로운 정주체계를 달성하고자 하는 개발은?

① 연구단지 개발　　　② 테크노폴리스 개발
③ 첨단산업단지 개발　④ 기술창업보육센터 개발

해설

테크노폴리스(Tatsuno, 1986)
쾌적한 자연환경과 효율적인 모도시의 생활기반 서비스를 바탕으로 첨단산업의 활력을 도입함으로써 산업(첨단기술산업군), 대학(학술연구기관), 주거(쾌적한 생활환경 및 도시 서비스)의 3가지 기능이 잘 조화된 도시환경을 실현시키기 위한 개발 방안

47 '부동산증권화'의 효과 중 맞는 것은?

① 자산보유자의 입장에서 증권화를 통해 유동성을 낮출 수 있다.
② 투자자 입장에서는 위험이 크지만 수익률이 좋은 금융상품에 대한 투자기회를 가지게 된다.
③ 자산보유자의 입장에서는 대출회전율이 높아져 총자산이 증가하고 대출시장에서의 시장점유율을 높일 수 있다.
④ 차입자 입장에서는 단기적으로 직접적 혜택이 크며, 장기적으로 대출한도의 확대와 금리인하로 인한 차입여건 개선이 가능하다.

해설

① 자산보유자의 입장에서 증권화를 통해 유동성을 높일 수 있다.
② 투자자 입장에서는 위험이 적은 금융상품이라고 할 수 있다.
④ 차입자 입장에서 단기적보다는 장기적으로 안정화되는 자산 관리를 할 수 있다.

48 참여정부에서 추진했던 혁신도시의 유형 중 맞지 않는 것은?

① 혁신거점도시　　② 교육 · 문화도시
③ 지식기반도시　　④ 친환경 녹색도시

해설

지식기반도시는 참여정부에서 추진했던 혁신도시의 유형이 아니다.

혁신도시
이전하는 공공기관을 수용하여 기업 · 대학 · 연구소 · 공공기관 등의 기관이 서로 긴밀하게 협력할 수 있는 혁신여건과 수준 높은 주거 · 교육 · 문화 등의 정주(定住)환경을 갖추도록 개발하는 미래형 도시

49 기업의 자금조달 구조를 크게 내부자금과 외부자금으로 분류할 때에 다음 중 내부자금의 형태에 해당하는 것은?

① 국제리스　　② 상업차관
③ 회사채 발행　④ 감가상각충당금

해설

기업의 자금조달방법

구분		세부 사항
내부자금		기업의 사내유보금, 준비금, 감가상각충당금
외부자금	직접금융	• 대출자와 차입자 간에 직접 자금을 거래하는 형태 • 주주를 모집하여 기업에 필요한 자금을 조달(신주발행, 기업공개, MBO, MBJ, 트레이드 세일즈, M&A)
	간접금융	• 자금을 중개하는 기관을 통해 수요자와 공급자가 연결되는 형태 • 정책금융(정부), 일반금융(은행), 사채발행을 통한 조달

50 수출기반모형에서 가정하는 사항들 중에 가장 알맞은 것은?

① 오픈된 경제　　② 동일한 생산비
③ 동일한 생산기술　④ 동일한 소비수준

해설

수출기반모형의 가정

구분	내용
동일한 노동생산성	지역과 전국 간의 노동생산성이 동일
동일한 소비수준	지역과 전국 간의 동일한 소비수준
폐쇄된 경제 (Closed Economy)	국가 간 교역이 없음을 의미

51 도시 · 군계획시설로서의 도로의 일반적 결정기준에 관한 설명이 옳지 않은 것은?

① 기존 도로를 확장하는 경우에는 원칙적으로 양쪽 방향으로 동일한 폭만큼씩 확장한다.

② 국도대체우회도로에는 집산도로 또는 국지도로가 직접 연결되지 아니하도록 한다.

③ 도로의 폭은 당해 시 · 군의 인구 및 발전전망을 감안한 교통수단별 교통량분담계획, 당해 도로의 기능과 인근의 토지이용계획에 의하여 정한다.

④ 도로가 전력전화선 등을 가설하거나 변압기 탑 · 개폐기탑 등 지상시설물이나 상하수도 · 공동구 등 지하시설물을 설치할 수 있는 기반이 되도록 해야 한다.

해설

기존 도로를 확장하는 경우에는 원칙적으로 한쪽 방향으로 확장한다.

52 도시정책에서 복합용도개발의 근본적인 목표로 가장 거리가 먼 것은?

① 직주근접 유도

② 원거리 통행 감소

③ 분산적 도시화 추진

④ 도시의 외연적 확산 완화

해설

복합용도개발(MXD : MiXed–use Development) 혼합적 토지이용의 개념에 근거하여 주거와 업무, 상업, 문화 등 상호보완이 가능한 용도를 서로 밀접한 관계를 가질 수 있도록 연계 · 개발하는 것을 말한다.

53 대중교통중심개발(TOD)의 주요 원칙으로 틀린 것은?

① 지역 내 목적지 간 보행친화적인 가로망을 구축한다.

② 생태적으로 민감함 지역이나 수변지, 양호한 공지의 보전을 추구한다.

③ TOD 내에는 대중교통 서비스를 제공할 수 있는 수준의 저밀도 공동주택만을 조성한다.

④ 대중교통 정류장으로부터 보행거리 내에 상업, 주거, 업무, 공공시설 등을 혼합 배치한다.

해설

TOD 내에는 대중교통 서비스를 제공할 수 있는 수준의 고밀도 복합용도시설 위주로 계획한다.

54 다음 중 프로젝트 금융(Project Financing)에 대한 설명으로 옳지 않은 것은?

① 금융기관이 부담하는 각종 위험이 통상적인 기업금융에 비해 적은 편이다.

② 다양한 이해관계자들의 협상에 의해 이루어지기 때문에 복잡한 금융절차를 가진다.

③ 사업추진 과정상의 제약요인들을 다양하고 유연한 사업기법을 적용하여 사업성과 생산성을 높일 수 있다.

④ 별도의 프로젝트회사를 설립하여 사업을 수행하므로 비소구금융 및 부외금융의 효과를 얻을 수 있다.

해설

프로젝트 금융(Project Financing)은 금융기관이 부담하는 위험이 통상적인 기업금융에 비해 높고, 기업금융에 비해 높은 금융비용이 요구된다.

55 다음 중 도시개발사업의 전부 또는 일부를 환지방식으로 시행하려 할 때 환지계획의 작성에 포함되지 않는 내용은?

① 환지 설계
② 필지별로 된 환지 명세
③ 환지 청산금 징수 시기
④ 필지별과 권리별로 된 청산 대상 토지 명세

해설

환지계획 작성에 포함되는 사항
환지 설계, 필지별로 된 환지 명세, 필지별·권리별로 된 청산 대상 토지 명세, 체비지 또는 보류지의 명세, 축척 1,200분의 1 이상의 환지예정지도

56 개발권양도(Transfer of Development Rights, TDR) 제도에서 개발에 대한 규제가 강한 지역은?

① 개발유도지역
② 개발권 발급지역
③ 개발권 이전지역
④ 개발권 유통지역

해설

개발권양도(Transfer of Development Rights, TDR) 제도는 문화재 보존이나 환경보호 등을 위해 해당 지역의 토지소유자로 하여금 다른 지역에 대한 개발권을 부여하는 제도로서 개발권 이전지역은 개발에 대한 규제가 강하게 적용된다.

57 다음 중 급속한 도시화와 과도한 개발로 인한 여러 가지 문제점을 극복하여 지속 가능한 개발을 할 수 있도록 하기 위하여 등장한 도시 개발 패러다임으로 가장 성격이 다른 하나는?

① 유비쿼터스 도시(U-city)
② 콤팩트시티(Compact City)
③ 어반 빌리지(Urban Village)
④ 뉴어바니즘(New Urbanism)

해설

유비쿼터스 도시(Ubiquitous, U-city)
Ubiquitous란 라틴어로 '언제 어디서나 존재한다'는 의미로서, 유비쿼터스 도시란 때와 장소에 관계없이 전산망에 접근할 수 있는 네트워크망이 갖추어진 도시를 말한다.

58 Robert Goodland(1994)가 제안한 지속 가능한 도시개발(Sustainable Urban Development)의 요소에 해당하지 않는 것은?

① 경제적 지속성
② 물리적 지속성
③ 사회적 지속성
④ 환경적 지속성

해설

Robert Goodland(1994)가 제안한 지속 가능한 도시개발을 위한 지속성 요소는 사회적 지속성, 경관 및 환경적 지속성, 경제적 지속성이다.

59 계획단위개발(PUD)의 문제점으로 가장 거리가 먼 것은?

① 평범한 고밀도단지를 형성할 우려가 있다.
② 고용기회를 갖추지 못한 채 대량의 인구를 입주시킬 우려가 있다.
③ PUD의 제안, 심사, 협상, 공청회 등 시행과정에 과도한 시간이 소요된다.
④ 주택형식 디자인의 유동성이 크고 클러스터링으로 인해 다양한 배치가 불가능하다.

해설

계획단위개발(PUD)에서는 주택형식 디자인의 유동성이 크고 클러스터링으로 인해 다양한 배치가 가능하다.

60 일반적인 주거용지의 배치기준에 관한 설명으로 옳지 않은 것은?

① 아파트용지는 각종 제한사항이 적은 지역에 배치
② 단독주택용지는 주변의 단독주택과 접한 위치에 배치
③ 연립주택용지는 소규모 택지, 고도제한지역, 고지대 등에 배치
④ 준주거용지는 대규모 상업지역과 공업지역의 완충 역할이 필요한 지역에 배치

해설

준주거지역
주거기능을 위주로 이를 지원하는 일부 상업기능 및 업무기능을 보완하기 위하여 필요한 지역

정답 55 ③ 56 ③ 57 ① 58 ② 59 ④ 60 ④

4과목 국토 및 지역계획

61 공간적 거점의 중심으로 기능적 연계가 밀접하게 형성된 공간단위를 의미하는 지역의 종류는?

① 결절지역　　　　② 계획지역
③ 동질지역　　　　④ 사업지역

해설

결절지역(結節地域, Nodal Region)
상호의존적·보완적 관계를 가진 몇 개의 공간단위를 하나로 묶은 지역으로서 지역 내의 특정 공간단위에 경제활동이나 인구가 집중되어 있는 공간단위를 흔히 결절(Node) 또는 분극(Focus)이라고 한다.

62 다음 지역계획의 이론들을 그 발생시기가 빠른 것부터 순서대로 올바르게 나열한 것은?

> A. 사회계획론(Mannheim)
> B. 혼합주사적 계획(Etzioni)
> C. 합리주의(Simon)
> D. 교류적 계획(Friedmann)

① A – B – C – D　　② A – B – D – C
③ A – C – D – B　　④ A – C – B – D

해설

계획이론의 발생순서
사회계획론 → 합리주의 → 점증이론 → 체계적 종합이론(혼합주사적 계획) → 선택이론 → 교류적 계획(거래·교환이론)

63 다음 중 수도권정비계획안의 승인권자는?

① 대통령　　　　② 국무총리
③ 경기도지사　　④ 국토교통부장관

해설

입안자(국토교통부장관) → 수도권정비위원회(심의) → 국무위원회(심의) → 승인권자(대통령)

64 한센(N. Hansen)이 과밀지역, 중간지역, 낙후지역으로 지역을 구분한 기준은?

① 기능지역　　　　② 계획지역
③ 동질지역　　　　④ 사업지역

해설

한센의 동질지역 구분
• 과밀지역 : 한계사회비용 > 한계사회편익
• 중간지역 : 한계비용 < 한계편익
• 낙후지역 : 소규모 농업과 침체산업이 지배적인 경제구조를 지니고, 새로운 경제활동을 흡인할 수 있는 입지매력이 거의 없는 지역

65 P. Cooke(1992)가 제안한 개념으로 "제품·공정·지식의 상업화를 촉진하는 기업과 제도들의 네트워크"라고 정의한 대안적 지역개발이론에 가장 가까운 것은?

① 혁신환경론　　　② 신산업공간론
③ 클러스터이론　　④ 지역혁신체제론

해설

지역혁신체제론에 대한 설명이며, P. Cooke(1992)의 지역혁신체제의 상부구조(Super Structure)에는 지역의 조직과 제도, 지역의 문화, 지역의 규범 등이 있다.

66 다음 외국의 수도이전 사례 중 기존 수도의 혼잡과 집중을 방지하기 위하여 신수도를 건설한 사례에 해당하는 것은?

① 터키의 앙카라
② 브라질의 브라질리아
③ 말레이시아의 푸트라자야
④ 파키스탄의 이슬라마바드

해설

푸트라자야는 말레이시아의 새로운 행정수도로서, 쿠알라룸푸르로부터 약 25km, 국제공항으로부터는 약 20km 떨어져 있다. MSC라고 불리는 말레이시아 최고의 첨단산업 성장지역의 중심부에 위치하고 있어 단순히 신수도를 옮기는 것에 그치지 않고, 이웃한 사이버자야와 연계하여 푸트라자야의 행정 및 주거기능과 사이버자야의 산업기능이 원만하게 조화를 이루도록 계획을 추진하였다.

67 입지상은 어떤 지역의 산업이 전국의 동일 산업에 대한 상대적인 중요도를 측정하는 방법으로서, 그 지역산업의 상대적인 특화 정도를 나타낸 계수이다. 보기의 경우 지역산업의 입지계수는?

- 전국의 총 고용인구 : 1,000만 명
- 전국 i산업의 고용인구 : 200만 명
- A지역의 총 고용인구 : 10만 명
- A지역의 i산업의 고용인구 : 3만 명

① 1 　　　　　　② 1.5
③ 2 　　　　　　④ 2.5

해설

$$LQ = \frac{E_{Ai}/E_A}{E_{ni}/E_n}$$

$$= \frac{A지역의\ i산업\ 고용수/A지역\ 전체\ 고용수}{전국의\ i산업\ 고용수/전국의\ 고용수}$$

$$= \frac{30,000/100,000}{2,000,000/10,000,000} = 1.5$$

68 다음 중에서 인구 5만 명 이상의 도시를 포함하거나, 도시화 지역을 포함하면서 총인구가 10만 명 이상이 되어야 한다고 규정하고 있는 곳은?

① 미국의 대도시통계지역(Metropolitan Statistical Area)
② 영국의 표준대도시권(Standard Metropolitan Labour Area)
③ 일본의 기능적 도시권(Functional Urban Region)
④ 우리나라의 광역도시권

해설

SMSA(Standard Metropolitan Statistical Area, 미국표준대도시통계지역)
- 행정구역을 넘어서 대도시 지역을 일원적으로 표시하는 통계단위
- 1960년 미국 통계국에서 제정한 것으로 인구 5만 명 이상의 도시 1개 이상이 존재하며 대도시적 성격(노동인구 75% 이상 비농업부문)을 가지고 해당 군의 노동자 중 10% 이상 중심도시에 종사하는 통합정도를 갖는 도시를 대도시로 규정한다.

69 다음 자료를 이용하여 선형모형(직선법)에 의해 추계한 2015년의 인구는?(단, 기준연도는 1995년이다.)

연도	인구(명)	증가수(명)
1995	100만	–
2000	120만	20만
2005	150만	30만
2010	190만	40만

① 190만 명 　　　　② 200만 명
③ 210만 명 　　　　④ 220만 명

해설

등차급수에 의한 미래인구 산정
㉠ $P_n = P_0(1 + r \cdot n)$
　여기서, P_0=기준연도의 인구, r=연평균 인구증가율
　　　　P_n=n년 후의 인구, n=경과 연수
㉡ 인구증가율(r) 산정
　1995년에서 2010년까지 n=15이고 P_0=100만,
　P_n=190만일 때 인구증가율(r)
　$1,900,000 = 1,000,000 \times (1 + r \times 15)$, $r = 0.06$
㉢ 미래인구 산정
　1995년 현재인구(P_0)=100만, 인구증가율(r)=0.06,
　n=20년일 때 2005년의 인구(P_n)
　$P_n = 1,000,000 \times (1 + 0.06 \times 20) = 2,200,000$

70 인구예측모형을 요소모형과 비요소모형으로 구분할 때, 요소모형에 해당하는 것은?

① 곰페르츠 모형
② 로지스틱 모형
③ 인구이동모형
④ 지수성장모형

해설

인구이동모형(요소모형)
인구가 일정 기간 동안 유입하고 유출하는 것을 계산해 미래의 특정 시점의 인구를 예측하는 방법

71 다음의 지역투입산출모형 중 그 성격이 다른 것은?

① 다지역 모형 ② 지역 간 모형
③ 균형지역 모형 ④ 특수지역 모형

● 해설

지역투입산출모형(지역산업연관모형)은 모든 재화와 원료의 가격, 기업의 판매상태가 일정불변임을 가정하므로 특수지역 모형에 대한 분석이 용이하지 않다.

72 국토 및 지역계획에서 기본수요이론 및 접근 방식 등을 적용하는 데 현실적으로 지적되는 한계 점으로 옳지 않은 것은?

① 기본수요접근법에는 아직도 통일된 기본개념이 없는 실정으로 국가에 따라 그리고 지역에 따라 서로 다른 형태로 운영되고 있다.

② 기본수요이론의 접근방식은 지역사회의 구조적 변화를 요구하고 있다. 그런데 국가의 권력 및 국가의 사회구조가 바뀌지 않는 한 지역의 사회구조는 바뀔 수 없는 것이다.

③ 기본수요이론은 새로운 생산체계를 도입하려고 하며 기존의 생산체계를 무시하려 한다. 그런데 새로운 생산체계의 도입이나 기존 생산체계의 무시는 기존의 기득권과의 갈등관계를 초래한다.

④ 기본수요이론은 성장을 통해서 주민들의 소득이 높아지고 주민들의 소득이 높아지면 기본수요가 충족될 수 있다고 강조하지만 기본수요의 보장을 통한 균형분배는 성장동력으로 미약하다.

● 해설

기본수요방식은 성장을 통한 재분배방식의 실패의 인식에서부터 출발한 생활권을 중심으로 한 개발전략이다.

73 아래에서 설명하고 있는 A도시를 가장 잘 설명하고 있는 것은?

> A도시는 성장거점도시로 육성되면서 역류효과가 심화되고 있고 이로 인하여 도시의 인구증가속도가 도시산업의 성장속도보다 빠른 현상이 나타나고 있다.

① 주거환경이 향상된다.
② 공식부문(Formal Sector)이 늘어난다.
③ 전체 생산량이 늘어나 살기가 좋아진다.
④ 가도시화(Pseudo-urbanization) 현상이 나타난다.

● 해설

가도시화(Pseudo-urbanization) 현상
• 도시의 부양 능력에 비해 지나치게 많은 인구가 집중하여 인구만 비대해진 도시화를 의미한다.
• 제3세계로 불리는 개발도상국가에서 흔히 볼 수 있는 현상으로서, 산업화와 무관한 도시화 현상을 말한다.

74 다음 중 동질적인 집단을 대상으로 분석하는 데 가장 유용한 통계적 기법은?

① 로짓모형(Logit Model)
② 군집분석(Cluster Analysis)
③ 회귀분석(Regression Analysis)
④ 분산분석(Analysis of Variance)

● 해설

군집분석(Cluster Analysis)
• 권역설정 시 가장 유용한 방식
• 개체들을 서로 유사한 것끼리 군집화하거나 상관관계가 큰 변수들끼리 집단으로 묶는 통계적 방법
• 개체들 간의 유사성(Similarity) 또는 이와 반대 개념인 거리(Distance)에 근거하여 개체들을 집단으로 군집화한다.

75 지속 가능한 지역발전이론과 관련된 내용으로 옳지 않은 것은?

① 경제성장 위주의 발전이 아닌 환경친화적 발전 개념이다.
② 1992년 일본 교토에서 개최된 UNCED에서 공식적으로 채택되었다.
③ 1972년 UN 인간환경회의에서 생태학적 발전이라는 개념이 도입되었다.
④ 1987년 UN 산하 환경과 발전위원회에서 제출한 보고서에서 제안되었다.

해설

지속 가능한 개발은 환경의 수용능력을 고려하여 그 범위 내에서 개발하는 것으로, 1992년 브라질 리우데자네이루에서 개최된 환경과 개발에 관한 UN 회의(UNCED : United Nations Conference on Environment and Development)를 통하여 '환경적으로 건전하고 지속 가능한 개발(ESSD : Environmentally Sound and Sustainable Development)'의 개념이 일반화되었다.

76 다음 중 클라센(L. H. Klaassen)의 지역 분류 기준은?

① 기능적 연계
② 호혜적 영향력
③ 소득수준과 성장률
④ 사회간접자본과 생산활동

해설

클라센(L. Klaassen)은 지역의 성장률과 지역의 소득, 국가의 성장률과 국가의 소득에 따라 지역 분류 기준을 수립하였다.

성장률 $g_o = \dfrac{g_i}{g}$, 소득 $y_o = \dfrac{y_i}{y}$

여기서, g_i, y_i : 지역의 성장률과 지역의 소득
　　　　g, y : 국가의 성장률과 국가의 소득

77 지역개발을 위한 지역계획의 목표와 가장 거리가 먼 것은?

① 경제발전 도모
② 주민복지 증대
③ 민간자본의 활용
④ 주민소득의 향상

해설

민간자본의 활용을 지역계획의 목표로 보기는 어렵다.

78 본 튀넨(Von Thünen)이 제시한 농업용 토지의 지대이론에서 토지의 지대를 결정하는 요인에 해당하지 않는 것은?

① 거리
② 인구 밀도
③ 생산단위비용
④ 제품의 단위가격

해설

지대 = 매상고(제품의 단위가격, 농산물의 시판수입 등)
　　　 - 생산비(생산단위비용, 농산물의 생산비용)
　　　 - 수송비(시장까지의 운송비용, 시장까지의 거리)

79 다음의 지역발전이론 중 그 성격이 가장 다른 하나는?

① 기초수요전략
② 성장거점이론
③ 농정적 개발론
④ 농촌종합개발전략

해설

성장거점이론은 하향적 계획, 그 외는 상향적 계획에 속한다.

80 제1차 국토종합개발계획(1972~1981)에서 구분한 8중권에 속하지 않는 권역은?

① 대구권 개발
② 대전권 개발
③ 제주권 개발
④ 태백권 개발

해설

제1차 국토종합개발계획(1972~1981)의 개발권역
• 4대권(한강, 금강, 낙동강, 영산강 유역권)
• 8중권(수도권, 태백권, 충청권, 전주권, 대구권, 부산권, 광주권, 제주권)
• 17소권

정답 75 ② 76 ③ 77 ③ 78 ② 79 ② 80 ②

5과목 도시계획 관계 법규

81 개발제한구역 내 토지 중 매수청구가 있는 경우 매수대상여부와 매수예상가격 등을 매수청구인에게 알려주어야 하는 기간은?

① 토지의 매수를 청구받은 날부터 2개월 이내
② 토지의 매수를 청구받은 날부터 3개월 이내
③ 토지의 매수를 청구받은 날부터 6개월 이내
④ 토지의 매수를 청구받은 날부터 1년 이내

해설

개발제한구역 내 토지 중 매수청구가 있는 경우 매수대상여부와 매수예상가격 등을 매수청구인에게 토지의 매수를 청구받은 날부터 2개월 이내에 알려주어야 한다.

82 다음 중 국토교통부장관이 개발제한구역이 해제된 지역에 대하여 해제 후 최초로 결정되는 도시 · 군관리계획의 내용이 해제의 목적이나 용도에 부합하지 아니하는 경우, 도시 · 군관리계획을 조정하도록 요구할 수 있는 기간은?

① 도시 · 군관리계획이 결정 · 고시된 날부터 14일 이내
② 도시 · 군관리계획이 결정 · 고시된 날부터 1개월 이내
③ 도시 · 군관리계획이 결정 · 고시된 날부터 3개월 이내
④ 도시 · 군관리계획이 결정 · 고시된 날부터 6개월 이내

해설

해제된 개발제한구역의 재지정에 관한 특례
국토교통부장관은 개발제한구역이 해제된 지역에 대하여 해제 후 최초로 결정되는 도시관리계획의 내용이 해제의 목적이나 용도 등에 부합하지 아니하는 경우에는 그 도시관리계획이 결정 · 고시된 날부터 3개월 이내에 해제지역을 관할하는 특별시장 · 광역시장 · 특별자치도지사 · 시장 또는 군수에게 상당한 기한을 정하여 도시관리계획을 조정하도록 요구할 수 있다.

83 「택지개발촉진법」에 의하여 시행자가 한 처분에 이의가 있을 때 지정권자에게 행정심판을 제기할 수 있는 기간은?

① 처분이 있은 것을 안 날부터 3개월 이내
② 처분이 있은 날로부터 6개월 이내
③ 처분이 있은 것을 안 날부터 1개월 이내, 처분이 있은 날로부터 3개월 이내
④ 처분이 있은 것을 안 날부터 3개월 이내, 처분이 있은 날로부터 6개월 이내

해설

「택지개발촉진법」에 의하여 시행자가 한 처분에 이의가 있을 때 지정권자에게 행정심판을 제기할 수 있는 기간은 처분이 있은 것을 안 날부터 1개월 이내, 처분이 있은 날로부터 3개월 이내이다.

84 「건축법」상 용어의 정의로 옳지 않은 것은?

① "용적률"이란 대지면적에 대한 연면적의 비율을 말한다.
② "건폐율"이란 대지면적에 대한 건축면적의 비율을 말한다.
③ "건축"이란 건축물을 신축 · 증축 · 개축 · 재축 · 이전 또는 대수선하는 것을 말한다.
④ "대지"란 「공간정보의 구축 및 관리 등에 관한 법률」에 따라 각 필지로 나눈 토지를 말한다.

해설

용어 정의(「건축법」 제2조)
"건축"이란 건축물을 신축 · 증축 · 개축 · 재축(再築)하거나 건축물을 이전하는 것을 말한다.

85 「주택법」상 공동주택 리모델링 지원센터의 업무에 해당하지 않는 것은?

① 권리변동계획 수립에 관한 지원
② 설계자 및 시공자 선정 등에 대한 지원
③ 공동주택 리모델링의 부정행위 관리감독
④ 리모델링 주택조합 설립을 위한 업무 지원

해설

리모델링 지원센터의 설치·운영(「주택법」제75조)

㉠ 시장·군수·구청장은 리모델링의 원활한 추진을 지원하기 위하여 리모델링 지원센터를 설치하여 운영할 수 있다.

㉡ 리모델링 지원센터는 다음의 업무를 수행할 수 있다.
- 리모델링 주택조합 설립을 위한 업무 지원
- 설계자 및 시공자 선정 등에 대한 지원
- 권리변동계획 수립에 관한 지원
- 그 밖에 지방자치단체의 조례로 정하는 사항

㉢ 리모델링 지원센터의 조직, 인원 등 리모델링 지원센터의 설치·운영에 필요한 사항은 지방자치단체의 조례로 정한다.

86 관광진흥법령상 관광단지 조성사업에 따른 이주자를 위한 이주대책 수립 시 포함되어야 할 사항이 아닌 것은?

① 이주민 민원처리 방식

② 이주방법 및 이주시기

③ 택지 및 농경지의 매입

④ 택지 조성 및 주택 건설

해설

이주대책의 내용(「관광진흥법 시행령」제57조)

사업시행자가 수립하는 이주대책에는 다음의 사항이 포함되어야 한다.
- 택지 및 농경지의 매입
- 택지 조성 및 주택 건설
- 이주보상금
- 이주방법 및 이주시기
- 이주대책에 따른 비용
- 그 밖에 필요한 사항

87 광역도시계획의 수립권자에 대한 설명으로 옳지 않은 것은?

① 국가계획과 관련된 광역도시계획의 수립이 필요한 경우 국토교통부장관이 수립한다.

② 광역계획권이 둘 이상의 시·도의 관할 구역에 걸쳐 있는 경우 관할 도지사가 단독으로 수립한다.

③ 광역계획권이 같은 도의 관할 구역에 속하여 있는 경우 관할 시장 또는 군수가 공동으로 수립한다.

④ 광역계획을 지정한 날부터 3년이 지날 때까지 관할 시·도지사로부터 광역도시계획의 승인 신청이 없는 경우 국토교통부장관이 수립한다.

해설

광역계획권의 지정 및 수립(「국토의 계획 및 이용에 관한 법률」제10조, 제11조)

구분	광역계획권의 지정권자	광역도시계획의 수립권자
광역계획권이 도의 관할 구역에 속한 경우	도지사 (지방도시계획위원회 심의)	관할 시장 또는 군수 공동
광역계획권이 둘 이상의 시·도 관할 구역에 걸쳐 있는 경우	국토교통부장관 (중앙도시계획위원회 심의)	관할 시·도지사 공동

88 「도시개발법」상 도시개발사업에서 토지소유자에 포함되는 자는?

① 임차권자

② 전세권자

③ 지역권자

④ 지상권자

해설

시행자 등(「도시개발법」제11조)

토지소유자가 도시개발구역의 지정을 제안하려는 경우에는 대상 구역 토지면적의 3분의 2 이상에 해당하는 토지소유자(지상권자를 포함한다)의 동의를 받아야 한다.

※ 지상권자 : 다른 사람의 토지에서 공작물이나 수목을 소유하기 위하여 그 토지를 사용할 수 있는 물권(권리)을 가진 자

89 다음 중 「주차장법」상 주차장의 종류에 해당하지 않는 것은?

① 노상주차장

② 노변주차장

③ 노외주차장

④ 부설주차장

해설

주차장의 종류(「주차장법」제2조)

노상주차장, 노외주차장, 건축물부설주차장

90 「도시공원 및 녹지 등에 관한 법률」상 아래 내용에 대한 벌칙 기준은?

> • 위탁 또는 인가를 받지 아니하고 도시공원 또는 공원시설을 설치하거나 관리한 자
> • 허가를 받지 아니하거나 허가받은 내용을 위반하여 도시공원 또는 녹지에서 시설 · 건축물 또는 공작물을 설치한 자

① 300만 원 이하의 벌금
② 50만 원 이하의 과태료
③ 1년 이하의 징역 또는 1천만 원 이하의 벌금
④ 3년 이하의 징역 또는 2천만 원 이하의 벌금

● 해설

1년 이하의 징역 또는 1천만 원 이하의 벌금 대상
• 위탁 또는 인가를 받지 아니하고 도시공원 또는 공원시설을 설치하거나 관리한 자
• 허가를 받지 아니하거나 허가받은 내용을 위반하여 도시공원 · 도시자연공원구역 또는 녹지 안에서 시설 · 건축물 또는 공작물을 설치한 자
• 거짓 그 밖의 부정한 방법으로 허가를 받은 자
• 규정을 위반하여 도시공원에 입장하는 자로부터 입장료를 징수한 자

91 「도시개발법」에 의한 개발계획의 수립 및 변경에 관한 설명으로 옳은 것은?

① 개발계획은 지정권자가 수립하여야 한다.
② 개발계획 수립 시 지구단위계획을 첨부하여야 한다.
③ 개발계획을 수립함에 있어서는 공청회 또는 주민공람을 거쳐 주민의 의견을 청취하여야 한다.
④ 도시개발구역지정권자는 도시개발사업을 환지방식으로 시행하고자 하는 경우 개발계획을 수립하는 때에는 환지방식이 적용되는 지역의 토지면적의 3분의 2 이상에 해당하는 토지소유자와 그 지역의 토지소유자 총수의 3분의 2 이상의 동의를 얻어야 한다.

● 해설

② 개발계획 수립 내용에 지구단위계획에 대한 첨부사항은 포함되어 있지 않다.
③ 개발계획을 수립함에 있어 공청회 또는 주민공람과정은 없고, 토지소유자의 동의과정이 있다.
④ 지정권자는 환지(換地)방식의 도시개발사업에 대한 개발계획을 수립하려면 환지방식이 적용되는 지역의 토지면적의 3분의 2 이상에 해당하는 토지소유자와 그 지역의 토지소유자 총수의 2분의 1 이상의 동의를 받아야 한다.

92 건축법령에서 규정하고 있지 않는 것은?

① 지역 및 지구의 지정에 관한 규정
② 건축물의 유지와 관리에 관한 규정
③ 건축물의 대지 및 도로에 관한 규정
④ 건축물의 구조 및 재료 등에 관한 규정

● 해설

지역 및 지구의 지정에 관한 사항은 「국토의 이용 및 계획에 관한 법률」에서 규정하고 있다.

93 「도시개발법」상 환지계획의 작성사항에 해당하지 않는 것은?

① 환지 설계
② 권리별로 된 환지 명세
③ 필지별과 권리별로 된 청산 대상 토지 명세
④ 입체 환지를 계획하는 경우에는 입체 환지용 건축물의 명세

● 해설

환지계획의 작성(「도시개발법」 제28조)
시행자는 도시개발사업의 전부 또는 일부를 환지방식으로 시행하려면 다음의 사항이 포함된 환지계획을 작성하여야 한다.
• 환지 설계
• 필지별로 된 환지 명세
• 필지별과 권리별로 된 청산 대상 토지 명세
• 체비지(替費地) 또는 보류지(保留地)의 명세
• 입체 환지를 계획하는 경우에는 입체 환지용 건축물의 명세와 공급 방법 · 규모에 관한 사항
• 그 밖에 국토교통부령으로 정하는 사항

94 「도시·군계획시설의 결정·구조 및 설치기준에 관한 규칙」상 다음의 도시·군계획시설에 대한 설명 중 옳지 않은 것은?

① "주차장"이라 함은 「주차장법」 규정에 의한 노외주차장과 노상주차장을 말한다.
② 유원지의 규모는 1만m² 이상으로 당해 유원지의 성격과 기능에 따라 적정하게 한다.
③ 광장의 결정기준에 따른 분류에는 교통광장, 일반광장, 경관광장, 지하광장 및 건축물부설광장이 있다.
④ "운동장"이라 함은 국민의 건강증진과 여가선용에 기여하기 위하여 설치하는 종합운동장으로서, 관람석 수 1천 석 이하의 소규모 실내운동장을 제외한다.

해설
주차장(「도시·군계획시설의 결정·구조 및 설치기준에 관한 규칙」 제29조)
주차장이라 함은 노외주차장을 말한다.

95 개발제한구역관리계획에 관한 설명으로 옳지 않은 것은?

① 개발제한구역관리계획에는 시설설치에 따라 수용될 토지 등의 세목이 첨부되어야 한다.
② 개발제한구역관리계획은 5년 단위로 수립하여 국토교통부장관의 승인을 받아야 한다.
③ 개발제한구역관리계획을 승인하고자 할 경우에는 중앙도시계획위원회의 심의를 거쳐야 한다.
④ 개발제한구역관리계획은 개발제한구역 안의 취락지구의 지정 및 정비에 관한 사항을 포함하여야 한다.

해설
개발제한구역관리계획에는 수용될 토지 등의 세목이 첨부되지 않아도 된다.

96 개발행위의 허가 대상으로 볼 수 없는 것은?

① 토석의 채취
② 경작을 위한 토지의 형질 변경
③ 건축물의 건축 또는 공작물 설치
④ 녹지지역·관리지역 또는 자연환경보전지역에 물건을 1개월 이상 쌓아 놓는 행위

해설
개발행위 허가(「국토의 계획 및 이용에 관한 법률」 제56조)
개발행위의 허가를 필요로 하는 경우인 토질의 형질 변경 중에서 경작을 위한 경우로서 대통령령으로 정하는 토지의 형질 변경은 제외한다.

97 「주택법」에 의한 사업계획의 승인을 득하였을 때 「국토의 계획 및 이용에 관한 법률」에 의해 의제처리되는 사항이 아닌 것은?

① 실시계획의 인가
② 도시·군관리계획의 결정
③ 도시·군계획시설 사업시행자의 지정
④ 도시·군계획시설에 대한 지형도면의 고시

해설
「주택법」에 의한 사업계획의 승인을 득하였을 때 「국토의 계획 및 이용에 관한 법률」에 의해 의제처리되는 사항
• 실시계획의 인가
• 도시·군관리계획의 결정
• 도시·군계획시설 사업시행자의 지정

98 주차장법령상 노외주차장에 설치할 수 있는 부대시설에 해당하지 않는 것은?(단, 시·군 또는 구의 조례로 정하는 시설의 경우는 고려하지 않는다.)

① 관리사무소
② 자동차 관련 수리 판매시설
③ 간이매점, 자동차 장식품 판매점
④ 노외주차장의 관리·운영상 필요한 편의시설

◀해설▶

노외주차장의 구조 · 설비기준(「주차장법 시행규칙」 제6조)
노외주차장에 설치할 수 있는 부대시설(설치면적은 전기자동차 충전시설을 제외한 총 시설면적의 20% 이하)

- 관리사무소, 휴게소 및 공중화장실
- 간이매점, 자동차 장식품 판매점 및 전기자동차 충전시설, 태양광 발전시설, 집배송시설
- 주유소(특별시장 · 광역시장, 시장 · 군수 또는 구청장이 설치한 노외주차장만 해당)
- 노외주차장의 관리 · 운영상 필요한 편의시설
- 특별자치도 · 시 · 군 또는 자치구의 조례로 정하는 이용자 편의시설

99 문화재 · 전통사찰 등 역사 · 문화적으로 보존가치가 큰 시설 및 지역의 보호와 보존할 필요가 있어 지정하는 용도지구는?

① 특화경관지구 ② 특정개발진흥지구
③ 중요시설물보존지구 ④ 역사문화환경보호지구

◀해설▶

보호지구
문화재, 중요시설물(항만, 공항 등 대통령령으로 정하는 시설물을 말한다) 및 문화적 · 생태적으로 보존가치가 큰 지역의 보호와 보존을 위하여 필요한 지구

구분	내용
역사문화환경 보호지구	문화재 · 전통사찰 등 역사 · 문화적으로 보존가치가 큰 시설 및 지역의 보호와 보존을 위하여 필요한 지구
중요시설물 보호지구	중요시설물의 보호와 기능의 유지 및 증진 등을 위하여 필요한 지구
생태계 보호지구	야생동식물서식처 등 생태적으로 보존가치가 큰 지역의 보호와 보존을 위하여 필요한 지구

100 「국토의 계획 및 이용에 관한 법률」에 따른 도시 · 군관리계획의 결정 또는 변경결정에서 주민 및 지방의회의 의견청취를 필요로 하지 않는 것은?

① 도시철도 ② 주간선도로
③ 여객자동차터미널 ④ 소공원 및 어린이공원

◀해설▶

주민 및 지방의회의 의견청취(「국토의 이용에 관한 법률 시행령」 제22조)
도시 · 군관리계획의 결정 또는 변경결정에서 주민 및 지방의회의 의견청취를 필요로 하는 것에는 도로 중 주간선도로, 철도 중 도시철도, 여객자동차터미널, 공원(소공원 및 어린이공원 제외), 유통업무설비, 대학교, 지방자치단체의 청사, 하수종말처리시설, 폐기물처리 및 재활용시설, 수질오염방지시설 등이 있다.

1과목   도시계획론

01 아래 그림은 도시화의 단계와 집적이익의 발생 관계에 대한 것이다. 각 구간 A – B – C에 알맞은 도시화 단계를 순서대로 올바르게 나열한 것은?

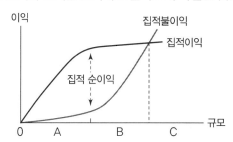

① 집중적 도시화 – 역도시화 – 분산적 도시화
② 분산적 도시화 – 탈도시화 – 집중적 도시화
③ 집중적 도시화 – 분산적 도시화 – 역도시화
④ 분산적 도시화 – 집중적 도시화 - 역도시화

해설

버그(Van den Berg)와 클라센(Klassen)의 도시화 3단계
(도시공간의 순환과정)
도시화(집중적 도시화) → 교외화(분산적 도시화) → 역도시화

02 도시조사자료에 대한 설명으로 옳지 않은 것은?

① 2차 자료에 비해 1차 자료는 비교적 적은 노력과 비용으로 계획가가 원하는 정확한 정보를 얻을 수 있다.
② 도시계획을 위한 도시 조사는 1차 자료에 대한 조사와 2차 자료에 대한 조사를 병행하는 것이 일반적이다.
③ 1차 자료는 도시계획의 대상이 되는 단위 지역이나 당해 지역의 주민들로부터 현지 조사나 관찰, 면접 등을 통해서 직접적으로 도출한 자료이다.

④ 2차 자료는 연구자가 탐구하고자 하는 현상에 대한 정보를 담고 있는 기존의 여러 가지 기록을 의미하는 것으로 서적이나 간행물, 각종 통계 자료 등이 해당된다.

해설

1차 자료에 비해 2차 자료는 비교적 적은 노력과 비용으로 계획가가 원하는 정확한 정보를 얻을 수 있다.

03 미래 사회에 대비한 새로운 도시계획 패러다임의 방향으로 옳지 않은 것은?

① 시민 참여 확대와 개발 주체의 다양화
② 입체적 및 기능 통합적 토지 이용 관리
③ 자원 및 에너지 절약형 도시 개발로의 전환
④ 생태 환경 보존을 위한 도시와 농촌을 분리하여 계획 수립

해설

도시와 농촌이 조화될 수 있는 계획 수립이 필요하다.

04 무질서한 도시 팽창 및 직주 분리로 인한 이동 거리 확대에 따른 불필요한 에너지 소비와 공해 발생 등을 방지하고 해소하기 위한 도시개발이론은?

① 유–시티(U–city)
② 에코–시티(Eco–city)
③ 스마트시티(Smart City)
④ 콤팩트시티(Compact City)

해설

콤팩트시티(Compact City)
• 환경적으로 지속 가능하고 도시민의 삶의 질을 증진시키기 위해 교통수요는 감소시키며 복합적 토지이용을 통한 도시개발
• 개발밀도를 고밀화하고 복합적 토지이용과 대중교통체계를 확립함으로써, 토지이용의 효율성을 제고하고 도시의 자족 기능을 향상시키는 지속 가능한 도시개발방안

정답   01 ③   02 ①   03 ④   04 ④

05 경관의 유형 구분에 대한 설명으로 옳지 않은 것은?

① 경관의 현상에 따라 부감경, 앙감경, 수평경으로 분류할 수 있다.

② 경관 자원의 특성에 따라 자연경관, 인공경관으로 구분할 수 있다.

③ 경관 자원의 형태에 따라 점적인 형태, 선적인 형태, 면적인 형태로 구분할 수 있다.

④ 경관의 대상 범위에 따라 광역적 경관, 도시적 경관, 지구적 경관으로 분류할 수 있다.

◀해설▶

경관의 현상에 따라 정지장면(Scene)경관, 연속장면(Sequence)경관, 장의경관, 변천경관으로 나누어진다. 부감경, 앙감경, 수평경의 분류는 시점에 따른 분류이다.

06 하워드(Ebenezer Howard)가 주장한 전원도시에 대한 설명으로 옳지 않은 것은?

① 도시의 계획 인구를 제한하였다.

② 철도와 도로로 연결되는 위성도시가 발달하게 되었다.

③ 도시 발달에 따른 개발 이익은 공유화하되 토지는 사유화를 원칙으로 하였다.

④ 도시 주위에 넓은 농업 지대를 영구히 보전하여 도시와 농촌의 장점을 결합하였다.

◀해설▶

도시 발달에 따른 개발 이익을 공유화하고 또한 토지는 공유화를 원칙으로 하였다.

07 장래 인구 예측에 있어서 초기연도와 최종연도의 인구만을 고려하여 증가율을 산정할 경우 해당 기간 동안 인구의 증감이 교차되는 도시에서 적용하기가 어려운데 이와 같은 결점을 보완한 인구 예측 방법은?

① 등차급수법   ② 등비급수법

③ 최소자승법   ④ 회귀분석법

◀해설▶

인구의 증감이 교차되는 경우 적용이 가능한 인구예측방법은 최소자승법이다.

08 도시 지역의 경제를 분석하는 방법으로 수출기반모형에 대한 설명으로 옳지 않은 것은?

① 수출기반모형은 수출산업과 수입산업으로 구분한다.

② 수출산업과 수입산업의 구분은 민간부문에만 해당되고 공공부문은 제외된다.

③ 수출산업이란 지역 내에서 생산된 상품이나 서비스가 최종적으로 지역 외부인에 의해 소비되는 산업을 말한다.

④ 수입산업이란 지역 내에서 생산된 제품이나 서비스가 지역 외부로 수출되지 않고 지역주민들에 의해 소비되는 산업을 말한다.

◀해설▶

수출산업과 수입산업의 구분은 민간부문의 기업에만 적용되는 것이 아니라 공공부문에서도 적용된다.

09 도시화에 따른 집적의 이익 중에서 외부이익에 대한 설명으로 옳지 않은 것은?

① 접촉 이익이 있다.

② 승수의 효과가 있다.

③ 규모의 경제 효과가 있다.

④ 예비능력의 비축효과가 있다.

◀해설▶

규모의 경제 효과는 도시화에 따른 집적이익 중 내부이익에 해당한다.

10 저층 주택을 중심으로 편리한 주거 환경 조성을 위한 용도지역은?

① 제1종 전용주거지역

② 제2종 전용주거지역

③ 제1종 일반주거지역

④ 제2종 일반주거지역

정답   05 ①   06 ③   07 ③   08 ②   09 ③   10 ③

① 제1종 전용주거지역 : 단독주택 중심의 양호한 주거환경을 보호하기 위하여 필요한 지역
② 제2종 전용주거지역 : 공동주택 중심의 양호한 주거환경을 보호하기 위하여 필요한 지역
④ 제2종 일반주거지역 : 중층 주택을 중심으로 편리한 주거환경을 조성하기 위하여 필요한 지역

11 장기계획의 신뢰성 제고, 의사결정 절차의 일원화, 조직체의 통합 운용, 자원 배분의 합리화와 예산 절약 등의 장점이 있으나 목표 설정의 어려움, 정보 관리 체제의 미숙, 계량화의 어려움 등의 한계가 있는 예산편성제도는?

① 계획예산제도
② 품목별 예산제도
③ 영기준예산제도
④ 성과주의 예산제도

계획예산제도(PPBS : Planning Programming Budgeting System)
기획, 사업구조, 그리고 예산을 연계시킨 시스템적 예산제도로서 다양한 부분의 요소가 어우러져서 조직목표 달성에 중점을 두고 합리적인 예산 계획을 수립하고자 하는 예산제도이다.

12 도시계획 실행을 위한 중장기 재정계획 수립 과정의 순서로 옳은 것은?

① 총괄계획 작성 → 계획의 여건분석 · 예측 → 부문별 투자조정 → 기본방향과 계획지표 설정
② 총괄계획 작성 → 기본방향과 계획지표 설정→ 계획의 여건분석 · 예측 → 부문별 투자조정
③ 기본방향과 계획지표 설정 → 부문별 투자조정 → 계획의 여건분석 · 예측 → 총괄계획 작성
④ 기본방향과 계획지표 설정→ 계획의 여건분석 · 예측 → 부문별 투자조정 → 총괄계획 작성

도시계획 실행을 위한 중장기 재정계획 수립 4단계

단계	내용
1단계	기본방향과 계획지표 설정
2단계	여건 분석 및 예측(재원의 수요 · 공급 비교)
3단계	부문별 투자조정 및 우선순위 결정
4단계	총괄계획 작성(연동화 계획 수립)

13 다음 조건에 따라 필요한 주거지역의 면적은?

• 계획인구 : 18,000인
• 가구당 인구 : 3인
• 1호당 부지면적 : 200m²
• 공공용지율 : 60%

① 1,000,000m²
② 1,800,000m²
③ 2,000,000m²
④ 3,000,000m²

주거용지 면적 산정
• 주택 수＝18,000/3＝6,000가구
• 주택부지면적＝주택 수×주택 1호당 부지면적
＝6,000×200＝1,200,000m²
• 주택용지＝주택부지면적×1/(1－공공용지율)
＝1,200,000m²×{1/(1－0.6)}
＝3,000,000m²
• 주거지 면적＝주택용지×1/(1－혼합률)
혼합률이 주어지지 않았으므로 0으로 놓고 풀면 주택용지＝주거지면적이 된다.
∴ 3,000,000m²

14 도시 · 군관리계획의 입안권자에 해당되지 않는 자는?

① 군수
② 구청장
③ 광역시장
④ 특별자치도지사

도시 · 군관리계획의 입안권자「국토의 계획 및 이용에 관한 법률」제24조)
특별시장 · 광역시장 · 특별자치시장 · 특별자치도지사 · 시장 또는 군수는 관할 구역에 대하여 도시 · 군관리계획을 입안하여야 한다.

15 도시공원에 대한 설명으로 옳은 것은?

① 근린공원은 규모에 따라 근린생활권, 도보권, 도시지역권, 광역권으로 구분할 수 있다.

② 체육공원은 어린이의 보건 및 정서생활의 향상에 기여하기 위하여 설치하는 공원이다.

③ 소공원은 하천 및 호수 등의 수변과 접하고 있어 친수공간을 조성할 수 있는 곳에 주로 설치한다.

④ 주제공원의 종류로 역사공원, 문화공원, 수변공원, 묘지공원, 체육공원, 국가도시공원 등이 있다.

해설

② 어린이공원

③ 수변공원

④ 주제공원의 종류로 역사공원, 문화공원, 수변공원, 묘지공원, 체육공원, 도시농업공원, 방재공원 등이 있다.

16 토지 이용 과정에서 도시 문제를 발생시키는 주요 요인으로 옳지 않은 것은?

① 외부효과

② 토지의 난개발

③ 이용 주체 간의 경합

④ 기능 중심의 교통 계획과 차별성

해설

기능 중심의 교통 계획과 차별성은 도시 문제를 완화시키기 위한 교통계획 기법이다.

17 다비도프(Paul Davidoff)에 의해 주창된 옹호적 계획에 대한 설명으로 옳지 않은 것은?

① 강자에 대한 약자의 이익을 보호하는 데 적용하였다.

② 인간의 존엄성에 기초를 두는 신휴머니즘적 사고와 관련이 깊다.

③ 사회 정책의 수립 과정을 막후의 협상에서 공개적인 계획 과정으로 바뀌도록 하였다.

④ 다원적인 가치가 혼재하고 있는 사회에서는 단일 계획안보다는 복수의 다원적인 계획안들이 바람직한 것으로 하였다.

해설

인간의 존엄성에 기초를 두는 신휴머니즘적 사고와 관련이 깊은 것은 교류적 계획(Transaction Planning)이다.

18 중세 도시계획의 특징으로 옳지 않은 것은?

① 광장이 중심이다.

② 가로망은 규칙적이다.

③ 성곽을 중심으로 밀집된 구조이다.

④ 시설의 규모가 인간 척도에 맞는 구조이다.

해설

중세 도시의 간선도로망 형태는 집중형을 띠고 불규칙한 형태였다.

19 버제스(Burgess)가 주장한 도시공간이론으로 수공업이나 소규모의 공장이 입지함으로써 주거환경이 악화되고 지가가 하락하여 비공식 부문의 종사자들이 유입되면서 슬럼 및 불량주택지구를 형성하는 지대는?

① 점이지대

② 슬럼지대

③ 통근자지대

④ 노동자 주택지대

해설

점이지대

- 변천지대를 의미하는 점이지대는 동심원이론에서 제2지대로서 유동성이 심한 지역이다.
- 기존 중심업무지구 가까운 주거지역에서 점차 수공업이나 소규모 공장이 들어서면서 주거환경이 악화되고 이에 따라 지가가 하락함과 동시에 비공식 부문의 종사자들이 유입되면서 불량주택지구를 형성하게 된다.
- 일반적으로 점이지대의 특성상 기존의 목적으로 형성되어 있던 공간에 다른 목적의 것이 들어오면, 기존에 있던 것보다 새로이 들어오게 되는 것의 특징이 점차 강해지는 현상이 발생한다.

20 광역도시계획의 지정 목적을 이루는 데 필요한 사항이 아닌 것은?

① 경관계획에 관한 사항
② 광역 시설 설치에 소요되는 예산에 관한 사항
③ 광역계획권의 공간 구조와 기능 부담에 관한 사항
④ 광역계획권의 녹지 관리 체계와 환경 보전에 관한 사항

해설

광역도시계획
㉠ 정의
   광역계획권의 장기 발전 방향을 제시하는 계획
㉡ 광역계획권
   • 지정권자 : 국토교통부장관
   • 목적 : 둘 이상의 시 또는 군의 공간구조 및 기능을 상호 연계시키고 환경을 보전하며 광역시설을 체계적으로 정비하기 위하여 필요한 경우 지정한 계획권의 장기 발전 방향을 제시하는 계획
   • 단위 : 인접한 2 이상의 특별시·광역시·시 또는 군의 관할구역의 전부 또는 일부를 관할구역 단위로 지정

2과목 **도시설계 및 단지계획**

21 다음 중 페리(C. A. Perry)가 주장한 근린주구의 개념과 가장 거리가 먼 것은?

① 근린주구의 경계는 간선도로에 의해 구획되도록 한다.
② 내부의 가로체계는 통과교통을 배제할 수 있도록 한다.
③ 학교, 공공건축용지는 단지의 중심 위치에 적절히 통합해야 한다.
④ 초등학교 1개를 유지할 수 있는 인구 규모를 가지며, 물리적 규모는 인구밀도와 상관없이 동일하여야 한다.

해설

페리(C. A. Perry)의 근린주구이론
페리의 근린주구이론은 초등학교 학구를 기준단위로 설정 며 물리적 규모는 인구밀도를 고려하여 설정하여야 한다.

22 주거환경을 구성하는 요소를 물리적 요소, 사회적 요소, 생태적 요소로 구분할 때, 생태적 요소에 포함되지 않는 것은?

① 소음　　　② 배수
③ 지세　　　④ 이미지

해설

주거환경을 구성하는 요소 중 이미지는 물리적 요소에 해당한다.

23 단지계획 중 공원 및 녹지계획과 관련된 설명으로 적절하지 않은 것은?

① 기존의 생태환경은 최대한 보존·활용한다.
② 비옥도가 양호한 표토층은 채취·보관 후 활용하도록 한다.
③ 친환경적인 단지조성을 위해 자연지형은 최대한 살리면서 절성토를 최소화하여야 한다.
④ 소수의 대규모 공원보다는 다수의 소공원을 조성하는 것이 생태성 강화 및 종의 다양성 확보를 위해 바람직하다.

해설

소공원을 다수로 할 경우 빈번한 공사가 일어날 수 있다. 소수의 대규모로 할 경우 공원 및 녹지를 광범위하게 연계할 수 있어 생태환경 및 종 다양성 확보를 더 용이하게 할 수 있다.

24 단독주택지의 소가구 구성에서 다음의 가구 크기 중 가장 일반적인 규모로 옳은 것은?

① 장변 60m, 단변 20m
② 장변 120m, 단변 50m
③ 장변 220m, 단변 150m
④ 장변 500m, 단변 250m

해설

소가구 획지구획 시 가구의 단변 길이는 30~50m, 가구의 장변 길이는 90~130m 정도로 하는 것이 합리적이다.

25 주거단지계획은 인간의 행위를 담는 공간을 창조하는 것으로, 그 기준이 되는 인간의 척도를 나타내는 내용 중 옳지 않은 것은?

① 르 코르뷔지에는 인체와 관련한 모듈을 사용함에 있어 1 : 1.618의 황금비 사용을 주장하였다.
② 페리는 주거단위는 초등학교 두 개의 단위에 필요한 인구 규모를 가져야 한다고 주장하였다.
③ 메르텐스는 시각적 측면에서 인간이 대상물을 명백하고 쉽게 지각할 수 있는 최대각도를 약 27°라 규정하였다.
④ 독시아디스는 고대도시 그리스를 연구한 결과 인간이 걷기 편한 최대의 거리를 1km(10~20분)로 결론내렸다.

해설

페리는 주거단위는 초등학교 한 개의 단위에 필요한 인구 규모를 가져야 한다고 주장하였다.

26 단지계획에서 보·차 공존도로의 설치 목적과 가장 거리가 먼 것은?

① 노상주차 억제를 통한 안전성 확보
② 통과교통 억제를 통한 안전성 확보
③ 식재 공간 확보를 통한 쾌적성 증대
④ 국지도로와의 교차지점 감소를 통한 효율성 확보

해설

국지도로와의 교차지점이 감소할 경우 통행의 효율성이 떨어지게 된다.

27 다음 중 케빈 린치(Kevin Lynch)가 제안한 도시 이미지 형성의 5가지 요인에 해당하지 않는 것은?

① 결절점(Node)   ② 지구(District)
③ 중심지(CBD)   ④ 랜드마크(Landmark)

해설

케빈 린치의 도시를 이미지화하는 도시의 물리적 구조에 관한 5가지 요소
경계(Edge), 결절점(Node), 통로(Path), 지구(District), 랜드마크(Landmark)

28 도시 안에서 상업 등 특정 기능을 강화하거나 도시 팽창에 따라 기존 도시의 기능을 흡수·보완하는 새로운 시가지를 개발하고자 하는 경우의 지구단위계획구역의 지정 목적은?

① 복합용도개발
② 신시가지의 개발
③ 기존 시가지의 관리
④ 기존 시가지의 정비

해설

신시가지의 개발(개발진흥지구)은 도시 안에서 상업 등 특정 기능을 강화하거나 도시 팽창에 따라 기존 도시의 기능을 흡수·보완하는 새로운 시가지를 개발하고자 하는 경우 시행한다.

29 도시·군계획시설인 체육시설을 설치할 수 있는 용도지역은?

① 준주거지역   ② 보전녹지지역
③ 유통상업지역   ④ 일반공업지역

해설

보기 중 체육시설을 설치할 수 있는 용도지역은 준주거지역이다.

30 도시인구가 20만 명, 취업률이 30%, 제조업 인구구성비가 25%, 제조업인구 1인당 점유토지면적이 300m²인 A지역의 공업단지 총 소요면적은? (단, 공공용지율은 40%이다.)

① 600ha   ② 750ha
③ 900ha   ④ 1100ha

해설

공업지역 전체 면적

$$= \frac{\text{업종별 종업원 1인당 면적의 원단위} \times \text{종업원 수}}{1 - \text{공공용지율}}$$

$$= \frac{300 \times (200,000 \times 0.30 \times 0.25)}{1 - 0.4}$$

$$= 7,500,000\text{m}^2 = 750\text{ha}$$

31 단지 가로경관의 연출기법에 관한 설명으로 옳지 않은 것은?

① 보도 : 보행자의 움직임을 고려한 효과 있는 배열 필요
② 집산도로변 : 승용차·특수버스가 주체인 도로는 다양한 변화를 주고 서서히 간산도로와 연결되도록 함
③ 국지도로 : 굴곡이 있는 가로 형태는 운전자의 주의를 집중시키고, 속도를 감소시키는 역할을 하므로 세가로 계획에 적용
④ 간선도로 및 보조간선도로변 : 가까운 거리에 있는 것보다 원거리의 경관에, 세부(Detail)보다는 매스(Mass)의 형태에 따른 경관이 중요함

해설

승용차·특수버스가 주체인 도로는 단순한 패턴을 유지하고 서서히 간산도로와 연결되도록 한다.

32 도시설계 작성과정의 기본구상 흐름도에 대한 순서가 올바르게 나열된 것은?

ⓐ 접근수단 및 도시설계 구상
ⓑ 도시설계의 과제 정립 및 목표 설정
ⓒ 기본구상안 제시
ⓓ 도시설계의 전략 및 기본방향 수립

① ⓑ → ⓓ → ⓐ → ⓒ ② ⓒ → ⓐ → ⓑ → ⓓ
③ ⓐ → ⓑ → ⓓ → ⓒ ④ ⓓ → ⓒ → ⓐ → ⓑ

해설

도시설계 작성과정의 기본구상 흐름도
도시설계의 과제 정립 및 목표 설정 → 도시설계의 전략 및 기본방향 수립 → 접근수단 및 도시설계 구상 → 기본구상안 제시

33 커뮤니티 구성의 세 가지 기본요소에 해당하지 않는 것은?

① 영역성 ② 공동유대
③ 주거밀도 ④ 사회적 상호작용

해설

커뮤니티 구성의 기본요소
영역성, 공동유대, 사회적 상호작용

34 주택단지의 총세대수가 2,000세대 이상인 경우 기간도로와 접하거나 기간도로로부터 당해 단지에 이르는 진입도로의 폭은 최소 얼마 이상이어야 하는가?

① 8m 이상 ② 12m 이상
③ 15m 이상 ④ 20m 이상

해설

진입도로 최소폭원

세대수	1 ~ 300 세대	300 ~ 500 세대	500 ~ 1,000 세대	1,000 ~ 2,000 세대	2,000 세대 이상
진입도로 폭(m)	6	8	12	15	20

35 현대의 모더니즘에 관한 주거단지개발의 대안으로서 혼합용도를 지향하며 대중교통 및 보행으로 이동이 가능한 권력들이 자율적으로 성장하는 커뮤니티 개발모델은?

① 어반빌리지(Urban Village)
② 스마트 성장(Smart Growth)
③ 지속 가능개발(Sustainable Development)
④ 전통적 근린지역(Traditional Neighborhood District)

해설

어반빌리지(Urban Village)의 특징
• 보행자 우선 및 도보권(10분) 내에 초등학교, 공공시설, 편익시설 배치
• 복합적 토지이용
• 다양한 주거유형의 혼합
• 신축적인 건물계획
• 적정 개발 규모(3,000~5,000명/ha)
• 지역적 특성을 반영한 고품격 도시설계

36 국지도로의 형태 중 하나인 루프형 도로에 대한 설명으로 옳지 않은 것은?

① 불필요한 차량의 진입이 배제된다.
② 교차점이 많아 방향성이 불분명하다.
③ 주거환경의 안전성이 어느 정도 확보된다.
④ 외곽부에서 내부로의 진입이 제한되므로 차량의 우회교통이 발생한다.

◉해설

교차점이 많아 방향성이 불분명한 것은 격자형 도로의 특징이다.

37 조선 시대에 건조된 읍성(邑城)에 대한 설명으로 옳지 않은 것은?

① 우리나라의 전통적인 지리적 방식에 의해 입지가 결정되었다.
② 지역의 지형 특징에 따라 주요 시설들의 배치가 이루어졌다.
③ 외부의 적으로부터 효과적인 방어를 위해 주로 산 정상에 건조되었다.
④ 당시 지방의 통치를 위해 관료를 파견하기 위한 행정도시의 성격을 갖는다.

◉해설

외부의 적으로부터 효과적인 방어를 위해 산 정상에 위치하기보다는 지역의 지형 특성을 고려하여 읍성의 위치가 결정되었다.

38 건축법령상 공동주택의 구분에 따른 분류가 옳지 않은 것은?(단, 2개 이상의 동을 지하주차장으로 연결하는 경우에는 각각의 동으로 본다.)

① 주택으로 쓰는 층수가 6개 층의 주택은 아파트다.
② 주택으로 쓰는 1개 동의 바닥면적 합계가 $450m^2$인 3층의 주택은 다세대주택이다.
③ 주택으로 쓰는 1개 동의 바닥면적 합계가 $660m^2$인 5층의 주택은 연립주택이다.
④ 종업원을 위하여 쓰이는 것으로서 1개 동의 공동취사시설 이용 세대 수가 전체의 50% 이상인 것은 기숙사이다.

◉해설

공동주택

구분	형식
아파트	주택으로 쓰이는 층수가 5개층 이상인 주택
연립주택	주택으로 쓰이는 1개 동의 연면적이 $660m^2$를 초과하고 4개층 이하인 주택
다세대주택	주택으로 쓰이는 1개 동의 연면적이 $660m^2$ 이하이고 4개층 이하인 주택
기숙사	학교 또는 공장 등의 학생 또는 종업원 등을 위하여 사용되는 것으로 공동취사 등을 할 수 있는 구조로 독립된 주거의 형태를 갖추지 아니한 것

39 다음 그래프 중 공간의 다양성과 흥미와의 관계를 가장 잘 나타낸 것은?

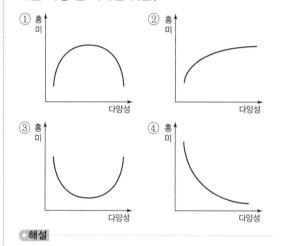

◉해설

적절한 다양성이 부여될 때 흥미로운 공간이 창출된다.

40 지구단위계획구역의 지정 절차에서 국토교통부장관이 결정하는 경우 심의를 거쳐야 하는 곳은?

① 시·도공동위원회
② 중앙도시계획위원회
③ 시·도도시계획위원회
④ 시·군도시계획위원회

◉해설

국토교통부장관이 지구단위계획상의 지구단위계획구역을 지정할 경우 중앙도시계획위원회의 심의를 거쳐야 한다.

3과목 도시개발론

41 도시개발사업의 관련 사업이 아닌 것은?

① 일단의 주택지 조성사업
② 일단의 공업용지 조성사업
③ 시가지 조성사업
④ 수도권 정비사업

해설
수도권 정비사업은 개발사업이 아닌, 기존 도심에 대한 개선을 위한 정비사업 개념이다.

42 경제성 분석 시, 계량화 및 가치화가 불가능한 효과에 금전적 가치를 부여해야 할 필요성이 있는 경우 사용하는 방법은?

① 권리분석
② 시장성분석
③ 변이−할당 분석
④ 조건부 가치측정법

해설
계량화 및 가치화가 불가능한 효과에 금전적 가치를 부여해야 할 필요성이 있는 경우 사용하는 방법은 조건부 가치측정법(CVM : Contingency Valuation Method)이다.

43 도시개발 전략 수립 시 고려하여야 할 사항이 아닌 것은?

① 개인적 성격과 취미
② 재무적 타당성
③ 지분 구조
④ 개발 대상지

해설
개인적 성격과 취미를 도시개발 전략 수립 시 고려하기는 어렵다.

44 Calthorpe이 제시한 TOD의 7가지 원칙에 해당되지 않는 것은?

① 지구 내에는 걸어서 목적지까지 갈 수 있는 보행 친화적인 가로망 구성
② 기존 근린지구 내에 대중교통 노선을 따라 재개발 촉진

③ 공공공간을 건물배치 및 근린생활의 중심지로 조성
④ 주택의 유형, 밀도, 비용 등은 고층, 고밀, 고급화를 지향하고 통일된 유형을 배치

해설
주택의 유형, 밀도, 비용 등은 고층, 고밀, 고급화를 지향하고 다양한 유형으로 배치한다.

45 개발형태에 의한 개발사업의 분류는 크게 신개발사업과 재개발사업으로 분류되고 있는데, 다음 중 신개발사업에 포함되지 않는 것은?

① 건축물 증개축사업
② 토지형질변경사업
③ SOC 사업
④ 도시개발사업

해설
건축물의 증개축사업은 기존 건축물에 행하는 건축행위로서, 재개발사업에 가깝다.

46 부동산 펀드의 유형을 운용시장의 형태에 따라 구분할 때, 다음 중 민간시장(Private Market) 부문에 해당하지 않는 것은?

① 직접투자
② 사모부동산 펀드
③ 상업용 저당채권
④ 직접대출(Loans)

해설
상업용 저당채권(CMBS)은 공개시장(Public Market)에 해당한다.

47 부동산신탁의 종류 중 임대형 토지신탁과 분양형 토지신탁이 속하는 종류는?

① 관리형 신탁
② 운용형 신탁
③ 처분형 신탁
④ 관리 · 처분형 신탁

해설
개발신탁(운용형 신탁)
토지소유자인 위탁자가 토지의 효율적인 이용을 통한 수익을 목적으로 해당 토지를 신탁회사에 신탁하게 되면 신탁회사는 신탁재산인 토지에 건축물을 건설하거나 택지조성 등

의 사업을 시행한 후 이를 분양하거나 임대해 그 수익을 위탁자에게 돌려주는 방식

48 재개발의 유형에 대한 설명이 옳은 것은?

① 철거재개발(Redevelopment) : 도시환경 및 시설에 있어서 불량 또는 노후화 현상이 현재까지는 발생하지 않았으나 현 상태로 방치할 경우 환경악화가 예상되는 지역에 예방적 조처로 시행하는 방식

② 수복재개발(Rehabilitation) : 관리상 부실로 인하여 도시환경이 악화될 우려가 있거나 이미 악화된 지역에 대하여 기존 시설을 보존하면서 구역 전체의 기능과 환경을 회복하거나 개선하는 소극적인 방식

③ 보존재개발(Conservation) : 낙후되고 노후화된 기존 도시지역의 시설을 보수, 확장, 새로운 시설을 첨가하는 방법을 통하여 도시환경을 개선하는 방식

④ 개량재개발(Improvement) : 기존의 시설을 전면적으로 철거하고 새로운 시설물로 대체시켜 쾌적하고 능률적이며 기능적인 도시환경을 창출해내는 적극적인 방식

◎해설

① 보존재개발(Conservation)
③ 개량재개발(Remodeling)
④ 전면재개발 또는 철거재개발(Redevelopment)

49 다음 중 계획단위개발(PUD)의 4단계 시행절차에 해당하지 않는 것은?

① 현황조사분석   ② 개략개발계획
③ 예비개발계획   ④ 최종개발계획

◎해설

계획단위개발 시행절차
사전회의 실시 → 개별개발계획 수립 → 예비개발계획 수립 → 최종개발계획 수립

50 다음 중 역사보존도시에 대한 설명으로 옳지 않은 것은?

① 역사보존도시는 개성적인 역사환경을 통해 도시에 다양성을 부여한다.

② 역사환경은 도시 내 중요한 문화 창조의 자원이며 도시 활성화의 자원으로 활용이 가능하다.

③ 역사보존도시의 전통적 기반 보존을 통해 다른 도시와의 차별성을 부각할 수 있다.

④ 역사보존도시는 과거의 역사와 현재의 조화보다는 과거의 역사환경보존에 더 중심을 두어야 한다.

◎해설

역사보전도시의 목적 및 필요성

구분	내용
도시의 다양성 부여	고층화, 대형화, 획일화되어가는 도시환경의 문제점 해소
도시의 역사성 및 정체성 확립	도시의 과거 역사의 보존과 해당 도시만의 특색 있는 정체성을 확립
도시활성화의 자원으로 활용 가능	문화관광자원으로 도시를 활성화시킴

51 도시개발 여건 분석에 대한 설명으로 틀린 것은?

① 부지의 이용가치를 극대화하기 위해 그 부지의 입지조건을 면밀히 분석할 필요가 있다.

② 입지의 특성은 물리적 요인과 지리적 요인, 법적·제도적 요인, 경제적 요인 등으로 구분할 수 있다.

③ 입지분석은 개발의 콘셉트를 사업화하기 위한 일련의 타당성 분석 과정 가운데 가장 먼저 행해지게 된다.

④ 물리적 요인을 분석하는 것을 일반분석이라 하고, 지리적 요인 및 제도적·경제적 요인을 분석하는 것을 부지분석이라 한다.

◎해설

지리적 요인, 제도적·경제적 요인을 분석하는 것을 일반분석이라 하고, 부지의 자연특성 등의 물리적 요인을 분석하는 것을 부지분석이라 한다.

52 우리나라 도시개발의 흐름에서 제조업과 관광업 등 산업입지와 경제활동을 위해 민간기업 주도로 개발된 도시로, 산업·연구와 주택·교육·의료·문화 등 자족적 복합기능을 가진 도시조성을 위해 개발된도시는?

① 기업도시
② 공업도시
③ 혁신도시
④ 행정복합도시

해설

기업도시
산업입지와 경제활동을 위하여 민간기업이 산업·연구·관광·레저·업무 등의 주된 기능과 주거·교육·의료·문화 등의 자족적 복합기능을 고루 갖추도록 개발하는 도시

53 주거지역의 양호한 환경조성과 시가지의 도시경관을 보호하기 위해 지정하는 지구는 무엇인가?

① 자연경관지구
② 중심지미관지구
③ 시가지경관지구
④ 일반미관지구

해설

경관지구
경관의 보전·관리 및 형성을 위하여 필요한 지구

세분사항	내용
자연경관지구	산지·구릉지 등 자연경관을 보호하거나 유지하기 위하여 필요한 지구
시가지경관지구	지역 내 주거지, 중심지 등 시가지의 경관을 보호 또는 유지하거나 형성하기 위하여 필요한 지구
특화경관지구	지역 내 주요 수계의 수변 또는 문화적 보존가치가 큰 건축물 주변의 경관 등 특별한 경관을 보호 또는 유지하거나 형성하기 위하여 필요한 지구

54 다음 중 도시개발사업 과정에서의 허가(許可)에 대한 설명으로 옳은 것은?

① 허가를 받지 않고 한 행위는 처벌의 대상이 되지 않는다.
② 법령에 의하여 금지되어 있는 행위를 해제하여 적법하게 하는 것을 의미한다.

③ 제3자의 행위를 보충하여 그 법률상의 효력을 완성시키는 행위를 말한다.
④ 국가 또는 지방자치단체가 특정 행위에 대하여 부여하는 동의의 뜻이다.

해설

① 허가를 받지 않고 한 행위는 처벌의 대상이 된다.
③ 제3자의 행위를 보충하여 그 법률상의 효력을 완성시키는 행위를 인가라고 한다.
④ 국가 또는 지방자치단체가 특정 행위에 대하여 부여하는 동의의 뜻은 승인에 해당한다.

55 지분조달방안의 수법으로 2인 이상의 주체(극소수의 개인투자가 또는 기관)가 부동산 개발 등의 목적을 달성하기 위해 공동으로 사업하는 기업 형태는?

① 합작사업(Joint Venture)
② 신디케이트(Syndicate)
③ 유한 파트너십(LP : Limited Partnership)
④ 유한 책임 파트너십(LLP : Limited Liability Partnership)

해설

지분조달방안의 하나로서 2인 이상의 주체가 부동산 개발 등의 목적을 두고 공동으로 사업하는 기업의 형태를 합작회사(Joint Venture)라고 한다.

56 신고전주의학파의 경제이론에 의거하여, 도시 중심지역에서 지대가 높아지는 원인으로 가장 적합한 것은?

① 교통비용과 지대와의 상쇄관계
② 노동생산성의 반영
③ 토지이용의 공적 규제
④ 개발금융의 활성화

해설

보기 중 도시 중심지역에서 지대가 높아지는 원인으로 가장 근접한 것은 높은 지대를 상쇄시켜 주는 수송비용(교통비용)의 절감이다.

57 중력모형(Gravity Model)에 관한 설명으로 옳은 것은?

① 개별 소매점의 고객흡입력을 계산하는 방법
② 거리요소, 규모요소, 상수의 세 가지 요소에 의한 모형
③ 각 변수들이 수요에 미치는 영향의 정도를 결정해 주는 방법
④ 소비자가 주어진 상업시설을 이용할 확률은 상업시설의 크기에 비례하고 그곳까지 이동하는 데 걸리는 시간에 반비례한다는 개념을 적용

해설

① 허프의 소매지역이론
③ 인과분석법
④ 허프의 소매지역이론

58 다음 중 "재개발 시행방식"에 따라 분류한 것이 아닌 것은?

① 전면재개발　　② 수복재개발
③ 주거재개발　　④ 보존재개발

해설

재개발 방식

구분	내용
수복재개발 (Rehabilitation)	노후·불량화 요인을 제거시키는 것
개량재개발 (Remodeling)	새로운 시설 첨가를 통해 도시기능을 제고하는 것
보존재개발 (Conservation)	노후·불량화의 진행을 방지하는 것
전면재개발 또는 철거재개발 (Redevelopment)	기존 환경을 제거하고 새로운 시설물로 대체시키는 것

59 수익성지수(PI : Profitability Index)에 대한 설명으로 틀린 것은?

① 수익성지수가 1보다 클 때 해당 프로젝트는 사업성이 있는 것으로 평가한다.
② 프로젝트로부터 발생하는 할인된 전체 수입을 할인된 전체 비용으로 나눈 값이다.

③ 순현재가치(NPV)가 0이면 수익성지수도 0이다.
④ 여러 프로젝트의 평가에서 순현재가치법과 수익성지수평가법은 서로 다른 대안을 택할 수 있다.

해설

수익성지수는 B/C Ratio와 동일한 계산방식을 사용한다. 순현재가치(NPV)가 0이면, 수익성지수는 1이 된다.

60 다음 중 (　) 안에 들어갈 수치로 모두 옳은 것은?

> 지정권자는 환지(換地)방식의 도시개발사업에 대한 개발계획을 수립하려면 환지방식이 적용되는 지역의 토지면적의 (ⓐ) 이상에 해당하는 토지소유자와 그 지역의 토지소유자 총수의 (ⓑ) 이상의 동의를 얻어야 한다.

① ⓐ 1/2, ⓑ 1/2　　② ⓐ 1/2, ⓑ 2/3
③ ⓐ 2/3, ⓑ 2/3　　④ ⓐ 2/3, ⓑ 1/2

해설

지정권자가 환지방식의 도시개발계획을 수립할 때(도시개발구역의 지정) 환지방식을 적용하려면 토지면적의 2/3 이상에 해당하는 토지소유자와 그 지역의 토지소유자 총수의 1/2 이상의 동의를 얻어야 한다.(단, 국가, 지방자치단체는 예외)

4과목　국토 및 지역계획

61 우리나라 국토계획의 필요성에 대한 설명으로 가장 거리가 먼 것은?

① 국토자원이용의 효율성 증대
② 향상된 생활환경의 균등한 공급
③ 지역격차 완화 및 균형된 지역발전
④ 생활여건이 우수한 지역이 더욱 발전하는 기반 마련

해설

우리나라 국토계획의 가장 큰 목적은 균형적 발전이다. 생활여건이 우수한 지역이 더욱 발전하는 기반이 마련된다는 것은 균형적 발전과는 거리가 멀다.

62 다음 중 광역권에 대한 설명으로 가장 거리가 먼 것은?

① 일반적으로 생활권 중심의 광역권은 통근이나 통학이 중심이다.
② 일반적으로 생활권 중심의 광역권은 교외화 현상과 관련 있다.
③ 일반적으로 생활권 중심의 광역권이 경제권 중심의 광역권보다 넓다.
④ 일반적으로 생활권 중심의 광역권과 경제권 중심의 광역권으로 구분할 수 있다.

● 해설
일반적으로 경제권 중심의 광역권이 생활권 중심의 광역권보다 넓다.

63 지역발전이론 중 1980년대 말과 1990년대 초에 핵심적으로 부각된 이론은?

① 기초수요이론
② 지역균형이론
③ 유연적 축적론
④ 지역불균형발전이론

● 해설
유연적 축적론
1980년대 말과 1990년대 초에 핵심적으로 부각된 하비의 공간이론으로서 기존 선도산업에 의한 성장방식에서 중소기업 간의 상호협력적 관계성, 지속적인 연구와 개발을 통해 지역을 발전시켜 나가자는 이론

64 도시체계 속에서 한 도시의 규모는 그 도시의 등급에 역비례한다는 관계를 설명하는 이론은?

① 순위-규모 법칙(Rank-size Rule)
② 균형화이론(Equalization Theories)
③ 표준화기법(Standardization Technique)
④ 연쇄체계모형(Recursive System Model)

● 해설
지프(Zipf)의 순위규모모형
• 최상위 도시의 인구를 기준으로 도시의 순위와 인구 규모와의 관계를 이용하여 도시 정주체계를 분석하였다.
• 예를 들어, $q=1$은 순위규모분포로 어느 나라에서 수위

도시의 인구분포가 1이라면 나머지 도시의 인구는 1/2, 1/3, 1/4 분포를 뜻하며, $q=2$는 수위도시의 인구를 1로 했을 때 나머지 도시의 인구는 1/4, 1/9, 1/16, …로 하위도시로 갈수록 인구수가 급격히 작아지는 것을 의미한다.

65 크리스탈러(Christaller)의 중심지이론에서 1개의 중심지가 그 중심지 및 3개의 하위 중심지를 포섭하는 원리는?

① 교통의 원리
② 근린의 원리
③ 시장의 원리
④ 행정의 원리

● 해설
1개의 중심지가 그 중심지 및 3개의 하위 중심지를 포섭하는 것이므로, 1개의 중심지가 4개의 하위 중심지를 포섭하는 개념이다. 이는 교통의 원리(K=4)에 해당한다.

66 수출기반모형(Export Base Model)에서 산업들의 수출량을 계산하는 데 있어 기본 가정이 아닌 것은?

① 폐쇄의 경제
② 동일한 노동 생산성
③ 동일한 소득수준(또는 소비수준)
④ 지역 내 투자된 하부시설의 동일성

● 해설
수출기반모형의 가정
• 폐쇄된 경제(Closed Economy) : 국가 간 교역이 없음을 의미
• 동일한 노동 생산성 : 지역과 전국 간의 노동생산성이 동일
• 동일한 소비수준 : 지역과 전국 간의 동일한 소득수준

67 국토 및 지역계획의 수립절차로 가장 적절한 것은?

① 문제인식 → 현황조사 → 목표설정 → 계획수립 → 집행 → 평가 → 환류
② 목표설정 → 문제인식 → 현황조사 → 계획수립 → 집행 → 평가 → 환류

정답 62 ③ 63 ③ 64 ① 65 ① 66 ④ 67 ①

③ 목표설정 → 현황조사 → 문제인식 → 계획수립
→ 집행 → 평가 → 환류

④ 문제인식 → 목표설정 → 계획수립 → 현황조사
→ 집행 → 평가 → 환류

● 해설

국토 및 지역계획의 수립절차
문제인식 → 현황조사 → 목표설정 → 계획수립 → 집행 →
평가 → 환류

68 다음의 대도시성장관리 정책에 대한 설명으로 옳지 않은 것은?

① 종주도시권의 다핵개발은 자유방임정책보다 오히려 대도시권으로의 인구와 산업의 집중을 유발한다.

② 반자력 중심도시의 육성은 대도시의 통근권 밖인 60~160km 떨어진 도시를 육성하는 정책이다.

③ 대도시 집중억제의 한 수단으로서 소규모 서비스 중심지 및 농촌의 개발은 소요투자의 효율성에 문제가 있다.

④ 대도시의 관리정책으로서 지역중심도시와 하위체계 개발시책은 투자재원의 한계성 때문에 모든 지역을 동시에 개발할 수 없다.

● 해설

반자력 중심도시는 대도시와의 통근권 내에 형성되어야 한다.

69 친환경적 공간계획(국토계획, 지역계획, 도시계획)의 수단으로 적합하지 않은 것은?

① Green GNP 개념 도입

② 거대도시와 도시광역화 개발

③ 압축도시(Compact City) 개발

④ 복합토지이용(Mixed Land Use) 도입

● 해설

친환경적 공간계획은 압축도시 및 복합적 토지이용을 통한 좁은 토지에 고밀화에 초점이 맞추어져 있으므로 도시화를 통해 토지공간을 넓혀가는 거대도시와 도시광역화와는 거리가 멀다.

70 다음의 조건에서 청주의 i산업에 대한 입지계수(LQ)는?

구분	청주	전국
i산업 고용자수	4,000명	250,000명
총 고용자수	60,000명	7,500,000명

① 0.07 　　② 0.75

③ 1.67 　　④ 2.00

● 해설

$$LQ = \frac{E_{Ai}/E_A}{E_{ni}/E_n} = \frac{A지역의\ i산업\ 고용수\ /\ A지역\ 전체\ 고용수}{전국의\ i산업\ 고용수\ /\ 전국의\ 고용수}$$
$$= \frac{4,000/250,000}{60,000/7,500,000} = 2.0$$

71 제4차 국토종합계획 수정계획(2011~2020)의 기본목표가 아닌 것은?

① 살기 좋은 복지국토

② 품격 있는 매력국토

③ 경쟁력 있는 통합국토

④ 지속 가능한 친환경국토

● 해설

제4차 국토종합계획 수정계획의 기본목표
경쟁력 있는 통합국토, 품격 있는 매력국토, 지속 가능한 친환경국토, 세계로 향한 열린국토

72 계획이란 '선택을 통해 가장 적절한 미래의 행위를 결정하는 일련의 절차'라고 정의한 학자는?

① C. A. Perry　　② Davidoff와 Reiner

③ E. Howard　　④ Le Corbusier

● 해설

선택이론(Choice Theory)
• 다비도프(Paul Davidoff)와 라이너(T. A. Reiner)에 의해 제시된 이론
• 선택이론의 기본적 전제는 집합적인 사회적 행위는 개별적인 행위자의 행위로부터 연유하는 것으로서, 이것을 도시계획적 관점으로 볼 때 도시의 결정요인은 인구나 그에

따른 건물들의 요소들이 도시의 큰 맥락을 결정하는 요인이라고 할 수 있다.
- 주민들로 하여금 그들의 가치를 찾아내어 스스로 결정·선택하도록 유도하는 것
- 도시계획에서 계획 과정을 하나의 선택행위의 연속으로 보는 이론으로 선택된 가치와 목표를 구체적으로 실현시킬 대안들을 찾아내어 그중 가장 좋은 안을 선택하는 것
- 일부 과정에만 적용가능하며, 선택이 제한적이다.

73 GIS를 활용한 다각형 자료에 대한 공간분석 중 그 성격이 다른 것은?

① 다각형 중첩(Polygon Overlay)
② 공간적 집합(Spatial Aggregation)
③ 다각형 내 점(Point-in-polygon) 분석
④ 코로플레스 도면화(Choroplethic Mapping)

해설

다각형 중첩, 다각형 내 점, 코로플레스 도면화는 중첩분석(Overlay Analysis) 방법에 해당하며, 공간적 집합은 근접분석(Proximity Analysis) 방법에 해당한다.

74 도시나 지역의 인구 예측 방법에서 인구성장 한계를 나타내는 인구 추정식은?

① 선형식   ② 포물선식
③ 지수 곡선식   ④ 로지스틱 곡선식

해설

로지스틱 곡선
- 인구성장의 상한선(K)을 미리 상정한 후에 미래 인구를 추계하는 인구예측모형
- 강력한 인구통제정책을 사용하는 대도시권에서의 인구 분석에 유효한 공식
- 급속한 증가를 보인 후 완만해지는 인구성장에 적용

75 다음 중 토지의 환경성을 평가하여 보전이 필요한 지역과 개발이 가능한 지역을 구분하고 그 결과를 지형도에 표시한 도면은?

① 비오톱지도
② 생태·자연도
③ 토지적성평가도
④ 국토환경성평가지도

해설

「환경정책기본법」에 따라 환경부장관은 국토환경을 효율적으로 보전하고 국토를 환경친화적으로 이용하기 위하여 국토에 대한 환경적 가치를 평가하여 등급으로 표시한 국토환경성평가지도를 작성·보급할 수 있다.

76 대도시 성장관리와 관련된 설명으로 가장 거리가 먼 것은?

① 도시가 성장함에 따라 규모와 생산성은 정비례하여 증가한다.
② 집적의 이익과 불이익을 명시적으로 밝히는 데는 큰 어려움이 있다.
③ 외부효과 때문에 개인과 사회가 받는 이익과 비용이 서로 차이가 있다.
④ 일반적으로 도시 규모에 따라 도시기반시설 비용은 U자형 곡선을 나타낸다.

해설

도시가 성장함에 따라 규모와 생산성은 비례관계에서 점차 역비례관계로 진행된다.

77 후퍼-피셔의 지역발전 5단계설의 두 번째 단계에 해당하는 것은?

① 2차 산업의 도입단계
② 다양한 공업화의 이행단계
③ 수출용 3차 산업 전문화 단계
④ 1차 산업 전문화 및 지역 간 교역의 단계

해설

지역발전 5단계
자족적 최저생존경제단계(Stage of a Self Sufficient Subsistence Economy) → 1차 산업단계 및 지역 간 교역단계 → 2차 산업 도입단계 → 공업의 다양화 단계(A Shift to Move Diversified Industrialization) → 3차 산업의 전문화 단계

정답 73 ② 74 ④ 75 ④ 76 ① 77 ④

78 지역계획(Regional Planning)에 대한 설명으로 가장 옳은 것은?

① 지역계획은 국가 경제성장 정책의 수행을 위한 사회 경제적 수단을 제시하는 전략적 종합 계획이다.
② 지역계획은 최소 1개 이상의 공간 단위를 대상으로 한 전국계획(National Planning) 하위 체계의 공간 계획이다.
③ 지역계획은 도시의 광역화에 따라 발생하는 문제를 효과적으로 대처하기 위한 중앙정부에 의한 조정적 계획이다.
④ 지역계획은 최하위 공간 단위계획(Local Planning)과 전국계획(National Planning) 사이의 중간 계층적 공간 계획을 의미한다.

◀해설▶

지역계획의 정의

㉠ 지역계획이란 지역이라는 일정한 공간영역이 현재 당면하고 있는 제 문제들을 개선하고 지역을 발전시킴으로써 지역주민의 복지를 증대시키고자 하는 종합적이고 체계적인 과정을 의미한다.
㉡ 학문으로서의 지역계획은 종합적이고 규범적이며, 실천적, 임상적, 공간적인 특성을 가지고 있다.
㉢ 지역계획은 최하위 공간 단위계획과 전국계획 사이의 중간 계층적 공간 계획을 의미한다.
㉣ 「국토기본법」상의 지역계획의 정의(「국토기본법」 제6조)
  • 지역계획을 국토계획의 한 유형으로 구분하고, 지역계획이란 특정한 지역을 대상으로 특별한 정책목적을 달성하기 위하여 수립하는 계획으로 정의한다.
  • 지역계획에는 수도권발전권계획, 광역권개발계획, 특정지역개발계획, 개발촉진지구개발계획, 타 법률에 의한 계획 등이 포함된다.

79 다음 중 수도권 인구 및 산업 집중의 억제 대책이 아닌 것은?

① 공장의 신·증설 억제
② 대학의 신·증설 억제
③ 임대주택의 공급 확대
④ 중앙행정 권한의 지방 이양

◀해설▶

수도권에 임대주택의 공급 확대는 인구 유입의 원인이 될 수 있다.

80 M시의 수출산업 종사인구(EB)는 50,000명, 지역산업 종사인구(EN)는 100,000명이다. M시의 수출산업 종사자 1명을 고용한다면 늘어나는 총 고용자수(ET)는?

① 1명　　　　② 2명
③ 3명　　　　④ 4명

◀해설▶

$$경제기반승수 = \frac{지역\ 총\ 고용인구}{지역의\ 수출산업\ 고용인구}$$
$$= \frac{100,000 + 50,000}{50,000} = 3$$

총 고용인구 변화 = 경제기반승수 × 기반산업 고용인구 변화
= 3 × 1명 = 3명

5과목 도시계획 관계 법규

81 「도시공원 및 녹지 등에 관한 법률」에 따른 생활권공원의 종류에 해당하지 않는 것은?

① 소공원　　　② 근린공원
③ 묘지공원　　④ 어린이공원

◀해설▶

묘지공원은 주제공원에 해당한다.

82 국토기본법령상 국토조사에 대한 아래 설명 중 ( ) 안에 들어갈 용어가 바르게 나열된 것은?

(㉠)은/는 국토조사를 효율적으로 실시하기 위하여 국토조사 항목 및 조사주체 등 필요한 사항에 대하여 관계 중앙행정기관의 장 및 (㉡)와/과 사전협의를 거쳐 국토조사계획을 수립할 수 있다.

① ㉠ : 국토교통부장관, ㉡ : 시·도지사

② ㉠ : 국토교통부장관, ㉡ : 국토정책위원회
③ ㉠ : 국토정책위원회, ㉡ : 시 · 도지사
④ ㉠ : 국토정책위원회, ㉡ : 국토교통부장관

해설

국토조사의 실시(「국토기본법 시행령」 제10조)
국토교통부장관은 국토조사를 효율적으로 실시하기 위하여 국토조사 항목 및 조사주체 등 필요한 사항에 대하여 관계 중앙행정기관의 장 및 시 · 도지사와 사전협의를 거쳐 국토조사계획을 수립할 수 있다.

83 택지개발지구 내에서 관할 특별자치도지사 · 시장 · 군수 또는 자치구의 구청장의 허가를 받아야 하는 행위에 해당하지 않는 것은?

① 죽목의 벌채 및 식재
② 토석의 채취 또는 토지의 굴착
③ 건축물의 건축, 대수선 또는 용도변경
④ 경작을 위한 토지의 형질변경 또는 관상용 식물의 가식

해설

개발행위 허가(「국토의 계획 및 이용에 관한 법률」 제56조)
개발행위의 허가를 필요로 하는 경우인 토질의 형질 변경 중에서 경작을 위한 경우로서 대통령령으로 정하는 토지의 형질 변경은 제외한다.

84 「관광진흥법」에 따른 관광개발계획에 관한 설명으로 옳지 않은 것은?

① 관광개발기본계획은 5년마다 수립한다.
② 확정된 권역계획에 대하여 대통령령으로 정하는 경미한 사항을 변경하는 경우 관계부처의 장과의 협의를 갈음하여 문화체육관광부장관의 승인을 받아야 한다.
③ 권역계획에 대하여 대통령령으로 정하는 경미한 사항의 변경에는 관광지 등 면적의 100분의 30 이내의 확대를 포함한다.
④ 시 · 도지사(특별자치도지사는 제외한다)는 기본계획에 따라 구분된 권역을 대상으로 권역별 관광개발계획을 수립하여야 한다.

해설

관광개발 기본계획은 문화체육관광부장관이 전국을 대상으로 10년마다 수립한다.

85 「국토의 계획 및 이용에 관한 법률」상 도시 · 군계획시설이 아닌 것은?

① 공동구　　② 도축장
③ 유수지　　④ 예식장

해설

예식장은 「국토의 계획 및 이용에 관한 법률」상 도시 · 군계획시설이 아니다.

86 국토교통부장관이 산업단지 외의 지역에서의 공장설립을 위한 입지지정과 지정 승인된 입지의 개발에 관한 기준 작성 시 포함되어야 할 사항으로 옳지 않은 것은?

① 주택건설 및 공급에 관한 사항
② 토지가격의 안정을 위하여 필요한 사항
③ 산업시설용지의 적정이용기준에 관한 사항
④ 환경보전 및 문화재 보존을 위하여 필요한 사항

해설

㉠ 입지지정 및 개발에 관한 기준(「산업입지 및 개발에 관한 법률」 제40조)
국토교통부장관은 산업단지 외의 지역에서의 공장설립을 위한 입지 지정과 지정 승인된 입지의 개발에 관한 기준을 작성 · 고시할 수 있다.
㉡ 입지지정 및 개발에 관한 기준의 작성(「산업입지 및 개발에 관한 법률 시행령」 제45조)
법 제40조 제1항의 규정에 의한 입지지정 및 개발에 관한 기준에는 다음의 사항이 포함되어야 한다.
• 개별공장입지의 선정기준에 관한 사항
• 산업시설용지의 적정이용기준에 관한 사항
• 기반시설의 설치 및 정비에 관한 사항
• 산업의 적정배치와 지역 간 균형발전을 위하여 필요한 사항
• 환경보전 및 문화재 보존을 위하여 필요한 사항
• 토지가격의 안정을 위하여 필요한 사항
• 기타 다른 계획과의 조화를 위하여 필요한 사항

정답 83 ④　84 ①　85 ④　86 ①

87 수도권정비계획법령상 대규모 개발사업의 종류에 해당하지 않는 택지조성사업은?(단, 면적이 모두 100만m² 이상인 경우)

① 「주택법」에 따른 주택건설사업
② 「택지개발촉진법」에 따른 택지개발사업
③ 「도시 및 주거환경정비법」에 따른 주거환경개선사업
④ 「산업입지 및 개발에 관한 법률」에 따른 산업단지 및 특수지역에서의 주택지 조성사업

◉해설

대규모 개발사업의 종류(「수도권정비계획법 시행령」 제4조)
면적이 100만m² 이상인 경우
• 택지개발사업
• 주택건설사업 및 대지조성사업
• 산업단지 및 특수지역에서의 주택지 조성사업

88 택지개발지구가 고시된 날부터 얼마 이내에 택지개발사업 실시계획의 작성 또는 승인신청을 하지 아니하는 경우, 그 지정이 해제되는가?

① 6개월 이내
② 1년 이내
③ 2년 이내
④ 3년 이내

◉해설

택지개발지구 지정의 해제(「택지개발촉진법」 제3조)
지정권자는 택지개발지구가 고시된 날부터 3년 이내에 시행자가 택지개발사업 실시계획의 작성 또는 승인 신청을 하지 아니하는 경우에는 그 지정을 해제하여야 한다.

89 수도권정비계획법령상 관계 행정기관의 장이 성장관리권역에서 공업지역으로 지정할 수 없는 지역은?

① 인구증가율이 수도권의 평균 인구증가율보다 낮은 지역
② 공장이 밀집된 지역을 재정비하기 위하여 필요한 지역
③ 과밀억제권역에서 이전하는 공장 등을 계획적으로 유치하기 위하여 필요한 지역
④ 개발 수준이 다른 지역에 비하여 뚜렷하게 낮은 지역의 주민 소득 기반을 확충하기 위하여 필요한 지역

◉해설

공업지역 지정 관련 대통령령으로 정하는 범위(「수도권정비계획법 시행령」 제12조)
• 과밀억제권역에서 이전하는 공장 등을 계획적으로 유치하기 위하여 필요한 지역
• 개발 수준이 다른 지역에 비하여 뚜렷하게 낮은 지역의 주민 소득 기반을 확충하기 위하여 필요한 지역
• 공장이 밀집된 지역을 재정비하기 위하여 필요한 지역
• 관계 중앙행정기관의 장이 산업정책상 필요하다고 인정하여 국토교통부장관에게 요청한 지역

90 「자연재해대책법」상 자연재해가 발생하거나 발생할 우려가 있는 경우 신속한 국가 지원을 위하여 긴급에너지 수급 지원 등에 관한 사항에 대하여 긴급지권계획을 수립하여야 하는 중앙행정기관은?

① 조달청
② 국토교통부
③ 산업통상자원부
④ 과학기술정보통신부

◉해설

중앙긴급지원체계의 구축(「자연재해대책법」 제35조)
중앙행정기관의 장은 자연재해가 발생하거나 발생할 우려가 있는 경우에는 신속한 국가 지원을 위하여 다음 각 호의 사항 중 소관 사무에 해당하는 사항에 대하여 긴급지원계획을 수립하여야 한다.
• 과학기술정보통신부 : 재해발생지역의 통신 소통 원활화 등에 관한 사항
• 국방부 : 인력 및 장비의 지원 등에 관한 사항
• 행정안전부 : 이재민의 수용, 구호, 긴급 재정 지원, 정보의 수집, 분석, 전파 등에 관한 사항
• 문화체육관광부 : 재해 수습을 위한 홍보 등에 관한 사항
• 농림축산식품부 : 농축산물 방역 등의 지원 등에 관한 사항
• 산업통상자원부 : 긴급에너지 수급 지원 등에 관한 사항
• 보건복지부 : 재해발생지역의 의료서비스, 위생, 감염병 예방 및 방역 지원 등에 관한 사항
• 환경부 : 긴급 용수 지원, 유해화학물질의 처리 지원, 재해발생지역의 쓰레기 수거·처리 지원 등에 관한 사항
• 국토교통부 : 비상교통수단 지원 등에 관한 사항
• 해양수산부 : 해운물류 지원 등에 관한 사항
• 조달청 : 복구자재 지원 등에 관한 사항

정답 87 ③ 88 ④ 89 ① 90 ③

- 경찰청 : 재해발생지역의 사회질서 유지 및 교통 관리 등에 관한 사항
- 해양경찰청 : 해상에서의 각종 지원 및 수난(水難) 구호 등에 관한 사항
- 그 밖에 대통령령으로 정하는 부처별 긴급지원에 관한 사항

91 「국토의 계획 및 이용에 관한 법률」상 국토교통부장관, 시·도지사 또는 대도시 시장은 도시·군계획시설사업의 실시계획을 인가하려면 미리 대통령령으로 정하는 바에 따라 그 사실을 공고하고, 관계 서류의 사본을 며칠 이상 일반이 열람할 수 있도록 하여야 하는가?

① 3일
② 5일
③ 7일
④ 14일

해설
도시·군계획시설사업의 실시계획을 인가하려면 미리 대통령령으로 정하는 바에 따라 14일간 그 사실을 공고하고, 관계 서류의 사본을 14일 이상 일반이 열람할 수 있도록 하여야 한다.

92 「택지개발촉진법」상의 규정 내용을 기술한 것으로 옳은 것은?

① 택지개발사업에 관한 자료 제출 또는 보고를 거짓으로 한 자는 1년 이하의 징역 또는 1천만 원 이하의 벌금에 처한다.
② 시행자가 행한 처분에 이의가 있을 때 국토교통부장관에게 1개월 이내에 행정심판을 제기해야 한다.
③ 지정하려는 택지개발지구의 면적이 대통령령으로 정하는 규모 이상인 경우에는 국토교통부장관의 승인을 받아야 한다.
④ 택지개발사업 실시계획 승인신청서에는 수용할 토지 등의 소유권 및 소유권 이외에 권리자의 성명, 주소를 포함한다.

해설
① 1년 이하의 징역 또는 1천만 원 이하의 벌금에 처하는 경우
- 허가 또는 변경허가를 받지 아니하고 같은 항에 규정된 행위를 한 자
- 행정청이 행하는 처분 또는 명령을 위반한 자
② 시행자가 한 처분에 대하여 이의가 있을 때에는 그 처분이 있은 것을 안 날부터 1개월 이내, 처분이 있은 날부터 3개월 이내에 지정권자에게 행정심판을 제기할 수 있다.
④ 택지개발사업 실시계획 승인신청서에는 수용할 토지 등의 시행자의 명칭·주소 및 대표자의 성명 등을 포함한다.

93 대기오염, 소음, 진동, 악취 그 밖에 이에 준하는 공해와 각종 사고나 자연재해, 그 밖에 이에 준하는 재해 등의 방지를 위하여 설치하는 녹지는?

① 경관녹지
② 공원녹지
③ 완충녹지
④ 연결녹지

해설
녹지의 세분(「도시공원 및 녹지 등에 관한 법률」 제35조)

구분	내용
완충녹지	대기오염, 소음, 진동, 악취, 그 밖에 이에 준하는 공해와 각종 사고나 자연재해, 그 밖에 이에 준하는 재해 등의 방지를 위하여 설치하는 녹지
경관녹지	도시의 자연적 환경을 보전하거나 이를 개선하고 이미 자연이 훼손된 지역을 복원·개선함으로써 도시경관을 향상시키기 위하여 설치하는 녹지
연결녹지	도시 안의 공원, 하천, 산지 등을 유기적으로 연결하고 도시민에게 산책공간의 역할을 하는 등 여가·휴식을 제공하는 선형(線型)의 녹지

94 「주택법」상 각각 별개의 주택단지로 볼 수 있도록 해당 토지의 분리가 가능한 시설에 해당하지 않는 것은?

① 폭 15m 이상인 일반도로
② 철도·고속도로·자동차전용도로
③ 폭 8m 이상인 도시계획예정도로
④ 일반국도·특별시도·광역시도 또는 지방도

해설

주택단지의 정의(「주택법」제2조)

주택건설사업계획 또는 대지조성사업계획의 승인을 받아 주택과 그 부대시설 및 복리시설을 건설하거나 대지를 조성하는 데 사용되는 일단(一團)의 토지를 말한다. 다만, 다음의 시설로 분리된 토지는 각각 별개의 주택단지로 본다.
- 철도 · 고속도로 · 자동차전용도로
- 폭 20m 이상인 일반도로
- 폭 8m 이상인 도시계획예정도로
- 대통령령으로 정하는 시설

95 다음 중 아래에서 설명하는 지역계획은?

성장 잠재력을 보유한 낙후지역 또는 거점지역 등과 그 인근지역을 종합적 · 체계적으로 발전시키기 위하여 수립하는 계획

① 지구단위계획　　② 지역개발계획
③ 수도권정비계획　　④ 수도권 발전계획

해설

지역계획의 수립(「국토기본법 시행령」제16조)
㉠ 수도권 발전계획
　　수도권에 과도하게 집중된 인구와 산업의 분산 및 적정 배치를 유도하기 위하여 수립하는 계획
㉡ 지역개발계획
　　성장 잠재력을 보유한 낙후지역 또는 거점지역 등과 그 인근지역을 종합적 · 체계적으로 발전시키기 위하여 수립하는 계획

96 「택지개발촉진법」에 의한 택지개발사업의 시행자가 될 수 없는 기관은?

① 조합　　　　　　② 순천시청
③ 강남구청　　　　④ 한국토지주택공사

해설

택지개발사업의 시행자(「택지개발촉진법」제7조)
- 국가 · 지방자치단체
- 한국토지주택공사
- 지방공사
- 주택건설 등 사업자

97 학교의 결정기준에 대한 내용으로 옳지 않은 것은?

① 학교주변에는 녹지 등 차단 공간을 둘 것
② 대학은 당해 대학의 기능과 특성에 적합하도록 하여야 하며 대학의 배치에 관하여는 광역도시계획을 고려할 것
③ 통학에 위험하거나 지장이 되는 요인이 없어야 하며, 교통이 빈번한 도로 · 철도 등이 관통하지 아니할 것
④ 통학권의 범위, 주변환경의 정비상태 등을 종합적으로 검토하여 건전한 교육목적 달성과 주민의 문화교육향상에 기여할 수 있는 중심시설이 되도록 할 것

해설

학교의 결정기준(「도시 · 군계획시설의 결정 · 구조 및 설치기준에 관한 규칙」제89조)
대학은 당해 대학의 기능과 특성에 적합하도록 하여야 하며 대학의 배치에 관하여는 도시 · 군기본계획을 고려할 것

98 수도권정비계획을 실행하기 위한 소관별 추진계획을 수립할 수 없는 자는?

① 군수　　　　　　② 도지사
③ 서울특별시장　　④ 중앙행정기관의 장

해설

추진계획(「수도권정비계획법」제5조)
중앙행정기관의 장 및 시 · 도지사는 수도권정비계획을 실행하기 위한 소관별 추진계획을 수립하여 국토교통부장관에게 제출하여야 한다.

99 「도시 및 주거환경정비법」상 정비사업을 지정하는 데 적합하지 않은 지역은?

① 도시 저소득 주민이 집단거주하는 지역
② 현재의 지구환경은 양호하나 장래 불량하게 될 우려가 있는 지역
③ 정비기반시설이 열악하고 노후 · 불량건축물이 밀집한 지역

④ 정비기반시설은 양호하나 노후 · 불량건축물에 해당하는 공동주택이 밀집한 지역

◖해설

① 주거환경개선사업, ③ 재개발사업, ④ 재건축사업

100 교통광장의 결정기준에 대한 설명으로 옳지 않은 것은?

① 교통광장은 교차점광장, 역전광장 및 주요시설광장으로 구분한다.
② 역전광장은 대중교통수단 및 주차시설과 원활히 연계되도록 설치한다.
③ 교차점광장은 혼잡한 주요도로의 교차지점에서 각종 차량과 보행자를 원활히 소통시키기 위하여 필요한 곳에 설치한다.
④ 주요시설광장에는 주민의 집회 · 행사 또는 휴식을 위한 시설과 보행자의 통행에 지장이 없는 시설을 설치한다.

◖해설

주요시설광장(「도시 · 군계획시설의 결정 · 구조 및 설치기준에 관한 규칙」 제50조)
• 항만 · 공항 등 일반교통의 혼잡요인이 있는 주요시설에 대한 원활한 교통처리를 위하여 당해 시설과 접하는 부분에 설치할 것
• 주요시설의 설치계획에 교통광장의 기능을 갖는 시설계획이 포함된 때에는 그 계획에 의할 것
※ 주민의 집회 · 행사 또는 휴식을 위한 시설과 보행자의 통행에 지장이 없는 시설을 설치하는 것은 일반광장의 중심대광장에 대한 사항이다.

1과목 도시계획론

01 1967년 도시 내의 상업 · 업무지역을 중심형 상업지구(Nucleation), 가로변 상업지구(Ribbon), 특화지구(Specialized Area)로 구분한 학자는?

① 프라우푸트(Proudfoot)

② 사핀과 카이저(Chapin & Kaiser)

③ 베리(Berry)

④ 무쓰(Muth)

● 해설

베리(Berry)의 도시 내의 지역 구분(1967년)

• 중심형 상업지구(Nucleation)

• 가로변 상업지구(Ribbon)

• 특화지구(Specialized Area)

02 토지이용에서 도시 문제를 야기하는 대표적 인 요인으로 보기 어려운 것은?

① 이용주체 간의 경합

② 외부효과

③ 토지의 난개발

④ 계획성 있는 토지이용계획

● 해설

계획성 있는 토지이용계획은 도시 문제의 해결 대책에 해당 한다.

03 재해관리정보시스템 구축을 위한 기본조사 항목과 가장 관계가 없는 것은?

① 방재관련 업무 분석

② 표준안 및 시스템 구축 지침 작성

③ 데이터베이스 개념설계 및 기술 수요 분석

④ 재해 관련 부서 간 네트워킹 체계 및 업무 협조 체 계 구축

● 해설

재해관리정보시스템 구축을 위한 기본조사 항목

• 방재 관련 업무 분석

• 표준안 및 시스템 구축 지침 작성

• 데이터베이스 개념 설계 및 기술 수요 분석

04 기반시설로서 광장의 구분에 해당하지 않는 것은?

① 공중광장

② 일반광장

③ 경관광장

④ 건축물부설광장

● 해설

기반시설 중 공간시설로서의 광장은 교통광장, 일반광장, 경관광장, 지하광장, 건축물부설광장으로 구분한다.

05 학자와 계획안의 연결이 틀린 것은?

① Ebenezer Howard − 전원도시

② Tony Garnier − 공업도시

③ P. Abercrombie − 대런던계획

④ Frank Lloyd Wright − 빛나는 도시

● 해설

르 코르뷔지에(Le Corbusier) − 빛나는 도시(The Radiant City)

06 상업지역 이용인구 40,000명, 1인당 평균상 면적 15m², 건폐율 50%, 공공용지율 40%, 평균층 수가 10층인 경우 상업지역의 소요면적은?

① 20.0ha

② 15.8ha

③ 12.5ha

④ 10.0ha

$$상업지\ 면적 = \frac{상업지역\ 내의\ 수용인구 \times 1인당\ 점유면적}{평균층수 \times 건폐율 \times (1 - 공공용지율)}$$

$$= \frac{40,000 \times 15\text{m}^2}{10 \times 0.5 \times (1 - 0.4)} = 200,000\text{m}^2 = 20.0\text{ha}$$

07 지리정보시스템(GIS)에서 활용하는 자료에 대한 설명으로 옳은 것은?

① GIS의 자료는 크게 도형자료와 속성자료로 구분된다.
② 래스터 자료는 자료 저장과 표현의 기본 단위로 점(Point)을 이용한다.
③ 래스터 자료는 저장의 기본 단위 크기를 크게 할수록 정밀도가 향상된다.
④ 자료 구조 측면에서 GIS 자료는 그리드(Grid)와 래스터(Raster) 자료로 구분된다.

해설

② 점을 자료 저장과 표현의 기본단위로 이용하는 것은 벡터 구조이다.
③ 래스터 자료는 저장의 기본단위를 작게 할수록 정밀도가 향상된다.
④ 자료 구조 측면에서 GIS 자료는 벡터 구조와 래스터 구조로 구분된다.

08 국토계획의 개념으로 틀린 것은?

① 국토계획은 전 국토를 대상으로 하는 계획이다.
② 국토계획은 국토에서 일어나는 여러 가지 인간 활동의 공간적 배분 문제를 다루는 공간계획이다.
③ 국토계획은 국토의 공간구성과 관련되는 모든 분야가 망라되는 종합계획이다.
④ 국토계획은 지방자치단체가 주체가 되어 수립한 계획을 종합한 계획이다.

해설

국토계획의 지역적 수준의 범위는 최상위인 국가를 바탕으로 한다.

09 도시계획이론에 대한 설명으로 틀린 것은?

① 합리적 계획 모형은 합리성과 의사 결정을 위한 일련의 선택 과정을 강조한다.
② 정치 경제 계획 모형(Political Economy Planning)은 자본주의 사회 계층 간의 갈등은 도시계획의 집행 결과에 따른 현상으로 조명되어야 한다고 주장한다.
③ 점진적 계획(Incremental Planning)은 인간 합리성의 한계를 인정하고 지속적인 조정과 적용을 통해 계획의 목표를 추구하는 접근방법을 제시한다.
④ 옹호적 계획(Advocacy Planning)은 공공정책 결정을 위한 기준을 제시하는 기술관료적 역할을 중시한다.

해설

옹호적 계획(Advocacy Planning)은 공익적 차원에서 계획가들로 하여금 국가기관에 대해 빈민들의 요구를 대변하도록 하였다. 또한 다원적인 가치가 혼재하고 있는 사회에서는 단일 계획안보다는 복수의 다원적인 계획안들을 수립하는 것이 바람직하다고 보았다.

10 독시아디스(C. A. Doxiadis)가 주장하는 3차원의 공간에 대한 4차원의 시간에 초점을 맞춘 미래 도시 개념은?

① 연담도시   ② 다이나폴리스
③ 메트로폴리스   ④ 메갈로폴리스

해설

다이나폴리스(동적 도시, Dynapolis)
• 독시아디스(Doxiadis)는 인본주의적 도시정주론에 기초하여 다이나믹(dynamic)하게 발전하는 미래 도시를 다이나폴리스라고 지칭하였다.
• 3차원 공간에 시간과 관련된 4차원적인 도시개발을 통해 개인적인 주거공간에서 확장되어 대도시의 공적인 커뮤니티를 아울러 정치·행정·기술적으로 고려하였다.

11 도시계획이론으로서 옹호적 계획(Advocacy Planning)을 주창한 학자는?

① C. Lindblom   ② E. Etizioni
③ P. Davidoff   ④ H. Simon

●**해설**

옹호적 계획(Advocacy Planning)
• 다비도프(Paul Davidoff)에 의해 주창된 이론으로서, 주로 강자에 대한 약자의 이익을 보호하는 데 적용
• 지역주민의 이익을 대변하는 접근방법
• 다원적인 가치가 혼재하고 있는 사회에서는 단일 계획안보다는 복수의 다원적인 계획안들을 수립하는 것이 바람직하다고 봄
• 사회정책의 수립 과정을 막후의 협상에서 공개적인 계획 과정으로 끌어내는 데 기여함
• 대규모 프로젝트가 유발할 수 있는 환경적인 영향과 사회적인 영향에 대한 사전적 평가 요구

12 주택지의 말단부에서는 자동차와 사람이 공존하는 것이 더 바람직하며, 주택지 내 도로는 단순한 교통시설이 아니라 시민생활의 터전이 되어야 한다는 생각으로 네덜란드의 델프트에서 처음 등장한 보차공존도로 방식은?

① 본엘프(Woonerf)
② 커뮤니티몰(Community Mall)
③ 거주환경지역(Environmental Area)
④ 보행자데크(Pedestrian Deck)

●**해설**

보차공존(도로)방식
보행자와 차를 동일한 공간에 배치하되 차량통행 억제의 다양한 기법을 사용하는 방식으로서 보행자 위주의 안전 확보, 주거환경 개선에 초점이 맞추어져 있으며, 차량통행을 부수적 목적으로 설정하였다. 주요사례에는 네덜란드의 델프트시의 본엘프 도로(생활의 터), 일본의 커뮤니티 도로(보행환경개선 – 일방향통행), 독일의 보차공존구간(30~40m 간격으로 주행속도 억제시설 설치) 등이 있다.

13 머디(R. A. Muride, 1997)가 미국의 여러 도시들을 대상으로 한 사회공간구조의 분석 결과 밝혀낸 다핵 패턴을 이루게 되는 유형에 해당하지 않는 것은?

① 사회·경제적 지위   ② 가족구조
③ 인종그룹   ④ 사회제도구조

●**해설**

머디(Muride, 1997)의 사회공간구조 형성 유형
• 사회·경제적 지위 : 호이트의 부채꼴 이론과 유사한 공간이용 형태를 보임
• 가족구성, 세대유형 : 버제스의 동심원이론 형태를 보임
• 인종 그룹 : 서로 다른 인종끼리 분리되어 독자적인 지역사회를 형성·다핵 패턴을 보임

14 토지이용의 밀도 유형과 측정지표가 잘못 연결된 것은?

① 1인당 주거면적 = 주거건물면적 / 가구수
② 용적률 = 건물연면적 / 대지면적
③ 건폐율 = 건축면적 / 대지면적
④ 호수밀도 = 주택수 / 대지면적

●**해설**

1인당 주거면적 = 주거건물면적 / 인원

15 도시조사에 이용되는 지적도에 대한 설명이 틀린 것은?

① 토지대장에 등록된 토지의 경계를 밝혀주는 공부다.
② 필지별 토지의 소재, 지번, 지목, 경계 등 소유권의 범위를 표시하고 있다.
③ 필지 경계 외에도 지형 및 건물의 배치가 표기되어 있어 도시계획에 있어 필수적인 자료다.
④ 도면상의 지적과 공부상의 면적이 일치하지 않는 지적불부합의 문제가 있다.

●**해설**

지적도상에는 지형 및 건물의 배치가 표기되어 있지 않다.

16 비용편익분석에서 경제성을 평가하는 지표가 아닌 것은?

① B/C Ratio ② Multiplier
③ NPV ④ IRR

해설

Regional Multiplier는 지역승수를 의미하며, 이는 타당성 분석을 위한 경제성 평가지표라고 보기 어렵다.

17 현재 시행되고 있는 토지 관련 부담금의 종류가 아닌 것은?

① 「개발이익 환수에 관한 법률」에 따른 개발부담금
② 「개발제한구역의 지정 및 관리에 관한 특별조치법」에 따른 개발제한구역 보전부담금
③ 「기반시설 부담금에 관한 법률」에 따른 기반시설 부담금
④ 「대도시권 광역교통 관리에 관한 특별법」에 따른 광역교통시설부담금

해설

기반시설 부담금은 현재 시행되고 있는 토지 관련 부담금에 해당하지 않는다.

18 도시계획에서의 아래의 설명에 해당하는 GIS 활용분야는?

> 전 국토의 환경친화적이고 지속 가능한 개발을 보장하고 개발과 보전이 조화되는 '선 계획 후 개발'의 국토관리체계를 구축하기 위하여 각종의 토지이용계획이나 주요시설의 설치에 관한 계획을 입안하고자 하는 경우에 토지의 환경생태적·물리적·공간적 특성을 종합적으로 고려 및 평가하여 보전할 토지와 개발 가능한 토지를 체계적으로 판단하는 것이다.

① 토지적성평가 ② 토지이용계획
③ 토지보전가치평가 ④ 국토관리평가

해설

토지적성평가
개별 토지가 갖는 환경적·사회적 가치를 과학적으로 평가함으로써 보전할 토지와 개발 가능한 토지를 체계적으로 판단

할 수 있도록 계획을 입안하는 단계에서 실시하는 기초조사

19 우리나라 최초의 도시계획법이라고도 볼 수 있으며, 지역지구의 법적 근거를 최초로 마련한 법규는?

① 「조선시가지계획령」 ② 「토지구획정리사업법」
③ 「도시계획법」 ④ 「건축법」

해설

「조선시가지계획령」은 1934년에 제정된 우리나라 최초의 근대 도시계획법이다.

20 지속 가능한 도시가 추구하여야 할 기본 목표가 아닌 것은?

① 환경부하가 높은 첨단도시
② 도시경관의 개선 및 보전
③ 환경친화적 교통·물류체계의 정비
④ 쾌적한 도시공간의 정비 및 확보

해설

지속 가능한 도시는 환경적으로 건전하고 지속 가능한 개발이 가능한 도시로서, 환경부하를 최소화하고자 하는 도시이다. 그러므로 환경부하가 높은 첨단도시는 지속 가능한 도시가 추구하여야 할 목표와 거리가 멀다.

2과목 **도시설계 및 단지계획**

21 케빈 린치가 도시환경의 이미지를 분석할 때 정의한 3가지 구성요소가 아닌 것은?

① 정체성(Identity)
② 구조(Structure)
③ 의미(Meaning)
④ 행동장면(Behavior Setting)

해설

케빈 린치의 환경 이미지 구성요소
정체성(Identity), 구조(Structure), 의미(Meaning)

22 단지 조사 시 등고선도의 활용만으로 가능한 분석내용은?

① 토양토심 ② 국지기후
③ 지면경사 ④ 지하수망

해설

지형도상에 나타나는 등고선은 동일 높이를 선으로 연결한 선으로 지면경사를 파악하는 데 주로 사용된다.

23 어린이공원의 규모 및 유치거리 기준이 옳은 것은?

① 1,500m² 이상, 250m 이하
② 2,000m² 이상, 250m 이하
③ 2,500m² 이상, 300m 이하
④ 3,000m² 이상, 300m 이하

해설

어린이공원의 규모는 최소한 1,500m² 이상이어야 하며, 유치거리는 250m 이하로 계획되어야 한다.

24 지구단위계획 수립 시 환경관리계획의 목표로 가장 거리가 먼 것은?

① 개발로 인한 자연환경의 피해 최소화
② 자연생태계 보존 및 순환체계의 유지
③ 자연에너지의 활용 및 에너지 절감
④ 불투수포장 확대로 인한 물순환체계의 유지

해설

불투수성 포장을 하게 되면 배수가 원활히 이루어지지 않아 물순환에 저해가 된다.

25 생활편익시설의 배치 시 노선형에 비해 집중형으로 배치하였을 때의 특징으로 옳지 않은 것은?

① 시설 상호 간의 유기적 관련성이 높다.
② 활력 있는 가로 분위기를 조성할 수 있다.
③ 상점의 입장에서는 충분한 주차공간의 확보가 어렵다.

④ 공공공간의 공동 이용으로 용지의 면적이 절약된다.

해설

활력 있는 가로 분위기를 조성할 수 있는 것은 노선형의 특징이다.

26 범죄예방환경설계(CPTED)와 관련성이 가장 적은 것은?

① 자연적 접근 통제
② 교통 편의성
③ 영역성 강화
④ 자연적 감시

해설

범죄예방환경설계(CPTED)
적절한 설계와 건축환경을 활용하여 범죄의 발생수준과 범죄에 대한 공포를 감소시켜 생활의 질을 향상시키는 설계기법을 말하며, 자연적 감시가 될 수 있는 계획을 하는 것이 가장 중요하다.

27 다음 중 경관분석 방법에 해당하지 않는 것은?

① 기호화 방법
② 군락측도 방법
③ 사진에 의한 방법
④ 메시(mesh)에 의한 방법

해설

군락측도는 어떠한 집단이 모여 있는 정도를 나타내는 것으로 경관분석의 기법과는 거리가 멀다.

28 계획 인구 5만 명, 주택용지율 75%의 단지계획에서 1인당 택지 점유율이 30m²일 때, 계획대상 단지의 면적은 얼마인가?

① 11.25ha ② 66.66ha
③ 150ha   ④ 200ha

정답 22 ③ 23 ① 24 ④ 25 ② 26 ② 27 ② 28 ④

주택단지 총면적

$= \dfrac{\text{계획인구} \times \text{1인당 면적 점유율}}{\text{주택용지율}}$

$= \dfrac{50,000 \times 30}{0.75} = 2,000,000\text{m}^2 = 200\text{ha}$

29 등고선과 단면의 관계가 틀린 것은?

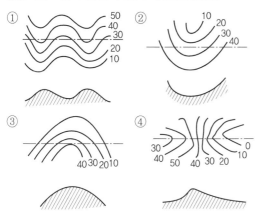

해설

등고선과 단면의 관계

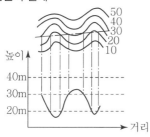

30 근린생활권의 위계 중에서 주민 간에 면식이 가능한 최소단위의 생활권으로, 유치원 · 어린이공원 등을 공유하는 반경 약 250m가 설정기준이 되는 것은?

① 인보구　　　　　② 근린기초구
③ 근린분구　　　　④ 근린주구

해설

유치원과 어린이공원 등을 공유하는 생활권의 크기는 근린분구이다.

31 사업부지와 공공시설로 제공되는 부지의 용적률이 다를 경우에는 공공시설 부지의 용적률과 사업부지의 용적률 비율("가중치"라 한다)을 감안하여 용적률 완화 범위를 정할 수 있게 되는데 다음 조건에서 가중치는?(단, 용적률 800% 상업지역에서 공공시설인 공개공지 제공부지 200m²와 용적률 200% 주거지역에서 도로시설제공부지 100m²인 경우)

① 0.7　　　　　　② 0.75
③ 0.8　　　　　　④ 0.85

해설

용적률 800% 상업지역에서 공공시설인 공개공지 제공부지 200m²와 용적률 200% 주거지역에서 도로시설제공부지 100m²인 경우에는 가중치 0.75를 산정한다.

32 다음 중 저밀도 개발 대상지로서 가장 바람직한 지역은?

① 평탄하고 도심지로의 접근로상에 위치한 고지가 지역
② 주위에 상업시설이 밀집되어 있고 재개발이 추진되고 있는 지역
③ 구릉지로서 자연경관과 지형이 어우러진 지역
④ 역세권에서 위치하여 대중교통의 연계성이 우수한 소규모 지역

해설

구릉지에는 가급적 저층 위주의 저밀도로 계획하며 주변 지역과 유사한 스카이라인을 형성하도록 한다.

33 아래 설명에 적합한 가로망 형태는?

막다른 도로의 형태로 통과교통이 최대한 배제되고 도로 주변 주민들이 독점적으로 활용할 수 있는 구획도로가 형성되지만, 일정한 도로폭을 유지하여야 차량의 회전과 생활공간의 확보가 가능하다.

① Cul-de-sac　　　② U자형(Loop형)
③ 방사형　　　　　④ 격자형

해설

쿨데삭(Cul-de-sac)형 도로는 도로와 각 가구를 연결하는 도로로서, 통과교통이 적어 주거환경의 안전성이 확보되지만 우회도로가 없어 방재 또는 방범상 단점을 가지고 있다.

34 학자가 주장한 주요 개념의 연결이 틀린 것은?

① 고든 컬렌(Gordon Cullen) : 연속장면(Serial Vision)
② 케빈 린치(Kevin Lynch) : 가독성(Legibility)
③ 카밀로 지테(Camillo Sitte) : 연속경관(Chore-graphic Sequence)
④ 필립 티엘(Philip Thiel) : 스마트 스페이스(Smart Space)

해설

필립 티엘(Philip Thiel)은 Object, Surface, Screen의 3가지 공간 구성요소를 주장하였다.

35 도시지역 내 지구단위계획구역을 지정할 수 있는 용도지구가 아닌 것은?

① 경관지구
② 보호지구
③ 개발진흥지구
④ 리모델링 지구

해설

「국토의 계획 및 이용에 관한 법률」 제37조의 용도지구의 지정상에 리모델링 지구는 별도로 분류된 지구에 해당하지 않는다.

36 교차점광장의 결정 기준이 아닌 것은?

① 차량과 보행자를 원활히 소통시키기 위하여 필요한 곳에 설치한다.
② 다수인의 집회·행사·사교 등을 위하여 필요한 경우에 설치한다.
③ 혼잡한 주요도로의 교차지점 중 필요한 곳에 설치한다.

④ 자동차전용도로의 교차지점인 경우에는 입체교차 방식으로 설치한다.

해설

다수인의 집회·행사·사교 등을 위하여 필요한 경우에 설치하는 것은 일반광장에 속하는 중심대광장이다.

37 하수배제 방식 분류식(Separate System)에 관한 설명으로 옳은 것은?

① 합류식에 비해 우천 시 다량의 토사가 유입된다.
② 수로를 통폐합하고 우수배제 계통을 종합적으로 관리할 수 있다.
③ 기존 측구를 유지할 경우 관리 및 미관상 문제가 발생할 수 있다.
④ 오수, 오수관거의 2계통을 건설하는 것에 비해 저렴하나 오수관거만을 건설하는 것에 비해 고가이다.

해설

분류식은 오폐수와 우수를 분리하여 처리함으로써 강우 시 오수처리량의 증가를 방지하고 또한 급격한 오수의 증가로 인한 오수의 역류를 막을 수 있는 장점이 있다. 하지만 기존 측구를 유지할 경우 관리 및 미관상 문제가 발생할 수 있다.

38 지구단위계획 중 건축물의 용도에 관한 계획에서 공공적 성격이 강하여 특별히 확보해야 하는 시설의 경우에 적용하는 용도제한의 종류는?

① 지정
② 권장
③ 불허
④ 지하층

해설

지정용도(규제 + 권장)
• 공공적 성격이 강하여 특별히 확보해야 하는 시설의 경우
• 특화거리 또는 단지조성의 경우 등

39 지구단위계획이 다른 도시계획행위와 구별되는 특징에 대한 설명이 틀린 것은?

① 도시 전체를 대상으로 하지 않고 도시 내부의 특정 지구로 한정된다.
② 공공의 일상적 공간을 특정지구의 여건에 비추어 바람직한 장소로 만들어가는 것을 목표로 한다.
③ 지구단위계획은 3차원적 요소에도 관여한다.
④ 지구단위계획은 장소를 구성하는 물리적 요소가 갖고 있는 개체적 특성을 중시하지만 다른 공간계획은 그것들이 이루는 집합된 형태에 중점을 둔다.

해설
지구단위계획은 개체들이 이루는 집합적 형태에 중점을 두는 공간계획방식이다.

40 일반적으로 도시공간에서 건물의 높이와 수평거리의 비율이 얼마일 때부터 폐쇄감을 느끼기 시작하는가?

① 4 : 1   ② 2 : 1
③ 1 : 2   ④ 1 : 4

해설
관찰자와 건물 간 수평거리가 건물 높이의 2배일 경우 폐쇄감을 느끼기 시작한다.

3과목   **도시개발론**

41 부채에 의한 재원조달 방식이 아닌 것은?

① 회사채   ② 자산담보부증권
③ 투자조합   ④ 대출

해설
투자조합의 조합원 모집을 통한 재원의 조달 방식으로서, 투자조합의 형성방식으로는 신디케이션(Syndications), 파트너십(Partnership), 합작회사(Joint Ventures) 등이 있다.

42 토지상환채권의 발행 규모는 그 토지상환채권으로 상환할 토지ㆍ건축물이 해당 도시개발사업으로 조성되는 분양토지 또는 분양건축물 면적의 얼마를 초과하지 아니하도록 하여야 하는가?

① 2분의 1   ② 3분의 1
③ 4분의 1   ④ 5분의 1

해설
토지상환채권의 발행
• 발행규모 : 상환할 토지ㆍ건축물이 분양토지 또는 분양건축물 면적의 1/2 미만이어야 함
• 보증기관 : 금융기관, 보험회사
• 발행계획의 내용 : 시행자의 명칭, 발행총액, 이율, 발행가액 및 발행시기, 상환대상지역 또는 용도, 토지가격의 추산방법, 보증기관 및 보증의 내용

43 개발권양도제(TDR)의 목적으로 가장 거리가 먼 것은?

① 납세자 보호
② 역사적 건축물 보호
③ 과밀지역의 개발 제한
④ 사업 인프라비용 절감

해설
개발권양도제(TDR)
상황에 따라 토지의 개발권을 다른 필지로 이전하여 추가 개발하는 방식으로서, 개발권역의 클러스터링(묶음)이 아닌 분리를 가져오게 되어, 개발비용의 총합은 늘어나게 되는 것이 일반적이다.

44 기업도시의 기능별 유형에 해당하지 않는 것은?

① 산업교역형   ② 지식기반형
③ 관광레저형   ④ 특성화형

해설
지역의 정체성을 살려주는 특성화형 기업도시는 기능별 유형에 들어가 있지 않으며, 기업도시는 각 지역의 특색에 맞추어 산업교역형, 지식기반형, 관광ㆍ레저ㆍ문화형으로 나누어진다.

45 민관합동 부동산 개발금융방식인 프로젝트 파이낸싱(Project Financing)의 자금조달 형태에 관한 설명이 틀린 것은?

① 자기자본투자는 투자회수 순위에서 가장 높은 순위를 지니므로 위험도가 가장 낮다고 할 수 있다.

② 자기자본투자자는 전략적 투자자와 재무적 투자자로 분류되며 재무적 투자자는 사업에 의한 배당수익에 투자목적이 있다.

③ 선순위 채권(Senior Debt)은 프로젝트 파이낸싱에서 가장 큰 비중을 차지하는 자금이다.

④ 선순위 채권(Senior Debt)은 대부분 상업은행으로부터의 차입금이 이에 해당되며 이자수익을 목적으로 투자한다.

해설

PF의 자금조달 형태 중 자기자본투자는 투자회수의 순위에서 가장 높은 순위를 지니므로 위험도가 가장 높으며, 동시에 사업성과에 따라 높은 사업이익을 확보할 수 있다.

46 「도시 및 주거환경정비법」에서 정의하고 있는 정비사업이 아닌 것은?

① 주거환경개선사업
② 재개발사업
③ 도시환경정비사업
④ 재건축사업

해설

정비사업의 종류
주거환경개선사업, 재개발사업, 재건축사업

47 재개발방식에 따른 재개발 유형에 해당하지 않는 것은?

① 공공시설정비재개발
② 수복재개발
③ 전면재개발
④ 보존재개발

해설

재개발방식

구분	내용
수복재개발 (Rehabilitation)	노후 · 불량화 요인을 제거시키는 것
개량재개발 (Remodeling)	새로운 시설 첨가를 통해 도시기능을 제고하는 것
보존재개발 (Conservation)	노후 · 불량화의 진행을 방지하는 것
전면재개발 또는 철거재개발 (Redevelopment)	기존 환경을 제거하고 새로운 시설물로 대체시키는 것

48 도시개발사업의 평가를 위한 지표인 수익성지수(PI)를 산정하는 식으로 옳은 것은?

- r : 기업의 할인율
- t : 프로젝트의 최종연도
- R_t : t년도에 발생한 프로젝트의 수입
- C_t : t년도에 발생한 프로젝트의 비용

① $\sum_{t=0}^{T} \dfrac{R_t}{(1+r_0)^t} - \sum_{t=0}^{T} \dfrac{C_t}{(1+r_0)^t}$

② $\sum_{t=0}^{T} \dfrac{R_t}{(1+r_0)^t} + \sum_{t=0}^{T} \dfrac{C_t}{(1+r_0)}^t$

③ $\sum_{t=0}^{T} \dfrac{R_t}{(1+r_0)^t} \div \sum_{t=0}^{T} \dfrac{C_t}{(1+r_0)^t}$

④ $\sum_{t=0}^{T} \dfrac{R_t}{(1+r_0)^t} \times \sum_{t=0}^{T} \dfrac{C_t}{(1+r_0)^t}$

해설

수익성지수(PI : Profitability Index) : B/C Ratio와 동일

- $PI = \sum_{t=0}^{T} \dfrac{R_t}{(1+r_0)^t} \div \sum_{t=0}^{T} \dfrac{C_t}{(1+r_0)^t}$

  여기서, R_t : t년도에 발생한 사업수입
  C_t : t년도에 발생한 사업비용
  r_0 : 기업의 할인율
  t : 사업기간

- PI가 1보다 클 경우 사업성이 있다고 판단함

49 지역지구제에 대한 설명이 틀린 것은?

① 용도지역에 따라 건축물의 용도 이외에 건축물의 형태, 규모의 규제가 가능하다.

② 지역지구제는 공공의 건강과 복리 증진을 위해 경찰권을 사용하여 개인의 토지이용에 제한을 가하는 법적 배경을 가진다.

③ 용도지역지구제에서 지역과 지역, 지역과 지구, 지구와 지구 간은 상호 모순되지 않는 한 중복 지정이 가능하다.

④ 용도구역은 도시집중과 그에 따른 무질서한 시가화를 방지하고 계획적 · 단계적으로 시가지를 조성하기 위해 지정한다.

해설

용도지역은 서로 중복 지정이 되지 않는다.

50 「도시재정비 촉진을 위한 특별법」에 따른 재정비촉진지구 지정 면적을 기준 면적의 2분의 1까지 완화하여 적용하는 기준이 옳은 것은?

① 인구가 100만 명 이상이고 150만 명 미만인 광역시 또는 시의 주거지형 : 30만m² 이상

② 인구가 100만 명 미만인 광역시 또는 시의 주거지형 : 20만m² 이상

③ 기반시설이 열악한 지역으로서 정비구역이 4 이상 연접한 지역의 주거지형 : 10만m² 이상

④ 산지로 주거여건이 열악하면서 경관을 보호할 필요가 있는 지역의 주거지형 : 15만m² 이상

해설

재정비촉진지구의 요건(「도시재정비 촉진을 위한 특별법 시행령」 제6조)

재정비촉진지구 지정 면적을 기준 면적의 2분의 1까지 완화하여 적용하는 기준

㉠ 인구가 100만 명 이상이고 150만 명 미만인 광역시 또는 시
 • 주거지형 : 40만m² 이상
 • 중심지형 : 20만m² 이상

㉡ 인구가 100만 명 미만인 광역시 또는 시
 • 주거지형 : 30만m² 이상
 • 중심지형 : 15만m² 이상

㉢ 기반시설이 열악한 지역으로서 「도시 및 주거환경정비법」 제8조에 따른 정비구역이 4 이상 연접한 지역
 • 주거지형 : 15만m² 이상
 • 중심지형 : 10만m² 이상

㉣ 산지 · 구릉지 등과 같이 주거여건이 열악하면서 경관을 보호할 필요가 있는 지역과 역세권 등과 같이 개발여건이 상대적으로 양호한 지역을 결합하여 재정비촉진사업을 시행하려는 지역
 • 주거지형 : 15만m² 이상
 • 중심지형 : 10만m² 이상

51 마케팅 전략의 3단계인 STP 전략 중 새로운 제품에 대해 다양한 욕구, 행동, 특성을 가진 소비자들을 동질적인 집단으로 나누는 것은?

① 시장 세분화
② 표적시장 선정
③ 전략적 판촉
④ 제품 포지셔닝

해설

STP 3단계 전략

단계	세부 사항
시장세분화 (Segmentation)	수요자집단을 세분하고, 상품판매의 지향점 설정
표적시장 (Target)	수요집단 또는 표적시장에 적합한 신상품 기획
차별화 (Positioning)	다양한 공급자들과의 경쟁방안 강구

52 미국의 샌프란시스코(1981년)를 필두로 하여 도심재개발에 적용된 연계정책(Linkage Policy)에 대한 설명으로 가장 거리가 먼 것은?

① A. Keating, G. McMahon 등이 링키지(Linkage)란 용어를 사용하였다.

② 링키지에 대한 정의의 폭이 각기 다른 것은 연계 프로그램의 정책적 내용이 차츰 확대되어 나가고 있음을 반영하는 것으로 볼 수 있다.

③ 시 당국이 신규로 상업적 개발을 허가해 주는 대신 개발업자에게 일정한 주택, 고용기회, 보육시설, 교통시설 등의 건설을 촉구하는 다양한 프로그램으로 정의하기도 한다.

④ 업무, 상업시설 등을 고려하여 고소득 주택과의 연계만을 추구하는 것이 일반적이다.

정답 49 ③ 50 ④ 51 ① 52 ④

해설

연계정책(Linkage Policy)의 취지는 고소득 주택과 상대적으로 낙후된 저소득 주택 간의 개발상 균형을 맞추자는 것이므로, 고소득 주택과의 연계만을 추구하는 것은 목적에 부합하지 않는다.

53 도시개발수요를 분석하기 위한 정성적 예측모형 중 조사하고자 하는 특정사항에 대하여 전문가 집단을 대상으로 반복 앙케이트를 수행하여 의견을 수집하는 방법은?

① 델파이법
② 지수평활화법
③ 박스젠킨스법
④ 의사결정나무기법

해설

델파이법
델파이는 고대 그리스의 아폴로 신전이 있던 도시의 이름으로 델파이법은 아폴로 신전의 여사제가 그리스 현인들로부터 의견을 넓게 수렴하였다는 데에서 유래하였으며, 각종 계획에서 계획 수립을 위한 장기적인 미래예측에 많이 쓰이는 방법이다.

54 자산담보부증권(ABS)에 대한 설명으로 옳지 않은 것은?

① 자산을 기초로 발행하는 경우 대차대조표에는 영향을 미치지 않는 부외금융이라는 이점이 있다.
② 사업주의 신용이 낮은 경우에도 자금을 조달할 수 있다.
③ 대출과 달리 유가증권의 형태로 유동화한다.
④ 다른 수단에 비하여 간편하지만 운용보수가 높다.

해설

자산담보부증권(ABS : Asset Backed Securities)방식은 다른 수단에 비해 간편하면서 운용보수도 저렴하다.

55 Jenson과 Meckling(1976)이 대리인 문제로부터 발생하는 금전적 · 비금전적 비용을 분류한 내용에 해당하지 않는 것은?

① 감시비용
② 거래비용
③ 잔여손실
④ 확증비용

해설

대리인 이론
㉠ 개념
소유와 경영이 분리된 기업환경하에서 수탁책임을 가지는 경영자들이 주체인 주주들이 원하는 기업가치의 극대화보다는 기업의 외형적 성장, 매출액의 극대화, 경영자의 사적 이득을 추구함으로써 대리인의 문제가 발생함을 설명한 이론이다.
㉡ 대리인 비용 : 대리인 문제로부터 발생하는 금전적 · 비금전적인 비용
 • 감시비용 : 대리인의 행위 감시를 위한 비용
 • 확증비용 : 대리인을 확증하기 위한 비용
 • 잔여손실 : 감시와 확증에도 불구하고 발생하는 기업가치 감소분

56 개발사업 시행주체에 따른 도시개발방식에 대한 설명으로 가장 거리가 먼 것은?

① 공공개발은 국가나 지방자치단체가 직접 시행하는 도시개발이며, 공사 또는 지방공기업이 시행하는 경우는 공공개발에서 제외된다.
② 합동개발이란 공공이 사업주체가 되고 민간이 자본과 기술을 투입하여 택지를 조성하는 공영개발방식으로 이해되기도 한다.
③ 민간개발이란 토지소유자 또는 토지소유자로 구성된 조합, 순수 민간기업 등이 사업시행자가 되는 경우를 말한다.
④ 제3섹터 개발은 관 · 민 양 부문이 공동출자하여 설립된 반관반민의 법인조직이 개발하는 것을 말한다.

해설

공영개발(공공개발)은 국가 · 지방자치단체 · 공사가 택지개발의 주체가 되는 공공부문의 개발로서, 공사 또는 지방공기업이 시행하는 경우를 포함한다.

57 도시개발사업에서의 인·허가에 대한 설명이 틀린 것은?

① 허가(許可)란 법령에 의하여 금지되어 있는 행위를 해제하여 적법하게 하는 것을 말한다.

② 인가(認可)란 제3자의 행위를 보충하여 그 법률상의 효력을 완성시키는 행위를 의미한다.

③ 승인(承認)은 국가 또는 지방자치단체가 특정 행위에 대하여 부여하는 동의·승낙 등을 의미한다.

④ 허가를 요하는 행위를 허가 없이 행하거나, 인가를 받지 않고 한 행위는 처벌의 대상이 된다.

해설

허가를 요하는 행위를 허가 없이 행하면 처벌 대상이 되지만, 인가의 대상인 경우에는 행위를 인가 없이 행한다 해도 처벌의 대상이 되는 것은 아니다.

58 「도시재정비 촉진을 위한 특별법」이 규정하는 재정비촉진계획의 내용이 아닌 것은?

① 경관계획

② 인구·주택 수용계획

③ 교육시설, 문화시설, 복지시설 등 기반시설 설치계획

④ 분양계획

해설

재정비촉진계획의 수립(「도시재정비 촉진을 위한 특별법」 제9조)

재정비촉진계획에는 위치, 면적, 개발기간 등 재정비촉진계획의 개요, 토지이용에 관한 계획, 인구·주택 수용계획, 교육시설, 문화시설, 복지시설 등 기반시설 설치계획, 공원·녹지 조성 및 환경보전 계획, 교통계획, 경관계획 등이 포함된다.

59 「국토의 계획 및 이용에 관한 법률」에서 개발로 인하여 기반시설이 부족할 것으로 예상되나 기반시설을 설치하기 곤란한 지역을 대상으로 건폐율이나 용적률을 강화하여 지정하는 구역은?

① 용도구역

② 기반시설부담구역

③ 개발밀도관리구역

④ 입지규제최소구역

해설

개발밀도관리구역(「국토의 계획 및 이용에 관한 법률」 제66조)

특별시장·광역시장·특별자치시장·특별자치도지사·시장 또는 군수는 주거·상업 또는 공업지역에서의 개발행위로 기반시설의 처리·공급 또는 수용능력이 부족할 것으로 예상되는 지역 중 기반시설의 설치가 곤란한 지역을 개발밀도관리구역으로 지정할 수 있다.

60 버그가 구분한 도시화의 단계 중 아래 설명에 해당하는 것은?

3차 산업 종사자수의 비중이 높아지고 소득 향상이 지속됨에 따라 악화된 도시환경을 피하여 농촌지역에서 생활을 선호하는 사람들의 수가 증가하게 된다. 이에 따라 기존 도심부의 쇠퇴, 유휴화 현상이 두드러지고 신도시 개발보다 도시쇠퇴지역 재생에 대한 개발수요가 발생한다.

① 도시화 단계(Stage of Urbanization)

② 교외화 단계(Stage of Suburbanization)

③ 반도시화 단계(Stage of Deurbanization)

④ 재도시화 단계(Stage of Reurbanization)

해설

반도시화(역도시화, Stage of Deurbanization)

• 일명 유턴(U-turn) 현상이라고도 하며 대도시에서 비도시지역으로 인구의 전출이 전입을 초과함으로써 대도시의 상주인구가 감소하는 현상

• 집적함으로써 발생하는 불이익이 이익보다 커질 경우 인구의 분산이 이루어지는 단계

• 도시불량지역(Blue Belt) 형성

4과목 **국토 및 지역계획**

61 총 고용이 50만 명인 어느 지역의 경제기반승수가 2라면, 기반활동 고용이 1만 명 증가할 때 총 고용은 어떻게 변하는가?

① 51만 명으로 증가   ② 52만 명으로 증가
③ 53만 명으로 증가   ④ 54만 명으로 증가

●해설

총 고용인구 변화=경제기반승수×기반산업 고용인구 변화
         =2×1만=2만

그러므로 총 고용인구는 52만 명이 된다.

62 로렌츠 곡선(Loranz Curve)을 통해서 파악할 수 있는 것은?

① 지역고용구조   ② 지역생산구조
③ 지역소득분배   ④ 지역소득수준

●해설

로렌츠 곡선에서는 지역소득격차 분석을 통해 지역소득분배정도를 파악할 수 있다.

63 도시순위규모법칙에 따른 q값이 과거 1.0에서 현재 2.0으로 증가한 어느 나라의 도시체계에 관한 설명으로 가장 옳은 것은?

① 과거보다 도시화의 속도가 2배로 증가하였다.
② 과거보다 수위 도시 또는 소수의 몇몇 대도시에 더욱 많은 인구가 집중하였다.
③ 과거에는 도시 인구의 분포가 균등하지 못하였으나 현재는 균등한 분포에 근접하고 있다.
④ 과거에는 인구분포가 균형을 이루었으나 현재는 주요 도시의 인구가 농촌 인구의 2배가 되었다.

●해설

지프(Zipf)의 순위규모모형에서 q값이 커질수록 대도시의 종주화가 심화하고 있음을 나타내고 q값이 무한대(∞)로 갈 경우는 한 개 도시에 모든 인구가 거주하고 있다는 것을 의미한다.

64 성장거점이론의 기본개념과 가장 거리가 먼 것은?

① 파급효과(SpreAd Effect)
② 선도산업(Leading Industry)
③ 극화효과(Polarization Effect)
④ 경쟁효과(Competition Effect)

●해설

성장거점이론의 기본개념은 선도산업(Leading Industry), 극화현상(Polarization Effect), 확산(파급)효과(Spread Effect)이다.

65 과밀억제권역으로부터 이전하는 인구와 산업을 계획적으로 유치하고 산업의 입지와 도시의 개발을 적정하게 관리할 필요가 있는 지역에 해당하는 권역은?

① 개발제한권역   ② 개발유도권역
③ 자연보전권역   ④ 성장관리권역

●해설

수도권정비계획에서의 권역구분

구분	세부 사항
과밀억제권역	인구·산업의 집중으로 이전·정비가 필요한 지역
성장관리권역	인구·산업의 계획적 유치·개발이 필요한 지역
자연보전권역	한강수계의 수질 및 녹지 등의 자연환경보전이 필요한 지역

66 다음 중 최소비용이론에 입각하여 공업입지이론을 제안한 학자는?

① 베버(A. Weber)
② 로쉬(A. Loesch)
③ 튀넨(Von Thünen)
④ 크리스탈러(W. Christaller)

●해설

알프레드 베버(A. Weber)의 공업입지이론(최소비용이론, 최소비용법)
• 정주체계이론 중 2차 산업에 대한 입지이론으로 최소비용

법이라 한다.

- 수송비, 노동비와 집적이익을 고려하여 생산에 드는 총비용이 최소가 되는 곳에 산업이 입지한다는 이론으로서 입지 결정 인자로는 수송비, 노동비, 집적이익이 있다.

67 다음 중 지역 문제의 발생 원인으로 가장 거리가 먼 것은?

① 지역주민들의 요구 수준의 차이
② 지역 내 특정 자연자원의 부존여부와 입지조건의 차이
③ 정부가 추진하는 선(先) 성장, 후(後) 분배의 경제개발 정책방향
④ 해당 지역 지배 산업의 전 세계 또는 다른 지역의 산업들과의 경쟁력 수준

해설
지역주민들의 요구 수준의 차이는 주관적이며, 이것을 지역 문제의 발생 원인으로 판단하기는 어렵다.

68 국토 및 지역계획수립을 위한 자료조사방법 중 1차 자료가 아닌 것은?

① 면접조사　　　　② 설문조사
③ 현지조사　　　　④ 통계자료조사

해설
통계자료조사는 자료조사방법 중 2차 자료에 해당한다.

69 다음 중 가장 큰 규모의 공간단위는?

① 메갈로폴리스　　② 메트로폴리스
③ 인구밀집지역(DID)　④ 표준대도시통계지역

해설
고트만은 미국 동해안의 보스턴에서 뉴욕을 거쳐 워싱턴에 이르는 약 800km의 거대한 도시화 지대를 American Megalopolis라고 하였다. 메갈로폴리스는 메트로폴리스보다 더욱 넓은 개념의 초거대도시를 의미한다.

70 제4차 국토종합계획 수정계획(2011~2020)의 주요 내용으로 가장 거리가 먼 것은?

① 점적 개방(3개축)을 중심으로 국토 골격 형성
② 해외 자원 확보 및 공동개발 추진
③ 행정구역을 초월한 5+2 광역경제권
④ 수도권의 경쟁력 강화 및 계획적 성장관리

해설
점적 개방(3개축)을 중심으로 국토 골격 형성을 내용으로 한 것은 1992~1999년에 걸쳐 진행한 제3차 국토종합개발계획이다.

71 다음 중 「국토기본법」상 국토관리의 기본이념으로 옳지 않은 것은?

① 환경친화적 국토관리
② 국토의 균형 있는 발전
③ 경쟁력 있는 국토 여건의 조성
④ 거점개발에 의한 집적이익의 추구

해설
국토계획의 기본방향은 국토의 균형 있는 발전, 경쟁력 있는 국토 여건의 조성, 환경친화적 국토관리이다.

72 지속 가능한 개발(Sustainable Development)의 개념에 대한 설명으로 옳지 않은 것은?

① 환경오염 규제만을 강화하는 개발 방법
② 지구의 환경용량 내에서 삶의 질을 향상시키는 개발
③ 미래세대 수요충족을 저해하지 않으면서 현세대의 수요충족을 보장하는 개발
④ 자연과 사회체계의 생명력을 보호하면서 기초적인 모든 서비스를 모든 공동체 주민에게 제공하는 것

해설
지속 가능한 개발은 환경오염의 규제뿐만 아니라, 입체적 토지이용, 기능 통합적 토지이용, 대중교통 지향적 교통망 등 다양한 복합적 요소에 의해 이루어진다.

73 지역 간 균형과 사회계층 간 형평성을 중시하는 개발 방식을 주요 전략으로 하며 지역생활권개발의 이론적 근거가 되는 것은?

① 중심지이론
② 경제기반이론
③ 기본수요이론
④ 성장거점이론

◀해설▶

기본수요이론(Basic Needs Theory)
- 기존 지역발전 이론으로 인해 발생된 지역 불균형, 빈곤, 산업 문제 등에 대처하기 위해, 빈곤계층이 품위 있는 생활을 하는 데 기본이 되는 최소한의 물품과 서비스를 보장해야 한다는 이론이다.
- 적정 규모의 지역에서 생산요소를 지역의 공동소유로 하고, 모든 주민에게 동등한 기회를 부여하여 기본수요를 충족시키면서 지역발전을 유도한다.

74 「국토의 계획 및 이용에 관한 법률」에서 명시하고 있는 구역에 해당하지 않는 것은?

① 개발제한구역
② 국토자연구역
③ 수산자원보호구역
④ 입지규제최소구역

◀해설▶

용도구역의 종류
- 개발제한구역
- 도시자연공원구역
- 시가화조정구역
- 수산자원보호구역
- 입지규제최소구역

75 다음 중 부드빌(Boudeville)에 의한 지역 분류로 옳은 것은?

① 과밀지역 – 중간지역 – 후진지역
② 동질지역 – 결절지역 – 계획지역
③ 보완지역 – 대체지역 – 발전지역
④ 성장지역 – 침체지역 – 쇠퇴지역

◀해설▶

부드빌은 지역을 동질지역(Homogeneous Area), 결절지역(Nodal Region), 계획지역(Planning Region)으로 분류하였다.

76 합리적 계획 모형을 비판하는 데서 출발하여 계획은 자본주의 생산양식의 관점에서 분석되어야 하며 특정 이념에만 기능하는 대신 역사적 관계와 정치·사회·경제적 맥락을 전반적으로 조명하여야 한다고 강조하는 지역계획 모형은?

① 옹호적 계획(Advocacy Planning) 모형
② 혼합주사적 계획(Mixed Planning) 모형
③ 교류적 계획(Transactive Planning) 모형
④ 정치경제 계획(Political Economy Planning) 모형

◀해설▶

정치경제 계획(Political Economy Planning) 모형
합리적 계획 모형에 대한 비판적 입장에서 비롯된 이론으로서, 계획의 실행은 사회·역사적 맥락 안에서 비판적으로 분석되어야 한다는 점을 강조하는 지역계획 모형이다.

77 매년 1천 2백만 원의 임대료수익(R)을 영구히 주는 토지의 현재가치(PV)는?(단, 연간이자율(i)은 10%이다.)

① 4천 8백만 원
② 9천 6백만 원
③ 1억 2천만 원
④ 무한대

◀해설▶

임대료수익을 영구히 줄 경우에는 최대 현재 이자율의 100배를 한 값을 임대수익료에 곱해서 현재가치를 산출할 수 있다.
1,200만 원×0.1×100＝12,000만 원＝1억 2천만 원

78 국토계획평가를 실시한 후 그 결과를 심의하는 위원회는?

① 국토계획위원회
② 국토정책위원회
③ 국토평가위원회
④ 중앙도시계획위원회

◀해설▶

국토정책위원회
㉠ 개요
  국무총리 소속으로 두며, 국토계획 및 정책에 관한 중요

사항을 심의한다.

ⓒ 심의사항
- 국토종합계획에 관한 사항
- 도종합계획에 관한 사항
- 지역계획에 관한 사항(다른 위원회의 심의를 거친 경우 생략 가능)
- 부문별 계획에 관한 사항(다른 위원회의 심의를 거친 경우 생략 가능)
- 국토계획평가에 관한 사항
- 국토계획 및 국토계획에 관한 처분 등의 조정에 관한 사항
- 국토정책위원회의 심의를 거치도록 한 사항
- 그 밖에 국토정책위원회 위원장, 분과위원회 위원장이 회의에 부치는 사항

79 지역생활권이론의 기본적인 개념으로서 도농통합전략에 대한 설명으로 옳은 것은?

① 성장거점이론의 실천적 개념이다.
② J. Friedmann과 K. Popper가 주장하였다.
③ 기본 아이디어는 도농지구(Agropolitan)이다.
④ 도농 간 차이를 인정하면서 보완적이지만 기능적으로 통합되지 않는다.

●해설

도농통합전략
㉠ 1975년 프리드먼과 더글라스는 '도농접근법'에 관한 논문을 통해 도농지구의 설정, 도농접근법의 전략을 제시하였다.
㉡ 도농지구의 설정
- 일정한 인구 규모를 갖도록 함
- 도농지역은 200명/km²의 인구밀도와 2만 5천 명이 거주하는 중심도시를 가짐
- 대략 5~15만 명의 인구 규모를 제시
- 도농지역은 일정하게 고정되지 않음

80 프로젝트 A의 실행에 따라 다음과 같이 비용과 편익이 발생한다면 순현재가치(Net Present Value)는?(단, 당해 연도부터 편익이 발생하였으며, 할인율은 8%, 단위는 백만 원이다.)

구분	원년	1년	2년	3년
비용	50	40	35	40
편익	55	50	40	55

① 30.45백만 원　② 40.45백만 원
③ 50.45백만 원　④ 60.45백만 원

●해설

NPV = 편익 − 비용

$$= (\frac{55}{(1+0.08)^0}+\frac{50}{(1+0.08)^1}+\frac{40}{(1+0.08)^2}$$
$$+\frac{55}{(1+0.08)^3})-(\frac{50}{(1+0.08)^0}+\frac{40}{(1+0.08)^1}$$
$$+\frac{35}{(1+0.08)^2}+\frac{40}{(1+0.08)^3})$$
$$= 179.25-148.80 = 30.45백만 원$$

5과목　도시계획 관계 법규

81 「도시공원 및 녹지 등에 관한 법률」상 공원시설에 관한 설명으로 옳지 않은 것은?

① 점용허가의 대상이다.
② 도시공원 조성계획에 포함된다.
③ 민간인도 허가를 받아 관리할 수 있다.
④ 도시공원의 효용을 다하기 위하여 설치되는 시설이다.

●해설

도시공원의 점용허가(「도시공원 및 녹지 등에 관한 법률」 제24조)
도시공원에서 다음의 어느 하나에 해당하는 행위를 하려는 자는 대통령령으로 정하는 바에 따라 그 도시공원을 관리하는 특별시장·광역시장·특별자치시장·특별자치도지사·시장 또는 군수의 점용허가를 받아야 한다.
- 공원시설 외의 시설·건축물 또는 공작물을 설치하는 행위
- 토지의 형질변경
- 죽목(竹木)을 베거나 심는 행위
- 흙과 돌의 채취
- 물건을 쌓아놓는 행위

82 도시공원의 구분에 따른 규모 기준으로 옳은 것은?

① 묘지공원 – 10,000m² 이상
② 체육공원 – 30,000m² 이상
③ 어린이공원 – 1,500m² 이상
④ 도보권 근린공원 – 20,000m² 이상

● 해설

① 묘지공원 – 10만m² 이상
② 체육공원 – 10,000m² 이상
④ 도보권 근린공원 – 30,000m² 이상

83 중앙도시계획위원회에 관한 설명으로 옳은 것은?

① 공무원이 아닌 위원의 수는 10명 이상으로 하고, 그 임기는 3년으로 한다.
② 위원장·부위원장 각 1명을 포함한 30명 이상 40명 이하의 위원으로 구성한다.
③ 광역도시계획, 도시·군계획, 토지거래계획허가 구역 등 국토교통부장관의 권한에 속하는 사항의 심의 업무를 수행한다.
④ 위원은 관계 중앙행정기관의 공무원과 도시·군계획과 관련된 분야에 관한 학식과 경험이 풍부한 자 중에서 위원장이 임명하거나 위촉한다.

● 해설

① 공무원이 아닌 위원의 수는 10명 이상으로 하고, 그 임기는 2년으로 한다.
② 위원장·부위원장 각 1명을 포함한 25명 이상 30명 이하의 위원으로 구성한다.
④ 위원은 관계 중앙행정기관의 공무원과 토지이용, 건축, 주택, 교통, 공간정보, 환경, 법률, 복지, 방재, 문화, 농림 등 도시·군계획과 관련된 분야에 관한 학식과 경험이 풍부한 자 중에서 국토교통부장관이 임명하거나 위촉한다.

84 수도정비계획법령상 과밀부담금의 감면에 관한 내용으로 옳지 않은 것은?

① 국가나 지방자치단체가 건축하는 건축물에는 부담금을 부과하지 아니한다.
② 「과학기술기본법」에 따른 과학연구단지에는 부담금을 부과하지 아니한다.
③ 건축물 중 수도권만을 관할하는 공공법인(지점을 포함한다)의 사무소에 대하여는 부담금을 부과하지 아니한다.
④ 「도시 및 주거환경정비법」에 따른 재개발사업으로 건축하는 건축물에는 부담금의 100분의 50을 감면한다.

● 해설

과학연구단지에도 부담금을 부과하고, 그 일부를 감면해 주고 있다.

85 국토교통부장관이 개발제한구역의 지정 및 해제를 도시·군관리계획으로 결정할 수 있는 경우로 가장 거리가 먼 것은?

① 도시의 무질서한 확산을 방지할 필요가 있는 경우
② 올림픽 등 국제행사에 대비하여 대규모 자연공간을 확보할 필요가 있는 경우
③ 국방부장관의 요청으로 보안상 도시의 개발을 제한할 필요가 있다고 인정되는 경우
④ 도시민의 건전한 생활환경을 확보하기 위하여 도시의 개발을 제한할 필요가 있는 경우

● 해설

개발제한구역의 지정(「국토의 계획 및 이용에 관한 법률」 제38조)
국토교통부장관은 도시의 무질서한 확산을 방지하고 도시 주변의 자연환경을 보전하여 도시민의 건전한 생활환경을 확보하기 위하여 도시의 개발을 제한할 필요가 있거나 국방부장관의 요청이 있어 보안상 도시의 개발을 제한할 필요가 있다고 인정되면 개발제한구역의 지정 또는 변경을 도시·군관리계획으로 결정할 수 있다.

86 「도시개발법」상 도시개발구역을 지정할 수 없는 자는?

① 구청장　　　　　② 도지사
③ 광역시장　　　　④ 특별시장

해설

도시개발구역의 지정(「도시개발법」 제3조)
다음에 해당하는 자는 계획적인 도시개발이 필요하다고 인정되는 때에는 도시개발구역을 지정할 수 있다.
- 특별시장·광역시장·도지사·특별자치도지사
- 「지방자치법」 제175조에 따른 서울특별시와 광역시를 제외한 인구 50만 명 이상의 대도시의 시장

87 「도시 및 주거환경정비법」상 분양신청 현황을 기초로 한 관리처분계획 수립 시 포함되어야 하는 사항이 아닌 것은?

① 분양설계
② 분양대상자의 주소 및 성명
③ 관리처분계획의 인가 연월일
④ 분양대상자별 종전의 토지 또는 건축물 명세

해설

관리처분계획의 인가(「도시 및 주거환경정비법」 제74조)
사업시행자가 관리처분계획에 포함시켜야 하는 사항
- 분양설계
- 분양대상자의 주소 및 성명
- 분양대상자별 분양예정인 대지 또는 건축물의 추산액(임대관리 위탁주택에 관한 내용을 포함한다)
- 분양대상자별 종전의 토지 또는 건축물 명세 및 사업시행계획인가 고시가 있은 날을 기준으로 한 가격
- 정비사업비의 추산액 및 그에 따른 조합원 분담 규모 및 분담 시기
- 분양대상자의 종전 토지 또는 건축물에 관한 소유권 외의 권리명세
- 세입자별 손실보상을 위한 권리명세 및 그 평가액
- 그 밖에 정비사업과 관련한 권리 등에 관하여 대통령령으로 정하는 사항

88 「주택법」상 사업주체가 대통령령으로 정하는 호수 이상의 주택건설사업을 시행하는 경우 지방자치단체가 설치하는 도로 및 상하수도시설에 대하여 국가가 보조할 수 있는 설치비용의 범위는?

① 그 비용의 전부　　② 그 비용의 30%
③ 그 비용의 50%　　④ 그 비용의 75%

해설

간선시설의 설치 및 비용의 상환(「주택법」 제28조, 시행령 제39조)
간선시설의 설치 비용은 설치의무자가 부담한다. 이 경우 지방자치단체의 도로 및 상하수도시설의 설치 비용은 그 비용의 50%의 범위에서 국가가 보조할 수 있다.

89 국토의 계획 및 이용에 관한 법령에 따른 용도지구 중 문화재·전통사찰 등 역사·문화적으로 보존가치가 큰 시설 및 지역의 보호와 보존을 위하여 필요한 지구는?

① 복합개발진흥지구
② 특정개발진흥지구
③ 중요시설물보호지구
④ 역사문화환경보호지구

해설

보호지구
문화재, 중요시설물(항만, 공항 등 대통령령으로 정하는 시설물을 말한다) 및 문화적·생태적으로 보존가치가 큰 지역의 보호와 보존을 위하여 필요한 지구

세분사항	내용
역사문화환경보호지구	문화재·전통사찰 등 역사·문화적으로 보존가치가 큰 시설 및 지역의 보호와 보존을 위하여 필요한 지구
중요시설물보호지구	중요시설물의 보호와 기능의 유지 및 증진 등을 위하여 필요한 지구
생태계보호지구	야생동식물서식처 등 생태적으로 보존가치가 큰 지역의 보호와 보존을 위하여 필요한 지구

90 하나의 도시지역 안에 있어서의 도시공원의 확보기준은 해당 도시지역 안에 거주하는 주민 1인당 얼마 이상으로 하는가?

① 6m²   ② 7m²

③ 8m²   ④ 9m²

해설

도시공원의 면적기준(「도시공원 및 녹지 등에 관한 법률 시행규칙」 제4조)
• 하나의 도시지역 안에 있어서의 도시공원의 확보기준은 해당 도시지역 안에 거주하는 주민 1인당 6m² 이상
• 개발제한구역 및 녹지지역을 제외한 도시지역 안에 있어서의 도시공원의 확보기준은 해당 도시지역 안에 거주하는 주민 1인당 3m² 이상

91 관광진흥법령상 관광객 이용시설업의 종류에 해당하지 않는 것은?

① 전문휴양업   ② 종합휴양업

③ 관광유람선업   ④ 일반유원시설업

해설

일반유원시설업은 유원시설업에 속한다.

92 택지개발촉진법령상 수의계약으로 공급할 수 있는 택지로 부적합한 것은?

① 「주택법」에 따른 사업주체 중 국가, 지방자치단체 또는 국토교통부령으로 정하는 공공기관에 공급할 경우

② 면적이 100만m² 이상인 예정지구 안에서 지형조건 및 다양한 시설용도 등을 고려하여 복합적이고 입체적인 개발이 필요한 경우

③ 도로, 학교, 공원, 공용의 청사 등 일반인에게 분양할 수 없는 공공시설용지를 국가, 지방자치단체, 그 밖에 법령에 따라 해당 공공시설을 설치할 수 있는 자에게 공급할 경우

④ 주택조합의 조합원에게 공급하여야 할 주택을 건설하는 데 필요한 토지 면적의 2분의 1이상을 취득한 주택조합이 그 토지의 전부를 관련 법률에 따

른 협의에 응하여 시행자에게 양도하였을 때 해당 주택조합에 국토교통부령으로 정하는 면적의 범위에서 택지를 공급하는 경우

해설

면적이 100만m² 이상인 예정지구 안에서 지형조건 및 다양한 시설용도 등을 고려하여 복합적이고 입체적인 개발이 필요한 경우에는 수의계약으로 공급할 수 없으며, 추첨의 방법을 적용해야 한다.

93 택지개발촉진법령상 택지개발지구 안에서의 관할 특별자치도지사·시장·군수 또는 자치구의 구청장의 허가를 받아야 하는 행위가 아닌 것은?

① 토지의 형질변경

② 죽목의 벌채 및 식재

③ 건축물의 건축 또는 공작물의 설치

④ 재해 복구 또는 재난 수습에 필요한 응급조치를 위하여 하는 행위

해설

행위허가의 대상(「택지개발촉진법 시행령」 제6조)
• 건축물의 건축 등 : 건축물(가설건축물을 포함)의 건축, 대수선 또는 용도변경
• 공작물의 설치 : 인공을 가하여 제작한 시설물의 설치
• 토지의 형질변경 : 절토(切土)·성토(盛土)·정지(整地)·포장 등의 방법으로 토지의 형상을 변경하는 행위, 토지의 굴착 또는 공유수면의 매립
• 토석의 채취 : 흙·모래·자갈·바위 등의 토석을 채취하는 행위
• 토지분할
• 물건을 쌓아놓는 행위 : 이동이 쉽지 아니한 물건을 1개월 이상 쌓아놓는 행위
• 죽목의 벌채 및 식재

94 「수도권정비계획법」의 정의에 부합되지 않는 것은?

① "수도권"이란 서울특별시와 대통령령으로 정하는 그 주변 지역을 말한다.

② "공업지역"이란 「국토기본법」에 따라 지정된 공업지역을 말한다.

③ "수도권정비계획"이란 「국토기본법」에 따른 국토 종합계획을 기본으로 하여 관련 조항에 따라 수립 되는 계획을 말한다.

④ "인구집중유발시설"이란 학교, 공장, 공공청사, 업무용 건축물, 판매용 건축물, 연수시설, 그 밖에 인구집중을 유발하는 시설로서 대통령령으로 정 하는 종류 및 규모 이상의 시설을 말한다.

해설

공업지역의 정의(「수도권정비계획법」제2조)

- 「국토의 계획 및 이용에 관한 법률」에 따라 지정된 공업 지역
- 「국토의 계획 및 이용에 관한 법률」과 그 밖의 관계 법률에 따라 공업 용지와 이에 딸린 용도로 이용되고 있거나 이용 될 일단(一團)의 지역으로서 대통령령으로 정하는 종류 및 규모 이상의 지역

95 「택지개발촉진법」상 환매권에 관한 설명으로 옳지 않은 것은?

① 환매권자는 환매로써 제3자에게 대항할 수 있다.

② 보상금에 가산하는 환매가액은 보상금 산정일부 터 환매일까지의 법정이자이다.

③ 수용한 토지 등의 전부 또는 일부가 필요 없게 되 었을 때에 환매권자는 필요 없게 된 날부터 1년 이 내에 환매할 수 있다.

④ 환매권자는 토지 등의 수용 당시 받은 보상금에 대 통령령으로 정한 금액을 가산하여 시행자에게 지 급하고 이를 환매할 수 있다.

해설

환매권(「택지개발촉진법」제13조)

택지개발지구의 지정 해제 또는 변경, 실시계획의 승인 취 소 또는 변경, 그 밖의 사유로 수용한 토지 등의 전부 또는 일부가 필요 없게 되었을 때에는 수용 당시의 토지 등의 소 유자 또는 그 포괄승계인(환매권자(還買權者))은 필요 없게 된 날부터 1년 이내에 토지 등의 수용 당시 받은 보상금에 대통령령으로 정한 금액(보상금 지급일부터 환매일까지의 법정이자)을 가산하여 시행자에게 지급하고 이를 환매할 수 있다.

96 「국토의 계획 및 이용에 관한 법률」에 따른 기반시설에 속하지 않는 것은?

① 광장 · 공원 · 녹지 등 공간시설

② 도로 · 철도 · 항만 · 공항 · 주차장 등 교통시설

③ 아파트 · 연립주택 · 다세대주택 등 주거시설

④ 하수도, 폐기물처리 및 재활용시설, 빗물저장 및 이용시설 등 환경기초시설

해설

아파트 · 연립주택 · 다세대주택 등 주거시설은 기반시설 을 이용하는 주체에 해당한다.

97 「산업입지 및 개발에 관한 법률」에 따른 산업 단지에 해당하는 것으로만 나열된 것은?

① 국가산업단지, 일반산업단지, 농공단지

② 국가산업단지, 지역산업단지, 농공단지

③ 국가산업단지, 도시산업단지, 농공산업단지

④ 국가산업단지, 일반산업단지, 특수산업단지

해설

산업단지의 구분

국가산업단지, 일반산업단지, 도시첨단산업단지, 농공단 지, 스마트그린산업단지

98 주차장법령상 단지조성사업 등으로 설치되 는 노외주차장에 경형자동차를 위한 전용주차구획 을 노외주차장 총주차대수의 얼마 이상이 되도록 설치하여야 하는가?　　　　　　　　　　〈변형〉

① 100분의 3　　　　　② 100분의 5

③ 100분의 10　　　　④ 100분의 15

해설

경형자동차 및 환경친화적 자동차 전용주차구획의 설치비 율(「주차장법 시행령」제4조)

노외주차장에는 경형자동차 및 환경친화적 자동차를 위한 전용주차구획을 다음의 비율이 모두 충족되도록 설치해야 한다.

- 경형자동차를 위한 전용주차구획과 환경친화적 자동차 를 위한 전용주차구획을 합한 주차구획 : 총주차대수의

100분의 10 이상
• 환경친화적 자동차를 위한 전용주차구획 : 총주차대수의
100분의 5 이상

99 시가화조정구역에서 특별시장 · 광역시장 · 특별자치시장 · 특별자치도지사 · 시장 또는 군수의 허가를 받아 할 수 있는 행위에 대한 내용으로 옳지 않은 것은?

① 입목의 벌채, 조림, 육림, 토석의 채취, 그 밖에 대통령령으로 정하는 경미한 행위
② 건축물의 건축 및 공작물 중 대통령령으로 정하는 종류의 공작물을 설치하는 행위
③ 농업 · 임업 또는 어업용의 건축물 중 대통령령으로 정하는 종류와 규모의 건축물이나 그 밖의 시설을 건축하는 행위
④ 마을공동시설, 공익시설 · 공공시설, 광공업 등 주민의 생활을 영위하는 데에 필요한 행위로서 대통령령으로 정하는 행위

해설

시가화조정구역 안에서 할 수 있는 행위(「국토의 계획 및 이용에 관한 법률 시행령」 별표 24)
시가화조정구역 안에서 할 수 있는 행위는 건축 및 공작물이 아닌, 일정 범위 내의 주택 및 그 부속건축물의 건축이다.

100 「관광진흥법」상 관광개발기본계획에 따라 구분된 권역을 대상으로 수립하는 권역별 관광개발계획에 포함하는 사항으로 옳지 않은 것은?

① 환경보전에 관한 사항
② 관광지 연계에 관한 사항
③ 관광권역별 관광개발의 기본방향에 관한 사항
④ 관광자원의 보호 · 개발 · 이용 · 관리 등에 관한 사항

해설

관광권역별 관광개발의 기본방향에 관한 사항은 관광개발 기본계획에 포함하는 사항이다.

1과목   도시계획론

01 공원 및 녹지에 관한 설명으로 옳은 것은?

① 수변공원은 3만m² 이상 규모에서 지정이 가능하다.

② 녹지의 종류는 완충녹지, 경관녹지, 시설녹지로 구분된다.

③ 「도시공원 및 녹지 등에 관한 법률」에 의해 도시ㆍ군관리계획으로 결정된다.

④ 녹지는 자연환경을 보전하거나 개선하고, 공해나 재해를 방지함으로써 도시경관의 향상을 도모하기 위한 것이다.

해설

① 수변공원은 규모에 제한이 없다.

② 녹지의 종류는 완충녹지, 경관녹지, 연결녹지로 구분된다.

③ 「국토의 계획 및 이용에 관한 법률」에 의해 도시ㆍ군관리계획으로 결정된다.

02 도시ㆍ군관리계획의 주요 내용이 아닌 것은?

① 기반시설의 설치, 정비 또는 개량

② 지구단위계획구역의 지정 또는 변경

③ 용도지역, 용도지구의 지정 또는 변경

④ 관할 구역에 대한 기본적인 공간구조와 장기발전 방향 제시

해설

도시ㆍ군관리계획의 내용(「국토의 계획 및 이용에 관한 법률」 제2조)

• 용도지역ㆍ용도지구의 지정 또는 변경에 관한 계획

• 개발제한구역, 도시자연공원구역, 시가화조정구역, 수산자원보호구역의 지정 또는 변경에 관한 계획

• 기반시설의 설치ㆍ정비 또는 개량에 관한 계획

• 도시개발사업이나 정비사업에 관한 계획

• 지구단위계획구역의 지정 또는 변경에 관한 계획과 지구단위계획

• 입지규제최소구역의 지정 또는 변경에 관한 계획과 입지규제최소구역계획

03 호이트의 선형이론에 대한 설명으로 옳지 않은 것은?

① 상류층의 거주지 입지 선택 능력에 의해 도시 내 거주지 유형이 결정된다.

② 도시의 발달은 교통축을 따라 도심에서 외곽으로 부채꼴 모양으로 분화되어 간다.

③ 도심부에 고급 주택지가 형성되어 있고 외곽지로 갈수록 저소득층의 주택지가 형성된다.

④ 버제스의 동심원이론에 교통망의 중요성을 부각하고 도시성장 패턴의 방향성을 추가한 것으로 볼 수 있다.

해설

도심부로부터 중심업무지구 → 도매ㆍ경공업지구 → 저급 주택지구 → 중산층 주택지구 → 고급주택지구로 형성된다. 즉 중심부에는 업무 및 공업, 외곽지로 갈수록 고급주택지구가 형성된다.

04 다음 설명에 해당하는 것은?

• 찰스 황태자의 「영국건축비평서」가 출발점이 되었다.

• 10가지 원칙을 토대로 복합적 토지이용과 오픈 커뮤니티를 지향한다.

• 교외지역의 녹지개발보다는 기성 시가지 및 기개발 지역의 재생에 주안점을 두었다.

① 뉴어바니즘

② 도시미화운동

③ 전통 이웃 개발

④ 어반빌리지 운동

해설

어반빌리지(Urban Village)
- 1989년 영국에서 쾌적하고 인간적 스케일의 도시환경을 목표로 시작되었으며, 경제적, 사회적, 환경적으로 지속 가능한 커뮤니티 개발을 도시계획의 목표로 한다.
- 영국의 찰스 황태자가 이끌던 Urban Village Group이 현대의 모더니즘에 대한 반향으로 제안한 대안으로서, 과거의 인간적이고 혼합용도 지향적이며 아름다운 경관을 지닌 주거환경을 추구하는 도시계획방법이다.

05 인구의 규모, 분포, 구조, 그리고 주택의 특성을 파악하기 위해 실시하는 우리나라 인구주택 총조사의 실시 주기는?

① 2년 ② 5년
③ 7년 ④ 10년

해설

인구주택 총조사는 5년을 주기로 실시한다.

06 도시조사 자료 중에서 2차 자료에 해당하지 않는 것은?

① 면접자료 ② 통계자료
③ 행정자료 ④ 도면자료

해설

도시계획에서 활용되는 자료에 대한 조사방법은 자료원에 대한 접근에 따라 1차, 2차 자료로 나누어진다.

구분		특징
1차 자료 (직접자료)	• 현지조사 • 면접조사 • 설문조사	• 전수조사 • 표본조사(사례연구, 확률추출) • 현실감이 우수하나, 비용과 시간이 과다 소요
2차 자료 (간접자료)	• 문헌자료조사 • 통계자료조사 • 지도분석	시간과 비용면에서 유리하나 현실감이 떨어짐

07 쾌적한 주거환경을 확보하면서 과밀·과대 도시의 폐해를 해결하기 위해 도시와 전원을 일체화하는 전원도시를 주장한 사람은?

① 마타 ② 하워드
③ 게데스 ④ 가르니에

해설

에버니저 하워드(Ebenezer Howard)의 전원도시론(田園都市論)
㉠ 정의
  거대도시 또는 과대한 도시화를 방지, 완화하면서 도시와 전원의 조화 도모
㉡ 조건
  • 인구는 3~5만 명 정도
  • 도시 주변에 넓은 농업지대 보유
  • 자족이 가능한 산업 보유
  • 도시 내부에 충분한 공지 확보
  • 도시의 토지는 공유함

08 토지이용계획 실현수단을 크게 규제수단, 계획수단, 개발수단, 유도수단으로 나눌 때, 다음 중 직접적인 토지이용 '계획수단'에 해당하는 것은?

① 지구단위계획
② 세금 혜택
③ 도시재개발사업
④ 도시계획시설 정비

해설

② 유도수단
③ 개발수단
④ 유도수단

09 도시계획의 실체적 이론과 절차적 이론에 대한 설명으로 옳지 않은 것은?

① 실체적 이론은 특정 계획 분야의 전문 지식에 관한 이론이다.
② 절차적 이론은 계획이 실행되는 환경이나 계획의 대상이 되는 현상을 이해하는 데 사용하는 이론이다.

③ 팔루디(Faludi)는 실체적 이론과 절차적 이론이 완전히 상호 배타적이지는 않다고 주장하였다.

④ 도시계획에서 실체적 이론이란 토지이용계획, 교통계획 등 전문적 지식과 기술에 바탕을 둔 일련의 행위과정을 의미한다.

해설

절차적 이론(Procedual Planning Theory)과 실체적 이론(Substantive Planning Theory)

절차적 이론	실체적 이론
• 보다 효율적이고 합리적인 계획을 수립하고 실행하기 위한 계획과정에 관한 이론 • 계획 자체가 어떻게 작용하는가에 관한 이론(계획의 수립 및 시행과 관련된 이론) • 계획대상에 관계없이(도시계획이냐, 경제계획이냐에 관계없이) 계획 활동 자체가 추구하는 이념이나 목표, 원칙에 따라 절차 및 제도적 장치 등에 관한 일반적인 이론	• 경제 또는 사회의 구조나 현상 등을 설명하고 예측하는 이론으로 계획현상이나 계획 대상에 관한 이론 • 다양한 계획 활동에 있어 각기 필요로 하는 분야별 전문 지식에 관한 이론(예를 들면 경제계획의 경우 경제성장이론과 분배이론, 도시계획의 경우 토지이용계획이론과 교통계획이론 등)

10 환경적으로 건전하고 지속 가능한 개발을 위해 환경보전과 개발을 조화시키려고 하는 추세에 따라 도시의 환경 문제 해결에 적용하는 도시 개념으로, 미국의 시바노, 독일의 카빌을 사례로 들 수 있는 것은?

① U-city
② Eco-city
③ Smart City
④ Compact City

해설

Eco-city는 환경을 뜻하는 Eco와 도시(City)를 합성어로서, 환경적 도시개발을 강조하는 도시이다.

11 4단계 교통수요 추정법에 대한 설명으로 옳지 않은 것은?

① 교통수요 추정에서 전통적으로 가장 많이 사용되어온 방법이다.

② 계획가나 분석가의 주관이 개입될 여지가 전혀 없다는 특징이 있다.

③ 분석결과에 대한 적절성을 검증하면서 순서적으로 추정해가는 장점이 있다.

④ 총체적 자료에 의존하기 때문에 통행자의 행태적 측면은 거의 고려하지 않는다.

해설

4단계 교통수요 추정법은 계획가나 분석가의 주관이 개입될 우려가 있다는 단점을 가지고 있다.

12 광장의 종류와 설치 목적이 바르게 연결된 것은?

① 근린광장 – 교통이 혼잡한 주요 시설에 대한 원활한 교통처리

② 역전광장 – 주민의 휴식·오락 공간 조성 및 경관·환경의 보전

③ 중심대광장 – 다수인의 집회·행사·사교 등을 위해 필요한 경우 교통 중심지에 설치

④ 건축물부설광장 – 혼잡한 주요 도로의 교차 지점에서 차량과 보행자의 원활한 소통 도모

해설

주요 광장의 종류

구분	목적
교차점광장	혼잡한 주요 도로의 교차점에서 차량과 보행자의 원활한 소통 도모
역전광장·주요시설 광장	교통이 혼잡한 주요 시설에 대한 원활한 교통처리
중심대광장	다수인의 집회·행사·사교 활동 공간 조성
근린광장	주민의 휴식·오락 공간 조성 및 경관·환경의 보전

13 전체의 고용이 10,000명이고 수입부분에 종사하는 고용자가 6,000명인 지역에서 1,000명을 고용하는 공장이 준공되었는데, 그 공장에서 생산된 제품 전부는 지역 외부로 수출한다면 전체적인 고용 증가는?

① 250명　　　　② 500명
③ 2,500명　　　④ 5,000명

●해설
경제기반승수 및 총 고용인구의 변화

경제기반승수 = $\dfrac{\text{총 고용인구}}{\text{기반산업 고용인구}}$

$= \dfrac{10,000}{4,000} = 2.5$

총 고용인구 변화
= 경제기반승수 × 기반산업 고용인구 변화
= 2.5 × 1,000 = 2,500명

14 교통존(Traffic Zone)의 설정 기준으로 옳지 않은 것은?

① 동질적인 토지이용이 포함되도록 한다.
② 행정구역과 가급적 일치시킨다.
③ 간선도로는 존 경계와 일치시킨다.
④ 가능한 한 다양한 통행 특성을 가진 지역이 포함되도록 한다.

●해설
각 존은 가급적 동질적인 토지이용(통행 특성 등)을 포함하도록 한다.

15 「국토기본법」에 의한 지역계획의 범주에 속하는 것은?

① 광역권개발계획
② 수도권발전계획
③ 개발촉진지구개발계획
④ 특정용도지역개발계획

●해설
지역계획의 수립(「국토기본법 시행령」 제16조)
㉠ 수도권 발전계획

수도권에 과도하게 집중된 인구와 산업의 분산 및 적정 배치를 유도하기 위하여 수립하는 계획
㉡ 지역개발계획
성장 잠재력을 보유한 낙후지역 또는 거점지역 등과 그 인근지역을 종합적 · 체계적으로 발전시키기 위하여 수립하는 계획

16 파겐스(M. Fagence)가 제시한 직접적이고 영향이 큰 쇄신적 주민참여 기법에 해당하지 않는 것은?

① 델파이 방법
② 샤레트 방법
③ 명목집단방법
④ 혼합형 탐색방법

●해설
파겐스가 제시한 주민참여 기법
• 델파이 방법
• 명목집단방법
• 샤레트 방법

17 「국토의 계획 및 이용에 관한 법률」상 용도지역 중 관리지역의 종류에 해당되지 않는 것은?

① 보전관리지역　　② 생산관리지역
③ 환경관리지역　　④ 계획관리지역

●해설
관리지역의 종류

보전관리지역	자연환경 보호, 산림 보호, 수질오염 방지, 녹지공간 확보 및 생태계 보전 등을 위하여 보전이 필요하나, 주변 용도지역과의 관계 등을 고려할 때 자연환경보전지역으로 지정하여 관리하기가 곤란한 지역
생산관리지역	농업 · 임업 · 어업 생산 등을 위하여 관리가 필요하나, 주변 용도지역과의 관계 등을 고려할 때 농림지역으로 지정하여 관리하기가 곤란한 지역
계획관리지역	도시지역으로의 편입이 예상되는 지역이나 자연환경을 고려하여 제한적인 이용 · 개발을 하려는 지역으로서 계획적 · 체계적인 관리가 필요한 지역

18 도시화의 과정에서 도시산업의 발달 속도보다 도시인구의 증가 속도가 훨씬 크게 되는 현상은?

① 가도시화　　　　② 간접도시화
③ 종주도시화　　　　④ 과잉도시화

●해설
가도시화(Pseudo-urbanization) 현상
• 도시의 부양 능력에 비해 지나치게 많은 인구가 집중하여 인구만 비대해진 도시화를 의미한다.
• 제3세계로 불리는 개발도상국가에서 흔히 볼 수 있는 현상으로서, 산업화와 무관한 도시화 현상을 말한다.

19 도시의 구성 요소에 대한 설명으로 옳지 않은 것은?

① 게데스는 도시 활동을 생산과 소비로 구분하였다.
② 토지와 시설에 대한 물리적 계획의 3대 요소는 밀도, 동선, 배치라고 할 수 있다.
③ 시민은 도시를 구성하는 가장 기본적인 요소인 동시에 도시가 존재하는 이유이기도 하다.
④ 토지와 시설은 도시 공간상에서 물리적 상태로 존재하며 도시의 형태를 만들어 내도록 한다.

●해설
게데스(P. Geddes)는 도시 활동을 생활, 생산, 위락의 세 가지 요소로 구분하였다.
※ 르 코르뷔지에는 생활, 생산, 위락, 교통을 주장하였다.

20 국토계획의 개념에 대한 설명으로 옳지 않은 것은?

① 현안 문제들을 대상으로 단기적 개선 대안을 수립하는 계획이다.
② 국토의 공간구성과 관련되는 모든 분야가 망라되는 종합계획이다.
③ 하위계획과 구체적인 집행 계획에 지침을 제시하는 지침 제시적 계획이다.
④ 국토에서 일어나는 여러 가지 인간 활동의 공간적 배분 문제를 다루는 공간계획이다.

●해설
국토계획의 개념
• 경제계획, 사회계획, 물리계획을 종합하는 종합계획이다.
• 하위운영계획의 지침을 제시하는 지침 제시적 계획으로 국가의 정책계획이다.
• 지역적 수준에서 최상위인 국가를 바탕으로 하는 계획이다.
• 계획기간이 20년인 장기계획이다.

2과목　**도시설계 및 단지계획**

21 연립주택용지의 획지분할에 관한 내용으로 적합하지 않은 것은?

① 공동의 옥외 공간 확보가 용이하도록 분할한다.
② 소규모 획지는 개별주택의 남향배치가 용이하도록 남북축이 긴 장방형으로 한다.
③ 연립주택의 유형과 평형을 고려하여 획지 규모를 결정한다.
④ 차량 및 보행동선, 판매시설 등을 종합적으로 고려하여 시설이용에 편리하도록 분할한다.

●해설
소규모 획지는 개별주택의 남향배치가 용이하도록 동서축이 긴 장방형으로 한다.

22 「지구단위계획수립지침」에 따른 지구단위계획의 입안권자가 아닌 자는?(단, 계획의 입안을 위임한 경우는 고려하지 않는다.)

① 군수　　　　② 시장
③ 구청장　　　　④ 특별자치시장

●해설
지구단위계획구역의 입안 및 지정(「지구단위계획수립지침」 제2장 제2절)
지구단위계획구역의 지정 입안권자 : 특별시장 · 광역시장 · 특별자치시장 · 특별자치도지사 · 시장 · 군수

정답　18 ①　19 ①　20 ①　21 ②　22 ③

23 300세대 이상 500세대 미만의 주택단지를 건설하는 경우, 설치하지 않아도 되는 주민공동시설은?

① 경로당　　　　② 어린이집
③ 어린이놀이터　　④ 주민운동시설

해설
주민운동시설은 500세대 이상일 경우 설치하여야 한다.

24 계획의 수립 주체에 따른 도시 계획에의 접근 방식 중, 주민과 국가 차원의 요구가 조화를 이룰 수는 있으나 이를 위해 주민들의 자치와 협동, 상당한 수준의 지도력이 요청되고 지역 사회 자체의 자원 동원 능력이 요구되는 것은?

① 절충식 계획　　② 상향식 계획
③ 중앙식 계획　　④ 하향식 계획

해설
절충식 계획은 국가주도인 하향식 계획과 주민 의견의 반영이 용이한 상향식 계획을 절충한 방식으로 국가와 주민 간의 조율에 상당한 수준의 지도력이 요구된다.

25 「지구단위계획수립지침」상 경관상세계획을 수립하는 것을 원칙으로 하는 지역으로 옳지 않은 것은?

① 수림대 · 구릉지 · 하천변 · 청정호수 등 자연경관이 양호한 지역
② 고도지구 및 특정용도제한지구에 지정된 지구단위계획구역
③ 전통적 건조물, 시대적 건축특성이 반영되어 있는 건물군 등의 주변 지역
④ 개발압력이 존재하고 있어 양호한 자연환경 및 경관의 보전이 필요한 지역

해설
경관상세계획 수립 대상지역
• 광역도시계획 · 도시기본계획 또는 도시관리계획에서 경관상세계획을 수립하도록 결정한 지역
• 수림대 · 구릉지 · 하천변 · 청정호수 등 자연경관이 양호한 지역

• 독특한 경관형성이 요구되는 시 · 군의 상징적 도로, 녹지대, 문화재나 한옥 등 전통적 건조물, 시대적 건축특성이 반영되어 있는 건물군 등의 주변 지역
• 경관지구 및 미관지구에 지정된 지구단위계획구역

26 「지구단위계획수립지침」에 따른 지구단위계획의 성격으로 옳지 않은 것은?

① 지구단위계획 수립의 주된 목적은 도시경관관리를 하기 위함이다.
② 지구단위계획구역 및 지구단위계획은 도시 · 군관리계획으로 결정한다.
③ 지구단위계획은 인간과 자연이 공존하는 환경친화적 환경을 조성하고 지속 가능한 개발 또는 관리가 가능하도록 하기 위한 계획이다.
④ 지구단위계획은 난개발 방지를 위하여 개별 개발 수요를 집단화하고 기반시설을 충분히 설치함으로써 개발이 예상되는 지역을 체계적으로 개발 · 관리하기 위한 계획이다.

해설
지구단위계획의 정의
당해 지구단위계획구역의 토지이용을 합리화하고 그 기능을 증진시키며 도시의 경관 · 미관을 개선하고 양호한 환경을 확보하며, 당해 구역을 체계적 · 계획적으로 관리하기 위하여 수립하는 계획

27 공동주택의 배치에서 도로 및 주차장의 경계선으로부터 공동주택의 외벽까지 이격하여야 하는 거리 기준은?

① 2m 이상　　　② 3m 이상
③ 5m 이상　　　④ 10m 이상

해설
단지 내 도로
• 길이가 100m 이상인 막다른 도로의 끝 부분은 자동차 회전시설 설치
• 단지 내 도로 폭이 12m 이상인 경우 : 폭 1.5m 이상의 보도 설치
• 공동주택 배치 시 도로 및 주차장의 경계에서 주택의 벽까지의 최소 거리 : 2m

28 공동주택단지의 Lost Space 중, 주민 접근이 제한되거나 이용시설이 설치되지 않아 공간 이용에 어려움이 있는 유형은?

① 배타적 공간(Antispace)
② 황량한 공간(Prairie Space)
③ 소극적 공간(Negative Space)
④ 애매한 공간(Ambiguous Space)

◎해설

주민 접근이 제한되거나 이용시설이 설치되지 않아 공간 이용에 어려움이 있는 공간을 소극적 공간(Negative Space)이라고 한다. 이러한 소극적 공간이 최소화되도록 단지 계획을 세우는 것이 중요하다.

29 중수도 순환방식 중 폐쇄순환방식에 해당하지 않는 것은?

① 개별순환방식
② 광역순환방식
③ 복합순환방식
④ 지구순환방식

◎해설

중수도 이용방식 중 폐쇄순환방식
• 개별순환방식 : 사무소, 빌딩 등에 있어 그 건물에서 발생하는 폐수를 자가처리하여 빌딩 내에서 다시 이용하는 것을 의미
• 광역순환방식 : 일정지역 내에서 해당지역 내의 빌딩과 주택 등 일반적인 중수의 수요에 따라 중수도로부터 광역적, 대규모적으로 공급하는 방식
• 지역(지구)순환방식 : 비교적 한 곳에 집중되어 있는 지구, 즉 아파트 단지나 새로 건설되는 주거지역 등에 있어 사업자와 건축물 등의 소유자가 공동으로 중수도를 운영하고 해당 건축물의 수요에 따라 중수를 급수하는 방식

30 슈퍼블록(Super Block)에 관한 설명으로 옳지 않은 것은?

① 충분한 공동의 오픈스페이스를 확보할 수 있다.
② 건물의 집약화와 도시기반시설의 공동화에 유리하다.

③ 1960년대 이후 영국의 주택이론가들에 의해 창안되었다.
④ 불필요한 도로의 면적을 줄이고 보도와 차도의 분리가 가능하다.

◎해설

슈퍼블록(Super Block)
대형 가구의 내부에 자동차의 통과교통을 없애고, 보행자 전용도로를 조성하여 쾌적하고 편리한 주거생활공간을 창출한 것으로서, 1928년 래드번 계획에서 처음 채택되었다.

31 지구단위계획의 특별계획구역에 대한 설명으로 옳지 않은 것은?

① 특별계획구역에 대한 계획내용은 지구단위계획에 포함하여 결정한다.
② 지구단위계획 입안 시, 현상설계 등에 의하여 창의적 개발안을 받아들일 필요가 있을 경우 특별계획구역으로 반영하여 함께 지정한다.
③ 도시·군관리계획으로 결정하는 데 있어 법령에서 지구단위계획으로 결정하도록 한 부분이 있는 경우에는 이들 모두를 도시·군관리계획으로 결정하여야 한다.
④ 지구단위계획구역 중에서 계획의 수립 및 실현에 상당한 기간이 걸릴 것으로 예상되어 별도의 개발안이 필요한 경우에는 특별계획구역으로 지정할 수 없다.

◎해설

특별계획구역
지구단위계획구역 중 현상설계 등에 의하여 창의적 개발안을 받아들일 필요가 있거나 계획안을 작성하는 데 상당한 기간이 걸릴 것으로 예상되어 충분한 시간을 가질 필요가 있을 때 별도의 개발안을 만들어 지구단위계획으로 수용, 결정하는 구역

32 지구단위계획 수립 시 상업용지의 획지 및 가구계획 기준으로 틀린 것은?

① 도로에서의 접근이 용이하도록 계획한다.

② 구역 중심지의 주간선도로 또는 보조간선도로의 교차로 주변에 계획한다.

③ 가구 규모는 시설입지에 대한 다양한 요구를 충족시킬 수 있도록 다양한 규모로 계획한다.

④ 주간선도로 또는 보조간선도로를 따라 배치되는 가구는 2열 이상으로 배열이 되도록 한다.

●해설

상업용지의 획지 및 가구계획 시 주간선도로 또는 보조간선도로를 따라 1열 배열이 되도록 하고 그 뒷면에 접지도로를 두고 2열 배열로 하여 도로에서 접근이 용이하도록 한다.

33 가로구역별 건축물의 높이를 지정·공고하고자 할 때 고려하여야 할 사항이 아닌 것은?

① 도시미관 및 경관계획

② 해당 가로구역의 주차 능력

③ 해당 가로구역이 접하는 도로의 너비

④ 해당 가로구역의 상·하수도 등 간선시설의 수용 능력

●해설

주차 능력의 경우 해당 건축물의 부설주차장 개념으로 접근하므로 건축물의 높이를 지정·공고할 때 고려사항이 되지 않는다.

34 프리드만(A. Z. Friedmann)이 제시한 옥외공간을 대상으로 한 설계 평가 시 고려해야 할 사항이 아닌 것은?

① 이용자

② 설계자

③ 주변 환경

④ 물리적 및 사회적 환경

●해설

프리드만(John Friedmann)

• 옥외공간을 대상으로 설계평가 시 고려할 4가지 사항

제시

• 물리적·사회적 환경 분석, 이용자 분석, 주변환경 분석, 설계과정 분석

35 주요 조망점으로 활용하는 동시에 조망대상으로도 계획할 수 있고 진입부로부터 공간 및 시각적 연계성을 통해 단지의 중심적 역할을 담당하는 것은?

① 경관축   ② 경관거점

③ 경관권역   ④ 경관지점

●해설

주요 조망점으로 활용하는 동시에 조망대상으로도 계획할 수 있고 진입부로부터 공간 및 시각적 연계성을 통해 단지의 중심적 역할을 담당하는 것을 경관거점이라고 한다.

36 「지구단위계획수립지침」에 따른 환경관리계획에 관한 내용으로 틀린 것은?

① 차도와 주거지 사이에 방음벽을 설치하는 경우에는 소음원에서 멀리 설치하고, 소음원과 건물 사이에 가급적 둔덕을 설치하지 않도록 한다.

② 개발행위로 인하여 환경에 큰 영향이 가해질 수 있는 생태민감지역을 보존하여 시(군)내의 오픈스페이스 체계에 연결시킨다.

③ 지역에 산재한 저수지·호수·마을연못 등의 자원을 조사하여 마을 내 수자원의 보전과 전체적인 수자원의 순환체계를 고려한 수자원계획을 수립한다.

④ 강우 시 유출수에 의한 환경오염을 저감하기 위하여 투수성 포장 등 비점원오염(Non-point Source Pollution)물질을 줄일 수 있는 방안을 고려하여야 한다.

●해설

차도와 주거지 사이에 방음벽을 설치하는 경우에는 소음의 차폐를 원활히 하기 위해서 소음원에서 가까이 설치하고, 소음원과 건물 사이에 가급적 둔덕을 설치하도록 한다.

정답 32 ④ 33 ② 34 ② 35 ② 36 ①

37 다음 ( )안에 들어갈 내용으로 옳은 것은?

국지도로 간의 배치간격은 가구의 짧은 변 사이의 경우 (㉠) 내외, 긴 변 사이의 경우 (㉡) 내외로 한다.

① ㉠ : 60m 내지 100m, ㉡ : 20m 내지 50m
② ㉠ : 80m 내지 120m, ㉡ : 30m 내지 50m
③ ㉠ : 90m 내지 150m, ㉡ : 25m 내지 60m
④ ㉠ : 100m 내지 200m, ㉡ : 50m 내지 80m

해설

도로의 기능별 분류에 따른 배치간격

구분	배치간격
주간선도로와 주간선도로	1,000m 내외
주간선도로와 보조간선도로	500m 내외
보조간선도로와 집산도로	250m 내외
국지도로	장축(가구의 짧은 변 사이) 90~150m, 단축(가구의 긴 변 사이) 25~60m

38 일률적으로 규제되는 전통적 지역지구제의 단점을 보완하거나 구체적 환경목표를 적극적으로 실현하는 특수적 규제수법과 가장 거리가 먼 것은?

① 특별허가(Special Permit)
② 적용특례(Zoning Variance)
③ 유도지역제(Incentive Zoning)
④ 중복지역지구제(Overlay Zoning)

해설

유도지역제(보상지역지구제, Incentive Zoning)
개발자에게 적당한 개발 보너스를 부여하는 대신 공공에게 필요한 쾌적요소를 제공하도록 유도하기 위해 개발된 방법이다.

39 인간이 최소한의 폐쇄감을 느끼는 거리(W)와 수직면 높이(H)의 관계는?

① $W/H = 1(45°)$　② $W/H = 2(27°)$
③ $W/H = 3(18°)$　④ $W/H = 4(14°)$

해설

관찰자와 수직면 간의 거리 및 높이와의 관계성(P. Spreiregen)
- $W/H ≤ 1(45°)$: 폐쇄감을 느끼기 시작, 건물 높이에 대한 인식 불가능
  여기서, W : 관찰자 자신으로부터 건물까지의 거리
  　　　　 H : 건물 높이
- $1 ≤ W/H ≤ 2(30°)$: 균형감, 안정감, 거리감 인식 가능
- $2 ≤ W/H ≤ 3(18°)$: 폐쇄감을 느끼는 최소의 비례
- $3 ≤ W/H(14°)$: 폐쇄감 상실, 노출감 인식
- $W/H > 4$: 개방감을 느끼기 시작

40 「도시 · 군계획시설의 결정 · 구조 및 설치기준에 관한 규칙」에 의한 보행자전용도로의 최소 폭은?

① 1.0m　　　　② 1.5m
③ 2.0m　　　　④ 2.5m

해설

보행자전용도로
폭 1.5m 이상의 도로로서 보행자의 안전하고 편리한 통행을 위하여 설치하는 도로

3과목　도시개발론

41 다음은 사업성분석의 단계를 나타내고 있는데, 이 중 분석과정을 가장 알맞게 나타내고 있는 것은?(단, 1단계부터 4단계까지로 나타냄)

① 할인율 설정 → 연차별 투자비용 추정 → 연차별 분양수입추정 → 현금 흐름표 작성
② 직접비 및 간접비 추정 → 분양계획 → 용지별 분양가격 추정 → 사업성 평가
③ 할인율 설정 → 현금 흐름표 작성 → 연차별 투자비용 추정 → 연차별 분양수입 추정
④ 분양계획 → 현금 흐름표 작성 → 용지별 분양가격 추정 → 직접비 및 간접비 추정

정답 37 ③　38 ③　39 ③　40 ②　41 ①

● 해설

사업성 분석 체계

분석 단계		세부 사항
1단계	분석의 전제	사업의 개요, 투자계획과 분양계획, 할인율 결정
2단계	연차별 투자비용 추정	직접비 및 간접비 추정, 연차별 투자비용 추정
3단계	연차별 분양수입 추정	용지별 분양가격 추정, 연차별 분양수입 추정
4단계	사업성 평가	현금 흐름표 작성, 사업성 평가

42 환지계획에서 사업에 필요한 경비를 조달하고 공공시설 설치에 필요한 용지를 확보하기 위해 정하는 것은?

① 체비지 · 보류지
② 청산환지
③ 입체환지
④ 증환지

● 해설

체비지 · 보류지
사업에 필요한 경비 조달, 공공시설 설치에 필요한 토지 확보를 위한 토지

43 일반적인 부동산 개발금융 방식의 구분 중 부채에 의한 조달 방식으로 대출자가 부동산 개발에 의해 발생하는 수익의 배분에 일부 참여하는 방식은?

① Sale & Lease Back
② Participation Loan
③ Interest Only Loans
④ 자산매입 조건부대출

● 해설

수익참여대출(Equity Participation Loan)
대출자는 낮은 계약금리로 돈을 빌려주고 부동산이 생성하는 소득에 참여하는 방식

44 도시개발 사업지구 A의 장래 인구는 초기에 완만하게 성장하다가 일정 기간이 지나면 급속하게 증가하고, 다시 일정 기간이 지나면 증가율이 점차

감소하여 일정 수준을 유지할 것으로 보인다. A 사업지구의 장래인구 추정방법으로 가장 알맞은 것은?

① 지수모형
② 로지스틱 모형
③ 선형모형
④ 수정지수모형

● 해설

로지스틱 모형(곡선)
• 인구성장의 상한선(K)을 미리 상정한 후에 미래 인구를 추계하는 인구예측모형
• 강력한 인구통제정책을 사용하는 대도시권에서의 인구분석에 유효한 공식
• 급속한 증가를 보인 후 완만해지는 인구성장에 적용

45 마케팅의 개념에서 D. Schultz가 공급자 관점의 4P 전략을 수요자 입장의 4C 전략으로 전환한 내용의 연결이 옳은 것은?

① 상품(Product) → 소비자(Customer Value)
② 상품(Product) → 비용(Cost to the Customer)
③ 홍보(Promotion) → 편리성(Convenience)
④ 장소(Place) → 의사소통(Communication)

● 해설

4P(마케팅 구성요소)	4C(수요자 입장)	
제품(Product)	소비자 가치 (Customer Value)	소비자가 원하는 제품
가격(Price)	소비자 비용 (Cost of the Customer)	소비자 지불 적정 가격
장소(Place)	편리성 (Convenience)	소비자의 접근성
홍보 (Promotion)	의사소통 (Communication)	소비자와의 소통

46 공동주택을 대상으로 하는 리모델링 사업의 근거법은 무엇인가?

① 「도시공원 및 녹지 등에 관한 법률」
② 「주택법」
③ 「국토의 계획 및 이용에 관한 법률」
④ 「임대주택법」

해설

리모델링 사업(「주택법」 제66조)
노후된 공동주택 등 건축물이 밀집된 지역으로서 새로운 개발보다는 현재의 환경을 유지하면서 이를 정비하는 사업으로 「주택법」을 근거법으로 한다. 기존 자원을 최대한 활용하는 효과를 얻을 수 있다.

47 다음 중 경제성 분석에 사회적 편익과 비용의 측정에 사용되는 기본원칙으로 옳지 않은 것은?

① 세금, 이자비용 등 이전비용 등은 사회적 순현재가치에 포함된다.
② 사회적 편익과 비용은 가능하면 경쟁가격으로 측정되어야 하나 경쟁가격이 없을 경우 잠재가격으로 측정한다.
③ 사회적 순현재가치는 사회적 편익과 사회적 비용을 사회적 할인율로 할인하여 계산한다.
④ 경제성 분석은 일반적으로 비용편익 분석을 통해 이루어진다.

해설

세금, 이자비용 등 이전비용 등은 재무적 순현재가치로 판단한다.

48 우리나라 도시개발 제도의 역사에서 서울시의 경우 강북과 강남의 상대적 격차를 줄이고 강북의 쇠퇴한 주거지 정비를 통해 강북 시민의 삶의 질 향상과 도시기반시설 정비를 통해 서울시 내부의 균형발전 차원에서 추진된 사업은 무엇인가?

① 뉴타운 사업   ② 도시재생사업
③ 혁신도시사업   ④ 스마트도시사업

해설

뉴타운 사업
도시기반시설에 대한 충분한 고려 없이 주택중심으로 추진되어 난개발 문제를 야기한 기존의 민간중심의 개발방식에 대한 개선대책으로 시행한 새로운 '기성 시가지 재개발방식'

49 경제성 분석에서 가치화 불능효과에 대한 설명으로 옳은 것은?

① 가치화 불능효과는 조건부 가치측정법을 이용하여도 금전적인 가치로 나타낼 수 없다.
② 가치화 불능효과는 구체적인 수치로 나타낼 수는 있으나 효과의 가치를 화폐단위로 나타낼 수 없는 효과다.
③ 가치화 불능효과와 시장재 효과를 명확하게 구분하는 기준이 존재하여 경제성 분석에 유용하다.
④ 가치화 불능효과의 예로는 재화 서비스 시장의 변화를 들 수 있다.

해설

가치화 불능효과
전염병의 발병률, 교통사고 발생률, 사망률, 환경수준의 변화 등과 같은 것으로서 계량화는 가능하나, 화폐단위 또는 금전적 가치 등으로 나타낼 수 없다.(단, 조건부 가치측정법을 이용할 경우 금전적인 가치로 나타낼 수 있다.)

50 도시개발의 정의를 설명한 내용 중 광의의 개념으로 가장 적절한 것은?

① 건축에 의한 개량 행위들
② 도시 확산을 위한 신개발, 재개발과 같은 도시공간개발
③ 도시변화의 수요에 대응하여 도시발전을 도모하기 위한 우연한 행위
④ 도시성장을 관리하고 도시발전을 도모하기 위한 경제, 사회 등 모든 개발행위의 총체

해설

도시개발의 개념

구분	정의
일반적 개념	• 도시변화의 수요에 대응하여 도시발전을 도모하기 위한 일련의 의도적 행위 • 도시가 성장·변화함에 따라 새로이 요구되는 도시공간을 창출하고 공급하는 행위
광의의 개념	• 도시성장을 관리하고 도시발전을 도모하기 위한 경제, 사회 등 모든 개발행위의 총체 • 아직 도시적 형태와 기능을 지니지 않은 토지에 도시적 기능을 부여
협의의 개념	• 물리적 측면에서의 신개발·재개발과 같은 도시공간개발 • 조성에 의한 개량, 건축에 의한 개량 • 기존의 도시적 용지에 대해 도시기능 제고를 목적으로 토지의 형상이나 이용에 변화를 일으키는 개발행위

정답 47 ① 48 ① 49 ② 50 ④

51 압축도시(Compact City)에 대한 설명으로 틀린 것은?

① 압축도시의 개념은 직주근접과 관련이 있다.
② 교외지역 주거지를 저밀도로 확산시키는 개발 방식이다.
③ 지속 가능한 개발이 가능하도록 등장한 도시개발 패러다임 중 하나이다.
④ 환경부하를 최소화하고 정주지 개발의 효율성을 높이려는 목적을 갖는다.

해설

압축도시(Compact City)는 소수의 토지를 다양한 용도의 복합적 고밀도개발을 통해 도시의 방만한 교외 확산에 따른 저밀화를 막는 데 목적이 있다.

52 다음 중 부동산개발금융의 지분조달방식에 관한 설명으로 옳지 않은 것은?

① 지분에 의한 조달은 일반적으로 신디케이션, 합작회사, 파트너십 형태로 이루어진다.
② 지분조달방법은 원리금이나 이자의 상환 부담이 없는 것이 장점이다.
③ 지분조달방법에서 레버리지 효과(Leverage Effect)가 나타난다.
④ 조합원의 공적인 모집인 경우 다양한 규제에 의해 지분투자자의 이익이 보호된다.

해설

레버리지 효과(지렛대 효과, Leverage Effect)
타인자본 때문에 발생하는 이자가 지렛대 역할을 하여 영업이익의 변화에 대한 주당이익의 변화폭이 더욱 커지는 현상으로서 부채조달방식의 특징에 해당한다.

53 현재 인구가 50만 명이고 연평균 인구증가율이 2.5%인 도시의 경우, 등비급수법에 의해 추정한 20년 후의 인구는 약 얼마인가?

① 70만 명
② 77만 명
③ 82만 명
④ 90만 명

해설

등비급수법에 의해 산출한다.

$$p_n = p_0(1+r)^n$$

여기서, p_n : n년 후의 인구, p_0 : 초기 연도 인구
r : 인구증가율, n : 경과 연수

$$p_{20} = p_0(1+r)^{20}$$
$$500,000(1+0.025)^{20} = 819,309 ≒ 82만 명$$

54 단일 프로젝트의 사업성을 평가하기 위한 시간대별 비용과 수입이 추정되었을 때 평가 지표와 거리가 가장 먼 것은?

① 수익성지수(Profitability Index)
② 순현재가치(Financial Net Present Value)
③ 내부수익률(Financial Internal Rate of Return)
④ 다지역투입산출(Multi-region Input-output)

해설

다지역투입산출모형은 수요파급효과 분석을 위해 이용된다.

55 도시개발사업의 방식 중 "수용 또는 사용방식"이 환지방식이나 혼용방식과 비교하여 갖는 특징으로 옳지 않은 것은?

① 초기투자비가 막대한 편이다.
② 사업기간이 상대적으로 많이 걸린다.
③ 이주대책을 마련하는 데에 어려움이 따를 수 있다.
④ 전면매수에 따른 토지주의 반발이 많아질 수 있다.

해설

수용 또는 사용에 의한 방식은 매수에 의해 이루어지므로 환지방식에서의 관련된 협의 및 행정처리 등의 소요기간이 필요 없어 상대적으로 사업기간이 적게 걸린다.

56 바다, 하천, 호수 등의 공간을 가지는 육지에 인공적으로 개발된 공간을 무엇이라 하는가?

① 역세권
② 지하공간
③ 텔레포트
④ 워터프론트

④ 재화나 서비스를 다른 지역에서 수입하여 부가가치를 창출하는 것을 주요 목적으로 한다.

해설

도시 마케팅 시 고려사항 중 중요한 것은 도시의 자족성에 대한 제고이다. 이는 자체 도시에서 창출되는 요소들을 가지고 부가가치를 창출하는 것에 주안점이 있다는 것을 의미한다.

57 용도지역제(Zoning)와 획지분할규제(Sub-division Control)를 근간으로 하는 미국의 종래 택지개발방식이 지니는 문제점을 타개하기 위한 제도로서 일단의 지구를 하나의 계획단위로 보아 그 지구의 특성에 맞는 설계기준을 개발자와 그 개발을 관장하는 당국 간의 협상과정을 통해 융통성 있게 능률적으로 책정·허용함으로써 공적 입장에서 요구되는 환경의 질과 개발자의 입장에서 요구되는 사업성을 동시에 추구해 가는 제도는?

① 개발신용제(DCR)
② 대중교통중심개발(TOD)
③ 계획단위개발(PUD)
④ 근린주구제(NUD)

해설

계획단위개발(PUD : Planned Unit Development)
대상지 전체를 일체적이고 유기적으로 계획하고 설계하여 개발하는 방식으로서, 단일 개발주체에 의한 대규모 동시개발이 가능하므로, 대규모 개발에 따른 하부시설의 설치비용과 개발비용이 절감되는 특징을 가지고 있다.

58 도시 마케팅에 대한 설명으로 가장 거리가 먼 것은?

① 도시 마케팅의 시장은 공공서비스를 생산하고 공급하는 도시정부와 그것을 소비하는 단위들이 커뮤니케이션하는 도시공간이다.
② 도시정부 혹은 도시 내의 공·사적 주체가 목표 시장에 대해 경쟁 도시보다 효율적으로 상품을 제공하고 만족을 극대화하기 위해 효율적으로 관리하는 것이다.
③ 도시나 도시 내 특정 장소를 상품화하는 것으로, 일반 재화나 용역과는 다른 특징을 갖는다.

59 도시개발법령에서 규정하는 도시개발사업의 시행 방식에 해당되는 것은?

① 순환정비방식
② 현지개량방식
③ 관리처분방식
④ 환지방식

해설

도시개발사업의 시행 방식
전면매수방식(수용 또는 사용에 의한 방식), 환지방식, 혼용방식

60 다음 중 주택재개발사업의 사업시행방식이 아닌 것은?

① 차관재개발
② 위탁재개발
③ 수복재개발
④ 순환재개발

해설

주택재개발사업 시행방식

구분	내용
순환재개발	재개발구역의 일부 지역 또는 당해 재개발구역 외의 지역에 주택을 건설하거나 건설된 주택을 활용하여 재개발구역을 순차적으로 개발하거나 재개발구역 또는 재개발사업시행지구를 수개의 공구로 분할하여 순차적으로 시행하는 재개발방식
합동재개발	• 사업지역 권리자인 가옥 및 토지의 소유자가 조합을 구성하여 법정 시행자의 자격을 갖추어 자율적으로 주택재개발을 시행하는 방식 • 지금까지의 주택재개발사업의 대부분에 적용
자력재개발	• 지방자치단체가 시행자가 되어, 공공시설 설치 및 행정지원 등을 담당하고 주택은 주민이 건립하는 형태로 운영하는 방식 • 토지구획정리사업의 환지기법을 적용
위탁재개발	주민들에 의한 현지개발방식이 주민들의 경제능력 부족 등으로 활성화되지 못하고 개량효과가 미미하고 공공시설 확보 등도 이뤄지지 못하여 주민들과 민간기업이 협력하여 공동주택을 건설하는 재개발방식

4과목 국토 및 지역계획

61 도로망 구성형태 중 방사형 도로망의 특징으로 옳은 것은?

① 대각선을 삽입하여 격자형의 단점을 보완한 형태이다.
② 도심의 기념비적인 건물을 중심으로 주변과 연결된다.
③ 고대 및 중세 봉건도시에서 볼 수 있는 전형적인 형태이다.
④ 지형이 평탄한 도시에 적합하고 부정형한 토지가 적다.

●해설

방사형 도로망
• 도시의 기념비적인 건물을 중심으로 주변과 연결하고 중심지를 기점으로 주요간선도를 따라 도시의 개발축을 형성
• 왕궁이나 기념비적인 건물을 중심으로 주변과 연결하여 도심 집중현상 발생
• 대표도시 : 부산, 앙카라

62 다음 지역개발전략 중 성격이 다른 하나는?

① 내생적 개발전략   ② 불균형 개발전략
③ 하향식 개발전략   ④ 성장거점 개발전략

●해설

성장거점 개발전략, 불균형 개발전략, 하향식 개발전략은 성장위주의 개발전략이며, 내생적 개발전략은 해당 지역의 특성을 고려하여 지역의 노동, 자본, 기업의 유기적인 개발전략을 통해 지역 자체의 성장동력을 가지고 가고자 하는 것이다.

63 1970년대 신인간주의(New Humanism)에 기초하여 발전된 교류적 계획(Transactive Planning)과 관련이 없는 것은?

① 프리드만(John Friedmann)
② 계획가와 피계획가 간의 대화 중시
③ 인간의 존엄성 강조
④ 총체주의(Synopticism)

●해설

교류적 계획(Transaction Planning)
• 프리드만(J. Friedmann)에 의해 발전한 계획
• 공익이라는 불확실한 목표를 추구하기보다는 계획과 관련된 사람들 간의 상호교류와 대화를 통해 계획을 수립하는 것으로 계획은 합리적이고 과학적이어야 한다는 인식에 대한 비판적 반응
• 인간의 존엄성에 기초를 두는 신휴머니즘적 사고에 기초
• 계획가와 계획에 영향을 받는 사람들 간의 대화와 이를 통한 사회적 학습과정 형성을 중시

64 다음 중 특별시, 광역시, 시·도 수준의 지방정부차원에서 수립하는 지역계획에 해당하지 않는 것은?

① 광역도시계획   ② 도시·군기본계획
③ 수도권정비계획   ④ 도시·군관리계획

●해설

수도권정비계획
• 수도권정비계획은 수도권의 도시·군계획, 그 밖에 다른 법령에 따른 토지이용계획 또는 개발계획 등에 우선하며, 그 계획의 기본이 된다. 다만, 수도권의 군사에 관한 사항에 대하여는 그러하지 아니하다.
• 중앙행정기관의 장과 서울특별시장·광역시장은 수도권정비계획을 입안한다.
• 국토교통부장관은 수도권정비계획안을 수도권정비위원회의 심의를 거친 후 국무회의의 심의와 대통령의 승인을 받아 결정한다.

65 문제지역(Problem Area)의 유형 중 낙후지역(Backward Regions)의 특징에 해당되지 않는 것은?

① 높은 실업률
② 단기적 경기침체
③ 지속적인 인구 감소
④ 낮은 소득수준 및 생활수준

●해설

낙후지역(落後地域, Backward Regions)은 단기적이 아닌 장기적 경기 침체의 특징을 갖는다.

66 국토 및 지역계획과 관련한 사회 여건의 변화 중, 후기 포디즘과 비교하여 포디즘이 갖는 특징으로 틀린 것은?

① 포디즘 사회에서는 대규모 도시, 대규모 공장, 대규모 노동력 등을 통해 규모의 경제 및 집적의 경제를 추구한다.

② 포디즘하의 국가는 사회복지에 대한 재정 지원을 강화하고 공공서비스에 대한 예산 지원을 확대하고 있다.

③ 포디즘 사회에서는 공공임대주택사업이나 노숙자 관리 등을 비영리기관, 제3섹터, 민간기구 등에서 담당한다.

④ 포디즘 사회에서는 국가 경제의 성장에 역점을 두고 국가가 주도적으로 경제 발전을 추진해 나간다.

해설

포디즘(Fordism)은 국가 주도적인 성향(권위적 의사결정, 대량생산 강조)을 말하며, 이에 따라 공공임대주택사업이나 노숙자 관리 등은 정부가 담당하게 된다. 상대적으로 후기 포디즘(Post Fordism)은 민간 주도를 통한 수평적 의사결정, 효율적 생산을 강조한다.

67 지역 간 소득격차 분석에 사용되는 지표로 거리가 먼 것은?

① 지니 계수
② 로렌츠 곡선
③ 데이비드의 종주화 지수
④ 윌리엄슨의 가중변이계수

해설

종주화 지수는 수위도시에 대한 인구 규모의 집중 정도를 나타내는 지표이다.

68 제조업이나 상업활동에 관련된 쇄신이 도시 계층을 따라 전파되는 과정을 가장 체계적으로 종합한 사람은?

① Berry
② Hudson
③ Pederson
④ Beckman

해설

쇄신 확산의 유형(베리, Berry)
• 공간적 확산(진행과정) : 전염적 확산, 계층적 확산(가구적 확산, 기업적 쇄신)
• 정보 전달 방법에 의한 분류 : 이전확산, 팽창확산

69 「국토기본법」에 의한 국토조사 중 정기조사를 실시하는 기간 기준은?

① 매년
② 2년 단위
③ 3년 단위
④ 5년 단위

해설

국토조사의 실시
• 정기조사 : 매년 실시
• 수시조사 : 국토해양부장관이 필요하다고 인정하는 경우 특정지역 또는 특정부문 등을 대상으로 실시

70 케빈 린치가 제시한 도시경관 이미지의 구성 요소가 아닌 것은?

① 선(Linear)
② 결절점(Node)
③ 지구(District)
④ 지표물(Landmark)

해설

케빈 린치의 도시를 이미지화하는 도시의 물리적 구조에 관한 5가지 요소
경계(Edge), 결절점(Node), 통로(Path), 지구(District), 랜드마크(Landmark)

71 제2차 국토종합개발계획(1982~1991)의 특수지역 개발 대상에 해당되지 않는 것은?

① 광산도읍(鑛山都邑)
② 휴전선 인접지역
③ 낙도지역(落島地域)
④ 산악지역(山岳地域)

해설

제2차 국토종합개발계획 당시 산악지역은 특수지역 개발 대상에 해당되지 않았다.

정답 66 ③ 67 ③ 68 ① 69 ① 70 ① 71 ④

72 튀넨의 농업입지론에서 재배작물의 유형을 결정하는 요소에 해당하지 않는 것은?

① 지대　　　　② 생산비

③ 운송비　　　　④ 경작지 규모

● 해설

재배작물의 유형은 지대에 따라 달라지며, 지대는 매상고, 생산비, 수송비에 영향을 받는다.

73 우리나라 수도권을 질서 있게 정비하고 균형 있게 발전시키며 지역균형발전을 위해 시도되었던 정책으로 적합하지 않은 것은?

① 건축허가총량 지역 안배

② 공장총량 규제

③ 공공기관의 분산 및 이전

④ 대학정원 규제

● 해설

「수도권정비계획법」에 의해 인구집중유발시설의 적절한 배치가 필요한데, 건축허가총량과 같이 용도의 구분 없이 총량만을 규제할 경우 인구집중유발시설의 수도권 집중을 적절히 예방할 수 없다.

74 다음의 조건을 가진 A시의 섬유업에 관한 LQ 지수는?

- A시의 섬유업 총 고용자수 : 5만 명
- A시의 총 고용자수 : 40만 명
- 전국의 섬유업 총 고용자수 : 35만 명
- 전국의 총 고용자수 : 140만 명

① 0.5　　　　② 1.2

③ 2.0　　　　④ 2.4

● 해설

$$LQ = \frac{E_{Ai}/E_A}{E_{ni}/E_n}$$
$$= \frac{A지역의\ i산업\ 고용수/A지역\ 전체\ 고용수}{전국의\ i산업\ 고용수/전국의\ 고용수}$$
$$= \frac{50,000/400,000}{350,000/140,000} = 0.5$$

75 North의 경제기반이론(Economic Base Theory)에 따라 다음 중 다른 셋과 구별되는 부문은?

① 수출부문(Export Sector)

② 비기반부문(Non-basic Sector)

③ 지방부문(Local Sector)

④ 서비스부문(Service Sector)

● 해설

수출부문만 기간(기반)부문에 속하며, 나머지 보기는 비기간(비기반)부문에 속한다.

76 성장거점모형에서 경제공간의 지리적 공간으로의 변환을 최초로 설명한 학자는?

① 페로우(Perroux, F.)

② 부드빌(Boudeville, J.)

③ 미르달(Myrdal, G.)

④ 허쉬만(Hirschman, A.)

● 해설

부드빌은 성장거점모형에서 경제공간의 지리적 공간으로의 변환을 최초로 설명한 학자로서, 동질지역, 결절지역, 계획지역으로 지역을 분류하였다.

77 우리나라 국토 및 지역계획의 특징으로 가장 거리가 먼 것은?

① 다목적 계획

② 비물리적 계획

③ 하향적 계획

④ 지표적 계획

● 해설

국토 및 지역계획은 경제계획, 사회계획, 물리계획을 종합하는 종합계획이며, 국토계획은 하위운영계획의 지침을 제시하는 지침 제시적 계획으로 국가의 정책계획이다.

78 어떤 국가의 도시규모가 지프(Zipf)의 순위 – 규모 법칙에 의한 순위규모분포($q = 1$)를 따른다고 할 때, 수위도시의 인구가 100만 명이라면 제4순위 도시의 인구는 얼마로 예상할 수 있는가?

① 20만 명 　　　　② 25만 명
③ 33만 명 　　　　④ 40만 명

◯해설

$q = 1$은 순위규모분포로 어느 나라에서 수위도시의 인구분포가 1이라면 나머지 도시의 인구는 1/2, 1/3, 1/4 분포를 뜻한다. 이는 1순위 수위도시가 100만 명이라고 하면 2순위는 1/2, 3순위는 1/3, 4순위는 1/4가 된다는 것을 의미한다. 그러므로 4순위 도시는 100만 명 × 1/4 = 25만 명이 된다.

79 하겟(Hagget)이 제시한 도시공간조직의 구성요소에 해당하지 않는 것은?

① 경향면(Surface) 　　② 네트워크(Network)
③ 결절(Node) 　　　　④ 기후(Climate)

◯해설

도시공간조직의 구성요소는 공간의 형성에 필요한 요소를 말하는 것으로서 자연현상인 기후는 해당되지 않는다.

80 크리스탈러가 중심지이론에서 제시한 공간조직 원리에 해당하지 않는 것은?

① 교통 원리 　　　　② 시장 원리
③ 입지 원리 　　　　④ 행정 원리

◯해설

포섭 원리(Nesting Principle)
• 시장의 원리(Marketing Principle, K=3 System, 시장성 원칙)
• 교통의 원리(Transportation Principle, K=4 System)
• 행정의 원리(K=7 System)
• 제4의 원리(시장-행정모형)

5과목 **도시계획 관계 법규**

81 도시공원의 설치 규모 기준이 틀린 것은?

① 어린이공원 : 1,500m² 이상
② 묘지공원 : 30,000m² 이상
③ 도시농업공원 : 100,000m² 이상
④ 근린생활권 근린공원 : 10,000m² 이상

◯해설

② 묘지공원 : 100,000m² 이상
③ 도시농업공원 : 10,000m² 이상

82 「공원녹지법」상 녹지의 기능별 세분 내용이 모두 옳은 것은?

① 완충녹지와 경관녹지
② 시설녹지와 경관녹지
③ 완충녹지와 휴양녹지
④ 자연녹지와 생산녹지

◯해설

녹지의 기능별 세분
완충녹지, 경관녹지, 연결녹지

83 도시·군계획시설 부지의 매수청구에 관한 내용으로 틀린 것은?

① 매수 의무자가 지방자치단체이고 토지소유자가 원하는 경우 도시·군계획시설채권을 발행하여 매수 대금을 지급할 수 있다.
② 도시·군계획시설채권의 상환기간은 15년 이내로 한다.
③ 매수 의무자는 매수 청구를 받은 날부터 6개월 이내에 매수 여부를 결정하여야 한다.
④ 도시·군계획시설채권의 이율은 1년 만기 정기예금 금리의 평균 이상이어야 하며, 구체적인 상환기간과 이율은 지방자치단체의 조례로 정할 수 있다.

해설

도시 · 군계획시설 부지의 매수 청구(「국토의 계획 및 이용에 관한 법률」 제47조)

도시 · 군계획시설채권의 상환기간은 10년 이내로 하며, 그 이율은 채권 발행 당시 「은행법」에 따른 인가를 받은 은행 중 전국을 영업으로 하는 은행이 적용하는 1년 만기 정기예금 금리의 평균 이상이어야 하며, 구체적인 상환기간과 이율은 특별시 · 광역시 · 특별자치시 · 특별자치도 · 시 또는 군의 조례로 정한다.

84 다음 중 건폐율에 관한 내용이 틀린 것은?

① 건폐율이란 대지면적에 대한 건축면적의 비율이다.
② 도시지역 내 주거지역의 건폐율 최대한도는 70% 이하이다.
③ 관리지역 내 보전관리지역의 건폐율 최대한도는 10% 이하이다.
④ 농림지역의 건폐율 최대한도는 20% 이하이다.

해설

관리지역 내 보전관리지역의 건폐율 최대한도는 20%이다.

85 주택법령상 '준주택'의 범위와 종류에 해당하지 않는 것은?

① 「건축법 시행령」의 관련 규정에 따른 기숙사
② 「건축법 시행령」과 「노인복지법」의 관련 규정에 따른 노인복지주택
③ 「건축법 시행령」의 관련 규정에 따른 오피스텔
④ 「건축법 시행령」의 관련 규정에 따른 단독주택

해설

준주택은 주택 외의 건축물과 그 부속토지로서 주거시설로 이용 가능한 시설 등을 말한다. 단독주택의 경우는 준주택이 아닌 주택에 해당한다.

86 「수도권정비계획법」상의 총량규제에 관한 내용이 틀린 것은?

① 국토교통부장관은 인구집중유발시설이 수도권에 과도하게 집중되지 아니하도록 하기 위하여 신설 · 증설의 총허용량을 정할 수 있다.

② 국토교통부장관은 인구집중유발시설이 수도권에 과도하게 집중되지 아니하도록 하기 위하여 기준을 초과하는 신설 · 증설을 제한할 수 있다.
③ 공장에 대한 총량규제의 내용과 방법은 수도권정비위원회의 심의를 거쳐 결정하며, 관할 시 · 도지사는 이를 고시하여야 한다.
④ 관계 행정기관의 장은 인구집중유발시설의 신설 · 증설에 대하여 규정에 의한 총량규제의 내용과 다르게 허가 등을 하여서는 아니 된다.

해설

총량규제(「수도권정비계획법」 제18조)

공장에 대한 총량규제의 내용과 방법은 대통령령으로 정하는 바에 따라 수도권정비위원회의 심의를 거쳐 결정하며, 국토교통부장관은 이를 고시하여야 한다.

87 관광진흥법령상 관광사업의 종류와 그 세분에 해당하는 내용의 연결이 틀린 것은?

① 여행업 : 일반여행업, 국외여행업, 국내여행업
② 야영장업 : 일반야영장업, 산림야영장업
③ 관광유람선업 : 일반관광유람선업, 크루즈업
④ 호텔업 : 가족호텔업, 호스텔업, 소형호텔업

해설

야영장업 : 일반야영장업, 자동차야영장업

88 다음 중 관할 구역에 대한 도시 · 군기본계획의 수립권자에 해당하지 않는 자는?

① 국토교통부장관
② 광역시장
③ 시장 또는 군수
④ 특별시장

해설

도시 · 군 기본계획의 수립권자(「국토의 계획 및 이용에 관한 법률」 제18조)

특별시장 · 광역시장 · 특별자치시장 · 특별자치도지사 · 시장 또는 군수

89 「도시개발법」상 토지 등의 수용 또는 사용에 관하여 (   ) 안에 들어갈 내용으로 옳은 것은?

시행자는 도시개발사업에 필요한 토지 등을 수용하거나 사용할 수 있다. 다만 ……에 해당하는 시행자는 사업대상 토지면적의 (   )에 해당하는 토지를 소유하고 토지소유자 총수의 2분의 1 이상에 해당하는 자의 동의를 받아야 한다.

① 2분의 1 이상
② 3분의 1 이상
③ 3분의 2 이상
④ 4분의 3 이상

해설

토지 등의 수용 또는 사용(「도시개발법」 제22조)
시행자는 사업대상 토지면적의 3분의 2 이상에 해당하는 토지를 소유하고 토지소유자 총수의 2분의 1 이상에 해당하는 자의 동의를 받아야 한다.

90 도시 · 군기본계획에 대한 타당성 여부는 몇 년마다 전반적으로 재검토하여 정비하여야 하는가?

① 3년
② 5년
③ 10년
④ 20년

해설

도시 · 군기본계획의 정비(「국토의 계획 및 이용에 관한 법률」 제23조)
특별시장 · 광역시장 · 특별자치시장 · 특별자치도지사 · 시장 또는 군수는 5년마다 관할 구역의 도시 · 군기본계획에 대하여 타당성을 전반적으로 재검토하여 정비하여야 한다.

91 도시 · 군계획시설 중 유원지에 설치하는 아래 시설들이 해당되는 것은?

| 동물원 | 식물원 | 공연장 | 예식장 |

① 유희시설
② 휴양시설
③ 위락시설
④ 특수시설

해설

동물원, 식물원, 공연장, 예식장은 특수시설에 해당한다.

92 도시개발사업의 전부 또는 일부를 환지방식으로 시행하려는 경우 환지계획에 작성하여야 할 사항이 아닌 것은?

① 환지 설계
② 필지별로 된 환지 명세
③ 청산금 지급 예정일
④ 체비지 또는 보류지의 명세

해설

환지계획 작성 시 포함 사항
환지 설계, 필지별로 된 환지 명세, 필지별 · 권리별로 된 청산 대상 토지 명세, 체비지 또는 보류지의 명세, 축척 1,200분의 1 이상의 환지예정지도

93 「도시 · 군계획시설의 결정 · 구조 및 설치기준에 관한 규칙」상 용도지역별 도로율 기준이 옳은 것은?(단, 간선도로의 경우는 고려하지 않는다.)

① 주거지역 : 20% 이상 30% 미만
② 상업지역 : 25% 이상 35% 미만
③ 공업지역 : 10% 이상 20% 미만
④ 녹지지역 : 5% 이상 15% 미만

해설

용도지역별 도로율(「도시 · 군계획시설의 결정 · 구조 및 설치기준에 관한 규칙」 제11조)

구분	도로율
주거지역	15% 이상 30% 미만. 이 경우 간선도로의 도로율은 8% 이상 15% 미만이어야 한다.
상업지역	25% 이상 35% 미만. 이 경우 간선도로의 도로율은 10% 이상 15% 미만이어야 한다.
공업지역	8% 이상 20% 미만. 이 경우 간선도로의 도로율은 4% 이상 10% 미만이어야 한다.

94 「도시재정비 촉진을 위한 특별법」에 따른 재정비촉진지구의 유형 구분에 해당하지 않는 것은?

① 주거지형
② 중심지형
③ 고밀복합형
④ 저밀복합형

정답 89 ③ 90 ② 91 ④ 92 ③ 93 ② 94 ④

●해설

재정비촉진지구의 종류

구분	내용
주거지형	노후 · 불량주택과 건축물이 밀집한 지역으로서 주로 주거환경의 개선과 기반시설의 정비가 필요한 지구
중심지형	상업지역 · 공업지역 또는 역세권 · 지하철역 · 간선도로의 교차지 등으로서 토지의 효율적 이용과 도심 또는 부도심 등의 도시기능의 회복이 필요한 지구
고밀복합형	주요 역세권, 간선도로의 교차지 등 양호한 기반시설을 갖추고 있어 대중교통 이용이 용이한 지역으로서 도심 내 소형 주택의 공급 확대, 토지의 고도이용과 건축물의 복합개발이 필요한 지구

95 건축법령상 용도별 건축물의 연결이 틀린 것은?

① 단독주택 : 다중주택
② 공동주택 : 다가구주택
③ 제1종 근린생활시설 : 의원
④ 의료시설 : 병원

●해설

다가구주택은 단독주택에 해당한다.

96 과밀부담금에 관한 설명으로 옳은 것은?

① 과밀부담금은 건축비의 100분의 20으로 하는 것을 원칙으로 한다.
② 건축물 중 주차장의 용도로 사용되는 건축물은 부담금을 감면할 수 없다.
③ 과밀부담금은 부과 대상 건축물이 속한 지역을 관할하는 시 · 도지사가 부과 · 징수한다.
④ 과밀부담금에 반영되는 건축비는 기획재정부장관이 고시하는 표준건축비를 기준으로 산정한다.

●해설

① 부담금은 건축비의 100분의 10으로 한다.
② 건축물 중 주차장, 주택, 직장어린이집 및 국가나 지방자치단체에 기부채납되는 시설에 대하여는 부담금을 감면한다.

④ 건축비는 국토교통부장관이 고시하는 표준건축비를 기준으로 산정한다.

97 시 · 도 도시계획위원회의 구성 기준으로 옳은 것은?(단, 공동으로 도시계획위원회를 설치하는 경우는 고려하지 않는다.)

① 위원장 및 부위원장 각 1명을 포함한 15명 이상 25명 이하의 위원으로 구성한다.
② 위원장 및 부위원장 각 1명을 포함한 25명 이상 30명 이하의 위원으로 구성한다.
③ 위원장 1명과 부위원장 2명을 포함한 20명 이상 25명 이하의 위원으로 구성한다.
④ 위원장 1명과 부위원장 2명을 포함한 25명 이상 30명 이하의 위원으로 구성한다.

●해설

시 · 도 도시계획위원회의 구성 및 운영(「국토의 계획 및 이용에 관한 법률 시행령」 제111조)
시 · 도 도시계획위원회는 위원장 및 부위원장 각 1명을 포함한 25명 이상 30명 이하의 위원으로 구성한다.

98 「주택법」에 따른 용어의 정의가 틀린 것은?

① 공동주택이란 건축물의 벽 · 복도 · 계단이나 그 밖의 설비 등의 전부 또는 일부를 공동으로 사용하는 각 세대가 하나의 건축물 안에서 각각 독립된 주거생활을 할 수 있는 구조로 된 주택을 말한다.
② 민영주택이란 국민주택을 제외한 주택을 말한다.
③ 도시형 생활주택이란 150세대 미만의 국민주택규모에 해당하는 주택을 말한다.
④ 에너지 절약형 친환경주택이란 저에너지 건물조성기술 등 대통령령으로 정하는 기술을 이용하여 에너지 사용량을 절감하거나 이산화탄소 배출량을 저감할 수 있도록 건설된 주택을 말한다.

●해설

도시형 생활주택의 정의(「주택법」 제2조)
300세대 미만의 국민주택 규모에 해당하는 주택으로서 대통령령으로 정하는 주택을 말한다.

99 다음 중 「도시 및 주거환경정비법」에 따른 정비기반시설에 해당하지 않는 것은?(단, 주거환경 개선사업을 위하여 지정·고시된 정비구역에 설치하는 공동이용시설로 시장·군수 등이 관리하는 것으로 포함된 시설은 제외한다.)

① 상하수도   ② 공공공지
③ 비상대피시설   ④ 도서관

해설

도시·군계획시설 중 대통령령으로 정하는 주요 정비기반시설 및 공동이용시설(「도시 및 주거환경정비법 시행령」 제77조)
도로, 상·하수도, 공원, 공용주차장, 공동구, 녹지, 하천, 공공공지, 광장

100 다음 중 수도권정비위원회의 위원장은?

① 국무총리   ② 기획재정부장관
③ 국토교통부장관   ④ 서울특별시장

해설

수도권정비위원회의 구성(「수도권정비계획법」 제22조)
• 위원회는 위원장을 포함한 20명 이내의 위원으로 구성한다.
• 위원장은 국토교통부장관이 된다.

1과목 | 도시계획론

01 우리나라의 제3차 국가 GIS 사업(2006~2010)의 기본 방향에 해당하지 않는 것은?

① GIS 기반 전자정부 구현
② GIS를 이용한 뉴비즈니스 창출
③ 유비쿼터스 환경을 지향한 지능형 국토건설
④ 국가 공간정보의 디지털 구축 초석 마련

● 해설

국가 공간정보의 디지털 구축 초석 마련은 이미 구현된 사항으로서 3차 사업의 목표에 맞지 않다.

02 다음 중 쇼버그(G. Sjoberg)가 정의한 도시의 의미로 옳은 것은?

① 지적 엘리트를 포함한 각종 비농업적 전문가가 많으며 상당한 규모의 인구와 인구밀도를 갖는 공동체
② 주민의 대부분이 공업적 또는 상업적인 영리수입에 의해 생활하고 정주하는 곳
③ 농촌에 비해 전문직 종사자가 많고 인공 환경이 우월하며 인구구성의 이질성이 강한 곳
④ 도시의 결정요인은 예술 · 문화 · 종교 · 민주적인 정치형태이며, 평등한 시민이 활기에 차 있는 곳

● 해설

② 막스 베버(M. Weber)의 도시 정의
③ 워스(L. Wirth)의 도시 정의
④ 멈포드(L. Mumford)의 도시 정의

03 계획인구의 산정 방법 중 과거 추세에 의한 방법이 아닌 것은?

① 로지스틱 곡선법
② 집단생잔법
③ 지수함수법
④ 최소자승법

● 해설

과거 추세를 가지고 인구를 예측하는 방법은 비요소모형에 해당한다. 집단생잔법의 경우에는 출생률, 사망률, 인구이동 등을 고려한 요소모형에 해당한다.

04 토지이용 관련 이론 중 동심원지대이론에 대한 설명으로 틀린 것은?

① 제3지대는 근로자 주거지대에 해당한다.
② 일반적인 구조는 5개의 동심원으로 구성된다.
③ 호이트가 1939년 논문을 통해 독자적으로 전개한 이론이다.
④ 도시 성장의 일반적인 과정 속에는 집중과 분산의 개념이 동시에 포함된다고 본다.

● 해설

호이트가 1939년 논문을 통해 독자적으로 전개한 이론은 선형이론이다.

05 1920년대에 르 코르뷔지에가 제안한 현대도시 계획안에서의 도시계획과 설계 이론을 구성하는 요소에 해당하지 않는 것은?

① 수직적 건물구성
② 고층 건물 사이의 충분한 녹지공간
③ 보차접근의 분리
④ 도시 중심부의 대규모 상징적 오픈스페이스

● 해설

르 코르뷔지에(Le Corbusier)의 빛나는 도시(The Radiant City)의 도시계획 및 설계 구성요소
• 도시의 과밀 완화(도심인구밀도=3,000/ha, 주변인구밀도=300/ha)
• 도심의 고밀도화, 고층화로 거주밀도를 높임(0.5mile의 인동간격)
• 공지면적을 넓혀 수목면적을 높임(건폐율 5%의 오픈스페이스 확보)
• 교통수단의 확충(철도, 비행기 교통을 포함한 입체교통센터를 배치)

06 다음 중 아래의 설명에 해당하는 시스템은?

도시를 대상으로 하는 공간자료와 속성자료를 통합하여 토지 및 시설물의 관리, 도로의 계획 및 보수, 자원활용 및 환경보존 등 다양한 사용목적에 맞게 구축된 공간정보 데이터베이스로, 행정체계·도로·건물의 형상 및 면적·인구·지명 등의 속성자료로 구성되어 있다.

① UIS(Urban Information System)
② GPS(Global Positioning System)
③ KLIS(Korea Land Information System)
④ KOPSS(Korea Planning Support System)

해설
도시정보시스템(UIS, UGIS)은 도시를 대상으로 한 GIS 체계로 도시정보를 컴퓨터로 일괄 관리, 검색, 분석, 집계하여 도시 서비스를 증진하는 시스템을 말한다.

07 경관의 유형 구분이 틀린 것은?

① 경관자원의 특성에 따라 크게 자연경관, 인공경관으로 구분할 수 있다.
② 경관자원의 형태에 따라 점적인 형태, 선적인 형태, 면적인 형태로 구분할 수 있다.
③ 경관의 대상 범위에 따라 광역적 경관, 도시적 경관, 시가지 경관, 지구적 경관으로 분류할 수 있다.
④ 경관의 현상에 따라 부감경, 양감경, 수평경으로 분류할 수 있다.

해설
경관의 현상에 따라 정지장면(Scene) 경관, 연속장면(Sequence) 경관, 장의경관, 변천경관으로 나누어진다. 부감경, 양감경, 수평경의 분류는 시점에 따른 분류이다.

08 환지방식으로 도시개발사업을 시행할 때 환지설계에 있어 환지규모를 결정하는 방법에 해당하지 않는 것은?

① 평가식   ② 면적식
③ 절충식   ④ 서열식

해설
환지설계방식
평가식 환지(가격기준＝원칙), 면적식 환지(면적기준), 절충식

09 옹호적 계획(Advocacy Planning)에 대한 설명이 틀린 것은?

① 다비도프(Davidoff)에 의해 주창된 옹호적 계획은 피해구제절차(Adversary Procedures)와 같은 사회제도를 계획개념으로 수용한 것이라고 할 수 있다.
② 계획의 직접적 영향을 받는 사람들조차도 무관심한 계획안으로부터 발생할 수 있는 이익을 주민의 관점에서 옹호한다.
③ 이론상으로 사회는 너무 많은 차원의 가치가 혼재하고 있는 공간이기 때문에 복수의 다원적인 계획보다는 단일 계획안을 수립하는 것이 바람직하다고 본다.
④ 계획이 일방적으로 공공의 이익을 규정하는 전통을 타파하는 데 성공적이었다.

해설
옹호적 계획(Advocacy Planning)에서는 다원적인 가치가 혼재하고 있는 사회에서 단일 계획안보다는 복수의 다원적인 계획안들을 수립하는 것이 바람직하다고 본다.

10 우리나라 국토종합계획의 배경에 대한 아래 내용에서 ㉠~㉣에 들어갈 말이 차례대로 모두 옳은 것은?

구분	계획 배경
(㉠)국토종합계획	국력의 신장과 공업화 추진
(㉡)국토종합계획	국토균형발전, 동북아의 중심국가로 도약하기 위한 개방형 통합국토 구축
(㉢)국토종합계획	국민생활환경의 개선과 수도권의 과밀 완화
(㉣)국토종합계획	사회간접자본시설의 미흡에 따른 경쟁력 강화와 자율적 지역개발 전개

① ㉠ 제1차, ㉡ 제2차, ㉢ 제3차, ㉣ 제4차
② ㉠ 제1차, ㉡ 제3차, ㉢ 제4차, ㉣ 제2차
③ ㉠ 제1차, ㉡ 제3차, ㉢ 제2차, ㉣ 제4차
④ ㉠ 제1차, ㉡ 제4차, ㉢ 제2차, ㉣ 제3차

● 해설

구분	계획 배경
제1차 국토종합계획	국력의 신장과 공업화 추진
제4차 국토종합계획	국토균형발전, 동북아의 중심국가로 도약하기 위한 개방형 통합국토 구축
제2차 국토종합계획	국민생활환경의 개선과 수도권의 과밀 완화
제3차 국토종합계획	사회간접자본시설의 미흡에 따른 경쟁력 강화 와 자율적 지역개발 전개

11 용도지역에 대한 설명으로 틀린 것은?

① 「국토의 계획 및 이용에 관한 법률」에 따라 도시지역, 관리지역, 농림지역, 자연환경 보전지역으로 구분한다.
② 도시지역은 주거지역, 상업지역, 공업지역으로 구분한다.
③ 근린지역에서의 일용품 및 서비스의 공급을 위하여 필요한 지역에 대해서 근린상업지역으로 지정이 가능하다.
④ 토지의 이용 및 건축물의 용도, 건폐율, 용적률, 높이 등을 제한함으로써 토지를 경제적·효율적으로 이용하고 공공복리의 증진을 도모하기 위하여 서로 중복되지 않게 도시·군관리계획으로 결정한다.

● 해설

도시지역은 주거지역, 상업지역, 공업지역, 녹지지역으로 구분한다.

12 아래의 설명에 해당하는 것은?

• 도시계획 및 개발 시 도시의 소프트웨어적 측면을 중요시하는 경향 중 하나로, 문화, 정보, 미디어 분야 등을 중심으로 관·산·학·연 간의 효과적인 융합이 시너지 효과를 일으킬 수 있는 새로운 산업기반을 갖춘 미래형 도시를 말한다.
• 성공적 조성 사례로 캐나다 서드베리, 프랑스 소피아 앙티폴리스, 스웨덴 시스타 등을 들 수 있다.

① 창조적 혁신도시
② 친환경 생태도시
③ 행정중심복합도시
④ 도시재생

● 해설

창조적 혁신도시
공공기관 지방 이전 시책 등에 따라 수도권에서 수도권이 아닌 지역으로 이전하는 공공기관 등을 수용하는 혁신도시의 건설을 위하여 필요한 사항과 해당 공공기관 및 그 소속 직원에 대한 지원에 관한 사항을 규정함으로써 공공기관의 지방 이전을 촉진하고 국가균형발전과 국가경쟁력 강화에 이바지하고자 계획되었다.

13 주거, 상업, 공업 등의 용도에 따른 규제가 아니고 실제의 토지이용에 기초하여 발생하는 각종 결과를 기준으로 주변에 대한 영향에 따라 규제하고자 하는 방식은?

① 유도지역제
② 계획단위규제
③ 성능지역규제
④ 혼합지역제

● 해설

성능지역규제
주거, 상업, 공업 등의 용도에 따른 규제가 아니고 실제의 토지이용에 기초하여 발생하는 각종 결과를 주변에 대한 영향에 따라 규제하고자 하는 방식

14 도시환경문제에 대한 자각에서 시작된 도시개발 개념으로 브라질의 리우데자네이루에서 개최된 UNCED를 통해 일반화된 것으로, 미래 세대의 필요를 만족시키는 능력을 손상시키지 않으면서 현 세대의 필요를 만족시키는 개발 개념은?

① 지속 가능한 개발
② 유비쿼터스 개발
③ 성장관리적 개발
④ 복합밀도형 개발

〈해설〉

지속 가능한 개발은 환경의 수용능력을 고려하여 그 범위 내에서 개발하는 것으로, 1992년 브라질 리우데자네이루에서 개최된 환경과 개발에 관한 UN 회의(UNCED : United Nations Conference on Environment and Development)를 통하여 '환경적으로 건전하고 지속 가능한 개발(ESSD : Environmentally Sound and Sustainable Development)'의 개념이 일반화되었다.

15 아래의 설명에 해당하는 우리나라 신라시대의 가장 대표적인 도시는?

> 월성(月城)을 축조하여, 이를 중심으로 각 처에 수많은 궁전과 관아, 귀족들의 저택, 분황사와 황룡사 등 웅장한 대사찰과 불탑들이 신라문화를 장식하였다.

① 광주   ② 진주
③ 공주   ④ 경주

〈해설〉

경주는 신라문화를 대표하는 도시이며, 분황사와 황룡사 등 웅장한 대사찰과 불탑들의 건립이 활발하게 이루어졌다.

16 도시 내 한 지역에서 통행거리를 감소시키기 위한 교통계획 사항과 거리가 먼 것은?

① 직장과 주거기능의 적절한 혼합
② 다양한 근린시설들의 입지
③ 용도지역의 철저한 분리
④ 근린시설로의 접근성 제고

〈해설〉

직주근접(직장과 주거의 근접) 등을 통한 통행거리 감소를 위해서는 용도 간 복합화를 통한 통합개발이 필요한바, 용도지역의 철저한 분리는 해당 사항과 거리가 멀다.

17 로마시대의 도시계획 및 도시의 특성에 대한 설명이 옳은 것은?

① 인슐라(Insula)는 로마사회에서 특권이 높은 계층이 사는 중층의 건물로, 도괴 방지를 위해 건물의 높이를 제한하였다.
② 포럼(Forum)은 도시 외곽에 설치된 신전을 모시는 공간이다.
③ 정치·경제적인 목적으로 건설된 도시 중 콜로니아(Colonia)로 불리는 도시들은 주민이 로마와 같은 시민권을 가졌다.
④ 수도 로마는 지형 조건의 제약 때문에, 도로와 하수도 체계를 제대로 갖추지 못했다.

〈해설〉

① 인슐라(Insula)는 로마사회에서 서민층이 사는 중층의 건물로, 도괴 방지를 위해 건물의 높이를 20m 이하로 제한하였다.
② 포럼(Forum)은 도시 중심에 설치된 신전을 모시는 공간이다.
④ 로마시대의 콘크리트 개발에 따라 토목공학이 발전하여 수도 로마에서는 도로, 교량, 상수도 건설 등이 활성화되었다.

18 지역사회가 필요로 하는 복합사무실, 연구소, 다세대주택 등을 위한 용도로 토지이용을 목적으로 집중 Zoning이나 PUD(Planned Unit Development)에 있어 주로 사용하며, 조례상에는 특정한 용도지구로 설정하고 그 요건을 미리 정하지만 구체적으로 어디에 설정할지는 유보하는 것을 의미하는 기법은?

① 계약용도지역(Contract Zoning)
② 조건부용도지역(Conditional Zoning)
③ 부동지역지구(Floating Zoning District)

정답 14 ① 15 ④ 16 ③ 17 ③ 18 ③

④ 누적지역지구(Cumulative Zoning District)

해설

부동지역제(Float Zoning)
- 적용특례나 특례조치는 Zoning의 완결을 전제로 개별 용도 차원에서 이루어지지만, 부동지역제는 Zoning의 결정에 탄력성을 부여할 목적으로 용도지역 차원에서 이루어지는 특례조치이다.
- 이 용도지구는 자치단체구역 내의 여기저기를 '부동(浮動)'한다. Zoning 조례가 요건을 만족시키는 용도가 신청되면 그 시점에 Zoning 도면상에 '고정'된다.
- PUD, 대형 쇼핑센터 등 특정 개발자의 구체적 제안을 지방자치단체 및 의회의 협의를 거쳐 유연하게 적용하는 용도지역제이다.

19 통행 기종점표에 나타난 존 간 통행량의 신뢰성을 검증하기 위한 조사는?

① 쿼터라인 조사
② 대중교통 통행조사
③ 스크린라인 조사
④ 보행자 통행조사

해설

스크린라인 조사(Screen Line 조사, 검사선조사)
통행량의 신뢰성을 검증하기 위해 조사지역 내에서 조사된 교통량의 정밀도를 점검하고 수정·보완하는 교통량 조사기법이다.

20 다음 중 순수공공재의 특성과 관련이 없는 것은?

① 배제의 원칙
② 공동소비
③ 소비의 비경합성
④ 무임승차문제

해설

배제의 원칙(배제성)은 가격을 지불하지 않은 사람이 해당 재화를 소비하지 못하게 한다는 원칙으로서 사익재를 설명하는 원칙(특성)이다.

2과목 도시설계 및 단지계획

21 지구단위계획 중 특별계획구역의 지정대상에 해당하지 않는 것은?

① 순차개발하는 경우 후순위개발 대상지역
② 공공사업 시행 이외의 모든 사업에 대하여 지구단위계획구역의 지정 목적을 달성하기 위하여 필요한 경우
③ 지구단위계획구역 안의 일정 지역에 대하여 우수한 설계안을 반영하기 위하여 현상설계 등을 하고자 하는 경우
④ 하나의 대지 안에 여러 동의 건축물과 다양한 용도를 수용하기 위하여 특별한 건축적 프로그램을 만들어 복합적 개발을 하는 것이 필요한 경우

해설

특별계획구역의 지정대상은 모든 사업에 해당하는 것이 아닌 하나의 대지 안에 여러 동의 건축물과 다양한 용도를 수용하기 위해 특별한 건축 프로그램에 의한 복합적 개발이 필요한 경우 등에 한한다.

22 광장의 결정기준에서 교통광장에 해당하지 않는 것은?

① 주요시설광장
② 지하광장
③ 교차점광장
④ 역전광장

해설

교통광장에는 교차점 광장, 역전광장, 주요 시설 광장 등이 있으며, 지하광장의 경우는 교통광장과 별도로 구분된다.

23 도로의 폭원을 기준으로 한 대로 3류의 규모 기준이 옳은 것은?

① 12m 이상 15m 미만
② 15m 이상 20m 미만
③ 20m 이상 25m 미만
④ 25m 이상 30m 미만

해설

① 중로 3류, ② 중로 2류, ③ 중로 1류

24 래드번(Radburn) 계획의 기본 원리가 아닌 것은?

① 슈퍼블록(Super Block)을 구성하였다.
② 주택들은 쿨데삭형 가로망으로 연결되었다.
③ 건물은 저층화·저밀도로 계획하였다.
④ 보도와 차도의 분리가 가능하였다.

●해설
래드번 계획은 슈퍼블록(Super Block)을 형성하였으며, 이에 따라 고층화·고밀도로 계획하는 것을 기본 원리로 한다.

25 지구단위계획구역의 지정 및 지구단위계획 수립을 위해 실시하여야 하는 기초조사를 실시하지 아니할 수 있는 경우가 아닌 것은?

① 해당 지구단위계획구역이 도심지(상업지역과 상업지역에 인접한 지역)에 위치하는 경우
② 해당 지구단위계획구역의 지정목적이 해당 구역을 정비 또는 관리하고자 하는 경우로서 지구단위계획의 내용에 폭 15m 이상 도로의 설치계획이 있는 경우
③ 해당 지구단위계획구역이 다른 법률에 따라 지역·지구 등으로 지정되거나 개발계획이 수립된 경우
④ 해당 지구단위계획구역 안의 나대지 면적이 구역 면적의 2%에 미달하는 경우

●해설
당해 구역을 정비 또는 관리하고자 하는 경우로서 너비 12m 이상의 도로의 설치계획이 없는 경우 기초조사를 하지 아니할 수 있다.

26 주거형 지구단위계획에서 단독주택용지의 가구 및 획지 계획 기준으로 틀린 것은?

① 획지의 형상은 건축물의 규모와 배치, 인동간격, 높이, 토지이용, 차량동선, 녹지공간의 확보 등을 고려하여 장방형 또는 정방형의 형태로 결정하되, 가능하면 남북방향으로의 긴 장방형으로 한다.

② 단독주택용 획지로 구성된 소가구는 근린의식 형성이 용이하도록 10~24획지 내외로 구성하며 장변이 120m를 초과할 경우에는 장변 중간에 보행자도로를 삽입하는 것이 좋다.
③ 대가구의 규모는 어린이놀이터 하나를 유치하는 거리로 반경 300m를 기준으로 한다.
④ 대가구 내 도로계획은 단조로움과 통과교통 방지를 위하여 3지 교차도로 및 루프(Loop)형 도로를 배치한다.

●해설
대가구의 규모는 어린이놀이터 하나를 유치하는 거리로 반경 100~150m를 기준으로 한다.

27 「도시공원 및 녹지 등에 관한 법률」상 개발제한구역 및 녹지지역을 제외한 도시지역 안에 있어서의 도시공원의 확보기준은 해당 도시지역 안에 거주하는 주민 1인당 최소 얼마 이상을 기준으로 하는가?

① 2m²   ② 3m²
③ 4m²   ④ 6m²

●해설
도시공원의 면적기준(「도시공원 및 녹지 등에 관한 법률 시행규칙」 제4조)
• 하나의 도시지역 안에 있어서의 도시공원의 확보기준은 해당 도시지역 안에 거주하는 주민 1인당 6m² 이상
• 개발제한구역 및 녹지지역을 제외한 도시지역 안에 있어서의 도시공원의 확보기준은 해당 도시지역 안에 거주하는 주민 1인당 3m² 이상

28 도시설계와 관련된 공간 척도에 대한 설명이 틀린 것은?

① 르네상스 시대의 건축가인 알베르티는 광장의 경우, 장변과 단변의 비는 2 : 1, 주변 건물의 높이는 광장 단변폭의 3분의 1 또는 7분의 2 이하가 적당하다고 하였다.
② 19세기 독일의 건축가 메르텐스는 건물과 시점 간의 거리(D)와 건물 높이(H)의 비율 $D/H = 2$,

앙각 45°에서 건축을 전체적으로 파악할 수 있다고 하였다.

③ 헷지맨과 피츠는 건축높이의 약 2배만큼의 거리에서 보지 않으면, 건축을 전체로서 볼 수 없다고 하였다.

④ 요시노부 아시하라는 도로폭보다 작은 치수의 점포폭이 반복될 때 가로는 활기에 넘친다고 하였다.

● 해설

19세기 독일의 건축가 메르텐스는 건물과 시점 간의 거리(D)와 건물 높이(H)의 비율 $D/H = 4$, 앙각 14°에서 건축을 전체적으로 파악할 수 있다고 하였다.

29 「주택건설기준 등에 관한 규정」상 소음방지대책의 수립과 관련하여, 공동주택을 건설하는 지점의 소음도 기준으로 옳은 것은?

① 35dB 미만　　　② 45dB 미만
③ 55dB 미만　　　④ 65dB 미만

● 해설

소음방지대책의 수립(「주택건설기준 등에 관한 규정」 제9조)
사업주체는 공동주택을 건설하는 지점의 소음도가 65dB 미만이 되도록 하되, 65dB 이상인 경우에는 방음벽·수림대 등의 방음시설을 설치하여 해당 공동주택의 건설지점의 소음도가 65dB 미만이 되도록 소음방지대책을 수립하여야 한다.

30 뉴어바니즘(New Urbanism)의 원칙에 어긋나는 것은?

① 대중교통을 중심으로 지역의 성장한계를 압축적으로 조직한다.
② 도시의 밀도, 주거형태 등에 있어 다양성을 추구한다.
③ 공공장소는 지역 주민의 활동과 건물의 방향을 고려하여 배치한다.
④ 토지이용은 기능분리의 원칙을 적용하여 단일 용도의 개발을 추진해야 한다.

● 해설

뉴어바니즘(New Urbanism)은 복합적 토지이용를 통한 복합용도개발(Mixed Use)을 기본원칙으로 한다.

31 토지이용계획을 수립함에 있어 정량적인 예측변수에 해당하지 않는 것은?

① 가구규모　　　② 인구규모
③ 고용자 수　　　④ 생활양식의 변화

● 해설

생활양식의 변화는 정성적(비계량적) 예측변수에 해당한다.

32 해미드 쉬라바니(Hamid Shiravani)가 제시한 도시설계의 규범적 접근방식(Canonic Approach)의 분류에 포함되지 않는 것은?

① 개괄적 방법(The Synoptic Method)
② 점진적 방법(The Incremental Method)
③ 단편적 방법(The Fragmental Process)
④ 체계적 방법(The Systematic Approach)

● 해설

해미드 쉬라바니(Hamid Shiravani)는 개괄적 방법(The Synoptic Method), 점진적 방법(The Incremental Method), 단편적 방법(The Fragmental Process)으로 도시설계의 규범적 접근방식(Canonic Approach)을 분류하였다.

33 주차장 설계 시 고려사항인 각도주차 방식에 대한 설명이 틀린 것은?

① 30° 전진주차는 차로 진행방향으로 긴 주차폭이 필요하다.
② 45° 교차식 주차형식은 1대당 최소 주차 소요면적이 작은 편이다.
③ 각도주차는 주차 및 발차 시 다른 자동차의 간섭을 적게 받는다는 이점이 있다.
④ 90° 전진주차의 경우, 45° 전진주차 방식보다 1대당 최소 주차 소요면적이 작다.

정답　29 ④　30 ④　31 ④　32 ④　33 전항 정답

해설

② 45° 교차식 주차형식은 1대당 최소 주차 소요면적이 큰 편이다.
③ 각도주차는 주차 및 발차 시 다른 자동차의 간섭을 많이 받는다는 단점이 있다.
※ 해당 문제는 ②, ③이 틀린 지문으로서 전항 정답 처리된 문제이다.

34 해미드 쉬라바니(Hamid Shiravani)가 제시한 도시설계의 요소에 해당하지 않는 것은?

① 보존(Preservation)
② 토지이용(Land Use)
③ 환경의 질(Quality of Environment)
④ 건물형태와 매싱(Building Form and Massing)

해설

해미드 쉬라바니(Hamid Shiravani)가 제시한 도시설계의 요소에는 토지이용(Land Use), 건물형태와 매싱(Building Form and Massing), 보존(Preservation) 등이 있다.

35 공동주택을 건설하는 주택단지에서 기간도로와 접하거나 기간도로로부터 당해 단지에 이르는 진입도로의 폭 기준이 주택단지의 총 세대수에 따라 옳게 연결된 것은?

① 300세대 미만 : 4m 이상
② 300세대 이상 500세대 미만 : 8m 이상
③ 500세대 이상 1천세대 미만 : 15m 이상
④ 1천세대 이상 2천세대 미만 : 20m 이상

해설

진입도로 최소폭원

세대수	1~300 세대	300~500 세대	500~1,000 세대	1,000~2,000 세대	2,000 세대 이상
진입도로 폭(m)	6	8	12	15	20

36 경관 분석을 위해 구역의 넓이, 분석의 정밀도등에 따라 그리드(Grid)의 크기를 나누고 등급화하여 등급별 그리드 수에 의해 경관의 특색을 도출하는 경관 분석방법은?

① 심미적 방법
② 기호화 방법
③ 생태학적 방법
④ 메시(Mesh)에 의한 방법

해설

경관 분석을 위해 구역의 넓이, 분석의 정밀도 등에 따라 그리드(Grid)의 크기를 나누고 등급화하여 경관을 분석하는 방법은 메시(Mesh)에 의한 방법이다.

37 등고선 간격이 2m이고, 경사도가 4%일 때 수평거리는 얼마인가?

① 5m
② 20m
③ 50m
④ 200m

해설

등고선에서 수평거리 계산

$$경사도 = \frac{등고선\ 간격(표고차)}{수평거리(등고선\ 간의\ 거리)} \times 100$$

$$수평거리 = \frac{등고선\ 간격}{경사도} \times 100$$

$$= \frac{2m}{4\%} \times 100\% = 50m$$

38 도보권 근린공원의 유치거리와 규모 기준이 모두 옳은 것은?

① 500m 이하 30,000m² 이상
② 500m 이하 50,000m² 이상
③ 1,000m 이하 30,000m² 이상
④ 1,000m 이하 50,000m² 이상

해설

도보권 근린공원은 이용자들이 도보로서 공원을 이용할 수 있는 거리(1,000m 이하)로 계획되어야 하며, 3만m² 이상의 규모를 가져야 한다.

39 공동구의 설치로 인한 이점으로 가장 거리가 먼 것은?

① 도시미관의 향상을 도모할 수 있다.
② 수용시설의 유지관리가 용이하다.
③ 매설물의 최초 설치비용을 절감할 수 있다.
④ 빈번한 노면 굴착을 방지할 수 있다.

◯해설
공동구는 도시미관 등을 향상시킬 수 있으나 초기 설치비용이 크다는 단점을 가지고 있다.

40 근린주구단위(Neighborhood Unit)라는 개념을 정립하고 초등학교 학구를 기준으로 하는 커뮤니티 구성을 제안한 사람은?

① C. A. Perry
② G. Golany
③ Ruth Glass
④ Suzzane Keller

◯해설
근린주구이론의 기본단위
페리(C. A. Perry)의 근린주구이론은 초등학교 학구를 기준단위로 설정하며 이는 반경 약 400m, 최대 통학거리 800m를 기준으로 한다.

3과목 도시개발론

41 도시개발구역의 지정에 관한 내용으로 옳은 것은?

① 기초조사, 도시계획위원회의 심의, 공청회, 국토교통부장관의 승인, 고시의 순서로 이루어진다.
② 기초조사는 대통령령이 정하는 바에 따라 시행하지 아니할 수 있다.
③ 도시개발구역이 지정·고시된 경우 해당 구역은 도시지역과 대통령령으로 정하는 지구단위계획구역으로 결정되어 고시된 것으로 본다.
④ 도시개발구역을 지정하거나 개발계획을 변경하고자 하는 때에는 중앙도시계획위원회 또는 시·도 도시계획위원회의 심의를 거쳐야 한다.

◯해설
① 기초조사, 도시개발구역 수립 및 지정(국토교통부장관등 지정권자), 주민 등의 의견청취(공청회), 도시계획위원회의 심의, 도시개발구역의 고시의 순서로 이루어진다.
② 기초조사는 대통령령이 정하는 바에 따라 시행할 수 있다.

42 다음 ( ) 안의 내용이 순서대로 모두 옳은 것은?

- 타인자본 때문에 발생되는 이자가 지렛대의 역할을 하여 영업이익의 변화에 대한 순이익의 변화폭이 커지는 현상을 ( )(이)라고 한다.
- ( )은(는) 기업의 자본구조를 설명하는 영향력 있는 이론 중 하나로, 기업이 영업활동에 필요한 자금을 조달함에 있어 그 원천에 대해 특정 우선순위를 가진다는 이론이다.
- ( )은(는) 소유와 경영이 분리된 기업환경하에서 수탁책임을 가지는 경영자들이 주체인 주주들이 원하는 목적과 다른 목적을 추구함으로써 문제가 발생한다는 이론이다.

① 지렛대 효과, 대리인이론, 상충이론
② 지렛대 효과, 자본조달순서이론, 대리인이론
③ 지렛대 효과, 자본조달순서이론, 상충이론
④ 지렛대 효과, 경영인이론, 자본조달순서이론

◯해설
- 레버리지 효과(지렛대 효과, Leverage Effect) : 타인자본 때문에 발생하는 이자가 지렛대 역할을 하여 영업이익의 변화에 대한 주당이익의 변화폭이 더욱 커지는 현상을 말한다.
- 자본조달순서이론 : 상충이론과 더불어 기업의 자본구조를 설명하는 영향력 있는 이론 중 하나로, 기업이 영업활동에 필요한 자금을 조달함에 있어 특정 우선순위를 가진다고 설명한 이론이다.
- 대리인이론 : 소유와 경영이 분리된 기업환경하에서 수탁책임을 가지는 경영자들이 주체인 주주들이 원하는 기업가치의 극대화보다는 기업의 외형적 성장, 매출액의 극대화, 경영자의 사적 이득을 추구함으로써 발생하는 대리인의 문제를 설명한 이론이다.

---

43 토지의 혼합적 이용에 따른 장점이 아닌 것은?

① 에너지 낭비의 감소
② 도심지의 평면적 확산 방지
③ 직주근접을 통한 교통난 완화
④ 토지용도 구분의 단순화에 따른 외부불경제 효과 감소

해설
토지의 혼합적 이용은 토지용도의 복합화에 따른 외부불경제 효과 감소를 기대할 수 있다.

44 아래의 ㉠과 ㉡에 들어갈 말이 모두 옳은 것은?

> 도시개발구역을 지정하는 자가 환지방식에 대한 개발계획을 수립하려면 환지방식이 적용되는 지역의 토지면적의 (㉠) 이상에 해당하는 토지소유자와 그 지역의 토지소유자 총수의 (㉡) 이상의 동의를 받아야 한다.

① ㉠ 2/3, ㉡ 2/3
② ㉠ 2/3, ㉡ 1/2
③ ㉠ 1/2, ㉡ 1/2
④ ㉠ 1/2, ㉡ 2/3

해설
지정권자가 환지방식의 도시개발계획을 수립할 때(도시개발구역의 지정) 환지방식을 적용하려면 토지면적의 2/3 이상에 해당하는 토지소유자와 그 지역의 토지소유자 총수의 1/2 이상의 동의를 얻어야 한다.(단, 국가, 지방자치단체는 예외)

45 수용 또는 사용방식에 비하여 환지방식이 갖는 장점으로 가장 거리가 먼 것은?

① 기존의 시설 부지를 최대한 반영할 수 있다.
② 조성 후 분양을 통한 수익을 기대할 수 있다.
③ 체비지 매각대금을 통하여 사업비 부담이 경감된다.
④ 최소한의 사업비 투입으로 공공시설을 확보할 수 있다.

해설
환지방식은 택지화가 되기 전 토지의 위치, 지목, 면적, 등급, 이용도 등의 필요사항을 고려하여 택지개발 후 개발된 감소 토지를 토지소유자에게 재배분하는 것으로서, 분양에 따른 시세 차익(수익)을 기대하기는 어렵다.

46 마케팅 전략수단인 4Ps 전략의 4Cs 전략으로의 전환 내용이 옳은 것은?

① 홍보(Promotion) → 의사소통(Communication)
② 상품(Product) → 편리성(Convenience)
③ 가격(Price) → 소비자(Customer)
④ 장소(Place) → 비용(Cost to the Customer)

해설

4P(마케팅 구성요소)	4C(수요자 입장)	
제품(Product)	소비자 가치 (Customer Value)	소비자가 원하는 제품
가격(Price)	소비자 비용 (Cost of the Customer)	소비자 지불 적정 가격
장소(Place)	편리성 (Convenience)	소비자의 접근성
홍보 (Promotion)	의사소통 (Communication)	소비자와의 소통

47 지분조달방식과 비교하여 부채조달방식이 갖는 단점으로 옳은 것은?

① 원리금 상환부담이 존재한다.
② 기업가치의 불안정으로 매매 활성화에 한계가 있다.
③ 조달 규모의 증대로 소유주의 지분 축소가 불가피하다.
④ 자본시장의 여건에 따라 조달이 민감한 영향을 받는다.

해설
②, ③, ④는 지분조달방식의 단점이다.

48 도시 마케팅에서 필수적인 고려사항과 가장 거리가 먼 것은?

① 도시자족성
② 도시운영성과
③ 도시경쟁력
④ 아이디어 및 차별성

해설
도시운영성과는 도시 마케팅 과정에서의 필수 고려사항이 아닌, 마케팅의 결과로서 나오는 산출물이다.

49 대중교통중심개발(TOD)에 대한 설명이 틀린 것은?

① 철도역, 버스정류장 등 대중교통역과 대중교통 노선의 거점을 중심으로 저밀도로 개발하여 쾌적성을 추구한다.
② 대중교통수단으로의 보행접근거리 및 시간을 단축시킴으로써 자동차에 의한 의존도를 줄일 수 있도록 한다.
③ 대중교통의 이용률을 높임으로써 교통혼잡과 도시 에너지 소비를 경감시킬 수 있도록 한다.
④ 생태적으로 민감한 지역이나 수변지, 양질의 자연환경을 보전하기 위하여 양호한 공지의 보전을 추구한다.

해설
철도역, 버스정류장 등 대중교통역과 대중교통 노선의 거점을 중심으로 고밀도로 개발하여 쾌적성을 추구한다.

50 신도시의 개발 목적으로 가장 거리가 먼 것은?

① 저개발지역의 발전을 촉진하여 지역발전의 거점으로 성장시키고자 하는 경우
② 대도시에 인구나 산업의 집중을 꾀하고자 하는 경우
③ 새로운 산업기지로 발전시켜 고용기회를 확대하고 주민의 소득증대를 꾀하고자 하는 경우
④ 국가적 필요에 따라 신수도로 활용하기 위하여 도시를 새로 개발하는 경우

해설
신도시의 개발 목적 중 하나는 기존 대도시에 집중된 인구나 산업을 분산시키는 데 있다.

51 델파이법(Delphi Method)에 대한 설명이 틀린 것은?

① 조사하고자 하는 특정 사항에 대해 전문가 집단을 대상으로 반복 앙케이트를 통해 의견(직관)을 수집하는 방법이다.
② 우수한 전문가는 전문분야에 대하여 훌륭하게 전망한다는 것, 예측을 하는 데 회의 방식보다 서면을 통한 앙케이트(설문) 방식이 올바른 결론에 도달할 가능성이 높다는 가정을 근거로 삼는다.
③ 토론의 경우 일어나기 쉬운 심리적 교란의 염려가 크다는 단점이 항시 존재한다.
④ 최초의 앙케이트를 반복 수렴하므로 결론을 의미 있게 받아들일 수 있다는 장점이 있다.

해설
델파이법은 토론의 방법이 아닌, 앙케이트(설문조사) 방식에 기초한 방법론이다.

52 일반적으로 도시개발의 유형을 신개발과 재개발로 분류하는 기준은?

① 개발 주체에 따른 분류
② 개발 대상지의 상태에 따른 분류
③ 토지의 용도에 따른 분류
④ 토지의 취득방식에 따른 분류

해설
개발대상지에 따른 분류로서 신개발은 토지를 새롭게 개발하는 형태이며, 재개발은 기존에 개발된 지역에 대해 불량지구 개선, 안전 및 위생환경 개선, 도시기능의 부활 등을 위해 실시하는 사업이다.

53 다음 중 도시 마케팅의 고객이 아닌 것은?

① 주민
② 지방자치단체
③ 투자기업
④ 관광객 및 방문객

해설

지방자치단체는 도시 마케팅의 고객이 아닌, 마케팅을 진행하는 주체라고 볼 수 있다.

54 환지계획구역의 면적이 1,000m², 보류지 면적이 400m², 공공시설을 설치하여 시행자에게 무상귀속되는 토지 면적이 150m²일 때, 환지계획구역의 평균 토지부담률은 약 얼마인가?

① 19.4%
② 29.4%
③ 39.4%
④ 49.4%

해설

$$토지부담률 = \frac{보류지면적 - 시행자에게\ 무상귀속되는\ 공공시설면적}{환지계획구역면적 - 시행자에게\ 무상귀속되는\ 공공시설면적}$$

$$= \frac{400m^2 - 150m^2}{1,000m^2 - 150m^2} \times 100(\%) = 29.41\%$$

55 재개발사업의 시행 방법 중 수복재개발에 대한 설명으로 틀린 것은?

① 현재의 불량·노후상태가 관리나 이용부실로 발생된 경우 본래의 기능을 회복하기 위하여 시행한다.
② 기존 시설을 보존하면서 노후·불량화의 요인만을 제거한다.
③ 소극적인 도시재개발의 대표적인 예이다.
④ 부적당한 기존 환경을 제거하고 새로운 환경으로 대체하는 전형적인 도시재개발의 유형이다.

해설

④는 전면재개발 또는 철거재개발(Redevelopment)에 대한 설명이다.

56 도시개발의 사업성 분석을 위한 사업성 평가지표 중, 순현재가치(FNPV)에 관한 설명으로 옳은 것은?

① 프로젝트로부터 발생하는 할인된 전체 수입을 할인된 전체 비용으로 나눈 값이다.
② 프로젝트로부터 발생하는 수입과 비용을 같게 만들어 주는 할인율이다.
③ 순현재가치가 1보다 크면 프로젝트의 사업성이 있고, 1보다 작으면 프로젝트의 사업성이 없는 것으로 평가한다.
④ 프로젝트로부터 발생하는 할인된 전체 수입에서 할인된 전체 비용을 빼준 값이다.

해설

순현재가치법(Net Present Value)은 편익과 수입 현재가치로 환산하여 그 차이를 보고 수익과 비용의 차이가 0보다 크면 사업성이 있다고 판단한다.

57 도시개발을 신개발과 재개발로 구분할 때, 재개발에 대한 설명이 틀린 것은?

① 재개발은 신개발에 비해 그 절차가 간편하고 시간이 적게 걸린다.
② 재개발은 기존 시가지의 일부를 개수 혹은 재건축하고 시설을 확충하는 개발행위라고 할 수 있다.
③ 재개발의 유형은 재개발 대상의 공간적 범위와 토지이용, 재개발 방식 등에 따라 여러 가지로 나눌 수 있다.
④ 재개발의 일반적인 목적은 주거환경을 개선함으로써 주민의 주거안정을 도모하고 공동체적 삶의 질을 향상시키는 것이다.

해설

재개발은 기존 입주민 등과의 협의 절차 등에 의해 신개발과 비교하여 그 절차가 복잡하고 시간이 많이 소요된다.

58 재건축사업을 위한 정비계획을 수립할 수 있는 해당 지역 조건이 아닌 것은?

① 건축물의 일부가 멸실되어 붕괴나 그 밖의 안전사고의 우려가 있는 지역

② 재해 등이 발생할 경우 위해의 우려가 있어 신속히 정비사업을 추진할 필요가 있는 지역

③ 노후·불량건축물의 수가 전체 건축물 수의 2분의 1이상이고, 노후·불량건축물의 연면적의 합계가 전체 건축물의 연면적 합계의 3분의 2 이상인 지역

④ 노후·불량건축물로서 기존 세대수가 200세대 이상이거나 그 부지면적이 1만m² 이상인 지역

◎해설

정비계획의 입안대상지역(「도시 및 주거환경정비법 시행령」 별표 1)

셋 이상의 아파트 또는 연립주택이 밀집되어 있는 지역으로서, 노후·불량건축물의 수가 전체 건축물 수의 3분의 2이상인 경우(안전진단 실시 결과 전체 주택의 2/3 이상이 재건축이 필요하다고 판정받은 경우)

59 부동산 투자 중 자본의 성격은 대출투자(Debt Financing)이고 운용시장의 형태는 공개시장(Public Market)으로 이루어지는 투자 유형은?

① 부동산 투자회사　② 상업용 저당채권

③ 사모부동산펀드　④ 직접대출

◎해설

① 부동산 투자회사 : 민간시장의 자본투자

③ 사모부동산펀드 : 민간시장의 자본투자 및 대출투자

④ 직접대출 : 민간시장의 자본투자

60 공업화의 진전과 교통수단의 발달 등으로 교외지역의 도시개발이 활성회되며, 이에 따라 신시가지 또는 신도시에 대한 개발수요가 높아지는 도시화의 단계는?

① 교외화 단계　② 도시화 단계

③ 재도시화 단계　④ 반도시화 단계

◎해설

교외화(Stage of Suburbanization, 분산적 도시화)

• 집적함으로써 발생하는 이익과 불이익이 같아질 경우 인구의 교외화가 이루어지는 시기

• 교외화로 인한 도시권의 확장은 기존 도시 중심부의 인구와 산업 등이 교외지나 농촌지역으로 이전함으로써 발생하며 도시 중심부는 인구감소 현상이 발생한다.

• 서울의 도시화 단계는 수도권 전철, 광역교통망 정비 등에 의한 광역교통망의 정비와 교외지역의 신도시 건설에 의해 서울 주변으로 도시화가 확산되고 있는 분산적 도시화 단계이다.

4과목 **국토 및 지역계획**

61 후버와 지아라타니(Hoover & Giarataini)가 주장한 전형적인 문제 지역에 해당하는 설명으로 옳은 것은?

① 낙후지역은 산업화의 수준은 미약하고 인구는 과잉상태로 되어 있는 지역을 말한다.

② 침체지역은 산업화되지 않은 상태에서 인구가 집중하여 전체적인 침체를 겪는 지역이다.

③ 과열성장지역은 인구는 감소하나 산업은 계속 성장하는 지역을 말한다.

④ 번성지역은 인구와 산업이 급속히 성장하는 지역을 말한다.

◎해설

후버와 지아라타니는 낙후지역, 침체지역, 과밀지역을 전형적인 문제지역으로 주장하였다.

구분	내용
낙후지역 (Depressed Area)	산업화의 수준은 미약하고 인구는 과잉상태로 되어 있는 지역
침체지역 (Developed Regions in Recession)	한때는 경제적으로 성장하였으나 여러 가지 경제여건의 변화로 장기적인 경제적 침체단계에 들어간 지역
과밀지역 (Congested Regions)	인구와 산업이 과도하게 집중됨으로써 해당 지역의 재정이나 개발여건으로는 유입되는 인구나 산업의 수용에 요구되는 주택, 학교, 도로, 상하수도 등 도시기반시설을 공급하는 데 한계가 발생하여 도시문제가 일어나는 지역

62 기반부문 고용인구 50,000명, 비기반부문 고용인구 75,000명, 총 인구수가 250,000명일 때 경제기반이론에 의한 기반승수는?

① 0.75 ② 1.5
③ 2.5 ④ 5.0

해설

$$경제기반승수 = \frac{지역\ 총\ 고용인구}{기반부문\ 고용인구}$$
$$= \frac{50,000 + 75,000}{50,000} = 2.5$$

63 프랑스 파리권의 집중억제를 위하여 실시한 정책이 아닌 것은?

① 오스만의 파리대개조계획
② 파리 소재 대학의 지방 이전
③ 신축 건물에 대한 부담금제도
④ 일정 규모 이상 기업체의 신·증축 시 사전허가제 적용

해설

파리대개조계획은 도시환경 개선을 목표로 추진한 도시계획이다.

64 지역계획과정에서 주민 참여의 기대 효과로 가장 거리가 먼 것은?

① 주민요구에 대한 행정책임의 면제
② 주민의 심리적 욕구충족과 주체성 회복
③ 주민의 지지와 협조를 통한 집행의 효율화
④ 주민요구를 통한 행정 수요 파악으로 사업의 우선 순위 결정에 도움

해설

주민요구에 대한 행정책임의 면제 및 강화에 대한 변화는 발생하지 않는다.

65 베버(Alfred Weber)의 공업입지론에서 공장의 최적 입지를 결정하는 세 가지 요인에 해당하지 않는 것은?

① 소비자 규모 ② 노동비
③ 집적의 이익 ④ 운송비

해설

알프레드 베버(A. Weber)의 공업입지이론(최소비용이론, 최소비용법)
• 정주체계이론 중 2차 산업에 대한 입지이론으로 최소비용법이라 한다.
• 수송비, 노동비와 집적이익을 고려하여 생산에 드는 총비용이 최소가 되는 곳에 산업이 입지한다는 이론으로서 입지 결정 인자로는 수송비(운송비), 노동비, 집적이익이 있다.

66 제4차 국토종합계획(2000~2020)에서 설정한 광역권과 그 개발방향이 옳은 것은?

① 부산·울산·경남권 – 환동해경제권의 국제교류 거점 강화
② 광주·목포권 – 중국 및 동남아경제권과의 국제 교류거점 육성
③ 대구·포항권 – 국제적 휴양·관광 거점으로 육성
④ 대전·청주권 – 관광문화자원을 활용한 국제자유도시 기반 조성

해설

① 부산·울산·경남권 – 동북아 항만, 물류 및 국제교역 중추도시
③ 대구·포항권 – 환동해 경제권의 국제교류거점 강화
④ 대전·청주권 – 국가 행정중추기능 분담 및 내륙국제 교류거점 기능

67 다음 중 수자원의 효율적 이용 및 개발에 있어 가장 바람직한 개발 방향은?

① 경제성장을 주도하는 공업 부문의 지원을 강화하기 위하여 공업 용수원 확충을 우선 집중적으로 개발하여야 한다.
② 수계단위의 일관성 있는 종합개발에 의한 광역 용수 개발과 대단위 용수 공급망을 확충하여야 한다.

③ 수자원의 이용률을 제고하기 위해 상류에 댐을 건설하는 것보다 하구언 건설을 먼저 시행하여야 한다.

④ 지하수는 수자원으로 볼 수 없으므로 수자원 개발 계획에서 제외시켜도 무방하다.

◉해설

① 공업 용수원뿐만 아니라 식수 용수원 확충과 환경보존을 위한 상수원 보존 등이 함께 이루어져야 한다.

③ 하구원(하류의 강과 바다의 접경에 쌓은 댐) 건설보다는 상류댐 건설을 우선하는 것이 수자원의 효율적 이용 및 개발에 적합하다.

④ 지하수도 수자원으로 간주하고 효율적으로 이용하고 개발하여야 한다.

68 다음 중 독일의 도시계획 관련 제도로 가장 적당한 것은?

① ZAC

② PUD

③ F-plan과 B-plan

④ Structure Plan과 Local Plan

◉해설

독일은 토지이용계획(F-plan)과 지구상세계획(B-plan)을 각각 운용하면서 기초자치단체 세부지역까지 단위계획을 의무적으로 수립하도록 제도화하였다.

69 지역발전이론 중 중심지와 주변의 관계를 중요시하며, 기술혁신의 파급 과정이 지역성장의 기초와 밀접하다고 보는 접근법은?

① 주민중심적 개발론

② 종속이론

③ 지속 가능한 개발이론

④ 기본수요이론

◉해설

종속이론

중심과 주변의 관계는 종속관계가 형성된다는 이론으로서, 중심지와 주변지 간의 관계를 중요시하고 중심지의 기술혁신의 파급과정이 지역성장의 기초와 밀접하다고 보는 관점을 주장한 이론이다.

70 성장거점개발론에 있어서 성장극(Growth Pole)이라는 개념을 주장한 학자는?

① William Alonso

② Hugh O. Nourse

③ Francois Perroux

④ Torsten Haegerstrand

◉해설

1955년 페로우(F. Perroux)에 의해 '성장극'이라는 용어가 처음 사용되었다.

71 A국가의 인구 센서스 결과, 1위 도시의 인구는 9백8십만 명이고 5위 도시의 인구는 1백4십만 명이었다. 순위규모법칙에 따른 q값은 얼마인가? (단, log5=0.7, log7=0.8이다.)

① 0.62 ② 0.88

③ 1.14 ④ 2.67

◉해설

$$P_r = \frac{P_1}{r^q}$$

여기서, P_r : r번째 순위도시의 인구규모

r : 인구규모에 의한 도시 순위

q : 상수

P_1 : 수위도시의 인구규모

위 식을 대수함수로 변환하면

$\log P_r = \log P_1 - q \log r$

q 관련식으로 정리하면

$q \log r = \log P_1 - \log P_r$

$q = \dfrac{\log P_1 - \log P_r}{\log r}$

$= \dfrac{\log 9,800,000 - \log 1,400,000}{\log 5}$

$= \dfrac{\log 9,800,000 - \log 1,400,000}{0.7}$

$= 1.207 = 1.21 ≒ 1.14$

※ q는 1.21로 산출되며 가장 근접한 1.14를 정답으로 선택하여 준다.

72 주거기능·상업기능·공업기능·유통물류 기능·관광기능·휴양기능 등을 집중적으로 개발·정비할 필요가 있을 때 지정하는 용도지구는?

① 개발진흥지구
② 보존지구
③ 시설보호지구
④ 특정용도제한지구

해설

개발진흥지구

성격에 따라 주거개발진흥지구, 산업·유통개발진흥지구, 관광·휴양개발진흥지구, 복합개발진흥지구, 특정개발진흥지구로 세분화된다.

73 「국토기본법」에서 정한 국토관리의 기본 이념으로 적합하지 않은 것은?

① 국토의 균형 있는 발전
② 환경친화적인 국토관리
③ 국토에 따른 사회체제의 개혁
④ 경쟁력 있는 국토여건의 조성

해설

국토계획의 기본방향은 국토의 균형 있는 발전, 경쟁력 있는 국토여건의 조성, 환경친화적 국토관리이다.

74 인구이동모형에 대한 설명으로 틀린 것은?

① 마코브 모형(Markovian Models)은 인구이동의 원인을 설명하기보다 동태적 인구 이동과정을 서술하고 그를 토대로 예측하는 데 공헌하였다.
② 로리(Lowry) 모형은 일반적인 경제적 변수와 중력모형의 변수를 결합한 모형으로 미국 대도시지역 간의 인구이동을 설명하였다.
③ 토다로(M. Todaro)는 도·농간 실제 소득의 차이가 인구이동을 결정한다고 분석했다.
④ 모릴(Morril)은 인구이동에 미치는 비경제적 변수에 연구의 초점을 두었다.

해설

토다로(M. Todaro)는 지역 간 인구이동이 지역 간의 실질소득보다 기대소득 격차에 의해 발생한다고 주장하였다.

75 지역의 소득격차를 측정하는 방법 또는 지표가 아닌 것은?

① 지니계수
② 허프모형
③ 로렌츠곡선
④ 쿠즈네츠비

해설

허프(Huff)의 소매지역이론(Huff 모형)은 전통적인 수요추정모델 중에서 상권에 관한 가장 체계적인 이론으로, 소비자가 상점시설을 선정하는 행동을 확률적으로 해석하는 방법으로서 개별 소매점의 고객흡입력을 계산하는 기법으로 활용되고 있다.

76 부드빌(Boudeville)이 정의한 지역구분에 해당하지 않는 것은?

① 동질지역(Homogeneous Region)
② 결절지역(Nodal Region)
③ 계획지역(Planning Region)
④ 추진지역(Propulsive Region)

해설

부드빌은 지역을 동질지역, 결절지역, 계획지역으로 분류하였다.

77 결절지역(Nodal Region) 내 중심지의 크기와 그 지점 간의 거리에 대한 관계를 언급한 레일리(W. J. Reilly)의 법칙에 대한 설명으로 옳은 것은?

① 두 중심 지점 간의 흐름은 그 중심 지점의 크기와 지점 간의 거리의 제곱에 비례한다.
② 두 중심 지점 간의 흐름은 그 중심 지점의 크기에 비례하고 그 지점 간의 거리의 제곱에 반비례한다.
③ 두 중심 지점 간의 흐름은 그 중심 지점의 크기에 반비례하고 그 지점 간의 거리의 제곱에 비례한다.
④ 두 중심 지점 간의 흐름은 그 중심 지점의 크기와 지점 간의 거리의 제곱에 반비례한다.

해설

레일리의 소매인력법칙

• 2개 도시의 상거래 흡인력은 두 도시의 인구에 비례하고, 두 도시의 분기점으로부터 거리의 제곱에 반비례한다.

정답 72 ① 73 ③ 74 ③ 75 ② 76 ④ 77 ②

• 고차 중심지와 저차 중심지가 서로 마주하고 있을 때, 상권의 경계는 인력이 더 센 쪽이 범역 확대를 꾀하는 곳에 결정된다.

• 고차 중심지일수록 인력이 더 강하게 작용하고, 저차 중심지일수록 인력의 작용이 약하다.

78 아래의 설명에 해당하는 개발 계획은?

> • 산업 및 생활기반시설 등이 다른 지역에 비해 현저히 낙후된 지역을 종합적으로 개발함으로써 지역 주민의 소득 증대와 복지 향상을 기하고 지역 간 격차를 해소하여 국토의 균형 있는 발전을 도모함을 목적으로 하였다.
>
> • 1988년에 관련 법률이 제정·공포되었고, 1990년에는 10개년 계획이 확정되었다.

① 오지종합개발계획
② 접경지역개발계획
③ 도서종합개발계획
④ 개발밀도정비계획

◉**해설**
다른 지역에 비하여 현저히 낙후된 지역인 오지에 대한 종합적인 개발계획에 대한 설명이다.

79 「수도권정비계획법」상 국토교통부장관이 수도권정비계획안의 입안 시 포함되는 사항이 아닌 것은?(단, 각 사항에 대한 계획의 집행 및 관리에 관한 대통령령으로 정하는 수도권 정비에 관한 사항은 고려하지 않는다.)

① 인구와 산업 등의 배치에 관한 사항
② 광역적 교통시설의 정비에 관한 사항
③ 환경 보전에 관한 사항
④ 개발이익의 환수 시기 및 방법에 관한 사항

◉**해설**
수도권정비계획의 수립(「수도권정비계획법」 제4조)
국토교통부장관은 수도권의 인구 및 산업의 집중을 억제하고 적정하게 배치하기 위하여 중앙행정기관의 장과 서울특별시장·광역시장 또는 도지사의 의견을 들어 다음 각 호의 사항이 포함된 수도권정비계획안을 입안한다.

1. 수도권 정비의 목표와 기본 방향에 관한 사항
2. 인구와 산업 등의 배치에 관한 사항
3. 권역(圈域)의 구분과 권역별 정비에 관한 사항
4. 인구집중유발시설 및 개발사업의 관리에 관한 사항
5. 광역적 교통 시설과 상하수도 시설 등의 정비에 관한 사항
6. 환경 보전에 관한 사항
7. 수도권 정비를 위한 지원 등에 관한 사항
8. 제1호부터 제7호까지의 사항에 대한 계획의 집행 및 관리에 관한 사항
9. 그 밖에 대통령령으로 정하는 수도권 정비에 관한 사항

80 농업의 입지패턴을 통해 토지이용에 대한 최초의 규범적 이론 정립을 시도한 독일의 학자는?

① 튀넨
② 로쉬
③ 그린허트
④ 르퍼버

◉**해설**
튀넨(Von Thunen)의 지대이론(농업입지이론)
• 토지비옥도는 동일하다고 가정하고, 수송비의 차이를 지대로 본다.
• 지대의 산출＝매상고－생산비－수송비
• 지대는 토지의 위치에 따라 달라지며, 생산성이 같은 토지라도 시장으로부터의 거리에 따라 지대가 달라진다.

| 5과목 | **도시계획 관계 법규** |

81 도시개발채권에 대한 설명으로 틀린 것은?

① 지방자치단체의 장은 도시개발사업에 필요한 자금을 조달하기 위하여 도시개발채권을 발행할 수 있다.
② 도시개발채권의 소멸시효는 상환일부터 기산하여 원금은 2년, 이자는 5년으로 한다.
③ 시·도지사가 도시개발채권을 발행하려는 경우 행정안전부장관의 승인을 받아야 한다.
④ 도시개발채권의 상환은 5년부터 10년까지의 범위에서 지방자치단체의 조례로 정한다.

해설

도시개발채권의 발행(「도시개발법」 제62조)
- 지방자치단체의 장은 도시개발사업 또는 도시·군계획시설사업에 필요한 자금을 조달하기 위하여 도시개발채권을 발행할 수 있다.
- 도시개발채권의 소멸시효는 상환일부터 기산(起算)하여 원금은 5년, 이자는 2년으로 한다.

82 도시개발법령에 따라 도시개발구역의 지정 대상 지역 및 규모 기준이 옳은 것은?

① 도시지역 중 주거지역 : 3만m² 이상
② 도시지역 중 공업지역 : 5만m² 이상
③ 도시지역 중 자연녹지지역 : 1만m² 이상
④ 도시지역 외의 지역 : 66만m² 이상

해설

① 도시지역 중 주거지역 : 1만m² 이상
② 도시지역 중 공업지역 : 3만m² 이상
④ 도시지역 외의 지역 : 30만m² 이상

83 「관광진흥법」상 시·도지사가 권역별 관광개발 계획의 수립 시 포함하여야 하는 사항에 해당하지 않는 것은?

① 환경보전에 관한 사항
② 관광권역(觀光圈域)의 설정에 관한 사항
③ 관광자원의 보호·개발·이용·관리 등에 관한 사항
④ 관광지 및 관광단지의 조성·정비·보완 등에 관한 사항

해설

관광권역(觀光圈域)의 설정에 관한 사항은 문화체육관광부장관이 수립하는 관광개발 기본계획에 포함하는 사항이다.

84 「주차장법」상 '주차장'의 정의에 따른 종류에 해당하지 않는 것은?

① 부설주차장　② 노상주차장
③ 지하주차장　④ 노외주차장

해설

주차장의 정의 및 종류(「주차장법」 제2조)

구분	내용
노상주차장(路上駐車場)	도로의 노면 또는 교통광장(교차점광장만 해당)의 일정한 구역에 설치된 주차장으로서 일반(一般)의 이용에 제공되는 것
노외주차장(路外駐車場)	도로의 노면 및 교통광장 외의 장소에 설치된 주차장으로서 일반의 이용에 제공되는 것
부설주차장	건축물, 골프연습장, 그 밖에 주차수요를 유발하는 시설에 부대(附帶)하여 설치된 주차장으로서 해당 건축물·시설의 이용자 또는 일반의 이용에 제공되는 것

85 개발제한구역의 지정에 따른 매수가격의 산정을 위한 감정평가 등에 드는 비용을 부담하는 자는?

① 대통령　② 국무총리
③ 국토교통부장관　④ 해당 지역의 시장·군수

해설

비용의 부담(「개발제한구역의 지정 및 관리에 관한 특별조치법」 제19조)
국토교통부장관은 매수가격의 산정을 위한 감정평가 등에 드는 비용을 부담한다.

86 주택법령에 따른 주택 유형에 관한 설명이 틀린 것은?

① 공동주택이라 함은 다가구주택과 아파트를 지칭한다.
② 아파트는 주택으로 쓰는 층수가 5개 층 이상인 주택을 말한다.
③ 연립주택과 다세대주택은 1개 동의 바닥면적 합계 규모에 따라 구분된다.
④ 다세대주택은 주택으로 쓰는 1개의 동의 바닥면적 합계가 660m² 이하이고, 층수가 4개 층 이하인 주택을 말한다.

해설

다가구 주택은 단독주택의 범주에 해당한다.

87 다음 중 도시개발사업의 시행자가 될 수 없는 자는?

① 국가나 지방자치단체
②「지방공기업법」에 따라 설립된 지방공사
③ 도시개발구역의 토지소유자
④ 해당 도시개발구역의 토지면적의 2분의 1 이상에 해당하는 토지소유자와 그 구역의 토지소유자 총수의 2분의 1 이상의 동의를 얻어 구성된 토지소유자의 조합

◯**해설**
해당 도시개발구역의 토지면적의 3분의 2이상에 해당하는 토지소유자와 그 구역의 토지소유자 총수의 2분의 1 이상의 동의를 얻어 구성된 토지소유자의 조합일 경우 도시개발사업의 시행자가 될 수 있다.

88 국토의 계획 및 이용에 관한 법령상 도시 · 군관리계획도서 중 계획도를 작성하는 기준으로 옳은 것은?

① 축척 1천분의 1 지형도에 도시 · 군관리계획사항을 명시한 도면으로 작성하여야 한다.
② 축척 6백분의 1 지적도에 도시 · 군관리계획사항을 명시한 도면으로 작성하여야 한다.
③ 축척 1만분의 1 지형도에 도시 · 군관리계획사항을 명시한 도면으로 작성하여야 한다.
④ 축척 1천2백만분의 1 항공측량도에 도시 · 군관리계획 사항을 명시한 도면으로 작성하여야 한다.

◯**해설**
계획도면은 축척 1/1,000 또는 1/5,000(1/1,000 또는 1/5,000 축척이 없는 경우에는 1/25,000)의 지형도(수치지형도를 포함한다)로 한다.

89 도시 · 군계획시설의 결정에 관한 기준이 틀린 것은?

① 둘 이상의 도시 · 군계획시설을 같은 토지에 함께 결정할 수 없다.
② 도시 · 군계획시설이 위치하는 지역의 적정하고

합리적인 토지이용을 촉진하기 위하여 필요한 경우에는 도시 · 군계획시설이 위치하는 공간의 일부만을 구획하여 도시 · 군계획시설결정을 할 수 있다.
③ 입체적 도시 · 군계획시설을 설치하고자 하는 때에는 미리 토지소유자, 토지에 관한 소유권 외의 권리를 가진 자 및 그 토지에 있는 물건에 관하여 소유권 그 밖의 권리를 가진 자와 구분지상권의 설정 또는 이전 등을 위한 협의를 하여야 한다.
④ 건축물인 도시 · 군계획시설은 그 구조 및 설비가 건축법에 적합하여야 한다.

◯**해설**
도시 · 군계획시설의 중복결정(「도시 · 군계획시설의 결정 · 구조 및 설치기준」제3조)
토지를 합리적으로 이용하기 위하여 필요한 경우에는 둘 이상의 도시 · 군계획시설을 같은 토지에 함께 결정할 수 있다. 이 경우 각 도시 · 군계획시설의 이용에 지장이 없어야 하고, 장래의 확장 가능성을 고려하여야 한다.

90 인구와 산업이 밀집되어 있거나 밀집이 예상되어 그 지역에 대하여 체계적인 개발 · 정비 · 보전 등이 필요한 지역에 지정하는 용도지역은?

① 관리지역   ② 도시지역
③ 농림지역   ④ 자연환경보전지역

◯**해설**
도시지역에 대한 설명이며, 도시지역은 해당 용도에 따라 주거지역, 상업지역, 공업지역, 녹지지역으로 구분된다.

91 다른 법률에 따라 따로 계획이 수립된 도로서, 도종합계획을 수립하지 아니할 수 있는 곳은?

①「기업도시개발특별법」에 따른 기업도시
②「제주특별자치도 설치 및 국제자유도시 조성을 위한 특별법」에 따른 종합계획이 수립되는 제주특별자치도
③「경제자유구역의 지정 및 운영에 관한 법률」에 따른 사업계획이 수립되는 경기도

④ 「신행정수도 후속대책을 위한 연기·공주지역 행정중심복합도시 건설을 위한 특별법」에 따른 행정중심복합도시

해설

수도권발전계획이 수립되는 경기도, 「제주특별자치도 설치 및 국제자유도시 조성을 위한 특별법」에 의해 종합계획이 수립되는 제주특별자치도는 도종합계획을 수립하지 아니하여도 된다.

92 도시·군계획시설 결정을 할 때, 시설의 기능 발휘를 위해 설치하는 중요한 세부시설에 대한 조성 계획을 함께 결정하지 않아도 되는 것은?

① 항만
② 유원지
③ 유통업무설비
④ 폐기물처리시설

해설

폐기물처리시설은 환경기초시설로서 도시·군계획시설 결정을 할 때, 시설의 기능 발휘를 위해 설치하는 중요한 세부시설에 대한 조성 계획을 함께 결정하지 않아도 되는 시설이다.

93 「도시개발법」상 환지처분의 효과와 관련한 아래 내용에서 ㉠에 공통으로 들어갈 내용으로 옳은 것은?

> (제1항) 환지계획에서 정하여진 환지는 그 환지처분이 공고된 날의 다음 날부터 종전의 토지로 보며, 환지계획에서 환지를 정하지 아니한 종전의 토지에 있던 권리는 환지처분이 공고된 날이 끝나는 때에 소멸한다.
> (제2항) (생략)
> (제3항) 도시개발구역의 토지에 대한 (㉠)은 제1항에도 불구하고 종전의 토지에 존속한다. 다만, 도시개발사업의 시행으로 행사할 이익이 없어진 (㉠)은 환지처분이 공고된 날이 끝나는 때에 소멸한다.

① 지역권
② 전세권
③ 지상권
④ 점유권

해설

환지처분의 효과(「도시개발법」 제42조)
(제1항) 환지계획에서 정하여진 환지는 그 환지처분이 공고된 날의 다음 날부터 종전의 토지로 보며, 환지계획에서 환지를 정하지 아니한 종전의 토지에 있던 권리는 그 환지처분이 공고된 날이 끝나는 때에 소멸한다.
(제2항) 제1항은 행정상 처분이나 재판상의 처분으로서 종전의 토지에 전속(專屬)하는 것에 관하여는 영향을 미치지 아니한다.
(제3항) 도시개발구역의 토지에 대한 지역권(地役權)은 제1항에도 불구하고 종전의 토지에 존속한다. 다만, 도시개발사업의 시행으로 행사할 이익이 없어진 지역권은 환지처분이 공고된 날이 끝나는 때에 소멸한다.

94 산업단지의 지정 또는 변경에 관한 주민 등의 의견청취를 위한 공고가 있는 지역 및 산업단지 안에서 특별시장·광역시장·특별자치시장·특별자치도지사·시장 또는 군수의 허가를 받아야 하는 행위 대상 기준이 아닌 것은?

① 죽목의 식재
② 토지의 굴착
③ 토지분할
④ 이동이 용이한 물건을 3월 이상 쌓아놓는 행위

해설

이동이 쉽지 아니한 물건을 1개월 이상 쌓아놓는 행위일 경우 허가 대상이 된다.

95 개발밀도관리구역 지정 지역 기준이 틀린 것은?

① 당해 지역의 도로서비스 수준이 매우 낮아 차량통행이 현저하게 지체되는 지역
② 당해 지역의 도로율이 국토교통부령이 정하는 용도지역별 도로율에 20% 이상 미달하는 지역
③ 향후 2년 이내에 당해 지역의 하수발생량이 하수시설의 시설용량을 초과할 것으로 예상되는 지역
④ 향후 2년 이내에 당해 지역의 학생 수가 학교수용능력을 50% 이상 초과할 것으로 예상되는 지역

●해설
개발밀도관리구역은 향후 2년 이내에 당해 지역의 학생 수가 학교수용능력을 20% 이상 초과할 것으로 예상되는 지역에 지정될 수 있도록 한다.

96 주택가격상승률이 물가상승률보다 현저히 높은 지역으로서 지역의 주택가격 · 주택거래 등과 지역 주택시장 여건 등을 고려하였을 때 주택가격이 급등하거나 급등할 우려가 있는 지역 중 대통령령으로 정하는 기준을 충족하는 지역에 대하여 지정하는 것은?

① 최저주거기준 적용 기준
② 분양가상한제 적용 지역
③ 기반시설 부담금 적용 지역
④ 장수명 주택 의무공급 적용 지역

●해설
주택가격의 급등에 대응하기 위한 정책으로서 분양가상한제 적용 지역에 대한 설명이다.

97 「수도권정비계획법」상 대규모 개발사업에 대한 규제에 관하여, 아래의 ㉠과 ㉡에 들어갈 말이 모두 옳은 것은?

> 관계 행정기관의 장은 수도권에서 대규모 개발사업을 시행하거나 그 허가 등을 하려면 그 개발계획을 (㉠)의 심의를 거쳐 (㉡)과(와) 협의하거나 승인을 받아야 한다. 국토교통부장관이 대규모 개발사업을 시행하거나 그 허가 등을 하려는 경우에도 또한 같다.

① ㉠ 국토교통부장관 ㉡ 수도권정비위원회
② ㉠ 수도권정비위원회 ㉡ 국토교통부장관
③ ㉠ 도시계획위원회 ㉡ 시 · 도지사
④ ㉠ 시 · 도지사 ㉡ 도시계획위원회

●해설
대규모 개발사업에 대한 규제(「수도권정비계획법」 제19조)
관계 행정기관의 장은 수도권에서 대규모 개발사업을 시행하거나 그 허가 등을 하려면 그 개발계획을 수도권정비위원회의 심의를 거쳐 국토교통부장관과 협의하거나 승인을 받아야 한다. 국토교통부장관이 대규모 개발사업을 시행하거나 그 허가 등을 하려는 경우에도 또한 같다.

98 도시공원의 설치에 관한 도시 · 군관리계획이 결정되었을 때, 그 도시공원의 조성계획을 입안하여야 하는 자는?

① 관할 시장 또는 군수
② 시설관리공단 이사장
③ 국토교통부장관
④ 행정안전부장관

●해설
공원조성계획의 입안(「도시공원 및 녹지 등에 관한 법률」 제16조)
도시공원의 설치에 관한 도시 · 군관리계획이 결정되었을 때에는 그 도시공원이 위치한 행정구역을 관할하는 특별시장 · 광역시장 · 특별자치시장 · 특별자치도지사 · 시장 또는 군수는 그 도시공원의 조성계획을 입안하여야 한다.

99 「수도권정비계획법」에 따른 인구집중유발시설의 기준이 틀린 것은?

① 「고등교육법」에 따른 학교로서 대학, 산업대학, 교육대학 또는 전문대학
② 「산업집적활성화 및 공장설립에 관한 법률」에 따른 공장으로서 건축물의 연면적이 200m² 이상인 것
③ 중앙행정기관 및 그 소속 기관의 청사 중 건축물의 연면적이 1,000m² 이상인 것
④ 복합시설이 주용도인 건축물로서 그 연면적이 25,000m² 이상인 건축물

●해설
공장의 경우 연면적 500m² 이상일 경우 인구집중유발시설에 해당한다.

100 「건축법 시행령」상 공개공지 등의 확보에 대한 설명으로 틀린 것은?

① 공개공지 등의 면적은 대지면적의 100분의 20 이상의 범위에서 건축조례로 정한다.

② 매장문화재의 현지보존 조치 면적을 공개공지 등의 면적으로 할 수 있다.

③ 연간 60일 이내의 기간 동안 건축조례로 정하는 바에 따라 주민들을 위한 문화행사를 열거나 판촉활동을 할 수 있다.

④ 모든 사람들이 환경친화적으로 편리하게 이용할 수 있도록 긴 의자 또는 조경시설 등 건축조례로 정하는 시설을 설치해야 한다.

해설

공개공지 등의 확보(「건축법 시행령」 제27조의2)
공개공지 등의 면적은 대지면적의 100분의 10 이하의 범위에서 건축조례로 정한다.

1과목 도시계획론

01 1893년 시카고에서 개최된 만국박람회를 계기로 D. Burnham의 도시디자인 철학에 따라 모든 도시들은 역사적 공간에 오픈스페이스를 확보하고 광장과 정원에 분수를 설치하도록 하였으며 도시 규모에 따라 공공건축물을 규제하였던 것으로 이후 미국 도시설계의 기원을 이룬 것은?

① 도시미화운동
② 전원도시운동
③ 부아쟁계획
④ 이상도시론

● 해설

도시미화운동(City Beautiful Movement)
모든 도시들은 역사적 공간에 오픈스페이스를 확보하고 광장과 정원에 분수를 설치하도록 하였으며 도시 규모에 따라 공공건축물을 규제하였던 운동이다.

02 현대도시와 관련한 계획가와 관련 계획 및 주장의 연결이 옳은 것은?

① 멈포드(L. Mumford) – 근린주구단위계획
② 르 코르뷔지에(Le Corbusier) – 대런던계획(Greater London Plan)
③ 라이트(F. L. Wright) – 브로드에이커시티(Broadacre City)
④ 아베크롬비(P. Abercrombie) – 부아쟁계획(Plan Voisin)

● 해설

① 근린주구단위계획 – 페리
② 대런던계획 – 아베크롬비
④ 부아쟁계획 – 르 코르뷔지에

03 도시공간구조 이론과 이론가의 연결이 틀린 것은?

① 상쇄모형 – 윌리엄스(M. Williams)
② 다핵모형 – 해리스(C. Harris)와 울만(E. Ulman)
③ 선형모형 – 호이트(H. Hoyt)
④ 동심원이론 – 버제스(E. Burgess)

● 해설

상쇄모형은 1964년 알론소(Alonso)에 의해 주장된 것으로서, 도시 내 토지이용자들이 교통비용과 임대료 간의 상호교환(Trade – off)을 통해 입지비용을 최소화하는 것이 반영된 주거입지모형이다.

04 계획이론 중 총합적 계획이 갖는 비현실성에 대한 비판과 보완에서 출발하여, 논리적 일관성이나 최적의 해결 대안을 제시하는 것보다는 지속적인 조정과 적용을 통하여 계획의 목표를 추구하는 접근방법을 제시한 학자와 이론의 연결이 옳은 것은?

① Friedmann : 교류적(Transactive) 계획
② Davidoff : 옹호적(Advocacy) 계획
③ Faludi : 체계적(System) 계획
④ Lindblom : 점진적(Incremental) 계획

● 해설

린드블롬에 의해서 제시된 점진적 계획(Incremental Planning)에 대한 내용이다.

05 국내 · 국제 · 북한의 주요 통계를 한 곳에 모아 이용자가 원하는 통계를 한 번에 찾을 수 있도록 통계청이 제공하는 one-stop 통계 서비스는?

① KOSIS
② KLIS
③ KOPSS
④ KOSPI

해설

KOSIS(Korean Statistical Information Service)

국가통계포털을 의미하며, 본 서비스를 통해 인구, 물가 등 주요 통계지표를 쉽게 확인할 수 있다.

② KLIS(Korea Land Information System) : 한국토지 정보시스템

③ KOPSS(Korea Planning Support System) : 국토공 간계획지원체계

④ KOSPI(Korea Composite Stock Price Index) : 한국 종합주가지수

06 고대 그리스 도시국가에 관한 설명으로 틀린 것은?

① 아테네를 제외한 대부분의 폴리스는 소규모의 성 벽에 의해 도시부와 전원부로 구분되는 형태를 취 하였다.

② 도시 형태는 원칙적으로 정방형 또는 직사각형이며, 카르도와 데쿠마누스가 격자 가로망의 기초였다.

③ 시가지 내에는 아고라(Agora)라는 광장이 있어 정 치 및 교역활동과 같은 다양한 용도로 사용되었다.

④ 밀레투스, 비잔티움, 시라쿠사, 네아폴리스, 알렉 산드리아는 대표적인 그리스의 식민도시다.

해설

카르도와 데쿠마누스는 로마 시가지의 격자형 가로망 형태 의 주도로와 부도로를 각각 의미하며, 고대 그리스 도시국 가의 도시형태 구성을 설명하는 것과는 거리가 멀다.

07 변이할당분석에서 지역산업의 변화를 파악 하는 세 가지 요인에 해당하지 않는 것은?

① 사회인구학적 요인　　② 국가 전체의 성장요인

③ 산업구조적 요인　　④ 지역 경쟁력 요인

해설

변이할당분석(Shift – share Analysis) 모형

지역의 산업성장을 국가 전체의 성장요인, 산업구조적 요 인, 지역의 경쟁력 요인으로 구분하여 지역경제를 분석하 고 예측하는 기법이다.

08 페리(C. A. Perry)가 주장한 근린주구이론에 대한 비판의 의견과 관계가 없는 것은?

① 근린주구단위가 교통량이 많은 간선도로에 의해 구획됨으로써 도시 안의 섬이 되었고, 이로써 가 정의 욕구는 만족되었을지 몰라도 고용의 기회가 많이 줄어드는 계기가 되었다.

② 근린주구계획은 초등학교에 초점을 맞추고 있는 데, 대부분 사회적 상호작용이 어린 학생으로부터 유발된 친근감을 통하여 시작된다는 것은 불명확 하다.

③ 지역의 특성을 고려하여 다양한 형태의 주거단지 와 대규모의 상업시설을 배치시킴으로써, 지역 커 뮤니티를 와해시키는 결과를 초래하였다.

④ 미국에서 발달한 근린주구계획은 커뮤니티 형성 을 위하여 비슷한 계층을 집합시키는 계획이 이루 어짐으로써 인종적 분리, 소득계층의 분리를 가져 와 지역사회 형성을 오히려 방해하였다.

해설

근린주구이론은 소규모 주거단지 단위를 주장한 것으로서 다양한 형태의 주거단지, 대규모 상업시설의 배치와는 거 리가 멀다.

09 도시정부의 예산편성제도 중 조직목표 달성 에 중점을 두고 장기적인 계획 수립과 단기적인 예 산편성을 유기적으로 관련시킴으로써 자원배분에 관한 의사결정을 합리적이고 일관성 있게 행하려 는 제도는?

① 계획예산제도　　② 복지예산제도

③ 영기준예산제도　　④ 성과주의 예산제도

해설

계획예산제도(PPBS : Planning Programming Budgeting System)

기획, 사업구조, 그리고 예산을 연계시킨 시스템적 예산제 도로서 다양한 부분의 요소가 어우러져서 조직목표 달성에 중점을 두고 합리적인 예산 계획을 수립하고자 하는 예산 제도

10 도시성장관리의 목적이 아닌 것은?

① 어반스프롤(Urban Sprawl)의 방지
② 교통용량의 확장과 재개발 억제
③ 도시민의 삶의 질 향상
④ 효율적인 도시 형태의 구축

●해설

도시성장관리는 도시성장으로 인한 교통의 혼잡 가중을 방지하는 것을 목표로 하고 있다. 교통용량의 확장은 교통량의 증대를 가져올 수 있으므로 도시성장관리의 목적이라 할 수 없다.

11 인구성장의 상한선을 미리 산정한 후 미래 인구를 추계하는 인구예측모형으로, S자형의 비대칭 곡선으로 이루어진 추세분석모형은?

① 등차급수모형
② 곰페르츠 모형
③ 로지스틱 모형
④ 회귀모형

●해설

곰페르츠 모형
• 지역인구가 처음에는 완만하게 증가하다 어느 시점을 지나면 급격히 증가하고 다시 완만하게 증가(S자형 성장)하는 지역에 적용한다.
• 인구 증가에 상한선을 가정한다.

12 도시개발사업 방식에 대한 아래의 설명에서 ㉠~㉣에 들어갈 용어가 순서대로 모두 옳게 나열된 것은?

(㉠)란 사업 시행 전에 존재하던 권리관계에 변동을 가하지 않고 각 토지의 위치, 지적, 토지이용상황 및 환경 등을 고려하여 사업 시행 후 새로이 조성된 대지에 기존의 권리를 이전하는 행위를 말하며, 시행자가 도시개발사업에 필요한 경비를 충당하기 위하여 취득하여 집행 또는 매각하는 토지는 (㉡)라고 한다.
(㉡)에 따라 종전의 토지면적에 비해 (㉢)의 면적이 다소 감소하게 되는데, 이와 같이 토지구획정리에서 공공용지 조성에 소요된 만큼 권리자의 토지면적을 줄이는 것을 (㉣)라고 말한다.

① 환지 – 입체환지 – 체비지 – 감보
② 체비지 – 환지 – 체비지 – 감보
③ 환지 – 체비지 – 환지 – 감보
④ 체비지 – 입체환지 – 환지 – 감보

●해설

㉠ 환지, ㉡ 체비지, ㉢ 환지, ㉣ 감보
• 환지 : 택지화가 되기 전 토지의 위치, 지목, 면적, 등급, 이용도 등의 필요사항을 고려하여 택지개발 후 개발된 감소 토지를 토지소유주에게 재배분하는 것(예전의 토지구획정리사업)
• 체비지 : 환지방식에 의한 도시개발사업의 시행에 있어, 도시개발사업으로 인하여 발생하는 사업비용을 충당하기 위하여 사업 시행자가 취득하여 집행 또는 매각하는 토지
• 감보 : 시행지구 내의 모든 토지소유자는 환지방식 개발사업으로 얻은 각각의 수익에 따라 사업비용의 충당과 공공시설의 설치를 위한 용지(체비지 또는 보류지)를 부담하여야 하는데, 이에 따라 종전의 토지면적에 비해 환지의 면적이 다소 감소하게 되는 경우가 있을 수 있다. 이러한 면적의 감소를 가리켜 감보(減步)라고 한다.

13 18~19세기에 제안된 이상도시의 계획가와 이상 도시안에 대한 설명으로 옳은 것은?

① Robert Owen : 도시 대신 단일 건물인 팔란스테르(Phalanstere)를 제안하였다.
② Buckingham : 농업과 공업이 결합된 이상적 도시안인 이상공장촌을 제안하였다.
③ Ledoux : 산업혁명을 의식하여 새로운 생산체제를 도입한 이상도시 쇼(Chaux)를 제안하였다.
④ C. Fourier : 근대건축기술이나 과학적 진보를 적극적으로 도입할 필요성을 제시하면서 유리로 덮인 도시 빅토리아(Victoria)를 제안하였다.

●해설

① 푸리에(Fourier, Charles) – 팔란스테르(Phalanstere)
② 오언(R. Owen) – 이상공장촌
③ 르두(C. N. Ledoux) – 쇼(Chaux)
④ 버킹엄(Buckingham) – 빅토리아(Victoria)

정답 **10** ② **11** ② **12** ③ **13** ③

14 도시기능별 입지조건에 대한 설명으로 옳지 않은 것은?

① 상업지역 : 기능의 활성화를 위하여 접근성이 좋아야 한다.

② 녹지지역 : 생활권과 유기적으로 공원을 연결하고 녹지축을 형성해야 한다.

③ 주거지역 : 지역민이 가장 오랜 시간을 보내는 곳으로 안정성과 쾌적성이 좋아야 한다.

④ 공업지역 : 향후 확장에 따른 환경오염 피해를 최소화하기 위하여 대상 부지가 좁아야 한다.

◗ 해설

공업지역은 향후 확장을 고려하여 대상 부지가 넓어야 한다.

15 우리나라 도시계획제도의 성립과 변화과정에 대한 설명으로 옳지 않은 것은?

① 근대 도시계획제도는 1934년 제정된 「조선시가지계획령」에서 비롯되었다.

② 1981년 「도시계획법」이 전면 개정되면서 20년 장기의 도시기본계획 수립을 제도화하였다.

③ 1962년 「도시계획법」이 제정되면서 일제의 잔재를 청산하고 새로운 도시계획체계를 확립했다.

④ 2002년 「국토의 계획 및 이용에 관한 법률」을 제정하면서 각각 다른 법률에 의하여 도시지역과 비도시지역으로 관리하도록 운영을 이원화하였다.

◗ 해설

도시계획 관련 제도의 변천

도시지역과 비도시지역으로 구분하여 각각 「도시계획법」과 「국토이용관리법」으로 이원화되었던 법률을 2002년 「국토의 계획 및 이용에 관한 법률」로 통합하여 제정하였다.

16 용적률이 600%이고 12층인 건축물의 건폐율은?

① 80%   ② 40%

③ 50%   ④ 60%

◗ 해설

$$건폐율 = \frac{용적률}{층수} = \frac{600}{12} = 50\%$$

17 토지이용을 고도화하거나 특정 목적 달성을 위하여 부여한 토지용도의 취지를 개별 건축물에 구체적으로 반영하고자 하는 구역으로, 도시지역 내 지구단위계획구역을 지정할 수 있는 용도지구가 아닌 것은?

① 경관지구

② 복합용도지구

③ 개발진흥지구

④ 고도지구

◗ 해설

복합용도지구

지역의 토지이용 상황, 개발 수요 및 주변 여건 등을 고려하여 효율적이고 복합적인 토지이용을 도모하기 위하여 특정 시설의 입지를 완화할 필요가 있는 지구

18 토지이용계획의 역할과 목적에 대한 설명으로 옳지 않은 것은?

① 공공의 이익을 위해서 토지이용의 규제와 실행수단을 제시해 준다.

② 체계적인 계획과 도시의 발전을 도모하여 외연적 확산을 촉진시킨다.

③ 자연적으로 보존해야 하는 지역에 대해서 토지이용에 대한 제한을 설정한다.

④ 도시의 현재와 미래 모습을 고려하여 적절한 용도지역을 부여하여 개발 및 관리를 추진한다.

◗ 해설

토지이용계획은 난개발을 억제하여 무분별한 도시의 외연적 확산을 억제시키는 역할을 한다.

19 주민의 사교, 오락, 휴식 및 공동체 활성화 등을 위하여 근린주거구역별로 설치하고, 시·군 전반에 걸쳐 계통적으로 균형을 이루도록 하여야 하는 일반광장의 종류는?

① 중심대광장
② 교차점광장
③ 경관광장
④ 근린광장

해설

근린광장은 주민의 휴식·오락 공간 조성 및 경관·환경의 보전을 위한 광장이다.

20 용도지역 중 상업지역에 해당되지 않는 것은?

① 전용상업지역
② 근린상업지역
③ 일반상업지역
④ 유통상업지역

해설

상업지역은 중심상업지역, 일반상업지역, 유통상업지역, 근린상업지역으로 분류된다.

2과목 **도시설계 및 단지계획**

21 케빈 린치(Kevin Lynch)가 그의 저서 「도시의 이미지」에서 공공이미지를 만들어 내는 5가지 요소로 정의하지 않은 것은?

① 결절점(Node)　　② 지구(District)
③ 통로(Path)　　④ 조경(Landscape)

해설

케빈 린치의 도시를 이미지화하는 도시의 물리적 구조에 관한 5가지 요소
경계(Edge), 결절점(Node), 통로(Path), 지구(District), 랜드마크(Landmark)

22 상업시설용지의 배치유형을 집중형과 노선형으로 구분할 때, 집중형에 비해 노선형이 갖는 특징으로 틀린 것은?

① 자동차 위주의 접근을 유도한다.
② 단일 목적의 활동이 일어나는 것이 기대될 때 적용한다.
③ 도시미관이 손상될 우려가 있다.
④ 도로와 거주지 사이의 소음을 완충하는 역할을 한다.

해설

자동차 위주의 접근을 유도하는 것은 집중형의 특징이다.

23 토지이용을 합리화하고 그 기능을 증진시키며, 경관과 미관을 개선하고, 체계적 및 계획적으로 개발관리하기 위하여 건축물 및 그 밖의 시설의 용도와 종류 및 규모, 건폐율 또는 용적률을 완화하여 수립하는 계획을 무엇이라 하는가?

① 택지개발계획
② 경관계획
③ 토지이용계획
④ 지구단위계획

해설

지구단위계획은 지구단위계획구역의 토지이용을 합리화하고 그 기능을 증진시키며 경관·미관을 개선하고 양호한 환경을 확보하며, 당해 구역을 체계적·계획적으로 관리하기 위하여 수립하는 계획이다.

24 테라스(Terrace)형 집합주택의 특성에 대한 내용으로 틀린 것은?

① 경사진 지형을 활용하기 위한 주택의 집합방법이다.
② 우리나라에서 가장 높은 비율을 차지하고 있는 주택유형이다.
③ 일광과 훌륭한 전망을 유지할 수 있다.
④ 옥상의 활용을 극대화할 수 있다.

◁해설▷

우리나라의 주택 유형 중 가장 높은 비율을 차지하고 있는 공동주택의 형식은 아파트이다. 테라스(Terrace)형 집합주택은 공동주택 중 연립주택의 한 종류로서 경사지를 그대로 이용하여 아래층의 지붕이 위층의 테라스가 되는 구조를 형성하는 것이 주요 특징이다. 이러한 특징 때문에 주로 경사지에 형성된다.

25 주거단지의 도로 설계 시 고려하여야 할 사항으로 가장 거리가 먼 것은?

① 선형(線型)

② 시거(視距)

③ 종단경사

④ 서비스 수준

◁해설▷

주거단지의 도로 설계 시 주안점은 안전에 있다. 도로의 선형, 시거(시야의 확보), 종단경사(언덕 및 내리막의 정도)의 경우 주거단지의 거주자 안전에 중요한 요소이다. 서비스 수준은 해당 도로에 대한 교통량 등의 특성을 나타낸 것으로서 주로 교통 정체의 수준에 따라 서비스 수준이 결정된다. 서비스 수준은 안전보다는 이동성 등 효율성에 대한 사항으로서 일반적으로 주거단지의 도로가 아닌, 교통량이 많고 이동성이 강조되는 도로에 적용된다.

26 도보권 근린공원의 설치 및 규모 기준에 관한 내용으로 틀린 것은?

① 유치거리 기준은 2km 이하이다.

② 설치기준에 관한 제한은 없다.

③ 규모는 3만m² 이상을 기준으로 한다.

④ 주로 도보권 안에 거주하는 자의 이용에 제공할 것을 목적으로 하는 근린공원이다.

◁해설▷

도시공원의 규모(「도시공원 및 녹지 등에 관한 법률 시행규칙」 제6조 – 별표 3)

도보권 근린공원의 유치거리 기준은 1km 이하이며, 규모는 3만m² 이상을 기준으로 한다.

27 도시지역 내 지구단위계획구역에서 대지면적의 일부가 공공시설 부지로 제공되도록 계획되는 다음의 조건에서 완화 받을 수 있는 건폐율의 기준은?

- 당초의 대지면적 : 10,000m²
- 해당 용도지역에 적용되는 건폐율 : 50%
- 공공시설 부지로 제공하는 면적 : 1,000m²

① 50% 이내

② 55% 이내

③ 65% 이내

④ 70% 이내

◁해설▷

건폐율의 완화범위 산출

완화 받을 수 있는 건폐율의 범위

$$= 조례로 정한 건폐율\left(1 + \frac{공공시설부지로\ 제공하는\ 면적}{대지면적}\right)$$

$$= 0.5\left(1 + \frac{1,000}{10,000}\right) = 0.5 \times 1.1 = 0.55$$

∴ 55% 이내

28 유비쿼터스 도시(U-city)에 대한 설명으로 가장 적합한 것은?

① 인터넷에 가상으로 존재하는 도시를 통칭

② 도시 공간에 IT 기술이 융·복합되어 시민에게 다양한 서비스를 제공하는 도시

③ 사용 에너지의 합과 생산 에너지의 합이 최종적으로 0이 되는 도시

④ 녹지공간이 풍부하여 쾌적하고 살기 좋은 도시

◁해설▷

유비쿼터스 도시(U-city)

Ubiquitous란 라틴어로 '언제 어디서나 존재한다'는 의미로서, 유비쿼터스 도시란 때와 장소에 관계없이 전산망에 접근할 수 있는 네트워크망이 갖추어진 도시를 말한다.

정답 25 ④ 26 ① 27 ② 28 ②

29 단지계획 시 고려해야 할 사항으로 가장 거리가 먼 것은?

① 건물을 등고선에 따라 배치시키는 것이 자연지형을 파괴하지 않는 가장 경제적인 방법이다.
② 위요감이 없는 외부공간은 장소성·식별성·방어감·일체감에 유리하다.
③ 시대 흐름에 맞게 첨단정보통신기술이 적용된 새로운 형태의 단지계획기법이 필요하다.
④ 자원·에너지 절약형 설계요소 도입으로 지속 가능한 발전을 추구하고자 한다.

◎해설
위요감은 벽 등으로 둘러싸일 경우 발생하는 것으로서, 위요감이 있을 경우 공간의 구분 및 영역성이 명확해지기 때문에 외부공간의 경우 장소성·식별성·방어감·일체감을 형성하는 데 유리하다.

30 범죄예방환경설계(CPTED)의 기법으로 바람직하지 않은 것은?

① 주변에서 눈에 띄지 않게 외부공간을 조성한다.
② 주민들이 모여 어울릴 수 있는 장소를 조성한다.
③ 도시 및 단지 내 시설물을 깨끗하고 정상적으로 유지한다.
④ 건물 및 시설물과 외부공간은 서로 잘 보이도록 배치를 조성한다.

◎해설
범죄예방환경설계(CPTED)에서 자연적 감시는 중요한 요소가 된다. 자연적 감시는 주변에서 눈에 잘 띌 수 있도록 외부공간을 조성하여, 주민 등의 외부공간에 대한 시선이 범죄자를 자연적으로 감시하게 하여 범죄를 예방하는 효과를 가져오게 한다.

31 건축한계선의 지정 목적으로 가장 적합한 것은?

① 상점가의 1층 벽면에 일정한 특성을 부여할 필요가 있는 경우에 지정할 수 있다.
② 공동주택 1층에 설치된 필로티 형태의 주차장에 차량 출입구를 확보하기 위한 것을 주요 목적으로

한다.
③ 가로경관이 연속적인 형태를 유지하거나 구역 내 중요 가로변의 건축물을 가지런히 할 필요가 있는 경우에 사용한다.
④ 도로에 있는 사람이 개방감을 가질 수 있도록 건축물을 도로에서 일정거리 후퇴시켜 건축하게 할 필요가 있는 곳에 지정할 수 있다.

◎해설
①은 벽면지정선, ②와 ③은 건축지정선이다.

건축한계선
• 도로에 있는 사람이 개방감을 가질 수 있도록 건축물을 도로에서 일정 거리 후퇴시켜 건축하게 할 필요가 있는 곳에 지정할 수 있다.
• 부대시설을 포함한 건축물 지상부의 외벽면이 관련 계획에서 정한 선(線)의 수직면을 넘어 돌출하여 건축할 수 없도록 규정된 선이다.
• 계획적 개발을 위한 지구단위계획이나 정비사업에서 주로 사용하는 기법으로 건축한계선으로 확보된 부지는 일반인에게 사용되도록 보도 또는 공개공지 형태로 제공된다.
• 가로경관에 일정한 특성을 부여할 필요가 있는 경우 등에 지정할 수 있다.
• 가로경관이 연속적으로 형성되지 않거나 벽면 선이 일정하지 않을 것이 예상되는 경우에 지정할 수 있다.

32 단지의 획지 분할에 관한 설명으로 틀린 것은?

① 모든 획지는 남북 방향으로 길어야 한다.
② 건축물의 용도에 맞게 적절한 규모가 되도록 획지 규모를 결정한다.
③ 상업용지의 획지 분할은 수요자 요구에 맞게 적정하고 다양한 규모의 분할을 추구하는 것이 바람직하다.
④ 획지의 규모는 가로구성, 경관조성 등에 영향을 준다.

◎해설
획지는 가능하면 남북 방향으로 긴 장방형으로 하는 것이 좋으나, 획지의 형상은 건축물의 규모와 배치, 인동간격, 높이, 토지이용, 차량동선, 녹지공간의 확보 등을 고려하여 정할 수 있으므로 모든 획지가 남북 방향으로 길어야 하는 것은 아니다.

정답 29 ② 30 ① 31 ④ 32 ①

33 지구단위계획 중 관계 행정기관의 장과의 협의, 국토교통부장관과의 협의 및 중앙도시계획위원회·지방도시계획위원회 또는 공동위원회의 심의를 거치지 않고 변경할 수 있는 경우의 기준이 틀린 것은?

① 가구면적의 20% 이내의 변경인 경우
② 획지면적의 30% 이내의 변경인 경우
③ 건축물 높이의 20% 이내의 변경인 경우
④ 건축선의 1m 이내의 변경인 경우

해설
심의 생략이 가능한 경우
• 가구면적의 10% 이내의 변경인 경우
• 획지면적의 30% 이내의 변경인 경우
• 건축물 높이의 20% 이내의 변경인 경우
• 건축선의 1m 이내의 변경인 경우

34 도시생활권의 위계를 소·중·대생활권으로 구분할 때, 소생활권에 알맞은 생활편의시설로 가장 거리가 먼 것은?

① 약국　　② 놀이터
③ 백화점　　④ 행정복지센터

해설
백화점은 대생활권에 해당한다.

35 폐기물처리 및 재활용시설의 결정기준으로 틀린 것은?

① 폐기물처리시설은 공업지역, 녹지지역, 관리지역, 농림지역(농업진흥지역 제외), 자연환경보전지역에 설치한다.
② 풍향과 배수를 고려하여 주민의 보건위생에 위해를 끼칠 우려가 없는 지역에 설치한다.
③ 용수와 동력을 확보하기 쉽고 자동차가 접근하기 편리한 지역에 설치한다.
④ 매립의 방법으로 처리하는 시설은 지형상 고지대, 저수지, 평지 등에 설치한다.

해설
폐기물처리 및 재활용시설의 결정기준(「도시·군계획시설의 결정·구조 및 설치기준에 관한 규칙」 제157조)
매립의 방법으로 처리하는 시설은 지형상 저지대·저습지·협곡·계곡·공유수면매립예정지 등에 설치하여야 하며, 매립 후의 토지이용계획을 미리 고려하여야 한다.

36 지구단위계획에 대한 도시·군관리계획 결정도의 표시기호가 옳은 것은?

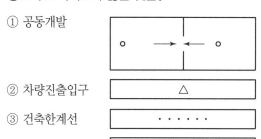

해설
① 합벽건축
② 보행주출입구
③ 대지분할가능선

37 근린생활권의 위계가 옳은 것은?

① 근린주구 > 근린분구 > 인보구
② 근린분구 > 근린주구 > 인보구
③ 인보구 > 근린분구 > 근린주구
④ 근린분구 > 인보구 > 근린주구

해설
생활권의 크기에 따른 분류
근린주구(8,000~10,000명) > 근린분구(2,000~2,500명) > 인보구(100~200명)

ENGINEER URBAN PLANNING
도시계획기사 필기

38 보행자우선도로의 결정기준으로 틀린 것은?

① 보행자의 안전을 위하여 경사가 심한 곳에는 설치하지 아니한다.

② 안전하고 쾌적한 보행을 위하여 보행자전용도로 및 녹지체계 등과 최단거리로 연결되도록 한다.

③ 도시지역 내 간선도로의 이면도로로서 차량통행과 보행자의 통행을 구분하기 어려운 지역 중 보행자의 통행이 많은 지역에 설치한다.

④ 차량속도, 차량통행량 및 보행자의 통행량을 고려한 사전검토계획을 통해 차량속도는 시속 40km 이하로 계획한다.

해설

보행자우선도로의 결정기준(「도시·군계획시설의 결정·구조 및 설치기준에 관한 규칙」 제157조)
보행자우선도로는 차량속도, 차량통행량 및 보행자의 통행량을 고려한 사전검토계획을 수립하여 설치하여야 하며, 이 경우 차량속도는 시속 30km 이하로 계획하여야 한다.

39 경관 분석의 방법에 해당하지 않는 것은?

① 기호화 방법

② 게슈탈트(Gestalt)에 의한 방법

③ 시각회랑(Visual Corridor)에 의한 방법

④ 그린 매트릭스(Green Matrix)에 의한 방법

해설

그린 매트릭스(Green Matrix)
지역 내의 아파트, 학교, 기업용지 등의 녹지 등을 공원녹지 등의 공공녹지와 연결하는 등 지역의 녹지 네트워크를 촘촘히 구성하는 것을 말한다.

40 「주택건설기준 등에 관한 규정」상 방음시설을 설치하여야 하는 공동주택을 건설하는 지점의 소음도(실외소음도) 기준은?

① 75dB 이상

② 65dB 이상

③ 55dB 이상

④ 45dB 이상

해설

소음방지대책의 수립(「주택건설기준 등에 관한 규정」 제9조)
사업주체는 공동주택을 건설하는 지점의 소음도(실외소음도)가 65dB 미만이 되도록 하되, 65dB 이상인 경우에는 방음벽·수림대 등의 방음시설을 설치하여 해당 공동주택의 건설지점의 소음도가 65dB 미만이 되도록 소음방지대책을 수립하여야 한다.

3과목 도시개발론

41 우리나라 도시개발의 흐름에서 제조업과 관광업 등 산업입지와 경제활동을 위해 민간기업 주도로 개발된 도시로, 산업·연구와 주택·교육·의료·문화 등 자족적 복합기능을 가진 도시조성을 위해 개발된 도시는?

① 행정중심복합도시

② 기업도시

③ 뉴타운

④ 혁신도시

해설

기업도시
산업입지와 경제활동을 위하여 민간기업이 산업·연구·관광·레저·업무 등의 주된 기능과 주거·교육·의료·문화 등의 자족적 복합기능을 고루 갖추도록 개발하는 도시

42 다음 중 토지의 취득방식에 따른 도시개발사업의 유형에 해당하지 않는 것은?

① 혼용방식

② 제3섹터 개발방식

③ 환지방식

④ 수용 또는 사용방식

해설

제3섹터 개발방식은 개발 주체에 따른 도시개발사업 유형 분류에 해당한다.

43 다음 중 개발권양도제(TDR)에 대한 설명으로 틀린 것은?

① 토지소유자의 개발 제한에 대한 보상을 하므로 높은 공정성을 확보할 수 있다.
② 보상가격 산정에 있어 시장기구를 활용할 수 없다.
③ 자원배분의 왜곡을 어느 정도 방지할 수 있다.
④ 보상비용이 과다할 수 있으며, 제도의 시행에 많은 준비와 기획이 요구된다.

해설
개발권양도제(TDR)는 보상가격 산정에 있어 시장기구를 활용할 수 있어 자원배분의 왜곡을 방지할 수 있는 특징을 갖고 있다.

44 「도시 및 주거환경정비법」에 따른 정비구역의 지정권자는 정비구역 등을 해제하여야 하는 경우에도 불구하고, 정비사업의 추진 상황으로 보아 주거환경의 계획적 정비 등을 위하여 정비구역 등의 존치가 필요하다고 인정하는 경우, 관련 규정에 따른 해당 기간을 최대 몇 년의 범위에서 연장하여 정비구역 등을 해제하지 아니할 수 있는가?

① 1년   ② 2년
③ 3년   ④ 5년

해설
정비구역 등의 해제(「도시 및 주거환경정비법」 제20조)
정비구역의 지정권자는 다음에 해당하는 경우 2년의 범위에서 연장하여 정비구역 등을 해제하지 아니할 수 있다.
• 정비구역 등의 토지소유자(조합을 설립한 경우 조합원)가 100분의 30 이상의 동의로 연장을 요청한 경우
• 정비사업의 추진 상황으로 보아 주거환경의 계획적 정비 등을 위하여 정비구역 등의 존치가 필요하다고 인정하는 경우

45 다음 중 역세권에 대한 설명으로 틀린 것은?

① 좁은 의미로 역사로부터 타 교통수단에 의존하지 않고 도보로 도달할 수 있는 지역을 뜻한다.

② 역사를 중심으로 작은 지역을 이룰 수 있는 공간으로, 도시민들에게 서비스나 편의를 제공한다.
③ 최근에는 역을 중심으로 한 복합적 토지이용을 지양하고 수송의 역할에 충실한 역세권을 개발하려고 한다.
④ 기차의 정착에 따라 종착역세권, 환승역세권, 통과역세권으로 나누어 볼 수 있다.

해설
역세권 개발은 다차원적인 개발을 통해 최대의 편리성과 다양한 서비스를 제공하는 특징을 가지고 있다.

46 미래의 불확실성에 대응하기 위한 분석방법인 시나리오 분석에 대한 설명으로 틀린 것은?

① 장래에 일어날 수 있는 일이 어떠한 영향을 미치게 되는가를 시나리오적인 문장으로 표현한다.
② 보통 현상연장형, 낙관적 시나리오, 비관적 시나리오의 3가지 종류를 준비한다.
③ 전문가에게 각 시나리오 중 어느 것이 실현된 것인가를 평가받거나 또는 각각의 시나리오의 발생확률을 평가받는다.
④ 연속된 의사결정이 도식적으로 표현되어 이해가 쉽고, 각 시나리오별 대안의 기댓값 산출이 가능하다.

해설
④는 의사결정나무 기법에 대한 설명이다.

47 「도시 및 주거환경정비법」에서 규정하고 있는 정비사업의 종류가 아닌 것은?

① 재건축사업
② 재개발사업
③ 주거환경개선사업
④ 도시환경정비사업

해설
정비사업의 종류
주거환경개선사업, 재개발사업, 재건축사업

정답 43 ② 44 ② 45 ③ 46 ④ 47 ④

48 다음 조건에 따른 상업용지의 수요 면적은?

- 상업지역 예상 이용인구 : 407천 명
- 이용인구 1인당 평균상면적 : 15m²
- 평균층수 : 5층
- 건폐율 : 65%
- 공공용지율 : 40%

① 0.75km²　　　　② 1.13km²

③ 3.13km²　　　　④ 5.81km²

●해설

$$상업지 면적 = \frac{상업지역~내의~수용인구 \times 1인당~점유면적}{평균층수 \times 건폐율 \times (1 - 공공용지율)}$$

$$= \frac{407,000 \times 15m^2}{5 \times 0.65 \times (1 - 0.4)}$$

$$= 3,130,769m^2 = 3.13km^2$$

49 프로젝트 파이낸싱과 관련한 아래 설명에서 ㉠에 해당하는 것은?

프로젝트 파이낸싱과 관련한 다양한 이해관계자들은 자금을 조달받는 주체가 있어야 하기에 (㉠)을(를) 구성한다. (㉠)은(는) 채권이나 토지 등 자산을 기초로 증권을 발행하여 이를 판매하는 특수 목적을 가진 회사로, 주로 유동화하는 자산은 채권이다.

① Special Corporation

② Special Purpose Company

③ Project Financing Corporation

④ Project Management Company

●해설

특수목적회사(SPC : Special Purpose Company)
금융기관에서 발생한 부실채권을 매각하기 위해 일시적으로 설립된 특수목적(Special Purpose)을 가진 회사로 채권 매각과 원리금 상환이 끝나면 자동으로 없어지는 명목상의 회사이다.

50 도시기능의 회복이 필요하거나 주거환경이 불량한 지역을 계획적으로 정비하고 노후 · 불량건축물을 효율적으로 개량하기 위하여 필요한 사항을 규정한 것은?

① 「건축법」

② 「도시개발법」

③ 「도시 및 주거환경정비법」

④ 「국토의 계획 및 이용에 관한 법률」

●해설

목적(「도시 및 주거환경정비법」 제1조)
이 법은 도시기능의 회복이 필요하거나 주거환경이 불량한 지역을 계획적으로 정비하고 노후 · 불량건축물을 효율적으로 개량하기 위하여 필요한 사항을 규정함으로써 도시환경을 개선하고 주거생활의 질을 높이는 데 이바지함을 목적으로 한다.

51 수요 예측을 위한 시계열분석법 중 다른 기법과 비교하여 이동평균법이 갖는 특징에 대한 설명으로 틀린 것은?

① 단기 분석에 사용한다.

② 규모가 작은 신제품의 시장 예측에 사용한다.

③ 배우기 쉬우나 결과 해석이 어렵다.

④ 이용 비용이 매우 적다.

●해설

시계열(Time Serial) 분석 기법 중 이동평균법은 3개월 미만에 적용하는데, 주로 신제품 시장 예측에 이용되며 배우기 쉽고 결과 해석이 용이한 특징을 가지고 있다.

52 수요 예측의 정성적 예측모형으로 조사하고자 하는 특정사항에 대한 전문가 집단을 대상으로 반복 앙케이트를 시행하여 의견을 조사하는 방법은?

① 델파이 방법

② 판단결정모델

③ 로짓 모형

④ 허프(Huff) 모형

해설

델파이는 고대 그리스의 아폴로 신전이 있던 도시의 이름으로 아폴로 신전의 여사제가 그리스 현인들로부터 의견을 넓게 수렴하였다는 데서 유래하였으며, 각종 계획 수립을 위한 장기적인 미래 예측에 많이 쓰이는 방법이다.

53 다음 중 제3섹터의 특징이 아닌 것은?

① 단기간 내의 채산성 확보가 어렵다.
② 주민의 적극적인 자원봉사를 전제로 한다.
③ 불안정성과 실패에 대한 책임소재가 불분명하다.
④ 공공의 안정성, 계획성과 민간의 효율성을 결합함으로써 합리적 사업 추진이 가능하다.

해설

제3섹터란 민관합동개발을 의미하지만, 주민의 적극적인 자원봉사를 전제로 하지는 않는다.

54 다음 중 지속 가능한 토지이용계획을 위한 전략으로 가장 거리가 먼 것은?

① 대중교통지향적인 도시개발
　(Transit-oriented Urban Development)
② 혼합적 토지이용
　(Mixed Land-use Development)
③ 직주근접개발
　(Job-Housing Balanced Development)
④ 도시확산개발
　(Urban Decentralization Development)

해설

도시확산개발의 추진은 개발제한구역(그린벨트) 등의 해제와 같은 과정이 수반될 가능성이 있고 이에 따른 녹지의 감소 등을 초래할 수 있으므로 지속 가능한 토지이용계획을 위한 전략으로는 적절치 않다.

55 마케팅 활동에서 사용하는 여러 가지 전략을 종합적으로 균형이 잡히도록 조정·구성하는 마케팅믹스(4P's Mix)의 4P로 옳은 것은?

① Property, Price, Place, Pride
② Property, Price, Purpose, Pride
③ Product, Price, Place, Promotion
④ Product, Price, Purpose, Promotion

해설

4P(마케팅 구성요소)는 제품(Product), 가격(Price), 장소(Place), 홍보(Promotion)이다.

56 1960년대 이후 미국의 계획단위개발(PUD)의 본격적 시행을 통하여 도출된 문제점과 가장 거리가 먼 것은?

① 평범한 고밀도단지를 형성할 우려가 있다.
② 고용기회를 갖추지 못한 채 대량의 인구를 입주시킬 우려가 있다.
③ 사도(Private Street), 공동 오픈스페이스 등의 유지 관리 비용이 많이 든다.
④ 승인 과정상 지방자치단체의 개발관리능력이 현저히 저하될 우려가 있다.

해설

계획단위개발(PUD : Planned Unit Development)은 개발 대상지를 일체로 묶어서 계획하고 설계하는 것으로서 행정력이 집중될 수 있어 지방자치단체의 개발관리능력을 높일 수 있는 개발방식이다.

57 시간대별 비용과 수입이 추정되었을 때 프로젝트의 사업성 평가에 일반적으로 사용하는 지표로 적합하지 않은 것은?

① 순현재가치(FNPV)
② 내부수익률(FIRR)
③ 이전비용(Transfer Payment)
④ 수익성지수(PI)

정답 53 ② 54 ④ 55 ③ 56 ④ 57 ③

해설

이전비용(Transfer Payment)은 거래를 하는 기업들 사이에 제품 및 용역을 공급할 때 지불되는 비용(가격)을 의미하는 것으로서, 프로젝트의 사업성 평가 지표와는 거리가 멀다.

58 「도시개발법」상 아래 설명의 ㉢에 들어갈 내용으로 옳은 것은?

> 시행자는 도시개발사업에 필요한 경비에 충당하거나 규약·정관·시행규정 또는 실시계획으로 정하는 목적을 위하여 일정한 토지를 (㉠)(으)로 정하지 아니하고 (㉡)(으)로 정할 수 있으며, 그중 일부를 (㉢)로 정하여 도시개발사업에 필요한 경비에 충당할 수 있다.

① 체비지　　　　② 환지

③ 보류지　　　　④ 국유지

해설

체비지(「도시개발법」제34조)

시행자는 도시개발사업에 필요한 경비에 충당하거나 규약·정관·시행규정 또는 실시계획으로 정하는 목적을 위하여 일정한 토지를 환지로 정하지 아니하고 보류지로 정할 수 있으며, 그중 일부를 체비지로 정하여 도시개발사업에 필요한 경비에 충당할 수 있다.

59 다음 중 도시계획의 성격이 가장 다른 하나는?

① 라이트와 스타인의 래드번(Redburn) 계획

② 아베크롬비의 대런던 계획(Greater London Plan)

③ 안드레 듀아니의 시사이드(Seaside) 계획

④ 밀루틴(N. A. Miliutin)의 스탈린그라드 계획

해설

밀루틴(N. A. Miliutin)은 스탈린그라드 계획(Stalingrad Plan)을 통해 특별한 중심을 갖지 않는 선형도시패턴을 제안하였으며, 이러한 선형도시패턴을 통해 공업화의 발전이 선형의 교통축을 따라 원활히 진행될 것이라고 주장하였다. 선형도시를 통한 공업화에 초점을 맞추었던 스탈린그라드 계획과 달리 래드번 계획, 대런던 계획, 시사이드 계획은 주거단지 및 인구분산계획에 초점이 맞추어져 있다. 래드번 계획은 근린주구이론을 접목한 주거단지계획이며, 대런던계획은 그린벨트 등을 적용한 도심의 무분별한 확산 방지 및 그린벨트 외곽에 신도시의 개발을 통한 인구분산 등

을 위한 계획이고, 시사이드 계획은 해변가에 형성된 도시로 마을 중앙에 우체국, 극장 등의 공공시설을 두고, 주택은 이러한 공공시설을 중심으로 방사형으로 배치한 주거단지계획이다.

60 마케팅을 활성화하기 위한 경영활동의 계획에서 반드시 수반되어야 하는 마케팅 전략(STP)의 세 단계는?

① Stimulating, Tightening, Positioning

② Stimulating, Tightening, Pursuing

③ Standardization, Targeting, Pursuing

④ Segmentation, Targeting, Positioning

해설

STP 3단계 전략

STP 3단계 전략	세부사항
시장세분화 (Segmentation)	수요자 집단을 세분하고, 상품판매의 지향점 설정
표적시장(Target)	수요집단 또는 표적시장에 적합한 신상품 기획
차별화(Positioning)	다양한 공급자들과의 경쟁방안 강구

4과목　국토 및 지역계획

61 「수도권정비계획법」에 따른 권역의 구분에 해당하지 않는 것은?

① 자연보전권역　　　② 과밀억제권역

③ 성장관리권역　　　④ 개발유보권역

해설

수도권 권역의 구분(「수도권정비계획법」제6조)

구분	내용
과밀억제권역	인구와 산업이 지나치게 집중되었거나 집중될 우려가 있어 이전하거나 정비할 필요가 있는 지역
성장관리권역	과밀억제권역으로부터 이전하는 인구와 산업을 계획적으로 유치하고 산업의 입지와 도시의 개발을 적정하게 관리할 필요가 있는 지역
자연보전권역	한강 수계의 수질과 녹지 등 자연환경을 보전할 필요가 있는 지역

62 베버(A. Weber)의 최소비용 산업입지이론에서 최적입지를 결정하는 생산비용 결정 요소에 해당하지 않는 것은?

① 노동비   ② 수송비
③ 집적경제   ④ 토지비용

해설

생산비용 결정 인자
• 최소수송비 원리
• 노동비에 따른 최적입지의 변화
• 집적이익(집적경제)에 따른 최적지점의 변화

63 테네시계곡 개발계획(TVA 계획)은 어느 나라의 지역 계획인가?

① 독일   ② 미국
③ 영국   ④ 프랑스

해설

테네시계곡 개발사업
• 1930년대 전후 실업자 구제 및 공업도시 개발을 위해 미국 테네시강 유역에 다수의 다목적댐을 건설하여 전력과 수자원 공급을 목표로 한 사업이다.
• 미국에서 지역개발계획의 선구적 사례이다.

64 고전적인 변이할당분석(Shift–share Analysis)에 관한 설명으로 틀린 것은?

① 도시성장의 원인이 산업성장에 있으며 성장은 산업 자체의 구성변화를 가져온다는 점을 중요시한다.
② 지역 내 산업 간 연관관계를 반영하지 못하는 단점이 있다.
③ 지역성장을 횡적, 종적 차원에서 동시에 분석할 수 있고 분석결과를 이해하기가 쉽다.
④ 지역의 경쟁요인이 시간이 지남에 따라 변한다고 가정한다.

해설

변이할당분석(Shift–share Analysis)은 기술의 파급시간을 동일하게 보기 때문에 지역의 경쟁요인이 시간에 지남에 따라 변함이 없다고 가정한다. 이러한 가정은 시간이 지남에 따라 일어나는 변화를 정확히 반영하기 어려우며, 이

에 따라 예측모형으로 사용할 경우 예측력에 대한 신뢰도가 낮아지게 된다.

65 지역계획 입안 과정에서 주민이 참여함으로서 나타나는 효과로 가장 기대하기 어려운 것은?

① 주민의사의 계획 반영
② 주민의 지역계획 관심 증대
③ 주민 상호 간의 이해 대립의 해소
④ 주민의 자발적 협조에 의한 집행의 용이

해설

주민참여는 소수의 적극적 참여자나 특수이익집단의 대표의 참여 시 이해관계에 따라 행정의 공정성을 저해할 수 있기 때문에 주민 상호 간의 이해 대립이 심해질 수 있다는 역기능을 가지고 있다.

66 균형발전이론 중 1975년에 등장한 도농접근(Agropolitan Approach)법에 대한 설명으로 틀린 것은?

① 적극적인 외부의 원조를 받아 균형발전을 도모하고 주민 참여는 제한한다.
② 생산의 다양화, 자원의 공영제, 기회의 균등을 중시한다.
③ 주민은 스스로 기본적 생활수준을 유지하고 자립을 이루기 위하여 선별적으로 적정 수준의 지역범위를 결정한다.
④ 다른 지역과의 자유무역을 억제하고 비교우위의 원칙이나 다국적 기업의 이념을 제한한다.

해설

도농접근(Agropolitan Approach)법은 1975년 프리드만(J. Friedman)과 더글라스(Mike Douglas)에 의해 발표되었으며 농촌에 도시의 성격을 부여하는 것에 목적이 있었다. 이러한 주장은 기초수요이론을 바탕으로 상향식 개발방식을 특징으로 하고 있으며 이에 따라 자치적이고 주민참여적인 성격을 띠고 있다.

정답   62 ④   63 ②   64 ④   65 ③   66 ①

67 A도시와 B도시가 있다. 컨버스의 수정소매인력이론을 이용하여 A도시로부터 분기점까지의 거리를 구하면 얼마인가?(단, A도시의 인구는 100,000명, B도시의 인구는 900,000명이고, A도시와 B도시 간 거리는 200km이다.)

① 30km　　　　　② 50km

③ 75km　　　　　④ 100km

◉해설

$$\frac{100,000}{x^2} = \frac{900,000}{(200-x)^2} = \frac{900,000}{200^2 - 400x + x^2}$$

$$200^2 - 400x + x^2 = 9x^2$$

$$40,000 - 400x - 8x^2 = 0$$

$$(400 - 8x)(100 + x) = 0$$

$$x = 50 \text{ or } -100$$

$$\therefore \ x = 50 \text{km (A시에서의 상권의 범위)}$$

68 다음 중 지역계획의 수립 시 가장 우선적으로 고려하여야 하는 계획지표는?

① 고용창출률　　　② 교육기관 입지율

③ 인구　　　　　　④ 재정상태

◉해설

지역계획 수립 시 ①~④ 모두 고려되어야 하며, 이 중 고용창출률, 교육기관 입지율, 재정상태 계획의 기본이 되는 인구가 가장 우선적으로 고려하여야 하는 계획지표라고 할 수 있다.

69 기업의 지방 입지 유도를 위해 지원하는 내용으로 가장 거리가 먼 것은?

① 과밀부담금, 중과세 부과

② 재정·금융 지원의 확대, 토지이용규제 완화

③ 도로, 항만, 용수, 전력, 통신 등 기반시설 지원

④ 소요 인력의 자체 육성을 위한 교육기관 설립권 우선 부여

◉해설

과밀부담금 및 중과세 부과는 기업이 지방으로 이전하는 데 부담요소로 작용할 수 있다.

70 지역계획의 발전에 기여한 학자와 주요 내용의 연결이 옳은 것은?

① 튀넨 – 지대론

② 페로우 – 산업클러스터론

③ 뢰쉬 – 상호의존적 입지론

④ 크리스탈러 – 수출기반이론

◉해설

② 포터(M. E. Porter) – 산업클러스터론

③ 호텔링(Hoteling) – 상호의존적 입지론

④ 티보트(Charles Tiebout), 호야트(Homer Hoyt), 웨이머(A. M. Weimer) – 수출기반이론

71 지프(Zipf)의 순위규모법칙에 따라 수위도시의 인구가 1,000만 명일 때, 2위 도시의 인구는 몇 명인가?(단, $q=1$이다.)

① 500만 명　　　　② 250만 명

③ 100만 명　　　　④ 50만 명

◉해설

$$P_r = \frac{P_1}{r^q}$$

　여기서, P_r : 순위 r번째 도시 인구

　　　　　P_1 : 수위도시 인구

　　　　　r : 도시 인구 순위

$q=1$이므로, 2위 도시의 인구는 다음과 같다.

$$P_2 = \frac{1,000만 \ 명}{2^1} = 500만 \ 명$$

※ $q=1$로 주어졌을 경우에는 간단히 수위도시(1위 도시) 인구대비 2위 도시는 1/2, 3위 도시는 1/3로 산정할 수 있다.

72 쇄신의 전염적 확산을 통계적 시뮬레이션 모델로 발전시킨 학자는?

① 레벤스타인　　　② 베리

③ 해거스트란트　　④ 미르달

◉해설

스웨덴 출신의 지리학자인 해거스트란트(T. hagerstrand)는 베리(Berry)의 쇄신확산유형이론과 지리학적 이론을 포함한 각종 이론 등을 통합하여 쇄신의 전염적 확산을 통계적 시뮬레이션 모델로 발전시킨 학자이다.

정답 　67 ② 　68 ③ 　69 ① 　70 ① 　71 ① 　72 ③

73 통일이 된 이후의 국토공간구조를 구성함에 있어서 기본방향이 되기 어려운 것은?

① 국토의 일체성을 회복하고자 노력한다.
② 단기간 내에 남·북의 국토공간구조를 동일화하는 전략을 우선 추진한다.
③ 국토의 미래상을 설정하고 장기종합계획을 수립한다.
④ 외부에 대해 능동적이고 진취적인 구조로 개편한다.

해설

통일이 된 이후의 국토공간구조에 대한 구성은 남·북 간의 산업, 경제, 문화, 인구구성 등 다양한 부분에서 차이가 있기 때문에 장기적으로 다양한 부분에서 조화될 수 있도록 단기가 아닌 장기종합계획으로 수립하여 진행하여야 한다.

74 다음 중 「국토기본법」상 국토종합계획에 포함되어야 하는 내용이 아닌 것은?(단, 부수되는 사항은 고려하지 않는다.)

① 국토의 현황 및 여건 변화 전망에 관한 사항
② 지하 공간의 합리적 이용 및 관리에 관한 사항
③ 주택, 상하수도 등 생활 여건의 조성 및 삶의 질 개선에 관한 사항
④ 재정확충 및 도시·군기본계획의 시행을 위하여 필요한 재원조달에 관한 사항

해설

국토종합계획의 내용(「국토기본법」 제10조)
국토종합계획에는 다음 각 호의 사항에 대한 기본적이고 장기적인 정책 방향이 포함되어야 한다.
1. 국토의 현황 및 여건 변화 전망에 관한 사항
2. 국토발전의 기본 이념 및 바람직한 국토 미래상의 정립에 관한 사항
2의2. 교통, 물류, 공간정보 등에 관한 신기술의 개발과 활용을 통한 국토의 효율적인 발전 방향과 혁신 기반 조성에 관한 사항
3. 국토의 공간구조의 정비 및 지역별 기능 분담 방향에 관한 사항
4. 국토의 균형발전을 위한 시책 및 지역산업 육성에 관한 사항
5. 국가경쟁력 향상 및 국민생활의 기반이 되는 국토 기간시설의 확충에 관한 사항
6. 토지, 수자원, 산림자원, 해양수산자원 등 국토자원의 효율적 이용 및 관리에 관한 사항
7. 주택, 상하수도 등 생활 여건의 조성 및 삶의 질 개선에 관한 사항
8. 수해, 풍해(風害), 그 밖의 재해의 방제(防除)에 관한 사항
9. 지하 공간의 합리적 이용 및 관리에 관한 사항
10. 지속 가능한 국토 발전을 위한 국토환경의 보전 및 개선에 관한 사항
11. 그 밖에 제1호부터 제10호까지에 부수(附隨)되는 사항

75 지역경제의 성장 잠재력과 삶의 질 차원의 지역격차 분석을 위해 이용하는 변수로 가장 거리가 먼 것은?

① 취업률　　　　　② 소득
③ 1일 평균 강수량　④ 생활환경지표

해설

1일 평균 강수량은 지역경제의 성장 잠재력과 삶의 질 차원의 지역격차 분석을 위해 이용하는 변수와 거리가 멀다.

76 입지상법(Location Quotient)에 따른 입지상 계수의 계산 방법이 옳은 것은?

- LQ_i^r : r지역의 i산업에 대한 입지상 계수
- E_i^r : r지역의 i산업의 경제활동
- E^r : r지역의 전체 경제활동
- E_i^n : 전국의 i산업의 경제활동
- E^n : 전국의 전체 경제활동

① $LQ_i^r = \dfrac{E_i^r}{E_i^n} / \dfrac{E^n}{E^r}$　② $LQ_i^r = \dfrac{E^r}{E_i^r} / \dfrac{E^n}{E_i^n}$

③ $LQ_i^r = \dfrac{E_i^r}{E^r} / \dfrac{E_i^n}{E^n}$　④ $LQ_i^r = \dfrac{E^n}{E_i^r} / \dfrac{E_i^n}{E^r}$

해설

③의 식으로 r지역의 i산업에 대한 입지상 계수를 구할 수 있으며, LQ값에 따른 해당 산업의 특화 정도는 다음과 같다.
- $LQ > 1$: 특화산업(기반산업)
- $LQ < 1$: 비기반산업
- $LQ = 1$: 전국과 같은 수준

정답 73 ② 74 ④ 75 ③ 76 ③

77 성장극(Growth Pole)의 특성이 아닌 것은?

① 성장을 유도하고 그 성장을 다른 곳으로 확산시킨다.
② 성장을 촉진시키는 쇄신, 새로운 아이디어를 받아들이는 성향을 갖는다.
③ 다른 산업보다 빠르게 성장한다.
④ 다른 산업과의 연계성(Linkage)을 갖지는 않는다.

● 해설

페로우(F. Perroux)가 제시한 성장극(Growth Pole)의 특성
대규모성(大規模性), 급속한 성장, 타 산업과의 높은 연계성(連繫性), 전방연쇄효과, 후방연쇄효과

78 국토계획, 지역계획, 도시계획으로 구분하는 기준으로 옳은 것은?

① 시간적 차이
② 공간적 범위
③ 토지이용상태
④ 경제적 수준

● 해설

공간적 범위의 크기에 따라 국토계획 > 지역계획 > 도시계획으로 나누어진다.

79 제3차 국토종합개발계획(1992~2001)의 기본 목표에 해당하는 것은?

① 세계화에 대비한 국토공간 조성
② 지방 분산형 국토골격의 형성
③ 인구의 지방정착 유도
④ 사회간접자본 확충

● 해설

제3차 국토종합개발계획의 기본목표
• 지방 분산형 골격형성(균형성) : 지방육성과 수도권 집중억제
• 통일 대비 기반조성(통합성) : 남북교류지역의 관리
• 생산적 · 절약적 국토이용(효율성) : 종합적 고속교류망 구축
• 복지수준 향상, 환경보존(쾌적성) : 국민생활과 환경부문의 투자 확대

80 다음 각 학자들과 그들이 주장한 지역 구분이 바르게 짝지어진 것은?

① Boudeville : 번성 · 발전도상저개발 · 잠재적 저개발 · 저개발지역
② Herbertson : 지리적 · 경제 · 사회문화지역
③ Hilhorst : 과밀 · 중간 · 낙후지역
④ Hansen : 대도시 · 중소도시 · 농촌지역

● 해설

① 부드빌(O. Boudeville) : 동질지역, 결절지역, 계획지역
③ 힐호스트(Hilhorst) : 분극지역, 계획권역, 동질지역, 사업지역
④ 한센(N. Hansen) : 과밀지역, 중간지역, 낙후지역

5과목 도시계획 관계 법규

81 주차장법령상 노외주차장에 설치할 수 있는 부대시설에 해당하지 않는 것은?(단, 시 · 군 또는 자치구의 조례로 정하는 이용자 편의시설은 고려하지 않는다.)

① 관리사무소
② 공중화장실
③ 자동차 관련 수리시설
④ 노외주차장의 관리 · 운영상 필요한 편의시설

● 해설

노외주차장의 구조 · 설비 기준(「주차장법 시행규칙」 제6조)
노외주차장에 설치할 수 있는 부대시설(설치면적은 전기자동차 충전시설을 제외한 총 시설면적의 20% 이하)
• 관리사무소, 휴게소 및 공중화장실
• 간이매점, 자동차 장식품 판매점 및 전기자동차 충전시설, 태양광 발전시설, 집배송시설
• 주유소(특별시장 · 광역시장, 시장 · 군수 또는 구청장이 설치한 노외주차장만 해당)
• 노외주차장의 관리 · 운영상 필요한 편의시설
• 특별자치도 · 시 · 군 또는 자치구의 조례로 정하는 이용자 편의시설

82 「건축법」상 허가권자가 가로구역별로 건축물의 높이를 지정·공고할 때 고려하지 않아도 되는 사항은?

① 도시·군관리계획 등의 토지이용계획
② 해당 가로구역이 접하는 도로의 길이
③ 도시미관 및 경관계획
④ 해당 가로구역의 상·하수도 등 간선시설의 수용능력

해설

「건축법 시행령」에 따라 해당 가로구역이 접하는 도로의 길이가 아닌 도로의 너비를 고려하여야 한다.

건축물의 높이제한(「건축법 시행령」 제82조)

허가권자는 가로구역별로 건축물의 높이를 지정·공고할 때에는 다음의 사항을 고려하여야 한다.
• 도시·군관리계획 등의 토지이용계획
• 해당 가로구역이 접하는 도로의 너비
• 해당 가로구역의 상·하수도 등 간선시설의 수용능력
• 도시미관 및 경관계획
• 해당 도시의 장래 발전계획

83 다음 중 재정비촉진지구의 유형에 해당하지 않는 것은?

① 주거지형
② 중심지형
③ 고밀복합형
④ 연계개발형

해설

재정비촉진지구의 종류

구분	내용
주거지형	노후·불량주택과 건축물이 밀집한 지역으로서 주로 주거환경의 개선과 기반시설의 정비가 필요한 지구
중심지형	상업지역·공업지역 또는 역세권·지하철역·간선도로의 교차지 등으로서 토지의 효율적 이용과 도심 또는 부도심 등의 도시기능의 회복이 필요한 지구
고밀복합형	주요 역세권, 간선도로의 교차지 등 양호한 기반시설을 갖추고 있어 대중교통 이용이 용이한 지역으로서 도심 내 소형 주택의 공급 확대, 토지의 고도이용과 건축물의 복합개발이 필요한 지구

84 수도권정비실무위원회의 위원장은?

① 국무총리
② 국토교통부장관
③ 국토교통부 제1차관
④ 서울특별시 2급 공무원

해설

수도권정비실무위원회의 구성(「수도권정비계획법 시행령」 제30조)

• 수도권정비실무위원회는 위원장 1명과 25명 이내의 위원으로 구성한다.
• 실무위원회의 위원장은 국토교통부 제1차관이 되고, 위원은 중앙행정기관의 일반직공무원 및 서울특별시의 공무원과 인천광역시, 경기도의 공무원 중에서 소속 기관의 장이 지정한 자 각 1명과 수도권정비정책과 관계되는 분야의 학식과 경험이 풍부한 자 중에서 수도권정비위원회의 위원장이 위촉하는 자가 된다.
• 공무원이 아닌 위원의 임기는 2년으로 한다.
• 실무위원회의 사무를 처리하기 위하여 실무위원회에 간사 1명을 두며, 간사는 국토교통부 소속 공무원 중에서 실무위원회의 위원장이 임명한다.

85 「도시개발법」상 조합 설립의 인가를 신청하기 위한 동의 기준이 옳은 것은?

① 해당 도시개발구역의 토지면적의 1/2 이상에 해당하는 토지소유자와 그 구역의 토지소유자 총 수의 1/3 이상의 동의
② 해당 도시개발구역의 토지면적의 1/2 이상에 해당하는 토지소유자와 그 구역의 토지소유자 총 수의 1/2 이상의 동의
③ 해당 도시개발구역의 토지면적의 1/2 이상에 해당하는 토지소유자와 그 구역의 토지소유자 총 수의 2/3 이상의 동의
④ 해당 도시개발구역의 토지면적의 2/3 이상에 해당하는 토지소유자와 그 구역의 토지소유자 총 수의 1/2 이상의 동의

해설

조합 설립의 인가(「도시개발법」 제13조)
조합 설립의 인가를 신청하려면 해당 도시개발구역의 토지면적의 3분의 2 이상에 해당하는 토지소유자와 그 구역의 토지소유자 총수의 2분의 1 이상의 동의를 받아야 한다.

86 주차장법령상 건축물의 연면적 중 주차장으로 사용되는 부분의 비율이 얼마 이상인 경우를 주차전용건축물이라고 하는가?

① 80% ② 85%
③ 90% ④ 95%

해설

주차전용건축물의 주차면적비율(「주차장법 시행령」 제1조의2)
주차전용건축물이란 건축물의 연면적 중 주차장으로 사용되는 부분의 비율이 95% 이상인 것을 말한다. 다만, 주차장 외의 용도로 사용되는 부분이 단독주택, 공동주택, 제1종 근린생활시설, 제2종 근린생활시설, 문화 및 집회시설, 종교시설, 판매시설, 운수시설, 운동시설, 업무시설, 창고시설 또는 자동차 관련 시설인 경우에는 주차장으로 사용되는 부분의 비율이 70% 이상인 것을 말한다.

87 다음 중 산업단지개발사업의 시행자가 될 수 없는 자는?

① 「중소기업진흥에 관한 법률」에 따른 중소기업진흥공단
② 「한국농어촌공사 및 농지관리기금법」에 따른 한국농어촌공사
③ 해당 산업단지개발계획에 적합한 시설을 설치하여 입주하려는 자와 산업단지개발에 관한 자문계약을 체결한 부동산투자자문회사
④ 「산업집적활성화 및 공장설립에 관한 법률」의 규정에 따라 설립된 한국산업단지공단

해설

입주하려는 자가 아닌 사업 시행자와 산업단지개발에 관한 신탁계약을 체결한 부동산신탁업자가 시행자가 될 수 있다.

88 도시재생을 촉진하기 위하여 산업 · 상업 · 주거 · 복지 · 행정 등의 기능이 집적된 지역 거점을 우선적으로 조성할 필요가 있는 지역에 대하여 지정 · 고시되는 지구는?

① 도시재생활성화지구
② 도시재생혁신지구
③ 도시재생선도지구
④ 특별재생지구

해설

도시재생혁신지구(「도시재생 활성화 및 지원에 관한 특별법」 제2조)
도시재생을 촉진하기 위하여 산업 · 상업 · 주거 · 복지 · 행정 등의 기능이 집적된 지역 거점을 우선적으로 조성할 필요가 있는 지역으로 「도시재생 활성화 및 지원에 관한 특별법」에서 지정 · 고시되는 지구를 말한다.
① 도시재생활성화지구가 아닌 도시재생활성화지역으로 정의된다.
  도시재생활성화지역 : 국가와 지방자치단체의 자원과 역량을 집중함으로써 도시재생을 위한 사업의 효과를 극대화하려는 전략적 대상지역으로 그 지정 및 해제를 도시재생전략계획으로 결정하는 지역을 말한다.
③ 도시재생선도지구가 아닌 도시재생선도지역으로 정의된다.
  도시재생선도지역 : 도시재생을 긴급하고 효과적으로 실시하여야 할 필요가 있고 주변지역에 대한 파급효과가 큰 지역으로, 국가와 지방자치단체의 시책을 중점 시행함으로써 도시재생 활성화를 도모하는 지역을 말한다.
④ 특별재생지구가 아닌 특별재생지역으로 정의된다.
  특별재생지역 : 특별재난지역으로 선포된 지역 중 피해지역의 주택 및 기반시설 등 정비, 재난 예방 및 대응, 피해지역 주민의 심리적 안정 및 지역공동체 활성화를 위하여 국가와 지방자치단체가 도시재생을 긴급하고 효과적으로 실시하여야 할 필요가 있는 지역을 말한다.

89 다음 중 「주택법」에 따른 용어에 대한 설명으로 틀린 것은?

① 국가 · 지방자치단체의 재정 또는 주택도시기금으로부터 자금을 지원받아 건설되거나 개량되는 주택으로 국민주택규모 이하인 주택을 국민주택이라 한다.

② 수도권을 제외한 도시지역이 아닌 읍 또는 면 지역은 1호 또는 1세대당 주거전용면적이 85m² 이하인 주택을 국민주택규모라 한다.

③ 주택조합은 지역주택조합, 직장주택조합, 리모델링주택조합으로 구분된다.

④ 도시형 생활주택이란 300세대 미만의 국민주택규모에 해당하는 주택으로서 대통령령으로 정하는 주택을 말한다.

해설

수도권의 경우 1호 또는 1세대당 주거전용면적이 85m² 이하인 주택을 국민주택규모라고 하지만, 수도권을 제외한 도시지역이 아닌 읍 또는 면 지역은 1호 또는 1세대당 주거전용면적이 100m² 이하인 주택을 국민주택규모라고 한다.

90 계획관리지역·생산관리지역 및 대통령령으로 정하는 녹지지역에서 성장관리방안을 수립한 경우 대통령령으로 정하는 건폐율 완화기준으로 틀린 것은?

① 계획관리지역 : 50% 이하
② 자연녹지지역 : 30% 이하
③ 생산관리지역 : 30% 이하
④ 보전녹지지역 : 20% 이하

해설

본 문제 관련 사항인 「국토의 계획 및 이용에 관한 법률 시행령」 제84조의3은 삭제된 조항이다. (2021년 7월 6일 개정 시 삭제)

기존(삭제 전) 법령에 따른 건폐율 완화기준은 계획관리지역 50% 이하, 자연녹지지역 및 생산지역 30% 이하, 생산관리지역 30% 이하이며, 보전녹지지역의 경우 별도 완화기준이 없었다.

91 쾌적하고 살기 좋은 주거환경 조성에 필요한 주택의 건설·공급 및 주택시장의 관리 등에 관한 사항을 정함으로써 국민의 주거안정과 주거수준의 향상에 이바지함을 목적으로 하는 것은?

① 「주택법」　② 「택지개발촉진법」
③ 「자연재해대책법」　④ 「도시 및 주거환경정비법」

해설

목적(「주택법」 제1조)

이 법은 쾌적하고 살기 좋은 주거환경 조성에 필요한 주택의 건설·공급 및 주택시장의 관리 등에 관한 사항을 정함으로써 국민의 주거안정과 주거수준의 향상에 이바지함을 목적으로 한다.

92 과밀부담금에 대한 설명으로 틀린 것은?

① 과밀부담금은 부과 대상 건축물의 신축·증축 시 부과한다.
② 공공청사 신축의 경우, 과밀부담금 기초공제면적은 5천m²이다.
③ 과밀부담금 관련 건축비는 국토교통부장관이 고시하는 표준건축비를 기준으로 한다.
④ 과밀부담금은 부과 대상 건축물이 속한 지역을 관할하는 시·도지사가 부과·징수한다.

해설

부담금의 산정방식(「수도권정비계획법 시행령」 별표 2)

공공청사 신축의 경우 기초공제면적은 1천m²로 한다.

93 막다른 도로의 길이가 35m 이상인 경우, 그 도로의 너비가 최소 얼마 이상이면 건축법령상 도로로 정의되는가?(단, 특별자치시장·특별자치도지사 또는 시장·군수·구청장이 지형적 조건으로 인하여 차량 통행을 위한 도로의 설치가 곤란하다고 인정하여 그 위치를 지정·공고하는 구간 및 도시지역이 아닌 읍·면지역 도로의 경우는 제외한다.)

① 2m　② 3m
③ 6m　④ 10m

해설

막다른 도로에서 도로의 너비

막다른 도로의 길이	~	10m	~	35m	~
도로의 너비	2m 이상		3m 이상		6m 이상 (읍·면 : 4m 이상)

정답 90 ④　91 ①　92 ②　93 ③

94 「국토의 계획 및 이용에 관한 법률」상 도시 · 군계획시설 사업의 시행자가 도시 · 군계획시설 사업에 관한 조사를 위해 타인의 토지에 출입하고자 할 때, 출입하고자 하는 날의 며칠 전까지 그 토지의 소유자 · 점유자 또는 관리인에게 그 일시와 장소를 알려야 하는가?(단 도시계획시설 사업의 시행자가 행정청인 경우는 제외한다.)

① 14일   ② 7일
③ 5일   ④ 3일

◎해설
토지에의 출입(「국토의 계획 및 이용에 관한 법률」 제130조)
타인의 토지에 출입하려는 자는 특별시장 · 광역시장 · 특별자치시장 · 특별자치도지사 · 시장 또는 군수의 허가를 받아야 하며, 출입하려는 날의 7일 전까지 그 토지의 소유자 · 점유자 또는 관리인에게 그 일시와 장소를 알려야 한다.

95 주차장의 주차단위구획 기준에 따라 장애인 전용주차구획의 최소 면적은?(단, 평행주차형식 외의 경우이다.)

① $7.2m^2$ ② $12.5m^2$
③ $16.5m^2$ ④ $18.15m^2$

◎해설
장애인 전용주차구획은 $3.3m \times 5.0m$의 크기로 설치되어야 하므로, 장애인 전용주차구획의 최소 면적은 $3.3m \times 5.0m = 16.5m^2$이다.

96 국토정책위원회에 관한 내용으로 틀린 것은?

① 국토계획 및 정책에 관한 중요 사항을 심의하기 위하여 국무총리 소속으로 둔다.
② 국토종합계획, 도종합계획, 지역계획에 관한 사항을 심의한다.
③ 위원장은 국토교통부장관이다.
④ 업무를 효율적으로 수행하기 위하여 대통령령으로 정하는 바에 따라 분야별로 분과위원회를 둔다.

◎해설
국토정책위원회는 국무총리 소속으로 두며, 위원장은 국무총리가 한다.

97 「국토기본법」상 다른 법률에서 다른 위원회의 심의를 거치도록 한 경우 국토정책위원회의 심의를 거치지 아니하는 사항은?

① 부문별 계획에 관한 사항
② 도종합계획에 관한 사항
③ 국토계획평가에 관한 사항
④ 국토종합계획에 관한 사항

◎해설
국토정책위원회 심의사항(「국토기본법」 제26조)
지역계획에 관한 사항과 부문별 계획에 관한 사항의 경우 다른 법률에서 다른 위원회의 심의를 거치도록 한 경우에는 국토정책위원회의 심의를 거치지 아니한다.

98 「도시 및 주거환경정비법」상 임대주택 및 주택규모별 건설비율에 대한 아래 내용에서 ㉠과 ㉡에 들어갈 내용이 모두 옳은 것은?

> 정비계획의 입안권자는 주택수급의 안정과 저소득 주민의 입주기회 확대를 위하여 정비사업으로 건설하는 주택에 대하여 다음의 구분에 따른 범위에서 국토교통부장관이 정하여 고시하는 임대주택 및 주택규모별 건설비율 등을 정비계획에 반영하여야 한다.
> 1. 「주택법」 제2조 제6호에 따른 국민주택규모의 주택이 전체 세대수의 (㉠) 이하에서 대통령으로 정하는 범위
> 2. 임대주택이 전체 세대수 또는 전체 연면적의 (㉡) 이하에서 대통령령으로 정하는 범위

① ㉠ 100분의 90, ㉡ 100분의 50
② ㉠ 100분의 50, ㉡ 100분의 30
③ ㉠ 100분의 90, ㉡ 100분의 30
④ ㉠ 100분의 50, ㉡ 100분의 20

주택의 규모 및 건설비율(「도시 및 주거환경정비법」제10조, 시행령 제9조)

정비계획의 입안권자는 주택수급의 안정과 저소득 주민의 입주기회 확대를 위하여 정비사업으로 건설하는 주택에 대하여 다음의 구분에 따른 범위에서 국토교통부장관이 정하여 고시하는 임대주택 및 주택규모별 건설비율 등을 정비계획에 반영하여야 한다.

• 국민주택규모의 주택이 전체 세대수의 100분의 90 이하에서 대통령령으로 정하는 범위
• 임대주택이 전체 세대수 또는 전체 연면적의 100분의 30 이하에서 대통령령으로 정하는 범위

99 「도시개발법」에 의한 개발계획의 규모가 100만m² 이상인 경우 도시공원 또는 녹지의 확보기준으로 옳은 것은?

① 상주인구 1인당 3m² 이상 또는 개발 부지 면적의 5% 이상 큰 면적
② 상주인구 1인당 5m² 이상 또는 개발 부지 면적의 7% 이상 중 큰 면적
③ 상주인구 1인당 7m² 이상 또는 개발 부지 면적의 10% 이상 중 큰 면적
④ 상주인구 1인당 9m² 이상 또는 개발 부지 면적의 12% 이상 중 큰 면적

개발계획 규모별 도시공원 또는 녹지의 확보기준(「도시공원 및 녹지 등에 관한 법률 시행규칙」제5조－별표 2)

「도시개발법」에 의한 개발계획의 규모가 100만m² 이상인 경우 : 상주인구 1인당 9m² 이상 또는 개발 부지면적의 12% 이상 중 큰 면적

100 국토교통부장관이 개발제한구역을 조정하거나 해제할 수 있는 경우에 대한 기준이 아닌 것은?

① 개발제한구역에 대한 환경평가 결과 보존가치가 낮게 나타나는 곳으로서 도시용지의 적절한 공급을 위하여 필요한 지역
② 도로(국토교통부장관이 정하는 규모란 도로만 해당)·철도 또는 하천 개수로로 인하여 단절된 3천m² 미만의 토지
③ 주민이 집단적으로 거주하는 취락으로서 주거환경 개선 및 취락 정비가 필요한 지역
④ 도시의 균형적 성장을 위하여 기반시설의 설치 및 시가화 면적의 조정 등 토지이용의 합리화를 위하여 필요한 지역

개발제한구역의 지정 및 해제의 기준(「개발제한구역의 지정 및 관리에 관한 특별조치법 시행령」제2조)

도로(국토교통부장관이 정하는 규모란 도로만 해당)·철도 또는 하천 개수로로 인하여 단절된 3만m² 미만의 토지

1과목 도시계획론

01 고대 그리스 도시의 특징으로 틀린 것은?

① 도시 입구와 신전을 축으로 중간지점에 아고라를 배치하였다.

② 주로 자연항을 사용하였으나 필요한 경우 제방을 쌓아 인공항만을 건설하였다.

③ 본토의 해안지역에서 자연적으로 발생한 도시는 질서 있는 격자형의 도로망을 갖추었다.

④ 페르시아와의 전쟁 후 복구 과정에서 격자형 가로망 체계가 일부 본토의 도시에서 채택되었다.

해설

본토의 해안지역에서는 해안선을 따라 선형으로 도시가 형성되었으며, 격자형 가로망 체계의 경우는 자연적 형성이 아닌 도시계획에 의해 형성되었다. 고대 그리스에서 히포다무스(Hippodamus)가 도시계획에 의한 격자형 가로망 형성을 주장하였다.

02 케빈 린치가 제시한 도시경관 이미지의 구성요소가 아닌 것은?

① Landmark   ② Edge

③ District   ④ Zone

해설

케빈 린치의 도시경관 이미지를 구성하는 도시의 물리적 구성요소 5가지

지역(District), 경계(Edge), 결절(Node), 통로(Path), 랜드마크(Landmark)

03 지리정보시스템(GIS)에 대한 설명으로 틀린 것은?

① GIS의 자료는 도형자료(Graphic Data)와 속성자료(Attribute Data)로 구분할 수 있다.

② GIS를 도시계획 분야에 적용하고자 하였으나, 관련 자료의 취득이 어려워 현재 시스템 적용이 어렵다.

③ GIS는 지리적 공간상에서 실세계의 각종 객체들의 위치와 관련된 속성정보를 다루는 것이다.

④ GIS의 공간자료는 토지 측량, 항공 및 위성사진 측량, 범세계 위치결정체계(GPS)를 사용하여 수집할 수 있다.

해설

지리정보시스템(GIS)은 관련 자료의 취득 및 입력, 처리가 용이하여 다양한 분야에서 활용되고 있다.

04 친환경적인 도시개발과 사회적 비용을 최소화하기 위해 토지이용 집적을 통해 토지의 이용 가치를 높이기 위한 도시개발을 강조하는 도시는?

① 유시티(U-city)

② 에코시티(Eco-city)

③ 스마트시티(Smart City)

④ 콤팩트시티(Compact City)

해설

압축도시(Compact City)

집중된 개발을 통하여 도시의 통행수요 및 에너지 사용을 감소시키는 도시 형태로 고밀개발을 통한 직주근접을 도모한다.

05 다음 중 도시공원의 구분에 따른 분류가 다른 하나는?

① 어린이공원   ② 문화공원

③ 수변공원   ④ 체육공원

해설

어린이공원은 생활권 공원이며, 나머지 보기는 주제공원에 해당된다.

06 1980년대 계획된 우리나라의 제1기 신도시와 비교하여 2000년대에 추진된 제2기 신도시 계획이 갖는 특징이 아닌 것은?

① 대중교통 지향적인 교통체계를 갖추었다.
② 녹지율을 높여 그린네트워크를 지향하였다.
③ 친환경, 첨단과 같은 신도시로서의 테마를 강조하였다.
④ 제1기 신도시에 비해 토지이용에 있어 고밀도를 유지하였다.

해설

제1기 신도시에 비해 제2기 신도시는 녹지율을 높이고, 오픈스페이스의 질을 높이는 계획을 하였으며, 이에 따라 제1기 신도시에 비해 토지이용 밀도는 낮게 추진되었다.(평균밀도 : 제1기 233인/ha, 제2기 110인/ha)

07 우리나라에서 도시기본계획을 도입하게 된 배경으로 보기 어려운 것은?

① 주민참여의 구체적 실현
② 개발수요에 대한 합리적 대응
③ 도시관리계획의 잦은 변경 방지
④ 합리적이고 과학적인 도시계획 수립

해설

도시기본계획은 기본적인 공간구조와 장기 발전 방향을 제시하는 종합적이고 지침이 되는 계획으로서, 세부적인 사항이 요구되는 주민참여의 구체적 실현과는 거리가 멀다.

08 텔레커뮤니케이션(telecommunication)을 위한 기반시설이 인간의 신경망처럼 도시 구석구석까지 연결된 도시이며, 다양한 도시 부분에 ICT의 첨단 인프라가 적용된 지능형 도시는?

① Eco-city
② Green-city
③ Smart City
④ Compact City

해설

스마트시티(Smart City)
• 텔레커뮤니케이션을 위한 기반시설이 도시 구석구석까지 연결된 도시
• ICT의 첨단 인프라가 적용된 도시
• 지능형 도시

09 지역의 산업성장을 국가 전체의 성장요인, 산업구조적 요인, 지역의 경쟁력 요인으로 구분하여 지역경제를 분석하고 예측하는 기법은?

① 경제기반모형
② 투입산출분석
③ 변이할당분석
④ 비용편익분석

해설

변이할당분석(Shift-share Analysis)
Dunn(1960)에 의해 소개되었으며, 도시의 주요 산업별 성장원인을 규명하고 도시의 성장력을 측정하는 방법을 말한다. 도시의 성장요인을 전국의 경제성장효과(국가성장효과), 지역의 산업구조효과(산업구조효과), 도시의 입지경쟁력에 의한 효과(지역할당효과) 등으로 구분하여 분석한다.

10 토지이용계획과 지역지구제(Zoning System)에 대한 설명으로 가장 거리가 먼 것은?

① 지역지구제를 통해 해당 지역의 계획 및 개발사업에 필요한 비용을 충당할 수 있다.
② 지역지구제는 토지이용계획의 실현수단이다.
③ 우리나라의 지역지구제는 지역, 지구, 구역으로 구분된다.
④ 토지의 용도와 기능을 계획지침에 부합되도록 유도하는 제도적 장치이다.

해설

지역지구제는 해당 지역의 토지이용의 특화 또는 순화를 도모하기 위하여 도시의 토지용도를 구분하고, 이용목적에 부합하지 않는 건축 등의 행위는 규제하고 부합하는 행위는 유도하는 제도적 장치로서 계획 및 개발사업에 대한 비용충당의 성격과는 거리가 멀다.

정답 06 ④ 07 ① 08 ③ 09 ③ 10 ①

11 뉴어바니즘(New Urbanism)의 기본 개념으로 틀린 것은?

① 다양한 주거양식의 혼합

② 디자인코드(Design Code)에 의한 건축물

③ 도시공간의 위계 파괴를 통한 자유스러운 토지이용 유도

④ 근린주구 구성기법에 근거한 걷고 싶은 보행환경 체계 구축

해설

뉴어바니즘(New Urbanism)은 도시의 파괴적인 개발행위를 영속화하려는 정책과 관례를 바꾸려는 운동으로서, 도시공간의 위계 파괴를 통한 자유스러운 토지이용 유도는 뉴어바니즘의 사조와 맞지 않는다.

12 가도시화(Pseudo-urbanization)에 대한 설명으로 옳은 것은?

① 개발도상국가들보다는 인구의 정체가 일어나는 국가나 지역에서 발생하는 현상이다.

② 도시의 부양 능력에 비해 많은 인구가 유입되면서 인구적으로 비대해진 현상이다.

③ 도심의 공동화로 인해 슬럼화되는 현상을 해결하기 위해서 도심을 재생하여 활성화를 도모하는 현상이다.

④ 대도시에서 비도시지역으로 인구가 전출되면서 대도시의 상주인구가 급격하게 감소하는 현상이다.

해설

가도시화(Pseudo-urbanization) 현상

• 도시의 부양 능력에 비해 지나치게 많은 인구가 집중하여 인구만 비대해진 도시화를 의미한다.

• 제3세계로 불리는 개발도상국가에서 흔히 볼 수 있는 현상으로서, 산업화와 무관한 도시화 현상을 말한다.

13 계획이론 중 정치경제계획모형의 이론적 입장에서 합리적 계획모형에 대하여 제기하는 비판으로 가장 거리가 먼 것은?

① 지나치게 장기적인 사회구조적 해결책만을 강조

하여 부분적이고 단기적인 개선에는 소홀하다.

② 합리성의 지나친 강조로 현실성이 결여되었다.

③ 계획의 실행에 있어서의 목적과 계획이 실행되는 사회구조적 특성을 무시함으로써 계획을 현실에 응용하는 데 괴리가 있다.

④ 계획의 목표와 내용보다는 계획안을 만들어 내는 계획수립과정을 지나치게 강조하였다.

해설

합리적 계획모형은 사화구조적 특성을 무시하고 계획을 세워 현실에 응용하는 데 괴리가 발생하는 것이 특징이다. 그러므로 사화구조적 해결책을 강조하였다는 것은 틀린 내용이다.

14 개발로 인하여 기반시설이 부족할 것으로 예상되나 기반시설을 설치하기 곤란한 지역을 대상으로 건폐율이나 용적률을 강화하여 적용하기 위해 지정하는 구역은?

① 개발밀도관리구역

② 기반시설부담구역

③ 시가화조정구역

④ 성장억제구역

해설

개발밀도관리구역(「국토의 계획 및 이용에 관한 법률」제66조)

특별시장 · 광역시장 · 특별자치시장 · 특별자치도지사 · 시장 또는 군수는 주거 · 상업 또는 공업지역에서의 개발행위로 기반시설의 처리 · 공급 또는 수용능력이 부족할 것으로 예상되는 지역 중 기반시설의 설치가 곤란한 지역을 개발밀도관리구역으로 지정할 수 있다.

15 지역 내의 조망대상을 한눈에 조망할 수 있고 시계의 범위가 넓으며 파노라마적인 경관을 감상할 수 있는 경관유형은?

① 부감경   ② 양감경

③ 수평경   ④ 입체경

해설

시점에 따른 경관유형의 분류

구분	세부 사항
부감경 (시점에서 대상을 내려봄)	지역 내 조망대상을 한눈에 조망하는 경관특성을 가지고 있으며, 주요 시점으로는 옥상 등을 들 수 있다.
앙감경 (시점에서 대상을 올려봄)	한정적이고 폐쇄적인 공간의 경관특성을 가지고 있으며, 주요 시점으로는 시가지에서 산을 조망하는 것 등을 들 수 있다.
수평경 (시점과 대상의 높이가 같음)	탁 트인 곳에서의 조망과 같은 경관특성을 가지고 있으며, 주요 시점으로는 넓은 개활지 등을 들 수 있다.

16 도시 · 군기본계획에 대한 설명이 틀린 것은?

① 도시 · 군관리계획의 상위계획적 성격을 갖는다.
② 5년마다 타당성을 전반적으로 재검토하여 정비하여야 한다.
③ 인구 · 산업 · 재정 등 사회 · 경제적 측면을 포괄하는 종합계획의 성격을 갖는다.
④ 수립기준은 대통령령으로 정하는 바에 따라 특별시장, 광역시장, 특별자치시장, 특별자치도지사, 시장 또는 군수가 정한다.

해설

도시 · 군기본계획의 수립기준은 대통령령으로 정하는 바에 따라 국토교통부장관이 정한다.

17 해리스와 울만이 제시한 다핵심구조이론에서의 기능지역에 해당하지 않는 것은?

① 도시교통시설지역　　② CBD
③ 중공업지역　　　　　④ 교외주거지역

해설

다핵심이론의 기능지역
- CBD(중심업무지구)
- 저급주택지구
- 고급주택지구
- 부심(주변업무지구)
- 신공업지구
- 도매 · 경공업지구
- 중산층 주택지구
- 중공업지구
- 신주택지구

18 다음의 설명에 해당하는 도시는?

- 상업도시에 기원을 두고 건설되었다.
- 주도로 중 머큐리오(Mercurio) 거리는 32피트의 너비로 가장 넓었다.
- 격자형 가로구성과 도로의 포장 및 보도를 설치하였다.
- 도시는 이중 벽으로 둘러싸인 달걀 모양의 형태이었다.

① 폼페이　　　　　② 아오스타
③ 카스트라　　　　④ 팀가드

해설

폼페이는 A.D. 79년에 화산폭발로 잿더미 속에 묻혀 있다가 1,700여 년 만에 발굴된 고대 로마제국의 지방 항구도시이다.

19 도시인구예측모형에 대한 설명으로 옳은 것은?

① 도시인구예측모형은 인구 변화의 규칙성을 수식으로 나타낸다.
② 요소모형에서 인구 변화는 출생, 사망이라는 두 가지 요소로 이루어져 있다.
③ 요소모형은 비요소모형보다 도시인구예측모형으로 활용성이 높다.
④ 대개의 도시인구예측은 요소모형에 주로 의존한다.

해설

② 요소모형은 도시인구를 출생, 사망 및 인구이동이라는 세 가지 요소를 합산하여 인구 변화를 예측하는 방식이다.
③ 요소모형은 비요소모형에 비해 정확성은 높지만, 자료수집의 한계를 가지고 있다는 단점이 있어 활용성은 높지 않다.
④ 대개의 도시인구예측은 비요소모형에 주로 의존한다.

20 집산도로의 기능에 대한 설명으로 옳은 것은?

① 가구를 구획하고 택지로의 접근성을 높이는 것을 목적으로 한다.
② 근린주거구역의 교통을 보조간선도로에 연결하여 근린주거구역 내 교통이 모였다 흩어지도록 한다.
③ 시 · 군 내 주요 지역을 연결하거나, 시 · 군의 골

격을 형성한다.

④ 대량 통과교통의 처리를 목적으로 하여 도시 내의 골격을 형성한다.

●**해설**

①은 국지도로에 대한 설명이며, ③, ④는 주간선도로에 대한 설명이다.

2과목 **도시설계 및 단지계획**

21 경관창조를 위한 공동주택 주거동의 바람직한 배치에 대한 설명으로 가장 거리가 먼 것은?

① 스카이라인에 율동감을 준다.

② 기존 지형에 과다한 절·성토를 피한다.

③ 주거동의 고층화를 억제하며, 중·고밀도로 자연에 순응하는 군집형태로 건물을 배치한다.

④ 연립 및 중·고층아파트의 배치는 주 보행로를 중심으로 접지성이 약한 순서인 고층, 중층, 저층의 건축물을 차례로 배치한다.

●**해설**

연립 및 중·고층아파트의 배치는 주 보행로를 중심으로 접지성이 강한 순서인 저층, 중층, 고층의 건축물을 차례로 배치한다.

22 지구단위계획 수립의 일반원칙에 대한 내용으로 틀린 것은?

① 입안권자는 지구단위계획을 작성하는 때에 도시·군계획, 건축, 경관, 토목, 조경, 교통 등 필요한 분야의 전문가의 협력을 받을 수 있다.

② 쾌적하고 편리한 환경이 조성되도록 지역 현황 및 성장 잠재력을 고려하여 적절한 개발밀도가 유지되도록 하는 등 환경친화적으로 계획을 수립하여야 한다.

③ 도로, 상·하수도, 전기공급설비 등 기반시설의 처리·공급 수용능력과 건축물의 연면적이 적정

한 조화를 이루도록 하여 기반시설 용량이 부족하지 아니하도록 한다.

④ 정비구역 및 택지개발지구에서 시행되는 사업이 완료된 후 5년이 경과한 지역에 수립하는 지구단위계획은 기존의 기반시설 및 주변 환경에 적합하고 과도한 재건축이 되지 않도록 하여야 한다.

●**해설**

정비구역 및 택지개발예정지구에서 시행되는 사업이 완료된 후 10년이 경과한 지역에 수립하는 지구단위계획은 기존의 기반시설 및 주변환경에 적합하고 과도한 재건축이 되지 않도록 하여야 한다.

23 주거단지 계획 시 고려하여야 할 자연·환경적 요소로 가장 거리가 먼 것은?

① 지형(등고선)을 고려하여 건물의 배치를 결정한다.

② 여름철 과다한 일조를 피하기 위해 인동간격을 최대한 좁힌다.

③ 주거단지의 통풍을 고려하여 도로와 건물을 배치한다.

④ 토양이나 식생이 덮인 지표면을 확대하여 온도와 습도를 조절한다.

●**해설**

인동간격은 겨울철 충분한 일사 취득을 위해 설정되는 것이다.

24 슈퍼블록(Super Block)의 장점으로 틀린 것은?

① 보도와 차도의 완전한 분리가 가능하다.

② 충분한 공동의 오픈스페이스를 확보할 수 있다.

③ 건물을 집약화함으로써 고층화·효율화가 가능하다.

④ 대형 가구의 내부에 자동차의 통과를 유도하여 도로율을 증가시킬 수 있다.

●**해설**

슈퍼블록(Super Block)

대형 가구의 내부에 자동차의 통과교통을 없애고, 보행자 전용도로를 조성하여 쾌적하고 편리한 주거생활공간을 창출한 것으로서, 1928년 래드번 계획에서 처음 채택되었다.

25 영국의 밀톤 케인즈(Milton Keynes)에 대한 설명으로 틀린 것은?

① 전형적인 주거 중심의 침상도시(Bed Town)로 자족 기능을 배제하였다.
② 영국 런던의 확산 인구를 수용하기 위해 세워진 신도시이다.
③ 근린주구계획에 의한 근린분구 구성을 통해 사회계층의 혼합을 도모하였다.
④ 주요 간선도로는 격자형으로 이루어져 있고, Red Way를 통해 차량과 보행자를 분리하였다.

해설
밀톤 케인즈(Milton Keynes)의 신도시 계획은 직장과 주거가 분리된 형태인 침상도시(Bed Town)와 달리 각종 산업시설의 유치로 고용창출을 통한 자족기능을 갖는 것을 특징으로 하고 있다.

26 단독주택용지의 가구 및 획지계획 기준으로 틀린 것은?

① 단독주택용 획지로 구성된 소가구는 근린의식 형성이 용이하도록 10~24획지 내외로 구성한다.
② 대가구 내 도로계획은 단조로움과 통과교통 방지를 위하여 3지 교차도로 및 루프(Loop)형 도로를 배치한다.
③ 대가구의 규모는 어린이놀이터 하나를 유치하는 거리로 반경 100~150m를 기준으로 한다.
④ 획지의 형상은 건축물의 규모와 배치, 높이 등을 고려하여 결정하되, 가능하면 동서방향으로의 긴 장방형으로 한다.

해설
획지의 형상은 건축물의 규모와 배치, 높이, 토지이용 등을 고려하여 결정하되, 가능하면 남북측 방향으로 긴 장방형으로 한다.

27 「주택건설기준 등에 관한 규정」상 관리사무소 등의 설치에 관한 아래 내용에서 ( )에 들어갈 내용으로 옳은 것은?(단, 면적의 합계가 100m²를 초과하는 경우는 고려하지 않는다.)

> 50세대 이상의 공동주택을 건설하는 주택단지에는 다음 각 호의 시설을 모두 설치하되, 그 면적의 합계가 10m²에 50세대를 넘는 매 세대마다 ( )cm²를 더한 면적 이상이 되도록 설치해야 한다.
> 1. 관리사무소
> 2. 경비원 등 공동주택 관리 업무에 종사하는 근로자를 위한 휴게시설

① 200
② 300
③ 500
④ 1,000

해설
관리사무소의 설치기준
50세대 이상의 공동주택의 경우 설치하여야 하며, 50세대일 경우 10m²이며, 50세대를 초과하는 매 세대마다 500cm²씩을 추가한 면적으로 설치하여야 한다.

28 각 가구를 잇는 도로가 하나이며 막다른 도로의 형태로 통과교통을 최소화하고, 부정형한 지형에 적용이 용이하며 주거환경의 쾌적성과 안전성을 용이하게 확보할 수 있는 구지도로의 형태는?

① 십(+)자형
② 쿨데삭형
③ T자형
④ 격자형

해설
쿨데삭형 도로는 단지의 외곽도로에서 쿨데삭(막힘 도로)을 통하여 각 주택으로의 접근이 이루어지는 형태로서, 통과교통이 차단되어 보행자들이 안전하게 보행할 수 있는 특징을 가지고 있다.

29 환경친화적인 주거단지를 건설하기 위한 성·절토 방법으로 가장 거리가 먼 것은?

① 토취장 선정 시 양호한 수림대의 구릉지 등은 계획에 적극 반영한다.
② 자연지형이 급격히 훼손되지 않도록 주변 부지의 대지 조성고를 결정한다.
③ 단지 내의 수공간으로 활용 가능한 저습지 등은 자연지형을 최대한 살려서 계획한다.

④ 대지조성 설계는 평지 위주의 지반 계획보다 원지형을 살릴 수 있도록 다단계식 지반을 조성한다.

해설

양호한 수림대의 구릉지 등은 보전이 필요한 구역(경관상 세계획 대상지역)으로서, 흙을 채취하는 장소인 토취장으로 선정하는 것은 부적합하다.

30 생활권의 크기가 작은 것부터 큰 순서대로 바르게 나열된 것은?

① 인보구 – 근린분구 – 근린주구
② 인보구 – 근린주구 – 근린분구
③ 근린분구 – 근린주구 – 인보구
④ 근린분구 – 인보구 – 근린주구

해설

생활권의 크기에 따른 분류
인보구(100~200명) < 근린분구(2,000~2,500명) < 근린주구(8,000~10,000명)

31 용적률 500%, 평균층수가 20층일 때 건폐율은?

① 25% ② 40%
③ 60% ④ 75%

해설

$$건폐율 = \frac{용적률}{평균층수} = \frac{500}{20} = 25\%$$

32 경험주의적 전통에 입각한 도시설계 기법을 적용한 것으로 평가받는 도시설계가는?

① 르 코르뷔지에(Le Corbusier)
② 알도 로시(Aldo Rossi)
③ 롭 크리에(Rob Krier)
④ 고든 컬렌(Gordon Cullen)

해설

고든 컬렌(Gordon Cullen)은 도시경관은 건축적 요소, 회화적 요소, 시각적 요소 및 실제적 요소 등을 혼합한 연속된 시각적 개념이라고 주장하였으며, 경험주의적 전통에 입각한 도시설계가로 평가받고 있다.

33 지구단위계획의 벽면한계선에 대한 설명으로 옳은 것은?

① 가로경관이 연속적인 형태를 유지하거나 구역 내 중요 가로변의 건축물을 가지런하게 할 필요가 있는 경우에 사용할 수 있다.
② 특정지역에서 상점가의 1층 벽면을 가지런하게 하거나 고층부의 벽면의 위치를 지정하는 등 특정 층의 벽면의 위치를 규제할 필요가 있는 경우에 지정할 수 있다.
③ 도로에 있는 사람이 개방감을 가질 수 있도록 건축물을 도로에서 일정거리를 후퇴시켜 건축하게 할 필요가 있는 곳에 지정할 수 있다.
④ 특정한 층에서 보행공간(공공보행통로 등) 등을 확보할 필요가 있는 경우에 사용할 수 있다.

해설

①은 건축지정선, ②는 벽면지정선, ③은 건축한계선에 대한 설명이다.

벽면한계선
도로의 개방감 확보를 위하여 고층부를 후퇴할 필요가 있거나, 특정 층에 보행공간 및 공동주차통로 등의 확보가 필요한 곳에 지정하는 것으로서 건축물의 특정 층이 계획에서 정한 선의 수직면을 넘어 돌출하여 건축할 수 없는 선을 말한다.

34 다음 도시공원 중 유형이 다른 하나는?

① 소공원 ② 근린공원
③ 역사공원 ④ 어린이공원

해설

도시공원의 세분 및 규모(「도시공원 및 녹지 등에 관한 법률」 제15조)
• 생활권 공원 : 소공원, 어린이공원, 근린공원
• 주제 공원 : 역사공원, 문화공원, 수변공원, 묘지공원, 체육공원, 도시농업공원, 방재공원

35 생활권 계획의 기본목표를 사회적 측면과 물리적 측면으로 구분할 때, 다음 중 사회적 측면의 기본 목표에 해당하지 않는 것은?

① 주민 간의 동질의식 함양 및 지역사회에 대한 소속감을 높인다.
② 생활권 계층에 따른 편익시설 및 서비스를 제공한다.
③ 안전의식 및 안정감을 고취시킨다.
④ 이웃 간의 면식과 상호 간의 교류를 촉진한다.

해설
생활권 계층에 따른 편익시설 및 서비스 제공은 물리적 측면으로 구분된다. 반면에, 사회적 측면의 기본 목표의 성격은 생활권 내 주민의 의식과 교류에 초점이 맞추어져 있다.

36 다음 중 건축법령상 공동주택의 유형에 해당하지 않는 것은?

① 다가구주택　② 다세대주택
③ 연립주택　④ 기숙사

해설
다가구주택은 단독주택의 분류에 속한다.

37 도시설계의 보너스 제도와 관련된 설명으로 가장 거리가 먼 것은?

① 인센티브 제공을 통해 확보되는 쾌적 요소(Amenity Unit)는 사유지 내에 확보되는 가로 광장이나 아케이드 등의 공개공지가 대표적이다.
② 성능지역지구제(Performance Zoning)는 상세한 설계기준에 의거하여 토지의 이용을 판단하는 제도이다.
③ 보상지역지구제(Incentive Zoning)는 개발자에게 적당한 개발 보너스를 부여하는 대신 공공에게 필요한 쾌적 요소를 제공하도록 유도하기 위해 개발된 방법이다.
④ 조건부지구제(Conditional Zoning)는 민간 개발이 지역지구제 조례에서 제시하고 있는 특별 조건을 만족하는 경우, 민간의 요구에 부응하여 해당 토지의 용도를 재지정하는 방법이다.

해설
②는 유클리드 지역지구제에 대한 설명이며, 성능지역지구제는 실제의 토지이용에 근거하여 발생하는 각종 결과를 기준하여 규제하는 방식을 말한다.

38 특별계획구역에 대한 설명으로 틀린 것은?

① 지구단위계획구역 중에서 현상설계 등에 의하여 창의적 개발안을 받아들일 필요가 있거나 계획의 수립 및 실현에 상당한 기간이 걸릴 것으로 예상되어 충분한 시간을 가질 필요가 있을 때에 별도의 개발안을 만들어 지구단위계획으로 수용 결정하는 구역을 말한다.
② 복잡한 지형의 재개발구역을 종합적으로 개발하는 경우와 같이 지형 조건상 지반의 높낮이 차이가 심하여 건축적으로 상세한 입체계획을 수립하여야 하는 경우 지정한다.
③ 특별계획구역에 대한 계획내용은 지구단위계획에 포함하여 결정한다.
④ 순차개발을 위하여 특별계획구역을 지정하는 경우에는 특별계획구역의 면적이 전체 구역 면적의 1/3을 초과하지 않아야 한다.

해설
특별계획구역(「지구단위계획수립지침」 제3장 제15절)
순차개발을 위하여 특별계획구역을 지정하는 경우에는 특별계획구역의 면적이 전체 구역 면적의 2/3를 초과하지 않아야 한다.

39 우리나라에 도시설계제도가 도입된 것에 관한 설명으로 틀린 것은?

① 도시설계제도와 관련된 법규 중 지구지정 규정의 신설은 1991년에 이루어졌다.
② 도시설계제도가 도입된 지 5년 후인 1985년에 상세계획제도가 도입되었다.
③ 도시설계를 처음 도입할 당시 주된 관심사는 간선가로변의 미관 개선에 있었다.
④ 제도로서의 도시설계를 처음 도입한 것은 1980년 「건축법」에 도시설계 조항을 법제화한 것이다.

해설
도시설계제도가 도입된 것은 1980년이며, 11년 후인 1991년에 상세계획제도가 도입되었다.

40 격자형 국지도로망의 단점으로 가장 거리가 먼 것은?

① 통과 교통이 생기기 쉽다.
② 시각적으로 단조로운 형태를 갖는다.
③ 차량에 의한 접근이 불리하다.
④ 차도와 보도가 교차한다.

해설

격자형 도로는 도로의 가로와 세로의 크기(길이)가 거의 동일하게 바둑판처럼 설계된 도로로서, 차량의 접근은 비교적 쉬운 장점이 있다.

3과목 **도시개발론**

41 정비기반시설은 양호하나 노후 · 불량건축물에 해당하는 공동주택이 밀집한 지역에서 주거환경을 개선하기 위해 시행하는 정비사업은?

① 주거환경개선사업
② 재개발사업
③ 재건축사업
④ 도시환경정비사업

해설

정비사업의 종류(「도시 및 주거환경정비법」 제2조)

구분	내용
주거환경 개선사업	도시저소득 주민이 집단거주하는 지역으로서 정비기반시설이 극히 열악하고 노후 · 불량 건축물이 과도하게 밀집한 지역의 주거환경을 개선하거나 단독주택 및 다세대주택이 밀집한 지역에서 정비기반시설과 공동이용시설 확충을 통하여 주거환경을 보전 · 정비 · 개량하기 위한 사업
재개발사업	정비기반시설이 열악하고 노후 · 불량건축물이 밀집한 지역에서 주거환경을 개선하거나 상업지역 · 공업지역 등에서 도시기능의 회복 및 상권 활성화 등을 위하여 도시환경을 개선하기 위한 사업
재건축사업	정비기반시설은 양호하나 노후 · 불량건축물에 해당하는 공동주택이 밀집한 지역에서 주거환경을 개선하기 위한 사업

42 워터프론트(Waterfront)의 특성과 가장 거리가 먼 것은?

① 조망성이 우수하다.
② 대중교통이 잘 발달되어 있다.
③ 자연과 접하기 쉬운 공간이다.
④ 문화, 역사가 많이 축적된 공간이다.

해설

워터프론트의 특성

• 수변공간은 주변의 자연과 접하기 쉬운 공간으로서 시민에게 안정 및 재충전의 공간을 제공한다.
• 역사적으로 수변공간을 중심으로 많은 도시가 형성되고 발전되어 왔고, 이러한 수변공간은 도시의 역사 · 문화의 중심지로서의 가치를 가진다.
• 획일적인 도시환경의 내륙공간과 차별적으로 한쪽이 수변과 접하여 개방적 시야와 양호한 조망을 제공한다.

---

43 도시 · 군계획시설로서 도로의 규모별 구분에 따른 대로 1류의 기준으로 옳은 것은?

① 폭 40m 이상 50m 미만인 도로
② 폭 35m 이상 40m 미만인 도로
③ 폭 30m 이상 35m 미만인 도로
④ 폭 25m 이상 30m 미만인 도로

해설

도로의 규모별 도로폭

구분	1류	2류	3류
광로 (폭 40m 이상)	70m 이상	50m 이상 70m 미만	40m 이상 50m 미만
대로 (폭 25m 이상 40m 미만)	35m 이상 40m 미만	30m 이상 35m 미만	25m 이상 30m 미만
중로 (폭 12m 이상 25m 미만)	20m 이상 25m 미만	15m 이상 20m 미만	12m 이상 15m 미만
소로 (폭 12m 미만)	10m 이상 12m 미만	8m 이상 10m 미만	8m 미만

44 개발권양도제에 대한 설명으로 틀린 것은?

① 개발유도지역의 지가수준이 높거나 토지이용규제가 강하면 개발권에 대한 수요가 줄어든다.

② 도시의 성장관리수법의 하나로 활용되는 제도이다.

③ 공공이 토지소유주에게 용도 규제에 상응하는 토지수의 손실금액만큼의 개발권을 부여한다.

④ 개발권의 신축적인 운영을 위해 개발권 수급은행의 운영을 고려할 수 있다.

해설

개발권양도제 관점에서 개발유도지역의 지가 수준이 높고 토지이용 규제가 강하더라도 개발에 대한 권리는 보존되므로 개발권에 대한 수요가 줄어든다고 볼 수 없다.

45 생활환경을 저해할 원인이 있거나 구조적으로는 보존 가능하나 유지 관리가 불충분하게 행해지는 경우, 기존 시설을 보존하면서 노후 및 불량화 요인만을 제거하는 소극적 재개발방식은?

① 전면재개발(Redevelopment)

② 개량재개발(Improvement)

③ 수복재개발(Rehabilitation)

④ 보전재개발(Conservation)

해설

기존 시설을 보존하면서 노후 및 불량화 요인만을 제거하는 재개발방식을 수복재개발이라고 한다.

46 파라미터 값의 변화가 정책 분석의 최종 결과에 미치는 정도를 분석하여, 정책의 경제성에 가장 큰 영향을 미치는 요소를 도출하고 그 대안을 제시할 수 있게 하는 방법은?

① 민감도 분석   ② 재무 분석

③ 경제성 분석   ④ 파급효과 분석

해설

민감도 분석은 어떠한 투입 요소가 변화할 때 결과값이 변화되는 것을 분석하는 것으로서, 해당 분석을 통해 결과값에 가장 큰 영향을 주는 인자를 도출하고 그에 대한 대안을 제시할 수 있다.

47 일반적으로 마케팅이 5단계에 걸쳐 이루어진다고 할 때, 다음 중 실행단계의 마케팅에 속하지 않는 것은?

① 광고 및 판매 촉진(Promotion)

② 판매 및 유통경로 관리(Sales)

③ 상품기획(Merchandising)

④ 사후관리(After Service)

해설

상품기획(Merchandising)은 실행단계 전에 실시되어야 하는 사항이다.

마케팅의 5단계

• 1단계(R) : 조사(Reseach) – 시장조사 등

• 2단계(STP) : 시장세분화(Segmentation), 표적시장 설정(Targeting), 포지셔닝(Positioning)

• 3단계(MM) : Marketing Mix(4P : Product, Price, Place, Promotion)

• 4단계(I) : 실행(Implementation) – 광고 및 판매 촉진(Promotion), 판매 및 유통경로 관리(Sales), 사후관리(After Service) 등

• 5단계(C) : 통제(Control) – 피드백을 얻고, 결과를 평가하며, STP 전략이나 마케팅믹스 전술을 수정 또는 개선

48 도시개발사업 아이템의 정량적 수요예측 기법 중 상권에 대한 이론을 가장 체계적으로 정립한 것으로, 개별 소매점의 고객흡입력을 구하는 기법은?

① 델파이법

② 인과분석법

③ Huff 모형

④ 판단결정모형

해설

허프(Huff)의 소매지역이론(Huff 모형)은 전통적인 수요추정모델 중에서 상권에 관한 가장 체계적인 이론이다. 소비자가 상점시설을 선정하는 행동을 확률적으로 해석하는 방법으로서 개별 소매점의 고객흡입력을 계산하는 기법으로 활용할 수 있다.

정답   44 ①   45 ③   46 ①   47 ③   48 ③

49 도시개발의 수요예측모형에 있어서, 정량적 분석방법이 아닌 것은?

① 이동평균법　② 델파이법
③ 박스젠킨스법　④ 지수평활법

해설

델파이법은 정성적 분석에 해당되며, 나머지 분석법은 시계열 모형의 정량적 분석법에 해당한다.

주요 시계열(Time Serial) 분석기법

구분	내용
이동평균법	3개월 미만에 적용, 신제품시장 예측, 배우기 쉽고 결과해석이 용이
지수평활법	3개월 미만에 적용, 신제품시장 예측, 배우기 쉬움
박스젠킨스법	1~2년에 적용, 중장기 제품시장 예측, 배우기는 어려우나 결과해석 용이
XII ARMA	단·중기 적용, 기업별 판매 예측, 배우기는 쉬우나 결과해석이 어려움

50 다음의 경우 상업용지의 면적을 추계한 값으로 옳은 것은?

- 상업지 이용인구 : 58,800명
- 1인당 상면적 : 20m²
- 평균층수 : 3층
- 건폐율 : 70%
- 공공용지율 : 30%

① 800,000m²
② 1,000,000m²
③ 1,020,400m²
④ 1,120,000m²

해설

$$상업지 면적 = \frac{1인당\ 상면적 \times 상업지\ 이용인구}{용적률 \times (1-공공용지율)}$$
$$= \frac{1인당\ 상면적 \times 상업지\ 이용인구}{(건폐율 \times 층수) \times (1-공공용지율)}$$
$$= \frac{20 \times 58,800}{(0.7 \times 3) \times (1-0.3)}$$
$$= 800,000m²$$

51 특정 지역의 부동산 가격 규제로 인해 주변 지역의 부동산 가격이 상승하는 현상을 무엇이라 하는가?

① 교외화(Suburbanization)
② 도시화(Urbanization)
③ 풍선효과(Balloon Effect)
④ 공동화효과(Donut Effect)

해설

특정 지역의 부동산 가격 규제로 인해 주변 지역으로 수요자가 이동하면서 부동산 가격이 상승하는 현상을 풍선효과(Balloon Effect)라고 한다.

52 수출기반모형(Export Base Model)에서 기반활동에 포함되지 않는 것은?

① 지역 내부에서 소비되는 재화와 용역을 생산하여 판매하는 활동
② 수출을 전제로 한 재화의 생산활동
③ 타 지역에서 온 사람에게 서비스를 제공하고 그 대가로 화폐를 받는 활동
④ 노동을 타 지역으로 보내고 그 대가로 화폐를 받는 활동

해설

지역 내부에서 소비되는 재화와 용역을 생산하여 판매하는 활동은 비기반부문(Non-basic Sector)에 해당한다.

53 도시학자인 Witherspoon이 정의한 MXD(복합용도개발)의 개념으로 옳은 것은?

① 독립적 수익성을 지닌 3개 이상의 용도를 수용하여야 한다.
② 각 기능 요소들이 차량 중심의 동선체계를 통해 직접 연결되어야 한다.
③ 건축기능별 다수의 마스터플랜에 따라 다양하고 복합적인 계획을 수행하여야 한다.
④ 건축용도별로 독자성을 유지하고 물리적인 연계를 차단하여야 한다.

해설

복합용도개발(MXD : Mixed-use Development)
혼합적 토지이용의 개념에 근거하여 주거와 업무, 상업, 문화 등 상호보완이 가능한 용도를 서로 밀접한 관계를 가질 수 있도록 연계 · 개발하는 것을 말한다.

54 제3섹터 개발방식에 대한 설명이 옳은 것은?

① 국가나 지방자치단체, 정부투자기관인 공사 또는 지방공기업 등이 사업시행자이다.

② 토지소유자나 순수 민간기업 등이 사업시행자이다.

③ 토지의 취득방식에 따른 개발방식의 유형 구분에 해당한다.

④ 민 · 관이 공동출자하여 설립한 법인 조직이 개발하는 방식이다.

해설

① 공공개발에 대한 설명이다.
② 민간개발에 대한 설명이다.
③ 토지의 취득방식에 따른 개발방식의 유형 구분은 환지방식, 수용방식, 혼용방식, 합동개발방식 등이 있으며, 제3섹터에 대한 사항은 개발주체에 따른 분류에 해당한다.

55 역사보존도시의 필요성 및 의의와 가장 거리가 먼 것은?

① 도시의 품격보다 수적인 인구 유발을 통해 도시의 활력을 부여하는 역할을 한다.

② 개성 있고 다양한 경관을 나타내어, 고층화 · 대형화 · 획일화되어 가는 도시 환경의 문제점을 해소하여 도시에 다양성을 부여한다.

③ 역사 환경이 형성된 배경과 사항을 이해하고, 과거와 현재를 연결시켜 도시의 역사성을 인식하는 도시 속 경험을 통해 도시생활을 풍부하게 한다.

④ 도시의 발전과 맥락을 이해할 수 있는 전통적 기반보존을 통해 다른 도시와의 차별성을 부각시킬 수 있다.

해설

역사보존도시는 수적인 인구 유발보다는 도시의 정체성 및 역사성을 확립하고 그 도시만의 특색을 찾는 데 초점을 맞추고 있다.

56 도시개발 관련 법과 이에 따른 개발사업의 연결이 틀린 것은?

① 「도시개발법」 – 도시개발사업

② 「주택법」 – 택지개발사업

③ 「도시 및 주거환경정비법」 – 주거환경개선사업

④ 「국토의 계획 및 이용에 관한 법률」 – 도시 · 군계획시설사업

해설

택지개발사업은 「택지개발촉진법」에 해당하는 사업이다.

57 기업금융과 대별되는 프로젝트 파이낸싱(PF)에 대한 설명으로 옳은 것은?

① 비소구금융 및 부외금융의 특성을 갖는다.

② 상환재원은 사업주의 전체 재원을 기반으로 한다.

③ 공공기관 입장에서는 사업위험의 분산 효과가 작다.

④ 민간의 입장에서는 기업금융에 비하여 금융비용의 절감이 불가능하다.

해설

② 상환재원은 사업주 투자액 범위 내로 한정한다.
③ 공공기관 입장에서는 사업위험의 분산 효과가 크다.
④ 민간의 입장에서는 기업금융에 비하여 금융비용의 절감이 가능하다.

프로젝트 파이낸싱(PF : Project Financing) 방법의 가장 큰 특징은 비소구금융 및 부외금융 특성을 갖는다는 것이다.

구분	세부사항
비소구금융 (Non-recourse Financing)	• 투자의 부담을 투자액 범위 내로 한정하는 방식 • 모기업에 대한 소구권 행사 배제 또는 제한, 상환권 청구 제한 • PF는 완전한 비소금융 조건은 드물며 대부분 제한적인 비소금융형태를 취함
부외금융 (Off-balance -sheet Financing)	• 프로젝트회사의 부채가 대차대조표에 나타나지 않으므로 부채증가가 사업주의 부채율에 영향을 미치지 않음을 의미함 • 프로젝트 수행을 위해 일정한 조건을 갖춘 별도의 프로젝트회사를 설립함으로써 부외금융효과를 얻을 수 있음

58 대기오염, 소음, 진동, 악취, 그 밖에 이에 준하는 공해와 각종 사고나 자연재해, 그 밖에 이에 준하는 재해 등의 방지를 위하여 설치하는 녹지는?

① 방재녹지　　　② 경관녹지
③ 연결녹지　　　④ 완충녹지

◉해설
녹지의 종류

구분	내용
완충녹지	대기오염 · 소음 · 진동 · 악취 등의 공해와 각종 사고나 자연재해 등의 방지를 위하여 설치하는 녹지
경관녹지	도시의 자연적 환경을 보전 · 개선 · 복원함으로써 도시경관을 향상시키기 위하여 설치하는 녹지
연결녹지	도시 안의 공원 · 하천 · 산지 등을 유기적으로 연결하고 도시민에게 산책공간의 역할을 하는 등 여가 · 휴식을 제공하는 선형의 녹지

59 프로젝트 파이낸싱(PF)의 자금조달 형태 중 가장 큰 비중을 차지하며 대부분 상업은행에서 제공되는 차입금(이자수익을 목적으로 투자)이 해당하는 것은?

① 선순위 채권　　② 후순위 채무
③ 자기자본　　　④ 부동산펀드

◉해설
선순위 채권(Senior Debt)
• 프로젝트 파이낸싱에서 가장 큰 비중을 차지하는 자금
• 대부분 상업은행으로부터의 차입금이 이에 해당되며 이자수익을 목적으로 투자

60 다음 중 지분조달방식의 일반적인 특징이 아닌 것은?

① 투자금액을 상환하지 않아도 된다.
② 회사 통제권의 일부를 포기해야 한다.
③ 사업자가 현금이 긴요할 경우 선호되지 않는다.
④ 지분투자자가 항상 사업계획에 동의하는 것은 아니므로 이에 따른 문제 발생도 고려해야 한다.

◉해설
지분조달방식은 지분투자로 자금을 조달하게 되면 투자금액을 상환하지 않아도 되므로, 특히 현금이 긴요할 때 사용할 수 있는 주요 투자수단이 된다.

4과목 **국토 및 지역계획**

61 제4차 국토종합계획 수정계획(2011~2020)의 기본목표가 아닌 것은?

① 품격 있는 매력국토
② 경쟁력 있는 통합국토
③ 지속 가능한 친환경국토
④ 활기 넘치는 웰빙국토

◉해설
제4차 국토종합계획 수정계획의 기본목표
경쟁력 있는 통합국토, 지속 가능한 친환경국토, 품격 있는 매력국토, 세계로 향한 열린국토

62 미국 지역개발계획의 선구적 사례가 된 것은?

① 다모달 개발사업
② 테네시계곡 개발사업
③ 실리콘밸리 사업
④ 리서치트라이앵글 사업

◉해설
테네시계곡 개발사업
• 1930년대 전후 실업자 구제 및 공업도시 개발을 위해 테네시강 유역에 다수의 다목적댐을 건설하여 전력과 수자원 공급을 목표로 한 사업이다.
• 미국에서 지역개발계획의 선구적 사례이다.

63 도시인구예측모형을 요소모형과 비요소모형으로 구분할 때, 다음 중 요소모형에 해당하는 것은?

① 선형모형　　　　② 인구이동모형
③ 지수성장모형　　④ 곰페르츠 모형

●해설
인구이동모형(요소모형)
인구가 일정 기간 동안 유입하고 유출하는 것을 계산해 미래의 특정 시점의 인구를 예측하는 방법

64 A시의 총 고용인구가 100만 명, 이 지역 기반산업의 고용인구가 70만 명일 때 기반산업에 대한 총 고용의 승수효과는?

① 1.43　　　　② 2.33
③ 3.33　　　　④ 4.53

●해설
$$경제기반승수 = \frac{지역\ 총\ 고용인구}{지역의\ 수출(기반)산업\ 고용인구}$$
$$= \frac{100만\ 명}{70만\ 명} = 1.43$$

65 「국토기본법」에 의한 지역계획으로 성장 잠재력을 보유한 낙후지역 또는 거점지역 등과 그 인근지역을 종합적·체계적으로 발전시키기 위하여 수립하는 것은?

① 수도권발전계획
② 광역권개발계획
③ 지역개발계획
④ 개발촉진지구개발계획

●해설
지역계획의 수립(「국토기본법 시행령」 제16조)
• 수도권발전계획 : 수도권에 과도하게 집중된 인구와 산업의 분산 및 적정 배치를 유도하기 위하여 수립하는 계획
• 지역개발계획 : 성장 잠재력을 보유한 낙후지역 또는 거점지역 등과 그 인근지역을 종합적·체계적으로 발전시키기 위하여 수립하는 계획

66 지역계획에 사용되는 자료를 1차 자료와 2차 자료로 나눌 때, 2차 자료에 의한 조사의 한계점으로 가장 거리가 먼 것은?

① 자료수집에 있어 현실감 있는 정보를 얻을 수 있으나, 수집에 소요되는 비용과 시간이 많이 소요된다.
② 목적을 달리하는 다양한 출처로부터 도출되기 때문에 계획가의 필요를 충분히 충족시켜 주지 못하는 경우가 많다.
③ 어떤 자료들은 정확성이 매우 떨어져 자료의 일관성이 부족한 경우가 있다.
④ 기준지역이 행정구역 중심으로 되어 있는 경우가 많아서 자료의 해석·사용에 제약이 따른다.

●해설
①은 1차 자료에 대한 설명이다. 문헌이나 통계자료를 활용하는 2차 자료는 시간과 비용면에서는 유리하나 현실감이 떨어지는 단점이 있다.

67 지역개발의 기본수요(Basic Need)접근이론에 관한 설명과 가장 거리가 먼 것은?

① 투자의 효율성 추구를 통한 지역 간 균형화를 유도한다.
② 기본수요의 접근은 재산과 소득의 재분배가 포함된다.
③ 기본수요는 물적 요구뿐만 아니라 교육과 보건 등 공공서비스가 포함된다.
④ 기본수요는 동태적으로서 하위의 기본수요가 충족되면 그 상위의 기본수요가 대상이 된다.

●해설
기본수요이론은 기존 지역발전이론으로 인해 발생된 지역 불균형, 빈곤, 산업 문제 등에 대처하기 위해 적정 규모의 지역에서 생산요소를 지역의 공동소유로 하고, 모든 주민에게 동등한 기회를 부여하여 기본수요를 충족시키면서 지역발전을 유도하는 방식으로서 투자의 효율성보다는 적절한 분배를 통한 최소한의 욕구충족이 기본 접근방식이다.

68 지프(Zipf)의 순위규모모형($P_r = \dfrac{P_1}{r^q}$)에 대한 설명으로 옳은 것은?(단, P_r : 순위 r번째 도시인구, P_1 : 수위도시 인구, r : 인구규모에 의한 도시의 순위, q : 상수)

① $q = 1$일 때 도시규모 분포상의 도시 체계가 가장 불균형한 상태로, 순위규모 분포를 나타내지 않는다.

② q값은 국가의 크기에 관계가 없다.

③ q가 1보다 크면 클수록 종주분포가 심화되어 있음을 나타낸다.

④ q가 0에 가까울수록 같은 규모의 도시가 적게 분포함을 나타낸다.

◀해설▶

① $q = \infty$일 때에 대한 설명이다.

② 일반적으로 q는 국가의 크기가 작을수록 커진다.

④ $q = 0$에 가까울수록 같은 규모의 도시가 많이 분포함을 의미한다.

지프(Zipf)의 순위규모모형에서 q값이 커질수록 대도시의 종주화가 심화하고 있음을 나타내고, q값이 무한대(∞)로 갈 경우는 한 개의 도시에 모든 인구가 거주하고 있다는 것을 의미한다.

69 수도권정비계획 수립 시 수도권정비계획안 입안에 포함시키는 사항이 아닌 것은?

① 인구와 산업 등의 배치에 관한 사항

② 권역의 구분과 권역별 정비에 관한 사항

③ 입지규제최소구역의 지정과 변경에 관한 사항

④ 광역적 교통 시설과 상하수도 시설 등의 정비에 관한 사항

◀해설▶

수도권정비계획안에 포함시키는 사항(「수도권정비계획법」 제4조)
• 수도권 정비의 목표와 기본 방향에 관한 사항
• 인구와 산업 등의 배치에 관한 사항
• 권역(圈域)의 구분과 권역별 정비에 관한 사항
• 인구집중유발시설 및 개발사업의 관리에 관한 사항

• 광역적 교통 시설과 상하수도 시설 등의 정비에 관한 사항
• 환경 보전에 관한 사항
• 수도권 정비를 위한 지원 등에 관한 사항

70 제3차 국토종합계획에서 수도권 비대화를 견제하기 위한 지방 대도시의 기능특화 방향이 틀린 것은?

① 부산 – 제조업, 의료산업

② 대구 – 업무, 첨단기술, 패션산업

③ 광주 – 첨단산업, 예술·문화

④ 대전 – 행정, 과학연구, 첨단산업

◀해설▶

부산 – 국제무역, 금융기능

71 국토계획의 배경 및 필요성으로 가장 거리가 먼 것은?

① 한정된 국토자원의 효과적인 활용

② 지역격차와 불균형 문제의 해소

③ 정책 간의 상충을 미연에 방지

④ 공공부문과 민간부문의 원활한 교류

◀해설▶

국토계획은 효율적이고 균형적인 국토운영을 위해 종합적이고 지침 제시적인 성격을 가지고 있다. 공공부문과 민간부문의 원활한 교류 부분은 세부적이고 실천적인 사항으로서 종합적 사항을 다루는 국토계획에는 적합하지 않다.

72 클라센(L. H. Klassen)의 지역 구분에 해당하지 않는 것은?

① 저개발지역　　　② 매개지역

③ 번영하는 지역　　④ 잠재적 저개발지역

◀해설▶

클라센은 지역의 성장률과 소득에 따라 번성지역, 발전도상 저개발지역, 잠재적 저개발지역, 저개발지역으로 구분하였다.

73 아래와 같은 특징을 갖는 지역의 종류는?

- 한때는 경제성장을 하였으나 여러 가지 경제여건의 변화로 장기적인 경제적 침체단계에 들어간 지역
- 석탄 등 풍부한 지하자원의 개발로 한때 호황을 누렸던 지하자원 채취지역이나 한때 수요가 많았던 제품을 생산했던 산업화된 지역

① 과밀지역
② 과소지역
③ 번성지역
④ 침체지역

해설

위의 내용은 침체지역(Recession Regions)을 설명한 것이다.

74 지역 간 소득격차는 국가경제의 성장단계에 따라 역U자형 곡선을 보인다고 주장한 사람은?

① Hirchmann
② Myrdal
③ Williamson
④ Friedman

해설

윌리엄슨(Williamson)은 개인 간 소득격차의 변화를 토대로 지역 간 격차는 경제발전 초기 단계에 증가하고 후기에 감소하는 역U곡선의 형태임을 입증하였다.

75 변이할당(Shift-share)분석에 관한 설명으로 틀린 것은?

① 산업 상호 간의 연관성을 파악할 수 있다.
② 두 시점에서의 자료만 확보되면 동태적인 분석이 가능하다.
③ 지역의 산업구조와 시차적인 구조 변화를 동시에 살펴볼 수 있다.
④ 산업구조와 지역경제성장 간의 관계를 분석할 수 있다.

해설

변이할당분석은 산업 상호 간의 연관성을 파악할 수 없다는 단점을 가지고 있다.

76 지역계획의 수립과정에 있어 상향식(Bottom -up) 방식의 특징에 해당하는 것은?

① 미시적이고 지역 변화에 적응하는 접근의 모색
② 성장 거점에 의한 개발 파급효과의 가속
③ 총량적인 개발과 성장의 지향
④ 계획의 신속한 수립과 집행

해설

상향적(Bottom-up Development Approach) 계획은 지역주민의 욕구와 참여에 바탕을 둔 것으로서, 미시적이고 지역변화에 적응하는 접근의 모색을 특징으로 한다.

77 부드빌(S. Boudeville)의 지역분류에 속하지 않는 것은?

① 계획지역
② 분극지역
③ 경제지역
④ 동질지역

해설

부드빌은 지역을 동질지역, 분극(결절)지역, 계획지역으로 분류하였다.

78 로렌츠(Lorenz) 곡선을 이용한 지역소득격차 측정방법은?

① 변이 계수
② 지니 계수
③ 평균 편차
④ 표준 편차

해설

지니의 집중계수(Gini Coefficient)
- 로렌츠 곡선의 불평등 면적에 2배를 한 것
- 0과 1 사이에 위치(0은 완전 평등, 1은 완전 불균등)
- 가중치를 고려함

79 지방 분산형 국토구조를 조직화하기 위한 지방 분산 정책의 방향으로 가장 거리가 먼 것은?

① 지방대도시의 수도권 견제 기능 강화 및 중소도시의 경쟁력 제고
② 도·농 간, 도시 간 기능적 연계 강화
③ 농·어촌의 구조개선과 낙후지역의 개발 촉진

④ 과밀부담금제도의 완화

해설

과밀부담금은 수도권 과밀화를 억제하기 위한 수단으로서, 과밀부담금제도를 완화할 경우 수도권 집중현상 강화로 지방 분산 정책 실현이 어려워질 수 있다.

80 샤핀(F. Stuart Chapin Jr.)이 주장한 토지이용결정의 고려 요인 중 공공의 이익에 해당하지 않는 것은?

① 경제성　　　　　② 광역성
③ 보건성　　　　　④ 쾌적성

해설

샤핀이 주장한 토지이용계획 시 고려되어야 하는 공공의 이익
안전성, 보건성, 편의성, 쾌적성, 공공의 경제성

5과목　**도시계획 관계 법규**

81 도시지역 막다른 도로의 길이가 35m일 경우, 건축법령상 도로의 정의에 해당하기 위하여 도로의 너비는 얼마 이상이 되어야 하는가?

① 2m　　　　　② 4m
③ 6m　　　　　④ 10m

해설

막다른 도로의 너비

막다른 도로의 길이	~	10m	~	35m	~
도로의 너비	2m 이상		3m 이상		6m 이상 (읍·면 : 4m 이상)

82 다음 중 「국토기본법」에 따른 국토계획의 구분으로 틀린 것은?

① 국토종합계획 : 국토 전역을 대상으로 하여 국토의 장기적인 발전 방향을 제시하는 종합계획
② 도종합계획 : 도 또는 특별자치도의 관할구역을 대상으로 하여 해당 지역의 장기적인 발전 방향을 제시하는 종합계획
③ 시·군발전계획 : 특별시·광역시·시 또는 군(광역시의 군은 제외한다.)의 관할구역을 대상으로 해당 지역의 기본적인 공간구조와 장기 발전 방향을 제시하는 계획
④ 지역계획 : 특정 지역을 대상으로 특별한 정책목적을 달성하기 위하여 수립하는 계획

해설

국토계획의 구분에 따라 ③은 시·군발전계획이 아닌 시·군종합계획에 대한 사항이다.

83 도시 및 주거환경정비법령상 정비사업의 시행을 위한 토지 또는 건축물의 소유권과 그 밖의 권리에 대한 수용 또는 사용에 관하여 「공익사업을 위한 토지 등의 취득 및 보상에 관한 법률」을 준용하는 경우, 해당 법령에 따른 사업 인정 및 그 고시가 있는 것으로 보는 기준은?(단, 정비사업의 시행에 따른 손실보상의 기준 및 절차에 관한 사항은 고려하지 않는다.)

① 기본계획의 승인이 있는 때
② 정부구역의 지정이 있는 때
③ 관리처분인가의 고시가 있는 때
④ 사업시행계획인가의 고시가 있는 때

해설

「공익사업을 위한 토지 등의 취득 및 보상에 관한 법률」의 준용(「도시 및 주거환경정비법」 제65조)
정비구역에서 정비사업의 시행을 위한 토지 또는 건축물의 소유권과 그 밖의 권리에 대한 수용 또는 사용은 이 법에 규정된 사항을 제외하고는 「공익사업을 위한 토지 등의 취득 및 보상에 관한 법률」을 준용하며, 사업시행인가의 고시가 있을 때, 사업 인정 및 해당 사항의 고시가 있는 것으로 본다.

정답　**80** ②　**81** ③　**82** ③　**83** ④

84 「국토기본법」에 의한 국토정책위원회에 대한 설명으로 옳은 것은?

① 위원장 1명, 부위원장 3명을 포함한 40명 이내의 위원으로 구성한다.
② 국무총리 소속으로 둔다.
③ 위촉위원의 임기는 3년으로 한다.
④ 위원장은 국토교통부장관이 되고 부위원장은 위촉위원 중에서 위원장이 임명한다.

해설
①, ④ 위원장 1명(국무총리)과 부위원장 2명(국토교통부장관과 위촉위원 중에 호선으로 선정된 위원)을 포함한 42명 이내의 위원으로 구성한다.
③ 위촉위원의 임기는 2년으로 한다.

85 「산업입지 및 개발에 관한 법률」상 산업단지 지정의 제한에 대한 아래 설명과 관련하여 밑줄 그은 부분에 대한 기준이 틀린 것은?

산업단지지정권자는 지정된 산업단지의 면적 또는 미분양 비율이 산업단지의 종류별로 <u>대통령령으로 정하는 면적 또는 미분양 비율</u>에 해당하는 지방자치단체인 경우에는 산업단지를 지정하여서는 아니된다.

① 국가산업단지 : 시·도별로 미분양 비율 15% 이상
② 일반산업단지 : 시·도별로 미분양 비율 30% 이상
③ 도시첨단산업단지 : 시·도별로 미분양비율 15% 이상
④ 농공단지 : 시·군·구별로 100만m²부터 200만m²까지의 범위에서 농공단지개발세부지침이 정하는 면적 이상 또는 미분양 비율 30% 이상

해설
산업단지 지정의 제한(「산업입지 및 개발에 관한 법률」 제8조의2, 시행령 제10조의2)
• 산업단지지정권자는 지정된 산업단지의 면적 또는 미분양 비율이 산업단지의 종류별로 대통령령으로 정하는 면적 또는 미분양 비율에 해당하는 지방자치단체인 경우에는 산업단지를 지정하여서는 아니된다.

• 대통령령으로 정하는 면적 또는 미분양 비율

구분	비율
국가산업단지	시·도별로 미분양 비율 15% 이상
일반산업단지	시·도별로 미분양 비율 30% 이상
도시첨단 산업단지	시·도별로 미분양 비율 30% 이상
농공단지	시·군·구별로 100만m²부터 200만m²까지의 범위 안에서 농공단지개발세부지침이 정하는 면적 이상 또는 미분양 비율 30% 이상

86 「개발제한구역의 지정 및 관리에 관한 특별조치법」상 개발제한구역을 관할하는 시·도지사는 몇 년 단위로 개발제한구역관리 계획을 수립하여 승인을 받아야 하는가?

① 2년　　② 3년
③ 5년　　④ 10년

해설
시·도지사는 5년 단위로 개발제한구역관리계획을 수립하여 승인을 받아야 한다.

87 다음 공원시설 중 휴양시설에 해당하지 않는 것은?(단, 도시공원 및 녹지 등에 관한 법령에 따른다.)

① 야유회장　　② 야영장
③ 노인복지관　　④ 전망대

해설
휴양시설(「도시공원 및 녹지에 관한 법률 시행규칙」 제3조 – 별표 1)
• 야유회장 및 야영장 그 밖에 이와 유사한 시설로서 자연공간과 어울려 도시민에게 휴식공간을 제공하기 위한 시설
• 경로당, 노인복지관
• 수목원
※ 전망대는 공원시설 중 편익시설에 해당한다.

88 수도권정비계획법령상 수도권정비계획을 실행하기 위해 확정된 소관별 추진 계획을 고시하여야 하는 자는?

① 시 · 도지사
② 대통령
③ 국무총리
④ 국토교통부장관

● 해설

수도권정비계획의 추진 계획(「수도권정비계획법」 제5조)
- 중앙행정기관의 장 및 시 · 도지사는 수도권정비계획을 실행하기 위한 소관별 추진 계획을 수립하여 국토교통부장관에게 제출하여야 한다.
- 위의 추진 계획은 수도권정비위원회의 심의를 거쳐 확정되며, 국토교통부장관은 추진 계획이 확정되면 중앙행정기관의 장 및 시 · 도지사에게 통보하여야 한다.
- 시 · 도지사는 확정된 추진 계획을 통보받으면 지체 없이 고시하여야 한다.

89 국토의 계획 및 이용에 관한 법령상 용도지역별 건폐율 기준이 틀린 것은?

① 보전관리지역 : 20% 이하
② 자연환경보전지역 : 20% 이하
③ 계획관리지역 : 20% 이하
④ 농림지역 : 20% 이하

● 해설

계획관리지역의 건폐율 기준은 40% 이하이다.

90 국가 또는 지방자치단체가 도시영세민을 집단 이주시켜 형성된 낙후지역으로서 기반시설이 열악하여 사업시행자의 부담만으로는 기반 시설을 확보하기 어려운 경우, 국가가 기반 시설의 설치에 드는 비용을 지원하는 금액 한도 기준이 옳은 것은?

① 설치에 드는 비용의 전부
② 설치에 드는 비용의 100분의 10 미만
③ 설치에 드는 비용의 100분의 80 이상
④ 설치에 드는 비용의 100분의 10 이상 100분의 50 이하

● 해설

기반시설 설치비용의 지원 등(「도시재정비 촉진을 위한 특별법」 제29조)
국가 또는 지방자치단체가 도시영세민을 집단 이주시켜 형성된 낙후지역 등 기반시설이 열악하여 사업시행자의 부담만으로는 기반시설을 확보하기 어려운 경우 기반시설의 설치에 드는 비용의 100분의 10 이상 100분의 50 이하의 범위에서 지원하여야 한다.

91 자주식 주차장으로서 지하식 또는 건축물식 노외주차장의 사람이 출입하는 통로의 경우, 벽면에서부터 50cm 이내를 제외한 바닥면의 최소 조도 기준이 옳은 것은?

① 10럭스 이상
② 50럭스 이상
③ 300럭스 이상
④ 최소 조도 기준 없음

● 해설

노외주차장의 구조 · 설비기준(「주차장법 시행규칙」 제6조)
자주식 주차장으로서 지하식 또는 건축물식 노외주차장에는 벽면에서부터 50cm 이내를 제외한 바닥면의 최소 조도(照度)와 최대 조도를 다음과 같이 한다.
- 주차구획 및 차로 : 최소 조도는 10럭스 이상, 최대 조도는 최소 조도의 10배 이내
- 주차장 출구 및 입구 : 최소 조도는 300럭스 이상, 최대 조도는 없음
- 사람이 출입하는 통로 : 최소 조도는 50럭스 이상, 최대 조도는 없음

92 「도시개발법」상 환지와 청산금에 대한 설명으로 틀린 것은?

① 토지소유자의 신청에 의해 환지 대상에서 제외한 토지 등에 대하여는 청산금을 교부하는 때에 청산금을 결정할 수 있다.
② 시행자는 환지를 정하지 아니하기로 결정된 토지 소유자나 임차권자 등에게 해당 토지 또는 해당 부분의 사용 또는 수익을 정지시켜서는 아니된다.

③ 시행자는 토지 면적의 규모를 조정할 특별한 필요가 있으면 면적이 작은 토지는 과소 토지가 되지 아니하도록 면적을 늘려 환지를 정하거나 환지 대상에서 제외할 수 있다.

④ 환지를 정하거나 그 대상에서 제외한 경우 그 과부족분은 종전의 토지 및 환지의 위치·지목·면적·토질·수리·이용 상황·환경, 그 밖의 사항을 종합적으로 고려하여 금전으로 청산하여야 한다.

해설

사용·수입의 정지(「도시개발법」 제37조)

• 시행자는 환지를 정하지 아니하기로 결정된 토지소유자나 임차권자 등에게 날짜를 정하여 그날부터 해당 토지 또는 해당 부분의 사용 또는 수익을 정지시킬 수 있다.

• 시행자가 사용 또는 수익을 정지하게 하려면 30일 이상의 기간을 두고 미리 해당 토지소유자 또는 임차권자 등에게 알려야 한다.

93 「주택법」상 하나의 주택단지에서 대통령령으로 정하는 기준에 따라 둘 이상으로 구분되는 일단의 구역으로, 착공신고 및 사용검사를 별도로 수행할 수 있는 구역은?

① 공동구   ② 임대구

③ 송신구   ④ 공구

해설

공구(「주택법」 제2조)

하나의 주택단지에서 대통령령으로 정하는 기준에 따라 둘 이상으로 구분되는 일단의 구역으로, 착공신고 및 사용검사를 별도로 수행할 수 있는 구역을 말한다.

94 다음의 설명에 해당하는 것은?

> 개발밀도관리구역 외의 지역으로서 개발토 인하여 도로, 공원, 녹지 등 대통령령으로 정하는 기반시설의 설치가 필요한 지역을 대상으로 기반시설을 설치하거나 그에 필요한 용지를 확보하게 하기 위하여 지정·고시하는 구역

① 기반시설확보구역

② 개발밀도제한구역

③ 기반시설부담구역

④ 시가화조정구역

해설

기반시설부담구역(「국토의 계획 및 이용에 관한 법률」 제2조)

개발밀도관리구역 외의 지역으로서 개발로 인하여 도로, 공원, 녹지 등 대통령령으로 정하는 기반시설의 설치가 필요한 지역을 대상으로 기반시설을 설치하거나 그에 필요한 용지를 확보하게 하기 위하여 지정·고시하는 구역을 말한다.

95 「주택법」의 정의에 따른 복리시설에 해당하지 않는 것은?(단, 입주자 등의 생활복리를 위하여 대통령령으로 정하는 시설의 경우는 고려하지 않는다.)

① 관리사무소   ② 어린이놀이터

③ 근린생활시설   ④ 주민운동시설

해설

복리시설(「주택법」 제2조)

주택단지의 입주자 등의 생활복리를 위한 다음의 공동시설을 말한다.

• 어린이놀이터, 근린생활시설, 유치원, 주민운동시설 및 경로당

• 그 밖에 입주자 등의 생활복리를 위하여 대통령령으로 정하는 공동시설

※ 관리사무소는 부대시설에 속한다.

96 도시공원 조성계획의 입안·결정 및 도시공원의 관리에 관한 내용으로 틀린 것은?

① 도시공원 조성계획은 도시·군관리계획으로 결정하여 한다.

② 민간공원 추진자는 도시공원의 설치에 관한 도시·군관리계획이 결정된 도시공원에 대하여 자기의 비용과 책임으로 그 공원을 조성하는 내용의 공원조성계획을 입안하여 줄 것을 특별시장·광역시장·특별자치시장·특별자치도지사·시장 또는 군수에게 제안할 수 있다.

정답 93 ④ 94 ③ 95 ① 96 ④

③ 도시공원의 설치에 관한 도시·군관리계획 결정은 그 고시일부터 10년이 되는 날까지 공원조성계획의 고시가 없는 경우에는 「국토의 계획 및 이용에 관한 법률」 제48조에도 불구하고 그 10년이 되는 날의 다음 날에 그 효력을 상실한다.

④ 도시공원 결정의 효력이 상실될 것으로 예상되는 국유지의 경우 대통령령으로 정하는 바에 따라 5년 이내의 기간을 정하여 1회에 한정하여 도시공원 결정의 효력을 연장할 수 있다.

◖해설

도시공원 결정의 실효(「도시공원 및 녹지 등에 관한 법률」 제17조)
도시공원 결정의 효력이 상실될 것으로 예상되는 국유지 또는 공유지의 경우 대통령령으로 정하는 바에 따라 10년 이내의 기간을 정하여 1회에 한정하여 도시공원 결정의 효력을 연장할 수 있다.

97 주차장법령상 노상주차장의 주차대수 규모가 최소 몇 대 이상일 경우 한 면 이상의 장애인 전용주차구획을 설치해야 하는가?(단, 지방자치단체의 조례로 정하는 경우는 고려하지 않는다.)

① 10대　　② 20대
③ 30대　　④ 40대

◖해설

노상주차장의 구조·설비기준(「주차장법 시행규칙」 제4조)
노상주차장에는 다음 구분에 따라 장애인 전용주차구획을 설치하여야 한다.
• 주차대수 규모가 20대 이상 50대 미만인 경우 : 한 면 이상
• 주차대수 규모가 50대 이상인 경우 : 주차대수의 2%부터 4%까지의 범위에서 장애인의 주차수요를 고려하여 해당 지방자치단체의 조례로 정하는 비율 이상

98 수도권정비계획법령에서 규정하는 광역적 기반시설에 해당하지 않는 것은?(단, 그 밖에 광역적 정비가 필요한 시설의 경우는 고려하지 않는다.)

① 대규모 개발사업지구와 주변 도시 간의 교통시설
② 환경오염 방지시설 및 폐기물 처리시설

③ 용수공급계획에 의한 용수공급시설
④ 대규모 개발사업지구 내의 주요 연수시설

◖해설

광역적 기반시설의 설치계획(「수도권정비계획법 시행령」 제25조)
광역적 기반시설은 대규모 개발사업지구와 그 사업지구 밖의 지역을 연계하여 설치하는 다음의 기반시설을 말한다.
• 대규모 개발사업지구와 주변 도시 간의 교통시설
• 환경오염 방지시설 및 폐기물 처리시설
• 용수공급계획에 의한 용수공급시설
• 그 밖에 광역적 정비가 필요한 시설

99 다음 중 도시개발사업의 위탁 등에 대한 설명으로 옳은 것은?

① 시행자는 공유수면의 매립에 관한 업무를 대통령령으로 정하는 바에 따라 지방자치단체에 위탁하여 시행할 수 있다.
② 시행자가 관할 지방자치단체에 주민 이주대책 사업을 위탁하는 경우에는 이주대책의 수립·실시 또는 이주정착금의 지급과 관련된 부대업무만을 위탁할 수 있다.
③ 시행자가 업무를 위탁하여 시행하는 경우에는 대통령령으로 정하는 요율의 위탁 수수료를 그 업무를 위탁받아 시행하는 자에게 지급하여야 한다.
④ 모든 시행자는 지정권자의 승인을 받지 않고 신탁업자와 신탁계약을 체결하여 도시개발사업을 시행할 수 있다.

◖해설

② 시행자가 정부출자기관에 주민 이주대책 사업을 위탁하는 경우에는 이주대책의 수립·실시 또는 이주정착금의 지급, 그 밖에 보상과 관련된 부대업무만을 위탁할 수 있다.
③ 시행자가 업무를 위탁하여 시행하는 경우에는 국토교통부령으로 정하는 요율의 위탁 수수료를 그 업무를 위탁받아 시행하는 자에게 지급하여야 한다.
④ 시행자는 지정권자의 승인을 받아 신탁업자와 신탁계약을 체결하여 도시개발사업을 시행할 수 있다.

100 「관광진흥법」에 의한 권역계획에 관한 설명으로 틀린 것은?

① 권역계획은 그 지역을 관할하는 문화체육관광부장관이 수립하여야 한다.

② 수립한 권역계획은 문화체육관광부장관의 조정과 관계 행정기관의 장과의 협의를 거쳐 확정하여야 한다.

③ 시·도지사는 권역계획이 확정되면 그 요지를 공고하여야 한다.

④ 대통령령으로 정하는 경미한 사항의 변경에 대하여는 관계 부처의 장과의 협의를 갈음하여 문화체육관광부장관의 승인을 받아야 한다.

해설

권역계획(「관광진흥법」 제51조)

권역계획(圈域計劃)은 그 지역을 관할하는 시·도지사(특별자치도지사는 제외한다)가 수립하여야 한다. 다만, 둘 이상의 시·도에 걸치는 지역이 하나의 권역계획에 포함되는 경우에는 관계되는 시·도지사와의 협의에 따라 수립하되, 협의가 성립되지 아니한 경우에는 문화체육관광부장관이 지정하는 시·도지사가 수립하여야 한다.

1과목 도시계획론

01 자본주의 사회의 도시계획에 대한 비판적 분석을 통해 형성되었으며, 도시에서 일어나는 끊임없는 계층 간의 갈등에 대해 정부가 간섭하는 과정을 통해 현대의 도시계획을 분석하고 설명한 계획이론 모형은?

① 협력적 계획 모형
② 유기적 계획 모형
③ 합리적 계획 모형
④ 정치경제 계획 모형

해설

자본주의 사회의 도시계획에 대한 비판적 분석을 통해 형성된 계획 모형은 정치경제 계획 모형이다.

02 다음 중 도시계획을 둘러싼 최근의 경향으로 보기 어려운 것은?

① 각종 개발사업에 있어 민간자본의 참여 축소
② 환경 문제에 대한 의식 증대
③ 지방정부의 권한 강화 및 각종 이해집단의 영향력 증대
④ 복합용도지구의 확대

해설

개발주체가 다양해지면서 각종 개발사업에 공공만이 아닌, 민간자본의 참여가 증가하고 있다.

03 도시계획 수립을 위한 조사 · 분석에 대한 설명이 틀린 것은?

① 목표를 달성하는 데 걸림돌로 작용할 수 있는 제약요건을 찾아낸다.
② 현황조사 · 분석은 주로 정태적인 측면에서만 파악되어야 한다.

③ 목표설정과 현황조사 · 분석은 서로 영향을 주고받으며 동시에 진행되어야 한다.
④ 현황조사에서는 도면자료와 현지답사를 통한 실태조사가 모두 필요하기도 하다.

해설

현황조사 · 분석은 정태적인 측면과 동태적인 측면이 동시에 파악되어야 한다.

04 튀넨이 주장한 지대이론의 기본가정과 거리가 먼 것은?

① 농업 생산품이 유일한 단핵도시다.
② 토지의 비옥도, 기후, 기타 물리적 요소가 균일한 지역이다.
③ 모든 사람들은 이윤 극대화를 추구한다.
④ 수송비는 도심으로부터의 거리에 반비례한다.

해설

수송비는 도심(시장)까지의 운송비용을 의미하므로, 시장(도심)으로부터의 거리가 멀어지면 수송비는 증가하게 된다. 즉, 수송비는 시장(도심)으로부터의 거리에 비례한다.

05 도로의 노면 또는 교통광장(교차점광장만 해당)의 일정한 구역에 설치된 주차장으로서 일반의 이용에 제공되는 것은?

① 노상주차장
② 노외주차장
③ 부설주차장
④ 기계식 주차장

해설

주차장의 정의 및 종류(「주차장법」 제2조)에 따라 노상주차장은 도로의 노면 또는 교통광장(교차점광장만 해당)의 일정한 구역에 설치된 주차장으로서 일반(一般)의 이용에 제공되는 것을 말한다.

정답 01 ④ 02 ① 03 ② 04 ④ 05 ①

06 A 도시의 2015년 인구수는 50만 명이었고, 2020년에는 58만 명으로 증가하였다. 등차급수법에 따른 2025년의 추정인구는?

① 18만 5천 명
② 66만 명
③ 80만 명
④ 350만 명

●해설

• 연평균 인구증가율

$$r = \frac{\left(\dfrac{P_n}{P_0}-1\right)}{n} = \frac{\left(\dfrac{58}{50}-1\right)}{5} = 0.032 = 3.2\%$$

• 2025년의 추정인구
$$P_n = P_0(1+r \cdot n)$$
$$= 50(1+0.032 \times 10) = 66만 명$$

여기서, P_0 : 초기 연도 인구, P_n : n년 후의 인구

r : 인구증가율, n : 경과 연수

07 도시 가로망 형태 중 도시의 기념비적인 건물을 중심으로 주변과 연결하고 중심지를 기점으로 주요 간선로를 따라 도시의 개발축을 형성하는 특징을 갖는 것은?

① 격자형
② 방사형
③ 혼합형
④ 선형

●해설

방사형 가로망

• 도시의 기념비적인 건물을 중심으로 주변과 연결하고 중심지를 기점으로 주요 간선로를 따라 도시의 개발축을 형성

• 왕궁이나 기념비적인 건물을 중심으로 주변과 연결하여 도심 집중현상이 발생

08 우리나라의 도시계획제도에 관한 설명이 틀린 것은?

① 도시 · 군기본계획은 도시의 미래상을 제시하는 장기적 · 종합적인 성격의 계획이다.

② 특별시 · 광역시 · 시 또는 군의 관할 구역에서 수립되는 다른 법률에 따른 토지의 이용 · 개발 및 보전에 관한 계획은 도시 · 군계획의 기본이 된다.

③ 지역주민은 공청회, 공람 등을 통하여 도시계획과정에 직 · 간접적으로 참여할 수 있다.

④ 도시 · 군관리계획은 광역도시계획과 도시 · 군기본계획에 부합되어야 한다.

●해설

도시 · 군계획을 기본으로 하여 토지의 이용 · 개발 및 보전에 관한 계획이 수립된다.

09 둘 이상의 시 또는 군의 공간구조 및 기능을 상호 연계시키고 환경을 보전하며 광역시설을 체계적으로 정비하기 위하여 필요한 경우 지정한 계획권의 장기 발전 방향을 제시하는 계획은?

① 도시 · 군기본계획
② 국토 및 지역계획
③ 수도권정비계획
④ 광역도시계획

●해설

광역도시계획은 광역계획권의 장기 발전 방향을 제시하는 계획이다.

10 1980년대 미국을 중심으로 출현한 도시 개발 패러다임인 뉴어바니즘(New Urbanism) 운동의 기본적인 원칙과 거리가 먼 것은?

① 도시에 미치는 악영향을 최소화하기 위한 단일 용도의 토지이용

② 에너지 효율의 증대와 친환경적인 개발을 통한 환경 영향의 최소화

③ 다양한 연령, 계층, 문화, 인종의 수용이 가능한 혼합용도개발

④ 대중교통 중심의 개발

●해설

뉴어바니즘(New Urbanism) 운동은 도시에 미치는 악영향을 최소화하기 위하여 복합 용도의 토지이용을 기본적인 원칙으로 하였다.

정답 06 ② 07 ② 08 ② 09 ④ 10 ①

11 집단생잔법에 대한 설명으로 옳은 것은?

① 기준연도의 인구와 출생률, 사망률, 인구이동 요인을 고려하여 장래인구를 예측한다.

② 과거의 일정 기간에 나타난 실제 인구의 변화 자료에 복리이율방식을 적용하여 장래인구를 예측한다.

③ 업종별 취업인구의 예측 결과를 바탕으로 장래인구를 예측한다.

④ 경제적 압출요인과 흡인요인이 도시인구를 변화시키는 요소라고 가정하고, 이들 간의 관계를 방정식으로 표현하여 장래인구를 예측한다.

⊙해설

집단생잔법(조성법, Cohort Survival Method) – 요소모형
도시인구를 출생, 사망 및 인구이동이라는 세 가지 요소를 합산하여 인구 변화를 예측하는 방식으로 인구예측모형이라고도 한다.

12 샤핀(F. S. Chapin, 1965)이 제시한 토지이용의 결정요인 분류에 해당하지 않는 것은?

① 공공의 이익요인　　② 경제적 요인

③ 문화적 요인　　　　④ 사회적 요인

⊙해설

샤핀(Chapin)은 토지이용은 경제적·사회적·공공복지적 요인의 상호작용에 의하여 결정된다는 공간구조이론을 제시하였다.

13 도시계획의 필요성으로 틀린 것은?

① 공공재의 부족을 방지하기 위하여

② 토지이용의 효율화를 높이기 위하여

③ 인간사회의 개인적인 목표를 이루기 위하여

④ 도시가 원활히 기능할 수 있게 하기 위하여

⊙해설

인간사회의 공동 목표와 가치 구현 등을 위해 도시계획이 필요하다.

14 아래의 설명과 같은 르네상스 시대의 이상도시를 구성하고자 하였던 사람은?

중앙광장과 방사형 도로로 도시를 구성하고 도시에 장중함을 부여하고 군사전략상 이동을 원활하게 하기 위하여 넓고 곧은 도로를 선호하였다. 경관적인 면에서는 도로를 따라 세워져 있는 건물들이 한꺼번에 많이 시야에 들어올 수 있도록 고려하였다.

① 비아지오 로제티(Biaggio Rossetti)

② 도메니코 폰타나(Domenico Fontana)

③ 레온 알베르티(Leon Alberti)

④ 레오나르도 다빈치(Leonardo da Vinci)

⊙해설

레온 알베르티는 르네상스 시대의 이상도시안을 제시한 최초의 인물이다.

15 토지이용계획의 실현 수단을 크게 직접적 수단과 간접적 수단으로 구분할 때 다음 중 간접적 수단이 아닌 것은?

① 보조금 혜택

② 도시개발사업

③ 도시시설의 정비

④ 지역·지구의 지정

⊙해설

도시개발사업은 도시계획사업으로서 직접적 실현수단에 해당한다.

16 도시지역과 그 주변지역의 무질서한 시가화를 방지하고 계획적·단계적인 개발을 도모하기 위해 일정 기간 동안 시가화를 유보할 필요가 있다고 인정하여 지정하는 용도구역은?

① 개발제한구역

② 도시자연공원구역

③ 계획관리구역

④ 시가화조정구역

해설

시가화조정구역의 지정(「국토의 계획 및 이용에 관한 법률」 제39조)

시·도지사는 도시지역과 그 주변지역의 무질서한 시가화를 방지하고 계획적·단계적인 개발을 도모하기 위하여 대통령령으로 정하는 기간(5년 이상 20년 이내의 기간) 동안 시가화를 유보할 필요가 있다고 인정되면 시가화조정구역의 지정 또는 변경을 도시·군관리계획으로 결정할 수 있다. 다만, 국가계획과 연계하여 시가화조정구역의 지정 또는 변경이 필요한 경우에는 국토교통부장관이 직접 시가화조정구역의 지정 또는 변경을 도시·군관리계획으로 결정할 수 있다.

17 중심지이론의 시장원리에 관한 설명이 옳은 것은?

① 한 중심지가 주변에 있는 6개의 차하위 중심지를 완전히 지배하여 통제효율의 극대화를 도모한다.
② 고차중심지의 보완구역 크기는 4배수로 증가한다.
③ 고차중심재화가 될 수 있는 한 짧은 거리를 이동하면서 주변의 저차보완구역에 공급되려고 한다.
④ 교통로상에 입지하는 중심지의 수를 극대화하는 포섭원리이다.

해설

① 한 중심지가 주변에 있는 6개의 차하위 중심지의 1/3씩 지배하여 통제효율의 극대화를 도모한다.
② 고차중심지의 보완구역 크기는 3배수로 증가한다. ($K=3$ System)
④ 교통의 원리에 대한 설명이며, 시장원리는 시장권에 입지하는 중심지의 수를 극대화하는 포섭원리이다.

18 국토의 계획 및 이용에 관한 법령에 따라 현재 지정되는 용도지구의 분류가 옳은 것은?

① 미관지구 : 중심미관지구, 역사문화미관지구, 일반미관지구
② 경관지구 : 자연경관지구, 수변경관지구, 시가화경관지구
③ 보존지구 : 문화자원보존지구, 중요시설물보존지구, 생태계보존지구
④ 취락지구 : 자연취락지구, 집단취락지구

해설

① 미관지구는 현 용도지구 구분에 해당하지 않는다.
② 경관지구는 자연경관지구, 시가지경관지구, 특화경관지구로 분류된다.
③ 보존지구는 현 용도지구 구분에 해당하지 않는다.

19 교통수요예측의 4단계 과정을 옳게 나열한 것은?

① 통행 발생(Trip Generation) → 수단 분담(Modal Split) → 통행 배분(Trip Distribution) → 노선 배정(Traffic Assignment)
② 통행 발생(Trip Generation) → 수단 분담(Modal Split) → 노선 배정(Traffic Assignment) → 통행 배분(Trip Distribution)
③ 통행 발생(Trip Generation) → 통행 배분(Trip Distribution) → 수단 분담(Modal Split) → 노선 배정(Traffic Assignment)
④ 통행 발생(Trip Generation) → 통행 배분(Trip Distribution) → 노선 배정(Traffic Assignment) → 수단 분담(Modal Split)

해설

교통수요추정 4단계
통행 발생(Trip Generation) → 통행 배분(Trip Distribution) → 수단 분담(Modal Split) → 노선 배정(Traffic Assignment)

20 국토의 계획 및 이용에 관한 법령에 따른 기반시설의 정의 및 구분에 따라, 다음 중 보건위생시설에 해당하지 않은 것은?

① 도축장
② 장사시설
③ 종합의료시설
④ 수질오염방지시설

해설

수질오염방지시설은 환경기초시설에 해당한다.

2과목 도시설계 및 단지계획

21 공동주택을 건설하는 주택단지에 설치하는 도로의 폭 기준은?(단, 해당 도로를 이용하는 공동주택의 세대수가 100세대 미만이고 해당 도로가 막다른 도로로서 그 길이가 35m 미만인 경우)

① 4m 이상   ② 6m 이상
③ 8m 이상   ④ 12m 이상

●해설
주택단지 안의 도로는 기본(원칙)적으로 7m 이상(보도 1.5m 이상 포함)을 확보해야 한다. 단, 100세대 미만이고 해당 도로가 막다른 도로로서 그 길이가 35m 미만인 경우에는 4m 이상(보도 설치는 안 할 수 있음)을 확보해야 한다.

22 다음과 같은 조건을 가진 주택단지에서 합리식(Rational Method)에 의한 최대 계획유수유출량은?[단, 배수면적(A) : 30ha, 유출계수(C) : 0.6, 평균강우강도(I) : 30mm/h]

① 1.5m³/sec   ② 2.0m³/sec
③ 2.4m³/sec   ④ 3.6m³/sec

●해설
합리식을 적용한 우수유출량 산출

$$Q = \frac{1}{360} \cdot C \cdot I \cdot A$$
$$= \frac{1}{360} \times 0.6 \times 30 \times 30 = 1.5$$

여기서, Q : 최대 계획우수유출량(m³/sec)
C : 유출계수
I : 유달 시간(T) 내의 평균 강우강도(mm/hr)
A : 배수면적(ha)

23 도로의 배치간격 기준이 틀린 것은?(단, 「도시 · 군계획시설의 결정 · 구조 및 설치기준에 관한 규칙」에 따른다.)

① 보조간선도로와 집산도로 : 250m 내외
② 주간선도로와 주간선도로 : 1,500m 내외
③ 주간선도로와 보조간선도로 : 500m 내외

④ 국지도로 간 : 가구의 짧은 변 사이의 배치간격은 90m 내지 150m 내외, 가구의 긴 변 사이의 배치간격은 25m 내지 60m 내외

●해설
주간선도로와 주간선도로의 배치간격 : 1,000m 내외

24 어린이공원의 규모 및 유치거리 기준으로 옳은 것은?

① 1,500m² 이상, 200m 이하
② 1,500m² 이상, 250m 이하
③ 2,000m² 이상, 200m 이하
④ 2,000m² 이상, 250m 이하

●해설
어린이공원의 규모는 최소한 1,500m² 이상이어야 하며, 유치거리는 250m 이하로 계획되어야 한다.

25 경관상세계획의 수립 대상 지역에서 경관상세계획을 수립하는 경우의 고려사항으로 가장 거리가 먼 것은?

① 조망점을 설정하는 경우 모든 조망점에서 근경보다 원경이 원활하게 확보되도록 한다.
② 당해 구역의 미래상을 개개의 건축물을 통하여 체험하는 것이 아니라 구역 전체를 미래 지향적인 관점에서 입체적으로 체험할 수 있도록 한다.
③ 안내표지판 · 가로시설물 등은 당해 구역의 이미지를 연출하는 데 중요한 역할을 하므로 구역 분위기의 특성과 정체성을 인지할 수 있도록 한다.
④ 지표물은 주민이나 방문자에게 방향감을 제공하는 등 당해 지역에 대한 이미지를 강화시킬 수 있도록 상징적 요소를 개발하여 적재적소에 배치하도록 한다.

●해설
경관상세계획 수립 시 문화재 · 산 · 수변 및 특정 건축물은 근경이 원활히 확보되도록 조망점을 설정해 주어야 한다.

26 향(向) 분석에 관한 설명이 옳지 않은 것은?

① 태양과 기후조건에 효율적으로 대처하는 구조를 찾아낼 수 있다.
② 향(向)이 변화함에 따라 주택의 형태가 적응할 수 있도록 해야 한다.
③ 식생은 단지에서 주호군의 향을 결정하는 데 가장 영향을 미치는 주 요소이다.
④ 강풍에 의한 피해를 방지하기 위해서 주호군의 형태는 날개와 같은 모양으로 되어 바람이 그 위를 미끄러져 가게 하는 것이 좋다.

해설

식생 역시 주호군의 향을 결정할 때 고려해야 하지만, 주호군의 향을 결정할 때에 가장 큰 영향을 미치는 요소는 지형 및 경사도이다.

27 래드번(Radburn) 계획의 기본 원리와 가장 거리가 먼 것은?

① 슈퍼블록의 구성
② 보ㆍ차의 혼용
③ 공동의 오픈스페이스 조성
④ 기능에 따른 도로 구분

해설

래드번 계획에서는 보도와 차도를 입체적으로 분리하였다.

28 전통적 지역지구제의 한계성을 극복하여 개발자에게 적당한 개발 이익을 부여하는 대신, 공공에게 필요한 쾌적요소를 제공하도록 유도하기 위해 개발된 계획기법은?

① 보상지역지구제(Incentive Zoning)
② 개발권이양제(TDR)
③ 계획단위개발(PUD)
④ 혼합공동개발(MXD)

해설

보상지역지구제(Incentive Zoning)
개발자에게 적당한 개발 보너스를 부여하는 대신 공공에게 필요한 쾌적요소를 제공하도록 유도하기 위해 개발된 방법이다.

29 획지형태와 토지이용에 대한 설명으로 틀린 것은?

① 토지이용의 효율성 측면에서 세장비를 가능한 한 크게 계획하는 경향이 있다.
② 세장비는 앞너비에 대한 깊이의 비(깊이/앞너비)를 말한다.
③ 같은 길이의 도로에 많은 획지가 접하려면 가능한 한 단위 획지의 앞너비는 최소가 되는 것이 좋다.
④ 동서축 가구의 획지는 세장비를 작게 하는 것이 일조권의 확보에 유리하다.

해설

동서축 가구의 획지는 세장비를 크게, 남북축 가구의 획지는 세장비를 작게 하는 것이 일조 확보에 유리하다.

30 획지계획에 대한 설명으로 틀린 것은?

① 상업용지의 경우 수요자 요구에 맞는 적정하고 다양한 규모의 획지분할을 추구해야 한다.
② 건축될 건물의 형태는 고려하지 않아도 된다.
③ 상업용지의 획지규모는 도로의 위계에 큰 영향을 받는다.
④ 획지의 규모가 과대 또는 과소할 경우, 건축물의 개발을 불가능하게 하거나 지연시킬 수 있다.

해설

획지계획 시 건축될 건물의 형태를 고려하여야 적절한 획지계획을 수립할 수 있다.

31 「주택건설기준 등에 관한 규정」에 따른 근린생활시설 등에 관한 아래 설명에서 ( )에 들어갈 내용으로 옳은 것은?

하나의 건축물에 설치하는 근린생활시설 및 소매시장ㆍ상점을 합한 면적이 ( )를 넘는 경우에는 주차 또는 물품의 하역 등에 필요한 공터를 설치하여야 하고, 그 주변에는 소음ㆍ악취의 차단과 조경을 위한 식재 그 밖에 필요한 조치를 취하여야 한다.

① 500m²
② 1,000m²
③ 1,500m²
④ 2,000m²

해설

근린생활시설(「주택건설기준 등에 관한 규정」 제50조)
하나의 건축물에 설치하는 근린생활시설 및 소매시장 · 상점을 합한 면적이 1천m²를 넘는 경우에는 주차 또는 물품의 하역 등에 필요한 공터를 설치하여야 하고, 그 주변에는 소음 · 악취의 차단과 조경을 위한 식재 그 밖에 필요한 조치를 취하여야 한다.

32 공동주택 주거단위의 단면을 단층형과 복층형에서 동일 층으로 하지 않고 한 층씩 어긋나게 배치하는 단면 구성 형식은?

① 플랫형(Flat Type)
② 스킵형(Skip Floor Type)
③ 메조넷형(Maisonette Type)
④ 탑상형(Tower Type)

해설

스킵형(Skip Floor Type)은 스킵플로어(Skip Floor)형이라고도 하며, 대지가 경사지인 경우 절토 없이, 지면의 차이에 따라 저지대는 중층으로, 고지대는 단층으로 처리한 형식으로서 동일 층이 아닌 한 층씩 어긋난 형태로 단면을 구성하게 된다.

33 「도시 · 군계획시설의 결정 · 구조 및 설치기준에 관한 규칙」에 따라 광장을 교통광장과 일반광장으로 구분할 때, 다음 중 교통광장에 해당하지 않은 것은?

① 역전광장
② 교차점광장
③ 중심대광장
④ 주요시설광장

해설

중심대광장은 다수인의 집회 · 행사 · 사교 등을 위한 곳으로서 일반광장으로 분류된다.

34 다음 중 페리(Clarence A. Perry)가 제안한 근린주구(Neighborhood Unit)의 물리적 기본요소에 해당하지 않는 것은?

① 초등학교
② 작은 가게
③ 공동체 의식
④ 작은 공원과 운동장

해설

공동체 의식은 건축물 등처럼 형상을 가진 물리적 요소가 아닌 사회적 기본요소이다.

35 도시설계의 역할에 해당하지 않는 것은?

① 지구 특성 반영
② 도시 슬럼화 촉진
③ 바람직한 도시개발로의 유도수단
④ 도시계획과 건축규제 사이의 매개적 관리수단

해설

도시 슬럼화를 최소화하는 것이 도시설계의 역할이다.

36 주민이 지구단위계획의 수립 및 변경에 관한 사항을 제안하는 때에 갖추어야 할 요건 중, 제안한 지역의 대상 토지 면적의 얼마 이상에 해당하는 토지소유자의 동의가 있어야 하는가?(단, 국공유지의 면적은 제외한다.)

① 1/4 이상
② 1/3 이상
③ 1/2 이상
④ 2/3 이상

해설

지구단위계획의 수립 및 변경 시에는 제안한 지역의 대상 토지 면적의 2/3 이상에 해당하는 토지소유자의 동의가 있어야 한다.

37 도시의 스카이라인 형성에 직접적인 영향을 미치는 지표로 가장 거리가 먼 것은?

① 용적률
② 입면차폐도
③ 건축물 높이
④ 가구(街區) 크기

해설

스카이라인(Skyline)은 건축물의 입체적 형태와 조망의 차폐 여부 등에 의해 결정되는 것으로서, 평면적 요소인 가구의 크기는 직접적인 영향이 없다.

정답 32 ② 33 ③ 34 ③ 35 ② 36 ④ 37 ④

38 지구단위계획에 대한 도시·군관리계획결정도의 표시기호가 틀린 것은?

① 건축지정선 [⨆ ⨆ ⨆]

② 건축한계선 [······]

③ 벽면지정선 [········]

④ 공공보행통로 [⊠⊠⊠⊠]

해설
②는 대지분할가능선이다.

39 건폐율 60%, 용적률 540%를 적용할 경우 최대 층수는?(단, 각 층의 평면이 동일한 경우이다.)

① 3층 ② 5층
③ 9층 ④ 14층

해설
$$층수 = \frac{용적률}{건폐율} = \frac{540}{60} = 9층$$

40 도시지역 외 지역에 지정하는 지구단위계획구역을 당해 구역의 중심기능에 따라 구분할 때, 그 분류에 해당하지 않는 것은?

① 주거형 ② 역사문화형
③ 산업유통형 ④ 관광휴양형

해설
지구단위계획구역의 중심기능에 따른 구분
• 주거형 지구단위계획구역
• 산업·유통형 지구단위계획구역
• 관광휴양형 지구단위계획구역
• 복합형 지구단위계획구역

3과목 도시개발론

41 도시환경 및 시설에 대해 현재까지는 불량·노후화 현상이 발생하지 않았으나 현 상태로 방치할 경우 환경 악화가 예상되는 지역에 예방적 조치로 시행하는 재개발방식은?

① 철거재개발(Redevelopment)
② 수복재개발(Rehabilitation)
③ 개량재개발(Improvement)
④ 보존재개발(Conservation)

해설
보존재개발은 노후·불량화의 진행을 방지하는 예방·보존적 재개발이다.

42 지역의 문화전통과 자연환경에 첨단기술산업의 활력을 도입하여 첨단기술산업군, 학술연구기관, 쾌적한 생활환경의 3가지 기능이 잘 조합된 도시 조성을 실현하여 미래지향적인 새로운 정주체계를 달성하고자 하는 개발은?

① 연구단지 ② 테크노폴리스
③ 첨단산업단지 ④ 기술창업보육센터

해설
테크노폴리스(Tatsuno, 1986)
쾌적한 자연환경과 효율적인 모도시의 생활기반 서비스를 바탕으로 첨단산업의 활력을 도입함으로써 산업(첨단기술산업군), 대학(학술연구기관), 주거(쾌적한 생활환경 및 도시 서비스)의 3가지 기능이 잘 조화된 도시환경을 실현시키기 위한 개발 방안

43 허프(Huff) 모형을 이용한 상업시설의 수요 추정에 대한 설명이 틀린 것은?

① 수요는 상업시설의 크기와는 반비례한다.
② 수요는 상업시설까지의 거리에 반비례한다.
③ 소비자가 상업시설을 선정하는 행동을 확률적으로 보여준다.

④ 개별 소매점의 고객흡입력을 계산하는 정량적 수
요 예측 모형이다.

해설

수요는 상업시설의 크기에 비례한다.

44 기업금융과 비교하여 프로젝트 파이낸싱이
갖는 특징에 대한 설명으로 옳지 않은 것은?

① 담보 : 사업자산 및 현금흐름
② 사후관리 : 채무 불이행 시 상환청구권 행사
③ 채무수용능력 : 부외금융으로 채무수용능력 제고
④ 소구권 행사 : 모기업에 대한 소구권 행사 배제 또
는 제한

해설

프로젝트 파이낸싱(PF : Project Financing) 방법은 비소
구금융(Non-recourse Financing)의 특징을 가지고 있
어서 채무 불이행에 대한 상환청구권이 제한된다.

45 도시 및 주거환경정비법령상의 정비사업과
관련하여, 사업시행자가 정비구역의 안과 밖에 새
로 건설한 주택 또는 이미 건설되어 있는 주택의 경
우 그 정비사업의 시행으로 철거되는 주택의 소유
자 또는 세입자를 임시로 거주하게 하는 등 그 정비
구역을 순차적으로 정비하여 주택의 소유자 또는
세입자의 이주대책을 수립하는 것은?

① 자력재개발방식   ② 위탁재개발방식
③ 순환정비방식   ④ 합동재개발방식

해설

순환정비방식(순환재개발)
재개발구역의 일부 지역 또는 당해 재개발구역 외의 지역에
주택을 건설하거나 건설된 주택을 활용하여 재개발구역을
순차적으로 개발하거나 재개발구역 또는 재개발사업 시행
지구를 수 개의 공구로 분할하여 순차적으로 시행하는 재개
발 방식

46 공영개발의 원칙에 대한 설명이 틀린 것은?

① 도시의 균형개발 추진
② 사유재산권의 보호 필요
③ 쾌적한 주거편익시설의 설치
④ 국민주택건설용지와 국민주택규모 이하의 임대주
택용지에 대하여는 무상으로 공급

해설

국민주택건설용지와 국민주택규모 이하의 임대주택용지에
대하여 무상으로 공급하는 것이 공영개발의 원칙은 아니다.

47 도시개발법령상 도시개발구역으로 지정할 수
있는 대상 지역 및 규모 기준이 틀린 것은?(단, 도시
지역의 경우)

① 주거지역 : 1만m² 이상
② 상업지역 : 1만m² 이상
③ 공업지역 : 1만m² 이상
④ 자연녹지지역 : 1만m² 이상

해설

도시지역 중 공업지역 : 3만m² 이상

48 국토의 계획 및 이용에 관한 법령상 아래와
같이 정의되는 구역은?

개발로 인하여 기반시설이 부족할 것으로 예상되나 기
반시설을 설치하기 곤란한 지역을 대상으로 건폐율이
나 용적률을 강화하여 적용하기 위해 지정하는 구역

① 입지규제최소구역   ② 시가화조정구역
③ 도시자연공원구역   ④ 개발밀도관리구역

해설

개발밀도관리구역(「국토의 계획 및 이용에 관한 법률」 제
66조)
특별시장·광역시장·특별자치시장·특별자치도지사·
시장 또는 군수는 주거·상업 또는 공업지역에서의 개발행
위로 기반시설의 처리·공급 또는 수용능력이 부족할 것으
로 예상되는 지역 중 기반시설의 설치가 곤란한 지역을 개
발밀도관리구역으로 지정할 수 있다.

49 도시개발사업방식 중 환지방식에 대한 설명으로 틀린 것은?

① 체비지 매각 등을 통해 적은 자본으로도 사업 시행이 가능하다.
② 공공기관이 사업을 주도함으로써 개발이익의 사유화를 방지할 수 있다.
③ 최소한의 사업비 투입으로 공공시설을 확보할 수 있다.
④ 해당 토지의 지가가 주변보다 높거나 대지의 효용 증진을 위한 정비를 목적으로 할 경우 시행하는 방식이다.

해설

환지방식은 토지의 권리관계 변동이 발생하지 않으므로 개발이익의 사유화 문제가 발생할 수 있다.

50 경제기반모형(Economic Base Model)에 대한 설명이 틀린 것은?

① 지역경제를 구성하는 산업을 크게 기반산업과 비기반산업으로 구분한다.
② 지역의 수출량 한 단위가 지역경제에 미치는 영향을 지역의 수출승수라고 하며 수출승수는 시간에 대해 일정하다고 가정한다.
③ 지역 내 산업의 경제규모는 해당 산업에 종사하는 고용인구로 나타낸다.
④ 산업 간 연관관계가 구체적으로 고려되어 있어 산업별 수출량 증가가 지역경제에 미치는 효과를 분석하는 데 주로 활용된다.

해설

경제기반모형은 산업 간 연관관계가 고려되지 않는 특성이 있어 수출활동 변동이나 지역성장과정의 설명이 어렵다는 단점을 가지고 있다.

51 부동산과 금융을 결합한 형태로서 유동성 문제와 소액투자 곤란의 문제를 증권화라는 방식을 이용하여 해결하고 있는 부동산 펀드의 대표적인 형태는?

① 부동산 신디케이션
② 에스크로(Escrow)
③ 자산담보부증권(ABS)
④ 부동산투자신탁(REITs)

해설

부동산투자신탁(REITs)
소액 투자자들로부터 자금을 모아 부동산이나 부동산 관련 대출에 투자하여 발생한 수익을 투자자에게 배당하는 투자신탁

52 다음 중 88 올림픽 이후의 주택가격 폭등에 대처하기 위해 주택 대량공급방안으로 건설된 수도권 1기 신도시만을 나열한 것은?

① 분당, 일산, 과천, 김포, 목동
② 분당, 일산, 평촌, 산본, 중동
③ 화성, 송파, 파주, 분당, 일산
④ 목동, 과천, 상계, 영통, 광명

해설

우리나라의 신도시
• 1기 신도시 : 분당, 일산, 중동, 평촌, 산본
• 2기 신도시 : 화성(동탄), 판교, 김포, 파주, 수원, 양주, 옥정

53 민간이 자금을 투자하여 사회기반시설을 건설하면 정부가 일정 운영기간 동안 이를 임차하여 시설을 사용하고 그 대가로 임대료를 지급하는 방식은?

① BTO 방식　② BTL 방식
③ BOT 방식　④ BOO 방식

해설

BTL 방식
민간사업자가 공공시설을 건설(Build)한 후 정부에 소유권을 이전(Transfer, 기부채납)함과 동시에 정부에 시설을 임대(Lease)한 임대료를 징수하여 시설투자비를 회수해가는 방식이다.

54 도시 및 주거환경정비법령에 따른 정비사업의 유형이 아닌 것은?

① 주거환경개선사업　　② 재개발사업
③ 재건축사업　　　　　④ 가로주택정비사업

해설
가로주택정비사업은 「빈집 및 소규모주택 정비에 관한 특별법」에서 정한 소규모주택정비사업의 한 종류에 해당한다.

55 다음 중 수출기반모형이 요구하는 가정사항이 아닌 것은?

① 동일한 노동생산성　② 동일한 소비수준
③ 폐쇄된 경제　　　　④ 동일한 생산비

해설
수출기반모형 분석에서는 동일한 노동생산성, 동일한 소비수준, 폐쇄된 경제(Closed Economy)를 가정한다.

56 도시개발사업의 시장분석과 관련하여 수요 분석을 위한 정성적 예측모형에 해당하지 않는 것은?

① 시나리오법　　　② 인과분석법
③ 델파이법　　　　④ 판단결정모델

해설
인과분석법(Regression Analysis, 회귀분석법)
독립변수와 종속변수의 인과관계를 규명하고 이를 근거로 종속변수에 대한 미래 예측을 실시하는 통계적 분석방법

57 재개발사업을 위한 정비계획은 노후·불량 건축물의 수가 전체 건축물의 수의 얼마 이상인 지역을 기준으로 입안하는가?

① 2분의 1　　　　② 3분의 1
③ 3분의 2　　　　④ 4분의 3

해설
정비계획의 입안대상지역(「도시 및 주거환경정비법 시행령」 별표1)
재개발사업을 위한 정비계획은 노후·불량건축물의 수가 전체 건축물의 수의 3분의 2 이상인 지역을 기준으로 입안한다.

58 도시 마케팅의 구성요소 중 고객으로 간주하기 힘든 것은?

① 주민　　　　　　② 투자기업
③ 경쟁도시　　　　④ 관광객 및 방문객

해설
경쟁도시는 고객이 아닌 경쟁적 요소로 작용한다.

59 계획단위개발(PUD)의 4단계 시행절차의 순서가 옳은 것은?

| a. 예비개발계획 | b. 사전회의 |
| c. 최종개발계획 | d. 개별개발계획 |

① a－b－d－c　　② b－c－d－a
③ b－d－a－c　　④ a－d－b－c

해설
계획단위개발 시행절차
사전회의 실시 → 개별개발계획 수립 → 예비개발계획 수립 → 최종개발계획 수립

60 델파이법에 관한 설명이 틀린 것은?

① 조사하고자 하는 특정 사항에 대해 일반인 집단을 대상으로 반복 앙케이트를 행하여 의견을 수집하는 방법이다.
② 예측을 하는 데 회의방식보다 서면을 통한 설문방식이 올바른 결론에 도달할 가능성이 높다는 가정에 근거한다.
③ 예측과제의 추출 처리 → 조사표 설계 → 조사대상자 선정 → 조사 실시 → 조사결과의 집계와 분석 과정을 거친다.
④ 최초의 앙케이트를 반복 수렴한다는 데에서 여러 사람의 판단이 피드백되기에 결론을 의미 있게 받아들일 수 있다.

해설
델파이 방법은 앙케이트의 반복을 통한 전문가들의 의견을 조사하여 반영하는 방법이다.

4과목 국토 및 지역계획

61 「국토기본법」상 "국토계획"의 정의에 따른 세부 구분에 해당하지 않는 것은?

① 국토종합계획 ② 시·군종합계획
③ 도시계획 ④ 부문별계획

해설

「국토기본법」상 "국토계획"의 정의에 따른 세부 구분은 국토종합계획, 도종합계획, 시·군종합계획, 지역계획, 부문별계획으로 이루어진다.

62 경제기반이론(Economic Base Theory)의 단점으로 비판받는 내용이 아닌 것은?

① 실제로는 기반부문과 비기반부문으로 구분하기 어려운 산업이 있다.
② 분석대상지역의 범위에 따라 기반산업이 가변적이다.
③ 수입 부분을 완전히 무시하고 있다.
④ 지역 경제 구조에 따라 기반비가 변한다고 가정하여 예측 내용의 신뢰가 떨어진다.

해설

경제기반이론(Economic Base Theory)은 지역 경제 구조에 따라 기반비(경제기반승수)가 일정하다고 가정하여 현실적인 측면의 반영이 어렵다는 단점이 있다.

63 학문으로서의 지역계획에 대한 설명이 옳은 것을 모두 나열한 것은?

㉠ 종합적이며 복합적이다.
㉡ 도시 주변의 농촌만 다룬다.
㉢ 경제학, 지리학 및 사회학을 넘나드는 학제 간 계획이다.

① ㉠, ㉡ ② ㉠, ㉢
③ ㉡, ㉢ ④ ㉠, ㉡, ㉢

해설

학문으로서의 지역계획은 종합적이고 규범적이며, 실천적·임상적·공간적인 특성을 가지고 있다.

64 버제스(Burgess)의 동심원 구조에서 근로자(저소득층) 주택지대에 해당하는 것은?

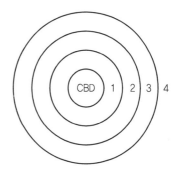

① 1 ② 2
③ 3 ④ 4

해설

동심원이론 – 버제스(E. Burgess)
도시공간구조에서 버제스가 주장한 동심원이론은 CBD → 점이지대 → 근로자 주택지대 → 중산층 주택지대 → 통근자지대의 총 5개 지대로 구성된다.

65 쇄신의 확산과정의 특성을 구성하는 요소로 가장 거리가 먼 것은?

① 쇄신의 채택율 ② 시간
③ 거리 ④ 생산력

해설

쇄신의 확산과정은 공간적 확산과 정보 전달이 주요 요소가 되며, 이러한 쇄신의 확산과정의 특성을 구성하는 요소에는 시간, 거리, 쇄신의 채택률 등이 있다.

66 'Competitive Advantage of Nations'란 저서를 통해 국가 경제의 경쟁력은 투입요소뿐 아니라 사회 전반적인 여건이나 환경에도 크게 영향을 받는다는 산업클러스터론을 제안한 학자는?

① 필립 쿠크 ② 마이클 포터
③ 앨버트 허쉬만 ④ 헤리 리처드슨

해설

산업클러스터론을 제안한 학자는 마이클 포터이다.

정답 61 ③ 62 ④ 63 ② 64 ② 65 ④ 66 ②

67 다음 중 지역계획이 하나의 학문영역으로서 출발하게 된 세 가지 근간으로 가장 거리가 먼 것은?

① 지리학과 경제학의 공간정책적 접근방법의 발전된 형태로서 정립된 지역계획학

② 현실 지향적이며 참여적이고 사회적 측면을 강조하는 경향으로부터 발전한 지역계획학

③ 도시계획의 확대된 개념으로서 도시계획과 농촌계획을 연속적 개념으로 접근하는 지역계획학

④ 사회주의 내지 계획경제체제하에서 국가계획의 하위계획이론으로서 성립된 지역계획학

●해설

현실 지향적이며 참여적이고 사회적 측면을 강조하는 경향은 지역계획이 하나의 학문영역으로서 출발하게 된 근간이 아닌, 지역계획의 발전에 따른 결과물인 현재의 경향에 해당된다.

68 정부가 국민의 쾌적하고 살기 좋은 생활을 영위하기 위하여 필요하다고 설정한 가구구성별 최소 주거면적, 방의 수, 화장실의 설비기준, 안전성, 쾌적성 등을 고려한 주택의 구조, 성능 및 환경기준을 무엇이라 하는가?

① 일반주거기준　　　② 평균주거기준
③ 목표주거기준　　　④ 최저주거기준

●해설

최소 주거면적 등 최소한의 주거생활에 대한 보장과 관련된 기준은 최저주거기준이다.

69 지역혁신체제론에 관한 아래 설명에서 (　)에 들어갈 내용으로 옳은 것은?

> 지역혁신체제론은 (　)이 "새로운 기술의 창출, 변경, 확산을 유도하는 공적·사적 제도들의 네트워크"라고 정의한 국가혁신체제이론에서 파생되었다.

① Weber　　　　　② Marshall
③ Cooke　　　　　④ Freeman

●해설

지역혁신체제론은 Freeman(프리먼)이 "새로운 기술의 창출, 변경, 확산을 유도하는 공적·사적 제도들의 네트워크"라고 정의한 국가혁신체제이론에서 파생되었으며, 이렇게 파생된 지역혁신체제론은 Cooke(쿡)에 의해 계승 발전되었다.

70 지역 간 인구이동에 관한 라벤슈타인(E. G. Ravenstein)의 인구이동법칙에 대한 설명이 옳은 것은?

① 지역 간의 인구이동은 지역 간의 거리에 비례한다.

② 교통수단, 상업의 발전은 인구이동의 감소를 유도한다.

③ 도시−농촌 간 인구이동 성향에 있어서 일반적으로 도시 출신이 농촌 출신보다 높은 이동성향을 지니고 있다.

④ 지역 간 인구이동은 농촌에서 근처의 소도시로, 소도시에서 가장 빨리 성장하는 다른 도시로 이동하는 단계적 이동형태를 취한다.

●해설

① 두 지역 간의 인구이동률은 두 지역 간의 거리에 반비례한다.

② 교통, 통신수단의 발달과 상공업 발달의 결과로 인구이동은 시간의 흐름에 따라 증가하는 경향이 있다.

③ 일반적으로 도시 출신은 농촌 출신보다 인구이동의 성향이 낮으며, 이에 따라 지역 간 순 인구이동의 흐름은 농촌에서 도시로의 방향이 지배적이다.

71 다음 회귀모형의 결정계수(R^2)에 대한 설명으로 옳은 것은?(단, T : 평균통행횟수, P : 가구당 인구, V : 가구당 자동차 보유대수)

> • 모형 : $T = -0.65 + 0.95P + 0.61V$
> • 결정계수(R^2) : 0.69

① P가 1단위 증가할 때 T도 1단위 증가한다.

② V가 1단위 증가할 때 T도 1단위 증가한다.

③ P와 V가 1단위 증가할 때 T가 69% 증가한다.

④ 자료에 대한 회귀모형의 설명력이 69% 이다.

해설

결정계수(R^2)에 따라 자료에 대한 회귀모형의 설명력은 69%가 된다.

72 생산요소의 지역 간 이동이 자유롭게 허용된다면 자연히 지역 간 형평이 달성된다고 보는 지역균형성장론에 해당하는 것은?

① 종속이론
② 누적인과모형
③ 성장거점이론
④ 신고전학파의 지역경제성장이론

해설

신고전학파의 지역경제성장이론은 생산성의 증가를 성장의 기초로 여겨 공급 측면을 강조한 성장이론으로 지역 간 생산요소의 이동에 의해 성장을 파악하였다.

73 국토 및 지역계획 수립 과정에서 반드시 고려해야 할 사항으로 가장 거리가 먼 것은?

① 계획집행수단 강구
② 해외 유사 사례 분석
③ 대안의 비교 및 검토
④ 문제의 진단 및 분석

해설

국토 및 지역계획 수립 과정에서 해외 유사 사례 분석이 도움이 될 수는 있으나, 반드시 고려해야 하는 사항은 아니다.

74 다음 중 「수도권정비계획법」에 의한 권역 구분이 아닌 것은?

① 개발제한권역
② 과밀억제권역
③ 성장관리권역
④ 자연보전권역

해설

수도권정비계획에서의 권역 구분

구분	세부 사항
과밀억제권역	인구 · 산업의 집중으로 이전 · 정비가 필요한 지역
성장관리권역	인구 · 산업의 계획적 유치 · 개발이 필요한 지역
자연보전권역	한강수계의 수질 및 녹지 등의 자연환경보전이 필요한 지역

75 부드빌(O. Boudevile)의 지역 구분에 해당하지 않는 것은?

① 낙후지역(Lagging Region)
② 계획지역(Planning Region)
③ 분극지역(Polarized Region)
④ 동질지역(Homogeneous Area)

해설

부드빌은 지역을 동질지역, 결절지역, 계획지역으로 분류하였다.

76 인간이 필요로 하는 최소한의 재화와 서비스 품목을 소득집단에게 공급해 주고자 하는 지역개발전략은?

① 기본수요전략
② 농촌개발전략
③ 성장거점전략
④ 오지개발전략

해설

기본수요전략(기본수요이론, Basic Needs Theory)
기존 지역발전이론으로 인해 발생된 지역 불균형, 빈곤, 산업 문제 등에 대처하기 위해, 빈곤계층이 품위 있는 생활을 하는 데 기본이 되는 최소한의 물품과 서비스를 보장해야 한다는 전략이다.

77 A시의 기반 부분 고용자 수가 4만 명, 비기반 부분 고용자 수가 6만 5천 명일 때 경제기반승수는?

① 0.381
② 0.615
③ 1.625
④ 2.625

해설

$$경제기반승수 = \frac{지역\ 총\ 고용인구}{지역의\ 수출(기반)산업\ 고용인구}$$
$$= \frac{40,000 + 65,000}{40,000}$$
$$= 2.625$$

정답 72 ④ 73 ② 74 ① 75 ① 76 ① 77 ④

78 다음 중 제4차 국토종합계획 수정계획(2006~2020)의 7+1 경제권역 구분에 해당하지 않는 것은?

① 수도권　　　　　② 강원권
③ 충청권　　　　　④ 전남권

●해설

7+1 경제권역

수도권, 강원권, 충청권, 전북권, 광주권, 대구권, 부산권, 제주권

79 크리스탈러가 주장한 중심지이론(Central Place Theory)의 포섭 원리가 아닌 것은?

① 중심 원리　　　　② 시장 원리
③ 교통 원리　　　　④ 행정 원리

●해설

포섭 원리(Nesting Principle)

- 시장의 원리(Marketing Principle, $K=3$ System, 시장성 원칙)
- 교통의 원리(Transportation Principle, $K=4$ System)
- 행정의 원리($K=7$ System)
- 제4의 원리(시장-행정모형)

80 다음 중 리(E. S. Lee)가 인구이동을 설명하기 위해 사용한 개념에 해당하지 않는 것은?

① 흡인요인　　　　② 확률적 요인
③ 밀어내는 요인　　④ 중간개입 장애요인

●해설

인구이동의 3가지 변수

- 인구흡인요인(당기는 요인, Pull Factor) : 긍정적인 의미의 선별성이 높음
- 인구배출요인(밀어내는 요인, Push Factor) : 부정적인 의미의 선별성이 높음
- 출발지와 목적지 간의 중간개입 장애요인

5과목　도시계획 관계 법규

81 도시 및 주거환경정비법령상 시장·군수가 그 건설에 소요되는 비용의 전부 또는 일부를 부담할 수 있는 주요 정비기반시설에 해당하지 않는 것은?

① 공원　　　　　　② 하천
③ 공용주차장　　　④ 소방용수시설

●해설

도시·군계획시설 중 대통령령으로 정하는 주요 정비기반시설 및 공동이용시설(「도시 및 주거환경정비법 시행령」 제77조)

도로, 상·하수도, 공원, 공용주차장, 공동구, 녹지, 하천, 공공공지, 광장

82 국토의 계획 및 이용에 관한 법령에서 규정한 용도지구에 해당하는 것은?

① 보존지구　　　　② 미관지구
③ 시설보호지구　　④ 개발진흥지구

●해설

용도지구는 경관지구, 고도지구, 방화지구, 방재지구, 보호지구, 취락지구, 개발진흥지구, 특정용도제한지구, 복합용도지구로 구분된다.

83 「국토기본법」상 국토정책위원회에 대한 설명으로 옳은 것은?

① 국토정책위원회는 위원장 1명, 부위원장 1명, 34명 이내의 위원으로 구성한다.
② 국토교통부장관 소속으로 둔다.
③ 분과위원회의 심의는 국토정책위원회의 심의로 본다.
④ 부위원장은 국무총리와 위촉위원 중에서 호선으로 선정된 위원으로 한다.

● 해설

① 위원장 1명(국무총리)과 부위원장 2명을 포함한 42명 이내의 위원으로 구성한다.
② 국무총리 소속으로 둔다.
④ 부위원장은 국토교통부장관과 위촉위원 중에 호선으로 선정된 위원으로 한다.

84 「관광진흥법」상에 정의된 내용으로 옳은 것은?

① 휴양 콘도미니엄업은 관광객 이용시설업에 해당한다.
② 관광지란 자연적 또는 문화적 관광자원을 갖추고 관광객을 위한 기본적인 편의시설을 설치하는 지역이다.
③ 관광지 및 관광단지의 지정권자는 문화체육관광부장관이다.
④ 전국을 대상으로 하는 관광개발 기본계획의 수립권자는 시·도지사다.

● 해설

① 휴양 콘도미니엄업은 관광숙박업에 해당한다.
③ 관광지 및 관광단지의 지정권자는 시·도지사이다.
④ 전국을 대상으로 하는 관광개발 기본계획의 수립권자는 문화체육관광부장관이다.

85 ㉠과 ㉡에 들어갈 말이 모두 옳은 것은?

국토교통부장관은 도시 및 주거환경을 개선하기 위하여 (㉠)마다 기본방침을 정하고, (㉡)마다 타당성을 검토하여 그 결과를 기본방침에 반영하여야 한다.

① ㉠ 10년 ㉡ 5년　② ㉠ 10년 ㉡ 2년
③ ㉠ 5년 ㉡ 3년　④ ㉠ 5년 ㉡ 2년

● 해설

도시·주거환경정비 기본방침(「도시 및 주거환경정비법」 제3조)
국토교통부장관은 도시 및 주거환경을 개선하기 위하여 10년마다 기본방침을 정하고, 5년마다 타당성을 검토하여 그 결과를 기본방침에 반영하여야 한다.

86 도시 및 주거환경정비법령상 "정비기반시설"에 해당하지 않는 것은?(단, 주거환경개선사업을 위하여 지정·고시된 정비구역에 설치하는 공동이용시설로서 법 제52조에 따른 사업시행계획서에 해당 특별자치시장·특별자치도지사·시장·군수 또는 자치구의 구청장이 관리하는 것으로 포함된 시설의 경우는 고려하지 않는다.)

① 공원　　　　　　② 공용주차장
③ 공동구　　　　　④ 체육시설

● 해설

정비기반시설(「도시 및 주거환경정비법」 제2조)
"정비기반시설"이란 도로·상하수도·구거(溝渠 : 도랑)·공원·공용주차장·공동구, 그 밖에 주민의 생활에 필요한 열·가스 등의 공급시설로서 대통령령으로 정하는 시설을 말한다.

87 과밀부담금의 산정기준으로 옳은 것은?

① 과밀부담금은 건축비의 100분의 10으로 한다.
② 지역별 여건에 따라 과밀부담금을 건축비의 100분의 3까지 조정할 수 있다.
③ 건축비는 해당 권역 건축물들의 표준건축비를 기준으로 한다.
④ 과밀부담금의 산정방식은 신축과 증축의 경우에 동일하다.

● 해설

② 지역별 여건 등을 고려하여 대통령령으로 정하는 바에 따라 건축비의 100분의 5까지 조정(調整)할 수 있다.
③ 건축비는 국토교통부장관이 고시하는 표준건축비를 기준으로 산정한다.
④ 과밀부담금의 산정방식은 신축과 증축의 경우에 따라 서로 다르다.
　※ 산정방식은 용도별(업무시설과 비업무시설, 공공청사 등)과 신축/구축/용도변경 등에 따라 다르다.

88 도시공원 및 녹지 등에 관한 법령상 녹지의 기능에 따른 세분에 해당하는 것으로만 나열한 것은?

① 완충녹지, 자연녹지　② 자연녹지, 생산녹지
③ 생산녹지, 경관녹지　④ 경관녹지, 완충녹지

● 해설

녹지의 세분(「도시공원 및 녹지 등에 관한 법률」 제35조)

구분	내용
완충녹지	대기오염, 소음, 진동, 악취, 그 밖에 이에 준하는 공해와 각종 사고나 자연재해, 그 밖에 이에 준하는 재해 등의 방지를 위하여 설치하는 녹지
경관녹지	도시의 자연적 환경을 보전하거나 이를 개선하고 이미 자연이 훼손된 지역을 복원·개선함으로써 도시경관을 향상시키기 위하여 설치하는 녹지
연결녹지	도시 안의 공원, 하천, 산지 등을 유기적으로 연결하고 도시민에게 산책공간의 역할을 하는 등 여가·휴식을 제공하는 선형(線型)의 녹지

89 수도권정비계획법령상의 인구집중유발시설 기준이 틀린 것은?

① 「고등교육법」 규정에 따른 산업대학 또는 전문대학
② 「산업집적활성화 및 공장설립에 관한 법률」의 규정에 따른 공장으로서 건축물의 연면적이 500m² 이상인 것
③ 중앙행정기관 및 그 소속기관의 청사로서 건축물의 연면적이 500m² 이상인 것
④ 업무용 시설이 주 용도인 건축물로서 그 연면적이 25,000m² 이상인 건축물

● 해설

인구집중유발시설의 종류(「수도권정비계획법 시행령」 제3조)

다음의 공공청사(도서관, 전시장, 공연장, 군사시설 중 군부대의 청사, 국가정보원 및 그 소속기관의 청사는 제외)로서 건축물의 연면적이 1,000m² 이상인 것
• 중앙행정기관 및 그 소속기관의 청사
• 정부가 자본금의 100분의 50 이상을 출자한 법인 및 그 법인이 자본금의 100분의 50 이상을 출자한 법인
• 정부출자기업체
• 정부출자법인

90 노외주차장의 출구와 입구를 각각 따로 설치하여야 하는 주차대수 규모 기준으로 옳은 것은?

① 200대 초과　　② 300대 초과
③ 400대 초과　　④ 500대 초과

● 해설

노외주차장의 설치에 대한 계획기준(「주차장법 시행규칙」 제5조)

주차대수 400대를 초과하는 규모의 노외주차장의 경우에는 노외주차장의 출구와 입구를 각각 따로 설치하여야 한다. 다만, 출입구의 너비의 합이 5.5m 이상으로서 출구와 입구가 차선 등으로 분리되는 경우에는 함께 설치할 수 있다.

91 환지에 의한 도시개발사업에서 과소 토지의 기준에 관한 설명이 틀린 것은?

① 토지소유자가 환지 계획에 따라 환지가 이루어질 경우 도시개발사업으로 조성되는 토지에서 받을 수 있는 토지의 면적을 권리면적이라 한다.
② 과소 토지 여부의 판단은 권리면적을 기준으로 한다.
③ 기존 건축물이 없는 경우 과소 토지의 기준이 되는 면적을 국토교통부장관이 정하는 바에 따라 규약·정관 또는 시행규정에서 따로 정할 수 있다.
④ 환지로 지정할 토지의 필지수가 도시개발사업으로 조성되는 토지의 필지수보다 적은 경우, 과소 토지의 기준이 되는 면적을 국토교통부장관이 정하는 바에 따라 규약·정관 또는 시행규정에서 따로 정할 수 있다.

● 해설

과소 토지의 기준(「도시개발법 시행령」 제62조)

환지로 지정할 토지의 필지수가 도시개발 사업으로 조성되는 토지의 필지수보다 많은 경우, 과소 토지의 기준이 되는 면적을 국토교통부장관이 정하는 바에 따라 규약·정관 또는 시행규정에서 따로 정할 수 있다.

92 주택법령상 간선시설의 설치에 관한 아래의 내용에서 ㉠과 ㉡에 해당하는 규모기준이 모두 옳은 것은?

사업주체가 ㉠ 대통령령으로 정하는 호수 이상의 주택건설사업을 시행하는 경우 또는 ㉡ 대통령령으로 정하는 면적 이상의 대지조성사업을 시행하는 경우 각 호에 해당하는 자는 각각 해당 간선시설을 설치하여야 한다.

① ㉠ 100호(또는 세대), ㉡ 16,500m²
② ㉠ 100호(또는 세대), ㉡ 33,000m²
③ ㉠ 200호(또는 세대), ㉡ 16,500m²
④ ㉠ 200호(또는 세대), ㉡ 33,000m²

해설
간선시설의 설치 및 비용의 상환(「주택법」 제28조, 「주택법 시행령」 제39조)
㉠ "대통령령으로 정하는 호수"란 다음의 구분에 따른 호수 또는 세대수를 말한다.
• 단독주택인 경우 : 100호
• 공동주택인 경우 : 100세대(리모델링의 경우에는 늘어나는 세대수를 기준)
㉡ "대통령령으로 정하는 면적"이란 16,500m²를 말한다.

93 「국토기본법」에서 수립하는 조사 및 계획의 원칙적인 수립 주체가 잘못 연결된 것은?

① 국토종합계획의 수립 – 국토교통부장관
② 도종합계획의 수립 – 도지사
③ 부문별계획의 수립 – 중앙행정기관의 장
④ 국토조사 – 국토연구원장

해설
국토조사의 실시(「국토기본법 시행령」 제10조)
국토조사는 국토교통부장관이 실시한다.

94 도심·부도심의 상업기능 및 업무기능의 확충을 위하여 지정되는 지역은?

① 근린상업지역 ② 중심상업지역
③ 유통상업지역 ④ 일반상업지역

해설
용도지역의 세분(「국토의 계획 및 이용에 관한 법률 시행령」 제30조)

구분	세분사항	내용
상업지역	중심상업지역	도심·부도심의 상업기능 및 업무기능의 확충을 위하여 필요한 지역
	일반상업지역	일반적인 상업기능 및 업무기능을 담당하게 하기 위하여 필요한 지역
	근린상업지역	근린지역에서의 일용품 및 서비스의 공급을 위하여 필요한 지역
	유통상업지역	도시 내 및 지역 간 유통기능의 증진을 위하여 필요한 지역

95 주택법령상 세대구분형 공동주택이 갖추어야 할 기준이 틀린 것은?(단, 「주택법」 제15조에 따른 사업계획의 승인을 받아 건설하는 공동주택의 경우를 말한다.)

① 세대별로 구분된 각각의 공간마다 별도의 욕실, 부엌과 현관을 설치할 것
② 하나의 세대가 통합하여 사용할 수 있도록 세대 간에 연결문 또는 경량구조의 경계벽 등을 설치할 것
③ 세대구분형 공동주택의 세대수가 해당 주택단지 안의 공동주택 전체 세대수의 3분의 1을 넘지 아니할 것
④ 세대별로 구분된 각각의 공간의 주거전용면적 합계가 해당 주택단지 전체 주거전용면적 합계의 3분의 2를 넘지 아니하는 등 국토교통부장관이 정하여 고시하는 주거전용면적의 비율에 관한 기준을 충족할 것

해설
세대구분형 공동주택 (「주택법 시행령」 제9조)
세대별로 구분된 각각의 공간의 주거전용면적 합계가 해당 주택단지 전체 주거전용면적 합계의 3분의 1을 넘지 아니하는 등 국토교통부장관이 정하여 고시하는 주거전용면적의 비율에 관한 기준을 충족할 것

정답 92 ① 93 ④ 94 ② 95 ④

96 도시개발구역 지정의 해제에 관한 아래 내용 중 ( ) 안에 공통으로 들어갈 내용으로 옳은 것은?

> 도시개발구역의 지정은 다음 각 호의 어느 하나에 규정된 날의 다음 날에 해제된 것으로 본다.
> – 도시개발구역이 지정·고시된 날부터 ( )이 되는 날까지 제17조에 따른 실시계획의 인가를 신청하지 아니하는 경우에는 그 ( )이 되는 날

① 2년　　　　　② 3년
③ 5년　　　　　④ 7년

◉해설

도시개발구역 지정의 해제(「도시개발법」 제10조)
도시개발구역의 지정은 다음 각 호의 어느 하나에 규정된 날의 다음 날에 해제된 것으로 본다.
㉠ 도시개발구역이 지정·고시된 날부터 3년이 되는 날까지 실시계획의 인가를 신청하지 아니하는 경우에는 그 3년이 되는 날
㉡ 도시개발사업의 공사 완료(환지방식에 따른 사업인 경우에는 그 환지처분)의 공고일

97 관광단지 조성사업 시행 시 사업시행자가 수용 또는 사용할 수 있는 물건 또는 권리에 해당하지 않는 것은?

① 물의 사용에 관한 권리
② 토지에 관한 소유권 외의 권리
③ 토지에 속한 토석 또는 모래와 조약돌
④ 토지에 정착한 건물의 소유권에 관한 권리

◉해설

수용 및 사용(「관광진흥법」 제61조)
사업시행자는 조성사업의 시행에 필요한 토지와 다음 각 호의 물건 또는 권리를 수용하거나 사용할 수 있다. 다만, 농업용수권(用水權)이나 그 밖의 농지개량 시설을 수용 또는 사용하려는 경우에는 미리 농림축산식품부장관의 승인을 받아야 한다.
㉠ 토지에 관한 소유권 외의 권리
㉡ 토지에 정착한 입목이나 건물, 그 밖의 물건과 이에 관한 소유권 외의 권리
㉢ 물의 사용에 관한 권리
㉣ 토지에 속한 토석 또는 모래와 조약돌

98 수도권정비계획법령에 따른 "수도권"의 정의가 옳은 것은?

① 서울특별시와 인천광역시를 말한다.
② 서울특별시와 경기도를 말한다.
③ 인천광역시와 경기도를 말한다.
④ 서울특별시, 인천광역시와 경기도를 말한다.

◉해설

수도권의 범위(「수도권정비계획법」 제2조)
서울특별시, 인천광역시, 경기도

99 산업단지와 그 지정권자의 연결이 틀린 것은?

① 국가산업단지 : 국토교통부장관
② 일반산업단지 : 시·도지사
③ 도시첨단산업단지 : 시·도지사
④ 농공단지 : 농림축산식품부장관

◉해설

농공단지는 특별자치도지사 또는 시장·군수·구청장이 지정권자가 된다.

100 「도시·군계획시설의 결정·구조 및 설치 기준에 관한 규칙」상 장례식장과 유통업무설비가 모두 입지할 수 있는 용도지역은?

① 일반주거지역　　　② 준공업지역
③ 유통상업지역　　　④ 생산녹지지역

◉해설

장례식장과 유통업무설비가 모두 입지할 수 있는 용도지역
준공업지역, 일반상업지역, 근린상업지역, 일반공업지역, 계획관리지역, 준주거지역

1과목 도시계획론

01 영국의 도시계획가인 게데스(P. Geddes)가 구분한 도시활동의 3요소가 아닌 것은?

① 생활   ② 생산

③ 교통   ④ 위락

해설

게데스(P. Geddes)는 도시활동을 생활, 생산, 위락의 세 가지 요소로 구분하였다. 참고로 르코르뷔지에는 생활, 생산, 위락, 교통을 주장하였다.

02 도시개발사업의 시행방식에서 수용 또는 사용방식의 장점으로 옳지 않은 것은?

① 기반시설 확보 용이

② 토지소유자의 재정착 가능

③ 사업의 공공성 확보 및 일괄 시행

④ 공사기간의 단축 및 대규모 개발 가능

해설

수용 또는 사용 방식은 시행자가 개발 대상지의 토지를 매수하여 개발하는 방식으로서 토지소유자의 권리가 이양되기 때문에 권리가 보전되는 환매방식에 비해 토지소유자의 재정착은 어렵다고 볼 수 있다.

03 행정구역 단위인 코뮌을 대상으로 수립하는 것으로, 도시기본계획의 내용을 구체화한 중·단기 토지이용계획인 토지점용계획(POS) 제도를 시행하는 국가는?

① 영국   ② 독일

③ 프랑스   ④ 일본

해설

코뮌은 프랑스의 읍·면 등을 의미하는 것으로서, 이러한 코뮌을 대상으로 토지점용계획(POS) 제도를 시행하는 국가는 프랑스이다.

04 다음 설명에 해당하는 도시경제 분석방법은?

- 경제활동의 분석에 있어 최종 생산물의 생산에 투입되는 중간재를 고려하고 있다.
- 생산구조와 산업구조의 예측, 지역 간의 산업 관련 등을 분석하는 데 주로 사용된다.
- 방법이 간단하고 신뢰성이 있으나 투입계수의 불변성이라는 단점을 가지고 있다.

① 입지상모형

② 지수곡선모형

③ 투입산출모형

④ 변이-할당분석모형

해설

투입산출모형은 통계적 시계열분석법이 보여 줄 수 없는 지역 간 및 지역 내의 산업 연관관계 파악이 가능하다.

05 계획이론을 실체적 이론(Substantive Theories)과 절차적 이론(Procedural Theories)으로 구분할 때, 실체적 이론에 대한 설명으로 틀린 것은?

① 특정 계획 분야의 전문 지식에 관한 이론들이다.

② 계획 현상이나 계획 대상에 관한 이론이라 할 수 있다.

③ 경제 또는 사회의 구조나 현상 등을 설명하고 예측하여 문제의 해결 대안을 제시하는 이론이다.

④ 계획이 추구하는 목표와 가치에 따라 계획안을 만들어 내는 과정에 관한 공통적이고 일반적인 이론이다.

해설

계획이 추구하는 목표와 가치에 따라 계획안을 만들어 내는 과정에 관한 공통적이고 일반적인 이론은 절차적 이론에 해당한다.

정답   01 ③   02 ②   03 ③   04 ③   05 ④

06 완충녹지의 설치 목적 및 기준으로 가장 거리가 먼 것은?

① 전용주거지역, 교육 및 연구시설의 조용한 환경 조성
② 재해 발생 시 피난지대로서의 기능
③ 도시지역 내 훼손된 자연환경의 개선·복원
④ 도로, 철도 등 교통시설에서 발생하는 공해 차단 및 완화

●**해설**
도시지역 내 훼손된 자연환경의 개선·복원을 목적으로 하는 것은 경관녹지이다.

07 우리나라 제1기 신도시와 비교하여 제2기 신도시(판교, 화성, 김포, 송파 등) 계획의 특징으로 옳은 것은?

① 고밀도 유지
② 자가용 교통 전제
③ 프로젝트 파이낸싱 활용
④ 주택도시로서의 완결성만 추구

●**해설**
제1기 신도시와 비교하여 제2기 신도시는 밀도는 낮아지고, 대중교통망이 증대되었으며, 주택뿐만 아니라 상업 등의 다양한 기능을 갖춘 것을 특징으로 하고 있다. 또한 제2기 신도시에서는 프로젝트 파이낸싱이 시행을 위한 자금 조달방식으로 적극적으로 활용되었다.

08 어느 도시의 최근 10년간 인구가 60만 명에서 90만 명으로 증가하였을 때, 연평균 증가율은? (단, 등차급수법에 따른다.)

① 2.5% ② 5.0%
③ 6.5% ④ 7.0%

●**해설**
연평균 인구 증가율(r)

$$r = \frac{\left(\dfrac{P_n}{P_0} - 1\right)}{n} = \frac{\left(\dfrac{90}{60} - 1\right)}{10} = 0.05 \quad \therefore 5\%$$

여기서, P_n : n년 후 인구, P_0 : 최초 인구
n : 경과 연수

09 메소포타미아 지방에 B.C. 3200년경 수메르인이 세운 고대 도시국가가 아닌 것은?

① 우르(Ur)
② 우르크(Urk)
③ 라가시(Lagash)
④ 모헨조다로(Mohenjo–Daro)

●**해설**
모헨조다로(Mohenjo–Daro)는 파키스탄에 위치한 고대 인더스 문명의 도시이다.

10 아래 그림이 나타내는 이론과 3(빗금 친 부분)에 해당하는 토지이용이 올바르게 연결된 것은?

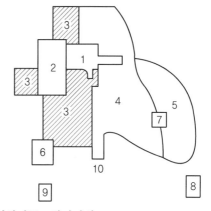

① 선형이론 – 점이지대
② 선형이론 – 도매경공업지구
③ 다핵심이론 – 고소득층 주거지구
④ 다핵심이론 – 저소득층 주거지구

●**해설**
그림은 해리스 & 울만의 다핵심이론에서의 토지이용도이며, 3(빗금 친 부분)은 도매 및 경공업지대와 가까워 주거환경이 열악한 곳으로 저소득층 주거지구에 해당한다.

11 지속 가능한 도시가 추구하는 목표로 가장 거리가 먼 것은?

① 쾌적한 도시공간의 정비·확보
② 환경친화적 교통·물류체계 정비
③ 환경부하의 저감, 자연과의 공생
④ 현재 건축물 형태의 지속적 보존

해설

현재 건축물을 보다 친환경적으로 리모델링을 하는 등 다양한 조치를 통해 지속 가능한 도시의 추구 목표에 부합하도록 하여야 한다.

12 농촌과 상대되는 개념으로서 도시가 갖는 일반적인 특징으로 틀린 것은?

① 규모와 인구밀도가 높다.
② 공동체 의식이 강하다.
③ 익명성과 이질성이 강하다.
④ 인구의 유동성이 강하다.

해설

도시는 농촌에 비해 공동체 의식이 약한 특징을 갖고 있다.

13 시가지의 토지이용에 있어 지나친 기능 분리나 사적 공간의 확보를 지양하고 적절한 기능의 혼재와 이동거리 단축에 의한 토지자원의 절약, 자동차에 의한 환경의 파괴를 막아보자는 노력으로 등장한 개념은?

① 뉴어바니즘(New Urbanism)
② 도시재생(Urban Regeneration)
③ 친환경 생태도시(Eco City)
④ 창조도시(Creative City)

해설

뉴어바니즘(New Urbanism)
현대도시가 겪어온 여러 가지 문제점들을 해결하기 위해서 도시 중심을 복원하고, 확산하는 교외를 재구성하며, 파괴적인 개발행위를 영속화하려는 정책과 관례를 바꾸려는 운동으로서, 자동차 위주의 근대도시계획에 대한 반발로 사람 중심의 도시환경을 조성하고자 하는 도시계획 방법이다.

14 하워드가 주장한 전원도시에 대한 설명으로 틀린 것은?

① 도시의 계획인구를 제한하였다.
② 철도와 도로로 연결되는 위성도시가 발달하게 되었다.
③ 도시 발달에 따른 개발이익은 공유화하되, 토지는 사유화를 원칙으로 하였다.
④ 도시 주위에 넓은 농업지대를 영구히 보전하여 도시와 농촌의 장점을 결합하였다.

해설

도시 발달에 따른 개발이익을 공유화하며, 토지의 공유화를 원칙으로 하였다.

15 우리나라 토지이용계획의 실현수단을 직접적 수단과 간접적 수단으로 구분할 때, 다음 중 직접적 수단에 해당하는 것은?

① 도시개발사업
② 지구단위계획
③ 지역·지구·구역의 지정
④ 도시계획시설의 정비

해설

도시개발사업은 도시계획시설사업, 도시재개발사업 등과 함께 직접적 실현수단에 해당한다.

16 「도시 및 주거환경정비법」에 따른 사업의 추진 절차 중 정비사업의 복잡한 권리관계를 정리하기 위해 사업시행 전·후의 권리변환에 대한 내용을 담고 있는 것은?

① 환지처분계획　② 관리처분계획
③ 사업시행계획　④ 조성토지공급계획

해설

관리처분계획에서는 사업시행 전·후의 권리변환에 대한 내용과 함께 정비사업비의 추산액 및 그에 따른 조합원 분담규모 및 분담시기 등을 포함시켜야 한다.

17 아래의 설명에 해당하는 계획이론은?

> 프리드만에 의해 발전된 계획이론으로 공익이라고 정의되는 불확실한 계획의 목표를 추구하기 위한 과학적 접근방법을 비판하면서 인간적 요소를 강조하여 계획의 집행에 직접 영향을 받는 사람들과의 대화를 통해 계획을 수립하여야 한다.

① 종합적 계획(Synoptic Planning)
② 옹호적 계획(Advocacy Planning)
③ 점진적 계획(Incremental Planning)
④ 교류적 계획(Transactive Planning)

⊙해설

교류적 계획(Transactive Planning)

• 현장 조사나 자료 분석보다는 개인 상호 간의 대화를 통한 사회적 학습의 과정을 형성하는 데 중점을 둔다.
• 인간의 존엄성에 기초를 두고 있는 신휴머니즘(New Humanism)의 철학적 사고에서 파생하였다.
• 계획의 집행에 직접적으로 영향을 받는 사람들과의 상호 교류와 대화를 통하여 계획을 수립하여야 한다.

18 계획인구를 산정하는 지수성장모형에 관한 설명으로 옳은 것은?

① 안정적인 인구 변화 추세를 나타내는 도시에 적용하는 경우에도 인구의 과도 예측을 초래할 위험이 없다.
② 이자 계산 시 단리율 적용방식을 인구 예측에 원용한 것이다.
③ 단기간에 급격한 인구증가를 나타내는 경우에 유용하다.
④ 대상 도시에 미래 인구는 그 도시가 속한 더 큰 공간적 범위의 인구의 일정 비율이 될 것이라고 가정한다.

⊙해설

① 안정적인 인구 변화 추세를 나타내는 도시에 적용하는 경우에도 인구의 과도 예측을 초래할 위험이 있다.
② 이자 계산 시 복리율 적용방식을 인구 예측에 원용한 것이다.
④ 대상 도시에 미래 인구는 그 도시가 속한 더 큰 공간적 범위의 인구의 일정 비율이 될 것이라고 가정하는 것은 비율예측방법에 해당한다.

19 4단계 교통수요추정법에 대한 설명으로 틀린 것은?

① 통행발생, 통행배분, 교통수단선택, 노선배정의 분석 단계를 통해 장래 통행량을 예측한다.
② 현재 교통여건을 지배하고 있는 교통체계의 메커니즘이 장래에도 크게 변하지 않는다고 가정한다.
③ 4단계를 거치는 동안 계획가나 분석가의 주관이 개입될 여지가 없어, 객관적인 분석 결과를 얻을 수 있다.
④ 총체적 자료에 의존하기 때문에 통행자의 총체적·평균적 특성만 산출될 뿐, 행태적 측면은 거의 무시한다.

⊙해설

4단계를 거치는 동안 계획가나 분석가의 주관이 개입될 여지가 있어, 객관적인 분석 결과를 얻기 어려울 수 있다.

20 토지이용계획의 역할로 가장 거리가 먼 것은?

① 도시의 외연적 확산을 촉진시킨다.
② 토지이용의 규제와 실행수단을 제시해 준다.
③ 계획적인 개발을 유도하여 난개발을 막아준다.
④ 도시의 현재 및 장래의 공간구성과 토지이용 형태를 결정한다.

⊙해설

토지이용계획은 난개발을 억제하여 무분별한 도시의 외연적 확산을 억제시키는 역할을 한다.

2과목 도시설계 및 단지계획

21 지구단위계획에서의 대지 내 공지에 대한 설명으로 옳은 것은?

① 공개공지란 「건축법」에 의한 공지로, 일반이 사용할 수 있도록 설치하는 소규모 휴식시설 등의 공개공지 또는 공개공간을 뜻한다.

② 공개공지를 필로티 구조로 할 경우에는 유효높이가 10m 이상이 되도록 한다.

③ 쌈지형 공지란 일반 대중에게 특정 시기에 개방하고, 교목, 벤치 등을 일체 설치할 수 없는 공지를 말한다.

④ 침상형 공지란 지하공공보행통로와 연결되는 지하 부분의 대지 내 공지를 말한다.

해설

② 공개공지를 필로티 구조로 할 경우에는 유효높이가 4m 이상이 되도록 한다.

③ 쌈지형 공지란 대지 안의 조경을 쌈지공원 형태로 조성하여 일반 대중에게 상시 개방하는 공개공지를 말한다.

④ 침상형 공지란 지하철 역사 및 지하보도(상가) 등의 시설과 연계하여 일반인의 이용이 상시 가능하도록 성큰(Sunken) 기법 등으로 조성된 옥외로 개방된 형태의 공개공지로서, 지하 부분의 대지 내 공지가 아닌 옥외로 개방된 형태의 공개공지 형태를 가진다.

22 공동주택의 배치 시 도로 및 주차장의 경계선으로부터 공동주택의 외벽까지의 거리는 최소 얼마 이상을 띄워야 하는가?(단, 「주택건설기준 등에 관한 규정」에 따르며, 기타의 경우는 고려하지 않는다.)

① 1m
② 2m
③ 3m
④ 5m

해설

단지 내 도로

• 공동주택 배치 시 도로 및 주차장의 경계에서 주택의 벽까지의 최소 거리 : 2m
• 길이가 100m 이상인 막다른 도로의 끝부분은 자동차 회전시설 설치
• 단지 내 도로 폭이 12m 이상인 경우 : 폭 1.5m 이상의 보도 설치

23 생활권의 위계를 구성단위의 크기가 큰 것부터 순서대로 올바르게 나열한 것은?

① 근린주구 > 근린분구 > 인보구
② 근린분구 > 근린주구 > 인보구
③ 인보구 > 근린주구 > 근린분구
④ 근린주구 > 인보구 > 근린분구

해설

생활권의 크기에 따른 분류

근린주구(8,000~10,000명) > 근린분구(2,000~2,500명) > 인보구(100~200명)

24 「도시 · 군계획시설의 결정 · 구조 및 설치기준에 관한 규칙」상 보조간선도로와 집산도로의 배치간격(m) 기준은?

① 60m 내외
② 150m 내외
③ 250m 내외
④ 500m 내외

해설

도로의 배치간격

구분		배치간격
주간선도로와 주간선도로		1,000m 내외
주간선도로와 보조간선도로		500m 내외
보조간선도로와 집산도로		250m 내외
국지도로 간	가구의 짧은 변 사이	90m~150m 내외
	가구의 긴 변 사이	25m~60m 내외

25 1875년 영국에서 불결한 도시주거환경을 제거하기 위해 새로이 건설되는 주택의 상하수도시설과 정원 크기 및 주변 도로의 폭 등 주거환경 기준을 규제하는 목적으로 개정된 법은?

① 「건축법」(Building Code)
② 「단지조성법」(Site Planning Act)
③ 「공중위생법」(Public Health Act)
④ 「미관지구법」(Law Of Beautification District)

해설

영국의 「공중위생법」은 산업혁명이 일찍 시작된 영국의 열악한 주거 및 주거환경 문제를 해결하기 위해 제정되었다.

정답 21 ① 22 ② 23 ① 24 ③ 25 ③

26 국토의 계획 및 이용에 관한 법령상 국토교통부장관, 시·도지사, 시장 또는 군수가 전부 또는 일부에 대하여 지구단위계획구역을 지정할 수 있는 지역 기준이 틀린 것은?(단, 기타 대통령령으로 정하는 지역의 경우는 고려하지 않는다.)

① 「주택법」에 따른 대지조성사업지구
② 「관광진흥법」에 따라 지정된 관광특구
③ 「택지개발촉진법」에 따라 지정된 택지개발지구
④ 「국토의 계획 및 이용에 관한 법률」에 따라 지정된 도시자연공원구역

●해설
도시자연공원구역은 국토교통부장관, 시·도지사, 시장 또는 군수가 전부 또는 일부에 대하여 지구단위계획구역을 지정할 수 있는 지역 기준에 해당하지 않는다.

27 아래와 같은 특징을 갖는 주택 형태는?

- 1가구의 단층형 주택으로, 주거공간이 마당의 일부분 또는 전부를 에워싸는 형태다.
- 중정에 면한 실들에 채광과 통풍을 제공하는 동시에 마당이나 정원 등의 역할을 한다.

① 테라스 하우스
② 아파트
③ 파티오 하우스
④ 연립 주택

●해설
파티오 하우스(중정형 주택, Patio House)의 중정(Court, Atrium)은 중정에 면한 실들에 채광과 통풍을 제공하는 매개공간인 동시에 마당·정원 등의 역할을 하는 실외생활공간이기 때문에 단위주거의 적주성을 높이는 수단이 된다.

28 래드번 계획의 특징으로 가장 거리가 먼 것은?

① 보도와 차도를 분리하여 계획하였다.
② 주택 내부의 공간 배치에 있어서 침실은 차량 접근도로 쪽에 가깝게 배치하였다.
③ 쿨데삭형의 가로망을 일정한 간격으로 배열하고 그 주변에 주택을 배치하였다.
④ 주택단지 어디로나 통할 수 있는 공동 오픈스페이스를 조성하였다.

●해설
래드번 계획(H. Wright, C. Stein)에서 국지도로망은 쿨데삭 형태로 계획되었으며, 자동차의 소음 및 매연 등이 발생하므로 주거공간의 메인인 거실과 침실 쪽이 아닌 주택의 뒤편이 차량 접근로와 가깝도록 배치하였다.

29 주택단지 계획 시 주택용지율을 70%, 총인구밀도를 210인/ha로 한다면, 순인구밀도는?

① 147인/ha
② 210인/ha
③ 300인/ha
④ 333인/ha

●해설
$$순인구밀도 = \frac{총인구}{주택용지면적}$$
$$= \frac{총인구}{총면적 \times 주택용지율} = \frac{총인구밀도}{주택용지율}$$
$$= \frac{210}{0.7} = 300인/ha$$

30 주차장의 장애인 전용 주차단위구획 규모 기준이 옳은 것은?(단, 아래 수치는 '너비×길이'이며, 평행주차형식 외의 경우다.)

① 2.0m×3.6m 이상
② 2.3m×5.0m 이상
③ 2.5m×5.1m 이상
④ 3.3m×5.0m 이상

●해설
장애인 전용 주차구획은 3.3m×5.0m의 크기로 설치하여야 한다.

31 구릉지 주택의 획지계획에 있어 일조와 조망을 확보하기 위해 우선적으로 고려해야 할 사항은?

① 토질(Soil)
② 경사향(Aspect)
③ 수문(Hydrology)
④ 미기후(Micro-climate)

●해설
일조와 조망을 확보하기 위해 우선적으로 고려해야 할 사항은 경사향(경사와 향, Slope & Aspect) 분석이다.

32 지구단위계획에 대한 도시 · 군관리계획결정도의 표시기호인 ㉠과 ㉡의 명칭이 모두 옳은 것은?

㉠ [—··—]   ㉡ [⊔⊔⊔]

① ㉠획지경계선, ㉡건축지정선
② ㉠획지경계선, ㉡건축한계선
③ ㉠지구단위계획구역, ㉡건축지정선
④ ㉠지구단위계획구역, ㉡건축한계선

해설

지구단위계획구역과 건축지정선의 표시기호이다.

33 지구단위계획 수립 시 각 용지별 토지이용계획 수립기준이 틀린 것은?

① 일조권을 감안하여 단독주택용지가 아파트 용지의 진북 방향으로 입지하는 때에는 충분한 이격거리가 유지되도록 하여야 한다.
② 녹지용지는 쾌적한 주거환경을 조성하는 데 필요한 근린공원 · 어린이공원 · 완충녹지 · 경관녹지 · 광장 · 보행자전용도로 · 친수공간 등으로 구획한다.
③ 상업용지는 주거용지 면적의 5% 내외에서 계획하는 것을 원칙으로 하되, 당해 구역의 경제권 및 생활권의 규모와 구조 등을 감안하여 적정한 비율을 확보하도록 한다.
④ 주거용지와 면하는 철도부지변에는 폭 30m 미만의 완충녹지, 폭 25m 이상의 도시 · 군계획도로변에는 폭 10m 미만의 완충녹지를 설치하는 것이 바람직하다.

해설

주거용지와 면하는 철도부지변에는 폭 30m 이상의 완충녹지, 폭 25m 이상의 도시 · 군계획도로변에는 폭 10m 이상의 완충녹지, 철도역 등과 인접해서는 폭 10m 내외의 완충녹지를 설치하는 것이 바람직하다.

34 도시 · 군계획시설로서 보행자전용도로의 최소폭 기준으로 옳은 것은?

① 1.0m 이상   ② 1.2m 이상
③ 1.5m 이상   ④ 2.0m 이상

해설

보행자전용도로
폭 1.5m 이상의 도로로서 보행자의 안전하고 편리한 통행을 위하여 설치하는 도로

35 주택단지 안의 도로에 관한 아래 내용에서 ( ) 안에 들어갈 내용으로 옳은 것은?(단, 주택건설기준 등에 관한 규정에 따른다.)

( )세대 이상의 공동주택을 건설하는 주택단지 안의 도로에는 어린이 통학버스의 정차가 가능하도록 국토교통부령으로 정하는 기준에 적합한 어린이 안전보호구역을 1개소 이상 설치하여야 한다.

① 300   ② 500
③ 1,500   ④ 3,000

해설

주택단지 안의 도로(「주택건설기준 등에 관한 규정」 제26조)
500세대 이상의 공동주택을 건설하는 주택단지 안의 도로에는 어린이 통학버스의 정차가 가능하도록 국토교통부령으로 정하는 기준에 적합한 어린이 안전보호구역을 1개소 이상 설치하여야 한다.

36 구조물의 높이(H)와 그 외부 공간의 거리(D)의 관계에서 공간 폐쇄감을 거의 상실(공허감)하는 각도(D/H)는?

① 약 14°   ② 약 27°
③ 약 45°   ④ 약 60°

해설

폐쇄감을 상실하고 노출감을 인식하는 것은 D/H가 3 이상인 경우를 의미하며, 이때의 각도는 약 14°이다.

정답 32 ③ 33 ④ 34 ③ 35 ② 36 ①

37 공동구의 설치로 인한 장점이 아닌 것은?

① 도시미관 향상
② 방재효율 향상
③ 설비 갱신 용이
④ 초기 설치비 절감

● 해설

공동구는 도시미관 등을 향상시킬 수 있으나 초기 설치비용이 크다는 단점을 가지고 있다.

38 1991년 도시설계제도의 한계를 보완하기 위해 상세계획제도를 도입하게 된 근거 법령은?

① 「건축법」
② 「도시계획법」
③ 「국토이용관리법」
④ 「국토의 계획 및 이용에 관한 법률」

● 해설

상세계획제도는 1991년 12월 「도시계획법」 개정을 통해 상세계획구역의 지정이라는 조항으로 도입되었다.

39 수목의 식재기법 중 정형(定刑)식재 패턴에 해당하지 않는 것은?

① 교호식재
② 단식식재
③ 일렬식재
④ 부등변삼각식재

● 해설

부등변삼각식재는 정형(定刑)식재 패턴이 아닌 자연풍경식 기본 패턴의 형태를 갖는다.

① 교호식재 : 같은 간격으로 서로 어긋나게 배치하는 식재방식
② 단식식재 : 단독으로 배치하는 식재방식
③ 일렬식재 : 일정한 간격을 두고 직선상으로 배치하는 식재방식
④ 부등변삼각식재 : 크고 작은 세 그루의 나무를 간격을 달리하고, 한 직선 위에 놓이지 않도록 배치하는 식재방식

40 Litton이 산림경관을 분석하는 데 사용한 시각회랑에 의한 방법에서, 경관의 변화요인(Variable Factors)에 해당하지 않는 것은?

① 시간(Time)
② 계절(Season)
③ 거리(Distance)
④ 연속(Sequence)

● 해설

시각회랑에 의한 방법의 경관의 변화요인 8가지
운동, 빛, 계절, 시간, 기후조건, 거리, 관찰위치, 규모

3과목 도시개발론

41 어느 개발사업의 연차별 운영수익이 아래와 같을 때, 이 사업의 순현재가치는 약 얼마인가? (단, 이자율은 10%, 억 단위 미만은 버린다.)

기간	1년	2년	3년
수익	100억 원	100억 원	100억 원

① 약 149억 원
② 약 248억 원
③ 약 331억 원
④ 약 374억 원

● 해설

$$순현재가치 = \sum \frac{수익}{(1+r)^n}$$
$$= \frac{100}{(1+0.1)^1} + \frac{100}{(1+0.1)^2} + \frac{100}{(1+0.1)^3}$$
$$= 248.69억$$

여기서, r : 이자율, n : 기간

∴ 약 248억 원

42 「빈집 및 소규모주택 정비에 관한 특례법」상 소규모주택정비사업에 해당하지 않는 것은?

① 자율주택정비사업
② 가로주택정비사업
③ 소규모재건축사업
④ 밀집구역정비사업

해설

소규모주택정비사업

구분	내용
자율주택정비사업	단독주택, 다세대주택 및 연립주택을 스스로 개량 또는 건설하기 위한 사업
가로주택정비사업	가로구역에서 종전의 가로를 유지하면서 소규모로 주거환경을 개선하기 위한 사업
소규모재건축사업	정비기반시설이 양호한 지역에서 소규모로 공동주택을 재건축하기 위한 사업

43 다음 중 주민 참여형 도시개발의 유형과 가장 거리가 먼 것은?

① BTL 방식
② 민간협약
③ 주민투표
④ 개발협정

해설

BTL(Build Transfer Lease) 방식은 사회간접자본(SOC)에 대해 민간이 건설자본을 투자하는 사업 추진 방식의 한 종류이다.

44 특수목적회사(SPC)에 대한 설명으로 틀린 것은?

① 채권 매각과 원리금 상환이 주요 업무이다.
② 유동화 업무가 끝난 후 개발회사로 발전한다.
③ 파산 위험 분리 등의 목적으로 유동화 대상 자산을 양도받아 유동화 업무를 담당한다.
④ 부실채권을 매수해 국내외의 투자자들에게 매각하는 중개기관 역할을 한다.

해설

특수목적회사(SPC)는 채권 매각과 원리금 상환 등 유동화 업무가 끝나면 없어지는 명목상의 회사이다.

45 나폴레옹 3세의 명령에 의해 오스만이 추진한 것으로, 근대적 도시재개발의 시작이라고 할 수 있는 것은?

① 런던 개조계획
② 파리 개조계획
③ 콜롬비아 도시미 운동
④ 말로법에 의한 주거환경개선사업

해설

파리 대개조계획

㉠ 개요
 • 1852년 나폴레옹 3세의 지시에 따라 당시 파리도지사였던 오스만에 의해 진행된 파리의 재정비사업
 • 파리 인구 급증으로 인한 비위생적인 상태와 계속되는 도시 반란에 이용되는 건물을 없애고 치안 유지를 목적으로 대대적인 재건축을 단행

㉡ 특징
 • 노동자 거주지역을 외곽으로 옮기고 시내 도로망과 상하수도를 정비하여 시내를 관통하는 오늘날의 대로(大路)체계 고안
 • 도로, 상하수도, 스카이라인 규제

46 개발형태에 의한 개발사업을 신개발사업과 재개발사업으로 분류할 때, 다음 중 신개발사업에 포함되지 않는 것은?

① 건축물증개축사업
② 관광단지조성사업
③ 도시개발사업
④ SOC 사업

해설

건축물의 증개축사업은 기존 건축물에 행하는 건축행위로서, 재개발사업에 가깝다.

47 「도시 및 주거환경정비법」에 따른 관리처분계획의 수립기준에 대한 설명으로 틀린 것은?

① 종전의 토지 또는 건축물의 면적·이용상황·환경, 그 밖의 사항을 종합적으로 고려하여 대지 또는 건축물이 균형 있게 분양 신청자에게 배분되고 합리적으로 이용되도록 한다.
② 너무 좁은 토지 또는 건축물이나 정비구역 지정 후 분할된 토지를 취득한 자에게는 현금으로 청산할 수 없다.

③ 지나치게 좁거나 넓은 토지 또는 건축물은 넓히거나 좁혀 대지 또는 건축물이 적정 규모가 되도록 한다.

④ 재해 또는 위생상의 위해를 방지하기 위하여 토지의 규모를 조정할 특별한 필요가 있는 때에는 너무 좁은 토지를 넓혀 토지를 갈음하여 보상을 하거나 건축물의 일부와 그 건축물이 있는 대지의 공유지분을 교부할 수 있다.

해설

관리처분계획의 수립기준(「도시 및 주거환경정비법」 제76조)
너무 좁은 토지 또는 건축물이나 정비구역 지정 후 분할된 토지를 취득한 자에게는 현금으로 청산할 수 있다.

48 도시개발사업의 사업성 평가지표인 수익성지수(Profitability Index)에 대한 설명이 옳은 것은?

① 프로젝트에서 발생하는 할인된 전체 수입에서 할인된 전체 비용을 뺀 값이다.

② 수익성 지수가 0보다 클 때 사업성이 있다고 평가한다.

③ 수익성 지수는 경제성 평가지표인 편익/비용비와 동일한 개념이다.

④ 수입과 비용을 동일하게 만들어 주는 할인율을 사용한다.

해설

수익성 지수는 프로젝트로부터 발생하는 할인된 전체 수입을 할인된 전체 비용으로 나눈 값으로서 편익비용비와 동일한 개념이다.

① 순현재가치법(NPV)에 대한 설명이다.
② 수익성지수가 1보다 클 때 사업성이 있다고 평가한다.
④ 내부수익률법(IRR)에 대한 설명이다.

49 개발수요 분석에 활용되는 예측모형 중 정량적 모형에 해당하지 않는 것은?

① Huff 모형　　　② 중력모형
③ 시계열분석　　　④ 델파이법

해설

델파이법은 비계량적(정성적) 방법이다.

50 이미 악화된 지역에 대하여 기존 시설을 보존하면서 노후 및 불량화 요인만을 제거하는 부분적인 철거 재개발 형식으로, 구역의 기능과 환경을 회복·개선하는 소극적 재개발 방식은?

① 전면재개발(Redevelopment)
② 수복재개발(Rehabilitation)
③ 보전재개발(Conservation)
④ 합동재개발(Partnership)

해설

수복재개발은 노후·불량화 요인을 제거시키는 재개발로, 지구수복에 의한 재개발은 도시기능과 생활환경이 점차 악화되고 있는 대상지에서 건축물의 신축을 부분적으로 허용하되 나머지 건축물을 수리·개조함으로써 점진적으로 개선하는 재개발 방법이다.

51 문화재 보존이나 환경보호 등을 위해 해당 지역의 토지소유자의 재산상의 손실부분만큼을 다른 지역에 대한 개발권으로 이전하여 주는 제도는?

① TOD　　　② TDR
③ PUD　　　④ Floating Zoning

해설

개발권 양도제(TDR)는 기존 용도지역제의 경직성을 보완하여 시장 주도형 도시개발에 유연하게 대처할 수 있으며 공익적인 차원에서 사유재산을 보호할 수 있다는 이점이 있다.

52 도시개발을 위한 자금 조달 수단 중 지분조달 방식에 대한 설명으로 틀린 것은?

① 지분투자자가 항상 사업 계획에 동의하는 것은 아니므로 이에 따른 문제의 발생도 고려하여야 한다.

② 지분투자로 자금을 조달하게 되면 투자금액을 상환하지 않아도 되므로 특히 현금이 긴요할 때 사용할 수 있는 주요 투자수단이 된다.

③ 중소기업의 경우 신용이 취약한 기업은 차입수단, 규모, 시기, 비용상의 문제점이 존재한다.

④ 회사 통제권의 일부를 포기해야 한다.

해설

신용이 취약한 중소기업에서 차입수단, 규모, 시기, 비용상의 문제점이 존재하는 자금 조달 수단은 부채조달방식이다.

53 도시 및 주거환경정비법령상 재개발사업을 위한 정비계획 입안 대상 지역 기준이 틀린 것은? (단, 노후·불량건축물의 수가 전체 건축물 수의 3분의 2 이상인 지역인 경우)

① 순환용 주택을 건설하기 위하여 필요한 지역

② 철거민이 50세대 이상 규모로 정착한 지역이거나 인구가 과도하게 밀집되어 있고 기반시설의 정비가 불량하여 주거환경이 열악하고 그 개선이 시급한 지역

③ 인구·산업 등이 과도하게 집중되어 있어 도시기능의 회복을 위하여 토지의 합리적인 이용이 요청되는 지역

④ 건축물의 일부가 멸실되어 붕괴나 그 밖의 안전사고의 우려가 있는 지역

해설

건축물의 일부가 아닌 상당수가 멸실되어 붕괴나 그 밖의 안전사고의 우려가 있는 지역이 입안 대상 지역 기준에 부합한다.

54 수도권에 집중되어 있는 공공기관의 지방 이전을 계기로 이들 기관과 지역의 대학, 연구소, 지방자치단체가 협력하여 지역의 새로운 성장동력을 창출하는 것을 목표로 하는 것은?

① 혁신도시개발사업

② 기업도시개발사업

③ 도시환경재정비사업

④ 행정중심복합도시사업

해설

혁신도시는 이전하는 공공기관을 수용하여 기업·대학·연구소·공공기관 등의 기관이 서로 긴밀하게 협력할 수 있는 혁신 여건과 수준 높은 주거·교육·문화 등의 정주(定住) 환경을 갖추도록 개발하는 미래형 도시를 말한다.

55 「주택법」상 정의에 따라 국민주택규모의 1호 또는 1세대당 주거전용면적 기준이 옳은 것은? (단, 수도권을 제외한 도시지역이 아닌 읍 또는 면 지역은 제외한다.)

① $65m^2$ 이하 ② $85m^2$ 이하

③ $100m^2$ 이하 ④ $120m^2$ 이하

해설

국민주택규모(「주택법」 제2조 정의)

주거의 용도로만 쓰이는 면적(주거전용면적)이 1호(戶) 또는 1세대당 $85m^2$ 이하인 주택(단, 수도권을 제외한 도시지역이 아닌 읍 또는 면 지역은 1호 또는 1세대당 주거전용면적이 $100m^2$ 이하인 주택을 말한다)을 말한다.

56 민관 합동 부동산 개발 금융 방식인 프로젝트 파이낸싱(PF)에 대한 설명으로 틀린 것은?

① 협의의 의미로 프로젝트 자체의 사업성과 그로부터의 현금흐름을 바탕으로 자금을 조달하는 것을 말한다.

② 기업금융과 대별되는 PF의 특징 중 하나인 비소구금융(Non-recourse Financing)이란 투자자의 부담을 투자액 범위 내로 한정하는 방식을 말한다.

③ 기업금융과 대별되는 PF의 특징 중 하나인 부외금융(Off-balance-sheet Financing)이란 프로젝트 회사의 부채가 손익계산서상에 나타나게 함으로써 프로젝트 회사의 자본 감소가 사업성에 영향이 없도록 하는 것을 의미한다.

④ 광의의 의미로 특정 사업의 소요자금을 조달하기 위한 일체의 금융방식을 의미하며 개발사업과 관련한 모든 금융방식을 프로젝트 파이낸싱이라 할 수 있다.

해설

기업금융과 대별되는 PF의 특징 중 하나인 부외금융(Off-balance-sheet Financing)이란 프로젝트 회사의 부채가 손익계산서상에 나타나지 않게 함으로써 프로젝트 회사의 자본감소가 사업성에 영향이 없도록 하는 것을 의미한다.

정답 53 ④ 54 ① 55 ② 56 ③

57 기업의 자금 조달 방법을 직접금융과 간접금융으로 분류할 때, 다음 중 직접금융에 관한 설명으로 옳은 것은?

① 정부의 각 부처에서 실시 중인 정책금융으로부터의 조달을 포함한다.
② 은행 등 일반금융으로부터의 조달, 불특정 다수인으로부터의 사채 발행을 통한 자금조달을 포함한다.
③ 개별적인 금전소비대차계약에 의한 차입과 사채 발행을 통한 자금조달로 분류할 수 있다.
④ 일반투자자를 주주로 끌어들이는 방법을 통해 기업이 필요로 하는 자금을 조달한다.

●**해설**
①, ②, ③은 간접금융에 대한 설명이다.

58 기업의 자금 조달 구조를 크게 내부자금과 외부자금으로 구분할 때, 다음 중 내부자금의 형태에 해당하는 것은?

① 국제리스
② 상업차관
③ 회사채발행
④ 감가상각충당금

●**해설**
기업의 자금조달방법

구분		세부 사항
내부자금		기업의 사내유보금, 준비금, 감가상각충당금
외부자금	직접금융	• 대출자와 차입자 간에 직접 자금을 거래하는 형태 • 주주를 모집하여 기업에 필요한 자금을 조달(신주발행, 기업공개, MBO, MBJ, 트레이드 세일즈, M&A)
	간접금융	• 자금을 중개하는 기관을 통해 수요자와 공급자가 연결되는 형태 • 정책금융(정부), 일반금융(은행), 사채발행을 통한 조달

59 시장실패를 해결하기 위하여 정부가 개입하는 토지이용규제의 형태로, 토지의 평면적 이용에 기능적 특성을 부여하여 토지이용에 따르는 기능 간의 상충을 막는 제도는?

① 뉴어바니즘
② 지역지구제
③ 스마트성장
④ 획지분할제도

●**해설**
지역지구제는 해당 지역의 토지이용의 특화 또는 순화를 도모하기 위하여 도시의 토지용도를 구분하고, 이용 목적에 부합하지 않는 건축 등의 행위는 규제하고 부합하는 행위는 유도하는 제도적 장치이다.

60 Calthorpe가 제시한 대중교통중심개발(TOD)의 원칙에 해당하지 않는 것은?

① 주택의 유형, 밀도의 혼합 배치
② 자동차 중심의 중 · 저밀 개발 유지
③ 지구 내 목적지 간 보행 친화적 가로망 구축
④ 역으로부터 보행거리 내에 주거, 상업, 직장, 공원, 공공시설 설치

●**해설**
자동차 중심이 아닌 대중교통 중심의 고밀 개발을 추구하였다.

4과목 국토 및 지역계획

61 다음 지역계획의 이론들을 그 발생 시기가 빠른 것부터 순서대로 올바르게 나열한 것은?

A. 사회계획론(Mannheim)
B. 혼합주사적 계획(Etzioni)
C. 합리주의계획(Simon)
D. 교류적 계획(Friedmann)

① A-B-C-D
② A-B-D-C
③ A-C-D-B
④ A-C-B-D

●**해설**
계획이론의 발생 순서
사회계획론 → 합리주의 → 점증이론 → 체계적 종합이론(혼합주사적 계획) → 선택이론 → 교류적 계획(거래 · 교환 이론)

62 전국 및 j 지역의 고용인구가 아래와 같을 때, j 지역 i 산업의 입지계수(Location Quotient)는?

	i 산업 고용인구	전체 산업 고용인구
전국	10,000명	20,000명
지역(j)	2,000명	3,000명

① 약 0.33 ② 약 0.83
③ 약 1.33 ④ 약 1.83

해설

$$입지계수(LQ) = \frac{\dfrac{j\ 지역의\ i\ 산업\ 고용인구}{j\ 지역\ 전체\ 산업\ 고용인구}}{\dfrac{전국의\ i\ 산업\ 고용인구}{전국의\ 전체\ 산업\ 고용인구}}$$

$$= \frac{\dfrac{2,000}{3,000}}{\dfrac{10,000}{20,000}} = 1.33$$

63 한센(N. Hansen)의 동질지역 구분에 해당하지 않는 것은?

① 낙후지역(Lagging Regions)
② 침체지역(Recession Regions)
③ 과밀지역(Congested Regions)
④ 중간지역(Intermediate Regions)

해설

한센(Hansen)의 동질지역 구분
• 과밀지역(Congested Regions) : 한계사회비용 > 한계사회편익
• 중간지역(Intermediate Regions) : 한계비용 < 한계편익
• 낙후지역(Lagging Regions) : 소규모 농업과 침체 산업이 지배적인 경제구조를 지니고, 새로운 경제활동을 흡인할 수 있는 입지 매력이 거의 없는 지역

64 도종합계획에 대한 설명이 틀린 것은?

① 국토종합계획의 이념과 기본 목표에 기초를 둔다.
② 상위 계획을 지역 특성에 맞게 수용한다.
③ 해당 도의 관할구역에서 수립되는 시·군종합계획과는 상호 관계가 없다.

④ 경기도와 제주특별자치도는 도종합계획을 수립하지 아니할 수 있다.

해설

도종합계획과 해당 도의 관할구역에서 수립되는 시·군종합계획과는 상호 관계성을 갖는다.

65 지프(Zipf)의 순위규모법칙 모형 $\left(P_r = \dfrac{P_1}{r^q}\right)$ 에서 상수(q)에 대한 설명으로 가장 거리가 먼 것은?

① $q=1$인 경우 : 등위규모분포 상태로 도시 체계가 전체적으로 균형 잡힌 상태다.
② $q<1$인 경우 : 종주분포로서 상위 몇몇 도시에 인구가 과다하게 밀집한다.
③ q가 0으로 접근하는 경우 : 도시 계층이 형성되지 못한 상태로 모든 도시들이 같은 규모를 가진다.
④ q가 무한대로 수렴하는 경우 : 한 개 도시만 형성 즉, 도시국가를 의미한다.

해설

$q<1$인 경우는 중간규모분포를 띄며, 중간 규모 도시가 우세한 특징을 갖는다.

66 어느 지역의 총 고용인구는 500,000명이고 비기반 부문의 고용인구가 400,000명일 때, 이 지역에 외부지역으로의 수출만을 목적으로 하는 기반활동이 새롭게 입지하여 5,000명의 고용인구의 증가가 예상된다면, 이 지역의 총 고용인구는 얼마나 증가하는가?

① 10,000명 ② 15,000명
③ 20,000명 ④ 25,000명

해설

경제기반승수 및 총 고용인구의 변화
$$경제기반승수 = \frac{총\ 고용인구}{기반산업\ 고용인구} = \frac{500,000}{100,000} = 5$$
총 고용인구 변화 = 경제기반승수 × 기반산업 고용인구 변화
$$= 5 \times 5,000 = 25,000명$$

67 지역계획의 형성 배경으로 틀린 것은?

① 지역적 문제의 심각성을 인식하고 개선하고자 했던 계획적 노력과 이론적 발전이 있었기 때문이다.
② 산업화 및 도시화에 따른 지역의 기능적인 문제가 발생하였기 때문이다.
③ 지역주의 또는 지방주의에 부응하는 지역계획에 대한 요구 때문이다.
④ 고도의 경제성장으로 인해 발생한 산업 간 성장 격차를 줄여 산업 간 균형성장을 우선 도모할 필요가 있었기 때문이다.

해설

고도의 경제성장으로 인해 발생한 산업 간 성장격차를 줄여 산업 간 균형성장을 우선 도모하는 것이 아닌, 고도의 경제성장으로 인해 발생한 지역 간 성장격차를 줄여 지역 간 균형성장을 도모할 필요가 있었기 때문이다.

68 다음 중 제4차 국토종합계획이 제4차 국토종합계획 수정계획(2006~2020)으로 변경된 배경으로 가장 거리가 먼 것은?

① 지역 간, 계층 간 통합과 상생발전을 위한 방안 제시의 필요성
② 주요 대도시의 주택 부족 문제를 해결하기 위한 주택의 대량 건설과 보급의 필요성
③ 행정중심복합도시 등 국가 중추 기능의 지방 분산에 따른 국토공간구조의 변화를 반영할 필요성
④ 남·북한 교류 협력을 더욱 심화시키고 장기적인 국토 통일을 염두에 둔 한반도 차원의 국토 구상 마련 필요성

해설

주요 대도시의 주택 부족 문제를 해결하기 위한 주택의 대량 건설과 보급의 필요성에 대해 제1기 신도시 개발 등의 계획이 1980년대에 수립되어 1990년대부터 본격적으로 시행되었다. 따라서 제4차 국토종합계획 수정계획과는 연관성이 적다.

69 허쉬만이 주장한 적하(Trickling Down) 효과에 대한 설명과 가장 거리가 먼 것은?

① 소득이 높은 중심도시가 잉여자본을 주변지역에 투자하면 주변지역은 빠르게 성장하게 된다.
② 중심도시가 주변지역에서 농산물을 구입하면 주변지역은 수출의 증대로 성장하게 된다.
③ 중심도시는 주변지역의 실업자를 흡수하게 되고 주변지역의 근로자들은 중심도시에서 직업을 구하고 소득을 올릴 수 있게 된다.
④ 중심도시가 주변지역의 경제력을 흡수하여 성장 발전을 하게 되어, 주변지역의 발전은 둔화된다.

해설

적하효과(Trickling Down Effects, 분극효과)는 낙수효과라고도 하며, 중심도시의 성장에 따른 영향이 주변지역에 파급되어 주변지역도 성장하게 되는 효과를 말한다.

70 도시규모이론에 있어서 대도시론을 주장한 학자는?

① 언윈(R. Unwin)
② 코미(T. Comey)
③ 하워드(E. Howard)
④ 테일러(G. R. Taylor)

해설

코미(T. Comey)는 1차 세계대전 이후 인구, 주택, 국민보건 문제에 집중한 지역계획이론을 발표하였으며, 동시에 르코르뷔지에와 함께 인구 300만 명 이상의 대도시론을 주장하였다.

71 제3차 수도권정비계획(2006~2020)의 주요 정비 목표에 해당하지 않는 것은?

① 동북아 경제 중심지로서의 경쟁력 있는 수도권 형성
② 지속 가능한 수도권 성장관리기반 구축
③ 지방과 더불어 발전하는 수도권 구현
④ 수도권 혁신성장역량 제고

해설

제3차 수도권정비계획(2006~2020)에서는 수도권의 혁신성장역량 제고보다는 수도권의 과밀 억제를 주요 정비 목표 방향으로 삼았다.

72 원료지향적 산업과 비교하여 시장지향적인 산업의 특징에 해당하는 것은?

① 수요의 변동이 심하여 많은 재고량을 확보해 두어야 한다.
② 전반적인 수송비가 다른 비용보다 지역에 따라 폭넓게 변화한다.
③ 제품의 제조과정에서 원료의 중량이 크게 감소하는 경향이 있다.
④ 단위당 원료의 수송비용이 단위당 최종 생산물의 수송비용보다 크거나 같다.

해설

②, ③, ④는 원료지향적 산업에 대한 설명이다.

73 P. Cooke(1992)가 제시한 지역혁신체제의 상부구조(Super Structure)에 해당하지 않는 것은?

① 지역의 규범
② 지역의 문화
③ 지역의 조직과 제도
④ 지역의 도로, 공항 및 통신망

해설

지역의 도로, 공항 및 통신망은 구체적이고, 실질적 형태가 있는 하부구조에 해당한다.

74 결절지역(Nodal Region)에 대한 설명이 틀린 것은?

① 이질적인 공간경제의 속성과 공간적 차원을 중요하게 다루는 개념이다.
② 기능적 측면에서 공간상의 흐름, 접촉, 상호 의존성을 고려한 개념이다.
③ 인구와 경제적 활동이 집적하게 되므로 중심지역과 주변지역으로 나뉘어진다.
④ 지역경제 및 지역정책 목적을 효과적으로 달성하기 위해 인위적으로 설정한 지역이다.

해설

결절지역은 인위적으로 설정된 지역이 아닌 상권 등의 자연스러운 형성에 의해 발생된 지역이다.

75 고트만(J. Gottmann)은 미국 동북부 대서양 연안 지대에 나타나는 연담도시형의 대규모 대도시군을 무엇이라 하였는가?

① 메트로폴리스
② 메갈로폴리스
③ 다이애나폴리스
④ 에큐메네폴리스

해설

고트만은 미국 동해안의 보스턴에서 뉴욕을 거쳐 워싱턴에 이르는 약 800km의 지대가 연속된 거대한 도시화 지대를 American Megalopolis(메갈로폴리스)라고 하였다.

76 이론가와 산업입지이론의 연결이 틀린 것은?

① 튀넨－중심지 입지론
② 뢰쉬－최대수요 입지론
③ 베버－최소비용 입지론
④ 호텔링－상호의존적 입지론

해설

• 튀넨 : 농업 입지론(지대이론)
• 크리스탈러 : 중심지 입지론

77 토다로(Michael Todaro)의 인구이동 모형에 대한 설명으로 가장 적합한 것은?

① 주로 선진국의 농촌과 도시 간의 인구이동 현상을 설명하는 모형이다.
② 도시에서 주변 농촌으로 역류하는 인구이동 현상을 설명하는 모형이다.
③ 실질소득보다 기대소득의 개념으로 인구이동 현상을 설명하는 모형이다.
④ 사회주의 국가의 농촌과 도시 간의 인구이동 현상을 설명하는 모형이다.

해설

토다로(M. Todaro)는 지역 간 인구이동이 지역 간의 실질소득보다 기대소득 격차에 의해 발생한다고 주장하였다.

정답 72 ① 73 ④ 74 ④ 75 ② 76 ① 77 ③

78 국토 및 지역계획 수립 과정에서 사업의 경제적 타당성과 우선순위를 결정하는 비용 · 편익 분석방법의 구체적인 측정방법이 아닌 것은?

① 내부수익률(IRR)
② 순현재가치(NPV)
③ 편익 – 비용비(B/C Ratio)
④ 지역승수(Regional Multiplier)

해설

지역승수는 지역의 기반산업의 역할에 대해 산식으로 표현해 놓은 것으로서 비용 · 편익 분석방법과는 거리가 멀다.

79 카스텔(Castells)이 사회구성이론을 통해 도시구조의 발전과정을 설명하고자, 경제 부문을 분류한 4가지의 공간 유형이 아닌 것은?

① 여가공간(Leisure Space)
② 교환공간(Exchange Space)
③ 생산공간(Production Space)
④ 소비공간(Consumption Space)

해설

카스텔이 경제 부문을 분류한 4가지 공간 유형은 생산공간, 유통공간, 교환공간, 소비공간이다.

80 우리나라의 제1차 국토종합개발계획(1972~1982)에서 전국을 4대권과 9중권, 17소권으로 구분하였다. 이 때 4대권의 설정 기준으로 옳은 것은?

① 하천수계
② 군 단위 행정구역
③ 경제권
④ 도 단위 행정구역

해설

4대권은 한강, 금강, 낙동강, 영산강 유역권으로서 하천수계로 구분하였다.

5과목 **도시계획 관계 법규**

81 수도권정비계획법령상 자연보전권역에서 수도권정비위원회의 심의를 거쳐 허용될 수 있는 택지조성사업의 최대 면적 기준은?(단, 오염총량관리계획 시행지역이 아닌 지역에서 시행하는 택지조성사업인 경우)

① 3만m² 이하
② 6만m² 이하
③ 10만m² 이하
④ 100만m² 이하

해설

자연보전권역의 행위 제한 완화(「수도권정비계획법 시행령」 제14조)
오염총량관리계획 시행지역이 아닌 지역에서 시행하는 택지조성사업, 도시개발사업, 지역종합개발사업 또는 관광지조성사업 중 그 면적이 6만m² 이하인 것으로서 수도권정비위원회의 심의를 거친 것

82 개발제한구역의 지정 및 관리에 관한 특별조치법령에 따른 취락지구의 지정기준 및 정비에 관한 설명 중 틀린 것은?

① 취락을 구성하는 주택의 수가 10호 이상이어야 한다.
② 취락지구 1만m²당 주택의 수가 원칙적으로 30호 이상이어야 한다.
③ 취락지구의 경계 설정 시, 지목이 대인 경우에는 가능한 한 필지가 분할되지 아니하도록 한다.
④ 취락지구정비사업을 시행할 때에는 「국토의 계획 및 이용에 관한 법률」에 따라 취락지구를 지구단위계획구역으로 지정한다.

해설

취락지구의 지정기준 및 정비(「개발제한구역의 지정 및 관리에 관한 특별조치법 시행령」 제25조)
취락지구 1만m²당 주택의 수가 10호 이상일 것

---

83 도시개발법령상 도시개발구역의 전부를 환지 방식으로 시행하는 도시개발사업의 경우, 지정권자가 시행자로 지정하여야 하는 자는?

① 국토교통부장관

② 행정안전부장관

③ 「지방공기업법」에 따라 설립된 지방공사

④ 도시개발구역의 토지소유자가 도시개발을 위하여 설립한 조합

해설

환지방식의 시행자

• 국가 또는 지방자치단체, 공공기관, 정부출연기관, 지방공사, 토지소유자, 도시개발조합

• 다만, 전부를 환지방식으로 시행하는 경우는 토지소유자 및 토지소유자가 도시개발을 위하여 설립한 조합

84 주택법령에 따른 간선시설의 종류별 설치범위 기준이 틀린 것은?

① 도로 : 주택단지 밖의 기간이 되는 도로부터 주택단지의 경계선까지로 하되, 그 길이가 150m를 초과하는 경우로서 그 초과부분에 한한다.

② 상하수도시설 : 주택단지 밖의 기간이 되는 상·하수도시설부터 주택단지의 경계선까지의 시설로 하되, 그 길이가 200m를 초과하는 경우로서 그 초과부분에 한한다.

③ 지역난방시설 : 주택단지 밖의 기간이 되는 열수송관의 분기점부터 주택단지 안의 각 기계실 입구 차단 밸브까지로 한다.

④ 통신시설 : 관로시설은 주택단지 밖의 기간이 되는 시설부터 주택단지 경계선까지, 케이블 시설은 주택단지 밖의 기간이 되는 시설부터 주택단지 안의 최초 단자까지로 한다.

해설

도로 : 주택단지 밖의 기간이 되는 도로부터 주택단지의 경계선까지로 하되, 그 길이가 200m를 초과하는 경우로서 그 초과부분에 한한다.

85 노상주차장의 원칙적인 설치권자가 아닌 자는?

① 경찰서장

② 특별시장

③ 군수

④ 구청장

해설

노상주차장은 특별·광역시장. 시장·군수, 구청장이 설치, 관리 및 폐지한다.

86 지구단위계획에 관한 아래 설명 중 밑줄 친 부분에 해당하는 내용으로만 옳게 나열된 것은?

> 지구단위계획은 도로, 상하수도 등 <u>대통령령으로 정하는 도시·군계획시설</u>의 처리·공급 및 수용능력이 지구단위계획구역에 있는 건축물의 연면적, 수용인구 등 개발밀도와 적절한 조화를 이룰 수 있도록 하여야 한다.

① 주차장, 공원, 공공공지

② 방송통신시설, 유수지, 시장

③ 공공청사, 대학교, 열공급설비

④ 고등학교, 공공직업훈련시설, 체육시설

해설

지구단위계획의 내용(「국토의 계획 및 이용에 관한 법률 시행령」 제45조)

대통령령으로 정하는 도시·군계획시설이란 도로·주차장·공원·녹지·공공공지, 수도·전기·가스·열공급설비, 학교(초등학교 및 중학교에 한한다)·하수도·폐기물처리 및 재활용시설을 말한다.

87 국토기본법령상 국토정책위원회에 관한 설명으로 옳은 것은?

① 위원장은 국토교통부장관이 된다.

② 위원장 1명, 부위원장 2명을 포함한 42명 이내의 위원으로 구성한다.

③ 위촉위원의 임기는 3년으로 한다.

④ 위원 중 위촉위원은 대통령령으로 정하는 중앙행정기관의 장과 국무조정실장으로 한다.

해설

① 위원장은 국무총리가 된다.

③ 위촉위원의 임기는 2년으로 한다.
④ 위원 중 위촉위원은 국토계획 및 정책에 관하여 학식과 경험이 풍부한 사람으로서 국무총리가 위촉한 사람으로 한다.

88 시장·군수·구청장이 시·도지사의 승인을 받지 않아도 되는 경미한 조성계획의 변경 기준이 틀린 것은?

① 관광시설계획면적의 100분의 20 이내의 변경
② 관광시설계획 중 시설지구별 건축 연면적의 100분의 30 이내의 변경
③ 관광시설계획 중 시설지구별 토지이용계획 면적의 100분의 40 이내의 변경
④ 관광시설계획 중 시설지구에 설치하는 시설의 명칭 변경

◯**해설**

경미한 조성계획의 변경(「관광진흥법 시행령」 제47조)
"대통령령으로 정하는 경미한 사항의 변경"이란 다음 각 호의 어느 하나에 해당하는 것을 말한다.
1. 관광시설계획면적의 100분의 20 이내의 변경
2. 관광시설계획 중 시설지구별 토지이용계획면적(조성계획의 변경승인을 받은 경우에는 그 변경승인을 받은 토지이용계획면적)의 100분의 30 이내의 변경(시설지구별 토지이용계획면적이 2천200제곱미터 미만인 경우에는 660제곱미터 이내의 변경)
3. 관광시설계획 중 시설지구별 건축 연면적(조성계획의 변경승인을 받은 경우에는 그 변경승인을 받은 건축 연면적)의 100분의 30 이내의 변경(시설지구별 건축 연면적이 2천200제곱미터 미만인 경우에는 660제곱미터 이내의 변경)
4. 관광시설계획 중 숙박시설지구에 설치하려는 시설(조성계획의 변경승인을 받은 경우에는 그 변경승인을 받은 시설)의 변경(숙박시설지구 안에 설치할 수 있는 시설 간 변경에 한정)으로서 숙박시설지구의 건축 연면적의 100분의 30 이내의 변경(숙박시설지구의 건축 연면적이 2천200제곱미터 미만인 경우에는 660제곱미터 이내의 변경)
5. 관광시설계획 중 시설지구에 설치하는 시설의 명칭 변경
6. 조성계획의 승인을 받은 자(특별자치시장 및 특별자치도지사가 조성계획을 수립한 경우를 포함하며 "사업시행자"라 한다)의 성명(법인인 경우에는 그 명칭 및 대표자의 성명) 또는 사무소 소재지의 변경. 다만, 양도·양수, 분할, 합병 및 상속 등으로 인해 사업시행자의 지위나 자격에 변경이 있는 경우는 제외한다.

89 국토에 관한 계획 및 정책의 수립·시행에 관한 기본적인 사항을 정함으로써 국토의 건전한 발전과 국민의 복리 향상에 이바지함을 목적으로 제정·시행되는 것은?

①「국토기본법」
②「도시개발법」
③「택지개발촉진법」
④「국토의 계획 및 이용에 관한 법률」

◯**해설**

「국토기본법」에 대한 설명이며, 「국토기본법」에서 제시한 국토계획의 기본 방향은 국토의 균형 있는 발전, 경쟁력 있는 국토 여건의 조성, 환경친화적 국토관리이다.

90 아래에서 ( )에 들어갈 내용으로 옳은 것은?

도시·군관리계획 결정의 효력은 지형도면을 (   )부터 발생한다.

① 고시한 날
② 작성한 날
③ 고시한 날로부터 1개월 후
④ 고시한 날로부터 3개월 후

◯**해설**

도시·군관리계획 결정의 효력(「국토의 계획 및 이용에 관한 법률」 제31조)
도시·군관리계획 결정의 효력은 지형도면을 고시한 날부터 발생한다.

91 건축법령에서 규정하고 있지 않은 것은?

① 지역 및 지구의 지정에 관한 규정
② 건축물의 유지와 관리에 관한 규정
③ 건축물의 대지 및 도로에 관한 규정
④ 건축물의 구조 및 재료 등에 관한 규정

해설

지역 및 지구의 지정에 관한 사항은 「국토의 이용 및 계획에 관한 법률」에서 규정하고 있다.

92 「도시 및 주거환경정비법」에 의한 정비계획의 개발 규모가 5만m² 이상인 경우 도시공원 또는 녹지의 확보기준으로 옳은 것은?(단, 도시공원 및 녹지 등에 관한 법령에 따른다.)

① 상주인구 1인당 3m² 이상 또는 개발 부지면적의 5% 이상 중 큰 면적
② 상주인구 1인당 6m² 이상 또는 개발 부지면적의 9% 이상 중 큰 면적
③ 1세대당 3m² 이상 또는 개발 부지면적의 5% 이상 중 큰 면적
④ 1세대당 2m² 이상 또는 개발 부지면적의 5% 이상 중 큰 면적

해설

개발계획 규모별 도시공원 또는 녹지의 확보기준(「도시공원 및 녹지 등에 관한 법률 시행규칙」 제5조 – 별표 2) – 「도시 및 주거환경정비법」에 의한 정비계획

5만m² 이상의 정비계획 : 1세대당 2m² 이상 또는 개발 부지면적의 5% 이상 중 큰 면적

93 한국토지주택공사가 대통령령으로 정하는 호수 이상의 주택건설사업을 시행하는 경우, 사업계획승인을 받고자 사업계획승인권자에게 제출하여야 할 서류가 아닌 것은?(단, 표본설계도서에 따라 신청하는 경우)

① 신청서
② 사업계획서
③ 공사설계도서
④ 주택과 그 부대시설 및 복리시설의 배치도

해설

표준설계도서에 따라 신청하는 경우이므로, 별도의 공사설계도서는 제출하지 않아도 된다.

94 도시 및 주거환경정비법령의 정의에 따라 정비기반시설은 양호하나 노후 · 불량건축물에 해당하는 공동주택이 밀집한 지역에서 주거환경을 개선하기 위해 시행하는 사업은?

① 주거환경개선사업
② 재개발사업
③ 재건축사업
④ 도시환경정비사업

해설

용어의 정의(「도시 및 주거환경정비법」 제2조)
㉠ 주거환경개선사업
　도시 저소득 주민이 집단 거주하는 지역으로서 정비기반 시설이 극히 열악하고 노후 · 불량건축물이 과도하게 밀집한 지역의 주거환경을 개선하거나 단독주택 및 다세대주택이 밀집한 지역에서 정비기반시설과 공동이용 시설 확충을 통하여 주거환경을 보전 · 정비 · 개량하기 위한 사업
㉡ 재개발사업
　정비기반시설이 열악하고 노후 · 불량건축물이 밀집한 지역에서 주거환경을 개선하거나 상업지역 · 공업지역 등에서 도시기능의 회복 및 상권활성화 등을 위하여 도시환경을 개선하기 위한 사업
㉢ 재건축사업
　정비기반시설은 양호하나 노후 · 불량건축물에 해당하는 공동주택이 밀집한 지역에서 주거환경을 개선하기 위한 사업

95 도시공원 및 녹지 등에 관한 법령상 도시공원을 관리하는 '공원관리청'에 해당하는 자는?

① 국립공원공단 이사장
② 국토교통부장관
③ 시장 또는 군수
④ 구청장

해설

도시공원의 설치 및 관리(「도시공원 및 녹지 등에 관한 법률」 제19조)
도시공원은 특별시장 · 광역시장 · 특별자치시장 · 특별자치도지사 · 시장 또는 군수가 공원조성계획에 따라 설치 · 관리한다.

정답 92 ④ 93 ③ 94 ③ 95 ③

96 수도권정비계획법령상 관계 행정기관의 장이 성장관리권역에서의 시설의 신설·증설에 대한 허가를 하여서는 아니 되는 경우는?

① 수도권에서의 학교 이전
② 수도권정비위원회 심의를 거친 소규모 대학의 신설
③ 수도권에서 이전하는 연수시설로, 종전 규모의 2배 신축
④ 기존 연수시설의 건축물 연면적의 100분의 20 범위에서의 증축

●**해설**

수도권에서 이전하는 연수시설의 종전 규모의 범위에서의 신축, 증축 또는 용도변경일 경우 허가가 가능하다.

97 주차장법령상 주차장 외의 용도로 사용되는 부분이 판매시설인 주차장전용건축물의 경우, 건축물의 연면적 중 주차장으로 사용되는 부분의 비율이 최소 얼마 이상이어야 하는가?

① 70% 이상
② 80% 이상
③ 90% 이상
④ 95% 이상

●**해설**

판매시설로 제시되어 있으므로 예외조항을 보아야 한다.

주차전용건축물의 주차면적비율(「주차장법 시행령」 제1조의2)
건축물의 연면적 중 주차장으로 사용되는 부분의 비율이 95% 이상인 것을 말한다. 다만, 주차장 외의 용도로 사용되는 부분이 단독주택, 공동주택, 제1종 근린생활시설, 제2종 근린생활시설, 문화 및 집회시설, 종교시설, 판매시설, 운수시설, 운동시설, 업무시설, 창고시설 또는 자동차 관련 시설인 경우에는 주차장으로 사용되는 부분의 비율이 70% 이상인 것을 말한다.

98 도시개발사업의 전부 또는 일부를 환지 방식으로 시행하기 위하여 시행자가 작성하여야 하는 환지계획의 내용에 해당하지 않는 것은?

① 환지설계
② 환지예정지 지정 명세서
③ 필지별로 된 환지명세
④ 축척 1,200분의 1 이상의 환지예정지도

●**해설**

환지계획 작성 시 포함사항
환지설계, 필지별로 된 환지명세, 필지별·권리별로 된 청산대상 토지명세, 체비지 또는 보류지의 명세, 축척 1,200분의 1 이상의 환지예정지도

99 도시재정비 촉진을 위한 특별법령에 따른 재정비촉진사업에 해당하지 않는 것은?

① 「도시개발법」에 따른 도시개발사업
② 「택지개발촉진법」에 따른 택지개발사업
③ 「전통시장 및 상점가 육성을 위한 특별법」에 따른 시장정비사업
④ 「빈집 및 소규모주택 정비에 관한 특별법」에 따른 가로주택정비사업

●**해설**

재정비촉진사업(「도시재정비 촉진을 위한 특별법」 제2조)
• 「도시 및 주거환경정비법」에 따른 주거환경개선사업, 재개발사업 및 재건축사업, 「빈집 및 소규모주택 정비에 관한 특례법」에 따른 가로주택정비사업 및 소규모재건축사업
• 「도시개발법」에 따른 도시개발사업
• 「전통시장 및 상점가 육성을 위한 특별법」에 따른 시장정비사업
• 「국토의 계획 및 이용에 관한 법률」에 따른 도시·군계획시설사업

100 다음 중 건축법령상 공동주택에 해당하지 않는 것은?

① 연립주택
② 다가구주택
③ 다세대주택
④ 기숙사

●**해설**

다가구주택은 단독주택의 분류에 속한다.

1과목 　도시계획론

01 도시인구의 증가 속도가 도시산업의 발달 속도보다 훨씬 커서 직장과 주택이 없는 사람들이 도시 빈민화되고 슬럼지구를 형성하는 등의 도시문제가 발생하는 현상을 무엇이라 하는가?

① 젠트리피케이션　　② 역도시화
③ 가도시화　　　　　④ 종주도시화

해설
① 젠트리피케이션 : 도심공동화 현상에 따른 문제를 해결하기 위해 재개발사업 등을 통해 도심의 활성화를 도모하는 현상
② 역도시화 : 집적함으로써 발생하는 불이익이 이익보다 커질 경우 인구의 분산이 이루어지는 단계로서, 일명 유턴(U-turn) 현상이라고도 한다.
④ 종주도시화 : 한 국가의 인구 규모나 기능 등이 많은 도시 중에서 한 도시에 집중되어 여타 도시들을 지배하는 현상을 말한다.

02 U-city에 대한 설명으로 가장 적합한 것은?

① 고밀개발을 통한 직주근접을 실현하는 도시
② 물, 에너지, 자원 등이 효율적으로 이용되고 재활용되는 오염 없는 도시
③ 도시의 통행 수요 및 에너지 사용을 감소시켜 에너지를 절약하는 도시
④ 다양한 정보망을 이용하는 네트워크를 형성하여 시간과 장소의 제한을 받지 않는 미래형 도시

해설
유비쿼터스 도시(Ubiquitous, U-city)
기존 전력망과 정보통신기술을 결합시켜, 언제 어디서나 편리하게 도시 네트워크를 이용하고 정보를 얻을 수 있는 새로운 형태의 미래형 도시

03 용도지역제인 유클리드 지역제(Euclidean Zoning)에 대한 설명 중 틀린 것은?

① 과도한 민간개발을 막기 위하여 개발 촉진보다는 억제에 더 관심을 두었다.
② 실제의 토지이용에 근거하여 발생하는 각종 결과를 기준하여 규제하는 성과규제지역제이다.
③ 토지이용의 규제단위를 각각의 필지로 하여 이를 통해 양호한 시가지를 형성하고자 하였다.
④ 상위 용도(주거 등)를 하위 용도(공장 등)로부터 보호하면 충분하다는 전제하에 누적식 지역제를 채택하였다.

해설
유클리드 지역제는 용도를 사전에 확정적으로 계획하는 방법을 채용하기 때문에 실제의 토지이용에 근거한 성과규제 지역제와는 거리가 멀다.

04 성장관리란 주 및 자치체가 자신의 행정구역에 대해 장래 개발의 속도, 양, 형태, 위치, 질에 의도적인 영향을 주고자 하는 것으로 정의한 학자는?

① 고트만(J. Gottmann)
② 힐리(P. Healey)
③ 갓샤크(D. Godshalk)
④ 호이트(H. Hoyt)

해설
D. Godshalk는 현대적 의미의 도시성장관리는 광역자치단체 및 기초자치단체가 자신의 행정구역 내에서 장래 개발의 속도, 양, 형태, 위치, 질에 의도적인 영향을 주고자 하는 행위로 이해할 수 있다고 정의하였다.

05 도시·군기본계획에서 토지이용계획을 위한 토지의 용도 구분에 해당하지 않는 것은?

① 보전용지　　　　　② 시가화용지
③ 보전예정용지　　　④ 시가화예정용지

정답 　01 ③　02 ④　03 ②　04 ③　05 ③

⬤ 해설

토지이용계획의 토지의 구분
목표연도 토지수요를 추정하여 산정된 면적을 기준에 따라 시가화예정용지, 시가화용지, 보전용지로 토지이용을 용도별로 구분한다.

06 1970년대 중반 이후 넬슨(Arthur C. Nelson)과 듀칸(James B. Ducan)이 강조한 미국 성장관리정책의 목적과 거리가 먼 것은?

① 효율적인 도시 형태 구축
② 경제적 형평성 제고
③ 어반 스프롤의 방지
④ 납세자의 보호

⬤ 해설

도시의 합리적인 성장관리정책을 경제적 형평성까지 고려하여 추진하는 것은 쉽지 않다.

07 도시에서 보전 가치가 높은 특정 지역에 대해 용도를 규제하는 대신 그에 상응하는 개발권을 토지소유자에게 부여하여 제한되는 권리만큼의 손실을 보상해주는 제도는?

① 개발권환수제도
② 개발권양도제도
③ 도시재정비제도
④ 뉴타운개발제도

⬤ 해설

개발권양도제(TDR : Transfer of Development Right)
역사적 건축물의 보전과 농지나 자연환경의 보전 등을 위해 기존 지역제에서 정해진 용적률 등 중에서 미이용 부분을 인근 토지소유자에게 양도 또는 매매를 통한 이전이 가능하도록 한 제도로서 개발권이양제라고도 한다.

08 복합적 요소로 형성된 도시를 전적으로 계획가에게 맡겨두기보다 계획가와 주민들(피계획가)간의 상호 관계를 중요시함과 동시에 인간주의적 가치에 중점을 두는 계획이론은?

① 옹호적 계획
② 교류적 계획
③ 선택적 계획
④ 점진적 계획

⬤ 해설

교류적 계획(Transactive Planning)
• 현장 조사나 자료 분석보다는 개인 상호 간의 대화를 통한 사회적 학습의 과정을 형성하는 데 중점을 둔다.
• 인간의 존엄성에 기초를 두고 있는 신휴머니즘(New Humanism)의 철학적 사고에서 파생하였다.
• 계획의 집행에 직접적으로 영향받는 사람들과의 상호 교류와 대화를 통하여 계획을 수립하여야 한다.

09 A 도시는 2005년부터 10년간 인구가 일정하게 증가하여 2015년 인구가 120만 명이 되었다. 2005년의 인구가 50만 명이었다면, A 도시의 인구증가율은 얼마인가?(단, 등차급수법에 따른다.)

① 7%
② 10%
③ 14%
④ 24%

⬤ 해설

연평균 인구증가율(r)

$$r = \frac{\frac{P_n}{P_0} - 1}{n} = \frac{\frac{120}{50} - 1}{10} = 0.14 = 14\%$$

여기서, P_n : n년 후 인구수
　　　　P_0 : 기준연도 인구수
　　　　n : 경과연수

10 세계 최초의 환지방식에 의한 도시개발로 「토지구획정리사업에 관한 법률」을 제정하여 현대적 의미의 지역지구제를 처음으로 실시한 국가는?

① 일본
② 미국
③ 독일
④ 프랑스

환지방식에 의한 도시개발의 시초는 1902년 당시 독일 프랑크푸르트 시장이었던 아디케스의 이름을 딴 일명 아디케스(Lex Adickes)법인 프랑크푸르트의 「토지구획정리사업에 관한 법률」에 의한 도시개발사업이다.

11 국토공간계획지원체계(KOrea Planning Support System, KOPSS)에 포함된 분석모형이 아닌 것은?

① 세움이(건축계획지원모형)
② 경관이(경관계획지원모형)
③ 재생이(도시설비계획지원모형)
④ 시설이(도시기반시설계획지원모형)

해설

국토공간계획지원체계(KOPSS : KOrea Planning Support System)의 분석모형
• 시설이(도시기반시설계획지원)
• 경관이(경관계획지원)
• 터잡이(토지이용계획지원)
• 재생이(도시정비계획지원)
• 지역이(지역계획지원)

12 경관요소의 구분에 따른 설명이 틀린 것은?

① 1차적 경관요소는 간접적으로 경관을 조작하여 경관 개선을 유도하는 비물리적 경관계획요소이다.
② 2차적 경관요소의 주 내용은 경관 컨트롤을 위한 규제 및 인센티브 요소이다.
③ 3차적 경관요소는 인간 의지와 관계없이 형성되는 경관으로서 비물리적, 비조작적 영역으로 볼 수 있는 상징적 경관요소이다.
④ 경관계획의 궁극적 목표는 3차적 경관을 바람직하게 형성하는 데 둘 수 있다.

해설

1차적 경관요소는 직접적으로 경관을 조작하여 경관의 개선을 유도하는 물리적 경관계획요소이다.

13 중세도시의 특징에 대한 설명이 틀린 것은?

① 도로망은 불규칙적이며 폭이 좁았다.
② 기능적 성격으로 구분하면 성채도시, 정기시도시, 상업도시 등으로 구분할 수 있다.
③ 상업도시의 경우 경제적 부흥으로 인구가 유입되면서 인구 10만을 넘는 도시가 다수 발생하기 시작했다.
④ 물리적 요소로 성벽, 시장, 사원 등이 있으며, 특히 성벽과 대사원은 중세도시의 스카이라인을 형성하는 중요한 요소였다.

해설

인구의 정점을 달렸던 파리나 베네치아의 경우가 약 10만 명 정도였으며, 그 도시들을 제외하고는 그 이하의 규모를 가졌다.

14 토지이용계획의 계획 과정을 상향적 접근과 하향적 접근으로 구분할 때, 이에 대한 설명이 틀린 것은?

① 기성 시가지의 유형별 대책을 수립하는 것은 상향적 접근이다.
② 도시 내 지구 수준의 문제점 해결을 우선하는 것은 상향적 접근이다.
③ 도시 차원에서 도시 전체의 기본구조를 중시하는 것은 하향적 접근이다.
④ 상위계획의 지침을 받아 도시의 기본계획을 설정하는 것은 상향적 접근이다.

해설

상위계획의 지침을 받아 도시의 기본계획을 설정하는 것은 하향적 접근이다.

15 지리정보시스템(GIS)에 대한 설명이 틀린 것은?

① 지리 · 공간적 정보 및 자료를 체계적으로 저장, 검색, 변형, 분석하여 사용자에게 유용한 정보를 제공한다.

② GIS에 의한 분석은 자료의 질과 사용자의 분석능력에 영향을 적게 받아 결과의 정확도나 가치가 보장된다.

③ 자료의 수집, 예비적 처리, 자료의 관리, 자료의 변환 및 분석, 결과물 제작 등이 주요 기능이다.

④ GIS를 이용하여 위치, 조건, 추세, 경로, 패턴, 모형 등을 조사 · 분석할 수 있다.

● 해설
GIS에 의한 분석은 자료의 질과 사용자의 분석능력에 큰 영향을 받으므로 자료의 질과 사용자의 분석능력이 떨어질 경우 결과의 정확도나 가치가 보장되지 않을 수 있다.

16 단기교통계획과 비교하여 장기교통계획이 갖는 특징으로 옳은 것은?

① 환류 지향적이다.
② 시설 지향적이다.
③ 다수의 서로 다른 대안을 고려한다.
④ 다양한 교통수단을 동시에 고려한다.

● 해설
①, ③, ④는 단기교통계획에 대한 특징이다.

17 인구가 기하급수적인 증가를 나타내고 있어 단기간에 급속히 팽창하는 신도시의 인근 예측에 유용하나, 안정적 인구변화 추세를 나타내는 도시에 사용할 경우 인구의 과도 예측을 초래할 위험이 있는 인구예측 모형은?

① 선형모형
② 지수성장모형
③ 로지스틱모형
④ 집단생잔모형

● 해설
지수성장모형은 단기간에 급속히 팽창하는 신개발지역의 인구 예측에 유용하다.

18 일반적인 도시화의 진행단계가 옳은 것은?

① 교외화 → 역도시화 → 도시화 → 재도시화
② 도시화 → 역도시화 → 재도시화 → 교외화
③ 교외화 → 재도시화 → 도시화 → 역도시화
④ 도시화 → 교외화 → 역도시화 → 재도시화

● 해설
일반적인 도시화 진행단계
도시화(Stage of Urbanization, 집중적 도시화)
→ 교외화(Stage of Suburbanization, 분산적 도시화)
→ 역도시화(Stage of Deurbanization)
→ 재도시화(Stage of Reurbanization)

19 뒤르켐(Durkheim)이 지적한 도시의 아노미(Anomie) 현상에 대한 설명으로 옳은 것은?

① 도시인구의 증가로 인한 도시기반시설의 부족 현상이다.

② 도시의 기능분화로 인해 발생하는 도시의 물리적 문제이다.

③ 타인의 심리나 상황을 조작해 타인에 대한 지배력을 강화하는 행위 일체를 말한다.

④ 도시화의 진행에 따라 나타나는 사회병리 현상으로 흔히 대도시화로 인한 인간소외 등의 몰가치 상황을 의미한다.

● 해설
아노미(Anomie) 현상
도시의 이질적 인구구성 및 빈번하지만 일회성에 그치는 시민 간의 만남에서 발생하는 인간소외 등의 몰가치 상황을 말한다.

20 고대 메소포타미아와 이집트의 도시에서 시작되었던 것을 히포다무스(Hippodamus)가 그리스의 도시계획에 적용시킨 것은?

① 성곽의 축조
② 격자형 가로망
③ 공중정원의 설치
④ 공공시설의 중앙배치

● 해설
히포다무스가 도시계획에서 주장한 것은 격자형 가로망 계획이다.

2과목 도시설계 및 단지계획

21 범죄예방환경설계(CPTED)와 관련성이 가장 적은 것은?

① 자연적 접근 통제
② 교통 편의성
③ 영역성 강화
④ 자연적 감시

해설

범죄예방환경설계(CPTED)

적절한 설계와 건축환경을 활용하여 범죄의 발생수준과 범죄에 대한 공포를 감소시켜 생활의 질을 향상하는 설계기법을 말하며, 자연적 감시가 이루어지도록 계획하는 것이 가장 중요하다.

22 축척이 1/50,000인 지형도 위에 20m 간격으로 등고선이 그려져 있고 5줄마다 계곡선이 있다. 어떤 사면의 경사를 알기 위해 측정한 계곡선 간의 수평거리가 1.2cm일 때 이 사면의 경사도는?

① 약 9%
② 약 12%
③ 약 17%
④ 약 20%

해설

$$경사도 = \frac{표고차(h)}{등고선 \ 간의 \ 거리(D)} \times 100$$
$$= \frac{20m \times 5}{0.012m \times 50,000} \times 100 = 16.67\% ≒ 17\%$$

23 도시설계 작성과정의 기본구상 흐름도에 대한 순서가 올바르게 나열된 것은?

ⓐ 접근수단 및 도시설계 구상
ⓑ 도시설계의 과제 정립 및 목표 설정
ⓒ 기본구상안 제시
ⓓ 도시설계의 전략 및 기본방향 수립

① ⓑ → ⓓ → ⓐ → ⓒ
② ⓒ → ⓐ → ⓑ → ⓓ
③ ⓐ → ⓑ → ⓓ → ⓒ
④ ⓓ → ⓒ → ⓐ → ⓑ

해설

도시설계 작성과정의 기본구상 흐름도

도시설계의 과제 정립 및 목표 설정 → 도시설계의 전략 및 기본방향 수립 → 접근수단 및 도시설계 구상 → 기본구상안 제시

24 「도시 · 군계획시설의 결정 · 구조 및 설치기준에 관한 규칙」상 단지계획의 가로망을 구성할 때 주간선도로와 보조간선도로가 접속되는 교차지점의 도로 모퉁이 부분에서 보도와 차도의 경계선에 대한 곡선반경 기준은?

① 8m 이상
② 10m 이상
③ 12m 이상
④ 15m 이상

해설

주간선도로와 보조간선도로가 접속되는 교차지점의 도로 모퉁이 부분에서 보도와 차도의 경계선에 대한 곡선반경은 기능상 상위 도로인 주간선도로를 기준으로 계획하며, 15m 이상의 곡선반경을 가져야 한다.

25 인센티브 및 페널티에 관한 설명으로 틀린 것은?

① 면적 등에 비례하여 인센티브를 산정하는 것을 정량적 인센티브라고 한다.
② 지구단위계획 지침 준수 시 일정 인센티브를 부여하는 것을 정성적 인센티브라고 한다.
③ 보상적 인센티브란 지구단위계획에서 강제 규정이 아닌 권장 규정의 준수를 유도하기 위해 권장 규정 준수 시 제공하는 인센티브를 말한다.
④ 지구단위계획의 목표 달성을 위해 중요한 규정을 준수하지 않을 때 부과되는 마이너스 인센티브를 페널티라고 한다.

해설

지구단위계획에서 권장 규정 준수를 유도하기 위해 제공되는 인센티브는 유도형 인센티브이다.

26 도시지역 외 지역에 지정하는 지구단위계획구역의 중심기능에 따른 구분에 해당하지 않는 것은?

① 주거형
② 산업유통형
③ 관광휴양형
④ 자연보전형

◉해설

지구단위계획구역의 중심기능에 따른 구분
• 주거형 지구단위계획구역
• 산업유통형 지구단위계획구역
• 관광휴양형 지구단위계획구역
• 복합형 지구단위계획구역

27 뷰캐넌 보고서(Buchanan Report)의 "통과교통으로부터 생활환경 보호"의 개념과 관련하여 아래 내용에 해당하는 것은?

> 통과교통을 허용하는 환상도로에 둘러싸여 사람들이 자동차의 위험 없이 생활하고 일하고 쇼핑하고 걸어다닐 수 있는 일단의 단지

① 슈퍼블록
② 획지분할
③ 보행자데크
④ 거주환경지역

◉해설

뷰캐넌 보고서(Buchanan Report)의 의도는 거주환경지역의 보행자 보호를 최우선하는 것이다.

28 「주택건설기준 등에 관한 규정」상 2,000세대 이상의 공동주택을 건설하는 주택단지는 기간도로와 접하거나 기간도로로부터 당해 단지에 이르는 진입도로의 폭을 최소 얼마 이상으로 하여야 하는가?

① 8m 이상
② 12m 이상
③ 15m 이상
④ 20m 이상

◉해설

진입도로 최소 폭원

세대수	1 ∼ 300 세대	300 ∼ 500 세대	500 ∼ 1,000 세대	1,000 ∼ 2,000 세대	2,000 세대 이상
진입도로 폭(m)	6	8	12	15	20

29 일반적으로 도시 공간에서 건물의 높이와 수평거리의 비율이 얼마일 때부터 폐쇄감을 느끼기 시작하는가?

① 4 : 1
② 2 : 1
③ 1 : 2
④ 1 : 4

◉해설

관찰자와 건물 간 수평거리가 건물 높이의 2배일 경우 폐쇄감을 느끼기 시작한다.

30 지구단위계획에서의 공동개발 및 합벽건축에 대한 설명으로 틀린 것은?

① 미관 개선만을 목적으로 하는 공동개발 또는 합벽건축의 지정은 피한다.
② 교통 혼잡을 유발하는 대규모 시설이 입지하지 못하도록 필요한 경우에는 대지규모의 상한기준을 설정하여 적정 규모의 공동개발이 되도록 유도한다.
③ 대지의 규모와 형상, 주변 상황 등을 고려하여 공동개발을 권장하거나 억제하는 등 다양한 수법을 제시할 수 있다.
④ 공동개발의 계획 수립에서는 주민의 의견은 반영하지 않고, 전문가의 미래 예측 능력과 주관적인 판단에 따르는 것이 가장 중요하다.

◉해설

공동개발계획 수립 시 주민의 의견이 충분히 반영되어야 하고, 최대한 객관적인 자료나 근거에 의하여 판단이 이루어져야 한다.

31 밀톤케인즈(Milton Keynes) 신도시 계획의 주요 내용으로 옳지 않은 것은?

① 지구 전체를 순환하는 보행자전용도로인 레드웨이(RED WAY)를 계획하였다.
② 주요 간선도로는 격자형으로 이루어져 있다.
③ 커뮤니티센터는 모든 주택으로부터 500m를 넘지 않도록 계획되어 있다.
④ 초기의 뉴타운에서와 같이 내부로 향하는 내향적 근린주구로서 계획되었다.

해설
밀톤케인즈(Milton Keynes) 신도시 계획
소득 수준과 가족 형태에 따른 다양한 주택 형식을 공급하였으며(주택은 민간분양과 임대주택으로 공급), 외향적·개방적 근린주구 형태로서 다양한 가족 형태를 수용하고 사회계층이 혼합될 수 있도록 계획하였다.

32 일반적인 단지계획 수립 과정의 순서가 바르게 나열된 것은?

① 조사분석 → 기본구상·대안설정 → 기본계획·기본설계 → 목표설정 → 실시설계·집행계획
② 목표설정 → 기본계획·기본설계 → 실시설계·집행계획 → 조사분석 → 기본구상·대안설정
③ 기본구상·대안설정 → 기본계획·기본설계 → 조사분석 → 목표설정 → 실시설계·집행계획
④ 목표설정 → 조사분석 → 기본구상·대안설정 → 기본계획·기본설계 → 실시설계·집행계획

해설
단지계획은 '목표설정 → 조사분석 → 기본구상·대안설정 → 기본계획·기본설계 → 실시설계·집행계획'의 순으로 수립과정을 거친다.

33 공업지역의 입지 조건으로 적합하지 않은 것은?

① 교통, 용수, 노동력의 편의를 얻을 수 있는 지역
② 평탄하고 지가가 저렴하며 넓은 지역
③ 쓰레기 처리가 용이한 지역
④ 근린주구와 연속된 지역

해설
주거 위주인 근린주구와의 근접은 공업지역의 입지의 장애 요소로 작용할 수 있다.

34 주거환경을 구성하는 요소를 물리적 요소, 사회적 요소, 생태적 요소로 구분할 때, 생태적 요소에 포함되지 않는 것은?

① 소음　　② 배수
③ 지세　　④ 이미지

해설
주거환경을 구성하는 요소 중 이미지는 물리적 요소에 해당한다.

35 공동주택을 건설하는 지점의 소음도가 최소 얼마 이상인 경우에 방음벽·방음림 등의 방음시설을 설치하여야 하는가?

① 45dB
② 55dB
③ 65dB
④ 75dB

해설
소음방지대책의 수립(「주택건설기준 등에 관한 규정」 제9조)
사업주체는 공동주택을 건설하는 지점의 소음도가 65dB 미만이 되도록 하되, 65dB 이상인 경우에는 방음벽·수림대 등의 방음시설을 설치하여 해당 공동주택의 건설 지점의 소음도가 65dB 미만이 되도록 소음방지대책을 수립하여야 한다.

36 오픈스페이스의 기능에 대한 설명으로 거리가 가장 먼 것은?

① 시냇물 · 연못 · 동산 등과 같은 자연 경관적 요소들을 제공한다.
② 기존의 자연환경을 보전 · 향상시켜 줄 수 있는 수단을 제공한다.
③ 공기정화를 위한 순환통로의 기능을 수행함으로써 미기후의 형성에 영향을 준다.
④ 오픈스페이스의 적극적 확보를 위하여 평탄한 곳과 차량 접근성이 뛰어난 곳을 우선 확보하여 제공하여야 한다.

해설
오픈스페이스(Open Space)는 생태적 · 사회적 · 경관적 기능이 어우러진 자연적 공간으로서, 평탄하고 차량접근성이 좋은 곳보다는 자연지형을 그대로 살린 형태의 대지에 계획하는 것이 적당하다.

37 도시설계 관련 제도가 도입되었던 당시의 법적 근거가 잘못 연결된 것은?

① 지구단위계획제도 : 「국토의 계획 및 이용에 관한 법률」
② 도시설계지구지정제도 : 「도시계획법」
③ 상세계획제도 : 「도시계획법」
④ 미관지구제도 : 「건축법」

해설
미관지구제도는 1939년 「조선시가지계획령」에서 최초로 법제화된 이후 1962년 「도시계획법」 제정 이후 본격 도입됐다(미관지구제도 : 「도시계획법」). 이후, 이러한 미관지구제도는 2018년 「국토의 계획 및 이용에 관한 법률」 개정 시행으로 폐지되었다.

38 각종 국지도로 형태의 장단점에 대한 설명이 틀린 것은?

① 쿨데삭(Cul-de-sac)형은 통과교통을 방지함으로써 주거환경의 쾌적성과 안전성이 모두 확보된다.
② 격자형은 가로망의 형태가 단순 · 명료하고, 계획적으로 조성되는 시가지에 가장 많이 이용된다.
③ T자형은 쿨데삭형의 문제점을 개선한 형태로, 택지의 이용효율이 떨어지지만, 보행자는 편리하게 이용할 수 있다.
④ 루프(Loop)형은 불필요한 차량 진입이 배제되는 효과가 있다.

해설
③은 루프(Loop)형 도로의 특징이다.

39 「도시공원 및 녹지 등에 관한 법률」에 근거하여 대기오염, 소음, 진동, 악취, 그 밖에 이에 준하는 공해와 각종 사고나 자연재해, 그 밖에 이에 준하는 재해 등의 방지를 위하여 설치 · 관리하는 녹지는?

① 완충녹지 ② 경관녹지
③ 연결녹지 ④ 조절녹지

해설
녹지의 세분(「도시공원 및 녹지 등에 관한 법률」 제35조)

구분	내용
완충녹지	대기오염, 소음, 진동, 악취, 그 밖에 이에 준하는 공해와 각종 사고나 자연재해, 그 밖에 이에 준하는 재해 등의 방지를 위하여 설치하는 녹지
경관녹지	도시의 자연적 환경을 보전하거나 이를 개선하고 이미 자연이 훼손된 지역을 복원 · 개선함으로써 도시경관을 향상시키기 위하여 설치하는 녹지
연결녹지	도시 안의 공원, 하천, 산지 등을 유기적으로 연결하고 도시민에게 산책공간의 역할을 하는 등 여가 · 휴식을 제공하는 선형(線型)의 녹지

40 계획인구 5만 명, 주택용지율 75%의 단지계획에서 1인당 택지 점유율이 30m²일 때, 계획대상 단지의 면적은 얼마인가?

① 11.25ha ② 66.66ha
③ 150ha ④ 200ha

해설

$$\text{주택단지 총면적} = \frac{\text{계획인구} \times \text{1인당 면적 점유율}}{\text{주택용지율}}$$

$$= \frac{50,000 \times 30}{0.75}$$

$$= 2,000,000m^2 = 200ha$$

3과목 도시개발론

41 도시 및 주거환경정비법령상 정비사업의 구분에 해당하지 않는 것은?

① 재개발사업　　② 재건축사업
③ 주거환경개선사업　　④ 도시재생사업

해설

정비사업의 종류(「도시 및 주거환경정비법」 제2조)
• 주거환경개선사업
• 재개발사업
• 재건축사업

42 「도시개발법」상 도시개발구역의 전부를 환지방식으로 시행하는 경우 원칙적으로 시행자로 지정될 수 있는 자는?(단, 기타의 경우는 고려하지 않는다.)

① 한국관광공사
② 국가나 지방자치단체
③ 「지방공기업법」에 따라 설립된 지방공사
④ 도시개발구역의 토지 소유자가 설립한 조합

해설

환지방식의 시행자
• 국가 또는 지방자치단체, 공공기관, 정부출연기관, 지방공사, 토지소유자, 도시개발조합
• 다만, 전부를 환지방식으로 시행하는 경우는 토지 소유자 및 토지 소유자가 설립한 조합

43 단일 또는 소수의 프로젝트를 신디케이트하는 경우 또는 부동산 사업에 자본을 모집하기 위한 수단인 파트너십의 형태 중, 아래의 설명에 해당하는 것은?

> 의무와 채무에 대하여 무한책임을 부담하는 일반 파트너가 존재하지 않는 형태다. 주로 공인회계사, 변호사, 건축사 등의 업무 및 관련 사업을 위하여 구성되는 전문직 동업 형태다.

① 일반 파트너십(General Partnership)
② 유한 파트너십(Limited Partnership)
③ 무한 파트너십(Unlimited Partnership)
④ 유한책임 파트너십(Limited Liability Partnership)

해설

유한책임 파트너십(Limited Liability Partnership)
무한책임을 부담하는 일반 파트너가 존재하지 않는 형태로서, 주로 공인회계사, 변호사, 건축사 등의 업무 및 관련 사업을 위하여 구성되는 전문직의 동업 형태를 말한다.

44 근대 도시 운동에서 1928년 근대건축국제회의(CIAM)에 관한 설명으로 거리가 가장 먼 것은?

① 공업기술이 가져온 무한히 크고 새로운 자원과 방법을 활용해야 한다고 주장하였다.
② 도시의 시간적 변화와 성장에 맞춰 단기적이고 즉각적인 전환과 변신에 대응하고자 하였다.
③ 기능주의를 부각시켜 지역지구제, 보차분리 등의 계획개념을 도입하였다.
④ CIAM의 정신에 의해 세워진 대표적인 도시로 샹디가르와 브라질리아가 있다.

해설

CIAM(근대건축국제회의)에서는 건축과 도시계획이 사회적, 과학적, 윤리적, 미학적 개념과 일치하는 환경을 창조하고 인간의 정신적, 물리적 요구를 만족시킬 것을 목적으로, 단기적이고 즉각적인 전환과 변신이 아닌 규격화 등을 통한 장기적이고 합리적인 건축적 대안을 모색하였다.
※ CIAM(Les Congres International d'Architecture Moderne, 근대건축국제회의)
　• 1928년 스위스에서 발터 그로피우스(Walter Gropius), 르코르뷔지에(Le Corbusier), 지크프리트 기디온(Sigfried Giedion) 등에 의해 결성되었다.
　• 근대건축운동의 핵심 단체로서 건축가의 교류가 활발히 이루어졌다.
　• 기능주의 및 합리주의 건축을 보급하였다.
　• 도시의 4가지 기능은 주거, 여가, 근로, 교통이라고 주장하였다.

45 시계열분석 기법에 대한 설명이 틀린 것은?

① 이동평균법은 규모가 작은 신제품의 시장 예측에 주로 활용되며, 결과 해석이 용이하다.
② 과거에 발생했던 일이 미래에도 관련성 있게 나타날 것이라는 전제를 바탕으로 한다.
③ 시계열분석은 시간과 설명 변수 사이에 다중공선성이 나타날 위험이 없어, 개발수요 분석 시 용이하다.
④ 시계열분석을 위해서는 과거 시계열 자료가 반드시 필요하다.

해설

시계열분석은 시간과 설명 변수 사이에 다중공선성이 나타날 위험이 있어, 개발수요 분석에는 한계가 있다. 여기서 다중공선성이란 종속변수에 독립적으로 영향을 미쳐야 하는 독립변수들 간에 상관관계가 높아, 개별 독립변수가 종속변수에 미치는 영향도 분석이 불명확해지는 것을 의미한다.

46 도시 및 주거환경정비법령에 따라 기본계획의 수립권자가 기본계획을 수립하려는 경우 주민에게 공람하여 의견을 들어야 하는 기간의 기준은?

① 14일 이상　　② 14일 미만
③ 7일 이상　　　④ 7일 미만

해설

기본계획 수립 및 변경 시에는 14일 이상 주민에게 공람하여야 한다.

47 마케팅 전략의 세 가지 단계로 구성된 STP 전략 중 새로운 제품에 대해 다양한 욕구, 행동, 특성을 가진 소비자들을 동질적인 집단으로 나누는 것은?

① 시장 세분화　　② 표적시장 선정
③ 전략적 판촉　　④ 제품 포지셔닝

해설

수요자 집단을 세분하고, 상품 판매의 지향점을 설정하는 것은 시장 세분화(Segmentation)에 속한다.

48 다음 중 시행방식에 따른 재개발사업의 분류에 해당하지 않는 것은?

① 전면재개발(Redevelopment)
② 환류재개발(Regeneration)
③ 수복재개발(Rehabilitation)
④ 보전재개발(Conservation)

해설

시행방식에 따른 재개발사업의 분류
수복재개발, 개량재개발, 보전재개발, 전면재개발 또는 철거재개발

49 다음 중 주민참여형 도시개발의 유형이 아닌 것은?

① 주민발의　　　② 개발협정
③ 주민투표　　　④ 공공협약

해설

공공협약은 공공이 주체가 되는 형식이며, 주민참여형 도시개발의 유형은 민간이 주체가 되는 민간협약의 형태로 진행된다.

50 다음 중 개발행위허가를 받지 않아도 되는 경미한 행위 기준이 틀린 것은?

① 높이 100cm 이내의 절토
② 농림지역 안에서의 농림어업용 비닐하우스의 설치(비닐하우스 안에 설치하는 육상어류양식장 제외)
③ 도시지역에서 채취면적이 25m^2 이하인 토지에서의 부피 50m^3 이하의 토석 채취
④ 조성이 완료된 기존 대지에 건축물이나 그 밖의 공작물을 설치하기 위한 토지의 형질변경(절토 및 성토 제외)

해설

높이 50cm 이내 또는 깊이 50cm 이내의 절토·성토·정지 등(포장을 제외하며, 주거지역·상업지역 및 공업지역 외의 지역에서는 지목변경을 수반하지 아니하는 경우에 한한다)일 경우 개발행위허가를 받지 않아도 되는 경미한 행위 기준에 속한다.

51 아래와 같은 등장배경을 갖는 도시개발 관련 기법(정책)은?

> • 도심 일대에서 진행되고 있는 세계 도시화의 영향을 도시 내부의 사회적 · 물적 활성화에도 파급되도록 하는 정책이 필요하다.
> • 1980년대에 자본시스템의 세계적 변화로 대두된 세계화 및 주정부가 환경평가제도를 채택하고 지방정부에 의한 개발부담금 징수제도가 존재하고 있었다는 점과 관련이 있다.

① 획지분할(Subdivision)
② 연계정책(Linkage Policy)
③ 기반도시개발(Infra-city Development)
④ 개발권양도(Transfer Of Development Rights)

해설

연계정책(Linkage Policy)
도시재생 또는 도시부흥에 의해, 쇠퇴한 도심과 기성 시가지의 재도시화로 인한 도시 내부의 양극화 현상의 심화로 이원도시(Dual City)를 형성하게 되는데 이에 대한 대책인, 양극화를 해소할 수 있는 새로운 유형의 도시개발이며 선진국의 도시에서 채택하기 시작한 정책이다. 따라서 고소득층 주택과의 연계뿐만 아니라 저소득층의 주택건설을 촉진하려는 개발 형태를 갖는다.

52 다음의 수요추정방법 중 정량적인 예측모형이 아닌 것은?

① 회귀분석법   ② Huff 모형
③ 시나리오법   ④ 중력모형

해설

시나리오법은 비계량적(정성적) 방법이다.

53 복합용도개발(MXD)의 사회적 · 경제적 효과로 거리가 가장 먼 것은?

① 도시개발 리스크의 감소
② 도시의 외연적 확산 완화
③ 직주근접에 따른 통행거리 감소
④ 수직통행의 감소를 통한 교통혼잡 완화

해설

복합용도개발은 고밀화를 수반하므로, 수평통행의 감소와 수직통행의 증가를 가져온다. 수평통행의 감소는 교통혼잡을 완화한다.

54 특정 도시개발사업에 대해 초기연도에 700억 원을 투자하여, 사업운영기간(3년) 동안 매년 말 300억 원의 수익이 기대될 경우, 이 사업의 순현재가치(NPV)는 얼마인가?(단, 할인율은 10%이다.)

① 19억 원
② 46억 원
③ 121억 원
④ 305억 원

해설

$$NPV = -700 + \frac{300}{(1+0.1)^1} + \frac{300}{(1+0.1)^2} + \frac{100}{(1+0.1)^3}$$
$$= 46.056 \doteqdot 46$$

55 사업성 평가지표에 대한 설명이 옳은 것은?

① 일반적으로 수익성지수(PI), 순현재가치(NPV), 내부수익률(IRR)과 같은 지표를 사용한다.
② 순현재가치가 0보다 클 때 프로젝트의 사업성을 판단할 수 없다.
③ 내부수익률이 자본비용보다 작을 때 사업성이 있는 것으로 평가된다.
④ 수익성지수가 1보다 작을 때 사업성이 있는 것으로 평가된다.

해설

② 순현재가치가 0보다 클 때 프로젝트의 사업성이 있다고 판단할 수 있다.
③ 내부수익률이 자본비용보다 클 때 사업성이 있는 것으로 평가된다.
④ 수익성지수가 1보다 클 때 사업성이 있는 것으로 평가된다.

56 도시개발법령에 따른 환지방식에 대한 설명이 틀린 것은?

① 시행자는 도시개발사업의 전부 또는 일부를 환지방식으로 시행하려면 환지설계를 포함한 환지계획을 작성하여야 한다.

② 시행자는 일정한 토지를 환지로 정하지 아니하고 보류지로 정하여, 그중 일부를 체비지로 정할 수 있으나 도시개발사업에 필요한 경비로는 충당할 수 없다.

③ 시행자는 토지 면적의 규모를 조정할 특별할 필요가 있으면 면적이 작은 토지는 과소 토지가 되지 아니하도록 면적을 늘려 환지를 정하거나 환지 대상에서 제외할 수 있다.

④ 환지계획은 종전의 토지와 환지의 위치·지목·면적·토질·수리·이용상황·환경, 그 밖의 사항을 종합적으로 고려하여 합리적으로 정하여야 한다.

⊙해설
체비지란 도시개발사업으로 인하여 발생하는 경비 등의 사업비용을 충당하기 위하여 사업시행자가 취득하여 집행 또는 매각하는 토지를 말한다.

57 도시개발사업을 위한 재원 조달방안인 지분 조달방식에 대한 설명으로 틀린 것은?

① 원리금이나 이자의 상환부담이 없다.

② 중소기업의 경우 주식 공개매매, 유통시장이 발달되지 않는다.

③ 자본시장의 여건에 따라 조달이 민감하게 영향을 받는다.

④ 조달규모가 증대되면 소유자의 지분이 크게 확대되어 회사 통제권을 갖게 된다.

⊙해설
지분조달방식은 조달규모의 증대 시 소유자의 지분이 축소된다는 특징이 있다.

58 부동산투자의 유형을 운용시장의 형태에 따라 구분할 때, 다음 중 민간시장(Private Market) 부문에 해당하지 않는 것은?

① 직접투자

② 사모 부동산 펀드

③ 상업용 저당채권

④ 직접대출(Loans)

⊙해설
상업용 저당채권(CMBS)은 공개시장(Public Market)에 해당한다.

59 프로젝트 금융(Project Financing)에 대한 설명으로 틀린 것은?

① 금융기관이 부담하는 각종 위험이 통상적인 기업금융에 비해 적은 편이다.

② 다양한 이해관계자들의 협상에 의해 이루어지기 때문에 복잡한 금융절차를 가진다.

③ 사업 추진 과정상의 제약 요인들에 대해 다양하고 유연한 사업 기법을 적용하여 사업성과 생산성을 높일 수 있다.

④ 별도의 프로젝트 회사를 설립하여 사업을 수행하므로 비소구금융 및 부외금융의 효과를 얻을 수 있다.

⊙해설
프로젝트 금융(Project Financing)은 금융기관이 부담하는 위험이 통상적인 기업금융에 비해 높고, 기업금융에 비해 높은 금융비용이 요구된다.

60 상업적 또는 공공적인 목적을 위해 지상공간의 하부에 자연적으로 형성되어 있던 공간의 개발이나 인위적인 굴착을 통해 생성한 공간을 무엇이라 하는가?

① 지하공간   ② 녹지

③ 오픈스페이스   ④ 주차장

정답 56 ② 57 ④ 58 ③ 59 ① 60 ①

해설

지하공간의 개발 배경
- 공간 확대, 열손실 감소, 냉동력의 유지, 소음·진동·습기 변화 차단, 방호 목적
- 비교적 안정한 암반층에서는 대규모 지하공간 개발 가능
- 도시개발 공간의 수요 증가 및 도시기능 개선의 압력, 환경 보존

4과목 **국토 및 지역계획**

61 「국토기본법」상 중앙행정기관의 장 또는 지방자치단체의 장이 지역 특성에 맞는 정비나 개발을 위하여 필요하다고 인정하여 수립하는 지역계획의 구분 중, 성장 잠재력을 보유한 낙후지역 또는 거점지역 등과 그 인근지역을 종합적·체계적으로 발전시키기 위하여 수립하는 것은?

① 지역개발계획
② 수도권발전계획
③ 광역권개발계획
④ 획지계획

해설

지역계획의 수립(「국토기본법 시행령」 제16조)
- 수도권발전계획 : 수도권에 과도하게 집중된 인구와 산업의 분산 및 적정 배치를 유도하기 위하여 수립하는 계획
- 지역개발계획 : 성장 잠재력을 보유한 낙후지역 또는 거점지역 등과 그 인근지역을 종합적·체계적으로 발전시키기 위하여 수립하는 계획

62 안스타인(S. Arnstein)이 주장한 주민참여 8단계 중, 주민권리로서의 참여 단계에 해당하지 않는 것은?

① 상담(Consultation)
② 협동관계(Partnership)
③ 주민통제(Citizen Control)
④ 권한위임(Delegated Power)

해설

안스타인의 구분에 따르면 주민권력 단계에는 주민통제(8단계), 권한위임(7단계), 협동관계(6단계)가 포함된다. 상담은 형식적 참여 단계이며 4단계에 해당한다.

63 전국 및 A지역의 산업별 종사자수가 아래와 같을 때, A지역 제조업의 입지상(Location Quotient) 계수는?(단, 종사자수의 단위는 천 명이다.)

지역 산업	전국	A지역
농·어업	150	40
광업	100	20
제조업	320	80
기타	430	110
계	1,000	250

① 0.25
② 0.32
③ 0.50
④ 1.00

해설

LQ

$$= \frac{A지역의\ i산업\ 고용자수\ /\ A지역\ 전체\ 고용자수}{전국의\ i산업\ 고용자수\ /\ 전국의\ 고용자수}$$

$$= \frac{80\,/\,250}{320\,/\,1,000} = 1.00$$

64 제4차 국토종합계획 수정계획(2011~2020)의 기본목표에 해당하지 않는 것은?

① 품격 있는 매력국토
② 경쟁력 있는 통합국토
③ 지속 가능한 친환경국토
④ 안전하고 지속 가능한 스마트국토

해설

제4차 국토종합계획 수정계획의 기본목표
경쟁력 있는 통합국토, 품격 있는 매력국토, 지속 가능한 친환경국토, 세계로 향한 열린국토

정답 61 ① 62 ① 63 ④ 64 ④

65 교통수요 예측을 위한 4단계 추정법에 관한 설명으로 틀린 것은?

① 교통량의 발생은 대상 도시의 활동량에 따라 변한다.

② 교통량의 분배(Trip Distribution)는 통행 유출량과 통행 유입량을 연결시키는 단계이다.

③ 중력모형은 교통수단의 선택(Modal Split) 단계에서 가장 많이 사용되는 모형이다.

④ 교통수단의 선택(Modal Split)은 통행자, 통행목적, 사용 가능한 교통수단의 존재 여부에 따라 결정된다.

해설

중력모형은 통행배분(통행분포, Trip Distribution) 단계에서 주로 사용되는 모형이다.

66 국가발전의 목표를 경제적 효율성보다 사회 내 모든 집단과 개인 생활의 질적 향상에 치중하는 개발전략에 해당하는 이론은?

① 기초수요이론

② 성장거점이론

③ 종속이론

④ 불균형개발이론

해설

기초수요이론(기본수요이론, Basic Needs Theory)

• 기존 지역발전이론으로 인해 발생한 지역 불균형, 빈곤, 산업 문제 등에 대처하기 위해, 빈곤계층이 품위 있는 생활을 하는 데 기본이 되는 최소한의 물품과 서비스를 보장해야 한다는 이론이다.

• 적정 규모의 지역에서 생산요소를 지역의 공동 소유로 하고, 모든 주민에게 동등한 기회를 부여하여 기본수요를 충족하면서 지역발전을 유도한다.

67 우리나라의 제1차 국토종합개발계획에서 구분한 4대강 유역권에 해당하지 않는 것은?

① 한강유역권   ② 금강유역권

③ 섬진강유역권   ④ 영산강유역권

해설

제1차 국토종합개발계획의 개발권역

• 4대권(한강, 금강, 낙동강, 영산강 유역권)

• 8중권(수도권, 태백권, 충청권, 전주권, 대구권, 부산권, 광주권, 제주권)

• 17소권

68 지역산업연관분석(Input-output Analysis) 모형의 가정과 가장 거리가 먼 것은?

① 외부경제와 비경제는 없다.

② 모든 산업은 하나의 선형적 · 동질적 생산함수를 갖는다.

③ 측정기간 동안 교역계수는 동일하다.

④ 각 산업의 생산물은 결합생산물로 추계한다.

해설

지역산업연관분석모형의 기본가정

• 구조방정식이 지닌 1차성의 가정 : 일정불변의 생산계수를 의미, 1차성의 가정은 모든 재화와 원료의 가격, 기업의 판매상태가 일정불변임을 의미(비현실적)

• 생산물은 원초적 생산요소, 중간재, 최종재로 구분하여 추계

69 도시지역의 주거입지를 설명하는 상쇄모형(Residential Trade-off Model)의 주택가격 함수에서 상쇄의 대상이 되는 것은?

① 소득과 소비

② 주거비용과 통근비용

③ 주택규모와 주택의 질적 수준

④ 자가용 유지비와 대중교통비용

해설

주거지 상쇄모형은 도시 내 토지이용자들이 교통(통근)비용과 임대료(주거비용) 간의 상호교환(Trade-off)을 통해 입지비용을 최소화하는 것이 반영된 주거입지모형이다.

70 결절지역(Nodal 또는 Polarized Regions)에 대한 설명으로 틀린 것은?

① 지역경제 내지 지역정책의 목적 달성을 위해 행정 조직에 근거하여 인위적으로 설정한 영역이다.
② 미국의 표준대도시통계지역(SNSA), 일본의 인구 집중지구(DID)를 예로 들 수 있다.
③ 결절지역을 분석하는 데 중력모형이 유용하게 이용될 수 있다.
④ 기능적 측면에서 공간의 상호 의존성을 고려하여 분류한 지역 개념이다.

해설

결절지역(Nodal 또는 Polarized Regions)은 행정조직에 의해 인위적으로 분류한 것이 아니며, 경제활동이나 인구가 집중되어 있는 지역 내의 특정 공간 단위를 의미한다.

71 다음 중 알론소의 입찰지대이론과 가장 거리가 먼 개념은?

① 무차별곡선(Indifference Curve)
② 단일도심(Monocentric City)
③ 입찰지대(Bid Rent)
④ 필터링(Filtering)

해설

알론소의 입찰지대이론 관련 용어
• 무차별곡선(Indifference Curve) : 소비자에게 동일한 만족을 주는 두 재화(X, Y)의 여러 가지 조합점을 이은 곡선이다.
• 단일도심(Monocentric City) : 접근성이 높은 단일도심이 형성되어 최고지가지점(PLVI : Peak Land Value Intersection)이 된다.
• 입찰지대(Bird Rent) : 입찰지대가 높은 곳은 일반적으로 개발밀도가 높게 형성된다.

72 도시체계에서 한 도시의 규모는 그 도시의 등급에 반비례한다는 관계를 설명하는 이론은?

① 순위 – 규모 법칙(Rank – Size Rule)
② 균형화이론(Equalization Theories)

③ 표준화기법(Standardization Technique)
④ 연쇄체계모형(Recursive System Model)

해설

지프(Zipf)의 순위규모모형
• 최상위 도시의 인구를 기준으로 도시의 순위와 인구 규모와의 관계를 이용하여 도시 정주체계를 분석하였다.
• 예를 들어, 순위규모분포 $q=1$은 어느 나라 수위도시의 인구분포가 1이라면 나머지 도시의 인구는 1/2, 1/3, 1/4, …인 분포를 뜻하며, $q=2$는 수위도시의 인구를 1로 했을 때 나머지 도시의 인구는 1/4, 1/9, 1/16, …로, 하위도시로 갈수록 인구수가 작아지는 것을 의미한다.

73 수도권정비계획법령에 따른 권역 구분에 해당하지 않는 것은?

① 과밀억제권역
② 성장관리권역
③ 자연보전권역
④ 개발제한권역

해설

수도권 권역의 구분(「수도권정비계획법」 제6조)

구분	내용
과밀억제권역	인구와 산업이 지나치게 집중되었거나 집중될 우려가 있어 이전하거나 정비할 필요가 있는 지역
성장관리권역	과밀억제권역으로부터 이전하는 인구와 산업을 계획적으로 유치하고 산업의 입지와 도시의 개발을 적정하게 관리할 필요가 있는 지역
자연보전권역	한강 수계의 수질과 녹지 등 자연환경을 보전할 필요가 있는 지역

74 선도 또는 추진산업(Leading Or Propulsive Industry)의 일반적인 특징으로 틀린 것은?

① 다른 산업과의 연계성이 낮은 산업이다.
② 전체 산업의 평균 성장률보다 빠른 성장률을 가진다.
③ 성장을 유도하고 그 성장을 다른 곳으로 확산시킨다.
④ 진보된 수준의 기술을 요구하는 새롭고 역동적인 산업이다.

해설

선도 또는 추진산업(Leading Or Propulsive Industry)은 다른 산업과 연계성이 높은 산업으로서 다른 산업에 대한 파급효과가 높다는 특징을 가지고 있다.

정답 70 ① 71 ④ 72 ① 73 ④ 74 ①

75 인구예측모형을 요소모형과 비요소모형으로 구분할 때, 다음 중 요소모형에 해당하는 것은?

① 곰페르츠모형
② 로지스틱모형
③ 인구이동모형
④ 지수성장모형

해설

인구이동모형(요소모형)
인구가 일정 기간 동안 유입하고 유출하는 것을 계산해 미래의 특정 시점의 인구를 예측하는 방법

76 다음 중 동질적인 집단을 규명하기 위한 분석에서 가장 유용한 통계적 기법은?

① 로짓모형(Logit Model)
② 군집분석(Cluster Analysis)
③ 회귀분석(Regression Analysis)
④ 분산분석(Analysis Of Variance)

해설

군집분석(Cluster Analysis)
- 권역 설정 시 가장 유용한 방식
- 개체들을 서로 유사한 것끼리 군집화하거나 상관관계가 큰 변수들끼리 집단으로 묶는 통계적 방법
- 개체들 간의 유사성(Similarity) 또는 이와 반대 개념인 거리(Distance)에 근거하여 개체들을 집단으로 군집화한다.

77 도시와 농촌의 구분이 불분명해지고 도시계획과 농촌계획의 통합적 접근이 필요하게 됨에 따라 1932년 「도시계획법」을 「도시 및 농촌계획법」으로 개정한 나라는?

① 영국
② 미국
③ 독일
④ 프랑스

해설

영국의 국토 및 지역계획의 변천
- 1890년 : 도시화율 50% 상회
- 1932년 : 도시와 농촌의 통합적 계획, 「도시계획법」 → 「도시 및 농촌계획법」
- 2차 대전 후 : 지역계획의 급격한 발전

78 지역개발이론의 주창자와 대표 이론의 연결이 옳은 것은?

① 페로우(Perroux) – 수출기반이론
② 로스토우(Rostow) – 단계적성장이론
③ 미르달(Myrdal) – 쇄신이론
④ 노스(North) – 지역간균형성장이론

해설

- 수출기반이론 – 노스(North)
- 쇄신이론 – 베리(Berry)
- 지역간균형성장이론(지역경제성장이론) – 신고전학파

79 우리나라의 국토 및 지역계획 수립과정에서의 공간적 제약요소로 가장 거리가 먼 것은?

① 협소한 국토
② 국토의 분단
③ 산업의 분산
④ 지역 간 불균형 성장

해설

산업이 분산될 경우 국토 전반에 대한 공간적 계획이 수월해지므로, 산업의 분산은 공간적 제약요소와 거리가 멀다.

80 지역계획의 학문적 성격으로 가장 거리가 먼 것은?

① 종합 과학적인 학문이다.
② 순수 이론만을 다루는 학문이다.
③ 규범적이고 실천적인 학문이다.
④ 공간의 문제에 바탕을 둔 학문이다.

해설

지역계획은 학문적으로 순수 이론이 아니며, 실천적 특성을 가지고 있다.

5과목 도시계획 관계 법규

81 국토의 계획 및 이용에 관한 법령에 따라 해당 용도지역별 용적률의 최대한도가 가장 낮은 것부터 순서대로 옳게 나열한 것은?(단, 조례로 따로 정하는 경우는 고려하지 않는다.)

㉠ 제1종전용주거지역
㉡ 중삼상업지역
㉢ 준주거지역
㉣ 일반상업지역
㉤ 전용공업지역
㉥ 보전녹지지역

① ㉥, ㉠, ㉢, ㉤, ㉣, ㉡
② ㉥, ㉠, ㉢, ㉣, ㉤, ㉡
③ ㉥, ㉠, ㉤, ㉢, ㉡, ㉣
④ ㉥, ㉠, ㉤, ㉢, ㉣, ㉡

해설

용적률의 적용범위
• 보전녹지지역 : 50% 이상 80% 이하
• 제1종 전용주거지역 : 50% 이상 100% 이하
• 전용공업지역 : 150% 이상 300% 이하
• 준주거지역 : 200% 이상 500% 이하
• 일반상업지역 : 200% 이상 1,300% 이하
• 중심상업지역 : 200% 이상 1,500% 이하

82 국토의 계획 및 이용에 관한 법령상 기반시설 중 공공·문화체육시설에 해당하지 않는 것은?

① 시장
② 학교
③ 사회복지시설
④ 청소년수련시설

해설

시장은 유통·공급시설에 포함된다.

83 주택법령상 주택건설사업을 시행하려는 자가 사업계획 승인권자에게 사업계획승인을 받아야 하는 주택건설사업의 규모 기준으로 옳은 것은?(단, 단독주택으로서, 「건축법 시행령」에 따른 한옥을 건설하는 경우)

① 10호 이상
② 20호 이상
③ 30호 이상
④ 50호 이상

해설

사업계획의 승인(「주택법 시행령」 제27조)
단독주택은 30호 이상 시 사업계획승인을 받아야 한다.(단, 한옥의 경우는 50호 이상 시 사업계획승인을 받아야 한다.)

84 도시 및 주거환경정비법령의 정의에 따라 "노후·불량건축물"에 해당하는 설명이 아닌 것은?

① 건축물이 훼손되거나 일부가 멸실되어 붕괴, 그 밖의 안전사고의 우려가 있는 건축물
② 내진성능이 확보되지 아니한 건축물 중 중대한 기능적 결함이 있는 건축물로서 대통령령으로 정하는 건축물
③ 건축물을 철거하고 새로운 건축물을 건설하는 경우 건설에 드는 비용과 효용의 차이가 없을 것으로 예상되는 건축물로서 시·도 조례로 정하는 건축물
④ 도시미관을 저해하거나 노후화된 건축물로서 대통령령으로 정하는 바에 따라 시·도 조례로 정하는 건축물

해설

노후·불량건축물(「도시 및 주거환경정비법 시행령」 제2조)
건축물을 철거하고 새로운 건축물을 건설하는 경우 건설에 드는 비용과 비교하여 효용의 현저한 증가가 예상되는 건축물로서 시·도 조례로 정하는 건축물

85 수도권정비계획법령상 총량규제에 관한 설명 중 틀린 것은?

① 국토교통부장관은 인구집중유발시설이 수도권에 지나치게 집중되지 아니하도록 하기 위하여 일정한 기준을 초과하는 신설 또는 증설을 제한할 수 있다.

② 국토교통부장관이 인구집중유발시설의 신설 또는 증설을 제한하는 경우, 신설 또는 증설의 총허용량과 그 산출 근거는 국토교통부장관이 고시한다.

③ 공장에 대한 총량규제의 내용과 방법은 수도권정비위원회의 심의를 거쳐 결정하며, 관할 시·도지사는 이를 고시하여야 한다.

④ 관계 행정기관의 장은 인구집중유발시설의 신설 또는 증설에 대하여 관련 규정에 따른 총량규제의 내용과 다르게 허가 등을 하여서는 아니 된다.

해설
공장 총허용량의 산출(「수도권정비계획법 시행령」 제22조)
- 국토교통부장관은 수도권정비위원회의 심의를 거쳐 공장건축의 총허용량을 산출하는 방식을 정하여 관보에 고시하여야 한다.
- 국토교통부장관은 3년마다 수도권정비위원회의 심의를 거쳐 산출방식에 따라 시·도별 공장건축의 총허용량을 결정하여 관보에 고시하여야 한다.

86 도시공원 및 녹지 등에 관한 법령상 하나의 도시지역 안에 있어서의 도시공원의 확보기준은? (단, 개발제한구역 및 녹지지역을 제외한 도시지역 안의 경우는 고려하지 않는다.)

① 해당 도시지역 안에 거주하는 주민 1인당 3m² 이상
② 해당 도시지역 안에 거주하는 주민 1인당 4m² 이상
③ 해당 도시지역 안에 거주하는 주민 1인당 5m² 이상
④ 해당 도시지역 안에 거주하는 주민 1인당 6m² 이상

해설
도시공원의 면적기준(「도시공원 및 녹지 등에 관한 법률 시행규칙」 제4조)
- 하나의 도시지역 안에 있어서의 도시공원의 확보기준은 해당 도시지역 안에 거주하는 주민 1인당 6m² 이상

- 개발제한구역 및 녹지지역을 제외한 도시지역 안에 있어서의 도시공원의 확보기준은 해당 도시지역 안에 거주하는 주민 1인당 3m² 이상

87 주택법령상 주택건설사업을 시행하려는 자가 대통령령으로 정하는 호수 이상의 주택단지를 공구별로 분할하여 주택을 건설·공급하고자 할 때, 사업계획승인을 받기 위해 사업계획 승인권자에게 첨부하여 제출하여야 할 서류에 해당하지 않는 것은?

① 사용검사계획서
② 주택관리계획서
③ 입주자모집계획서
④ 공구별 공사계획서

해설
사업계획의 승인 시 승인권자에게 첨부해야 하는 서류(「주택법」 제15조)
- 공구별 공사계획서
- 입주자모집계획서
- 사용검사계획서

88 「건축법」상 건축물의 대지는 최소 얼마 이상이 도로에 접하여야 하는가?(단, 자동차만의 통행에 사용되는 도로는 제외한다.)

① 2m
② 4m
③ 5m
④ 6m

해설
대지와 도로의 관계
- 대지는 2m 이상을 도로(자동차만의 통행에 사용되는 도로를 제외)에 접해야 함
- 연면적의 합계가 2천m² 이상인 건축물의 대지는 너비 6m 이상의 도로에 4m 이상 접하여야 함

89 도시공원 및 녹지 등에 관한 법령상 도시공원의 세분에 해당하지 않는 것은?(단, 조례로 정하는 경우는 고려하지 않는다.)

① 근린공원
② 묘지공원
③ 체육공원
④ 국립공원

해설

도시공원의 세분(「도시공원 및 녹지 등에 관한 법률」 제15조)
- 생활권공원 : 소공원, 어린이공원, 근린공원
- 주제공원 : 역사공원, 문화공원, 수변공원, 묘지공원, 체육공원, 도시농업공원, 방재공원

---

90 주차장법령상 단지조성사업 등으로 설치되는 노외주차장에 경형자동차를 위한 전용주차구획과 환경친화적 자동차를 위한 전용주차구획을 합한 주차구획의 설치기준으로 옳은 것은?

① 노외주차장 총 주차대수의 1% 이상
② 노외주차장 총 주차대수의 3% 이상
③ 노외주차장 총 주차대수의 5% 이상
④ 노외주차장 총 주차대수의 10% 이상

해설

경형자동차 및 환경친화적 자동차 전용주차구획의 설치비율(「주차장법 시행령」 제4조)
노외주차장에는 경형자동차 및 환경친화적 자동차를 위한 전용주차구획을 다음의 비율이 모두 충족되도록 설치해야 한다.
- 경형자동차를 위한 전용주차구획과 환경친화적 자동차를 위한 전용주차구획을 합한 주차구획 : 총주차대수의 100분의 10 이상
- 환경친화적 자동차를 위한 전용주차구획 : 총주차대수의 100분의 5 이상

---

91 국토의 계획 및 이용에 관한 법령에 따라, 건축물을 건축하고자 하는 자가 그 대지의 일부를 공공시설부지로 제공하는 경우 당해 건축물에 대한 규정 용적률의 200% 이하의 범위 안에서 대지면적의 제공비율에 따라 용적률을 따로 정할 수 있는 지역·지구 또는 구역에 해당하지 않는 것은?

① 상업지역
② 개발진흥지구
③ 「도시 및 주거환경정비법」에 따른 재건축사업을 시행하기 위한 정비구역
④ 「도시 및 주거환경정비법」에 따른 재개발사업을 시행하기 위한 정비구역

해설

도시지역에 개발진흥지구를 지정하고 당해 지구를 지구단위계획구역으로 지정한 경우에는 용적률을 120% 이내에서 완화 적용한다.

---

92 「국토기본법」상 국토정책위원회에 관한 설명으로 옳은 것은?

① 위원장은 국토교통부장관이 한다.
② 위촉위원은 국무조정실장이 임명한다.
③ 당연직위원은 국토계획 및 정책에 관하여 학식과 경험이 풍부한 사람으로서 국무총리가 위촉한 사람으로 한다.
④ 위촉위원의 임기는 2년으로 하되, 사임 등으로 인하여 새로 위촉된 위원의 임기는 전임위원 임기의 남은 기간으로 한다.

해설

국토정책위원회의 구성(「국토기본법」 제27조)
- 위원장 1명(국무총리)과 부위원장 2명(국토교통부장관과 위촉위원 중에 호선으로 선정된 위원)을 포함한 42명 이내의 위원으로 구성
- 위원의 구성

구분	구성사항
당연직위원	중앙행정기관의 장과 국무조정실장, 지방시대위원회 위원장
위촉위원	국토계획 및 정책에 관하여 학식과 경험이 풍부한 사람으로서 국무총리가 위촉한 사람

---

93 도시재생 활성화 및 지원에 관한 특별법령상 도시재생지원센터의 수행 업무가 아닌 것은?

① 국가지원사항이 포함된 도시재생사업에 대한 심의
② 도시재생전략계획의 수립과 관련 사업의 추진 지원
③ 도시재생활성화지역 주민의 의견조정을 위하여 필요한 사항
④ 현장 전문가 육성을 위한 교육프로그램의 운영

해설

도시재생지원센터의 설치(「도시재생 활성화 및 지원에 관한 특별법」 제11조)
전략계획수립권자는 다음의 사항에 관한 업무를 수행하도록 하기 위하여 도시재생지원센터를 설치할 수 있다.

- 도시재생전략계획 및 도시재생활성화계획 수립과 관련 사업의 추진 지원
- 도시재생활성화지역 주민의 의견조정을 위하여 필요한 사항
- 현장 전문가 육성을 위한 교육프로그램의 운영
- 마을기업의 창업 및 운영 지원
- 그 밖에 대통령령으로 정하는 사항
※ 대통령령으로 정하는 사항 : 주민참여 활성화 및 지원

94 도시 및 주거환경정비법령상 정비계획의 변경 시 주민에 대한 서면통보, 주민설명회, 주민공람 및 지방의회의 의견청취 절차를 거치지 아니할 수 있는 경우 기준이 아닌 것은?(단, 기타의 경우는 고려하지 않는다.)

① 정비구역의 면적을 10% 미만의 범위에서 변경하는 경우
② 공동이용시설 설치계획을 변경하는 경우
③ 건축물의 건폐율을 축소하는 경우
④ 정비사업시행 예정시기를 5년의 범위에서 조정하는 경우

◉해설
정비사업시행 예정시기를 3년의 범위에서 조정하는 경우 주민공람 등의 절차를 거치지 아니할 수 있다.

정비구역의 지정을 위한 주민공람 등(「도시 및 주거환경정비법령 시행령」 제13조)
정비계획의 변경 시 주민에 대한 서면통보, 주민설명회, 주민공람 및 지방의회의 의견청취 절차를 거치지 아니할 수 있는 경우 → 대통령령이 정한 경미한 사항의 변경
※ 대통령령이 정한 경미한 사항의 변경
1. 정비구역의 면적을 10% 미만의 범위에서 변경하는 경우
2. 정비기반시설의 위치를 변경하는 경우와 정비기반시설 규모를 10% 미만의 범위에서 변경하는 경우
3. 공동이용시설 설치계획을 변경하는 경우
4. 재난방지에 관한 계획을 변경하는 경우
5. 정비사업시행 예정시기를 3년의 범위에서 조정하는 경우
6. 「건축법 시행령」의 용도범위에서 건축물의 주용도(해당 건축물의 가장 넓은 바닥면적을 차지하는 용도)를 변경하는 경우

7. 건축물의 건폐율 또는 용적률을 축소하거나 10% 미만의 범위에서 확대하는 경우
8. 건축물의 최고 높이를 변경하는 경우
9. 법 제66조에 따라 용적률을 완화하여 변경하는 경우
10. 「국토의 계획 및 이용에 관한 법률」 제2조제3호에 따른 도시·군기본계획, 같은 조 제4호에 따른 도시·군관리계획 또는 기본계획의 변경에 따라 정비계획을 변경하는 경우
11. 「도시교통정비 촉진법」에 따른 교통영향평가 등 관계법령에 의한 심의결과에 따른 변경인 경우
12. 그 밖에 제1호부터 제8호까지, 제10호 및 제11호와 유사한 사항으로서 시·도 조례로 정하는 사항을 변경하는 경우

95 「도시개발법」상 시행자가 도시개발사업을 원활히 시행하기 위하여 특히 필요한 경우에 토지 또는 건축물 소유자의 신청을 받아 건축물의 일부와 그 건축물이 있는 토지의 공유지분을 부여하는 것을 무엇이라 하는가?

① 보류지　　② 체비지
③ 증감환지　④ 입체환지

◉해설
입체환지(「도시개발법」 제32조)
시행자는 도시개발사업을 원활히 시행하기 위하여 특히 필요한 경우에는 토지 또는 건축물 소유자의 신청을 받아 건축물의 일부와 그 건축물이 있는 토지의 공유지분을 부여할 수 있다.

96 국토교통부장관이 산업단지 외의 지역에서의 공장설립을 위한 입지 지정과 지정 승인된 입지의 개발에 관한 기준 작성 시 포함되어야 할 사항에 해당하지 않는 것은?(단, 기타 다른 계획과의 조화를 위하여 필요한 사항은 고려하지 않는다.)

① 주택건설 및 공급에 관한 사항
② 토지가격의 안정을 위하여 필요한 사항
③ 산업시설용지의 적정 이용기준에 관한 사항
④ 환경 보전 및 문화재 보존을 위하여 필요한 사항

해설

입지지정 및 개발에 관한 기준의 작성(「산업입지 및 개발에 관한 법률 시행령」 제45조)

입지지정 및 개발에 관한 기준에는 다음의 사항이 포함되어야 한다.

- 개별공장입지의 선정기준에 관한 사항
- 산업시설용지의 적정 이용기준에 관한 사항
- 기반시설의 설치 및 정비에 관한 사항
- 산업의 적정 배치와 지역 간 균형발전을 위하여 필요한 사항
- 환경 보전 및 문화재 보존을 위하여 필요한 사항
- 토지가격의 안정을 위하여 필요한 사항
- 기타 다른 계획과의 조화를 위하여 필요한 사항

97 건축법령상 각 시설군에 속하는 건축물의 용도가 잘못 연결된 것은?

① 전기통신시설군 – 발전시설
② 문화집회시설군 – 운동시설
③ 영업시설군 – 숙박시설
④ 주거업무시설군 – 단독주택

해설

운동시설은 영업시설군에 속한다.

98 수도권정비계획법령상 과밀부담금의 산정 및 배분 기준에 관한 내용 중 틀린 것은?

① 건축비의 100분의 10으로 한다.
② 지역별 여건을 감안하여 100분의 5까지 조정할 수 있다.
③ 건축비는 시장이 고시하는 표준건축비를 기준으로 산정한다.
④ 징수된 부담금의 100분의 50은 부담금을 징수한 건축물이 있는 시·도에 귀속한다.

해설

건축비는 국토교통부장관이 고시하는 표준건축비를 기준으로 산정한다.

99 「도시·군계획시설의 결정·구조 및 설치기준에 관한 규칙」에 따른 광장의 세분에 해당하지 않는 것은?

① 교통광장
② 건축물부설광장
③ 미관광장
④ 지하광장

해설

광장(「도시·군계획시설의 결정·구조 및 설치기준에 관한 규칙」 제49조)

광장이라 함은 교통광장·일반광장·경관광장·지하광장 및 건축물부설광장을 말한다.

100 수도권정비계획법령상 대규모 개발사업의 정의에 해당하지 않는 택지조성사업은?(단, 면적이 모두 100만m² 이상인 경우)

① 「주택법」에 따른 주택건설사업
② 「택지개발촉진법」에 따른 택지개발사업
③ 「도시 및 주거환경정비법」에 따른 주거환경개선사업
④ 「산업입지 및 개발에 관한 법률」에 따른 산업단지 및 특수지역에서의 주택지 조성사업

해설

대규모 개발사업의 종류(「수도권정비계획법 시행령」 제4조)

면적이 100만m² 이상인 경우

- 택지개발사업
- 주택건설사업 및 대지조성사업
- 산업단지 및 특수지역에서의 주택지 조성사업

정답 **97** ② **98** ③ **99** ③ **100** ③

1과목 도시계획론

01 20세기 이후에 발표된 도시계획 헌장 중 최초의 도시계획 헌장으로 세계 도시계획 및 설계분야의 발전에 많은 영향을 미친 것은?

① 아테네(Athens) 헌장
② 메가리드(Megaride) 헌장
③ 맞추픽추(Machu Picchu) 헌장
④ 뉴어바니즘(New Urbanism) 헌장

◎해설

도시의 기능적인 측면에 초점을 맞추어 추진되었던 아테네(Athens) 헌장에 대한 설명이다.

02 케빈 린치(Kevin Lynch)가 그의 저서 「The Image of The City」를 통해 주장한 도시 이미지를 구성하는 5가지 요소가 모두 옳은 것은?

① 도로(Path), 경계(Edge), 결절점(Node), 지구(District), 랜드마크(Landmark)
② 고속도로(Highway), 하천(River), 경계(Edge), 결절점(Node), 지구(District)
③ 도로(Path), 경계(Edge), 결절점(Node), 건축물(Building), 경관(Streetscape)
④ 도로(Path), 경계(Edge), 건축물(Building), 지구(District), 랜드마크(Landmark)

◎해설

케빈 린치의 도시를 이미지화하는 도시의 물리적 구조에 관한 5가지 요소

구분	내용
지구(District)	인식 가능한 독자적 특징을 지닌 영역
경계(Edge)	지역을 다른 지역과 구분할 수 있는 선형적 영역(해안, 철도 모서리, 개발지 모서리, 벽, 강, 철도, 옹벽, 우거진 숲, 고가도로, 늘어선 빌딩들 등)
결절(Node)	교차점(도시의 핵, 통로의 교차점, 집중점, 접합점, 광장, 교통시설, 로터리, 도심부 등)
통로(Path)	이동의 경로(복도, 가로, 보도, 수송로, 운하, 철도, 고속도로 등)
랜드마크(Landmark)	시각적으로 쉽게 구별되는 표지로, 주위 경관 속에서 두드러지는 요소로 통로의 교차점에 위치하면 보다 강한 이미지 요소가 됨(탑, 오벨리스크, 기념물 등)

03 용도지역지구제에 대한 설명으로 옳지 않은 것은?

① 일종의 토지이용규제 수단이다.
② 토지의 경제적·효율적 이용과 공공복리 증진을 도모하기 위하여 지정한다.
③ 용도지역은 도시계획구역 전체를 대상으로 지정하며 동일한 위치에 중복하여 지정할 수 있다.
④ 「국토의 계획 및 이용에 관한 법률」에서는 용도지역, 용도지구, 용도구역을 두고 있다.

◎해설

용도지역지구제에 있어 용도지역은 상호 중복지정이 불가능하고, 용도지구는 중복지정이 가능하다.

04 고대 도시의 도시계획 특성에 관한 설명으로 옳지 않은 것은?

① 메소포타미아의 고대 도시들은 신권통치를 위한 지배 공간으로서 소비의 중심지였다.
② 이집트에서는 새로운 왕이 즉위할 때마다 행정수도를 이전하는 관습이 있었다.
③ 고대 그리스 도시는 도시 입구와 신전을 축으로 중간 지점에 아고라를 배치하였다.
④ 로마의 도시들은 그리스 도시들보다 소규모의 정방형 형태로 구릉이나 언덕에 형성되었다.

해설

로마의 도시들은 그리스 도시들보다 큰 규모로 체계적으로 건설되었다.

05 도시조사에 이용되는 회귀분석모형에 대한 설명으로 옳지 않은 것은?

① 단순회귀분석이란 하나의 종속변수와 하나의 독립변수 사이의 관계를 추정하는 분석이다.

② 다중회귀분석이란 하나의 종속변수와 여러 개의 독립변수 사이의 관계를 추정하는 분석이다.

③ 회귀계수는 추정하려는 독립변수의 파라미터를 뜻하며 일반적으로 최소제곱법에 의하여 회귀계수를 추정한다.

④ 추정된 회귀선이 표본자료를 얼마나 잘 설명하는가를 나타내는 통계량을 상관계수라고 하며 S^2로 표시한다.

해설

추정된 회귀선이 표본자료를 얼마나 잘 설명하는가를 나타내는 통계량을 상관계수 R로 표현한다.

06 아래의 조건에 따른 밀도별 주거지역의 토지수요 예측값이 옳은 것은?(단, 목표연도의 예측인구는 200,000인이다.)

구분	인구밀도	거주인구비율
㉠ 저밀도	100인/ha	30%
㉡ 중밀도	200인/ha	40%
㉢ 고밀도	300인/ha	30%

① ㉠ 300ha ㉡ 200ha ㉢ 100ha

② ㉠ 400ha ㉡ 400ha ㉢ 200ha

③ ㉠ 600ha ㉡ 300ha ㉢ 100ha

④ ㉠ 600ha ㉡ 400ha ㉢ 200ha

해설

토지수요 예측값(ha) $= \dfrac{\text{예측인구(인)}}{\text{인구밀도(인/ha)}} \times \text{거주인구비율}$

㉠ 토지수요 예측값(ha) $= \dfrac{200,000(인)}{100(인/ha)} \times 0.3 = 600ha$

㉡ 토지수요 예측값(ha) $= \dfrac{200,000(인)}{200(인/ha)} \times 0.4 = 400ha$

㉢ 토지수요 예측값(ha) $= \dfrac{200,000(인)}{300(인/ha)} \times 0.3 = 200ha$

07 도시·군계획시설의 민간 투자방식에 대한 설명으로 틀린 것은?

① BOO 방식 : 시설의 준공과 동시에 국가 또는 지방자치단체에게 소유권이 인정되는 방식

② BOT 방식 : 시설의 준공 후 일정 기간 동안 사업시행자에게 소유권이 인정되며, 기간 만료 시 국가 또는 지방자치단체에 소유권이 이전되는 방식

③ BTO 방식 : 시설의 준공과 동시에 국가 또는 지방자치단체에 소유권이 귀속되며, 사업 시행자에게 일정 기간 시설의 관리운영권을 인정하는 방식

④ BLT 방식 : 사업 시행자가 시설 준공 후 일정 기간 동안 운영권을 정부에 임대하고 임대기간 종료 후 시설물을 국가 또는 지방자치단체에 이전하는 방식

해설

BOO(Build – Own – Operate, 건설·소유 운영방식)

사회간접자본시설의 준공과 동시에 사업 시행자에게 당해 시설의 소유권을 인정해 주고 운영권을 주는 방식

08 장기미집행 도시·군계획시설 일몰제에 대한 설명으로 옳지 않은 것은?(단, 지방자치단체의 조례로 정하는 내용은 고려하지 않는다.)

① 사유재산권을 보호하기 위한 제도이다.

② 2000년 7월 1일 이전에 결정·고시된 도시계획시설 결정의 실효에 관한 결정·고시일의 기산일은 2000년 7월 1일이다.

③ 매수 의무자가 매수하지 않기로 결정한 토지의 소유자는 건축법령상 제1종 근린생활시설로서 5층 이하인 건축물을 설치할 수 있다.

④ 도시·군계획시설결정이 고시된 도시·군계획시설에 대하여 그 고시일부터 20년이 지날 때까지 그 시설의 설치에 관한 도시·군계획시설사업이 시행되지 아니하는 경우 그 도시·군계획시설결정은 그 고시일부터 20년이 되는 날의 다음 날에 그 효력을 잃는다.

◎해설

일몰제는 어떤 사업을 일정 기간 동안 실행하지 않을 경우 해당 사업에 대한 사항을 해제하는 제도로서, 매수 의무자가 매수하지 않기로 결정한 토지의 소유자는 건축법령상 제1종 근린생활시설로서 3층 이하인 건축물을 설치할 수 있다.

09 도시의 물리적 계획의 3대 요소로 가장 거리가 먼 것은?

① 정보   ② 밀도
③ 배치   ④ 동선

◎해설

도시의 물리적 3대 구성요소
• 동선
• 배치
• 밀도

10 도시화의 과정에서 도시산업의 발달 속도보다 도시인구의 증가 속도가 훨씬 크게 되어 인구적으로만 비대해진 도시화 현상은?

① 가도시화   ② 간접도시화
③ 종주도시화   ④ 과잉도시화

◎해설

가도시화(Pseudo – urbanization) 현상
• 도시의 부양 능력에 비해 지나치게 많은 인구가 집중하여 인구만 비대해진 도시화를 의미한다.
• 제3세계로 불리는 개발도상국가에서 흔히 볼 수 있는 현상으로서, 산업화와 무관한 도시화 현상을 말한다.

11 연속적인 경관(Visual Sequence)에서 나타나는 공간과 경관의 의미적 해석에 초점을 맞춰 인간의 지각적 경험을 기준으로 경관분석과 방법론을 제안한 영국 도시경관파의 대표적인 학자는?

① Kevin Lynch
② Gordon Cullen
③ Amos Rapoport
④ Donald W. Meinig

◎해설

고든 컬렌(Gordon Cullen)은 도시경관은 건축적 요소, 회화적 요소, 시각적 요소 및 실제적 요소 등을 혼합한 연속된 시각적 개념이라고 주장하였으며, 경험주의적 전통에 입각한 도시설계가로 평가받고 있다.

12 도시계획에 활용되는 자료원에 대한 접근방법을 직접적 · 간접적이냐에 따라 1차 자료와 2차 자료로 분류할 때 다음 중 2차 자료에 해당하는 것은?

① 통계조사자료   ② 현지조사자료
③ 면접조사자료   ④ 설문조사자료

◎해설

구분		특징
1차 자료 (직접자료)	• 현지조사 • 면접조사 • 설문조사	• 전수조사 • 표본조사(사례연구, 확률추출) • 현실감이 우수하나, 비용과 시간이 과다 소요
2차 자료 (간접자료)	• 문헌자료조사 • 통계자료조사 • 지도 분석	시간과 비용면에서 유리하나 현실감이 떨어짐

13 도시의 경제기반 약화, 인구감소, 고령화 사회 등 경제 · 사회적 여건 변화에 대응하여 과거 국토해양부가 제시한 '미래도시 비전 2020'에서의 4대 정책목표(4C City)가 아닌 것은?

① 경쟁력(Competitive) 있는 활력도시
② 편리한(Convenient) 생활도시
③ 조용한(Calm) 전원도시
④ 깨끗한(Clean) 녹색도시

◎해설

미래도시 비전 2020에서의 4대 정책목표(4C City)
• 경쟁력(Competitive) 있는 활력도시
• 편리한(Convenient) 생활도시
• 깨끗한(Clean) 녹색도시
• 매력적인(Charming) 문화도시

14 이자 계산 시 복리율 적용방식을 원용한 것으로 단기간에 급속히 팽창하는 신도시의 인구 예측에 유용하나, 안정적 인구변화추세를 나타내는 경우 적용하면 인구의 과도 예측을 초래할 위험이 있는 도시인구예측모형은?(단, P_n : n년 후의 추정인구, p_0 : 현재 인구, n : 경과 연수, r : 인구증가율, a, b' : 상수, k : 상한인구수)

① $p_n = p_0(1+r)^n$ ② $p_n = p_0(1+rn)$

③ $p_n = p_0 \times e^{rn}$ ④ $p_n = \dfrac{k}{1+e^{a+bn}}$

●해설
문제는 등비급수법에 대한 설명이다. 등비급수법의 산출공식과 특징은 아래와 같다.
• 산출공식 : $p_n = p_0(1+r)^n$
• 특징 : 인구가 기하급수적으로 증가하는 신흥공업도시에 적용

15 영국에서 1932년 지자체 행정구역 전역을 대상으로 공간계획을 수립하는 제도를 만든 근거 법령은?

① 「도시기본법」 ② 「연방건설법」
③ 「건축법과 건축령」 ④ 「도시 및 농촌계획법」

●해설
영국의 국토 및 지역계획의 변천
• 1890년 : 도시화율 50% 상회
• 하워드(전원도시), 게데스(연담도시)
• 1932년 : 도시와 농촌의 통합적 계획, 「도시계획법」 → 「도시 및 농촌계획법」
• 2차 대전 후 : 지역계획의 급격한 발전

16 도시계획의 실체적 이론과 절차적 이론에 대한 설명으로 옳지 않은 것은?

① 실체적 이론은 특정 계획 분야의 전문 지식에 관한 이론이다.
② 절차적 이론은 계획이 실행되는 환경이나 계획의 대상이 되는 현상을 이해하는 데 사용되는 이론이다.

③ 팔루디(Faludi)는 실체적 이론과 절차적 이론이 완전히 상호 배타적이지는 않다고 주장하였다.
④ 도시계획에서 실체적 이론이란 토지이용계획, 교통계획 등 전문적 지식과 기술을 바탕으로 구체적인 계획안을 생산해 내고 집행하는 일련의 행위과정을 의미한다.

●해설
②의 내용은 실체적 이론에 대한 설명이며, 절차적 이론은 계획과정(절차) 자체에 관한 이론이다.

17 존 프리드만이 주장한 교류적 계획(Transactive Planning)에 대한 설명으로 옳지 않은 것은?

① 현장 조사나 자료 분석보다는 개인 상호 간의 대화를 통한 사회적 학습의 과정을 형성하는 데 중점을 둔다.
② 인간의 존엄성에 기초를 두고 있는 신휴머니즘(New Humanism)의 철학적 사고에서 파생하였다.
③ 계획의 집행에 직접적으로 영향을 받는 사람들과의 상호 교류와 대화를 통하여 계획을 수립하여야 한다.
④ 계획의 직접적 영향을 받는 사람들조차도 무관심한 계획안으로부터 발생할 수 있는 이익을 주민의 관점에서 지지하였다.

●해설
④는 옹호적 계획에 대한 설명이다.

18 도시의 분류와 관련하여 아래 내용에 해당하는 것은?

독시아디스는 미래 도시는 3차원의 동심원적 성장이 아니라 여기에 4차원인 시간 개념이 도입되어 다이내믹하게 발전된다고 주장하였다.

① 대륙도시(Urbanized Continent)
② 플러그 인 시티(Plug-in City)
③ 움직이는 도시(Walking City)
④ 다이나폴리스(Dynapolis)

정답 **14** ① **15** ④ **16** ② **17** ④ **18** ④

●해설

다이나폴리스(동적 도시, Dynapolis)
- 독시아디스(Doxiadis)는 인본주의적 도시정주론에 기초하여 다이나믹(Dynamic)하게 발전하는 미래 도시를 다이나폴리스라고 지칭하였다.
- 3차원 공간에 시간과 관련된 4차원적인 도시개발을 통해 개인적인 주거공간에서 확장되어 대도시의 공적인 커뮤니티를 아우를 수 있게 정치·행정·기술적으로 고려하였다.

19 교통존(Traffic Zone)의 설정 기준으로 옳지 않은 것은?

① 행정구역과 가급적 일치시킨다.
② 등질적인 토지 이용이 포함되도록 한다.
③ 간선도로는 가급적 존 경계와 일치시킨다.
④ 가능한 한 다양한 통행 특성을 가진 지역이 포함되도록 한다.

●해설

각 존은 가급적 동질적인 토지이용(통행 특성 등)을 포함하도록 한다.

20 아래와 같은 특징을 갖는 도시정부의 예산편성제도는?

점증적 예산편성의 폐단을 시정하기 위해 계속사업이라 하더라도 예산편성 시 신규 사업처럼 능률성, 효과성, 사업의 계속·축소·확대 여부를 새로이 분석·검토하고, 사업의 우선순위를 결정하여 예산과 사업계획에 관한 결정을 명확히 하려는 제도이다.

① 계획예산제도   ② 영기준예산제도
③ 복식예산제도   ④ 품목별예산제도

●해설

영기준예산제도는 모든 사업에 대해 "0"의 기준(최초 기준)에서 평가해 그 사업의 진행 여부를 결정하는 제도이다.

2과목 도시설계 및 단지계획

21 당해 구역의 중심기능에 따라 구분한 도시지역 외 지역에 지정하는 지구단위계획구역의 유형구분에 속하지 않는 것은?

① 주거형
② 산업유통형
③ 관광휴양형
④ 환경친화형

●해설

지구단위계획구역의 중심기능에 따른 구분
- 주거형 지구단위계획구역
- 산업·유통형 지구단위계획구역
- 관광휴양형 지구단위계획구역
- 복합형 지구단위계획구역

22 영국의 계획도시 할로우(Harlow)에 관한 설명으로 옳지 않은 것은?

① 고밀도 개발을 원칙으로 하였다.
② 런던 주변에 개발된 초기 뉴타운의 대표적인 예이다.
③ 주택지는 크게 4개의 그룹으로 나누어 그 내부에 근린주구를 배치하였다.
④ 도시 내의 간선도로는 주택지 그룹 사이에 있는 녹지 속을 통과한다.

●해설

할로우(Harlow)는 1947년 영국 런던 북쪽 30마일 지점에 건설한 신도시로서, 전원도시계획을 적용하고, 저밀도 개발을 원칙으로 하며, 근린주구제를 채용하였다.

23 페리(C. A. Perry)가 주장한 근린주구의 구성 요소에 해당하지 않는 것은?

① 규모(Size)
② 랜드마크(Landmark)
③ 오픈스페이스(Open Space)
④ 상업시설(Shopping District)

해설

근린주구 구성의 6가지 원리(C. A. Perry, 1929년)
- 규모 : 초등학교 1개
- 경계 : 보조간선도로로 경계
- 오픈스페이스 : 소공원, 운동장 등 10% 확보 → 작은 공원과 운동장
- 공공시설 : 근린주구 중심에 위치
- 근린상가 : 상가 등 도로의 결절점에 위치 → 작은 가게
- 지구 내 가로체계 : 보차분리

24 도시설계에 관하여 아래와 같이 주장한 미국의 사회학자는?

근대도시의 획일화된 형태와 기능적인 용도 분리, 가로와의 관계를 의식하지 않은 비정형적인 오픈스페이스 등은 사회범죄와 전통적인 커뮤니티의 해체, 기계적이고 단조로운 인간생활을 조장함으로써 도시는 점점 삭막해져가고 있다. 이러한 문제의식을 바탕으로 전통적인 도시공간의 사례조사를 통하여 용도 혼합에 의한 가로공간의 조성과 적정 밀도의 저층고밀개발, 보차공존도로의 조성 등을 통하여 근대도시의 부정적 속성을 해결하여야 한다.

① Herbert Gans
② Jane Jacobs
③ Kevin Lynch
④ Paul D.Spreiregen

해설

제이콥스(Jane Jacobs)는 기능적으로 분리된 용도의 근대도시의 문제점을 해결하기 위해 용도통합적 고밀도 개발을 주장하였다.

25 지구단위계획구역의 지정과 관련한 아래 내용에서 ( )에 공통으로 들어갈 내용은?

지구단위계획구역의 지정에 관한 도시 · 군관리계획결정의 고시일부터 ( ) 이내에 그 지구단위계획구역에 관한 지구단위계획이 결정 · 고시되지 아니하면 그 ( )이 되는 날의 다음 날에 그 지구단위계획구역의 지정에 관한 도시 · 군관리계획결정은 효력을 잃는다.

① 1년
② 3년
③ 5년
④ 7년

해설

지구단위계획구역의 지정에 관한 도시 · 군관리계획결정의 고시일로부터 3년 이내에 당해 지구단위계획구역에 관한 지구단위계획이 결정 · 고시되지 아니하는 경우에는 그 3년이 되는 날의 다음 날에 당해 지구단위계획구역의 지정에 관한 도시 · 군관리계획결정은 그 효력을 상실한다.

26 지구단위계획에서 단독주택용지의 획지 및 가구계획 기준으로 옳지 않은 것은?

① 획지의 형상은 가능하면 동서방향으로의 긴 장방형으로 한다.
② 단독주택용 획지로 구성된 소가구는 근린의식 형성이 용이하도록 10~24획지 내외로 구성하는 것이 좋다.
③ 대가구의 규모는 어린이놀이터 하나를 유지하는 거리로 반경 100~150m를 기준으로 한다.
④ 보행자의 주동선 방향이 긴 가구로 단절되는 경우에는 보행자전용도로를 가구의 장방향과 직각으로 배치하여 보행자의 불편을 최소화한다.

해설

획지의 형상은 건축물의 규모와 배치, 높이, 토지이용 등을 고려하여 결정하되, 가능하면 남북측 방향으로 긴 장방형으로 한다.

27 공동주택을 건설하는 주택단지의 총세대수가 2,000세대 이상인 경우 기간도로와 접하거나 기간도로로부터 당해 단지에 이르는 진입도로의 폭은 최소 얼마 이상이어야 하는가?(단, 진입도로가 2개 이상인 경우는 고려하지 않는다.)

① 8m 이상
② 12m 이상
③ 15m 이상
④ 20m 이상

해설

진입도로 최소 폭원

세대수	1 ~ 300 세대	300 ~ 500 세대	500 ~ 1,000 세대	1,000 ~ 2,000 세대	2,000 세대 이상
진입도로 폭(m)	6	8	12	15	20

정답 24 ② 25 ② 26 ① 27 ④

28 슈퍼블록을 구성함으로써 얻는 효과로 거리가 가장 먼 것은?

① 건물을 집약화함으로써 고층화 및 효율화에 기여한다.
② 충분한 공동의 오픈스페이스 확보가 가능하다.
③ 보도와 차도의 완전한 통합을 통해 가구 내부로 통과교통의 흐름을 원활하게 한다.
④ 전력, 난방, 하수, 쓰레기 등 도시시설의 공동화가 용이하다.

◉해설
슈퍼블록(Super Block)은 래드번 계획에서 처음 채택된 것으로서 보도와 차도의 완전한 분리를 추구하였으며, 가구 내부로의 통과교통을 배제하는 계획을 특징으로 한다.

29 어린이공원의 규모 및 유치거리 기준이 옳은 것은?

① 1,500m² 이상, 250m 이하
② 2,000m² 이상, 250m 이하
③ 2,500m² 이상, 300m 이하
④ 3,000m² 이상, 300m 이하

◉해설
어린이공원의 규모는 최소한 1,500m² 이상이어야 하며, 유치거리는 250m 이하로 계획되어야 한다.

30 주거단지 내에서 차량의 감속을 유도하기 위하여 설치하는 것은?

① 험프(Hump)
② 졸음쉼터
③ 가드레일
④ 도로 반사경

◉해설
차량의 감속유도시설

구분	적용 시설
주거단지 내 차량의 감속	험프(Hump) : 과속방지턱
통과교통의 배제	볼라드(Bollard) : 차량통행 차단용 단주
도로방식	• 쿨데삭, 루프형, U형, T형 • 입구 및 도로폭을 좁게 함 • 도로의 형태를 의도적으로 불규칙하게 함

31 지구단위계획에서 건축물의 배치와 관련하여 아래 설명에 해당하는 용어는?

> 특정 지역에서 상점가의 1층 벽면을 가지런하게 하거나 고층부의 벽면의 위치를 지정하는 등 특정 층의 벽면의 위치를 규제할 필요가 있는 경우에 지정할 수 있다.

① 건축지정선
② 벽면지정선
③ 건축한계선
④ 벽면한계선

◉해설
① 건축지정선
• 가로경관이 연속적인 형태를 유지하거나 상업지역에서 중요 가로변의 건물을 가지런하게 할 필요가 있는 경우에 사용할 수 있다.
• 도로의 개방감 확보, 건축물의 연속성 확보를 위하여 건축물을 도로에서 일정 거리 후퇴시킨 지점에 맞추어 건축할 필요가 있는 곳에 지정할 수 있다.
③ 건축한계선
• 도로에 있는 사람이 개방감을 가질 수 있도록 건축물을 도로에서 일정 거리 후퇴시켜 건축하게 할 필요가 있는 곳에 지정할 수 있다.
• 부대시설을 포함한 건축물 지상부의 외벽면이 관련 계획에서 정한 선(線)의 수직면을 넘어 돌출하여 건축할 수 없도록 규정된 선이다.
④ 벽면한계선
• 도로의 개방감 확보를 위하여 고층부를 후퇴할 필요가 있거나, 특정 층에 보행공간 및 공동주차통로 등의 확보가 필요한 곳에 지정할 수 있다.
• 건축물의 특정 층이 계획에서 정한 선의 수직면을 넘어 돌출하여 건축할 수 없는 선을 말한다.

32 1980년경 새롭게 등장한 뉴어바니즘의 주요 계획요소에 해당하지 않는 것은?

① 다양한 주택(Mixed Housing)
② 보행성(Walkability)
③ 연결성(Connectivity)
④ 위요(Enclosure)

◉해설
위요(Enclosure)는 둘러싸서 경계를 형성하는 것을 의미하며 뉴어바니즘의 주요 계획요소와는 거리가 멀다.

뉴어바니즘의 기본원칙
- 보행성(Walkability)
- 연계성(Connectivity, 연결성)
- 복합용도개발(Mixed Use)
- 주택혼합(Mixed Housing, 다양한 주택)
- 전통적 근린주구(Traditional Neighborhood Structure)
- 고밀도 개발(Incresed Density)
- 스마트 교통체계(Smart Transportation)
- 지속 가능성(Sustainability)
- 삶의 질(Quality of Life)
- 도시설계와 건축(Urban Design & Architecture) : 디자인코드에 의한 건축물 설계

33 「지구단위계획수립지침」상 경관상세계획을 수립하는 것을 원칙으로 하는 지역으로 옳지 않은 것은?(단, 광역도시계획·도시·군기본계획 또는 도시·군관리계획에서 경관상세계획을 수립하도록 결정한 지역의 경우는 고려하지 않는다.)

① 수림대·구릉지·하천변 등 자연경관이 양호한 지역
② 고도지구 및 특정용도제한지구에 지정된 지구단위계획구역
③ 전통적 건조물, 시대적 건축특성이 반영되어 있는 건물군 등의 주변 지역
④ 우수한 기후 및 지리적 조건을 갖춘 시·군에 개발압력이 존재하고 있어 양호한 자연환경 및 경관의 보전이 필요한 지역

●해설

경관상세계획은 일반적으로 경관적으로 보존이 필요한 지역을 수립대상으로 하고 있는바, 고도지구 및 특정용도제한지구에 지정된 지구단위계획구역은 해당 사항과 거리가 멀다.

경관상세계획 수립 대상지역
- 광역도시계획·도시기본계획 또는 도시관리계획에서 경관상세계획을 수립하도록 결정한 지역
- 수림대·구릉지·하천변·청정호수 등 자연경관이 양호한 지역·독특한 경관형성이 요구되는 시·군의 상징적 도로, 녹지대, 문화재나 한옥 등 전통적 건조물, 시대적 건축특성이 반영되어 있는 건물군 등의 주변 지역
- 경관지구 및 미관지구에 지정된 지구단위계획구역

34 공원·녹지 체계의 유형 중 일정 폭의 녹지를 직선으로 길게 띠 모양으로 조성하는 것으로 완충녹지에서 많이 볼 수 있으며 인도의 샹디가르(Chandigarh)에서 볼 수 있는 유형은?

① 집중형
② 분산형
③ 대상형
④ 격자형

●해설

샹디가르(Chandigarh)
르 코르뷔지에가 설계한 도시로, 공원을 산책하는 사람에게는 차량이 보이지 않도록 하는 도시설계 기법을 사용하였으며, 대상형의 공원녹지 체계로 설계되었다.

35 지구단위계획구역 중에서 현상설계 등에 의하여 창의적 개발안을 받아들일 필요가 있거나 계획의 수립 및 실현에 상당한 기간이 걸릴 것으로 예상되어 충분한 시간을 가질 필요가 있을 때에 별도의 개발안을 만들어 지구단위계획으로 수용·결정하는 구역은?

① 인센티브구역
② 특별계획구역
③ 우선개발구역
④ 신속통합계획구역

●해설

특별계획구역에 대한 설명이며, 특별계획구역의 지정대상은 하나의 대지 안에 여러 동의 건축물과 다양한 용도를 수용하기 위해 특별한 건축 프로그램에 의한 복합적 개발이 필요한 경우 등이 해당된다.

36 다음 중 저밀도 개발 대상지로 가장 바람직한 지역은?

① 평탄하고 도심지로의 접근로상에 위치한 고지가 지역
② 주위에 상업시설이 밀집되어 있고 재개발이 추진되고 있는 지역
③ 구릉지로서 자연경관과 지형이 어우러진 지역
④ 역세권에 위치하여 대중교통의 연계성이 우수한 소규모 지역

정답 33 ② 34 ③ 35 ② 36 ③

●해설
저밀도 개발 대상지로서 저층 위주의 계획을 하는 구릉지가 보기 중 가장 적합하다.

37 공동주택단지의 Lost Space 중, 주민 접근이 제한되거나 이용시설이 설치되지 않아 공간 이용에 어려움이 있는 유형은?

① 배타적 공간(Anti Space)
② 황량한 공간(Prairie Space)
③ 소극적 공간(Negative Space)
④ 애매한 공간(Ambiguous Space)

●해설
주민 접근이 제한되거나 이용시설이 설치되지 않아 공간 이용에 어려움이 있는 공간을 소극적 공간(Negative Space)이라고 한다. 이러한 소극적 공간이 최소화되도록 단지 계획을 세우는 것이 중요하다.

38 「주택건설기준 등에 관한 규정」과 관련한 아래에서 ( )에 공통으로 들어갈 알맞은 내용은?

> 사업주체는 공동주택을 건설하는 지점의 소음도가 ( ) 미만이 되도록 하되, ( ) 이상인 경우에는 방음시설을 설치하여 해당 공동주택의 건설지점의 소음도가 ( ) 미만이 되도록 관련 법령에 따른 소음방지대책을 수립하여야 한다.

① 45dB
② 55dB
③ 65dB
④ 75dB

●해설
소음방지대책의 수립(「주택건설기준 등에 관한 규정」 제9조)
사업주체는 공동주택을 건설하는 지점의 소음도가 65dB 미만이 되도록 하되, 65dB 이상인 경우에는 방음벽·수림대 등의 방음시설을 설치하여 해당 공동주택의 건설 지점의 소음도가 65dB 미만이 되도록 소음방지대책을 수립하여야 한다.

39 다음 중 경관분석 방법에 해당하지 않는 것은?

① 기호화 방법
② 군락측도방법
③ 사진에 의한 방법
④ 메시(mesh)에 의한 방법

●해설
군락측도는 어떠한 집단이 모여 있는 정도를 나타내는 것으로 경관분석의 기법과는 거리가 멀다.

40 도로의 규모별 구분에 따라 다음 중 중로에 속하지 않는 것은?

① 폭 12m
② 폭 15m
③ 폭 20m
④ 폭 30m

●해설
폭 30m는 대로에 해당한다.

도로의 규모별 도로폭

구분	1류	2류	3류
광로 (폭 40m 이상)	70m 이상	50m 이상 ~70m 미만	40m 이상 ~50m 미만
대로 (폭 25m 이상 ~40m 미만)	35m 이상 ~40m 미만	30m 이상 ~35m 미만	25m 이상 ~30m 미만
중로 (폭 12m 이상 ~25m 미만)	20m 이상 ~25m 미만	15m 이상 ~20m 미만	12m 이상 ~15m 미만
소로 (폭 12m 미만)	10m 이상 ~12m 미만	8m 이상 ~10m 미만	8m 미만

3과목 도시개발론

41 인구가 10만 명인 도시에서 다음 조건에 맞게 산출한 상업지역의 소요 면적은?

- 1인당 평균 예상면적 : 15m²
- 상업지역 이용인구 : 전체 인구의 50%
- 평균층수 : 3층
- 건폐율 : 70%
- 공공용지율 : 40%

① 21.4ha ② 35.7ha
③ 59.5ha ④ 262.5ha

해설

상업지 면적

$$= \frac{\text{상업지역 내의 수용인구} \times 1인당 \text{ 점유면적}}{\text{평균층수} \times \text{건폐율} \times (1-\text{공공용지율})}$$

$$= \frac{100,000 \times 0.5 \times 15}{3 \times 0.7 \times (1-0.4)} = 595,238\text{m}^2 = 59.5\text{ha}$$

42 다음 설명에 해당하는 도시개발기법은?

일단의 지구를 하나의 계획단위로 보아 그 지구의 특성에 맞는 설계기준을 개발자와 그 개발을 관장하는 당국 간의 협상과정을 통해 융통성 있게 능률적으로 책정, 허용함으로써 공적 입장에서 요구되는 환경의 질과 개발자의 입장에서 요구되는 사업성을 동시에 추구하는 제도

① 마치즈쿠리
② 개발권 양도제(TDR)
③ 계획단위개발(PUD)
④ ABC 정책

해설

계획단위개발(PUD : Planned Unit Development)
대상지 전체를 일체적이고 유기적으로 계획하고 설계하여 개발하는 방식으로서, 단일 개발주체에 의한 대규모 동시 개발이 가능하므로, 대규모 개발에 따른 하부시설의 설치 비용과 개발비용이 절감되는 특징을 가지고 있다.

43 부동산 투자의 유형 중 자본의 성격은 자본투자(Equity Financing)이면서 운용시장의 형태가 공개시장(Public Market)에 해당하는 것은?

① 사모부동산펀드
② 부동산투자회사
③ 상업용저당채권
④ 직접대출

해설

부동산 투자의 유형
㉠ 자본투자(Equity Financing)
 • 공개시장(Public Market) : 부동산투자회사(REITs), 부동산간접투자기구
 • 민간시장(Private Market) : 직접투자, 사모부동산펀드
㉡ 대출투자(Debt Financing)
 • 공개시장(Public Market) : 상업용저당채권(CMBS), 부동산간접투자기구
 • 민간시장(Private Market) : 직접대출(Loans), 사모부동산펀드

44 공사 진행속도가 공정표상의 일정보다 지연될 위험인 '공사완공 지연위험'의 관리 방안으로 거리가 가장 먼 것은?

① 설계 및 설계변경 관리
② 우수시공사와 책임시공에 대한 협약
③ CM(Construction Management)사 선정 및 관리
④ 공사완공보험 가입 및 공사 지연 시 지체보상금 부과

해설

설계 및 설계변경 관리는 하자보수 위험 관리방안에 해당한다.

45 공공(公共)이 도시개발과정에 개입하는 다양한 형태에 대한 설명으로 옳지 않은 것은?

① 각종 토지 이용규제를 통하여 도시개발을 제어한다.
② 조세정책이 아닌 금융정책을 통해서만 도시개발을 촉진시키거나 지연시키는 효과를 갖는다.
③ 개발업자 등의 자격을 제한하는 시장진입 규제 토지 등의 거래행위에 대한 규제, 각종 부담금 등을 통해 개발이익 분배 과정에 개입한다.
④ 공부(公簿) 등을 통해 토지나 건물에 대한 권리관계를 확인하고 보장해 주는 역할을 담당한다.

해설

공공은 세율 및 세목 등을 이용한 조세정책과 금리 및 대출규제 등을 이용한 금융정책을 복합적으로 이용하여 도시개발과정에 개입할 수 있다.

46 Calthorpe가 제안한 대중교통중심개발(TOD)의 개발 주요 원칙으로 옳은 것은?

① 대중교통 중심지의 효율적 토지이용을 위해 녹지와 오픈스페이스를 최소화한다.

② 토지이용의 용도 복합을 통해 다양한 시설이 혼합되도록 배치한다.

③ 지역 내 목적지 간에는 자가용 이동 위주의 보행 공간을 구축한다.

④ 대중교통 중심지는 저밀·분산개발을 지향한다.

◉해설

① 대중교통 중심지의 효율적 토지이용을 위해 녹지와 오픈스페이스를 최대화한다.

③ 지역 내 목적지 간에는 도보 이동 위주의 보행 공간을 구축한다.

④ 대중교통 중심지는 고밀·집중개발을 지향한다.

47 재건축사업을 위한 정비계획 입안 대상 지역 기준에 해당하지 않는 것은?(단, 시·도 조례로 정하는 사항은 고려하지 않는다.)

① 재해 등이 발생할 경우 위해의 우려가 있어 신속한 정비사업을 추진할 필요가 있는 지역

② 건축물의 일부가 멸실되어 붕괴나 그 밖의 안전사고의 우려가 있는 지역

③ 노후·불량건축물의 기존 세대수가 100세대 이상인 지역

④ 노후·불량건축물의 부지 면적이 1만m² 이상인 지역

◉해설

정비계획의 입안대상지역(「도시 및 주거환경정비법 시행령」 별표 1)
노후·불량건축물의 기존 세대수가 200세대 이상인 지역이 해당한다.

48 그림과 같은 거리와 지대/밀도의 관계 그래프에서 도시용 토지와 농업 등의 생산용도로 이용하고자 하는 토지로 나누어지는 지점은?(단, R_a는 농업지대곡선, R_r는 주거지대곡선, R_c는 상업·업무지대곡선이다.)

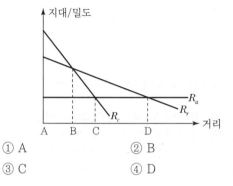

① A   ② B
③ C   ④ D

◉해설

상업·업무지대곡선(R_c)과 주거지대곡선(R_r) 중 지대가 낮은 주거지대곡선(R_r)을 기준으로 농업지대곡선(R_a)과 교차되는 지점이 도시용 토지와 농업 등의 생산용도로 이용하고자 하는 토지를 나누는 지점이라 볼 수 있다.

49 개발사업의 실행(사업성) 평가를 위해 사용되는 경제적 타당성 분석의 지표가 아닌 것은?

① 순현재가치(NPV)

② B/C 비

③ 내부수익률(IRR)

④ 승수효과

◉해설

승수효과는 어떤 경제요인의 변화가 다른 경제요인의 변화를 유발하는 파급효과를 나타내는 것으로서 개발사업의 실행 평가 방법으로는 거리가 멀다.

50 해외 텔레포트와 그 유형의 연결이 틀린 것은?

① 일본 동경 – 임해부 부도심의 기반구조형

② 미국 뉴욕 – 정보통신 관련 산업단지형

③ 미국 Bay Area – 해안 관광도시형

④ 영국 런던 – 도시재개발형

◉해설

텔레포트(Teleport)는 전기통신(Telecommunication)과 항구(Port)의 합성어로서, 텔레포트(정보화 단지)는 정보와 통신의 거점을 의미한다.

반면 미국 Bay Area는 샌프란시스코만 일대의 해안 관광도시로서 전기통신을 기반으로 하는 텔레포트(Teleport)의 도시개념과는 거리가 멀다.

51 도시개발법령상 도시개발구역으로 지정할 수 있는 대상지역 및 규모기준의 연결이 옳지 않은 것은?

① 도시지역 내 주거지역 : 1만m² 이상
② 도시지역 내 상업지역 : 3만m² 이상
③ 도시지역 내 공업지역 : 3만m² 이상
④ 도시지역 내 자연녹지지역 : 1만m² 이상

◉해설

도시개발구역으로 지정할 수 있는 대상지역별 규모기준
㉠ 도시지역
  • 주거지역, 상업지역, 자연녹지·생산녹지 : 1만m² 이상
  • 공업지역 : 3만m² 이상
  • 도시지역 외의 지역 : 30만m² 이상
㉡ 관리지역 : 3만m² 미만
㉢ 농림지역 : 3만m² 미만
㉣ 자연환경보전지역 : 5천m² 미만

52 공공기관 지방이전을 계기로 성장거점지역에 조성되는 미래형 도시로, 이전된 공공기관과 지역의 대학·연구소·산업체·지방자치단체가 협력하여 새로운 성장 동력을 창출하는 기반이 될 것으로 기대하는 것은?

① 행복도시   ② 혁신도시
③ 기업도시   ④ 뉴타운

◉해설

혁신도시

이전하는 공공기관을 수용하여 기업·대학·연구소·공공기관 등의 기관이 서로 긴밀하게 협력할 수 있는 혁신여건과 수준 높은 주거·교육·문화 등의 정주(定住)환경을 갖추도록 개발하는 미래형 도시

53 사업 시행자가 정비구역의 안과 밖에 새로 건설한 주택 또는 이미 건설되어 있는 주택을 이용하여 정비사업의 시행으로 철거되는 주택의 소유자 또는 세입자를 임시로 거주하게 하는 등 그 정비구역을 순차적으로 정비하여 주택의 소유자 또는 세입자의 이주대책을 수립하는 정비사업의 시행 방식은?

① 합동정비방식   ② 자력정비방식
③ 위탁정비방식   ④ 순환정비방식

◉해설

순환정비방식(순환재개발)

재개발구역의 일부 지역 또는 당해 재개발구역 외의 지역에 주택을 건설하거나 건설된 주택을 활용하여 재개발구역을 순차적으로 개발하거나 재개발구역 또는 재개발사업 시행지구를 수 개의 공구로 분할하여 순차적으로 시행하는 재개발 방식

54 우리나라 도시개발 제도의 역사에서 서울시의 경우 강북과 강남의 상대적 격차를 줄이고 강북의 쇠퇴한 주거지 정비를 통해 강북 시민의 삶의 질 향상과 도시기반시설 정비를 통해 서울시 내부의 균형발전 차원에서 추진된 사업은?

① 뉴타운 사업
② 도시선도사업
③ 혁신도시사업
④ 스마트도시사업

◉해설

뉴타운 사업

도시기반시설에 대한 충분한 고려 없이 주택중심으로 추진되어 난개발 문제를 야기한 기존의 민간중심의 개발방식에 대한 개선대책으로 시행한 새로운 '기성 시가지 재개발방식'

55 부동산신탁의 종류 중 임대형 토지신탁과 분양형 토지신탁이 속하는 종류는?

① 관리형 신탁   ② 운용형 신탁
③ 처분형 신탁   ④ 관리·처분형 신탁

정답 51 ② 52 ② 53 ④ 54 ① 55 ②

해설

개발신탁(운용형 신탁)

토지소유자인 위탁자가 토지의 효율적인 이용을 통한 수익을 목적으로 해당 토지를 신탁회사에 신탁하게 되면 신탁회사는 신탁재산인 토지에 건축물을 건설하거나 택지조성 등의 사업을 시행한 후 이를 분양하거나 임대해 그 수익을 위탁자에게 돌려주는 방식

56 부동산개발금융의 재원조달방식 중 지분조달방식과 비교하여 부채조달방식이 갖는 단점에 해당하는 것은?

① 원리금의 상환부담이 있다.
② 자본시장의 여건에 따라 조달이 민감한 영향을 받는다.
③ 중소기업의 경우 주식 공개매매, 유통시장이 발달되지 않는다.
④ 조달 규모가 증가하면 소유주의 지분 축소가 불가피하다.

해설

②, ③, ④는 지분조달방식의 단점이다.

57 부동산 시장 및 각종 생산과 설비를 위한 투자의 경우에도 널리 사용되는 개념으로, 기업의 부채에 대한 이자가 영업이익의 변동, 세후순이익의 변동을 확대시키는 현상은?

① 승수효과
② 쿠르노 효과
③ 파레토 효과
④ 레버리지 효과

해설

레버리지 효과(지렛대 효과, Leverage Effect)

타인자본 때문에 발생하는 이자가 지렛대 역할을 하여 영업이익의 변화에 대한 주당이익의 변화폭이 더욱 커지는 현상을 말한다.

58 부동산금융에 관한 설명 중 틀린 것은?

① 부동산금융은 기간을 기준으로 단기금융과 장기금융으로 구분할 수 있다.
② 부동산개발금융은 단기금융과 타인자본이 가장 큰 비중을 차지한다.
③ 개발단계에서는 사업의 총비용과 개발에 따른 수익성을 가장 중요시하므로 주로 부동산투자회사, 연기금과 같은 장기 투자자 및 대출자가 많다.
④ 관리운용단계에서는 개발된 부동산의 임대나 매각 등과 관련한 사업 자체의 수익성이 중요한 고려요소이다.

해설

민간금융기관들이 사업의 총비용과 개발에 따른 수익성을 가장 중요시하는 단계는 계획단계이다. 개발단계에서는 시공 및 마케팅 관련 매입 및 매출에 따른 비용의 밸런싱을 중요하게 고려한다.

59 ㉠, ㉡에 들어갈 내용이 모두 옳은 것은?

> 지정권자는 환지방식의 도시개발사업에 대한 개발계획을 수립하려면 환지방식이 적용되는 지역의 토지면적의 (㉠)에 해당하는 토지소유자와 그 지역의 토지소유자 총수의 (㉡)의 동의를 받아야 한다.

① ㉠ 3분의 2 이상 ㉡ 3분의 2 이상
② ㉠ 3분의 2 이상 ㉡ 2분의 1 이상
③ ㉠ 2분의 1 이상 ㉡ 2분의 1 이상
④ ㉠ 2분의 1 이상 ㉡ 3분의 2 이상

해설

지정권자가 환지방식의 도시개발계획을 수립할 때(도시개발구역의 지정) 환지방식을 적용하려면 토지면적의 2/3 이상에 해당하는 토지소유자와 그 지역의 토지소유자 총수의 1/2 이상의 동의를 얻어야 한다.(단, 국가, 지방자치단체는 예외)

60 관광진흥법령에 따른 권역별 관광개발계획의 수립주기 기준으로 옳은 것은?

① 3년
② 5년
③ 7년
④ 10년

정답 56 ① 57 ④ 58 ③ 59 ② 60 ②

◁해설▷

권역별 관광개발계획(권역계획)

㉠ 수립권자
- 시·도지사(기본계획에 의하여 구분된 권역을 대상으로 함)
- 2 이상의 시·도에 걸치는 경우 : 협의, 문화체육관광부장관이 지정

㉡ 수립시기 : 5년마다 수립

4과목 국토 및 지역계획

61 North의 경제기반이론(Economic Base Theory)에 따라 다음 중 다른 셋과 구별되는 부문은?

① 수출부문(Export Sector)
② 비기반부문(Non-basic Sector)
③ 지방부문(Local Sector)
④ 서비스부문(Service Sector)

◁해설▷

수출부문만 기간(기반)부문에 속하며, 나머지 보기는 비기간(비기반)부문에 속한다.

62 다음 중 Boudeville의 지역유형 분류에 근거한 결절지역에 해당하지 않는 것은?

① 캐나다의 센서스 대도시권(CMA)
② 레일리(W. Relly)의 도시세력권
③ 클라센(L. Klaassen)의 저개발지역
④ 미국의 표준대도시통계지역(SMSA)

◁해설▷

결절지역은 인구와 세력이 집중된 대도시권을 의미하므로, 클라센의 저개발지역과는 거리가 멀다.

결절지역(結節地域, Nodal Region)
상호의존적·보완적 관계를 가진 몇 개의 공간단위를 하나로 묶은 지역으로서 지역 내의 특정 공간단위에 경제활동이나 인구가 집중되어 있는 공간단위를 흔히 결절(Node) 또는 분극(Focus)이라고 한다.

63 아래의 설명에 해당하는 기구는?

- 전국적 차원에서 지역계획을 조정하고 적절한 부처에서 계획을 집행할 수 있도록 감독, 조정하는 프랑스의 수상 직속 기구이다.
- 균형도시정책의 대안으로, 완전한 권한을 행사할 수 있는 지역중심도시를 구상하였다.
- 프랑스 내 국토정책에서 유럽연합 등의 확대된 국제사회에 대응하는 글로벌 경쟁력 제고 등으로 기능을 강화하기 위하여 2005년 12월 31일 DATAR에서 이것으로 확대 개편되었다.

① DIACT
② CNAT
③ CAR
④ CODER

◁해설▷

DIACT(프랑스 지역발전위원회)에 대한 설명이다.

64 콥-더글라스(Cobb-Douglas)의 생산함수에 관한 설명 중 (   ) 안에 알맞은 것은?

지역의 1인당 소득 성장률은 기술진보와는 (㉠)의 관계를, 자본증가율과는 (㉡)의 관계를 갖는다.

① ㉠ 정(正), ㉡ 부(負)
② ㉠ 부(負), ㉡ 정(正)
③ ㉠ 정(正), ㉡ 정(正)
④ ㉠ 부(負), ㉡ 부(負)

◁해설▷

지역의 1인당 소득 성장률은 기술진보와 정(正)의 관계를, 자본증가율과도 정(正)의 관계를 갖는다.

65 다음 중 하향식 지역개발전략에 가장 적합한 것은?

① 기본수요접근
② 거점중심개발
③ 일반 주민 주도 개발
④ 소단위지역 단위 개발

하향식(Top–down, Development from Above) 계획은 국가주도형 정책의 특성을 가지므로 성장거점개발, 거점중심적 지역개발전략 등과 어울린다.

66 계획이란 '선택을 통해 가장 적절한 미래의 행위를 결정하는 일련의 절차'라고 정의한 학자는?

① C. A. Perry   ② Davidoff와 Reiner

③ E. Howard   ④ Le Corbusier

선택이론(Choice Theory)

• 다비도프(Paul Davidoff)와 라이너(T. A. Reiner)에 의해 제시된 이론
• 선택이론의 기본적 전제는 집합적인 사회적 행위는 개별적인 행위자의 행위로부터 연유하는 것으로서, 이것을 도시계획적 관점으로 볼 때 도시의 결정요인은 인구나 그에 따른 건물들의 요소들이 도시의 큰 맥락을 결정하는 요인이라고 할 수 있다.
• 주민들로 하여금 그들의 가치를 찾아내어 스스로 결정·선택하도록 유도하는 것
• 도시계획에서 계획 과정을 하나의 선택행위의 연속으로 보는 이론으로 선택된 가치와 목표를 구체적으로 실현시킬 대안들을 찾아내어 그중 가장 좋은 안을 선택하는 것
• 일부 과정에만 적용가능하며, 선택이 제한적이다.

67 크리스탈러가 주장한 중심지이론의 기본 가정이 아닌 것은?

① 지리적 공간은 자원 및 인구분산이 균등하게 분포되어 있는 평면공간이다.
② 평면상 서비스를 공급받지 못하는 지역이 있다.
③ 생산자와 소비자는 시장에 대한 완전한 지식을 갖고 있으며 합리적인 의사결정을 내리는 자이다.
④ 수송비는 거리에 비례한다.

중심지이론

소비자는 중심지 주변에 균등 분포되고, 또한 교통수단과 접근성이 동일하다고 가정함에 따라 평면상 서비스를 공급받지 못하는 지역이 없게 된다.

68 국토를 친환경적·계획적으로 보전하고 이용하기 위하여 환경적 가치를 종합적으로 평가하여 환경적 중요도에 따라 5개 등급으로 구분하고 색채를 달리 표시하여 알기 쉽게 작성한 것으로, 환경정책기본법을 근거로 작성 및 보급되는 지도는?

① 비오톱지도
② 생태·자연도
③ 토지적성평가도
④ 국토환경성평가지도

「환경정책기본법」에 따라 환경부장관은 국토환경을 효율적으로 보전하고 국토를 환경친화적으로 이용하기 위하여 국토에 대한 환경적 가치를 평가하여 등급으로 표시한 국토환경성평가지도를 작성·보급할 수 있다.

69 다음 중 개발도상국에서의 지역 간 인구이동 요인으로 가장 설득력이 적은 것은?

① 취업 기회의 차이
② 문화적 욕구 충족의 차이
③ 교육 수준과 기회의 차이
④ 소득과 임금의 지역 간 격차

개발도상국에서의 지역 간 인구이동은 경제적 직접적 요인(취업 기회의 확대, 소득과 임금의 격차)과 간접적 요인(교육에 따른 경제적 가치 창조)에 중점적으로 영향을 받게 된다. 문화적 욕구의 충족의 경우는 선진국의 지역 간 인구이동 요인에 해당한다.

70 A시의 수출산업(기반활동) 종사자수는 5만 명, 비기반활동 종사자수는 10만 명이다. A시의 수출산업(기반활동) 종사자수는 1명 증가할 때, 총 고용자수는 얼마나 증가하는가?

① 0.5명   ② 2명

③ 3명   ④ 4명

해설

$$경제기반승수 = \frac{지역\ 총\ 고용인구}{지역의\ 수출산업\ 고용인구}$$
$$= \frac{100,000 + 50,000}{50,000} = 3$$

총 고용인구 변화 = 경제기반승수 × 기반산업 고용인구 변화
$$= 3 \times 1명 = 3명$$

71 아래와 같은 조건에서 A시의 IT산업 입지계수(LQ : Location Quotient)는?

- 전국의 총 고용자수 : 1,000만 명
- 전국의 IT산업 총 고용자수 : 100만 명
- A시의 총 고용자수 : 20만 명
- A시의 IT산업 고용자수 : 3만 명

① 0.67 ② 1
③ 1.5 ④ 2

해설

$$LQ = \frac{E_{Ai}/E_A}{E_{ni}/E_n}$$
$$= \frac{A지역의\ i산업\ 고용수/A지역\ 전체\ 고용수}{전국의\ i산업\ 고용수\ /\ 전국의\ 고용수}$$
$$= \frac{3만/20만}{100만/1,000만} = 1.5$$

72 「국토의 계획 및 이용에 관한 법률」상 용도구역에 해당하지 않는 것은?

① 개발제한구역 ② 국토자연구역
③ 수산자원보호구역 ④ 입지규제최소구역

해설

용도구역의 종류
- 개발제한구역
- 도시자연공원구역
- 시가화조정구역
- 수산자원보호구역
- 입지규제최소구역

73 1930년대와 1940년대 초 자연자원 중심의 대표적 지역계획인 테네시계곡 개발계획(TVA)이 이루어진 곳은?

① 미국 ② 영국
③ 독일 ④ 이탈리아

해설

테네시계곡 개발사업
- 1930년대 전후 실업자 구제 및 공업도시 개발을 위해 미국 테네시강 유역에 다수의 다목적댐을 건설하여 전력과 수자원 공급을 목표로 한 사업이다.
- 미국에서 지역개발계획의 선구적 사례이다.

74 고용 또는 소득의 극대화나 지역개발의 극대화 등 정책적 목적을 가장 효과적인 방법으로 달성케 하는 연속적 공간으로 계획의 필요에 따라 인위적으로 설정된 지역은?

① 결절지역 ② 계획지역
③ 동질지역 ④ 분극지역

해설

계획지역(計劃地域, Planning Region)
- 고용 또는 소득의 극대화나 지역개발의 극대화 등 어떤 목적을 가장 경제적인 방법으로 달성케 하는 연속적 공간으로 계획의 필요에 따라 설정된 지역이다.
- 일반적으로 계획의 집행과 효율성을 위해 행정구역과 일치시킨다.

75 페로우(F. Perroux)가 제시한 성장극(Growth Pole)의 특성으로 옳지 않은 것은?

① 성장극은 전체 산업의 평균성장률보다 빠른 성장속도를 갖는다.
② 성장극은 자체의 성장을 유도하고 성장을 다른 곳으로 확산시킨다.
③ 성장극은 경제적 지배력을 가질 수 있을 만큼 충분히 큰 규모를 갖는다.
④ 성장극은 독립성이 강하여 다른 산업과의 연계성이 매우 낮다.

정답 71 ③ 72 ② 73 ① 74 ② 75 ④

해설

페로우(F. Perroux)가 제시한 성장극(Growth Pole)의 특성
대규모성(大規模性), 급속한 성장, 타 산업과의 높은 연계
성(連繫性), 전방연쇄효과, 후방연쇄효과

76 P. Cooke(1992)가 제안한 개념으로 "제품 · 공정 · 지식의 상업화를 촉진하는 기업과 제도들의 네트워크"라고 정의한 대안적 지역개발이론에 가장 가까운 것은?

① 혁신환경론 ② 신산업공간론
③ 클러스터이론 ④ 지역혁신체제론

해설

지역혁신체제론에 대한 설명이며, P. Cooke(1992)의 지
역혁신체제의 상부구조(Super Structure)에는 지역의 조
직과 제도, 지역의 문화, 지역의 규범 등이 있다.

77 우리나라 국토계획의 목적과 가장 거리가 먼 것은?

① 도시지역과 농촌지역이 유기적인 관계를 맺으며 균형 있게 발전하게 한다.
② 1 · 2 · 3차 산업이 발전할 수 있도록 모든 산업을 조화 있게 배치한다.
③ 국민이 보다 안전하고 풍요한 생활을 누릴 수 있도록 국토구조와 환경을 개선한다.
④ 노동조건의 개선, 농촌의 기계화로 노동시간을 단축한다.

해설

국토계획의 목적은 노동조건 개선 및 노동시간 단축과는 거
리가 멀다.

국토계획의 목적
• 대도시의 집중 및 과밀 문제 해결
• 농촌지역의 황폐화, 개발의욕의 상실과 상대적 박탈감 팽배 문제 해결
• 지역 불균형 개발 문제 해결 : 도농 간의 격차, 종주도시와 낙후지역 문제 해결
• 자원의 효과적 개발
• 실업구제, 산업진흥, 국력회복

• 국가 주도적 경제개발 추진 문제 해결 : 정책 간 상충 방지, 하위정책의 지침 제시

78 기준연도의 인구와 출생률, 사망률 및 인구이동의 변화요인을 고려하여 장래의 인구를 추정하는 방법은?

① 비율적용법(Ratio Method)
② 선형모형(Linear Growth Model)
③ 집단생잔법(Cohort Survival Method)
④ 로지스틱커브법(Logistic Curve Method)

해설

집단생잔법(조성법, Cohort Survival Method) – 요소모형
도시인구를 출생, 사망 및 인구이동이라는 세 가지 요소를
합산하여 인구 변화를 예측하는 방식으로 인구예측모형이
라고도 한다.

79 수도권으로의 인구집중, 수도권의 과밀 · 과대화를 억제하기 위한 방법으로 옳지 않은 것은?

① 수도권 내 고등 교육기관의 증설
② 수도권 소재 공공기관의 지방 이전
③ 수도권 내 공장의 신 · 증설 억제
④ 수도권 외 지역의 거점도시 육성

해설

수도권 과밀화를 억제하기 위해서 대학, 연면적 $200m^2$ 이상 건축물, 공공청사 및 연수시설, 학원, 판매용 · 업무용 건축물 등 인구집중유발시설의 신설 · 증설을 억제한다.

80 국토의 다핵화를 위하여 대전 및 광주 등 제1차 성장거점과 청주, 춘천, 전주 등 제2차 성장거점을 제시하고 전국을 28개의 지역 생활권으로 나누어 생활권의 성격과 규모에 따라 5개의 대도시생활권, 17개의 지방도시생활권, 6개의 농촌도시생활권으로 구분하였던 계획은?

① 제1차 국토종합개발계획
② 제2차 국토종합개발계획

③ 제3차 국토종합개발계획

④ 제4차 국토종합계획

해설

제2차 국토종합개발계획(1982~1991)

28개 지역생활권(대도시생활권 5, 지방도시생활권 17, 농촌도시생활권 6)

구분	내용
대도시생활권 (5개 권)	인구가 장차 100만 명 이상이 될 것이 예상되는 도시(서울 · 부산 · 대전 · 대구 · 광주)를 중심으로 하는 생활권
지방도시생활권 (17개 권)	지방도시(춘천 · 원주 · 강릉 · 청주 · 충주 · 제천 · 천안 · 전주 · 정읍 · 남원 · 순천 · 목포 · 안동 · 포항 · 영주 · 진주 · 제주)를 중심으로 하는 생활권
농촌도시생활권 (6개 권)	영월 · 서산 · 홍성 · 강진 · 점촌 · 거창을 중심으로 하는 농업적 기반이 강한 낙후지역의 생활권

5과목 도시계획 관계 법규

81 개발제한구역관리계획의 수립과 관련한 아래 내용에서 ( )에 들어갈 내용으로 옳은 것은?

> 개발제한구역을 관할하는 시 · 도지사는 개발제한구역을 종합적으로 관리하기 위하여 ( ) 단위로 개발제한구역관리계획을 수립하여 국토교통부장관의 승인을 받아야 한다.

① 3년　　　② 5년

③ 7년　　　④ 10년

해설

시 · 도지사는 5년 단위로 개발제한구역관리계획을 수립하여 승인을 받아야 한다.

82 「도시개발법」상 원칙적으로 도시개발구역을 지정할 수 없는 자는?

① 구청장　　　② 도지사

③ 광역시장　　　④ 특별시장

해설

도시개발구역의 지정(「도시개발법」 제3조)

다음에 해당하는 자는 계획적인 도시개발이 필요하다고 인정되는 때에는 도시개발구역을 지정할 수 있다.

• 특별시장 · 광역시장 · 도지사 · 특별자치도지사

• 「지방자치법」 제175조에 따른 서울특별시와 광역시를 제외한 인구 50만 명 이상의 대도시의 시장

83 건축법령상 용도별 건축물의 종류 구분에 따른 문화 및 집회시설에 해당하지 않는 것은?

① 전시장

② 수족관

③ 독서실

④ 공연장(제2종 근린생활시설에 해당하지 아니하는 것)

해설

독서실은 제2종 근린생활시설에 해당한다.

84 수도권정비계획법령상 과밀부담금에 대한 설명으로 옳은 것은?

① 부담금은 건축비의 100분의 20으로 한다.

② 부담금은 지역별 여건 등에 따라 건축비의 100분의 10까지 조정할 수 있다.

③ 건축물 중 주차장의 용도로 사용되는 건축물에 대해 부담금을 감면할 수 없다.

④ 부담금은 부과 대상 건축물이 속한 지역을 관할하는 시 · 도지사가 부과 · 징수한다.

해설

① 부담금은 건축비의 100분의 10으로 한다.

② 부담금은 지역별 여건 등에 따라 건축비의 100분의 5까지 조정할 수 있다.

③ 건축물 중 주차장의 용도로 사용되는 건축물에 대해 부담금을 감면할 수 있다.

85 다음 중 건폐율에 관한 내용이 틀린 것은?

① 건폐율이란 대지면적에 대한 건축면적의 비율이다.
② 도시지역 내 주거지역의 건폐율 최대한도는 70% 이하이다.
③ 관리지역 내 보전관리지역의 건폐율 최대한도는 10% 이하이다.
④ 농림지역의 건폐율 최대한도는 20% 이하이다.

◉해설
관리지역 내 보전관리지역의 건폐율 최대한도는 20%이다.

86 주택법령상 아래의 정의에 해당하는 용어는?

하나의 주택단지에서 대통령령으로 정하는 기준에 따라 둘 이상으로 구분되는 일단의 구역으로, 착공신고 및 사용검사를 별도로 수행할 수 있는 구역

① 가구
② 공구
③ 특구
④ 환구

◉해설
공구(「주택법」 제2조)
하나의 주택단지에서 대통령령으로 정하는 기준에 따라 둘 이상으로 구분되는 일단의 구역으로, 착공신고 및 사용검사를 별도로 수행할 수 있는 구역을 말한다.

87 도시 및 주거환경정비법령상 도시·주거환경정비 기본계획의 수립 과정에 관한 아래 내용의 밑줄 친 내용 중 옳지 않은 것은?

• 기본계획의 수립권자는 도시·주거환경정비 기본계획을 ㉠ 10년 단위로 수립한다.
• 기본계획의 수립권자는 기본계획을 수립하거나 변경하려는 경우에는 ㉡ 14일 이상 주민에게 공람하고 지방의회의 의견을 들어야 한다.
• 지방의회는 기본계획의 수립권자가 기본계획을 통지한 날부터 ㉢ 30일 이내에 의견을 제시하여야 하며, 의견 제시 이후에는 지방도시계획위원회의 심의를 거쳐야 한다.
• 기본계획의 수립권자는 기본계획을 수립하거나 변경한 때에는 지체 없이 이를 해당 지방자치단체의 공보에 고시하고, 이를 ㉣ 국토교통부장관에게 보고하여야 한다.

① ㉠
② ㉡
③ ㉢
④ ㉣

◉해설
기본계획 수립을 위한 주민의견청취 등(「도시 및 주거환경정비법」 제6조)
기본계획의 수립권자는 공람과 함께 지방의회의 의견을 들어야 한다. 이 경우 지방의회는 기본계획의 수립권자가 기본계획을 통지한 날부터 60일 이내에 의견을 제시하여야 하며, 의견제시 없이 60일이 지난 경우 이의가 없는 것으로 본다.

88 주차장법령상 주차장의 주차단위구획 설치 기준에 대한 설명으로 옳지 않은 것은?

① 경형자동차 전용주차구획의 주차단위구획은 파란색 실선으로 표시하여야 한다.
② 평행주차형식 외이고 장애인전용인 경우, 주차단위구획의 길이는 5m 이상이다.
③ 평행주차형식 외이고 장애인전용인 경우, 주차구획의 너비는 3.3m 이상이다.
④ 평행주차형식이고 일반형인 경우, 주차단위구획의 길이는 6.5m 이상이다.

◉해설
주차장의 주차구획(「주차장법 시행규칙」 제3조)
평행주차형식의 경우

구분	너비	길이
경형	1.7m 이상	4.5m 이상
일반형	2.0m 이상	6.0m 이상
보도와 차도의 구분이 없는 주거지역의 도로	2.0m 이상	5.0m 이상
이륜자동차전용	1.0m 이상	2.3m 이상

89 도시·군계획시설로서 하천에 해당하지 않는 것은?

① 국가하천
② 지방하천
③ 운하
④ 유수지

해설

유수지는 홍수 때 하천의 수량을 조절하는 천연 또는 인공의 저수지를 말하며, 하천과 구별되는 별도의 방재시설 중 하나이다.

90 국토의 계획 및 이용에 관한 법령상 다음 중 공동구의 원칙적인 관리자는?(단, 대통령령으로 관리·운영을 위탁하는 기관의 경우는 고려하지 않는다.)

① 구청장　　　　② 시장 또는 군수
③ 행정안전부장관　　④ 시설관리공단장

해설

공동구의 관리(「도시 및 주거환경정비법 시행규칙」 제17조)
• 공동구는 시장·군수 등이 관리한다.
• 시장·군수 등은 공동구 관리비용의 일부를 그 공동구를 점용하는 자에게 부담시킬 수 있으며, 그 부담비율은 점용면적비율을 고려하여 시장·군수 등이 정한다.

91 건축법령상 건축면적에 대한 설명으로 옳은 것은?

① 건축물 지상층에 일반인이 통행할 수 있도록 설치한 보행통로는 건축면적에 산입한다.
② 건축물 외벽의 바깥 부분 외곽선으로 둘러싸인 부분의 수평투영면적을 말한다.
③ 지표면으로부터 1m 이하에 있는 부분은 건축면적에 산입한다.
④ 건축물의 외벽이 없는 경우 외곽 부분의 기둥을 건축물의 외벽으로 본다.

해설

① 건축물 지상층에 일반인이 통행할 수 있도록 설치한 보행통로는 건축면적에 산입하지 않는다.
② 건축물 외벽의 중심선으로 둘러싸인 부분의 수평투영면적을 말한다.
③ 지표면으로부터 1m 이하에 있는 부분은 건축면적에서 제외한다.

92 도시개발법령상 도시개발사업 시행자가 청산금을 징수·교부하여야 하는 원칙적인 시기 기준은?(단, 환지를 정하지 아니하는 토지에 대한 경우는 고려하지 않는다.)

① 환지설계 후
② 환지계획 후
③ 환지처분 공고 후
④ 환지예정지 지정 후

해설

청산금의 징수·교부(「도시개발법」 제46조)
시행자는 환지처분이 공고된 후에 확정된 청산금을 징수하거나 교부하여야 한다.

93 도시개발사업의 시행자가 될 수 있는 대통령령으로 정하는 공공기관에 해당하지 않는 것은?(단, 「혁신도시 조성 및 발전에 관한 특별법」에 따른 매입공공기관의 경우는 고려하지 않는다.)

① 한국자산관리공사　　② 한국관광공사
③ 한국농어촌공사　　　④ 한국수자원공사

해설

도시개발사업의 시행자(「도시개발법 시행령」 제18조)
대통령령으로 정하는 공공기관이란 아래의 공공기관을 말한다.
한국토지주택공사, 한국수자원공사, 한국농어촌공사, 한국관광공사, 한국철도공사

94 주택법령상 주택조합의 구분에 해당하지 않는 것은?

① 지역주택조합
② 직장주택조합
③ 특수주택조합
④ 리모델링주택조합

해설

주택조합

많은 수의 구성원이 사업계획의 승인을 받아 주택을 마련하거나 리모델링하기 위하여 결성하는 다음의 조합을 말한다.

- 지역주택조합 : 지역에 거주하는 주민이 주택을 마련하기 위하여 설립한 조합
- 직장주택조합 : 같은 직장의 근로자가 주택을 마련하기 위하여 설립한 조합
- 리모델링주택조합 : 공동주택의 소유자가 그 주택을 리모델링하기 위하여 설립한 조합

95 체육시설의 설치 · 이용에 관한 법령상 공공체육시설의 구분에 해당하지 않는 것은?

① 전문체육시설 ② 재활체육시설
③ 직장체육시설 ④ 생활체육시설

해설

공공체육시설

전문체육시설, 생활체육시설, 직장체육시설

96 수도권정비계획법령상 수도권정비실무위원회의 위원장은?

① 국무총리 ② 경기도지사
③ 서울특별시장 ④ 국토교통부 제1차관

해설

수도권정비실무위원회의 구성(「수도권정비계획법 시행령」 제30조)

- 수도권정비실무위원회는 위원장 1명과 25명 이내의 위원으로 구성한다.
- 실무위원회의 위원장은 국토교통부 제1차관이 되고, 위원은 중앙행정기관의 일반직공무원 및 서울특별시의 공무원과 인천광역시, 경기도의 공무원 중에서 소속 기관의 장이 지정한 각각 1명과 수도권정비정책과 관계되는 분야의 학식과 경험이 풍부한 자 중에서 수도권정비위원회의 위원장이 위촉하는 자가 된다.
- 공무원이 아닌 위원의 임기는 2년으로 한다.
- 실무위원회의 사무를 처리하기 위하여 실무위원회에 간사 1명을 두며, 간사는 국토교통부 소속 공무원 중에서 실무위원회의 위원장이 임명한다.

97 주차장법령상 노상주차장의 원칙적인 설치권자가 아닌 자는?

① 군수 ② 구청장
③ 특별시장 ④ 시설관리공단장

해설

노상주차장은 특별 · 광역시장. 시장 · 군수, 구청장이 설치, 관리 및 폐지한다.

98 국토의 계획 및 이용에 관한 법령상 공동주택 중심의 양호한 주거환경을 보호하기 위하여 세분하여 지정하는 용도지역은?

① 제1종 전용주거지역
② 제2종 전용주거지역
③ 제1종 일반주거지역
④ 제2종 일반주거지역

해설

① 제1종 전용주거지역 : 단독주택 중심의 양호한 주거환경을 보호하기 위하여 필요한 지역
③ 제1종 일반주거지역 : 저층 주택을 중심으로 편리한 주거환경을 조성하기 위하여 필요한 지역
④ 제2종 일반주거지역 : 중층 주택을 중심으로 편리한 주거환경을 조성하기 위하여 필요한 지역

99 국토의 계획 및 이용에 관한 법령상 기반시설에 속하지 않는 것은?

① 광장 · 공원 · 녹지 등 공간시설
② 도로 · 철도 · 항만 · 공항 등 교통시설
③ 하수도 · 폐기물처리시설 등 환경기초시설
④ 아파트 · 연립주택 · 다세대주택 등 주거시설

해설

아파트 · 연립주택 · 다세대주택 등 주거시설은 기반시설을 이용하는 주체에 해당한다.

100 국토기본법령상 환경친화적 국토관리의 내용으로 가장 거리가 먼 것은?

① 국토에 관한 계획 또는 사업을 수립·집행할 때에는 자연환경과 생활환경에 미치는 영향을 사전에 검토함으로써 환경에 미치는 부정적인 영향을 최소화하고 환경정의가 실현될 수 있도록 하여야 한다.

② 국토의 무질서한 개발을 방지하고 국민생활에 필요한 토지를 원활하게 공급하기 위하여 토지이용에 관한 종합적인 계획을 수립하고 이에 따라 국토공간을 체계적으로 관리하여야 한다.

③ 지역 간 경쟁을 통하여 국민생활의 질적 향상을 도모하고 국토의 지리적 특성을 살려 국가경쟁력을 강화할 수 있는 기간시설의 설치를 확대하여 국토 정주 여건을 관리하여야 한다.

④ 자연생태계를 통합적으로 관리·보전하고 훼손된 자연생태계를 복원하기 위한 종합적인 시책을 추진함으로써 인간이 자연과 더불어 살 수 있는 쾌적한 국토환경을 조성하여야 한다.

◉해설

지역 간 경쟁을 통한 국민생활의 질적 향상 도모는 환경친화적 국토관리의 내용과 거리가 멀다.

1과목 | 도시계획론

01 계획이론을 실체적 이론(Substantive Theories)과 절차적 이론(Procedural Theories)으로 구분할 때, 다음 중 절차적 이론에 대한 설명으로 옳지 않은 것은?

① 보다 효율적이고 합리적인 계획을 수립하고, 실행하기 위한 계획의 과정에 관한 이론이다.

② 경제 또는 사회의 구조나 현상 등을 설명하고 예측하여 문제의 해결 대안을 제시하는 이론이다.

③ 계획의 대상이 되는 현상에 대한 이해보다는 계획 그 자체가 어떻게 작용하는가에 관한 이론이다.

④ 계획의 대상에 관계없이 계획이 추구하는 목표와 가치에 따라 계획안을 만들어내는 과정에 관한 공통적이고 일반적인 이론이다.

해설

②는 실체적 이론에 대한 설명이다.

절차적 이론(Procedual Planning Theory)과 실체적 이론(Substantive Planning Theory)

절차적 이론	실체적 이론
• 보다 효율적이고 합리적인 계획을 수립하고 실행하기 위한 계획과정에 관한 이론 • 계획 자체가 어떻게 작용하는가에 관한 이론(계획의 수립 및 시행과 관련된 이론) • 계획대상에 관계없이(도시계획이냐, 경제계획이냐에 관계없이) 계획 활동 자체가 추구하는 이념이나 목표, 원칙에 따라 절차 및 제도적 장치 등에 관한 일반적인 이론	• 경제 또는 사회의 구조나 현상 등을 설명하고 예측하는 이론으로 계획현상이나 계획대상에 관한 이론 • 다양한 계획 활동에 있어 각기 필요로 하는 분야별 전문지식에 관한 이론(예를 들면 경제계획의 경우 경제성장이론과 분배이론, 도시계획의 경우 토지이용계획이론과 교통계획이론 등)

02 머디(R. A. Murdie, 1997)가 미국의 여러 도시를 대상으로 한 사회공간구조의 분석 결과 밝혀낸 다핵 패턴을 이루게 되는 유형에 해당하지 않는 것은?

① 사회 · 경제적 지위
② 정보화 단계
③ 가족구조
④ 인종 그룹

해설

머디(Muride, 1997)의 사회공간구조 형성 유형

• 사회 · 경제적 지위 : 호이트의 부채꼴 이론과 유사한 공간이용 형태를 보임
• 가족구성, 세대유형 : 버제스의 동심원이론 형태를 보임
• 인종 그룹 : 서로 다른 인종끼리 분리되어 독자적인 지역사회를 형성 · 다핵 패턴을 보임

03 우리나라 인구주택 총조사의 실시 주기는?

① 2년
② 5년
③ 7년
④ 10년

해설

인구주택 총조사는 5년을 주기로 실시한다.

04 도시정부의 예산편성제도 중 조직목표 달성에 중점을 두고 장기적인 계획 수립과 단기적인 예산 편성을 유기적으로 관련시킴으로써 자원 배분에 관한 의사결정을 합리적이고 일관성 있게 행하려는 제도는?

① 성과주의 예산제도
② 품목별 예산제도
③ 복식예산제도
④ 계획예산제도

해설

계획예산제도(PPBS : Planning Programming Budgeting System)

기획, 사업구조, 그리고 예산을 연계시킨 시스템적 예산제도로서 다양한 부분의 요소가 어우러져서 조직목표 달성에 중점을 두고 합리적인 예산 계획을 수립하고자 하는 예산제도

05 토지이용계획 실현수단을 크게 규제수단, 계획수단, 개발수단, 유도수단으로 나눌 때, 다음 중 직접적인 토지이용 '계획수단'에 해당하는 것은?

① 세금 혜택　　　　② 지구단위계획
③ 도시재개발사업　　④ 도시계획시설 정비

해설
① 세금 혜택 : 유도수단
③ 도시재개발사업 : 개발수단
④ 도시계획시설 정비 : 유도수단

06 다음 중 재정비촉진지구의 유형 구분에 해당되지 않는 것은?

① 주거지형　　　　② 근린재생형
③ 중심지형　　　　④ 고밀복합형

해설
재정비촉진지구의 종류

구분	내용
주거지형	노후·불량주택과 건축물이 밀집한 지역으로서 주로 주거환경의 개선과 기반시설의 정비가 필요한 지구
중심지형	상업지역·공업지역 또는 역세권·지하철역·간선도로의 교차지 등으로서 토지의 효율적 이용과 도심 또는 부도심 등의 도시기능의 회복이 필요한 지구
고밀복합형	주요 역세권, 간선도로의 교차지 등 양호한 기반시설을 갖추고 있어 대중교통 이용이 용이한 지역으로서 도심 내 소형 주택의 공급 확대, 토지의 고도이용과 건축물의 복합개발이 필요한 지구

07 우리나라의 용도지역·지구제에 대한 설명으로 옳지 않은 것은?

① 토지의 효율적인 이용 및 관리를 위해 지정한다.
② 하나의 용도지역에 2개 이상의 용도지구가 지정될 수 있다.
③ 도시지역의 용도지역은 크게 주거지역, 상업지역, 공업지역, 녹지지역, 관리지역으로 구분된다.
④ 토지의 이용목적에 부합하지 않는 건축 등의 행위는 규제하고 부합하는 행위는 유도하는 제도적 장치다.

해설
용도지역의 지정(「국토의 계획 및 이용에 관한 법률」 제36조)
용도지역은 도시지역, 관리지역, 농림지역, 자연환경보전지역으로 구분되며, 이 중 도시지역은 주거지역, 상업지역, 공업지역, 녹지지역으로 구분된다.

08 다음 중 교통수요 4단계 추정법의 순서가 옳게 나열된 것은?

> ㉠ 통행 발생(Trip Generation)
> ㉡ 통행 배분(Trip Distribution)
> ㉢ 수단 선택(Modal Split)
> ㉣ 노선 배정(Trip Assignment)

① ㉠－㉢－㉣－㉡
② ㉠－㉢－㉡－㉣
③ ㉠－㉣－㉢－㉡
④ ㉠－㉡－㉢－㉣

해설
4단계 교통수요 추정 단계
통행 발생(Trip Generation) → 통행 배분(통행 분포, Trip Distribution) → 교통수단 선택(Modal Split) → 노선 배정(Traffic Assignment)

09 계획대상구역의 공간적 범위에 따른 공간계획의 분류에 해당하지 않는 것은?

① 국토계획
② 지역경제계획
③ 도시계획
④ 단지계획

해설
지역경제계획은 국토/도시/단지와 같이 물리적 공간 범위에 따른 공간계획 분류가 아닌, 경제/사회/행정/재정 등과 같이 비물리적 분야에 대한 계획 분류에 해당한다.

10 지리정보체계(GIS)를 이용한 공간분석 기법과 그 활용 사례에 대한 설명으로 옳지 않은 것은?

① Buffer : 도로에서 발생하는 소음의 영향권을 분석한다.
② Overlay : 두 개 이상의 서로 다른 특성을 가진 도면을 중첩하여 적지를 분석한다.
③ Query : 특정한 조건을 만족하는 데이터를 검색한다.
④ Tessellation : 행정구역과 같은 특정 폴리곤의 기하학적 중심점을 찾는다.

● 해설
④는 Polygon Centroid에 대한 설명이며, Tessellation은 일정한 형태의 도형들로 평면을 빈틈없이 채우는 것을 의미한다.

11 아래의 설명에 해당하는 것은?

어느 특정 지역이 용도상으로 필요하다고 규정만 해두고 도면상의 배치 결정은 유보하는 지역제 기법이다. 즉, 조례에서는 특정용도지역을 설정하지만 위치에 대해서는 규정하지 않고 차후에 특정 개발자의 구체적 제안을 기다렸다가 해당 자치체 의회와의 협의를 거쳐 배치하는 방법이다.

① 부동지역제(Float Zoning)
② 특례조치(Special Exception)
③ 혼합지역제(Inclusive Zoning)
④ 성능지역규제(Performance Zoning)

● 해설
부동지역제(Float Zoning)
• 적용특례나 특례조치는 Zoning의 완결을 전제로 개별 용도 차원에서 이루어지지만, 부동지역제는 Zoning의 결정에 탄력성을 부여할 목적으로 용도지역 차원에서 이루어지는 특례조치이다.
• 이 용도지구는 자치단체구역 내의 여기저기를 '부동(浮動)'한다. Zoning 조례가 요건을 만족시키는 용도가 신청되면 그 시점에 Zoning 도면상에 '고정'된다.
• PUD, 대형 쇼핑센터 등 특정 개발자의 구체적 제안을 지방자치단체 및 의회의 협의를 거쳐 유연하게 적용하는 용도지역제이다.

12 일반적인 도시화의 진행 과정으로 옳은 것은?

① 집중적 도시화 → 역도시화 → 분산적 도시화
② 분산적 도시화 → 집중적 도시화 → 역도시화
③ 집중적 도시화 → 분산적 도시화 → 역도시화
④ 분산적 도시화 → 역도시화 → 집중적 도시화

● 해설
버그(Van den Berg)와 클라센(Klassen)의 도시화 3단계 (도시공간의 순환과정)
도시화(집중적 도시화) → 교외화(분산적 도시화) → 역도시화

13 미국의 보스턴, 뉴저지, 로스앤젤레스를 대상으로 지도 그리기 방법을 통해 도시 이미지를 구성하는 요소를 구분하였으며, 도시경관의 명료성을 살릴 수 있는 도시경관의 특성을 부여하고 개념을 제시하고자 하였던 학자는?

① Amos Rapoport
② Kevin Lynch
③ Allen Jacobs
④ G. Murphy

● 해설
케빈 린치(Kevin Lynch)는 도시는 "사람에 의해서 이미지화되는 것"이라고 주장하였으며, 도시설계는 경제 · 사회 · 심리적 영향도 함께 고려해야 하는 복합적인 것으로 정의하였다.

케빈 린치의 도시를 이미지화하는 도시의 물리적 구조에 관한 5가지 요소
경계(Edge), 결절점(Node), 통로(Path), 지구(District), 랜드마크(Landmark)

14 도시 · 군기본계획에 대한 설명으로 거리가 가장 먼 것은?

① 공간구조 및 토지이용에 관한 한 부문별 정책이나 계획 등에 우선한다.
② 도시의 기본적 공간 구조를 다루고 장기적 발전방향을 제시하는 계획이다.

③ 정책계획과 전략계획을 실현할 수 있는 도시·군
관리계획의 지침적 계획으로서의 위상을 갖는다.
④ 도시 시설의 설치 원칙을 제시하고 시민들의 건축
활동에 대해 법적 구속력을 행사하는 것을 주요 목
적으로 한다.

해설

시민들의 건축활동에 대해 법적 구속력을 행사하는 것을 주
요 목적으로 하는 것은 건축법령 관련 사항이다.

15 국토의 계획 및 이용에 관한 법령상 중고층주
택을 중심으로 편리한 주거환경을 조성하기 위해
지정하는 용도지역은?

① 준주거지역
② 제2종 일반주거지역
③ 제2종 전용주거지역
④ 제3종 일반주거지역

해설

용도지역의 세분(「국토의 계획 및 이용에 관한 법률 시행령」
제30조)

구분	세분사항	내용
주거지역	전용주거지역	양호한 주거환경을 보호하기 위하여 필요한 지역
	(1) 제1종 전용주거지역	단독주택 중심의 양호한 주거환경을 보호하기 위하여 필요한 지역
	(2) 제2종 전용주거지역	공동주택 중심의 양호한 주거환경을 보호하기 위하여 필요한 지역
	일반주거지역	편리한 주거환경을 조성하기 위하여 필요한 지역
	(1) 제1종 일반주거지역	저층주택을 중심으로 편리한 주거환경을 조성하기 위하여 필요한 지역
	(2) 제2종 일반주거지역	중층주택을 중심으로 편리한 주거환경을 조성하기 위하여 필요한 지역
	(3) 제3종 일반주거지역	중고층주택을 중심으로 편리한 주거환경을 조성하기 위하여 필요한 지역
	준주거지역	주거기능을 위주로 이를 지원하는 일부 상업기능 및 업무기능을 보완하기 위하여 필요한 지역

16 중세 유럽 도시들의 공통적인 물리적 특성에
대한 설명으로 옳지 않은 것은?

① 성벽과 대규모 사원이 도시 공간의 주된 구성요소
이었다.
② 방어를 위해 사용된 해자, 운하, 강이 개별 도시를
고립시켰다.
③ 도심을 강조하기 위해 직선 도로를 중심으로 계획
하고, 엄격한 용도규제를 통하여 도시 내부 기능
을 분리하였다.
④ 도시 내의 통행은 도보와 가축을 활용하였다.

해설

중세 유럽 도시계획의 특징은 도심을 강조하기 위해 집중형
간선도로망을 활용한 것이다.

17 어느 도시의 인구는 등차급수적으로 증가하
며 2013년도 인구가 40만 명, 2018년도 인구가
56만 명인 경우, 2023년도의 예상 인구는?(단,
2013년을 기준연도로 한다.)

① 56만 명　　　② 72만 명
③ 80만 명　　　④ 88만 명

해설

- 연평균 인구 증가율(r) 산출

$$r = \frac{\left(\dfrac{P_{s(2018년)}}{P_{0(2013년)}} - 1\right)}{n(경과연수)}$$

$$= \frac{\left(\dfrac{56}{40} - 1\right)}{5} = 0.08$$

- 2023년도의 예상 인구 산출

$$P_{n(2023년)} = P_{0(2013년)}(1 + rn)$$
$$= 40(1 + 0.08 \times 10) = 72만 명$$

18 도시조사에 이용되는 지적도에 대한 설명으로 틀린 것은?

① 토지대장에 등록된 토지의 경계를 밝혀주는 공부이다.
② 필지별 토지의 소재, 지번, 지목, 경계 등 소유권의 범위를 표시하고 있다.
③ 필지 경계 외에도 지형 및 건물의 배치가 표기되어 있어 도시계획에 있어 필수적인 자료이다.
④ 도면상의 지적과 공부상의 면적이 일치하지 않는 지적불부합의 문제가 있다.

●해설
지적도상에는 지형 및 건물의 배치가 표기되어 있지 않다.

19 다음 중 도시·군관리계획으로 결정하는 용도지구의 구분에 해당하지 않는 것은?

① 보존지구   ② 보호지구
③ 개발진흥지구   ④ 특정용도제한지구

●해설
• 용도지구는 경관지구, 고도지구, 방화지구, 방재지구, 보호지구, 취락지구, 개발진흥지구, 특정용도제한지구, 복합용도지구로 구분된다.
• 자연환경보전과 관련해서는 용도지구가 아닌 용도지역으로 분류된다.

20 도심공동화로 인해 나타나는 현상으로 옳은 것은?

① 도심의 주거환경 개선
② 기성 시가지의 활성화
③ 직주근접현상 심화
④ 야간인구의 격감

●해설
도심공동화(都心空洞化, Donut Phenomenon) 현상
분산적 도시화(교외화)로 인한 도시권의 확장으로 주거 공간이 교외로 이전함으로써, 주간에는 직장이 몰려 있는 도심 중심부에 인구가 많지만, 퇴근 후(야간)에는 교외의 주거시설로 이동하여, 야간에 도심 중심부의 인구가 격감하게 되는 현상을 말한다.

2과목 도시설계 및 단지계획

21 주거형 지구단위계획 시 상업용지의 획지 및 가구계획 수립 기준으로 거리가 가장 먼 것은?(단, 기타 사항은 고려하지 않는다.)

① 구역 중심지의 주간선도로 또는 보조간선도로의 교차로 주변에 계획한다.
② 가구의 단변은 1열 배치인 경우 20~60m가 적당하다.
③ 주간선도로 또는 보조간선도로를 따라 2열 배열이 되도록 하고 그 뒷면에 1열 배열로 하여 도로의 이면에서 접근이 용이하도록 한다.
④ 가구 규모는 시설입지에 대한 다양한 요구를 충족시킬 수 있도록 다양한 규모로 계획한다.

●해설
상업용지의 획지 및 가구계획 시 주간선도로 또는 보조간선도로를 따라 1열 배열이 되도록 하고 그 뒷면에 접지도로를 두고 2열 배열로 하여 도로에서 접근이 용이하도록 한다.

22 도시·군계획시설로서 학교의 결정기준과 관련하여, 새로이 개발되는 지역의 경우 1개의 근린주거구역의 범위는 몇 세대를 기준으로 결정하는가?(단, 이미 개발된 지역과 인접한 지역의 개발여건을 고려하여 세대수를 조정하는 경우 등은 고려하지 않는다.)

① 500세대 내지 1,000세대
② 1,000세대 내지 2,000세대
③ 2,000세대 내지 3,000세대
④ 5,000세대 내지 10,000세대

●해설
학교의 결정기준(「도시·군계획시설의 결정·구조 및 설치기준에 관한 규칙」 제89조)
근린주거구역의 범위는 이미 개발된 지역의 경우에는 개발현황에 따라 정하고, 새로이 개발되는 지역(재개발 또는 재건축되는 지역을 포함)의 경우에는 2천세대 내지 3천세대를 1개 근린주거구역으로 한다. 다만, 인접한 지역의 개발여건을 고려하여 필요한 경우에는 2천세대 미만인 지역을 근린주거구역으로 할 수 있다.

23 조선시대에 건조된 읍성(邑城)에 대한 설명으로 옳지 않은 것은?

① 우리나라의 전통적인 지리적 방식에 의해 입지가 결정되었다.
② 지역의 지형 특징에 따라 주요 시설들의 배치가 이루어졌다.
③ 외부의 적으로부터 효과적인 방어를 위해 주로 산 정상에 건조되었다.
④ 당시 지방의 통치를 위해 관료를 파견하기 위한 행정도시의 성격을 갖는다.

해설
외부의 적으로부터 효과적인 방어를 위해 산 정상에 위치하기보다는 지역의 지형 특성을 고려하여 읍성의 위치가 결정되었다.

24 「주택건설기준 등에 관한 규정」상 사업주체는 공동주택을 건설하는 지점의 소음도가 얼마 미만이 되도록 소음방지대책을 수립하여야 하는가?

① 65dB   ② 90dB
③ 120dB   ④ 160dB

해설
소음방지대책의 수립(「주택건설기준 등에 관한 규정」 제9조)
사업주체는 공동주택을 건설하는 지점의 소음도가 65dB 미만이 되도록 하되, 65dB 이상인 경우에는 방음벽·수림대 등의 방음시설을 설치하여 해당 공동주택의 건설 지점의 소음도가 65dB 미만이 되도록 소음방지대책을 수립하여야 한다.

25 공동주택의 배치에서 도로 및 주차장의 경계선으로부터 공동주택의 외벽까지 이격하여야 하는 최소 거리 기준은?(단, 「주택건설기준 등에 관한 규정」 기준)

① 2m 이상   ② 3m 이상
③ 5m 이상   ④ 10m 이상

해설
단지 내 도로
• 공동주택 배치 시 도로 및 주차장의 경계에서 주택의 벽까지의 최소 거리 : 2m
• 길이가 100m 이상인 막다른 도로의 끝 부분은 자동차 회전시설 설치
• 단지 내 도로 폭이 12m 이상인 경우 : 폭 1.5m 이상의 보도 설치

26 지구단위계획에 대한 설명으로 옳지 않은 것은?

① 지구단위계획구역 및 지구단위계획은 도시·군기본계획으로 결정한다.
② 인간과 자연이 공존하는 환경친화적 환경을 조성하고 지속 가능한 개발 또는 관리가 가능하도록 하기 위한 계획이다.
③ 향후 10년 내외에 걸쳐 나타날 시·군의 성장·발전 등의 여건 변화와 향후 5년 내외에 개발이 예상되는 일단의 토지 또는 지역과 그 주변지역의 미래 모습을 상정하여 수립하는 계획이다.
④ 지구단위계획을 통한 구역의 정비 및 기능 재정립의 개선효과가 인근까지 미쳐 시·군 전체의 기능이나 미관 등의 개선에 도움을 주기 위한 계획이다.

해설
지구단위계획구역 및 지구단위계획은 도시·군관리계획으로 결정한다.

27 지구단위계획구역 중 특별계획구역 지정대상 기준으로 옳지 않은 것은?

① 순차개발하는 경우 선순위개발 대상지역
② 지구단위계획구역안의 일정 지역에 대하여 우수한 설계안을 반영하기 위하여 현상설계를 하고자 하는 경우
③ 지형조건상 지반의 높낮이 차이가 심하여 건축적으로 상세한 입체계획을 수립하여야 하는 경우
④ 주요 지표물 지점으로서 지구단위계획안 작성 당시에는 대지소유자의 개발프로그램이 뚜렷하지 않으나 앞으로 협의를 통하여 우수한 개발안을 유도할 필요가 있는 경우

◉해설

순차개발하는 경우 후순위개발 대상지역이 해당된다.

특별계획구역(「지구단위계획수립지침」 제15절)
특별계획구역 지정대상은 다음과 같다.
• 순차개발하는 경우 후순위개발 대상지역
• 대규모 쇼핑단지, 전시장, 터미널, 농수산물도매시장, 출판단지 등 일반화되기 어려운 특수기능의 건축시설과 같이 하나의 대지 안에 여러 동의 건축물과 다양한 용도를 수용하기 위하여 특별한 건축적 프로그램을 만들어 복합적 개발을 하는 것이 필요한 경우
• 복잡한 지형의 재개발구역을 종합적으로 개발하는 경우와 같이 지형조건상 지반의 높낮이 차이가 심하여 건축적으로 상세한 입체계획을 수립하여야 하는 경우
• 지구단위계획구역안의 일정지역에 대하여 우수한 설계안을 반영하기 위하여 현상설계 등을 하고자 하는 경우
• 주요 지표물 지점으로서 지구단위계획안 작성 당시에는 대지소유자의 개발프로그램이 뚜렷하지 않으나 앞으로 협의를 통하여 우수한 개발안을 유도할 필요가 있는 경우
• 공공사업의 시행, 대형건축물의 건축 또는 2필지 이상의 토지소유자의 공동개발 기타 지구단위계획구역의 지정목적을 달성하기 위하여 특별계획구역으로 지정하여 개발하는 것이 필요한 경우

28 단지계획의 접근 방법과 이론가의 연결이 잘못된 것은?

① 생태적 접근 : McHarg
② 행태적 접근 : Altman
③ 미학적 접근 : Chapin
④ 사회 · 심리적 접근 : E. T. Hall

◉해설

샤핀(Chapin)은 경제적, 사회적, 공공복지적 접근을 하였고, 미학적 접근을 한 이론가는 컬렌(Cullen), 케빈 린치(K. Lynch) 등이 해당된다.

29 라이트(H. Wright)와 스타인(C. Stein)이 래드번 단지계획에서 제시한 기본 원리로 옳지 않은 것은?

① 보도와 차도의 입체적 분리
② 기능에 따른 4가지 종류의 도로 구분

③ 자동차 통과도로를 위한 슈퍼블록 구성
④ 주택단지 어디로나 통과할 수 있는 공동의 오픈스페이스 조성

◉해설

슈퍼블록(Super Block)
대형 가구의 내부에 자동차의 통과교통을 없애고, 보행자 전용도로를 조성하여 쾌적하고 편리한 주거생활공간을 창출한 것으로서, 1928년 래드번 계획에서 처음 채택되었다.

30 「주택건설기준 등에 관한 규정」상 500세대의 주택을 건설하는 주택단지에 주민공동시설을 설치하는 경우 해당 주택단지에 포함되어야 하는 시설에 해당하지 않는 것은?(단, 사업계획승인권자가 설치할 필요가 없다고 인정하는 시설, 입주예정자의 과반수가 서면으로 반대하는 시설 및 기타 사항은 고려하지 않는다.)

① 경로당   ② 유치원
③ 주민운동시설   ④ 어린이놀이터

◉해설

① 경로당 : 100세대 이상일 경우 의무설치
② 유치원 : 2,000세대 이상일 경우 의무설치
③ 주민운동시설 : 500세대 이상일 경우 의무설치
④ 어린이놀이터 : 50세대 이상일 경우 의무설치

31 단지경관의 기본 이론인 맥락(Context) 중 2차적 맥락에 대한 설명으로 가장 적합한 것은?

① 지역의 특징적 형태나 유형 등을 참조하여 지역의 향토적 흐름을 유추하는 단계를 말한다.
② 건축언어를 일치시키는 것이 목적이며, 여기에는 색채, Mass, 높이, 처마선 등이 포함된다.
③ 외형상 주변 건물의 파사드를 맞추는 작업으로 시각적 조화를 바탕으로 하는 통일성에 초점을 둔다.
④ 이미지 유추와 같은 추상적 형태를 반영하며 역사나 철학을 바탕으로 설계가의 작품관과 합해진 형태를 추구한다.

해설
- 1차 맥락 : 경관적 고유 맥락
- 2차 맥락 : 지역적 Identity를 반영한 맥락으로서 지역의 특징적 형태나 유형 등을 참조하여 지역의 향토적 흐름을 유추하는 단계

32 주요 조망점으로 활용하는 동시에 조망대상으로도 계획할 수 있고 진입부로부터 공간 및 시각적 연계성을 통해 단지나 권역의 중심적 역할을 담당하는 것은?

① 경관축
② 경관거점
③ 경관권역
④ 경관지점

해설

주요 조망점으로 활용하는 동시에 조망대상으로도 계획할 수 있고 진입부로부터 공간 및 시각적 연계성을 통해 단지의 중심적 역할을 담당하는 것을 경관거점이라고 한다.

33 다음 건물의 용적률은 얼마인가?(단, 대지는 정사각형의 평지이고 지하층이 없는 4층의 14m 높이의 건물이다.)

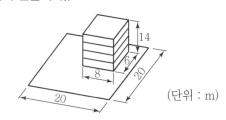

(단위 : m)

① 168%   ② 148%
③ 48%   ④ 22%

해설

$$용적률 = \frac{연면적}{대지면적} = \frac{바닥면적 \times 층수}{대지면적}$$

$$= \frac{(8 \times 6) \times 4}{20 \times 20} = 0.48 = 48\%$$

34 「지구단위계획수립지침」상 환경관리계획 시 고려할 공통 사항으로 거리가 가장 먼 것은?

① 대기오염원이 되는 생산활동은 주거지 안에서 일어나지 않도록 한다.
② 구릉지에는 가급적 고층 위주로 계획하며 주변지역과 유사한 스카이라인을 형성하도록 한다.
③ 구릉지 등의 개발에서 절토를 최소화하고 절토면이 드러나지 않게 대지를 조성하여 전체적으로 양호한 경관을 유지시킨다.
④ 쓰레기 수거는 가급적 건물 후면에서 이루어지도록 설계하며, 폐기물 처리시설을 설치하는 경우 바람의 영향을 감안하고 지붕을 설치하도록 한다.

해설

구릉지에는 가급적 절토와 성토를 최소화하여 최대한 자연 지형을 살리고, 저층건물 위주로 계획한다.

35 우리나라의 도시설계 관련 제도에 대한 설명으로 옳지 않은 것은?

① 1980년대에는 「건축법」에 도시설계 관련 규정이 처음 포함되었다.
② 1990년대에는 「건축법」에 상세계획제도가 도입되었다.
③ 2000년대에는 「도시계획법」 개정을 통해 지구단위계획 제도가 도입되었다.
④ 우리나라의 도시설계는 독일의 지구상세계획(B-Plan), 일본의 지구계획제도의 영향을 받아 제도화되었다.

해설

1990년대에는 「도시계획법」에 상세계획제도가 도입되었다.

36 조례로 정한 용적률 500%의 근린상업지역 내 대지에 상징시설을 위한 광장 면적을 전체 대지면적의 20%로 조성하면서 수립하는 지구단위계획에서, 인센티브에 의한 최대 용적률은?(단, 가중치는 0.8로 한다.)

① 550% ② 600%
③ 650% ④ 700%

해설

$$\text{최대 용적률} = \text{기준 용적률} \times (1 + 0.3)$$
$$= 500 \times 1.3 = 650\%$$

37 건축물의 배치와 관련하여 건축선에 관한 설명으로 옳은 것은?

① 벽면한계선은 가로경관이 연속적인 형태를 유지하거나 구역 내 중요 가로변의 건축물을 가지런하게 할 필요가 있는 경우에 사용할 수 있다.

② 건축지정선은 특정 지역에서 상점가의 1층 벽면을 가지런하게 하거나 고층부 벽면의 위치를 지정하는 등 특정 층의 벽면 위치를 규제할 필요가 있는 경우에 지정할 수 있다.

③ 벽면지정선은 특정한 층에서 보행공간 등을 확보할 필요가 있는 경우에 사용할 수 있다.

④ 건축한계선은 도로에 있는 사람이 개방감을 가질 수 있도록 건축물을 도로에서 일정 거리 후퇴시켜 건축하게 할 필요가 있는 곳에 지정할 수 있다.

해설

① 건축지정선, ② 벽면지정선, ③ 벽면한계선

38 도시 · 군계획시설로서 광장의 결정기준 중 교통광장에 대한 설명으로 옳지 않은 것은?

① 교통광장은 교차점광장, 역전광장, 주요시설광장으로 구분한다.

② 교통광장은 다수인의 집회 · 행사 등으로 일시에 다수인이 모였다 흩어지는 경우의 교통량을 고려하여 교통중심지에 설치한다.

③ 역전광장은 역전에서의 교통혼잡을 방지하고 이용자의 편의를 도모하기 위하여 철도역 앞에 설치한다.

④ 교차점광장은 주간선도로의 교차지점에 설치하는 경우 접속도로의 기능에 따라 입체교차방식으로 하거나 교통섬, 변속차로 등에 의한 평면교차방식으로 한다.

해설

보기 ②는 일반광장 중 중심대광장에 대한 설명이다.

39 근린생활권의 위계 중에서 주민 간에 면식이 가능한 최소단위의 생활권으로, 유치원 · 어린이공원 등을 공유하는 반경 약 250m가 설정기준이 되는 것은?

① 인보구 ② 근린기초구
③ 근린분구 ④ 근린주구

해설

유치원과 어린이공원 등을 공유하는 생활권의 크기는 근린분구이다.

40 지구단위계획에 대한 도시 · 군관리계획결정도에서 아래 표시기호가 의미하는 것은?

▨ ▨ ▨ ▨

① 보차분리통로 ② 공공보행통로
③ 보행주출입구 ④ 공개공지접근로

해설

▨ ▨ ▨ ▨ : 공공보행통로

3과목 도시개발론

41 일반적인 부동산개발금융 방식의 구분 중 부채에 의한 조달 방식으로 대출자가 부동산 개발에 의해 발생하는 수익의 배분에 일부 참여하는 방식은?

① Sale & Lease Back ② Participation Loan
③ Interest Only Loans ④ 자산매입 조건부 대출

해설

대출자가 낮은 계약금리로 돈을 빌려주고 부동산이 생성하는 소득에 참여하는 방식인 수익참여대출(Equity Participation Loan)에 대한 설명이다.

42 수요예측모형에 대한 설명으로 옳지 않은 것은?

① 중력모형은 시장, 재화, 차량, 정보 등의 공간적 이동을 묘사하는 수학적 모형으로서, 공간상호작용모형(Spatial Interaction Model)으로도 불린다.
② 다중회귀분석은 종속변수와 여러 개의 설명변수들 사이의 인과관계를 밝히기 위한 통계학적 분석기법이다.
③ 시계열분석은 일정 기간 동안 진행되는 변화의 트렌드를 분석한다.
④ 시계열분석, 인과분석법, 중력모형은 정성적 예측모형이다.

해설
시계열분석, 인과분석법, 중력모형은 정량적 예측모형이며, 정성적 예측모형에는 시나리오법, 델파이법 등이 있다.

43 아래 설명 중 ( )에 들어갈 용어로 옳은 것은?

> 시행자는 도시개발사업에 필요한 경비에 충당하거나 규약 · 정관 · 시행규정 또는 실시계획으로 정하는 목적을 위하여 일정한 토지를 환지로 정하지 아니하고 보류지로 정할 수 있으며, 그중 일부를 ( )로 정하여 도시개발사업에 필요한 경비에 충당할 수 있다.

① 기타용지　　　　② 공공용지
③ 체비지　　　　　④ 매각지

해설
체비지 : 환지방식에 의한 도시개발사업의 시행에 있어, 도시개발사업으로 인하여 발생하는 사업비용을 충당하기 위하여 사업 시행자가 취득하여 집행 또는 매각하는 토지

44 재정비촉진지구에서 시행되는 재정비촉진사업에 해당되지 않는 것은?

① 「도시개발법」에 따른 도시개발사업
② 「도시 및 주거환경정비법」에 따른 택지개발사업
③ 「전통시장 및 상점가 육성을 위한 특별법」에 따른 시장정비사업
④ 「국토의 계획 및 이용에 관한 법률」에 따른 도시 · 군계획시설사업

해설
재정비촉진사업(「도시재정비 촉진을 위한 특별법」 제2조)
• 「도시 및 주거환경정비법」에 따른 주거환경개선사업, 재개발사업 및 재건축사업, 「빈집 및 소규모주택 정비에 관한 특례법」에 따른 가로주택정비사업 및 소규모재건축사업
• 「도시개발법」에 따른 도시개발사업
• 「전통시장 및 상점가 육성을 위한 특별법」에 따른 시장정비사업
• 「국토의 계획 및 이용에 관한 법률」에 따른 도시 · 군계획시설사업

45 우리나라 도시개발의 흐름에서 제조업과 관광업 등 산업입지와 경제활동을 위해 민간기업 주도로 개발된 도시로, 산업 · 연구 · 주택 · 교육 · 의료 · 문화 등 자족적 복합 기능을 가진 도시 조성을 목적으로 개발된 도시는?

① 기업도시　　　　② 공업도시
③ 혁신도시　　　　④ 행정중심복합도시

해설
기업도시
산업입지와 경제활동을 위하여 민간기업이 산업 · 연구 · 관광 · 레저 · 업무 등의 주된 기능과 주거 · 교육 · 의료 · 문화 등의 자족적 복합기능을 고루 갖추도록 개발하는 도시

46 사업 시행자가 정비구역의 안과 밖에 새로 건설한 주택 또는 이미 건설되어 있는 주택의 경우 그 정비사업의 시행으로 철거되는 주택의 소유자 또는 세입자를 임시로 거주하게 하는 등 그 정비구역을 순차적으로 정비하여 주택의 소유자 또는 세입자의 이주대책을 수립하는 정비방식은?

① 순환정비방식
② 합동정비방식
③ 자력정비방식
④ 위탁정비방식

정답 42 ④　43 ③　44 ②　45 ①　46 ①

◯해설

순환정비방식(순환재개발)
재개발구역의 일부 지역 또는 당해 재개발구역 외의 지역에 주택을 건설하거나 건설된 주택을 활용하여 재개발구역을 순차적으로 개발하거나 재개발구역 또는 재개발사업 시행지구를 수 개의 공구로 분할하여 순차적으로 시행하는 재개발 방식

47 도시개발·실시 과정에서 매장 문화재의 출토, 환경오염 및 지역 주민 민원에 의한 공사 중단, 추가 공사의 발생 등과 관련된 위험의 유형은?

① 시장위험(Market Risk)
② 재해위험(Disaster Risk)
③ 금융위험(Financial Risk)
④ 건설 관련 위험(Construction Risk)

◯해설

건설 관련 위험(Construction Risk)에 대한 설명이며, 이러한 건설 관련 위험을 줄이기 위해 도시개발조사 및 기획단계에서 사전조사 철저, 지역주민에 대한 설명회, 개발대상지 축소, 손해보험 및 보증보험 가입의 제도화 등을 실시하는 것이 필요하다.

48 아래의 설명에 해당하는 도시 개발 개념은?

- 20세기에는 도시 문제를 공공계획을 통해 영구적으로 해결할 수 있다고 생각하였으나, 21세기의 사회적 변화 속에서 대규모 도시 프로젝트는 막대한 자본과 오랜 시간이 필요하며 더 이상 장기적인 프로젝트의 성공을 보장할 수 없다는 도시계획체계의 한계를 극복하고자 등장하였다.
- 계획 수립 과정은 다양한 주체들의 참여로 이루어지는 상향식 계획의 성격을 갖는다.
- 사례지역으로 미국 뉴욕의 타임스 스퀘어, 영국 킹스크로스 생태 수영장이 있다.
- 유사 개념으로 게릴라 어바니즘, 린 어바니즘, 팝업 어바니즘이 있다.

① 그린 어바니즘　　② 택티컬 어바니즘
③ 커뮤니티 어바니즘　　④ 랜드스케이프 어바니즘

◯해설

주민의 의견을 적극 반영하고, 주민의 행동을 유도하여 전략적으로 도시 특성을 구현하는 택티컬 어바니즘(Tactical Urbanism)에 대한 설명이다.

49 경제성 분석의 가치화 불능효과에 대한 설명으로 옳은 것은?

① 가치화 불능효과는 조건부 가치측정법을 이용하여도 금전적 가치로 나타낼 수 없다.
② 가치화 불능효과는 구체적인 수치로 나타낼 수는 있으나 효과의 가치를 화폐단위로 나타낼 수 없는 효과다.
③ 가치화 불능효과와 시장재 효과를 명확하게 구분하는 기준이 존재하여 경제성 분석에 유용하다.
④ 가치화 불능효과의 예로는 재화, 서비스 시장의 변화를 들 수 있다.

◯해설

가치화 불능효과
전염병의 발병률, 교통사고 발생률, 사망률, 환경수준의 변화 등과 같은 것으로서 계량화는 가능하나, 화폐단위 또는 금전적 가치 등으로 나타낼 수 없다.(단, 조건부 가치측정법을 이용할 경우 금전적인 가치로 나타낼 수 있다.)

50 도시정책에서 복합용도개발의 근본적인 목표로 거리가 가장 먼 것은?

① 직주근접 유도
② 원거리 통행 감소
③ 분산적 도시화 추진
④ 도시의 외연적 확산 완화

◯해설

복합용도개발(MXD : MiXed−use Development)
혼합적 토지이용의 개념에 근거하여 주거와 업무, 상업, 문화 등 상호보완이 가능한 용도를 서로 밀접한 관계를 가질 수 있도록 연계·개발하는 것을 말한다.

51 다음에서 이상도시의 제안자와 계획안의 연결이 틀린 것은?

① 풀만(Pullman) – 빅토리아
② 마타(A. Soria Y Mata) – 선형도시
③ 푸리에(C. Fourier) – 팔란스테르
④ 리차드슨(Richardson) – 헤이지아

해설

빅토리아(Victoria)는 버킹엄(Buckingham)이 제안한 계획안이다.

52 계획단위개발(Planned Unit Development)에 대한 설명으로 옳지 않은 것은?

① 충분한 규모 이상의 경우 혼합 토지이용을 함으로써 상업 및 공공시설의 유치가 가능하다.
② PUD 지구에서의 밀도기준은 밀도전이와 밀도보너스제를 택하는 것이 대부분이다.
③ 공동 오픈스페이스의 확보가 용이하다.
④ 획지분할방식에 의한 택지개발방식을 택한다.

해설

계획단위개발(PUD : Planned Unit Development)
계획단위개발로 획지분할방식이 아닌 대상지 전체를 일체적이고 유기적으로 계획하고 설계하여 개발하는 방식으로서, 근린생활권 개념을 도입하여 개별 필지의 개발을 억제하고 집단개발을 유도함에 따라 공동 오픈스페이스 확보에 유리하다.

53 환지방식 개발사업의 특성이 아닌 것은?

① 원칙적으로 지구 내 토지소유자는 토지를 수용당하거나 떠나야 하는 문제가 없다.
② 권리자는 소유하고 있는 토지가 환지됨으로써 발생되는 이익과 면적 등에 비례하여 토지의 일부를 내놓음으로써 사업에 필요한 비용을 비교적 공평하게 분담한다.
③ 사업 시행자는 토지를 매입할 필요가 없으므로 그만큼 비용이 줄어든다.
④ 공공시설 관리자는 필요한 공공용지를 조성원가에 확보할 수 있고, 사업 시행에 유리한 장소에 용지를 마련하여 이윤을 최대화할 수 있다.

해설

공공시설 관리자가 필요한 공공용지를 조성원가에 확보할 수 있는 것은 매수방식의 특징이다.

54 경제적 개념으로 일단의 다른 토지와 구별되어 가격 수준이 비슷한 토지 군을 뜻하는 것은?

① 가구　　　　　② 대지
③ 필지　　　　　④ 획지

해설

㉠ 획지의 정의
　• 획지(Lot)란 개발이 이루어지는 최소의 단위이며, 획지계획은 장래 일어날 단위개발의 토지기반을 마련하는 과정이다.
　• 향후 환지계획을 감안하여 토지의 용도·획지의 형태와 규모·개발의 용도 및 밀도, 가로구성, 경관조성 등여러 사항이 고려되어야 한다.
㉡ 획지계획의 관점

구분	내용
계획적 관점	토지분할행위
물리적 관점	건축물의 구조와 형태를 달리 하는 개별단위로서의 토지
경제적 관점	동일한 가격평가의 기준이 되는 단위토지

55 공공사업의 비용과 편익을 사회적 측면에서 분석하여 수익률을 계산하고 이를 바탕으로 공공투자사업이나 정책의 타당성을 분석하는 것은?

① 재무 분석
② 민감도 분석
③ 자금순환 분석
④ 경제성 분석

해설

도시개발의 사업에서의 타당성 분석은 경제적 타당성 분석을 의미하며, 순현재가치법, 내부수익률법 등을 통해 수익률을 확인하고 이를 바탕으로 공공투자사업이나 정책의 타당성을 분석하게 된다.

정답 51 ① 52 ④ 53 ④ 54 ④ 55 ④

56 다음 중 사업타당성을 판단할 수 없는 도시개발 사업은?

① A사업의 순현재가치(FNPV)가 1,000억 원이다.
② B사업의 내부수익률(FIRR)은 10%이며, 기대수익률이 9%이다.
③ C사업의 비용편익비(B/C Ratio)가 0.95이다.
④ D사업은 1년차에 비용이 1,000억 원 발생하였고, 5년차에 수익이 1,100억 원 발생하였다.

> **해설**
> ④는 할인율 또는 기대수익률이 제시되어 있지 않으므로 사업타당성을 판단할 수 없다.

57 다음 중 운용시장의 형태가 공개시장(Public Market)이고 자본의 성격이 대출투자(Debt Financing)에 속하는 부동산 투자 유형은?

① 상업용저당채권
② 사모부동산펀드
③ 직접 대출
④ 직접 투자

> **해설**
> ② 사모부동산펀트 : 민간시장의 자본투자 및 대출투자
> ③ 직접 대출 : 민간시장의 대출투자
> ④ 직접 투자 : 민간시장의 자본투자

58 일반 마케팅과 비교하여 도시 마케팅이 갖는 특징으로 옳지 않은 것은?

① 마케팅의 핵심 주체는 도시정부이다.
② 도시의 발전이나 성장보다는 이윤의 극대화를 주요 목표로 한다.
③ 도시 또는 도시 내 특정 장소라는 일정한 공간적 단위 그 자체를 상품화한다.
④ 상품 자체가 지리적으로 이동할 수 없어, 이를 생산·판매·소비하는 경제 주체들의 이동이 중요하다.

> **해설**
> 일반 마케팅은 이윤의 극대화를 주요 목표로 하며, 도시 마케팅은 도시의 발전이나 성장을 주요 목표로 하여 진행한다.

59 현재 인구가 50만 명이고 연평균 인구증가율이 2.5%인 도시의 경우, 등비급수법에 따라 추정한 20년 후의 인구는 약 얼마인가?

① 70만 명
② 75만 명
③ 82만 명
④ 90만 명

> **해설**
> 등비급수법에 의해 산출한다.
> $$p_n = p_0(1+r)^n$$
> 여기서, p_n : n년 후의 인구
> p_0 : 초기 연도 인구
> r : 인구증가율
> n : 경과 연수
> $$p_{20} = p_0(1+r)^{20}$$
> $500,000(1+0.025)^{20} = 819,309 ≒ 82만 명$

60 도시개발 대상지의 토지 취득방법에 따른 개발방식의 분류에 해당하지 않는 것은?

① 철거방식
② 환지방식
③ 혼용방식
④ 전면매수방식

> **해설**
> 토지취득방법에 따른 개발방식
>
> | 구분 | 내용 |
> |---|---|
> | 환지방식 | • 택지화가 되기 전의 토지의 위치, 지목, 면적, 등급, 이용도 등의 필요사항을 고려하여 택지개발 후 개발된 감소 토지를 토지소유주에게 재배분하는 것
• 구획정리 기법의 권리변환방식 |
> | 전면매수방식 (수용 또는 사용에 의한 방식) | 시행자가 개발대상지의 토지를 매수하여 개발하는 방식, 협의매수방식과 수용방식 |
> | 혼용방식 | 「도시개발법」에 의한 도시개발사업, 「주택법」에 의한 대지조성사업 등과 같이 대상토지를 전면매수하는 방식과 환지하는 방식을 혼합하는 방식 |

4과목 **국토 및 지역계획**

61 다음 중 제4차 국토종합계획(2000~2020)에서 제시한 통합 국토축과 발전 전략의 연결이 옳지 않은 것은?

① 서울 · 부산축 : 산업구조 개편 및 정비기반 구축
② 환동해축 : 환동해권 국제관광 및 기간산업의 고도화
③ 환남해축 : 국제물류 · 관광 · 산업특화지대로 육성
④ 북부내륙축 : 수도권기능 분산수용 및 산악–연안 연계관광 활성화

해설

수도권 기능 분산수용 및 산악 – 연안 연계관광 활성화는 중부내륙축에 해당하는 사항이며, 북부내륙축은 통일 이후의 장기적 고려 사항을 특성화 발전전략으로 하고 있다.

62 다음 중 소자(E. Soja, 1971)가 계획단위로서의 공간특성을 거리(Distance)로 분류한 내용에 해당하지 않는 것은?

① 시간거리(Time Distance)
② 마찰거리(Frictional Distance)
③ 인식거리(Perceived Distance)
④ 물리적 거리(Physical Distance)

해설

에드워드 소자(Edward Soja, 1971)의 거리 종류

구분	내용
물리적 거리 (Physical Distance)	실제 지표상의 거리, 물리적 단위로 측정한 지각자와 대상 간의 거리, 즉 실제 거리
인식거리 (Perceived Distance)	감정 · 심리적으로 느끼는 거리
시간거리 (Time Distance)	교통의 발달 정도로 차의 접근성을 고려한 소요시간 거리

63 도시순위규모법칙에 따른 q값이 과거 1.0에서 현재 2.0으로 증가한 어느 나라의 도시체계에 관한 설명으로 가장 옳은 것은?

① 과거보다 도시화의 속도가 2배로 증가하였다.
② 과거보다 수위 도시 또는 소수의 몇몇 대도시에 더욱 많은 인구가 집중하였다.
③ 과거에는 도시 인구가 불균등하게 분포하였으나 현재는 균등한 분포에 근접하고 있다.
④ 과거에는 인구 분포가 균형을 이루었으나 현재는 주요 도시의 인구가 농촌 인구의 2배가 되었다.

해설

지프(Zipf)의 순위규모모형에서 q값이 커질수록 대도시의 종주화가 심화하고 있음을 나타내고 q값이 무한대(∞)로 갈 경우는 한 개 도시에 모든 인구가 거주하고 있다는 것을 의미한다.

64 안스타인(S. Arnstein)이 제시한 주민참여의 8단계를 크게 참여 부재 · 형식적 참여 · 주민권리로서 참여의 3단계로 구분할 때, 다음 중 형식적 참여에 해당하는 형태는?

① 정보제공
② 여론조작
③ 권한위임
④ 파트너십

해설

안스타인의 주민참여 8단계

구분	단계	내용
비참여	1	조작
	2	치유
형식적 참여	3	정보제공
	4	상담
	5	회유
주민권력	6	협동
	7	권력이양
	8	주민통제

65 쇄신의 확산 유형을 진행과정과 정보전달의 방법 측면으로 나누어 구분할 때, 진행과정상에 따른 분류와 관련하여 일반적으로 아래와 같은 특징을 갖는 것은?

- 확산과정에 있어 거리가 반드시 강력한 영향력이라고 할 수는 없다.
- 각종 유행이 대도시에서 작은 도시로 전파되는 과정을 예로 들 수 있다.
- 대도시의 사회구조와 성향이 새로운 아이디어나 쇄신의 채택에 더 유리하다.

① 전염 확산   ② 계층 확산
③ 이동 확산   ④ 파상 확산

⑩해설

계층적 확산
- 가구적 확산 : 소비적 확산(상류층 → 중류층 → 하류층으로 확산)
- 기업적 쇄신 : 대도시 → 중간도시 → 소도시로 확산

66 A지역의 인구 및 고용현황이 아래와 같을 때 경제기반승수는?

- 기반산업부문 고용자수 : 25,000명
- 비기반산업부문 고용자수 : 50,000명
- 총 인구수 : 150,000명

① 0.17   ② 0.50
③ 2.00   ④ 3.00

⑩해설

$$경제기반승수 = \frac{지역\ 총\ 고용인구}{지역의\ 수출(기반)산업\ 고용인구}$$

$$= \frac{75,000명}{25,000명} = 3.00$$

67 지속 가능한 개발을 위한 토지이용전략으로 거리가 가장 먼 것은?

① 직주근접형 도시개발
② 대중교통 지향적인 교통망계획

③ 개발권 양도를 통한 녹지지역의 보전
④ 교외지역의 주택개발을 통한 도시확산 유도

⑩해설

도시확산개발의 추진은 개발제한구역(그린벨트) 등의 해제와 같은 과정이 수반될 가능성이 있고 이에 따른 녹지의 감소 등을 초래할 수 있으므로 지속 가능한 토지이용계획을 위한 전략으로는 적절치 않다.

68 알프레드 베버(A. Weber)가 제시한 공업입지론에서 입지를 결정하는 요인에 해당하지 않는 것은?

① 운송비   ② 노동비
③ 집적이익   ④ 생산자수

⑩해설

입지결정 인자
- 최소수송비(운송비) 원리
- 노동비에 따른 최적입지의 변화
- 집적이익에 따른 최적지점의 변화

69 성장거점모형에서 경제공간의 지리적 공간으로의 변환을 최초로 설명한 학자는?

① 페로우(Perroux, F.)
② 부드빌(Boudeville, J.)
③ 미르달(Myrdal, G.)
④ 허쉬만(Hirschman, A.)

⑩해설

부드빌은 성장거점모형에서 경제공간의 지리적 공간으로의 변환을 최초로 설명한 학자로서, 동질지역, 결절지역, 계획지역으로 지역을 분류하였다.

70 다음 중 수도권의 인구 및 산업 집중 억제 대책이 아닌 것은?

① 공장의 신·증설 억제
② 대학의 신·증설 억제
③ 임대주택의 공급 확대
④ 중앙행정 권한의 지방 이양

해설

임대주택의 공급 확대는 인구의 유입을 일으켜 수도권의 인구 및 산업 집중화를 가중시킬 수 있다.

71 도시계획가 피터 홀이 제안하여 1980년대에 영국에서 제도화된 것으로, 낙후된 특정 지역에 입지하는 기업에 대해 재산세 등의 조세 감면, 기업자유 보장, 인·허가 규제 완화 등의 혜택을 부여하여 해당 지역의 경제를 활성화시키고자 지정한 것은?

① 오버레이존
② 개발촉진지구
③ 조세감면지구
④ 엔터프라이즈존

해설

영국의 엔터프라이즈존(Enterprise Zone) 정책
• 기업들이 지역경제의 활력을 불어넣게 하는 정책의 하나이다.
• 경제적으로 쇠퇴하고 물리적으로 황폐한 특정지역에 대하여 다양한 장벽을 없애고 새로운 경제활동을 활성화시키기 위한 것으로 「지방자치·계획 및 토지법」에 명기(1980년)되었다.
• 일반적으로 투자가 이루어지지 않을 정도로 심각한 문제를 안고 있는 지역이나 철강·조선·자동차 등 종전의 기간산업이 급속히 쇠퇴하는 지역에 지정되고 있다.
• 개발규제 완화 및 세제상의 혜택이 주어진다.

72 A도시의 인구가 200만 명, B도시의 인구가 50만 명이며 두 도시 간 거리는 40km일 때 시장의 분기점은 A도시로부터 얼마의 거리에 형성되는가?(단, 컨버스의 분기점모형에 따른다.)

① 10.0km
② 13.3km
③ 26.7km
④ 30.0km

해설

레일리의 소매인력법칙

$$\frac{200}{x^2} = \frac{50}{(40-x)^2} = \frac{50}{40^2 - 80x + x^2}$$

$$200(40^2 - 80x + x^2) = 50x^2$$

$$\therefore x = 26.7km \text{ (A시에서의 상권의 범위)}$$

73 경제기반이론(Economic Base Theory)에 관한 설명으로 거리가 가장 먼 것은?

① 지역의 성장이 지역에서 생산되는 재화의 외부 수요에 의해 결정된다는 것에 기초한다.
② 경제기반승수가 계속 변화한다고 가정하기 때문에 모형은 실제로 단기 예측에는 부적절하다.
③ 개념적으로 지역의 경제활동을 단순하게 기반활동과 비기반활동으로 분류하기 어려운 산업활동이 있다.
④ 기반활동만이 지역경제의 원동력이고 비기반활동은 지역성장에 기여하지 않는 부수적인 활동이라고 가정한다.

해설

수출기반성장이론(Export Base Model)에서 경제기반승수가 일정하다고 가정하며, 이 가정은 수출기반성장이론을 비현실적으로 만드는 단점으로 작용한다.

74 크리스탈러(Christaller)의 중심지이론에서 행정원리는 상위 중심지 1개가 차하위 중심지 몇 개를 배후지로 포섭하여 지배하는가?

① 2
② 4
③ 6
④ 8

해설

행정의 원리(K=7 System)
K = 7 시스템은 1개의 상위 중심지가 6개의 하위 중심지를 지배하는 구조를 말한다.

75 「국토기본법」상 국토계획의 구분 중 아래와 같이 정의하는 사항으로, 국가균형발전 측면에서 도입되어 2022년 8월부터 시행하는 것은?

> 지역의 경제 및 생활권역의 발전에 필요한 연계·협력 사업 추진을 위하여 2개 이상의 지방자치단체가 상호 협의하여 설정하거나 지방자치법 제199조의 특별지방자치단체가 설정한 권역으로, 특별시·광역시·특별자치시 및 도·특별자치도의 행정구역을 넘어서는 권역을 대상으로 하여 해당 지역의 장기적인 발전 방향을 제시하는 계획

정답 71 ④ 72 ③ 73 ② 74 ③ 75 ②

① 광역권개발계획 ② 초광역권계획
③ 시 · 군종합계획 ④ 도종합계획

●**해설**

「국토기본법」제6조에 따른 초광역권계획에 대한 설명이며, 다음은 초광역권계획 수립 시 포함되어야 할 사항이다.

초광역권계획의 수립(「국토기본법」 제12조의2)
• 초광역권의 범위 및 발전목표
• 초광역권의 현황 및 여건 변화 전망
• 초광역권 발전전략에 관한 사항
• 초광역권의 공간구조 정비 및 기능분담에 관한 사항
• 초광역권의 교통, 물류, 정보통신망 등 기반시설의 구축에 관한 사항
• 초광역권의 산업 발전 및 육성에 관한 사항
• 초광역권 문화 · 관광 기반의 조성에 관한 사항
• 재원조달방안 등 계획의 집행 및 관리에 관한 사항
• 그 밖에 초광역권의 상호 기능연계 및 발전을 위하여 필요한 사항으로서 대통령령으로 정하는 사항

76 아래와 같은 지역성장이론을 주장한 학자는?

> • 한 지역은 중심도시와 주변지역으로 구성되며, 중심도시는 성장거점이 되고 그 주변지역은 성장거점의 배후지역이 된다.
> • 중심도시와 주변지역 간에는 순환인과관계가 이루어지고 역류와 확산효과가 나타난다.

① 하겟 ② 미르달
③ 칼도르 ④ 맥해일

●**해설**

역류와 확산효과를 주장한 학자는 미르달(G. Myrdal)이며, 미르달은 역류효과와 확산효과는 주기적인 상향 또는 하향운동을 일으킴으로써 지역 간 격차를 지속시킨다고 주장하였다. 성장지역의 부(富)와 기술 등이 주변지역으로 파급되어 지역 간 격차가 줄어드는 것이 아니라, 오히려 주변지역의 자본, 노동 등 생산요소가 계속해서 성장지역으로 흘러 들어가 성장지역은 계속 성장하고 주변지역은 계속 낙후지역으로 남게 되는 것이라고 하였다.

77 영국에서 1930년대에 지역계획에 많은 영향을 준 보고서와 주요 내용이 올바르게 연결된 것은?

① 바로우(Barlow) 보고서 – 미래의 전원도시
② 어스와트(Uthwatt) 보고서 – 공업 재배치
③ 스코트(Scott) 보고서 – 농촌의 토지이용
④ 하워드(Howard) 보고서 – 개발이익환수

●**해설**

영국에서 지역개발과 계획발전에 큰 영향을 미친 3가지 보고서(1930년대)

구분	내용
스코트(Scott) 보고서	그린벨트와 농촌계획에 대한 내용
바로우(Barlow) 보고서	인구분산과 공업 재배치에 관한 내용
아스와트(Uthwatt) 보고서	개발이익환수와 토지공개념에 관한 내용

78 인간이 필요로 하는 최소한의 재화와 서비스 품목을 최저 소득집단에게 공급해주는 것을 근간으로 상향식 개발의 관점을 유지하는 지역개발이론은?

① 종속이론 ② 도시레짐이론
③ 기본수요이론 ④ 도시한계론

●**해설**

기본수요이론(Basic Needs Theory)
기존 지역발전이론으로 인해 발생된 지역 불균형, 빈곤, 산업문제 등에 대처하기 위해, 빈곤계층이 품위 있는 생활을 하는 데 기본이 되는 최소한의 물품과 서비스를 보장해야 한다는 이론이다.

79 도종합계획에 대한 설명으로 옳지 않은 것은?

① 도지사가 도종합계획을 수립하였을 때에는 국토교통부장관의 승인을 받아야 한다.
② 도종합계획안을 작성하였을 때에는 공청회를 열어 일반 국민과 관계 전문가 등으로부터 의견을 들어야 한다.
③ 국토교통부장관이 작성하는 도종합계획 수립지침에는 도종합계획의 기본사항과 수립절차가 포함되어야 한다.

④ 도종합계획의 수립 주체는 도지사, 시장, 군수이다. 다만, 다른 법률에 따라 따로 계획이 수립된 도로서 대통령령으로 정하는 도는 도종합계획을 수립하지 아니할 수 있다.

해설

도종합계획의 수립 주체는 도지사이다. 그리고 수도권발전계획이 수립되는 경기도, 「제주특별자치도 설치 및 국제자유도시 조성을 위한 특별법」에 의해 종합계획이 수립되는 제주특별자치도는 도종합계획을 수립하지 않아도 된다.

80 지역계획이 필요한 이유로 옳지 않은 것은?

① 수자원의 보호
② 인구의 적정 배분
③ 국민의 소비 성향 억제
④ 지역 간의 산업 연관관계 도모

해설

국민의 소비 성향 억제와 지역계획 간의 연관성은 크지 않다.

5과목 도시계획 관계 법규

81 시행자가 도시개발사업을 원활히 시행하기 위하여 특히 필요한 경우에 토지 또는 건축물 소유자의 신청을 받아 건축물의 일부와 그 건축물이 있는 토지의 공유지분을 부여하는 것은?

① 청산환지　　　② 평면환지
③ 절충환지　　　④ 입체환지

해설

입체환지(「도시개발법」 제32조)
시행자는 도시개발사업을 원활히 시행하기 위하여 특히 필요한 경우에는 토지 또는 건축물 소유자의 신청을 받아 건축물의 일부와 그 건축물이 있는 토지의 공유지분을 부여할 수 있다.

82 「국토기본법」상 국토정책위원회에 대한 설명으로 옳은 것은?

① 위촉위원의 임기는 1년으로 한다.
② 분과위원회의 심의는 국토정책위원회의 심의로 본다.
③ 국토정책위원회는 위원장 1명, 부위원장 1명을 포함한 34명 이내의 위원으로 구성한다.
④ 대통령은 국토계획 및 정책에 관한 전문지식 및 경험이 있는 사람 중에서 전문위원을 위촉할 수 있다.

해설

국토정책위원회의 구성(「국토기본법」 제27조)
① 위촉위원의 임기는 2년으로 한다.
③ 국토정책위원회는 위원장 1명, 부위원장 2명을 포함한 42명 이내의 위원으로 구성한다.
④ 국무총리는 국토계획 및 정책에 관한 전문지식 및 경험이 있는 사람 중에서 전문위원을 위촉할 수 있다.

83 시가화조정구역의 지정에 관한 설명으로 옳지 않은 것은?

① 5년 이상 20년 이내의 기간 동안 시가화를 유보할 수 있다.
② 시가화조정구역의 지정에 관한 도시·군관리계획의 결정은 시가화 유보기간이 끝나는 날부터 효력을 상실한다.
③ 시가화조정구역지정의 실효고시는 실효일자, 실효사유, 실효된 도시·군관리계획의 내용을 관보 또는 공보에 게재하는 방법에 의한다.
④ 국가계획과 연계하여 시가화조정구역의 지정 또는 변경이 필요한 경우에는 국토교통부장관이 직접 시가화조정구역의 지정 또는 변경을 도시·군관리계획으로 결정할 수 있다.

해설

시가화조정구역의 지정에 관한 도시·군관리계획의 결정은 시가화 유보기간이 만료된 다음 날부터 효력을 상실한다.

---

84 도시공원의 구분에 따른 규모 기준이 옳은 것은?

① 묘지공원 : 1만m² 이상
② 체육공원 : 3만m² 이상
③ 어린이공원 : 1천5백m² 이상
④ 도보권 근린공원 : 2만m² 이상

해설

① 묘지공원 : 100,000m² 이상
② 체육공원 : 10,000m² 이상
④ 도보권 근린공원 : 30,000m² 이상

85 건축법령상 용도별 건축물의 종류가 잘못 연결된 것은?

① 공동주택 : 기숙사, 다세대주택
② 위락시설 : 무도장, 노래연습장
③ 제1종 근린생활시설 : 의원, 목욕장
④ 제2종 근린생활시설 : 기원, 일반음식점

해설

무도장은 위락시설이나, 노래연습장은 제2종 근린생활시설에 해당한다.

86 「주택법」상 아래의 정의에 해당하는 것은?

건강하고 쾌적한 실내환경의 조성을 위하여 실내공기의 오염물질 등을 최소화할 수 있도록 대통령령으로 정하는 기준에 따라 건설된 주택

① 장수명 주택
② 건강친화형 주택
③ 세대구분형 공동주택
④ 에너지절약형 친환경주택

해설

건강친화형 주택(「주택법」 제2조)
건강하고 쾌적한 실내환경의 조성을 위하여 실내공기의 오염물질 등을 최소화할 수 있도록 대통령령으로 정하는 기준에 따라 건설된 주택을 말한다.

87 「도시개발법」상 환지방식으로 사업을 시행하는 경우 시행자가 청산금을 징수하거나 교부하는 시기 기준은?(단, 환지를 정하지 아니하는 토지에 대하여는 고려하지 않는다.)

① 등기완료 후
② 환지처분 공고 후
③ 환지계획 인가 후
④ 공사시행완료 보고 후

해설

청산금의 징수 · 교부(「도시개발법」 제46조)
시행자는 환지처분이 공고된 후에 확정된 청산금을 징수하거나 교부하여야 한다.

88 단지조성사업 등으로 설치되는 노외주차장에 설치하여야 하는 환경친화적 자동차를 위한 전용주차구획의 비율 최소 기준이 옳은 것은?

① 총주차대수의 100분의 5 이상
② 총주차대수의 100분의 10 이상
③ 총주차대수의 100분의 15 이상
④ 총주차대수의 100분의 30 이상

해설

경형자동차 및 환경친화적 자동차 전용주차구획의 설치비율(「주차장법 시행령」 제4조)
노외주차장에는 경형자동차 및 환경친화적 자동차를 위한 전용주차구획을 다음의 비율이 모두 충족되도록 설치해야 한다.
• 환경친화적 자동차를 위한 전용주차구획 : 총주차대수의 100분의 5 이상
• 경형자동차를 위한 전용주차구획과 환경친화적 자동차를 위한 전용주차구획을 합한 주차구획 : 총주차대수의 100분의 10 이상

89 다음 중 도시 · 군기본계획의 원칙적인 수립권자가 아닌 자는?

① 국토교통부장관 ② 광역시장
③ 시장 또는 군수 ④ 특별시장

해설

도시 · 군기본계획의 수립권자(「국토의 계획 및 이용에 관한 법률」 제18조)

특별시장 · 광역시장 · 특별자치시장 · 특별자치도지사 · 시장 또는 군수

90 「도시 및 주거환경정비법」상 정의에 따른 정비기반시설에 해당하지 않는 것은?(단, 주거환경개선사업을 위하여 지정 · 고시된 정비구역에 설치하는 공동이용시설로서 동법 관련 규정에 따른 사업시행계획서에 시장 · 군수 등이 관리하는 것으로 포함된 시설은 제외한다.)

① 상하수도
② 공공공지
③ 비상대피시설
④ 도서관

해설

도시 · 군계획시설 중 대통령령으로 정하는 주요 정비기반시설 및 공동이용시설(「도시 및 주거환경정비법 시행령」 제77조)

도로, 상 · 하수도, 공원, 공용주차장, 공동구, 녹지, 하천, 공공공지, 광장

91 「건축법」상 건축을 하는 건축주가 해당 지방자치단체의 조례로 정하는 기준에 따라 대지에 조경이나 그 밖에 필요한 조치를 하여야 하는 기준이 옳은 것은?(단, 조경이 필요하지 아니한 건축물로서 대통령령으로 정하는 건축물, 옥상 조경 등 대통령령으로 따로 기준을 정하는 경우는 고려하지 않는다.)

① 면적이 100m² 이상인 대지에 건축을 하는 경우
② 면적이 150m² 이상인 대지에 건축을 하는 경우
③ 면적이 165m² 이상인 대지에 건축을 하는 경우
④ 면적이 200m² 이상인 대지에 건축을 하는 경우

해설

대지의 조경(「건축법」 제42조)

면적이 200m² 이상인 대지에 건축을 하는 건축주는 용도지역 및 건축물의 규모에 따라 해당 지방자치단체의 조례로 정하는 기준에 따라 대지에 조경이나 그 밖에 필요한 조치를 하여야 한다.

92 건축법령상 둘 이상의 필지를 하나의 대지로 할 수 있는 토지가 아닌 것은?

① 하나의 건축물을 두 필지 이상에 걸쳐 건축하는 경우 그 건축물이 건축되는 각 필지의 토지를 합한 토지
② 「국토의 계획 및 이용에 관한 법률」에 따른 도시 · 군계획시설에 해당하는 건축물을 건축하는 경우 그 도시 · 군계획시설이 설치되는 일단의 토지
③ 건축물의 사용승인을 신청할 때 둘 이상의 필지를 하나의 필지로 합칠 것을 조건으로 건축허가를 하는 경우 그 필지가 합쳐지는 토지(단, 토지의 소유자가 서로 다른 경우는 제외)
④ 도로의 지표 아래에 건축하는 건축물의 경우 국토교통부장관이 그 건축물이 건축되는 토지로 정하는 토지

해설

대지의 범위(「건축법 시행령」 제3조)

둘 이상의 필지를 하나의 대지로 할 수 있는 토지는 도로의 지표 아래에 건축하는 건축물의 경우 국토교통부장관이 아닌 특별시장 · 광역시장 · 특별자치시장 · 특별자치도지사 · 시장 · 군수 또는 구청장이 그 건축물이 건축되는 토지로 정하는 토지를 말한다.

93 행정청이 시행하는 도시개발사업의 시행에 드는 비용을 국고에서 보조하거나 융자할 수 있는 금액의 최고 한도 기준은?

① 사업 시행에 드는 비용의 30%
② 사업 시행에 드는 비용의 50%
③ 사업 시행에 드는 비용의 80%
④ 사업 시행에 드는 비용의 전부

해설

보조 또는 융자(「도시개발법」 제59조)

도시개발사업의 시행에 드는 비용은 대통령령으로 정하는 바에 따라 그 비용의 전부 또는 일부를 국고에서 보조하거나 융자할 수 있다. 다만, 시행자가 행정청이면 전부를 보조하거나 융자할 수 있다.

정답 90 ④ 91 ④ 92 ④ 93 ④

94 「주택법」상 주택단지의 정의와 관련하여, 각각 별개의 주택단지로 볼 수 있도록 하는 시설 기준이 틀린 것은?(단, 대통령령으로 정하는 시설의 경우는 고려하지 않는다.)

① 철도
② 자동차전용도로
③ 폭 15m 이상인 일반도로
④ 폭 8m 이상인 도시계획예정도로

◉해설

폭 20m 이상인 일반도로를 경계로 각각 별개의 주택단지로 볼 수 있다.

주택단지의 정의(「주택법」 제2조)
주택건설사업계획 또는 대지조성사업계획의 승인을 받아 주택과 그 부대시설 및 복리시설을 건설하거나 대지를 조성하는 데 사용되는 일단(一團)의 토지를 말한다. 다만, 다음의 시설로 분리된 토지는 각각 별개의 주택단지로 본다.
• 철도 · 고속도로 · 자동차전용도로
• 폭 20m 이상인 일반도로
• 폭 8m 이상인 도시계획예정도로
• 대통령령으로 정하는 시설

95 「주차장법」에 따른 주차장의 종류가 아닌 것은?

① 공공주차장　　　② 노상주차장
③ 노외주차장　　　④ 부설주차장

◉해설

주차장의 종류(「주차장법」 제2조)
노상주차장, 노외주차장, 건축물부설주차장

96 도시공원 및 녹지 등에 관한 법령상 정의에 따른 공원시설의 구분 및 종류가 잘못 연결된 것은?(단, 특정 목적에 따라 조례로 정하는 시설 등 기타의 경우는 고려하지 않는다.)

① 도시농업시설 : 도시텃밭, 농기구 세척장
② 운동시설 : 수영장, 골프장(8홀 이상)
③ 교양시설 : 야외극장, 문화예술회관
④ 공원관리시설 : 울타리, 조명시설

◉해설

수영장은 공원에서의 운동시설로 인정하나, 골프장의 경우 6홀 이하인 경우만 운동시설로 인정한다.

운동시설
• 운동시설, 실내사격장, 골프장(6홀 이하 규모)
• 자연체험장

97 개발제한구역 내 토지 중 매수청구가 있는 경우 국토교통부장관이 매수청구인에게 매수대상여부와 매수예상가격 등을 알려주어야 하는 기간 기준은?

① 토지의 매수를 청구받은 날부터 2개월 이내
② 토지의 매수를 청구받은 날부터 3개월 이내
③ 토지의 매수를 청구받은 날부터 6개월 이내
④ 토지의 매수를 청구받은 날부터 1년 이내

◉해설

개발제한구역 내 토지 중 매수청구가 있는 경우 매수대상여부와 매수예상가격 등을 매수청구인에게 토지의 매수를 청구받은 날부터 2개월 이내에 알려주어야 한다.

98 「국토기본법」상 국토계획의 정의 및 구분이 옳지 않은 것은?

① 지역계획은 특정 지역을 대상으로 특별한 정책목적을 달성하기 위하여 수립하는 계획이다.
② 부문별 계획은 특정 지역을 대상으로 특정 부문에 대한 단기적인 발전방향을 제시하는 계획이다.
③ 국토종합계획은 국토 전역을 대상으로 하여 국토의 장기적인 발전방향을 제시하는 종합계획이다.
④ 도종합계획은 도 또는 특별자치도의 관할 구역을 대상으로 하여 해당 지역의 장기적인 발전 방향을 제시하는 종합계획이다.

◉해설

국토계획의 정의와 구분(「국토기본법」 제6조)
부문별 계획은 국토 전역을 대상으로 하여 특정 부문에 대한 장기적인 발전 방향을 제시하는 계획이다.

99 수도권정비계획법령상 '대규모개발사업'의 정의에 따른 사업 종류 및 규모 기준이 틀린 것은?

① 「주택법」에 따른 대지조성사업으로서 그 면적이 100만m² 이상인 것

② 「산업집적활성화 및 공장설립에 관한 법률」에 따른 공장설립을 위한 공장용지 조성사업으로서 그 면적이 50만m² 이상인 것

③ 「관광진흥법」에 따른 관광지 조성사업으로서 시설계획지구의 면적이 10만m² 이상인 것

④ 「도시개발법」에 따른 도시개발사업으로서 그 면적이 100만m² 이상인 것

해설

「산업집적활성화 및 공장설립에 관한 법률」에 따른 공장설립을 위한 공장용지 조성사업으로서 그 면적이 30만m² 이상인 것이 '대규모개발사업'에 해당한다.

100 수도권정비계획법령상 과밀부담금에 대한 설명으로 틀린 것은?

① 과밀억제권역 또는 성장관리권역에 속하는 서울특별시와 경기도 지역에서 인구집중유발시설 중 업무용 건축물을 건축하고자 하는 자는 과밀부담금을 내야 한다.

② 과밀부담금의 부과 · 징수에 이의가 있는 자는 「토지수용법」에 따른 중앙토지수용위원회에 행정심판을 청구할 수 있다.

③ 「도시 및 주거환경정비법」에 따른 재개발사업에 따른 건축물에 대하여는 대통령령으로 정하는 바에 따라 과밀부담금을 감면할 수 있다.

④ 과밀부담금은 건축비의 100분의 10으로 산정하는 것을 원칙으로 한다.

해설

과밀부담금의 부과 대상 지역은 서울특별시만 해당된다.

1과목 도시계획론

01 다음 중 도시의 특성으로 옳지 않은 것은?

① 높은 인구밀도
② 동질성이 높은 사회
③ 익명성의 증가
④ 기능의 집적과 분화

●**해설**
도시는 이질성이 높은 주민으로 구성되어 있는 특징을 가지고 있다.

02 도시의 부양능력에 비하여 지나치게 많은 인구가 집중하여 인구적으로만 비대해진 도시화를 무엇이라 하는가?

① 역도시화(Deurbanization)
② 어반스프롤(Urban Sprawl)
③ 외부경제(External Economy)
④ 가도시화(Pseudo – urbanization)

●**해설**
가도시화(Pseudo – urbanization) 현상
• 도시의 부양 능력에 비해 지나치게 많은 인구가 집중하여 인구만 비대해진 도시화를 의미한다.
• 제3세계로 불리는 개발도상국가에서 흔히 볼 수 있는 현상으로서, 산업화와 무관한 도시화 현상을 말한다.

03 뒤르켐(Durkheim)이 지적한 도시의 아노미(Anomie) 현상에 대한 설명으로 옳은 것은?

① 도시 인구의 증가로 인한 도시 기반시설의 부족현상이다.
② 도시에 대해 적대감을 갖는 것으로, 사회적 도덕적 생활에 대한 위협이라는 관점에서 생겨났다.
③ 도시의 기능분화로 인해 발생하는 도시의 윤리적 문제이다.
④ 도시화의 진행에 따라 나타나는 사회병리현상으로, 흔히 대도시화로 인한 인간소외 등의 몰가치 상 황을 의미한다.

●**해설**
아노미(Anomie) 현상
도시의 이질적 인구구성 및 빈번하지만 일회성에 그치는 시민 간의 만남에서 발생하는 인간소외 등의 몰가치상황을 말한다.

04 현대도시와 관련한 계획가와 관련 계획 및 주장의 연결이 옳은 것은?

① 멈포드(L. Mumford) – 근린주구단위계획
② 르 코르뷔지에(Le Corbusier) – 대런던계획(Greater London Plan)
③ 라이트(F. L. Wright) – 브로드에이커시티(Broadacre City)
④ 아베크롬비(P. Abercrombie) – 부아쟁계획(Plan Voisin)

●**해설**
① 근린주구단위계획 – 페리
② 대런던계획 – 아베크롬비
④ 부아쟁계획 – 르 코르뷔지에

05 허드슨(Hudson)의 분류에 의한 도시계획 이론 중 옳지 않은 것은?

① 종합계획은 체계적 접근 방법을 통해서 계획이 문제를 규명하고, 결정론적 모형을 구성하는 특징을 가진다.
② 급진적 계획은 논리적 일관성이나 최적의 해결 대안의 제시보다는 지속적인 조정과 적용을 통하여 목표를 추구하는 접근 방법을 제시하였다.
③ 교류적 계획은 철학적 사고에서 파생하고 있으며, 계획가와 계획의 영향을 받는 사람들의 대화를 중시하였다.
④ 옹호적 계획은 주로 강자에 대한 약자의 이익을 보호하는 데 적용되어 왔다.

해설

논리적 일관성이나 최적의 해결 대안의 제시보다는 지속적인 조정과 적용을 통하여 목표를 추구하는 접근 방법을 제시하는 것은 점진적 계획(Incremental Planning)에 해당한다.

06 페리(C. A. Perry)가 주장한 근린주구이론에 대한 비판의 의견과 관계가 없는 것은?

① 근린주구단위가 교통량이 많은 간선도로에 의해 구획됨으로써 도시 안의 섬이 되었고, 이로써 가정의 욕구는 만족되었을지 몰라도 고용의 기회가 많이 줄어드는 계기가 되었다.

② 근린주구계획은 초등학교에 초점을 맞추고 있는데, 대부분 사회적 상호작용이 어린 학생으로부터 유발된 친근감을 통하여 시작된다는 것은 불명확하다.

③ 지역의 특성을 고려하여 다양한 형태의 주거단지와 대규모의 상업시설을 배치시킴으로써, 지역 커뮤니티를 와해시키는 결과를 초래하였다.

④ 미국에서 발달한 근린주구계획은 커뮤니티 형성을 위하여 비슷한 계층을 집합시키는 계획이 이루어 짐으로써 인종적 분리, 소득계층의 분리를 가져와 지역사회 형성을 오히려 방해하였다.

해설

근린주구이론은 소규모 주거단지 단위를 주장한 것으로서 다양한 형태의 주거단지, 대규모 상업시설의 배치와는 거리가 멀다.

07 관리지역 내 보전관리지역 용적률의 최대한도 기준으로 옳은 것은?

① 80% 이하
② 70% 이하
③ 60% 이하
④ 50% 이하

해설

용도지역 중 관리지역 내 보전관리지역의 용적률과 건폐율의 최대한도는 각각 80% 이하, 20% 이하이다.

08 개발로 인하여 기반시설이 부족할 것으로 예상되나 기반시설을 설치하기 곤란한 지역을 대상으로 건폐율이나 용적률을 강화하여 적용하기 위하여 지정하는 구역을 무엇이라고 하는가?

① 개발밀도관리구역
② 기반시설부담구역
③ 시가화조정구역
④ 성장억제구역

해설

개발밀도관리구역은 개발로 인하여 기반시설이 부족할 것으로 예상되나 기반시설을 설치하기 곤란한 지역을 대상으로 건폐율이나 용적률을 강화하여 적용하기 위하여 지정하는 구역을 말한다.

09 도시계획에 활용되는 자료원에 대한 접근 방법을 직접적 · 간접적이냐에 따라 1차 자료와 2차 자료로 분류할 때 다음 중 2차 자료에 해당하는 것은?

① 통계조사자료
② 현지조사자료
③ 면접조사자료
④ 설문조사자료

해설

자료의 구분
• 1차 자료(직접자료) : 현지조사 / 면접조사 / 설문조사
• 2차 자료(간접자료) : 문헌자료조사 / 통계자료조사 / 지도분석

10 인구가 정률 변화를 할 때 적합하며, 인구가 기하급수적인 증가를 나타내고 있어 단기간에 급속히 팽창하는 신도시의 인구 예측에 유용하나 인구의 과도 예측을 초래할 위험성이 있는 인구 예측 모형은?

① 선형모형
② 지수성장모형
③ 로지스틱 모형
④ 곰페르츠 모형

해설

지수성장모형은 단기간에 급속히 팽창하는 신개발지역의 인구 예측에 유용하다.

정답 06 ③ 07 ① 08 ① 09 ① 10 ②

11 토지이용 또는 토지시장에 정부의 공적 개입이 정당화되는 이유로 거리가 먼 것은?

① 공간적 부조화 등 외부효과의 발생
② 개인과 공공의 가치 일치
③ 정보의 부족 및 불로소득의 발생
④ 공공재 공급의 필요성

해설
정부의 공적 개입은 시장실패의 시정 및 공정성 추구의 관점에서 정당화될 수 있다. 개인과 공공의 추구하는 바가 동일하다는 의미인 개인과 공공의 가치 일치에 따라 정부가 토지이용 또는 토지시장에 개입하기는 어렵다.

12 샤핀(F. S. Chapin, 1965)이 제시한 토지이용의 결정요인 분류에 해당하지 않는 것은?

① 공공의 이익요인   ② 경제적 요인
③ 문화적 요인   ④ 사회적 요인

해설
Chapin은 토지이용은 경제적, 사회적, 공공복지적 요인의 상호작용에 의하여 결정된다는 공간구조이론을 제시하였다.

13 교통계획을 계획기간에 따라 분류할 때, 단기교통계획에 비하여 장기교통계획이 갖는 특징으로 틀린 것은?

① 소수의 대안 위주이다.
② 다양한 교통수단을 동시에 고려한다.
③ 교통수요가 비교적 고정되어 있음을 가정한다.
④ 자본집약적이다.

해설
다양한 교통수단을 동시에 고려하는 것은 단기교통계획의 특징이다.

14 다음의 도시 가로망 형태 중 도시의 기념비적인 건물을 중심으로 주변과 연결하고 중심지를 기점으로 주요간선로를 따라 도시의 개발축을 형성하는 특징을 갖는 것은?

① 격자형   ② 방사형
③ 혼합형   ④ 선형

해설
방사형 가로망
• 도시의 기념비적인 건물을 중심으로 주변과 연결하고 중심지를 기점으로 주요간선로를 따라 도시의 개발축을 형성
• 왕궁이나 기념비적인 건물을 중심으로 주변과 연결하여 도심 집중현상이 발생

15 다음 중 ㉠, ㉡의 도로 배치간격 기준을 옳게 나열한 것은?

㉠ 주간선도로와 보조간선도로
㉡ 보조간선도로와 집산도로

① ㉠ : 250m 내외, ㉡ : 500m 내외
② ㉠ : 500m 내외, ㉡ : 250m 내외
③ ㉠ : 500m 내외, ㉡ : 1km 내외
④ ㉠ : 1km 내외, ㉡ : 500m 내외

해설
도로의 배치간격

구분		배치간격
주간선도로와 주간선도로		1,000m 내외
주간선도로와 보조간선도로		500m 내외
보조간선도로와 집산도로		250m 내외
국지도로 간	가구의 짧은 변 사이	90m~150m 내외
	가구의 긴 변 사이	25m~60m 내외

16 다음 기반시설 중 유통 · 공급시설이 아닌 것은?

① 방송 · 통신시설
② 유통업무설비
③ 유류저장 및 송유설비
④ 방수설비

해설
방수설비는 방재설비에 해당한다.

17 필지주의의 소규모 개발에 의한 난개발, 단조로운 경관, 과도한 용도 순화 등의 문제를 해결하기 위하여 일정 규모 이상의 개발에 있어서 전체를 하나의 규제단위로 하여 전체 지역의 조화를 꾀한 토지이용 규제방식은?

① 개발권이양제(TDR)
② 상여지역제(Incentive Zoning)
③ 계획단위개발(PUD)
④ 성능지역제(Performance Zoning)

◁해설▷

계획단위개발(PUD : Planned Unit Development)
• 계획단위개발로 대상지 전체를 일체적이고 유기적으로 계획하고 설계하여 개발하는 방식이다.
• 우리나라의 지구단위계획 내의 특별계획구역제도가 이와 유사하다.

18 미래사회 변화에 대비한 새로운 계획 패러다임의 방향으로 보기 어려운 것은?

① 자원 및 에너지 절약형 도시개발로의 전환
② 도·농 분리적 계획으로 생태 환경 보존
③ 시민참여 확대와 개발 주체의 다양화
④ 입체적·기능 통합적 토지이용관리

◁해설▷

균형발전, 합리적 도시계획을 추진하기 위해 도농분리가 아닌 도농통합적 계획체계로 전환되고 있다.

19 도시성장관리의 목적이 아닌 것은?

① 어반스프롤(Urban Sprawl)의 방지
② 교통용량의 확장과 재개발 억제
③ 도시민의 삶의 질 향상
④ 효율적인 도시 형태의 구축

◁해설▷

도시성장관리는 도시성장으로 인한 교통의 혼잡 가중을 방지하는 것을 목표로 하고 있다. 교통용량의 확장은 교통량의 증대를 가져올 수 있으므로 도시성장관리의 목적이라 할 수 없다.

20 도시·군관리계획의 주요 내용이 아닌 것은?

① 기반시설의 설치, 정비 또는 개량
② 지구단위계획구역의 지정 또는 변경
③ 용도지역, 용도지구의 지정 또는 변경
④ 관할 구역에 대한 기본적인 공간구조와 장기발전 방향 제시

◁해설▷

도시·군관리계획의 내용(「국토의 계획 및 이용에 관한 법률」 제2조)
• 용도지역·용도지구의 지정 또는 변경에 관한 계획
• 개발제한구역, 도시자연공원구역, 시가화조정구역, 수산자원보호구역의 지정 또는 변경에 관한 계획
• 기반시설의 설치·정비 또는 개량에 관한 계획
• 도시개발사업이나 정비사업에 관한 계획
• 지구단위계획구역의 지정 또는 변경에 관한 계획과 지구단위계획
• 입지규제최소구역의 지정 또는 변경에 관한 계획과 입지규제최소구역계획

2과목   도시설계 및 단지계획

21 케빈 린치(Kevin Lynch)가 분류한 도시 이미지의 5가지 요소를 모두 옳게 나열한 것은?

① 도로(Path), 건축물(Building), 광장(Plaza), 공원(Park), 지구(District)
② 중심지구(CBD), 지구(District), 도로(Path), 광장(Plaza), 공장지대(Factory)
③ 경계(Edge), 결절점(Node), 도로(Path), 지구(District), 랜드마크(Landmark)
④ 경계(Edge), 하천(River), 랜드마크(Landmark), 결절점(Node), 중심지구(CBD)

◁해설▷

케빈 린치의 도시를 이미지화하는 도시의 물리적 구조에 관한 5가지 요소
경계(Edge), 결절점(Node), 통로(Path), 지구(District), 랜드마크(Landmark)

22 이상도시 형성의 사조 중 주택단지에 가장 영향을 준 것은?

① Linear Town　　② Siedelung
③ Mother Town　　④ Garden City

해설

주택단지 건설에 큰 영향을 준 것은 전원도시(Garden City) 이다.

23 샹디가르(Chandigarh)에 적용된 공원녹지 체계 유형은?

① 격자형　　　　② 대상형
③ 분산형　　　　④ 집중형

해설

샹디가르(Chandigarh)
르 코르뷔지에가 설계한 도시로, 공원을 산책하는 사람에게는 차량이 보이지 않도록 하는 도시설계 기법을 사용하였으며, 대상형의 공원녹지 체계로 설계되었다.

24 다음 중 저밀도 개발 대상지로서 가장 바람직한 지역은?

① 평탄하고 도심지로의 접근로상에 위치한 고지가 지역
② 주위에 상업시설이 밀집되어 있고 재개발이 추진되고 있는 지역
③ 구릉지로서 자연경관과 지형이 어우러진 지역
④ 역세권에서 위치하여 대중교통의 연계성이 우수한 소규모 지역

해설

저밀도 개발 대상지로서 저층 위주의 계획을 하는 구릉지가 보기 중 가장 적합하다.

25 단지계획에 있어서 인동간격의 결정요소가 아닌 것은?

① 일조　　　　　② 도로
③ 프라이버시　　④ 조망

해설

인동간격을 결정하는 가장 중요한 요소는 일조이며, 이 외에도 프라이버시와 조망 등의 부수적인 요소를 위해 인동간격을 결정한다.

26 다음 중 생활권을 1차~3차 생활권으로 구분하였을 때, 2차 생활권(중생활권)을 기준으로 설치되는 시설로 가장 적합한 것은?

① 대학교　　　　② 우체국
③ 초등학교　　　④ 청소년회관

해설

① 대학교 : 3차 생활권(대생활권)
② 우체국 : 1차 생활권(소생활권)
③ 초등학교 : 1차 생활권(소생활권)

27 다음 중 페리가 주장한 근린주구이론의 내용으로 옳지 않은 것은?

① 초등학교를 중심으로 구성한다.
② 소공원과 위탁공간의 체계가 있어야 한다.
③ 상업시설은 주구의 중심에 배치한다.
④ 주구의 경계는 간선도로에 의해 구획되어야 한다.

해설

상업시설은 도로의 결절점에 위치하거나 옆 근린단위의 상점구역과 인접하도록 계획한다.

28 래드번(Radburn) 계획의 기본 원리와 가장 거리가 먼 것은?

① 슈퍼블록의 구성
② 보 · 차의 혼용
③ 공동의 오픈스페이스 조성
④ 기능에 따른 도로 구분

해설

래드번 계획에서는 보도와 차도를 입체적으로 분리하였다.

29 뉴어바니즘의 주요 계획 기법 중 하나인 TND(전통적 근린지역) 계획에 관한 내용 중 옳지 않은 것은?

① 반경 1/4mile의 보행 중심 커뮤니티와 장소성을 가진 주거지
② 다양한 타입의 주택
③ 좁은 격자형 가로를 통한 교통량의 분산과 속도 감소
④ 행정적 통일성을 위한 Top-down형 계획

해설

전통적 근린지역(TND : Traditional Neighborhood District)은 주민들의 의도와 목적에 맞게 다양한 주택타입과 상점 등이 입지한 근린지역으로서, 정부주도인 하향적 계획(Top-down)의 획일적 주택 배치와는 거리가 멀다.

30 건폐율 60%로 규제되고 있는 지역에 연면적 3,000m²의 건물을 5층으로 짓고자 할 때 필요한 최소한의 대지면적은?

① 800m²
② 900m²
③ 1,000m²
④ 1,200m²

해설

$$건폐율 = \frac{건축면적}{대지면적} \times 100(\%)$$

$$대지면적 = \frac{건축면적}{건폐율} \times 100(\%)$$

여기서, 건축면적은 연면적을 층수로 나눈 면적을 의미한다.

$$대지면적 = \frac{3,000m^2/5층}{60\%} \times 100(\%) = 1,000m^2$$

31 도시공원 중 주로 도보권 안에 거주하는 자의 이용에 제공할 것을 목적으로 하는 도보권 근린공원의 유치거리 기준으로 옳은 것은?

① 250m 이하
② 500m 이하
③ 1,000m 이하
④ 1,500m 이하

해설

도보권 근린공원은 이용자들이 도보로서 공원을 이용할 수 있는 거리(1,000m 이하)로 계획되어야 하며, 3만m² 이상의 규모를 가져야 한다.

32 다음 중 「도시·군계획시설의 결정·구조 및 설치기준에 관한 규칙」에 의하여 교통광장을 구분할 때 교통광장에 해당하지 않는 것은?

① 역전광장
② 교차점광장
③ 중심대광장
④ 주요시설광장

해설

교통광장의 종류
교차점광장, 역전광장, 주요시설광장

33 주민이 지구단위계획의 수립 및 변경에 관한 사항을 제안하는 때에 갖추어야 할 요건 중, 제안한 지역의 대상 토지면적의 얼마 이상에 해당하는 토지소유자의 동의가 있어야 하는가?(단, 국공유지의 면적은 제외한다.)

① 2/3 이상
② 1/3 이상
③ 1/2 이상
④ 1/4 이상

해설

지구단위의 수립 및 변경 시에는 제안한 지역의 대상 토지면적의 2/3 이상에 해당하는 토지소유자의 동의가 있어야 한다.

34 지구단위계획구역을 변경하는 경우에 관계 행정기관의 장과의 협의, 국토교통부장관과의 협의 및 도시계획위원회의 심의를 생략할 수 있는 경우에 해당하지 않는 것은?

① 가구면적의 20% 이내의 변경인 경우
② 획지면적의 30% 이내의 변경인 경우
③ 건축물 높이의 20% 이내의 변경인 경우
④ 건축선의 1m 이내의 변경인 경우

해설

가구면적의 10% 이내의 변경인 경우 관계행정기관의 장과의 협의, 국토교통부장관과의 협의 및 도시계획위원회의 심의를 생략할 수 있다.

정답 29 ④ 30 ③ 31 ③ 32 ③ 33 ① 34 ①

35 다음 중 괄호 안에 맞는 것은?

지구단위계획구역의 지정에 관한 도시·군관리계획 결정의 고시일로부터 (   ) 이내에 당해 지구단위계획구역에 관한 지구단위계획이 결정·고시되지 아니하는 경우에는 다음 날에 그 효력을 상실한다.

① 1년   ② 2년
③ 3년   ④ 5년

●해설

지구단위계획구역의 지정에 관한 도시·군관리계획결정의 고시일로부터 3년 이내에 당해 지구단위계획구역에 관한 지구단위계획이 결정·고시되지 아니하는 경우에는 그 3년이 되는 날의 다음 날에 당해 지구단위계획구역의 지정에 관한 도시·군관리계획결정은 그 효력을 상실한다.

36 지구단위계획에 대한 도시·군관리계획 결정도의 표시기호가 옳은 것은?

① 공동개발

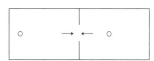

② 차량진출입구

△

③ 건축한계선

……

④ 공공보행통로

⊠ ⊠ ⊠ ⊠

●해설

① 합벽건축, ② 보행주출입구, ③ 대지분할가능선

37 다음과 같은 특징을 갖는 공동주택의 주호형식은?

• 중앙에 엘리베이터나 계단실을 두고 많은 주호를 집중 배치하는 형식
• 설비 집중화 가능
• 고층화된 아파트에서 많이 채택
• 복도 및 코너 부분의 일부 세대는 채광, 소음, 환기 등이 불리

① 단차형   ② 탑상형
③ 편복도 판상형   ④ 중복도 판상형

●해설

집중형(탑상형)은 설비의 집중화가 가능하나, 단위주거의 조건에 따라 일조조건이 나빠지므로 평면계획의 고려가 필요한 형식이다.

38 순인구밀도가 250인/ha이고 주택용지율이 70%일 때, 총인구밀도는?

① 105인/ha
② 175인/ha
③ 265인/ha
④ 305인/ha

●해설

$$순인구밀도 = \frac{총 인구}{주택용지면적}$$
$$= \frac{총 인구}{총 면적 \times 주택용지율}$$
$$= \frac{총 인구밀도}{주택용지율}$$

총인구밀도 = 순인구밀도 × 주택용지율
= 250 × 0.7 = 175

39 「건축법」상 전용주거지역이나 일반주거지역에 건축물을 건축하는 경우에는 높이가 9m를 초과하는 부분에 대하여 정북 방향으로의 인접대지 경계선으로부터 해당 건축물 각 부분 높이의 얼마 이상을 띄어서 건축하여야 하는가?

① 1/2 이상   ② 1/3 이상
③ 1/5 이상   ④ 1/10 이상

●해설

대지경계선에 의한 높이 제한(일조확보)
• 건물높이가 9m 이하 : 인접대지의 경계선과의 거리 1.5m 이상
• 건물높이가 9m 초과 : 건축물의 각 부분 높이의 1/2 이상 인접대지의 경계선과 이격

40 노외주차장의 구조 · 설비기준에서 출입구가 2개 이상인 경우 직각주차형식의 최소 차로 너비는?(단, 이륜자동차 전용 노외주차장은 고려하지 않는다.)

① 3.0m
② 3.5m
③ 4.5m
④ 6.0m

해설

출입구가 2개 이상인 경우 직각주차형식의 최소 차로 너비는 6.0m 이상이다.

3과목 | 도시개발론

41 영국의 근대도시화 과정에서 표출된 문제에 대하여 1898년에 전원도시 건설의 필요성을 강조한 사람은?

① 오웬
② 어윈
③ 하워드
④ 테일러

해설

도시와 농촌의 매력을 함께 지닌 자족적인 커뮤니티(하워드의 전원도시론)
• 1898년에 영국의 근대도시화 과정에서 표출된 문제에 대해 전원도시 건설의 필요성을 강조
• 인간관계가 중시되는 공동사회를 만들기 위한 이상도시 안(案) 제시

42 1987년 Brundtland 보고서에서 "미래 세대의 욕구나 복지를 충족시킬 수 있는 능력과 여건을 저해하지 않으면서 현 세대의 욕구를 충족시키는 개발"이라는 지속 가능한 개발 개념을 잉태했다. 이는 다양한 변화의 압력에 대응해 나가는 지속적인 동태적 과정으로 1994년 Robert Goodland는 세가지 지속성의 요소를 제안하고 있는데, 이에 해당 되지 않는 것은?

① 사회적 지속성
② 경제적 지속성
③ 환경적 지속성
④ 물리적 지속성

해설

Robert Goodland가 제안한 지속 가능한 도시개발을 위한 지속성 요소는 사회 · 문화적 지속성, 경제적 지속성, 경관 및 환경적 지속성이다.

43 다음 중 주민참여형 도시개발의 유형과 가장 거리가 먼 것은?

① BTL 방식
② 민간협약
③ 주민투표
④ 지구 차원의 계획

해설

BTL(Build Transfer Lease) 방식은 사회간접자본(SOC)에 대해 민간이 건설자본을 투자하는 사업추진방식의 한 종류이다.

44 개발수요 분석에 활용되는 예측모형 중 정량적 모형에 해당하지 않는 것은?

① Huff 모형
② 중력모형
③ 시계열 분석
④ 델파이법

해설

델파이법은 비계량적(정성적) 방법이다.

45 리모델링 사업의 근거법은 무엇인가?

① 「도시 및 주거환경정비법」
② 「주택법」
③ 「국토의 계획 및 이용에 관한 법률」
④ 「임대주택법」

해설

리모델링 사업(「주택법」 제66조)
노후된 공동주택 등 건축물이 밀집된 지역으로서 새로운 개발보다는 현재의 환경을 유지하면서 이를 정비하는 사업으로 「주택법」을 근거법으로 한다. 기존 자원을 최대한 활용하는 효과를 얻을 수 있다.

46 도시 · 주거환경정비기본계획을 수립하고자 하는 때에는 며칠 이상 주민에게 공람하여야 하는가?

① 14일　　　　　② 15일
③ 20일　　　　　④ 21일

●해설
기본계획 수립 및 변경 시에는 14일 이상 주민에게 공람하여야 한다.

47 「도시재정비 촉진을 위한 특별법」에서 재정비 촉진계획과 관련한 완화조항이 아닌 것은?

① 재정비 촉진계획에서 건축물의 건축 제한
② 재정비 촉진계획 조례에서 정한 건폐율 상한
③ 재정비 촉진계획에 따라 조성하는 근린공원의 조성면적
④ 재정비 촉진계획에 따라 건축하는 건축물에 부과하는 과밀부담금

●해설
재정비 촉진계획은 재정비를 촉진하는 계획으로서, 재정비의 의도와 맞게 거주민이 편리하고 쾌적한 주거생활을 누리고 인프라를 활용할 수 있도록 해야 한다. 보기 중 근린공원의 조성면적 축소는 재정비의 의도 충족을 저해할 수 있으므로 완화조항에 해당하지 않는다.

48 도시개발방식의 유형별 분류가 틀린 것은?

① 개발 주체 : 공공개발, 민간개발, 민관합동개발
② 토지취득방식 : 수용방식, 환지방식, 혼용방식
③ 개발대상지역 : 신도시개발, 위성도시개발
④ 토지의 용도 : 택지개발, 유통단지개발, 복합단지 개발

●해설
도시개발방식의 유형

구분	분류
개발 주체에 따른 분류	공영개발, 민간개발, 민관합동개발
토지취득방식에 따른 분류	환지방식, 매수방식(수용 또는 사용에 의한 방식), 혼용방식, 합동개발방식
개발대상지역에 따른 분류	신개발, 재개발
토지의 용도에 따른 도시개발방식 유형 구분	공업용지개발, 관광용지개발, 유통단지개발, 개발촉진지구개발, 복합단지개발, 택지개발

49 다음 중 지방공사 또는 지방공단의 특징 설명이 잘못된 것은?

① 지방공단은 민관합작에 의한 설립이 불가하다.
② 지방공사는 판매수입으로 경영비용을 조달한다.
③ 지방공사는 증자를 통한 민간출자는 할 수 없다.
④ 지방공단은 특정사업의 수탁에 의해 업무한다.

●해설
지방공사는 증자를 통한 민간출자가 가능하며, 지방공단은 증자를 통한 민간출자가 불가능하다.

50 도시개발사업의 방식 중 수용 또는 사용방식이 환지방식이나 혼용방식과 비교하여 갖는 특징으로 옳지 않은 것은?

① 초기투자비가 막대한 편이다.
② 이주대책을 마련하는 데 어려움이 따를 수 있다.
③ 사업기간이 상대적으로 많이 걸린다.
④ 전면매수에 따른 토지주의 반발이 많아질 수 있다.

●해설
수용 또는 사용에 의한 방식은 매수에 의해 이루어지므로 환지방식에서의 관련된 협의 및 행정처리 등의 소요기간이 필요 없어 상대적으로 사업기간이 적게 걸린다.

51 도시환경 및 시설에 대해 현재까지는 불량 · 노후화 현상이 발생하지 않았으나 현 상태로 방치할 경우 환경 악화가 예상되는 지역에 예방적 조치로 시행하는 재개발방식은?

① 철거재개발
② 수복재개발
③ 개량재개발
④ 보전재개발

●해설
보전재개발은 노후 · 불량화의 진행을 방지하는 예방/보존적 재개발이다.

52 다음 중 지속 가능한 개발을 위한 도시개발 패러다임으로 가장 거리가 먼 것은?

① 뉴어바니즘(New Urbanism)
② 스마트 성장(Smart Growth)
③ 콤팩트시티(Compact City)
④ 타운빌리지(Town Village)

해설

타운빌리지는 저층형 집합주거단지로서, 고밀도 및 복합적이고 다양한 기능을 추구하는 지속 가능한 개발을 위한 도시개발 패러다임과는 거리가 멀다.

53 문화재 보존이나 환경보호 등을 위해 해당 지역의 토지소유자로 하여금 다른 지역에 대한 개발권을 부여하는 제도는?

① TOD
② TDR
③ PUD
④ Floating Zoning

해설

개발권 양도제(TDR)는 기존 용도지역제의 경직성을 보완하여 시장 주도형 도시개발에 유연하게 대처할 수 있으며 공익적인 차원에서 사유재산을 보호할 수 있다는 이점이 있다.

54 대중교통중심개발(TOD : Transit Oriented Development)의 개념과 거리가 먼 것은?

① 복합고밀개발
② 보행거리 내 상업, 주거, 업무, 공공시설 배치
③ 자동차에 대한 의존도 감소
④ 주민참여의 극대화

해설

TOD는 정부 주도형의 고밀도 역세권개발방식인 하향적 정책으로서, 주민참여방식인 상향적 정책결정과는 거리가 멀다.

55 계획단위개발(PUD)의 4단계 시행절차의 순서가 옳은 것은?

| a. 예비개발계획 | b. 사전회의 |
| c. 최종개발계획 | d. 개별개발계획 |

① a−b−d−c
② b−c−d−a
③ b−d−a−c
④ a−d−b−c

해설

계획단위개발 시행절차
사전회의 실시 → 개별개발계획 수립 → 예비개발계획 수립 → 최종개발계획 수립

56 다음의 사업추진방식 중 민간사업자가 시설의 완공 후 소유권을 이전한 뒤, 민간이 일정 기간 동안 시설물을 직접 관리·운영하여 투자비를 회수하는 것은?

① BTL 방식
② BTO 방식
③ BOT 방식
④ BOO 방식

해설

BTO(Build−Transfer−Operate, 건설·운영 후 양도방식)
사회간접자본시설의 준공과 동시에 당해시설의 소유권이 국가 또는 지방자치단체에 귀속되며 사업 시행자에게 일정 기간의 시설관리운영권을 인정하는 방식

57 일반적으로 마케팅이 5단계에 걸쳐 이루어진다고 할 때, 다음 중 실행단계의 마케팅에 속하지 않는 것은?

① 광고 및 판매 촉진(Promotion)
② 판매 및 유통경로 관리(Sales)
③ 상품기획(Merchandising)
④ 사후관리(After Service)

해설

마케팅의 5단계
• 1단계(R) : 조사(Reseach) − 시장조사 등
• 2단계(STP) : 시장세분화(Segmentation), 표적시장

정답 52 ④ 53 ② 54 ④ 55 ③ 56 ② 57 ③

설정(Targeting), 포지셔닝(Positioning)

- 3단계(MM) : Marketing Mix(4P : Product, Price, Place, Promotion)
- 4단계(I) : 실행(Implementation) – 광고 및 판매 촉진(Promotion), 판매 및 유통경로 관리(Sales), 사후관리(After Service) 등
- 5단계(C) : 통제(Control) – 피드백을 얻고, 결과를 평가하며, STP 전략이나 마케팅믹스 전술을 수정 또는 개선

※ 상품기획(Merchandising)은 실행단계 전에 실시되어야 하는 사항이다.

58 특정 도시개발사업(사업 운영기간이 3년)에 700억 원을 투자하여 매년 말 300억 원의 수익이 기대될 경우, 동 사업의 순현가는 다음 중 어느 것인가?(단, 할인율은 10%로 한다.)

① 19억 원　　　　② 46억 원
③ 121억 원　　　④ 305억 원

●**해설**

$$NPV = -700 + \frac{300}{(1+0.1)^1} + \frac{300}{(1+0.1)^2} + \frac{100}{(1+0.1)^3}$$
$$= 46.056 ≒ 46(억 원)$$

59 바다, 하천, 호수 등 수변공간을 가지는 육지에 개발된 공간을 무엇이라 하는가?

① 워터프론트　　② 역세권
③ 지하공간　　　④ 텔레포트

●**해설**

워터프론트(水邊空間, Waterfront)
바다, 하천, 호수 등의 공간을 가지는 육지에 인공적으로 개발된 도시 공간으로서 항만 및 해운기능, 어업 · 공업 등의 생산기능, 상업, 업무, 주거, 레크리에이션 등 다양한 도시 활동을 수용할 수 있는 유연성을 지니고 있다.

60 압축도시(Compact City)에 대한 설명으로 옳지 않은 것은?

① 토지이용은 고밀개발을 추구한다.

② 압축도시 개발은 직주근접과 관련이 있다.
③ 압축도시 개발을 위해서는 단일용도의 토지이용이 이루어져야 한다.
④ 에너지 사용을 줄이고 환경오염을 최소화할 수 있는 도시형태이다.

●**해설**

압축도시(Compact City)는 소수의 토지를 다양한 용도의 복합적 고밀도개발을 통해 도시의 방만한 교외 확산에 따른 저밀화를 막는 데 목적이 있다.

4과목 **국토 및 지역계획**

61 다음 중 「국토기본법」상 국토 관리의 기본이념으로 옳지 않은 것은?

① 국토의 균형 있는 발전
② 경쟁력 있는 국토 여건의 조성
③ 거점개발에 의한 집적이익의 추구
④ 환경친화적 국토 관리

●**해설**

국토계획의 기본 방향은 국토의 균형 있는 발전, 경쟁력 있는 국토 여건의 조성, 환경친화적 국토 관리이다.

62 다음 각 학자들과 그들이 주장한 지역 구분이 바르게 짝지어진 것은?

① Boudeville : 동질 · 분극 · 계획 · 사업지역
② Herbertson : 지리적 · 경제 · 사회문화지역
③ Hilhorst : 과밀 · 중간 · 낙후지역
④ Hansen : 대도시 · 중소도시 · 농촌지역

●**해설**

① 부드빌(O. Boudeville) : 동질지역, 결절지역, 계획지역
③ 힐호스트(Hilhorst) : 분극지역, 계획권역, 동질지역, 사업지역
④ 한센(N. Hansen) : 과밀지역, 중간지역, 낙후지역

63 지역계획과정에서 주민참여의 기대 효과로 볼 수 없는 것은?

① 주민의 지지와 협조를 통한 집행의 효율화
② 주민 요구에 대한 행정책임의 강화
③ 주민의 심리적 욕구 충족과 주체성 회복
④ 주민 요구를 통한 행정 수요 파악으로 사업의 우선 순위 결정에 도움

해설

주민참여를 할 경우 행정책임의 회피 현상을 가져올 수 있다.

64 다음 중 성장거점이론의 전신인 성장극(Growth Pole)이론에 관한 것은?

① 인구 규모가 큰 대도시 중심
② 인구유입이 빠르고 시가화지역이 넓은 거점도시
③ 성장속도가 빠르고 전 · 후방 연관된 효과가 큰 경제활동 분야
④ 성장잠재력이 크고 각종 도시 시설이 잘 구비되어 있는 지역 중심의 도시

해설

도시의 성장이론 중 하나인 성장거점이론은 성장속도가 빠르고 전 · 후방 연관효과가 큰 경제활동 분야의 파급성 및 국가 경제 견인성에 대한 이론인 성장극(Growth Pole, 페로우)이론에 기반을 두고 있다.

65 다음 중 지역 간 불균형 성장이론을 옹호한 학자는?

① 넉스(Nurkse)
② 허쉬만(Hirschman)
③ 루이스(Lewis)
④ 로젠스타인 로단(Rosenstein Rodan)

해설

허쉬만(A. O. Hirschman, 1958)은 지역 간의 불균형 구조로 인하여 발전지역이 저발전지역으로부터 노동, 자본, 물자 등을 흡수함으로써 저발전지역의 발전잠재력을 훼손하는 효과(극화효과)를 가져온다고 주장하였다.

66 크리스탈러가 주장한 중심지이론(Central Place Theory)의 포섭 원칙이 아닌 것은?

① 중심의 원칙(K=1)
② 시장성 원칙(K=3)
③ 교통의 원칙(K=4)
④ 행정의 원칙(K=7)

해설

포섭 원리(Nesting Principle)
• 시장의 원리(Marketing Principle, K=3 System, 시장성 원칙)
• 교통의 원리(Transportation Principle, K=4 System)
• 행정의 원리(K=7 System)

67 지역의 외부수요가 지역경제의 성장을 선도함을 전제한 모형은?

① 투입산출모형
② 수출기반모형
③ 지역혁신모형
④ 섹터모형

해설

수출성장기반이론(Export Base Model)
도시의 산업을 기반부문(Basic Sector)과 비기반부문(Non-basic Sector)으로 나누고 기반부문에서 생산된 재화를 타 지역으로 수출(지역의 외부수요)함으로써 이익을 창출하여 도시가 성장한다.

68 다음의 조건에서 청주의 i산업에 대한 입지계수(LQ)는 얼마인가?

구분	청주	전국
i산업 고용자 수	4,000명	250,000명
총 고용자 수	60,000명	7,500,000명

① 0.07
② 0.75
③ 1.67
④ 2.00

해설

$$LQ = \frac{E_{Ai}/E_A}{E_{ni}/E_n}$$

$$= \frac{A지역의 \ i산업 \ 고용수 / A지역 \ 전체 \ 고용수}{전국의 \ i산업 \ 고용수 / 전국의 \ 고용수}$$

$$= \frac{4,000/60,000}{250,000/7,500,000} = 2$$

69 우리나라의 인구 규모별 도시 순위가 아래와 같을 때 데이비스(K. Davis)의 종주화지수는 약 얼마인가?

순위	도시명	인구(명)
1위	서울	9,762,546
2위	부산	3,512,547
3위	대구	2,517,680
4위	인천	2,456,016
5위	광주	1,413,644

① 2.78
② 1.15
③ 0.99
④ 0.62

●해설

종주화지수

$$= \frac{\text{제1위 도시 인구규모}}{(\text{2위 도시}+\text{3위 도시}+\text{4위 도시})\text{의 인구규모}}$$

$$= \frac{9,762,546}{3,512,547+2,517,680+2,456,016} = 1.1504$$

70 샤핀(F. Stuart Chapin Jr.)이 주장한 토지이용을 결정하는 때에 고려하여야 하는 다음의 요소 중 공공의 이익에 해당하지 않는 것은?

① 경제성
② 보건성
③ 광역성
④ 쾌적성

●해설

샤핀이 주장한 토지이용계획 시 고려되어야 하는 공공의 이익
안전성, 보건성, 편의성, 쾌적성, 공공의 경제성

71 다음 중 인구와 각종 기능이 집중함으로 인해 수도권에 발생할 수 있는 문제점에 해당하지 않는 것은?

① 교통난 심화
② 주택가격의 급등
③ 환경 문제의 심화
④ 지방자치제의 퇴보

●해설

인구와 각종 기능의 집중과 지방자치제의 퇴보는 큰 개연성이 없다.

72 A도시의 기계산업 고용 점유비가 20%이고 전국의 기계산업 고용 점유비가 10%일 때, A도시의 기계산업의 LQ 지수와 산업의 특성을 모두 옳게 설명한 것은?

① LQ 지수는 0.5이고 지역산업의 특화가 되지 않은 산업이다.
② LQ 지수는 0.5이고 지역의 수요를 충당하고 잉여분을 외부로 수출하는 특화된 산업이다.
③ LQ 지수는 2.0이고 지역의 수요를 충당하고 잉여분을 외부로 수출하는 특화된 산업이다.
④ LQ 지수는 2.0이고 지역산업의 특화가 되지 않은 산업이다.

●해설

입지계수(LQ : Location Quotient)의 산출식 및 평가
• LQ(입지계수)>1 : 특화산업(기반산업)
• LQ(입지계수)<1 : 비기반산업
• LQ(입지계수)=1 : 전국이 같은 수준

73 A시의 기반 부분 고용자 수가 40,000명, 비기반 부분 고용자 수가 65,000명일 때 경제기반승수는?

① 0.615
② 1.625
③ 2.625
④ 3.615

●해설

경제기반승수

$$= \frac{\text{지역 총 고용인구}}{\text{지역의 수출(기반)산업 고용인구}}$$

$$= \frac{40,000+65,000}{40,000} = 2.625$$

74 다음 중 시장지향적인 산업의 특징에 해당하는 것은?

① 수요의 변동이 심하여 많은 재고량을 확보해 두어야 한다.
② 전반적인 수송비가 다른 비용보다 지역에 따라 폭넓게 변화한다.

③ 제품의 제조과정에서 원료의 중량이 크게 감소하는 경향이 있다.

④ 단위당 원료의 수송비용이 단위당 최종 생산물의 수송비용보다 크거나 같다.

해설

시장지향적인 산업은 고객의 변심, 혹은 유행에 따라 수요가 큰 폭으로 변화하는 산업을 의미하므로 상품의 주문이 급증할 경우를 대비하여 충분한 재고를 확보해두는 것이 필요하다.

75 수도권정비위원회의 심의내용이 아닌 것은?

① 종전 대지의 이용계획에 관한 사항

② 대규모 개발사업의 개발계획에 관한 사항

③ 도시 · 군관리계획의 수립 및 변경에 관한 사항

④ 과밀억제권역에서 추진될 공업지역의 지정에 관한 사항

해설

수도권정비위원회의 심의사항(「수도권정비계획법」 제21조)

• 수도권정비계획의 수립과 변경에 관한 사항
• 수도권정비계획의 소관별 추진계획에 관한 사항
• 수도권의 정비와 관련된 정책과 계획의 조정에 관한 사항
• 과밀억제권역에서 추진될 공업지역의 지정에 관한 사항
• 종전 대지의 이용계획에 관한 사항
• 제18조에 따른 총량규제에 관한 사항
• 대규모 개발사업의 개발계획에 관한 사항
• 그 밖에 수도권의 정비에 필요한 사항으로서 대통령령으로 정하는 사항

76 우리나라 제1차 국토계획의 성과로 보기 어려운 것은?

① 공업개발기반 확충

② 개발제한구역의 지정

③ 수도권 인구집중 방지

④ 고속도로 건설 등 교통통신망 확충

해설

제1차 국토계획 시 수도권 인구집중의 가중이 심화되었다.

77 공간적 거점의 중심으로 기능적 연계가 밀접하게 형성된 공간단위를 의미하는 지역의 종류는?

① 결절지역

② 계획지역

③ 동질지역

④ 사업지역

해설

결절지역(結節地域, Nodal Region)

상호의존적 · 보완적 관계를 가진 몇 개의 공간단위를 하나로 묶은 지역으로서 지역 내의 특정 공간단위에 경제활동이나 인구가 집중되어 있는 공간단위를 흔히 결절(Node) 또는 분극(Focus)이라고 한다.

78 다음 중 동질적인 집단을 대상으로 분석하는데 가장 유용한 통계적 기법은?

① 로짓모형(Logit Model)

② 군집분석(Cluster Analysis)

③ 회귀분석(Regression Analysis)

④ 분산분석(Analysis of Variance)

해설

군집분석(Cluster Analysis)

• 권역설정 시 가장 유용한 방식
• 개체들을 서로 유사한 것끼리 군집화하거나 상관관계가 큰 변수들끼리 집단으로 묶는 통계적 방법
• 개체들 간의 유사성(Similarity) 또는 이와 반대 개념인 거리(Distance)에 근거하여 개체들을 집단으로 군집화한다.

79 과밀억제권역으로부터 이전하는 인구와 산업을 계획적으로 유치하고 산업의 입지와 도시의 개발을 적정하게 관리할 필요가 있는 지역에 해당하는 권역은?

① 개발제한권역

② 개발유도권역

③ 자연보전권역

④ 성장관리권역

정답 75 ③ 76 ③ 77 ① 78 ② 79 ④

해설

수도권정비계획에서의 권역구분

구분	세부 사항
과밀억제권역	인구 · 산업의 집중으로 이전 · 정비가 필요한 지역
성장관리권역	인구 · 산업의 계획적 유치 · 개발이 필요한 지역
자연보전권역	한강수계의 수질 및 녹지 등의 자연환경보전이 필요한 지역

80 문제지역(Problem Area)의 유형 중 낙후지역(Backward Regions)의 특징에 해당되지 않는 것은?

① 높은 실업률
② 단기적 경기침체
③ 지속적인 인구 감소
④ 낮은 소득수준 및 생활수준

해설

낙후지역(落後地域, Backward Regions)은 단기적이 아닌 장기적 경기 침체의 특징을 갖는다.

5과목 **도시계획 관계 법규**

81 다음 중 공공 · 문화체육시설에 포함되지 않는 것은?

① 시장
② 청소년수련시설
③ 학교
④ 사회복지시설

해설

시장은 유통 · 공급시설에 포함된다.

82 도심 · 부도심의 상업기능 및 업무기능의 확충을 위하여 지정되는 지역은?

① 근린상업지역
② 중심상업지역
③ 유통상업지역
④ 일반상업지역

해설

용도지역의 세분(「국토의 계획 및 이용에 관한 법률 시행령」 제30조)

구분	세분사항	내용
상업지역	중심상업지역	도심 · 부도심의 상업기능 및 업무기능의 확충을 위하여 필요한 지역
	일반상업지역	일반적인 상업기능 및 업무기능을 담당하게 하기 위하여 필요한 지역
	근린상업지역	근린지역에서의 일용품 및 서비스의 공급을 위하여 필요한 지역
	유통상업지역	도시 내 및 지역 간 유통기능의 증진을 위하여 필요한 지역

83 시가화조정구역의 지정에 관한 설명으로 옳지 않은 것은?

① 시가화를 유보할 수 있는 기간은 5년 이상 20년 이내이다.
② 시가화조정구역의 지정에 관한 도시 · 군관리계획의 결정은 시가화 유보기간이 만료된 날로부터 효력을 상실한다.
③ 시가화조정구역의 실효고시는 실효일자 및 실효사유와 실효된 도시 · 군관리계획의 내용을 관보 또는 공보에 게재하는 방법에 의한다.
④ 국가계획과 연계하여 시가화조정구역의 지정 또는 변경이 필요한 경우에는 국토교통부장관이 직접 시가화조정구역의 지정 또는 변경을 도시 · 군관리계획으로 결정할 수 있다.

해설

시가화조정구역의 지정(「국토의 계획 및 이용에 관한 법률」 제39조)

시가화조정구역의 지정에 관한 도시 · 군관리계획의 결정은 시가화 유보기간이 끝난 날의 다음 날부터 그 효력을 잃는다.

정답 80 ② 81 ① 82 ② 83 ②

84 도시 · 군계획시설 결정이 고시된 도시 · 군계획시설에 대하여 고시일부터 얼마가 지날 때까지 그 시설의 설치에 관한 도시 · 군계획시설사업이 시행되지 아니하는 경우 그 도시 · 군계획시설사업이 효력을 잃는가?

① 10년
② 15년
③ 20년
④ 30년

●해설

도시 · 군계획시설 결정의 실효(「국토의 계획 및 이용에 관한 법률」 제48조)

도시 · 군계획시설 결정이 고시된 도시 · 군계획시설에 대하여 그 고시일부터 20년이 지날 때까지 그 시설의 설치에 관한 도시 · 군계획시설사업이 시행되지 아니하는 경우 그 도시 · 군계획시설 결정은 그 고시일부터 20년이 되는 날의 다음 날에 그 효력을 잃는다.

85 개발밀도관리구역으로의 지정기준이 적합하지 않은 지역은?

① 당해 지역의 도로 서비스 수준이 매우 낮아 차량통행이 현저하게 지체되는 지역
② 당해 지역의 도로율이 국토교통부령이 정하는 용도지역별 도로율에 20% 이상 미달하는 지역
③ 향후 2년 이내에 당해 지역의 하수 발생량이 하수시설의 시설용량을 초과할 것으로 예상되는 지역
④ 향후 2년 이내에 당해 지역의 학생 수가 학교수용능력을 50% 이상 초과할 것으로 예상되는 지역

●해설

개발밀도관리구역은 향후 2년 이내에 당해 지역의 학생 수가 학교수용능력을 20% 이상 초과할 것으로 예상되는 지역에 지정될 수 있도록 한다.

86 「국토의 계획 및 이용에 관한 법률」상 도시 · 군계획시설사업의 시행자가 도시군계획시설사업에 관한 조사측량을 위해 타인의 토지에 출입하고자 할 때, 출입하려는 날의 며칠 전까지 그 토지의 소유자 · 점유자 또는 관리인에게 그 일시와 장소를 알려야 하는가?(단, 시행자가 행정청인 경우는 제외)

① 14일
② 7일
③ 5일
④ 3일

●해설

토지에의 출입(「국토의 계획 및 이용에 관한 법률」 제130조)

타인의 토지에 출입하려는 자는 특별시장 · 광역시장 · 특별자치시장 · 특별자치도지사 · 시장 또는 군수의 허가를 받아야 하며, 출입하려는 날의 7일 전까지 그 토지의 소유자 · 점유자 또는 관리인에게 그 일시와 장소를 알려야 한다.

87 수도권정비계획법령상 대규모개발사업의 종류가 아닌 것은?

① 「택지개발촉진법」에 의한 사업부지 면적이 100만m² 이상인 택지개발사업
② 「주택법」에 의한 사업부지 면적이 100만m² 이상인 주택건설사업 및 대지조성사업
③ 「산업입지 및 개발에 관한 법률」에 의한 사업부지 면적이 30만m² 이상인 산업단지개발사업
④ 「관광진흥법」에 의한 관광지조성사업으로서 시설계획지구의 면적이 5만m² 이상인 관광단지 조성사업

●해설

대규모 개발사업의 종류(「수도권정비계획법 시행령」 제4조)

관광지조성사업으로서 시설계획지구의 면적이 10만m² 이상인 것

88 「수도권정비계획법」에 따른 수도권의 권역 구분이 모두 옳은 것은?

① 과밀억제권역, 자연보전권역, 개발유도권역
② 성장관리권역, 이전촉진권역, 환경보전권역
③ 성장관리권역, 개발유도권역, 환경보전권역
④ 과밀억제권역, 성장관리권역, 자연보전권역

정답 84 ③ 85 ④ 86 ② 87 ④ 88 ④

◀해설▶

수도권 권역의 구분(「수도권정비계획법」 제6조)

구분	내용
과밀억제권역	인구와 산업이 지나치게 집중되었거나 집중될 우려가 있어 이전하거나 정비할 필요가 있는 지역
성장관리권역	과밀억제권역으로부터 이전하는 인구와 산업을 계획적으로 유치하고 산업의 입지와 도시의 개발을 적정하게 관리할 필요가 있는 지역
자연보전권역	한강 수계의 수질과 녹지 등 자연환경을 보전할 필요가 있는 지역

89 도시·주거환경정비기본계획에 관한 설명으로 옳지 않은 것은?

① 20년 단위로 수립하여야 한다.

② 대도시가 아닌 경우 도지사가 기본계획의 수립이 필요하다고 인정하는 시를 제외하고 기본계획을 수립하지 아니할 수 있다.

③ 기본계획에 대하여 5년마다 타당성 여부를 검토하여 그 결과를 기본계획에 반영하여야 한다.

④ 기본계획의 작성기준 및 작성방법은 국토교통부장관이 이를 정한다.

◀해설▶

도시·주거환경정비기본계획의 수립(「도시 및 주거환경정비법」 제4조)

특별시장·광역시장·특별자치시장·특별자치도지사 또는 시장은 관할 구역에 대하여 도시·주거환경정비기본계획을 10년 단위로 수립하여야 한다.

90 다음 중 택지개발사업의 시행자로 지정될 수 없는 자는?

① 토지소유자 조합　② 한국토지주택공사
③ 지방자치단체　④ 지방공사

◀해설▶

택지개발사업의 시행자(「택지개발촉진법」 제7조)
• 국가·지방자치단체
• 한국토지주택공사, 지방공사
• 주택건설 등 사업자

91 「주택법」상 사업 주체가 대통령령으로 정하는 호수 이상의 주택건설사업을 시행하는 경우 지방자치단체가 설치하는 도로 및 상하수도시설에 대한 설치비용에 대하여 얼마의 범위에서 국가가 보조할 수 있는가?

① 그 비용의 전부　② 그 비용의 2분의 1
③ 그 비용의 3분의 1　④ 그 비용의 4분의 1

◀해설▶

간선시설의 설치 및 비용의 상환(「주택법」 제28조, 시행령 제39조)

간선시설의 설치 비용은 설치의무자가 부담한다. 이 경우 지방자치단체의 도로 및 상하수도시설의 설치 비용은 그 비용의 50%의 범위에서 국가가 보조할 수 있다.

92 「관광진흥법」에 따른 관광객 이용시설업의 종류에 해당하지 않는 것은?

① 종합휴양업　② 관광유람선업
③ 전문휴양업　④ 일반유원시설업

◀해설▶

일반유원시설업은 유원시설업(遊園施設業)에 속한다.

93 다음은 「주차장법 시행규칙」상 노외주차장의 설치에 대한 계획기준이다. 빈칸에 차례대로 들어갈 용어로 옳은 것은?

> 주차대수 (㉠)를 초과하는 규모의 노외주차장의 경우에는 노외주차장의 출구와 입구는 각각 따로 설치하여야 한다. 다만, 출입구의 너비의 합이 (㉡) 이상으로서 출구와 입구가 차선 등으로 분리되는 경우에는 함께 설치할 수 있다.

① ㉠ 100대, ㉡ 3.0m

② ㉠ 200대, ㉡ 3.5m

③ ㉠ 300대, ㉡ 5.0m

④ ㉠ 400대, ㉡ 5.5m

해설

노외주차장의 설치에 대한 계획기준(「주차장법 시행규칙」 제5조)

주차대수 400대를 초과하는 규모의 노외주차장의 경우에는 노외주차장의 출구와 입구를 각각 따로 설치하여야 한다. 다만, 출입구의 너비의 합이 5.5m 이상으로서 출구와 입구가 차선 등으로 분리되는 경우에는 함께 설치할 수 있다.

94 도시기능의 회복이 필요하거나 주거환경이 불량한 지역을 계획적으로 정비하고 노후 · 불량 건축물을 효율적으로 개량하기 위하여 필요한 사항을 규정함으로써 도시환경을 개선하고 주거생활의 질을 높이는 데 이바지함을 목적으로 하는 법률은?

① 「도시개발법」
② 「수도권정비계획법」
③ 「도시 및 주거환경정비법」
④ 「국토의 계획 및 이용에 관한 법률」

해설

목적(「도시 및 주거환경정비법」 제1조)

도시기능의 회복이 필요하거나 주거환경이 불량한 지역을 계획적으로 정비하고 노후 · 불량건축물을 효율적으로 개량하기 위하여 필요한 사항을 규정함으로써 도시환경을 개선하고 주거생활의 질을 높이는 데 이바지함을 목적으로 한다.

95 다음 중 「수도권정비계획법」에 따른 과밀부담금에 대한 설명으로 옳지 않은 것은?

① 과밀부담금의 부과대상은 성장관리권역에 속하는 지역이다.
② 과밀부담금은 부과대상 건축물이 속한 지역을 관할하는 시 · 도지사가 부과 · 징수한다.
③ 시 · 도지사는 납부의무자가 납부기한까지 과밀부담금을 내지 아니하면, 부담금의 100분의 3에 상당하는 가산금을 징수할 수 있다.
④ 과밀부담금은 건축비의 100분의 10으로 하되, 지역별 여건 등을 고려하여 대통령령으로 정하는 바에 따라 건축비의 100분의 5까지 조정할 수 있다.

해설

과밀부담금의 부과 · 징수(「수도권정비계획법」 제12조)

• 과밀억제권역에 속하는 지역으로서 대통령령으로 정하는 지역에서 인구집중유발시설 중 업무용 건축물, 판매용 건축물, 공공 청사, 그 밖에 대통령령으로 정하는 건축물을 건축하려는 자는 과밀부담금을 내야 한다.
• 부담금을 내야 할 자가 대통령령으로 정하는 조합인 경우 그 조합이 해산하면 그 조합원이 부담금을 내야 한다.

96 '국민주택규모'란 주거전용면적이 1호 또는 1세대당 얼마 이하인 주택을 말하는가?(단, 수도권을 제외한 도시지역이 아닌 읍 또는 면 지역의 경우는 고려하지 않는다.)

① $60m^2$
② $66m^2$
③ $85m^2$
④ $100m^2$

해설

국민주택규모의 정의(「주택법」 제2조)

주거의 용도로만 쓰이는 면적(주거전용면적)이 1호(戶) 또는 1세대당 $85m^2$ 이하인 주택(단, 수도권을 제외한 도시지역이 아닌 읍 또는 면 지역은 1호 또는 1세대당 주거전용면적이 $100m^2$ 이하인 주택을 말한다)을 말한다.

97 「도시 및 주거환경정비법」상 조합에 대한 설명으로 옳은 것은?

① 조합은 법인으로 할 수 없다.
② 조합은 그 명칭 중에 "정비사업조합"이라는 문자를 사용하여야 한다.
③ 조합은 조합 설립의 인가를 받은 날부터 60일 이내에 등기함으로써 성립한다.
④ 조합의 공식적 업무 시작일은 대통령령으로 정하는 사업승인일로부터 시작된다.

해설

① 조합은 법인으로 한다.
③ 조합은 조합설립인가를 받은 날부터 30일 이내에 등기함으로써 성립한다.
④ 조합은 대통령령으로 정하는 사항을 등기(설립목적, 조합의 명칭 등)하는 때에 성립(공식 업무 시작)한다.

98 부설주차장의 설치의무가 면제되는 시설물의 위치·용도·규모 및 부설주차장의 규모기준으로 옳지 않은 것은?

① 주차대수가 500대 규모의 부설주차장의 경우
② 연면적 1만m² 이상의 판매시설 및 운수시설에 해당하지 아니하는 시설물
③ 연면적 1만 5천m² 이상의 문화 및 집회시설, 위락시설에 해당하지 아니하는 시설물
④ 「도로교통법」에 따른 차량통행의 금지 또는 주변의 토지이용 상황으로 인하여 부설주차장의 설치가 곤란하다고 시장·군수 또는 구청장이 인정하는 장소

◉해설

부설주차장의 설치의무면제(「주차장법 시행령」 제8조)
시설물에서 부설주차장의 설치의무가 면제되는 기준은 부설주차장의 규모가 주차대수 300대 이하일 경우이다.

99 문화재·전통사찰 등 역사·문화적으로 보존가치가 큰 시설 및 지역의 보호와 보존할 필요가 있어 지정하는 용도지구는?

① 특화경관지구   ② 특정개발진흥지구
③ 중요시설물보존지구   ④ 역   사   문

구분	내용
역사문화환경 보호지구	문화재·전통사찰 등 역사·문화적으로 보존가치가 큰 시설 및 지역의 보호와 보존을 위하여 필요한 지구
중요시설물 보호지구	중요시설물의 보호와 기능의 유지 및 증진 등을 위하여 필요한 지구
생태계보호지구	야생동식물서식처 등 생태적으로 보존가치가 큰 지역의 보호와 보존을 위하여 필요한 지구

화환경보호지구

◉해설

보호지구
문화재, 중요시설물(항만, 공항 등 대통령령으로 정하는 시설물을 말한다) 및 문화적·생태적으로 보존가치가 큰 지역의 보호와 보존을 위하여 필요한 지구

100 교통광장의 결정기준에 대한 설명으로 옳지 않은 것은?

① 교통광장은 교차점광장, 역전광장 및 주요시설광장으로 구분한다.
② 역전광장은 대중교통수단 및 주차시설과 원활히 연계되도록 설치한다.
③ 교차점광장은 혼잡한 주요도로의 교차지점에서 각종 차량과 보행자를 원활히 소통시키기 위하여 필요한 곳에 설치한다.
④ 주요시설광장에는 주민의 집회·행사 또는 휴식을 위한 시설과 보행자의 통행에 지장이 없는 시설을 설치한다.

◉해설

주요시설광장(「도시·군계획시설의 결정·구조 및 설치기준에 관한 규칙」 제50조)
• 항만·공항 등 일반교통의 혼잡요인이 있는 주요시설에 대한 원활한 교통처리를 위하여 당해 시설과 접하는 부분에 설치할 것
• 주요시설의 설치계획에 교통광장의 기능을 갖는 시설계획이 포함된 때에는 그 계획에 의할 것
※ 주민의 집회·행사 또는 휴식을 위한 시설과 보행자의 통행에 지장이 없는 시설을 설치하는 것은 일반광장의 중심대광장에 대한 사항이다.

1과목 도시계획론

01 우리나라의 도시개발정책이 지향해야 할 방향으로 옳지 않은 것은?

① 개발 지향적 도시계획
② 지속 가능한 도시계획
③ 도·농 통합적 도시계획
④ 자원·에너지 절약형 도시계획

해설

개발 지향적 도시계획의 경우 제1차, 제2차 국토종합개발계획과 같이 성장거점개발 형식과 유사한 것으로서 현재의 도시계획의 성격과 맞지 않는다. 현재는 개발의 지향보다는 지속 가능성 및 에너지 절약 등에 초점이 맞추어져 있다.

02 고대 도시 및 도시 계획적 특성이 틀린 것은?

① 동양의 고대도시 기원은 기원전 2000년경 황하 중류지방 산둥성 지역에 형성된 상 왕조에서부터 비롯되었다.
② 고대 그리스 도시는 도시 입구와 신전을 축으로 중간 지점에 아고라(Agora)를 배치하였다.
③ 로마는 광장(Forum)을 중심으로 발전하였다.
④ 히포다무스는 고대 그리스 도시에 방사형 가로체계를 발전시켰다.

해설

히포다무스(Hippodamus, 도시계획의 아버지)는 격자형 가로망 체계를 주장하였다.

03 도시계획의 필요성으로 옳지 않은 것은?

① 공공재의 부족을 방지하기 위하여
② 토지이용의 효율화를 높이기 위하여
③ 인간사회의 개인적인 목표를 이루기 위하여
④ 도시가 원활히 가능할 수 있게 하기 위하여

해설

인간사회의 공동목표와 가치 구현 등을 위해 도시계획이 필요하다.

04 계획이론 중에서 약자의 이익을 보호하고, 지역주민의 이익을 대변하는 접근 방법인 옹호이론을 주장한 학자는?

① 다비도프(Davidoff)
② 린드블롬(Lindblom)
③ 에티지오니(Etizioni)
④ 프리드만(Friedmann)

해설

다비도프(Paul Davidoff)에 의해 주장된 이론으로서, 주로 강자에 대한 약자의 이익을 보호하는 데 적용한다.

05 다음 도시조사에 대한 설명으로 틀린 것은?

① 도시계획에서 활용되는 자료에 대한 조사 방법은 자료원에 대한 접근에 따라 1차, 2차, 3차 자료로 나뉜다.
② 1차 자료조사는 조사실시 방법에 따라 현지조사, 면접조사, 설문조사로 구분된다.
③ 면접조사는 개인면접법, 전화면접법, 단체면접법으로 세분된다.
④ 1차 자료조사는 조사대상에 따라 전수조사와 표본조사로 구분된다.

해설

도시계획에서 활용되는 자료에 대한 조사 방법은 자료원에 대한 접근 방법에 따라 1차 자료(직접적 방법), 2차 자료(간접적 방법)로 나뉜다.

정답 01 ① 02 ④ 03 ③ 04 ① 05 ①

06 개별 필지에 대한 규제 사항 및 토지이용계획 사항을 확인하는 것으로 해당 토지에 대한 용도지역 지구·구역, 도시·군계획시설, 도시계획사업과 입안 내용 그리고 각종 규제에 대한 저촉 여부 등을 확인할 수 있는 자료는?

① 토지대장
② 건축물 대장
③ 토지특성조사표
④ 토지이용계획확인서

해설

토지이용계획 확인원(서)은 용도지역·지구 등의 지정 내용과 그 용도지역·지구 등에서의 행위제한 내용 등을 토대로 토지이용 관련 각종 규제에 대한 저촉 여부 등을 확인할 수 있는 자료이다.

07 장기교통계획 수립의 특징에 해당되는 것은?

① 교통수요 변화 가능
② 다양한 교통수단 동시 고려
③ 환류지향적
④ 시설지향적

해설

교통수요 변화 가능, 다양한 교통수단 동시 고려, 환류(Feedback)지향적인 것은 단기교통계획의 특징에 해당한다.

08 다음 중 획지에 부여된 용적률과 실제 이용되고 있는 용적률과의 차이를 다른 부지에 이전할 수 있는 제도는?

① 계획단위개발제도(PUD)
② 개발권양도제도(TDR)
③ 혼합용도개발제도(MXD)
④ 공중권제도(Air Rights)

해설

개발권양도제(TDR : Transfer of Development Right)
기존 지역제에서 역사적 건축물의 보전과 농지나 자연환경의 보전 등을 위해 정해진 용적률 등 중에서 미이용 부분을 인근 토지소유자에게 양도 또는 매매를 통한 이전이 가능하도록 한 제도로서 개발권이양제라고도 한다.

09 도시개발사업의 시행방식에 대한 설명으로 옳은 것은?

① 수용 및 사용방식은 사업을 위한 용지매입이 불필요하고 토지소유자의 재정착이 가능하다.
② 환지방식은 토지매입을 위한 초기 비용이 과다하고 매수 반대로 사업기간이 장기화될 수 있다.
③ 환지방식은 사업성을 이유로 기반시설 공급이 부족하거나 지가상승 및 개발이익이 사유화될 수 있다.
④ 수용 및 사용방식과 환지방식은 혼용할 수 없다.

해설

① 사업을 위한 용지매입이 불필요하고 토지소유자의 재정착이 가능한 것은 환지방식의 특징이다.
② 토지매입을 위한 초기 비용이 과다하고 매수 반대로 사업기간이 장기화될 수 있는 것은 수용 및 사용방식이다.
④ 수용 및 사용방식과 환지방식은 상황에 따라 혼용할 수 있다.

10 환경과 개발에 관한 유엔회의(UNCED)를 통한 개발과 환경을 조화시키는 도시개발에 대한 내용으로 옳은 것은?

① 지속 가능한 도시개발
② 자원·에너지 절약형 도시개발
③ 도·농 통합적 도시개발
④ 입체적·기능 통합적 도시개발

해설

1992년 UN회의(UNCED : United Nations Conference on Environment and Development)를 통하여 '환경적으로 건전하고 지속 가능한 개발(ESSD : Environmentally Sound and Sustainable Development)'의 개념이 일반화되었다.

11 중세 유럽 도시의 특성에 대한 설명으로 옳지 않은 것은?

① 성벽과 대규모 사원이 도시 공간의 주된 구성요소이다.

② 방어를 위해 사용된 해자, 운하, 강이 개별 도시를 고립시켰다.

③ 도심을 강조하기 위해 직선을 중심으로 계획하고 엄격한 용도규제를 통하여 도시 내부 기능을 분리하였다.

④ 필요한 기회가 주어질 때마다 이를 활용하는 유기적 계획(Organic Planning)의 형태로 진행되었다.

해설
중세 유럽 도시계획의 특징은 도심을 강조하기 위해 집중형 간선도로망을 활용한 것이다.

12 메소포타미아 지방에서 수메르(Smer)인이 세운 고대 도시국가가 아닌 것은?

① 우르(Ur)

② 우르크(Uruk)

③ 라가시(Lagash)

④ 모헨조다로(Mohenjo Daro)

해설
• 수메르(Smer) 문명
  기원전 5000년경 메소포타미아 지역에서 시작된 도시국가들을 말한다.
• 모헨조다로(Mohenjo Daro)
  기원전 2000년경 인더스강 유역에서 형성된 농촌부락이 도시로 발전된 사례이다.

13 창조도시와 관련하여 리처드 플로리다(Richard Florida)가 주장한 도시의 창조성을 측정하는 3가지 지표에 해당하지 않는 것은?

① 인재(Talent)

② 사고(Thought)

③ 기술(Technology)

④ 관용성(Tolerance)

해설
리처드 플로리다(Richard Florida)가 주장한 도시의 창조성을 측정하는 3가지 지표
• 인재(Talent)
• 기술(Technology)
• 관용성(Tolerance)

14 아래 그림은 도시화의 단계와 집적이익의 발생 관계에 대한 것이다. 각 구간 A-B-C에 알맞은 도시화 단계를 순서대로 올바르게 나열한 것은?

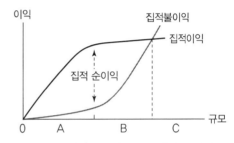

① 집중적 도시화 - 역도시화 - 분산적 도시화

② 분산적 도시화 - 탈도시화 - 집중적 도시화

③ 집중적 도시화 - 분산적 도시화 - 역도시화

④ 분산적 도시화 - 집중적 도시화 - 역도시화

해설
버그(Van den Berg)와 클라센(Klassen)의 도시화 3단계 (도시공간의 순환과정)
도시화(집중적 도시화) → 교외화(분산적 도시화) → 역도시화

15 다음 설명에 해당하는 도시경제 분석방법은?

• 경제활동의 분석에 있어 최종생산물의 생산에 투입되는 중간재를 고려하고 있다.

• 생산구조와 산업구조의 예측, 지역 간의 산업 관련 등을 분석하는 데 주로 사용된다.

• 방법이 간단하고 신뢰성이 있으나 투입계수의 불변성이라는 단점을 가지고 있다.

① 입지상모형

② 지수곡선모형

③ 투입산출모형

④ 변이-할당분석모형

정답 11 ③ 12 ④ 13 ② 14 ③ 15 ③

해설

투입산출모형은 통계적 시계열분석법이 보여 줄 수 없는 지역 간 및 지역 내의 산업 연관관계 파악이 가능하다.

16 용도지역 중 상업지역에 해당되지 않는 것은?

① 전용상업지역

② 근린상업지역

③ 일반상업지역

④ 유통상업지역

해설

상업지역은 중심상업, 일반상업, 유통상업, 근린상업으로 분류된다.

17 우리나라에서 도시계획의 민주화와 공개화를 위해 지역주민에게 공청회나 의견청취 등의 기회를 부여하는 주민참여가 제도화된 시기는?

① 1960년대

② 1970년대

③ 1980년대

④ 1990년대

해설

도시계획에서의 주민참여는 1980년대에 제도화되었다.

18 영국의 도시학자 하워드(E. Howard)가 제시한 전원도시에 대한 설명으로 옳지 않은 것은?

① 경제기반이 확보되어야 한다.

② 전원도시들은 서로 독립적이다.

③ 계획인구는 3만 명 정도로 한다.

④ 주변에는 충분한 농업지대가 존재한다.

해설

전원도시들은 인구 3~5만 명 정도의 규모로서 전원도시들 간의 유기적인 관계성을 갖는 특징이 있다.

19 다음과 같은 조건에서 A도시의 섬유산업에 대한 입지계수는?

- 전국의 고용인구 : 5천만 명
- 전국의 섬유산업 종사자수 : 1백만 명
- A도시의 고용인구 : 2백만 명
- A도시의 섬유산업 종사자수 : 5만 명

① 0.5

② 0.8

③ 1.25

④ 1.50

해설

$$LQ = \frac{E_{Ai}/E_A}{E_{ni}/E_n}$$

$$= \frac{A지역의\ i산업\ 고용수/A지역\ 전체\ 고용수}{전국의\ i산업\ 고용수/전국의\ 고용수}$$

$$= \frac{50,000/2,000,000}{1,000,000/50,000,000} = 1.25$$

20 뉴어바니즘(New Urbanism)에 대한 설명으로 옳지 않은 것은?

① 근린주구는 용도와 인구에 있어서 다양해야 한다.

② 커뮤니티 설계에 있어서 자동차뿐만 아니라 보행자와 대중교통도 중요하게 다루어져야 한다.

③ 도시적 장소는 그 지역의 역사, 기후, 생태를 고려하되 기존의 건축 관행은 지양되도록 설계되어야 한다.

④ 도시와 타운은 어디서든지 접근이 가능하고, 물리적으로 규정된 공공공간과 커뮤니티 시설에 의해 형태를 갖추어야 한다.

해설

도시적 장소는 그 지역의 역사, 기후, 생태를 고려하되 기존의 건축 관행 중 합리적인 것은 계승하고 기존의 파괴적이고 개발지향적인 건축행태는 지양해야 한다.

2과목 도시설계 및 단지계획

21 다음 중 케빈 린치가 주장한 도시를 이미지화할 수 있도록 하는 도시의 물리적 구조에 관한 요소에 해당하지 않는 것은?

① 구역(District)
② 링크(Link)
③ 결절점(Node)
④ 랜드마크(Landmark)

해설
케빈 린치의 도시를 이미지화하는 도시의 물리적 구조에 관한 5가지 요소
경계(Edge), 결절점(Node), 통로(Path), 지구(District), 랜드마크(Landmark)

22 물리적 계획 및 적정 인구 규모뿐만 아니라 도시의 경제기반 확보, 개발 이익의 사회 환수, 토지의 공유와 사용권 제한 등 유지관리 내용을 포함한 계획은?

① 르두(C. N. Ledoux)의 쇼(Chaux)
② 하워드(Ebenezer Howard)의 전원도시
③ 쿡(P. Cook)의 플러그인 시티(Plug-in-city)
④ 르 코르뷔지에(Le Corbusier)의 빛나는 도시(La Ville Radieuse)

해설
전원도시(Garden City)의 조건
• 인구는 3~5만 명 정도
• 도시 주변에 넓은 농업지대 보유
• 자족이 가능한 산업 보유
• 도시 내부에 충분한 공지 확보
• 도시의 토지 공유

23 단지조사의 원칙으로 가장 올바른 것은?

① 단지조사 자료의 수집은 계획과정 내내 지속된다.
② 본격적인 조사에 앞서 현지답사는 선택적이다.
③ 조사 초기에 가능한 모든 자료를 수집해야 한다.
④ 단지조사 자료체계는 어떤 계획에서나 동일하다.

해설
② 본격적인 조사에 앞서 현지답사 수행은 필수적이다.
③ 조사 초기뿐만 아니라 조사단계별 가능한 모든 자료를 수집해야 한다.
④ 단지조사 자료체계는 수집하려는 계획별로 다르다.

24 생활권의 권역 구분 중 2차 생활권(중생활권)의 특징으로 가장 옳은 것은?

① 주거환경의 보호가 우선이다.
② 주거, 상업뿐만 아니라 생산시설도 입지한다.
③ 지역 중심이 있고 2~3가지 토지용도가 있다.
④ 교통수단을 이용하지 않고 걸어서 움직일 수 있는 공간적 범위를 의미한다.

해설
① 주거환경보호가 우선인 것은 1차 생활권(소생활권)에 해당한다.
② 생산시설까지 입지한 것은 3차 생활권(대생활권)에 해당한다.
④ 걸어서 움직이는 공간적 범위는 1차 생활권(소생활권)에 해당한다.

25 단지계획의 도로망 구성에 있어서 도로의 폭원에 따라 대로 · 중로 · 소로로 구분할 경우, 다음 중 중로에 속하지 않는 규모는?

① 12m
② 15m
③ 20m
④ 25m

해설
중로의 범위는 폭 12m 이상 25m 미만이다.

정답 21 ② 22 ② 23 ① 24 ③ 25 ④

26 페리(C. A. Perry)가 주장한 근린주구론의 원칙이 아닌 것은?

① 주거단위는 하나의 초등학교 운영에 필요한 인구에 대응하는 규모를 가져야 하고, 그 규모는 인구밀도에 의해 결정된다.

② 주거단위는 주거지 안으로 지나는 통과교통이 내부를 관통하지 않고 우회되어야 하며, 네 면 모두 충분한 폭원의 간선도로(Arterial Street of High Way)로 위요되어야 한다.

③ 하나의 근린주구는 상위도시를 기준으로 구축된 가로체계에 의존하고, 원활한 순환체계 속에서 통과교통을 체계적으로 수용할 수 있는 입체적인 가로망으로 계획한다.

④ 개개 근린주구의 요구에 부합하도록 계획된 소공원과 레크리에이션 체계를 갖춘다.

○해설
페리의 근린주구이론상의 지구 내 가로체계
특수한 가로체계를 갖고, 보행동선과 차량동선을 분리하며 통과교통은 배제한다.

27 다음 중 「주택법」에 따라 별개의 주택단지로 분리하는 기준이 되는 시설로 틀린 것은?

① 폭 15m 이하인 일반도로

② 폭 8m 이상인 도시계획예정도로

③ 철도 · 고속도로 · 자동차전용도로

④ 「도로법」에 의한 일반국도 · 특별시도 · 광역시도 또는 지방도

○해설
「주택법」에 따라 폭 20m 이상인 일반도로로 분리되었을 경우 별개의 주택단지로 본다.

28 공원 · 녹지체계의 유형 중 일정 폭의 녹지를 직선적으로 길게 조성하는 경우를 말하는 것은?

① 집중형   ② 분산형

③ 격자형   ④ 대상형

○해설
일정 폭의 녹지를 길게 조성하는 방법을 대상형 또는 노선형이라 한다.

29 다음 중 건축법령상 공동주택의 구분에 따른 분류가 옳지 않은 것은?(단, 2개 이상의 동을 지하주차장으로 연결하는 경우에는 각각의 동으로 본다.)

① 주택으로 쓰는 층수가 6개 층인 주택은 아파트다.

② 주택으로 쓰는 층수가 8개 층인 주택은 아파트다.

③ 주택으로 쓰는 1개 동의 바닥면적 합계(지하주차장 면적 제외)가 450m²인 3층의 주택은 다세대주택이다.

④ 주택으로 쓰는 1개 동의 바닥면적 합계(지하주차장 면적 제외)가 660m²인 5층의 주택은 연립주택이다.

○해설
주택의 층수가 5개층 이상일 경우 아파트로 분류된다. 연립주택은 1개 동의 바닥면적 합계(지하주차장 면적 제외)가 660m²를 초과하고 4개층 이하인 주택을 말한다.

30 지구단위계획에 대한 도시 · 군관리계획 결정도의 축척으로 옳은 것은?

① 1/500~1/1,000

② 1/1,000~1/5,000

③ 1/5,000~1/10,000

④ 1/10,000~1/25,000

○해설
도시 · 군관리계획 수립지침상의 도면 축척
1/1,000 또는 1/5,000

31 1967년 뉴욕에서 처음으로 채택되기 시작한 제도로, 도심부 내 특정 지역이나 부지에서 공공과 민간의 개발을 효율적으로 유도·촉진함으로써 공공이 의도하는 구체적인 도시설계 목표를 달성하기 위해 개발된 특수한 형태의 지역지구제는?

① 영향지역지구제(Impact Zoning)
② 유동지역지구제(Floating Zoning)
③ 특별지역지구제(Special Zoning)
④ 성능지역지구제(Performance Zoning)

◆해설

1967년 뉴욕에서 처음으로 채택된 특별지역지구제(Special Zoning)에 대한 설명이다.

특별지역지구제(Special Zoning)
도심부 내 특정 지역이나 부지에서 공공과 민간의 개발을 효율적으로 유도·촉진함으로써 공공이 의도하는 구체적인 도시설계 목표를 달성하기 위해 개발된 특수한 형태의 지역지구제이다.

32 주택단지 계획 시 주택용지율을 70%, 총 인구밀도를 210인/ha로 한다면, 순인구밀도는?

① 147인/ha
② 210인/ha
③ 300인/ha
④ 333인/ha

◆해설

$$순인구밀도 = \frac{총인구}{주택용지면적}$$
$$= \frac{총인구}{총면적 \times 주택용지율}$$
$$= \frac{총인구밀도}{주택용지율}$$
$$= \frac{210}{0.7} = 300인/ha$$

33 경관 분석의 방법에 해당하지 않는 것은?

① 기호화 방법
② 게슈탈트(Gestalt)에 의한 방법
③ 시각회랑(Visual Corridor)에 의한 방법
④ 그린 매트릭스(Green Matrix)에 의한 방법

◆해설

그린 매트릭스(Green Matrix)
지역 내의 아파트, 학교, 기업용지 등의 녹지 등을 공원녹지 등의 공공녹지와 연결하는 등 지역의 녹지 네트워크를 촘촘히 구성하는 것을 말한다.

34 다음 ( ) 안에 들어갈 내용으로 옳은 것은?

국지도로 간의 배치간격은 가구의 짧은 변 사이의 경우 (㉠) 내외, 긴 변 사이의 경우 (㉡) 내외로 한다.

① ㉠ : 60m 내지 100m, ㉡ : 20m 내지 50m
② ㉠ : 80m 내지 120m, ㉡ : 30m 내지 50m
③ ㉠ : 90m 내지 150m, ㉡ : 25m 내지 60m
④ ㉠ : 100m 내지 200m, ㉡ : 50m 내지 80m

◆해설

도로의 기능별 분류에 따른 배치간격

구분	배치간격
주간선도로와 주간선도로	1,000m 내외
주간선도로와 보조간선도로	500m 내외
보조간선도로와 집산도로	250m 내외
국지도로	장축(가구의 짧은 변 사이) 90~150m, 단축(가구의 긴 변 사이) 25~60m

35 다음 가-나 두 지점 사이의 경사가 10%일 때 두 지점의 표고차(등고차)는?

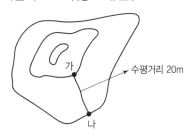

① 1m
② 2m
③ 20m
④ 200m

●해설

등고선에서 표고차(등고차) 계산

$$경사도 = \frac{표고차(h)}{등고선\ 간의\ 거리(D)} \times 100$$

$$표고차(h) = \frac{등고선\ 간의\ 거리(D) \times 경사도}{100}$$

$$= \frac{20 \times 10}{100} = 2m$$

36 지구단위계획에 대한 도시·군관리계획 결정도의 표시기호가 옳은 것은?

① 공동개발

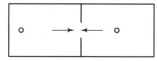

② 차량진출입구

③ 건축한계선 ` · · · · · · `

④ 공공보행통로

●해설

① 합벽건축
② 보행주출입구
③ 대지분할가능선

37 샹디가르(Chandigarh)에 적용된 공원녹지체계 유형은?

① 격자형 ② 대상형
③ 분산형 ④ 집중형

●해설

샹디가르(찬디가르)
인도 펀자브 주의 수도이며 르 코르뷔지에에 의해 설계됨

구분	특징
배치의 상징성	삼권분리와 경관의 고려(히말라야산맥을 배경으로 경관적 배려)
배치의 기하학적 질서	물리적·시간적 간격 조절
대지로부터 분리된 마천루와 공원화된 도시지면	차량 이동을 위한 길은 행정지구 하부를 가로지르고 공원을 산책하는 사람에게는 차량이 보이지 않도록 함, 풍부한 녹지대 확보(대상형 녹지대 확보)

38 도시생활권의 위계를 소·중·대생활권으로 구분할 때, 소생활권에 알맞은 생활편의시설로 가장 거리가 먼 것은?

① 약국
② 놀이터
③ 백화점
④ 행정복지센터

●해설

백화점은 대생활권에 해당한다.

39 계획의 수립 주체에 따른 도시 계획에의 접근 방식 중, 주민과 국가 차원의 요구가 조화를 이룰 수는 있으나 이를 위해 주민들의 자치와 협동, 상당한 수준의 지도력이 요청되고 지역 사회 자체의 자원 동원 능력이 요구되는 것은?

① 절충식 계획
② 상향식 계획
③ 중앙식 계획
④ 하향식 계획

●해설

절충식 계획은 국가주도인 하향식 계획과 주민 의견의 반영이 용이한 상향식 계획을 절충한 방식으로 국가와 주민 간의 조율에 상당한 수준의 지도력이 요구된다.

40 「도시·군계획시설의 결정·구조 및 설치기준에 관한 규칙」에 의한 보행자전용도로의 최소 폭은?

① 1.0m ② 1.5m
③ 2.0m ④ 2.5m

●해설

보행자전용도로
폭 1.5m 이상의 도로로서 보행자의 안전하고 편리한 통행을 위하여 설치하는 도로

3과목 도시개발론

41 도시개발의 필요성을 설명한 것으로 적절하지 않은 것은?

① 주택, 산업시설, 공공기반시설 등에 대한 새로운 공간 수요가 있기 때문이다.
② 지속 가능한 도시발전을 위하여 자연 생태계의 유지관리 수요가 발생하기 때문이다.
③ 도시산업구조의 변화를 수용하기 위하여 새로운 개발이 필요하기 때문이다.
④ 사회·경제활동의 변화에 따라 새로운 도시 공간의 수요가 발생하기 때문이다.

해설
자연 생태계의 유지관리 수요와 도시개발과는 서로 상반되는 특성을 가지고 있다.

42 도시개발수요를 분석하기 위한 정성적 예측모형 중 조사하고자 하는 특정 사항에 대하여 전문가 집단을 대상으로 반복 앙케이트를 수행하여 의견을 수집하는 방법은?

① 델파이법
② 지수평활법
③ 박스젠킨스법
④ 의사결정나무 기법

해설
델파이법은 고대 그리스의 아폴로 신전이 있던 도시의 이름으로 아폴로 신전의 여사제가 그리스 현인들로부터 의견을 넓게 수렴하였다는 데서 유래하였으며, 각종 계획 수립을 위한 장기적인 미래 예측에 많이 쓰이는 방법이다.

43 도시개발사업을 할 때 물리적 측면에서의 입지 분석 방법이 아닌 것은?

① 토지공부 분석
② 자연 특성 분석
③ 기반시설 특성 분석
④ 지역접근 분석

해설
지역접근 분석은 지리적 여건 분석에 해당한다.

44 버그가 구분한 도시화의 단계 중 아래 설명에 해당하는 것은?

3차 산업 종사자수의 비중이 높아지고 소득 향상이 지속됨에 따라 악화된 도시환경을 피하여 농촌지역에서 생활을 선호하는 사람들의 수가 증가하게 된다. 이에 따라 기존 도심부의 쇠퇴, 유휴화 현상이 두드러지고 신도시 개발보다 도시쇠퇴지역 재생에 대한 개발 수요가 발생한다.

① 도시화 단계(Stage of Urbanization)
② 교외화 단계(Stage of Suburbanization)
③ 반도시화 단계(Stage of Deurbanization)
④ 재도시화 단계(Stage of Reurbanization)

해설
반도시화(역도시화, Stage of Deurbanization)
- 일명 유턴(U-turn) 현상이라고도 하며 대도시에서 비도시지역으로 인구의 전출이 전입을 초과함으로써 대도시의 상주인구가 감소하는 현상
- 집적함으로써 발생하는 불이익이 이익보다 커질 경우 인구의 분산이 이루어지는 단계
- 도시불량지역(Blue Belt) 형성

45 재개발의 유형에 대한 설명이 옳은 것은?

① 철거재개발(Redevelopment) : 도시환경 및 시설에 있어서 불량 또는 노후화 현상이 현재까지는 발생하지 않았으나 현 상태로 방치할 경우 환경악화가 예상되는 지역에 예방적 조처로 시행하는 방식
② 수복재개발(Rehabilitation) : 관리상 부실로 인하여 도시환경이 악화될 우려가 있거나 이미 악화된 지역에 대하여 기존시설을 보존하면서 구역 전체의 기능과 환경을 회복하거나 개선하는 소극적인 방식
③ 보전재개발(Conservation) : 낙후되고 노후화된 기존의 도시지역의 시설을 보수, 확장, 새로운 시설을 첨가하는 방법을 통하여 도시환경을 개선하는 방식
④ 개량재개발(Improvement) : 기존의 시설을 전면적으로 철거하고 새로운 시설물로 대체시켜 쾌적하고 능률적이며 기능적인 도시환경을 창출해내는 적극적인 방식

정답 41 ② 42 ① 43 ④ 44 ③ 45 ②

해설
① 보전재개발, ③ 개량재개발, ④ 철거재(전면)개발

46 압축도시(Compact City)에 대한 설명으로 틀린 것은?

① 압축도시의 개념은 직주근접과 관련이 있다.
② 교외지역 주거지를 저밀도로 확산시키는 개발방식이다.
③ 지속 가능한 개발이 가능하도록 등장한 도시개발 패러다임 중 하나이다.
④ 환경부하를 최소화하고 정주지 개발의 효율성을 높이려는 목적을 갖는다.

해설
압축도시(Compact City)는 소수의 토지에 복합적 고밀도 개발을 통해 도시의 방만한 교외확산에 따른 저밀화를 막는 데 목적이 있다.

47 도시 마케팅에서 필수적인 고려사항과 가장 거리가 먼 것은?

① 도시자족성
② 도시운영성과
③ 도시경쟁력
④ 아이디어 및 차별성

해설
도시운영성과는 도시 마케팅 과정에서의 필수 고려사항이 아닌, 마케팅의 결과로서 나오는 산출물이라 볼 수 있다.

48 Calthorpe가 제시한 TOD 7가지 원칙에 해당되지 않는 것은?

① 지구 내에는 걸어서 목적지까지 갈 수 있는 보행친화적인 가로망 구성
② 기존 근린지구 내에 대중교통노선을 따라 재개발 촉진
③ 공공공간의 건물배치 및 근린 생활의 중심지로 조성
④ 주택의 유형, 밀도, 비용 등은 고층, 고밀, 고급화를 지향하고 통일된 유형을 배치

해설
Calthorpe(1993)는 주택의 유형, 밀도, 비용 등의 다양한 형태를 혼합하여 배치하는 것을 TOD 7가지 원칙으로 주장하였다.

49 다음 중 프로젝트를 기업 측면이 아니라 사회적 측면에서 평가하는 것으로, 분석의 대상이 일반적으로 공공투자사업이나 정책이 되는 타당성 분석은?

① 경제적 타당성 분석
② 재무적 타당성 분석
③ 파급효과 타당성 분석
④ 행정적 타당성 분석

해설
도시개발사업에서의 타당성 분석은 경제적 타당성 분석을 의미하며, 순현재가치법, 내부수익률법 등을 통해 수익률을 확인하고 이를 바탕으로 공공투자사업이나 정책의 타당성을 분석하게 된다.

50 바다, 하천, 호수 등 수변공간을 가지는 육지에 개발된 공간을 무엇이라 하는가?

① 워터프론트
② 역세권
③ 지하공간
④ 텔레포트

해설
워터프론트(水邊空間, Waterfront)
바다, 하천, 호수 등의 공간을 가지는 육지에 인공적으로 개발된 도시 공간으로서 항만 및 해운기능, 어업·공업 등의 생산기능, 상업, 업무, 주거, 레크리에이션 등 다양한 도시활동을 수용할 수 있는 유연성을 지니고 있다.

51 개발권양도(TDR : Transfer of Development Rights) 제도에서 개발에 대한 규제가 강한 지역은?

① 개발유도지역
② 개발권 발급지역
③ 개발권 이전지역
④ 개발권 유통지역

해설

개발권양도(Transfer of Development Rights, TDR) 제도는 문화재 보존이나 환경보호 등을 위해 해당 지역의 토지소유자로 하여금 다른 지역에 대한 개발권을 부여하는 제도로서 개발권 이전지역은 개발에 대한 규제가 강하게 적용된다.

52 도시개발사업의 사업성 평가지표인 "수익성 지수(Profitability Index)"의 설명으로 옳은 것은?

① 프로젝트에서 발생하는 할인된 전체 수입에서 할인된 전체 비용을 뺀 값이다.
② 수익성 지수가 0보다 클 때 프로젝트의 사업성은 있다고 할 수 있다.
③ 수익성 지수는 경제성 평가 지표인 편익 비용비와 동일한 개념이다.
④ 수입과 비용을 동일하게 만들어 주는 할인율을 사용한다.

해설

수익성 지수는 프로젝트로부터 발생하는 할인된 전체 수입을 할인된 전체 비용으로 나눈 값으로서 편익 비용비와 동일한 개념이다.

53 다음 조건에 따른 상업용지의 수요 면적은?

- 상업지역 예상 이용인구 : 407천 명
- 이용인구 1인당 평균상면적 : 15m²
- 평균층수 : 5층
- 건폐율 : 65%
- 공공용지율 : 40%

① 0.75km²
② 1.13km²
③ 3.13km²
④ 5.81km²

해설

$$상업지 면적 = \frac{상업지역 \ 내의 \ 수용인구 \times 1인당 \ 점유면적}{평균층수 \times 건폐율 \times (1-공공용지율)}$$
$$= \frac{407,000 \times 15m^2}{5 \times 0.65 \times (1-0.4)} = 3,130,769m^2 = 3.13km^2$$

54 일반적인 주거용지의 배치기준에 관한 설명으로 옳지 않은 것은?

① 아파트용지는 각종 제한사항이 적은 지역에 배치
② 단독주택용지는 주변의 단독주택과 접한 위치에 배치
③ 연립주택용지는 소규모 택지, 고도제한지역, 고지대 등에 배치
④ 준주거용지는 대규모 상업지역과 공업지역의 완충 역할이 필요한 지역에 배치

해설

준주거지역
주거기능을 위주로 이를 지원하는 일부 상업기능 및 업무기능을 보완하기 위하여 필요한 지역

55 '부동산증권화'의 효과 중 맞는 것은?

① 자산보유자의 입장에서 증권화를 통해 유동성을 낮출 수 있다.
② 투자자 입장에서는 위험이 크지만 수익률이 좋은 금융상품에 대한 투자기회를 가지게 된다.
③ 자산보유자의 입장에서는 대출회전율이 높아져 총자산이 증가하고 대출시장에서의 시장점유율을 높일 수 있다.
④ 차입자 입장에서는 단기적으로 직접적 혜택이 크며, 장기적으로 대출한도의 확대와 금리인하로 인한 차입여건 개선이 가능하다.

해설

① 자산보유자의 입장에서 증권화를 통해 유동성을 높일 수 있다.
② 투자자 입장에서는 위험이 적은 금융상품이라고 할 수 있다.
④ 차입자 입장에서 단기적보다는 장기적으로 안정화되는 자산 관리를 할 수 있다.

정답 52 ③ 53 ③ 54 ④ 55 ③

56 전원도시이론의 영향을 받아 1904년 만들어진 세계 최초의 전원도시 레치워스(Letchworth)를 계획한 사람은?

① 오웬
② 페리
③ 언윈
④ 스타인

해설

1903년 런던 북쪽 35mile(54km) 거리에 건설된 레치워스(Letchworth)는 레이몬드 언윈(Raymond Unwin)과 배리 파커(Barry Parker)에 의해 건설되었다.

57 다음 중 도시개발 전략의 수립 시 고려할 사항으로 옳지 않은 것은?

① 다양한 재무적 투자형태를 고려하여 가장 바람직한 지분구조를 도출한다.
② 사회적 목표, 재무적 목표, 비즈니스 계획 등을 포함하여 전반적인 기본구상을 설정한다.
③ 개발기본계획의 내용은 고려하지 않고, 시장과 경쟁시설에 대한 개략적인 분석만으로 재무적 타당성을 결정한다.
④ 부지 및 주변지역의 기반시설, 지형, 지세, 각종 규제, 토지이용계획 등을 고려하여 개발대상지를 분석한다.

해설

재무적 타당성 분석 시 시장장과 경쟁시설에 대한 구체적이고 상세적인 분석뿐만 아니라 개발기본계획의 내용이 고려되어야 한다.

58 기업의 자금조달 구조를 크게 내부자금과 외부자금으로 분류할 때에 다음 중 내부자금의 형태에 해당하는 것은?

① 국제리스
② 상업차관
③ 회사채 발행
④ 감가상각충당금

해설

기업의 자금조달방법

구분		세부 사항
내부자금		기업의 사내유보금, 준비금, 감가상각충당금
외부자금	직접금융	• 대출자와 차입자 간에 직접 자금을 거래하는 형태 • 주주를 모집하여 기업에 필요한 자금을 조달(신주발행, 기업공개, MBO, MBJ, 트레이드 세일즈, M&A)
	간접금융	• 자금을 중개하는 기관을 통해 수요자와 공급자가 연결되는 형태 • 정책금융(정부), 일반금융(은행), 사채발행을 통한 조달

59 다음 중 도시개발법령에 따른 도시개발구역으로 지정할 수 있는 대상지역 및 규모기준의 연결이 옳지 않은 것은?

① 도시지역 내 주거지역 : 1만m² 이상
② 도시지역 내 상업지역 : 3만m² 이상
③ 도시지역 내 공업지역 : 3만m² 이상
④ 도시지역 내 자연녹지지역 : 1만m² 이상

해설

도시개발구역으로 지정할 수 있는 대상지역별 규모기준
㉠ 도시지역
  • 주거지역, 상업지역, 자연녹지·생산녹지 : 1만m² 이상
  • 공업지역 : 3만m² 이상
  • 도시지역 외의 지역 : 30만m² 이상
㉡ 관리지역 : 3만m² 미만
㉢ 농림지역 : 3만m² 미만
㉣ 자연환경보전지역 : 5천m² 미만

60 다음 중 사업타당성을 판단할 수 없는 도시개발사업은?

① A사업의 순현재가치(FNPV)가 1,000억 원이다.
② B사업의 내부수익률(FIRR)은 10%이며, 기대수익률은 9%이다.
③ C사업의 비용편익비(B/C Ratio)가 0.95이다.
④ D사업은 1년차에 비용이 1,000억 원 발생하였고, 5년차에 수익이 1,100억 원 발생하였다.

정답 56 ③ 57 ③ 58 ④ 59 ② 60 ④

④의 경우는 할인율이 없으므로 사업타당성을 판단할 수 없다.

Plan) 또는 청사진적 계획(Blue Print Planning)을 의미한다. 절차에 관한 이론으로 절차적 계획이론(Procedural Planning Theory)의 특성을 가지며, 합리성과 의사결정을 위한 일련의 선택과정을 강조한다.

4과목 국토 및 지역계획

61 다음의 지역 문제 해결책 중 그 성격이 가장 다른 것은?

① 「산업이전법」(영국)
② 「공업배치법」(영국)
③ 「특수지역개발촉진법」(영국)
④ 테네시강 종합개발계획(미국)

「산업이전법」, 「공업배치법」, 「특수지역개발촉진법」은 영국의 지역 간 불균형 해소를 위한 해결책이며, 미국의 테네시강 종합개발계획은 1930년대 전후 실업자 구제 및 공업도시 개발을 위해 미국 테네시강 유역에 다수의 다목적댐을 건설하여 전력과 수자원 공급을 목표로 하였다.

62 다음의 지역개발이론 중 성격이 다른 하나는?

① 기본수요이론
② 불균형성장이론
③ 농정적 개발론
④ 지속 가능한 개발론

불균형성장이론은 하향적 개발이론, 그 외는 상향적 개발이론이다.

63 다음의 도시계획이론 중 상황의 종합적 분석과 최적의 대안 선택이 가능하다고 보는 규범적이며 이상적인 접근 방법은?

① 합리적 접근 방법
② 만족화 접근 방법
③ 점진적 접근 방법
④ 혼합주사적 접근 방법

합리적 접근 방법
순수합리모형, 종합적 합리모형이라고도 하며, 현대적 의미의 계획의 기원이라고 할 수 있는 종합계획(Master

64 클라센(L. H. Klaassen)의 지역 분류 기준은?

① 성장률과 소득수준
② 산업별 인구 규모
③ 동질성과 의존성
④ 사회간접자본과 생산활동

클라센(L. Klaassen)은 지역의 성장률과 지역의 소득, 국가의 성장률과 국가의 소득에 따라 지역 분류 기준을 수립하였다.

성장률 $g_o = \dfrac{g_i}{g}$, 소득 $y_o = \dfrac{y_i}{y}$

여기서, g_i, y_i : i지역의 성장률과 지역의 소득

　　　　g, y : 국가의 성장률과 국가의 소득

65 다음 중 베버(A. Weber)의 공업입지이론에서 입지를 결정하는 인자에 해당하지 않는 것은?

① 수송비
② 집적경제
③ 노동비
④ 제품수요

입지결정 인자
• 최소수송비 원리
• 노동비에 따른 최적입지의 변화
• 집적이익에 따른 최적지점의 변화

66 생산요소의 지역 간 이동이 자유롭게 허용된다면 자연히 지역 간 형평이 달성된다고 보는 지역균형성장론에 해당하는 것은?

① 성장거점이론
② 신고전학파의 지역경제성장이론
③ 종속이론
④ 누적인과모형

●**해설**

신고전학파의 지역경제성장이론은 생산성의 증가를 성장의 기초로 여겨 공급 측면을 강조한 성장이론으로 지역 간 생산요소의 이동에 의해 성장을 파악하였다.

67 중심지이론(Central Place Theory)의 기본 가정으로 옳지 않은 것은?

① 지형이 평탄하다.
② 수요가 동일하다.
③ 비용은 거리에 반비례한다.
④ 접근성이 모든 방향에서 일정하다.

●**해설**

중심지이론에서 비용(운송비)은 거리에 비례한다고 가정한다.

68 A도시 산업자료가 아래와 같을 때, 입지상법 (LQ Method)에 의한 A도시 i산업의 고용승수는 얼마인가?

- 전국의 총 고용인구 : 1,000만 명
- 전국의 i산업 고용인구 : 100만 명
- A도시의 총 고용인구 : 50만 명
- A도시의 i산업 고용인구 : 10만 명

① 10.0   ② 2.0
③ 0.5   ④ 0.1

●**해설**

$$LQ = \frac{E_{Ai}/E_A}{E_{ni}/E_n}$$

$$= \frac{A지역의\ i산업\ 고용수/A지역\ 전체\ 고용수}{전국의\ i산업\ 고용수/전국의\ 고용수}$$

$$= \frac{100,000/500,000}{1,000,000/10,000,000} = 2.0$$

69 도시인구예측모형을 요소모형과 비요소모형으로 구분할 때, 다음 중 요소모형에 해당하는 것은?

① 선형모형   ② 인구이동모형
③ 지수성장모형   ④ 곰페르츠 모형

●**해설**

인구이동모형(요소모형)

인구가 일정 기간 동안 유입하고 유출하는 것을 계산해 미래의 특정 시점의 인구를 예측하는 방법

70 어떤 국가의 도시 규모가 지프의 순위규모법칙에 의한 순위규모분포($q=1$)를 따른다고 할 때 수위도시 인구가 100만 명이면 제4순위 도시의 인구는 얼마로 예상할 수 있는가?

① 40만 명
② 33만 명
③ 25만 명
④ 20만 명

●**해설**

$q=1$은 순위규모분포로 어느 나라에서 수위도시의 인구분포가 1이라면 나머지 도시의 인구는 1/2, 1/3, 1/4 분포를 뜻한다. 이는 1순위 수위도시가 100만 명이라고 하면 2순위는 1/2, 3순위는 1/3, 4순위는 1/4가 된다는 것을 의미한다. 그러므로 4순위 도시는 100만 명×1/4=25만 명이된다.

71 수도권 권역의 구분과 지정에 관한 내용으로 옳지 않은 것은?

① 과밀억제권역 : 인구와 산업이 지나치게 집중되었거나 집중될 우려가 있어 이전하거나 정비할 필요가 있는 지역
② 성장관리권역 : 과밀억제권역으로부터 이전하는 인구와 산업을 계획적으로 유치하고 산업의 입지와 도시의 개발을 적정하게 관리할 필요가 있는 지역
③ 자연보전권역 : 한강 수계의 수질과 녹지 등 자연환경을 보전할 필요가 있는 지역
④ 이전촉진권역 : 과밀억제권역으로부터 인구 및 산업을 계획적으로 유치하고 산업의 입지와 도시의 적정개발이 필요한 지역

해설

수도권정비계획에서의 권역 구분

구분	세부 사항
과밀억제권역	인구·산업의 집중으로 이전·정비가 필요한 지역
성장관리권역	인구·산업의 계획적 유치·개발이 필요한 지역
자연보전권역	한강수계의 수질 및 녹지 등의 자연환경보전이 필요한 지역

72 제3차 국토종합계획에서 수도권 비대화를 견제하기 위한 지방 대도시의 기능특화 방향이 틀린 것은?

① 부산 – 제조업, 의료산업
② 대구 – 업무, 첨단기술, 패션산업
③ 광주 – 첨단산업, 예술·문화
④ 대전 – 행정, 과학연구, 첨단산업

해설

부산 – 국제무역, 금융기능

73 국토계획, 지역계획, 도시계획으로 구분하는 기준으로 옳은 것은?

① 시간적 차이   ② 공간적 범위
③ 토지이용상태   ④ 경제적 수준

해설

공간적 범위의 크기에 따라 국토계획 > 지역계획 > 도시계획으로 나누어진다.

74 후퍼–피셔의 지역발전 5단계설의 두 번째 단계에 해당하는 것은?

① 2차 산업의 도입단계
② 다양한 공업화의 이행단계
③ 수출용 3차 산업 전문화 단계
④ 1차 산업 전문화 및 지역 간 교역의 단계

해설

지역발전 5단계

자족적 최저생존경제단계(Stage of a Self Sufficient Subsistence Economy) → 1차 산업단계 및 지역 간 교역단계 → 2차 산업 도입단계 → 공업의 다양화 단계(A Shift to Move Diversified Industrialization) → 3차 산업의 전문화 단계

75 A시의 총 고용인구가 100만 명, 이 지역 기반산업의 고용인구가 70만 명일 때 기반산업에 대한 총 고용의 승수효과는?

① 1.43   ② 2.33
③ 3.33   ④ 4.53

해설

$$경제기반승수 = \frac{지역\ 총\ 고용인구}{지역의\ 수출(기반)산업\ 고용인구}$$
$$= \frac{100만\ 명}{70만\ 명} = 1.43$$

76 제4차 국토종합계획 수정계획(2011~2020)의 기본목표가 아닌 것은?

① 살기 좋은 복지국토
② 품격 있는 매력국토
③ 경쟁력 있는 통합국토
④ 지속 가능한 친환경국토

해설

제4차 국토종합계획 수정계획의 기본목표
경쟁력 있는 통합국토, 품격 있는 매력국토, 지속 가능한 친환경국토, 세계로 향한 열린국토

77 수출기반모형(Export Base Model)에서 산업들의 수출량을 계산하는 데 있어 기본 가정이 아닌 것은?

① 폐쇄의 경제
② 동일한 노동 생산성
③ 동일한 소득수준(또는 소비수준)
④ 지역 내 투자된 하부시설의 동일성

해설

수출기반모형의 가정
• 폐쇄된 경제(Closed Economy) : 국가 간 교역이 없음을 의미
• 동일한 노동 생산성 : 지역과 전국 간의 노동생산성이 동일
• 동일한 소비수준 : 지역과 전국 간의 동일한 소득수준

78 친환경적 공간계획(국토계획, 지역계획, 도시계획)의 수단으로 적합하지 않은 것은?

① Green GNP 개념 도입
② 거대도시와 도시광역화 개발
③ 압축도시(Compact City) 개발
④ 복합토지이용(Mixed Land Use) 도입

해설

친환경적 공간계획은 압축도시 및 복합적 토지이용을 통한 좁은 토지에 고밀화에 초점이 맞추어져 있으므로 도시화를 통해 토지공간을 넓혀가는 거대도시와 도시광역화와는 거리가 멀다.

79 균형발전이론 중 1975년에 등장한 도농접근 (Agropolitan Approach)법에 대한 설명으로 틀린 것은?

① 적극적인 외부의 원조를 받아 균형발전을 도모하고 주민 참여는 제한한다.
② 생산의 다양화, 자원의 공영제, 기회의 균등을 중시한다.
③ 주민은 스스로 기본적 생활수준을 유지하고 자립을 이루기 위하여 선별적으로 적정 수준의 지역범위를 결정한다.
④ 다른 지역과의 자유무역을 억제하고 비교우위의 원칙이나 다국적 기업의 이념을 제한한다.

해설

도농접근(Agropolitan Approach)법은 1975년 프리드만 (J. Friedman)과 더글라스(Mike Douglas)에 의해 발표되었으며 농촌에 도시의 성격을 부여하는 것에 목적이 있었다. 이러한 주장은 기초수요이론을 바탕으로 상향식 개발방식을 특징으로 하고 있으며 이에 따라 자치적이고 주민참여적인 성격을 띠고 있다.

80 지역발전이론 중 1980년대 말과 1990년대 초에 핵심적으로 부각된 이론은?

① 기초수요이론
② 지역균형이론
③ 유연적 축적론
④ 지역불균형발전이론

해설

유연적 축적론
1980년대 말과 1990년대 초에 핵심적으로 부각된 하비의 공간이론으로서 기존 선도산업에 의한 성장방식에서 중소기업 간의 상호협력적 관계성, 지속적인 연구와 개발을 통해 지역을 발전시켜 나가자는 이론

5과목 도시계획 관계 법규

81 다음 국토조사에 관한 설명 중 빈칸에 들어갈 용어가 바르게 나열된 것은?

(㉠)은(는) 국토조사를 효율적으로 실시하기 위하여 국토조사 항목 및 조사 주체 등 필요한 사항에 대하여 관계 중앙행정기관의 장 및 (㉡)와(과) 사전협의를 거쳐 국토조사계획을 수립할 수 있다.

① ㉠ : 국토교통부장관, ㉡ : 시 · 도지사
② ㉠ : 국토교통부장관, ㉡ : 국토정책위원회
③ ㉠ : 국토정책위원회, ㉡ : 시 · 도지사
④ ㉠ : 국토정책위원회, ㉡ : 국토교통부장관

해설

국토조사의 실시(「국토기본법 시행령」 제10조)
국토교통부장관은 국토조사를 효율적으로 실시하기 위하여 국토조사 항목 및 조사 주체 등 필요한 사항에 대하여 관계 중앙행정기관의 장 및 시 · 도지사와 사전협의를 거쳐 국토조사계획을 수립할 수 있다.

82 「국토의 계획 및 이용에 관한 법률」에 따른 공업지역의 분류에 해당되지 않는 것은?

① 준공업지역
② 근린공업지역
③ 전용공업지역
④ 일반공업지역

④ 징수된 부담금의 100분의 50은 부담금을 징수한 건축물이 있는 구에 귀속된다.

해설

부담금의 배분(「수도권정비계획법」 제16조)

징수된 부담금의 100분의 50은 지방균형발전특별회계에 귀속하고, 100분의 50은 부담금을 징수한 건축물이 있는 시 · 도에 귀속한다.

85 택지개발사업 시행자가 토지매수 업무와 손실보상 업무를 위탁할 때 토지매수 금액과 손실보상 금액의 얼마의 범위에서 대통령령으로 정하는 요율의 위탁수수료를 지급하여야 하는가?

① $\frac{5}{100}$ 의 범위

② $\frac{4}{100}$ 의 범위

③ $\frac{3}{100}$ 의 범위

④ $\frac{2}{100}$ 의 범위

해설

위탁수수료의 요율(「도시개발법 시행규칙」 제18조 – 별표 2)

토지매수 및 보상업무의 위탁수수료율의 최대 범위는 20/1,000 이내이다.

86 「건축법」상 용어의 정의가 틀린 것은?

① 대지 : 「공간정보의 구축 및 관리 등에 관한 법률」에 따라 각 필지로 나눈 토지

② 건축 : 건축물을 신축 · 증축 · 개축 · 재축 · 이전 또는 대수선하는 것

③ 건폐율 : 대지면적에 대한 건축면적의 비율

④ 용적률 : 대지면적에 대한 연면적의 비율

해설

용어 정의(「건축법」 제2조)

건축이란 건축물을 신축 · 증축 · 개축 · 재축(再築)하거나 건축물을 이전하는 것을 말한다.

해설

용도지역의 세분(「국토의 계획 및 이용에 관한 법률 시행령」 제30조)

구분	세분사항	내용
공업 지역	전용공업지역	주로 중화학공업, 공해성 공업 등을 수용하기 위하여 필요한 지역
	일반공업지역	환경을 저해하지 아니하는 공업의 배치를 위하여 필요한 지역
	준공업지역	경공업 그 밖의 공업을 수용하되, 주거기능 · 상업기능 및 업무기능의 보완이 필요한 지역

83 다음 중 「수도권정비계획법」에 따른 인구집중 유발시설의 기준이 틀린 것은?

① 「고등교육법」에 따른 학교로서 대학, 산업대학, 교육대학 또는 전문대학

② 「산업집적활성화 및 공장설립에 관한 법률」에 따른 공장으로서 건축물의 연면적이 200m² 이상인 것

③ 중앙행정기관 및 그 소속 기관의 청사 중 건축물의 연면적이 1,000m² 이상인 것

④ 복합시설이 주용도인 건축물로서 그 연면적이 25,000m² 이상인 건축물

해설

인구집중유발시설의 종류(「수도권정비계획법 시행령」 제3조)

공장으로서 건축물의 연면적이 500m² 이상인 것

84 수도권정비계획법령에 따른 다음 내용 중 틀린 것은?

① 국토교통부장관은 인구집중유발시설에 대하여 신설 또는 증설의 총허용량을 정하여 이를 초과하는 신설 또는 증설을 제한할 수 있다.

② 「도시 및 주거환경정비법」에 따른 도시환경정비사업으로 건축하는 건축물에 과밀부담금의 100분의 50을 감면한다.

③ 과밀부담금 산정 시 건축비는 국토교통부장관이 고시하는 표준건축비를 기준으로 산정한다.

---

87 「도시개발법」에 따라 도시개발구역으로 지정할 수 있는 대상 지역 및 규모기준이 틀린 것은? (단, 도시지역의 경우이다.)

① 주거지역 : 1만m² 이상

② 공업지역 : 3만m² 이상

③ 자연녹지지역 : 1만m² 이상

④ 상업지역 : 3만m² 이상

◉해설

도시개발구역의 지정대상지역 및 규모(「도시개발법 시행령」 제2조)

도시지역 안의 상업지역 : 1만m² 이상

88 다음 중 「산업입지 및 개발에 관한 법률」에 따른 산업단지에 해당하는 것으로만 나열된 것은?

① 국가산업단지, 일반산업단지, 농공단지

② 국가산업단지, 도시산업단지, 농공산업단지

③ 국가산업단지, 일반산업단지, 특수산업단지

④ 국가산업단지, 지역산업단지, 농공단지

◉해설

산업단지의 구분(「산업입지 및 개발에 관한 법률」 제2조)
국가산업단지, 일반산업단지, 도시첨단산업단지, 농공단지(農工團地), 스마트그린산업단지

89 다음의 공원시설 중 유희시설에 해당되지 않는 것은?

① 시소

② 정글짐

③ 사다리

④ 야외극장

◉해설

공원시설의 종류(「도시공원 및 녹지에 관한 법률 시행규칙」 제3조 – 별표 1)
유희시설
시소 · 정글짐 · 사다리 · 순환회전차 · 궤도 · 모험놀이장, 유원시설(유기시설 또는 유기기구), 발물놀이터 · 뱃놀이터 및 낚시터 그 밖에 이와 유사한 시설로서 도시민의 여가선용을 위한 놀이시설

90 다음 중 도로의 규모별 분류에 대한 내용으로 옳은 것은?

① 광로 1류 : 폭 40m 이상인 도로

② 대로 1류 : 폭 35m 이상 40m 미만인 도로

③ 중로 1류 : 폭 25m 이상 35m 미만인 도로

④ 소로 1류 : 폭 12m 이상 15m 미만인 도로

◉해설

도로의 구분(「도시 · 군계획시설의 결정 · 구조 및 설치기준에 관한 규칙」 제9조) – 도로의 규모별 구분

구분		도로 폭
광로	1류	폭 70m 이상인 도로
	2류	폭 50m 이상 70m 미만인 도로
	3류	폭 40m 이상 50m 미만인 도로
대로	1류	폭 35m 이상 40m 미만인 도로
	2류	폭 30m 이상 35m 미만인 도로
	3류	폭 25m 이상 30m 미만인 도로
중로	1류	폭 20m 이상 25m 미만인 도로
	2류	폭 15m 이상 20m 미만인 도로
	3류	폭 12m 이상 15m 미만인 도로
소로	1류	폭 10m 이상 12m 미만인 도로
	2류	폭 8m 이상 10m 미만인 도로
	3류	폭 8m 미만인 도로

91 자주식 주차장으로서 지하식 또는 건축물식 노외주차장의 사람이 출입하는 통로의 경우, 벽면에서부터 50cm 이내를 제외한 바닥면의 최소 조도 기준이 옳은 것은?

① 10럭스 이상

② 50럭스 이상

③ 300럭스 이상

④ 최소 조도기준 없음

◉해설

「주차장법 시행규칙」 제6조(노외주차장의 구조 · 설비기준)
자주식 주차장으로서 지하식 또는 건축물식 노외주차장에는 벽면에서부터 50cm 이내를 제외한 바닥면의 최소 조도(照度)와 최대 조도를 다음과 같이 한다.

• 주차구획 및 차로 : 최소 조도는 10럭스 이상, 최대 조도는 최소 조도의 10배 이내

• 주차장 출구 및 입구 : 최소 조도는 300럭스 이상, 최대 조도는 없음

• 사람이 출입하는 통로 : 최소 조도는 50럭스 이상, 최대 조도는 없음

92 「도시·군계획시설의 결정·구조 및 설치기준에 관한 규칙」에 따른 광장의 세분에 해당하지 않는 것은?

① 교통광장   ② 건축물부설광장

③ 미관광장   ④ 지하광장

해설

광장(「도시·군계획시설의 결정·구조 및 설치기준에 관한 규칙」 제49조)
광장이라 함은 교통광장·일반광장·경관광장·지하광장 및 건축물부설광장을 말한다.

93 도시공원의 설치 규모 기준이 틀린 것은?

① 어린이공원 : 1,500m² 이상

② 묘지공원 : 30,000m² 이상

③ 도시농업공원 : 100,000m² 이상

④ 근린생활권 근린공원 : 10,000m² 이상

해설

② 묘지공원 : 100,000m² 이상
③ 도시농업공원 : 10,000m² 이상

94 도시재생 활성화 및 지원에 관한 특별법령상 도시재생지원센터의 수행 업무가 아닌 것은?

① 국가지원사항이 포함된 도시재생사업에 대한 심의

② 도시재생전략계획의 수립과 관련 사업의 추진 지원

③ 도시재생활성화지역 주민의 의견조정을 위하여 필요한 사항

④ 현장 전문가 육성을 위한 교육프로그램의 운영

해설

도시재생지원센터의 설치(「도시재생 활성화 및 지원에 관한 특별법」 제11조)
전략계획수립권자는 다음의 사항에 관한 업무를 수행하도록 하기 위하여 도시재생지원센터를 설치할 수 있다.

• 도시재생전략계획 및 도시재생활성화계획 수립과 관련 사업의 추진 지원

• 도시재생활성화지역 주민의 의견조정을 위하여 필요한 사항

• 현장 전문가 육성을 위한 교육프로그램의 운영

• 마을기업의 창업 및 운영 지원

• 그 밖에 대통령령으로 정하는 사항

※ 대통령령으로 정하는 사항 : 주민참여 활성화 및 지원

95 「관광진흥법」상 시·도지사가 권역별 관광개발 계획의 수립 시 포함하여야 하는 사항에 해당하지 않는 것은?

① 환경보전에 관한 사항

② 관광권역(觀光圈域)의 설정에 관한 사항

③ 관광자원의 보호·개발·이용·관리 등에 관한 사항

④ 관광지 및 관광단지의 조성·정비·보완 등에 관한 사항

해설

관광권역(觀光圈域)의 설정에 관한 사항은 문화체육관광부장관이 수립하는 관광개발 기본계획에 포함하는 사항이다.

96 주차장법령상 건축물의 연면적 중 주차장으로 사용되는 부분의 비율이 얼마 이상인 경우를 주차전용건축물이라고 하는가?

① 80%   ② 85%

③ 90%   ④ 95%

해설

주차전용건축물의 주차면적비율(「주차장법 시행령」 제1조의2)
주차전용건축물이란 건축물의 연면적 중 주차장으로 사용되는 부분의 비율이 95% 이상인 것을 말한다. 다만, 주차장 외의 용도로 사용되는 부분이 단독주택, 공동주택, 제1종 근린생활시설, 제2종 근린생활시설, 문화 및 집회시설, 종교시설, 판매시설, 운수시설, 운동시설, 업무시설, 창고시설 또는 자동차 관련 시설인 경우에는 주차장으로 사용되는 부분의 비율이 70% 이상인 것을 말한다.

97 개발제한구역의 지정 및 관리에 관한 특별조치법령에 따른 취락지구의 지정기준 및 정비에 관한 설명 중 틀린 것은?

① 취락을 구성하는 주택의 수가 10호 이상이어야 한다.

② 취락지구 1만m²당 주택의 수가 원칙적으로 30호 이상이어야 한다.

③ 취락지구의 경계 설정 시, 지목이 대인 경우에는 가능한 한 필지가 분할되지 아니하도록 한다.

④ 취락지구정비사업을 시행할 때에는 「국토의 계획 및 이용에 관한 법률」에 따라 취락지구를 지구단위계획구역으로 지정한다.

◉해설
취락지구의 지정기준 및 정비(「개발제한구역의 지정 및 관리에 관한 특별조치법 시행령」 제25조)
취락지구 1만m²당 주택의 수가 10호 이상일 것

98 다음 중 수도권정비위원회의 위원장은?

① 국무총리

② 기획재정부장관

③ 국토교통부장관

④ 서울특별시장

◉해설
수도권정비위원회의 구성(「수도권정비계획법」 제22조)
• 위원회는 위원장을 포함한 20명 이내의 위원으로 구성한다.
• 위원장은 국토교통부장관이 된다.

99 국토의 계획 및 이용에 관한 법령상 도시 · 군관리계획도서 중 계획도를 작성하는 기준으로 옳은 것은?

① 축척 1천분의 1 지형도에 도시 · 군관리계획사항을 명시한 도면으로 작성하여야 한다.

② 축척 6백분의 1 지적도에 도시 · 군관리계획사항을 명시한 도면으로 작성하여야 한다.

③ 축척 1만분의 1 지형도에 도시 · 군관리계획사항을 명시한 도면으로 작성하여야 한다.

④ 축척 1천2백만분의 1 항공측량도에 도시 · 군관리계획 사항을 명시한 도면으로 작성하여야 한다.

◉해설
계획도면은 축척 1/1,000 또는 1/5,000(1/1,000 또는 1/5,000 축척이 없는 경우에는 1/25,000)의 지형도(수치지형도를 포함한다)로 한다.

100 다음 중 건축법령상 공동주택에 해당하지 않는 것은?

① 연립주택   ② 다가구주택

③ 다세대주택   ④ 기숙사

◉해설
다가구주택은 단독주택의 분류에 속한다.

1과목   도시계획론

01 도시내부공간 구조모형 중의 하나인 동심원 이론에 대한 설명으로 틀린 것은?

① 도시생태학을 기본이론으로 하고 있다.

② 도시 성장의 일반적인 과정 속에는 집중과 분산의 개념이 동시에 포함된다고 보았다.

③ 토지이용은 중심업무지구로부터 5개의 동심원으로 구성된다.

④ 도시 내의 각종 활동과 기능은 주요 교통로를 따라 이루어진다.

해설

도시 내의 각종 활동과 기능이 교통로(교통축)를 따라 형성되는 것은 호이트의 선형이론에 해당한다.

02 중세시대 이슬람 도시의 특성을 나타내고 있는 도시와 국가의 연결이 틀린 것은?

① 바스라(Basra) – 튀니지

② 라바트(Rabat) – 모로코

③ 푸스타트(Fustat) – 이집트

④ 코르도바(Cordoba) – 스페인

해설

이슬람 도시의 특성을 나타내는 도시와 국가

도시	국가
바스라(Basra)	이라크
카이로완(Kairouan)	튀니지
라바트(Rabat)	모로코
푸스타트(Fustat)	이집트
코르도바(Cordoba), 세비야(Sevilla)	스페인

03 에버니저 하워드가 주장한 전원도시의 원칙으로 틀린 것은?

① 도시의 계획인구를 제한한다.

② 도시 주위에 넓은 농업지대를 영구히 보전하여 도시와 농촌의 장점을 결합한다.

③ 시민경제를 유지할 수 있는 산업을 유치하여 경제기반을 확보한다.

④ 도시의 발달에 따른 개발이익은 공유화하되 토지는 사유화를 원칙으로 한다.

해설

전원도시론(田園都市論)에서의 토지는 공유함을 조건으로 한다.

04 지리정보시스템(GIS)에서 활용하는 자료에 대한 설명으로 옳은 것은?

① GIS의 자료는 크게 도형자료와 속성자료로 구분된다.

② 래스터 자료는 점을 자료 저장과 표현의 기본단위로 이용한다.

③ 래스터 자료는 저장의 기본단위 크기를 크게 할수록 정밀도가 향상된다.

④ 자료 구조 측면에서 GIS 자료는 그리드(Grid)와 래스터(Raster) 자료로 구분된다.

해설

② 점을 자료 저장과 표현의 기본단위로 이용하는 것은 벡터 구조이다.

③ 래스터 자료는 저장의 기본단위를 작게 할수록 정밀도가 향상된다.

④ 자료 구조 측면에서 GIS 자료는 벡터 구조와 래스터 구조로 구분된다.

05 과거 10년간 등비급수적으로 인구가 증가하여 현재인구가 150만 명이고, 10년 전 인구는 100만 명인 도시가 있다. 이 도시의 연평균 인구증가율은 얼마인가?

① 1.1% ② 2.1%
③ 4.1% ④ 5.1%

◉해설

등비급수법에 의해 산출한다.
$$p_n = p_0(1+r)^n$$
여기서, p_n : n년 후의 인구, p_0 : 초기연도 인구
r : 인구증가율, n : 경과연도
$$p_{10} = p_0(1+r)^{10}$$
$$1,500,000 = 1,000,000(1+r)^{10}$$
$$\therefore r = 4.1\%$$

06 다음 중 4단계 교통수요 추정법에 대한 설명으로 옳지 않은 것은?

① 교통수요 추정에서 전통적으로 가장 많이 사용되어 온 방법이다.
② 총체적 자료에 의존하기 때문에 통행자의 행태적 측면은 거의 고려하지 않는다.
③ 계획가나 분석가의 주관이 개입될 여지가 전혀 없다는 특징이 있다.
④ 분석결과에 대한 적절성을 검증하면서 순서적으로 추정해 가는 장점이 있다.

◉해설

4단계 교통수요 추정법은 계획가나 분석가의 주관이 개입될 우려가 있다는 단점을 가지고 있다.

07 다음의 도시 가로망 형태 중 도시의 기념비적인 건물을 중심으로 주변과 연결하고 중심지를 기점으로 주요간선로를 따라 도시의 개발축을 형성하는 특징을 갖는 것은?

① 격자형 ② 방사형
③ 혼합형 ④ 선형

◉해설

방사형 가로망
• 도시의 기념비적인 건물을 중심으로 주변과 연결하고 중심지를 기점으로 주요간선로를 따라 도시의 개발축을 형성
• 왕궁이나 기념비적인 건물을 중심으로 주변과 연결하여 도심 집중현상이 발생

08 다음 중 미래 도시의 새로운 계획 패러다임의 방향으로 가장 거리가 먼 것은?

① 미래 사회에 맞는 새로운 U−도시계획
② 지속 가능한 도시개발로의 전환
③ 시민참여의 확대와 계획 및 개발 주체의 다양화
④ 지역별 특화를 위한 도농분리적 계획체계로의 전환

◉해설

지역별 특화뿐만 아니라 균형발전, 합리적 도시계획을 추진하기 위해 도농분리가 아닌 도농통합적 계획체계로 전환되고 있다.

09 개발행위 허가대상 및 규모로 옳지 않은 것은?

① 주거 · 상업 · 자연녹지 · 생산녹지지역 : 10,000m² 미만
② 공업지역 : 50,000m² 미만
③ 보전녹지 및 자연환경보전지역 : 5,000m² 미만
④ 관리지역 및 농림지역 : 30,000m² 미만

◉해설

공업지역의 개발행위 허가 규모는 30,000m² 미만이다.

10 국토공간계획지원체계(KOPSS : KOrea Planning Support System)에 포함되어 있지 않은 분석모형은?

① 세움이(건축계획지원)
② 경관이(경관계획지원)
③ 재생이(도시정비계획지원)
④ 시설이(도시기반시설계획지원)

국토공간계획지원체계(KOPSS : KOrea Planning Support System)의 분석모형

- 시설이(도시기반시설계획지원)
- 경관이(경관계획지원)
- 터잡이(토지이용 ·계획지원)
- 재생이(도시정비계획지원)
- 지역이(지역계획지원)

11 우리나라 제2기(판교, 화성, 김포, 송파 등) 신도시 계획의 특성은?

① 고밀도 유지
② 자가용 교통 전제
③ 프로젝트 파이낸싱 활용
④ 하드웨어적 기반시설에 치중

제1기 신도시에 비해 제2기 신도시는 녹지율을 높이고 오픈스페이스의 질을 높이는 계획을 하였으며, 이에 따라 제1기 신도시에 비해 토지이용 밀도는 낮게 추진되었다.(평균 밀도 : 제1기 233인/ha, 제2기 110인/ha) 또한 프로젝트 파이낸싱(PF)을 적극 활용한 특징을 갖고 있다.

12 집단생잔법에 대한 설명으로 옳은 것은?

① 기준연도의 인구와 출생률, 사망률, 인구이동 등의 변화요인을 고려하여 장래인구를 예측한다.
② 과거의 일정 기간에 나타난 실제 인구의 변화 자료에 복리이율방식을 적용하여 장래인구를 예측한다.
③ 장래 산업개발계획 및 업종별 취업인구의 예측 결과를 바탕으로 총 인구를 예측한다.
④ 경제적 압출요인과 흡인요인이 도시인구를 변화시키는 요소라고 가정하고, 이들 간의 관계를 방정식으로 표현하여 장래인구를 예측한다.

집단생잔법은 출생률, 사망률, 인구이동 등을 고려한 요소 모형이다.

13 어느 특정지역이 용도상으로 필요하다고 규정만 해두고 도면상의 배치결정은 유보하는 지역제 기법은?

① 부동지역제(Float Zoning)
② 특례조치(Special Exception)
③ 혼합지역제(Inclusive Zoning)
④ 성능지역규제(Performance Zoning)

부동지역제(Float Zoning)

- 적용특례나 특례조치는 Zoning의 완결을 전제로 개별 용도 차원에서 이루어지지만, 부동지역제는 Zoning의 결정에 탄력성을 부여할 목적으로 용도지역 차원에서 이루어지는 특례조치이다.
- 이 용도지구는 자치단체구역 내의 여기저기를 '부동(浮動)'한다. Zoning 조례가 요건을 만족시키는 용도가 신청되면 그 시점에 Zoning 도면상에 '고정'된다.
- PUD, 대형 쇼핑센터 등 특정 개발자의 구체적 제안을 지방자치단체 및 의회의 협의를 거쳐 유연하게 적용하는 용도지역제이다.

14 토지이용계획의 역할로 옳지 않은 것은?

① 도시의 외연적 확산을 촉진시킨다.
② 토지이용의 규제와 실행수단을 제시해 준다.
③ 계획적인 개발을 유도하여 난개발을 억제시킨다.
④ 도시의 현재와 장래의 공간 구성과 토지이용 형태가 결정된다.

토지이용계획은 토지이용의 규제와 난개발 방지 등에 초점이 맞추어져 있어, 도시의 외연적 확산을 촉진하는 것과는 거리가 멀다.

15 버제스(Burgess)가 주장한 도시공간이론으로 수공업이나 소규모의 공장이 입지함으로써 주거환경이 악화되고 지가가 하락하여 비공식 부문의 종사자들이 유입되면서 슬럼 및 불량주택지구를 형성하는 지대는?

① 점이지대
② 슬럼지대
③ 통근자지대
④ 노동자 주택지대

해설

점이지대
- 변천지대를 의미하는 점이지대는 동심원이론에서 제2지 대로서 유동성이 심한 지역이다.
- 기존 중심업무지구 가까운 주거지역에서 점차 수공업이 나 소규모 공장이 들어서면서 주거환경이 악화되고 이에 따라 지가가 하락함과 동시에 비공식 부문의 종사자들이 유입되면서 불량주택지구를 형성하게 된다.
- 일반적으로 점이지대의 특성상 기존의 목적으로 형성되 어 있던 공간에 다른 목적의 것이 들어오면, 기존에 있던 것보다 새로이 들어오게 되는 것의 특징이 점차 강해지는 현상이 발생한다.

16 GIS 공간분석 중 네트워크 분석에 해당하지 않는 것은?

① 근린성 분석
② 최적경로 분석
③ 교통 흐름 분석
④ 상수도관망 내 수압 분석

해설

네트워크 분석은 링크로 연결된 노드 간의 교통 흐름 등의 관계성을 분석하는 것인데 반해, 최적경로 분석은 네트워 크를 구성하는 노드 간 상관성이 아닌, 최적의 경로를 탐색 하는 것으로 네트워크 분석이라 보기 어렵다.

17 학자와 계획안의 연결이 틀린 것은?

① Ebenezer Howard – 전원도시
② Tony Garnier – 공업도시
③ P. Abercrombie – 대런던계획
④ Frank Lloyd Wright – 빛나는 도시

해설

르 코르뷔지에(Le Corbusier) – 빛나는 도시(The Radiant City)

18 환지방식에 의한 도시개발사업 시행에 대한 설명으로 옳지 않은 것은?

① 대규모 토지소유자에 대한 소유권의 침해가 크다.
② 계획의 시행과 주민의 소유권 보호 간 마찰을 최소 화하면서 사업을 진행하기 때문에 민원이 발생할 소지가 적다.
③ 사업 시행자가 사업비의 일부를 체비지(替費地) 매각으로 충당할 수 있기 때문에 별도의 큰 자본 없이 사업 시행이 가능하다.
④ 공공감보(公共減步)에 대한 명확한 기준이 없기 때문에 공공감보가 수익자 부담인지 기부금이나 개발부담금에 상당하는 것인지, 또는 개발이익의 사회적 환원인지 등 사회적 명분이 불분명하다.

해설

환지방식의 특징
토지의 권리관계 변동이 발생되지 않아, 토지소유자에 대 한 소유권의 침해가 최소화된다.

19 도시화에 따른 집적의 이익 중에서 외부이익 에 대한 설명으로 옳지 않은 것은?

① 접촉 이익이 있다.
② 승수의 효과가 있다.
③ 규모의 경제 효과가 있다.
④ 예비능력의 비축효과가 있다.

해설

규모의 경제 효과는 도시화에 따른 집적이익 중 내부이익에 해당한다.

20 다음 조건에서 주거지역 전체면적은?

- 계획인구 : 15,000인
- 단독주택 비율 : 30%, 3인/호, 40호/ha
- 공동주택 비율 : 70%, 3인/호, 120호/ha

① 약 67ha
② 약 90ha
③ 약 100ha
④ 약 120ha

해설

$$순밀도(인/ha) = \frac{총\ 인구}{주택면적}$$

$$단독주택\ 면적 = \frac{총\ 인구}{순밀도(인/ha)}$$

$$= \frac{15,000 \times 0.3}{3 \times 40} = 37.5$$

$$공동주택\ 면적 = \frac{총\ 인구}{순밀도(인/ha)}$$

$$= \frac{15,000 \times 0.7}{3 \times 120} = 29.17$$

단독주택 + 공동주택 $= 37.5 + 29.17 = 66.67$ha

∴ 약 67ha

2과목 도시설계 및 단지계획

21 영국 밀톤 케인즈(Milton Keynes)의 신도시 계획의 특징으로 틀린 것은?

① 영국 런던의 확산 인구를 수용하기 위한 신도시이다.
② 근린분구의 구성을 통하여 사회 계층의 혼합을 도모하였다.
③ 전형적인 침상도시(Bed Town)이다.
④ 주요 간선도로는 격자형으로 이루어져 있고, Red Way를 통해 차량과 보행자를 분리하였다.

해설

밀톤 케인즈(Milton Keynes)의 신도시 계획은 직장과 주거가 분리된 형태인 침상도시(Bed Town)와 달리 각종 산업시설의 유치로 고용창출을 통한 자족기능을 갖는 것을 특징으로 하고 있다.

22 다음 중 근린주구(Neighborhood Unit)와 관련이 없는 것은?

① 페리(C. A. Perry)
② 아디케스(F. Adickes)
③ 래드번(Radburn) 계획
④ 스타인(Clarence S. Stein)

해설

독일(1902년)에서 시행된 「아디케스법」은 민간의 토지를 지방정부가 도시계획에 따라 개발한 후 재분배하는 토지구획정리에 대한 법이다.

23 공동주택의 일조 등의 확보를 위한 높이 제한에 관한 설명 중 ( ) 안에 알맞은 것은?

같은 대지에서 두 동 이상의 건축물이 마주보고 있는 경우에 건축물 각 부분 사이의 거리는 기준의 거리 이상을 띄어 건축할 것. 다만, 그 대지의 모든 세대가 (㉠)를 기준으로 (㉡)시에서 (㉢)시 사이에 (㉣)시간 이상을 계속하여 일조를 확보할 수 있는 거리 이상으로 할 수 있다.

① ㉠ : 하지, ㉡ : 9, ㉢ : 15, ㉣ : 2
② ㉠ : 하지, ㉡ : 12, ㉢ : 16, ㉣ : 2
③ ㉠ : 동지, ㉡ : 12, ㉢ : 16, ㉣ : 2
④ ㉠ : 동지, ㉡ : 9, ㉢ : 15, ㉣ : 2

해설

「건축법」상 겨울철 동지기준으로 09시에서 15시 사이에 총 일사시간 4시간 이상, 연속일사시간 2시간 이상 되도록 건축물 남북 간의 인동간격 준수가 필요하다.

24 다음 중 단지 내의 일반 건축용지, 녹지용지, 교통용지를 제외한 주택용지만에 대한 밀도는?

① 근린밀도(Neighborhood Density)
② 총밀도(Gross Density)
③ 중밀도(Medium Density)
④ 순밀도(Net Density)

해설

순밀도(Net Density)는 주택단지계획에 있어서 주택단지 내 순대지의 단위면적에 대한 밀도를 의미한다.

---

25 다음 중 교차점광장의 결정 기준으로 옳지 않은 것은?

① 교차지점에서 차량과 보행자의 원활한 소통을 위하여 설치한다.
② 다수인의 집회 · 행사 · 사교 등을 위하여 필요한 경우에 설치한다.
③ 혼잡한 주요 도로의 교차지점 중 필요한 곳에 설치한다.
④ 자동차전용도로의 교차지점인 경우에는 입체교차 방식으로 설치한다.

해설
다수인의 집회 · 행사 · 사교 등을 위하여 필요한 경우에 설치하는 것은 일반광장에 속하는 중심대광장이다.

26 래드번(Radburn) 계획의 기본 원리가 아닌 것은?

① 슈퍼블록(Super Block)을 구성하였다.
② 쿨데삭형의 세가로망을 구성하였다.
③ 주거단지 내에 통과교통을 허용하였다.
④ 도로를 기능별로 구분하여 설치하였다.

해설
래드번 계획에서는 단지 내로의 자동차 통과를 배제한다.

27 근린주거구역의 교통을 보조간선도로에 연결하여 근린주거구역 내 교통의 집산기능을 하는 도로로서 근린주거구역의 내부를 구획하는 도로는?

① 주간선도로   ② 보조간선도로
③ 집산도로   ④ 국지도로

해설
근린주거구역의 교통을 보조간선도로와 연결하는 도로는 집산도로이다. 이러한 집산도로에서 다시 가구로 세분하여 들어가는 도로를 국지도로라고 한다.

28 지구단위계획구역의 지정 절차에서 국토교통부장관이 결정하는 경우 심의를 거쳐야 하는 곳은?

① 시 · 도공동위원회
② 중앙도시계획위원회
③ 시 · 도도시계획위원회
④ 시 · 군도시계획위원회

해설
국토교통부장관이 지구단위계획상의 지구단위계획구역을 지정할 경우 중앙도시계획위원회의 심의를 거쳐야 한다.

29 보행자 통행이 주이고 차량 통행이 부수적인 도로계획 기법으로, 1970년 네덜란드 델프트시에 최초로 등장한 본엘프(Woonerf)가 대표적인 것은?

① 보차공존도로   ② 보행전용도로
③ 카프리존   ④ 보차혼용도로

해설
보차공존(도로)방식은 보행자와 차를 동일한 공간에 배치하되 차량통행 억제의 다양한 기법을 사용하는 방식으로 보행자 위주의 안전 확보, 주거환경 개선에 초점이 맞추어져 있으며, 차량통행을 부수적 목적으로 설정하였다. 주요 사례에는 네덜란드 델프트시의 본엘프 도로(생활의 터), 일본의 커뮤니티 도로(보행환경개선 – 일방향통행), 독일의 보차공존구간(30~40m 간격으로 주행속도 억제시설 설치) 등이 있다.

30 도시의 스카이라인 형성에 직접적인 영향을 미치지 않는 지표는?

① 입면차폐도
② 용적률
③ 가구(街區) 크기
④ 건축물 높이

해설
스카이라인(Skyline)은 건축물의 입체적 형태와 조망의 차폐여부 등에 의해 결정되는 것으로서, 평면적 요소인 가구의 크기는 직접적인 영향이 없다.

31 「도시공원 및 녹지 등에 관한 법률」상 개발제한구역 및 녹지지역을 제외한 도시지역 안에 있어서의 도시공원의 확보기준은 해당 도시지역 안에 거주하는 주민 1인당 최소 얼마 이상을 기준으로 하는가?

① 2m²　　　　　② 3m²
③ 4m²　　　　　④ 6m²

해설
도시공원의 면적기준(「도시공원 및 녹지 등에 관한 법률 시행규칙」 제4조)
• 하나의 도시지역 안에 있어서의 도시공원의 확보기준은 해당 도시지역 안에 거주하는 주민 1인당 6m² 이상
• 개발제한구역 및 녹지지역을 제외한 도시지역 안에 있어서의 도시공원의 확보기준은 해당 도시지역 안에 거주하는 주민 1인당 3m² 이상

32 「지구단위계획수립지침」에 따른 지구단위계획의 입안권자가 아닌 자는?(단, 계획의 입안을 위임한 경우는 고려하지 않는다.)

① 군수　　　　　② 시장
③ 구청장　　　　④ 특별자치시장

해설
지구단위계획구역의 입안 및 지정(「지구단위계획수립지침」 제2장 제2절)
지구단위계획구역의 지정 입안권자 : 특별시장 · 광역시장 · 특별자치시장 · 특별자치도지사 · 시장 · 군수

33 도시설계에 관하여 아래와 같이 주장한 미국의 사회학자는?

> 근대도시의 획일화된 형태와 기능적인 용도 분리, 가로와의 관계를 의식하지 않은 비정형적인 오픈스페이스 등은 사회범죄와 전통적인 커뮤니티의 해체, 기계적이고 단조로운 인간생활을 조장함으로써 도시는 점점 삭막해져 가고 있다. 이러한 문제의식을 바탕으로 전통적인 도시공간의 사례조사를 통하여 용도 혼합에 의한 가로공간의 조성과 적정 밀도의 저층고밀개발, 보차공존도로의 조성 등을 통하여 근대도시의 부정적 속성을 해결하여야 한다.

① Herbert Gans
② Jane Jacobs
③ Kevin Lynch
④ Paul D. Spreiregen

해설
제이콥스(Jane Jacobs)
• 용도 혼합에 의한 가로공간의 조성과 적정 밀도의 저층 고밀개발 및 보차공존도로의 조성 등을 주장
• 획일화된 형태와 기능적으로 용도가 분리된 근대도시의 문제점 고찰

34 근린생활권의 위계 중에서 주민 간에 면식이 가능한 최소단위의 생활권으로, 유치원 · 어린이공원 등을 공유하는 반경 약 250m가 설정기준이 되는 것은?

① 인보구　　　　② 근린기초구
③ 근린분구　　　④ 근린주구

해설
유치원과 어린이공원 등을 공유하는 생활권의 크기는 근린분구이다.

35 일률적으로 규제되는 전통적 지역지구제의 단점을 보완하거나 구체적 환경목표를 적극적으로 실현하는 특수적 규제수법과 가장 거리가 먼 것은?

① 특별허가(Special Permit)
② 적용특례(Zoning Variance)
③ 유도지역제(Incentive Zoning)
④ 중복지역지구제(Overlay Zoning)

해설
유도지역제(보상지역지구제, Incentive Zoning)
개발자에게 적당한 개발 보너스를 부여하는 대신 공공에게 필요한 쾌적요소를 제공하도록 유도하기 위해 개발된 방법이다.

36 중수도 순환방식 중 폐쇄순환방식에 해당하지 않는 것은?

① 개별순환방식
② 광역순환방식
③ 복합순환방식
④ 지구순환방식

해설

중수도 이용방식 중 폐쇄순환방식
• 개별순환방식 : 사무소, 빌딩 등에 있어 그 건물에서 발생하는 폐수를 자가처리하여 빌딩 내에서 다시 이용하는 것을 의미
• 광역순환방식 : 일정지역 내에서 해당지역 내의 빌딩과 주택 등 일반적인 중수의 수요에 따라 중수도로부터 광역적, 대규모적으로 공급하는 방식
• 지역(지구)순환방식 : 비교적 한 곳에 집중되어 있는 지구, 즉 아파트 단지나 새로 건설되는 주거지역 등에 있어 사업자와 건축물 등의 소유자가 공동으로 중수도를 운영하고 해당 건축물의 수요에 따라 중수를 급수하는 방식

37 지역물류 중계기지로서의 특징을 지니고 내수화물 및 도소매 품목을 취급하며 부차적으로 농산물의 집하와 1차 가공기능 입지로서의 기능을 수행하는 물류단지의 유형은?

① 전국 거점형 물류단지
② 산업단지 지원형 물류단지
③ 중소도시 지원형 물류단지
④ 내륙대도시 지원형 물류단지

해설

지역물류 중계기지로서의 특징을 가지고 있는 것은 중소도시 지원형 물류단지이다.

38 가로구역별 건축물의 높이를 지정·공고하고자 할 때 고려하여야 할 사항이 아닌 것은?

① 도시미관 및 경관계획
② 해당 가로구역의 주차 능력
③ 해당 가로구역이 접하는 도로의 너비
④ 해당 가로구역의 상·하수도 등 간선시설의 수용능력

해설

주차 능력의 경우 해당 건축물의 부설주차장 개념으로 접근하므로 건축물의 높이를 지정·공고할 때 고려사항이 되지 않는다.

39 어린이공원의 규모 및 유치거리 기준이 옳은 것은?

① 1,500m² 이상, 250m 이하
② 2,000m² 이상, 250m 이하
③ 2,500m² 이상, 300m 이하
④ 3,000m² 이상, 300m 이하

해설

어린이공원의 규모는 최소한 1,500m² 이상이어야 하며, 유치거리는 250m 이하로 계획되어야 한다.

40 광장의 결정기준에서 교통광장에 해당하지 않는 것은?

① 주요시설광장
② 지하광장
③ 교차점광장
④ 역전광장

해설

교통광장에는 교차점광장, 역전광장, 주요시설광장 등이 있으며, 지하광장의 경우는 교통광장과 별도로 구분된다.

3과목 **도시개발론**

41 도시개발 밀도에 관한 내용 중 옳지 않은 것은?

① 단위 토지당 자본의 투입량이 증가하는 경우에는 저밀 개발이 이루어진다.
② 상대적으로 높은 지대를 지불해야 하는 토지에는 고밀 개발을 추구한다.
③ 개발 밀도는 토지의 매입비용 또는 지대와 자본 차입에 따른 이자율에 의해 결정된다.
④ 건물 수요가 많은 곳에서는 건물의 분양가격, 지대가 높아진다.

단위 토지당 자본의 투입량이 증가하는 경우 고밀도 개발이 이루어진다.

42 토지상환채권의 발행 규모는 그 토지상환채권으로 상환할 토지·건축물이 해당 도시개발사업으로 조성되는 분양토지 또는 분양건축물 면적의 얼마를 초과하지 아니하도록 하여야 하는가?

① 2분의 1　　　　② 3분의 1
③ 4분의 1　　　　④ 5분의 1

토지상환채권의 발행 규모는 상환할 토지·건축물이 분양토지 또는 분양건축물 면적의 1/2 미만이어야 한다.

43 국가나 지방자치단체가 도시개발사업에 필요한 토지 등을 수용하거나 사용하기 위한 기준은?

① 사업대상 토지면적의 1/3 이상에 해당하는 토지를 소유하고 토지 소유자 총수의 1/2 이상에 해당하는 자의 동의를 받아야 한다.

② 사업대상 토지면적의 1/2 이상에 해당하는 토지를 소유하고 토지 소유자 총수의 1/3 이상에 해당하는 자의 동의를 받아야 한다.

③ 사업대상 토지면적의 2/3 이상에 해당하는 토지를 소유하고 토지 소유자 총수의 1/2 이상에 해당하는 자의 동의를 받아야 한다.

④ 사업대상 토지면적의 2/3 이상에 해당하는 토지를 소유하고 토지 소유자 총수의 1/3 이상에 해당하는 자의 동의를 받아야 한다.

국가 또는 지방자치단체가 도시개발사업 시 전면매수방식의 토지수용조건

토지소유자, 법인, 부동산 투자회사 등이 사업대상 토지면적의 3분의 2 이상에 해당하는 토지를 소유하고 토지소유자 총수의 2분의 1 이상에 해당하는 자의 동의를 얻어야 한다.

44 「산업입지 및 개발에 관한 법률」에 따라, 산업의 적정한 지방 분산을 촉진하고 지역경제의 활성화를 위하여 지정하는 산업단지는?

① 국가산업단지
② 일반산업단지
③ 도시첨단산업단지
④ 농공단지

산업단지의 구분(「산업입지 및 개발에 관한 법률」 제2조)

구분	내용
국가산업단지	국가기간산업, 첨단과학기술산업 등을 육성하거나 개발 촉진이 필요한 낙후지역이나 둘 이상의 특별시·광역시·특별자치시 또는 도에 걸쳐 있는 지역을 산업단지로 개발하기 위하여 지정된 산업단지
일반산업단지	산업의 적정한 지방 분산을 촉진하고 지역경제의 활성화를 위하여 지정된 산업단지
도시첨단 산업단지	지식산업·문화산업·정보통신산업, 그 밖의 첨단산업의 육성과 개발 촉진을 위하여 도시지역에 지정된 산업단지
농공단지 (農工團地)	대통령령으로 정하는 농어촌지역에 농어민의 소득 증대를 위한 산업을 유치·육성하기 위하여 지정된 산업단지
스마트그린 산업단지	입주기업과 기반시설·주거시설·지원시설 및 공공시설 등의 디지털화, 에너지 자립 및 친환경화를 추진하는 산업단지

45 다음 중 관리상 부실로 인하여 도시환경이 악화될 우려가 예견되거나 이미 악화된 지역에 대하여 기존 시설을 보존하면서 노후 및 불량화 요인만을 제거하는, 즉 부분적인 철거재개발 형식으로 구역 전체의 기능과 환경을 회복하거나 개선시키는 소극적인 재개발 시행방식은?

① 보완재개발(Recover)
② 수복재개발(Rehabilitation)
③ 보전재개발(Conservation)
④ 지구단위재개발(Sectiondevelopment)

기존 시설을 보존하면서 노후 및 불량화 요인만을 제거하는 재개발방식을 수복재개발이라고 한다.

46 대중교통역과 대중교통 노선의 거점을 중심으로 보행거리 내에 있는 토지를 복합고밀로 개발하여 대중교통의 이용률을 높이고 교통혼잡과 도시에너지 소비를 경감시키고자 Peter Calthorpe에 의해 처음으로 주창된 것은?

① TDR
② TOD
③ PUD
④ TOP

해설
대중교통중심개발(TOD : Transit-Oriented Development)
피터 캘도프(Peter Calthorpe)에 의해 처음 주창된 도시개발방식으로서 철도역과 버스정류장 주변 도보접근이 가능한 10~15분(650~1,000m) 거리에 대중교통 지향적 근린지역을 형성하여 대중교통체계가 잘 정비된 도심지구를 중심으로 고밀개발을 추구하고, 외곽지역에는 저밀도의 개발을 추구하는 방식이다.

47 부동산펀드의 유형을 운용시장의 형태에 따라 구분할 때, 다음 중 민간시장(Private Market) 부문에 해당되지 않는 것은?

① 직접투자
② 사모부동산 펀드
③ 상업용 저당채권
④ 직접대출

해설
상업용 저당채권(CMBS)은 공개시장(Public Market)에 해당한다.

48 일정 규모 이상의 단지개발에 있어서 단지 전체를 규제단위로 하여 지역제나 택지분할규제와 같은 일반적 규제를 적용하지 않고 밀도규제 완화, 용도 혼합 등 유연한 토지이용규제를 통하여 단지 전체의 조화를 도모하는 도시개발방법은?

① 계획단위개발
② 단지계획
③ 적용특례
④ 혼합지역제

해설
계획단위개발(PUD : Planned Unit Development)은 대상지 전체를 일체적이고 유기적으로 계획하고 설계하여 개발하는 방식으로서, 단일 개발 주체에 의한 대규모 동시개발이 가능하므로, 대규모개발에 따른 하부시설의 설치비용과 개발비용이 절감되는 특징을 가지고 있다.

49 도시(부동산)개발을 위한 자금조달수단 중 신디케이션, 공동, 합작사업과 같은 지분조달방식에 대한 설명으로 옳지 않은 것은?

① 지분투자자가 항상 사업계획에 동의하는 것은 아니므로 이에 따른 문제의 발생도 고려하여야 한다.
② 지분투자로 자금을 조달하게 되면 투자금액을 상환하지 않아도 되므로, 특히 현금이 긴요할 때 사용할 수 있는 주요 투자수단이 된다.
③ 회사 통제권의 일부를 포기해야 한다는 단점이 있다.
④ 중소기업의 경우 신용이 취약한 기업은 차입수단, 규모, 시기, 비용상의 문제점이 존재한다.

해설
지분조달방식이 아닌 부채조달방식에서, 중소기업의 경우 신용이 취약한 기업은 차입수단, 규모, 시기, 비용상의 문제점이 발생할 수 있다.

50 개발형태에 의한 개발사업의 분류는 크게 신개발사업과 재개발사업으로 분류되고 있는데, 다음 중 신개발사업에 포함되지 않는 것은?

① 건축물 증개축사업
② 토지형질변경사업
③ SOC 사업
④ 도시개발사업

해설
건축물의 증개축사업은 기존 건축물에 행하는 건축행위로서, 재개발사업에 가깝다.

51 대중교통중심개발(TOD)의 주요 원칙으로 틀린 것은?

① 지역 내 목적지 간 보행친화적인 가로망을 구축한다.

② 생태적으로 민감함 지역이나 수변지, 양호한 공지의 보전을 추구한다.

③ TOD 내에는 대중교통 서비스를 제공할 수 있는 수준의 저밀도 공동주택만을 조성한다.

④ 대중교통 정류장으로부터 보행거리 내에 상업, 주거, 업무, 공공시설 등을 혼합 배치한다.

해설
TOD 내에는 대중교통 서비스를 제공할 수 있는 수준의 고밀도 복합용도시설 위주로 계획한다.

52 주거지역의 양호한 환경조성과 시가지의 도시경관을 보호하기 위해 지정하는 지구는 무엇인가?

① 자연경관지구

② 중심지미관지구

③ 시가지경관지구

④ 일반미관지구

해설
경관지구
경관의 보전 · 관리 및 형성을 위하여 필요한 지구

세분사항	내용
자연경관지구	산지 · 구릉지 등 자연경관을 보호하거나 유지하기 위하여 필요한 지구
시가지 경관지구	지역 내 주거지, 중심지 등 시가지의 경관을 보호 또는 유지하거나 형성하기 위하여 필요한 지구
특화경관지구	지역 내 주요 수계의 수변 또는 문화적 보존가치가 큰 건축물 주변의 경관 등 특별한 경관을 보호 또는 유지하거나 형성하기 위하여 필요한 지구

53 주택재개발사업 시행방식의 종류에 관한 설명으로 옳지 않은 것은?

① 순환재개발방식은 오래된 재개발아파트부터 순차적으로 생애주기별로 재개발해 나가는 방식을 말한다.

② 자력재개발방식은 도로, 공원 등 도시기반 시설은 공공이 설치하고, 주민은 토지구획정리사업의 환지 기법을 적용하여 환지받은 토지에 각자가 건물을 짓도록 하는 방식을 말한다.

③ 위탁재개발방식은 철거를 기본수단으로 하는 사업방식으로 정부가 건설업체를 알선하고 주민이 재정을 부담하여 5층 이하의 공동주택을 건립하는 사업이다.

④ 합동재개발방식은 주민과 건설업자, 정부의 3자가 공동의 이익을 추구하는 사업으로, 점유한 국 · 공유지는 싸게 불하받아 주민을 수용하는 주택 이외에 여유분의 주택을 지어 매각함으로써 주민은 사업비 부담을 대폭 경감할 수 있는 방식을 일컫는다.

해설
순환재개발
재개발구역의 일부 지역 또는 당해 재개발구역 외의 지역에 주택을 건설하거나 건설된 주택을 활용하여 재개발구역을 순차적으로 개발하거나 재개발구역 또는 재개발사업시행지구를 수개의 공구로 분할하여 순차적으로 시행하는 재개발방식

54 일반적인 부동산 개발금융 방식의 구분 중 부채에 의한 조달 방식으로 대출자가 부동산 개발에 의해 발생하는 수익의 배분에 일부 참여하는 방식은?

① Sale & Lease Back

② Participation Loan

③ Interest Only Loans

④ 자산매입 조건부대출

해설
수익참여대출(Equity Participation Loan)
대출자는 낮은 계약금리로 돈을 빌려주고 부동산이 생성하는 소득에 참여하는 방식

55 Jenson과 Meckling(1976)이 대리인 문제로부터 발생하는 금전적·비금전적 비용을 분류한 내용에 해당하지 않는 것은?

① 감시비용
② 거래비용
③ 잔여손실
④ 확증비용

해설

대리인 이론

㉠ 개념

소유와 경영이 분리된 기업환경하에서 수탁책임을 가지는 경영자들이 주체인 주주들이 원하는 기업가치의 극대화보다는 기업의 외형적 성장, 매출액의 극대화, 경영자의 사적 이득을 추구함으로써 대리인의 문제가 발생함을 설명한 이론이다.

㉡ 대리인 비용 : 대리인 문제로부터 발생하는 금전적·비금전적인 비용
 • 감시비용 : 대리인의 행위 감시를 위한 비용
 • 확증비용 : 대리인을 확증하기 위한 비용
 • 잔여손실 : 감시와 확증에도 불구하고 발생하는 기업가치 감소분

56 다음은 사업성분석의 단계를 나타내고 있는데, 이 중 분석과정을 가장 알맞게 나타내고 있는 것은?(단, 1단계부터 4단계까지로 나타냄)

① 할인율 설정 → 연차별 투자비용 추정 → 연차별 분양수입추정 → 현금 흐름표 작성

② 직접비 및 간접비 추정 → 분양계획 → 용지별 분양가격 추정 → 사업성 평가

③ 할인율 설정 → 현금 흐름표 작성 → 연차별 투자비용 추정 → 연차별 분양수입 추정

④ 분양계획 → 현금 흐름표 작성 → 용지별 분양가격 추정 → 직접비 및 간접비 추정

해설

사업성 분석 체계

분석 단계		세부 사항
1단계	분석의 전제	사업의 개요, 투자계획과 분양계획, 할인율 결정
2단계	연차별 투자비용 추정	직접비 및 간접비 추정, 연차별 투자비용 추정
3단계	연차별 분양수입 추정	용지별 분양가격 추정, 연차별 분양수입 추정
4단계	사업성 평가	현금 흐름표 작성, 사업성 평가

57 개발권양도제(TDR)의 목적으로 가장 거리가 먼 것은?

① 납세자 보호
② 역사적 건축물 보호
③ 과밀지역의 개발 제한
④ 사업 인프라비용 절감

해설

개발권양도제(TDR)

상황에 따라 토지의 개발권을 다른 필지로 이전하여 추가 개발하는 방식으로서, 개발권역의 클러스터링(묶음)이 아닌 분리를 가져오게 되어, 개발비용의 총합은 늘어나게 되는 것이 일반적이다.

58 도시개발 여건 분석에 대한 설명으로 틀린 것은?

① 부지의 이용가치를 극대화하기 위해 그 부지의 입지조건을 면밀히 분석할 필요가 있다.

② 입지의 특성은 물리적 요인과 지리적 요인, 법적·제도적 요인, 경제적 요인 등으로 구분할 수 있다.

③ 입지분석은 개발의 콘셉트를 사업화하기 위한 일련의 타당성 분석 과정 가운데 가장 먼저 행해지게 된다.

④ 물리적 요인을 분석하는 것을 일반분석이라 하고, 지리적 요인 및 제도적·경제적 요인을 분석하는 것을 부지분석이라 한다.

해설
지리적 요인, 제도적 · 경제적 요인을 분석하는 것을 일반 분석이라 하고, 부지의 자연특성 등의 물리적 요인을 분석하는 것을 부지분석이라 한다.

59 재개발의 목적에 관한 설명으로 옳지 않은 것은?

① 주택 및 물리적 시설의 불량, 노후화를 개선, 예방
② 도시적 형태와 기능을 지니지 않은 토지에서 도시적 기능을 부여
③ 재개발지구 주민들의 사회 경제적 조건을 향상시키며 공동체적 삶의 질을 향상
④ 교통시설과 교통체계의 정비, 지역사회를 위한 학교, 공원, 우체국 등 다양한 공공시설과 서비스를 적정 배치 공급

해설
재개발
기존에 개발된 지역이 시대적 · 공간적 쇠퇴에 따라 그 기능을 상실하고 불량화되었을 때 도시의 불량지구개선, 안전하고 위생적인 환경의 마련, 도시기능의 부활 등을 기하고자 실시하는 사업

60 인구가 10만 명인 도시에서 다음 조건에 맞게 상업지역의 면적을 산출하면 약 얼마인가?

- 1인당 평균 연상면적 : 15m²
- 상업지역 이용인구 : 전체 인구의 50%
- 평균층수 : 3층
- 건폐율 : 70%
- 공공용지율 : 40%

① 21.4ha
② 35.7ha
③ 59.5ha
④ 262.5ha

해설
상업지면적
$$= \frac{전체인구 \times 상업지 이용인구 비율 \times 1인당 상면적}{층수 \times 건폐율 \times (1 - 공공용지율)}$$
$$= \frac{100,000 \times 0.5 \times 15}{3 \times 0.7 \times (1 - 0.4)} = 595,238m^2 = 59.5ha$$

---

61 로렌츠 곡선(Lorenz Curve)을 통해 파악할 수 있는 것은?

① 지역생산구조
② 지역소득분배
③ 지역고용구조
④ 지역소득수준

해설
로렌츠 곡선은 지역소득격차(지역소득분배) 분석에 활용한다.

62 공간적 거점을 중심으로 기능적 연계가 밀접하게 형성된 지역범위로, 상호의존적 또는 상호보완적 관계를 가진 몇 개의 공간 단위를 하나로 묶은 지역을 일컫는 것은?

① 동질지역
② 중간지역
③ 낙후지역
④ 결절지역

해설
결절지역(Node Region)
- 상호 의존적 · 보완적 관계를 가진 몇 개의 공간 단위를 하나로 묶은 지역
- 지역 내의 특정 공간 단위에 경제활동이나 인구가 집중되어 있는 공간 단위를 흔히 결절(Node) 또는 분극(Focus)이라고 한다.

63 A도시의 인구는 100만 명, B도시의 인구는 25만 명이며 두 도시 간의 거리가 60km일 때, 두 도시의 세력이 분기되는 지점은 A도시로부터의 거리가 얼마인가?(단, 두 도시 사이에는 아무런 도시도 입지하지 않는다고 가정한다.)

① 20km
② 30km
③ 40km
④ 45km

해설
레일리의 소매인력법칙
$$\frac{1,000,000}{x^2} = \frac{250,000}{(60-x)^2} = \frac{250,000}{60^2 - 2 \times 60x + x^2}$$
$$1,000,000(3,600 - 120x + x^2) = 250,000x^2$$
$$\therefore x = 40km(A시에서의 상권의 범위)$$

정답 59 ② 60 ③ 61 ② 62 ④ 63 ③

64 1960년대에 지역경제학자들이 국가경제의 성장모형으로 개발한 모형을 지역 간 생산요소의 이동을 특징으로 하는 개방적인 지역경제의 성장에 적용하기 시작한 것으로, 지역의 경제성장은 노동, 자본, 기술 등 생산요소의 증가에 의하여 결정되며 이러한 생산요소가 지역 간에 이동함에 따라 장기적으로는 지역 간 소득격차를 좁힌다고 주장하는 이론은?

① 중심 · 변경이론   ② 종속이론
③ 쇄신확산이론   ④ 신고전이론

●해설
신고전학파의 지역경제성장이론인 신고전이론은 생산성의 증가를 성장의 기초로 여겨 공급 측면을 강조한 성장이론으로 지역 간 생산요소의 이동에 의해 성장을 파악하였다.

65 총 고용이 50만 명인 지역의 경제기반승수가 2라면, 기반활동 고용이 1만 명 증가할 때 총 고용은 어떻게 변하는가?

① 51만 명으로 증가
② 52만 명으로 증가
③ 53만 명으로 증가
④ 54만 명으로 증가

●해설
총 고용인구 변화＝경제기반승수×기반산업고용인구 변화
＝2×1만＝2만
그러므로 총 고용인구는 52만 명이 된다.

66 다음 중 콤팩트시티(Compact City)에 대한 설명으로 옳지 않은 것은?

① 인프라 및 에너지의 효율적 이용을 도모할 수 있다.
② 고밀개발을 통해 도심의 지가를 안정시킨다.
③ 도시의 무분별한 교외 확산을 방지할 수 있다.
④ 주거와 직장 및 도시 서비스의 분리를 최소화한다.

●해설
고밀개발을 할 경우 도심의 지가가 상승할 가능성이 있다.

67 다음과 같은 인구 조건에서 종주화지수(Primary Index)는 얼마인가?(단, 전국의 인구는 2,000만 명이다.)

도시	A	B	C	D
인구(명)	1,200만	300만	200만	100만

① 0.60   ② 0.75
③ 2.0   ④ 3.3

●해설
종주화지수
$$= \frac{\text{제1위 도시 인구규모}}{(\text{2위 도시}+\text{3위 도시}+\text{4위 도시})\text{의 인구규모}}$$
$$= \frac{1,200\text{만}}{300\text{만}+200\text{만}+100\text{만}} = 2$$

68 제1차 국토종합개발계획에서의 권역 설정이 옳은 것은?

① 4대권 8중권 17소권
② 28개 지방정주생활권
③ 9개 광역생활권
④ 4개 대도시경제권

●해설
제1차 국토종합개발계획에서의 개발권역
• 4대권(한강, 금강, 낙동강, 영산강 유역권)
• 8중권(수도권, 태백권, 충청권, 전주권, 대구권, 부산권, 광주권, 제주권)
• 17소권

69 「수도권정비계획법」상 수도권의 과밀을 해소하기 위한 목적으로 시행하는 규제수단으로 옳지 않은 것은?

① 과밀부담금 부과   ② 개발제한구역 지정
③ 총량 규제   ④ 대규모 개발사업 규제

●해설
개발제한구역의 지정은 무분별한 도심의 확대를 막기 위해서 적용하는 정책이다.

70 「국토기본법」에서 제시하고 있는 국토정책위원회에 관한 사항으로 옳지 않은 것은?

① 국무총리 소속으로 둔다.
② 위원장은 국토교통부장관이다.
③ 분야별로 분과위원회를 둘 수 있다.
④ 국토종합계획에 관한 사항을 심의한다.

해설

국토정책위원회는 국무총리 소속으로 두며, 위원장은 국무총리가 한다.

71 계획이란 '선택을 통해 가장 적절한 미래의 행위를 결정하는 일련의 절차'라고 정의한 학자는?

① C. A. Perry   ② Davidoff와 Reiner
③ E. Howard   ④ Le Corbusier

해설

선택이론(Choice Theory)
• 다비도프(Paul Davidoff)와 라이너(T. A. Reiner)에 의해 제시된 이론
• 선택이론의 기본적 전제는 집합적인 사회적 행위는 개별적인 행위자의 행위로부터 연유하는 것으로서, 이것을 도시계획적 관점으로 볼 때 도시의 결정요인은 인구나 그에 따른 건물들의 요소들이 도시의 큰 맥락을 결정하는 요인이라고 할 수 있다.
• 주민들로 하여금 그들의 가치를 찾아내어 스스로 결정·선택하도록 유도하는 것
• 도시계획에서 계획 과정을 하나의 선택행위의 연속으로 보는 이론으로 선택된 가치와 목표를 구체적으로 실현시킬 대안들을 찾아내어 그중 가장 좋은 안을 선택하는 것
• 일부 과정에만 적용가능하며, 선택이 제한적이다.

72 「수도권정비계획법」에서 구분하고 있는 권역의 종류로서 옳지 않은 것은?

① 과밀억제권역   ② 개발촉진권역
③ 성장관리권역   ④ 자연보전권역

해설

수도권정비계획에서의 권역 구분
과밀억제권역, 성장관리권역, 자연보전권역

73 다음 중 경제기반이론(Economic Base Theory)에 관한 설명으로 가장 거리가 먼 것은?

① 지역의 성장이 지역에서 생산되는 재화의 외부 수요에 의해 결정된다는 것에 기초한다.
② 경제기반승수가 계속 변화한다고 가정하기 때문에 모형은 실제로 단기 예측에는 부적절하다.
③ 개념적으로 지역의 경제활동을 단순하게 기반활동과 비기반활동으로 분류하기 어려운 산업활동이 있다.
④ 기반활동만이 지역경제의 원동력이고 비기반활동은 지역 성장에 기여하지 않는 부수적인 활동이라고 가정한다.

해설

경제기반이론(수출기반성장이론, Export Base Model)에서는 경제기반승수가 일정하다고 가정하며, 이 가정은 수출기반성장이론을 비현실적으로 만드는 단점으로 작용한다.

74 아래에서 설명하고 있는 A도시를 가장 잘 설명하고 있는 것은?

A도시는 성장거점도시로 육성되면서 역류효과가 심화되고 있고 이로 인하여 도시의 인구증가속도가 도시 산업의 성장속도보다 빠른 현상이 나타나고 있다.

① 주거환경이 향상된다.
② 공식부문(Formal Sector)이 늘어난다.
③ 전체 생산량이 늘어나 살기가 좋아진다.
④ 가도시화(Pseudo-urbanization) 현상이 나타난다.

해설

가도시화(Pseudo-urbanization) 현상
• 도시의 부양 능력에 비해 지나치게 많은 인구가 집중하여 인구만 비대해진 도시화를 의미한다.
• 제3세계로 불리는 개발도상국가에서 흔히 볼 수 있는 현상으로서, 산업화와 무관한 도시화 현상을 말한다.

정답 70 ② 71 ② 72 ② 73 ② 74 ④

75 안스타인(S. Arnstein)이 주장한 주민참여 8단계에서 주민권리로서 참여 단계에 해당하지 않는 것은?

① 상담(Consultation)
② 협동관계(Partnership)
③ 주민통제(Citizen Control)
④ 권한위임(Delegated Power)

● 해설

주민권력단계에는 주민통제(8단계), 권한위임(7단계), 협동관계(6단계)가 포함되며, 상담의 경우는 형식적 참여 단계이며 안스타인의 구분에 따르면 4단계에 해당한다.

76 다음 중 클라센(L. H. Klaassen)의 지역 분류 기준은?

① 기능적 연계
② 호혜적 영향력
③ 소득수준과 성장률
④ 사회간접자본과 생산활동

● 해설

클라센(L. Klaassen)은 지역의 성장률과 지역의 소득, 국가의 성장률과 국가의 소득에 따라 지역 분류 기준을 수립하였다.

성장률 $g_o = \dfrac{g_i}{g}$, 소득 $y_o = \dfrac{y_i}{y}$

여기서, g_i, y_i : 지역의 성장률과 지역의 소득
g, y : 국가의 성장률과 국가의 소득

77 다음 지역계획의 이론들을 그 발생시기가 빠른 것부터 순서대로 올바르게 나열한 것은?

[보기]
A. 사회계획론(Mannheim)
B. 혼합주사적 계획(Etzioni)
C. 합리주의(Simon)
D. 교류적 계획(Friedmann)

① A−B−C−D
② A−B−D−C
③ A−C−D−B
④ A−C−B−D

● 해설

계획이론의 발생순서
사회계획론 → 합리주의 → 점증이론 → 체계적 종합이론 (혼합주사적 계획) → 선택이론 → 교류적 계획(거래·교환이론)

78 콥−더글라스(Cobb−Douglas)의 생산함수에 관한 설명 중 ( ) 안에 알맞은 것은?

지역의 1인당 소득 성장률은 기술진보와는 (㉠)의 관계를, 자본증가율과는 (㉡)의 관계를 갖는다.

① ㉠ 정(正), ㉡ 부(負)
② ㉠ 부(負), ㉡ 정(正)
③ ㉠ 정(正), ㉡ 정(正)
④ ㉠ 부(負), ㉡ 부(負)

● 해설

지역의 1인당 소득 성장률은 기술진보와 정(正)의 관계를, 자본증가율과도 정(正)의 관계를 갖는다.

79 입지상은 어떤 지역의 산업이 전국의 동일 산업에 대한 상대적인 중요도를 측정하는 방법으로서, 그 지역산업의 상대적인 특화 정도를 나타낸 계수이다. [보기]의 경우 지역산업의 입지계수는?

[보기]
• 전국의 총 고용인구 : 1,000만 명
• 전국 i산업의 고용인구 : 200만 명
• A지역의 총 고용인구 : 10만 명
• A지역의 i산업의 고용인구 : 3만 명

① 1
② 1.5
③ 2
④ 2.5

● 해설

$$LQ = \frac{E_{Ai}/E_A}{E_{ni}/E_n}$$

$$= \frac{A\text{지역의 } i\text{산업 고용수}/A\text{지역 전체 고용수}}{\text{전국의 } i\text{산업 고용수}/\text{전국의 고용수}}$$

$$= \frac{30,000/100,000}{2,000,000/10,000,000} = 1.5$$

80 수도권으로의 기능 집중에 따른 도시 문제로 가장 거리가 먼 것은?

① 인력난 가중
② 환경문제심화
③ 교통난의 심화
④ 도시경관의 악화

● 해설

인력난 가중은 도시 문제가 아닌 지방에서 일어나는 문제사항이다.

5과목 **도시계획 관계 법규**

81 다음 중 국토교통부장관이 개발제한구역의 지정 및 해제를 도시관리계획으로 결정할 수 있는 경우와 가장 거리가 먼 것은?

① 도시의 무질서한 확산을 방지할 필요가 있을 때
② 도시민의 건전한 생활환경을 확보하기 위하여 도시의 개발을 제한할 필요가 있는 경우
③ 국방부장관의 요청으로 보안상 도시의 개발을 제한할 필요가 있는 경우
④ 올림픽 등 국제행사에 대비하여 대규모 자연공간을 확보할 필요가 있는 경우

● 해설

개발제한구역의 지정(「국토의 계획 및 이용에 관한 법률」제38조)
국토교통부장관은 도시의 무질서한 확산을 방지하고 도시 주변의 자연환경을 보전하여 도시민의 건전한 생활환경을 확보하기 위하여 도시의 개발을 제한할 필요가 있거나 국방부장관의 요청이 있어 보안상 도시의 개발을 제한할 필요가 있다고 인정되면 개발제한구역의 지정 또는 변경을 도시 · 군관리계획으로 결정할 수 있다.

82 수도권정비계획법령상 과밀부담금의 산정 및 배분 기준에 관한 내용 중 틀린 것은?

① 건축비의 100분의 10으로 한다.
② 지역별 여건을 감안하여 100분의 5까지 조정할 수 있다.
③ 건축비는 시장이 고시하는 표준건축비를 기준으로 산정한다.
④ 징수된 부담금의 100분의 50은 부담금을 징수한 건축물이 있는 시 · 도에 귀속한다.

● 해설

건축비는 국토교통부장관이 고시하는 표준건축비를 기준으로 산정한다.

83 「국토의 계획 및 이용에 관한 법률」상 개발행위의 허가를 받지 않아도 되는 경미한 행위가 아닌 것은?

① 도시지역에서 무게 50t 이하, 부피 50m³ 이하, 수평투영면적이 50m² 이하인 공작물의 설치
② 높이 50cm 이내 또는 깊이 50cm 이내의 절토, 성토, 정지 등 토지의 형질 변경
③ 지구단위계획구역에서 채취면적이 면적 50m² 이하인 토지에서 부피 50m³ 이하의 토석 채취
④ 녹지지역에서 물건을 쌓아놓는 면적이 25m² 이하인 토지에 전체 무게 50t 이하, 전체 부피 50m³ 이하로 물건을 쌓아놓는 행위

● 해설

개발행위의 허가를 받지 않아도 되는 경미한 행위(토석채취)
• 도시지역 또는 지구단위계획구역에서 채취면적이 25m² 이하인 토지에서의 부피 50m³ 이하의 토석채취
• 도시지역 · 자연환경보전지역 및 지구단위계획구역외의 지역에서 채취면적이 250m² 이하인 토지에서의 부피 500m³ 이하의 토석채취

정답 **80** ① **81** ④ **82** ③ **83** ③

84 도시기능의 회복이 필요하거나 주거환경이 불량한 지역을 계획적으로 정비하고 노후·불량건축물을 효율적으로 개량하기 위하여 필요한 사항을 규정함으로써 도시환경을 개선하고 주거생활의 질을 높이는 데 이바지함을 목적으로 하는 법률은?

① 「국토의 계획 및 이용에 관한 법률」
② 「수도권정비계획법」
③ 「도시 및 주거환경정비법」
④ 「도시개발법」

해설
목적(「도시 및 주거환경정비법」 제1조)
이 법은 도시기능의 회복이 필요하거나 주거환경이 불량한 지역을 계획적으로 정비하고 노후·불량건축물을 효율적으로 개량하기 위하여 필요한 사항을 규정함으로써 도시환경을 개선하고 주거생활의 질을 높이는 데 이바지함을 목적으로 한다.

85 「도시 및 주거환경정비법」 및 동법 시행규칙에 따라 사업 시행자가 정비사업을 시행하는 지역에 공동구를 설치하는 경우, 이를 관리하는 자는?

① 시장·군수
② 전력 및 통신설비 회사
③ 주택 분양 대상자
④ 국토교통부장관

해설
공동구의 관리(「도시 및 주거환경정비법 시행규칙」 제17조)
공동구는 시장·군수 등이 관리한다.

86 개발제한구역의 지정에 따른 매수가격의 산정을 위한 감정평가 등에 드는 비용을 부담하는 자는?

① 대통령
② 국무총리
③ 국토교통부장관
④ 해당 지역의 시장·군수

해설
비용의 부담(「개발제한구역의 지정 및 관리에 관한 특별조치법」 제19조)
국토교통부장관은 매수가격의 산정을 위한 감정평가 등에 드는 비용을 부담한다.

87 다음은 「택지개발촉진법」 중 준공검사에 관한 내용이다. ( )에 들어갈 내용으로 옳은 것은?

시행자는 택지개발사업을 완료하였을 때에는 ( ) 대통령령으로 정하는 바에 따라 지정권자로부터 준공검사를 받아야 한다.

① 지체 없이
② 1개월 이내에
③ 3개월 이내에
④ 6개월 이내에

해설
준공검사(「택지개발촉진법」 제16조)
시행자는 택지개발사업을 완료하였을 때에는 지체 없이 대통령령으로 정하는 바에 따라 지정권자로부터 준공검사를 받아야 한다.

88 국토교통부장관이 산업단지 외의 지역에서의 공장 설립을 위한 입지 지정과 지정 승인된 입지의 개발에 관한 기준 작성 시 포함되어야 할 사항으로 옳지 않은 것은?

① 산업시설용지의 적정 이용기준에 관한 사항
② 주택건설 및 공급에 관한 사항
③ 토지가격의 안정을 위하여 필요한 사항
④ 환경 보전 및 문화재 보존을 위하여 필요한 사항

해설
입지지정 및 개발에 관한 기준의 작성(「산업입지 및 개발에 관한 법률 시행령」 제45조)
입지지정 및 개발에 관한 기준에는 다음의 사항이 포함되어야 한다.
• 개별공장입지의 선정기준에 관한 사항
• 산업시설용지의 적정이용기준에 관한 사항
• 기반시설의 설치 및 정비에 관한 사항
• 산업의 적정배치와 지역 간 균형발전을 위하여 필요한 사항
• 환경보전 및 문화재보존을 위하여 필요한 사항
• 토지가격의 안정을 위하여 필요한 사항
• 기타 다른 계획과의 조화를 위하여 필요한 사항

89 건축법령에서 규정하고 있지 않은 것은?

① 지역 및 지구의 지정에 관한 규정
② 건축물의 유지와 관리에 관한 규정
③ 건축물의 대지 및 도로에 관한 규정
④ 건축물의 구조 및 재료 등에 관한 규정

해설

지역 및 지구의 지정에 관한 사항은 「국토의 이용 및 계획에 관한 법률」에서 규정하고 있다.

90 주차장의 종류 구분 중 자주식 주차장의 형태가 아닌 것은?

① 건물식 주차장   ② 기계식 주차장
③ 지하식 주차장   ④ 지평식 주차장

해설

주차장의 형태(「주차장법 시행령」 제2조)
주차장의 형태는 운전자가 자동차를 직접 운전하여 주차장으로 들어가는 주차장(자주식 주차장)과 기계식 주차장으로 구분한다.

91 주차장법령상 주차장의 주차단위구획 설치 기준에 대한 설명으로 옳지 않은 것은?

① 경형자동차 전용주차구획의 주차단위구획은 파란색 실선으로 표시하여야 한다.
② 평행주차형식 외이고 장애인전용인 경우, 주차단위구획의 길이는 5m 이상이다.
③ 평행주차형식 외이고 장애인전용인 경우, 주차구획의 너비는 3.3m 이상이다.
④ 평행주차형식이고 일반형인 경우, 주차단위구획의 길이는 6.5m 이상이다.

해설

주차장의 주차구획(「주차장법 시행규칙」 제3조)
평행주차형식의 경우

구분	너비	길이
경형	1.7m 이상	4.5m 이상
일반형	2.0m 이상	6.0m 이상
보도와 차도의 구분이 없는 주거지역의 도로	2.0m 이상	5.0m 이상
이륜자동차전용	1.0m 이상	2.3m 이상

92 산업단지와 그 지정권자의 연결이 틀린 것은?

① 국가산업단지 : 국토교통부장관
② 일반산업단지 : 시 · 도지사
③ 도시첨단산업단지 : 시 · 도지사
④ 농공단지 : 농림축산식품부장관

해설

농공단지는 특별자치도지사 또는 시장 · 군수 · 구청장이 지정권자가 된다.

93 건축법령상 용도별 건축물의 종류 구분에 따른 문화 및 집회시설에 해당하지 않는 것은?

① 전시장
② 수족관
③ 독서실
④ 공연장(제2종 근린생활시설에 해당하지 아니하는 것)

해설

독서실은 제2종 근린생활시설에 해당한다.

94 수도권정비실무위원회의 위원장은?

① 국무총리
② 국토교통부장관
③ 국토교통부 제1차관
④ 서울특별시 2급 공무원

해설

수도권정비실무위원회의 구성(「수도권정비계획법 시행령」 제30조)
실무위원회의 위원장은 국토교통부 제1차관이 되고, 위원은 교육부, 국방부, 행정안전부, 문화체육관광부, 농림축산식품부, 산업통상자원부, 환경부, 국토교통부 및 심의사항과 관련하여 실무위원회의 위원장이 지정하는 중앙행정기관의 고위공무원단에 속하는 일반직공무원, 서울특별시의 2급 또는 3급 공무원과 인천광역시, 경기도의 3급 또는 4급 공무원 중에서 소속 기관의 장이 지정한 자 각 1명과 수도권정비정책과 관계되는 분야의 학식과 경험이 풍부한 자 중에서 수도권정비위원회의 위원장이 위촉하는 자가 된다.

정답 89 ① 90 ② 91 ④ 92 ④ 93 ③ 94 ③

95 도시개발사업의 전부 또는 일부를 환지 방식으로 시행하기 위하여 시행자가 작성하여야 하는 환지계획의 내용에 해당하지 않는 것은?

① 환지설계
② 환지예정지 지정 명세서
③ 필지별로 된 환지명세
④ 축척 1,200분의 1 이상의 환지예정지도

●해설

환지계획 작성 시 포함사항

환지설계, 필지별로 된 환지명세, 필지별·권리별로 된 청산대상 토지명세, 체비지 또는 보류지의 명세, 축척 1,200분의 1 이상의 환지예정지도

96 ㉠과 ㉡에 들어갈 말이 모두 옳은 것은?

국토교통부장관은 도시 및 주거환경을 개선하기 위하여 (㉠)마다 기본방침을 정하고, (㉡)마다 타당성을 검토하여 그 결과를 기본방침에 반영하여야 한다.

① ㉠ 10년, ㉡ 5년
② ㉠ 10년, ㉡ 2년
③ ㉠ 5년, ㉡ 3년
④ ㉠ 5년, ㉡ 2년

●해설

도시·주거환경정비 기본방침(「도시 및 주거환경정비법」 제3조)

국토교통부장관은 도시 및 주거환경을 개선하기 위하여 10년마다 기본방침을 정하고, 5년마다 타당성을 검토하여 그 결과를 기본방침에 반영하여야 한다.

97 국토기본법령상 환경친화적 국토관리의 내용으로 가장 거리가 먼 것은?

① 국토에 관한 계획 또는 사업을 수립·집행할 때에는 자연환경과 생활환경에 미치는 영향을 사전에 검토함으로써 환경에 미치는 부정적인 영향을 최소화하고 환경정의가 실현될 수 있도록 하여야 한다.
② 국토의 무질서한 개발을 방지하고 국민생활에 필요한 토지를 원활하게 공급하기 위하여 토지이용에 관한 종합적인 계획을 수립하고 이에 따라 국토 공간을 체계적으로 관리하여야 한다.
③ 지역 간 경쟁을 통하여 국민생활의 질적 향상을 도모하고 국토의 지리적 특성을 살려 국가경쟁력을 강화할 수 있는 기간시설의 설치를 확대하여 국토 정주 여건을 관리하여야 한다.
④ 자연생태계를 통합적으로 관리·보전하고 훼손된 자연생태계를 복원하기 위한 종합적인 시책을 추진함으로써 인간이 자연과 더불어 살 수 있는 쾌적한 국토환경을 조성하여야 한다.

●해설

지역 간 경쟁을 통한 국민생활의 질적 향상 도모는 환경친화적 국토관리의 내용과 거리가 멀다.

98 다음 중 산업단지개발사업의 시행자가 될 수 없는 자는?

① 「중소기업진흥에 관한 법률」에 따른 중소기업진흥공단
② 「한국농어촌공사 및 농지관리기금법」에 따른 한국농어촌공사
③ 해당 산업단지개발계획에 적합한 시설을 설치하여 입주하려는 자와 산업단지개발에 관한 자문계약을 체결한 부동산투자자문회사
④ 「산업집적활성화 및 공장설립에 관한 법률」의 규정에 따라 설립된 한국산업단지공단

●해설

입주하려는 자가 아닌 사업 시행자와 산업단지개발에 관한 신탁계약을 체결한 부동산신탁업자가 시행자가 될 수 있다.

99 주택법령상 간선시설의 설치에 관한 아래의 내용에서 ㉠과 ㉡에 해당하는 규모기준이 모두 옳은 것은?

사업주체가 ㉠ <u>대통령령으로 정하는 호수</u> 이상의 주택건설사업을 시행하는 경우 또는 ㉡ <u>대통령령으로 정하는 면적</u> 이상의 대지조성사업을 시행하는 경우 각 호에 해당하는 자는 각각 해당 간선시설을 설치하여야 한다.

① ㉠ 100호(또는 세대), ㉡ 16,500m²
② ㉠ 100호(또는 세대), ㉡ 33,000m²
③ ㉠ 200호(또는 세대), ㉡ 16,500m²
④ ㉠ 200호(또는 세대), ㉡ 33,000m²

●**해설**

간선시설의 설치 및 비용의 상환(「주택법」 제28조, 「주택법 시행령」 제39조)
㉠ "대통령령으로 정하는 호수"란 다음의 구분에 따른 호수 또는 세대수를 말한다.
  • 단독주택인 경우 : 100호
  • 공동주택인 경우 : 100세대(리모델링의 경우에는 늘어나는 세대수를 기준)
㉡ "대통령령으로 정하는 면적"이란 16,500m²를 말한다.

100 체육시설의 설치 · 이용에 관한 법령상 공공체육시설의 구분에 해당하지 않는 것은?

① 전문체육시설
② 재활체육시설
③ 직장체육시설
④ 생활체육시설

●**해설**

공공체육시설
전문체육시설, 생활체육시설, 직장체육시설

1과목 도시계획론

01 다음 중 도시 중심부에 도심광장인 아고라를 배치하여 시민들의 교역, 사교 및 집회장으로 활용한 시대의 도시는?

① 고대 그리스 도시
② 중세 중국 도시
③ 중세 유럽 도시
④ 고대 메소포타미아 도시

해설

아테네의 도시계획은 아크로폴리스와 아고라의 이원적 체제의 성격을 가지고 있다.
• 아크로폴리스(Acropolis) : 도시가 내려다보이는 언덕 위에 위치, 정신적 상징
• 아고라(Agora) : 도시광장, 민주주의 실현장소(시장+정치+토론+학습의 장)

02 도시계획 수립과정을 옳게 나타낸 것은?

① 목표설정 → 상황의 분석 및 미래의 예측 → 대안 설정 및 평가 → 집행
② 목표설정 → 대안설정 및 평가 → 상황의 분석 및 미래의 예측 → 집행
③ 상황의 분석 및 미래의 예측 → 목표설정 → 대안 설정 및 평가 → 집행
④ 상황의 분석 및 미래의 예측 → 대안설정 및 평가 → 목표설정 → 집행

해설

도시계획 수립과정
목표설정 → 현황조사 → 상황의 분석 및 미래의 예측 → 대안설정 및 평가 → 선택안 결정 → 실행

03 다음 중 도시·군관리계획의 내용에 해당하지 않는 것은?

① 용도지역·용도지구의 지정 또는 변경에 관한 계획
② 공간구조, 생활권의 설정 및 인구의 배분에 관한 계획
③ 개발제한구역·도시자연공원구역·시가화조정구역·수산자원보호구역의 지정 또는 변경에 관한 계획
④ 도시개발사업이나 정비사업에 관한 계획

해설

도시·군관리계획의 내용
• 지구단위계획구역의 지정 또는 변경에 관한 계획과 지구단위계획
• 용도지역·용도지구의 지정 또는 변경에 관한 계획
• 개발제한구역·도시자연공원구역·시가화조정구역·수산자원보호구역의 지정 또는 변경에 관한 계획
• 기반시설의 설치·정비 또는 개량에 관한 계획
• 도시개발사업 또는 정비사업에 관한 계획

04 인구성장의 상한선이 있는 것으로 가정하여 대도시지역의 인구 예측에 유용하게 사용될 수 있는 S자형의 비대칭곡선 형태를 띠는 인구추정모형은?

① 지수성장모형
② 수정된 지수성장모형
③ 곰페르츠 모형
④ 비율 예측 모형

해설

곰페르츠 모형
• 지역인구가 처음에는 완만하게 증가하다 어느 시점을 지나면 급격히 증가하고 다시 완만하게 증가(S자형 성장)하는 지역에 적용
• 인구 증가에 상한선을 가정

05 경관에 대한 설명으로 옳지 않은 것은?

① 사람에 따라 동일한 대상을 주시하더라도 서로 다른 가치판단을 내릴 수 있다.
② 대상 자체의 순수한 성질을 말하는 것으로 대상이 가지고 있는 본질을 의미한다.
③ 보여지는 풍경과 그 속에 내재하는 환경 그리고 이를 관찰하는 사람 사이의 상호작용이다.
④ 경관의 대상은 단일 대상을 보는 대상으로 하지 않고 복수의 대상 또는 전체를 바라보는 경우를 보는 대상으로 하고 있다.

해설
경관은 대상 자체의 순수한 성질 및 대상의 본질이 아닌, 관찰하는 사람의 심리 및 물리적 상황이 반영되어 주관적으로 보여지게 된다.

06 토지이용계획 수립과정은 상향적 접근과 하향적 접근 방법이 있다. 다음 중 상향적 접근이라 할 수 없는 것은?

① 상세한 현황조사를 통해 지구를 구분하고 지구마다의 계획과제를 도출하여 지구 수준의 계획을 세운다.
② 인구 및 경제 전망 또는 상위계획의 지침을 받아 도시의 인구, 산업, 토지 등에 대한 기본계획을 설정한다.
③ 도시의 기본구조와 상위계획을 토대로 지구계획을 집대성하여 도시 전체의 토지이용계획을 입안한다.
④ 기존 도시의 축적(Stock) 상태를 중요시하고 지구 단위의 계획조건이 중요시된다.

해설
상향적 계획은 지역주민의 참여를 바탕으로 하는 계획방식으로 하위계획에서 상위계획으로 수립해 가는 방식이다. 상위계획의 지침을 받아 설정하는 방식은 하향적 계획에 속한다.

07 「도시공원 및 녹지 등에 관한 법률」상 공해·재해·사고의 방지를 위하여 설치하는 녹지의 유형으로 옳은 것은?

① 경관녹지
② 미관녹지
③ 완충녹지
④ 자연녹지

해설
녹지의 종류

종류	내용
완충녹지	대기오염·소음·진동·악취 등의 공해와 각종 사고나 자연재해 등의 방지를 위하여 설치하는 녹지
경관녹지	도시의 자연적 환경을 보전·개선·복원함으로써 도시경관을 향상시키기 위하여 설치하는 녹지
연결녹지	도시 안의 공원·하천·산지 등을 유기적으로 연결하고 도시민에게 산책공간의 역할을 하는 등 여가·휴식을 제공하는 선형의 녹지

08 2000년에 50만 명이었던 A도시의 인구가 2005년에 58만 명으로 증가되었다. 등차급수법에 의한 5년 동안의 연평균 인구증가율과 2010년의 추정인구는?

① 2.8%, 62만 명
② 3.2%, 66만 명
③ 2.8%, 64만 명
④ 3.2%, 68만 명

해설
• 연평균 인구증가율

$$r = \frac{\left(\dfrac{P_n}{P_0} - 1\right)}{n} = \frac{\left(\dfrac{58}{50} - 1\right)}{5} = 0.032 = 3.2\%$$

• 2010년의 추정인구

$$P_n = P_0(1 + r \cdot n)$$
$$= 50(1 + 0.032 \times 10) = 66만 명$$

여기서, P_0 : 초기 연도 인구, P_n : n년 후의 인구
r : 인구증가율, n : 경과 연수

09 압축도시에 대한 설명이 틀린 것은?

① 토지이용의 집적을 통한 토지의 이용가치를 높이기 위해 나온 개발방식이다.

② 친환경적인 도시개발이 가능하고 사회적 비용을 최소화할 수 있다.

③ 도시의 기능을 과도하게 분리시킴으로써 불필요한 통행을 유발하는 일이 빈번하다.

④ 도심부는 도시의 경제·사회·문화적 중심지로서 압축도시 개발의 핵심적 조성대상이 될 수 있다.

해설

압축도시는 토지이용의 고밀을 통한 복합개발방식을 취한다.

10 미래 도시의 기능과 구조 변화로 옳지 않은 것은?

① 도시의 공간적 구조는 다양하고 확대되어 나타날 것이다.

② 시민생활의 편의성과 경제활동의 능률성을 극대화할 것이다.

③ 사회기능이 통일되어 사회적 구조가 단일화될 것이다.

④ 제도적 구조는 민주적이고 자치적인 요소가 강화될 것이다.

해설

미래 도시의 기능과 구조는 사회기능의 분화로 더욱 다원화되고 다양화되는 구조로 변모되고 있다.

11 지속 가능한 도시가 추구하여야 할 기본 목표가 아닌 것은?

① 환경부하가 높은 첨단도시

② 도시경관의 개선 및 보전

③ 환경친화적 교통·물류체계의 정비

④ 쾌적한 도시공간의 정비 및 확보

해설

지속 가능한 도시는 환경적으로 건전하고 지속 가능한 개발이 가능한 도시로서, 환경부하를 최소화하고자 하는 도시이다. 그러므로 환경부하가 높은 첨단도시는 지속 가능한 도시가 추구하여야 할 목표와 거리가 멀다.

12 파겐스(M. Fagence)가 제시한 직접적이고 영향이 큰 쇄신적 주민참여 기법에 해당하지 않는 것은?

① 델파이 방법

② 샤레트 방법

③ 명목집단방법

④ 혼합형 탐색방법

해설

파겐스가 제시한 주민참여 기법

• 델파이 방법

• 명목집단방법

• 샤레트 방법

13 도시조사 자료 중에서 2차 자료에 해당하지 않는 것은?

① 면접자료   ② 통계자료

③ 행정자료   ④ 도면자료

해설

도시계획에서 활용되는 자료에 대한 조사방법은 자료원에 대한 접근에 따라 1차, 2차 자료로 나뉜다.

구분		특징
1차 자료 (직접자료)	• 현지조사 • 면접조사 • 설문조사	• 전수조사 • 표본조사(사례연구, 확률추출) • 현실감이 우수하나, 비용과 시간이 과다 소요
2차 자료 (간접자료)	• 문헌자료조사 • 통계자료조사 • 지도분석	시간과 비용면에서 유리하나 현실감이 떨어짐

14 18~19세기에 제안된 이상도시의 계획가와 이상 도시안에 대한 설명으로 옳은 것은?

① Robert Owen : 도시 대신 단일 건물인 팔란스테르(Phalanstere)를 제안하였다.

② Buckingham : 농업과 공업이 결합된 이상적 도시안인 이상공장촌을 제안하였다.

③ Ledoux : 산업혁명을 의식하여 새로운 생산체제를 도입한 이상도시 쇼(Chaux)를 제안하였다.

④ C. Fourier : 근대건축기술이나 과학적 진보를 적극적으로 도입할 필요성을 제시하면서 유리로 덮인 도시 빅토리아(Victoria)를 제안하였다.

●해설

① 푸리에(Fourier, Charles) – 팔란스테르(Phalanstere)
② 오언(R. Owen) – 이상공장촌
③ 르두(C. N. Ledoux) – 쇼(Chaux)
④ 버킹엄(Buckingham) – 빅토리아(Victoria)

15 현대도시와 관련한 계획가와 관련 계획 및 주장의 연결이 옳은 것은?

① 멈포드(L. Mumford) – 근린주구단위계획

② 르 코르뷔지에(Le Corbusier) – 대런던계획(Greater London Plan)

③ 라이트(F. L. Wright) – 브로드에이커시티(Broadacre City)

④ 아베크롬비(P. Abercrombie) – 부아쟁계획(Plan Voisin)

●해설

① 근린주구단위계획 – 페리
② 대런던계획 – 아베크롬비
④ 부아쟁계획 – 르 코르뷔지에

16 토지이용에서 도시 문제를 야기하는 대표적인 요인으로 보기 어려운 것은?

① 이용주체 간의 경합

② 외부효과

③ 토지의 난개발

④ 계획성 있는 토지이용계획

●해설

계획성 있는 토지이용계획은 도시 문제의 해결 대책에 해당한다.

17 교통존(Traffic Zone)의 설정 기준으로 옳지 않은 것은?

① 동질적인 토지이용이 포함되도록 한다.

② 행정구역과 가급적 일치시킨다.

③ 간선도로는 존 경계와 일치시킨다.

④ 가능한 한 다양한 통행 특성을 가진 지역이 포함되도록 한다.

●해설

각 존은 가급적 동질적인 토지이용(통행 특성 등)을 포함하도록 한다.

18 계획이론 중 총합적 계획이 갖는 비현실성에 대한 비판과 보완에서 출발하여, 논리적 일관성이나 최적의 해결 대안을 제시하는 것보다는 지속적인 조정과 적용을 통하여 계획의 목표를 추구하는 접근방법을 제시한 학자와 이론의 연결이 옳은 것은?

① Friedmann : 교류적(Transactive) 계획

② Davidoff : 옹호적(Advocacy) 계획

③ Faludi : 체계적(System) 계획

④ Lindblom : 점진적(Incremental) 계획

●해설

린드블롬에 의해서 제시된 점진적 계획(Incremental Planning)에 대한 내용이다.

정답 14 ③ 15 ③ 16 ④ 17 ④ 18 ④

19 호이트의 선형이론에 대한 설명으로 옳지 않은 것은?

① 상류층의 거주지 입지 선택 능력에 의해 도시 내 거주지 유형이 결정된다.

② 도시의 발달은 교통축을 따라 도심에서 외곽으로 부채꼴 모양으로 분화되어 간다.

③ 도심부에 고급 주택지가 형성되어 있고 외곽지로 갈수록 저소득층의 주택지가 형성된다.

④ 버제스의 동심원이론에 교통망의 중요성을 부각하고 도시성장 패턴의 방향성을 추가한 것으로 볼 수 있다.

●해설

도심부로부터 중심업무지구 → 도매·경공업지구 → 저급주택지구 → 중산층 주택지구 → 고급주택지구로 형성된다. 즉 중심부에는 업무 및 공업, 외곽지로 갈수록 고급주택지구가 형성된다.

20 인구성장의 상한선을 미리 산정한 후 미래 인구를 추계하는 인구예측모형으로, S자형의 비대칭곡선으로 이루어진 추세분석모형은?

① 등차급수모형

② 곰페르츠 모형

③ 로지스틱 모형

④ 회귀모형

●해설

곰페르츠 모형

• 지역인구가 처음에는 완만하게 증가하다 어느 시점을 지나면 급격히 증가하고 다시 완만하게 증가(S자형 성장)하는 지역에 적용한다.

• 인구 증가에 상한선을 가정한다.

2과목 도시설계 및 단지계획

21 도시설계를 그 성격이나 공간적 범위에 따라 구분하고, 광범위한 지역에 걸친 인간 활동의 시간적·공간적 패턴과 물리적 환경조성을 다루며, 경제·사회·심리적 영향도 함께 고려해야 하는 복합적인 것으로 정의한 사람은?

① 로버트 오웬(R. Owen)

② 로버트 벤추리(R. Venturi)

③ 케빈 린치(K. Lynch)

④ 르 코르뷔지에(Le Corbusier)

●해설

케빈 린치(Kevin Lynch)는 "도시는 사람에 의해서 이미지화되는 것"이라고 주장하였으며, 도시설계는 경제·사회·심리적 영향도 함께 고려해야 하는 복합적인 것으로 정의하였다.

22 도시설계 기법 중 경험주의적 전통에 입각한 도시설계가로 평가받는 사람은?

① 르 코르뷔지에(Le Corbusier)

② 알도 로시(Aldo Rossi)

③ 롭 크리에(Rob Krier)

④ 고든 컬렌(Gordon Cullen)

●해설

고든 컬렌(Gordon Cullen)은 "도시경관은 건축적 요소, 회화적 요소, 시각적 요소 및 실제적 요소 등을 혼합한 연속된 시각적 개념"이라고 주장하였으며, 경험주의적 전통에 입각한 도시설계가로 평가받고 있다.

23 주거단지 계획 시 남북 간의 인동간격을 두는 가장 큰 이유는?

① 통풍   ② 재해 방지

③ 일조   ④ 사생활 보호

●해설

「건축법」상 겨울철 동지기준으로 09시에서 15시 사이에 총 일사시간 4시간 이상, 연속일사시간 2시간 이상 되도록 건축물 남북 간의 인동간격 준수가 필요하다.

24 부정형한 지형에도 적용하기 용이하고 통과교통이 차단되어 보행자들이 안전하게 보행할 수 있으나, 개별획지로의 접근성은 다소 불리한 도로 유형은?

① 격자형 도로　　　② T자형 도로
③ 쿨데삭형 도로　　④ S자형 도로

해설
쿨데삭(Cul-de-sac)형 도로는 도로와 각 가구를 연결하는 도로로서, 통과교통이 적어 주거환경의 안전성이 확보되지만 우회도로가 없어 방재 또는 방범상 단점을 가지고 있다.

25 생활권의 위계가 큰 것에서 작은 것으로의 나열이 옳은 것은?

① 근린주구 → 근린분구 → 인보구 → 지역(지구)
② 지역(지구) → 근린주구 → 근린분구 → 인보구
③ 지역(지구) → 인보구 → 근린주구 → 근린분구
④ 지역(지구) → 근린분구 → 인보구 → 근린주구

해설
생활권의 크기에 따른 분류
근린지구(100,000명) > 근린주구(8,000~10,000명) > 근린분구(2,000~2,500명) > 인보구(100~200명)

26 상업시설의 배치 형식을 크게 집중형과 노선형으로 구분할 때, 노선형의 장점으로 가장 거리가 먼 것은?

① 모든 주민에게 균등한 접근성을 부여한다.
② 장래 수요의 성장과 다양성에 대처할 융통성이 있다.
③ 도로와 거주지 사이의 소음 완충지 역할을 한다.
④ 시설 상호 간의 유기적 관계성이 높다.

해설
집중형은 시설 상호 간의 유기적 관계성이 높고, 노선형은 가로변을 따라 형성되어 시설 상호 간의 거리가 멀어질 수 있어 상호 간 유기성이 떨어질 우려가 있다.

27 공원 및 녹지의 계획에 관한 내용 중 맞는 것은?

① 어린이공원의 면적은 500m² 이상으로 한다.
② 도보권 근린공원의 면적은 1만m² 이상으로 한다.
③ 공원이용자의 안전을 위해 입구를 제외하고는 가급적 도로를 배치하지 않는다.
④ 근린공원은 휴식, 여가, 운동 등 이용자의 옥외활동을 수용할 수 있도록 계획한다.

해설
① 어린이공원의 면적은 1,500m² 이상으로 한다.
② 도보권 근린공원의 면적은 3만m² 이상으로 한다.
③ 도시공원은 공원 이용자가 안전하고 원활하게 도시공원에 모였다가 흩어질 수 있도록 원칙적으로 3면 이상이 도로에 접하도록 설치되어야 한다.

28 토지이용을 합리화하고 그 기능을 증진시키며, 경관과 미관을 개선하고, 체계적 및 계획적으로 개발관리하기 위하여 건축물 및 그 밖의 시설의 용도와 종류 및 규모, 건폐율 또는 용적률을 완화하여 수립하는 계획을 무엇이라 하는가?

① 토지이용계획
② 지구단위계획
③ 개발계획
④ 경관계획

해설
지구단위계획은 지구단위계획 구역의 토지이용을 합리화하고 그 기능을 증진시키며 경관·미관을 개선하고 양호한 환경을 확보하며, 당해 구역을 체계적·계획적으로 관리하기 위하여 수립하는 계획이다.

29 일반적인 스카이라인 형성기준과 거리가 먼 것은?

① 단일 고층 건물의 배경에 산이 있을 경우, 건물의 높이는 산 높이의 60~70%가 되게 한다.

② 고층 건물 주변에 일정 높이의 건물이 있을 경우, 고층 건물의 높이는 주변 건물 높이의 160~170%가 되게 한다.

③ 주변 건물에 비하여 현저하게 높은 건물은 위로 갈수록 좁아지는 피라미드 형태 또는 첨탑 형태로 한다.

④ 신도시와 같이 고층 건물을 집합적으로 계획할 경우, 주요 조망점에서 볼 때 하나의 형태로 겹쳐서 보이게 한다.

해설

주요 조망점에서 하나로 겹쳐지게 보이는 것이 아니라, 높은 건물은 위로 갈수록 좁아지는 피라미드 형태 또는 첨탑 형태로 한다.

30 순인구밀도가 200인/ha이고 주택용지율이 60%일 때, 총 인구밀도는?

① 80인/ha
② 120인/ha
③ 265인/ha
④ 340인/ha

해설

$$순인구밀도 = \frac{총\ 인구}{주택용지면적}$$
$$= \frac{총\ 인구}{총\ 면적 \times 주택용지율} = \frac{총\ 인구밀도}{주택용지율}$$
총인구밀도 = 순인구밀도 × 주택용지율
$$= 200 \times 0.6 = 120인/ha$$

31 해미드 쉬라바니(Hamid Shiravani)가 제시한 도시설계의 규범적 접근방식(Canonic Approach)의 분류에 포함되지 않는 것은?

① 개괄적 방법(The Synoptic Method)
② 점진적 방법(The Incremental Method)
③ 단편적 방법(The Fragmental Process)
④ 체계적 방법(The Systematic Approach)

해설

해미드 쉬라바니(Hamid Shiravani)는 개괄적 방법(The Synoptic Method), 점진적 방법(The Incremental Method), 단편적 방법(The Fragmental Process)으로 도시설계의 규범적 접근방식(Canonic Approach)을 분류하였다.

32 페리(Clarence A. Perry)가 주장한 근린주구단위(Neighborhood Unit)에 관한 6가지 원칙에 해당하지 않는 것은?

① 하나의 초등학교를 유지할 수 있는 인구규모를 갖도록 개발한다.

② 주민들에게 필요한 작은 공원과 여가공간의 체계가 수립되어야 한다.

③ 학교와 기타 다른 공공시설부지는 근린단위의 중심에 적절히 모여 있어야 한다.

④ 통과교통을 허용하되 가로망은 근린단위 안의 순환이 원활하도록 설계해야 한다.

해설

페리의 근린주구이론상의 지구 내 가로체계
특수한 가로체계를 갖고, 보행동선과 차량동선을 분리하며 통과교통은 배제한다.

33 개별 획지에 적용되는 개발밀도나 녹지율 등을 전체 단지 단위로 적용하여 종합계획안을 마련한 후 지방정부의 심사와 협의를 거쳐 인가를 받아 개발하는 방식은?

① 공동개발
② 공영개발
③ 계획단위개발
④ 주상복합개발

해설

계획단위개발(PUD : Planned Unit Development)
계획단위개발로 대상지 전체를 일체적이고 유기적으로 계획하고 설계하여 개발하는 방식을 말한다.

34 주민이 지구단위계획의 수립 및 변경에 관한 사항을 제안하는 때에 갖추어야 할 요건 중, 제안한 지역의 대상 토지면적의 얼마 이상에 해당하는 토지소유자의 동의가 있어야 하는가?(단, 국공유지의 면적은 제외한다.)

① 2/3 이상　　　② 1/3 이상
③ 1/2 이상　　　④ 1/4 이상

●해설
지구단위의 수립 및 변경 시에는 제안한 지역의 대상 토지면적의 2/3 이상에 해당하는 토지소유자의 동의가 있어야 한다.(단, 국공유지의 면적은 제외)

35 등고선 간격이 2m이고, 경사도가 4%일 때 수평거리는 얼마인가?

① 5m　　　　　② 20m
③ 50m　　　　　④ 200m

●해설
등고선에서 수평거리 계산

$$경사도 = \frac{등고선\ 간격(표고차)}{수평거리(등고선\ 간의\ 거리)} \times 100$$

$$수평거리 = \frac{등고선\ 간격}{경사도} \times 100$$

$$= \frac{2m}{4\%} \times 100\% = 50m$$

36 케빈 린치(Kevin Lynch)가 그의 저서 「도시의 이미지」에서 공공이미지를 만들어 내는 5가지 요소로 정의하지 않은 것은?

① 결절점(Node)
② 지구(District)
③ 통로(Path)
④ 조경(Landscape)

●해설
케빈 린치의 도시를 이미지화하는 도시의 물리적 구조에 관한 5가지 요소
경계(Edge), 결절점(Node), 통로(Path), 지구(District), 랜드마크(Landmark)

37 건폐율이 60%로 규제되고 있는 지역에 지상 5층 연면적 3,000m²의 건물을 짓고자 할 때 필요한 최소한의 대지면적은?

① 800m²　　　　② 900m²
③ 1,000m²　　　④ 1,200m²

●해설
$$건폐율 = \frac{건축면적}{대지면적}$$

$$대지면적 = \frac{건축면적}{건폐율} = \frac{600m^2}{0.60} = 1,000m^2$$

(여기서, 건축면적 = 연면적/층수 = 3,000m²/5층 = 600m²)

38 범죄예방환경설계(CPTED)의 기법으로 바람직하지 않은 것은?

① 주변에서 눈에 띄지 않게 외부공간을 조성한다.
② 주민들이 모여 어울릴 수 있는 장소를 조성한다.
③ 도시 및 단지 내 시설물을 깨끗하고 정상적으로 유지한다.
④ 건물 및 시설물과 외부공간은 서로 잘 보이도록 배치를 조성한다.

●해설
범죄예방환경설계(CPTED)에서 자연적 감시는 중요한 요소가 된다. 자연적 감시는 주변에서 눈에 잘 띌 수 있도록 외부공간을 조성하여, 주민 등의 외부공간에 대한 시선이 범죄자를 자연적으로 감시하게 하여 범죄를 예방하는 효과를 가져오게 한다.

39 폐기물처리 및 재활용시설의 결정기준으로 틀린 것은?

① 폐기물처리시설은 공업지역, 녹지지역, 관리지역, 농림지역(농업진흥지역 제외), 자연환경보전지역에 설치한다.
② 풍향과 배수를 고려하여 주민의 보건위생에 위해를 끼칠 우려가 없는 지역에 설치한다.
③ 용수와 동력을 확보하기 쉽고 자동차가 접근하기 편리한 지역에 설치한다.
④ 매립의 방법으로 처리하는 시설은 지형상 고지대, 저수지, 평지 등에 설치한다.

정답　34 ①　35 ③　36 ④　37 ③　38 ①　39 ④

●해설

폐기물처리 및 재활용시설의 결정기준(「도시·군계획시설의 결정·구조 및 설치기준에 관한 규칙」 제157조) 매립의 방법으로 처리하는 시설은 지형상 저지대·저습지·협곡·계곡·공유수면매립예정지 등에 설치하여야 하며, 매립 후의 토지이용계획을 미리 고려할 것

40 다음 중 Litton이 산림경관을 분석하는 데 사용한 시각회랑에 의한 방법에서, 경관의 변화요인 (Variable Factors)에 해당하지 않는 것은?

① 시간(Time)　　② 계절(Season)
③ 거리(Distance)　④ 연속(Sequence)

●해설

시각회랑에 의한 방법에서의 8가지 경관의 변화요인은 운동, 빛, 계절, 시간, 기후조건, 거리, 관찰위치, 규모이다.

3과목　도시개발론

41 도시개발사업의 수요를 파악하기 위한 정량적 예측모형에 해당하지 않는 것은?

① 시계열 분석　　② 회귀모형
③ 중력모형　　　④ 의사결정나무 기법

●해설

의사결정나무 기법은 비계량적(정성적) 방법이다.

42 개발수요를 예측하기 위한 예측기법 중, 전문가 집단을 대상으로 반복 앙케이트를 행하여 의견을 수집하는 방법은?

① 이동평균법　　② 중력모형
③ 인과 분석법　　④ 델파이법

●해설

델파이법은 고대 그리스의 아폴로 신전이 있던 도시의 이름으로 아폴로 신전의 여사제가 그리스 현인들로부터 의견을 넓게 수렴하였다는 데서 유래하였으며, 각종 계획 수립을 위한 장기적인 미래 예측에 많이 쓰이는 방법이다.

43 도시개발사업 시행의 위탁에 관한 내용으로 옳은 것은?

① 시행자가 대통령령으로 정하는 공공시설의 건설사업에 대한 시행을 위탁할 수 있는 기관에는 한국토지주택공사, 한국철도공사, 한국감정원이 포함된다.
② 시행자는 도시개발사업을 위한 토지매수업무를 국가나 관할 지방자치단체에 위탁할 수 없다.
③ 시행자는 도시개발사업을 위한 기초조사와 손실보상업무에 한해서는 관할 지방자치단체에 위탁할 수 없다.
④ 시행자는 대통령령으로 정하는 공공시설의 건설과 공유수면의 매립에 관한 업무를 대통령령으로 정하는 바에 따라 국가, 지방자치단체에 위탁하여 시행할 수 있다.

●해설

① 한국감정원은 포함되지 않는다.
② 국가나 관할 지방자치단체에 위탁할 수 있다.
③ 시행자는 도시개발사업을 위한 기초조사와 손실보상업무를 관할 지방자치단체에 위탁할 수 있다.

44 복합용도개발(MXD)의 사회적·경제적 효과로 가장 거리가 먼 것은?

① 도시의 외연적 확산 완화
② 수직통행의 감소를 통한 교통혼잡 완화
③ 직주근접에 따른 통행거리 감소
④ 도시개발 리스크의 감소

●해설

복합용도개발은 고밀화를 수반하므로, 수평통행이 감소하고 수직통행의 증가를 가져온다. 수평통행의 감소는 교통혼잡의 완화를 가져온다.

45 다음 중 수출기반모형이 요구하는 가정사항이 아닌 것은?

① 동일한 노동 생산성　② 동일한 소비 수준
③ 폐쇄된 경제　　　　④ 동일한 생산비

● 해설

수출기반모형 분석에서는 동일한 노동 생산성, 동일한 소비 수준, 폐쇄된 경제(Closed Economy)를 가정한다.

46 다음 중 도시개발사업에서 타당성 분석에 관한 설명으로 가장 적절하지 않은 것은?

① 타당성 분석은 민간이나 공공의 입장에 따라 분석의 범위와 내용이 달라진다.
② 사업의 목적을 합리적인 수준에서 달성할 수 있을 것으로 예상될 때 타당성을 확보했다고 할 수 있다.
③ 타당성 분석을 위해서는 먼저 해당 사업에 대한 구체적인 계획이 수립되어 있어야 한다.
④ 타당성 분석은 여러 가지 제약을 고려하여 사업의 적합성을 고려하는 것으로 시간의 범위는 구체적인 고려대상이 아니다.

● 해설

타당성 분석 시 사업의 적합성을 고려할 때 반드시 시간의 범위를 반영하여 연차별 혹은 분기별로 수익 및 비용을 고려해야 한다.

47 다음 중 운용시장의 형태가 공개시장(Public Market)이고 자본의 성격이 대출투자(Debt Finan-cing)인 유형에 속하는 부동산 투자는?

① 상업용 저당채권　② 사모부동산펀드
③ 직접대출　④ 직접투자

● 해설

② 사모부동산펀드 : 민간시장의 자본투자 및 대출투자
③ 직접대출 : 민간시장의 대출투자
④ 직접투자 : 민간시장의 자본투자

48 「도시 및 주거환경정비법」에서 규정하고 있는 정비사업의 종류가 아닌 것은?

① 재건축사업　② 재개발사업
③ 주거환경개선사업　④ 도시환경정비사업

● 해설

정비사업의 종류
주거환경개선사업, 재개발사업, 재건축사업

49 도시개발법령에서 규정하는 도시개발사업의 시행 방식에 해당되는 것은?

① 순환정비방식
② 현지개량방식
③ 관리처분방식
④ 환지방식

● 해설

도시개발사업의 시행 방식
전면매수방식(수용 또는 사용에 의한 방식), 환지방식, 혼용방식

50 도시개발을 신개발과 재개발로 구분할 때, 재개발에 대한 설명이 틀린 것은?

① 재개발은 신개발에 비해 그 절차가 간편하고 시간이 적게 걸린다.
② 재개발은 기존 시가지의 일부를 개수 혹은 재건축하고 시설을 확충하는 개발행위라고 할 수 있다.
③ 재개발의 유형은 재개발 대상의 공간적 범위와 토지이용, 재개발 방식 등에 따라 여러 가지로 나눌 수 있다.
④ 재개발의 일반적인 목적은 주거환경을 개선함으로써 주민의 주거안정을 도모하고 공동체적 삶의 질을 향상시키는 것이다.

● 해설

재개발은 기존 입주민 등과의 협의 절차 등에 의해 신개발과 비교하여 그 절차가 복잡하고 시간이 많이 소요된다.

51 아래의 ㉠과 ㉡에 들어갈 말이 모두 옳은 것은?

도시개발구역을 지정하는 자가 환지방식에 대한 개발계획을 수립하려면 환지방식이 적용되는 지역의 토지면적의 (㉠) 이상에 해당하는 토지소유자와 그 지역의 토지소유자 총수의 (㉡) 이상의 동의를 받아야 한다.

① ㉠ 2/3, ㉡ 2/3
② ㉠ 2/3, ㉡ 1/2
③ ㉠ 1/2, ㉡ 1/2
④ ㉠ 1/2, ㉡ 2/3

해설

지정권자가 환지방식의 도시개발계획을 수립할 때(도시개발구역의 지정) 환지방식을 적용하려면 토지면적의 2/3 이상에 해당하는 토지소유자와 그 지역의 토지소유자 총수의 1/2 이상의 동의를 얻어야 한다.(단, 국가, 지방자치단체는 예외)

52 프로젝트 파이낸싱과 관련한 아래 설명에서 ㉠에 해당하는 것은?

프로젝트 파이낸싱과 관련한 다양한 이해관계자들은 자금을 조달받는 주체가 있어야 하기에 (㉠)을(를) 구성한다. (㉠)은(는) 채권이나 토지 등 자산을 기초로 증권을 발행하여 이를 판매하는 특수 목적을 가진 회사로, 주로 유동화하는 자산은 채권이다.

① Special Corporation
② Special Purpose Company
③ Project Financing Corporation
④ Project Management Company

해설

특수목적회사(SPC : Special Purpose Company)
금융기관에서 발생한 부실채권을 매각하기 위해 일시적으로 설립된 특수목적(Special Purpose)을 가진 회사로 채권매각과 원리금 상환이 끝나면 자동으로 없어지는 명목상의 회사이다.

53 다음 중 지속 가능한 토지이용계획을 위한 전략으로 가장 거리가 먼 것은?

① 대중교통지향적인 도시개발
 (Transit-oriented Urban Development)
② 혼합적 토지이용
 (Mixed Land-use Development)
③ 직주근접개발
 (Job-Housing Balanced Development)
④ 도시확산개발
 (Urban Decentralization Development)

해설

도시확산개발의 추진은 개발제한구역(그린벨트) 등의 해제와 같은 과정이 수반될 가능성이 있고 이에 따른 녹지의 감소 등을 초래할 수 있으므로 지속 가능한 토지이용계획을 위한 전략으로는 적절하지 않다.

54 우리나라 도시개발 제도의 역사에서 서울시의 경우 강북과 강남의 상대적 격차를 줄이고 강북의 쇠퇴한 주거지 정비를 통해 강북 시민의 삶의 질 향상과 도시기반시설 정비를 통해 서울시 내부의 균형발전 차원에서 추진된 사업은 무엇인가?

① 뉴타운 사업
② 도시재생사업
③ 혁신도시사업
④ 스마트도시사업

해설

뉴타운 사업
도시기반시설에 대한 충분한 고려 없이 주택중심으로 추진되어 난개발 문제를 야기한 기존의 민간중심의 개발방식에 대한 개선대책으로 시행한 새로운 '기성 시가지 재개발방식'

55 수요 예측을 위한 시계열분석법 중 다른 기법과 비교하여 이동평균법이 갖는 특징에 대한 설명으로 틀린 것은?

① 단기 분석에 사용한다.
② 규모가 작은 신제품의 시장 예측에 사용한다.
③ 배우기 쉬우나 결과 해석이 어렵다.
④ 이용 비용이 매우 적다.

> **해설**

시계열(Time Serial) 분석 기법 중 이동평균법은 3개월 미만에 적용하는데, 주로 신제품 시장 예측에 이용되며 배우기 쉽고 결과 해석이 용이한 특징을 가지고 있다.

56 환지계획구역의 면적이 1,000m², 보류지 면적이 400m², 공공시설을 설치하여 시행자에게 무상귀속되는 토지 면적이 150m²일 때, 환지계획구역의 평균 토지부담률은 약 얼마인가?

① 19.4%
② 29.4%
③ 39.4%
④ 49.4%

> **해설**

$$\text{토지부담률} = \frac{\text{보류지면적} - \text{시행자에게 무상귀속되는 공공시설면적}}{\text{환지계획구역면적} - \text{시행자에게 무상귀속되는 공공시설면적}}$$

$$= \frac{400\text{m}^2 - 150\text{m}^2}{1,000\text{m}^2 - 150\text{m}^2} \times 100(\%) = 29.41\%$$

57 지분조달방식과 비교하여 부채조달방식이 갖는 단점으로 옳은 것은?

① 원리금 상환부담이 존재한다.
② 기업가치의 불안정으로 매매 활성화에 한계가 있다.
③ 조달 규모의 증대로 소유주의 지분 축소가 불가피하다.
④ 자본시장의 여건에 따라 조달이 민감한 영향을 받는다.

> **해설**

②, ③, ④는 지분조달방식의 단점이다.

58 우리나라 도시개발의 흐름에서 제조업과 관광업 등 산업입지와 경제활동을 위해 민간기업 주도로 개발된 도시로, 산업·연구와 주택·교육·의료·문화 등 자족적 복합기능을 가진 도시조성을 위해 개발된 도시는?

① 행정중심복합도시
② 기업도시
③ 뉴타운
④ 혁신도시

> **해설**

기업도시
산업입지와 경제활동을 위하여 민간기업이 산업·연구·관광·레저·업무 등의 주된 기능과 주거·교육·의료·문화 등의 자족적 복합기능을 고루 갖추도록 개발하는 도시

59 용도지역제(Zoning)와 획지분할규제(Subdivision Control)를 근간으로 하는 미국의 종래 택지개발방식이 지니는 문제점을 타개하기 위한 제도로서 일단의 지구를 하나의 계획단위로 보아 그 지구의 특성에 맞는 설계기준을 개발자와 그 개발을 관장하는 당국 간의 협상과정을 통해 융통성 있게 능률적으로 책정·허용함으로써 공적 입장에서 요구되는 환경의 질과 개발자의 입장에서 요구되는 사업성을 동시에 추구해 가는 제도는?

① 개발신용제(DCR)
② 대중교통중심개발(TOD)
③ 계획단위개발(PUD)
④ 근린주구제(NUD)

> **해설**

계획단위개발(PUD : Planned Unit Development)
대상지 전체를 일체적이고 유기적으로 계획하고 설계하여 개발하는 방식으로서, 단일 개발주체에 의한 대규모 동시 개발이 가능하므로, 대규모 개발에 따른 하부시설의 설치비용과 개발비용이 절감되는 특징을 가지고 있다.

60 마케팅 전략수단인 4Ps 전략의 4Cs 전략으로의 전환 내용이 옳은 것은?

① 홍보(Promotion) → 의사소통(Communication)
② 상품(Product) → 편리성(Convenience)
③ 가격(Price) → 소비자(Customer)
④ 장소(Place) → 비용(Cost to the Customer)

정답 **56** ② **57** ① **58** ② **59** ③ **60** ①

●해설

4P(마케팅 구성요소)	4C(수요자 입장)	
제품(Product)	소비자 가치 (Customer Value)	소비자가 원하는 제품
가격(Price)	소비자 비용(Cost of the Customer)	소비자 지불 적정 가격
장소(Place)	편리성 (Convenience)	소비자의 접근성
홍보(Promotion)	의사소통 (Communication)	소비자와의 소통

4과목 국토 및 지역계획

61 다음 중 지역계획의 학문적 성격으로 옳지 않은 것은?

① 종합과학적이며 학제적인 학문이다.
② 국토 전체에 관한 총량적인 내용을 다루는 학문이다.
③ 규범적이고 실천적인 학문이다.
④ 공간적 배분과 형평성에 학문적 패러다임을 둔다.

●해설
국토 전체에 관한 총량적인 내용을 다루는 학문은 국토계획에 대한 사항이다.

62 로렌츠 곡선(Lorenz Curve)이 지역계획 수립 시에 활용되는 경우로 적당한 것은?

① 지역 간 인구이동의 분석 및 예측
② 국민소득의 지역 간 분포격차 분석
③ 지역인구의 성별, 연령별, 인구구조 분석
④ 지역적인 차원에서의 산업부분 간 경제활동의 상호의존관계 분석

●해설
로렌츠 곡선은 지역소득격차 분석에 활용한다.

63 지역구분에 관한 다음 설명 중 옳은 것은?

① 부드빌(Boudeville)은 동질지역, 분극지역, 계획권역, 사업지역의 네 가지 유형으로 구분하였다.
② 클라센(Klaassen)은 1인당 소득수준과 지역경제성장률을 이용하여 결절지역을 넷으로 구분하였다.
③ 한센(Hansen)은 미국 대도시권 표준통계구역(SMSA)의 설정기준을 제시하였다.
④ 힐호스트(Hillhorst)는 동질성과 의존성이라는 기준과 분석 및 계획이라는 구분의 목적에 따라 지역을 구분하였다.

●해설
① 부드빌(Boudeville)은 동질지역, 결절지역, 계획지역의 세 가지 유형으로 구분하였다.
② 클라센(Klaassen)은 1인당 소득수준과 지역경제성장률을 이용하여 동질지역을 넷으로 구분하였다.
③ 한센(Hansen)은 한계비용과 한계편익의 관계를 이용한 설정기준을 제시하였다.

64 도시의 성격을 설명하는 데 있어 인구 규모를 기준으로 인간 정주사회를 15단계의 공간 단위로 분류한 학자는?

① 멈포드(L. Mumford)
② 독시아디스(C. A. Doxiadis)
③ 베버(M. Weber)
④ 쿠퍼(J. M. Cowper)

●해설
독시아디스(C. A. Doxiadis)
• 인간 정주공간(정주사회)을 15개의 공간 단위로 구분
• 인간 정주학을 구성하는 5요소 : 인간, 사회, 자연, 네트워크, 구조물

65 크리스탈러(W. Christaller)의 중심지이론에서 중심지의 계층을 형성하는 포섭 원리에 해당하지 않는 것은?

① 시장 원리
② 교통 원리
③ 행정 원리
④ 임계 원리

해설

포섭 원리(Nesting Principle)
- 시장의 원리(Marketing Principle, K＝3 System, 시장성 원칙)
- 교통의 원리(Transportation Principle, K＝4 System)
- 행정의 원리(K＝7 System)
- 제4의 원리(시장－행정모형)

66 A지역의 한계사회비용이 100만 원이고 한계사회편익이 90만 원일 때, 한센(N. Hansen)의 지역구분 중 어느 것에 해당하는가?

① 과밀지역　　　② 낙후지역
③ 중간지역　　　④ 침체지역

해설

한센의 동질지역 구분
- 과밀지역 : 한계사회비용＞한계사회편익
- 중간지역 : 한계비용＜한계편익
- 낙후지역 : 소규모 농업과 침체산업이 지배적인 경제구조를 지니고, 새로운 경제활동을 흡인할 수 있는 입지매력이 거의 없는 지역

67 지역발전의 경제기반이론에 기초하여 아래 사례지역의 고용통계를 활용하여 기반승수를 구하면 얼마인가?

- 기반산업부문 고용 : 25,000명
- 비기반산업부문 고용 : 50,000명
- 총 인구 : 150,000명

① 0.17　　　② 0.50
③ 2.00　　　④ 3.00

해설

$$경제기반승수＝\frac{지역\ 총\ 고용인구}{지역의\ 수출(기반)산업\ 고용인구}$$
$$＝\frac{75,000명}{25,000명}＝3.00$$

68 다음의 조건을 가진 A도시의 섬유업에 관한 LQ 지수는?

- A시의 섬유업 총 고용자 수 : 5만 명
- A시의 총 고용자 수 : 40만 명
- 전국의 섬유업 총 고용자 수 : 35만 명
- 전국의 총 고용자 수 : 140만 명

① 0.5　　　② 1.2
③ 2.0　　　④ 2.4

해설

$$LQ＝\frac{E_{Ai}/E_A}{E_{ni}/E_n}$$
$$＝\frac{A지역의\ i산업\ 고용수/A지역\ 전체\ 고용수}{전국의\ i산업\ 고용수/전국의\ 고용수}$$
$$＝\frac{50,000/400,000}{350,000/1,400,000}＝0.5$$

69 인구이동모형에 대한 설명 중 틀린 것은?

① 마코브 모형(Markovian Models)은 동태적 인구이동 과정을 서술하였다.
② 로리(Lowry) 모형은 경제적 변수와 중력모형의 변수를 결합한 모형이다.
③ 토다로(M. Todaro)는 도농 간 실제소득의 차이가 인구이동을 결정한다고 분석했다.
④ 모릴(Morril)은 인구이동에 미치는 비경제적 변수에 연구의 초점을 두었다.

해설

토다로(M. Todaro)는 지역 간 인구이동이 지역 간의 실질소득보다 기대소득 격차에 의해 발생한다고 주장하였다.

70 지역의 외부수요가 지역경제의 성장을 선도함을 전제한 모형은?

① 섹터모형
② 수출기반모형
③ 지역혁신모형
④ 투입산출모형

●**해설**

수출성장기반이론(Export Base Model, 경제기반이론)
도시의 산업을 기반부문(Basic Sector)과 비기반부문(Non-basic Sector)으로 나누며, 기반부문에서 생산된 재화를 타 지역으로 수출(지역의 외부수요)함으로써 이익을 창출하여 도시가 성장한다.

71 다음 중 전국을 28개의 생활권으로 구분하고 각 생활권을 성격과 규모에 따라 대도시 생활권, 지방도시생활권, 농촌도시생활권으로 구분하였던 국토계획은?

① 제1차 국토종합개발계획
② 제2차 국토종합개발계획
③ 제3차 국토종합개발계획
④ 제4차 국토종합계획

●**해설**

제2차 국토종합개발계획(1982~1991)
28개 지역생활권(대도시생활권 5, 지방도시생활권 17, 농촌도시생활권 6)

구분	내용
대도시생활권 (5개 권)	인구가 장차 100만 명 이상이 될 것이 예상되는 도시(서울·부산·대전·대구·광주)를 중심으로 하는 생활권
지방도시생활권 (17개 권)	지방도시(춘천·원주·강릉·청주·충주·제천·천안·전주·정읍·남원·순천·목포·안동·포항·영주·진주·제주)를 중심으로 하는 생활권
농촌도시생활권 (6개 권)	영월·서산·홍성·강진·점촌·거창을 중심으로 하는 농업적 기반이 강한 낙후지역의 생활권

72 지역의 소득격차를 측정하는 방법이 아닌 것은?

① 지니계수　　　② 허프 모형
③ 로렌츠 곡선　　④ 쿠즈네츠비

●**해설**

허프(Huff)의 소매지역이론(Huff 모형)은 전통적인 수요 추정모델 중에서 상권에 관한 가장 체계적인 이론이다. 소비자가 상점시설을 선정하는 행동을 확률적으로 해석하는

방법으로서 개별 소매점의 고객흡입력을 계산하는 기법으로 활용되고 있다.

73 과밀억제권역으로부터 이전하는 인구와 산업을 계획적으로 유치하고 산업의 입지와 도시의 개발을 적정하게 관리할 필요가 있는 지역에 해당하는 권역은?

① 개발제한권역　　② 개발유도권역
③ 자연보전권역　　④ 성장관리권역

●**해설**

수도권정비계획에서의 권역구분

구분	세부 사항
과밀억제권역	인구·산업의 집중으로 이전·정비가 필요한 지역
성장관리권역	인구·산업의 계획적 유치·개발이 필요한 지역
자연보전권역	한강수계의 수질 및 녹지 등의 자연환경보전이 필요한 지역

74 미국 지역개발계획의 선구적 사례가 된 것은?

① 다모달 개발사업
② 테네시계곡 개발사업
③ 실리콘밸리 사업
④ 리서치트라이앵글 사업

●**해설**

테네시계곡 개발사업
• 1930년대 전후 실업자 구제 및 공업도시 개발을 위해 테네시강 유역에 다수의 다목적댐을 건설하여 전력과 수자원 공급을 목표로 한 사업이다.
• 미국에서 지역개발계획의 선구적 사례이다.

75 크리스탈러(Christaller)의 중심지이론에서 1개의 중심지가 그 중심지 및 3개의 하위 중심지를 포섭하는 원리는?

① 교통의 원리　　② 근린의 원리
③ 시장의 원리　　④ 행정의 원리

해설

1개의 중심지가 그 중심지 및 3개의 하위 중심지를 포섭하는 것이므로, 1개의 중심지가 4개의 하위 중심지를 포섭하는 개념이다. 이는 교통의 원리(K=4)에 해당한다.

76 사회간접자본의 민자유치 방법 중 BOT 방식에 대한 설명으로 옳은 것은?

① 공공이 건설, 운영, 소유권을 담당하다가 일정 기간이 지나면 민간에 매각 이전하는 방식

② 민간이 건설하고 일정 기간 운영하며 수익을 취득한 후 정부에 시설을 이전시키는 사업방식

③ 민간이 건설하고 운영하며, 민간이 운영에 실패하면 일정 조건하에 다른 민간 기업에 이전시키는 사업방식

④ 정부가 건설하고 민간이 운영한 후 민간의 운영 효율성이 검증되면 일정 조건하에 민간에 시설을 이전시키는 사업방식

해설

BOT(Build − Operate − Transfer, 건설 · 운영 후 양도방식)
사회간접자본시설의 준공 후 일정 기간 동안 사업시행자에게 당해 시설의 소유권이 인정되며 그 기간의 만료 시 시설소유권을 국가 또는 지방자치단체에 귀속하는 방식

77 지프(Zipf)의 순위규모법칙에 따라 수위도시의 인구가 1,000만 명일 때, 2위 도시의 인구는 몇 명인가?(단, $q=1$이다.)

① 500만 명   ② 250만 명
③ 100만 명   ④ 50만 명

해설

$$P_r = \frac{P_1}{r^q}$$

여기서, P_r : 순위 r번째 도시 인구
$\qquad\qquad P_1$: 수위도시 인구
$\qquad\qquad r$: 도시 인구 순위

$q=1$이므로, 2위 도시의 인구는 다음과 같다.

$$P_2 = \frac{1,000만 \ 명}{2^1} = 500만 \ 명$$

※ $q=1$로 주어졌을 경우에는 간단히 수위도시(1위 도시) 인구대비 2위 도시는 1/2, 3위 도시는 1/3로 산정할 수 있다.

78 다음의 도시계획이론 중 상황의 종합적 분석과 최적의 대안선택이 가능하다고 보는 규범적이며 이상적인 접근방법은?

① 합리적 접근방법   ② 만족화 접근방법
③ 점진적 접근방법   ④ 혼합주사적 접근방법

해설

합리적 접근방법
• 순수합리모형, 종합적 합리모형이라고도 하며, 현대적 의미의 계획의 기원이라고 할 수 있는 종합계획(Master Plan) 또는 청사진적 계획(Blue Print Planning)을 의미한다.
• 절차에 관한 이론으로 절차적 계획이론(Procedural Planning Theory)의 특성을 가지며, 합리성과 의사결정을 위한 일련의 선택 과정을 강조(선택의 합리성 : 모든 정보를 총동원)한다.

79 지역생활권이론의 기본적인 개념으로서 도농통합전략에 대한 설명으로 옳은 것은?

① 성장거점이론의 실천적 개념이다.
② J. Friedmann과 K. Popper가 주장하였다.
③ 기본 아이디어는 도농지구(Agropolitan)이다.
④ 도농 간 차이를 인정하면서 보완적이지만 기능적으로 통합되지 않는다.

해설

도농통합전략
㉠ 1975년 프리드먼과 더글라스는 '도농접근법'에 관한 논문을 통해 도농지구의 설정, 도농접근법의 전략을 제시하였다.
㉡ 도농지구의 설정
• 일정한 인구 규모를 갖도록 함
• 도농지역은 200명/km²의 인구밀도와 2만 5천 명이 거주하는 중심도시를 가짐
• 대략 5~15만 명의 인구 규모를 제시
• 도농지역은 일정하게 고정되지 않음

80 도시규모이론에 있어서 대도시론을 주장한 학자는?

① 언윈(R. Unwin)
② 코미(T. Comey)
③ 하워드(E. Howard)
④ 테일러(G. R. Taylor)

●해설

코미(T. Comey)는 1차 세계대전 이후 인구, 주택, 국민보건 문제에 집중한 지역계획이론을 발표하였으며, 동시에 르 코르뷔지에와 함께 인구 300만 명 이상의 대도시론을 주장하였다.

5과목 도시계획 관계 법규

81 「국토의 계획 및 이용에 관한 법률」에 따른 도시 · 군기본계획의 내용에 포함되지 않는 것은?

① 토지의 이용 및 개발에 관한 사항
② 지역적 특성 및 계획의 방향 · 목표에 관한 사항
③ 건축물의 배치 · 형태 · 색채 또는 건축선에 관한 계획
④ 공간구조, 생활권의 설정 및 인구의 배분에 관한 사항

●해설

도시 · 군기본계획의 내용(「국토의 계획 및 이용에 관한 법률」 제19조)
• 지역적 특성 및 계획의 방향 · 목표에 관한 사항
• 공간구조 및 인구의 배분에 관한 사항, 생활권의 설정과 생활권역별 개발 · 정비 및 보전 등에 관한 사항
• 토지이용 및 개발에 관한 사항
• 토지의 용도별 수요 및 공급에 관한 사항
• 환경의 보전 및 관리에 관한 사항
• 기반시설에 관한 사항
• 공원 · 녹지에 관한 사항
• 경관에 관한 사항
• 기후 변화 대응 및 에너지절약에 관한 사항
• 방재 · 방범 등 안전에 관한 사항
• 기본계획 내용의 단계별 추진에 관한 사항
• 그 밖에 대통령령으로 정하는 사항

82 다음 중 개발밀도관리구역에 대한 설명으로 옳지 않은 것은?

① 개발밀도관리구역의 지정기준, 관리 등에 관하여 필요한 사항은 대통령령으로 정하는 바에 따라 국토교통부장관이 정한다.
② 개발밀도관리구역은 개발행위로 인한 기반시설의 설치가 곤란한 주거지역에 대해서만 지정할 수 있다.
③ 특별시장, 광역시장, 시장 또는 군수는 개발밀도관리관청에서는 대통령령이 정하는 범위 내에서 관련 조항에 따른 건폐율 또는 용적률을 강화하여 적용한다.
④ 개발밀도관리구역을 지정 또는 변경하려면 해당 지방자치단체에 설치된 도시계획위원회의 심의를 거쳐야 한다.

●해설

개발밀도관리구역(「국토의 계획 및 이용에 관한 법률」 제66조)
특별시장 · 광역시장 · 특별자치시장 · 특별자치도지사 · 시장 또는 군수는 주거 · 상업 또는 공업지역에서의 개발행위로 기반시설의 처리 · 공급 또는 수용능력이 부족할 것으로 예상되는 지역 중 기반시설의 설치가 곤란한 지역을 개발밀도관리구역으로 지정할 수 있다.

83 「국토기본법」에서 수립하는 조사 및 계획의 수립 주체가 잘못 연결된 것은?

① 국토종합계획의 수립 – 국토교통부장관
② 도종합계획의 수립 – 도지사
③ 부문별 계획의 수립 – 중앙행정기관의 장
④ 국토조사 – 지방자치단체의 장

●해설

국토조사(국토기본법 제25조)
국토교통부장관은 국토에 관한 계획 또는 정책의 수립, 공간정보의 제작, 연차보고서의 작성 등을 위하여 국토조사를 실시할 수 있다.

정답 80 ② 81 ③ 82 ② 83 ④

84 다음 중 「수도권정비계획법」에 따른 대규모 개발사업의 종류에 해당하지 않는 택지조성사업은?(단, 면적이 모두 100만m² 이상의 경우)

① 「도시 및 주거환경정비법」에 따른 주거환경개선사업
② 「택지개발촉진법」에 따른 택지개발사업
③ 「주택법」에 따른 주택건설사업
④ 「산업입지 및 개발에 관한 법률」에 따른 산업단지 및 특수지역에서의 주택지 조성사업

해설

대규모 개발사업의 종류(「수도권정비계획법 시행령」 제4조)
다음에 해당하는 택지조성사업으로서 그 면적이 100만m² 이상인 것
• 택지개발사업
• 주택건설사업 및 대지조성사업
• 산업단지 및 특수지역에서의 주택지 조성사업

85 다음 중 도시개발법령에 따라 도시개발구역으로 지정할 수 있는 대상지역과 규모기준이 옳은 것은?

① 도시지역 중 주거지역 : 3만m² 이상
② 도시지역 중 공업지역 : 5만m² 이상
③ 도시지역 중 자연녹지지역 : 1만m² 이상
④ 도시지역 외의 지역 : 66만m² 이상

해설

① 도시지역 중 주거지역 : 1만m² 이상
② 도시지역 중 공업지역 : 3만m² 이상
④ 도시지역 외의 지역 : 30만m² 이상

86 「도시 및 주거환경정비법」상 조합의 법인격에 대한 설명으로 옳은 것은?

① 조합은 법인으로 할 수 없다.
② 조합은 조합 설립의 인가를 받은 날부터 60일 이내에 등기함으로써 성립한다.
③ 조합은 그 명칭 중에 "정비사업조합"이라는 문자를 사용하여야 한다.
④ 조합의 공식적 업무 시작일은 대통령령으로 정하는 사업 승인일로부터 시작된다.

해설

조합의 법인격(「도시 및 주거환경정비법」 제38조)
① 조합은 법인으로 한다.
② 조합은 조합 설립의 인가를 받은 날부터 30일 이내에 등기함으로써 성립한다.
④ 조합은 대통령령으로 정하는 사항을 등기(설립목적, 조합의 명칭 등)하는 때에 성립(공식 업무 시작)한다.

87 「건축법」상 건축물의 대지는 최소 얼마 이상이 도로에 접하여야 하는가?(단, 도로는 자동차만의 통행에 사용되는 도로를 제외한다.)

① 2m
② 4m
③ 5m
④ 6m

해설

대지와 도로의 관계(「건축법」 제44조)
건축물의 대지는 2m 이상이 도로에 접하여야 한다.

88 주차장법령상 노외주차장에 설치할 수 있는 부대시설에 해당하지 않는 것은?(단, 시·군 또는 자치구의 조례로 정하는 이용자 편의시설은 고려하지 않는다.)

① 관리사무소
② 공중화장실
③ 자동차 관련 수리시설
④ 노외주차장의 관리·운영상 필요한 편의시설

해설

노외주차장의 구조·설비 기준(「주차장법 시행규칙」 제6조)
노외주차장에 설치할 수 있는 부대시설(설치면적은 전기자동차 충전시설을 제외한 총 시설면적의 20% 이하)
• 관리사무소, 휴게소 및 공중화장실
• 간이매점, 자동차 장식품 판매점 및 전기자동차 충전시설, 태양광 발전시설, 집배송시설
• 주유소(특별시장·광역시장, 시장·군수 또는 구청장이 설치한 노외주차장만 해당)
• 노외주차장의 관리·운영상 필요한 편의시설
• 특별자치도·시·군 또는 자치구의 조례로 정하는 이용자 편의시설

정답 84 ① 85 ③ 86 ③ 87 ① 88 ③

89 「건축법」상 지역의 환경을 쾌적하게 조성하기 위하여 대통령령으로 정하는 용도 및 규모의 건축물에 일반이 사용할 수 있도록 소규모 휴식시설 등을 설치하는 것은 무엇인가?

① 공공공지
② 대지 안의 공지
③ 공개공지
④ 공공녹지

해설

공개공지(「건축법」 제43조)
지역의 환경을 쾌적하게 조성하기 위하여 대통령령으로 정하는 용도와 규모의 건축물은 일반이 사용할 수 있도록 대통령령으로 정하는 기준에 따라 소규모 휴식시설 등의 공개공지(空地, 공터) 또는 공개공간

90 「주차장법」상 단지조성사업 등으로 설치되는 노외주차장에 경형 자동차와 환경친화적 자동차를 합한 주차구획의 설치 비율기준은?

① 노외주차장 총주차대수의 100분의 3 이상
② 노외주차장 총주차대수의 100분의 5 이상
③ 노외주차장 총주차대수의 100분의 8 이상
④ 노외주차장 총주차대수의 100분의 10 이상

해설

경형자동차 및 환경친화적 자동차 전용주차구획의 설치비율(「주차장법 시행령」 제4조)
단지조성사업 등으로 설치되는 노외주차장에는 경형자동차 및 환경친화적 자동차를 위한 전용주차구획을 다음의 비율이 모두 충족되도록 설치해야 한다.
• 경형자동차를 위한 전용주차구획과 환경친화적 자동차를 위한 전용주차구획을 합한 주차구획 : 총주차대수의 100분의 10 이상
• 환경친화적 자동차를 위한 전용주차구획 : 총주차대수의 100분의 5 이상

91 아래에서 (   )에 들어갈 내용으로 옳은 것은?

도시 · 군관리계획 결정의 효력은 지형도면을 (   )부터 발생한다.

① 고시한 날
② 작성한 날
③ 고시한 날로부터 1개월 후
④ 고시한 날로부터 3개월 후

해설

도시 · 군관리계획 결정의 효력(「국토의 계획 및 이용에 관한 법률」 제31조)
도시 · 군관리계획 결정의 효력은 지형도면을 고시한 날부터 발생한다.

92 수도권정비계획법령상 자연보전권역에서 수도권정비위원회의 심의를 거쳐 허용될 수 있는 택지조성사업의 최대 면적 기준은?(단, 오염총량관리계획 시행지역이 아닌 지역에서 시행하는 택지조성사업인 경우)

① 3만m² 이하
② 6만m² 이하
③ 10만m² 이하
④ 100만m² 이하

해설

자연보전권역의 행위 제한 완화(「수도권정비계획법 시행령」 제14조)
오염총량관리계획 시행지역이 아닌 지역에서 시행하는 택지조성사업, 도시개발사업, 지역종합개발사업 또는 관광지조성사업 중 그 면적이 6만m² 이하인 것으로서 수도권정비위원회의 심의를 거친 것

93 다음 중 건폐율에 관한 내용이 틀린 것은?

① 건폐율이란 대지면적에 대한 건축면적의 비율이다.
② 도시지역 내 주거지역의 건폐율 최대한도는 70% 이하이다.
③ 관리지역 내 보전관리지역의 건폐율 최대한도는 10% 이하이다.
④ 농림지역의 건폐율 최대한도는 20% 이하이다.

해설

관리지역 내 보전관리지역의 건폐율 최대한도는 20%이다.

94 막다른 도로의 길이가 35m 이상인 경우, 그 도로의 너비가 최소 얼마 이상이면 건축법령상 도로로 정의되는가?(단, 특별자치시장 · 특별자치도지사 또는 시장 · 군수 · 구청장이 지형적 조건으로 인하여 차량 통행을 위한 도로의 설치가 곤란하다고 인정하여 그 위치를 지정 · 공고하는 구간 및 도시지역이 아닌 읍 · 면지역 도로의 경우는 제외한다.)

① 2m　　　　　　② 3m
③ 6m　　　　　　④ 10m

●해설
막다른 도로에서 도로의 너비

막다른 도로의 길이	~	10m	~	35m	~
도로의 너비		2m 이상		3m 이상	6m 이상 (읍 · 면 : 4m 이상)

95 시장 · 군수 · 구청장이 시 · 도지사의 승인을 받지 않아도 되는 경미한 조성계획의 변경 기준이 틀린 것은?

① 관광시설계획면적의 100분의 20 이내의 변경
② 관광시설계획 중 시설지구별 건축 연면적의 100분의 30 이내의 변경
③ 관광시설계획 중 시설지구별 토지이용계획 면적의 100분의 40 이내의 변경
④ 관광시설계획 중 시설지구에 설치하는 시설의 명칭 변경

●해설
경미한 조성계획의 변경(「관광진흥법 시행령」 제47조)
"대통령령으로 정하는 경미한 사항의 변경"이란 다음 각 호의 어느 하나에 해당하는 것을 말한다.
1. 관광시설계획면적의 100분의 20 이내의 변경
2. 관광시설계획 중 시설지구별 토지이용계획면적(조성계획의 변경승인을 받은 경우에는 그 변경승인을 받은 토지이용계획면적)의 100분의 30 이내의 변경(시설지구별 토지이용계획면적이 2천200제곱미터 미만인 경우에는 660제곱미터 이내의 변경)
3. 관광시설계획 중 시설지구별 건축 연면적(조성계획의 변경승인을 받은 경우에는 그 변경승인을 받은 건축 연

면적)의 100분의 30 이내의 변경(시설지구별 건축 연면적이 2천200제곱미터 미만인 경우에는 660제곱미터 이내의 변경)
4. 관광시설계획 중 숙박시설지구에 설치하려는 시설(조성계획의 변경승인을 받은 경우에는 그 변경승인을 받은 시설)의 변경(숙박시설지구 안에 설치할 수 있는 시설 간 변경에 한정)으로서 숙박시설지구의 건축 연면적의 100분의 30 이내의 변경(숙박시설지구의 건축 연면적이 2천200제곱미터 미만인 경우에는 660제곱미터 이내의 변경)
5. 관광시설계획 중 시설지구에 설치하는 시설의 명칭 변경
6. 조성계획의 승인을 받은 자(특별자치시장 및 특별자치도지사가 조성계획을 수립한 경우를 포함하며 "사업시행자"라 한다)의 성명(법인인 경우에는 그 명칭 및 대표자의 성명) 또는 사무소 소재지의 변경. 다만, 양도 · 양수, 분할, 합병 및 상속 등으로 인해 사업시행자의 지위나 자격에 변경이 있는 경우는 제외한다.

96 도시 · 군기본계획에 대한 타당성 여부는 몇 년마다 전반적으로 재검토하여 정비하여야 하는가?

① 3년　　　　　　② 5년
③ 10년　　　　　④ 20년

●해설
도시 · 군기본계획의 정비(「국토의 계획 및 이용에 관한 법률」 제23조)
특별시장 · 광역시장 · 특별자치시장 · 특별자치도지사 · 시장 또는 군수는 5년마다 관할 구역의 도시 · 군기본계획에 대하여 타당성을 전반적으로 재검토하여 정비하여야 한다.

97 도시 및 주거환경정비법령의 정의에 따라 정비기반시설은 양호하나 노후 · 불량건축물에 해당하는 공동주택이 밀집한 지역에서 주거환경을 개선하기 위해 시행하는 사업은?

① 주거환경개선사업　　② 재개발사업
③ 재건축사업　　　　　④ 도시환경정비사업

●해설
용어의 정의(「도시 및 주거환경정비법」 제2조)
㉠ 주거환경개선사업

도시 저소득 주민이 집단 거주하는 지역으로서 정비기
반시설이 극히 열악하고 노후 · 불량건축물이 과도하게
밀집한 지역의 주거환경을 개선하거나 단독주택 및 다
세대주택이 밀집한 지역에서 정비기반시설과 공동이용
시설 확충을 통하여 주거환경을 보전 · 정비 · 개량하기
위한 사업

ⓛ 재개발사업
정비기반시설이 열악하고 노후 · 불량건축물이 밀집한
지역에서 주거환경을 개선하거나 상업지역 · 공업지역
등에서 도시기능의 회복 및 상권활성화 등을 위하여 도
시환경을 개선하기 위한 사업

ⓒ 재건축사업
정비기반시설은 양호하나 노후 · 불량건축물에 해당하
는 공동주택이 밀집한 지역에서 주거환경을 개선하기
위한 사업

98 「국토의 계획 및 이용에 관한 법률」상 도시 · 군계획시설 사업의 시행자가 도시 · 군계획시설 사업에 관한 조사를 위해 타인의 토지에 출입하고자 할 때, 출입하고자 하는 날의 며칠 전까지 그 토지의 소유자 · 점유자 또는 관리인에게 그 일시와 장소를 알려야 하는가?(단 도시계획시설 사업의 시행자가 행정청인 경우는 제외한다.)

① 14일　　　　② 7일
③ 5일　　　　④ 3일

해설
토지에의 출입(「국토의 계획 및 이용에 관한 법률」제130조)
타인의 토지에 출입하려는 자는 특별시장 · 광역시장 · 특
별자치시장 · 특별자치도지사 · 시장 또는 군수의 허가를
받아야 하며, 출입하려는 날의 7일 전까지 그 토지의 소유
자 · 점유자 또는 관리인에게 그 일시와 장소를 알려야 한다.

99 지구단위계획에 관한 아래 설명 중 밑줄 친 부분에 해당하는 내용으로만 옳게 나열된 것은?

지구단위계획은 도로, 상하수도 등 <u>대통령령으로 정하
는 도시 · 군계획시설</u>의 처리 · 공급 및 수용능력이 지
구단위계획구역에 있는 건축물의 연면적, 수용인구 등
개발밀도와 적절한 조화를 이룰 수 있도록 하여야 한다.

① 주차장, 공원, 공공공지
② 방송통신시설, 유수지, 시장
③ 공공청사, 대학교, 열공급설비
④ 고등학교, 공공직업훈련시설, 체육시설

해설
지구단위계획의 내용(「국토의 계획 및 이용에 관한 법률 시
행령」제45조)
"대통령령으로 정하는 도시 · 군계획시설"이란 도로 · 주
차장 · 공원 · 녹지 · 공공공지, 수도 · 전기 · 가스 · 열공
급설비, 학교(초등학교 및 중학교에 한한다) · 하수도 · 폐
기물처리 및 재활용시설을 말한다.

100 「관광진흥법」에 의한 권역계획에 관한 설명으로 틀린 것은?

① 권역계획은 그 지역을 관할하는 문화체육관광부
장관이 수립하여야 한다.
② 수립한 권역계획은 문화체육관광부장관의 조정과
관계 행정기관의 장과의 협의를 거쳐 확정하여야
한다.
③ 시 · 도지사는 권역계획이 확정되면 그 요지를 공
고하여야 한다.
④ 대통령령으로 정하는 경미한 사항의 변경에 대하
여는 관계 부처의 장과의 협의를 갈음하여 문화체
육관광부장관의 승인을 받아야 한다.

해설
권역계획(「관광진흥법」제51조)
권역계획(圈域計劃)은 그 지역을 관할하는 시 · 도지사(특
별자치도지사는 제외한다)가 수립하여야 한다. 다만, 둘 이
상의 시 · 도에 걸치는 지역이 하나의 권역계획에 포함되는
경우에는 관계되는 시 · 도지사와의 협의에 따라 수립하되,
협의가 성립되지 아니한 경우에는 문화체육관광부장관이
지정하는 시 · 도지사가 수립하여야 한다.

1과목 도시계획론

01 미래의 도시계획과 관련하여 새로운 계획 패러다임의 방향으로 옳지 않은 것은?

① 지속 가능한 도시개발로의 인식 전환
② 자원·에너지 절약형 도시개발로의 전환
③ 시민참여의 확대와 계획 및 개발주체의 다양화
④ 도시기능의 평면적·일률적 분리를 통한 토지이용관리

해설

미래 도시계획은 입체적, 기능 통합적 토지이용을 추구한다.

02 다음 중 도시의 특성으로 옳지 않은 것은?

① 높은 인구밀도
② 동질성이 높은 사회
③ 익명성의 증가
④ 기능의 집적과 분화

해설

도시는 이질성이 높은 주민으로 구성되어 있는 특징을 가지고 있다.

03 18~19세기에 제안된 이상도시의 계획가와 이상 도시안에 대한 설명으로 옳은 것은?

① Robert Owen : 도시 대신 단일 건물인 팔란스테르(Phalanstere)를 제안하였다.
② Buckingham : 농업과 공업이 결합된 이상적 도시안인 이상공장촌을 제안하였다.
③ Ledoux : 산업혁명을 의식하여 새로운 생산체제를 도입한 이상도시 쇼(Chaux)를 제안하였다.
④ C. Fourier : 근대건축기술이나 과학적 진보를 적극적으로 도입할 필요성을 제시하면서 유리로 덮인 도시 빅토리아(Victoria)를 제안하였다.

해설

① 푸리에(Fourier, Charles) – 팔란스테르(Phalanstere)

② 오언(R. Owen) – 이상공장촌
③ 르두(C. N. Ledoux) – 쇼(Chaux)
④ 버킹엄(Buckingham) – 빅토리아(Victoria)

04 2000년에 50만 명이었던 A도시의 인구가 2005년에 58만 명으로 증가되었다. 등차급수법에 의한 5년 동안의 연평균 인구증가율과 2010년의 추정인구는?

① 2.8%, 62만 명
② 3.2%, 66만 명
③ 2.8%, 64만 명
④ 3.2%, 68만 명

해설

• 연평균 인구증가율

$$r = \frac{\left(\dfrac{P_n}{P_0} - 1\right)}{n} = \frac{\left(\dfrac{58}{50} - 1\right)}{5} = 0.032 = 3.2\%$$

• 2010년의 추정인구

$$P_n = P_0(1 + r \cdot n)$$
$$= 50(1 + 0.032 \times 10) = 66만 명$$

여기서, P_0 : 초기 연도 인구, P_n : n년 후의 인구
r : 인구증가율, n : 경과 연수

05 유비쿼터스 도시를 정의하는 3대 구성요소로 가장 거리가 먼 것은?

① 유비쿼터스 도시산업
② 유비쿼터스 도시서비스
③ 유비쿼터스 도시기반시설
④ 유비쿼터스 도시기술

해설

유비쿼터스 도시(Ubiquitous, U – city)
기존 전력망과 정보통신기술을 결합시켜, 언제 어디서나 편리하게 도시 네트워크를 이용하고 정보를 얻을 수 있는 새로운 형태의 미래형 도시이다. 이러한 전력망과 정보통

신기술을 활용하려면 제공시설인 기반시설과 그것을 활용할 수 있는 기술 및 제공하는 서비스의 3대 구성요소가 있어야 한다.

06 파겐스(M. Fagence)가 제시한 직접적이고 영향이 큰 쇄신적 주민참여 기법에 해당하지 않는 것은?

① 델파이 방법
② 샤레트 방법
③ 명목집단방법
④ 혼합형 탐색방법

◎해설
파겐스가 제시한 주민참여 기법
• 델파이 방법
• 명목집단방법
• 샤레트 방법

07 용도지역 중 상업지역에 해당되지 않는 것은?

① 전용상업지역
② 근린상업지역
③ 일반상업지역
④ 유통상업지역

◎해설
상업지역은 중심상업지역, 일반상업지역, 유통상업지역, 근린상업지역으로 분류된다.

08 샤핀(F. S. Chapin, 1965)이 제시한 토지이용의 결정요인 분류에 해당하지 않는 것은?

① 공공의 이익요인 ② 경제적 요인
③ 문화적 요인 ④ 사회적 요인

◎해설
Chapin은 토지이용은 경제적, 사회적, 공공복지적 요인의 상호작용에 의하여 결정된다는 공간구조이론을 제시하였다.

09 다음 중 우리나라 국가 GIS(NGIS) 3차 사업 (2006~2010)의 기본계획 방향에 해당하지 않는 것은?

① GIS 기반 전자정부 구현
② GIS를 이용한 뉴비즈니스 창출
③ 유비쿼터스 환경을 지향한 지능형 국토건설
④ 국가공간정보의 디지털 구축 초석 마련

◎해설
국가공간정보의 디지털 구축 초석 마련은 이미 구현된 사항으로서 3차 사업의 목표에 맞지 않다.

10 인구성장의 상한선을 미리 산정한 후 미래 인구를 추계하는 인구예측모형으로, S자형의 비대칭 곡선으로 이루어진 추세분석모형은?

① 등차급수모형
② 곰페르츠 모형
③ 로지스틱 모형
④ 회귀모형

◎해설
곰페르츠 모형
• 지역인구가 처음에는 완만하게 증가하다 어느 시점을 지나면 급격히 증가하고 다시 완만하게 증가(S자형 성장)하는 지역에 적용한다.
• 인구 증가에 상한선을 가정한다.

11 그리스의 건축가이며 도시계획가인 히포다무스는 도시계획에 관한 3조이론을 제안하였다. 여기서 3개조로 이루어진 건물집단 및 지구와 도로배치를 구분하기 위해 구성된 시민계급의 분류에 해당되지 않는 것은?

① 사제집단 ② 농부집단
③ 무장한 군인집단 ④ 예술가 집단

◎해설
히포다무스의 도시계획에서 3개조는 농부, 무장한 군인, 예술가 집단을 의미한다.

12 다음 중 베버(M. Weber)가 정의한 도시의 의미로 옳은 것은?

① 지적 엘리트를 포함한 각종 비농업적 전문가가 많으며 상당한 규모의 인구와 인구밀도를 갖는 공동체
② 주민의 대부분이 공업적 또는 상업적인 영리수입에 의해 생활하고 정주하는 곳
③ 농촌에 비해 전문직 종사자가 많고 인공환경이 우월하며 인구 구성의 이질성이 강한 곳
④ 도시의 결정요인은 예술, 문화, 종교, 민주적인 정치형태이며, 평등한 시민이 활기에 차 있는 곳

해설

막스 베버는 도시를 상업적 취락지라고 규정하고 있으며, 이에 따라 주민의 대부분이 공업적 또는 상업적인 영리수입에 의해 생활하고 정주하는 곳으로 도시의 의미를 정의하고 있다.

13 토지이용 관련 이론 중 동심원지대이론에 대한 설명으로 틀린 것은?

① 제3지대는 근로자 주거지대에 해당된다.
② 일반적인 구조는 5개의 동심원으로 구성된다.
③ 호이트가 1939년 논문을 통해 독자적으로 전개한 이론이다.
④ 도시 성장의 일반적인 과정 속에는 집중과 분산의 개념이 동시에 포함된다고 본다.

해설

호이트가 1939년 논문을 통해 독자적으로 전개한 이론은 선형이론이다.

14 다음 중 ㉠, ㉡의 도로 배치간격 기준을 옳게 나열한 것은?

> ㉠ 주간선도로와 보조간선도로
> ㉡ 보조간선도로와 집산도로

① ㉠ : 250m 내외, ㉡ : 500m 내외
② ㉠ : 500m 내외, ㉡ : 250m 내외
③ ㉠ : 500m 내외, ㉡ : 1km 내외
④ ㉠ : 1km 내외, ㉡ : 500m 내외

해설

도로의 배치간격

구분		배치간격
주간선도로와 주간선도로		1,000m 내외
주간선도로와 보조간선도로		500m 내외
보조간선도로와 집산도로		250m 내외
국지도로 간	가구의 짧은 변 사이	90m~150m 내외
	가구의 긴 변 사이	25m~60m 내외

15 다음의 설명에 해당하는 도시는?

> • 상업도시에 기원을 두고 건설되었다.
> • 주도로 중 머큐리오(Mercurio) 거리는 32피트의 너비로 가장 넓었다.
> • 격자형 가로구성과 도로의 포장 및 보도를 설치하였다.
> • 도시는 이중 벽으로 둘러싸인 달걀 모양의 형태이었다.

① 폼페이
② 아오스타
③ 카스트라
④ 팀가드

해설

폼페이는 A.D. 79년에 화산폭발로 잿더미 속에 묻혀 있다가 1,700여 년 만에 발굴된 고대 로마제국의 지방 항구도시이다.

16 뉴어바니즘(New Urbanism)의 기본 개념으로 틀린 것은?

① 다양한 주거양식의 혼합
② 디자인코드(Design Code)에 의한 건축물
③ 도시공간의 위계 파괴를 통한 자유스러운 토지이용 유도
④ 근린주구 구성기법에 근거한 걷고 싶은 보행환경 체계 구축

해설

뉴어바니즘(New Urbanism)은 도시의 파괴적인 개발행위를 영속화하려는 정책과 관례를 바꾸려는 운동으로서, 도시공간의 위계 파괴를 통한 자유스러운 토지이용 유도는 뉴어바니즘의 사조와 맞지 않는다.

정답 12 ② 13 ③ 14 ② 15 ① 16 ③

17 다음 중 지속 가능한 개발(발전)을 위한 선언문이 아닌 것은?

① 리우 선언문
② 지방의제(Agenda) 21
③ 요하네스버그 선언문
④ 카를스바트 결의

해설

리우 선언문, 지방의제(Agenda) 21, 요하네스버그 선언문 등이 지속 가능한 개발(발전)에 해당하는 사항을 다루었다. 카를스바트 결의는 1800년대 초 독일연방의 체제 안정을 위한 정치적 사항을 다루었다.

18 도시계획에 활용되는 자료원에 대한 접근 방법을 직접적·간접적이냐에 따라 1차 자료와 2차 자료로 분류할 때 다음 중 2차 자료에 해당하는 것은?

① 통계조사자료 ② 현지조사자료
③ 면접조사자료 ④ 설문조사자료

해설

자료의 구분
• 1차 자료(직접자료) : 현지조사 / 면접조사 / 설문조사
• 2차 자료(간접자료) : 문헌자료조사 / 통계자료조사 / 지도분석

19 도시공간구조 이론 중 해리스와 울만이 제시한 다핵심구조이론(Multiple Nuclei Theory)에서의 기능지역에 해당하지 않는 것은?

① 도시교통시설지역 ② CBD
③ 중공업지역 ④ 교외주거지역

해설

다핵심이론의 기능지역
• CBD(중심업무지구) • 도매·경공업지구
• 저급주택지구 • 중산층 주택지구
• 고급주택지구 • 중공업지구
• 부심(주변업무지구) • 신주택지구
• 신공업지구

20 1970년대 중반 이후 미국에 도입된 성장관리 정책에 대하여 넬슨(Arthur C. Nelson)과 듀칸(Janes B. Ducan)이 제시한 목적과 거리가 먼 내용은?

① 경제적 형평성 제고
② 효율적인 도시형태 구축
③ 납세자의 보호
④ 어반스프롤의 방지

해설

도시의 합리적인 성장관리정책을 고려하였을 때 경제적 형평성까지 고려하여 추진하는 것은 쉽지 않다.

2과목 도시설계 및 단지계획

21 경관창조를 위한 공동주택 주거동의 바람직한 배치에 대한 설명으로 가장 거리가 먼 것은?

① 스카이라인에 율동감을 준다.
② 기존 지형에 과다한 절·성토를 피한다.
③ 주거동의 고층화를 억제하며, 중·고밀도로 자연에 순응하는 군집형태로 건물을 배치한다.
④ 연립 및 중·고층아파트의 배치는 주 보행로를 중심으로 접지성이 약한 순서인 고층, 중층, 저층의 건축물을 차례로 배치한다.

해설

연립 및 중·고층아파트의 배치는 주 보행로를 중심으로 접지성이 강한 순서인 저층, 중층, 고층의 건축물을 차례로 배치한다.

22 페리(Clarence A. Perry)가 제안한 근린주구이론은 많은 계획을 통하여 변화와 비판을 받았다. 다음 중 근린주구이론의 비판으로서 가장 적합한 것은?

① 표준화에 따른 공공 편익시설의 부족
② 통과교통 배제에 따른 도로망 체계의 불합리성
③ 공동체 의식을 제고하기 위한 영역성의 결여

④ 동질의 건축물 시설 집합에 따른 배타적인 지역 공간 형성

⊙ 해설

근린주구는 동질의 건축물 시설 집합에 따른 배타적인 지역 공간을 형성하여, 인종 간, 계층 간 분리를 조장하여 사회적 통합을 저해한다.

23 케빈 린치(Kevin Lynch)가 분류한 도시 이미지의 5가지 요소를 모두 옳게 나열한 것은?

① 도로(Path), 건축물(Building), 광장(Plaza), 공원(Park), 지구(District)

② 중심지구(CBD), 지구(District), 도로(Path), 광장(Plaza), 공장지대(Factory)

③ 경계(Edge), 결절점(Node), 도로(Path), 지구(District), 랜드마크(Landmark)

④ 경계(Edge), 하천(River), 랜드마크(Landmark), 결절점(Node), 중심지구(CBD)

⊙ 해설

케빈 린치의 도시를 이미지화하는 도시의 물리적 구조에 관한 5가지 요소

구분	내용
지구(District)	인식 가능한 독자적 특징을 지닌 영역
경계(Edge)	지역을 다른 지역과 구분할 수 있는 선형적 영역(해안, 철도 모서리, 개발지 모서리, 벽, 강, 철도, 옹벽, 우거진 숲, 고가도로, 늘어선 빌딩들 등)
결절(Node)	교차점(도시의 핵, 통로의 교차점, 집중점, 접합점, 광장, 교통시설, 로터리, 도심부 등)
통로(Path)	이동의 경로(복도, 가로, 보도, 수송로, 운하, 철도, 고속도로 등)
랜드마크 (Landmark)	시각적으로 쉽게 구별되는 표지로, 주위 경관 속에서 두드러지는 요소로 통로의 교차점에 위치하면 보다 강한 이미지 요소가 됨(탑, 오벨리스크, 기념물 등)

24 도시설계의 실제적 수립과정 중 (   )에 해당하는 것은?

> 대상지 선정 → 현황 및 여건 분석 → 기본구상 → (   ) → 도시설계안 작성 → 시행계획

① 획지 계획

② 목표 설정

③ 부문별 계획

④ 건축 규제 계획

⊙ 해설

도시설계의 과정

대상지 선정 → 현황 및 여건 분석 → 기본구상 → 부문별 계획 → 도시설계안 작성 → 시행계획

25 다음 중 경관 분석의 기법에 해당하지 않는 것은?

① 기호화 방법

② 군락측도 방법

③ 시각회랑에 의한 방법

④ 게슈탈트(Gestalt)에 의한 방법

⊙ 해설

군락측도는 어떠한 집단이 모여 있는 정도를 나타내는 것으로 경관 분석의 기법과는 거리가 멀다.

26 슈퍼블록(Super Block)의 장점으로 틀린 것은?

① 보도와 차도의 완전한 분리가 가능하다.

② 충분한 공동의 오픈스페이스를 확보할 수 있다.

③ 건물을 집약화함으로써 고층화 · 효율화가 가능하다.

④ 대형 가구의 내부에 자동차의 통과를 유도하여 도로율을 증가시킬 수 있다.

⊙ 해설

슈퍼블록(Super Block)

대형 가구의 내부에 자동차의 통과교통을 없애고, 보행자 전용도로를 조성하여 쾌적하고 편리한 주거생활공간을 창출한 것으로서, 1928년 래드번 계획에서 처음 채택되었다.

27 다음 가−나 두 지점 사이의 경사가 10%일 때 두 지점의 표고차(등고차)는?

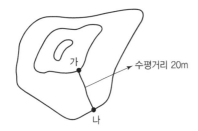

수평거리 20m

① 1m
② 2m
③ 20m
④ 200m

●해설

등고선에서 표고차(등고차) 계산

$$경사도 = \frac{표고차(h)}{등고선\ 간의\ 거리(D)} \times 100$$

$$표고차(h) = \frac{등고선\ 간의\ 거리(D) \times 경사도}{100}$$

$$= \frac{20 \times 10}{100} = 2m$$

28 지구단위계획을 관계 행정기관의 장과의 협의, 국토교통부장관과의 협의 및 중앙 또는 지방도시계획위원회의 심의를 거치지 아니하고 변경할 수 있는 기준으로 옳지 않은 것은?

① 획지면적의 30% 이내의 변경인 경우
② 건축물의 배치·형태 또는 색채의 변경인 경우
③ 건축물 높이의 30% 이내의 변경인 경우(층수변경이 수반되는 경우를 포함한다)
④ 가구(관련 조항에 따른 별도의 구역을 포함한다) 면적의 10% 이내의 변경인 경우

●해설

건축물 높이의 20% 이내의 변경인 경우 관계행정기관의 장과의 협의, 국토교통부장관과의 협의 및 도시계획위원회의 심의를 생략할 수 있다.

29 지구단위계획에 대한 도시·군관리계획 결정도의 표시기호가 옳은 것은?

① 공동개발

② 차량진출입구

△

③ 건축한계선

······

④ 공공보행통로

⊠ ⊠ ⊠ ⊠

●해설

① 합벽건축, ② 보행주출입구, ③ 대지분할가능선

30 다음 중 뷰캐넌 보고서(Buchannan Report)의 "통과교통으로부터 생활환경 보호"의 개념과 가장 관계 있는 것은?

① 슈퍼블록
② 거주환경지역
③ 보행자데크
③ 획지분할

●해설

뷰캐넌 보고서(Buchanan Report)의 의도는 거주환경지역의 보행자 보호를 최우선으로 두고 있다.

31 래드번(Radburn) 주택단지계획의 특성이 아닌 것은?

① 주거단지 내 통과교통을 배제함
② 학교는 보행자 도로체계와 분리하여 계획함
③ 차량진입은 Cul−de−sac을 통하여 주택의 입구까지만 허용함
④ 주도로와 보행자도로가 만나는 곳은 입체교차 시설을 설치함

●해설

래드번 계획은 페리의 근린주구이론에 근간을 두고 있으며, 학교 및 공공시설이 지역의 중심에 위치하고 보도로 통행할 수 있도록 계획한다.

32 샹디가르(Chandigarh)에 적용된 공원녹지 체계 유형은?

① 격자형
② 대상형
③ 분산형
④ 집중형

해설

샹디가르(Chandigarh)
르 코르뷔지에가 설계한 도시로, 공원을 산책하는 사람에게는 차량이 보이지 않도록 하는 도시설계 기법을 사용하였으며, 대상형의 공원녹지 체계로 설계되었다.

33 공원 및 녹지의 계획에 관한 내용 중 맞는 것은?

① 어린이공원의 면적은 500m² 이상으로 한다.
② 도보권 근린공원의 면적은 1만m² 이상으로 한다.
③ 공원이용자의 안전을 위해 입구를 제외하고는 가급적 도로를 배치하지 않는다.
④ 근린공원은 휴식, 여가, 운동 등 이용자의 옥외활동을 수용할 수 있도록 계획한다.

해설

① 어린이공원의 면적은 1,500m² 이상으로 한다.
② 도보권 근린공원의 면적은 3만m² 이상으로 한다.
③ 도시공원은 공원 이용자가 안전하고 원활하게 도시공원에 모였다가 흩어질 수 있도록 원칙적으로 3면 이상이 도로에 접하도록 설치되어야 한다.

34 카밀로 지테(Camillo Sitte)의 예술적 원리에 근거한 도시공간의 내용과 거리가 먼 것은?

① 도시공간은 연속적으로 존재해야 한다.
② 고대와 중세의 도시공간과는 다른 새로운 예술적 도시 공간을 조성해야 한다.
③ 도시를 확장하는 데 문화재의 보존 문제에 관심을 가져야 한다.
④ 건물은 광장이나 기타 요소와 상호 관계되는 경우에만 의미를 갖는다.

해설

카밀로 지테(Camillo Sitte)는 도시의 확장 시 문화재의 보존에 관심을 갖고, 도시공간의 시간적 연속성을 주장하였다. 이에 따라 고대와 중세의 도시공간을 유지하며 시간적인 연속성을 갖는 공간을 조성하는 도시계획을 추구하였다.

35 오픈스페이스의 기능에 대한 설명이 틀린 것은?

① 시냇물 · 연못 · 동산 등과 같은 자연 경관적 요소들을 제공한다.
② 오픈스페이스의 적극적 확보를 위하여 평탄한 곳과 접근성이 뛰어난 곳을 우선 확보하여야 한다.
③ 기존의 자연환경을 보전 · 향상시켜 줄 수 있는 수단을 제공한다.
④ 공기정화를 위한 순환통로의 기능을 수행함으로써 미기후의 형성에 영향을 준다.

해설

오픈스페이스(Open Space)는 생태적, 사회적, 경관적 기능이 어우러진 자연적 공간으로서 평탄지형과 접근성보다는 자연지형을 그대로 살린 형태의 대지에 계획되는 것이 적당하다.

36 용적률 500%, 평균층수가 20층일 때 건폐율은?

① 25%
② 40%
③ 60%
④ 75%

해설

$$건폐율 = \frac{용적률}{평균층수} = \frac{500}{20} = 25\%$$

37 격자형 가로망의 특징에 해당하지 않은 것은?

① 토지의 분할이 용이하다.
② 단계별 개발이 용이하다.
③ 도로의 위계를 쉽게 설정할 수 있다.
④ 도시경관의 정연성을 부각시킬 수 있다.

정답 32 ② 33 ④ 34 ② 35 ② 36 ① 37 ③

해설

격자형은 도로의 위계가 불분명하고 부정형 지형에 곤란한 특징을 가지고 있다.

38 다음 중 획지계획에 대한 설명으로 옳지 않은 것은?

① 획지계획의 기본목표는 주택용지의 경우 토지이용의 효율성과 주거의 쾌적성을 보장하는 것이다.
② 다양한 규모의 획지로 분할하여 여러 계층의 수요를 고르게 만족시킬 수 있도록 하여야 한다.
③ 용도에 맞는 적정 획지를 계획하도록 한다.
④ 간선가로망 주변에 소형 가구를 많이 배치하여 상업시설과 부대시설에 의한 가로변의 미관 저해를 방지토록 한다.

해설

간선가로망 주변에는 일반적으로 대형 가구를 배치하여 상업시설과 부대시설의 조화를 이루고 미관 저해를 방지토록 한다.

39 단지계획의 수립과정 중 기본구상 및 대안설정단계에서 수행되는 계획 내용은 무엇인가?

① 기본골격 작성
② 분양계획
③ 부문별 기본계획
④ 자연 · 인문환경 분석

해설

기본구상 · 대안설정단계
설정한 목표에 따라 계획의 지침과 방향 등 기본골격을 작성하는 과정이다.

40 개발밀도에 관한 설명으로 옳은 것은?

① 계획의 타당성 여부에 대한 중요한 판단기준이 되며 주거환경의 질을 결정한다.
② 호수밀도는 단위면적당 거주인구를 의미한다.
③ 통풍, 채광, 일조 등 국지기후와는 관련이 없다.

④ 개발 사업자의 수익성을 고려하여 밀도를 결정한다.

해설

② 호수밀도는 단위면적당 호수(가구 수)의 밀도를 의미한다.
③ 개발밀도가 높아질 경우 통풍, 채광, 일조 등이 나빠질 수 있다.
④ 개발밀도를 개발 사업자의 수익성을 고려하여 결정할 경우 고밀도가 될 우려가 있어, 건축 및 주거환경적으로 안 좋은 결과를 초래할 수 있으며, 개발밀도는 지구단위계획 등 토지이용계획에 따라 결정한다.

3과목 도시개발론

41 수요예측모형에 대한 설명으로 옳지 않은 것은?

① 중력모형은 시장, 재화, 차량, 정보 등의 공간적 이동을 묘사하는 수학적 모형으로서, 공간상호작용모형(Spatial Interaction Model)으로도 불린다.
② 다중회귀분석은 종속변수와 여러 개의 설명변수들 사이의 인과관계를 밝히기 위한 통계학적 분석 기법이다.
③ 시계열분석은 일정 기간 동안 진행되는 변화의 트렌드를 분석한다.
④ 시계열분석, 인과분석법, 중력모형은 정성적 예측모형이다.

해설

시계열분석, 인과분석법, 중력모형은 정량적 예측모형이며, 정성적 예측모형에는 시나리오법, 델파이법 등이 있다.

42 다음 중 제3섹터의 특징이 아닌 것은?

① 단기간 내의 채산성 확보가 어려움
② 주민의 적극적인 자원봉사를 전제로 함
③ 불안정성과 실패에 대한 책임소재가 불분명함
④ 공공의 안정성, 계획성과 민간의 효율성을 결합함으로써 합리적 사업 추진 가능

●해설

제3섹터란 민관합동개발을 의미하지만, 주민의 적극적인 자원봉사를 전제로 하지는 않는다.

---

43 다음 중 도시개발에 대한 설명으로 옳지 않은 것은?

① 도시개발은 택지 문제의 해결에만 중점을 두어야 한다.
② 도시계획과 연계성을 고려하여 개발 방향이 제시되어야 한다.
③ 경제성장에 따른 삶의 질 향상과 생활양식의 변화 등도 고려하여야 한다.
④ 공공의 질서 안녕과 공공복리의 증진에 기여함을 목표로 한다.

●해설

도시개발의 목적은 도시민 전체의 활동에 대한 능률성과 안전성 증대에 있으며, 도시개발 시에는 택지 문제뿐만 아니라, 상업 및 공업, 공원 및 녹지 등 전 분야에 걸친 고려가 필요하다.

---

44 도시개발사업을 위한 재원조달방안인 지분조달방식에 대한 설명으로 옳지 않은 것은?

① 원리금이나 이자의 상환부담이 없다.
② 중소기업의 경우 주식 공개매매, 유통시장이 발달되지 않는다.
③ 자본시장의 여건에 따라 조달이 민감하게 영향을 받는다.
④ 조달 규모의 증대로 소유자의 지분이 크게 확대된다.

●해설

지분조달방식에서는 조달 규모의 증대 시 소유자의 지분이 축소되는 특징이 있다.

---

45 마케팅 전략수단인 4Ps 전략의 4Cs 전략으로의 전환 내용이 옳은 것은?

① 홍보(Promotion) → 의사소통(Communication)
② 상품(Product) → 편리성(Convenience)
③ 가격(Price) → 소비자(Customer)
④ 장소(Place) → 비용(Cost to the Customer)

●해설

4P(마케팅 구성요소)	4C(수요자 입장)	
제품(Product)	소비자 가치 (Customer Value)	소비자가 원하는 제품
가격(Price)	소비자 비용 (Cost of the Customer)	소비자 지불 적정 가격
장소(Place)	편리성 (Convenience)	소비자의 접근성
홍보 (Promotion)	의사소통 (Communication)	소비자와의 소통

---

46 환지계획에서 사업에 필요한 경비를 조달하고 공공시설 설치에 필요한 용지를 확보하기 위해 정하는 것은?

① 체비지 · 보류지
② 청산환지
③ 입체환지
④ 증환지

●해설

체비지 · 보류지

사업에 필요한 경비 조달, 공공시설 설치에 필요한 토지 확보를 위한 토지

---

47 어느 개발사업의 운영수익이 다음과 같이 예상된다. 이 사업의 순현재가치는 약 얼마인가?

- 12개월 후 : 100억 원
- 24개월 후 : 100억 원
- 36개월 후 : 100억 원
- 연이자율 : 10%
- 억 단위 미만 절사

① 247억 원
② 272억 원
③ 331억 원
④ 364억 원

해설

$$FNPV = \sum_{t=0}^{T} \frac{R_t}{(1+r_0)^t} - \sum_{t=0}^{T} \frac{C_t}{(1+r_0)^t}$$

여기서, R : t년도에 발생한 사업수입

C_t : t년도에 발생한 사업비용

r_0 : 기업의 할인율, t : 사업기간

$$\frac{100}{(1+0.1)^1} + \frac{100}{(1+0.1)^2} + \frac{100}{(1+0.1)^3} ≒ 248.69(억\ 원)$$

※ 본 문제의 답은 248.69억 원이 나오며, 보기 중 가장 근사치인 약 247억 원을 답으로 선정한다.

48 1920년대에 위성도시안을 제안한 사람이 아닌 자는?

① 테일러(G. R. Taylor)
② 라딩(A. Rading)
③ 기버드(F. Gibberd)
④ 휘튼(R. Whitten)

해설

기버드(F. Gibberd)는 1920년대 위성도시 제안론자에는 포함되지 않으나, 영국의 1기 신도시 중의 하나인 할로우(Harlow)의 기본계획과 설계를 맡아 진행한 도시계획가이다.

49 다음 중 88올림픽 이후의 주택가격 폭등에 대처하기 위해 주택 대량 공급 방안으로 건설된 수도권 1기 신도시만을 나열한 것은?

① 분당, 일산, 과천, 김포, 목동
② 분당, 일산, 평촌, 산본, 중동
③ 화성, 송파, 파주, 분당, 일산
④ 목동, 과천, 상계, 영통, 광명

해설

우리나라의 신도시
• 1기 신도시 : 분당, 일산, 중동, 평촌, 산본
• 2기 신도시 : 화성(동탄), 판교, 김포, 파주, 수원, 양주 옥정

50 부동산펀드의 유형을 운용시장의 형태에 따라 구분할 때, 다음 중 민간시장(Private Market) 부문에 해당되지 않는 것은?

① 직접투자
② 사모부동산 펀드
③ 상업용 저당채권
④ 직접대출

해설

상업용 저당채권(CMBS)은 공개시장(Public Market)에 해당한다.

51 도시개발법령에 따라 도시개발구역으로 지정할 수 있는 대상지역별 규모기준이 틀린 것은?

① 도시지역 안 공업지역 : 3만m^2 이상
② 도시지역 안 자연녹지지역 : 1만m^2 이상
③ 도시지역 안 주거지역 : 1만m^2 이상
④ 도시지역 외의 지역 : 50만m^2 이상

해설

도시지역 외의 지역에서의 도시개발구역으로 지정할 수 있는 규모기준은 30만m^2 이상이다.

52 계획단위개발(PUD)의 4단계 시행절차의 순서가 옳은 것은?

| a. 예비개발계획 | b. 사전회의 |
| c. 최종개발계획 | d. 개별개발계획 |

① a−b−d−c
② b−c−d−a
③ b−d−a−c
④ a−d−b−c

해설

계획단위개발 시행절차
사전회의 실시 → 개별개발계획 수립 → 예비개발계획 수립 → 최종개발계획 수립

53 1958년 네덜란드 헤이그에서 열린 제1회 도시재개발에 관한 국제세미나에서 정의한 재개발 방법에 해당하지 않는 것은?

① 전면재개발(Redevelopment)

② 개량재개발(Remodeling)

③ 수복재개발(Rehabilitation)

④ 보전재개발(Conservation)

◆해설

네덜란드의 헤이그(1958)에서 열린 제1회 국제세미나에서 정의한 도시재개발 방법

• 지구전면재개발(Redevelopment)

• 지구수복재개발(Rehabilitation)

• 지구보전재개발(Conservation)

54 경제성 분석 시, 계량화 및 가치화가 불가능한 효과에 금전적 가치를 부여해야 할 필요성이 있는 경우 사용하는 방법은?

① 변이 – 할당 분석   ② 조건부 가치측정법

③ 권리 분석   ④ 시장성 분석

◆해설

계량화 및 가치화가 불가능한 효과에 금전적 가치를 부여해야 할 필요성이 있는 경우 사용하는 방법은 조건부 가치측정법(CVM : Contingency Valuation Method)이다.

55 부동산 시장 및 각종 생산과 설비를 위한 투자의 경우에도 널리 사용되는 개념으로, 기업의 부채에 대한 이자가 영업이익의 변동, 세후순이익의 변동을 확대시키는 현상은?

① 승수효과   ② 쿠르노 효과

③ 파레토 효과   ④ 레버리지 효과

◆해설

레버리지 효과(지렛대 효과, Leverage Effect)

타인자본 때문에 발생하는 이자가 지렛대 역할을 하여 영업이익의 변화에 대한 주당이익의 변화폭이 더욱 커지는 현상을 말한다.

56 그림과 같은 거리와 지대/밀도의 관계 그래프에서 도시용 토지와 농업 등의 생산용도로 이용하고자 하는 토지로 나누어지는 지점은?(단, R_a는 농업지대곡선, R_r는 주거지대곡선, R_c는 상업·업무지대곡선이다.)

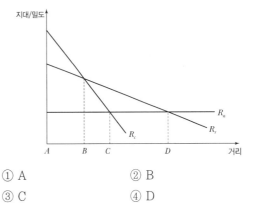

① A   ② B

③ C   ④ D

◆해설

상업·업무지대곡선(R_c)과 주거지대곡선(R_r) 중 지대가 낮은 주거지대곡선(R_r)을 기준으로 농업지대곡선(R_a)과 교차되는 지점이 도시용 토지와 농업 등의 생산용도로 이용하고자 하는 토지로 나누어지는 지점이라 볼 수 있다.

57 재개발의 목적에 관한 설명으로 옳지 않은 것은?

① 주택 및 물리적 시설의 불량, 노후화를 개선, 예방

② 도시적 형태와 기능을 지니지 않은 토지에서 도시적 기능을 부여

③ 재개발지구 주민들의 사회 경제적 조건을 향상시키며 공동체적 삶의 질을 향상

④ 교통시설과 교통체계의 정비, 지역사회를 위한 학교, 공원, 우체국 등 다양한 공공시설과 서비스를 적정 배치 공급

◆해설

재개발

기존에 개발된 지역이 시대적·공간적 쇠퇴에 따라 그 기능을 상실하고 불량화되었을 때 도시의 불량지구개선, 안전하고 위생적인 환경의 마련, 도시기능의 부활 등을 기하고자 실시하는 사업

정답 53 ② 54 ② 55 ④ 56 ④ 57 ②

58 대중교통중심개발(TOD : Transit Oriented Development)의 개념과 거리가 먼 것은?

① 복합고밀개발

② 보행거리 내 상업, 주거, 업무, 공공시설 배치

③ 자동차에 대한 의존도 감소

④ 주민참여의 극대화

◉해설

TOD는 정부 주도형의 고밀도 역세권개발방식인 하향적 정책으로서, 주민참여방식인 상향적 정책결정과는 거리가 멀다.

59 다음 중 주민참여형 도시개발의 유형과 가장 거리가 먼 것은?

① BTL 방식

② 민간협약

③ 주민투표

④ 지구 차원의 계획

◉해설

BTL(Build Transfer Lease) 방식은 사회간접자본(SOC)에 대해 민간이 건설자본을 투자하는 사업추진방식의 한 종류이다.

60 델파이법에 관한 설명으로 옳지 않은 것은?

① 조사하고자 하는 특정 사항에 대해 일반인 집단을 대상으로 반복 앙케이트를 행하여 의견을 수집하는 방법이다.

② 예측을 하는 데 회의방식보다 서면을 통한 설문방식이 올바른 결론에 도달할 가능성이 높다는 가정에 근거한다.

③ 예측과제의 추출 처리 → 조사표 설계 → 조사대상자 선정 → 조사 실시 → 조사결과의 집계와 분석과정을 거친다.

④ 최초의 앙케이트를 반복 수렴한다는 데에서 여러 사람의 판단이 피드백되기에 결론을 의미 있게 받아들일 수 있다.

◉해설

델파이 방법은 앙케이트의 반복을 통한 전문가들의 의견을 조사하여 반영하는 방법이다.

4과목 **국토 및 지역계획**

61 서울시 주변에 위치한 수원, 안성, 용인 등으로 대학교가 이전되거나 분교가 설치되는 현상과 가장 직접적으로 관련 있는 것은?

① 「국토기본법」

② 「수도권정비계획법」

③ 「경기도 도시계획 조례」

④ 「서울특별시 도시계획 조례」

◉해설

정의(「수도권정비계획법」 제2조)

"인구집중유발시설"이란 학교, 공장, 공공 청사, 업무용 건축물, 판매용 건축물, 연수시설, 그 밖에 인구집중을 유발하는 시설로서 대통령령으로 정하는 종류 및 규모 이상의 시설을 말한다.

62 수도권으로의 기능 집중에 따른 도시 문제로 가장 거리가 먼 것은?

① 인력난 가중

② 환경문제심화

③ 교통난의 심화

④ 도시경관의 악화

◉해설

인력난 가중은 도시 문제가 아닌 지방에서 일어나는 문제 사항이다.

63 공간적 거점을 중심으로 기능적 연계가 밀접하게 형성된 지역범위로, 상호의존적 또는 상호보완적 관계를 가진 몇 개의 공간 단위를 하나로 묶은 지역을 일컫는 것은?

① 동질지역

② 중간지역

③ 낙후지역

④ 결절지역

◉해설

결절지역(Node Region)

• 상호의존적 · 보완적 관계를 가진 몇 개의 공간 단위를 하나로 묶은 지역

• 지역 내의 특정 공간 단위에 경제활동이나 인구가 집중되어 있는 공간 단위를 흔히 결절(Node) 또는 분극(Focus)이라고 한다.

64 다음 중 제2차 국토종합개발계획(1982~1991)의 생활권 구분에서 농촌도시생활권에 해당하지 않는 것은?

① 영월생활권　　　　② 서산생활권
③ 점촌생활권　　　　④ 강화생활권

해설

농촌도시생활권(6개 권)
영월 · 서산 · 홍성 · 강진 · 점촌 · 거창을 중심으로 하는 농업적 기반이 강한 낙후지역의 생활권

65 도로망 구성형태 중 방사형 도로망의 특징으로 옳은 것은?

① 대각선을 삽입하여 격자형의 단점을 보완한 형태이다.
② 도심의 기념비적인 건물을 중심으로 주변과 연결된다.
③ 고대 및 중세 봉건도시에서 볼 수 있는 전형적인 형태이다.
④ 지형이 평탄한 도시에 적합하고 부정형한 토지가 적다.

해설

방사형 도로망
• 도시의 기념비적인 건물을 중심으로 주변과 연결하고 중심지를 기점으로 주요간선로를 따라 도시의 개발축을 형성
• 왕궁이나 기념비적인 건물을 중심으로 주변과 연결하여 도심 집중현상 발생
• 대표도시 : 부산, 앙카라

66 다음 중 국토계획의 필요성에 해당하지 않는 것은?

① 유한적 국토자원의 효과적 활용
② 국토 관련 행정의 중앙집중 및 규제력 강화

③ 지역격차와 불균형 문제 해소
④ 상위 정책 간 마찰 조정과 하위정책에 대한 지침 제시

해설

국토계획은 효율적이고 균형적인 국토운영을 위해 종합적이고 지침 제시적인 성격을 가지고 있다. 국토관련 행정의 중앙집중 및 규제력 강화와는 거리가 멀다.

67 다음의 조건을 가진 A시의 섬유업에 관한 LQ지수는?

• A시의 섬유업 총 고용자수 : 5만 명
• A시의 총 고용자수 : 40만 명
• 전국의 섬유업 총 고용자수 : 35만 명
• 전국의 총 고용자수 : 140만 명

① 0.5　　　　　　② 1.2
③ 2.0　　　　　　④ 2.4

해설

$$LQ = \frac{E_{Ai}/E_A}{E_{ni}/E_n}$$

$$= \frac{A지역의 \ i산업 \ 고용수/A지역 \ 전체 \ 고용수}{전국의 \ i산업 \ 고용수/전국의 \ 고용수}$$

$$= \frac{50,000/400,000}{350,000/140,000} = 0.5$$

68 다음 중 국토 및 지역개발의 관점에서 중앙정부 주도의 하향식 개발을 지향하는 것은?

① 도농통합개발
② 지역생활권개발
③ 성장거점개발
④ 농어촌정주권개발

해설

하향식(Top-down, Development from Above) 계획은 국가주도형 정책의 특성을 가지므로 성장거점개발, 거점중심적 지역개발전략 등과 어울린다.

69 성장극(Growth Pole)의 특성이 아닌 것은?

① 성장을 유도하고 그 성장을 다른 곳으로 확산시킨다.
② 성장을 촉진시키는 쇄신, 새로운 아이디어를 받아들이는 성향을 갖는다.
③ 다른 산업보다 빠르게 성장한다.
④ 다른 산업과의 연계성(Linkage)을 갖지는 않는다.

해설

페로우(F. Perroux)가 제시한 성장극(Growth Pole)의 특성
대규모성(大規模性), 급속한 성장, 타 산업과의 높은 연계성(連繫性), 전방연쇄효과, 후방연쇄효과

70 지역 문제의 해결을 위해 여러 가지 대안을 도출하고 이를 평가하여 최종안을 결정하고자 할 때 다음 중 가장 적절하지 못한 방법은?

① 비용편익분석(Benefit/Cost Analysis)
② 계획대차대조표법(Planning Balance Sheet)
③ 정수계획법(Integer Programming)
④ 목표성취행렬법(Goals Achievement Matrix)

해설

정수계획법(Integer Programming)
선형계획법에서 변수의 일부 또는 전부를 정수로 한정하여 산출하는 방식으로서, 여러 가지 대안을 도출하고 이를 평가하여 최종안을 도출하는 방식과는 거리가 멀다.

71 튀넨의 농업입지론에서 재배작물의 유형을 결정하는 요소에 해당하지 않는 것은?

① 지대   ② 생산비
③ 운송비   ④ 경작지 규모

해설

재배작물의 유형은 지대에 따라 달라지며, 지대는 매상고, 생산비, 수송비에 영향을 받는다.

72 다음 중 클라센(L. Klaassen)의 성장률과 소득수준에 의한 지역 분류에 해당하지 않는 것은?

① 번성지역   ② 과밀지역
③ 저개발지역   ④ 잠재적 저개발지역

해설

클라센의 동질지역 구분
성장률 $g_o = \dfrac{g_i}{g}$, 소득 $y_o = \dfrac{y_i}{y}$

여기서, g_i, y_i : i 지역의 성장률과 지역의 소득
　　　　g, y : 국가의 성장률과 국가의 소득
• 번성지역 : $g_o > 1$, $y_o > 1$
• 발전도상 저개발지역 : $g_o > 1$, $y_o < 1$
• 잠재적 저개발지역 : $g_o < 1$, $y_o > 1$
• 저개발지역 : $g_o < 1$, $y_o < 1$

73 다음 중 성장거점이론의 기본전제에 해당하지 않는 것은?

① 규모경제의 극대화를 위해 소수지역에 투자를 집중한다.
② 지역혁신을 도시지역에서부터 시도하여 농어촌지역으로 확산한다.
③ 기반투자는 이용인구가 밀집된 곳의 우선순위가 높다.
④ 지역 간 투자의 균등배분을 통한 균형발전을 도모한다.

해설

성장거점이론(Growth Pole Theory)은 경제 선도 산업, 집적 경제, 확산 효과가 있는 지역을 지정하고 이를 집중적으로 개발하여 국가 경제성장을 견인하는 방법과 수단에 대한 이론이다.

74 다음 중 프랑스 파리권의 집중억제를 위하여 실시한 정책이 아닌 것은?

① 오스만의 파리대개조계획
② 파리소재 대학의 지방 이전
③ 신축 건물에 대한 부담금제도
④ 일정 규모 이상의 기업체의 신증축 시 사전허가제 적용

●해설

파리대개조계획은 도시환경 개선을 목표로 추진한 도시계획이다.

75 다음과 같이 주장한 학자는?

- 한 지역은 중심도시와 주변지역으로 구성된다.
- 중심도시와 주변지역 간에는 순환인과관계가 이루어지고 역류와 확산효과가 나타나게 된다.

① Haggett   ② Myrdal
③ Kaldor   ④ Williamson

●해설

역류와 확산효과를 주장한 학자는 미르달(G. Myrdal)이며, 미르달은 역류효과와 확산효과는 주기적인 상향 또는 하향운동을 일으킴으로써 지역 간 격차를 지속시킨다고 주장하였다. 성장지역의 부(富)와 기술 등이 주변지역으로 파급되어 지역 간 격차가 줄어드는 것이 아니라, 오히려 주변지역의 자본, 노동 등 생산요소가 계속해서 성장지역으로 흘러 들어가 성장지역은 계속 성장하고 주변지역은 계속 낙후지역으로 남게 되는 것이라고 하였다.

76 지역계획과정에서 주민참여의 기대 효과로 볼 수 없는 것은?

① 주민의 지지와 협조를 통한 집행의 효율화
② 주민 요구에 대한 행정책임의 강화
③ 주민의 심리적 욕구 충족과 주체성 회복
④ 주민 요구를 통한 행정 수요 파악으로 사업의 우선순위 결정에 도움

●해설

주민참여를 할 경우 행정책임의 회피 현상을 가져올 수 있다.

77 어떤 국가의 도시규모가 지프(Zipf)의 순위−규모 법칙에 의한 순위규모분포($q=1$)를 따른다고 할 때, 수위도시의 인구가 100만 명이라면 제4순위 도시의 인구는 얼마로 예상할 수 있는가?

① 20만 명   ② 25만 명
③ 33만 명   ④ 40만 명

●해설

$q=1$은 순위규모분포로 어느 나라에서 수위도시의 인구분포가 1이라면 나머지 도시의 인구는 1/2, 1/3, 1/4 분포를 뜻한다. 이는 1순위 수위도시가 100만 명이라고 하면 2순위는 1/2, 3순위는 1/3, 4순위는 1/4가 된다는 것을 의미한다. 그러므로 4순위 도시는 100만 명×1/4=25만 명이 된다.

78 다음 중 테네시계곡 개발계획(TVA 계획)은 어느 나라의 지역 계획인가?

① 프랑스   ② 영국
③ 미국   ④ 독일

●해설

테네시계곡 개발사업

- 1930년대 전후 실업자 구제 및 공업도시 개발을 위해 미국 테네시강 유역에 다수의 다목적댐을 건설하여 전력과 수자원 공급을 목표로 함
- 미국에서 지역개발계획의 선구적 사례

79 지역의 불균형 정도를 측정하는 데 활용될 수 없는 것은?

① 허프 모형   ② 파레토 계수
③ 지니 계수   ④ 로렌츠 곡선

●해설

허프(Huff)의 소매지역이론(Huff 모형)은 전통적인 수요 추정 모델 중에서 상권에 관한 가장 체계적인 이론으로서 소비자가 상점시설을 선정하는 행동을 확률적으로 해석하는 방법을 통해 개별 소매점의 고객 흡입력을 계산하는 기법으로 활용되고 있다.

80 베버(A. Weber)의 공업입지 최소비용이론의 3가지 입지인자에 해당하지 않는 것은?

① 원료비   ② 노동비
③ 수송비   ④ 집적경제

입지결정 인자
• 최소수송비 원리
• 노동비에 따른 최적입지의 변화
• 집적이익에 따른 최적지점의 변화

5과목 도시계획 관계 법규

81 다음 중 수도권정비위원회의 위원장은?

① 국무총리
② 기획재정부장관
③ 국토교통부장관
④ 서울특별시장

●해설
수도권정비위원회의 구성(「수도권정비계획법」 제22조)
• 위원회는 위원장을 포함한 20명 이내의 위원으로 구성한다.
• 위원장은 국토교통부장관이 된다.

82 다음 중 「주차장법」상 주차장의 종류에 해당하지 않는 것은?

① 노상주차장   ② 노변주차장
③ 노외주차장   ④ 부설주차장

●해설
주차장의 종류(「주차장법」 제2조)
노상주차장, 노외주차장, 건축물부설주차장

83 「체육시설의 설치 · 이용에 관한 법률」에 따른 공공체육시설에 해당하지 않는 것은?

① 전문체육시설   ② 재활체육시설
③ 직장체육시설   ④ 생활체육시설

●해설
공공체육시설 : 전문체육시설, 생활체육시설, 직장체육시설

84 통행의 안전과 차량의 소통을 원활하게 하기 위해서 도로의 교차각과 너비에 따라 교차점으로부터 후퇴하는 것은?

① 사선 제한
② 도로 경계선
③ 건축 지정선
④ 도로 모퉁이의 길이

●해설
교통의 원활한 회전 및 시야 확보를 위해 도로 모퉁이의 길이를 조절하며 이것을 가각전제라고 한다.

85 과밀부담금에 관한 설명으로 옳은 것은?

① 과밀부담금은 건축비의 100분의 20으로 하는 것을 원칙으로 한다.
② 건축물 중 주차장의 용도로 사용되는 건축물은 부담금을 감면할 수 없다.
③ 과밀부담금은 부과 대상 건축물이 속한 지역을 관할하는 시 · 도지사가 부과 · 징수한다.
④ 과밀부담금에 반영되는 건축비는 기획재정부장관이 고시하는 표준건축비를 기준으로 산정한다.

●해설
① 부담금은 건축비의 100분의 10으로 한다.
② 건축물 중 주차장, 주택, 직장어린이집 및 국가나 지방자치단체에 기부채납되는 시설에 대하여는 부담금을 감면한다.
④ 건축비는 국토교통부장관이 고시하는 표준건축비를 기준으로 산정한다.

86 다음 중 공공 · 문화체육시설에 포함되지 않는 것은?

① 시장   ② 청소년수련시설
③ 학교   ④ 사회복지시설

●해설
시장은 유통 · 공급시설에 포함된다.

87 건축법령에서 규정하고 있지 않은 것은?

① 지역 및 지구의 지정에 관한 규정

② 건축물의 유지와 관리에 관한 규정

③ 건축물의 대지 및 도로에 관한 규정

④ 건축물의 구조 및 재료 등에 관한 규정

해설

지역 및 지구의 지정에 관한 사항은 「국토의 이용 및 계획에 관한 법률」에서 규정하고 있다.

88 막다른 도로의 길이가 35m 이상인 경우, 그 도로의 너비가 최소 얼마 이상이면 건축법령상 도로로 정의되는가?(단, 특별자치시장·특별자치도지사 또는 시장·군수·구청장이 지형적 조건으로 인하여 차량 통행을 위한 도로의 설치가 곤란하다고 인정하여 그 위치를 지정·공고하는 구간 및 도시지역이 아닌 읍·면지역 도로의 경우는 제외한다.)

① 2m ② 3m

③ 6m ④ 10m

해설

막다른 도로에서 도로의 너비

막다른 도로의 길이	~	10m	~	35m	~
도로의 너비	2m 이상		3m 이상		6m 이상 (읍·면 : 4m 이상)

89 다음 중 「산업입지 및 개발에 관한 법률」에 따른 산업단지에 해당하는 것으로만 나열된 것은?

① 국가산업단지, 일반산업단지, 농공단지

② 국가산업단지, 도시산업단지, 농공산업단지

③ 국가산업단지, 일반산업단지, 특수산업단지

④ 국가산업단지, 지역산업단지, 농공단지

해설

산업단지의 구분(「산업입지 및 개발에 관한 법률」 제2조)

국가산업단지, 일반산업단지, 도시첨단산업단지, 농공단지(農工團地), 스마트그린산업단지

90 개발제한구역 내 토지 중 매수청구가 있는 경우 국토교통부장관이 매수청구인에게 매수대상여부와 매수예상가격 등을 알려주어야 하는 기간 기준은?

① 토지의 매수를 청구받은 날부터 2개월 이내

② 토지의 매수를 청구받은 날부터 3개월 이내

③ 토지의 매수를 청구받은 날부터 6개월 이내

④ 토지의 매수를 청구받은 날부터 1년 이내

해설

개발제한구역 내 토지 중 매수청구가 있는 경우 매수대상여부와 매수예상가격 등을 매수청구인에게 토지의 매수를 청구받은 날부터 2개월 이내에 알려주어야 한다.

91 「관광진흥법」상 특별자치도지사·시장·군수·구청장이 관할구역 내 관광특구를 방문하는 외국인 관광객의 유치 촉진 등을 위하여 수립하고 시행하는 계획은?

① 관광권역계획

② 관광기본계획

③ 관광특구진흥계획

④ 관광활성화계획

해설

관광특구의 진흥계획(「관광진흥법」 제71조)

특별자치시장·특별자치도지사·시장·군수·구청장은 관할 구역 내 관광특구를 방문하는 외국인 관광객의 유치 촉진 등을 위하여 관광특구진흥계획을 수립하고 시행하여야 한다.

92 시가화조정구역의 시가화 유보기간은?

① 5년 이상 10년 이내

② 10년 이상 20년 이내

③ 20년 이상

④ 5년 이상 20년 이내

⊙ 해설

시가화조정구역의 지정(「국토의 계획 및 이용에 관한 법률」 제39조)

시·도지사는 도시지역과 그 주변지역의 무질서한 시가화를 방지하고 계획적·단계적인 개발을 도모하기 위하여 대통령령으로 정하는 기간(5년 이상 20년 이내의 기간) 동안 시가화를 유보할 필요가 있다고 인정되면 시가화조정구역의 지정 또는 변경을 도시·군관리계획으로 결정할 수 있다. 다만, 국가계획과 연계하여 시가화조정구역의 지정 또는 변경이 필요한 경우에는 국토교통부장관이 직접 시가화조정구역의 지정 또는 변경을 도시·군관리계획으로 결정할 수 있다.

93 하나의 도시지역 안에 있어서 도시공원의 확보기준은 해당 도시지역 안에 거주하는 주민 1인당 얼마 이상으로 하는가?

① 6m^2 ② 7m^2
③ 8m^2 ④ 9m^2

⊙ 해설

도시공원의 면적기준(「도시공원 및 녹지 등에 관한 법률 시행규칙」 제4조)

• 하나의 도시지역 안에 있어서의 도시공원의 확보기준은 해당 도시지역 안에 거주하는 주민 1인당 6m^2 이상
• 개발제한구역 및 녹지지역을 제외한 도시지역 안에 있어서의 도시공원의 확보기준은 해당 도시지역 안에 거주하는 주민 1인당 3m^2 이상

94 다음 중 「주택법」상 각각 별개의 주택단지로 볼 수 있는 기준시설에 해당하지 않는 것은?

① 철도, 고속도로
② 폭 15m 이상인 일반도로
③ 폭 8m 이상인 도시계획 예정도로
④ 자동차 전용도로

⊙ 해설

정의(「주택법」 제2조)

주택단지

주택건설사업계획 또는 대지조성사업계획의 승인을 받아 주택과 그 부대시설 및 복리시설을 건설하거나 대지를 조성하는 데 사용되는 일단(一團)의 토지를 말한다. 다만, 다음

의 시설로 분리된 토지는 각각 별개의 주택단지로 본다.
• 철도·고속도로·자동차전용도로
• 폭 20m 이상인 일반도로
• 폭 8m 이상인 도시계획예정도로
• 대통령령으로 정하는 시설

95 개발제한구역으로 지정하는 대상지역 기준으로 옳지 않은 것은?

① 도시의 정체성 확보 및 적정한 성장관리를 위하여 개발을 제한할 필요가 있는 지역
② 주민이 집단적으로 거주하는 취락으로서 주거환경의 개선 및 취락 정비가 필요한 지역
③ 도시가 무질서하게 확산되는 것 또는 서로 인접한 도시가 시가지로 연결되는 것을 방지하기 위하여 개발을 제한할 필요가 있는 지역
④ 도시 주변의 자연환경 및 생태계를 보전하고 도시민의 건전한 생활환경을 확보하기 위하여 개발을 제한할 필요가 있는 지역

⊙ 해설

개발제한구역의 지정(「국토의 계획 및 이용에 관한 법률」 제38조)

국토교통부장관은 도시의 무질서한 확산을 방지하고 도시 주변의 자연환경을 보전하여 도시민의 건전한 생활환경을 확보하기 위하여 도시의 개발을 제한할 필요가 있거나 국방부장관의 요청이 있어 보안상 도시의 개발을 제한할 필요가 있다고 인정되면 개발제한구역의 지정 또는 변경을 도시·군관리계획으로 결정할 수 있다.

96 용도지역·지구제에 대한 설명으로 옳지 않은 것은?

① 「국토의 계획 및 이용에 관한 법률」상 용도지역은 도시지역, 관리지역, 농림지역 세 가지로 구분된다.
② 용도지역은 모든 토지에 지정되지만, 용도지구는 특정한 토지에 한정하여 지정함을 원칙으로 한다.
③ 자연녹지지역은 보전할 필요가 있는 지역으로 불가피한 경우에 한하여 제한적인 개발이 허용된다.
④ 용도지역 간 상호 중복지정은 불가능하지만, 용도지구 간 상호 중복지정은 가능하다.

해설

용도지역은 도시지역, 관리지역, 농림지역, 자연환경보전지역 네 가지로 구분된다.

97 행정청이 시행하는 도시개발사업의 시행에 드는 비용을 국고에서 보조하거나 융자할 수 있는 금액의 최고 한도 기준은?

① 사업 시행에 드는 비용의 30%

② 사업 시행에 드는 비용의 50%

③ 사업 시행에 드는 비용의 80%

④ 사업 시행에 드는 비용의 전부

해설

보조 또는 융자(「도시개발법」 제59조)

도시개발사업의 시행에 드는 비용은 대통령령으로 정하는 바에 따라 그 비용의 전부 또는 일부를 국고에서 보조하거나 융자할 수 있다. 다만, 시행자가 행정청이면 전부를 보조하거나 융자할 수 있다.

98 도시 · 군관리계획의 설명으로 옳지 않은 것은?

① 지역적 특성 및 계획의 방향 · 목표에 관한 계획

② 기반시설의 설치 · 정비 또는 개량에 관한 계획

③ 용도지역 · 용도지구의 지정 또는 변경에 관한 계획

④ 지구단위계획구역의 지정 또는 변경에 관한 계획과 지구단위계획

해설

①은 도시 · 군기본계획에 대한 사항이다.

도시 · 군관리계획의 내용(「국토의 계획 및 이용에 관한 법률」 제2조)

• 용도지역 · 용도지구의 지정 또는 변경에 관한 계획

• 개발제한구역 · 도지사연공원구역 · 시가화조정구역 · 수산자원보호구역의 지정 또는 변경에 관한 계획

• 기반시설의 설치 · 정비 또는 개량에 관한 계획

• 도시개발사업 또는 정비사업에 관한 계획

• 지구단위계획구역의 지정 또는 변경에 관한 계획과 지구단위계획

• 입지규제최소구역의 지정 또는 변경에 관한 계획과 입지규제최소구역계획

99 '국민주택규모'란 주거전용면적이 1호 또는 1세대당 얼마 이하인 주택을 말하는가?(단, 수도권을 제외한 도시지역이 아닌 읍 또는 면 지역의 경우는 고려하지 않는다.)

① 60m^2

② 66m^2

③ 85m^2

④ 100m^2

해설

국민주택규모의 정의(「주택법」 제2조)

주거의 용도로만 쓰이는 면적(주거전용면적)이 1호(戶) 또는 1세대당 85m^2 이하인 주택(단, 수도권을 제외한 도시지역이 아닌 읍 또는 면 지역은 1호 또는 1세대당 주거전용면적이 100m^2 이하인 주택을 말한다)을 말한다.

100 시행자가 도시개발사업을 원활히 시행하기 위하여 특히 필요한 경우에는 토지 또는 건축물 소유자의 신청을 받아 건축물의 일부와 그 건축물이 있는 토지의 공유지분을 부여하는 것을 무엇이라 하는가?

① 보류지

② 체비지

③ 증감환지

④ 입체환지

해설

입체환지(「도시개발법」 제32조)

시행자는 도시개발사업을 원활히 시행하기 위하여 특히 필요한 경우에는 토지 또는 건축물 소유자의 신청을 받아 건축물의 일부와 그 건축물이 있는 토지의 공유지분을 부여할 수 있다.

정답 97 ④ 98 ① 99 ③ 100 ④

1과목 도시계획론

01 튀넨이 주장한 지대이론의 기본가정과 거리가 먼 것은?

① 농업 생산품이 유일한 단핵도시다.

② 토지의 비옥도, 기후, 기타 물리적 요소가 균일한 지역이다.

③ 모든 사람들은 이윤 극대화를 추구한다.

④ 수송비는 도심으로부터의 거리에 반비례한다.

해설

수송비는 도심(시장)까지의 운송비용을 의미하므로, 시장(도심)으로부터의 거리가 멀어지면 수송비는 증가하게 된다. 즉, 수송비는 시장(도심)으로부터의 거리에 비례한다.

02 다음 중 존 프리드만(J. Friedmann)이 주장한 교류적 계획(Transactive Planning)에 대한 설명으로 옳지 않은 것은?

① 현장조사나 자료 분석보다는 개인 상호 간의 대화를 통한 사회적 학습의 과정을 형성하는 데 중점을 둔다.

② 인간의 존엄성에 기초를 두고 있는 신휴머니즘(New Humanism)의 철학적 사고에서 파생하였다.

③ 계획의 집행에 직접적으로 영향을 받는 사람들과의 상호 교류와 대화를 통하여 계획을 수립하여야 한다.

④ 계획의 직접적 영향을 받는 사람들조차도 무관심한 계획안으로부터 발생할 수 있는 이익을 주민의 관점에서 지지하였다.

해설

④는 옹호적 계획에 관한 사항이다.

03 공동구의 장점으로 옳지 않은 것은?

① 수용하는 도관의 유지관리가 용이하다.

② 가로와 도시의 미관을 개선할 수 있다.

③ 기존 가로에 도관의 이설 및 신설이 용이하다.

④ 빈번한 노면굴착에 의한 교통 장애를 제거할 수 있다.

해설

공동구는 기존 가로에 적용하기 어려워 신설 도로 위주로 설치한다.

04 일반적인 도시화의 진행단계가 옳은 것은?

① 교외화 → 역도시화 → 도시화 → 재도시화

② 도시화 → 역도시화 → 재도시화 → 교외화

③ 교외화 → 재도시화 → 도시화 → 역도시화

④ 도시화 → 교외화 → 역도시화 → 재도시화

해설

일반적인 도시화 진행단계
도시화(Stage of Urbanization, 집중적 도시화)
→ 교외화(Stage of Suburbanization, 분산적 도시화)
→ 역도시화(Stage of Deurbanization)
→ 재도시화(Stage of Reurbanization)

05 다음 중 도시의 일반적인 구성요소가 아닌 것은?

① 문화(Culture) ② 시민(Citizen)

③ 시설(Facility) ④ 활동(Activity)

해설

도시의 유기적(일반적) 3대 구성요소

구분	내용
인구(시민, Citizen)	가장 기본적인 요소, 토지와 시설의 규모를 정하는 요소
활동(Activity)	주거, 생산, 위락
토지 및 시설(Facility)	건축 및 토지 등 활동을 위한 시설

06 도시공원에 대한 설명으로 옳은 것은?

① 근린공원은 규모에 따라 근린생활권, 도보권, 도시지역권, 광역권으로 구분할 수 있다.

② 체육공원은 어린이의 보건 및 정서생활의 향상에 기여하기 위하여 설치하는 공원이다.

③ 소공원은 하천 및 호수 등의 수변과 접하고 있어 친수공간을 조성할 수 있는 곳에 주로 설치한다.

④ 주제공원의 종류로 역사공원, 문화공원, 수변공원, 묘지공원, 체육공원, 국가도시공원 등이 있다.

해설

② 어린이공원

③ 수변공원

④ 주제공원의 종류로 역사공원, 문화공원, 수변공원, 묘지공원, 체육공원, 도시농업공원, 방재공원 등이 있다.

07 용도지역에 대한 설명으로 틀린 것은?

① 「국토의 계획 및 이용에 관한 법률」에 따라 도시지역, 관리지역, 농림지역, 자연환경 보전지역으로 구분한다.

② 도시지역은 주거지역, 상업지역, 공업지역으로 구분한다.

③ 근린지역에서의 일용품 및 서비스의 공급을 위하여 필요한 지역에 대해서 근린상업지역으로 지정이 가능하다.

④ 토지의 이용 및 건축물의 용도, 건폐율, 용적률, 높이 등을 제한함으로써 토지를 경제적·효율적으로 이용하고 공공복리의 증진을 도모하기 위하여 서로 중복되지 않게 도시·군관리계획으로 결정한다.

해설

도시지역은 주거지역, 상업지역, 공업지역, 녹지지역으로 구분한다.

08 4단계 교통수요 추정 방법에 대한 설명이 틀린 것은?

① 통행 발생, 통행 배분, 교통수단 선택, 노선 배정의 4단계로 나누어 순서적으로 통행량을 구하는 기법이다.

② 현재 교통여건을 지배하고 있는 교통체계의 매커니즘이 장래에도 크게 변하지 않는다고 가정한다.

③ 4단계를 거치는 동안 계획가나 분석가의 주관이 개입되지 않아, 객관적인 분석 결과를 얻을 수 있다.

④ 총체적 자료에 의존하기 때문에 통행자의 총체적·평균적 특성만 산출될 뿐, 행태적 측면은 거의 무시된다.

해설

4단계 교통수요 추정법은 계획가나 분석가의 주관이 개입될 우려가 있다는 단점을 가지고 있다.

09 획지에 부여된 용적률과 실제 이용되고 있는 용적률의 차이를 다른 부지에 이전할 수 있는 제도는?

① 공중권   ② 개발권양도

③ 계획단위개발   ④ 혼합용도개발

해설

개발권양도제(TDR : Transfer of Development Right)

• 토지의 개발권을 이전할 수 있는 권리로 개발권 이양제라고도 한다.

• 역사적 건축물의 보전과 농지나 자연환경의 보전 등을 위해 기존 지역제에서 정해진 용적률 등 중에서 미이용 부분을 인근 토지소유자에게 양도 또는 매매를 통한 이전이 가능하도록 한 제도이다.

10 아래 그림이 나타내는 이론과 3(빗금 친 부분)에 해당하는 토지이용이 올바르게 연결된 것은?

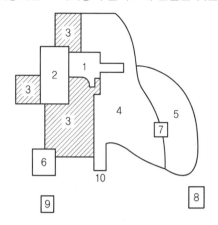

① 선형이론 – 점이지대
② 선형이론 – 도매경공업지구
③ 다핵심이론 – 고소득층 주거지구
④ 다핵심이론 – 저소득층 주거지구

해설

그림은 해리스 & 울만의 다핵심이론에서의 토지이용도이며, 3(빗금 친 부분)은 도매 및 경공업지대와 가까워 주거환경이 열악한 곳으로 저소득층 주거지구에 해당한다.

11 지리정보시스템(GIS)에 대한 설명으로 옳지 않은 것은?

① GIS의 자료는 도형자료(Graphic Data)와 속성자료(Attribute Data)로 구분할 수 있다.
② GIS를 도시계획 분야에 적용하고자 하였으나 관련 자료의 취득이 어려워 현재 시스템 적용이 어렵다.
③ GIS는 지리적 공간상에서 실세계의 각종 객체들의 위치와 관련된 속성정보를 다루는 것이다.
④ GIS의 공간자료를 토지측량, 항공 및 위성사진 측량, 범세계 위치결정체계(GPS)를 사용하여 수집할 수 있다.

해설

지리정보시스템(GIS)은 관련 자료의 취득 및 입력, 처리가 용이하여 다양한 분야에서 활용되고 있다.

12 허드슨(Hudson)의 분류에 의한 도시계획 이론 중 옳지 않은 것은?

① 종합계획은 체계적 접근 방법을 통해서 계획이 문제를 규명하고, 결정론적 모형을 구성하는 특징을 가진다.
② 급진적 계획은 논리적 일관성이나 최적의 해결 대안의 제시보다는 지속적인 조정과 적용을 통하여 목표를 추구하는 접근 방법을 제시하였다.
③ 교류적 계획은 철학적 사고에서 파생하고 있으며, 계획가와 계획의 영향을 받는 사람들의 대화를 중시하였다.
④ 옹호적 계획은 주로 강자에 대한 약자의 이익을 보호하는 데 적용되어 왔다.

해설

논리적 일관성이나 최적의 해결 대안의 제시보다는 지속적인 조정과 적용을 통하여 목표를 추구하는 접근 방법을 제시하는 것은 점진적 계획(Incremental Planning)에 해당한다.

13 근대건축국제회의(CIAM)의 아테네 헌장(1933)에서 구분한 도시의 활동 기능에 해당하지 않는 것은?

① 공공　　　　　　② 주거
③ 위락　　　　　　④ 교통

해설

아테네 헌장에서 구분한 도시의 네 가지 기능은 주거, 여가, 근로, 교통이다.

14 도로의 구분 중 기능별 구분에 해당되지 않는 것은?

① 주간선도로　　　② 국지도로
③ 고속도로　　　　④ 특수도로

해설

도로는 기능별로 주간선도로, 보조간선도로, 집산도로, 국지도로, 도시고속도로, 특수도로로 구분된다.

15 2000년에 50만 명이었던 A도시의 인구가 2005년에 58만 명으로 증가되었다. 등차급수법에 의한 5년 동안의 연평균 인구증가율과 2010년의 추정인구는?

① 2.8%, 62만 명

② 3.2%, 66만 명

③ 2.8%, 64만 명

④ 3.2%, 68만 명

해설

• 연평균 인구증가율

$$r = \frac{\left(\dfrac{P_n}{P_0}-1\right)}{n} = \frac{\left(\dfrac{58}{50}-1\right)}{5} = 0.032 = 3.2\%$$

• 2010년의 추정인구

$$P_n = P_0(1+r \cdot n)$$
$$= 50(1+0.032\times10) = 66만 명$$

여기서, P_0 : 초기 연도 인구, P_n : n년 후의 인구
r : 인구증가율, n : 경과 연수

16 뉴어바니즘(New Urbanism)에 대한 설명으로 옳지 않은 것은?

① 근린주구는 용도와 인구에 있어서 다양해야 한다.

② 커뮤니티 설계에 있어서 자동차뿐만 아니라 보행자와 대중교통도 중요하게 다루어져야 한다.

③ 도시적 장소는 그 지역의 역사, 기후, 생태를 고려하되 기존의 건축 관행은 지양되도록 설계되어야 한다.

④ 도시와 타운은 어디서든지 접근이 가능하고, 물리적으로 규정된 공공공간과 커뮤니티 시설에 의해 형태를 갖추어야 한다.

해설

도시적 장소는 그 지역의 역사, 기후, 생태를 고려하되 기존의 건축 관행 중 합리적인 것은 계승하고 기존의 파괴적이고 개발지향적인 건축행태는 지양해야 한다.

17 다음 중 인구성장의 상한선을 두고 있지 않은 도시인구예측모형은?

① 지수성장모형

② 수정된 지수성장모형

③ 곰페르츠 모형

④ 로지스틱 모형

해설

지수성장모형
• 단기간에 급속히 팽창하는 신개발지역의 인구 예측에 유용
• 인구성장의 상한선 없이 기하급수적으로 증가함을 가정한 모형

18 고대 그리스 도시의 특징으로 틀린 것은?

① 도시 입구와 신전을 축으로 중간지점에 아고라를 배치하였다.

② 본토의 해안지역에서 자연적으로 발생한 도시는 질서 있는 격자형의 도로망을 갖추었다.

③ 페르시아와의 전쟁 후 복구과정에서 격자형 가로망 체계가 일부 본토의 도시에서 채택되었다.

④ 주로 자연항을 사용하였으나 필요한 경우 제방을 쌓아 인공항만을 건설하였다.

해설

본토의 해안지역에서는 해안선을 따라 선형으로 도시가 형성되었으며, 격자형 가로망 체계의 경우는 자연적 형성이 아닌 도시계획에 의해 형성되었다. 고대 그리스에서 히포다무스(Hippodamus)가 도시계획에 의한 격자형 가로망 형성을 주장하였다.

19 페리(C. A. Perry)가 주장한 근린주구이론에 대한 비판의 의견과 관계가 없는 것은?

① 근린주구단위가 교통량이 많은 간선도로에 의해 구획됨으로써 도시 안의 섬이 되었고, 이로써 가정의 욕구는 만족되었을지 몰라도 고용의 기회가 많이 줄어드는 계기가 되었다.

② 근린주구계획은 초등학교에 초점을 맞추고 있는데, 대부분 사회적 상호작용이 어린 학생으로부터 유발된 친근감을 통하여 시작된다는 것은 불명확하다.

③ 지역의 특성을 고려하여 다양한 형태의 주거단지와 대규모의 상업시설을 배치시킴으로써, 지역 커뮤니티를 와해시키는 결과를 초래하였다.

④ 미국에서 발달한 근린주구계획은 커뮤니티 형성을 위하여 비슷한 계층을 집합시키는 계획이 이루어짐으로써 인종적 분리, 소득계층의 분리를 가져와 지역사회 형성을 오히려 방해하였다.

해설

근린주구이론은 소규모 주거단지 단위를 주장한 것으로서 다양한 형태의 주거단지, 대규모 상업시설의 배치와는 거리가 멀다.

20 메소포타미아 지방에서 수메르(Smer)인이 세운 고대 도시국가가 아닌 것은?

① 우르(Ur)

② 우르크(Uruk)

③ 라가시(Lagash)

④ 모헨조다로(Mohenjo Daro)

해설

- 수메르(Smer) 문명
  기원전 5000년경 메소포타미아 지역에서 시작된 도시국가들을 말한다.
- 모헨조다로(Mohenjo Daro)
  기원전 2000년경 인더스강 유역에서 형성된 농촌부락이 도시로 발전된 사례이다.

2과목 도시설계 및 단지계획

21 구릉지 주택의 획지계획에 있어 일조와 조망을 확보하기 위해 우선적으로 고려해야 할 사항은?

① 경사향(Aspect)

② 미기후(Microclimate)

③ 수문(Hydrology)

④ 토질(Soil)

해설

주거계획의 경우 일조와 조망을 확보하기 위해 우선적으로 경사향(경사와 향, Slope & Aspect)을 고려하여야 한다.

22 경험주의적 전통에 입각한 도시설계 기법을 적용한 것으로 평가받는 도시설계가는?

① 르 코르뷔지에(Le Corbusier)

② 알도 로시(Aldo Rossi)

③ 롭 크리에(Rob Krier)

④ 고든 컬렌(Gordon Cullen)

해설

고든 컬렌(Gordon Cullen)은 도시경관은 건축적 요소, 회화적 요소, 시각적 요소 및 실제적 요소 등을 혼합한 연속된 시각적 개념이라고 주장하였으며, 경험주의적 전통에 입각한 도시설계가로 평가받고 있다.

23 슈퍼블록(Super Block)에 대한 설명으로 틀린 것은?

① 블록 내부에 큰 오픈스페이스(Open Space)를 만들 수 있다.

② 대형 가구의 내부에 교통량을 증대시키는 경향이 있다.

③ 주거환경의 쾌적성을 높일 수 있다.

④ 래드번(Radburn) 계획은 슈퍼블록으로 계획된 것이다.

해설

슈퍼블록(Super Block)
대형 가구의 내부에 자동차의 통과교통을 없애고, 보행자 전용도로를 조성하여 쾌적하고 편리한 주거생활공간을 창출한 것으로서, 1928년 래드번 계획에서 처음 채택되었다.

24 수목의 식재기법 중 정형(定刑)식재 패턴에 해당하지 않는 것은?

① 교호식재

② 단식식재

③ 일렬식재

④ 부등변삼각식재

해설

부등변삼각식재는 정형(定刑)식재 패턴이 아닌 자연풍경식 기본 패턴의 형태를 갖는다.

① 교호식재 : 같은 간격으로 서로 어긋나게 배치하는 식재방식

② 단식식재 : 단독으로 배치하는 식재방식
③ 일렬식재 : 일정한 간격을 두고 직선상으로 배치하는 식재방식
④ 부등변삼각식재 : 크고 작은 세 그루의 나무를 간격을 달리하고, 한 직선 위에 놓이지 않도록 배치하는 식재방식

25 카밀로 지테는 광장의 최대 크기는 광장을 지배하고 있는 넓은 건물 높이의 얼마를 초과해서는 안 된다고 제시하였는가?

① 0.5배
② 0.75배
③ 1.0배
④ 2.0배

해설

카밀로 지테는 건물은 광장이나 기타 요소와 상호 관계되는 경우에만 의미를 갖는다고 주장하였으며, 이에 따라 건물과 광장의 상호관계성이 있게 하기 위해, 광장의 최대 크기는 광장을 지배하고 있는 넓은 건물 높이의 2배를 초과해서는 안 된다고 제시하였다.

26 다음 중 페리(Perry)가 주장한 근린주구이론에서 하나의 근린단위가 갖고 있어야 하는 기본요소에 해당하지 않는 것은?

① 작은 공원
② 운동장
③ 작은 가게
④ 완충녹지

해설

근린주구 구성의 6가지 원리(C. A. Perry, 1929년)
• 규모 : 초등학교 1개
• 경계 : 보조간선도로로 경계
• 오픈스페이스 : 소공원, 운동장 등 10% 확보 → 작은 공원과 운동장
• 공공시설 : 근린주구 중심에 위치
• 근린상가 : 상가 등 도로의 결절점에 위치 → 작은 가게
• 지구 내 가로체계 : 보차분리

27 보행자 통행이 주이고 차량 통행이 부수적인 도로계획 기법으로, 1970년 네덜란드 델프트시에 최초로 등장한 본엘프(Woonerf)가 대표적인 것은?

① 보차공존도로
② 보행전용도로
③ 카프리존
④ 보차혼용도로

해설

보차공존(도로)방식은 보행자와 차를 동일한 공간에 배치하되 차량통행 억제의 다양한 기법을 사용하는 방식으로 보행자 위주의 안전 확보, 주거환경 개선에 초점이 맞추어져 있으며, 차량통행을 부수적 목적으로 설정하였다. 주요 사례에는 네덜란드 델프트시의 본엘프 도로(생활의 터), 일본의 커뮤니티 도로(보행환경개선 – 일방향통행), 독일의 보차공존구간(30~40m 간격으로 주행속도 억제시설 설치) 등이 있다.

28 영국의 계획도시 할로우(Harlow)에 관한 설명으로 옳지 않은 것은?

① 고밀도 개발을 원칙으로 하였다.
② 런던 주변에 개발된 초기 뉴타운의 대표적인 예이다.
③ 주택지는 크게 4개의 그룹으로 나누어 그 내부에 근린주구를 배치하였다.
④ 도시 내의 간선도로는 주택지 그룹 사이에 있는 녹지 속을 통과한다.

해설

할로우(Harlow)는 1947년 영국 런던 북쪽 30마일 지점에 건설한 신도시로서, 전원도시계획을 적용하고, 저밀도 개발을 원칙으로 하며, 근린주구제를 채용하였다.

29 래드번(Radburn) 주택단지계획의 특성에 해당되지 않는 것은?

① 단지 내에 통과교통 불허용
② 중앙에 대공원 설치
③ 단지 내에 직장과 주거의 혼합배치
④ 주거구는 슈퍼블록(Super Block) 단위로 계획

해설

래드번은 직장과 주거가 분리된 형태로서, 직장지인 뉴욕에서 24km 떨어진 뉴저지의 페어론시에 계획된 주거단지이다.

정답 25 ④ 26 ④ 27 ① 28 ① 29 ③

30 지구단위계획에 대한 도시·군관리계획결정도에서 아래 표시기호가 의미하는 것은?

$$\boxed{\boxtimes\ \boxtimes\ \boxtimes\ \boxtimes}$$

① 보차분리통로　　② 공공보행통로
③ 보행주출입구　　④ 공개공지접근로

해설

⊠ ⊠ ⊠ ⊠ : 공공보행통로

31 계획단위개발(PUD)의 내용으로 옳지 않은 것은?

① 도시 근교나 전원주택지의 개발방식에 많이 적용되었다.
② 제한규정을 완화받아 용적률, 건물의 용도·형태·높이 등 계획의 창의성 발휘가 가능하다.
③ 학교, 공원, 커뮤니티 시설 등 근린생활권에 필요시설 적용으로 근린생활권 개념 도입이 가능하다.
④ 계획단위개발사업으로 일시에 계획승인을 받아야하므로 이후에는 수정 또는 변경이 곤란하다.

해설

계획단위개발(PUD)은 대단위 개발로서, 기획 및 설계과정에서 관련 사항의 수정 또는 변경이 가능하다.

32 다음 중 1980년경 새롭게 등장한 뉴어바니즘(New Urbanism)에서 지정한 행동강령 기본원칙에 해당하지 않는 것은?

① 다양한 주택(Mixed Housing)
② 보행성(Walkability)
③ 위요(Enclose)
④ 연결성(Connectivity)

해설

뉴어바니즘의 기본원칙
• 보행성(Walkability)
• 연계성(Connectivity)
• 복합용도개발(Mixed Use)
• 주택혼합(Mixed Housing)

• 전통적 근린주구(Traditional Neighborhood Structure)
• 고밀도 개발(Incresed Density)
• 스마트 교통체계(Smart Transportation)
• 지속 가능성(Sustainability)
• 삶의 질(Quality of Life)
• 도시설계와 건축(Urban Design & Architecture) : 디자인코드에 의한 건축물 설계

33 도시설계 관련 학자들의 연구 내용이 잘못 연결된 것은?

① Kevin Lynch – 도시의 이미지
② Gorden Cullen – 연속시각(Serial Vision)
③ Christopher Alexander – 전이공간
④ Oscar Newman – 방어공간(Defensible Space)

해설

번헴(R. Banham)
• 중간영역(전이공간)으로서의 도시설계 개념 정의
• 건축과 도시계획의 가교

34 다음 중 괄호 안에 맞는 것은?

지구단위계획구역의 지정에 관한 도시·군관리계획결정의 고시일로부터 (　　) 이내에 당해 지구단위계획구역에 관한 지구단위계획이 결정·고시되지 아니하는 경우에는 다음 날에 그 효력을 상실한다.

① 1년　　　　　　② 2년
③ 3년　　　　　　④ 5년

해설

지구단위계획구역의 지정에 관한 도시·군관리계획결정의 고시일로부터 3년 이내에 당해 지구단위계획구역에 관한 지구단위계획이 결정·고시되지 아니하는 경우에는 그 3년이 되는 날의 다음 날에 당해 지구단위계획구역의 지정에 관한 도시·군관리계획결정은 그 효력을 상실한다.

35 뷰캐넌 보고서(Buchanan Report)의 "통과교통으로부터 생활환경 보호"의 개념과 관련하여 아래 내용에 해당하는 것은?

> 통과교통을 허용하는 환상도로에 둘러싸여 사람들이 자동차의 위험 없이 생활하고 일하고 쇼핑하고 걸어다닐 수 있는 일단의 단지

① 슈퍼블록
② 획지분할
③ 보행자데크
④ 거주환경지역

해설

뷰캐넌 보고서(Buchanan Report)의 의도는 거주환경지역의 보행자 보호를 최우선하는 것이다.

36 공업지역의 입지 조건으로 적합하지 않은 것은?

① 교통, 용수, 노동력의 편의를 얻을 수 있는 지역
② 평탄하고 지가가 저렴하며 넓은 지역
③ 쓰레기 처리가 용이한 지역
④ 근린주구와 연속된 지역

해설

주거 위주인 근린주구와의 근접은 공업지역의 입지의 장애요소로 작용할 수 있다.

37 다음 중 생활권 크기가 작은 것부터 바르게 나열된 것은?

① 인보구 – 근린분구 – 근린주구
② 인보구 – 근린주구 – 근린분구
③ 근린분구 – 근린주구 – 인보구
④ 근린분구 – 인보구 – 근린주구

해설

생활권의 크기에 따른 분류
인보구(100~200명) < 근린분구(2,000~2,500명) < 근린주구(8,000~10,000명)

38 단독 주택지 블록(가구) 구성 시 중앙의 보행자도로와 녹지를 겹쳐 집약하기에 가장 유리한 국지도로 형태는?

① T자형
② 격자형
③ 루프(Loop)형
④ 쿨데삭(Cul – de – sac)형

해설

루프(Loop)형은 단지의 외곽을 각 주택이 감싸면서 그 주변에 도로가 설치되는 형태로서 주택이 감싸고 있는 곳에 녹지 등을 집약적으로 설치할 수 있는 장점이 있다.

39 건폐율 60%로 규제되고 있는 지역에 연면적 3,000m²의 건물을 5층으로 짓고자 할 때 필요한 최소한의 대지면적은?

① 800m²
② 900m²
③ 1,000m²
④ 1,200m²

해설

$$건폐율 = \frac{건축면적}{대지면적} \times 100(\%)$$

$$대지면적 = \frac{건축면적}{건폐율} \times 100(\%)$$

여기서, 건축면적은 연면적을 층수로 나눈 면적을 의미한다.

$$대지면적 = \frac{3,000m^2/5층}{60\%} \times 100(\%) = 1,000m^2$$

40 주거단지 내의 밀도계획을 아래와 같이 하고 자 할 때, 상정인구밀도에 의하여 계산한 주거용지 의 총면적은?

구분 밀도	계획인구	인구밀도
고밀도	12,500인	250인/ha
중밀도	9,000인	200인/ha
저밀도	5,000인	100인/ha

① 80ha ② 105ha
③ 125ha ④ 145ha

●해설

$$주거용지의 총면적 = \sum \left(\frac{계획인구}{인구밀도} \right)$$

$$\frac{12,500인}{250인/ha} + \frac{9,000인}{200인/ha} + \frac{5,000인}{100인/ha} = 145ha$$

3과목 **도시개발론**

41 민간이 자금을 투자하여 사회기반시설을 건 설하면 정부가 일정 운영기간 동안 이를 임차하여 시설을 사용하고 그 대가로 임대료를 지급하는 방 식은?

① BTO 방식 ② BTL 방식
③ BOT 방식 ④ BOO 방식

●해설

BTL 방식
민간사업자가 공공시설을 건설(Build)한 후 정부에 소유권 을 이전(Transfer, 기부채납)함과 동시에 정부에 시설을 임대(Lease)한 임대료를 징수하여 시설투자비를 회수해 가는 방식이다.

42 부동산과 금융을 결합한 형태로 부동산투자 의 약점으로 꼽히는 유동성 문제와 소액투자 곤란 의 문제를 극복하기 위하여 증권화를 이용하여 해 결하는 방식은?

① 리츠(REITs)
② 특수목적회사(SPC)
③ 자산담보부증권(ABS)
④ 프로젝트 파이낸싱(PF)

●해설

부동산투자신탁(REITs)
소액투자자들로부터 자금을 모아 부동산이나 부동산 관련 대출에 투자하여 발생한 수익을 투자자에게 배당하는 투자 신탁을 의미한다.

43 특수목적회사(SPC)에 대한 설명으로 틀린 것은?

① 채권 매각과 원리금 상환이 주요 업무이다.
② 유동화 업무가 끝난 후 개발회사로 발전한다.
③ 파산 위험 분리 등의 목적으로 유동화 대상 자산을 양도받아 유동화 업무를 담당한다.
④ 부실채권을 매수해 국내외의 투자자들에게 매각 하는 중개기관 역할을 한다.

●해설

특수목적회사(SPC)는 채권 매각과 원리금 상환 등 유동화 업무가 끝나면 없어지는 명목상의 회사이다.

44 영국의 근대도시화 과정에서 표출된 문제에 대하여 1898년에 전원도시 건설의 필요성을 강조 한 사람은?

① 오웬 ② 어윈
③ 하워드 ④ 테일러

●해설

도시와 농촌의 매력을 함께 지닌 자족적인 커뮤니티(하워 드의 전원도시론)
• 1898년에 영국의 근대도시화 과정에서 표출된 문제에 대 해 전원도시 건설의 필요성을 강조
• 인간관계가 중시되는 공동사회를 만들기 위한 이상도시 안(案) 제시

45 그림과 같은 거리와 지대/밀도의 관계 그래프에서 도시용 토지와 농업 등의 생산용도로 이용하고자 하는 토지로 나누어지는 지점은?(단, R_a는 농업지대곡선, R_r는 주거지대곡선, R_c는 상업·업무지대곡선이다.)

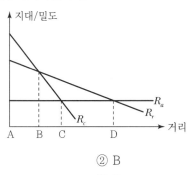

① A
② B
③ C
④ D

해설

상업·업무지대곡선(R_c)과 주거지대곡선(R_r) 중 지대가 낮은 주거지대곡선(R_r)을 기준으로 농업지대곡선(R_a)과 교차되는 지점이 도시용 토지와 농업 등의 생산용도로 이용하고자 하는 토지를 나누는 지점이라 볼 수 있다.

46 도시개발의 방식 중 택지화가 되기 전 토지의 위치, 지목, 면적, 등급, 이용도 등의 필요사항을 고려하여 택지개발 후 개발된 감소 토지를 토지소유주에게 재배분하는 방식은?

① 매수방식(수용 또는 사용에 의한 방식)
② 합동개발방식
③ 단순개발방식
④ 환지방식

해설

환지방식(토지구획정리방식)
택지화가 되기 전 토지의 위치, 지목, 면적, 등급, 이용도 등의 필요사항을 고려하여 택지개발 후 개발된 감소 토지를 토지소유주에게 재배분하는 것(예전의 토지구획정리사업)

47 다음 중 도시개발사업의 타당성 분석에 관한 설명으로 옳지 않은 것은?

① 타당성 분석은 해당 프로젝트 시행 이전에 사전적으로 이루어지는 것이 일반적이다.
② 사업성 분석에서의 기본은 평가지표, 프로젝트의 비용과 수입의 추정이다.
③ 프로젝트의 경제성 평가지표로는 비용-편익비(B/C ratio), 현재가치 순편익(PVNB), 내부수익률(IRR)이 있다.
④ 사업성 및 경제성 분석으로 수출기반모형과 다지역투입산출모형이 이용된다.

해설

수출기반모형과 다지역투입산출모형은 수요파급효과 분석을 위해 이용된다.

48 '부동산증권화'의 효과 중 맞는 것은?

① 자산보유자의 입장에서 증권화를 통해 유동성을 낮출 수 있다.
② 투자자 입장에서는 위험이 크지만 수익률이 좋은 금융상품에 대한 투자기회를 가지게 된다.
③ 자산보유자의 입장에서는 대출회전율이 높아져 총자산이 증가하고 대출시장에서의 시장점유율을 높일 수 있다.
④ 차입자 입장에서는 단기적으로 직접적 혜택이 크며, 장기적으로 대출한도의 확대와 금리인하로 인한 차입여건 개선이 가능하다.

해설

① 자산보유자의 입장에서 증권화를 통해 유동성을 높일 수 있다.
② 투자자 입장에서는 위험이 적은 금융상품이라고 할 수 있다.
④ 차입자 입장에서 단기적보다는 장기적으로 안정화되는 자산 관리를 할 수 있다.

정답 45 ④ 46 ④ 47 ④ 48 ③

49 「도시재정비 촉진을 위한 특별법」에서의 도시재정비 촉진지구의 특성에 따른 유형이 아닌 것은?

① 주거지형 ② 중심지형
③ 상업지형 ④ 고밀복합형

●**해설**
재정비 촉진지구의 종류

구분	내용
주거지형	노후 · 불량주택과 건축물이 밀집한 지역으로서 주로 주거환경의 개선과 기반시설의 정비가 필요한 지구
중심지형	상업지역 · 공업지역 또는 역세권 · 지하철역 · 간선도로의 교차지 등으로서 토지의 효율적 이용과 도심 또는 부도심 등의 도시기능의 회복이 필요한 지구
고밀복합형	주요 역세권, 간선도로의 교차지 등 양호한 기반시설을 갖추고 있어 대중교통 이용이 용이한 지역으로서 도심 내 소형주택의 공급 확대, 토지의 고도이용과 건축물의 복합개발이 필요한 지구

50 부동산 투자 중 자본의 성격은 대출투자 (Debt Financing)이고 운용시장의 형태는 공개시장(Public Market)으로 이루어지는 투자 유형은?

① 부동산 투자회사 ② 상업용 저당채권
③ 사모부동산펀드 ④ 직접대출

●**해설**
① 부동산 투자회사 : 민간시장의 자본투자
③ 사모부동산펀드 : 민간시장의 자본투자 및 대출투자
④ 직접대출 : 민간시장의 자본투자

51 바다, 하천, 호수 등 수변공간을 가지는 육지에 개발된 공간을 무엇이라 하는가?

① 워터프론트 ② 역세권
③ 지하공간 ④ 텔레포트

●**해설**
워터프론트(水邊空間, Waterfront)
바다, 하천, 호수 등의 공간을 가지는 육지에 인공적으로 개발된 도시 공간으로서 항만 및 해운기능, 어업 · 공업 등의 생산기능, 상업, 업무, 주거, 레크리에이션 등 다양한 도시활동을 수용할 수 있는 유연성을 지니고 있다.

52 다음 설명에 해당하는 도시개발기법은?

> 일단의 지구를 하나의 계획단위로 보아 그 지구의 특성에 맞는 설계기준을 개발자와 그 개발을 관장하는 당국 간의 협상과정을 통해 융통성 있게 능률적으로 책정, 허용함으로써 공적 입장에서 요구되는 환경의 질과 개발자의 입장에서 요구되는 사업성을 동시에 추구하는 제도

① 마치즈쿠리
② 개발권 양도제(TDR)
③ 계획단위개발(PUD)
④ ABC 정책

●**해설**
계획단위개발(PUD : Planned Unit Development)은 대상지 전체를 일체적이고 유기적으로 계획하고 설계하여 개발하는 방식이다.

53 중력모형(Gravity Model)에 관한 설명으로 옳은 것은?

① 개별 소매점의 고객흡입력을 계산하는 방법
② 거리요소, 규모요소, 상수의 세 가지 요소에 의한 모형
③ 각 변수들이 수요에 미치는 영향의 정도를 결정해 주는 방법
④ 소비자가 주어진 상업시설을 이용할 확률은 상업시설의 크기에 비례하고 그곳까지 이동하는 데 걸리는 시간에 반비례한다는 개념을 적용

●**해설**
① 허프의 소매지역이론
③ 인과분석법
④ 허프의 소매지역이론

54 다음 중 신도시의 개발 목적으로 틀린 것은?

① 저개발지역의 발전을 촉진하여 지역발전의 거점으로 성장시키고자 하는 경우
② 대도시에 인구나 산업의 집중을 꾀하고자 하는 경우
③ 새로운 산업기지로 발전시켜 고용기회를 확대하고 주민의 소득증대를 꾀하고자 하는 경우
④ 국가적 필요에 따라 신수도로 활용하기 위하여 도시를 새로 개발하는 경우

해설

신도시의 개발 목적 중 하나는 기존 대도시에 집중된 인구나 산업을 분산시키는 데 있다.

55 개발권양도(TDR : Transfer of Development Rights) 제도에서 개발에 대한 규제가 강한 지역은?

① 개발유도지역
② 개발권 발급지역
③ 개발권 이전지역
④ 개발권 유통지역

해설

개발권양도(TDR : Transfer of Development Rights) 제도는 문화재 보존이나 환경보호 등을 위해 해당 지역의 토지소유자로 하여금 다른 지역에 대한 개발권을 부여하는 제도로서 개발권 이전지역은 개발에 대한 규제가 강하게 적용된다.

56 재개발을 시행하는 방식에 따른 분류에 해당하지 않는 것은?

① 수복재개발(Rehabilitation)
② 단지재개발(Reblocking)
③ 보전재개발(Conservation)
④ 전면재개발(Redevelopment)

해설

시행방법에 따른 재개발방식의 분류
수복(보수)재개발(Rehabilitation), 보전재개발(Conservation), 철거(전면)재개발(Redevelopment), 개량재개발(Remodeling)

57 수익성지수(PI : Profitability Index)에 대한 설명으로 틀린 것은?

① 수익성지수가 1보다 클 때 해당 프로젝트는 사업성이 있는 것으로 평가한다.
② 프로젝트로부터 발생하는 할인된 전체 수입을 할인된 전체 비용으로 나눈 값이다.
③ 순현재가치(NPV)가 0이면 수익성지수도 0이다.
④ 여러 프로젝트의 평가에서 순현재가치법과 수익성 지수평가법은 서로 다른 대안을 택할 수 있다.

해설

순현재가치(NPV)가 0이면 수익성지수(P.I) 1이 된다.

58 텔레포트 단지 개발에서 통신설비의 배치방식과 거리가 먼 것은?

① 중심배치형
② 외곽배치형
③ 분리배치형
④ 내부배치형

해설

텔레포트(Teleport, 정보화 단지) 개발
텔레포트(Teleport)는 전기통신(Telecommunication)과 항구(Port)의 합성어로서, 텔레포트(정보화 단지)는 정보와 통신의 거점을 의미하며 통신설비의 배치방식으로는 중심배치형, 외곽배치형, 분리배치형이 있다.

59 개발수요 분석에 활용되는 예측모형 중 정량적 모형에 해당하지 않는 것은?

① Huff 모형
② 중력모형
③ 시계열 분석
④ 델파이법

해설

델파이법은 비계량적(정성적) 방법이다.

60 다음 중 경제성 분석에 사회적 편익과 비용의 측정에 사용되는 기본원칙으로 옳지 않은 것은?

① 세금, 이자비용 등 이전비용 등은 사회적 순현재가치에 포함된다.
② 사회적 편익과 비용은 가능하면 경쟁가격으로 측정되어야 하나 경쟁가격이 없을 경우 잠재가격으로 측정한다.
③ 사회적 순현재가치는 사회적 편익과 사회적 비용을 사회적 할인율로 할인하여 계산한다.
④ 경제성 분석은 일반적으로 비용편익 분석을 통해 이루어진다.

해설
세금, 이자비용 등 이전비용 등은 재무적 순현재가치로 판단한다.

4과목　국토 및 지역계획

61 아래에서 설명하고 있는 A도시를 가장 잘 설명하고 있는 것은?

A도시는 성장거점도시로 육성되면서 역류효과가 심화되고 있고 이로 인하여 도시의 인구증가속도가 도시산업의 성장속도보다 빠른 현상이 나타나고 있다.

① 주거환경이 향상된다.
② 공식부문(Formal Sector)이 늘어난다.
③ 전체 생산량이 늘어나 살기가 좋아진다.
④ 가도시화(Pseudo-urbanization) 현상이 나타난다.

해설
가도시화(Pseudo-urbanization) 현상
• 도시의 부양 능력에 비해 지나치게 많은 인구가 집중하여 인구만 비대해진 도시화를 의미한다.
• 제3세계로 불리는 개발도상국가에서 흔히 볼 수 있는 현상으로서, 산업화와 무관한 도시화 현상을 말한다.

62 다음 중 튀넨의 농업입지론에서 재배작물의 유형을 결정하는 요소에 해당하지 않는 것은?

① 지대　　　　　② 생산비
③ 운송비　　　　④ 경작지 규모

해설
재배작물의 유형은 지대에 따라 달라지며, 지대는 매상고, 생산비, 수송비에 영향을 받는다.

63 콥-더글라스(Cobb-Douglas)의 생산함수에 관한 설명 중 (　　) 안에 알맞은 것은?

지역의 1인당 소득 성장률은 기술진보와는 (㉠)의 관계를, 자본증가율과는 (㉡)의 관계를 갖는다.

① ㉠ 정(正), ㉡ 부(負)
② ㉠ 부(負), ㉡ 정(正)
③ ㉠ 정(正), ㉡ 정(正)
④ ㉠ 부(負), ㉡ 부(負)

해설
지역의 1인당 소득 성장률은 기술진보와 정(正)의 관계를, 자본증가율과도 정(正)의 관계를 갖는다.

64 지역계획대안의 예측결과 비교 중 계량적·확정적 예측결과에 해당하지 않는 것은?

① 순현가 비교방법(Net Present Value)
② 델파이 비교방법(Delphi Method)
③ 편익비용비 비교방법(Benefit/Cost Ratio)
④ 내부수익률 비교방법(Internal Rate of Return)

해설
델파이법(Delphi Method)
조사하고자 하는 특정 사항에 대한 전문가 집단을 대상으로 반복 앙케이트를 행하여 의견(직관)을 수집하는 방법으로 1964년 미국의 RAND 연구소에서 최초로 시도되었다. 이는 직관에 의한 예측이고, 수요를 어떠한 프로세스로 분해하는 방법과는 달리 총량을 직접적으로 측정하는 방법이라 할 수 있다.

정답 　60 ① 　61 ④ 　62 ④ 　63 ③ 　64 ②

65 「국토기본법」에서 정한 국토 관리의 기본이념으로 적합하지 않은 것은?

① 국토의 균형 있는 발전
② 경쟁력 있는 국토 여건의 조성
③ 환경친화적인 국토 관리
④ 국토에 따른 사회체제의 개혁

해설

국토계획의 기본 방향은 국토의 균형 있는 발전, 경쟁력 있는 국토 여건의 조성, 환경친화적 국토 관리이다.

66 기반부문의 고용인구가 100명, 비기반부문의 고용인구가 200명일 때, 기반비(A)와 경제기반승수(B)는?

① (A) : 0.5, (B) : 2.0
② (A) : 0.5, (B) : 3.0
③ (A) : 2.0, (B) : 2.0
④ (A) : 2.0, (B) : 3.0

해설

- 기반비 $= \dfrac{\text{비기반산업 고용인구}}{\text{기반산업 고용인구}} = \dfrac{200}{100} = 2$
- 경제기반승수 $= \dfrac{\text{지역 총 고용인구}}{\text{지역의 수출(기반)산업 고용인구}}$
$= \dfrac{100 + 200}{100} = 3$

67 인구이동모형에 대한 설명으로 틀린 것은?

① 마코브 모형(Markovian Models)은 인구이동의 원인을 설명하기보다 동태적 인구 이동과정을 서술하고 그를 토대로 예측하는 데 공헌하였다.
② 로리(Lowry) 모형은 일반적인 경제적 변수와 중력모형의 변수를 결합한 모형으로 미국 대도시지역 간의 인구이동을 설명하였다.
③ 토다로(M. Todaro)는 도 · 농간 실제 소득의 차이가 인구이동을 결정한다고 분석했다.
④ 모릴(Morril)은 인구이동에 미치는 비경제적 변수에 연구의 초점을 두었다.

해설

토다로(M. Todaro)는 지역 간 인구이동이 지역 간의 실질소득보다 기대소득 격차에 의해 발생한다고 주장하였다.

68 우리나라의 국토종합개발계획 중 전국을 4대권, 8중권, 17소권으로 구분한 계획은?

① 제1차 국토종합개발계획
② 제2차 국토종합개발계획
③ 제2차 국토종합개발계획 수정계획
④ 제3차 국토종합개발계획

해설

제1차 국토종합개발계획의 권역 설정
- 4대권(한강, 금강, 낙동강, 영산강 유역권)
- 8중권(수도권, 태백권, 충청권, 전주권, 대구권, 부산권, 광주권, 제주권)
- 17소권

69 지역 간 소득격차를 나타내는 지니 계수(Gini Coefficient)가 1일 경우를 설명한 것으로 옳은 것은?

① 지역 간 소득이 완전히 균등배분되어 있음
② 지역 간 소득이 완전히 불균등 상태임
③ 지역 간 소득격차를 잘 알 수 없음
④ 지역 간 소득이 상당히 불균형적임

해설

지니의 집중계수(Gini Coefficient)는 0과 1 사이에 위치하며, 0이면 완전 평등 분포, 1이면 완전 불평등 분포 상태를 나타낸다.

70 A도시와 B도시가 있다. 컨버스의 수정소매인력이론을 이용하여 A도시로부터 분기점까지의 거리를 구하면 얼마인가?(단, A도시의 인구는 100,000명, B도시의 인구는 900,000명이고, A도시와 B도시 간 거리는 200km이다.)

① 30km
② 50km
③ 70km
④ 75km

정답 65 ④ 66 ④ 67 ③ 68 ① 69 ② 70 ②

●**해설**

레일리의 소매인력법칙

$$\frac{100,000}{x^2} = \frac{900,000}{(200-x)^2} = \frac{900,000}{200^2 - 400x + x^2}$$

$$200^2 - 400x + x^2 = 9x^2$$

$$40,000 - 400x - 8x^2 = 0$$

$$(400 - 8x)(100 + x) = 0, \ x = 50 \ \text{또는} \ -100$$

$$\therefore \ x = 50km \ (\text{A시에서의 상권의 범위})$$

71 로렌츠 곡선(Loranz Curve)을 통해서 파악할 수 있는 것은?

① 지역고용구조   ② 지역생산구조
③ 지역소득분배   ④ 지역소득수준

●**해설**

로렌츠 곡선에서는 지역소득격차 분석을 통해 지역소득분배정도를 파악할 수 있다.

72 지역의 소득격차를 측정하는 방법이 아닌 것은?

① 지니계수   ② 허프 모형
③ 로렌츠 곡선   ④ 쿠즈네츠비

●**해설**

허프(Huff)의 소매지역이론(Huff 모형)은 전통적인 수요추정모델 중에서 상권에 관한 가장 체계적인 이론이다. 소비자가 상점시설을 선정하는 행동을 확률적으로 해석하는 방법으로서 개별 소매점의 고객흡입력을 계산하는 기법으로 활용되고 있다.

73 성장극(Growth Pole)의 특성이 아닌 것은?

① 성장을 유도하고 그 성장을 다른 곳으로 확산시킨다.
② 성장을 촉진시키는 쇄신, 새로운 아이디어를 받아들이는 성향을 갖는다.
③ 다른 산업보다 빠르게 성장한다.
④ 다른 산업과의 연계성(Linkage)을 갖지는 않는다.

●**해설**

페로우(F. Perroux)가 제시한 성장극(Growth Pole)의 특성
대규모성(大規模性), 급속한 성장, 타 산업과의 높은 연계성(連繫性), 전방연쇄효과, 후방연쇄효과

74 최상위 도시의 인구를 기준으로 도시의 순위와 인구 규모와의 관계를 이용하여 도시 정주체계를 분석한 대표적인 학자는?

① 지프(Zipf)   ② 뢰쉬(Losch)
③ 아이자드(Isard)   ④ 베버(A. Weber)

●**해설**

지프(Zipf)는 순위규모모형을 통해 최상위 도시의 인구를 기준으로 도시의 순위와 인구 규모와의 관계를 이용하여 도시 정주체계를 분석하였다.

75 테네시계곡 개발계획(TVA 계획)은 어느 나라의 지역 계획인가?

① 독일   ② 미국
③ 영국   ④ 프랑스

●**해설**

테네시계곡 개발사업
• 1930년대 전후 실업자 구제 및 공업도시 개발을 위해 미국 테네시강 유역에 다수의 다목적댐을 건설하여 전력과 수자원 공급을 목표로 한 사업이다.
• 미국에서 지역개발계획의 선구적 사례이다.

76 다음의 지역발전이론 중 그 성격이 가장 다른 하나는?

① 농촌종합개발전략
② 기초수요전략
③ 성장거점이론
④ 농정적 개발론

●**해설**

성장거점이론은 하향적 계획, 그 외는 상향적 계획에 속한다.

77 아래와 같은 특징을 갖는 지역의 종류는?

- 한때는 경제성장을 하였으나 여러 가지 경제여건의 변화로 장기적인 경제적 침체단계에 들어간 지역
- 석탄 등 풍부한 지하자원의 개발로 한때 호황을 누렸던 지하자원 채취지역이나 한때 수요가 많았던 제품을 생산했던 산업화된 지역

① 과밀지역　　　　② 과소지역
③ 번성지역　　　　④ 침체지역

해설
위의 내용은 침체지역(Recession Regions)을 설명한 것이다.

78 다음 중 「수도권정비계획법」에 의한 권역 구분이 아닌 것은?

① 개발제한권역　　② 과밀억제권역
③ 성장관리권역　　④ 자연보전권역

해설
수도권정비계획에서의 권역 구분

구분	세부 사항
과밀억제권역	인구 · 산업의 집중으로 이전 · 정비가 필요한 지역
성장관리권역	인구 · 산업의 계획적 유치 · 개발이 필요한 지역
자연보전권역	한강수계의 수질 및 녹지 등의 자연환경보전이 필요한 지역

79 다음 중 부드빌(Boudeville)에 의한 지역 분류가 옳은 것은?

① 성장지역 – 침체지역 – 쇠퇴지역
② 동질지역 – 결절지역 – 계획권역
③ 과밀지역 – 중간지역 – 후진지역
④ 보완지역 – 대체지역 – 발전지역

해설
부드빌의 지역 분류
동질지역, 결절지역, 계획지역

80 케빈 린치가 제시한 도시경관 이미지의 구성 요소가 아닌 것은?

① 선(Linear)　　　　② 결절점(Node)
③ 지구(District)　　④ 지표물(Landmark)

해설
케빈 린치의 도시를 이미지화하는 도시의 물리적 구조에 관한 5가지 요소
경계(Edge), 결절점(Node), 통로(Path), 지구(District), 랜드마크(Landmark)

5과목 도시계획 관계 법규

81 간선시설의 설치에 관한 아래의 내용에서 ㉠과 ㉡에 해당하는 규모 기준으로 모두 옳은 것은?

사업주체가 ㉠ 대통령령으로 정하는 호수 이상의 주택건설사업을 시행하는 경우 또는 ㉡ 대통령령으로 정하는 면적 이상의 대지조성사업을 시행하는 경우 각 호에 해당하는 자는 각각 해당 간선시설을 설치하여야 한다.

① ㉠ 100호, ㉡ 16,500m²
② ㉠ 100호, ㉡ 33,000m²
③ ㉠ 200호, ㉡ 16,500m²
④ ㉠ 200호, ㉡ 33,000m²

해설
간선시설의 설치 및 비용의 상환(「주택법」 제28조, 시행령 제39조)
① "대통령령으로 정하는 호수"란 다음의 구분에 따른 호수 또는 세대수를 말한다.
- 단독주택인 경우 : 100호
- 공동주택인 경우 : 100세대(리모델링의 경우에는 늘어나는 세대수를 기준)
② "대통령령으로 정하는 면적"이란 16,500m²를 말한다.

82 특별시장, 광역시장, 시장 또는 군수는 몇 년마다 관할구역의 도시기본계획에 대하여 그 타당성 여부를 전반적으로 재검토하여 정비하여야 하는가?

① 3년　　　　② 5년
③ 10년　　　④ 20년

○**해설**

도시 · 군기본계획의 정비(「국토의 계획 및 이용에 관한 법률」 제23조)

특별시장 · 광역시장 · 특별자치시장 · 특별자치도지사 · 시장 또는 군수는 5년마다 관할 구역의 도시 · 군기본계획에 대하여 그 타당성 여부를 전반적으로 재검토하여 정비하여야 한다.

83 공동구의 관리에 관한 설명 중 틀린 것은?

① 공동구는 특별시장 · 광역시장 · 특별자치시장 · 특별자치도지사 · 시장 또는 군수가 이를 관리한다.
② 공동구의 안전점검은 1년에 1회 이상 실시하여야 한다.
③ 공동구의 관리에 소요되는 비용은 연 2회로 분할 납부하게 한다.
④ 공동구의 관리비용은 그 공동구를 관리하는 자가 전액 부담한다.

○**해설**

공동구의 관리(「도시 및 주거환경정비법 시행규칙」 제17조)
• 공동구는 시장 · 군수 등이 관리한다.
• 시장 · 군수 등은 공동구 관리비용의 일부를 그 공동구를 점용하는 자에게 부담시킬 수 있으며, 그 부담비율은 점용면적비율을 고려하여 시장 · 군수 등이 정한다.

84 다음은 「택지개발촉진법」 중 준공검사에 관한 내용이다. ( )에 들어갈 내용으로 옳은 것은?

> 시행자는 택지개발사업을 완료하였을 때에는 ( ) 대통령령으로 정하는 바에 따라 지정권자로부터 준공검사를 받아야 한다.

① 지체 없이   ② 1개월 이내에
③ 3개월 이내에   ④ 6개월 이내에

○**해설**

준공검사(「택지개발촉진법」 제16조)
시행자는 택지개발사업을 완료하였을 때에는 지체 없이 대통령령으로 정하는 바에 따라 지정권자로부터 준공검사를 받아야 한다.

85 시가화조정구역의 지정에 관한 설명으로 옳지 않은 것은?

① 시가화를 유보할 수 있는 기간은 5년 이상 20년 이내이다.
② 시가화조정구역의 지정에 관한 도시 · 군관리계획의 결정은 시가화 유보기간이 만료된 날로부터 효력을 상실한다.
③ 시가화조정구역의 실효고시는 실효일자 및 실효사유와 실효된 도시 · 군관리계획의 내용을 관보 또는 공보에 게재하는 방법에 의한다.
④ 국가계획과 연계하여 시가화조정구역의 지정 또는 변경이 필요한 경우에는 국토교통부장관이 직접 시가화조정구역의 지정 또는 변경을 도시 · 군관리계획으로 결정할 수 있다.

○**해설**

시가화조정구역의 지정(「국토의 계획 및 이용에 관한 법률」 제39조)
시가화조정구역의 지정에 관한 도시 · 군관리계획의 결정은 시가화 유보기간이 끝난 날의 다음 날부터 그 효력을 잃는다.

86 공간계획의 기본이 되는 법률로, 국토에 관한 계획 및 정책의 수립 · 시행에 관한 기본적인 사항을 정함으로써 국토의 건전한 발전과 국민의 복리향상에 이바지함을 목적으로 제정 · 시행되는 것은?

① 「국토기본법」
② 「택지개발촉진법」
③ 「도시개발법」
④ 「국토의 계획 및 이용에 관한 법률」

○**해설**

목적(「국토기본법」 제1조)
이 법은 국토에 관한 계획 및 정책의 수립 · 시행에 관한 기본적인 사항을 정함으로써 국토의 건전한 발전과 국민의 복리향상에 이바지함을 목적으로 한다.

87 「체육시설의 설치·이용에 관한 법률」에 대한 설명 중 옳지 않은 것은?

① 체육시설업자는 문화체육관광부령으로 정하는 안전·위생기준을 지켜야 한다.
② 문화체육관광부장관은 골프장업 시설의 농약 사용량 조사와 농약 잔류량 검사를 하여야 한다.
③ 체육시설업자는 문화체육관광부령으로 정하는 일정 규모 이상의 체육시설에 체육지도자를 배치하여야 한다.
④ 체육시설업자는 체육시설업의 시설을 이용하는 자가 보호장구 착용의무를 준수하지 아니한 경우에는 그 체육시설 이용을 거절하거나 중지하게 할 수 있다.

해설
안전·위생기준(「체육시설의 설치·이용에 관한 법률」 제24조)
• 체육시설업자는 이용자가 체육시설을 안전하고 쾌적하게 이용할 수 있도록 안전관리요원 배치와 임무, 수질관리 및 보호 장구의 구비(具備) 및 어린이 안전사고 예방수칙 등 문화체육관광부령으로 정하는 안전·위생기준을 지켜야 한다.
• 체육시설업의 시설을 이용하는 자는 안전·위생기준에 따른 보호 장구를 착용하여야 한다.
• 체육시설업자는 체육시설업의 시설을 이용하는 자가 보호 장구 착용 의무를 준수하지 아니한 경우에는 그 체육시설 이용을 거절하거나 중지하게 할 수 있다.

체육지도자의 배치(「체육시설의 설치·이용에 관한 법률」 제23조)
체육시설업자는 문화체육관광부령으로 정하는 일정규모 이상의 체육시설에 체육지도자를 배치하여야 한다.

88 「관광진흥법」에 의한 권역계획(圈域計劃)에 관한 설명 중 틀린 것은?

① 권역계획은 그 지역을 관할하는 문화체육관광부장관이 수립하여야 한다.
② 수립한 권역계획을 문화체육관광부장관의 조정과 관계 행정기관의 장과의 협의를 거쳐 확정하여야 한다.
③ 시·도지사는 권역계획이 확정되면 그 요지를 공고하여야 한다.
④ 대통령령으로 정하는 경미한 사항의 변경에 대하여는 관계 부처의 장과의 협의를 갈음하여 문화체육관광부장관의 승인을 받아야 한다.

해설
권역계획(圈域計劃)은 그 지역을 관할하는 시·도지사(특별자치도지사는 제외한다)가 수립하여야 한다. 다만, 둘 이상의 시·도에 걸치는 지역이 하나의 권역계획에 포함되는 경우에는 관계되는 시·도지사와의 협의에 따라 수립하되, 협의가 성립되지 아니한 경우에는 문화체육관광부장관이 지정하는 시·도지사가 수립하여야 한다.

89 다음 중 시행자가 도시개발사업의 전부 또는 일부를 환지방식으로 시행하고자 할 때 작성하는 환지계획에 포함되지 않는 사항은?

① 환지설계
② 도시계획조서
③ 필지별로 된 환지 명세
④ 필지별과 권리별로 된 청산대상 토지 명세

해설
환지계획의 작성(「도시개발법」 제28조)
시행자는 도시개발사업의 전부 또는 일부를 환지방식으로 시행하려면 다음의 사항이 포함된 환지계획을 작성하여야 한다.
• 환지 설계
• 필지별로 된 환지 명세
• 필지별과 권리별로 된 청산대상 토지 명세
• 체비지(替費地) 또는 보류지(保留地)의 명세
• 입체 환지를 계획하는 경우에는 입체 환지용 건축물의 명세와 공급 방법·규모에 관한 사항
• 그 밖에 국토교통부령으로 정하는 사항

90 다음 중 자주식 주차장의 형태에 해당하지 않는 것은?

① 건축물식　　② 기계식
③ 지하식　　④ 지평식

◀해설▶

주차장의 형태(「주차장법 시행규칙」 제2조)

주차장의 형태는 운전자가 자동차를 직접 운전하여 주차장으로 들어가는 주차장(자주식 주차장)과 기계식 주차장으로 구분하되, 이를 다시 다음과 같이 세분한다.

- 자주식 주차장 : 지하식 · 지평식(地平式) 또는 건축물식
- 기계식 주차장 : 지하식 · 건축물식

91 단지조성사업 등으로 설치되는 노외주차장에 설치하여야 하는 환경친화적 자동차를 위한 전용주차구획의 비율 최소 기준이 옳은 것은?

① 총주차대수의 100분의 5 이상
② 총주차대수의 100분의 10 이상
③ 총주차대수의 100분의 15 이상
④ 총주차대수의 100분의 30 이상

◀해설▶

경형자동차 및 환경친화적 자동차 전용주차구획의 설치비율(「주차장법 시행령」 제4조)

노외주차장에는 경형자동차 및 환경친화적 자동차를 위한 전용주차구획을 다음의 비율이 모두 충족되도록 설치해야 한다.

- 환경친화적 자동차를 위한 전용주차구획 : 총주차대수의 100분의 5 이상
- 경형자동차를 위한 전용주차구획과 환경친화적 자동차를 위한 전용주차구획을 합한 주차구획 : 총주차대수의 100분의 10 이상

92 개발로 인하여 기반시설이 부족할 것으로 예상되나 기반시설을 설치하기 곤란한 지역을 대상으로 건폐율이나 용적률을 강화하여 적용하기 위하여 지정하는 구역은?

① 기반시설부담구역
② 개발밀도관리구역
③ 지구단위계획구역
④ 시가화조정구역

◀해설▶

개발밀도관리구역(「국토의 계획 및 이용에 관한 법률」 제66조)

특별시장 · 광역시장 · 특별자치시장 · 특별자치도지사 · 시장 또는 군수는 주거 · 상업 또는 공업지역에서의 개발행위로 기반시설의 처리 · 공급 또는 수용능력이 부족할 것으로 예상되는 지역 중 기반시설의 설치가 곤란한 지역을 개발밀도관리구역으로 지정할 수 있다.

93 다음 중 건축법령상 공동주택에 해당하지 않는 것은?

① 연립주택
② 다가구주택
③ 다세대주택
④ 기숙사

◀해설▶

다가구주택은 단독주택의 분류에 속한다.

94 다음 국토조사에 관한 설명 중 빈칸에 들어갈 용어가 바르게 나열된 것은?

(㉠)은(는) 국토조사를 효율적으로 실시하기 위하여 국토조사 항목 및 조사 주체 등 필요한 사항에 대하여 관계 중앙행정기관의 장 및 (㉡)와(과) 사전협의를 거쳐 국토조사계획을 수립할 수 있다.

① ㉠ : 국토교통부장관, ㉡ : 시 · 도지사
② ㉠ : 국토교통부장관, ㉡ : 국토정책위원회
③ ㉠ : 국토정책위원회, ㉡ : 시 · 도지사
④ ㉠ : 국토정책위원회, ㉡ : 국토교통부장관

◀해설▶

국토조사의 실시(「국토기본법 시행령」 제10조)

국토교통부장관은 국토조사를 효율적으로 실시하기 위하여 국토조사 항목 및 조사 주체 등 필요한 사항에 대하여 관계 중앙행정기관의 장 및 시 · 도지사와 사전협의를 거쳐 국토조사계획을 수립할 수 있다.

95 주택가격상승률이 물가상승률보다 현저히 높은 지역으로서 지역의 주택가격·주택거래 등과 지역 주택시장 여건 등을 고려하였을 때 주택가격이 급등하거나 급등할 우려가 있는 지역 중 대통령령으로 정하는 기준을 충족하는 지역에 대하여 지정하는 것은?

① 최저주거기준 적용 기준
② 분양가상한제 적용 지역
③ 기반시설 부담금 적용 지역
④ 장수명 주택 의무공급 적용 지역

해설
주택가격의 급등에 대응하기 위한 정책으로서 분양가상한제 적용 지역에 대한 설명이다.

96 문화재·전통사찰 등 역사·문화적으로 보존가치가 큰 시설 및 지역의 보호와 보존할 필요가 있어 지정하는 용도지구는?

① 특화경관지구
② 특정개발진흥지구
③ 중요시설물보존지구
④ 역사문화환경보호지구

해설
보호지구
문화재, 중요시설물(항만, 공항 등 대통령령으로 정하는 시설물을 말한다) 및 문화적·생태적으로 보존가치가 큰 지역의 보호와 보존을 위하여 필요한 지구

구분	내용
역사문화환경 보호지구	문화재·전통사찰 등 역사·문화적으로 보존가치가 큰 시설 및 지역의 보호와 보존을 위하여 필요한 지구
중요시설물 보호지구	중요시설물의 보호와 기능의 유지 및 증진 등을 위하여 필요한 지구
생태계보호지구	야생동식물서식처 등 생태적으로 보존가치가 큰 지역의 보호와 보존을 위하여 필요한 지구

97 다음 중 건폐율에 관한 내용이 틀린 것은?

① 건폐율이란 대지면적에 대한 건축면적의 비율이다.
② 도시지역 내 주거지역의 건폐율 최대한도는 70% 이하이다.
③ 관리지역 내 보전관리지역의 건폐율 최대한도는 10% 이하이다.
④ 농림지역의 건폐율 최대한도는 20% 이하이다.

해설
관리지역 내 보전관리지역의 건폐율 최대한도는 20%이다.

98 「산업입지 및 개발에 관한 법률」에 의거하여 산업입지정책에 관한 중요사항을 심의하기 위하여 국토교통부에 두는 위원회는?

① 산업입지정책심의회
② 산업입지평가위원회
③ 산업정책위원회
④ 국토정책심의회

해설
산업입지정책심의회(「산업입지 및 개발에 관한 법률」 제3조)
산업입지정책에 관한 중요사항을 심의하기 위하여 국토교통부에 산업입지정책심의회를 둔다.

99 다음 공원시설 중 휴양시설에 해당하지 않는 것은?(단, 도시공원 및 녹지 등에 관한 법령에 따른다.)

① 야유회장   ② 야영장
③ 노인복지관   ④ 전망대

해설
휴양시설(「도시공원 및 녹지에 관한 법률 시행규칙」 제3조 – 별표 1)
• 야유회장 및 야영장 그 밖에 이와 유사한 시설로서 자연공간과 어울려 도시민에게 휴식공간을 제공하기 위한 시설
• 경로당, 노인복지관
• 수목원
※ 전망대는 공원시설 중 편익시설에 해당한다.

정답 **95** ② **96** ④ **97** ③ **98** ① **99** ④

100 「도시공원 및 녹지 등에 관한 법률」상 도시 공원의 규모기준이 옳은 것은?

① 어린이공원 : 1,500m^2 이상

② 근린생활권근린공원 : 30,000m^2 이상

③ 소공원 : 1,000m^2 이상

④ 도보권근린공원 : 100,000m^2 이상

●해설
② 근린생활권근린공원 : 10,000m^2 이상

③ 소공원 : 제한 없음

④ 도보권근린공원 : 30,000m^2 이상

1과목   도시계획론

01 이자 계산 시 복리율 적용방식을 원용한 것으로 단기간에 급속히 팽창하는 신도시의 인구 예측에 유용하나, 안정적 인구변화추세를 나타내는 경우 적용하면 인구의 과도 예측을 초래할 위험이 있는 도시인구예측모형은?(단, P_n : n년 후의 추정인구, p_0 : 현재 인구, n : 경과 연수, r : 인구증가율, a, b' : 상수, k : 상한인구수)

① $p_n = p_0(1+r)^n$ ② $p_n = p_0(1+rn)$

③ $p_n = p_0 \times e^{rn}$ ④ $p_n = \dfrac{k}{1+e^{a+bn}}$

⊙해설

문제는 등비급수법에 대한 설명이다. 등비급수법의 산출공식과 특징은 아래와 같다.

• 산출공식 : $p_n = p_0(1+r)^n$
• 특징 : 인구가 기하급수적으로 증가하는 신흥공업도시에 적용

02 도시성장관리의 목적이 아닌 것은?

① 어반스프롤(Urban Sprawl)의 방지
② 교통용량의 확장과 재개발 억제
③ 도시민의 삶의 질 향상
④ 효율적인 도시 형태의 구축

⊙해설

도시성장관리는 도시성장으로 인한 교통의 혼잡 가중을 방지하는 것을 목표로 하고 있다. 교통용량의 확장은 교통량의 증대를 가져올 수 있으므로 도시성장관리의 목적이라 할 수 없다.

03 페리(C. A. Perry)가 주장한 근린주구이론에 대한 비판의 의견과 관계가 없는 것은?

① 근린주구단위가 교통량이 많은 간선도로에 의해 구획됨으로써 도시 안의 섬이 되었고, 이로써 가정의 욕구는 만족되었을지 몰라도 고용의 기회가 많이 줄어드는 계기가 되었다.
② 근린주구계획은 초등학교에 초점을 맞추고 있는데, 대부분 사회적 상호작용이 어린 학생으로부터 유발된 친근감을 통하여 시작된다는 것은 불명확하다.
③ 지역의 특성을 고려하여 다양한 형태의 주거단지와 대규모의 상업시설을 배치시킴으로써, 지역 커뮤니티를 와해시키는 결과를 초래하였다.
④ 미국에서 발달한 근린주구계획은 커뮤니티 형성을 위하여 비슷한 계층을 집합시키는 계획이 이루어짐으로써 인종적 분리, 소득계층의 분리를 가져와 지역사회 형성을 오히려 방해하였다.

⊙해설

근린주구이론은 소규모 주거단지 단위를 주장한 것으로서 다양한 형태의 주거단지, 대규모 상업시설의 배치와는 거리가 멀다.

04 경관계획에 대한 설명으로 옳은 것은?

① 경관계획의 요건은 크게 공공성과 현장성으로 요약할 수 있다.
② 경관계획은 크게 물적 경관계획과 장의 경관계획으로 구분된다.
③ 경관계획은 형태를 중시하고 실천적이며 시간변동이 없는 공간적 계획이다.
④ 경관계획의 대상을 직접 조작하거나 시점과 대상의 관계를 조작하여 특별한 경관현상으로 형성할 수 없다.

정답   01 ①   02 ②   03 ③   04 ②

해설

① 경관계획의 요건은 크게 보전성과 지역성으로 요약할 수 있다.

③ 경관계획은 형태를 중시하고 실천적이며 시간변동이 있는 공간적 계획이다.

④ 경관계획의 대상을 직접 조작하거나 시점과 대상의 관계를 조작하여 특별한 경관현상으로 형성할 수 있다.

05 도시의 구성요소에 관한 설명으로 틀린 것은?

① 시민은 도시를 구성하는 가장 기본적인 요소이다.

② 게데스(P. Geddes)는 도시 활동을 생활, 생산, 위락의 세 가지 요소로 구분하였다.

③ 도시화의 컨트롤 수단으로서 인구이동의 통제는 토지이용 규제보다 더 유효하고 적법하다.

④ 도시 활동을 수용하고 지원하기 위해 토지 및 시설이 필요하다.

해설

인구이동의 경우 도시화 과정에서 도시 내의 집적이익의 증가 및 감소에 따라 자연스럽게 작용할 수 있도록 하는 것이 효과적이며, 이러한 자연스러운 현상을 유도하기 위하여 토지이용 규제를 이용하는 것이 도시화 컨트롤 수단으로 더 유효하고 적법하다.

06 시가지의 토지이용에 있어서 지나친 기능분리나 사적 공간의 확보를 지양하고 적절한 기능의 혼재와 이동거리 단축에 의한 토지자원의 절약과 자동차에 의한 환경의 파괴를 막아보자는 노력에서 등장한 개념은 무엇인가?

① 도시재생(Urban Regeneration)

② 뉴어바니즘(New Urbanism)

③ 친환경 생태도시(Eco-city)

④ 스마트 성장관리(Smart Urban Growth Management)

해설

뉴어바니즘(New Urbanism)

현대도시가 겪어온 여러 가지 문제점들을 해결하기 위해서 도시중심을 복원하고, 확산하는 교외를 재구성하며, 파괴적인 개발행위를 영속화하려는 정책과 관례를 바꾸려는 운동으로서, 자동차 위주의 근대도시계획에 대한 반발로 사람중심의 도시환경을 조성하고자 하는 도시계획 방법이다.

07 기준연도의 인구와 출생률, 사망률, 인구이동 등의 인구 변화요인을 고려하여 장래인구를 추정하는 인구 예측 방법은?

① 정주모형법   ② 집단생잔법

③ 비교유추법   ④ 로지스틱법

해설

집단생잔법은 출생률, 사망률, 인구이동 등을 고려한 요소 모형이다.

08 해당 토지에 대한 용도지역·지구·구역, 도시계획시설, 도시계획사업과 입안내용, 각종 규제에 대한 저촉 여부를 확인하는 내용 및 지적도에 도시계획선을 표시한 도면으로 구성된 것을 무엇이라 하는가?

① 건축물대장

② 토지이용계획 확인원

③ 토지대장

④ 재산세 과세대장

해설

토지이용계획 확인원(서)은 용도지역·지구 등의 지정 내용과 그 용도지역·지구 등에서의 행위제한 내용 등을 토대로 토지이용 관련 각종 규제에 대한 저촉 여부 등을 확인할 수 있는 자료이다.

09 도시인구의 증가속도가 도시산업의 발달속도보다 훨씬 커서 직장과 주택이 없는 사람들이 도시 빈민화하고 슬럼지구를 형성하며, 이들이 생존을 위해 비공식 경제부문에 종사하는 등 도시 경제의 잉여 부분에 기생하면서 살아가야 하는 현상을 무엇이라고 하는가?

① 젠트리피케이션   ② 역도시화

③ 가도시화   ④ 종주도시화

해설
① 젠트리피케이션 : 도심공동화 현상에 따른 문제를 해결하기 위해 재개발사업 등을 통해 도심의 활성화를 도모하는 현상
② 역도시화 : 집적함으로써 발생하는 불이익이 이익보다 커질 경우 인구의 분산이 이루어지는 단계로서, 일명 유턴(U-turn) 현상이라고도 한다.
④ 종주도시화 : 한 국가의 많은 도시 중에서 인구 규모나 기능 등이 한 도시에 집중되어 여타 도시들을 지배하는 현상을 말한다.

10 다음 중 도시계획의 의의와 필요성에 대한 설명으로 옳지 않은 것은?

① 도시의 여러 가지 기능을 원활하게 해준다.
② 주민들이 생활하기에 풍요롭고 양호한 환경을 만들어 준다.
③ 개인 및 집단행동을 우선시하며 외부효과를 고려하는 기능이 있다.
④ 공공 및 민간활동의 분배효과를 고려하는 사회적 기능을 수행한다.

해설
인간사회의 공동목표와 가치 구현 등을 위해 도시계획이 필요하다.

11 다음 중 개발권양도제도(TDR)에 대한 설명으로 옳지 않은 것은?

① 실제 적용된 예는 많지 않으나 보전과 개발, 재개발과의 조화를 도모할 수 있는 제도이다.
② 개발할 토지 총량의 한도 내에서 개발권을 부여한다.
③ 토지이용의 분산을 도모하기 위한 것으로 대도시 문제 해결을 위해 도입된 제도이다.
④ 어떤 토지에 규정되어 있는 개발허용한도 가운데 미사용 부분을 다른 토지에 이전하여 토지이용을 실현하는 권리이다.

해설
토지이용을 효율적으로 추진하고자 하는 개발권양도제(TDR : Transfer of Development Right)를 통해 토지이용의 분산을 도모하기는 쉽지 않다.

12 4단계 교통수요 추정법에 해당하지 않는 단계는?

① 통행 발생　　② 수단 선택
③ 통행 배분　　④ 통행 평가

해설
4단계 교통수요 추정 단계
통행 발생(Trip Generation) → 통행 배분(통행 분포, Trip Distribution) → 교통수단 선택(Modal Split) → 노선 배정(Traffic Assignment)

13 지구단위계획에서 환경관리계획에 관한 설명 중 옳지 않은 것은?

① 구릉지 등의 개발에서 절토를 최소화하고 절토면이 드러나지 않게 대지를 조성하여 전체적으로 양호한 경관을 유지시킨다.
② 구릉지에는 가급적 계단 형태의 고층건물 위주로 계획한다.
③ 대기오염원이 되는 생산활동이 주거지 안에서 일어나지 않도록 한다.
④ 쓰레기 수거는 가급적 건물 후면에서 이루어지도록 하고 폐기물처리시설을 설치하는 경우에는 바람의 영향을 감안하고 지붕을 설치하도록 한다.

해설
구릉지에는 가급적 절토와 성토를 최소화하여 최대한 자연지형을 살리고, 저층건물 위주로 계획한다.

14 도시인구 추정 방법 중 인구성장의 상한선을 미리 상정한 후에 미래 인구를 추계하는 인구 예측 모형으로, 곡선이 S자형의 비대칭곡선으로 이루어진 추세 분석은?

① 지수모형(Exponential Model)
② 곰페르츠 모형(Gompertz Model)
③ 로지스틱 모형(Logistic Model)
④ 회귀모형(Regression Model)

● 해설
곰페르츠 모형
• 지역인구가 처음에는 완만하게 증가하다 어느 시점을 지나면 급격히 증가하고 다시 완만하게 증가(S자형 성장)하는 지역에 적용
• 인구 증가에 상한선을 가정

15 도시공간구조 이론 중 다핵심이론을 주장한 학자는?

① 버제스(E. W. Burgess)
② 매킨지(H. Mackenzie)
③ 에릭센(E. G. Ericksen)
④ 해리스와 울만(C. D. Harris & E. L. Ullman)

● 해설
다핵심 이론 – 해리스와 울만(Harris & Ullman, 1945)
도시의 확대성장에 따라 도시 토지이용은 단핵에서 다수의 분리된 핵의 통합으로 이루어진 도시구조가 형성된다고 주장하였다.

16 뒤르켐(Durkheim)이 지적한 도시의 아노미 (Anomie) 현상에 대한 설명으로 옳은 것은?

① 도시 인구의 증가로 인한 도시 기반시설의 부족현상이다.
② 도시에 대해 적대감을 갖는 것으로, 사회적 도덕적 생활에 대한 위협이라는 관점에서 생겨났다.
③ 도시의 기능분화로 인해 발생하는 도시의 윤리적 문제이다.

④ 도시화의 진행에 따라 나타나는 사회병리현상으로, 흔히 대도시화로 인한 인간소외 등의 몰가치 상황을 의미한다.

● 해설
아노미(Anomie) 현상
도시의 이질적 인구구성 및 빈번하지만 일회성에 그치는 시민 간의 만남에서 발생하는 인간소외 등의 몰가치상황을 말한다.

17 다음 중 통행 기종점표에 나타난 통행량의 신뢰성을 검증하기 위한 조사는?

① 쿼터라인 조사
② 대중교통 통행조사
③ 스크린라인 조사
④ 보행자 통행조사

● 해설
스크린라인 조사(Screen Line 조사, 검사선조사)
통행량의 신뢰성을 하기 위해 조사지역 내에서 조사된 교통량의 정밀도를 점검하고 수정·보완하는 교통량 조사 기법이다.

18 개발로 인하여 기반시설이 부족할 것으로 예상되나 기반시설을 설치하기 곤란한 지역을 대상으로 건폐율이나 용적률을 강화하여 적용하기 위하여 지정하는 구역을 무엇이라고 하는가?

① 개발밀도관리구역
② 기반시설부담구역
③ 시가화조정구역
④ 성장억제구역

● 해설
개발밀도관리구역은 개발로 인하여 기반시설이 부족할 것으로 예상되나 기반시설을 설치하기 곤란한 지역을 대상으로 건폐율이나 용적률을 강화하여 적용하기 위하여 지정하는 구역을 말한다.

19 다음 중 순수공공재의 특성과 관련이 없는 것은?

① 배제의 원칙
② 공동소비
③ 소비의 비경합성
④ 무임승차문제

해설

배제의 원칙(배제성)은 가격을 지불하지 않은 사람이 해당 재화를 소비하지 못하게 한다는 원칙으로서 사익재를 설명하는 원칙(특성)이다.

20 프리드만이 학문적 전통에 따라 사상적 배경을 분류한 계획이론으로 옳지 않은 것은?

① 사회개혁(SocIal Reform) 이론
② 사회맥락(Social Context) 이론
③ 사회학습(Social Learning) 이론
④ 사회동원(Social Mobilization) 이론

해설

프리드만이 분류한 계획이론

구분	내용
사회개혁이론	• 사회적 지도의 일종으로 전문성이 요구되는 책임과 실행 기능이라고 이해 • 맨하임(K. Manheim), 달(R. Dahl), 린드블롬(C. Lindblom), 에치오니(A. Etzioni)
정책분석이론	• 합리적 의사 결정을 통해 조직의 행태를 변화시키고 생산성을 향상시킴 • 사이먼(H. Simon)
사회학습이론	• 듀이(J. Dewey)의 실용주의와 마르크스주의에서 영향을 받음 • 상호 모순성을 극복하는 것에 초점
사회동원이론	• 아래로부터의 계획을 통한 직접적인 집단행동을 강조 • 과학의 중재 없이 시행되는 일종의 정치 형태라고 정의

2과목 **도시설계 및 단지계획**

21 다음 중 영국의 계획도시 할로우(Harlow)에 관한 설명으로 옳지 않은 것은?

① 고밀도 개발을 원칙으로 하였다.
② 런던 주변에 개발된 초기 뉴타운의 대표적인 예이다.
③ 주택지는 크게 4개의 그룹으로 나누어 그 내부에 근린주구를 배치하였다.
④ 도시 내의 간선도로는 주택지 그룹 사이에 있는 녹지 속을 통과한다.

해설

할로우(Harlow)

1947년 영국 런던 북쪽 30마일 지점에 설치된 신도시로서 전원도시계획을 적용하고, 저밀도 개발을 원칙으로 하며, 근린주구제를 채용하였다.

22 다음 중 지구단위계획구역의 지정권자가 아닌 자는?

① 국토교통부장관
② 도지사
③ 군수
④ 대도시 시장

해설

지구단위계획구역의 지정 결정·고시는 국토교통부장관·특별시장·광역시장·도지사에게 권한이 있다.

23 공원 및 녹지체계의 유형 중 녹지의 연결성과 접근성의 측면에서 바람직하다고 볼 수 있으나, 한정된 녹지가 넓은 면적에 분포하게 되어 녹지의 폭이 좁아지는 단점이 있는 것은?

① 단지 녹지를 한 곳으로 모으는 집중형
② 단지 내 녹지를 고르게 분포시키는 분산형
③ 일정폭의 녹지를 길게 조성하는 대상형
④ 대상형을 가로, 세로로 겹쳐 놓은 격자형

● 해설

격자형의 경우 공원 및 녹지체계의 유형 중 녹지의 연결성과 접근성의 측면에서 바람직하나, 한정된 녹지가 넓은 면적에 분포하게 되어 녹지의 폭이 좁아지게 된다는 단점을 가지고 있다.

24 「도시공원 및 녹지 등에 관한 법률」상 개발제한구역 및 녹지지역을 제외한 도시지역 안에 있어서의 도시공원의 확보기준은 해당 도시지역 안에 거주하는 주민 1인당 최소 얼마 이상을 기준으로 하는가?

① $2m^2$ ② $3m^2$

③ $4m^2$ ④ $6m^2$

● 해설

도시공원의 면적기준(「도시공원 및 녹지 등에 관한 법률 시행규칙」 제4조)
- 하나의 도시지역 안에 있어서의 도시공원의 확보기준은 해당 도시지역 안에 거주하는 주민 1인당 $6m^2$ 이상
- 개발제한구역 및 녹지지역을 제외한 도시지역 안에 있어서의 도시공원의 확보기준은 해당 도시지역 안에 거주하는 주민 1인당 $3m^2$ 이상

25 슈퍼블록(Super Block)의 장점과 거리가 먼 것은?

① 공동의 오픈스페이스 확보

② 전통적 가로경관의 유지

③ 공급처리시설의 공동화 가능

④ 자동차 통과교통의 방지

● 해설

슈퍼블록(Super Block)은 중심시설 중앙 배치로 간선도로변의 활성화 기회가 상실되고 전통적 가로경관을 유지할 수 없다는 단점을 가지고 있다.

26 범죄예방환경설계(CPTED)와 관련성이 가장 적은 것은?

① 자연적 접근 통제

② 교통 편의성

③ 영역성 강화

④ 자연적 감시

● 해설

범죄예방환경설계(CPTED)
적절한 설계와 건축환경을 활용하여 범죄의 발생수준과 범죄에 대한 공포를 감소시켜 생활의 질을 향상시키는 설계기법을 말하며, 자연적 감시가 될 수 있는 계획을 하는 것이 가장 중요하다.

27 도시지역 내 지구단위계획구역에서 대지면적의 일부가 공공시설 부지로 제공되도록 계획되는 다음의 조건에서 완화 받을 수 있는 건폐율의 기준은?

- 당초의 대지면적 : 10,000㎡
- 해당 용도지역에 적용되는 건폐율 : 50%
- 공공시설 부지로 제공하는 면적 : 1,000㎡

① 50% 이내   ② 55% 이내

③ 65% 이내   ④ 70% 이내

● 해설

건폐율의 완화범위 산출
완화 받을 수 있는 건폐율의 범위

$$= 조례로 정한 건폐율 \left(1 + \frac{공공시설부지로 \ 제공하는 \ 면적}{대지면적}\right)$$

$$= 0.5\left(1 + \frac{1,000}{10,000}\right) = 0.5 \times 1.1 = 0.55$$

∴ 55% 이내

28 중수도 순환방식 중 폐쇄순환방식에 해당하지 않는 것은?

① 개별순환방식   ② 광역순환방식

③ 복합순환방식   ④ 지구순환방식

해설

중수도 이용방식 중 폐쇄순환방식

- 개별순환방식 : 사무소, 빌딩 등에 있어 그 건물에서 발생하는 폐수를 자가처리하여 빌딩 내에서 다시 이용하는 것을 의미
- 광역순환방식 : 일정지역 내에서 해당지역 내의 빌딩과 주택 등 일반적인 중수의 수요에 따라 중수도로부터 광역적, 대규모적으로 공급하는 방식
- 지역(지구)순환방식 : 비교적 한 곳에 집중되어 있는 지구, 즉 아파트 단지나 새로 건설되는 주거지역 등에 있어 사업자와 건축물 등의 소유자가 공동으로 중수도를 운영하고 해당 건축물의 수요에 따라 중수를 급수하는 방식

29 공동구의 설치로 인한 이점으로 가장 거리가 먼 것은?

① 도시미관의 향상을 도모할 수 있다.
② 수용시설의 유지관리가 용이하다.
③ 매설물의 최초 설치비용을 절감할 수 있다.
④ 빈번한 노면 굴착을 방지할 수 있다.

해설

공동구는 도시미관 등을 향상시킬 수 있으나 초기 설치비용이 크다는 단점을 가지고 있다.

30 순인구밀도가 250인/ha이고 주택용지율이 70%일 때, 총인구밀도는?

① 105인/ha
② 175인/ha
③ 265인/ha
④ 305인/ha

해설

$$순인구밀도 = \frac{총인구}{주택용지면적}$$
$$= \frac{총인구}{총면적 \times 주택용지율} = \frac{총인구밀도}{주택용지율}$$

총인구밀도 = 순인구밀도 × 주택용지율
　　　　　 = 250 × 0.7 = 175

31 공동주택을 건설하는 지점의 소음도가 최소 얼마 이상인 경우에 방음벽·방음림 등의 방음시설을 설치하여야 하는가?

① 45dB
② 55dB
③ 65dB
④ 75dB

해설

소음방지대책의 수립(「주택건설기준 등에 관한 규정」 제9조)

사업주체는 공동주택을 건설하는 지점의 소음도가 65dB 미만이 되도록 하되, 65dB 이상인 경우에는 방음벽·수림대 등의 방음시설을 설치하여 해당 공동주택의 건설 지점의 소음도가 65dB 미만이 되도록 소음방지대책을 수립하여야 한다.

32 다음 중 도로와 각 가구를 연결하는 도로이므로 통과교통이 적어 주거환경의 안전성이 확보되지만 우회도로가 없어 방재 또는 방범상에 단점이 있는 국지도로의 패턴은?

① 격자형
② 루프형
③ T자형
④ 쿨데삭형

해설

쿨데삭형 도로는 도로의 구성 특성상 비교적 독립된 생활의 영위가 가능하나, 우회도로가 없어 방재 또는 방범상 불리한 단점을 가지고 있다.

33 단지계획의 목표를 설정할 때에 고려하여야 할 사항으로 가장 거리가 먼 것은?

① 건강과 쾌적성
② 경제적 다양성
③ 기능의 충족성
④ 이웃과의 의사소통

해설

단지계획 수립 시 경제적 다양성은 고려대상이 아니다.

단지계획의 목표

- 건강과 쾌적성(Health and Amenity)
- 기능의 충족성(Functional Integration)
- 이웃과의 의사소통(Communication)
- 환경 선택의 다양성(Choice)
- 개발비용의 효율성(Efficiency)
- 변화에 대한 적응성(Adaptability)

정답 29 ③ 30 ② 31 ③ 32 ④ 33 ②

34 다음 건물의 용적률은 얼마인가?(단, 대지는 정사각형의 평지이고 지하층이 없는 4층의 14m 높이의 건물이다.)

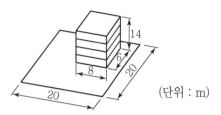

(단위 : m)

① 168% 　　　② 148%

③ 48% 　　　④ 22%

●해설

$$용적률 = \frac{연면적}{대지면적} = \frac{바닥면적 \times 층수}{대지면적}$$
$$= \frac{(8 \times 6) \times 4}{20 \times 20} = 0.48 = 48\%$$

35 어린이공원의 규모 및 유치거리 기준이 옳은 것은?

① 1,500m² 이상, 250m 이하

② 2,000m² 이상, 250m 이하

③ 2,500m² 이상, 300m 이하

④ 3,000m² 이상, 300m 이하

●해설

어린이공원의 규모는 최소한 1,500m² 이상이어야 하며, 유치거리는 250m 이하로 계획되어야 한다.

36 획지계획에 대한 설명으로 틀린 것은?

① 상업용지의 경우 수요자 요구에 맞는 적정하고 다양한 규모의 획지분할을 추구해야 한다.

② 건축될 건물의 형태는 고려하지 않아도 된다.

③ 상업용지의 획지규모는 도로의 위계에 큰 영향을 받는다.

④ 획지의 규모가 과대 또는 과소할 경우, 건축물의 개발을 불가능하게 하거나 지연시킬 수 있다.

●해설

획지계획 시 건축될 건물의 형태를 고려하여야 적절한 획지계획을 수립할 수 있다.

37 근린생활권의 위계가 옳은 것은?

① 근린주구 > 근린분구 > 인보구

② 근린분구 > 근린주구 > 인보구

③ 인보구 > 근린분구 > 근린주구

④ 근린분구 > 인보구 > 근린주구

●해설

생활권의 크기에 따른 분류

근린주구(8,000~10,000명) > 근린분구(2,000~2,500명) > 인보구(100~200명)

38 구조물의 높이(H)와 그 외부 공간의 거리(D)의 관계에서 공간 폐쇄감을 거의 상실(공허감)하는 각도(D/H)는?

① 약 14° 　　　② 약 27°

③ 약 45° 　　　④ 약 60°

●해설

폐쇄감을 상실하고 노출감을 인식하는 것은 D/H가 3 이상인 경우를 의미하며, 이때의 각도는 약 14°이다.

39 라이트(H. Wright)와 스타인(C. Stein)이 래드번(Radburn) 단지계획에서 제시한 기본 원리로 옳지 않은 것은?

① 자동차 통과도로를 위한 슈퍼블록의 구성

② 기능에 따른 4가지 종류의 도로 구분

③ 보도와 차도(고가차도)의 입체적 분리

④ 주택단지 어디로나 통할 수 있는 공동의 오픈스페이스 조성

●해설

래드번 계획(H. Wright, C. Stein)에서 가장 중요한 원리는 단지 내로의 자동차 통과를 배제한다는 것이다.

40 건축한계선에 관한 설명으로 옳지 않은 것은?

① 가로경관에 일정한 특성을 부여할 필요가 있는 경우 등에 지정할 수 있다.

② 가로경관이 연속적으로 형성되지 않거나 벽면선이 일정하지 않을 것이 예상되는 경우에 지정할 수 있다.

③ 가로경관이 연속적인 형태를 유지하거나 구역 내 중요 가로변의 건축물을 가지런하게 할 필요가 있는 경우에 사용할 수 있다.

④ 도로에 있는 사람이 개방감을 가질 수 있도록 건축물을 도로에서 일정거리 후퇴시켜 건축하게 할 필요가 있는 곳에 지정할 수 있다.

해설

가로경관이 연속적인 형태를 유지하거나 구역 내 중요 건축물을 가지런하게 할 필요가 있는 경우에 사용하는 것은 건축지정선이다.

3과목 도시개발론

41 제3섹터 개발방식에 대한 설명이 옳은 것은?

① 국가나 지방자치단체, 정부투자기관인 공사 또는 지방공기업 등이 사업시행자이다.

② 토지소유자나 순수 민간기업 등이 사업시행자이다.

③ 토지의 취득방식에 따른 개발방식의 유형 구분에 해당한다.

④ 민·관이 공동출자하여 설립한 법인 조직이 개발하는 방식이다.

해설

① 공공개발에 대한 설명이다.

② 민간개발에 대한 설명이다.

③ 토지의 취득방식에 따른 개발방식의 유형 구분은 환지방식, 수용방식, 혼용방식, 합동개발방식 등이 있으며, 제3섹터에 대한 사항은 개발주체에 따른 분류에 해당한다.

42 '부동산증권화'의 효과 중 맞는 것은?

① 자산보유자의 입장에서 증권화를 통해 유동성을 낮출 수 있다.

② 투자자 입장에서는 위험이 크지만 수익률이 좋은 금융상품에 대한 투자기회를 가지게 된다.

③ 자산보유자의 입장에서는 대출회전율이 높아져 총자산이 증가하고 대출시장에서의 시장점유율을 높일 수 있다.

④ 차입자 입장에서는 단기적으로 직접적 혜택이 크며, 장기적으로 대출한도의 확대와 금리인하로 인한 차입여건 개선이 가능하다.

해설

① 자산보유자의 입장에서 증권화를 통해 유동성을 높일 수 있다.

② 투자자 입장에서는 위험이 적은 금융상품이라고 할 수 있다.

④ 차입자 입장에서 단기적보다는 장기적으로 안정화되는 자산 관리를 할 수 있다.

43 환지방식 개발사업의 특성이 아닌 것은?

① 원칙적으로 지구 내 토지소유자는 토지를 수용당하거나 떠나야 하는 문제가 없다.

② 권리자는 사업에 필요한 비용을 비교적 공평하게 분담한다.

③ 사업 시행자는 토지를 매입할 필요가 없으므로 그만큼 비용이 줄어든다.

④ 공공시설 관리자는 필요한 공공용지를 조성원가에 확보할 수 있고, 사업 시행에 유리한 장소에 용지를 마련하여 이윤을 최대화할 수 있다.

해설

공공시설 관리자가 필요한 공공용지를 조성원가에 확보할 수 있는 것은 매수방식의 특징이다.

---

44 특정 도시개발사업(사업 운영기간이 3년)에 700억 원을 투자하여 매년 말 300억 원의 수익이 기대될 경우, 동 사업의 순현가는 다음 중 어느 것인가?(단, 할인율은 10%로 한다.)

① 19억 원 ② 46억 원
③ 121억 원 ④ 305억 원

● 해설

$$NPV = -700 + \frac{300}{(1+0.1)^1} + \frac{300}{(1+0.1)^2} + \frac{100}{(1+0.1)^3}$$
$$= 46.056 ≒ 46(억 원)$$

45 델파이법에 관한 설명이 틀린 것은?

① 조사하고자 하는 특정 사항에 대해 일반인 집단을 대상으로 반복 앙케이트를 행하여 의견을 수집하는 방법이다.
② 예측을 하는 데 회의방식보다 서면을 통한 설문방식이 올바른 결론에 도달할 가능성이 높다는 가정에 근거한다.
③ 예측과제의 추출 처리 → 조사표 설계 → 조사대상자 선정 → 조사 실시 → 조사결과의 집계와 분석 과정을 거친다.
④ 최초의 앙케이트를 반복 수렴한다는 데에서 여러 사람의 판단이 피드백되기에 결론을 의미 있게 받아들일 수 있다.

● 해설

델파이 방법은 앙케이트의 반복을 통한 전문가들의 의견을 조사하여 반영하는 방법이다.

46 다음 중 지방공사 또는 지방공단의 특징 설명이 잘못된 것은?

① 지방공단은 민관합작에 의한 설립이 불가하다.
② 지방공사는 판매수입으로 경영비용을 조달한다.
③ 지방공사는 증자를 통한 민간출자는 할 수 없다.
④ 지방공단은 특정사업의 수탁에 의해 업무한다.

● 해설

지방공사는 증자를 통한 민간출자가 가능하며, 지방공단은 증자를 통한 민간출자가 불가능하다.

지방공사와 지방공단의 비교

구분	지방공사	지방공단
업무성격	• 자체 프로젝트를 통한 수익 추구 • 단독사업 경영 • 이익금을 통합 수입창출	• 공공업무 대행기관 • 특정사업 수탁 • 수탁금을 통한 수입창출
설립조건	자치단체 또는 민관합작	자치단체 단독 (민관합작 불가)
자본조달 방식	• 공사채 발생 • 증자(민간출자 가능)	• 공단채 발생 • 증자(민간출자 불가)

47 도시개발사업의 사업성 평가지표인 수익성지수(Profitability Index)에 대한 설명이 옳은 것은?

① 프로젝트에서 발생하는 할인된 전체 수입에서 할인된 전체 비용을 뺀 값이다.
② 수익성 지수가 0보다 클 때 사업성이 있다고 평가한다.
③ 수익성 지수는 경제성 평가지표인 편익/비용비와 동일한 개념이다.
④ 수입과 비용을 동일하게 만들어 주는 할인율을 사용한다.

● 해설

수익성 지수는 프로젝트로부터 발생하는 할인된 전체 수입을 할인된 전체 비용으로 나눈 값으로서 편익비용비와 동일한 개념이다.

① 순현재가치법(NPV)에 대한 설명이다.
② 수익성지수가 1보다 클 때 사업성이 있다고 평가한다.
④ 내부수익률법(IRR)에 대한 설명이다.

48 도시개발에서의 사업타당성 분석에 해당되지 않는 것은?

① 환경적 타당성 ② 경제적 타당성
③ 법·제도적 타당성 ④ 물리적·기술적 타당성

해설

도시개발의 사업타당성 분석

구분	내용
경제적 타당성	• 도시개발사업에 소요되는 비용보다 발생되는 수익이 많을 때 타당성이 인정됨 • 영향변수 : 개발대상 부지의 규모, 위치, 토지가격, 시장가격, 시장여건, 법/제도 • 분석 기법 : 순현가치(NPV), 내부수익률(IRR) 등이 사용됨
법·제도적 타당성	• 추진하려는 도시개발사업과 관련된 법·제도상의 제약을 검토하는 것 • 도시계획사업(3개의 법률), 비도시계획사업(5개 법률)을 포함한 수십 가지의 법률 검토
물리적·기술적 타당성	토양의 수용능력, 지하수, 하중, 유해물질 등 개발대상 부지의 적합성 검토

49 우리나라 도시개발의 흐름에서 제조업과 관광업 등 산업입지와 경제활동을 위해 민간기업 주도로 개발된 도시로, 산업·연구·주택·교육·의료·문화 등 자족적 복합 기능을 가진 도시 조성을 목적으로 개발된 도시는?

① 기업도시　　　　② 공업도시
③ 혁신도시　　　　④ 행정중심복합도시

해설

기업도시

산업입지와 경제활동을 위하여 민간기업이 산업·연구·관광·레저·업무 등의 주된 기능과 주거·교육·의료·문화 등의 자족적 복합기능을 고루 갖추도록 개발하는 도시

50 다음 중 주민참여형 도시개발의 유형이 아닌 것은?

① 주민발의　　　　② 개발협정
③ 주민투표　　　　④ 공공협약

해설

공공협약은 공공이 주체가 되는 형식이며, 주민참여형 도시개발의 유형은 민간이 주체가 되는 민간협약의 형태로 진행된다.

51 토지상환채권의 발행 규모는 그 토지상환채권으로 상환할 토지·건축물이 해당 도시개발사업으로 조성되는 분양토지 또는 분양건축물 면적의 얼마를 초과하지 아니하도록 하여야 하는가?

① 2분의 1　　　　② 3분의 1
③ 4분의 1　　　　④ 5분의 1

해설

토지상환채권의 발행 규모는 상환할 토지·건축물이 분양토지 또는 분양건축물 면적의 1/2 미만이어야 한다.

52 대기오염, 소음, 진동, 악취, 그 밖에 이에 준하는 공해와 각종 사고나 자연재해, 그 밖에 이에 준하는 재해 등의 방지를 위하여 설치하는 녹지는?

① 방재녹지　　　　② 경관녹지
③ 연결녹지　　　　④ 완충녹지

해설

녹지의 종류

구분	내용
완충녹지	대기오염·소음·진동·악취 등의 공해와 각종 사고나 자연재해 등의 방지를 위하여 설치하는 녹지
경관녹지	도시의 자연적 환경을 보전·개선·복원함으로써 도시경관을 향상시키기 위하여 설치하는 녹지
연결녹지	도시 안의 공원·하천·산지 등을 유기적으로 연결하고 도시민에게 산책공간의 역할을 하는 등 여가·휴식을 제공하는 선형의 녹지

53 특수목적회사(SPC)에 대한 설명으로 틀린 것은?

① 채권 매각과 원리금 상환이 주요 업무이다.
② 부실채권 처리 업무가 끝난 후 개발회사로 발전한다.
③ 파산 위험 분리 등의 목적으로 유동화대상 자산을 양도받아 유동화 업무를 담당한다.
④ 부실채권을 매수해 국내외의 투자자들에게 매각하는 중개기관 역할을 한다.

유동화전문회사, 특수목적회사(SPC : Special Purpose Company)는 금융기관에서 발생한 부실채권을 매각하기 위해 일시적으로 설립된 특수목적(Special Purpose)회사로 채권 매각과 원리금 상환이 끝나면 자동으로 없어지는 명목상의 회사이다.

54 주택재개발방식인 1970년대 초의 자력재개발에 대한 설명으로 가장 거리가 먼 것은?

① 구청장이 사업 시행자가 되어 도로, 공원 등 도시 기반시설은 공공이 설치한다.
② 주민이 재정을 부담하여 5층 이하의 공동주택을 건립하는 사업이다.
③ 주민의 재정 문제 등으로 활발히 추진되지 못하였다.
④ 토지구획정리사업의 환지기법을 적용하였다.

주민이 재정을 부담하여 5층 이하의 공동주택을 건립하는 사업은 위탁재개발에 속한다.

55 환지계획구역의 면적이 $1,000m^2$, 보류지 면적이 $400m^2$, 공공시설을 설치하여 시행자에게 무상귀속되는 토지 면적이 $150m^2$일 때, 환지계획구역의 평균 토지부담률은 약 얼마인가?

① 19.4% ② 29.4%
③ 39.4% ④ 49.4%

$$토지부담률 = \frac{보류지면적 - 시행자에게\ 무상귀속되는\ 공공시설면적}{환지계획구역면적 - 시행자에게\ 무상귀속되는\ 공공시설면적}$$

$$= \frac{400m^2 - 150m^2}{1,000m^2 - 150m^2} \times 100(\%) = 29.41\%$$

56 환경친화적 도시개발을 실현하기 위해 선택할 수 있는 최선의 대안으로 적합하지 않은 것은?

① 개발물량의 최소화
② 환경훼손의 최소화
③ 오염발생의 최소화
④ 개발 주체의 최소화

환경친화적 도시개발을 실현하기 위해서는 개발 주체를 다양화하여, 다양한 환경친화적 Needs를 반영하는 것이 타당하다.

57 마케팅 목표를 이루기 위하여 마케팅 활동에서 사용하는 여러 가지 전략을 종합적으로 균형이 잡히도록 조정·구성하는 마케팅믹스(4P's Mix)의 4P로 옳은 것은?

① Property, Price, Place, Pride
② Property, Price, Purpose, Pride
③ Product, Price, Place, Promotion
④ Product, Price, Purpose, Promotion

4P(마케팅 구성요소)는 제품(Product), 가격(Price), 장소(Place), 홍보(Promotion)이다.

58 마케팅을 활성화하기 위한 경영활동의 계획에서 반드시 수반되어야 하는 마케팅 전략(STP)의 세 단계는?

① Stimulating, Tightening, Positioning
② Stimulating, Tightening, Pursuing
③ Standardization, Targeting, Pursuing
④ Segmentation, Targeting, Positioning

> **해설**

STP 3단계 전략

STP 3단계 전략	세부사항
시장세분화 (Segmentation)	수요자 집단을 세분하고, 상품판매의 지향점 설정
표적시장(Target)	수요집단 또는 표적시장에 적합한 신상품 기획
차별화(Positioning)	다양한 공급자들과의 경쟁방안 강구

59 다음의 사업추진방식 중 민간사업자가 시설의 완공 후 소유권을 이전한 뒤, 민간이 일정 기간 동안 시설물을 직접 관리 · 운영하여 투자비를 회수하는 것은?

① BTL 방식　　　　② BTO 방식
③ BOT 방식　　　　④ BOO 방식

> **해설**

BTO(Build – Transfer – Operate, 건설 · 운영 후 양도방식)
사회간접자본시설의 준공과 동시에 당해시설의 소유권이 국가 또는 지방자치단체에 귀속되며 사업 시행자에게 일정 기간의 시설관리운영권을 인정하는 방식

60 다음 중 도시개발사업과정에서의 허가(許可)에 대한 설명으로 옳은 것은?

① 허가를 받지 않고 한 행위는 처벌의 대상이 되지 않는다.
② 법령에 의하여 금지되어 있는 행위를 해제하여 적법하게 하는 것을 의미한다.
③ 제3자의 행위를 보충하여 그 법률상의 효력을 완성시키는 행위를 말한다.
④ 국가 또는 지방자치단체가 특정 행위에 대하여 부여하는 동의의 뜻이다.

> **해설**

① 허가를 받지 않고 한 행위는 처벌의 대상이 된다.
③ 제3자의 행위를 보충하여 그 법률상의 효력을 완성시키는 행위를 인가라고 한다.
④ 국가 또는 지방자치단체가 특정 행위에 대하여 부여하는 동의의 뜻은 승인에 해당한다.

4과목　국토 및 지역계획

61 본 튀넨(Von Thünen)의 농업지대이론 모형에서 지대에 직접적인 영향을 미치지 않는 것은?

① 농산물의 시판수입
② 농산물의 생산비용
③ 시장까지의 운송비용
④ 경작지의 규모

> **해설**

지대 = 매상고(제품의 단위가격, 농산물의 시판수입 등)
　　　– 생산비(생산단위비용, 농산물의 생산비용)
　　　– 수송비(시장까지의 운송비용, 시장까지의 거리)

62 다음 중 「국토기본법」상 국토종합계획에 포함되는 내용이 아닌 것은?

① 재정 확충 및 도시 · 군기본계획의 시행을 위하여 필요한 재원조달에 관한 사항
② 국토의 현황 및 여건 변화 전망에 관한 사항
③ 주택, 상하수도 등 생활여건의 조성 및 삶의 질 개선에 관한 사항
④ 지하공간의 합리적 이용 및 관리에 관한 사항

> **해설**

국토종합계획은 국토의 전반적인 사항을 다루는 것으로서, 도시 · 군기본계획의 시행을 위하여 필요한 재원조달에 관한 사항과는 거리가 멀다.

63 다음 중 하향식 지역개발전략에 적합한 것은?

① 소단위지역 단위 개발
② 거점중심적 개발
③ 기본수요 접근
④ 한계기술의 개발

> **해설**

하향식(Top – down, Development from Above) 계획은 국가주도형 정책의 특성을 가지므로 성장거점개발, 거점중심적 지역개발전략 등과 어울린다.

64 다음 중 도시공간의 확장과 분화는 지속적인 침입(Invasion)과 계승(Succession)의 과정을 통해 이루어진다고 설명하는 도시 공간 구조 이론은?

① 선형이론
② 다핵이론
③ 동심원이론
④ 다차원이론

해설

동심원이론

도시를 사회, 경제, 문화의 요소들로 구성된 도시생태계로 파악한 것으로서, 도시 내부의 거주지 분화과정은 침입(Invasion) → 경쟁(Competition) → 계승(Succession)의 과정을 통해 내부공간구조가 동심원 형태로 분화된다는 이론이다.

65 경제기반모형에서 비기반활동(Non-basic Activity)에 해당하는 것은?

① 외부지역으로 재화를 수출하는 활동
② 외부지역에 용역을 제공하고 화폐를 가져오는 활동
③ 당해지역 내에서 외부인에게 용역을 제공하고 화폐를 받는 활동
④ 당해지역 내부에서 소비되는 재화와 용역을 생산하여 판매하는 활동

해설

비기반활동은 지역성잘활동을 지원하는 사업으로서 당해지역 내부에서의 경제활동을 의미한다. ③의 경우도 지역 내에서의 활동이지만, 외부인에게 용역을 제공하므로 보기 ①, ②와 같이 기반활동에 해당한다.

66 기준연도의 인구와 출생률, 사망률 및 인구이동의 변화요인을 고려하여 장래의 인구를 추정하는 방법은?

① 비율적용법(Ratio Method)
② 선형모형(Linear Growth Model)
③ 집단생잔법(Cohort Survival Method)
④ 로지스틱커브법(Logistic Curve Method)

해설

집단생잔법(조성법, Cohort Survival Method) – 요소모형
도시인구를 출생, 사망 및 인구이동이라는 세 가지 요소를 합산하여 인구 변화를 예측하는 방식으로 인구예측모형이라고도 한다.

67 다음 중 소자(E. Soja, 1971)가 계획단위로서의 공간특성을 거리(Distance)로 분류한 내용에 해당하지 않는 것은?

① 시간거리(Time Distance)
② 마찰거리(Frictional Distance)
③ 인식거리(Perceived Distance)
④ 물리적 거리(Physical Distance)

해설

에드워드 소자(Edward Soja, 1971)의 거리 종류

구분	내용
물리적 거리 (Physical Distance)	실제 지표상의 거리, 물리적 단위로 측정한 지각자와 대상 간의 거리, 즉 실제 거리
인식거리 (Perceived Distance)	감정 · 심리적으로 느끼는 거리
시간거리 (Time Distance)	교통의 발달 정도로 차의 접근성을 고려한 소요시간 거리

68 지프(Zipf)의 순위규모법칙 모형 $\left(P_r = \dfrac{P_1}{r^q} \right)$ 에서 상수(q)에 대한 설명으로 가장 거리가 먼 것은?

① $q=1$인 경우 : 등위규모분포 상태로 도시 체계가 전체적으로 균형 잡힌 상태다.
② $q<1$인 경우 : 종주분포로서 상위 몇몇 도시에 인구가 과다하게 밀집한다.
③ q가 0으로 접근하는 경우 : 도시 계층이 형성되지 못한 상태로 모든 도시들이 같은 규모를 가진다.
④ q가 무한대로 수렴하는 경우 : 한 개 도시만 형성 즉, 도시국가를 의미한다.

해설

$q<1$인 경우는 중간규모분포를 띠며, 중간 규모 도시가 우세한 특징을 갖는다.

69 다음 중 수도권 인구 및 산업 집중의 억제대책이 아닌 것은?

① 공장의 신·증설 억제

② 대학의 신·증설 억제

③ 임대주택의 공급 확대

④ 중앙행정 권한의 지방 이양

해설

임대주택의 공급 확대는 인구의 유입을 일으켜 수도권의 인구 및 산업 집중화를 가중시킬 수 있다.

70 어떤 지역의 총 고용인구는 500,000명이고 이 중 비기반부문의 고용인구가 400,000명이다. 그런데 이 지역에 외부지역으로의 수출만을 목적으로 하는 기반활동이 새롭게 입지하여 5,000명의 고용 증가가 예상된다면 이 지역의 총 고용인구는 얼마나 증가하는가?

① 10,000명

② 15,000명

③ 20,000명

④ 25,000명

해설

$$경제기반승수 = \frac{지역\ 총\ 고용인구}{지역의\ 수출산업\ 고용인구}$$

$$= \frac{500,000}{100,000} = 5$$

총 고용인구 변화 = 경제기반승수 × 기반산업고용인구 변화
= 5 × 5,000명 = 25,000명

71 지역 간 균형과 사회계층 간 형평성을 중시하는 개발방식을 주요 전략으로 하여, 지역생활권 개발의 이론적 근거가 되는 것은?

① 성장거점이론

② 기본수요이론

③ 경제기반이론

④ 중심지이론

해설

기본수요이론(Basic Needs Theory)

• 기존 지역발전 이론으로 인해 발생된 지역 불균형, 빈곤, 산업 문제 등에 대처하기 위해, 빈곤계층이 품위 있는 생활을 하는 데 기본이 되는 최소한의 물품과 서비스를 보장해야 한다는 이론이다.

• 적정 규모의 지역에서 생산요소를 지역의 공동소유로 하고, 모든 주민에게 동등한 기회를 부여하여 기본수요를 충족시키면서 지역발전을 유도한다.

72 지역 간 소득 격차는 국가 경제의 성장단계에 따라 역U자형 곡선을 보이게 된다고 주장한 사람은?

① Hirchmann

② Myrdal

③ Williamson

④ Friedman

해설

윌리엄슨(Williamson)은 개인 간 소득격차의 변화를 토대로 지역 간 격차도 경제발전 초기 단계에 증가하고 후기에 감소하는 역U곡선의 형태임을 입증하였다.

73 P. Cooke(1992)가 제안한 개념으로 "제품·공정·지식의 상업화를 촉진하는 기업과 제도들의 네트워크"라고 정의한 대안적 지역개발이론에 가장 가까운 것은?

① 혁신환경론

② 신산업공간론

③ 클러스터이론

④ 지역혁신체제론

해설

지역혁신체제론에 대한 설명이며, P. Cooke(1992)의 지역혁신체제의 상부구조(Super Structure)에는 지역의 조직과 제도, 지역의 문화, 지역의 규범 등이 있다.

74 다음 그림은 크리스탈러의 중심지 계층에 관한 포섭 원리 중 어떤 원리를 나타내는 것인가?

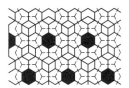

① 시장 원리

② 교통 원리

③ 행정 원리

④ 확산 원리

해설

시장의 원리(Marketing Principle, K=3 System)
- 시장성 원칙이라고도 함
- 시장권이 3개의 상위 중심지에 의해 1/3씩 분할 포섭 ($6 \times 1/3 + 1 = 3$)
- 고차 중심지의 보완구역은 저차 중심지보다 3배가 넓어짐(K=3 System)

75 수도권정비위원회의 심의내용이 아닌 것은?

① 종전 대지의 이용계획에 관한 사항
② 대규모 개발사업의 개발계획에 관한 사항
③ 도시·군관리계획의 수립 및 변경에 관한 사항
④ 과밀억제권역에서 추진될 공업지역의 지정에 관한 사항

해설

수도권정비위원회의 심의사항(「수도권정비계획법」 제21조)
- 수도권정비계획의 수립과 변경에 관한 사항
- 수도권정비계획의 소관별 추진계획에 관한 사항
- 수도권의 정비와 관련된 정책과 계획의 조정에 관한 사항
- 과밀억제권역에서 추진될 공업지역의 지정에 관한 사항
- 종전 대지의 이용계획에 관한 사항
- 제18조에 따른 총량규제에 관한 사항
- 대규모 개발사업의 개발계획에 관한 사항
- 그 밖에 수도권의 정비에 필요한 사항으로서 대통령령으로 정하는 사항

76 한센(N. Hansen)의 동질지역 구분에 해당하지 않는 것은?

① 낙후지역(Lagging Regions)
② 침체지역(Recession Regions)
③ 과밀지역(Congested Regions)
④ 중간지역(Intermediate Regions)

해설

한센의 동질지역 구분
- 과밀지역 : 한계사회비용 > 한계사회편익
- 중간지역 : 한계비용 < 한계편익
- 낙후지역 : 소규모 농업과 침체산업이 지배적인 경제구조를 지니고, 새로운 경제활동을 흡인할 수 있는 입지매력이 거의 없는 지역

77 다음 지역계획의 이론들을 그 발생 시기가 빠른 것부터 순서대로 올바르게 나열한 것은?

A. 사회계획론(Mannheim)
B. 혼합주사적 계획(Etzioni)
C. 합리주의계획(Simon)
D. 교류적 계획(Friedmann)

① A-B-C-D
② A-B-D-C
③ A-C-D-B
④ A-C-B-D

해설

계획이론의 발생 순서
사회계획론 → 합리주의 → 점중이론 → 체계적 종합이론(혼합주사적 계획) → 선택이론 → 교류적 계획(거래·교환 이론)

78 다음 중 성장극(Growth Pole)이라는 용어를 처음으로 사용한 프랑스의 경제학자는?

① Losch
② Perroux
③ Hirschman
④ Myrdal

해설

1955년 페로우(F. Perroux)에 의해 '성장극'이라는 용어가 처음 사용되었다.

79 다음 중 동질적인 집단을 규명하기 위한 분석에서 가장 유용한 통계적 기법은?

① 로짓모형(Logit Model)
② 군집분석(Cluster Analysis)
③ 회귀분석(Regression Analysis)
④ 분산분석(Analysis Of Variance)

해설

군집분석(Cluster Analysis)
- 권역 설정 시 가장 유용한 방식
- 개체들을 서로 유사한 것끼리 군집화하거나 상관관계가 큰 변수들끼리 집단으로 묶는 통계적 방법
- 개체들 간의 유사성(Similarity) 또는 이와 반대 개념인 거리(Distance)에 근거하여 개체들을 집단으로 군집화한다.

정답 75 ③ 76 ② 77 ④ 78 ② 79 ②

80 성장거점모형에서 경제공간의 지리적 공간으로의 변환을 최초로 설명한 학자는?

① 페로우(Perroux, F.)
② 부드빌(Boudeville, J.)
③ 미르달(Myrdal, G.)
④ 허쉬만(Hirschman, A.)

●해설
부드빌은 성장거점모형에서 경제공간의 지리적 공간으로의 변환을 최초로 설명한 학자로서, 동질지역, 결절지역, 계획지역으로 지역을 분류하였다.

5과목 **도시계획 관계 법규**

81 「주택법」상 주택단지의 정의와 관련하여, 각각 별개의 주택단지로 볼 수 있도록 하는 시설 기준이 틀린 것은?(단, 대통령령으로 정하는 시설의 경우는 고려하지 않는다.)

① 철도
② 자동차전용도로
③ 폭 15m 이상인 일반도로
④ 폭 8m 이상인 도시계획예정도로

●해설
폭 20m 이상인 일반도로를 경계로 각각 별개의 주택단지로 볼 수 있다.

주택단지의 정의(「주택법」 제2조)
주택건설사업계획 또는 대지조성사업계획의 승인을 받아 주택과 그 부대시설 및 복리시설을 건설하거나 대지를 조성하는 데 사용되는 일단(一團)의 토지를 말한다. 다만, 다음의 시설로 분리된 토지는 각각 별개의 주택단지로 본다.
• 철도 · 고속도로 · 자동차전용도로
• 폭 20m 이상인 일반도로
• 폭 8m 이상인 도시계획예정도로
• 대통령령으로 정하는 시설

82 도시개발사업의 전부 또는 일부를 환지 방식으로 시행하기 위하여 시행자가 작성하여야 하는 환지계획의 내용에 해당하지 않는 것은?

① 환지설계
② 환지예정지 지정 명세서
③ 필지별로 된 환지명세
④ 축척 1,200분의 1 이상의 환지예정지도

●해설
환지계획 작성 시 포함사항
환지설계, 필지별로 된 환지명세, 필지별 · 권리별로 된 청산대상 토지명세, 체비지 또는 보류지의 명세, 축척 1,200분의 1 이상의 환지예정지도

83 「국토의 계획 및 이용에 관한 법률」상 도시 · 군계획시설 사업의 시행자가 도시 · 군계획시설 사업에 관한 조사를 위해 타인의 토지에 출입하고자 할 때, 출입하고자 하는 날의 며칠 전까지 그 토지의 소유자 · 점유자 또는 관리인에게 그 일시와 장소를 알려야 하는가?(단 도시계획시설 사업의 시행자가 행정청인 경우는 제외한다.)

① 14일   ② 7일
③ 5일   ④ 3일

●해설
토지에의 출입(「국토의 계획 및 이용에 관한 법률」 제130조)
타인의 토지에 출입하려는 자는 특별시장 · 광역시장 · 특별자치시장 · 특별자치도지사 · 시장 또는 군수의 허가를 받아야 하며, 출입하려는 날의 7일 전까지 그 토지의 소유자 · 점유자 또는 관리인에게 그 일시와 장소를 알려야 한다.

84 중앙도시계획위원회의 구성과 운영 등에 대한 설명이 옳은 것은?

① 중앙도시계획위원회는 국토교통부에 둔다.
② 위원장과 부위원장은 위원 중에서 국무총리가 임명거나 위촉한다.
③ 위원장은 중앙도시계획위원회의 업무를 총괄하며, 지방도시계획위원회의 의장이 된다.

정답 **80** ② **81** ③ **82** ② **83** ② **84** ①

④ 회의는 재적위원 2/3의 출석으로 개의하고, 출석위원 3/4의 찬성으로 의결한다.

●해설

② 중앙도시계획위원회의 위원장과 부위원장은 위원 중에서 국토교통부장관이 임명하거나 위촉한다.

③ 위원장은 중앙도시계획위원회의 업무를 총괄하며, 중앙도시계획위원회의 의장이 된다.

④ 중앙도시계획위원회의 회의는 재적위원 과반수의 출석으로 개의(開議)하고, 출석위원 과반수의 찬성으로 의결한다.

85 「도시개발법」에 따르면 청산금을 받을 권리나 징수할 권리를 얼마 동안 행사하지 아니하면 시효로 소멸하는가?

① 1년   ② 3년
③ 5년   ④ 10년

●해설

청산금의 소멸시효(「도시개발법」 제47조)

청산금을 받을 권리나 징수할 권리를 5년간 행사하지 아니하면 시효로 소멸한다.

86 다음 중 도로의 규모별 분류에 대한 내용으로 옳은 것은?

① 광로 1류 : 폭 40m 이상인 도로

② 대로 1류 : 폭 35m 이상 40m 미만인 도로

③ 중로 1류 : 폭 25m 이상 35m 미만인 도로

④ 소로 1류 : 폭 12m 이상 15m 미만인 도로

●해설

도로의 구분(「도시·군계획시설의 결정·구조 및 설치기준에 관한 규칙」 제9조) – 도로의 규모별 구분

구분		도로 폭
광로	1류	폭 70m 이상인 도로
	2류	폭 50m 이상 70m 미만인 도로
	3류	폭 40m 이상 50m 미만인 도로
대로	1류	폭 35m 이상 40m 미만인 도로
	2류	폭 30m 이상 35m 미만인 도로
	3류	폭 25m 이상 30m 미만인 도로

구분		도로 폭
중로	1류	폭 20m 이상 25m 미만인 도로
	2류	폭 15m 이상 20m 미만인 도로
	3류	폭 12m 이상 15m 미만인 도로
소로	1류	폭 10m 이상 12m 미만인 도로
	2류	폭 8m 이상 10m 미만인 도로
	3류	폭 8m 미만인 도로

87 노외주차장의 출구와 입구를 각각 따로 설치하여야 하는 주차대수 규모 기준으로 옳은 것은?

① 200대 초과   ② 300대 초과
③ 400대 초과   ④ 500대 초과

●해설

노외주차장의 설치에 대한 계획기준(「주차장법 시행규칙」 제5조)

주차대수 400대를 초과하는 규모의 노외주차장의 경우에는 노외주차장의 출구와 입구를 각각 따로 설치하여야 한다. 다만, 출입구의 너비의 합이 5.5m 이상으로서 출구와 입구가 차선 등으로 분리되는 경우에는 함께 설치할 수 있다.

88 「주차장법」에 의한 용어의 정의로 옳지 않은 것은?

① 기계식 주차장이란 기계식 주차장치를 설치한 노상주차장과 노외주차장을 말한다.

② 노외주차장이란 도로 노면 및 교통광장 외의 장소에 설치된 주차장으로서 일반의 이용에 제공되는 것을 말한다.

③ 노상주차장이란 도로의 노면 또는 교통광장의 일정한 구역에 설치된 주차장으로서 일반의 이용에 제공되는 것을 말한다.

④ 부설주차장이란 관련 규정에 의하여 건축물, 골프연습장, 그 밖에 주차수요를 유발하는 시설에 부대하여 설치된 주차장으로서 해당 건축물 시설의 이용자 또는 일반의 이용에 제공되는 것을 말한다.

해설

주차장의 정의 및 종류(「주차장법」 제2조)
기계식 주차장이란 기계식 주차장치를 설치한 노외주차장 및 부설주차장을 말한다.

---

89 국토의 계획 및 이용에 관한 법령에 따라 해당 용도지역별 용적률의 최대한도가 가장 낮은 것부터 순서대로 옳게 나열한 것은?(단, 조례로 따로 정하는 경우는 고려하지 않는다.)

㉠ 제1종전용주거지역	㉡ 중삼상업지역
㉢ 준주거지역	㉣ 일반상업지역
㉤ 전용공업지역	㉥ 보전녹지지역

① ㉥, ㉠, ㉢, ㉤, ㉣, ㉡
② ㉥, ㉠, ㉢, ㉣, ㉤, ㉡
③ ㉥, ㉠, ㉤, ㉢, ㉡, ㉣
④ ㉥, ㉠, ㉤, ㉢, ㉣, ㉡

해설

용적률의 적용범위
• 보전녹지지역 : 50% 이상 80% 이하
• 제1종 전용주거지역 : 50% 이상 100% 이하
• 전용공업지역 : 150% 이상 300% 이하
• 준주거지역 : 200% 이상 500% 이하
• 일반상업지역 : 200% 이상 1,300% 이하
• 중심상업지역 : 200% 이상 1,500% 이하

---

90 체육시설의 설치 · 이용에 관한 법령상 공공체육시설의 구분에 해당하지 않는 것은?

① 전문체육시설
② 재활체육시설
③ 직장체육시설
④ 생활체육시설

해설

공공체육시설
전문체육시설, 생활체육시설, 직장체육시설

---

91 다음 중 환지에 의한 「도시개발법」에서 규정하는 설명이 옳지 않은 것은?

① 청산금은 청산금 교부 시에 결정하여야 한다.
② 관련 규정에 의하여 주택으로 환지하는 경우에 동 주택에 대하여는 「주택법」의 규정에 의한 주택의 공급에 관한 기준을 적용하지 아니한다.
③ 시행자는 토지 면적의 규모를 조정할 특별한 필요가 있는 때에는 면적이 작은 토지에 대하여는 과소토지가 되지 아니하도록 면적을 증가하여 환지를 정하거나 환지대상에서 제외할 수 있다.
④ 환지를 정하거나 그 대상에서 제외한 경우에 그 과부족분에 대하여는 종전의 토지 및 환지의 위치 · 지목 · 면적 · 토질 · 환경 등 기타의 사항을 종합적으로 고려하여 금전으로 이를 청산하여야 한다.

해설

환지처분의 효과(「도시개발법」 제42조)
• 환지계획에서 정하여진 환지는 그 환지처분이 공고된 날의 다음 날부터 종전의 토지로 보며, 환지계획에서 환지를 정하지 아니한 종전의 토지에 있던 권리는 그 환지처분이 공고된 날이 끝나는 때에 소멸한다.
• 청산금은 환지처분이 공고된 날의 다음 날에 확정된다.

---

92 다음은 도시공원 및 녹지 등에 관한 법령에 따른 도시공원의 면적기준이다. (㉠)과 (㉡)에 들어갈 말이 모두 옳은 것은?

하나의 도시지역 안에 있어서의 도시공원의 확보기준은 해당 도시지역 안에 거주하는 주민 1인당 (㉠) 이상으로 하고, 개발제한구역 및 녹지지역을 제외한 도시지역 안에 있어서의 도시공원의 확보기준은 해당 도시지역 안에 거주하는 주민 1인당 (㉡) 이상으로 한다.

① ㉠ : 9m², ㉡ : 6m²
② ㉠ : 8m², ㉡ : 5m²
③ ㉠ : 7m², ㉡ : 4m²
④ ㉠ : 6m², ㉡ : 3m²

정답 89 ④ 90 ② 91 ① 92 ④

● 해설

도시공원의 면적기준(「도시공원 및 녹지 등에 관한 법률 시행규칙」 제4조)

- 하나의 도시지역 안에 있어서의 도시공원의 확보기준은 해당 도시지역 안에 거주하는 주민 1인당 6m² 이상
- 개발제한구역 및 녹지지역을 제외한 도시지역 안에 있어서의 도시공원의 확보기준은 해당 도시지역 안에 거주하는 주민 1인당 3m² 이상

93 다음의 공원시설 중 유희시설에 해당되지 않는 것은?

① 시소　　　　　② 정글짐
③ 사다리　　　　④ 야외극장

● 해설

공원시설의 종류(「도시공원 및 녹지에 관한 법률 시행규칙」 제3조 – 별표 1)

유희시설

시소 · 정글짐 · 사다리 · 순환회전차 · 궤도 · 모험놀이장, 유원시설(유기시설 또는 유기기구), 발물놀이터 · 뱃놀이터 및 낚시터 그 밖에 이와 유사한 시설로서 도시민의 여가선용을 위한 놀이시설

94 「건축법」상 용어의 정의가 틀린 것은?

① 대지 : 「공간정보의 구축 및 관리 등에 관한 법률」에 따라 각 필지로 나눈 토지
② 건축 : 건축물을 신축 · 증축 · 개축 · 재축 · 이전 또는 대수선하는 것
③ 건폐율 : 대지면적에 대한 건축면적의 비율
④ 용적률 : 대지면적에 대한 연면적의 비율

● 해설

용어 정의(「건축법」 제2조)

건축이란 건축물을 신축 · 증축 · 개축 · 재축(再築)하거나 건축물을 이전하는 것을 말한다.

95 「도시 및 주거환경정비법」상 조합의 설립인가에 관한 아래 내용 중 ( ) 안에 들어갈 내용이 옳은 것은?

재개발사업의 추진위원회가 조합을 설립하려면 토지 등 소유자의 ( ) 이상 및 토지면적의 2분의 1 이상의 토지소유자의 동의를 얻어 첨부하여야 하는 서류를 첨부하여 시장 · 군수의 인가를 받아야 한다.

① 2분의 1　　　　② 3분의 2
③ 4분의 3　　　　④ 5분의 4

● 해설

조합설립인가(「도시 및 주거환경정비법」 제35조)

재개발사업의 추진위원회가 조합을 설립하려면 토지 등 소유자의 4분의 3 이상 및 토지면적의 2분의 1 이상의 토지소유자의 동의를 받아 정관 등 관련 서류를 첨부하여 시장 · 군수 등의 인가를 받아야 한다.

96 ㉠과 ㉡에 들어갈 말이 모두 옳은 것은?

국토교통부장관은 도시 및 주거환경을 개선하기 위하여 (㉠)마다 기본방침을 정하고, (㉡)마다 타당성을 검토하여 그 결과를 기본방침에 반영하여야 한다.

① ㉠ 10년, ㉡ 5년
② ㉠ 10년, ㉡ 2년
③ ㉠ 5년, ㉡ 3년
④ ㉠ 5년, ㉡ 2년

● 해설

도시 · 주거환경정비 기본방침(「도시 및 주거환경정비법」 제3조)

국토교통부장관은 도시 및 주거환경을 개선하기 위하여 10년마다 기본방침을 정하고, 5년마다 타당성을 검토하여 그 결과를 기본방침에 반영하여야 한다.

97 다음 중 산업단지개발사업의 시행자가 될 수 없는 자는?

① 「중소기업진흥에 관한 법률」에 따른 중소기업진흥공단
② 산업단지 안의 토지의 소유자 또는 그들이 산업단지 개발을 위하여 설립한 조합
③ 해당 산업단지개발계획에 적합한 시설을 설치하여 입주하려는 자와 산업단지개발에 관한 자문계약을 체결한 부동산투자자문회사
④ 「산업집적활성화 및 공장설립에 관한 법률」의 규정에 따라 설립된 한국산업단지공단

해설
사업 시행자와 산업단지개발에 관한 신탁계약을 체결한 부동산신탁업자

98 「건축법」에서 정의하는 초고층 건축물에 해당하는 층수와 높이로 옳은 것은?

① 30층 이상, 150m 이상
② 30층 이상, 200m 이상
③ 50층 이상, 150m 이상
④ 50층 이상, 200m 이상

해설
용어의 정의(「건축법 시행령」 제2조)
"초고층 건축물"이란 층수가 50층 이상이거나 높이가 200m 이상인 건축물을 말한다.

99 다음 중 국토계획이 국토의 지속 가능한 발전에 이바지하는지를 평가하기 위한 국토계획평가의 절차를 올바르게 나열한 것은?

> ㉠ 국토교통부장관은 국토계획평가를 실시
> ㉡ 수립권자는 국토계획평가 요청서를 작성
> ㉢ 국토정책위원회의 심의

① ㉠－㉡－㉢
② ㉡－㉢－㉠
③ ㉢－㉡－㉠
④ ㉡－㉠－㉢

해설
국토계획평가의 절차(「국토기본법」 제19조의3)
• 국토계획평가 대상이 되는 국토계획의 수립권자는 해당 국토계획을 수립하거나 변경하기 전에 국토계획평가 요청서를 작성하여 국토교통부장관에게 제출하여야 한다.
• 국토계획평가 요청서를 제출받은 국토교통부장관은 국토계획평가를 실시한 후 그 결과에 대하여 국토정책위원회의 심의를 거쳐야 한다.

100 산업단지와 그 지정권자의 연결이 틀린 것은?

① 국가산업단지 : 국토교통부장관
② 일반산업단지 : 시 · 도지사
③ 도시첨단산업단지 : 시 · 도지사
④ 농공단지 : 농림축산식품부장관

해설
농공단지는 특별자치도지사 또는 시장 · 군수 · 구청장이 지정권자가 된다.

저자소개

Urban. Lee

한양대학교 졸업 / 서울대학교 석사
한국기술사회 정회원
성남시 도시공원위원회 심의위원
이천시 경관위원회 심의위원
한국도시계획가협회 회원

도시계획기사 필기

발행일 | 2020. 3. 20 초판발행
2021. 1. 15 개정 1판1쇄
2021. 9. 15 개정 1판2쇄
2022. 1. 15 개정 2판1쇄
2023. 1. 10 개정 3판1쇄
2024. 1. 10 개정 4판1쇄
2024. 4. 10 개정 4판2쇄
2025. 1. 10 개정 5판1쇄

저 자 | Urban. Lee
발행인 | 정용수
발행처 | 예문사

주 소 | 경기도 파주시 직지길 460(출판도시) 도서출판 예문사
T E L | 031) 955-0550
F A X | 031) 955-0660
등록번호 | 11-76호

정가 : 39,000원

ISBN 978-89-274-5518-9 13530